LE MONDE PHYSIQUE

LA

MÉTÉOROLOGIE

PAR

AMÉDÉE GUILLEMIN

OUVRAGE CONTENANT

31 GRANDES PLANCHES TIRÉES A PART DONT 9 EN COULEUR
ET 343 VIGNETTES INSÉRÉES DANS LE TEXTE

PARIS
LIBRAIRIE HACHETTE ET Cie
79, BOULEVARD SAINT-GERMAIN, 79

1885

LE MONDE PHYSIQUE

LA MÉTÉOROLOGIE

OUVRAGES DU MÊME AUTEUR

EN VENTE A LA LIBRAIRIE HACHETTE ET Cie

LE MONDE PHYSIQUE

LA PESANTEUR ET LA GRAVITATION UNIVERSELLE, LE SON, 26 planches et 445 vignettes.

LA LUMIÈRE, 27 planches et 353 vignettes.

LE MAGNÉTISME ET L'ÉLECTRICITÉ, 20 planches et 577 vignettes.

LA CHALEUR, 9 planches et 324 vignettes.

LA MÉTÉOROLOGIE, LA PHYSIQUE MOLÉCULAIRE, 31 planches et 343 vignettes.

Prix de chaque volume, broché, **7** fr.

Cartonné, tranches dorées, **10** fr.

20169. — Imprimerie A. Lahure, rue de Fleurus, 9, à Paris.

I

LA MÉTÉOROLOGIE

LE

MONDE PHYSIQUE

LA MÉTÉOROLOGIE

INTRODUCTION

Les forces physiques en action, en conflit à la surface de la planète, dans son atmosphère, sur son sol, au sein des masses liquides qui forment les mers, et jusque dans les profondeurs des couches solides de son écorce ou des couches probablement fluides de son noyau : d'une part la gravité, exerçant partout, à tout instant de la durée, sur les plus infimes parcelles de matière, son influence qui tend à les rapprocher du centre commun, influence troublée à la vérité par l'attraction du Soleil, de la Lune et des planètes, dont les effets sensibles donnent lieu notamment au phénomène des marées; d'autre part, tout le groupe des forces qui, émanant de centres de radiation, et se propageant à toute distance par l'intermédiaire de l'éther, agissent dans un sens opposé à celui des forces attractives, et se manifestent sous la forme de lumière, de chaleur, de phénomènes chimiques; enfin le groupe des forces électriques et magnétiques, liées aux premières par des rapports encore mal définis, mais comme elles sans cesse agissantes dans toute l'étendue du globe terrestre : tel est le vaste champ d'études qui forme le programme de la MÉTÉOROLOGIE et qui pourrait lui servir de définition.

Dans sa généralité, un tel programme comprend, il est vrai, non seulement les phénomènes auxquels on a coutume de réserver le nom de *météores*, météores atmosphériques, aqueux, lumineux, magnétiques ou électriques, mais encore tous ceux qui, à un titre quelconque, font l'objet de la science qu'on nomme communément la *Physique du globe*, et qui n'est autre que la Physique générale dans son application aux phénomènes terrestres[1]. La Terre, considérée comme corps céleste, étudiée dans ses mouvements d'ensemble et dans ses relations avec les autres astres, est du domaine de l'Astronomie. Mais aussitôt que l'on cesse de regarder au dehors, qu'on observe ce qui se passe à la surface du globe, que, par exemple, on étudie les effets réels résultant de la rotation et de la translation de la Terre, les alternatives de lumière et d'obscurité, les variations de température d'où viennent la succession des jours et des nuits et celle des saisons, non plus dans leur régularité et leur périodicité, telles qu'on pourrait les conclure du seul raisonnement, mais dans l'infinie variété qu'elles présentent dans les diverses régions de la Terre, les phénomènes cessent d'être des phénomènes astronomiques : ils dépendent de la physique proprement dite ; c'est la Physique du globe, c'est la Météorologie qui les retient comme l'objet propre de ses investigations.

Nous avons déjà décrit, dans les quatre premiers volumes du MONDE PHYSIQUE, tout ce qui, dans cet ordre de faits, se rattache plus particulièrement à la pesanteur ou gravitation, à la lumière, au magnétisme et à l'électricité. Il nous reste à décrire les phénomènes qui dépendent spécialement de la chaleur.

1. L'étymologie rigoureuse du mot *météore* (élevé, qui se passe en l'air) restreindrait le sens des phénomènes qu'étudie la météorologie à ceux qui ont leur siège, comme le dit fort bien le dictionnaire de Littré, dans les régions supérieures de l'atmosphère. La météorologie est en réalité la science de tous les phénomènes atmosphériques ; mais il est impossible de séparer l'étude de l'atmosphère de celle du sol et des eaux, dont l'influence sur l'enveloppe gazeuse est si grande et si continue.

A la vérité, dans la nature, toutes ces distinctions, toutes ces classifications dont nous avons besoin pour analyser les faits d'observation et pour démêler leurs causes multiples, n'existent en aucune façon. Quand un phénomène quelconque se produit, il arrive bien que nous sommes plus frappés de tel ou tel aspect sous lequel il se présente à nos yeux, et qu'en raison de cette apparente prédominance de l'un des agents qui ont concouru à sa production, nous soyons enclins à le classer dans la catégorie correspondante ; il n'en est pas moins vrai que les effets de ces actions diverses sont confondus dans un phénomène unique. Le but de la science est précisément de déterminer dans quelle mesure chacune des forces qui ont agi est intervenue, et c'est là le plus souvent que gît toute la difficulté du problème à résoudre. Nous avons rencontré cette difficulté dans la recherche des lois de la physique générale. Nous la rencontrerons bien davantage en météorologie, par la simple raison que le physicien a la faculté de modifier les conditions de ses observations et de ses opérations, tandis que le météorologiste est dans l'impossibilité à peu près absolue de changer, si peu que ce soit, les phénomènes qu'il étudie : il est réduit en un mot à l'observation pure, tandis que le physicien peut y associer la méthode expérimentale.

Ce que nous nous proposons surtout dans ce volume, venons-nous de dire, c'est de décrire les phénomènes météorologiques dépendants de la chaleur, de ses variations dans le sol, au sein de l'air et des eaux ; mais la chaleur, quand on y regarde bien, est, avec sa force antagoniste la gravité, la source commune de tous les météores terrestres, la cause prochaine ou éloignée de tous les mouvements qu'on observe sur la Terre ; de sorte que l'occasion sera propice, en étudiant la partie de la physique du globe que nous n'avons pu aborder encore, pour présenter un tableau d'ensemble de tous les phénomènes dont cette science devra un jour formuler les lois.

Ce tableau est infiniment complexe, non seulement en raison de la multiplicité des faits qu'il comprend, mais encore par suite de leur extrême mobilité. La partie solide du globe terrestre, celle-là même dont, avec les poètes, nous faisons volontiers le symbole de l'immobilité, de l'immuable, n'est jamais en repos. Ses puissantes assises, au premier abord inébranlables, sont loin de jouir de la stabilité qu'on leur suppose. Nous avons eu déjà l'occasion de dire qu'elles sont en réalité soumises à des oscillations, à des mouvements de bascule, qui s'effectuent il est vrai avec une extrême lenteur, mais ne laissent pas, à la longue, de modifier la forme ou le relief de la surface générale, aussi bien dans les parties qui sont au-dessous des eaux que dans les parties déjà émergées. Nous avons dit aussi qu'indépendamment de ces soulèvements et de ces affaissements, le sol éprouve encore des frémissements, des secousses tantôt très faibles, tantôt d'une violence qui sème les ruines et le deuil dans les régions où elles s'effectuent avec leur intensité maximum. L'année qui vient de s'écouler a été malheureusement témoin de deux catastrophes de ce genre, prouvant avec une évidence éclatante que le globe terrestre est loin d'être arrivé à une période d'équilibre stable ou de repos définitif dans les couches de son écorce solide. Ces éruptions formidables des volcans des Iles de la Sonde, ces tremblements de terre au voisinage du Vésuve et de l'Etna accusent le travail intérieur dont les couches profondes sont le siège et dont les causes, probablement multiples, sont plutôt soupçonnées que bien connues. Nous consacrerons quelques chapitres à la description de ces phénomènes quelquefois grandioses et terribles, le plus souvent inoffensifs, mais toujours intéressants.

Si l'écorce extérieure de la Terre est dans un état d'équilibre instable, que dire des parties fluides qui reposent sur elle ou qui la surplombent, des eaux de l'Océan et des mers, et surtout de l'enveloppe gazeuse constituant l'Atmosphère? Là, le repos n'existe nulle part : à tout instant des courants plus ou moins rapides sillonnent l'immensité de chacun de ces océans, tout au moins dans une notable profondeur au-dessous ou au-dessus du niveau commun, et ces mouvements de deux masses fluides de densité bien inégale réagissent aussi à tout instant l'un sur l'autre. Comment d'ailleurs pourrait-il en être autrement, comment l'équilibre pourrait-il durer dans des milieux aussi mobiles, quand on songe que la chaleur rayonnée par le Soleil vers la Terre varie continuellement en intensité avec l'heure du jour et de la nuit, avec l'époque de l'année, selon l'altitude ou la latitude du lieu, et que ces inégalités sont encore accentuées par les différences provenant du pouvoir réfléchissant du sol, de l'évaporation plus ou moins active à sa surface, de l'état hygrométrique de l'air, etc.; lorsqu'on sait que toute variation de température dans un point d'une masse fluide y détermine des changements de densité et par suite des mouvements ascendants ou descendants, en opposition avec l'action de la gravité ou concourant avec elle; que la pression atmosphérique enfin est, pour des raisons analogues, perpétuellement changeante selon l'heure et le lieu?

Les effets de cette mobilité incessante à la surface du globe, dans l'atmosphère, au sein des mers, à la surface du sol, vents réguliers ou irréguliers, bourrasques, cyclones, trombes, courants maritimes, puis tout le cortège de phénomènes qui accompagnent cette circulation, nuages et brouillards, pluies, neiges, glaces, etc., tel est l'objet propre de la partie de la Météorologie que nous nous proposons d'étudier ici plus spécialement. La nature physique de ces phénomènes, l'ordre de leur enchaînement, la cause de leur succession ou de leur périodicité, autrement dit leurs lois, voilà ce que cette branche de la Physique du globe doit chercher à reconnaître, à déduire d'observations multipliées, à formuler en énoncés généraux, de manière à en tirer, s'il est possible, des règles qui permettent de conclure d'un état présent et donné des choses à l'état probable qu'elles affecteront à une époque future plus ou moins rapprochée de la première.

Ce n'est pas seulement en considération de l'utilité générale qui en résulterait pour l'humanité entière, que nous indiquons cette dernière condition au nombre de celles que doit se proposer de réaliser la météorologie. L'utilité d'une telle application est si évidente, qu'elle vient à la pensée de tous, et il n'est pas douteux que le seul espoir de l'obtenir est un des mobiles les plus puissants qu'on ait pu proposer pour favoriser la culture de la science météorologique. Mais en indiquant ici, comme but idéal de la Météorologie, la prédiction du temps à plus ou moins longue échéance, nous avons une autre pensée : nous avons surtout en vue la conception qu'on doit se faire de toute science digne de ce nom, et d'après laquelle cette science peut être considérée comme véritablement constituée le jour où elle est en état de prévoir ce qui, dans l'hypothèse d'une situation donnée, se passera dans l'ordre des phénomènes qu'elle étudie. Prenons pour exemple et pour terme de comparaison l'astronomie. Grâce à la lenteur relative de la marche des corps célestes, à la périodicité et à la régularité de leurs mouvements, les astronomes de l'antiquité et du moyen âge avaient bien pu, avant Copernic, calculer avec une certaine exactitude les positions futures approchées de quelques corps célestes, les éclipses de Lune et de Soleil. Mais, dans l'ignorance des lois véritables de leurs mouvements, plus les observations instrumentales devenaient précises, moins ils étaient en état de rendre compte des anomalies constatées entre leurs prédictions et les positions vraies. Quand Copernic eut découvert le véritable système du monde, que Kepler eut défini la nature des courbes décrites et les lois des mouvements planétaires, quand Newton surtout fut arrivé à formuler la loi de gravitation et jeté ainsi les fondements de la mécanique céleste, alors seulement l'astronomie put être regardée comme constituée définitivement. Le perfectionnement des théories exigea sans doute ensuite des travaux considérables. Mais la science, à ce point de vue, était faite. Les procédés d'observation, de plus en plus parfaits, révélaient des inégalités, des perturbations nouvelles qui toutes trouvaient leur explication dans le principe même de la science, et fournissaient à chaque fois à celle-ci l'occasion de progrès nouveaux, de nouveaux triomphes. La découverte de Neptune, celle du compagnon de Sirius, venant après coup justifier les prédictions de la théorie sur la nécessité de l'existence d'astres perturbateurs jusqu'alors inconnus, pour expliquer les inégalités du mouvement des corps troublés, ont confirmé de la façon la plus éclatante la grande loi de la gravitation, et démontré son universalité dans toutes les régions du ciel accessibles au télescope.

Peut-on espérer qu'un jour la Météorologie puisse atteindre un tel degré de perfection? La complexité infinie des phénomènes qu'elle étudie permettra-t-elle jamais aux prévisions qu'on pourra lui demander plus tard, un degré d'exactitude comparable à celui que comportent les éphémérides astronomiques? C'est peu probable ; ne craignons pas de dire que cela nous semble impossible, non parce que la succession des phénomènes de cet ordre est moins rigoureusement réglée que les mouvements des astres[1], mais parce qu'il est évident que jamais il ne sera possible au labeur humain d'accumuler la somme d'observations nécessaires pour cela; et que, ces observations fussent-elles accumulées, leur discussion et leur réduction exigeraient un travail plus effrayant encore que celui des observations elles-mêmes. Mais si l'on doit se garder de toute illusion à cet égard, si la prévision du temps à l'aide de tables calculées à l'avance est probablement une chimère, ce n'est pas une raison pour repousser l'idée qu'on pourra, par la connaissance des lois générales des phénomènes météorologiques,

1. « Au milieu de l'infinie variété des phénomènes qui se succèdent continuellement dans les cieux et sur la Terre, dit Laplace, on est parvenu à reconnaître le petit nombre de lois générales que la matière suit dans ses mouvements. Tout leur obéit dans la nature; tout en dérive aussi nécessairement que le retour des saisons, et la courbe décrite par l'atome léger que les vents semblent emporter au hasard, est réglée d'une manière aussi certaine que les orbites planétaires. » (*Exposition du système du monde.*)

Laplace dit encore, dans son *Essai philosophique des probabilités :* « Nous devons envisager l'état présent de l'univers comme l'effet de son état antérieur, et comme la cause de celui qui va suivre. Une intelligence qui, pour un instant donné, connaîtrait toutes les forces dont la nature est animée, et la situation respective des êtres qui la composent, si d'ailleurs elle était assez vaste pour soumettre ces données à l'analyse, embrasserait dans la même formule les mouvements des plus grands corps de l'univers et ceux du plus léger atome : rien ne serait incertain pour elle, et le passé, comme l'avenir, serait présent à ses yeux. »

de leur périodicité, prévoir les caractères qu'ils devront affecter pour un avenir prochain, dans telle ou telle région déterminée du globe. Certains de ces phénomènes, les bourrasques par exemple qui traversent l'Atlantique, ont une marche assez régulière pour qu'on puisse aujourd'hui déjà, à leur point de départ sur le continent américain, ou sur un point de leur parcours, signaler télégraphiquement leur direction et la date probable de leur arrivée sur les côtes de l'ancien continent. La proportion entre le nombre des annonces ainsi faites à l'avance et celui des vérifications ou des succès est assez favorable pour qu'on puisse fonder le plus légitime espoir sur l'extension d'un système général d'avertissements météorologiques.

La Météorologie, il ne faut pas l'oublier, malgré les efforts et les travaux de plusieurs générations de savants, est encore une science naissante. On peut, il est vrai, l'envisager à deux points de vue, diviser en deux parties bien distinctes l'objet de ses recherches, et alors on trouve que l'une de ces parties est beaucoup plus avancée que l'autre, soit que les phénomènes qu'elle comprend soient moins complexes, soit que la méthode d'investigation qu'on leur a appliquée ait été plus efficace, soit enfin que les météorologistes en aient fait plus spécialement l'objet de leurs études. Ces diverses causes ont sans doute agi simultanément pour produire le résultat que nous constatons.

Les phénomènes météorologiques peuvent d'abord être étudiés en eux-mêmes, dans les conditions physiques de leur production, dans les rapports qui les unissent aux phénomènes ambiants ou concomitants, mais sans qu'on ait égard à leur distribution à la surface du globe, aux lois de leur succession dans le temps et dans l'espace. Par exemple, l'observation de l'état hygrométrique de l'air, de sa pression et de sa température à diverses hauteurs, a pu conduire à trouver la cause de la formation des brouillards, des nuages, de la rosée; on a de même expliqué par des raisons empruntées à la physique générale les causes des vents, de la pluie, des courants marins, etc.

C'est le point de vue purement physique ; aussi la partie de la Météorologie qui s'occupe des recherches de cette nature, a-t-elle surtout été cultivée par des physiciens ; elle exige des observations suivies, faites à l'aide d'instruments précis, mais qui peuvent rester indépendantes. C'est celle qui, comme nous venons de le dire, semble relativement la plus avancée.

On peut aussi envisager les phénomènes dans leur ensemble, étudier les lois de leur succession, de leur développement dans un même lieu, et de leur propagation à la surface de la Terre. Mais alors la méthode doit changer avec le but qu'on se propose d'atteindre. Des observations faites d'une manière continue dans une station météorologique unique permettraient bien de reconnaître les conditions de ce que l'on nomme le climat du lieu. En étendant ces observations sur toute une région géographique, pendant une période de temps suffisamment longue, on parviendrait ainsi à définir l'état météorologique moyen des diverses parties du globe, résultat d'une haute importance, qui est encore loin d'être obtenu, mais qui, dans tous les cas, ne permettrait guère encore de résoudre le problème fondamental de la prévision du temps. La Météorologie n'aurait point encore atteint le but principal qui autoriserait à la considérer comme une science constituée : ce serait toujours la Météorologie envisagée à l'état *statique;* et c'est la *Météorologie dynamique* qui, depuis les travaux des Dove, des Maury, des Fitz-Roy, et depuis l'initiative hardie de Le Verrier, doit être surtout l'objet des efforts combinés de tous les savants qui la cultivent. Il s'agit avant tout de découvrir les lois de la circulation générale, océanique et atmosphérique. Le moyen le plus propre à atteindre ce but, c'est l'organisation de tout un système d'observations simultanées, réparties sur l'universalité du globe terrestre, dans un nombre suffisant de stations spécialement choisies, télégraphiquement reliées entre elles et communiquant jour par jour, à un ou plusieurs offices scientifiques, tous les éléments du temps enregistrés par chaque observatoire.

Cette organisation est en partie réalisée et se développe de jour en jour. Comme nous l'avons dit plus haut, elle a été rendue possible par la considération de l'utilité immédiate qu'en peuvent retirer les diverses nations civilisées, le commerce, la navigation, l'agriculture y puisant des renseignements précieux sur la probabilité du temps futur, au moins à courte échéance. Mais c'est au point de vue des progrès de la science que nous en parlons ici, et il ne semble pas douteux que la discussion de ces observations quotidiennes ne conduise à des hypothèses sur la loi ou les lois de la circulation universelle, et que la Météorologie dynamique n'en reçoive bientôt une vive et féconde impulsion. C'est l'opinion d'un de nos savants compatriotes, qui n'a pas craint de se lancer dans cette voie, et nous ne croyons pouvoir mieux terminer cette introduction qu'en citant textuellement les considérations dont il appuie sa résolution.

« Lorsque Kepler a établi ses immortelles propositions, dit M. de Tastes[1], il ne s'est pas borné à accumuler des chiffres et à attendre que la vérité se dégageât toute seule de leur contemplation. Les durées des révolutions sont-elles proportionnelles aux distances moyennes des planètes au Soleil? Il consulte les chiffres, et les chiffres répondent négativement; il essaye une autre relation sans plus de succès, et c'est par un long tâtonnement de dix-sept années qu'il atteint son but. Pourquoi ne pas imiter cette méthode? En partant d'un certain nombre de faits bien constatés, tels que l'existence des vents réguliers, des alizés et des moussons, des courants océaniques, de la distribution des climats tempérés ou excessifs, de leur relation avec celle des continents et des mers, et de ce que nous savons sur l'hydrodynamique des fluides élastiques, pourquoi ne pas se lancer hardiment dans la voie des hypothèses et imaginer un système de circulation atmosphérique qui rende compte des faits connus? Le système une fois créé,

1. *Théorie de la circulation atmosphérique*, t. IV (1879) des *Annales du Bureau central météorologique de France*.

voyons si les faits nouveaux que l'observation ultérieure nous révèlera confirment l'hypothèse ou tendent à la modifier. Si les faits la condamnent, abandonnons-la et cherchons une autre théorie. Le seul danger de cette méthode, c'est de céder à une complaisance paternelle pour nos propres idées, et de forcer les faits à se plier bon gré mal gré à notre doctrine; mais, en faisant bon marché de notre amour-propre d'auteur, il est facile de ne pas nous laisser entraîner sur cette pente dangereuse et antiscientifique.

« Un autre point faible de cette méthode, c'est l'absence de renseignements précis sur les faits météorologiques qui s'accomplissent dans de vastes régions, encore inexplorées, dont l'étendue diminue, il est vrai, peu à peu chaque jour, mais n'est encore que trop considérable. Créer de toutes pièces un système général de circulation atmosphérique sur la surface du globe quand on ignore presque entièrement ce qui se passe dans le centre de l'Afrique, dans le centre de l'Amérique du Sud et de l'Australie, sur les deux calottes polaires, et que sur l'immense étendue des mers on n'a d'autre ressource que les journaux de bord des navires, lesquels ne constatent que la direction des vents inférieurs, paraît une œuvre d'une grande témérité et qui nécessairement présentera de vastes lacunes. Ce n'est pas une raison suffisante pour nous détourner de l'entreprise : pour pénétrer les mystères d'un labyrinthe, mieux vaut se diriger d'après une idée préconçue, sauf à revenir sur ses pas (et ici la retraite est toujours possible) et à recommencer d'après un autre plan, que marcher à tâtons et à se fier au hasard. »

Le savant que nous venons de citer, on le voit, ne se dissimule point les difficultés de l'œuvre à accomplir. Nous donnerons en temps et lieu un aperçu de la théorie qu'il propose. Ici nous avons voulu seulement, après une esquisse sommaire de l'objet de la Météorologie, de ses méthodes, de l'état actuel de la science, insister sur l'étendue de ses lacunes. Avant, du reste, d'entrer en matière, nous tenons à bien avertir le lecteur qu'il ne doit pas s'attendre à trouver dans le cinquième volume du *Monde physique* un traité méthodique et complet; notre ambition est plus modeste. Comme dans les parties précédemment publiées de notre ouvrage, la description la plus simple et la plus claire possible des faits, jointe à celle des instruments ou des procédés à l'aide desquels on les observe ou on les mesure, l'énoncé des lois ou des rapports que l'observation a constatés entre eux, l'exposé des théories proposées pour rendre compte, soit de la production, soit de la succession des phénomènes, en les rattachant à leurs causes physiques ou mécaniques, tel est le programme que nous allons essayer de remplir avec toute la conscience dont nous sommes capable.

NOTIONS PRÉLIMINAIRES

I

FORME ET DIMENSIONS DE LA TERRE.

Le siège principal des phénomènes météorologiques est l'Atmosphère. Ce sont les mouvements incessants, les oscillations perpétuelles de cet océan fluide, avec tous les changements physiques qui les accompagnent, qu'on se propose d'étudier dans la branche de la physique terrestre connue sous le nom de Météorologie. L'agent spécial des mouvements dont nous parlons est la *chaleur*, dont la distribution inégale varie à chaque instant à la surface du globe, en raison des périodes de rotation et de révolution de ce dernier, et qui est en lutte à tout instant avec les forces de gravitation et d'attraction moléculaire des éléments matériels de l'air et du sol.

Mais si ce sont les masses aériennes qui jouent le rôle principal dans les phénomènes météorologiques, il est aisé de comprendre que les parties solides et liquides de la surface terrestre ne le cèdent guère en influence aux premières. Pour parler plus juste, il est impossible de séparer leurs actions et réactions simultanées. L'air ou l'atmosphère, les eaux des fleuves, des lacs ou des mers, enfin les couches du sol, au moins jusqu'à une certaine profondeur, tels sont donc les éléments au sein desquels se passent tous les faits dont nous allons aborder l'étude. C'est sur ce vaste théâtre que se déroulent les scènes changeantes dont ce cinquième volume du *Monde physique* doit essayer de tracer le tableau. Pour entrer en matière, il nous paraît indispensable de faire précéder notre description de celle du cadre même qui la doit contenir.

On sait que la Terre a la forme d'un ellipsoïde aplati aux pôles de rotation, ou, ce qui revient au même, renflé vers l'équateur. Ce n'est pas absolument un solide de révolution, même lorsqu'on fait abstraction des inégalités du sol des continents ou des îles, ou qu'on réduit par la pensée la surface du globe à ce qu'elle serait si le niveau des mers était partout prolongé au-dessous des massifs constituant le relief de ce sol même. Les irrégularités qui s'opposent à la possibilité de cette assimilation à une forme géométrique parfaite sont de plusieurs sortes. En premier lieu, les méridiens, dont les géodésistes ont mesuré des arcs partiels plus ou moins longs, n'ont pas, en tous leurs points, des courbures indiquant qu'elles appartiennent à des ellipses parfaites. Cela résulte des mesures mêmes, qui ne donnent point, pour un méridien en ses divers points, les longueurs correspondant à l'amplitude de l'arc mesuré dans l'hypothèse d'une ellipse régulière. En outre, les divers méridiens ne semblent pas être des courbes égales entre elles. Mêmes irrégularités, si l'on considère les arcs de parallèles. Chacune de ces courbes, considérée comme le lieu des verticales faisant le même angle avec l'axe du monde, n'est point un cercle, ainsi que cela devrait être dans le cas où la Terre aurait la forme d'un solide de révolution ; et il en est de même de l'équateur, qui paraît affecter à peu près la forme d'une ellipse, d'ailleurs beaucoup moins aplatie que les courbes méridiennes.

Enfin un autre genre d'irrégularité consisterait en ce que les deux hémisphères terrestres eux-mêmes ne seraient point symétriques, l'aplatissement du pôle sud étant notablement plus grand que celui du pôle nord.

Il ne faudrait pas s'exagérer l'importance des anomalies que présente la forme du globe terrestre. Elles paraissent bien peu de chose, si on les rapporte à ses vraies dimensions. Les nombres que nous allons donner, et quelques comparaisons familières permettront de s'en faire une juste idée. Mais si on les considère sous un autre point de vue, celui des causes qui ont pu les produire, les irrégularités en question ont au contraire une importance capitale, parce qu'elles intéressent la théorie de la constitution physique du globe, de l'histoire de sa formation, de la consolidation de son écorce, des soulèvements et des affaissements qui ont produit, ici les continents, là les mers. Rien, du reste, n'empêche d'admettre que ces causes persistent encore, et que des changements d'une extrême lenteur continuent à modifier la forme extérieure de la planète, sous l'influence combinée des causes extérieures ou astronomiques et des causes internes, c'est-à-dire des réactions du noyau. Ce n'est pas le moment d'entrer sur ce point dans des détails qui d'ailleurs nous feraient sortir de notre sujet.

Revenons à notre ellipsoïde et à sa forme. Un nombre caractérise cette forme : c'est celui qui mesure son aplatissement moyen[1]. Sa valeur, d'après les plus récentes mesures, est comprise entre les fractions $\frac{1}{292}$ et $\frac{1}{293}$, c'est-à-dire que la dépres-

1. Le demi petit axe, ou rayon polaire, est moindre en longueur que le demi grand axe, ou rayon équatorial. Ce qu'on nomme l'*aplatissement* est l'excès du second rayon sur le premier, rapporté au rayon équatorial. L'*Annuaire du Bureau des longitudes pour* 1884 donne les valeurs suivantes pour cette fraction :

« En se basant sur les mesures d'arcs de méridien suivants, savoir : arcs russo-suédois, anglo-français, des Indes, du Pérou et du Cap, et en y joignant un arc de parallèle mesuré aux Indes, M. Clarke trouve pour l'aplatissement moyen $\frac{1}{295,5 \pm 1}$.

« D'un autre côté, en joignant aux arcs de méridien mentionnés ci-dessus ceux de Prusse, du Danemark et du Hanovre, et en négligeant l'arc de parallèle mesuré aux Indes, M. Faye trouve $\frac{1}{292 \pm 1}$. »

Enfin, d'après les observations du pendule, on trouve actuellement pour la valeur de l'aplatissement $\frac{1}{292,2 \pm 1,5}$. Les recherches antérieures donnaient un aplatissement moindre. L'Annuaire de 1866 portait encore $\frac{1}{300}$, puis les années suivantes $\frac{1}{294}$. Plus le nombre des mesures s'accroît, plus la probabilité de l'exactitude des résultats va croissant elle-même.

sion, à chaque pôle, est mesurée par la 292e ou la 293e partie du rayon de l'équateur.

En adoptant le premier de ces nombres, voici ce qu'on trouve pour les dimensions du globe terrestre :

Demi petit axe ou rayon polaire.	6 356 550	mètres.
Demi grand axe ou rayon équatorial. . .	6 378 394	—
Longueur d'un méridien	40 008 032	—
— de la circonférence équatoriale.	40 076 630	—
— de l'arc méridien de 1°	111 135,4	—
Dépression polaire moyenne.	21 844	—

L'hémisphère austral, avons-nous dit plus haut, est un peu plus déprimé que l'hémisphère boréal. Son aplatissement serait de $\frac{1}{286}$. En le rapportant au même rayon équatorial, on trouverait alors pour longueur du rayon polaire austral 6 356 091 mètres, et pour la dépression du pôle sud 22 303 mètres, dépassant de 459 mètres la dépression du pôle nord.

Enfin, si l'on tenait compte de la forme elliptique reconnue à l'équateur, il y aurait lieu de distinguer entre le demi grand axe et le demi petit axe de l'ellipse équatoriale. L'aplatissement particulier à cette région de la Terre[1] étant évalué à $\frac{1}{4252}$, c'est-à-dire étant quatorze fois moindre environ que l'aplatissement moyen des pôles, on calcule pour la différence des rayons extrêmes de l'équateur environ 1 kilomètre et demi.

Telles sont, d'après les plus récentes mesures, les dimensions et la forme de notre Terre. Pourrait-on rendre cette forme sensible à l'œil par une représentation fidèle ? On va pouvoir en juger. Qu'on prenne, pour figurer le globe terrestre, une boule de 1 mètre de diamètre à l'équateur. Le diamètre des pôles devra mesurer 996^{mm},43 ; la dépression de chaque pôle sera de moins de 2 millimètres (1^{mm},7), c'est-à-dire impossible

1. Les sommets du petit axe de l'équateur considéré comme elliptique sont situés, l'un dans l'Archipel de la Sonde (à 102° de longit. E.), l'autre en un point de la République de l'Équateur, ayant 78° de longitude occidentale. Les sommets du grand axe appartiennent, l'un au continent africain (12°,1' de longit. E.), l'autre à la Polynésie, entre les îles Fidji et l'archipel des Sandwich (167°,57').

à constater, à moins de mesures précises. Les globes terrestres usuels servant aux études géographiques, ou les cartes mappemondes, mesurant en moyenne 30 centimètres de diamètre, l'aplatissement y serait tout au plus égal à un demi-millimètre à chaque pôle. On peut affirmer que la forme elliptique d'un globe de ces dimensions serait invisible pour l'œil le plus exercé.

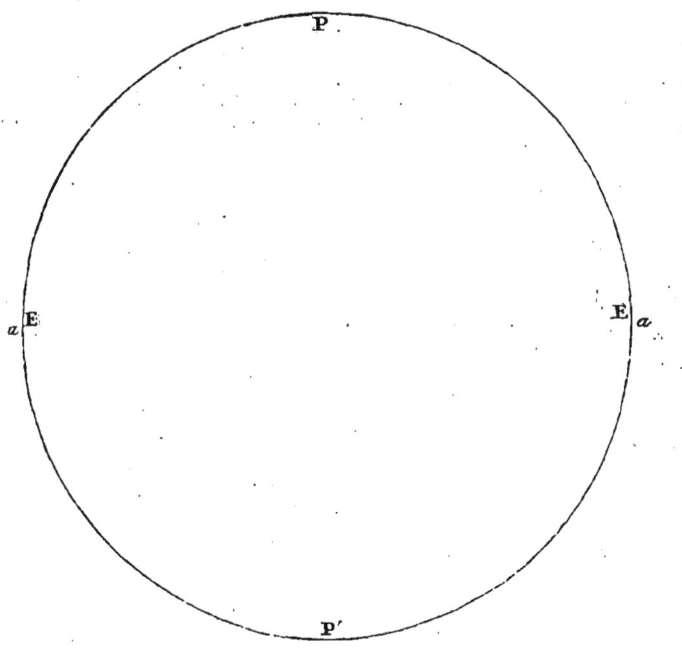

Fig. 1. — Aplatissement du globe terrestre. Épaisseur du bourrelet équatorial[1].

Comparée, sous ce rapport, aux autres planètes du système solaire, la Terre serait certainement rangée dans la catégorie de celles qui, comme Vénus[2], n'ont pas d'aplatissement sensible. Celui de Mars, d'après les mesures les moins favorables, est au

1. Dans la figure 1 ci-dessus, nous avons essayé de représenter en vraie grandeur relative l'épaisseur du bourrelet équatorial. On voit en *aa* ce qu'il faut ajouter de matière à la sphère parfaite pour obtenir l'ellipsoïde terrestre ; l'excès d'épaisseur du trait en *aa* sur celui qui se voit aux pôles PP′ est la mesure, plutôt un peu exagérée, du renflement en question.

2. Un seul observateur, M. Tennant, a cru trouver un aplatissement au disque de Vénus : il serait égal à $\frac{1}{260}$, plus grand, comme on voit, que celui de la Terre.

moins deux fois et demie aussi fort que celui de notre planète. Jupiter, Saturne, vus dans les lunettes, présentent des disques dont l'ellipticité frappe l'œil avant toute mesure; mais leurs aplatissements sont l'un 32 fois (fig. 2), l'autre 20 fois plus considérables que celui de la Terre. On peut donc être assuré que, si notre globe était relégué dans l'espace à la distance où nous voyons Mars, par exemple, à l'époque de ses oppositions, il serait difficile aux astronomes qui braqueraient sur lui leurs télescopes, de soupçonner et à plus forte raison de mesurer la grandeur de ses dépressions polaires. Ce témoignage de l'état

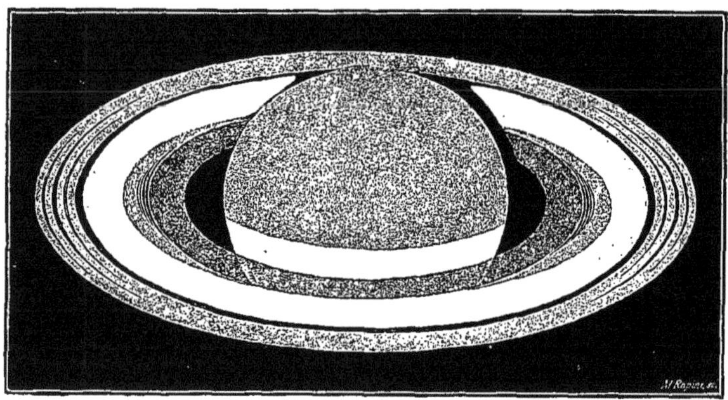

Fig. 2. — Aplatissement de Saturne, vu au télescope.

fluide primitif de notre planète et de l'influence de son mouvement de rotation, mouvement que les taches du disque terrestre feraient connaître, serait affirmé sans doute comme une probabilité, ou mieux comme une nécessité des lois de la mécanique céleste, mais ne pourrait être invoqué à l'appui de l'exactitude de ces mêmes lois.

En partant des données que nous venons de résumer en quelques lignes de chiffres, et en tenant compte, ainsi qu'il convient, de la forme ellipsoïdale du globe, on trouve aisément par le calcul les nombres qui mesurent son volume et sa surface. Le kilomètre cube et le kilomètre carré sont les unités qu'il faut adopter pour cette évaluation; encore ne faut-il en retenir que les centaines de mille ou même les millions, pour ne pas surcharger la mémoire de chiffres sur l'exactitude desquels on ne peut rien affirmer.

Voici à quels nombres on arrive alors :

Surface de l'hémisphère boréal.	254 315 000 kil. carrés.
— de l'hémisphère austral.	254 285 000 —
Surface totale de la Terre[1] . . .	508 600 000 kil. carrés.
Volume de l'hémisphère boréal.	540 037 000 000 kil. cubes.
— de l'hémisphère austral.	539 503 000 000 —
Volume total de la Terre.	1 079 540 000 000 kil. cubes.

Le territoire de la France continentale (démembrée par le funeste traité de 1871) contient 528400 kilomètres carrés, soit un peu plus de la millième partie (la 965e) de la surface terrestre tout entière. Nous avons distingué entre les deux hémisphères, nord et sud, en tenant compte de la différence, plutôt soupçonnée que démontrée, de l'aplatissement des deux pôles, ce qui rend l'hémisphère boréal plus volumineux que l'hémisphère austral de la 1200e partie environ de ce dernier.

On a vu, dans le premier volume du *Monde physique*, que les savants sont parvenus, à l'aide de diverses méthodes, à évaluer la densité moyenne de la matière dont notre Terre est formée ; que cette densité, rapportée à celle de l'eau, est 5,56 : ce qui revient à dire que le globe terrestre pèse 5,56 fois autant qu'une sphère d'eau distillée de même volume, dont la température serait, en tous les points de sa masse, de 4° centigrades au-dessus du zéro de la glace fondante. Évalué en tonnes de mille kilogrammes, le poids de la Terre entière serait donc au moins de

6 112 000 000 000 000 000 000 tonnes,

ou de 6112 milliards de milliards de tonnes !

1. En ne tenant pas compte de cette différence entre les surfaces des deux hémisphères, et en considérant la Terre comme une sphère ayant pour rayon moyen 6371 kilomètres, on trouve 510 millions de kilomètres carrés pour sa surface totale. C'est ce nombre rond que nous adopterons, comme plus aisé à retenir.

Il n'est pas tenu compte, dans ce nombre énorme qui dépasse ce que notre imagination peut concevoir, du faible appoint qu'y apporterait la masse du relief continental en surplomb au-dessus du niveau de l'Océan, le volume calculé plus haut étant celui de la Terre réduite à ce niveau. Nous allons en dire un mot tout à l'heure. Mais auparavant parlons de l'atmosphère. On peut connaître son poids, sans rien savoir de son volume, sans avoir résolu la question intéressante qui consiste à mesurer sa hauteur, ou calculé la limite à laquelle existe encore une couche d'air, celle qui sépare à proprement parler la Terre de l'espace environnant, de l'espace céleste. La pression barométrique moyenne, telle qu'on l'observe au niveau de la mer, et que nous prendrons, pour simplifier, égale à 760 millimètres, voilà l'élément qui suffit pour calculer le poids de l'atmosphère. C'est celui d'une couche de mercure, de 76 centimètres d'épaisseur, qui recouvrirait entièrement notre globe; évalué pareillement en tonnes de mille kilogrammes, on trouve qu'il est égal à

5 263 000 000 000 000 tonnes.

Tel est le poids de l'air qui nous environne de toutes parts, et que supportent la surface du sol et celle des eaux de la mer. Ce fluide si ténu, en apparence si léger, et dont la pression est insensible à nos organes, parce qu'elle s'exerce en tout sens et jusqu'au sein du tissu dont ils sont formés, n'en constitue pas moins une telle masse autour du globe, qu'elle équivaut à plus de 460 000 cubes de plomb d'un kilomètre de côté, ou de 594 000 kilomètres cubes de cuivre, ou enfin de 730 000 kilomètres cubes de fer. Comparée au poids de la Terre entière, elle n'en est pas tout à fait la millionième partie. Mais la mobilité de l'atmosphère est telle, grâce à sa faible densité et aux variations rapides que cette densité subit sous l'influence des variations de chaleur, que les couches qui la composent ne sont pour ainsi dire jamais en repos, ou que leur équilibre temporaire est d'une absolue instabilité.

II

ÉTENDUE ET DISTRIBUTION DES TERRES ET DES EAUX.

Il ne s'agit, dans toutes les données qui précèdent, que de la Terre considérée dans son ensemble. Mais il n'est pas moins intéressant, disons mieux, il est encore plus utile pour l'étude que nous nous proposons, de connaître celles qui concernent sa configuration générale. L'étendue relative des terres et des eaux à sa surface, leur distribution sur chaque hémisphère, la masse des parties solides émergentes ou du relief des continents et des îles, la masse des parties liquides qui constituent les mers, voilà autant de questions sur lesquelles il importe d'avoir des données précises, sans quoi on risquerait de se faire une idée fausse de l'influence exercée par ces divers éléments sur les phénomènes météorologiques, de méconnaître tout au moins la dépendance où ils sont les uns des autres.

Commençons par dire ce qu'on sait de la superficie qu'occupent, à la surface du globe, les continents d'une part, les océans et les mers de l'autre. Voici les nombres que nous trouvons à cet égard dans la partie géographique de l'*Annuaire du Bureau des longitudes pour l'année* 1884. Ces données ont été recueillies par notre savant compatriote M. Levasseur :

Ancien continent. .	Europe.	9 980 843	kil. carrés.
	Asie	43 104 000	—
	Afrique.	30 008 000	—
Nouveau continent.	Amérique N. . .	24 798 000	—
	Amérique S. . .	17 755 000	—
Océanie (Australasie, Malaisie, Polynésie)		11 091 000	—
Superficie totale des continents et des îles.		136 736 843	kil. carrés.

Voici maintenant les nombres relatifs à la superficie des mers :

Océan Atlantique	100 000 000	kil. carrés.
— Indien	68 000 000	—
— Pacifique.	175 000 000	—
— Glacial boréal	10 000 000	—
— Glacial austral	20 000 000	—
Superficie totale des océans . . .	373 000 000	kil. carrés.

En résumé, tandis que l'étendue des continents mesure environ 137 millions de kilomètres carrés, celle des eaux s'élève à 373 millions, ce qui donne en tout les 510 millions de kilomètres carrés de la surface du globe trouvés plus haut. Sur 1000 parties de cette surface, 268 environ sont solides ou du moins forment la partie solide émergente ; les 732 autres sont le domaine de la masse liquide. Les terres sont donc un peu plus du quart, les mers un peu moins des trois quarts de la superficie totale[1]. Cette évaluation, du reste, est sujette à revision, puisque tous les contours des côtes ne sont pas déterminés partout avec la même précision, et que les mesures géodésiques n'embrassent encore qu'une partie limitée des continents ou des îles. Mais l'approximation est bien suffisante pour le point de vue où nous nous plaçons ici.

Si la proportion relative des eaux et des terres est une donnée dont la météorologie doive tenir compte, à cause de la diversité d'influence que ces deux parties constitutives de la surface terrestre exercent à coup sûr sur les phénomènes atmosphériques, pour une raison de même ordre il est très intéressant de savoir comment elles sont distribuées sur les deux hémisphères. Nous ne voulons parler ici de cette distribution qu'au point de vue des grandes masses ; mais nous verrons combien il est nécessaire d'entrer dans le détail des configurations, quand il s'agira d'expliquer l'infinie variété des climats. Comme le dit Humboldt, « le mot *climat* désigne une constitution particulière de l'atmosphère; mais cette constitution est soumise à la double influence de la *mer*,

1. « Dans l'état actuel de la surface de notre planète, dit Humboldt dans son *Cosmos*, la superficie de la terre ferme est à celle de l'élément liquide dans le rapport de 1 à 2,8, ou, d'après Rigaud, dans le rapport de 100 à 270. » Les nombres rapportés plus haut donnent 1 : 2,74 pour ce rapport, que d'autres auteurs estimaient égal à 1 : 2,84. On n'a que des notions peu certaines sur l'étendue relative des terres et des mers qui avoisinent les deux pôles; mais les données qu'on pourra recueillir ultérieurement sur ce point ne modifieront guère les nombres actuels, bien éloignés de la croyance où l'on était, au moyen âge, que les mers ne formaient que la septième partie de la surface de la Terre. On connaissait à peine alors, il est vrai, la moitié de cette surface. On ne savait à peu près rien de l'existence de l'immense plaine liquide qui forme l'océan Pacifique, et, quand Christophe Colomb aborda à San Salvador, il crut avoir touché aux côtes orientales du continent asiatique.

sillonnée à la surface et dans ses profondeurs de courants doués de températures très diverses, et de la *terre ferme*, dont la surface articulée, accidentée, colorée de mille manières, tantôt nue, tantôt recouverte de forêts ou de gazons, rayonne le calorique avec une intensité extrêmement variable[1]. »

Jetons un coup d'œil sur les figures 3 et 4, qui représentent, la première, l'hémisphère boréal, la seconde, l'hémisphère austral de notre globe : il est impossible de n'être point frappé de l'inégalité de la répartition des eaux et des terres sur chacun d'eux. L'ancien continent presque tout entier (un tiers seul de l'Afrique y manque), toute l'Amérique septentrionale et centrale, avec une partie de l'Amérique méridionale, se trouvent au nord de l'équateur; tandis que l'Afrique australe, c'est-à-dire un tiers environ du continent africain, le reste de l'Amérique du Sud, l'Australie, avec une partie des îles de la Malaisie, forment seuls la partie terrestre de l'hémisphère sud. Du pôle austral jusqu'au 40e degré de latitude sud, on ne rencontre, en fait de terres, que la pointe sud du continent américain et les rares lambeaux de terres polaires antarctiques : les eaux recouvrent tout le reste, ainsi que les vastes espaces compris entre l'équateur et les trois continents ou fragments de continents que nous venons de nommer. On peut donc dire que l'hémisphère austral est avant tout océanique[2]. Mais le contraste résultant de cette inégalité de répartition des terres et des eaux sur le globe est bien autrement accusé, si, au lieu de prendre pour ligne de séparation le cercle équatorial, on divise la Terre en deux hémisphères par un grand cercle ayant Paris ou Londres d'un côté, et leurs antipodes de l'autre côté, pour pôles. C'est ce qu'il est aisé de constater en examinant les figures 5 et 6. On voit alors, accumulées dans le premier hémisphère, toutes les terres de l'ancien continent et une grande partie de celles

1. *Cosmos*, t. I, p. 356.

2. Sur 136 millions de kilomètres carrés qui composent les terres, l'hémisphère nord n'en renferme guère moins de 100 millions, c'est-à-dire près des trois quarts. Sur les 373 millions de kilomètres carrés des océans, 155 environ sont au nord de l'équateur, 218 millions au sud; le rapport est à peu près celui des nombres 3 et 5.

du Nouveau Monde. Seuls, le continent australien, accompagné des grandes îles de la Malaisie, et, à 180° de distance en longitude, l'extrémité méridionale de l'Amérique du Sud, empêchent le second hémisphère d'être entièrement recouvert par les eaux de l'Océan. On ne pouvait mieux nommer ces deux moitiés de la Terre qu'en appelant l'une l'*hémisphère maritime*, l'autre

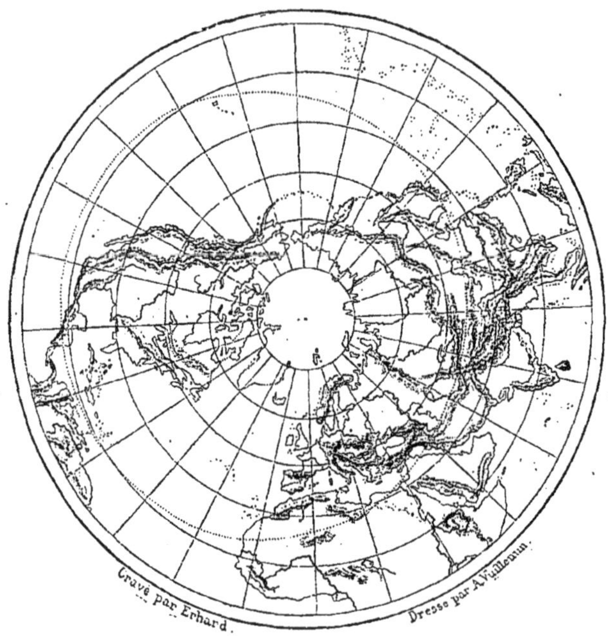

Fig. 3. — Distribution des terres et des eaux dans l'hémisphère boréal.

l'*hémisphère continental*. On peut évaluer à 120 millions au moins, sur un total de 136 millions, le nombre des kilomètres carrés mesurant la superficie des terres sur ce dernier hémisphère; c'est plus des 5 sixièmes. En revanche, l'hémisphère maritime est recouvert par près des deux tiers des eaux du globe entier.

Il peut être encore intéressant et utile de savoir comment se fait la répartition des parties solides et liquides du globe, soit en longitude, soit en latitude. Saigey en a fait le calcul de

10° en 10° dans les deux sens. Pour la distribution en longitude, il prend pour point de départ le méridien de l'Ile de Fer (à 20° O. de Paris), qui a l'avantage de diviser la Terre en deux hémisphères, dont l'un, oriental, comprend la presque totalité de l'ancien monde, tandis que l'autre, occidental, renferme le Nouveau Monde ou le continent américain tout entier. En nous

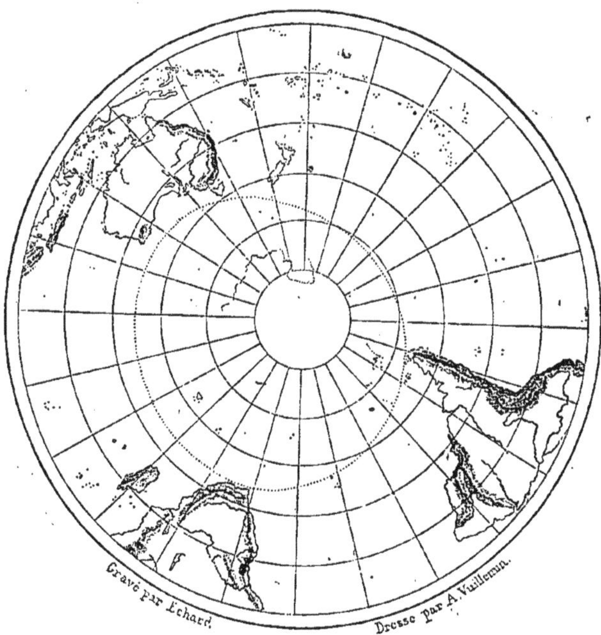

Fig. 4. — Distribution des terres et des eaux dans l'hémisphère austral.

bornant à donner les résultats de 30° en 30°, voici comment se répartissent les terres sur les deux hémisphères :

HÉMISPHÈRE ORIENTAL.		HÉMISPHÈRE OCCIDENTAL.	
Longitude.	Superficie en kil. carrés.	Longitude.	Superficie en kil. carrés.
0° à 30°	11 821 000	180° à 150°	1 281 000
30° à 60°	25 919 000	150° à 120°	1 570 000
60° à 90°	13 543 000	120° à 90°	6 203 000
90° à 120°	15 034 000	90° à 60°	11 457 000
120° à 150°	16 173 000	60° à 30°	18 437 000
50° à 180°	8 715 000	30° à 0°	3 737 000
Total. . . .	91 205 000	Total. . . .	42 665 000

Là encore on trouve, dans la première moitié de notre globe, une prédominance marquée de l'étendue des terres. C'est dans le fuseau compris entre 30° et 60° de longitude orientale (de 10° à 40° à l'orient de Paris) qu'est le maximum

Fig. 5. — Hémisphère des terres ou continental.

pour cet hémisphère. Ce fuseau embrasse en effet l'ancien continent depuis le cap Nord scandinave jusqu'au cap des Aiguilles, extrémité méridionale de l'Afrique. Il y a un second maximum vers 120° à 140° (100° à 120° à l'est de Paris), comprenant le continent asiatique, du cap Nord sibérien à la pointe sud de la presqu'île de Malacca. L'hémisphère occidental ne renferme pas la moitié autant de terres que l'autre; il offre aussi un maximum, vers 50° de longitude ouest (70° O. de Paris), où le fuseau traverse le continent américain du nord au sud.

La distribution en latitude est intéressante, en ce qu'elle exprime numériquement le fait déjà marqué plus haut de la prédominance en terres de l'hémisphère boréal, ainsi que le rétrécissement des parties continentales, lesquelles, comme on

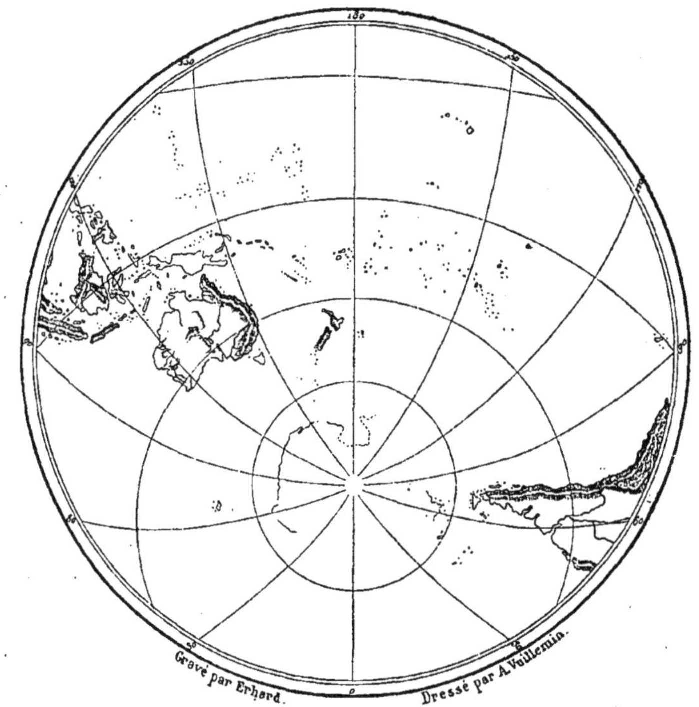

Fig. 6. — Hémisphère des eaux ou maritime.

sait, se terminent généralement en pointes allongées vers le sud[1]. Voici les nombres donnés par Saigey[2] :

1. L'Australie, qui se distingue sous tant de rapports des autres continents, fait exception à cette dernière règle.

2. On remarquera, dans les deux tableaux donnés par ce savant, une différence entre les résultats des deux évaluations, en ce qui concerne le total de la surface des terres : le premier tableau donne 135 870 000, le second 134 251 000 kilomètres carrés. Cela tient à la difficulté d'évaluer exactement les surfaces partielles. On a vu plus haut que ce total est d'environ 136 millions de kilomètres carrés.

HÉMISPHÈRE BORÉAL.		HÉMISPHÈRE AUSTRAL.	
Latitude.	Superficie en kil. carrés.	Latitude.	Superficie en kil. carrés.
80° à 70°	3 520 000	0° à 10°	10 307 000
70° à 60°	13 459 000	10° à 20°	10 004 000
60° à 50°	14 584 000	20° à 30°	9 381 000
50° à 40°	16 053 000	30° à 40°	4 168 000
40° à 30°	15 444 000	40° à 50°	960 000
30° à 20°	14 982 000	50° à 60°	212 000
20° à 10°	11 153 000	Total. . . .	35 032 000
10° à 0°	10 024 000		
Total. . . .	99 219 000		

Le maximum qu'on remarque entre les parallèles nord de 40° à 50° correspond à la plus grande *longueur*[1] de l'ancien continent, depuis la Péninsule Ibérique jusqu'aux confins de la Chine et du Japon, et à la traversée de l'Amérique du Nord, de Terre-Neuve à l'île de Vancouver.

III

LE RELIEF DES CONTINENTS.

Il ne suffit pas, pour l'objet qu'on se propose en étudiant la météorologie, de connaître l'étendue relative des eaux et des terres, et leur répartition à la surface du globe. Il importe encore, pour pouvoir se rendre un compte exact de leur influence sur les phénomènes de température, de pression atmosphérique, etc., de connaître tout ce qui est relatif à leur répartition selon l'altitude, à quel niveau les masses continentales s'élèvent au-dessus de la surface des eaux de l'Océan, de combien ces dernières s'abaissent au-dessous de cette même surface. Ce ne sont pas des questions de pure curiosité que celles de savoir à quelles hauteurs s'élèvent dans l'atmosphère, non pas seulement les points culminants des chaînes de montagnes qui forment l'épine dorsale des grands continents, ni

1. Le mot *longueur* est pris ici dans le sens où l'employaient les géographes anciens, et d'où dérive notre terme de *longitude*.

même les chaînes elles-mêmes dans leur moyenne altitude; que de déterminer leur orientation, de calculer la moyenne épaisseur des massifs continentaux, de sonder les mers dans leurs profondeurs, de manière à connaître le relief du sol immergé comme on a pu étudier de visu celui du sol émergé : tous ces problèmes ont une corrélation intime avec ceux qu'étudie la météorologie et par suite avec d'autres questions d'un intérêt plus général. « Combien la température actuelle de la Terre, dit Humboldt, la végétation, l'agriculture, la civilisation elle-même eussent été différentes, si les axes de l'ancien et du nouveau continent eussent reçu la même direction, si la chaîne des Andes, au lieu de dessiner un méridien, eût été soulevée de l'est à l'ouest; si aucune terre tropicale (l'Afrique) n'eût rayonné fortement le calorique au sud de l'Europe; si la Méditerranée, qui communiquait primitivement avec la mer Caspienne et avec la mer Rouge, et qui a puissamment favorisé l'établissement des races humaines, eût été remplacée par un sol aussi élevé que les plaines de la Lombardie ou de l'antique Cyrène[1] ! »

Dès 1842, Humboldt avait cherché à évaluer la hauteur moyenne des continents, par une méthode qui consistait à calculer le volume des principales chaînes de montagnes d'après leur base et leur hauteur moyenne, et à répartir ce volume sur la surface totale de chaque continent. C'est ainsi qu'il trouva, par exemple, que, si les matériaux formant la chaîne des Alpes étaient répartis et disséminés également sur la surface de l'Europe, ils en exhausseraient le niveau de $6^{m},50$. Selon lui, la hauteur moyenne de l'Europe est d'au moins 205 mètres, celle de l'Asie de 355 mètres, de l'Amérique du Nord et de l'Amérique du Sud, respectivement de 228 et 351 mètres, au-dessus du niveau de l'Océan. Saigey, dans sa *Physique du globe*, est arrivé à des résultats un peu plus forts, ce qu'on pouvait prévoir, puisque l'auteur du

1. *Cosmos*, t. I, p. 344.

Cosmos a soin de présenter les chiffres qu'on vient de lire comme une limite inférieure des hauteurs moyennes des continents. Prenant pour point de départ le travail de deux savants danois, MM. Olsen et Bredsdorff, sur l'orographie du continent européen, Saigey a calculé les volumes successifs des parties de ce continent découpé en quadrilatères d'un degré de côté (en longitude et latitude) et additionné tous ces morceaux. Le volume total a été celui du relief de l'Europe, lequel, divisé par la surface, lui a donné la hauteur moyenne, qu'il regarde comme fort approximativement égale à 240 mètres. Puis, par des considérations trop longues à rapporter ici, et basées sur cette hypothèse que les hauteurs moyennes des continents sont proportionnelles à celles de leurs points culminants, il arrive aux résultats suivants pour les diverses parties du monde :

Europe.	240	mètres.
Asie	400	—
Afrique.	400	—
Amérique N.	250	—
Amérique S.	350	—
Australie.	220	—

La hauteur moyenne de tous les continents serait de 348 mètres. En répartissant uniformément sur toute la surface du globe toute la matière dont ils sont composés, on trouve qu'ils n'en exhausseraient le niveau que de 91 mètres, c'est-à-dire de la soixante et dix millième partie du rayon. Le volume lui-même de tout le relief continental serait de 47 600 000 kilomètres cubes, à peu près la 22 700ᵉ partie du volume total de la Terre. Comme la densité moyenne des terrains et des roches ne dépasse guère 2,6, tandis que nous avons vu que celle du globe est 5,56, il s'ensuit que la masse des continents, pour toute la partie qui émerge au-dessus du niveau des mers, n'est guère que la cinquante millième partie de la masse terrestre (environ 124 millions de milliards de tonnes).

Il est à peine besoin de dire que tous ces nombres sont

LA PLUS HAUTE MONTAGNE DU GLOBE.

Le Gaourisankar (Himalaya), dessiné d'après les frères Schlagintweit par F. Schrader.

sujets à revision : ce sont des données approchées, dont l'exactitude est encore, en bien des points, fort contestable, mais qui permettent déjà de juger de l'importance relative des reliefs continentaux comparés à la surface sur laquelle nous les voyons répartis. Il est plus intéressant encore d'insister sur la part qui revient aux massifs de montagnes, aux hauts plateaux, dans l'évaluation qui précède. En effet, ces massifs jouent un rôle des plus importants dans les mouvements de l'atmosphère, quand les masses d'air des couches inférieures se trouvent transportées de l'Océan sur les terres, ou réciproquement, et qu'elles rencontrent des altitudes croissantes ou décroissantes sur leur parcours. Il en résulte des phénomènes de condensation et de dilatation, des changements de direction dans les courants aériens et d'autres phénomènes qui sont l'objet particulier des études du météorologiste.

Alors ce ne sont plus les hauteurs moyennes des continents, mais celles des grandes chaînes qui les traversent et les surfaces qu'occupent leurs massifs, qu'il importe de considérer, ou bien encore leurs distances aux rives des mers voisines avec la pente qui en résulte pour les contrées avoisinantes. Citons, d'après Humboldt, Arago, Saigey, quelques nombres relatifs à ces données pour l'ancien et pour le nouveau continent.

On vient de voir que l'Europe, considérée dans son ensemble, a une hauteur moyenne de 240 mètres. Si la France était pareillement nivelée, son sol s'élèverait à 269 mètres au-dessus du niveau de la mer ; celui de l'Allemagne à 379 mètres, celui de l'Espagne à 711 mètres. On voit par ces chiffres combien chaque région contribue inégalement à l'exhaussement général. La même inégalité se présente quand on étudie le relief de chacune d'elles en détail. Ainsi, tandis que les terres basses de l'Allemagne du nord ne donnent que 97 mètres, l'Allemagne du centre s'élève déjà à 307 mètres, et l'Allemagne du sud, couverte par le massif alpin, aurait 920 mètres de hauteur. C'est dans le Caucase, on le sait, que les cimes atteignent, pour l'Europe, leur point culminant (Elbrouz, 5644 mètres) ; puis viennent les

Alpes avec le Mont-Blanc et le Mont-Rose (4810 et 4638 mètres);

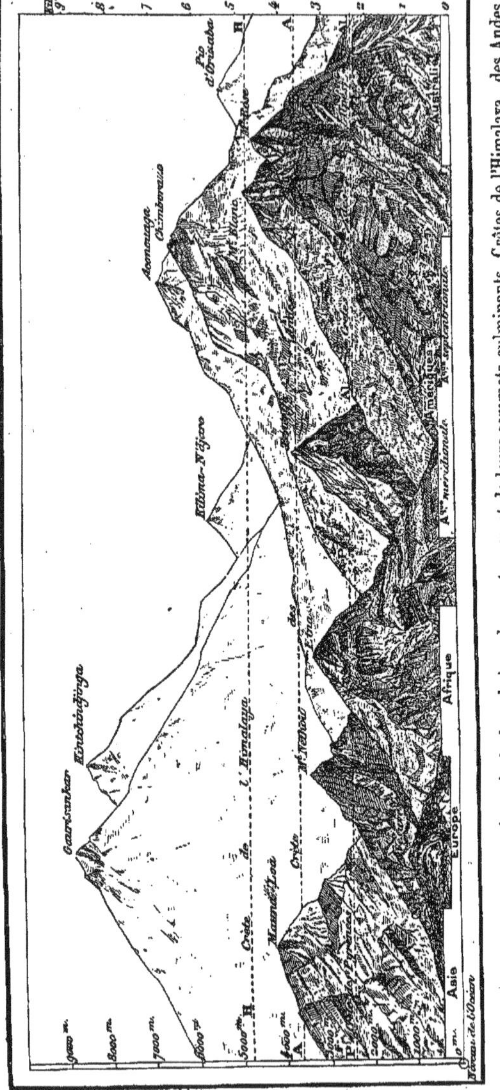

Fig. 7. — Hauteurs comparées des principales chaînes de montagnes et de leurs sommets culminants. Crêtes de l'Himalaya, des Andes, des Pyrénées et des Alpes. Hauteurs moyennes des continents au-dessus du niveau de la mer.

les Pyrénées ne viennent qu'en dernier lieu (Pic Néthou, 3404 mètres). Il est vrai que cette dernière chaîne, qui borne au nord le plateau élevé de la péninsule ibérique, rachète par l'élévation moyenne de ses crêtes son infériorité vis-à-vis des Alpes au point de vue des sommets. Humboldt évalue à 2437 mètres la hauteur moyenne de la crête des Pyrénées, à 2340 celle des Alpes. On peut voir dans la figure 7 les altitudes comparées de ces chaînes avec celles des Andes et de l'Himalaya, et aussi avec les principaux points culminants des continents des deux mondes[1].

Les régions de l'Asie qui contribuent le plus à l'exhaussement de son niveau, sont, dans l'ordre de leur importance orographique : le massif qui part de l'Himalaya pour aboutir au Kouen-Lun, et renferme le Thibet : réparti sur l'Asie entière, il en élèverait le niveau de 110 mètres ; la vaste intumescence qui couvre l'Arabie, le Candahar, le Beloutchistan, les Ghates, la grande Boukharie, fournirait 58 mètres. Enfin le plateau de la Perse donnerait 24 mètres ; les parties montagneuses de la Chine, 25 mètres ; les montagnes de l'Asie Mineure, 10 mètres ; l'Altaï et l'Oural ne donneraient qu'un exhaussement de 2 mètres. C'est l'Himalaya qui, de tous les massifs montagneux

1. Voici, d'après l'*Annuaire du Bureau des Longitudes pour* 1884, quelques-uns des sommets les plus élevés des cinq parties du monde :

EUROPE	
Mont Elbrouz (Caucase).	5644m
Mont-Blanc (Alpes françaises).	4810m
Mont-Rose (Alpes suisses)	4638m
Pic de Néthou (Pyrénées)	3404m
Etna	3313m
ASIE	
Gaourisankar (Himalaya)	8840m
Kintchindjinga —	8582m
Djindjiba —	8200m
Dhawalagiri —	8176m
Haramesch (massif central)	7401m
Bogdo-oola (massif central)	6526m
Demavend.	5620m
Fousi-Yama (Japon) . .	4676m
AFRIQUE	
Kilima-Ndjaro.	5705m
Kénia.	5500m
Mont du Pic (Açores). .	4412m
Pic de Ténériffe. . . .	3716m
Miltsin (Atlas)	3475m
AMÉRIQUE DU NORD	
Popocatepetl.	5410m
Pic d'Orizaba	5400m
Brown.	4876m
Mont Saint-Élie (Cordillères).	4568m
AMÉRIQUE DU SUD	
Aconcagua (Andes). . .	6834m
Illampou —	6560m
Chimborazo —	6530m
Cotopaxi —	5943m
OCÉANIE	
Mauna Kea (Hawaï). . .	4197m
Cook (N. Zélande) . . .	3768m

Nous relevons, dans la liste très longue de l'*Annuaire*, 140 sommets dépassant 4000 mètres. Sur ce nombre, 56 appartiennent à l'Asie, 44 aux deux Amériques, 27 à l'Europe, 8 à l'Afrique et 5 à l'Océanie. 25 points ont entre 5000 et 6000 mètres d'altitude, 12 entre 6000 et 7000, 15 entre 7000 et 8000 ; 7 seulement dépassent ce dernier chiffre, appartenant tous d'ailleurs à l'Asie (Himalaya et massif central). On voit que l'on est loin de l'époque où le pic de Teyde (Ténériffe) était regardé comme la plus haute montagne du globe. Ce sommet remarquable n'atteint pas 4000 mètres ; il est dépassé par les 140 dont nous venons de parler et par beaucoup d'autres encore.

du globe, a la plus forte altitude moyenne pour sa crête : Humboldt l'évalue à 4777 mètres. Les Andes, dans l'Amérique du Sud, viennent ensuite, avec une élévation moyenne de 3607 mètres. Elles contribuent pour 126 mètres à l'exhaussement du niveau moyen des plaines, qui est d'environ 195 mètres.

L'Afrique, l'Australie n'ont été encore que fort imparfaitement étudiées sous ce rapport, bien que les explorations de ces trente dernières années aient fait connaître l'altitude de sommets assez nombreux et, pour le continent africain notamment, d'une notable importance, comme on peut s'en

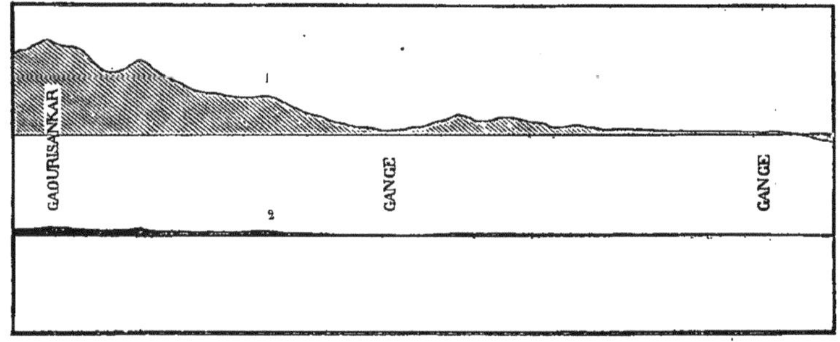

Fig. 8. — Relief de l'Himalaya; coupe du sol entre le Gaourisankar et les bouches du Gange : 1, échelle des hauteurs décuple de celle des longueurs; 2, échelle vraie.

assurer en parcourant les chiffres de la note qu'on vient de lire plus haut.

Toutes les cotes d'altitude que nous avons relevées sont celles des sommets et des crêtes au-dessus du niveau de l'Océan ; il faut toujours se le rappeler, si l'on veut se faire une idée exacte de l'effet qu'elles peuvent produire lorsqu'on les contemple de leur pied, c'est-à-dire d'un point qui peut avoir lui-même, ou une altitude nulle, ou au contraire une altitude très forte. Cela explique pourquoi tel sommet isolé comme le pic de Ténériffe, et vu du bord de la mer, produit une impression plus forte que celle d'un mont beaucoup plus élevé, mais dont la base a elle-même une altitude comparable à celle de très hautes montagnes.

Chaîne des Pyrénées.

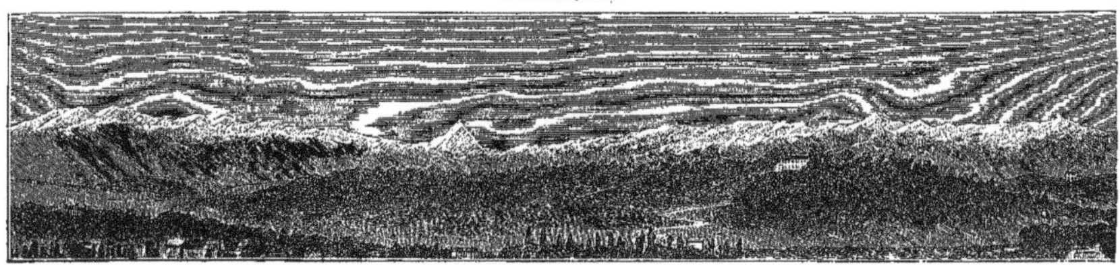

Chaîne des Alpes Pennines.

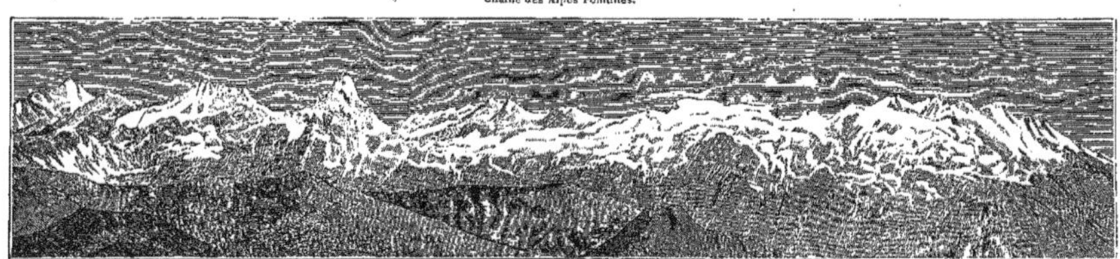

Le Djemnatri ou Banderpountch (Himalaya).

LES PYRÉNÉES. — LES ALPES PENNINES. — L'HIMALAYA OCCIDENTAL.

En somme, au point de vue qui nous occupe ici, c'est la pente des continents, depuis les côtes de l'Océan qui les bordent, jusqu'aux lignes de faîte des chaînes de montagnes qui en forment la charpente, qu'il serait le plus utile de connaître, afin de bien se rendre compte, ainsi que nous le disions plus haut, de la rapidité des gradins que les masses d'air ont à parcourir, dans une direction déterminée, soit qu'elles se meuvent en gravissant la pente continentale, soit qu'elles la descendent en sens opposé. Des coupes verticales du relief continental, selon les divers rumbs de vent, seraient donc un document utile à consulter pour la météorologie de chaque région du globe. Nous donnons ici, dans les figures 8 et 9, deux coupes de ce genre, qui, hâtons-nous de le dire, outre que la courbure du sol a été volontairement omise, ne visent point, en ce qui concerne les accidents de profil, à une exactitude scrupuleuse : nous avons voulu seulement que le lecteur pût

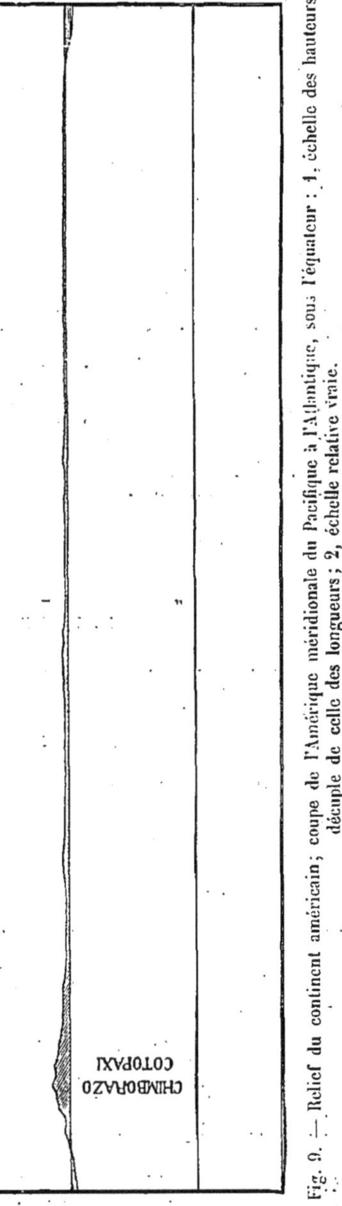

Fig. 9. — Relief du continent américain ; coupe de l'Amérique méridionale du Pacifique à l'Atlantique, sous l'équateur : 1, échelle des hauteurs décuple de celle des longueurs ; 2, échelle relative vraie.

se faire une idée précise de ce que sont les deux massifs montagneux les plus considérables du globe en regard des dimensions réelles de ce dernier. Ces coupes sont, la première, celle de l'Inde, entre le Gaourisankar et les bouches du Gange; l'autre, celle du continent américain, à un ou deux degrés au-dessous de l'équateur, du Pacifique à l'Atlantique. Pour rendre ces reliefs sensibles à l'œil, le dessinateur a d'abord usé d'un moyen toujours adopté en pareil cas, celui d'amplifier l'échelle des hauteurs en comparaison de celle des longueurs (ici, elle est seulement décuplée). Mais au-dessous de ce profil défiguré il a tracé aussi, à la même échelle pour les hauteurs et les longueurs, le relief véritable, qui se réduit, comme on peut le voir, à un simple trait, à peine plus fort là où les masses de l'Himalaya ou celles des Andes élèvent leurs sommets couverts de neiges éternelles.

IV

LA PROFONDEUR DES MERS.

L'opinion des Anciens était que la plus grande profondeur des mers ne dépassait point la plus grande hauteur des montagnes. Xénagore évaluait l'une et l'autre à environ dix stades (1847 mètres); d'après Cléomède, elles atteignaient 15 stades, soit 2770 mètres. Buffon, dans sa *Théorie de la Terre*, ne donnait aux mers qu'une profondeur moyenne d'un quart de mille d'Italie, « c'est-à-dire, dit-il, d'environ 230 toises » (448 mètres). Laplace déduisait de ses calculs sur l'aplatissement du globe que la profondeur moyenne de la mer est du même ordre que la hauteur moyenne des continents. Il l'évaluait à 1000 mètres, nombre trop fort pour la hauteur des terres, mais sur lequel il serait difficile de se prononcer en ce qui regarde la profondeur de l'Océan[1]. Citons encore l'opinion

1. Le savant Mitscherlich exagérait infiniment plus cette profondeur de la mer, si, comme le rapporte Saigey, il lui donnait 31 kilomètres. Un géologue italien, Collegno, la réduit à 5000 mètres, peut-être trop forte encore.

de Thomas Young, qui évaluait cette profondeur à 4800 mètres, celle de Humboldt, qui la considère comme cinq ou six fois plus grande que celle des continents, et enfin les calculs hypothétiques de Saigey, qui assignent une profondeur moyenne de 600 mètres seulement à l'ensemble des mers qui recouvrent le globe.

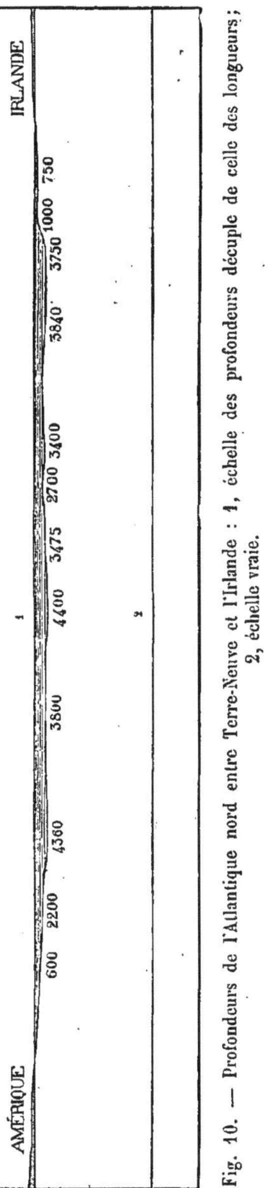

Fig. 10. — Profondeurs de l'Atlantique nord entre Terre-Neuve et l'Irlande : 1, échelle des profondeurs décuple de celle des longueurs; 2, échelle vraie.

Ce qui est certain, ce qui résulte des sondages de plus en plus nombreux effectués par les marins, c'est que le lit des mers présente une configuration semblable à celle des terres émergées : ici des plaines, là des vallées plus ou moins profondes, ailleurs des gouffres qui accusent de brusques dépressions de niveau, ailleurs encore des plateaux s'étendant sur de vastes espaces. Quant aux plus grandes profondeurs atteintes par la sonde, elles ont été tout d'abord notablement exagérées, ce qui tenait à la fois à l'imperfection des appareils employés et à l'influence des courants faisant dévier plus ou moins, suivant leur force, la corde de sonde de la verticale. On citait des profondeurs de 10500 à 14000 mètres, toutes deux dans l'Atlantique nord, mais en des points voisins du Gulf-Stream. D'après le professeur Wyville Thomson, le chef scientifique des expéditions du *Challenger*, du *Lightning* et du *Porcupine*, la profondeur moyenne de cet Océan serait d'environ 2000 brasses (3240 mètres). Les profondeurs maxima trouvées furent de 5700 mètres dans le voisinage des Canaries, de 5530 mètres près des îles Vierges (un des groupes des Antilles). A 80 milles marins au nord de Saint-Thomas, la sonde descendit à la profondeur énorme de 7137 mètres, 2327 mètres de plus que la hauteur du Mont-Blanc. « Sur la ligne de Saint-Thomas aux Bermudes, et des Bermudes à Halifax, le *Challenger* mesura des profondeurs considérables, comprises entre 3700 et 5400 mètres. De Halifax le *Challenger* revint aux Bermudes, pour traverser de nouveau l'Atlantique dans toute sa largeur de l'ouest à l'est, en passant sur les points signalés comme les plus profonds. Le résultat de neuf sondages exécutés par son infatigable équipage donne une moyenne de 4800 mètres, exactement la hauteur du Mont-Blanc, qui se réduit à 2550 sur le plateau sous-marin en forme d'S s'étendant, au nord de l'équateur, du 20ᵉ au 52ᵉ parallèle, et à 1800 au milieu des îles de l'archipel des Açores. De Saint-Miguel, la principale de ces îles, la corvette revint le 16 juillet à Madère, que l'expédition avait quitté le 5 février. Le navire mit ensuite le cap sur les Canaries, et de là sur les îles du Cap-Vert, où il aborda le 27 juillet. De ces îles, le *Challenger* traversa une troisième fois l'Atlantique de l'est à l'ouest, et arriva à Bahia le 14 septembre, sans avoir trouvé de profondeurs supérieures à 4000 mètres, sur des points où des sondes antérieures accusaient 12 000 mètres, preuve de l'imperfection des anciens appareils de sondage. Les nombres du *Challenger* sont dignes de confiance à une centaine de mètres près, et ils permettront de faire dans l'Océan des profils bathymétriques comparables aux profils altitudinaux de nos plateaux et de nos montagnes[1]. »

Dans la récente exploration que le navire français *le Talisman* a faite sous la direction de M. Alphonse Milne Edwards,

1. *Les Abîmes de la mer*, par Wyville Thomson.

des sondages, effectués dans les conditions de la plus grande exactitude, ont donné pour l'Atlantique des profondeurs de 2075 à 2300 mètres à 120 milles de la côte africaine, sur le parallèle de 30°; de 3210 à 3655 mètres entre le Sénégal et les îles du Cap-Vert, vers 15° latitude nord, et de 3705 en un point situé entre les îles Santiago et Saint-Vincent. La mer des Sargasses a donné des fonds de 4130, 4815 et 5225 mètres. La plus grande profondeur mesurée a été de 6267 mètres, à la hauteur du 25e parallèle. A la limite nord de la mer des Sargasses, dans le voisinage des Açores, les fonds se relèvent progressivement à 3000, 2500, 1400 mètres.

Tant que des sondages convenablement faits dans les divers Océans n'auront pas fourni un nombre suffisant de données, on ne pourra faire que des conjectures sur la réelle profondeur moyenne des mers. Pour l'Atlantique nord, il est probable qu'on ne s'éloignerait guère de la vérité en admettant 4 kilomètres au moins pour cette profondeur; celle de l'Atlantique sud serait plus grande, ainsi qu'il en est de toutes les mers australes, comparées aux mers de l'hémisphère nord. On évalue également à 4000 mètres la profondeur moyenne du Pacifique. Enfin, d'après Élisée Reclus, on ne saurait guère estimer à moins de 5 kilomètres la profondeur moyenne de toutes les mers du globe réunies. En adoptant ce chiffre, la surface des mers étant de 373 millions de kilomètres carrés, on trouverait 1870 millions de mètres cubes pour le volume de la partie liquide qui entoure les terres sur le globe entier. C'est près de 40 fois (39,2) le volume du relief de ces terres calculé au-dessus du niveau de l'Océan, et c'est la 578e partie du volume du globe terrestre. Dans la même hypothèse, les eaux de l'Océan formeraient une sphère qui n'aurait pas moins de 766 kilomètres de diamètre, environ le cinquième du diamètre de la Lune. Bien que la densité de l'eau de mer soit seulement 1,026, moindre que la moitié de celle des roches de l'écorce terrestre, la masse des eaux de l'Océan est encore 19 fois et demie aussi grande que celle du relief continental. La Terre entière pèse seulement 2515 fois autant que toutes les mers réunies.

En supposant cette masse liquide uniformément étendue sur toute la surface de la Terre, elle n'aurait plus, dans l'hypothèse où nous nous plaçons, qu'une profondeur de $3^k,6$, la 177e partie du rayon équatorial, environ le sixième de la dépression polaire due à l'aplatissement.

Pour résumer les données relatives aux reliefs continentaux et aux dépressions sous-marines, on voit que ces inégalités, en sens opposé de la masse solide du globe, ne font en tout qu'une moyenne probablement inférieure à 5500 mètres, qui représente le quart de la différence du rayon équatorial et du rayon polaire. A la vérité, en des points relativement peu nombreux, le relief s'accuse par des altitudes plus considérables, de même qu'il existe des profondeurs sous-marines exceptionnellement grandes. Les plus hauts sommets connus ont moins de 9000 mètres d'élévation et les plus grandes profondeurs mesurées avec quelque exactitude sont au-dessous de 8000. La différence de niveau entre ces points, de 17 kilomètres, est elle-même inférieure à l'aplatissement terrestre, qui, nous l'avons vu, est assez faible déjà pour que la régularité de forme du globe n'en paraisse pas altérée. Si l'on voulait, sur une sphère de 1 mètre de rayon, figurer les plus hautes montagnes, il faudrait donner au Gaourisankar une hauteur à peine égale à $1^{mm},4$, au Mont-Blanc celle de $0^{mm},75$; encore ces hauteurs devraient-elles décroître insensiblement jusqu'au rivage le plus proche, et échapperaient pour ainsi dire à la vue. Il en serait de même de la couche d'eau par laquelle on voudrait représenter la profondeur des mers. Ainsi, ces colosses de granit dont les sommets couverts de neige nous semblent percer les nues, ces gouffres, ces abîmes de la mer que nous caractérisons en les appelant insondables, sont ou des rides imperceptibles du sol, ou de minces couches liquides sur l'immense globe qui nous porte.

Telles sont, résumées en quelques paragraphes, les principales données numériques qu'il importe d'avoir présentes à la mémoire en abordant l'étude de la Météorologie. Ces données concernent le globe terrestre pris dans son ensemble, ainsi que les masses solides et liquides de sa surface. Si nous n'avons encore rien dit de son enveloppe gazeuse, de cet immense océan fluide dont nous habitons les bas-fonds, c'est que l'atmosphère est en réalité l'objet propre de la science météorologique, et demande, non pas une esquisse, mais une étude approfondie. En commençant cette étude, ainsi que nous allons le faire, nous nous trouverons donc en plein dans notre sujet; nous serons entré en matière.

LIVRE PREMIER

L'AIR ET LES MÉTÉORES HYGROMÉTRIQUES

CHAPITRE PREMIER

CONSTITUTION PHYSIQUE ET CHIMIQUE DE L'ATMOSPHÈRE

§ 1. IDÉES DES ANCIENS SUR L'AIR ET SUR L'ATMOSPHÈRE.

L'idée qu'on se fait aujourd'hui de l'atmosphère n'a pas une origine qui remonte bien loin dans l'histoire des sciences. C'est grâce aux progrès de l'astronomie et de la physique dans les deux ou trois derniers siècles que nous nous représentons l'enveloppe fluide dont notre globe est entouré comme faisant corps avec lui. Nous savons que, dans ses pérégrinations autour du Soleil, dans le voyage sans fin qu'elle fait avec lui et avec tous les autres corps du monde solaire dans les régions éthérées, notre planète emporte avec elle cette enveloppe, dont les limites, bien qu'imparfaitement connues, n'en sont pas moins aussi nettement définies que celles des parties solides et liquides qui composent le globe lui-même.

Quand Copernic et Galilée eurent démontré la réalité du double mouvement de translation et de rotation de la Terre, on dut se demander comment ce fluide impalpable de l'air était retenu à sa surface, comment notre globe ne le laissait point échapper par lambeaux derrière lui dans sa course vertigineuse, comment il se faisait qu'il pût résister à l'action de la force centrifuge et ne point se dissiper par un écoulement continu, principalement dans les hautes régions de la zone équatoriale. La connaissance plus exacte des propriétés de l'air, de sa pesanteur, de la pression des couches fluides les unes sur les autres, répondit victorieusement à ces difficultés : les célèbres expériences de Torricelli, de Pascal et de Périer furent le point de départ de toutes les connaissances qui ont été accumulées depuis sur ce point important de la physique terrestre. On comprit alors que l'étendue de l'atmosphère est nécessairement comprise entre deux limites, l'une inférieure, résultant de la valeur à peu près constante de la pression ou du poids de toutes les couches d'air superposées, l'autre supérieure, déterminée par la distance à laquelle la force centrifuge acquiert une intensité qui dépasse celle de la pesanteur même.

De même qu'avant Galilée, Newton, Pascal on ne pouvait guère avoir d'idées précises sur la constitution physique de l'atmosphère, de même avant Priestley et Lavoisier on ne savait rien ou presque rien de la nature chimique de l'air. Aussi, comme nous le disions, tout ce qu'on sait aujourd'hui sur ce double sujet date à peine de deux siècles et demi. Les anciens philosophes, dans leurs spéculations quelquefois profondes sur l'origine des choses, mais où la physique et la métaphysique se confondaient le plus souvent, ne considéraient l'air que comme un élément[1], et n'ont pu s'élever

1. Tandis que les plus anciens philosophes de l'école ionienne, Thalès, Anaximandre, regardent l'eau comme la semence des choses, comme la substance primitive « d'où sont sorties, par des séparations successives, la terre, l'air, et une sphère de feu qui enveloppa le tout comme une écorce », Anaximène, Diogène d'Apollonie (cinquième siècle avant notre ère) font de l'air même le principe universel. « Tout, dit Anaximène, résulte de l'air par raréfaction ou par condensation (par l'échauffement ou le refroidissement). Par la raréfaction, l'air se change en feu; par la condensation, il devient le vent, puis les nuages, puis l'eau, puis la terre, puis les pierres. Ces corps simples forment ensuite les corps composés. » Dans la formation du monde, l'air produit d'abord la Terre, qu'Anaximène se figurait plate et étendue en largeur comme une table, et qu'il supposait, pour cette raison, portée par l'air. C'est, comme on voit, tout l'inverse de la réalité, où c'est la Terre qui supporte l'air. D'ail-

à une conception de l'atmosphère considérée comme un tout, comme une enveloppe limitée de la Terre même. Ils se bornaient à distinguer l'*air* de l'*éther;* le premier, grossier, impur, hétérogène, est celui que nous respirons et où se produisent tous les phénomènes météorologiques proprement dits, vapeurs, nuages, pluies, grêle, tonnerres, etc.; le second, plus subtil, plus pur, est la matière où nagent les corps célestes. Il faut arriver jusqu'à Sénèque pour trouver au sujet de l'atmosphère quelques notions se rapprochant jusqu'à un certain point de celles que la science moderne est parvenue à acquérir. « L'air est une partie du monde, dit-il, une partie nécessaire. Car c'est l'air qui joint la terre et le ciel. Il sépare les hautes régions des régions inférieures, mais en les unissant; il les sépare comme intermédiaire; il les unit, puisque par lui tous deux se communiquent..... L'air est contigu à la terre : la juxtaposition est telle, qu'il occupe à l'instant l'espace qu'elle a quitté.... Son élasticité se prouve par sa rapidité et sa grande expansion. L'œil plonge instantanément à plusieurs milles de distance; un seul son retentit à la fois dans des villes entières; la lumière ne s'infiltre pas graduellement, elle inonde d'un jet toute la nature[1]. » Sénèque, comme on le voit, faisait de

leurs, aucune idée de l'atmosphère limitée : « L'air, infini en grandeur, embrasse le monde entier. » Mêmes idées dans Diogène d'Apollonie. (V. la *Philosophie des Grecs*, par E. Zeller, t. I, passim.)

2. *Quæstiones naturales*, lib. II, 4, 6, 8. Sénèque dit encore, au sujet de l'air : « Il s'étend depuis l'éther le plus diaphane jusqu'à notre globe; plus mobile, plus délié, plus élevé que la terre et que l'eau, il est plus dense et plus pesant que l'éther. Froid par lui-même et sans clarté, la chaleur et la lumière lui viennent d'ailleurs. Mais il n'est pas le même dans tout l'espace qu'il occupe; il est modifié par ce qui l'avoisine. Sa partie supérieure est d'une sécheresse et d'une chaleur extrêmes, et par cette raison raréfiée au dernier point, à cause de la proximité des feux éternels, et de ces mouvements si multipliés des astres, et de l'incessante circonvolution du ciel. La partie de l'air la plus basse et la plus proche du globe est dense et nébuleuse, parce qu'elle reçoit les émanations de la terre. La région moyenne tient le milieu, si on la compare aux deux autres pour la sécheresse et la ténuité; mais elle est la plus froide des trois. » D'où vient, selon Sénèque, cette opposition? De ce que la région supérieure reçoit la chaleur des astres dont elle est voisine, la région basse celle de la Terre : seule la région moyenne garde la température froide, parce que de sa nature l'air est froid. Ces citations nous semblent instructives, non pas tant parce qu'elles nous apprennent ce que pensaient les anciens, que parce qu'elles nous montrent comment ils arrivaient, par des conjectures tantôt ingénieuses, tantôt puériles, à se faire une idée de la raison des phénomènes.

l'air le véhicule du son, mais aussi celui de la lumière. Tout ce qu'il dit sur ce sujet est d'ailleurs un mélange assez confus d'idées vraies et d'idées fausses, d'observations fines et justes et d'hypothèses qui nous semblent aujourd'hui bien baroques, comme tout ce qu'ont dit les philosophes et les physiciens, jusqu'à l'époque où fut enfin décidément adoptée la vraie méthode scientifique, celle de l'observation expérimentale.

Laissons donc là les hypothèses des siècles passés, et arrivons aux données de la science contemporaine.

§ 2. POIDS DE L'ATMOSPHÈRE ; DÉTERMINATION DE SA HAUTEUR.

Dès que l'expérience eut démontré que l'ascension du mercure dans le tube barométrique est due à la pression que les couches de l'air exercent sur la surface libre du liquide, on put calculer le poids de l'atmosphère et une limite inférieure de son élévation verticale. Au niveau de l'Océan, cette pression étant mesurée par une colonne de mercure de 760 millimètres environ, il en résulte que le poids total de l'air est équivalent à celui d'une masse de ce liquide qui envelopperait partout la Terre et dont la hauteur, au-dessus de ce niveau, serait précisément de 76 centimètres[1]. Chaque mètre carré de la surface terrestre supporte le poids de la colonne d'air qui s'appuie sur lui, ou d'une masse de mercure de 760 décimètres cubes, soit environ 10 333 kilogrammes; d'autre part, on a vu que la surface de la

1. Rigoureusement parlant, il y aurait lieu de distinguer entre la pression, telle qu'elle est donnée par l'observation barométrique, et le poids des diverses couches d'air, tel qu'on l'obtiendrait si la pesée pouvait se faire pour chacune à ce niveau du sol. A mesure qu'on s'élève dans l'atmosphère en effet, on s'éloigne du centre de l'attraction terrestre, et l'intensité de la pesanteur diminue. Il en résulte que les couches atmosphériques de même masse exercent des pressions décroissantes à mesure que leur altitude est plus grande. Leur effet sur la colonne barométrique est moindre que si chacune se trouvait à la surface du sol. Le poids réel de l'atmosphère est donc plus grand que ne l'indique le calcul qui suit.

Une autre cause d'erreur, celle-là variable avec l'état hygrométrique de l'air, agit en sens opposé. En effet, la vapeur d'eau contenue dans l'atmosphère ajoute sa propre tension à la pression de l'air considéré comme parfaitement sec. En supposant que la pression est de 760 millimètres au niveau de la mer, il faut donc admettre en outre, pour que notre calcul soit exact, que la tension de la vapeur d'eau est nulle, ou que l'air est parfaitement sec.

Terre est de 510 100 milliards de mètres carrés. En négligeant la portion du volume atmosphérique qui correspond au relief des continents, on trouve par un calcul facile, pour le poids total de l'atmosphère, 5 269 900 milliards de tonnes de 1000 kilogrammes, c'est-à-dire celui de 5 269 900 kilomètres cubes d'eau à 4 degrés. Ainsi cette enveloppe diaphane, en apparence si légère, pèse autant que 460 000 kilomètres cubes de plomb, que 594 000 kilomètres cubes de cuivre, que 730 000 kilomètres cubes de fer fondu. Comparée à la masse de la Terre entière, la masse de l'atmosphère n'en est pas tout à fait la millionième partie[1].

On peut partir de là pour avoir une limite inférieure de la hauteur de l'atmosphère. Il suffit pour cela d'admettre un instant que la densité des diverses couches d'air soit partout la même, et de la supposer égale à la densité de l'air à la surface du sol, pour la température de zéro. Dans cette hypothèse, on peut calculer aisément l'épaisseur de la couche d'air qui serait capable de faire équilibre à une colonne de mercure de 76 centimètres de hauteur. On sait que les hauteurs sont alors en raison inverse des densités respectives des deux fluides. La densité de l'air sec à 0° est, sous la pression de 760 millimètres, égale à 1,2927 ; celle du mercure à la même température est 13,5960. Le rapport de ces deux nombres est 10,517. Par conséquent, pour chaque diminution de 1 millimètre dans la pression, il faudrait s'élever de $10^{m},517$ dans une direction verticale. Enfin pour arriver à une pression nulle, c'est-à-dire à la limite de l'atmosphère ainsi constituée, il faudrait s'élever de $10^{m},517 \times 760$, c'est-à-dire de $7992^{m},9$, soit à peu près de 8 kilomètres. Ce n'est là, répétons-le, qu'une limite inférieure, puisque la densité des couches d'air va en diminuant avec

1. L'eau des rivières, des lacs et des mers tient de l'air en dissolution. Il en pénètre également à l'intérieur des couches solides de la Terre. D'après Saigey, « la portion d'air qui a pénétré dans les eaux de l'Océan et dans l'intérieur des terres est très faible relativement à la masse totale de l'atmosphère. C'en est à peu près la cent cinquantième partie, en sorte que si tout cet air rentrait dans l'atmosphère, il n'augmenterait sa pression que de 5 millimètres de mercure. » (*Petite physique du globe*, p. 37.)

l'altitude, et l'on sait déjà que l'atmosphère est considérablement plus élevée.

Une seconde limite est celle qu'on obtient en calculant l'effet de la force centrifuge, ou, si l'on préfère, en cherchant à quelle distance de la surface de la Terre cette force est exactement contrebalancée par la gravité. On sait qu'à l'équateur, où la vitesse de rotation d'un point de la surface du globe est maximum, la force centrifuge est la 289e partie de l'intensité de la pesanteur. En s'élevant verticalement, en ce point, dans l'atmosphère, les molécules de l'air qui suivent le mouvement de rotation du globe avec la même vitesse angulaire, tendent à s'éloigner de la surface, en vertu de la même force qui va en croissant avec la distance au centre du globe; d'autre part, la force de la pesanteur, qui agit en sens contraire, va en diminuant d'intensité selon la loi connue du rapport inverse des carrés des mêmes distances. Il est facile de déduire de là que le rapport des deux forces va en croissant comme le cube des distances, et qu'elles deviendront égales ou se feront équilibre quand on aura atteint un point dont la distance au centre de la Terre sera égal à 6,6 fois environ le rayon de l'équateur[1].

En résumé, s'il était possible de s'élever verticalement à une hauteur égale à 5 fois (et 6 dixièmes) le rayon équatorial, on serait parvenu à un point où la force de la pesanteur se trouverait annulée par la force centrifuge. Toute molécule qui dépasserait cette limite s'échapperait dans l'espace et abandonnerait notre globe. Telle est la limite supérieure à partir de laquelle aucune trace d'atmosphère ne peut plus exister.

1. En appelant R, g et f le rayon équatorial, l'intensité de la pesanteur et celle de la force centrifuge à l'équateur, R′, g' et f' la distance au centre de la Terre, la pesanteur et la force centrifuge pour un point de l'atmosphère, on a d'une part $\frac{f}{f'}=\frac{R}{R'}$, de l'autre $\frac{g}{g'}=\frac{R'^2}{R^2}$. D'où l'on tire $\frac{fg'}{f'g}=\frac{R^3}{R'^3}$, et comme on vient de voir que $\frac{f}{g}=\frac{1}{289}$, il en résulte la relation $\frac{g'}{289f'}=\frac{R^3}{R'^3}$. Si dans cette relation on suppose g' égal à f', c'est-à-dire l'intensité de la pesanteur égale à celle de la force centrifuge, il viendra $R'^3=289\,R^3$, ou enfin

$$R'=R\sqrt[3]{289}=6{,}6\,R.$$

De ces deux limites extrêmes, la première, qui confinerait l'atmosphère dans une couche de 8 kilomètres d'épaisseur, est beaucoup trop faible, comme nous l'avons déjà dit ; l'autre, qui l'étendrait jusqu'à 36 700 kilomètres de la surface, n'est pas moins inexacte et est au contraire beaucoup trop considérable ; mais elle a l'avantage de prouver, d'une façon irréfutable, l'impossibilité de l'extension indéfinie de l'atmosphère.

Nous avons dit plus haut quelles étaient les opinions des anciens sur l'atmosphère, dont ils ne pouvaient guère songer à calculer la hauteur. Toutefois un géomètre et physicien du deuxième siècle avant notre ère, Posidonius, aurait fait exception, s'il était vrai qu'il eût trouvé, on ne sait point d'ailleurs par quelle méthode, 350 stades (64 kilomètres ou 16 lieues) pour cette hauteur. Un savant arabe du onzième siècle, Al-Hazen (ou Hassan ben Haïthem), est le premier qui ait basé sur des raisons positives un calcul de ce genre. C'est d'après l'observation du phénomène du crépuscule qu'il admit 19 lieues pour la limite supérieure de l'atmosphère. Képler, puis Lahire, Lambert, et de nos jours Biot, ont employé la même méthode, que nous allons exposer brièvement.

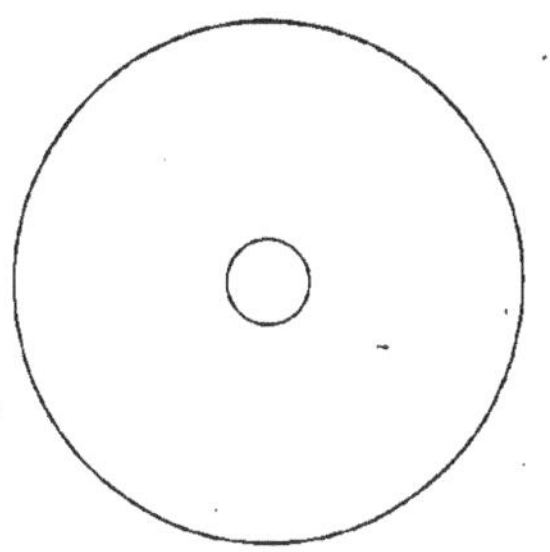

Fig. 11. — Limite supérieure de la hauteur de l'atmosphère.

Tout le monde sait qu'après le coucher du Soleil, comme avant son lever, les couches atmosphériques qui reçoivent toujours (ou déjà) ses rayons, renvoyant vers le sol par réflexion l'illumination dont elles-mêmes sont frappées, donnent lieu au phénomène du crépuscule pour le soir, à celui de l'aurore pour le matin. La durée en est d'ailleurs variable avec l'époque de l'année, parce qu'elle dépend du temps, variable lui-même selon la déclinaison du Soleil, que l'astre met à s'abaisser au-dessous de l'horizon d'une quantité que l'observation a fait connaître et qui est d'environ 18 degrés. Essayons de faire voir en quoi consiste la détermination de la hauteur de l'atmosphère par l'observation du crépuscule.

Au moment où le disque solaire va disparaître sous l'horizon FC de l'observateur, toute la portion de l'atmosphère visible au point A est encore illuminée. Quand le dernier rayon de l'astre a disparu en B à l'horizon occidental, le crépuscule commence. Le cône de rayons lumineux que le Soleil envoie tangentiellement à la surface de la Terre, traversant l'atmosphère, tracera, en en sortant, un cercle qui formera la limite de séparation entre les régions atmosphériques encore directement illuminées et celles qui ne le sont plus. A mesure que le

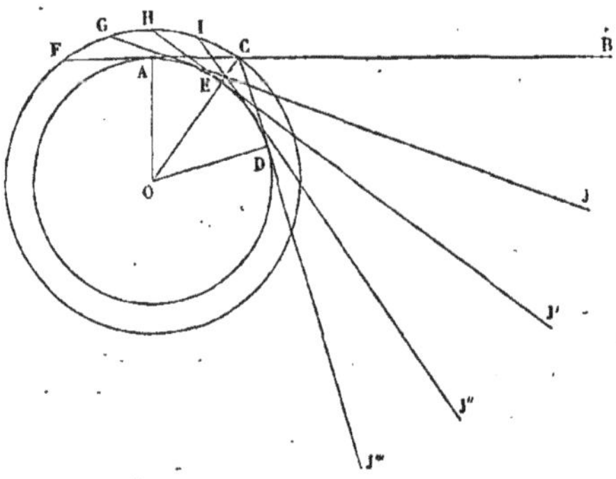

Fig. 12. — Mouvement de la courbe crépusculaire.

soleil descendra de J en J', puis en J'', le point culminant de ce cercle montera successivement de l'horizon oriental F en des points G, H, I ; et enfin, quand il sera arrivé au point J''', le point culminant de la courbe crépusculaire atteindra l'horizon occidental au point C : le crépuscule cessera.

On peut déduire la *hauteur de l'atmosphère* de l'observation de la courbe crépusculaire, de plusieurs façons. Supposons d'abord que l'on note avec toute la précision possible l'heure de son coucher, c'est-à-dire de la disparition de son point culminant à l'horizon occidental. On en déduira le degré d'abaissement du Soleil au-dessous de cet horizon, lorsque, parvenant en J''' (fig. 12), il cesse d'envoyer directement de la lumière dans la portion visible de l'atmosphère. L'angle BCJ''' étant connu, son supplément ACJ''', et la moitié ACO de ce supplément, le seront également. Alors dans le triangle rectangle ACO on connaîtra un angle et un côté, puisque le rayon de la Terre AO au lieu où se fait l'observation peut toujours être calculé. On trouvera donc aisément la longueur de l'hypoténuse OC, qui dépasse ce rayon de toute la hauteur CE de l'atmosphère, et par suite une simple soustraction donnera cette hauteur.

On arrive au même résultat en observant la courbe crépusculaire quand son point culminant se trouve au-dessus de l'horizon, au zénith par exemple, ou en une autre position quelconque, par exemple en C (fig. 13).

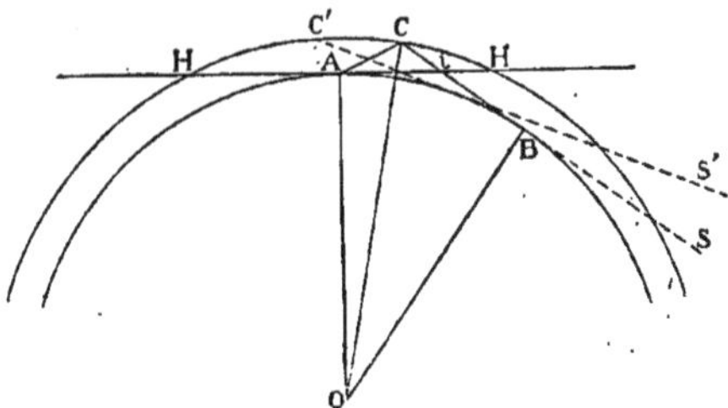

Fig. 13. — Hauteur de l'atmosphère déduite de l'observation du crépuscule.

Supposons que l'observateur mesure la hauteur de ce point, c'est-à-dire l'angle CAH que le rayon visuel CA fait avec l'horizon, et qu'il note l'heure précise du phénomène. Cette heure lui permettra de trouver aisément de combien de degrés le Soleil est, en ce moment, abaissé sous l'horizon : il connaîtra ainsi C*i*A ou HIS, et par suite AC*i*. Tous les éléments du quadrilatère OACB pourront donc être calculés, puisque les rayons terrestres OA et OB sont connus. Il sera facile de calculer la longueur de la diagonale CO. Or cette diagonale surpasse le rayon terrestre d'une quantité qui est précisément la hauteur cherchée de l'atmosphère.

Pour que cette conséquence soit rigoureuse, il faut admettre que la limite de la courbe crépusculaire est bien celle de l'atmosphère même, et, en outre, que les rayons venant de ce point ont subi une réflexion unique. Or il est aisé de comprendre qu'on ne sait pas dans quelle mesure l'une ou l'autre de ces conditions est remplie. En premier lieu, le point C marque seulement la limite à laquelle les molécules d'air sont encore assez denses pour que la lumière qu'elles renvoient à la Terre soit perceptible. D'autre part, rien ne permet d'affirmer que cette lumière n'est pas due à une double ou même à une triple réflexion des rayons solaires dans l'atmosphère, au phénomène qu'on nomme second ou troisième crépuscule, et dont il est aisé de rendre compte en jetant les yeux sur la figure 14, où l'on voit les rayons solaires se réfléchir une première, puis une seconde fois avant d'arriver en A[1]. En ce cas, ce n'est pas la hauteur

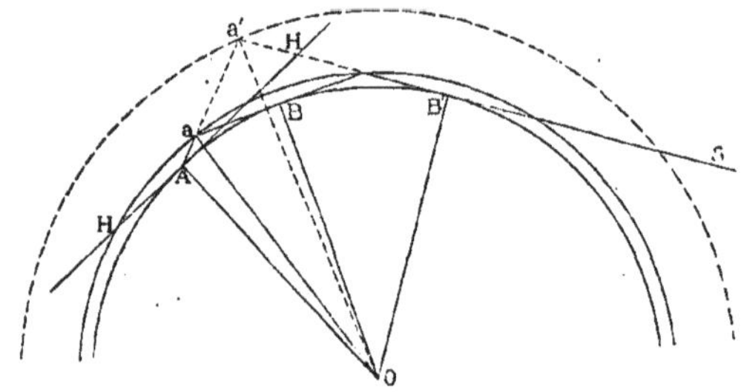

Fig. 14. — Limites du premier et du second crépuscules.

réelle du point *a* de l'atmosphère que donnerait le calcul, mais bien celle du point *a'*, situé bien au delà de ses limites. *A fortiori* trouverait-on une valeur encore plus exagérée, si l'illumination de la courbe crépusculaire était due à une triple réflexion. A la vérité, dans chacune de ces hypothèses, on peut calculer la hauteur du point *a*, mais l'incertitude subsiste et l'on ne peut affirmer quelle est celle des trois hauteurs calculées qui est la vraie. C'est que l'observation de la courbe crépusculaire est assez rarement susceptible d'une certaine pré-

1. Le second crépuscule s'observe assez difficilement dans les pays de plaine ou dans les vallées. Sur les hautes montagnes, il est plus aisé à percevoir. On cite les observations de ce genre faites sur le col du Géant par de Saussure, celles de Bravais sur le Faulhorn. C'est une faible illumination des couches d'air, assez semblable d'aspect à la lueur de la Voie Lactée. On voit fort bien au travers les étoiles de cinquième et de sixième grandeur.

cision. Les circonstances atmosphériques favorables sont rares dans nos climats, et quand Biot voulut expliquer la méthode donnée par Lambert pour faire le calcul dans les trois hypothèses dont il vient d'être question, c'est à une observation faite par Lacaille au Cap de Bonne-Espérance, au milieu du siècle dernier, qu'il dut avoir recours[1]. Attribuant successivement la courbe lumineuse observée par cet astronome à la limite du premier espace crépusculaire, puis à celles du second et du troisième, et appliquant la correction relative à la réfraction atmosphérique, Biot obtint les résultats suivants :

	Hauteur en mètres des dernières couches d'air réfléchissables.
Par la limite du premier espace crépusculaire.	58 916 mètres.
— du second — —	10 797 —
— du troisième — —	6 592 —

« Cette dernière hauteur, ajoute le savant physicien, étant moindre que celle à laquelle est parvenu M. Gay-Lussac, ne saurait être admise. La seconde paraît encore bien faible, si l'on considère qu'à l'élévation de 7000 mètres d'après les observations de M. Gay-Lussac, la densité de l'air n'était réduite qu'à la moitié environ de sa valeur à la surface du sol. La véritable hauteur finale est donc vraisemblablement intermédiaire entre celle-ci et la première, de sorte que la courbe crépusculaire, lorsqu'on l'observe à l'horizon, appartiendrait à quelque partie du second espace crépusculaire. C'est aussi l'opinion de Lambert, et il l'appuie sur des considérations photométriques qui paraissent évidentes[2]. »

1. Voici cette observation, d'après les *Mémoires de mathématiques et de physique de l'Académie des sciences pour l'année* 1751 : « Les 16 et 17 avril 1751, étant en mer et en calme, par un ciel extrêmement clair et serein, où je distinguais Vénus à l'horizon de la mer comme une étoile de la seconde grandeur, je vis la lumière crépusculaire terminée en arc de cercle aussi régulièrement qu'il est possible : ayant réglé ma montre à l'heure vraie, au coucher du Soleil, je vis cet arc confondu avec l'horizon, et je calculai par l'heure à laquelle je fis cette observation, que le Soleil était abaissé le 16 avril de 16°38′, et le 17, de 17°13′. » (*Diverses observations astronomiques et physiques faites au Cap de Bonne-Espérance pendant les années* 1751 *et* 1752, *et partie de* 1753, par M. l'abbé de la Caille.)

2. *Astronomie physique* de Biot, t. I.

Lambert avait trouvé 29000 mètres; antérieurement, Lahire, qui ne faisait point la distinction des réflexions multiples, avait calculé la hauteur de l'atmosphère par les crépuscules, et il l'évaluait, en la corrigeant des effets de la réfraction, à 36362 toises (70870 mètres), nombre bien plus fort. Du reste, à l'époque où Lambert publia ses recherches, on admettait volontiers des hauteurs de l'atmosphère beaucoup plus grandes. Mairan, s'appuyant sur des observations de l'aurore boréale, allait jusqu'à 200 et même 300 lieues. Biot enfin, comme nous venons de le voir, la regarde comme comprise entre 11 et 59 kilomètres. Discutant les observations thermométriques et barométriques effectuées par Humboldt et Boussingault dans leurs ascensions sur de hautes montagnes, ou celles de Gay-Lussac en ballon, il admit en dernier lieu 48 kilomètres ou 12 lieues pour la hauteur de l'atmosphère. Mais c'est toujours là une limite inférieure, puisque le phénomène qui sert de base au calcul est limité aux dernières couches d'air assez denses pour réfléchir une lumière sensible.

Arago, étudiant les phénomènes de polarisation atmosphérique, a fait remarquer qu'ils pourraient servir à décider si la limite de la courbe crépusculaire appartenait à une première ou à une seconde réflexion, et par conséquent que l'on pourrait en déduire avec plus de certitude la hauteur de la couche atmosphérique donnant lieu au phénomène. M. E. Liais a fait des observations de ce genre au Brésil, et il en tire pour la hauteur de l'atmosphère un nombre beaucoup plus fort que ceux que Biot a calculés : il ne l'évalue pas à moins de 290 kilomètres et la porte même à 320, en tenant compte de l'absorption de la lumière solaire par les couches denses inférieures[1].

1. La description que M. Liais donne du phénomène du crépuscule, tel qu'on peut l'observer près de l'équateur, est assez intéressante par elle-même pour que nous la reproduisions intégralement.

« Presque immédiatement après le coucher du Soleil, une coloration rose se montre à l'est. On distingue bientôt au-dessous d'elle un segment sombre, souvent de couleur verdâtre. La teinte rose s'étend en largeur vers le sud et le nord, et onze minutes après son

Bravais, dans son ascension au Faulhorn, a effectué une série de mesures de la hauteur de la courbe crépusculaire correspondant à des distances zénithales croissantes du Soleil. En les discutant à un point de vue tout particulier[1], il en a con-

apparition à l'est, elle commence à se faire remarquer à l'ouest, mais le zénith reste bleu. En réalité, il existe une coloration rose tout autour de ce point jusqu'à l'horizon, sauf à l'est, où un segment gris-bleu ou gris-verdâtre repose sur la mer, et à l'ouest, où on distingue un segment blanc. Huit minutes après son apparition à l'ouest, la teinte rose, qui a été sans cesse en s'affaiblissant à l'est, cesse entièrement de ce côté. A l'ouest, le segment blanc se borde par un arc rose vif, au-dessus duquel apparaît le bleu d'azur avec un éclat et une teinte impossibles à décrire. Cet arc descend peu à peu vers l'horizon. Il devient alors très surbaissé et prend des teintes rouge vif ou rouge-orangé. Enfin, il se couche quand le Soleil est à 11°42′ sous l'horizon (moyenne des déterminations du 16 au 22 juillet 1858).

« Quand l'arc rouge dont nous venons de parler est très bas et sur le point de disparaître à l'ouest, une seconde coloration rose se forme et apparaît à peu près simultanément à l'est et à l'ouest, en faisant le tour du zénith qui reste toujours bleu, ou mieux gris-bleu, car le jour est déjà faible. Une région d'un blanc argenté sépare à l'ouest les deux arcs roses. A mesure que le Soleil descend, on voit la deuxième coloration rose disparaître d'abord à l'est, en se retirant vers le nord et le sud sans passer par le zénith, puis enfin le premier arc rose se couche, et il ne reste plus que le second qui est à l'ouest et possède une forme surbaissée. Il encadre un segment blanc situé au-dessous de lui. Enfin ce second arc rose, qui prend une teinte plus rouge en approchant du moment de sa disparition, se couche quand le Soleil est à 18°18′ sous l'horizon (moyenne des déterminations faites du 16 au 22 juillet). »

En observant les mêmes phénomènes à la même époque, mais le matin pendant l'aurore, M. Liais les a vus se reproduire en sens inverse, sauf que le lever de l'arc rose secondaire avait lieu quand le Soleil était à 17°22′ sous l'horizon, et le lever de l'arc principal quand il était à 10°50′. « Mais j'ai observé, dit-il, un fait très important : c'est l'apparition du côté de l'est d'une polarisation passant par le Soleil, et un peu avant le lever du premier arc rose caractérisant le commencement de l'aurore, alors que toutes les étoiles de sixième grandeur sont encore visibles. Cette polarisation verticale s'élève peu à peu et atteint le zénith, quand le Soleil est à 18°5′ sous l'horizon; puis elle s'étend progressivement vers l'ouest. La polarisation horizontale n'apparaît de ce côté que beaucoup plus tard et vers l'instant où la coloration rose s'y porte. Or, si on remarque que l'éclairage direct par le Soleil donne lieu à une polarisation passant par cet astre, et l'éclairage par l'atmosphère à une polarisation horizontale, il résulte de l'observation que je viens de rapporter que le Soleil commence à éclairer directement les couches supérieures de l'atmosphère au zénith dès qu'il est à 18°5′ sous l'horizon. » (*Comptes rendus de l'Académie des sciences pour* 1859, I.)

C'est ce dernier nombre, diminué du double de la réfraction, que M. Liais a pris pour base de son calcul, et d'où il a tiré 291 kilomètres pour la hauteur de l'atmosphère, sans compter les 29 kilomètres qu'il y ajoute pour tenir compte de l'absorption à l'horizon.

1. « Si la courbe crépusculaire que l'on voit se coucher le soir à l'horizon occidental, dit le savant collaborateur de Bravais, M. Martins, environ une heure ou une heure et demie après le coucher du Soleil, était réellement le résultat de l'intersection du cylindre d'ombre projeté par la Terre et de la surface terminale de l'atmosphère, la hauteur que l'on en conclurait pour l'atmosphère devrait être la même, quelle que fût l'heure plus ou moins avancée de l'observation. Or ce résultat n'a pas lieu; les différences des résultats ne sont pas dues aux erreurs d'observation; elles vont en croissant à mesure que le Soleil s'abaisse sous l'horizon; les nombreuses observations faites sur le Faulhorn par M. Bravais conduisent aux mêmes conséquences. » On a vu que Lambert et Biot après lui ont interprété ces différences,

clu que le sommet de cette courbe devait être à 115000 mètres au-dessus du niveau de la mer. En soumettant à la même méthode les observations faites à Augsbourg, en 1759, par Lambert, le même savant obtint une hauteur plus grande encore pour l'atmosphère, et égale à 160 kilomètres.

Les résultats obtenus par Liais et Bravais sont loin de concorder, comme nous venons de le dire, avec ceux que Biot a déduits de l'observation de Lacaille en employant les formules de Lambert. Mais ils se trouvent plus rapprochés de ceux que les astronomes ont obtenus par l'observation des bolides ou des étoiles filantes. Un bolide observé le 12 décembre 1851, à Paris par M. Coulvier, à Cherbourg par M. Liais, est entré dans l'atmosphère, ou du moins s'est enflammé à une hauteur

en admettant que la courbe crépusculaire correspond, non au contour même de l'ombre terrestre, mais à une région de la zone qui ne reçoit pas les rayons directs du Soleil.

M. Martins pense qu' « il est plus naturel d'admettre que cette courbe crépusculaire correspond au contraire à la zone entièrement éclairée par le Soleil, et que la partie la plus extrême du segment disparaît à cause de la forte absorption qu'éprouvent en rasant le sol les rayons tangents à notre globe. Quoi qu'il en soit de la position de ce point, pourvu qu'il soit toujours placé de la même manière par rapport au segment crépusculaire, on pourra le déterminer exactement en se servant de deux observations de hauteur de la courbe faites à des époques connues. Au lieu de considérer l'observateur comme immobile et le Soleil comme s'abaissant dans un plan vertical et entraînant avec lui les différents espaces crépusculaires dans un mouvement commun de rotation autour du centre fixe de la Terre, l'on peut également supposer que tout le système crépusculaire reste immobile dans l'atmosphère et que le spectateur se déplace le long du grand cercle obtenu en coupant le globe terrestre par un plan passant par son centre, par le centre du Soleil et par l'œil de l'observateur ; les phénomènes crépusculaires se reproduisent pour cet observateur mobile comme pour l'observateur fixe de la nature, pourvu que les arcs parcourus dans un temps donné sur le grand cercle terrestre représentent les accroissements de la distance zénithale du Soleil.

« Chaque observation de hauteur de la courbe crépusculaire donne alors une trajectoire partant d'un point déterminé de ce grand cercle, et toutes ces trajectoires doivent venir se couper au sommet de la courbe crépusculaire immobile. Ainsi, dans cette manière de voir, on détermine la hauteur de l'atmosphère par les phénomènes de la rotation apparente de la courbe crépusculaire autour de l'observateur, ou de ce dernier autour du sommet de la courbe, indépendamment de la considération des arcs tangents du globe terrestre. » (Note de la traduction du *Cours de météorologie* de Kaemtz.)

Toutefois il faut ajouter que, d'après les calculs de Bravais, l'épaisseur de la couche absorbante serait de près de 80 kilomètres, nombre beaucoup trop fort d'après ce que l'on sait de la loi de décroissement des densités dans l'atmosphère. Il paraît donc probable que la supposition adoptée n'est pas non plus exacte, que la limite de l'ombre et de la lumière ne correspond pas à un point fixe et déterminé du segment crépusculaire, mais se déplace suivant la position de l'observateur. Aussi M. Martins a-t-il raison de dire que « à ce nouveau point de vue, le problème de la détermination de la hauteur de l'atmosphère par les phénomènes du crépuscule devient très compliqué ».

verticale de 128 kilomètres; un autre, vu par M. Petit en septembre 1852, s'est également enflammé à plus de 50 lieues d'élévation. Un de ces météores, observé par le docteur E. Heis en août 1866, serait entré dans notre atmosphère à une hauteur de 290 kilomètres. Un autre enfin, vu simultanément à Breslau et à Berlin, aurait eu pour hauteur initiale 460 kilomètres, et au moment de la disparition 310 kilomètres. Comme l'incandescence des bolides ne paraît pouvoir s'expliquer que par la haute température provenant de la compression de l'air traversé par eux, on est forcé d'admettre qu'à de telles altitudes l'atmosphère existe encore et que sa densité est encore assez grande pour donner lieu à la transformation de force vive en chaleur, qui se traduit ici par l'incandescence[1].

On voit que la hauteur réelle de l'atmosphère terrestre est encore loin d'être connue avec un peu de précision. C'est que les phénomènes sur l'observation desquels on base le calcul de cette hauteur, sont eux-mêmes difficiles à observer nettement, ou bien sont sujets à des interprétations physiques diverses. On a vu que la courbe crépusculaire présente rarement une limite un peu exacte, et la réfraction qui influence le phénomène d'une manière notable peut, à l'horizon, offrir des variations difficiles à reconnaître au moment où se font les observations. L'observation simultanée d'une trajectoire aussi fugitive que celle d'un bolide ne peut non plus fournir des données bien positives à la triangulation d'où l'on déduit sa hauteur. Enfin, on ignore si les phénomènes optiques qu'on observe ainsi ne cessent point d'être observables à cause de la très faible densité de l'air, ce qui ne veut pas dire qu'au delà il n'existe pas encore des couches atmosphériques, de sorte que la hauteur déduite de l'observation des crépuscules ne peut guère être qu'une limite inférieure, comme Biot du reste n'a

1. Sir John Herschel émet, à cette occasion, une opinion qui n'est pas sans analogie avec celle des anciens philosophes : « La grande élévation des étoiles filantes, dit-il, fait soupçonner une espèce d'atmosphère supérieure à l'atmosphère aérienne, plus légère et pour ainsi dire plus ignée. » (*Lettre à M. Quételet*, du 18 août 1863.)

point manqué de le faire remarquer en disant qu'il s'agit seulement « des dernières couches d'air réfléchissantes ».

Malgré l'incertitude qui s'attache encore à ce problème de la hauteur réelle de l'atmosphère, nous avons cru devoir exposer les principales méthodes employées pour le résoudre. Mais ce qu'il est surtout intéressant de connaître, c'est la portion qui est véritablement accessible à l'exploration directe de l'homme, celle où il a pu s'élever, soit en gravissant les plus hauts sommets couverts de neiges éternelles, soit en se confiant à la nacelle d'un aérostat. L'épaisseur de cette couche, ainsi qu'on en peut juger par le tableau suivant, ne dépasse guère 8000 mètres; ce n'est très probablement, comme on vient de le voir, qu'une faible fraction de la hauteur totale de l'atmosphère. Cependant les observations barométriques prouvent que son poids dépasse la moitié du poids total de l'enveloppe gazeuse du globe terrestre.

Noms des explorateurs.	Altitudes atteintes.	Pression barométrique.
Humboldt et Bonpland (ascension sur le Chimborazo), 24 juin 1802.	5878m	376mm,7
Lloest et Robertson (en ballon), le 18 juillet 1803.	7170m	336mm,0
Gay-Lussac (en ballon), le 16 septembre 1804.	7016m	328mm,8
Boussingault et Hall (ascension au Chimborazo), le 16 décembre 1831	6004m	371mm,1
Barral et Bixio (en ballon), le 27 juillet 1850	7049m	315mm,0
Welsh et Nicklin (en ballon), le 10 novembre 1852.	6989m	310mm,9
Glaisher (en ballon), le 5 septembre 1862.	8868?	252mm,0?
Crocé-Spinelli, Sivel et G. Tissandier (en ballon), le 15 avril 1875.	8600m	262mm,0

Parviendra-t-on à s'élever à des hauteurs beaucoup plus grandes? On sait combien sont pénibles, dangereuses, les excursions dans les montagnes, dès qu'on arrive à la région des neiges perpétuelles; d'ailleurs il ne reste plus de ce côté qu'un assez faible intervalle à franchir, et il l'a été en ballon, puisque les ascensions de MM. Glaisher, Crocé, Sivel et Tissandier ont à peu près atteint l'altitude du sommet le plus élevé, du géant du Népal, le Gaourisankar. D'autre part, la catastrophe qui a coûté la vie, en avril 1875, à deux courageux aéronautes, fait penser que 8000 mètres sont, à peu de chose près, la limite où l'air ne suffit plus à la respiration.

En examinant la figure 15, on peut du reste se faire une idée des hauteurs comparées de cette couche limite avec les hau-

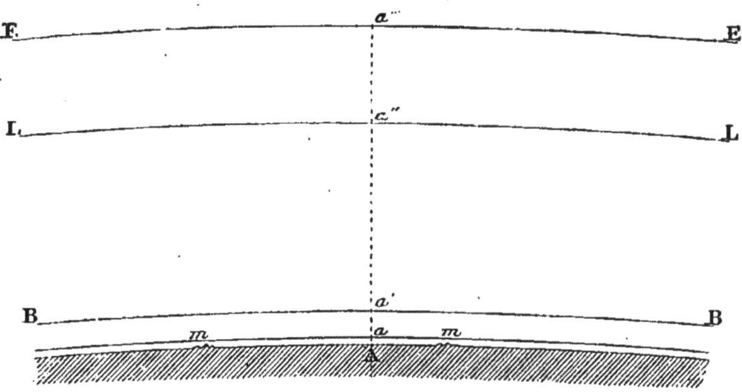

Fig. 15. — Hauteurs de l'atmosphère : BB d'après Biot et les observations de la courbe crépusculaire ; LL et EE d'après Liais et les observations de bolides; *mm* sommets des plus hautes montagnes et limite probable des nuages.

teurs qu'on a calculées par diverses méthodes pour l'atmosphère elle-même. L'échelle à laquelle ces hauteurs ont été représentées suppose que le globe terrestre a un rayon de 638 millimètres. 1 millimètre représente donc une hauteur de 10 kilomètres : c'est la limite au-dessous de laquelle sont restés les explorateurs des hautes régions, et que l'on considère comme celle de la hauteur des cirrus, les plus élevés de tous les nuages. A 4^{mm},8 plus haut, sont les couches extrêmes de l'atmosphère d'après les calculs de Biot; à 32 millimètres, la limite déterminée au Brésil par Liais ; à 46 millimètres enfin, le plus haut point où les astronomes ont constaté l'apparition et l'inflammation des bolides.

§ 3. LOI DE DÉCROISSANCE DE LA DENSITÉ DES COUCHES ATMOSPHÉRIQUES.

On a tenté de résoudre d'une autre façon le problème de la hauteur limite de l'atmosphère. L'air n'est pas seulement pesant, il est aussi élastique et compressible. En comparant l'atmosphère à l'Océan, il importe d'insister sur la différence de constitution des couches successives qui, dans les deux cas, pèsent les unes sur les autres. L'eau étant à peu près incompressible, la densité des couches est presque invariable avec la profondeur, tandis que l'air étant doué au plus haut point, comme tous les gaz, de la propriété de diminuer de volume avec la pression, ses couches successives doivent être d'autant plus rares que leur élévation au-dessus du niveau de l'Océan est plus grande.

Quelle est la loi de ce décroissement de densité? En supposant que la température de l'air reste constante, que la loi de sa compression soit celle des gaz quelconques, et qu'aucune action étrangère n'intervienne, la densité des couches successives serait proportionnelle aux poids que ces couches supportent, et par suite aux hauteurs qu'un baromètre marquerait au niveau de chacune d'elles. L'altitude des couches allant en croissant, suivant une progression arithmétique, la densité diminuerait suivant les termes d'une progression géométrique. C'est là le point de départ de la méthode qui permet de mesurer les hauteurs par l'observation du baromètre. Mais il s'en faut que la loi soit exacte, et l'application dont nous parlons exige des corrections sur lesquelles nous ne tarderons point à revenir. La plus importante est celle qui est relative à la différence de température des couches d'air suivant la verticale. Non seulement cette température varie avec la hauteur, mais la différence change suivant les heures du jour et selon l'état de plus ou moins grande mobilité de l'atmosphère. Enfin, la vapeur d'eau qui est répandue dans l'air, en quantités variables, étant, pour la même pression et la même température, moins dense que l'air, sa présence diminue la densité des couches atmosphériques et contribue ainsi à modifier la loi énoncée plus haut. Il y a enfin une dernière cause qui doit rendre plus complexe la variation de densité des couches atmosphériques avec la hauteur : c'est la diminution de l'intensité de la pesanteur à mesure que l'on s'élève dans l'atmosphère ou qu'on s'éloigne du centre de la Terre, et encore à mesure qu'on se rapproche de l'équateur, puisque la force centrifuge due à la rotation terrestre et dont l'action s'exerce, pour une de ces composantes, dans une direction opposée à celle de la gravité, va en croissant à mesure que l'altitude augmente, ou que la latitude diminue.

Faisons observer que si la loi de variation de densité des couches d'air superposées était celle dont on vient de lire l'énoncé, si cette densité variait en progression géométrique quand la hauteur croît en progression arithmétique, il n'en eût pas moins été impossible d'en déduire la hauteur même de l'atmosphère. En effet, la loi donnerait pour cette hauteur une valeur infinie.

Cassini, dans les observations qu'il eut à faire pour mesurer la méridienne, remarqua le premier l'inexactitude de la loi. Ayant observé le baromètre sur différentes montagnes, et comparé les hauteurs qu'on en déduisait avec celles qu'il avait obtenues par les méthodes géométriques, il trouva qu'elles étaient loin de s'accorder ; il en conclut que la raréfaction de l'air subissait une décroissance beaucoup plus rapide que ne le comportait la loi en question. L'Académie des sciences fit faire de nouvelles expériences dans le but de vérifier si la dilatation de l'air est réellement en raison inverse de la pression, et comme ces expériences confirmèrent cette thèse, on en conclut que les différences trouvées par Cassini devaient provenir d'une différence entre l'air des plaines et celui des montagnes, le premier étant plus surchargé de vapeurs et d'exhalaisons grossières. Fontenelle soutint que l'élasticité plus grande des couches supérieures provenait de l'humidité de l'air, plus grande sur les hauteurs que dans les lieux bas. Daniel Bernouilli calcula une formule pour la mesure des hauteurs, où il tenait compte de la différence des températures.

C'est Laplace enfin qui, par une analyse rigoureuse de toutes les causes capables d'influer sur la densité et sur la pression des couches atmosphériques, a déduit de la théorie la formule, adoptée aujourd'hui par tous les physiciens, à l'aide de laquelle on calcule la hauteur verticale d'un point ou son altitude. Cette formule nécessite, pour être appliquée, que deux observateurs aient observé simultanément, dans chacune des stations dont ils veulent trouver la différence de niveau, la hauteur du baromètre, la température de cet instrument et celle de l'air libre. Des tables ont été calculées qui permettent de faire rapidement tous les calculs à l'aide de ces éléments, supposant connue la latitude du lieu. Nous donnerons plus loin un exemple de l'application de cette méthode, quand nous aurons montré comment on corrige les observations barométriques des causes d'erreur auxquelles elles sont sujettes.

Terminons ce paragraphe en mentionnant les hypothèses qu'on a faites sur l'état physique de la couche d'air la plus raréfiée, c'est-à-dire de celle qui forme la limite même de l'atmosphère. On s'est demandé comment les molécules qui la composent, n'étant plus maintenues par une pression extérieure, n'obéissaient point à la force expansive propre à tous les gaz et résultant de leur élasticité, force en vertu de laquelle ils se précipitent dans tout espace vide qui leur est offert. Comment ces molécules qui se trouvent en présence du vide relatif ou de l'espace éthéré, ne s'échappent-elles point dans cet espace et n'abandonnent-elles point la Terre ? Si cette objection était fondée, il serait difficile, en effet, de comprendre comment les couches limites de l'atmosphère ne s'écoulent point les unes après les autres, sous l'influence de cette force expansive. Mais il faut remarquer que l'élasticité d'un gaz va en décroissant avec sa densité, que cette dernière, aux limites de l'atmosphère, étant excessivement faible, il suffit, pour l'équilibre et le maintien de la dernière couche, que la pesanteur ait une intensité au moins égale. D'ailleurs une autre cause doit diminuer rapidement encore cette force expansive : c'est la très basse température qui règne dans l'espace supérieur, température que nous avons vue être à peine égale à 140 degrés au-dessous du zéro de la glace fondante. Poisson est allé jusqu'à comparer l'état de la dernière couche atmosphérique à celui d'un liquide *non évaporable*. Cela revient à considérer son élasticité comme nulle, sous l'influence de son extrême raréfaction et de la température excessivement basse du milieu ambiant. Ce qui semble incontestable, c'est que la véritable limite de l'atmosphère terrestre est celle qui résulte de l'équilibre entre l'intensité de la pesanteur et l'élasticité des dernières particules d'air. Cette limite est beaucoup plus faible que celle que nous avons vue résulter de l'intensité croissante de la force centrifuge.

§ 4. L'AIR ATMOSPHÉRIQUE ; SA COMPOSITION CHIMIQUE.

Dans une intéressante et savante leçon faite devant la Société chimique de Paris, le 4 mai 1860[1], M. Barral s'exprimait ainsi :

« Les plantes comme les animaux vivent au fond de ce qu'on a justement appelé l'océan aérien. L'atmosphère, cette enveloppe vaporeuse, immense, qui entoure la Terre de toutes parts, agit sur la végétation et par sa constitution physique et par sa nature chimique. Elle fournit aux plantes, soit directement, soit indirectement, par les éléments dont elle est composée, une grande partie de leur nourriture ; elle pèse de son poids sur les organes des végétaux ; elle leur prodigue comme des bains fortifiants en se renouvelant sans cesse autour de leurs tiges et de leurs branches ; elle les infléchit par ses mouvements, tantôt si lents et si doux, tantôt si tumultueux et si

1. *De l'influence exercée par l'atmosphère sur la végétation*, par M. J. A. Barral.

terribles; elle les couvre comme d'un manteau pour leur conserver la chaleur vivifiante que leur envoie le Soleil; elle tamise la lumière qui préside à l'accomplissement des principales phases de leur vie. Les propriétés physiques de l'atmosphère ne sont donc pas moins importantes que les propriétés chimiques pour la physiologie végétale et pour l'agriculture. Cependant l'atmosphère n'est encore que peu connue au point de vue physique, et on peut dire qu'elle a été beaucoup moins sondée dans tous les sens que la mer. »

Dans les paragraphes qui précèdent, ainsi que dans divers chapitres des volumes du MONDE PHYSIQUE déjà publiés, nous avons étudié plusieurs des propriétés physiques de l'air et nous les complèterons incessamment. Ce que nous avons maintenant à définir, c'est sa composition chimique, qui n'a été complètement reconnue que vers la fin du siècle dernier.

Un volume donné d'air atmosphérique, c'est-à-dire d'air pris en un point quelconque au-dessus de la surface du sol, contient deux genres d'éléments : l'un, constant ou permanent, consiste dans un mélange de deux gaz, l'oxygène et l'azote; l'autre élément, variable selon le temps et les lieux, comprend de la vapeur d'eau, du gaz acide carbonique, divers autres composés chimiques, des poussières ou des germes de nature très variée, dont il sera question plus loin.

La proportion de l'oxygène et de l'azote qui entre dans un volume donné d'air, a été déterminée par les nombreuses analyses des chimistes depuis Priestley et Lavoisier. Les expériences des Cavendish et des Davy, des Fourcroy, Berthollet, Gay-Lussac, Boussingault, Dumas, Regnault, etc., ont établi que cette proportion est, en volume, à peu de chose près celle des nombres 1 et 4. Sur 1 mètre cube ou 1000 litres d'air, 208 litres d'oxygène se trouvent mélangés de 792 litres d'azote. En poids, comme l'oxygène est un peu plus dense que l'azote, la proportion des deux gaz n'est plus donnée par les mêmes nombres : 1 kilogramme d'air contient 231 grammes d'oxygène contre 769 grammes seulement d'azote.

Les premières analyses de Lavoisier donnaient pour la proportion des deux gaz les nombres 270 et 730 ; mais l'illustre chimiste, en décrivant son expérience, ne manque point d'avertir qu'il existe dans le résultat diverses causes d'incertitude. Toutefois cette expérience mémorable a une trop grande importance historique pour que nous ne la décrivions pas ici. La figure 16 représente l'appareil qui servit à Lavoisier. Pendant douze jours consécutifs, il chauffa du mercure dans une cornue A, dont le col recourbé B allait s'engager sous une cloche C placée elle-même dans un bain de mercure. Avant de commencer l'opération, Lavoisier avait fait le vide sous la cloche par aspiration, et marqué par un trait le niveau auquel s'arrêta le liquide. Dès le second jour, de petites parcelles rouges (d'oxyde de mercure) commencèrent à apparaître à la surface du mercure, augmentèrent en nombre et en volume pendant les quatre ou cinq jours suivants ; puis elles cessèrent de grossir, restant absolument dans le même état pendant tout le temps que dura l'expérience. Lavoisier trouva que le volume de l'air contenu dans la cornue et dans la partie vide de la cloche, qui était avant l'opération de 50 pouces cubiques, sous la pression de 28 pouces et à la température de 10° (Réaumur), n'était plus à la fin que de 42 à 43 pouces, c'est-à-dire avait subi une diminution d'environ un sixième. Il trouva 45 grains pour le poids des parcelles rouges séparées du mercure et recueillies.

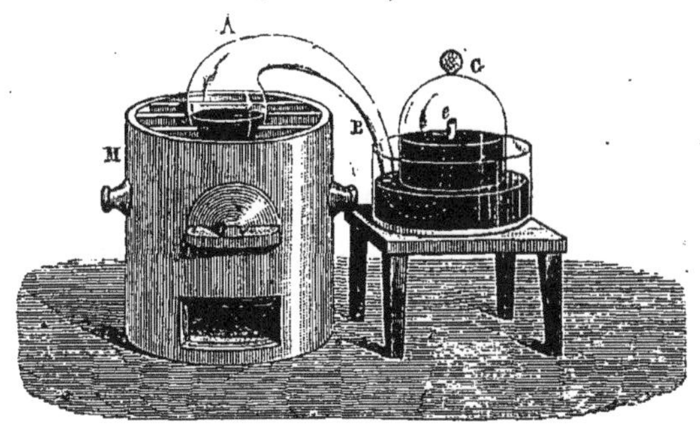

Fig. 16. — Appareil de Lavoisier pour l'analyse de l'air.

« L'air qui restait après cette opération, dit-il[1], et qui avait été réduit aux cinq sixièmes de son volume par la calcination du mercure, n'était plus propre à la respiration ni à la combustion; car les animaux qu'on y introduisait y périssaient en peu d'instants, et les lumières s'y éteignaient sur-le-champ, comme si on les eût plongées dans de l'eau. » Ce gaz était l'azote.

Voici maintenant comment Lavoisier reconnut l'oxygène : « D'un autre côté, ajoute-t-il, j'ai pris les 45 grains de matière rouge qui s'était formée pendant l'opération; je les ai introduits dans une très petite cornue de verre à laquelle était adapté un appareil propre à recevoir les produits liquides et aériformes qui pourraient se séparer; ayant allumé du feu dans le fourneau, j'ai observé qu'à mesure que la matière rouge était échauffée, sa couleur augmentait d'intensité. Lorsque ensuite la cornue a approché de l'incandescence, la matière rouge a commencé à perdre peu à peu de son volume, et en quelques minutes elle a entièrement disparu; en même temps il s'est condensé dans le petit récipient 41 grains 1/2 de mercure coulant, et il a passé sous la cloche 7 à 8 pouces cubiques d'un fluide élastique beaucoup plus propre que l'air de l'atmosphère à entretenir la combustion et la respiration des animaux. Ayant fait passer une portion de cet air dans un tube de verre de 2 pouces de diamètre, et y ayant plongé une bougie, elle y répandait un éclat éblouissant; le charbon, au lieu de s'y consumer paisiblement comme dans l'air ordinaire, y brûlait avec flamme et une sorte de crépitation, à la manière du phosphore, et avec une vivacité de lumière que les yeux avaient peine à supporter. » Et plus loin : « L'air de l'atmosphère est donc composé de deux fluides élastiques de nature différente et pour ainsi dire opposée. Une preuve de cette importante vérité, c'est qu'en recombinant les deux fluides élastiques qu'on a ainsi obtenus séparément, c'est-à-dire les

1. *Traité élémentaire de chimie*, partie I, ch. III (tome I des *Œuvres complètes* de Lavoisier).

42 pouces cubiques de mofette ou air non respirable, et les 8 pouces cubiques d'air respirable, on reforme de l'air, en tout semblable à celui de l'atmosphère, et qui est propre, à peu près au même degré, à la combustion, à la calcination des métaux et à la respiration des animaux. »

Le grand chimiste, après cette découverte capitale, dont il partage d'ailleurs la gloire avec Priestley et Scheele en ce qui regarde l'oxygène, choisit pour les deux gaz les noms que tout le monde connaît, d'*oxygène* et d'*azote*.

Depuis, diverses méthodes d'analyse ont été employées pour la détermination précise des proportions, en volume ou en poids, qui existent entre l'azote et l'oxygène de l'air atmosphérique. Les nombres que Lavoisier lui-même regardait comme inexacts, ont été modifiés et ramenés à ceux que nous avons donnés plus haut. L'eudiomètre, que nous avons vu employé pour faire la synthèse de l'eau, l'a été par Gay-Lussac et par Humboldt pour l'analyse volumétrique de l'air. Cette analyse se fait aussi très simplement à l'aide de certains corps très avides d'oxygène, tels que l'acide pyrogallique et le phosphore. Un vase contenant du mercure, une éprouvette graduée, un fragment de phosphore, voilà tout ce qui est nécessaire pour cette dernière opération, qui, si elle ne comporte point une grande précision, a le mérite d'être expéditive. La méthode[1]

1. Voici, d'après la *Chimie générale* de M. P. Schützenberger, la description de ces deux méthodes d'analyse :

« Un volume mesuré d'air à une température et à une pression connues est mis en présence du phosphore à froid. Lorsque la diminution du volume cesse, on mesure de nouveau le gaz en notant la température et la pression. En ramenant, par le calcul, les deux volumes à zéro et à 760 millimètres de pression et en retranchant le second du premier, on a le volume de l'oxygène; le second nombre représente le volume de l'azote. L'absorption par le phosphore à froid se fait en introduisant une balle humide de ce corps, fixée à l'extrémité d'un fil de fer, dans un tube gradué contenant l'air confiné sur le mercure (fig. 17). On attend douze heures et l'on retire la balle de phosphore pour mesurer le résidu.

« MM. Dumas et Boussingault ont établi la composition de l'air par la méthode des pesées au moyen de l'appareil représenté dans la figure 18. Un grand ballon B fermé par une armature métallique munie d'un robinet à vide R est mis en rapport avec un tube plein de cuivre métallique réduit par l'hydrogène et armé de robinets rr', qui permettent d'y faire également le vide. Le poids de ce tube est déterminé d'avance. Le cuivre étant chauffé au

adoptée par MM. Dumas et Boussingault écarte les difficultés qui sont inhérentes à l'évaluation incertaine et délicate des volumes : elle ne comporte que des pesées.

L'air a-t-il partout la même composition en oxygène et en azote? La proportion de ces deux gaz ne change-t-elle point

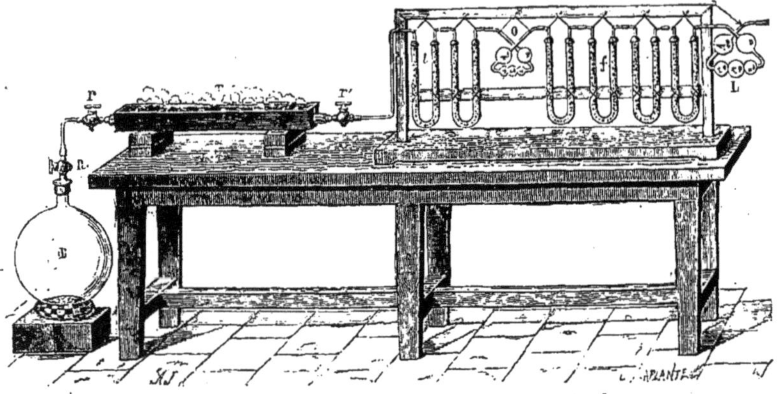

Fig. 18. — Analyse de l'air par la méthode Dumas et Boussingault.

lorsque l'air analysé, au lieu d'être recueilli près du sol dans les plaines, l'est sur les sommets des montagnes, ou en ballon,

rouge sur une grille, on ouvre le robinet r' du côté de l'arrivée ; l'air se précipite alors dans le tube, où il cède à l'instant son oxygène au métal. Au bout de quelques minutes, on ouvre le second robinet r ainsi que le robinet R, et le gaz azote se rend dans le ballon vide. Les robinets demeurent ouverts, l'air afflue, et à mesure qu'il passe dans le tube il y abandonne son oxygène; c'est donc de l'azote pur que reçoit le ballon. Quand il est plein, on ferme tous les robinets. On pèse ensuite séparément le ballon et le tube avec l'azote, puis on les pèse de nouveau après y avoir fait le vide. La différence de ces pesées donne le poids du gaz azote. Quant au poids de l'oxygène, il est fourni par l'excès de poids que le tube qui contient le cuivre a acquis pendant la durée de l'expérience. L'air qui pénètre dans le tube et le ballon se débarrasse préalablement de son acide carbonique et de sa vapeur d'eau, en passant dans le tube et les appareils L, *f*, O, *t* remplis de potasse liquide très concentrée ou garnis d'acide sulfurique concentré et pur. On n'a pas tenu compte dans ces expériences des traces d'hydrogène carboné qui existent dans l'atmosphère. » (*Traité de Chimie générale*, t. I.)

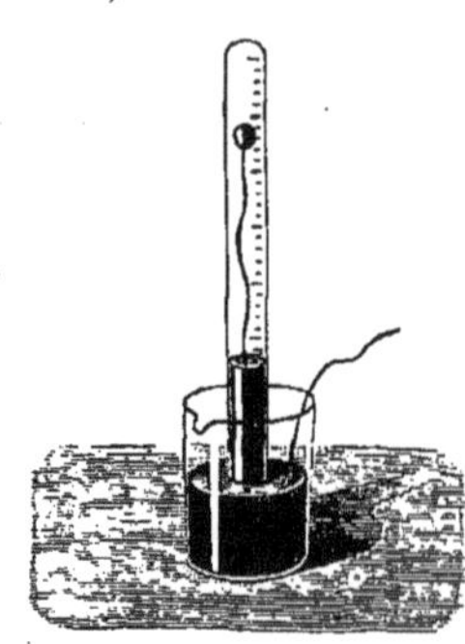

Fig. 17. — Analyse de l'air par la combustion lente du phosphore.

dans les plus hautes régions aériennes où les aéronautes soient parvenus? Ne change-t-elle pas avec la latitude ou mieux avec les climats? Enfin reste-t-elle constante avec le temps, dans un même lieu? Toutes ces questions se posaient naturellement et ont été l'objet de nombreuses expériences.

L'azote et l'oxygène ne forment dans l'atmosphère qu'un simple mélange, non une combinaison chimique véritable; par conséquent, les lois des mélanges des gaz et de leur diffusion leur sont applicables. On doit dès lors considérer leurs atmosphères propres comme indépendantes, d'où il résulte que la diminution de la densité avec la hauteur ne doit pas varier de la même manière pour l'azote que pour l'oxygène, et que, à mesure qu'on s'élève, la proportion d'azote doit être un peu plus grande. Telle était l'opinion de Dalton. Cependant Gay-Lussac, dans sa célèbre ascension aérostatique, recueillit de l'air à 7000 mètres de hauteur, et l'analyse ne lui permit point de trouver de différence entre la composition de l'atmosphère dans ces hautes régions et celle qu'on recueillait au même instant à Paris au niveau du sol. M. Boussingault, dans ses voyages aux Cordillères des Andes, fit de nombreuses analyses de l'air pris à des altitudes très différentes, et arriva aux mêmes conclusions. Enfin, des expériences semblables dues à MM. Martins et Bravais sur le Faulhorn, à M. Marignac à Genève, à M. Stas à Bruxelles, à M. Brunner à Berne, à M. Lévy à Copenhague, confirmèrent cette constance de la composition de l'air atmosphérique, quels que soient les lieux et l'altitude. Les différences constatées ont été assez faibles pour qu'il n'y ait pas de doute sur ce résultat général, dû sans doute à la facilité avec laquelle a lieu le mélange des couches d'air par les courants qui sillonnent continuellement l'atmosphère. S'il était possible de s'élever à une altitude suffisante pour qu'on pénétrât dans des régions absolument calmes, il est probable qu'on pourrait constater la proportion plus forte que Dalton avait signalée pour l'azote.

Cependant une différence sensible a été reconnue entre

l'air recueilli au-dessus du sol et celui qu'on trouve en contact avec l'eau de la mer. C'est à un physicien danois, M. Lévy, qu'est due cette observation. Dans une traversée entre le Havre et Copenhague, il recueillit une certaine quantité d'air aussi près que possible de la surface de la mer; il en compara la composition avec celle de l'air pris à Copenhague et sur la côte à 12 mètres au-dessus du niveau et par le vent de mer, et il trouva les proportions suivantes d'oxygène :

Oxygène de l'air à Copenhague	229,98 p. 1000	(en poids).
— à côté de Kromborg.	230,16	—
— en mer.	224,73	—

On voit que la couche d'air en contact avec l'eau de l'Océan contient une proportion notablement moindre d'oxygène. L'explication de ce fait est d'ailleurs très simple.

On sait que l'air se dissout dans l'eau et qu'un litre de ce liquide peut renfermer ainsi jusqu'à 30 ou 35 centimètres cubes de ce mélange gazeux. Mais la solubilité de l'oxygène est plus grande, à température égale, que celle de l'azote; l'air extrait de l'eau contient 32 ou 33 volumes pour 100 du premier gaz et seulement 68 ou 67 volumes du second. La couche d'air qui est en contact avec la surface de l'eau de la mer fournit donc à celle-ci plus d'oxygène que d'azote, et l'analyse doit donner une proportion d'azote plus forte que celle de l'air ordinaire, ainsi que l'ont prouvé les expériences de M. Lévy.

Quelques années après les observations que nous venons de rapporter, V. Regnault indiqua un procédé fort simple pour analyser de petits volumes de gaz par l'eudiomètre; il fit préparer une série de tubes convenablement disposés, pour recueillir l'air atmosphérique dans un grand nombre de lieux répartis convenablement à la surface du globe[1]. Les échantil-

1. Dans son intéressante monographie l'Air (publiée dans la Bibliothèque des merveilles), M. Moitessier décrit en ces termes le procédé indiqué par Regnault pour recueillir et conserver l'air atmosphérique : « Le récipient est un simple tube de verre, effilé en pointe à

lons envoyés au laboratoire de l'illustre physicien au Collège de France, ayant été analysés, donnèrent une composition à peu près identique, ou du moins ne présentant que des variations assez faibles (de 209 à 210 d'oxygène en volume). Dans

ses deux extrémités. Pour éviter la rupture, pendant le transport, de ces pointes très fragiles, il les recouvre de deux petites cloches, mastiquées par-dessus, comme l'indique la figure 20. Chaque tube, ainsi préparé, était placé dans un étui de carton. Pour faire une prise d'air, on ramollit le mastic, on détache les deux petites cloches et l'on met une des parties effilées

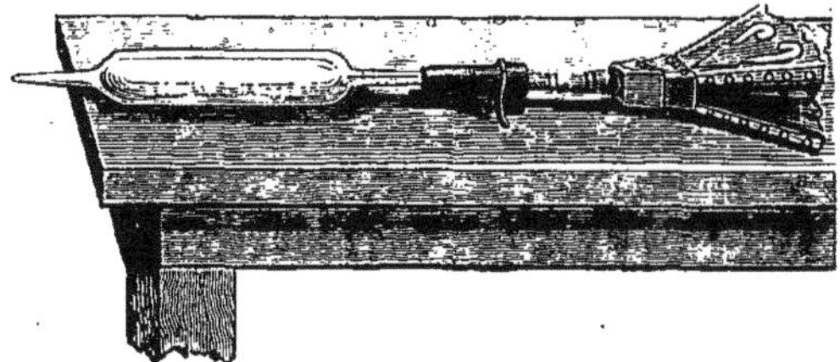

Fig. 19. — Tubes de Regnault; remplissage ou prise d'air.

en communication, à l'aide d'un tube de caoutchouc (fig. 19), avec un soufflet ordinaire que l'on fait agir pendant trois ou quatre minutes. L'air primitivement contenu dans le tube se trouve ainsi renouvelé et remplacé par celui qui existe en ce moment dans la localité.

« Il faut alors fermer le tube hermétiquement; on y arrive sans peine en chauffant d'abord l'une des pointes dans la flamme d'une lampe à alcool (fig. 20); puis, lorsque le

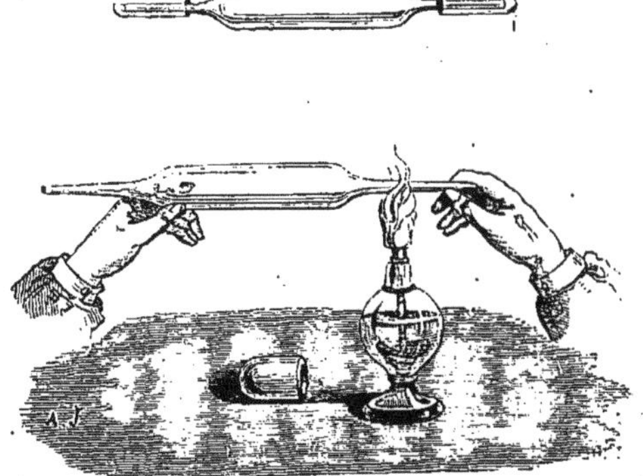

Fig. 20. — Fermeture des tubes de Regnault après leur remplissage.

verre est ramolli, on tire doucement la pointe pour la détacher du tube, qui se trouve ainsi fermé d'un côté; il suffit ensuite de renouveler la même opération à l'autre extrémité. Enfin on remastique les deux petites cloches pour protéger les pointes fermées.

« Un grand nombre de lots, composés de trente tubes semblables, furent adressés à des savants habitant divers centres scientifiques. D'autres furent envoyés aux principaux con-

certains cas toutefois et notamment dans les pays chauds, cette proportion d'oxygène descendit à 203 (224,69 en poids), c'est-à-dire au-dessous de celle que M. Lévy avait trouvée au-dessus de la mer.

En résumé, on peut considérer comme constante la composition de l'air atmosphérique en azote et en oxygène, au moins pour l'époque actuelle. Si elle était autre, dans les périodes géologiques antérieures, c'est ce qu'il ne paraît pas possible de décider; et si elle doit changer plus tard, si le rapport des deux gaz devient notablement différent de 792 à 208 en volume, en poids de 769 à 231, c'est ce qu'il ne sera possible sans doute de reconnaître qu'après de longs siècles. Mais une autre conséquence importante des recherches multipliées des physiciens et des chimistes sur ce point important de physique terrestre, c'est que, comme nous l'avons déjà dit plus haut, l'air atmosphérique n'est pas une combinaison définie; c'est un simple mélange, de sorte que chacun des gaz qui le forment se comporte comme s'il était isolé, en raison de ses affinités propres, et non pas « comme s'il était entré déjà dans les liens d'une combinaison qui lui donnerait des propriétés distinctes de celles que l'on reconnaît à l'oxygène et à l'azote, quand on les étudie séparément et dans un état de pureté absolue[1]. »

§ 5. CONSTITUTION CHIMIQUE DE L'AIR ATMOSPHÉRIQUE; GAZ ACIDE CARBONIQUE.

L'oxygène et l'azote forment donc la partie permanente de l'atmosphère, de sorte que, pour les physiciens et les chi-

sulats de France; d'autres, enfin, furent confiés à des officiers de la marine royale qui devaient commander des stations dans des contrées lointaines. »

Grâce aux centaines d'analyses qui purent être faites à l'aide de ces échantillons, à leur retour au Collège de France, on put comparer la composition de l'air sur un grand nombre de points de la surface du globe avec l'air pris à Paris. L'avantage de ce mode de procéder consiste surtout dans les circonstances où les analyses en question purent être faites, l'appareil et la méthode étant absolument identiques. Les prises d'air, dans chaque localité des deux hémisphères, avaient été effectuées les 1er et 15 de chaque mois et à midi, temps moyen du lieu.

1. J. A. Barral, *De l'influence exercée par l'atmosphère sur la végétation.*

mistes, l'air est un mélange de ces deux gaz dans les proportions que l'observation constate. Toutefois d'autres substances gazeuses s'y trouvent presque constamment associées, et quelques-unes d'entre elles jouent un rôle capital, soit au point de vue des phénomènes météorologiques, soit au point de vue de l'existence des êtres vivants.

La vapeur d'eau et l'acide carbonique sont les plus importantes de ces substances, parmi lesquelles il faut ranger aussi l'ammoniaque, les acides nitriques et nitreux, l'ozone et une multitude de corpuscules qui flottent en quantités excessivement variables dans les couches atmosphériques.

Nous ne dirons ici que deux mots de la vapeur d'eau, parce que sa présence dans l'air, ses variations en tension et en quantité, les phénomènes météorologiques où elle intervient comme élément prédominant, exigeront une étude spéciale, approfondie, qui sera l'objet de plusieurs des chapitres de ce volume. Les brouillards, les nuages, les pluies, la neige, la rosée, sont autant de produits de la condensation de la vapeur d'eau de l'air, soit dans l'air même, soit à la surface du sol; quant à l'existence de cette vapeur, elle est une conséquence immédiate et forcée de l'existence de l'immense nappe liquide qui recouvre les trois quarts de la surface de notre globe. Sans la vapeur d'eau, sans l'espèce de distillation continue qui résulte de l'action des rayons solaires sur l'eau des mers, sur l'eau dont le sol des continents est imprégné à la suite des pluies, sources, ruisseaux, rivières, fleuves seraient inconnus sur notre globe, et par là même tout ce qui a besoin de l'eau pour vivre, végétaux et animaux. La Terre serait un désert.

Moins important pour les phénomènes météorologiques proprement dits, le gaz acide carbonique, dont la présence au sein de l'atmosphère a été constatée dans tous les lieux, à toutes les latitudes et à toutes les altitudes, ne joue pas un moindre rôle que la vapeur d'eau vis-à-vis des êtres organisés. Si ce gaz ne peut pas être considéré, au même titre que l'oxygène et l'azote, comme un élément constituant de l'air, du moins toutes les expériences faites pour constater sa présence et doser ses proportions ont montré qu'il ne fait jamais défaut, et que la quantité qu'en renferme un volume donné d'air atmosphérique varie dans des limites assez resserrées.

Il est aisé de démontrer la présence de l'acide carbonique dans l'air que nous respirons. Il suffit d'abandonner à elle-même une solution limpide d'eau de chaux dans un vase ouvert à large surface. On voit le liquide se recouvrir d'une mince pellicule blanchâtre, qui prend des teintes irisées à la lumière du jour (phénomène des anneaux colorés dans les lames minces) : la matière formant cette pellicule n'est autre chose que le résultat de la combinaison de l'acide carbonique avec la chaux, autrement dit du carbonate de chaux, dont elle a toutes les propriétés. Cette expérience a été faite par Black pour la première fois.

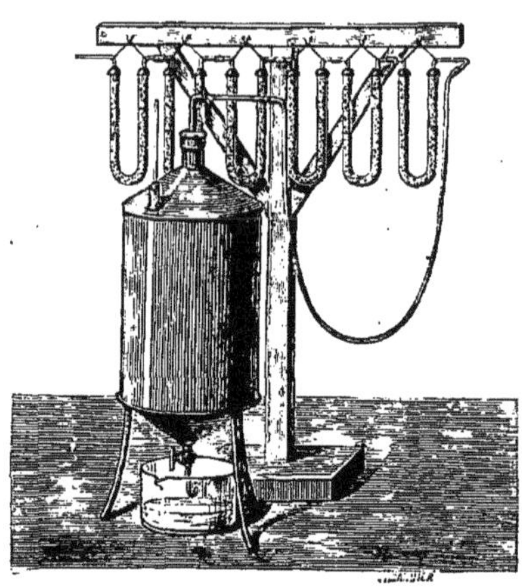

Fig. 21. — Appareil à doser l'acide carbonique de l'air.

L'étude des propriétés de l'acide carbonique est du ressort de la chimie. Nous ne ferons donc que rappeler ici que c'est, comme l'azote, un gaz impropre à la combustion et à la respiration, et qui, si la proportion qu'en contient l'air n'était pas très faible, ainsi qu'on va le voir, déterminerait promptement l'asphyxie des animaux et de l'homme. Sa densité, à la pression normale, dépasse une fois et demie (1,529) celle de l'air, de sorte qu'on peut le transvaser pour ainsi dire comme un liquide. Sa solubilité dans l'eau est considérable : à la température ordinaire, l'eau ne dissout pas moins de son propre volume de gaz acide carbonique. En outre, cette solubilité croît avec la pression. Tout le monde connaît les eaux gazeuses naturelles de Seltz, de Spa, de Saint-Galmier, ou tout au moins les eaux artificielles qu'on fabrique sous les mêmes noms, en comprimant le gaz à l'aide de pompes et d'appareils spéciaux. Dès qu'on diminue la pression, soit en débouchant la bouteille contenant une de ces eaux, soit en pressant un levier qui laisse communiquer l'intérieur avec l'atmosphère, on observe un dégagement tumultueux du gaz, qui monte à la surface sous forme de petites bulles nombreuses.

Le dosage de l'acide carbonique de l'air[1] a été l'objet de nombreuses expériences faites dans la première moitié du siècle, par des savants illustres, français et étrangers, parmi lesquels il nous suffira de citer de Saussure et Boussingault. La question a été reprise dans ces derniers temps par MM. Schlœsing, Reiset, Albert Lévy, Müntz et Aubin.

La proportion d'acide contenue dans l'air semble, d'après les résultats des analyses, varier entre des limites assez étendues, mais est, en tout cas, très faible, puisqu'elle se chiffre par un petit nombre de dix-millièmes. D'après de Saussure (1816), la moyenne était 4,15, c'est-à-dire que sur 10000 litres ou 10 mètres cubes d'air il n'y avait guère plus de 4 litres de gaz. Le célèbre physicien avait trouvé 5,74 pour le maximum, 3,15 pour le minimum. Les recherches de Boussingault (1840 et 1841) ont donné, pour Paris, des écarts moins grands, entre 3,5 et 4,3 dix-millièmes, la moyenne approchant de

1. Les procédés de dosage consistent le plus souvent à faire passer un volume donné d'air à travers une série de tubes, dont les uns, renfermant de la pierre ponce imbibée d'acide sulfurique, retiennent la vapeur d'eau contenue dans l'air, et dont les suivants sont remplis de pierre ponce humectée par une dissolution de potasse. Cette dissolution fixe l'acide carbonique, et par une pesée avant et après l'expérience on peut calculer le poids de gaz acide carbonique absorbé.

La figure 21 représente l'appareil qui sert à ce dosage. Le grand cylindre à fond conique est d'abord entièrement rempli d'eau et l'air arrive à sa partie supérieure par un tube en caoutchouc qui communique avec les tubes dont nous venons de parler. Il joue le rôle d'aspirateur, l'air y étant appelé à mesure que l'eau s'écoule par le robinet inférieur, et quand l'écoulement est terminé, on connaît le volume de l'air qui a été employé à l'analyse.

4 dix-millièmes. Les deux savants s'accordaient à reconnaître que l'acide carbonique est en proportion un peu plus forte pendant la nuit que le jour. Ce résultat a été confirmé récemment par les analyses de M. Reiset, mais la différence est faible, puisque pour 100 mètres cubes d'air ce savant a trouvé 28^{lit},81 pendant le jour, 30^{lit},84 pendant la nuit; 1^{lit},93, c'est-à-dire moins de 2 cent-millièmes, constitue toute la différence en question.

La moyenne trouvée par M. Albert Lévy, pour sept années de dosage quotidien de l'air atmosphérique à Montsouris, est à peu de chose près de 3 dix-millièmes (2,97) : le maximum s'est élevé à 3,6, le minimum à 2,2. Ce dernier résultat mérite d'ailleurs confirmation ou mieux explication, comme l'observateur le reconnaît lui-même. M. Risler a trouvé près de Nyon, à une altitude de 420 mètres, d'août 1872 à juillet 1873, une moyenne de 3,035.

Les missions scientifiques envoyées par la France en diverses stations du Nouveau Monde ont permis de doser l'acide carbonique de l'air en des lieux fort éloignés les uns des autres. MM. Muntz et Aubin, qui avaient été chargés de la direction de ces expériences, en donnent, en ces termes, les résultats : « Les proportions d'acide carbonique contenues dans l'air de ces stations éloignées ne diffèrent pas beaucoup de celles qu'on a trouvées dans notre climat; les variations, sans être beaucoup plus grandes, sont influencées par l'état du ciel et la vitesse du vent, qui exagèrent ou atténuent les influences locales. Les quantités trouvées descendent quelquefois sensiblement au-dessous de celles observées en France et en Allemagne; mais les maxima ne s'élèvent pas au-dessus des nôtres. La moyenne générale est de 2,78. Elle est donc un peu inférieure à celle trouvée par M. Reiset dans le nord de la France (2,962)[1], et à celle que nous avons trouvée nous-même dans la plaine de Vincennes (2,84) et au sommet du pic du Midi

1. Cette dernière moyenne est à peu près identique à celle que M. A. Lévy a trouvée pour Paris et que nous venons de donner plus haut.

(2,86). Il paraîtrait donc que la grande moyenne doive être un peu inférieure à celle qui serait établie d'après les observations faites en Europe. La moyenne des prises de nuit (2,82) est plus élevée que la moyenne générale, et dans toutes les stations elle est supérieure à celle des prises de jour, comme on le voit dans le tableau suivant :

	Moyenne des prises	
	de jour.	de nuit.
Haïti	2,704	2,920
Floride	2,897	2,947
Martinique	2,755	2,850
Mexique	2,665	2,860
Santa-Cruz (Patagonie)	2,664	2,670
Chubut (Patagonie)	2,790	3,120
Chili	2,665	2,820

En résumé, on voit que si la proportion d'acide carbonique qui existe dans l'atmosphère varie assez notablement (l'écart extrême paraît aller de 2,5 à 3,6), du moins la moyenne générale ne s'éloigne guère de 3 dix-millièmes. Autrefois on admettait des chiffres bien différents : 4 dix-millièmes pour la moyenne générale, 3 à 6 dix-millièmes pour les proportions extrêmes. Il reste à rendre compte des variations observées, et pour cela il faut dire quelles sont les sources ou les causes de production de ce gaz, quelles sont les causes accidentelles ou temporaires de sa diminution en un point donné du globe.

On sait que les animaux font, en respirant, une consommation continue d'oxygène, que leur fournit à profusion l'air dans lequel ils vivent, et qu'au contraire ils exhalent de la vapeur d'eau et de l'acide carbonique; d'autre part, les végétaux, sous l'influence de la lumière, décomposent l'acide carbonique de l'air, fixent le carbone et exhalent de l'oxygène; pendant la nuit, il est vrai, les plantes se comportent comme les animaux, et donnent lieu à un dégagement d'acide carbonique. Quoi qu'il en soit, les êtres vivants pourraient suffire à expliquer la présence de ce gaz dans l'air et la constance approchée de ses proportions, si toutefois il y a compensation.

Mais les deux phénomènes inverses se compensent-ils exactement? C'est une question qu'on s'est souvent posée et dont la solution paraît d'autant plus difficile, qu'il existe d'autres causes importantes de la production de l'acide carbonique.

L'une des plus puissantes est sans contredit celle des éruptions volcaniques. M. Boussingault a démontré, il y a longtemps déjà, que les terrains volcaniques, par leurs fissures et leurs bouches d'éruption, dégagent continuellement de l'acide carbonique en quantité énorme[1]. Il a calculé que le seul Cotopaxi en exhale dix fois plus que la population parisienne tout entière[2]. Or on connaît aujourd'hui, dans les diverses régions du globe explorées, plus de trois cents volcans en activité, et il est probable que ce nombre est en réalité plus grand encore. A cette source si importante, il faut joindre les innombrables foyers de combustion de tous les lieux habités.

Il semble donc que la quantité d'acide carbonique contenue dans l'atmosphère devrait augmenter constamment, à moins que l'échange continu entre les êtres organisés, animaux et végétaux, ne donne lieu à une perte qui se trouve ainsi constamment réparée. Mais il faut ajouter que la solubilité de ce gaz dans l'eau est telle, que, par les pluies, les brouillards, il s'en condense une quantité notable qui retourne au sol; elle y prend la chaux nécessaire à la formation des carbonates, que les cours d'eau entraînent enfin jusqu'à l'Océan. De même l'eau des mers doit en dissoudre des proportions considérables, et il se fait ainsi entre l'atmosphère et le sol une série d'échanges qui, d'après M. Dumas, a sans doute une importance bien autrement grande que les actions physiologiques.

1. Les volcans en éruption dégagent plusieurs autres substances gazeuses. Mais, comme le remarque Fuchs, le dégagement de l'acide carbonique persiste bien après que « toutes les autres traces d'activité volcanique ont depuis longtemps disparu ». (*Les volcans et les tremblements de terre*, p. 85.)

2. En tenant compte des arrivages de combustible, de la population (en 1840), du nombre des chevaux, de la dose moyenne d'acide carbonique émise par l'homme et par le cheval, M. Boussingault évaluait, il y a quarante ans passés, à 2 944 641 mètres cubes le volume produit par la ville de Paris en vingt-quatre heures. Toutes proportions gardées, on en trouverait aujourd'hui au moins deux fois et demie autant.

On voit que l'acide carbonique de l'air a des origines multiples. De plus, les sources de sa production sont très inégalement réparties à la surface de la Terre. Sur les continents, elles sont plus ou moins abondantes selon que les régions ont une population humaine ou animale plus où moins dense, selon que la végétation s'y trouve plus ou moins active, selon enfin que ces régions sont voisines ou non de l'Océan, voisines ou non des terrains volcaniques et de leurs foyers d'éruption. Les différences que les analyses des chimistes ont constatées, selon les époques et selon les lieux, n'ont donc rien que de très naturel. On pourrait être surpris plutôt, comme l'a remarqué très justement M. Dumas, que ces différences ne fussent pas plus grandes. Mais la raison de cette uniformité relative dans la diffusion de l'acide carbonique au sein de l'atmosphère a été donnée depuis longtemps par Gay-Lussac, en ces termes :

« Il est très raisonnable de dire que l'air est toujours en mouvement, soit dans le sens horizontal, soit dans le sens vertical, et que le même lieu est alternativement baigné, dans des espaces de temps peu considérables, par l'air des pôles et par celui des tropiques. Il faut que le vent soit bien faible pour qu'il ne parcoure que 6 lieues à l'heure, et néanmoins, dans cette supposition, il ne lui faudrait que quinze heures pour parcourir la distance qui sépare Paris de Genève, et pas huit jours pour venir du pôle ou de l'équateur en France. Un mouvement aussi rapide de l'air et les courants continuels ascendants et descendants suffisent pour produire une diffusion uniforme de l'acide carbonique dans l'atmosphère, quoique les sources de ce gaz soient très variables sur la surface de la Terre, et nous ne pensons pas qu'on l'ait jamais conçue autrement. »

Les composés chimiques gazeux qu'on rencontre encore dans l'air atmosphérique sont l'ammoniaque (à l'état de carbonate et de nitrate), l'hydrogène carboné, l'ozone ou oxygène électrisé, des sels de soude et de chaux, les acides azoteux et azotique ; on y trouve aussi de l'iode. Mais, bien que certains d'entre eux, l'ammoniaque notamment, paraissent jouer un rôle important dans la végétation, les doses en sont si faibles, qu'il faut pour les déceler et les mesurer mettre en œuvre des volumes énormes d'air. Par mètre cube d'air, M. Schlœsing a trouvé, suivant la température, de 1 à 6 centièmes de milligramme d'ammoniaque. D'autres savants ont trouvé des quantités variant entre $0^{mg},17$ et $5^{mg},02$. On voit combien ces proportions sont variables. M. Truchot ayant dosé, à 3 jours consécutifs, l'ammoniaque de l'air à Clermont-Ferrand, au sommet du Puy de Dôme et au sommet du pic de Sancy, c'est-à-dire à des altitudes de 395, 1446 et 1884 mètres, a obtenu $1^{mg},12$, $3^{mg},18$, et $5^{mg},55$, d'où il conclut que la proportion augmente avec la hauteur. Les quantités d'ammoniaque augmentent aussi par les temps pluvieux ou brumeux, comme pour l'acide carbonique, ce qui justifie le dicton populaire : *Les brouillards qui durent engraissent la terre.* L'origine de l'ammoniaque atmosphérique est due tantôt aux émanations volcaniques, tantôt aux décompositions putrides de matière organique à la surface du sol. L'ammoniaque de l'air, en se combinant avec l'acide nitrique qui est produit lui-même par les décharges électriques dans les orages[1], donne le nitrate d'ammoniaque, qui est une des formes sous lesquelles ce composé se trouve dans l'atmosphère. Comme l'acide nitrique ne se rencontre pas seulement dans les pluies d'orage, mais en toutes saisons, ainsi qu'il résulte des recherches de M. Barral, on en a conclu avec raison que les décharges de l'électricité atmosphérique ne sont pas les seules causes de la formation de ce composé, et l'on est porté à l'attribuer aussi en grande partie à l'action de l'ozone.

L'ozone, en effet, cette modification singulière, ou, selon l'expression consacrée, cette forme allotropique de l'oxygène,

1. On admet généralement que tel est le mode de formation de l'acide nitrique de l'atmosphère. Cavendish, dans une expérience célèbre, a montré que l'oxygène et l'azote, qui ne se combinent pas dans les conditions ordinaires, forment de l'acide azotique sous l'influence

découverte, il y à quarante ans, par Schœnbein[1], et étudiée depuis aussi bien au point de vue chimique qu'au point de vue météorologique, existe à peu près en tout temps dans l'atmosphère. La proportion en est très faible et aussi très variable; en poids, elle est au maximum la 450000e partie de l'air, et son volume est mesuré par une fraction moindre encore, puisque la densité de l'ozone dépasse de moitié celle de l'oxygène et des deux tiers environ celle de l'air (1,658). Les propriétés chimiques de l'ozone le rendent tout à fait distinct de l'oxygène ordinaire. Il attaque un grand nombre de corps à une température où ce dernier gaz est sans action; à la température ordinaire, il oxyde le soufre, le phosphore, les acides sulfureux et phosphoreux, l'arsenic, l'iode, l'argent, etc. Nombre de matières organiques sont promptement oxydées par l'ozone;

des décharges électriques. La figure 22 représente l'appareil fort simple qui sert à cette démonstration, avec les modifications apportées à l'expérience du savant anglais par MM. Becquerel et Fremy. Une bobine de Ruhmkorff alimentée par une pile au bichromate

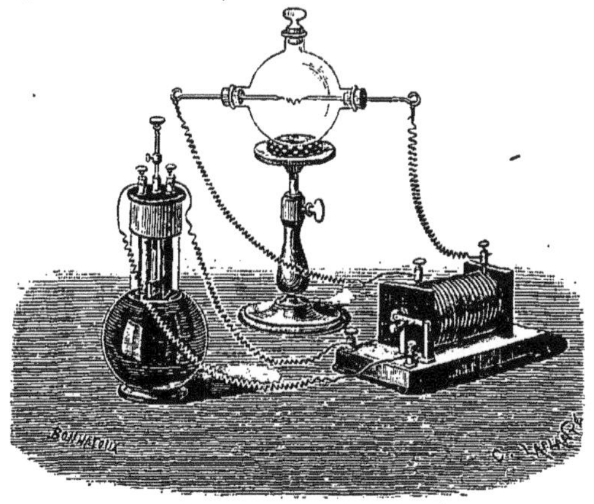

Fig. 22. — Production de l'acide nitrique sous l'influence de l'électricité.

de potasse fournit une série d'étincelles qui éclatent à l'intérieur d'un ballon en verre plein d'air; on voit alors le ballon se remplir de vapeurs rutilantes qui sont celles de l'acide nitrique provenant de la combinaison de l'azote avec l'oxygène.

1. Van Marum avait signalé soixante-cinq ans plus tôt l'odeur particulière que dégageaient les décharges électriques, et qu'il attribuait à la matière de l'électricité. Cette odeur, qu'on peut comparer à celle du phosphore, est caractéristique de l'ozone.

il bleuit la teinture de gaïac, détruit les matières colorantes et altère le caoutchouc, qui devient friable sous son action.

L'énergie de cette activité chimique a fait soupçonner l'ozone de jouer un rôle important dans l'atmosphère, non sans doute au point de vue météorologique proprement dit, mais sous le rapport de son influence sur les êtres vivants et plus spécialement sur l'homme. D'après Schœnbein, l'ozone étant un agent destructeur des gaz méphitiques, des miasmes de l'atmosphère engendrés par la putréfaction des matières organiques, qu'il brûle et transforme en matières inertes, exerce sur la santé générale une action bienfaisante. Schrœder a même reconnu que cette putréfaction n'a plus lieu dans l'air ozonisé : il a pu conserver ainsi sans altération des œufs pendant cinq semaines, et il suffit pour cela de la présence d'un trois-millionième d'ozone dans l'atmosphère.

D'un autre côté, l'ozone, quand sa proportion dans l'air atteint une dose exceptionnelle (qu'on n'observe jamais dans l'atmosphère, il est vrai), exerce une action très irritante sur les muqueuses des voies respiratoires.

Il était donc intéressant de faire des observations suivies de l'état de l'atmosphère à ce point de vue, de doser l'ozone et de comparer la marche régulière ou irrégulière du phénomène avec celle de la santé publique, et notamment des épidémies. On a employé dans ce but diverses méthodes. Schœnbein a proposé de mesurer l'ozone atmosphérique à l'aide d'un papier amidonné imbibé d'iodure de potassium. L'ozone décompose l'iodure, et l'iode devenu libre forme avec l'amidon une belle couleur bleue, dont la nuance est d'autant plus foncée que la quantité d'ozone atmosphérique est plus considérable.

Un chimiste français, M. Houzeau, qui a fait des études suivies de toutes ces questions, a remplacé le papier ozonométrique dont nous venons de parler par un papier de tournesol rouge, dont une moitié a été trempée dans une solution neutre et étendue d'iodure de potassium. L'ozone, en mettant en liberté l'iode de cette partie, détermine sa coloration en bleu, tandis que l'autre moitié reste rouge, si toutefois elle n'a pas subi l'action d'autres composés existant accidentellement dans l'air, tels que l'acide nitrique, le chlore, etc. Le papier Schœnbein ne présente point cette garantie de contrôle.

Dans les observatoires météorologiques, on emploie, outre les papiers ozonométriques, des méthodes spéciales de dosage; à Montsouris par exemple, M. A. Lévy se sert, dans ses expériences, de celle qui consiste à faire passer un volume connu d'air au travers d'une dissolution titrée d'arsénite de potasse mélangé d'iodure de potassium pur. L'ozone transforme l'arsénite en arséniate et, à l'aide d'une liqueur d'iode titrée, on évalue en poids la quantité d'arsénite transformé, et par suite celle de l'ozone qui a servi à la transformation. Voici quelques-uns des résultats obtenus par ces diverses méthodes :

MM. Bœckel à Strasbourg, A. Houzeau à Rouen s'accordent à signaler un maximum ozonométrique pour le mois de mai et celui de juin; la quantité d'ozone diminue sensiblement en été, beaucoup en automne, pour reparaître à la fin de l'hiver, où elle devient surtout appréciable au mois de mars. M. Bérigny, qui a fait à Versailles, pendant de nombreuses années, des observations ozonométriques continues, a trouvé aussi un maximum en mai (1855), avec un minimum en novembre; mais les neuf années suivantes lui ont donné un maximum en mars et le minimum en novembre. A Montsouris (1877-1883), l'influence des saisons a paru peu sensible; ce sont les mois de février et de mars qui ont donné un maximum ozonométrique ($1^{mg},3$) et décembre un minimum ($0^{mg},6$).

D'après M. Bœckel, c'est dans la matinée que l'air contient le plus d'ozone, d'octobre à juin; mais le contraire a lieu de juin à septembre. Le docteur Bérigny a observé en 1864 une prédominance du matin sur le soir pendant toute l'année. La quantité d'ozone, pour la même station, paraît dépendre de la direction des vents régnants. Ce sont les vents d'entre nord et sud-est par l'ouest qui sont le plus favorables à la production de l'ozone. Les observations de M. A. Lévy à Montsouris accusèrent un résultat à peu près semblable. « Quand les vents soufflent du nord-ouest à l'est-sud-est, en passant par le nord, la proportion d'ozone est faible; dans la région sud, au contraire, les vents nous arrivent chargés d'ozone, et en particulier ceux compris entre le sud et l'ouest[1]. » Dans l'opinion de M. Péligot, il ressort de toutes les observations ozonométriques faites jusqu'ici (1866) « que la production de l'ozone est un phénomène atmosphérique beaucoup plus qu'un phénomène résultant des actions qui se produisent au sein ou à la surface de la Terre ». Il ne pense pas que les maxima observés au

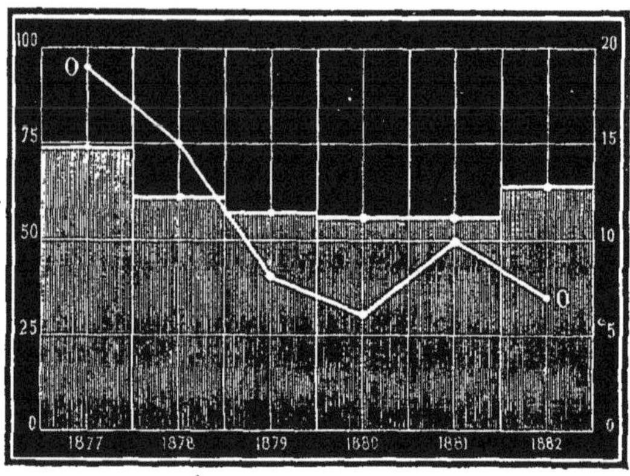

Fig. 23. — L'ozone de l'air dans ses rapports avec la direction des vents.

printemps ou en été soient le résultat du développement de la végétation à ces époques, et trouve plus probable que l'air doive aux vents venant de la mer cet excès d'ozone. « Sous l'influence, dit-il, des bourrasques, des tempêtes, des ouragans, de l'évaporation et du transport de l'eau et des actions électriques qui accompagnent ces phénomènes au sein des mers, l'ozone se développe et ce corps nous arrive avec les vents qui soufflent sur nos côtes. »

1. *Annuaire de l'observatoire de Montsouris pour* 1884. D'après des observations faites à Rouen, en 1877, par MM. L. Gully, il y aurait une relation entre l'ozonisation de l'air et les mouvements tournants de l'atmosphère. Le phénomène serait plus marqué dans la partie nord du tourbillon (pour notre hémisphère), ce qui expliquerait aussi la prédominance de l'ozone, au printemps et en été. (V. les *Comptes rendus de l'Académie pour* 1878.)

En ce qui concerne l'influence de l'ozone atmosphérique sur la santé, la question reste, après des observations contradictoires, encore bien controversée. Un travail du docteur Cook, médecin à Bombay, en 1863 et 1864, prouverait « qu'il existe une connexité évidente entre l'absence ou la décroissance de l'ozone dans l'air et la présence du choléra ; il en est de même pour la dysenterie et les fièvres intermittentes. Quand l'ozone existe dans l'air en proportion relativement grande, ces maladies disparaissent; quand il diminue, elles font de nouvelles victimes. »

D'après M. P. Thenard, « il serait grandement temps de mettre le public en garde contre les légendes répandues sur l'ozone. Loin d'être bénin, ajoutait-il[1], l'ozone est, au contraire, un des plus énergiques poisons dont soient dotés nos laboratoires. Je ne m'étendrai pas sur son mode d'action physiologique; je dirai seulement que, sous l'influence de l'ozone, et à des titres extrêmement faibles, M. A. Thenard a reconnu que les globules du sang se contractent rapidement et même changent de forme, et que le pouls se ralentit au point que celui d'un cochon d'Inde, battant normalement 148 pulsations, tombe à une trentaine au bout d'un séjour d'un quart d'heure, répété une fois par heure pendant cinq heures consécutives. » Le même savant terminait en émettant des doutes sur les indications données par les papiers ozonométriques et par suite sur l'existence même de l'ozone dans l'air, doutes aujourd'hui levés depuis que le dosage se fait par la méthode des liqueurs titrées.

Terminons ce que nous avions à dire au sujet de l'ozone par l'extrait suivant d'une note de M. Marié-Davy, où ce savant insiste sur l'utilité des observations ozonoscopiques au point de vue de la Météorologie, le seul que nous ayons intérêt à considérer ici : « Les observations simultanées faites dans les écoles normales primaires de France ont montré que, toutes les fois que le centre d'un mouvement tournant passe dans le

1. *Comptes rendus de l'Académie des sciences pour* 1876, t. I.

nord du lieu d'observation, les papiers se colorent plus ou moins fortement, et qu'ils restent à peu près inaltérés quand le centre passe dans le sud, quelle que soit d'ailleurs la force du vent. Quand une bourrasque vient du large, les boussoles commencent à s'agiter plusieurs jours avant l'arrivée de la tourmente. Les papiers ozonoscopiques parlent un peu plus tard ; mais leurs indications ont, en France du moins, presque la valeur de celles du baromètre. On comprend dès lors que, malgré l'imperfection des procédés d'observation, les constatations ozonoscopiques soient faites dans presque tous les observatoires[1]. »

Le savant directeur de l'observatoire de Montsouris a adopté dans cet établissement, depuis 1876, l'observation des papiers ozonoscopiques et le dosage en poids de l'ozone, par l'arsénite de potasse, dont il a été question plus haut.

§ 6. LES POUSSIÈRES INORGANIQUES DE L'ATMOSPHÈRE.

L'air ne contient pas seulement les diverses substances gazeuses que nous venons d'énumérer, et dont une analyse délicate permet seule de constater la présence. On y trouve aussi une multitude de corpuscules très ténus, qui flottent et voltigent sans cesse à toutes les hauteurs, maintenus en suspension grâce à l'extrême petitesse de leur masse, et transportés par les vents à des distances énormes. Ces poussières, qu'on a nommées aussi les *immondices de l'atmosphère*, sont de nature et d'origine extrêmement variées, comme on va le voir, et comme l'ont prouvé les recherches déjà anciennes de Brandes, de Berzélius et de Liebig et surtout d'Ehrenberg, et celles, plus récentes, de MM. Pierre, Boussingault, Barral, Tyndall, Pasteur, docteur Maddox, Miquel. Beaucoup de ces corpuscules sont d'une telle petitesse, que les plus forts grossissements des mi-

1. *Comptes rendus de l'Académie des sciences pour* 1876, t. I.

croscopes sont nécessaires pour les déceler; les plus gros sont seuls visibles à la vue simple, dans des circonstances que chacun de nous connaît et sous des conditions d'une réalisation facile. Qu'on examine ce qui passe à l'intérieur d'un faisceau lumineux qu'on laisse pénétrer par une fente à l'intérieur d'une chambre obscure, et l'on sera frappé de voir une quantité prodigieuse d'atomes lumineux scintiller comme autant de petites étoiles sur le fond obscur de l'air; les plus petits presque immobiles, si l'air est calme, les plus gros tombant lentement, tous se mettant en mouvement dans tous les sens à la moindre agitation, au moindre courant d'air que l'on provoque dans le milieu où on les observe. Ces infiniment petits de l'air ont été longtemps sans appeler l'attention des savants; mais, depuis qu'on les étudie, on comprend que leur importance est bien plus grande qu'on ne l'eût jamais soupçonné : au point de vue purement scientifique, ils ont fourni des données qui intéressent la météorologie, la géologie, l'astronomie, la biologie; au point de vue pratique, l'hygiène, l'agriculture en tireront sans doute des enseignements d'une grande utilité.

Les poussières de l'atmosphère, en ce qui regarde leur origine, offrent de nombreuses variétés; mais on peut les ramener à deux sortes principales : celles qui proviennent du sol même ou des eaux, et par conséquent sont d'origine terrestre; et celles qui sont étrangères à notre globe et ont une origine cosmique. Quant à leur nature, elles peuvent se ranger en deux classes : les poussières de nature minérale ou inorganique; les poussières organiques, dont le plus grand nombre sont des germes vivants, spores, bactéries, microbes. On peut voir dans la figure 24 des échantillons de ces diverses sortes de corpuscules, observés au microscope et déterminés à l'aide de grossissements compris entre 200 et 500 diamètres[1]. Les uns annoncent la présence ou le voisinage de l'homme : le fragment

1. Cette figure est empruntée à l'intéressant ouvrage *l'Air* de M. Moitessier, un volume de la Bibliothèque des merveilles.

de charbon, le brin de coton, les grains de fécule. Il est clair que dans l'air qui nous entoure doivent flotter des parcelles de tous les objets qui se trouvent dans nos habitations et qui sont empruntés aux trois règnes; les vents les emportent même souvent à de grandes distances des lieux habités. Le savant F. Pouchet, à qui l'on doit l'analyse microscopique de l'air pris dans toutes les contrées du globe, y a trouvé partout de la farine de blé. « Cette base de notre alimentation, dit-il, partout em-

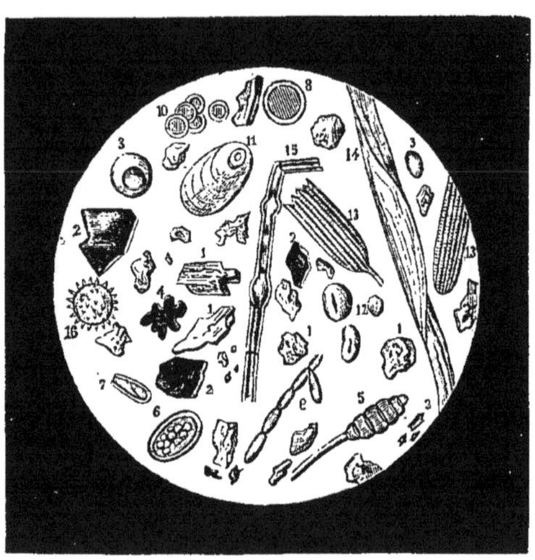

Fig. 24. — Les poussières de l'atmosphère : 1, carbonate de chaux; 2, charbon; 3, amas d'infusoires; 4, substance indéterminée; 5, sporange; 6-7, œufs d'infusoires; 8, hématococcus sanguineus; 9, mucédinée; 10, amas de spores; 11-12, grains de fécule; 13, plumules de papillon; 14, brin de coton; 15, tube de mucédinée; 16, grain de pollen.

ployée, est partout disséminée dans l'air. A l'aide de ce fluide, elle pénètre dans les lieux les plus retirés de nos demeures et de nos monuments. J'en ai découvert dans les plus inaccessibles réduits de nos vieilles églises gothiques, mêlée à la poussière noircie par six ou huit siècles d'ancienneté; j'en ai aussi rencontré dans les palais et les hypogées de la Thébaïde, où elle datait peut-être de l'époque des Pharaons. Dans nos villes, c'est un des plus abondants corpuscules de l'air; en le traversant, la neige qui tombe et l'insecte qui voltige en recueillent énormément. J'en ai compté jusqu'à quarante et cinquante grains sur les ailes d'une mouche. »

A certaines époques et dans certaines régions continentales ou maritimes, on observe d'abondantes pluies de sable sec et fin, de poussières rougeâtres excessivement ténues; il arrive parfois que ces poussières colorées se trouvent mélangées à l'eau météorique, à la pluie, à la neige, à la grêle, ce qui, dans les temps de superstition et de crédulité, a donné lieu à la légende des pluies de sang. Nous reviendrons plus loin avec détails sur ces phénomènes singuliers, dont nous ne parlons ici que pour expliquer la présence dans l'atmosphère des corpuscules qu'on y rencontre. On sait aujourd'hui que les poussières dont nous parlons proviennent, soit des déserts de l'intérieur de l'Afrique, d'où elles sont balayées par les ouragans, par les tourbillons atmosphériques, ou encore des boues desséchées des bords de l'Amazone et de l'Orénoque. Du reste, certaines de ces poussières sont constituées par des myriades d'infusoires, comme l'a montré Ehrenberg, et ont par conséquent une origine organique.

Les éruptions volcaniques ne sont certainement pas étrangères à la dissémination de particules solides dans l'air atmosphérique. Les volcans en activité projettent souvent à une grande hauteur, outre les gaz et les vapeurs dont la force élastique est la cause de l'éruption, des cendres réduites en poussière impalpable, que les courants d'air des hautes régions entraînent ensuite à d'énormes distances du foyer qui les a produites. Ces parcelles de matière, infinitésimales pour ainsi dire, restent un temps très long en suspension dans l'atmosphère, où l'on soupçonne qu'elles donnent lieu à certains phénomènes jusqu'alors inexpliqués, tels que les brouillards secs observés à certaines époques, ou que les lueurs crépusculaires dont cette année même a été témoin pendant des mois entiers. Les formidables éruptions qui ont bouleversé Java et les rives du détroit de la Sonde auraient été accompagnées de la projection de poussières ou de cendres à de prodigieuses hauteurs dans l'atmosphère. Ces parcelles réfléchissant la lumière du Soleil, bien avant son lever et après son coucher, seraient la cause des illuminations anormales et des colorations singulières qui ont été observées sur une grande partie de la surface du globe.

D'autres particules solides, de nature minérale, paraissent avoir une autre origine. C'est par l'analyse des eaux pluviales qu'on a reconnu l'existence dans l'air des chlorures de sodium[1] et de magnésium, des sulfates de soude, de magnésie et des iodures, dont la présence s'explique par le transport de l'eau de la mer pulvérisée par l'agitation des vagues et l'action du vent. S'il en est ainsi, la quantité de ces particules salines doit être d'autant plus grande dans l'air que le lieu où l'on recueille cet air pour l'analyse, ou mieux l'eau pluviale qui les a précipitées, est plus voisin des côtes. Or, c'est en effet ce que l'observation constate. Brandes évaluait à 26 grammes le poids des matières salines entraînées par mètre cube d'eau pluviale; d'après les analyses faites par M. Is. Pierre, cette quantité serait de $24^{gr},5$[2].

Les poussières de l'air dont nous venons de parler, sont toutes d'origine terrestre : enlevées à la surface du sol ou des eaux, elles y retournent par le fait seul de la gravité, et en retombant elles n'ajoutent pas un atome à la masse de notre globe. Il n'en est pas de même de celles qui proviennent de la chute et de l'inflammation des bolides et des étoiles filantes, et s'il est difficile d'évaluer l'apport de ces corps étrangers à la

1. Nous avons vu, dans le t. II du *Monde physique*, que la présence du chlorure de sodium dans l'air est aussi rendue sensible par l'analyse spectroscopique. « Les observateurs, disions-nous, sont obligés de s'entourer de toutes sortes de précautions pour que cette réaction ne se manifeste pas aussitôt par la présence de la raie jaune (D du sodium) dans le spectre : il suffit d'épousseter un livre dans le voisinage de l'instrument pour que cette raie se montre aussitôt. »

2. En partant de là, ce dernier savant a calculé qu'un hectare de terre des environs de Caen reçoit annuellement au moins 147 kilogrammes de matières solides en dissolution dans les eaux pluviales, dont $57^{k},5$ de sel marin. M. Barral, pour la même surface, à Paris, n'a trouvé que $10^{k},6$ de ce même sel. La différence des distances de Caen et de Paris à la mer suffit à expliquer celle des quantités de sel.

Terre, lorsqu'ils pénètrent dans l'atmosphère, il n'est pas possible de douter du fait même de l'introduction de particules plus ou moins ténues provenant de leur déflagration. Un navire américain, *le Josiah-Bates*, en naviguant dans la partie de l'océan Indien qui s'étend au sud de Java, reçut sur le pont une pluie de particules solides très fines, de couleur noirâtre. Aucun autre phénomène susceptible de rendre compte de cette irruption subite de poussières ne se manifestait en ce moment. Le capitaine du navire, M. Callam, en recueillit des fragments, qui furent remis à Ehrenberg par l'intermédiaire de Maury. L'analyse microscopique montra dans les particules recueillies des formes singulières, analogues à celles de très petites gouttelettes ou d'ampoules qui, d'abord liquides, auraient été brusquement solidifiées. Soumises à l'analyse chimique, elles donnèrent du fer et de l'oxyde de fer, ce qui fit supposer qu'elles avaient une origine cosmique et provenaient de l'explosion ou plutôt de l'inflammation d'un bolide dans les hauteurs de l'atmosphère. Cette hypothèse s'est trouvée depuis corroborée par les recherches de divers savants, de M. Nordenskiöld, qui a constaté la présence d'une poussière ferrugineuse abondante dans la neige des glaciers polaires, de MM. Gaston et Albert Tissandier, qui ont retrouvé, soit dans la neige des Alpes, soit dans les poussières recueillies en divers lieux et à diverses altitudes, les mêmes corpuscules sphériques ou globulaires du *Josiah-Bates*. M. G. Tissandier, après avoir reconnu que ces globules (dont le diamètre atteint à peine 1/50 de millimètre) sont constitués par de l'oxyde de fer magnétique, s'exprime en ces termes sur leur origine : « Pour expliquer leur présence dans l'atmosphère, dit-il, j'ai recours au phénomène des météorites et des étoiles filantes ; je suppose que ces masses métalliques, se brisant en fragments, font jaillir autour d'elles des parcelles incandescentes de fer métallique, dont les plus petits débris, entraînés par les courants atmosphériques, tombent à la surface entière du globe, sous forme d'oxyde de fer magnétique, plus ou moins complètement fondu. La traînée lumineuse des étoiles filantes serait due à la combustion de ces innombrables particule , offrant l'aspect des étincelles de feu qui jaillissent d'un ruban de fer quand il brûle dans l'oxygène. »

En décembre 1871, M. Nordenskiöld, ayant ramassé avec précaution les parties superficielles d'une abondante couche de neige tombée à Stockholm, y trouva une forte quantité d'une poussière noire comme la suie et consistant en une substance organique riche en carbone. Cette poussière, tout à fait semblable aux poussières recueillies en 1869 près d'Upsal (fig. 25), lors de la chute d'une météorite, contenait aussi de très petites paillettes de fer métallique attirables à l'aimant. Même résultat fut obtenu avec de la neige ramassée en mars 1872, par le frère de M. Nordenskiöld, dans une partie déserte de l'intérieur de la Finlande, puis par lui-même, en août et septembre de la même année, au nord du Spitzberg, dans les champs de glace des régions arctiques. Outre la présence du fer, le savant suédois a constaté celle du nickel et du cobalt, ainsi que celle du phosphore.

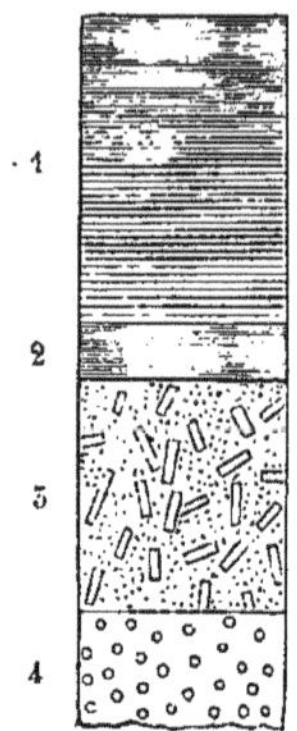

Fig. 25. — Coupe de la couche superficielle sur un glaçon rencontré par 80° de lat. N. (1/2 grandeur nat.) : 1, neige fraîche; 2, couche épaisse de 8 millim. de vieille neige durcie; 3, couche de 30 millim. de neige granuleuse cristalline, remplie de petits grains noirs attirables à l'aimant, fer, cobalt, nickel; 4, couche de neige durcie et granuleuse

La figure 26 représente, avec un grossissement de 30 à 40, la forme des cristaux composant des poussières de couleur jaunâtre, recueillis par le lieutenant Nordgvist, l'un des membres de l'expédition de la *Véga*, sur un glaçon de la côte de Taimur. Ces poussières formant sur la neige de petites taches jaunes, Nordenskiöld les prit d'abord pour des *mucus* de diatomées. Mais l'examen microscopique du docteur Kjelmann fit reconnaître la nature cristalline de ces parcelles, dont le diamètre atteignait un millimètre au plus, et qui se réduisirent au bout de peu de temps en une poussière blanche amorphe et insipide. C'était du carbonate de chaux, mais ne présentant point la forme rhomboédrique du spath calcaire, ni les propriétés de l'aragonite. « Ces cristaux, dit le savant suédois, ont-ils été originairement une sorte de carbonate de chaux hydraté, formé par cristallisation de l'eau de la mer sous l'influence d'un grand froid, et ayant ensuite perdu son eau de cristallisation par l'effet d'une température de $+10°$ à $+12°$? Mais, en pareil cas, ils ne se seraient pas trouvés sur la couche superficielle de neige, mais plus profondément sur la glace. Seraient-ils tombés des espaces interplanétaires à la surface de notre globe, et auraient-ils formé avant leur décomposition quelque assemblage de matière s'écartant autant des formes minéralogiques terrestres que certaines combinaisons chimiques découvertes récemment dans les météorites? La présence de ces cristaux dans les couches de neige supérieures et leur effritement à l'air semblent militer en faveur de cette dernière hypothèse[1]. »

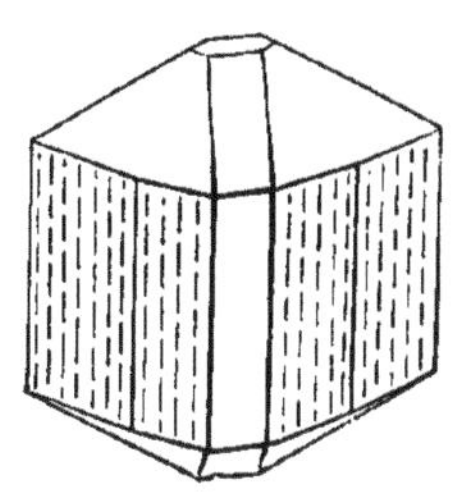
Fig. 26. — Forme des cristaux trouvés sur un glaçon de la côte de Taimur.

Tout en reconnaissant « la différence qu'on doit toujours mettre entre une conviction personnelle et une conviction scientifique, je regarde cependant comme prouvée, dit-il, par toutes ces observations, l'existence d'une poussière cosmique tombant imperceptiblement et continuellement, fait d'une importance immense, non seulement pour la physique du globe, mais encore pour la géologie et les questions pratiques, par exemple, pour l'agriculture, à raison du phosphore[2]. »

1. *Voyage de la Véga autour de l'Asie et de l'Europe*, t. I, p. 291.

2. *Comptes rendus de l'Académie des sciences pour* 1874, t. I. M. Nordenskiöld insiste sur ces considérations dans la relation qu'il a donnée de son voyage autour des côtes de l'Asie en 1878-1880 :

« Certaines personnes pourraient, à tort, s'imaginer qu'il est superflu pour la science de s'occuper d'un phénomène aussi insignifiant que la chute de quelques poussières microscopiques. Tel n'est pourtant pas le cas. J'estime les quantités de matières cosmiques qui se trouvaient sur la glace, au nord du Spitzberg, de $0^{mg},1$ à 1 milligramme par mètre carré, et probablement la quantité qui tombe annuellement dépasse de beaucoup ce chiffre. Mais

On a invoqué, pour rendre compte d'une partie de l'accélération séculaire du moyen mouvement de la Lune, l'augmentation, très faible il est vrai, qui résulte pour notre planète de la chute pour ainsi dire continue des météores cosmiques. M. Dufour (de Genève) a calculé qu'il suffirait que la Terre reçût sous une forme quelconque 110 kilomètres cubes par an, de matière étrangère, pour expliquer cette accélération, qui a d'ailleurs d'autres causes. La France, à ce taux, en devrait recevoir $0^k,11$, soit 110 000 000 de mètres cubes. En un siècle, cela ferait une couche de près de 2 centimètres ($0^m,019$) ; en 10 000 ans, de près de 2 mètres. Cela n'aurait rien d'improbable ; mais il faut ajouter que ces couches de poussière impalpable seraient entraînées chaque année par les eaux torrentielles et fluviales, et qu'une notable partie irait jusque dans le lit de l'Océan, dont elle exhausserait ainsi le fond.

§ 7. LES POUSSIÈRES ORGANIQUES DE L'ATMOSPHÈRE.

L'air ne contient pas seulement des poussières inertes, salines ou minérales ; on y trouve en suspension une multitude de corps organisés, germes d'infusoires, spores de cryptogames, de mucédinées, pollen de végétaux, toute une population d'infiniment petits qui jouent dans les phénomènes de fermentation, de putréfaction, et probablement aussi dans certaines

1 milligramme par mètre carré représente pour la surface totale de la Terre 500 millions de kilogrammes. Une pareille masse accumulée d'année en année pendant la longue série des périodes géologiques dont l'imagination peut à peine se figurer la durée, constitue un facteur trop important pour qu'il n'en soit pas tenu compte dans l'histoire géologique de notre planète. Le progrès de ces recherches montrera peut-être plus tard que notre globe s'est accru peu à peu, d'une dimension modeste, jusqu'au volume qu'il possède aujourd'hui ; elles pourront prouver en outre que des parties importantes des couches sédimentaires, notamment de celles qui ont été déposées en pleine mer, loin des continents, sont d'origine cosmique ; enfin, peut-être, elles jetteront un jour inattendu sur la cause encore obscure des volcans, et elles expliqueront d'une façon très simple la ressemblance indéniable des roches plutoniques avec les météorites. » (*Voyage de la Véga autour de l'Asie et de l'Europe*, t. I, p. 294. Librairie Hachette.)

maladies, un rôle dont l'importance n'est pas encore bien définie, mais qui paraît considérable.

Les recherches sur cette classe de corpuscules sont de date récente. Les admirables découvertes de M. Pasteur les ont surtout mises à l'ordre du jour de la science. Dès 1860, notre illustre compatriote indiquait en ces termes le but qu'il s'agissait d'atteindre : « Si l'on rapproche, disait-il, tous les résultats auxquels je suis arrivé jusqu'à présent, on peut affirmer, ce me semble, que les poussières en suspension dans l'air sont l'origine exclusive, la condition première et nécessaire de la vie dans les infusions, dans tous les corps putrescibles et dans toutes les liqueurs capables de fermenter. D'autre part, j'ai montré qu'il est facile de recueillir et d'observer au microscope ces poussières de l'air, et que l'on voit toujours, au milieu de débris amorphes très divisés, un grand nombre de corpuscules organiques que le plus habile naturaliste ne saurait distinguer des germes des organismes inférieurs. Je n'ai pas fini cependant avec toutes ces études; ce qu'il y aurait de désirable, ce serait de les conduire assez loin pour préparer la voie à une recherche sérieuse de l'origine des diverses maladies[1]. »

On sait quelle large part M. Pasteur a prise aux découvertes qu'il sollicitait ainsi. Il a montré comment la présence de tel ou tel organisme microscopique déterminait les phénomènes de fermentation, provoquait la vinification, l'acétification, était la cause première des maladies du vin, de la bière, des vers à soie, du choléra des poules, de la fièvre charbonneuse, etc. Grâce à une méthode d'une merveilleuse précision, à une infatigable ardeur, ce savant éminent a créé pour ainsi dire de toutes pièces une branche entière de la science, sans perdre de vue un instant l'utilité pratique de ses applications.

Nous avons cité déjà quelques noms de savants qui ont suivi cette voie, ceux des Maddox et des Tyndall. Il faut y joindre ceux de MM. Sanderson, Klein, Cohn, en Angleterre et en

1. *Comptes rendus de l'Académie des sciences pour* 1860, t. II.

Allemagne; de MM. Davaine, Chauveau, Chamberland, Miquel, en France. Il ne nous appartient pas d'entrer dans des détails étrangers à la Météorologie proprement dite; mais nous devons insister tout au moins sur l'importance que présente l'analyse microscopique de l'air, lorsqu'elle permet de reconnaître l'influence, sur l'hygiène de l'homme et des animaux, de l'abondance plus ou moins grande de corpuscules que les vents transportent au loin, et du rapport qui peut exister entre cette abondance et les autres éléments météorologiques, pluie, direction du vent, sécheresse ou humidité, froid ou chaleur.

Les poussières organiques de l'air sont de formes, de natures, de dimensions excessivement variées, et il est souvent d'une difficulté considérable aux botanistes ainsi qu'aux zoologistes d'en déterminer l'espèce, tant leur petitesse est extrême. Les uns paraissent appartenir au règne végétal : ce sont des spores d'algues, de cryptogames, de mucédinées; les autres aux classes inférieures du règne animal et ont été baptisés des noms aujourd'hui bien connus de *vibrions*, *micrococcus*, *bactéries*, *bactéridies*, etc.

Des observations suivies ont lieu depuis quelques années sur ce sujet à l'observatoire de Montsouris, sous la direction de M. P. Miquel, et nous allons sommairement indiquer les procédés employés par ce savant et quelques-uns des résultats auxquels il est parvenu. Ces procédés consistent soit à condenser la vapeur d'eau contenue dans l'air, soit à faire passer un courant sur une plaque enduite de glycérine, soit à faire des prises d'air et à ensemencer des liqueurs fermentescibles où se développent les germes. Bornons-nous à quelques détails sur le premier de ces procédés. Il consiste à aspirer lentement, à l'aide d'une trompe, un volume d'air qui est mesuré à l'aide d'un compteur et à le projeter contre la surface d'une goutte d'un mélange à parties égales d'eau et de glycérine, ou encore de glucose. L'appareil est formé d'un entonnoir métallique renversé A, terminé à sa partie supérieure par un cône percé d'un très petit orifice *b* (fig. 27). A quelques millimètres au-dessus de cet orifice est fixée une plaque horizontale de verre enduite à sa face inférieure du mélange visqueux dont nous venons de parler. L'entonnoir est fixé par un bouchon E dans un tube en verre D, dont l'embouchure étroite C porte un tube en caoutchouc communiquant avec la trompe aspirante. A mesure que l'air extérieur est attiré dans l'entonnoir et vient frapper la plaque, la viscosité de celle-ci retient et fixe les poussières qu'il contient en suspension. « Ce procédé, dit M. Miquel, est surtout propre à retenir les spores, les pollens, les grains ferrugineux, les grains d'amidon ou les débris de toute sorte qu'entraînent les vents. Les germes d'une ténuité extrême qu'il importe le plus de saisir échappent à la glycérine ou y sont noyés au milieu de corpuscules ayant surtout un intérêt pour le botaniste. » De là la nécessité de l'emploi des deux autres méthodes, que nous n'avons fait que signaler plus haut, pour l'étude des corpuscules dont il s'agit de reconnaître la vitalité. Quoi qu'il en soit, une fois les poussières fixées, recueillies ou ensemencées dans les liqueurs fermentescibles, il s'agit de les examiner, de les compter[1], d'en déterminer la nature spécifique. C'est l'affaire de l'analyse microsco-

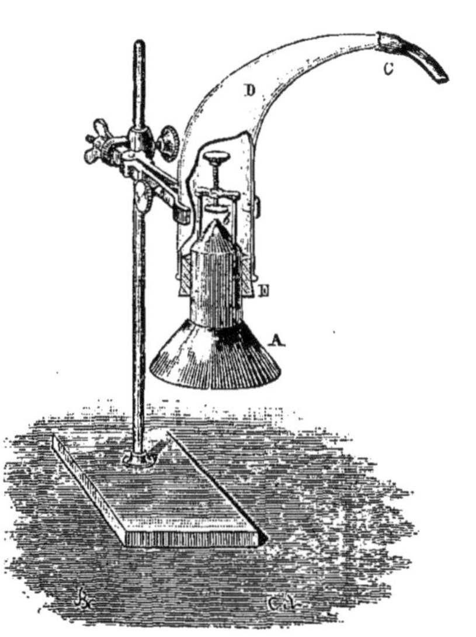

Fig. 27. — Appareil Miquel pour recueillir les poussières de l'air.

1. Dans le premier cas, l'évaluation approximative de la teneur de l'air en corpuscules organisés se fait au moyen d'un calcul fort simple, « dont les éléments, dit M. Miquel, sont : 1° une constante, le rapport entre la surface du champ du microscope et la surface de la lamelle (de glycérine) ; 2° deux variables faciles à déterminer, le volume de l'air projeté et le chiffre moyen de cellules vues par champ. »

pique, qui exige l'emploi de forts grossissements, le plus souvent de 500 à 1000 diamètres.

Arrivons maintenant aux principaux résultats obtenus jusqu'ici.

Il faut d'abord noter un point qui ressort de toutes les observations : c'est que le nombre et la nature des corpuscules organisés de l'air sont extrêmement variables, avec le lieu, l'époque, les conditions météorologiques. Mais il y a lieu aussi de distinguer entre deux classes fort différentes de ces êtres microscopiques. Dans la première sont tous ceux qui appartiennent aux nombreuses familles végétales qu'on désigne vulgairement sous le nom de *moisissures*, puis les spores cryptogamiques, les grains de pollen ou d'amidon. Dans la seconde se trouvent ceux que les micrographes rangent sous la désignation de *bactériens* : les *micrococcus*, sortes de cellules sphériques ou ovales, isolées ou accouplées, formant parfois les grains d'un long chapelet; d'après le docteur Miquel, ce sont les organismes bactériens les plus abondamment répandus dans l'atmosphère; les *bactéries*, cellules plus longues que larges, et se distinguant des micrococcus par leur mobilité; les *bacilles*, en forme de bâtonnets rigides, mobiles ou immobiles, souvent disposés en chaîne; les *leptothrix*, longs filaments immobiles; les *vibrions* et *spirilles*, espèces toutes mobiles, dépourvues de rigidité, celles-ci roulées en hélice, les premiers se mouvant dans le sein des liquides et ondulant comme des anguilles. C'est parmi les bacilles que se trouve la fameuse bactéridie charbonneuse, découverte par le docteur Davaine en 1850, et qui a été il y a quelques années l'objet des recherches de MM. Pasteur et Joubert; c'est dans la même classe que se trouvent les organismes qui causent la maladie des vins, celle des vers à soie; le choléra des poules a pour cause un micrococcus, et la septicémie provient d'un vibrion.

Les microbes de la première classe, mucédinées ou spores cryptogamiques, sont plus nombreuses par les temps de pluie ou d'humidité que par les temps secs, de sorte que le vent qui

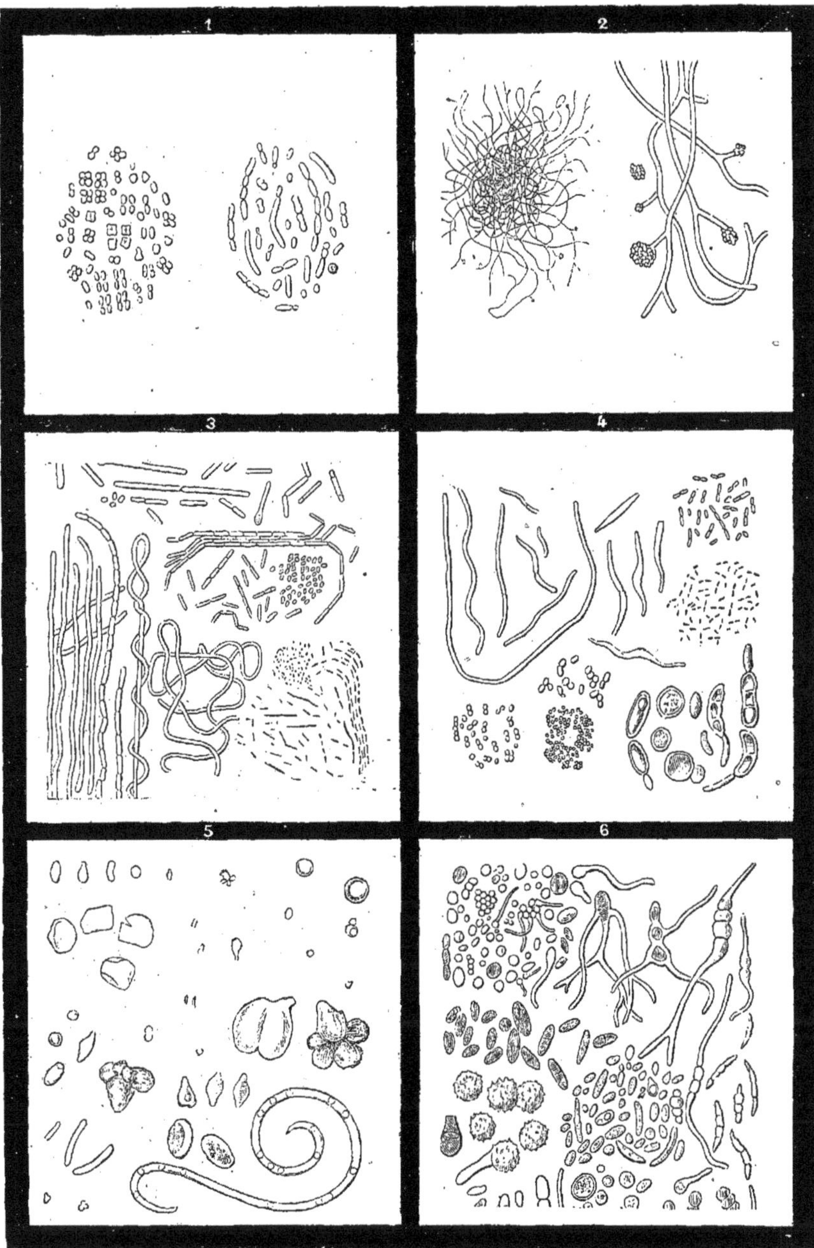

LES POUSSIÈRES ORGANIQUES DE L'AIR
d'après les recherches et les dessins du docteur Miquel.

1. *Micrococcus*. Gr. : 1000 d.
2. *Leptothrix mucor*. Gr. : 800 et 1000 d.
3. *Baciles* de l'atmosphère. Gr. : 1000 d.
4. *Bactéries et vibrions*. Gr. : 1000 d.
5. Corpuscules de la vapeur d'eau atmosphérique. Gr. : 1000 d.
6. *Spores* de l'air des égouts. Gr. : 500 d.

dessèche le sol est une cause d'affaiblissement dans le nombre des corpuscules. M. Miquel, à Montsouris, en a recueilli, dans le cours de deux années (octobre 1878 à septembre 1880), une moyenne de 15600 par mètre cube d'air, nombre qu'il croit devoir doubler en raison du procédé qui sert à les fixer sur la glycérine. « On peut affirmer aujourd'hui qu'en moyenne 1 mètre cube d'air extérieur, puisé à Paris, renferme 30000 spores de moisissures, chiffre qui peut s'élever à 200000 pendant les chaleurs humides de l'été et descendre à 1000 en hiver, quand l'atmosphère est froide, calme et récemment balayée par la pluie ou la neige. » Dans le cours de l'année, ce nombre a décru généralement d'automne en hiver, a peu varié entre décembre et mars où il a été à son minimum, s'est élevé au printemps pour atteindre son maximum en juillet et décroître rapidement à la fin de l'été. Mais ce qu'il importe de remarquer, c'est que les spores de mucédinées et de cryptogames sont d'autant plus nombreuses que l'air est plus humide. Les temps chauds et pluvieux leur sont particulièrement favorables. L'air des égouts, qui renferme plus de poussières minérales que l'air extérieur, ne contient pas en moyenne un plus grand nombre de spores, mais ce nombre est moins variable.

Les bactéries paraissent suivre, en ce qui regarde leur présence dans l'air atmosphérique, des lois différentes, opposées même à celles des spores de la première classe. Voici en quels termes M. Miquel formule le résultat de ses recherches, du moins pour l'air pris, soit dans le parc de Montsouris, soit à Paris, dans les rues du centre de la grande cité, dans les habitations privées ou dans les hôpitaux : « Contrairement à ce que l'on observe pour les cryptogames à fructifications aériennes, le chiffre des bacilles et des bactéries est toujours considérable pendant la sécheresse; faible en temps de pluie, il s'élève quand toute humidité a disparu de la surface du sol. De même, faible en hiver, il reste habituellement élevé en été et décroît rapidement à la fin de l'automne. La moyenne annuelle recueillie par mètre cube d'air est de 130 à 140 bactéries. » La comparaison des résultats des observations faites avec l'air extérieur et avec l'air confiné des habitations et surtout des salles d'hôpitaux a une importance extrême. D'après M. Miquel, un malade placé dans un lit d'une salle d'hôpital introduit dans ses poumons en un seul jour 80 000 spores de cryptogames et 125 000 organismes bactériens, alors qu'un homme vivant à l'air extérieur introduira pendant le même temps 300 000 spores cryptogamiques et 2500 microbes de la putréfaction. Le nombre des spores de moisissures dans l'air des hôpitaux est presque quatre fois moindre, tandis que celui des germes de bactéries est au contraire 50 fois plus considérable[1]. Or il est à peu près prouvé que les spores des mucédinées sont inoffensives, tandis que c'est parmi les bactériens qu'on rencontre les germes de la putréfaction et des maladies infectieuses. Le même observateur dit encore : « Au parc de Montsouris, l'air se montre de cinq à six fois plus pur qu'au centre de Paris, et l'atmosphère des salles des hôpitaux les mieux tenus est cinq à six fois plus impure que l'atmosphère humide des égouts. Aux données si vagues, si contradictoires publiées jusqu'ici sur les organismes aériens de la classe des bactéries, nous avons substitué des statistiques précises qui ne laissent plus aucun doute sur cette vérité si souvent pressentie, que les bactéries s'accumulent dans les salles des hôpitaux, s'y éternisent et peuvent devenir peut-être le point de départ des affections les plus variées; en effet, il est facile de constater qu'elles y peuplent l'atmosphère en assez grand nombre pour qu'*un litre* d'air puisé dans ces salles en renferme six ou sept, alors qu'un *mètre cube* d'air pris à l'observatoire de Montsouris peut parfois n'en pas contenir davantage et se montre par conséquent mille fois plus pur[2]. »

1. Nombre moyen de bactéries trouvé pendant le troisième trimestre de 1880, par mètre cube d'air :

A la salle Sainte-Jeanne (Hôtel-Dieu)	5145
A la salle Saint-Christophe (id.)	6166
Au parc de Montsouris	82

2. *Annuaire de Montsouris pour* 1881.

Les expériences célèbres faites par M. Pasteur à des altitudes diverses, sur les montagnes du Jura et sur le Montanvert, tendaient à prouver que le nombre des germes organiques va en diminuant à mesure qu'on s'élève dans l'atmosphère. D'abord combattues par des expériences contradictoires, mais où les observateurs n'avaient pas pris, paraît-il, toutes les précautions propres à prévenir les causes d'erreur, ces conclusions ont été confirmées par de nouvelles expériences effectuées en Suisse, à différentes hauteurs, par M. de Frendenreich, d'après une méthode d'observation proposée par M. Miquel. Le nombre des bactéries trouvées à une altitude comprise entre 2000 et 4000 mètres a été nul ; à 560 mètres, sur le lac de Thoune, il était de 8 dans 10 mètres cubes d'air. A la même hauteur, mais dans le voisinage de l'hôtel de Bellevue, c'est-à-dire d'un endroit habité, il était de 25 ; il s'élevait à 600 dans une chambre du même hôtel. Or, à la même époque, 10 mètres cubes d'air pris au parc de Montsouris contenaient 7600 bactéries, et à l'intérieur de Paris, rue de Rivoli, 55000.

Nous n'insisterons pas sur l'importance de ces constatations. L'analyse micrographique de l'air est une branche de la science à peine ébauchée, et déjà elle offre des résultats gros de conséquences pour les sciences physiologiques. Rien ne prouve que les particules innombrables que l'atmosphère tient en suspension ne jouent pas aussi leur rôle et peut-être un rôle considérable dans certains phénomènes météorologiques. Cette considération suffira pour justifier les détails dans lesquels nous avons cru devoir entrer sur ce point. Rien de ce qui touche à l'atmosphère n'est étranger au sujet que nous traitons dans ce volume.

CHAPITRE II

LA PRESSION ATMOSPHÉRIQUE

§ 1. LES OBSERVATIONS BAROMÉTRIQUES. — USAGE DES INSTRUMENTS.

S'il était possible que la chaleur rayonnée par le Soleil et les espaces célestes fût à tout instant répartie d'une manière uniforme sur tous les points de la surface terrestre, et dans toutes les parties de l'atmosphère, celle-ci serait dans un état de parfait équilibre. Les différents gaz dont elle se compose se disposeraient en couches de niveau, les plus denses étant les plus voisines du sol, et la densité de toutes les autres irait en décroissant depuis la surface jusqu'à la limite de l'atmosphère. En tous les points d'une même surface de niveau, ou, si l'on veut, pour une même altitude comptée du niveau de l'Océan, le baromètre marquerait une pression constante, égale au poids de la colonne aérienne reposant sur le mercure de sa cuvette.

On sait de combien il s'en faut qu'il en soit ainsi : la température varie à tout instant, et à la surface de la Terre, et dans les couches de son enveloppe gazeuse; l'équilibre de ces couches est constamment troublé, et il en résulte pour la pression atmosphérique des variations qui se manifestent par la hausse ou la baisse du niveau du mercure dans le baromètre. A ces mouvements de l'air se rattachent, l'expérience le prouve, les divers phénomènes météorologiques dont l'ensemble constitue le temps qu'il fait, en une région, à une époque donnée.

Le baromètre est donc un instrument capital en météorologie; ce n'est pas seulement une balance, dans laquelle se pèsent les couches superposées de l'atmosphère; mais, comme l'a dit en termes excellents M. Marié-Davy, un dynamomètre qui fait connaître à chaque instant la force de ressort de l'air en mouvement. Les observations barométriques doivent être un des fondements les plus solides de la science.

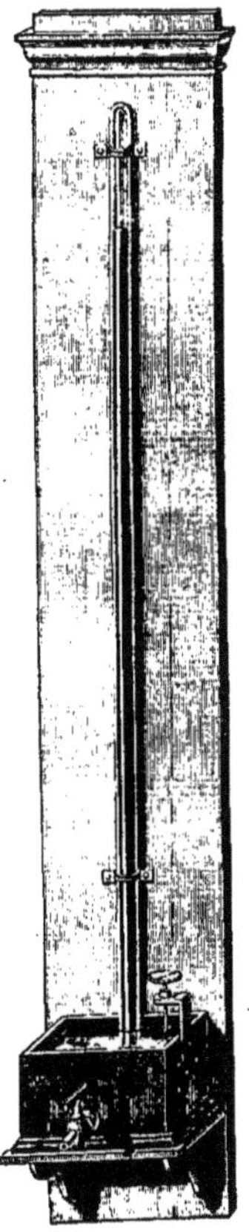
Fig. 28. — Baromètre normal.

Nous ne reviendrons pas sur la description du baromètre, sur les procédés qu'on emploie pour sa construction. Ce que nous en avons dit dans le premier volume du MONDE PHYSIQUE demande seulement à être complété par quelques indications pratiques sur son emploi en météorologie.

Le *baromètre normal*, que représente la figure 28, est généralement réservé aux observations de haute précision, telles que peuvent les exiger les recherches scientifiques proprement dites, et n'est guère en usage que dans les laboratoires de physique; il exige, on le sait, l'emploi du cathétomètre pour la mesure de la différence de niveau entre le sommet de la colonne de mercure du tube et celui de la double pointe qui affleure la surface du mercure de la cuvette. Cependant, dans les observatoires de premier ordre, le baromètre normal trouve son emploi pour la comparaison et la correction des autres baromètres de l'établissement ou de ceux qui sont présentés à correction : c'est le *baromètre étalon* par excellence.

Le baromètre Fortin est le plus communément employé, soit dans les stations météorologiques, soit en voyage. On sait que l'avantage principal de cet instrument réside dans la mobilité du fond de sa cuvette (fig. 29); une vis qui appuie sur ce fond permet de faire à volonté monter ou baisser le sac en peau sur lequel repose le mercure, et de produire l'affleurement précis de la surface du liquide dans la cuvette avec la pointe en ivoire qui coïncide avec le zéro de l'échelle barométrique. De la sorte, ce niveau reste constant. De plus on peut, lorsqu'il s'agit de transporter l'instrument, relever le fond de la cuvette, jusqu'à ce que le mercure la remplisse tout entière ainsi que le tube. Après quoi, le baromètre renversé, la cuvette en haut, on n'a plus à craindre de le voir brisé par les secousses du voyage ou rendu inutile par la rentrée de l'air dans la chambre barométrique[1].

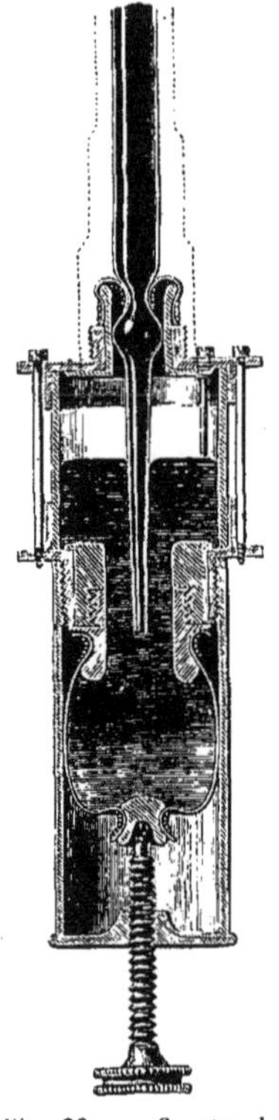

Fig. 29. — Cuvette du baromètre Fortin.

Quand le baromètre devra être consulté à demeure fixe, on aura soin de le placer à la lumière du jour, près d'une fenêtre par exemple, mais à l'abri des rayons du soleil, et autant que possible dans une chambre sans feu, de façon à éviter les variations un peu brusques de température. On le suspendra dans une position verticale, position qu'il devra prendre de lui-même, et dans laquelle il pourra être maintenu à l'aide d'un anneau muni de vis calantes, embrassant la cuvette sans la toucher. Ce mode d'installation est d'ailleurs applicable à tous les baromètres à poste fixe.

Pour les observations en campagne, on se sert d'un support

1. Arago, dans son *Astronomie populaire*, dit au sujet de ces accidents qui étaient fréquents avec les anciens baromètres : « Remplir un nouveau tube et le soumettre à l'ébullition semble alors le seul remède possible; mais une telle opération est longue, pénible, difficile, et dans certains pays, comme dans l'intérieur de l'Afrique, complètement inexécutable. Mon ami M. Boussingault m'a raconté que pendant ses voyages dans l'Amérique centrale, c'est-à-dire dans un pays à demi civilisé, il n'avait pas cassé moins de quatorze baromètres. »

à trois branches, tel que le représente la figure 30, et qui est construit de manière à servir en même temps d'étui pour l'instrument. Une suspension à la Cardan assure la verticalité du tube, aussitôt qu'on fixe le trépied pour une observation.

Chaque instrument porte fixé, tantôt intérieurement au tube, tantôt sur la planchette contre laquelle il est suspendu, un thermomètre destiné à indiquer sa propre température. Quand on veut faire une observation, c'est par la lecture du thermomètre qu'on doit invariablement commencer. Après cela, on vérifie l'affleurement de la pointe d'ivoire avec le mercure de la cuvette, en examinant si l'image de cette pointe est bien en contact avec la pointe même. S'il existe un intervalle, c'est que le mercure est trop bas; si la pointe pénètre dans le mercure, la dépression est aisée à constater, parce qu'alors l'image réfléchie d'une ligne droite se trouve déformée au voisinage de la pointe. Dans ce cas, le mercure est trop haut. En manœuvrant la vis de la cuvette, on amène aisément le mercure au niveau convenable pour l'affleurement.

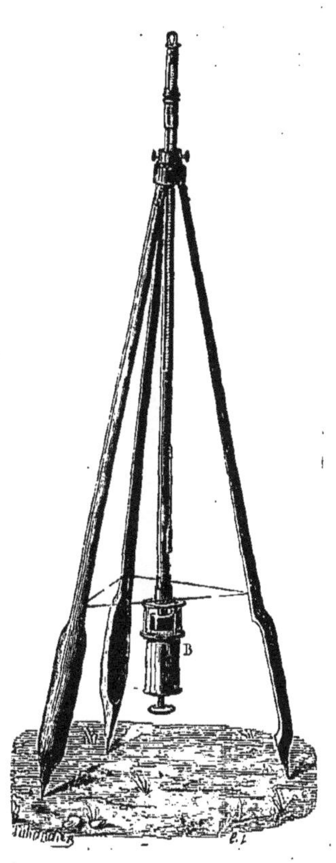

Fig. 30. — Installation du baromètre pour une observation en voyage.

Il s'agit alors de procéder à la lecture de la hauteur du baromètre. Nous avons vu qu'un vernier, mobile à l'aide d'un bouton de vis, permet d'apprécier des fractions de millimètre, ordinairement des dixièmes. Mais il importe de bien s'assurer que le bord inférieur du vernier qui porte la division *zéro* est parfaitement tangent au sommet du ménisque du mercure.

Voilà pourquoi il importe que cette partie du baromètre soit bien éclairée. On facilite cet examen en fixant derrière le tube un petit miroir qui réfléchit la lumière de la fenêtre, ou en glissant par derrière un morceau de papier blanc. On lit le nombre entier de millimètres en notant la division de l'échelle barométrique qui est immédiatement au-dessous du ménisque ou du zéro du vernier. Sur la figure 32, c'est le nombre 761. La

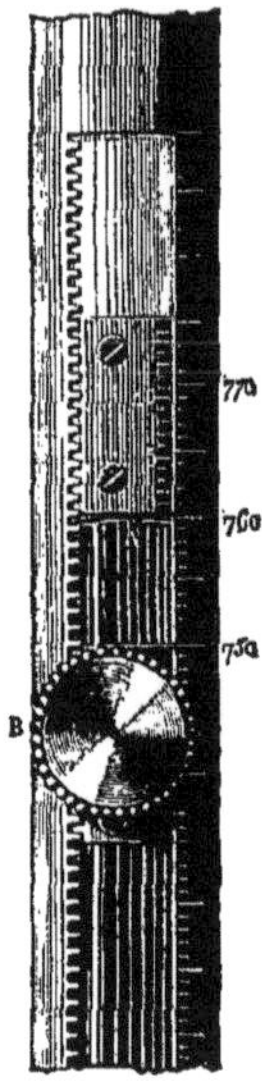

Fig. 31. — Échelle du tube barométrique; vernier.

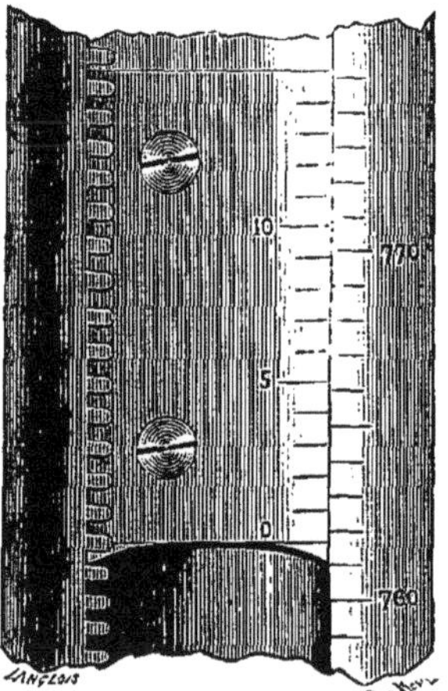

Fig. 32. — Lecture d'une hauteur barométrique à l'aide du vernier.

fraction de millimètre est donnée par la coïncidence de la division du vernier avec celle de l'échelle. C'est la 7e : la hauteur barométrique est donc 761mm,7. Il y a doute quelquefois, et deux divisions successives peuvent sembler pareillement coïncidentes; c'est le cas de la figure 31, où l'on pourrait écrire 760mm,7 aussi bien que 760mm,8. On prend alors la moyenne 760mm,75. Toutes les fois qu'on va faire une lecture, il faut avoir soin de donner quelques petits coups secs au tube de l'instrument, afin de vaincre l'adhérence du mercure au verre et de ramener le niveau à sa hauteur normale, que cette adhérence peut altérer.

On voit que l'observation du baromètre Fortin ne laisse pas d'être assez délicate. Aussi, dans le but d'en supprimer la partie la plus difficile, celle qui a pour objet de bien établir l'affleurement du mercure à la pointe d'ivoire, M. Renou a-t-il fait construire par M. Tonnelot un baromètre à large cuvette (fig. 33), à fond fixe, où le niveau du mercure n'est dès lors plus constant. Mais comme la section de la cuvette est très grande par rapport à celle du tube, la variation de hauteur du mercure y est très faible. Si son diamètre vaut 10 fois le diamètre du tube, la surface sera 100 fois plus grande, la variation de niveau sera 100 fois plus faible dans la cuvette que dans le tube. Nous dirons tout à l'heure comment on en tient compte. Quant à l'installation du baromètre Tonnelot, à l'observation et à la lecture des hauteurs, elles se font identiquement comme pour le baromètre Fortin. Mais il n'a point l'avantage qu'a ce dernier, de pouvoir être transporté sans difficulté et de servir aux observations en campagne : c'est un baromètre de station fixe.

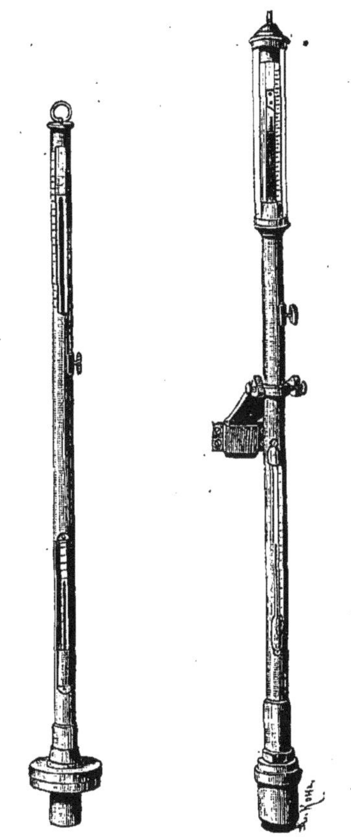

Fig. 33. — Baromètre à large cuvette.

Fig. 34. — Baromètre à mercure pour la marine.

L'emploi du baromètre à mercure sur les navires exige des

dispositions spéciales et un mode particulier de suspension. Pour éviter l'effet des mouvements de roulis et de tangage, qui produiraient une oscillation continuelle de la colonne de mercure et même pourraient briser le tube en projetant le liquide contre le sommet de la chambre barométrique, on adopte un tube très rétréci par le bas, ou étranglé comme l'est le baromètre de Gay-Lussac modifié par Bunten. Puis on le suspend aux parois de la chambre où il est installé, à l'aide d'une suspension à la Cardan disposée comme le montre la figure 34. Les observations et la lecture ont lieu de la même manière qu'avec les baromètres précédents. Mais, en raison de la forme du tube, le baromètre marin est paresseux dans ses indications; de plus, pour peu que la mer soit agitée, la lecture est difficile, de sorte qu'il sert surtout quand le navire est à l'ancre ou que le temps est très calme; pour les observations courantes, on emploie de préférence les baromètres métalliques ou anéroïdes.

Avant de dire un mot de ces derniers instruments, dont l'usage s'est extrêmement répandu depuis une vingtaine d'années, il nous reste à parler d'un point des plus importants pour l'exactitude des observations barométriques, de la comparaison des instruments et des corrections à faire subir à la lecture de leurs indications.

Il est rare qu'un baromètre à mercure, à cuvette ou à siphon ne soit pas en erreur constante avec un baromètre normal. Une double cause peut contribuer à ce résultat. D'une part, le zéro des divisions de l'échelle, s'il s'agit d'un baromètre Fortin, peut ne pas coïncider exactement avec l'extrémité de la pointe d'ivoire; d'autre part, la capillarité détermine une certaine dépression du mercure qui dépend du diamètre du tube, dès que ce diamètre est inférieur à 2 centimètres. Pour connaître la correction constante à faire subir aux lectures par suite de cette double erreur, on observe l'instrument en même temps qu'un baromètre étalon ou normal, comme en possèdent les grands fabricants ou mieux les observatoires météorologiques.

Cette *comparaison* du baromètre une fois connue, il est aisé d'en tenir compte dans les observations, en ajoutant ou retranchant des lectures la correction qu'elle a indiquée. Avec le temps cependant, cette correction peut varier et la comparaison doit être répétée.

S'il s'agit d'un baromètre Tonnelot, ou à zéro variable, la comparaison indiquera une certaine pression pour laquelle l'instrument sera exactement d'accord avec le baromètre étalon. Supposons que ce soit pour une pression de 756 millimètres. Pour toutes les lectures supérieures, on devra ajouter 1 centième[1] de l'excès en millimètres sur 756, puisque le mercure a dû baisser dans la cuvette du centième de son ascension dans le tube. On diminuera dans la même proportion toutes les lectures de pressions inférieures à 756 millimètres. En pareil cas, on construit une table donnant immédiatement la pression corrigée, ce qui n'offre aucune difficulté et ce qui abrège les observations. On peut encore corriger l'échelle même, c'est-à-dire donner aux divisions une longueur plus petite d'un centième, et alors la comparaison de l'instrument ainsi gradué (ou baromètre *à échelle compensée*) avec le baromètre étalon n'exigera plus qu'une correction constante, comme nous venons de le dire pour le baromètre Fortin.

Les corrections indiquées par la comparaison de l'instrument avec un baromètre étalon sont constantes. Celles dont nous allons parler maintenant sont variables : elles sont nécessitées par les changements de la température ou de l'altitude du lieu de l'observation. Il est aisé de comprendre que, pour être comparables, les observations doivent être réduites à une même température fixe ; le mercure se dilatant par l'effet de la chaleur, une même hauteur de mercure ne mesure pas une même pression si elle est observée à des températures différentes, puisque alors les deux colonnes égales n'ont pas même

1. Nous disons 1 *centième*, dans l'hypothèse que la section de la cuvette est 100 fois celle du tube. Cela pourrait être toute autre fraction.

poids. Mais la température ne change pas seulement le volume et par suite la densité du mercure ; elle modifie également la longueur des divisions de l'échelle, ordinairement en laiton. En tenant compte de ces deux causes d'erreur, on trouve que la correction à faire à une hauteur barométrique H, lue à la température de t°, pour la réduire à la hauteur que la même pression donnerait au mercure si la température était zéro, est $H\alpha t$, correction soustractive si la température est supérieure à 0°, additive dans le cas contraire (α est un coefficient dont la valeur dépend du coefficient de dilatation du mercure et de celui du métal sur lequel l'échelle est tracée). On a ainsi $H_0 = H(1 \mp \alpha t)$. Pour le laiton la valeur de α est égale à 0,000161, et l'on a $H_0 = H\,(1 \mp 0{,}000161t)$.

Pour éviter des calculs fastidieux, on a composé des tables de correction à double entrée[1], donnant pour chaque pression et pour des températures comprises entre 0 et 35 degrés (limite approchée de la température dans nos climats), de cinquième en cinquième ou même de dixième en dixième de degré, le nombre de millimètres à retrancher ou à ajouter pour chaque

1. Voici un fragment de la table de réduction à zéro, pour les 20 premiers degrés et pour les pressions comprises entre 730 et 775 millimètres que donnent les *Instructions* du *Bureau central Météorologique de France :*

TEMPÉRATURES du baromètre en degrés centigrades.	HAUTEURS DU BAROMÈTRE EN MILLIMÈTRES									
	730	735	740	745	750	755	760	765	770	775
	mm.	mm.	mm.	mm.	mm.	mm.	mm.	mm.	mm.	mm.
1	0,12	0,12	0,12	0,12	0,12	0,12	0,12	0,12	0,12	0,13
2	0,24	0,24	0,24	0,24	0,24	0,24	0,25	0,25	0,25	0,25
3	0,35	0,36	0,36	0,36	0,36	0,37	0,37	0,37	0,37	0,37
4	0,47	0,47	0,48	0,48	0,48	0,49	0,49	0,49	0,50	0,50
5	0,59	0,59	0,60	0,60	0,60	0,61	0,61	0,62	0,62	0,62
6	0,71	0,71	0,71	0,72	0,72	0,73	0,73	0,74	0,74	0,75
7	0,82	0,83	0,83	0,84	0,85	0,85	0,8[illegible]	0,86	0,87	0,87
8	0,94	0,95	0,95	0,96	0,97	0,97	0,98	0,99	0,99	1,00
9	1,06	1,07	1,07	1,08	1,09	1,09	1,10	1,11	1,12	1,12
10	1,18	1,18	1,19	1,20	1,21	1,22	1,23	1,24	1,24	1,25
11	1,29	1,30	1,31	1,32	1,33	1,34	1,35	1,35	1,36	1,37
12	1,41	1,42	1,43	1,44	1,45	1,46	1,47	1,48	1,49	1,50
13	1,53	1,54	1,55	1,56	1,57	1,58	1,59	1,60	1,60	1,62
14	1,65	1,66	1,67	1,68	1,69	1,70	1,71	1,72	1,74	1,75
15	1,76	1,78	1,79	1,80	1,81	1,82	1,84	1,85	1,86	1,87
16	1,88	1,89	1,91	1,92	1,93	1,94	1,96	1,97	1,98	2,00
17	2,00	2,01	2,03	2,04	2,05	2,07	2,08	2,09	2,11	2,12
18	2,12	2,13	2,14	2,16	2,17	2,19	2,20	2,22	2,23	2,25
19	2,23	2,25	2,26	2,28	2,29	2,31	2,32	2,34	2,36	2,37
20	2,35	2,37	2,38	2,40	2,41	2,43	2,45	2,47	2,48	2,50

observation. On voit quelle importance il y a, quand il s'agit d'observations tant soit peu précises, à commencer par la lecture de la température marquée par le thermomètre fixé à l'instrument (température qu'il faut se garder de confondre avec la température à l'air libre). Kaemtz, dans son *Cours de Météorologie*, donne divers exemples de la nécessité de la correction relative à la température. Bornons-nous à celui-ci : « Supposons que pendant l'hiver, le baromètre ait été placé dans une chambre non chauffée, dont la moyenne température ait été de —2°, et qu'en été cette même moyenne fût de 20°; supposons encore que, dans les deux saisons, la hauteur moyenne du baromètre *non corrigée* soit de 756^{mm},00. On commettrait une grande erreur si l'on concluait que la pression atmosphérique a été la même dans les deux saisons; car, en réduisant les baromètres à zéro, on trouve qu'en hiver la hauteur moyenne du baromètre était de 756^{mm},24 et en été de 753^{mm},56; ainsi donc elle était de 2^{mm},68 moins grande en été qu'en hiver. »

Une autre réduction importante est celle qui a pour objet de tenir compte de l'altitude du lieu de l'observation, ou de calculer la hauteur barométrique pour le niveau de la mer. Cette correction est nécessaire quand l'observation doit concourir, avec d'autres observations faites à la même heure en des stations plus ou moins éloignées, au tracé des lignes d'égale pression sur la région qu'elles comprennent.

Cette correction suppose que l'on connaît l'altitude du lieu de l'observation; si les nivellements géodésiques ne la donnaient point, il faudrait préalablement la déterminer par une opération au niveau d'eau, qui donnerait la différence de niveau avec un point voisin dont la cote d'altitude serait connue[1]. Dans le cas où la station où se trouve le baromètre aurait une faible altitude au-dessus du niveau de la mer, on pourrait faire la ré-

1. On pourrait aussi déterminer cette différence de niveau par la méthode des observations barométriques, problème inverse de celui de la réduction du baromètre au niveau de la mer. Nous en donnons la solution dans le paragraphe qui va suivre.

duction en se rappelant que le baromètre baisse de 1 millimètre environ pour un accroissement de 10 à 11 mètres d'élévation. Mais en tout cas il est préférable et il est plus exact de calculer la réduction au niveau de la mer, en se servant de la formule de Laplace, ou mieux des tables qui ont été établies d'après cette formule, et qu'en chaque station on peut préparer spécialement pour l'altitude qui lui est propre[1].

La correction varie avec la pression barométrique observée, et aussi avec la température. Mais il importe de faire à ce sujet deux remarques : la première, c'est que la pression à laquelle s'applique la correction est la hauteur barométrique préalablement *réduite à* 0°, d'après la règle donnée plus haut ; la seconde, c'est que la température dont il s'agit ici n'est plus celle qu'indique le thermomètre fixé à l'instrument, mais bien celle qu'on observera à l'aide d'un thermomètre placé extérieurement ou à l'air libre. Pour toutes les stations situées au-dessus du niveau de la mer, il est bien clair que la correction indiquée par la table sera toujours additive. S'il s'agissait exceptionnellement d'observations faites au-dessous de ce niveau, dans une mine par exemple, et qu'on voulût les réduire à l'horizon de la mer,

1. Voici un spécimen d'une table de réduction, calculée pour une station dont la cuvette du baromètre serait à l'altitude de 146 mètres au-dessus du niveau de l'Océan :

TEMPÉRATURES de l'air libre.	PRESSIONS OBSERVÉES (RÉDUITES A 0°)					
	720mm	730mm	740mm	750mm	760mm	770mm
	mm.	mm.	mm.	mm.	mm.	mm.
— 15°	14,0	14,2	14,4	14,5	14,7	14,9
— 10°	13,8	14,0	14,2	14,3	14,5	14,7
— 5°	13,5	13,7	13,9	14,0	14,2	14,4
0°	13,3	13,5	13,7	13,9	14,0	14,2
+ 5°	13,0	13,2	13,4	13,6	13,7	13,9
+ 10°	12,7	12,9	13,1	13,3	13,4	13,6
+ 15°	12,5	12,7	12,9	13,1	13,2	13,4
+ 20°	12,3	12,5	12,6	12,8	13,0	13,1
+ 25°	12,2	12,4	12,5	12,7	12,9	13,0
+ 30°	12,0	12,2	12,3	12,5	12,7	12,8
+ 35°	11,8	12,0	12,1	12,3	12,5	12,6

Supposons qu'on ait observé une hauteur barométrique de 754mm,5 (réduction à 0° effectuée) par une température extérieure de 16° ; il faudra, d'après la table précédente, la corriger par l'addition de 13mm,1, ce qui donnera 767mm,6 pour la pression réduite au niveau de la mer.

la correction serait *négative* ou *soustractive*. C'est une circonstance qui, à notre connaissance, ne s'applique encore à aucune station météorologique. Sur les bords de la Caspienne ou de la mer Morte cependant, la réduction au *niveau de l'Océan* diminuerait la pression barométrique au lieu de l'accroître.

Les baromètres à mercure donnent seuls des indications précises. Malheureusement, les instruments bien construits sont d'un prix assez élevé; leur installation exige des précautions et l'observation elle-même demande, outre une lecture attentive, des corrections assez longues et qui deviennent pénibles quand elles se répètent fréquemment. En voyage, ils peuvent être mis hors de service ou détruits, si l'on ne prend pas pour leur transport des soins qui ne sont pas toujours à la portée des observateurs, surtout s'ils explorent des contrées peu connues ou peu civilisées. Voici les recommandations que nous trouvons dans les *Instructions* du Bureau central Météorologique, et que nous croyons devoir reproduire pour ceux de nos lecteurs qui auront à faire usage du baromètre à mercure :

« Le baromètre, une fois en place, ne doit être changé de position que pour une raison majeure. Si l'on avait à transporter un baromètre, il faudrait remonter à fond la vis de la cuvette, afin que le mercure emplisse tout le tube, puis retourner l'instrument et le porter renversé, la cuvette en haut. Le transport d'un baromètre exige du soin et de grandes précautions.

« Un baromètre peut être mis hors de service sans qu'il soit cassé : il suffit qu'un peu d'air ait pénétré dans le tube. Pour s'assurer si cet accident ne s'est pas produit dans un transport, on examine d'abord le baromètre dans sa caisse, puis on l'enlève en le redressant doucement. On desserre la vis de la cuvette pour faire descendre la colonne de mercure dans le tube, et l'on incline l'instrument de manière que le mercure vienne frapper contre le sommet du tube. S'il n'y a pas d'air, le choc est clair, métallique, vibrant; s'il y a quelque bulle d'air, au contraire, le choc est mou et sourd. Il est inutile de tenter cet essai avec les baromètres marins : les mouvements du mercure y sont trop ralentis pour que le choc du mercure puisse jamais produire un son bien net.

« Un baromètre contenant de l'air peut quelquefois en être purgé par une série prolongée de chocs ou de trépidations, l'instrument étant renversé, la cuvette en haut. Un voyage de quelques kilomètres, dans une voiture ou en chemin de fer, conviendrait pour cet essai. Si l'on était obligé de démonter l'instrument pour le purger d'air, on risquerait de ne pas remettre exactement l'échelle à son point, et une nouvelle comparaison serait nécessaire. »

Nous avons décrit, dans notre premier volume, les baromètres métalliques, *holostériques* ou *anéroïdes*, et en particulier ceux de Bourdon et de Vidic. Ces instruments donnent, sur un cadran gradué par comparaison avec un baromètre à mercure, la pression atmosphérique de l'heure et du lieu de l'observation. Mais comme le mouvement de l'aiguille dépend de l'action d'un ressort et de celle de la pression de l'air sur un tube ou sur un tambour métallique à parois très minces, et que l'élasticité de ces parois est variable avec la température et se modifie lentement avec le temps, les indications du baromètre anéroïde manquent de précision. La correction de la température se fait difficilement, à moins qu'on n'étudie et qu'on ne construise pour chaque instrument une table de correction spéciale. Il importe qu'on fasse souvent la comparaison avec un baromètre à mercure.

Lorsqu'un baromètre anéroïde doit être installé à poste fixe, on le règle ordinairement de façon qu'il marque directement la pression réduite au niveau de la mer. Ce réglage est fait par les constructeurs, à qui l'observateur doit indiquer l'altitude du lieu où l'instrument sera fixé. Quant à la comparaison qu'on doit en faire fréquemment avec un baromètre étalon, elle n'exige qu'un réglage facile à exécuter à l'aide d'une vis placée au fond de la boîte métallique de l'instrument. En tournant cette vis dans un sens ou dans l'autre, on fait marcher l'aiguille, à droite ou à gauche, du nombre de divisions voulues pour que la correction se fasse. Ce mouvement de la vis doit s'effectuer lentement et avec précaution.

Les marins, les voyageurs, les aéronautes se servent fréquemment du baromètre métallique, dont l'imperfection est compensée par la commodité de son usage et la facilité de son

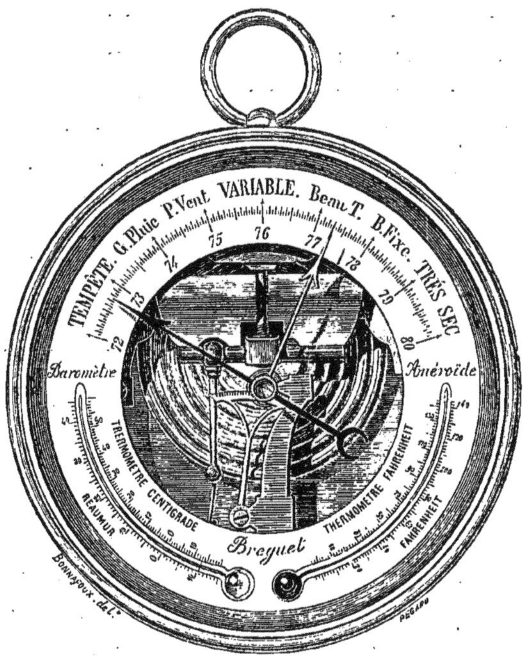

Fig. 55. — Baromètre holostérique ou anéroïde de Vidie.

transport. S'il ne donne point des indications ayant la précision nécessaire pour les recherches scientifiques, il est bien suffisant pour suivre les variations de la pression atmosphérique, et, quand il a été récemment comparé et réglé, il permet de calculer avec une approximation convenable la hauteur à laquelle un ballon, par exemple, s'élève dans l'atmosphère. C'est l'instrument presque universellement adopté pour les stations météorologiques agricoles.

§ 2. MESURE DES HAUTEURS PAR LE BAROMÈTRE.

Une des plus intéressantes et des plus utiles applications du baromètre est le calcul qu'il permet de faire, soit de l'altitude absolue de la station où l'on observe, c'est-à-dire de la hauteur verticale de cette station au-dessus du niveau de la mer, soit de son altitude relative, c'est-à-dire de la différence de niveau entre la même station et une station inférieure. Nous avons déjà dit qu'on parvient à résoudre ce problème en se servant de tables numériques qui ont été calculées d'après une formule due à Laplace. Mais il nous reste à dire ce qu'est cette formule théorique et quelle est la signification des différents termes dont elle se compose. Nous montrerons ensuite, par un exemple, comment se pratique l'usage des tables en question.

On a vu plus haut que, pour de faibles différences d'altitude, un abaissement de 1 millimètre dans la hauteur barométrique correspond à une élévation de $10^m,517$. Mais cela n'est exact rigoureusement qu'à partir du niveau de la mer, à la latitude de 45 degrés, et à la température de la glace fondante. Plus on s'élève dans l'atmosphère, plus décroît la densité des couches d'air successives, et si la température de toutes ces couches était uniforme, tandis que les hauteurs croîtraient en progression arithmétique, la densité décroîtrait suivant les termes d'une progression géométrique. Les hauteurs seraient ainsi proportionnelles aux logarithmes des densités ; elles pourraient se calculer à l'aide d'une formule très simple. En appelant H_a et H_b les hauteurs barométriques réduites à 0° de la station supérieure et de la station inférieure, et z leur différence de niveau, on aurait

$$z = 18\,405^m \times \frac{\log H_b}{\log H_a}.$$

Le coefficient constant 18 405 mètres a été déterminé par l'observation[1], mais la valeur de z trouvée ainsi n'est pas exacte,

1. Une seule observation peut suffire. Du reste, d'après ce qui précède, le coefficient

pour diverses raisons, puisque les conditions que nous avons supposées ne sont pas ordinairement réalisées. Elle exigera une série de corrections dont nous allons parler. En premier lieu, la température de l'air n'est pas égale à 0° ni la même dans les deux stations. Soient T_a et T_b les températures de l'air extérieur dans chaque station au moment de l'observation. Le plus souvent T_a est supérieur à T_b, de sorte que la température moyenne $\frac{1}{2}(T_a+T_b)$ de la couche d'air comprise entre les deux stations est plus grande que T_a, et la hauteur de cette couche est supérieure à celle qu'on a calculée. Il faudra multiplier z par un terme qui dépend du coefficient de dilatation de l'air[1]. Avec cette correction, la valeur de z deviendra

$$z' = 18\,405^{\mathrm{m}} \log \frac{H_a}{H_b}\left(1+\frac{T_a+T_b}{545}\right).$$

En second lieu, il faut tenir compte de la latitude de la station, latitude qui peut être plus grande ou plus petite que celle de 45°. L'influence qui intervient ici est la variation d'intensité de la pesanteur, puisque, comme on l'a vu dans le premier volume du MONDE PHYSIQUE, l'intensité de la pesanteur va en augmentant de l'équateur au pôle. Plus on s'approche de l'équateur, plus il faut s'élever dans l'air pour obtenir une différence donnée dans la pression barométrique. L'inverse a lieu naturellement si l'on va vers le pôle. La correction qui en résulte

peut se calculer en divisant la distance $10^{\mathrm{m}},517$ par la différence des logarithmes des nombres $0^{\mathrm{m}},760$ et $0^{\mathrm{m}},759$ qui mesurent la pression, à 0° et au niveau de la mer, correspondant à une élévation verticale de $10^{\mathrm{m}},517$. C'est par cette méthode directe, fondée sur le rapport du poids de l'air au poids du mercure, que Halley calcula le premier le coefficient numérique de la formule, d'ailleurs incomplète, qu'il proposa pour la mesure des hauteurs. Il y a une autre méthode, qui consiste à déduire la valeur numérique du coefficient de la mesure géométrique d'une hauteur. En introduisant cette mesure dans la formule barométrique, et en prenant le coefficient pour inconnue, on en tire sa valeur. Deluc, Shuckburg, Roi, Ramond employèrent cette méthode. Laplace trouvait 18 336 par la première méthode; Ramond, 18 393 par la seconde.

1. Par l'unité augmentée du produit de ce coefficient par le nombre de degrés de la température moyenne, c'est-à-dire par $1 + 0,00367\,\frac{T_a+T_b}{2}$. Tout calcul fait, on trouve $\frac{T_a+T_b}{545}$.

consiste à ajouter à la valeur z', ou à en retrancher, un terme qui est égal au produit de z' par 0,00265 cos 2L, L étant la latitude du lieu. Il y faut joindre encore une correction provenant de ce que la pesanteur varie aussi d'intensité dans l'intervalle qui sépare la station inférieure de la station supérieure, de sorte que, en définitive, l'altitude absolue d'un lieu situé à la latitude L et où la hauteur barométrique, réduite à 0°, est H_a, si toutefois la hauteur barométrique H_b est celle du niveau de la mer, est donnée par la formule suivante :

$$Z = 18\,405^{m} \log \frac{H_a}{H_b} \left(1 + \frac{T_a + T_b}{545}\right) \left(1 + 0{,}00265 \cos 2L\right) \left(1 + \frac{z' + 15\,986}{6\,366\,198}\right).$$

Si la station inférieure n'est pas au niveau de la mer, la formule précédente ne donnera que la différence de leurs altitudes; en y ajoutant l'altitude de cette station, on aura la hauteur de la première au-dessus de l'Océan.

Quelque compliquée que paraisse la formule de Laplace, elle devient, dans la pratique, d'un usage relativement simple, grâce aux tables numériques qui permettent d'en calculer les différents termes. Une première table donne la valeur que nous avons appelée z. Cette valeur trouvée, un calcul fort simple donne z'. Une seconde table enfin donne la hauteur cherchée Z.

Pour prendre un exemple connu de l'application de la formule, considérons les observations barométriques qui ont été faites, le 29 août 1844, par Bravais et Martins, à 1 mètre audessous de la cime du Mont-Blanc et celles qui ont eu lieu simultanément à l'Observatoire de Genève, c'est-à-dire à une latitude moyenne de 46°. La station inférieure étant à une altitude connue de 408 mètres, l'altitude du Mont-Blanc s'obtiendra en calculant la différence de niveau des deux stations d'après les données suivantes :

	Genève.	Mont-Blanc.
Hauteur barométrique.	729mm,65	424mm,05
Thermomètre du baromètre. . .	18°,6	−4°,2
Thermomètre libre.	19°,3	−7°,6

A l'aide de la table donnée plus haut, on commencera

par réduire les deux hauteurs du baromètre à zéro, ce qui donnera pour Genève $H_b = 727^{mm},46$ et pour le Mont-Blanc $H_a = 424^{mm},32$. En mettant ces valeurs dans la formule, on aura d'abord $z = 4380^m,9$. La première correction, relative au terme $\frac{T_a + T_b}{545}$ qui vaut ici $\frac{11°,7}{545}$, donnera le nombre $\frac{18405 \times 11,7}{545} = 92^m,5$, de sorte que z' sera égal à $4401^m,4$. A l'aide de la table III de l'*Annuaire du Bureau des Longitudes*, on trouvera l'addition à faire pour les termes relatifs à la latitude et à la diminution d'intensité de la pesanteur provenant de la différence de niveau approchée des deux stations. Cette addition est de $14^m,06$, de sorte que la valeur définitive $Z = 4415^m,46$. Telle est la hauteur du sommet du Mont-Blanc rapportée à la station de l'Observatoire de Genève, de sorte que si l'on y ajoute la cote d'altitude de celle-ci, plus 1 mètre pour la cime même du mont, on trouve que cette cime est à $4824^m,46$ au-dessus du niveau de la mer[1].

Il semblerait d'après cet exemple que deux observations simultanées du baromètre permettent de calculer, à un décimètre près, une altitude absolue ou relative. Il n'en est rien en réalité, puisque la formule et les tables qui en dérivent, supposent, dans les densités des couches d'air, une décroissance uniforme qui n'est jamais réalisée qu'accidentellement. Dans la pratique d'ailleurs, il arrive assez rarement qu'on puisse faire des observations simultanées, et que, les observations faites, on puisse comparer, comme cela serait nécessaire, les baromètres employés dans les stations. En fait, le résultat qu'on vient de trouver pour le Mont-Blanc diffère assez notablement du chiffre $4809^m,6$ qui résulte des mesures géodésiques. M. Martins donne $4810^m,0$ comme résultant du cal-

1. L'*Annuaire* trouve $4815^m,9$. Mais les coefficients qu'il emploie sont ceux de la formule même de Laplace ; or nous avons adopté les nouveaux coefficients, les premiers ayant dû être modifiés en raison des diverses données physiques qui entrent dans leur formation, données que les recherches des physiciens ont permis de déterminer avec plus d'exactitude

cul des quatre hauteurs barométriques prises sur le sommet du mont, comparées à celles observées le même jour à Genève et dans diverses stations voisines. La presque identité des deux résultats est-elle la preuve de l'égale précision des

Fig. 36. — Observations barométriques en montagne. Mesure des hauteurs.

deux méthodes barométriques et géométriques, ou bien est-elle due à un heureux hasard? M. Martins penche pour la première hypothèse; il croit que le succès a tenu, dans ce cas, à ce que « les circonstances météorologiques avaient été propices pour obtenir une bonne altitude, et les heures choisies très favorables », et il en donne deux autres preuves à l'appui. « M. Plantamour, dit-il, directeur de l'Observatoire de Genève, après avoir déterminé la hauteur de l'hospice du Saint-Bernard au-dessus du lac Léman par deux nivellements directs partant du lac et aboutissant au seuil du couvent, en a ensuite calculé la hauteur par dix-huit années d'observations barométriques correspondantes à celles de l'Observatoire de Genève. Le résultat de cet immense travail, c'est que les observations barométriques correspondantes, prises entre deux heures et quatre heures de l'après-midi, ne donnent, en août et en septembre, qu'une erreur probable de $\frac{1}{1300}$ de la hauteur, soit 1 mètre pour 1300 mètres environ. Des observations barométriques plus nombreuses que celles faites par nous au sommet du Mont-Blanc doivent inspirer plus de confiance encore. Du 15 juillet au 7 août 1841, nous fîmes, Bravais et moi, au sommet du Faulhorn, 152 observations barométriques, continuées jour et nuit, de trois heures en trois heures. La moyenne de ces observations donne 2682 mètres pour la hauteur de cette montagne ; le chiffre de la géodésie est de 2683 mètres : ainsi, encore dans ce cas, le baromètre est, comme exactitude, l'égal du théodolite, et de nombreuses observations barométriques équivalent à la répétition des angles mesurés sur le cercle de l'instrument géodésique[1]. »

Il résulte de là toutefois que l'emploi du baromètre pour la mesure des hauteurs, pour donner des résultats sur l'exactitude desquels on puisse compter, exige des observations répétées et des conditions particulières. De plus, c'est le baromètre à mercure qui doit servir aux déterminations. Le baromètre anéroïde n'en rend pas moins d'incontestables services aux voyageurs terrestres ou aériens, en leur permettant de connaître à tout instant l'altitude approchée des régions qu'ils parcourent. Dans les expéditions qui ont pour objet des recherches scientifiques, on l'emploie concurremment avec le

1. *Du Spitzberg au Sahara.*

baromètre à mercure, qui sert alors à contrôler de temps à autre ses indications. Un aéronaute anglais, M. Glaisher, affirme même qu'un baromètre anéroïde, convenablement vérifié, lui a toujours donné les mêmes indications que le baromètre à mercure, et il attribue le mauvais service de certains baromètres anéroïdes à ce qu'on ne les avait pas soumis préalablement à de suffisantes pressions, en les essayant sous la machine pneumatique; « les vérifications, dit-il, auxquelles ils avaient donné lieu n'avaient point été poussées assez loin. » Voici la table que ce savant avait calculée pour lui servir dans ses ascensions et qui lui permettait de connaître à tout instant la hauteur de la nacelle de son ballon dans l'atmosphère :

Pression barométrique.		Altitudes.	
En pouces anglais.	En millimètres.	En milles.	En mètres.
25	657,5	1	1 609
20	508,0	2	3 218
17	431,7	3	4 827
14	355,6	4	6 436
11	279,4	5	8 045
4	101,6	10	16 090
2	50,8	15	24 135
1	25,4	20	32 180

On a vu que la plus forte altitude atteinte par M. Glaisher dans ses voyages aériens est d'environ 8800 mètres; le baromètre marquait alors 252 millimètres.

Dans les hautes régions, les hardis navigateurs qui se confient à un aérostat, n'ont pas toujours tout le sang-froid nécessaire à des observations précises; d'ailleurs la lecture du baromètre ne laisse d'autres traces que celles qu'ils prennent eux-mêmes sur leur carnet de notes. Aussi est-il bon d'avoir en pareil cas un moyen de contrôle qui mette le résultat à l'abri de toute défaillance. On y parvient en se servant de *baromètres-témoins*. Voici ceux qu'a imaginés M. Janssen et qui ont servi dans les ascensions à grande hauteur du ballon *le Zénith* monté par Crocé-Spinelli et Sivel d'abord, puis par les mêmes courageux explorateurs, accompagnés de M. G. Tissandier, dans leur mémorable et funeste ascension d'avril 1875. Nous en trou-

Fig. 37. — M. Glaisher dans sa nacelle.

vons la description et le dessin dans l'intéressant ouvrage de M. Tissandier, *Histoire de mes ascensions :*

« La figure 38 représente un de ces tubes ; il est épais, allongé, recourbé à sa partie inférieure dont l'ouverture est capillaire. Sa longueur est de $0^m,50$, son diamètre intérieur de 1 à 2 millimètres. Le tube A, au départ, est plein de mercure ; quand il arrive dans les régions supérieures, là où la pression est au-dessous de 50 centimètres, le mercure s'abaisse et s'écoule par l'ouverture capillaire inférieure. Si on atteint la pression 26, par exemple, le mercure s'abaissera comme on le voit en B. La quantité de mercure restant dans le tube donne, au retour, la pression *minima*. Il va sans dire que la capillarité intérieure est telle que le choc ne peut pas faire écouler le mercure, que les tubes emportés par les aéronautes sont emballés avec soin, et enfermés dans

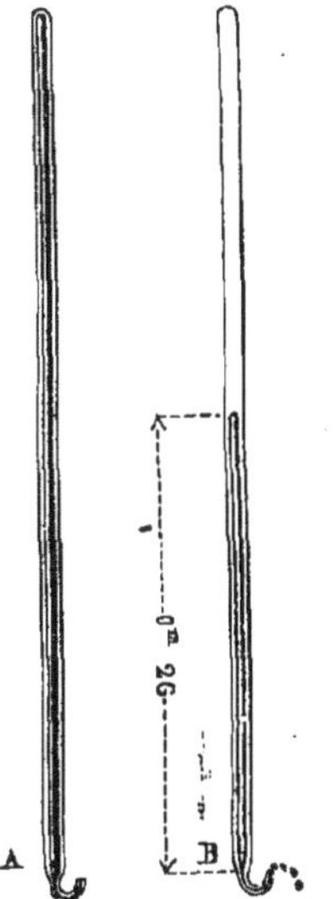

Fig. 38. — Baromètres-témoins de M. Janssen.

une boîte close, munie de cachets, dont on doit reconnaître l'authenticité à la descente. » Sur plusieurs tubes qui avaient été préparés avec le concours de MM. Berthelot, Jamin et Hervé-Mangon, deux eurent une marche régulière et donnèrent pour pression minima 264 à 262 millimètres, indiquant pour la plus grande hauteur atteinte un nombre compris entre 8540 et 8600 mètres.

§ 3. MESURE DES HAUTEURS PAR LE POINT D'ÉBULLITION DE L'EAU. HYPSOMÈTRE.

Quand on s'élève dans l'atmosphère, la diminution de la pression ne se manifeste pas seulement par l'abaissement du mercure dans le tube barométrique. Nous avons vu qu'elle a aussi pour effet d'avancer le point d'ébullition de l'eau, de sorte qu'un thermomètre plongé dans la vapeur d'eau marque, au moment où cette ébullition se produit, une température inférieure à 100° (celle-ci, on se le rappelle, suppose une pression de 760^{mm}), et d'autant plus basse, que le lieu où le phénomène est constaté a une altitude plus grande. La tension maxima qui correspond à cette température est précisément égale à la pression atmosphérique au point où se fait l'observation. Comme on a des tables de ces tensions de la vapeur d'eau pour toutes les températures, on pourra en conclure la pression sans consulter le baromètre.

C'est Wollaston qui a proposé le premier, à cause de la difficulté qu'on éprouve à transporter le baromètre à mercure, de substituer à cet instrument le thermomètre et d'observer la température de l'ébullition de l'eau. On donne le nom d'*hypsomètres* aux appareils construits en vue de cette application spéciale. Celui que représente la figure 39 est dû à Regnault. On voit qu'il se compose d'une petite chaudière cylindro-sphérique, renfermant l'eau qu'il s'agit de porter à l'ébullition ; une lampe à alcool suffit pour cela. La chaudière est surmontée d'un tube à tirages, analogue à celui des lunettes, et c'est à l'intérieur de ce tube qu'on place le thermomètre, dont le réservoir et la tige sont ainsi plongés entièrement dans la vapeur de l'eau bouillante[1]. Comme une variation d'un dixième de degré, dans le voisinage de 100°, correspond à une différence de $2^{mm},7$ dans la pression, les thermomètres dont on fait usage doivent être très sensibles. On a construit des tables spéciales pour ces variations, et l'on peut ainsi trouver la pression correspondante; il ne reste plus alors qu'à employer la formule de Laplace pour en déduire la hauteur de la station. On se sert également de tables *hypsométriques*, donnant, pour les températures d'ébullition observées, les altitudes approchées correspondantes, après quoi on fait les corrections relatives à la température de l'air et à la latitude du lieu, tout comme pour les observations barométriques.

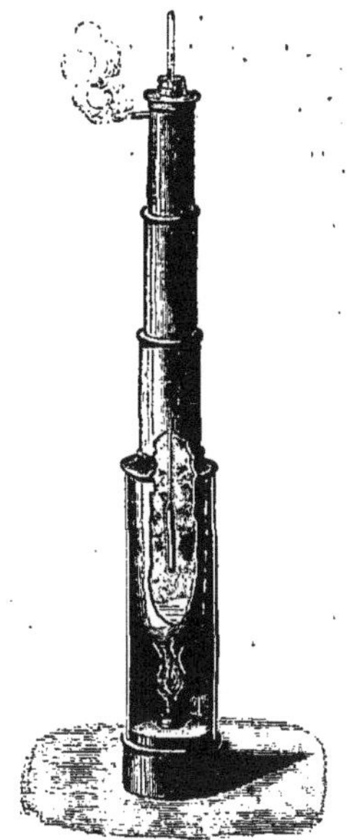

Fig. 59. — Hypsomètre de Regnault.

Revenons, pour terminer ce paragraphe, à la question de la

1. En rendant compte des observations hypsométriques faites par Izarn dans les Pyrénées en 1844, l'illustre physicien montre que la table des forces élastiques de la vapeur d'eau qu'il a calculée, peut être employée en toute confiance pour la mesure des hauteurs. « Cette méthode, dit-il, présente de grands avantages sur l'emploi du baromètre, au voyageur qui parcourt des contrées difficiles : elle lui permet d'obtenir des résultats très précis avec un appareil de dimensions très petites, et qui ne peut lui donner aucun embarras. » En effet, l'appareil remis à Izarn, réduit à ses plus petites dimensions avec les tubes rentrés, ne mesurait pas plus de 16 centimètres de hauteur; déployé, il atteignait 35 centimètres.

Bravais et Martins, dans leur ascension au Mont-Blanc du 29 août 1844, observèrent le point d'ébullition de l'eau et calculèrent la pression correspondante. Voici les chiffres trouvés à diverses altitudes et au sommet, à quelques jours d'intervalle :

	Température d'ébullition.	Pression calculée.	Pression observée.
Sommet du Mont-Blanc	81°,396	$422^{mm},86$	$423^{mm},74$
Grand Plateau	87°,565	$478^{mm},39$	$478^{mm},39$
Grand Mulets	90°,171	$529^{mm},69$	$528^{mm},88$
Chamounix	96°,713	$673^{mm},99$	$674^{mm},92$

réduction des observations barométriques au niveau de la mer, problème inverse, avons-nous dit, de celui de la mesure des altitudes. On comprend, en effet, si l'on se rapporte à la formule de Laplace, que dans le cas où l'altitude de la station où l'on observe est connue, ou bien a été préalablement calculée, elle servira à trouver la hauteur barométrique au niveau de la mer, considérée comme inconnue. C'est en procédant de la sorte qu'on a pu calculer les tables de réduction dont nous avons donné un spécimen.

Nous connaissons les instruments à l'aide desquels se mesure la pression atmosphérique, la manière d'observer, les corrections à faire subir aux indications barométriques. Voyons maintenant comment les observations barométriques accumulées ont servi à découvrir les lois de variation de cette pression à la surface du globe terrestre selon les circonstances changeantes du temps ou des lieux.

§ 4. VARIATIONS PÉRIODIQUES DE LA PRESSION DE L'ATMOSPHÈRE. — VARIATION DIURNE.

Les baromètres à cadran, soit à mercure, soit anéroïdes, ceux qu'on pourrait appeler les *baromètres des gens du monde*, bien qu'ils soient souvent utilisés par des observateurs de profession, portent ordinairement sur le cadran, outre les divisions notées en millimètres et mesurant la pression, des indications du temps ainsi formulées : *beau fixe*, *beau*, *variable*, *pluie*, *tempête*, etc. Nous verrons plus tard dans quelle mesure on peut considérer ces sortes de prédictions du temps comme exactes et comment on doit interpréter, à ce point de vue, les variations de pression que l'aiguille signale en parcourant les divisions du cadran barométrique. Ce qui est certain, c'est que ces variations accompagnent le plus souvent ou précèdent des changements dans le temps météorologique du lieu, qu'elles sont aussi irrégulières que ces changements, et qu'elles ne paraissent suivre aucune loi de périodicité. Dans nos climats de la zone tempérée surtout, où la colonne barométrique oscille sans cesse entre des limites assez étendues, il eût été difficile peut-être de démêler la loi des variations diurnes, loi qui a été, au contraire, aisément reconnue entre les tropiques, où la marche du baromètre affecte une grande régularité.

Voici, en général, comment varie, dans l'intervalle d'un jour, la pression barométrique en un lieu situé dans le voisinage de l'équateur. Entre 8 et 10 heures du matin, le mercure qui, depuis 4 heures, s'élève progressivement, atteint son maximum de hauteur, pour redescendre ensuite lentement jusque vers 4 heures de l'après-midi; c'est entre 3 et 4 heures qu'il est à sa hauteur minima. Il remonte, à partir de ce moment, jusqu'à 10 ou 11 heures du soir, où il parvient à un second maximum, puis baisse de nouveau pendant la nuit jusqu'à 4 heures du matin, instant du second minimum. Il est à remarquer que le maximum de 10 à 11 heures du soir est ordinairement moins élevé que celui de 9 heures du matin; de même, à 4 heures du matin le mercure ne descend pas aussi bas que dans le minimum de 4 heures du soir.

Cette double oscillation qui, nous allons le voir, s'observe à toutes les latitudes, est si constante, si marquée et si régulière dans les régions tropicales, qu'on a pu dire que l'observation du baromètre y pourrait suppléer à l'absence d'horloges et donner l'heure avec une suffisante exactitude[1] (assertion contestée, hâtons-nous de le dire, par quelques observateurs).

Cependant la *variation barométrique diurne* avait échappé aux premiers physiciens qui ont observé le baromètre sous l'équateur. Soupçonnée dès 1666 par Beale, elle n'a été décou-

1. « L'étude de ces variations a été longtemps pour moi, dit Humboldt, un objet d'observations assidues de jour et de nuit. Leur régularité est si grande, qu'on peut, à la simple inspection du baromètre, déterminer l'heure, surtout pendant le jour, sans avoir à craindre, en moyenne, une erreur de plus de 14 à 17 minutes; elle est si permanente, que ni la tempête, ni l'orage, ni la pluie, ni les tremblements de terre ne peuvent la troubler; elle persiste dans les chaudes régions du littoral du Nouveau-Monde, comme sur les plateaux élevés de plus de 4000 mètres, où la température moyenne descend à 7°. » (*Cosmos*, I.)

verte qu'en 1722, à Surinam (Guyane hollandaise), par un observateur resté inconnu[1], puis vérifiée en 1740 à Chandernagor par Boudier, en 1741 dans les Cordillères par La Condamine et Bouguer qui en attribuèrent la découverte à Godin, à la Martinique en 1751 par Thibaut de Chanvalon, en 1761 à Santa-Fé-de-Bogota par Mutis. Plusieurs autres physiciens constatèrent l'existence de la variation diurne en divers lieux du globe; mais c'est à Humboldt (1799) qu'on doit les premières observations exactes de ces oscillations de la colonne barométrique. Disons en passant que, s'il s'écoula un demi-siècle entre la découverte de la variation et les observations de l'illustre auteur du *Cosmos* à Cumana, c'est que le baromètre n'avait pas reçu encore les perfectionnements qui en rendirent plus tard l'usage si commode aux voyageurs; au milieu du dix-huitième siècle, on faisait encore les observations comme du temps de Torricelli, en remplissant le tube de mercure au moment de s'en servir. Les recherches de Humboldt attirèrent enfin l'attention des physiciens sur un phénomène aussi remarquable, et la loi constatée pour les régions voisines de l'équateur fut également reconnue dans la zone tempérée, par Swinden en Hollande, Ramond à Clermont-Ferrand, Hallström à Abo. Kaemtz à Halle, de 1827 à 1837, contribua, par une série d'observations barométriques faites d'heure en heure, de 6 heures du matin à 10 heures du soir, à établir toutes les circonstances du phénomène. La comparaison de toutes les observations a démontré que si l'amplitude des oscillations diurnes varie avec la position géographique ou la latitude des lieux, cette position paraît être sans influence sur les heures des maxima et des minima de la nuit ou du jour,

1. M. Boussingault, à qui nous empruntons une partie de l'histoire de cette découverte, cite dans son Mémoire l'extrait suivant d'une lettre datée de Surinam et remontant à l'année 1722 : « Le mercure monte ici tous les jours régulièrement depuis 9 heures du matin jusqu'à environ 11 heures, après quoi il descend jusqu'à 2 ou 3 heures après-midi, et ensuite revient peu à peu à sa première hauteur; pendant tous ces changements il ne varie environ que de une demi-ligne à trois quarts de ligne (de $1^{mm},13$ à $1^{mm},69$). » (*Comptes rendus de l'Académie des sciences pour* 1879, t. I.)

c'est-à-dire sur ce qu'on nomme les *heures tropiques*. Mais pour un même lieu les heures tropiques varient sensiblement avec les saisons, et l'amplitude des oscillations diminue quand on s'élève suivant la verticale, ou que l'altitude du baromètre augmente. Entrons dans quelques détails sur ces divers points.

Parlons d'abord de l'*amplitude* des oscillations diurnes. On entend par là l'écart qui existe entre les maxima et les minima de la hauteur barométrique pour une période diurne. Cette différence se calcule de plusieurs manières. Humboldt considérait seulement le maximum de 9 à 10 heures du matin et le minimum de 3 à 4 heures du soir. D'autres prennent le maximum le plus élevé et en retranchent le minimum le plus bas. D'après Kaemtz, ces deux méthodes sont inexactes et il nomme *oscillation diurne* la différence entre la moyenne des maxima du matin et du soir et la moyenne des minima[1]. Il est bien entendu, dans tous les cas, qu'il ne s'agit pas de l'amplitude particulière à un jour, mais de la moyenne qu'on peut déduire d'un grand nombre d'observations faites dans le même lieu.

La comparaison des résultats obtenus par un grand nombre d'observateurs a prouvé de la manière la plus évidente que l'amplitude des oscillations diurnes est la plus grande possible près de l'équateur. De là elle décroît en allant vers les pôles, et elle est nulle entre 60° et 75° de latitude, c'est-à-dire vers le cercle polaire. Kaemtz a réduit au niveau de la mer les variations diurnes observées depuis l'équateur jusqu'au 60e degré de latitude nord ; la loi qui résulte de la discussion de ces données est exprimée dans la courbe pointillée de la figure 40. L'autre courbe représente les oscillations diurnes observées en quinze lieux différents, situés les uns dans les régions tropicales, les

1. Un exemple fera comprendre la différence des trois méthodes. A Abo, les maxima du matin et du soir sont respectivement $759^{mm},32$ et $759^{mm},47$; les minima, $759^{mm},03$ et $759^{mm},25$. La première méthode donne $0^{m},29$ pour l'amplitude de la variation diurne, la seconde $0^{mm},44$ et la troisième $0^{mm},255$. A la Guayra, M. Boussingault a trouvé $760^{mm},50$ et $759^{mm},98$ pour les maxima, $758^{mm},05$ et $758^{mm},68$ pour les minima. D'après les deux premières méthodes, l'oscillation diurne est égale à $2^{mm},45$, et d'après celle de Kaemtz à $2^{mm},375$.

autres à des latitudes comprises entre 22° sud et le 74e parallèle boréal ; mais elles ne sont pas réduites au niveau de la mer et l'influence de l'altitude s'y fait sentir. Si l'on considère deux

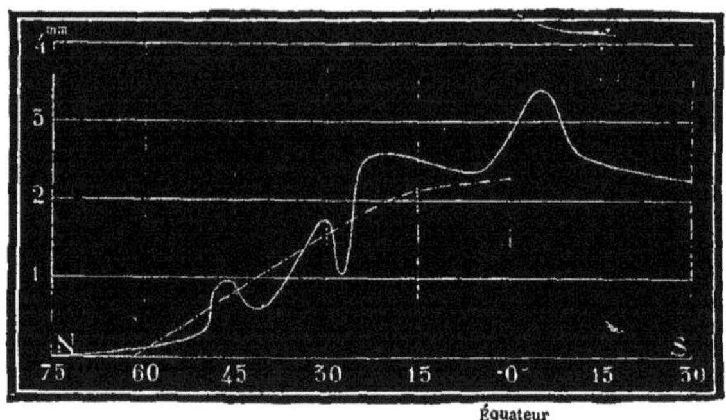

Fig. 40. — Variation de l'oscillation diurne avec la latitude.

lieux voisins, comme Paris et Bruxelles, dont la latitude ne diffère que de 2 degrés, on sera frappé à la fois de la régularité de la variation diurne, de la similitude des courbes qui

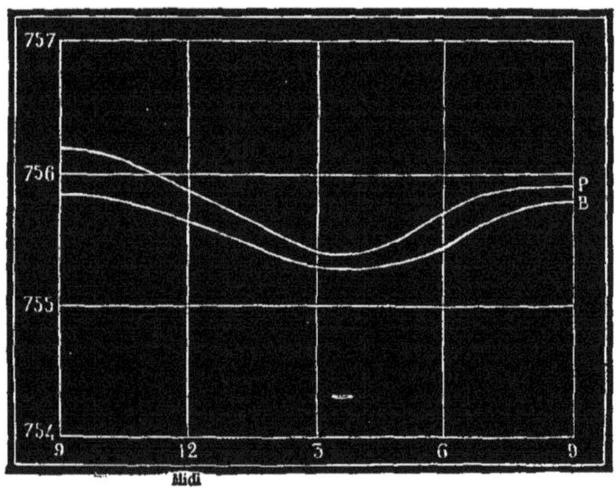

Fig. 41. — Oscillation diurne à Paris et à Bruxelles (de 9 h. du matin à 9 h. du soir).

la représentent (fig. 41), et l'on verra en outre que l'amplitude est un peu plus petite à Bruxelles qu'à Paris qui est plus rapproché de l'équateur, ce qui est une confirmation de la loi.

D'après Kaemtz, la valeur moyenne de l'oscillation diurne serait 2mm,28 à l'équateur même; mais la valeur de l'amplitude dépasse souvent de beaucoup ce nombre, comme le prouvent notamment les observations rapportées par Boussingault et effectuées à diverses altitudes entre le 10e degré de latitude boréale et le 5e degré de latitude australe. Ce savant a trouvé en 1832, au port de Payta, au niveau de la mer, 3mm,46;

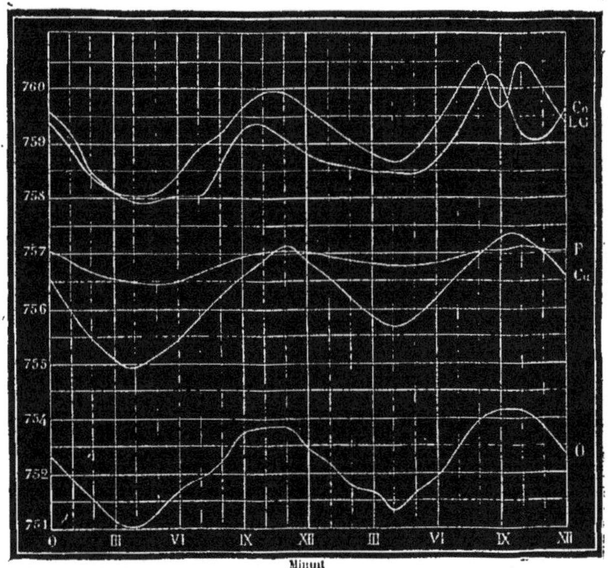

Fig. 42. — Variations diurnes dans les régions intertropicales[1].

à Cartago (vallée du Cauca), à l'altitude de 978 mètres, 4mm,20; à Antioquia, à 629 mètres d'altitude, 4mm,40. M. Lœwy a même trouvé à Honda une valeur de 4mm,75 pour l'oscillation diurne, plus du double de la moyenne admise par Kaemtz au niveau de la mer et sous l'équateur.

Au delà du cercle polaire, elle devient négative, si l'on s'en

1. Les courbes de la figure 42 se rapportent aux stations suivantes :

O, Grand Océan.
Cu, Cumana.
P, Padoue.
LG, La Guayra.
Ca, Calcutta.

rapporte aux observations de Parry, ce qui revient à dire qu'il y a interversion entre les maxima et les minima du matin et du soir. Cependant, à Bossekop (latitude de 70°), Bravais n'a constaté qu'un retard de deux heures, avec une amplitude à peine égale à $0^{mm},3$.

Si, au lieu de se déplacer dans le sens des méridiens, de

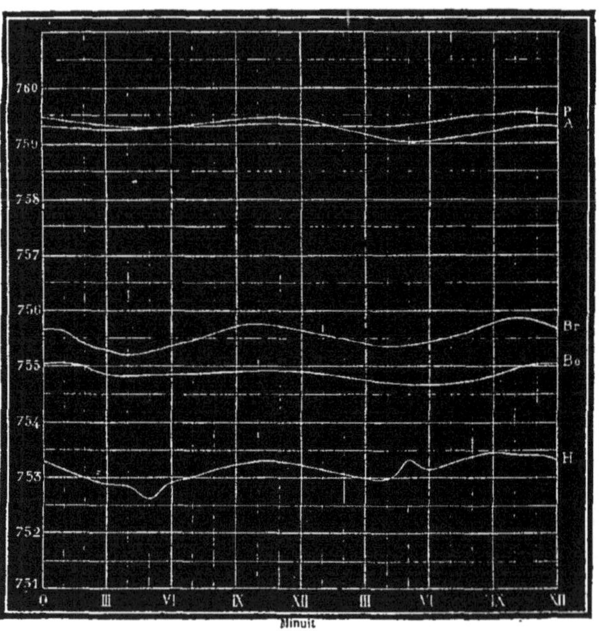

Fig. 43. — Variations diurnes dans les hautes ou moyennes latitudes[1].

l'équateur au pôle, l'observateur transporte son baromètre à des altitudes de plus en plus grandes, il constate une loi toute semblable : l'oscillation diurne va en diminuant avec la hauteur. Les courbes de la figure 44, construites d'après deux séries d'observations horaires correspondantes faites par Kaemtz, la

1. Les courbes de la figure 43 sont celles des stations suivantes :

H, Halle.
Bo, Bossekop.
Br, Bruxelles.
A, Abo.
P, Pétersbourg.

première à Zurich et sur le Rigi, la seconde également à Zurich et sur le Faulhorn, confirment cette seconde loi de la diminution de l'amplitude avec la hauteur. La courbe Z (Zurich) suit à peu près, comme on voit, les mêmes inflexions que la courbe R (Rigi). Cependant les heures tropiques ne sont pas les mêmes. Les lignes Z′ et F représentent de même la marche diurne des colonnes barométriques, pour la seconde série d'observations simultanées faites à Zurich et sur le Faulhorn, et donnent lieu

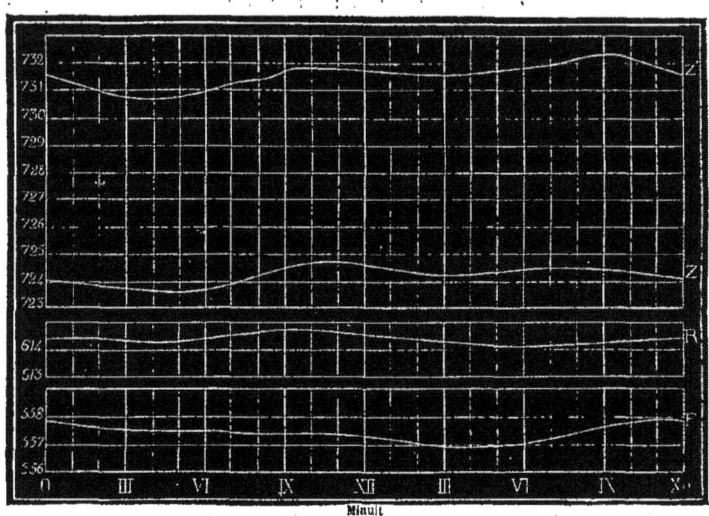

Fig. 44. — Amplitude de l'oscillation diurne à diverses altitudes.

à une remarque semblable. En ce qui regarde l'amplitude, c'est-à-dire la différence entre la moyenne des maxima et des minima, voici ce qu'en dit Kaemtz : « A Zurich, la différence entre les maxima et les minima moyens est de $0^{mm},644$; sur le Rigi, elle est seulement de $0^{mm},237$. Des observations simultanées de Genève et de Zurich donnent pour l'oscillation moyenne diurne $0^{mm},897$, tandis que sur le Faulhorn la différence correspondante n'était que de $0^{mm},268$[1]. Ainsi, à une

1. Le rapport de l'oscillation diurne au Rigi comparée à celle de Zurich est 0,37 environ, tandis que le même rapport pour le Faulhorn n'est que 0,30. Les altitudes sont de 1800 mètres pour le premier, de 2680 mètres pour le second.

certaine élévation au-dessus du niveau de la mer, l'oscillation diurne doit être nulle. »

Les nombres que nous venons de rapporter pour la station de Zurich font voir que l'oscillation varie dans un même lieu suivant l'époque de l'observation. Les saisons ont sur elle une influence marquée, ainsi que Ramond l'a constaté le premier. Sous les tropiques, dans l'Inde notamment, elle est moindre pendant la saison des pluies que pendant le reste de l'année. Dans nos climats, c'est en été qu'elle atteint son maximum,

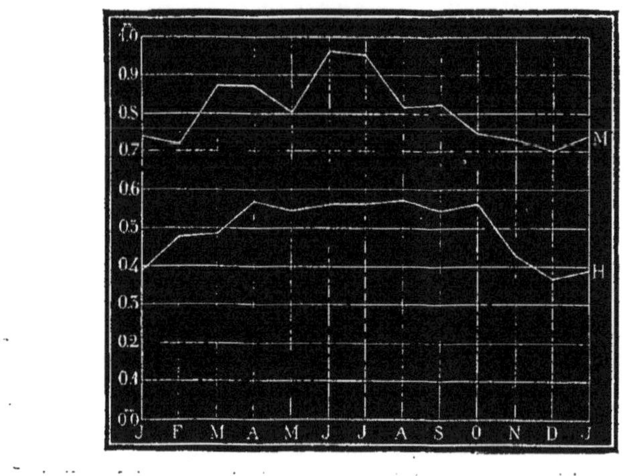

Fig. 45. — Variations mensuelles de l'oscillation diurne. Influence des saisons.

dans les mois d'hiver que tombe le minimum. C'est ce que permet de constater la figure 45, qui donne pour Milan et pour Halle les moyennes mensuelles de l'amplitude déduites de nombreuses observations. Pour ces deux pays, le minimum tombe en décembre; le maximum de l'été est en juin et juillet pour Milan, en août pour Halle.

Les courbes des figures 42 à 44, qui donnent la pression, pour toutes les heures du jour, à partir de 0h ou midi jusqu'au midi du jour suivant, ne permettent pas seulement de comparer les amplitudes des oscillations suivant les latitudes et les altitudes des lieux d'observation : elles rendent facile la comparaison des heures des deux maxima et des deux minima. Nous avons dit que ces heures, quand on les obtient, non par une ou plusieurs observations isolées, mais en prenant la moyenne d'un grand nombre d'observations, étaient à peu près constantes entre les tropiques. Mais elles ne sont pas les mêmes dans tous

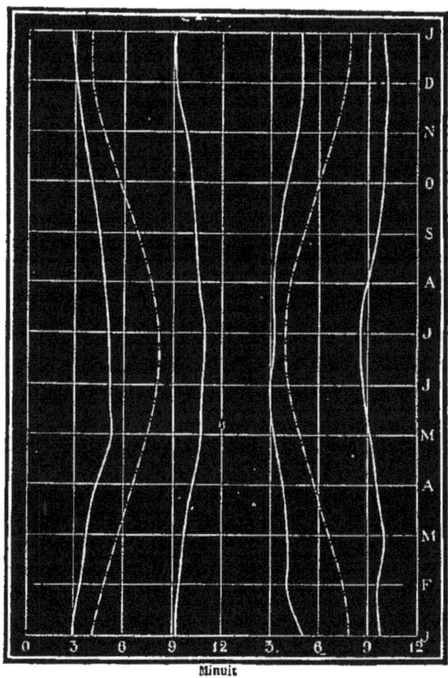

Fig. 46. — Variation des heures tropiques suivant les saisons. Courbes donnant les heures des maxima et des minima barométriques diurnes à Halle, dans les différents mois.

les pays. De plus, dans un même lieu, elles varient avec les saisons. La loi de cette variation est assez régulière, ainsi qu'on en peut juger en considérant la figure 46, qui donne les *heures tropiques* de Halle pour chaque mois de l'année. Il est aisé de voir que, si l'on prend pour durée de la période diurne l'intervalle qui sépare le maximum du matin du maximum du soir, cette durée va en croissant du solstice d'hiver au solstice d'été, pour décroître ensuite en sens précisément inverse ;

et qu'on aurait un résultat presque semblable, si l'on prenait les intervalles compris entre le minimum du matin et celui de l'après-midi. En un mot, les heures tropiques suivent à peu près, dans leurs variations, celles du lever et du coucher du Soleil. Nous avons, dans le but de mettre cette loi en évidence, tracé sur la même figure les courbes (en traits ponctués) qui représentent les heures où le Soleil se couche ou se lève, sous la latitude de Halle, aux différents mois. Ainsi, comme le dit Kaemtz, « l'influence des saisons est bien marquée : en hiver, le baromètre atteint vers 3 heures son point le plus bas, mais en été il baisse jusqu'à 5 heures au moins. En résumé, *pendant l'hiver, les moments tropiques sont plus rapprochés de midi de deux heures environ ; ils arrivent donc plus tard le matin et plus tôt le soir.* »

Quetelet, en comparant de la même manière les observations barométriques horaires faites à Bruxelles de 1842 à 1847, est arrivé aux mêmes conclusions, sauf des différences d'heures qui paraissent toutes locales. D'après lui, le premier minimum varie de plus de deux heures entre les deux solstices : « il précède en effet midi de 8 heures 30 minutes en juin, et de 6 heures 22 minutes seulement en décembre. Le déplacement du premier maximum est également sensible : ce terme extrême arrive à 10 heures 50 minutes du matin en février, et à 8 heures 40 minutes en juin. L'époque du second minimum varie dans des limites plus larges encore, puisqu'il se présente à 2 heures 15 minutes de l'après-midi en janvier et à 5 heures 30 minutes en juin : cet intervalle est de trois heures et un quart[1]. » L'espace qui s'écoule entre le maximum du matin et le minimum du soir varie du simple au double de janvier à juin.

En résumé, les heures tropiques de la variation barométrique diurne paraissent liées, dans leurs changements, à la présence plus ou moins longue du soleil sur l'horizon.

1. *Météorologie de la Belgique comparée à celle du globe*, par Ad. Quetelet.

§ 5. PRESSION BAROMÉTRIQUE MOYENNE ; SES VARIATIONS.

Nous avons commencé l'étude de la pression de l'atmosphère par les variations, d'ailleurs très peu étendues, qu'elle offre dans l'intervalle d'un jour. Ces petites oscillations régulières sont aux changements accidentels de la colonne barométrique ce que les rides d'une mer calme sont aux vagues d'une mer agitée. Elles subsistent d'ailleurs au milieu des mouvements les plus brusques des courbes atmosphériques, des oscillations les plus irrégulières du niveau du mercure, pendant les plus violentes bourrasques enfin et les tempêtes les plus terribles. C'est ce qu'il est aisé de constater en examinant les courbes tracées par les baromètres enregistreurs pendant une période de quelques jours, par exemple d'une semaine. Chaque fragment diurne d'une de ces courbes porte la trace des minima et des maxima quotidiens, alors même que la colonne de mercure est soumise à des fluctuations beaucoup plus considérables.

Il s'agit maintenant de savoir si la pression atmosphérique est ou non sujette à des variations d'une plus grande période, si elle change en un même lieu, d'une année à l'autre, ou, dans le cours d'une année, avec les saisons ou les mois, si elle dépend de la position géographique ou de la latitude des lieux. Nous savons déjà qu'elle dépend de l'altitude ou de la hauteur de la station où l'on observe le baromètre au-dessus du niveau de la mer; et la raison de cette dépendance est bien simple, puisque, lorsque la hauteur change, l'épaisseur et la densité des couches atmosphériques surplombantes changent nécessairement et à la fois.

Commençons par dire ce qu'on entend par la pression barométrique d'une station donnée. Puisque la hauteur de la colonne mercurielle est sans cesse variable, il s'agit évidemment de la pression moyenne, pendant toute la durée de la période que l'on considère. Pour l'obtenir, on cherche d'abord la pression moyenne de chaque jour ; en prenant la moyenne de toutes les pressions moyennes des jours d'un mois, on a la moyenne du mois ou *mensuelle*. Celle de l'année s'obtiendra en prenant la moyenne soit des pressions des divers jours de l'année, soit des pressions mensuelles. C'est, comme on voit, une question de calcul, calcul très simple, quoique souvent assez long, et qui se ramène à la recherche de la pression moyenne diurne.

S'il était nécessaire de faire chaque jour un grand nombre d'observations du baromètre, d'heure en heure par exemple, la tâche serait d'autant plus pénible que chaque observation doit subir, comme on l'a vu, plusieurs corrections. Heureusement, on peut obtenir la pression moyenne du jour en se contentant d'observations trihoraires, ou même d'observations faites toutes les huit heures. S'il s'agit d'observations trihoraires, on choisit la série des heures suivantes : 6^h et 9^h du matin, midi, 3^h, 6^h, 9^h du soir et minuit; ou bien encore : 4^h, 7^h et 10^h du matin, 1^h, 4^h, 7^h et 10^h du soir. On obtient la hauteur barométrique moyenne d'une façon très approchée en observant trois fois par jour, à 6^h du matin, à 1^h et 9^h du soir. Enfin, en toute rigueur, deux observations peuvent suffire, pourvu qu'on les fasse à l'heure du maximum du matin, et à celle du minimum du soir, soit à 9^h du matin et à 9^h du soir dans nos climats. « Le baromètre atteint sa hauteur moyenne, dit Kaemtz, dans les environs de midi, en général entre midi et 1 heure ; le moment varie suivant les saisons. »

Plus le nombre des jours d'observation est grand, plus est grand le nombre des années dont on a calculé la pression moyenne pour un lieu donné, plus le résultat obtenu se trouvera dégagé des variations accidentelles, des causes de perturbations qui proviennent du temps, des saisons, etc. Mais ce résultat sera toujours affecté de l'influence due au relief du sol. De sorte que, si l'on veut comparer entre elles les pressions barométriques moyennes des diverses régions du globe, on devra préalablement les réduire au niveau de la mer et aussi les corriger des variations de l'intensité de la pesanteur avec la latitude. Les recherches faites à ce point de vue par divers savants (Humboldt, J. Herschel, Schouw, Erman, etc.) ont fait voir que la pression de l'atmosphère est généralement moindre entre les tropiques que dans les zones tempérées; mais ensuite, si l'on s'avance vers les régions polaires, on observe une variation inverse, et la pression va en diminuant à mesure que la latitude augmente. On avait cru jadis que la pression était égale, par tout le globe, sur une même couche de niveau, et notamment que cette égalité caractérisait le niveau de l'Océan. On appuyait cette opinion, non pas sur des observations positives, mais sur des idées théoriques, sur l'existence d'un état moyen d'équilibre dans les couches de l'atmosphère, quelle que soit la latitude. Les observations recueillies et discutées ont montré que l'équilibre supposé n'existe pas; que « si, comme le dit Kaemtz, dans nos latitudes, les oscillations dues aux changements de temps finissent par se compenser, il n'en est pas de même entre des zones différentes », ainsi que le prouve du reste l'existence des vents permanents, des alizés près de l'équateur et des vents d'ouest dans les hautes latitudes.

D'après Erman, la moyenne pression de l'atmosphère est dans la dépendance de la longitude aussi bien que de la latitude. Quatre voyages maritimes ayant permis à ce savant d'explorer, suivant des méridiens différents, tout l'espace compris entre les parallèles de 55° N. et de 58° S., il a reconnu que depuis cette dernière latitude jusqu'au 25e degré, c'est-à-dire jusqu'à la limite des vents alizés, les pressions vont en augmentant sensiblement. De là elles décroissent régulièrement jusqu'à l'équateur, pour croître de nouveau jusqu'à la limite boréale des vents alizés. La différence de pression atteint de part et d'autre environ 4 millimètres. Il y a donc un minimum à l'équateur et deux maxima, l'un au nord, l'autre au sud. Du 25e degré en se dirigeant vers l'un ou l'autre pôle, la pression diminue, mais plus rapidement que dans la zone des vents alizés. Cette diminution « est telle, dit Erman, que les différences entre les pressions moyennes aux côtes du Kamtchatka et au cap Horn sont respectivement de 12mm,86 et de 12mm,18 inférieures à la pression maximum du grand Océan[1]. » Enfin, la pression moyenne de l'atmosphère dépend en second lieu de la longitude. A latitude égale, Erman l'a trouvée plus forte de 3mm,5 sur l'océan Atlantique que dans l'océan Pacifique. Nous verrons plus loin quelle cause on assigne à ces variations, qui subsistent lorsqu'on élimine l'influence de la tension de la vapeur d'eau sur la pression.

Voici quelques nombres qui mettent en évidence les variations que subit, avec la latitude, la pression atmosphérique moyenne, réduite à 0° et au niveau de la mer :

Lieux.	Latitude.	Pression barométrique.
Le Cap	33° 55′ S.	762,20
Rio de Janeiro	22° 54′ S.	762,65
Christiansborg	5° 30′ N.	758,16
La Guayra	10° 37′ N.	758,32
Saint-Thomas	18° 20′ N.	758,95
Macao	22° 11′ N.	761,61
Madère	33° 28′ N.	764,34
Naples	40° 51′ N.	762,06
Paris	48° 50′ N.	761,68
Dantzig	54° 21′ N.	760,76
Apenrade	55° 3′ N.	760,71
Bergen	60° 24′ N.	758,00
Reykiavik	64° 8′ N.	755,20

« En moyenne, dit Kaemtz, on peut admettre qu'au bord de la mer la pression atmosphérique est de 761mm,35. »

S'il est intéressant de connaître la répartition de la pression de l'atmosphère dans les diverses régions du globe, il ne l'est pas moins de savoir comment elle varie pendant le cours de l'année. C'est ce que permet la comparaison des pressions moyennes aux différents mois. Les figures 47 et 48 vont nous fournir les éléments de cette comparaison.

La première donne les courbes des pressions mensuelles

1. *Comptes rendus de l'Académie des sciences pour* 1842, t. II.

moyennes pour cinq stations de la zone tempérée boréale, comprises entre le 48ᵉ et le 60ᵉ parallèle : S, Strasbourg; H, Halle; Pa, Paris; B, Berlin, et P, Pétersbourg. Dans la

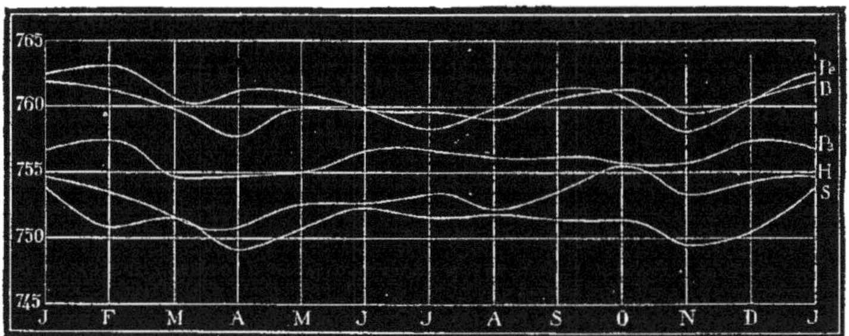

Fig. 47. — Hauteurs moyennes mensuelles du baromètre. Latitudes moyennes.

seconde sont figurées les mêmes courbes pour cinq stations dont la latitude est tropicale (du 22ᵉ au 30ᵉ degré), savoir : B, Bénarès; C, Calcutta; LC, Le Caire; LH, la Havane, et M, Macao. Or, dans ces dix stations, le baromètre atteint sa

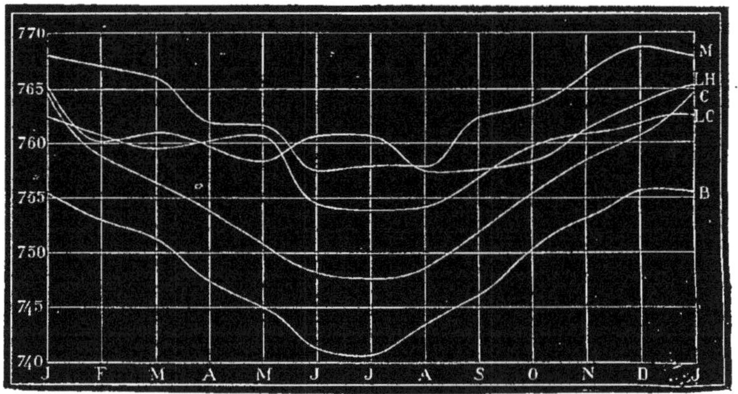

Fig. 48. — Hauteurs moyennes mensuelles du baromètre dans les basses latitudes.

plus grande hauteur mensuelle aux environs du solstice d'hiver, c'est-à-dire aux époques où la température est, au contraire, la plus basse. Le minimum barométrique correspond aux mois les plus chauds, dans le voisinage du solstice d'été.

D'úne manière générale, le baromètre est plus haut en hiver qu'en été. Mais la loi est bien plus marquée dans les basses latitudes que dans les pays de la zone tempérée, et l'écart entre le maximum et le minimum y est beaucoup plus considérable. C'est ce que montrent clairement du reste les nombres du tableau suivant :

	NOMS DES LIEUX	LATITUDES BORÉALES	ÉPOQUES ET VALEURS DU MAXIMUM		DU MINIMUM		DIFFÉRENCES
				mm.		mm.	mm.
ZONE TEMPÉRÉE.	Pétersbourg .	59° 56′	Février . . .	765,10	Juillet . . .	758,25	4,85
					Octobre . .	758,05	5,05
	Berlin	52° 30′	Janvier . . .	761,91	Août	759,02	2,89
					Avril. . . .	757,82	4,09
	Halle.	51° 29′	Janvier . . .	754,64	Août	752,18	2,46
					Avril. . . .	750,98	3,66
	Paris.	48° 50′	Février . . .	757,40	Mars. . . .	754,75	2,65
					Mai.	755,00	2,40
	Strasbourg. .	48° 54′	Janvier . . .	753, 9	Avril. . . .	749,10	4,80
					Novembre .	749,50	4,40
ZONE TROPICALE.	Calcutta . . .	22° 55′	Janvier . . .	764,57	Juillet . . .	747,54	17,03
	Macao	23° »	Décembre . .	768,65	Juin	757,31	11,34
	La Havane . .	23° 9′	Janvier . . .	765,24	Mai.	758,19	7,05
					Août. . . .	757,33	7,91
	Bénarès . . .	25° 18′	Décembre . .	755,57	Juillet . . .	740,65	14,92
	Le Caire. . .	30° 2′	Janvier . . .	762,40	Juillet . . .	753,90	8,50

A la Havane, ainsi que dans les stations de la zône tempérée, on remarque une double période, due probablement à l'effet de perturbations locales. A Berlin, Halle, Paris, Strasbourg, il est probable que le second minimum qu'on observe en mars ou avril provient de l'influence des bourrasques si fréquentes en ces régions et dans ces deux mois de l'année.

Les recherches de M. A. Poëy, basées sur de nombreuses observations horaires faites à la Havane de jour et de nuit, sur de longues séries intertropicales, ainsi que sur les observations barométriques de diverses régions du globe, confirment la loi précédente pour les deux hémisphères. « Les basses pressions, dit-il, suivent exactement le cours du Soleil, pendant que les hautes pressions se portent à l'opposé de cet astre. Mais il faut éliminer les influences orographiques et hygrométriques, l'action des vents et des perturbations locales. Sur l'hémisphère boréal, le maximum de pression coïncide, au mois de janvier, avec la plus grande déclinaison australe du Soleil au solstice d'hiver, alors que cet astre se trouve sur le tropique du Capricorne. Le minimum de pression coïncide au contraire, au mois de juin, avec la plus grande déclinaison boréale au solstice d'été, lorsque le Soleil est sur le tropique du Cancer. Sous l'hémisphère austral, c'est exactement l'inverse ; le maximum de pression tombe en juin et le minimum en janvier[1]. » A l'équateur, c'est aux équinoxes que le minimum se produit, et alors la pression atmosphérique est plus uniformément distribuée sur toute la surface de la Terre.

M. Quetelet a mis en évidence, d'une autre façon, la relation qui existe entre les pressions moyennes mensuelles et la déclinaison du Soleil. Il a étudié les variations barométriques dans leurs rapports avec les extrêmes de température, et reconnu que, pour chaque mois, la pression maximum coïncide généralement avec la température la plus basse, et la pression minimum avec la température la plus élevée. Quinze années d'observations faites à Bruxelles, de 1833 à 1847, lui ont donné 753^{mm},11 pour la hauteur moyenne du baromètre pendant les maxima de température et 759^{mm},54 pendant les minima. De sorte que, dit-il, « le mercure, toutes choses égales, reste plus bas de 5 à 6 millimètres pendant les temps chauds que pendant les temps froids[2]. »

1. *Comptes rendus de l'Académie des sciences pour* 1877, t. II.
2. *Météorologie de la Belgique.*

CHAPITRE III

LA PRESSION ATMOSPHÉRIQUE

§ 1. OSCILLATIONS ACCIDENTELLES ET IRRÉGULIÈRES DE LA PRESSION ATMOSPHÉRIQUE.

On vient de voir ce que sont les variations périodiques ou régulières de la pression barométrique : l'une, l'oscillation diurne, a pour période le jour et paraît dépendre de l'action des rayons solaires ; l'autre, qu'on devrait appeler l'oscillation annuelle, puisqu'elle a l'année pour période, semble liée à la déclinaison du Soleil, ou, si l'on veut, dépendre des saisons. Dans toutes deux, les époques des maxima et des minima, ainsi que l'amplitude des écarts extrêmes de la colonne barométrique, changent suivant la position géographique des lieux, soit en latitude, soit en longitude. Pour reconnaître la loi de ces variations dans le temps et dans l'espace, et aussi pour trouver ce qu'il y a de permanent dans la pression atmosphérique en un lieu donné du globe, les météorologistes ont dû accumuler, pour ce lieu, les plus longues séries possibles d'observations barométriques effectuées avec toutes les précautions qui permettent de compter sur une grande précision relative. Par cette méthode seule, ils ont pu éliminer toutes les perturbations accidentelles ou locales qui auraient masqué la loi.

Mais ces perturbations, ces variations irrégulières ou accidentelles du baromètre ne sont pas moins intéressantes que les variations périodiques. Elles coïncident le plus souvent avec des changements plus ou moins brusques du temps, ou bien les précèdent et les annoncent : coups de vent, pluies, orages et bourrasques, cyclones et tempêtes ne se produisent point sans un mouvement souvent considérable de la colonne de mercure du baromètre. A ce titre, les oscillations accidentelles frappent bien plus que les premières l'imagination du public, et elles méritent toute l'attention des hommes de science, étant l'élément fondamental de l'étude des grands mouvements de l'atmosphère.

On a dû chercher si elles sont soumises à certaines lois, par exemple si l'amplitude des variations extrêmes dépend ou non de la latitude. Pour cela, on a commencé par relever le maximum et le minimum observés pendant une suite plus ou moins longue d'années; puis les maxima et minima mensuels, qu'on a déduits, par la méthode des moyennes, de l'observation du maximum et du minimum de chaque mois pendant un temps plus ou moins considérable. Kaemtz faisait remarquer que cette méthode est sujette à d'assez graves inconvénients, car elle suppose qu'on observe les extrêmes réels, ce qui devait se présenter rarement, quand on était réduit à un petit nombre de lectures quotidiennes du baromètre, et que d'ailleurs ces lectures se faisaient plutôt de jour que pendant la nuit. On trouvait ainsi des maxima trop faibles et des minima trop élevés, et leurs différences étaient moindres que les oscillations vraies : aussi la valeur de l'amplitude calculée d'après cette méthode était-elle généralement trop petite. Aujourd'hui, les baromètres enregistreurs remédient à cet inconvénient, et les observatoires munis de ces appareils peuvent suivre, semaine par semaine, sur la courbe continue qu'ils tracent, toutes les fluctuations, grandes, ou petites de la colonne de mercure du baromètre.

Voici, d'après Kaemtz, l'extrait d'un tableau qui donne l'amplitude de l'oscillation mensuelle moyenne, d'après les maxima et minima absolus de chaque mois, et la même amplitude pendant les saisons estivale et hivernale, pour divers lieux des deux hémisphères :

NOMS DES STATIONS	LATITUDES	LONGITUDES	OSCILLATION MOYENNE		
			ANNÉE	HIVER	ÉTÉ
Paramatta (N.-Galles du Sud). . .	33° 49′ S.	148° 41′ E.	16,92	17,37	15,72
Cap de Bonne-Espérance	33° 56′ S.	16° 9′ E.	12,45	15,07	9,79
Ile de France.	20° 10′ S.	55° 12′ E.	8,62	6,99	7,90
Batavia.	6° 7′ S.	104° 28′ E.	2,98	2,80	2,71
La Havane	23° 9′ N.	84° 43′ O.	6,38	9,67	3,84
Le Caire.	30° 2′ N.	28° 55′ E.	9,25	12,93	4,74
Péking.	39° 54′ N.	114° 9′ E.	16,65	16,92	11,57
Rome	41° 54′ N.	10° 7′ E.	17,15	22,92	9,93
Marseille.	43° 18′ N.	3° 3′ E.	17,69	23,08	17,44
Vienne (Autriche).	48° 12′ N.	14° 2′ E.	20,53	26,78	13,02
Strasbourg.	48° 34′ N.	5° 25′ E.	21,93	28,36	14,48
Paris.	48° 50′ N.	0° 0′	23,66	30,45	17,17
Moscou.	55° 45′ N.	35° 14′ E.	24,05	31,31	15,59
Berlin	52° 30′ N.	11° 3′ E.	25,24	33,07	17,33
Bruxelles.	50° 51′ N.	2° 2′ E.	25,65	32,64	18,90
Copenhague.	55° 40′ N.	10° 14′ E.	27,77	34,49	20,03
Pétersbourg	59° 56′ N.	27° 58′ E.	29,24	36,93	19,97
Stockholm	59° 20′ N.	15° 44′ E.	29,87	37,97	22,11
Bergen.	60° 24′ N.	3° 1′ E.	31,27	37,13	22,74
Christiania.	59° 55′ N.	8° 23′ E.	33,05	41,87	22,06

Les nombres qui précèdent suffisent pour montrer clairement que les amplitudes des variations comprises entre les maxima et minima mensuels vont en croissant d'une manière presque continue à mesure qu'on s'éloigne de l'équateur. Cette loi s'applique également aux mois d'été et aux mois d'hiver, dans l'hémisphère austral comme dans l'hémisphère boréal. Partout aussi l'amplitude moyenne est plus grande pendant l'hiver que pendant l'été. Le tableau plus étendu de Kaemtz permet d'en tirer des conclusions sur l'influence de la position géographique des stations. « Quoique l'Inde, dit-il, soit située sous le même parallèle que les Antilles, cependant les oscillations y sont beaucoup plus grandes. Dans les latitudes plus élevées, on trouve d'autres relations. Les variations accidentelles sont beaucoup plus étendues sur la côte orientale de l'Amérique que sur la côte occidentale de l'Europe : le maximum de la différence se trouve au point où le Gulf-Stream tourne à l'est et où les isothermes sont très rapprochées l'une de l'autre. Ainsi, dans l'État de Massachusets les oscillations ont la même amplitude que 10 degrés plus au nord dans l'Europe occidentale ; mais, en pénétrant dans l'intérieur de l'ancien continent, elles diminuent toujours et paraissent croître de nouveau sur la côte orientale de l'Asie. Leur amplitude est égale à Gœttingue, Tomsk et Iakoutsk (latitudes de 51° 32′, 56° 29′ et 62° 2′).

« Sur la côte occidentale de l'Amérique, l'oscillation est la même à latitude égale que celle de la côte correspondante de l'Europe, comme le prouvent les observations faites à Sitcha et Iloulouk. Dans l'intérieur de l'Amérique elle est moindre que sur les côtes. »

C'est pour traduire aux yeux d'une manière plus saisissante que ne peuvent le faire les tableaux de chiffres, que le savant météorologiste de Halle imagina les lignes auxquelles il donna le nom de *lignes isobarométriques*. « J'entends par *ligne isobarométrique* de $4^{mm},51$, dit-il, la courbe qui passe par tous les points dans lesquels la différence moyenne entre les extrêmes mensuels est de $4^{mm},51$[1]. » En traçant ces lignes à la surface d'une mappemonde, Kaemtz trouva qu'elles reviennent sur elles-mêmes comme les isothermes et forment deux systèmes différents. « Les centres de ces deux systèmes, ou les *pôles* des oscillations irrégulières du baromètre, dit-il, ne se trouvent pas comme les pôles du froid sur les deux continents, mais ils sont situés sur les mers qui les séparent. Dans le sud de l'Afrique et de la Nouvelle-Hollande, la grandeur des oscillations est la même que dans l'Europe occidentale ; mais, dans leur trajet du cap de Bonne-Espérance à la Nouvelle-Hollande, ces lignes paraissent se rapprocher de l'équateur : c'est une conséquence de l'agitation de l'atmosphère dans la mer des Indes. »

Dans une note *Sur les plus grands écarts du baromètre à Paris*, Arago déduit de quatorze années d'observations, de

1. On voit, d'après cette définition, qu'il ne faut pas confondre les lignes *isobarométriques* de Kaemtz avec les *isobares*, ou courbes d'égale pression, qu'on emploie fréquemment dans la météorologie contemporaine, et sur lesquelles nous aurons plus loin l'occasion de revenir fréquemment.

1817 à 1830, un écart moyen annuel de 44mm,5 environ, la moyenne des maxima étant 773mm,43 et celles des minima de 728,90. Mais le plus grand écart pour la même période est celui de l'année 1821 : le 6 février, à 9 heures du matin, le baromètre s'éleva à 780mm,82, et le 24 décembre, pendant la nuit, il descendit à 713mm,12; différence, 67mm,70. Si, au lieu

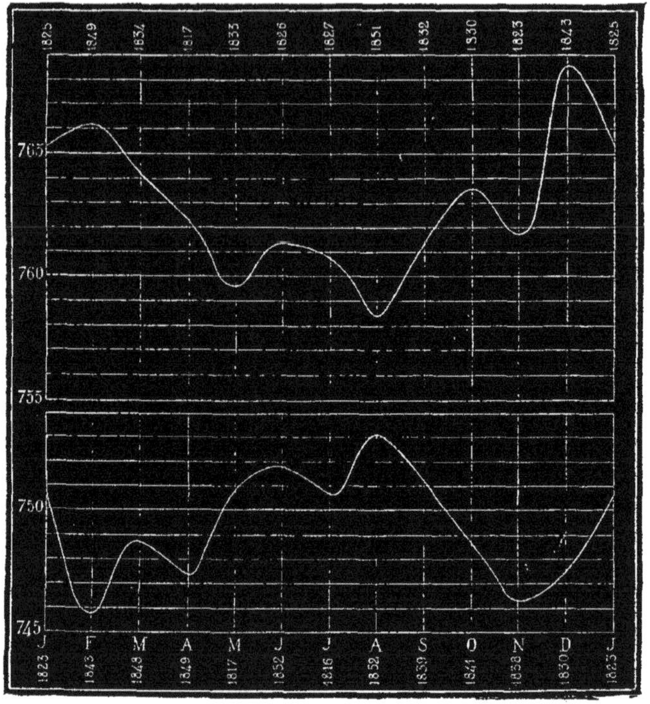

Fig. 49. — Écarts des moyennes mensuelles barométriques maxima et minima entre les années 1816 et 1852 à Paris.

d'envisager les écarts extrêmes, on ne considère que les maxima ou minima mensuels, on trouve pour la période de 37 années comprise entre 1816 et 1852 les écarts que représente la figure 49. Elle montre que le plus faible écart moyen s'est montré dans le mois d'août, et le plus considérable en décembre. D'une façon plus générale, c'est pendant les mois d'été que la différence est la moindre, pendant ceux d'hiver qu'elle est la plus grande. C'est la loi déjà reconnue plus haut, mais avec cette différence que, dans le tableau de Kaemtz, il s'agissait de la moyenne générale des maxima et minima mensuels, tandis qu'Arago a pris la plus haute et la plus basse moyenne mensuelle, calculées séparément pour chaque année de la période 1816-1852.

Quetelet a constaté, d'après six années d'observations faites à Bruxelles, de 1812 à 1817, que, sur 72 maxima mensuels, 41 ont été observés de 8 à 10 heures du matin et 22 de 9 heures du soir à minuit, c'est-à-dire à peu près aux mêmes heures où l'oscillation diurne atteint ses deux maxima du matin et du soir. De même, c'est vers 4 heures du matin ou du soir qu'il a le plus souvent observé les minima mensuels absolus. Il eût été intéressant de savoir si ces résultats s'appliquent à une période plus étendue et aux écarts mensuels du baromètre sous différents climats.

§ 2. OSCILLATIONS IRRÉGULIÈRES DU BAROMÈTRE. — ROSE DES VENTS BAROMÉTRIQUE. — LES PLUIES, LES TEMPÊTES.

La pression atmosphérique est en général plus élevée avec les vents froids, plus basse quand soufflent les vents chauds ; elle s'élève ou s'abaisse suivant la direction des vents régnants.

Dans l'Europe occidentale, le baromètre monte quand le vent souffle d'entre le nord et l'est; il baisse, au contraire, quand il vient d'un point de l'horizon compris entre l'ouest et le sud. Mais on va voir que la loi ainsi formulée présente des exceptions ou des anomalies qui ne sont pas encore toutes expliquées.

Cette relation entre le vent et le baromètre est connue depuis longtemps. Mais c'est seulement dans les premières années de ce siècle que Burckhardt et Bouvard, à Paris, Ramond à Clermont-Ferrand, de Buch à Berlin l'ont mise en pleine évidence par le relevé de nombreuses observations barométriques. Plus de douze mille observations faites à Paris par Bouvard, pendant les années 1816 à 1826, ont donné, pour la moyenne hauteur du baromètre rapportée aux principaux rumbs de vent, les nombres qui suivent :

	Direction des vents.	Hauteur barométrique.	Nombre des observations.
		mm.	
Vents chauds.	Sud-est SE.	754,30	658
	Sud S.	752,76	2029
	Sud-ouest SW. . .	755,23	2125
	Ouest W.	755,95	2606
Vents froids.	Nord-ouest NW. . .	758,41	1056
	Nord N.	759,78	1470
	Nord-est NE. . . .	759,67	1242
	Est E.	757,22	958

A Paris, les vents d'entre sud et ouest sont les plus chauds et les plus humides ; ceux d'entre est et nord, les plus secs et les plus froids. Or les pressions barométriques les plus hautes coïncident avec ceux-ci, et le maximum a lieu pour la direction du nord même. Les plus faibles pressions coïncident avec les vents des quatre premiers rumbs : le minimum a eu lieu par le vent du sud-sud-ouest (752,49).

Depuis, les travaux de Dove, de Kuppfer, de Schouw, de Kaemtz, etc., ont étendu sur toute l'Europe la relation entre la pression et la direction du vent, reconnue d'abord pour quelques points seulement. Mais, suivant la position géographique, selon la proximité et l'éloignement des côtes maritimes, en un mot selon les caractères qu'affectent les vents dans chaque région considérée, les maxima et minima de la pression se rapportent à telle ou telle direction des courants atmosphériques. Ainsi, aux États-Unis, le baromètre monte avec les vents du nord-ouest, et baisse avec ceux du sud-est. C'est que les vents du nord-ouest se sont desséchés en traversant le continent, tandis que ceux du sud-est viennent de l'Océan. On pourrait donner à la loi un énoncé à peu près général en disant avec Kaemtz : la pression barométrique atteint son maximum par les vents de la région nord qui soufflent de l'intérieur des terres ; son minimum, par les vents de la région sud quand ils viennent de la mer. Pour l'hémisphère austral, il y aurait lieu à modifier l'énoncé en ce qui concerne la direction du vent, de sorte qu'il serait préférable de distinguer entre les courants polaires ou froids et les courants équatoriaux ou chauds[1].

On figure ordinairement le rapport qui existe entre la pression et la direction du vent, pour une région ou station donnée, en construisant la courbe à laquelle on a donné le nom expressif de *rose des vents barométrique*. Suivant la direction de chaque rumb de vent, on porte une longueur qui représente la pression correspondante ou l'excès de cette pression sur une hauteur inférieure à la plus basse, et l'on réunit par un trait continu les extrémités de ces lignes divergentes. C'est ce que nous avons fait pour divers points du continent européen dans les figures 50 et 51. La première représente les roses barométriques des quatre stations de Vienne, Paris, Londres et Apenrade; la seconde, celles de quatre autres points situés à des latitudes plus élevées, Moscou, Stockholm, Pétersbourg et Bossekop.

Si, au lieu de considérer la pression barométrique moyenne pour chaque direction du vent, on cherche quels sont les changements de pression, les quantités de hausse ou de baisse qu'on observe au moment où cette direction change dans un sens déterminé, on constate que la plus grande élévation du baromètre a lieu pour les vents de la région de nord à ouest; les plus grands abaissements se produisent pour les directions du sud à l'est. Il s'agit ici de la zone tempérée méridionale. « En Europe, dit Mohn, les vents avec lesquels la pression baromé-

1. Mohn, dans sa *Météorologie*, fait la distinction entre l'hiver et l'été pour la coïncidence des maxima et des minima barométriques. Après avoir constaté que, sur les côtes occidentales du continent comprises dans la zone tempérée boréale, ce sont les vents de l'est au nord-est qui donnent le maximum, ceux du sud-ouest le minimum, qu'au contraire, dans la partie orientale de la terre ferme, les vents du nord au nord-ouest donnent la pression maxima, ceux du sud au sud-est la pression minima, le savant norvégien ajoute : « Les vents de haute pression, sur les côtes occidentales, tournent un peu plus au nord et à l'ouest en été qu'en hiver et semblent se diriger contrairement au Soleil. La direction des vents, correspondant aux pressions basses offre une déviation analogue, ces vents tournant un peu plus vers le sud et le sud-est en été qu'en hiver. Dans la partie orientale du continent au contraire, les vents tournent avec le Soleil, aussi bien avec une pression haute qu'avec une pression basse. »

trique diminue le plus rapidement sont ceux qui soufflent le plus directement du sud, et sur les côtes orientales de l'Asie et de l'Amérique, ce sont les vents qui viennent du sud-est[1]. »

A l'approche de la pluie, le baromètre est le plus souvent bas. Il baisse même très rapidement et fortement peu avant un orage, et si ses oscillations sont prolongées, si la dépres-

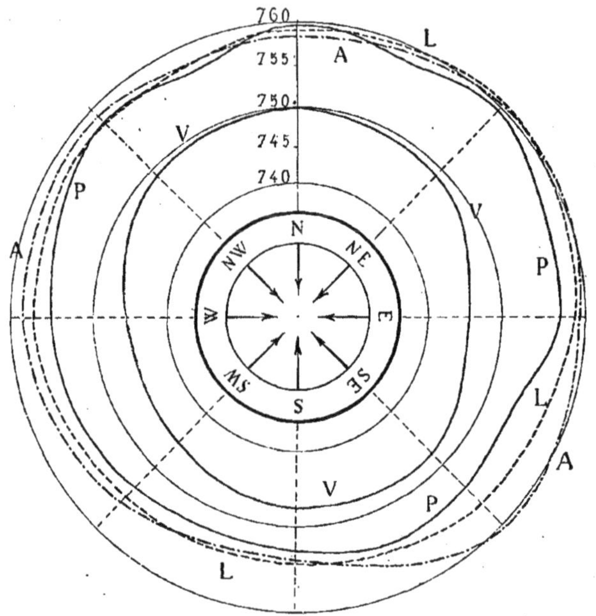

Fig. 50. — Roses des vents barométrique dans les moyennes latitudes du continent européen[2].

sion de la colonne de mercure s'accentue, c'est un signe précurseur d'une violente tempête. Dans nos climats, la pluie est généralement amenée par les vents d'entre le sud et l'ouest. C'est aussi le plus souvent de cette direction que nous parviennent les grandes perturbations atmosphériques. Or nous

1. *Lois des changements du temps*, dans les *Phénomènes de l'atmosphère*, traduction française de M. Decaudin-Labesse.

2. Les quatre courbes de la figure 50 sont celles des stations suivantes :

A, Apenrade.	L, Londres.
V, Vienne.	P, Paris.

venons de voir que les basses pressions coïncident avec les courants humides et chauds. On comprend donc la liaison qui existe entre la marche du baromètre et celle du thermomètre, les changements de direction du vent, la pluie et les orages. Toutefois, en ce qui concerne la pluie, il faut distinguer entre les averses courtes et isolées, où le baromètre commence par

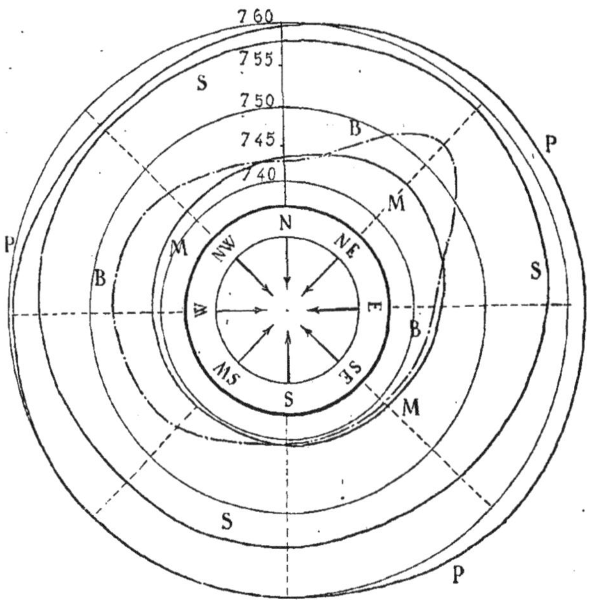

Fig. 51. — Roses barométriques des vents pour les hautes latitudes du continent européen[1].

monter pour redescendre ensuite, et les pluies continues, qui sont caractérisées par une baisse constante de la colonne barométrique. Dans ce dernier cas, c'est ordinairement à 5 ou 6 millimètres au-dessous de la pression moyenne que descend le mercure. Nous reviendrons plus loin avec des détails plus circonstanciés sur la relation qui existe entre le phénomène de la pluie et la pression de l'atmosphère.

1. Les quatre courbes de la figure 51 sont les suivantes :

M, Moscou. | S, Stockholm.
P, Pétersbourg. | B, Bossekop.

En ce qui regarde les tempêtes, nous nous bornerons ici à donner un ou deux exemples de la rapidité des changements qui affectent le niveau barométrique et de l'amplitude de ses oscillations pendant la durée du passage du météore sur le lieu de l'observation. Nous verrons en même temps le contraste qui se montre alors entre la marche de la température et celle de la pression.

Examinons les courbes tracées dans les figures 52 et 53. Dans chaque figure, ces lignes sont au nombre de deux : l'une

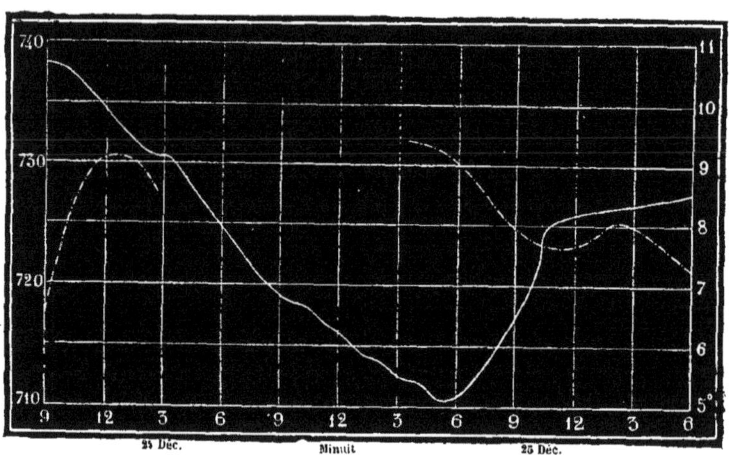

Fig. 52. — Marches comparées de la température et de la pression barométrique observées à Boulogne-sur-Mer par Gambart, pendant la tempête du 24 au 25 décembre 1821.

en traits pleins indique les diverses hauteurs du baromètre pendant la tempête, aux heures successives où il fût observé; l'autre, en traits ponctués, donne les degrés centigrades de la température. La figure 52 se rapporte à la violente tempête qui eut lieu dans la nuit du 24 au 25 décembre 1821, et qui aborda le continent européen par les côtes de l'Atlantique et de la Manche. La colonne mercurielle descendit à Paris le 25, à 11 heures un quart du soir, à 713^{mm},11 ; et à Boulogne, à 5 heures du matin le même jour, elle était tombée à 710^{mm},47, ainsi qu'on le voit dans la figure. La veille, à 9 heures du matin, le baromètre marquait 738^{mm},37 à Boulogne, et il se releva jusqu'à 727mm,40 à 5 heures et demie de l'après-midi, à la fin de l'ouragan. La température, incomplètement observée, s'est élevée au contraire de plusieurs degrés, pendant que la pression subissait une chute si rapide, pour baisser à son tour à partir de l'instant du minimum barométrique, pendant que le baromètre remontait. Arago, en rapportant ces observations, dit s'être assuré que « depuis 1785, époque où l'on a commencé à l'Observatoire de Paris un cours régulier d'observations mé-

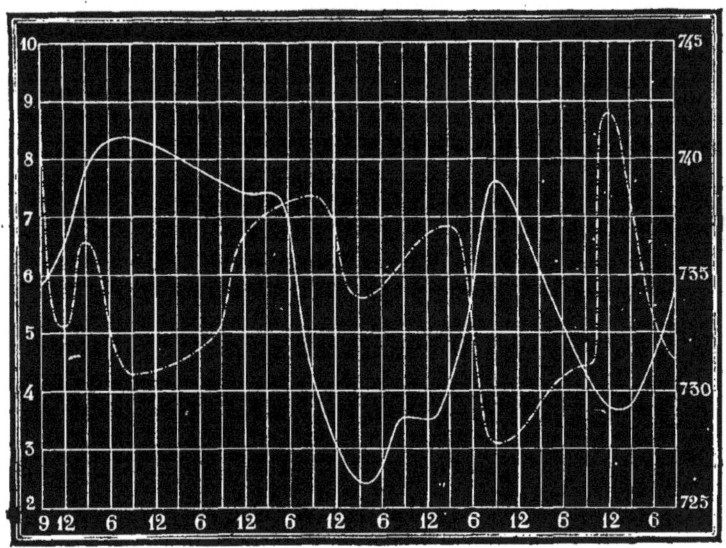

Fig. 53. — Marches simultanées du baromètre et du thermomètre à Paris pendant les ouragans du mois de janvier 1843.

téorologiques, on n'avait jamais vu la colonne de mercure aussi courte ». (*Notice sur la pression atmosphérique.*)

La figure 53, qui se rapporte à une tempête du mois de janvier 1843, donne la marche simultanée du baromètre et du thermomètre pendant les journées des 10, 11, 12 et 13 janvier, telle qu'elle a été observée à l'Observatoire de Paris. Les oscillations du mercure dans les deux instruments ont subi, à fort peu de chose près, les mêmes alternatives de maxima et de minima, mais en sens opposé, un maximum thermométrique ayant pour contre-partie un minimum barométrique, et réciproquement.

Aux époques où furent faites les intéressantes observations que nous venons de rapporter d'après l'illustre secrétaire perpétuel de l'Académie des sciences, ce n'était qu'au prix d'une assiduité pénible qu'on pouvait suivre toutes les phases d'un phénomène perturbateur et faire les lectures des instruments nécessaires. Encore existait-t-il forcément des lacunes dans les résultats. Grâce aux instruments enregistreurs, que possèdent maintenant tous les observatoires météorologiques, les savants qui se livrent à ces travaux n'ont plus à craindre de telles lacunes. Les courbes de la pression, de la température, etc., sont tracées automatiquement et d'une façon continue et permettent d'étudier les plus petites variations dans les phénomènes. Voyons comment ce résultat peut s'obtenir pour l'enregistrement de la pression de l'atmosphère.

§ 3. BAROMÈTRES ENREGISTREURS OU BAROMÉTROGRAPHES.

Il existe un assez grand nombre de *barométrographes* ou de *barographes*, autrement dit d'instruments enregistreurs de la pression barométrique. Nous y reviendrons ailleurs. Ici, nous nous bornerons à décrire celui auquel on a donné le nom de *baromètre balance*, et dont voici le principe :

Imaginons que les deux parties d'un baromètre à mercure, le tube et la cuvette, soient indépendantes ; que, l'une d'elles étant fixe ou supportée par un piédestal fixe, la seconde soit mobile et portée par l'un des plateaux d'une balance, ou mieux par l'un des bras d'un levier dont l'autre bras est muni d'un contre-poids. Voyons ce qui se passe quand la pression atmosphérique vient à changer, augmente ou diminue.

Supposons d'abord la cuvette fixe et le tube mobile. Le bras de levier auquel ce dernier est attaché supporte le poids du tube et celui de la colonne de mercure qui mesure la pression, diminués de la poussée résultant de la partie plongeant dans la cuvette. Le contrepoids étant disposé de manière qu'il y ait équilibre, supposons que la pression vienne à augmenter. Du mercure monte de la cuvette dans le tube, ce qui augmente le poids appliqué au bras de levier. D'un autre côté, la poussée diminue un peu à cause de l'abaissement correspondant du niveau dans la cuvette. Pour ce double motif, l'équilibre sera rompu et le fléau du levier ou de la balance s'inclinera du côté de l'instrument. On comprend que l'inverse aurait lieu, si la pression venait à diminuer.

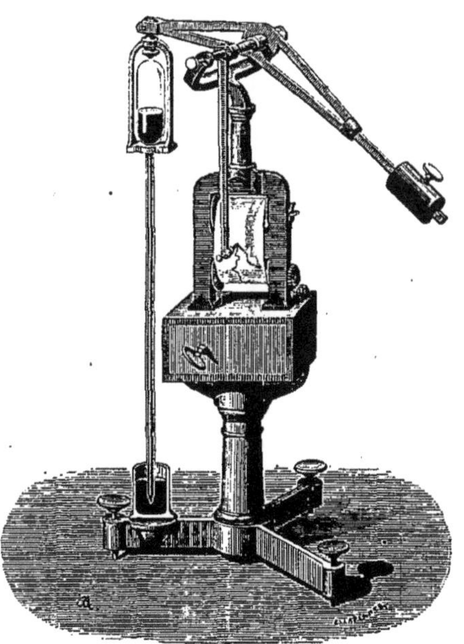

Fig. 54. — Baromètre balance.

L'instrument que représente la figure 54 est de ce premier genre.

Supposons maintenant que le tube barométrique soit fixe, tandis que la cuvette est mobile et portée par le bras de levier B (fig. 55). Quand la pression atmosphérique s'élève, une certaine quantité de mercure passe de la cuvette dans le tube ; le niveau du mercure baisse dans la cuvette dont le poids diminue : le fléau de la balance s'inclinera du côté du contrepoids, s'élèvera de l'autre; mais en même temps la partie immergée ou flottante du tube, en pénétrant dans la cuvette, en rétablira le niveau et l'équilibre se fera. Une diminution de la pression produira des effets inverses et un mouvement du fléau en sens contraire.

Comme on le voit, le principe est le même dans les deux cas, et les oscillations de la pression atmosphérique se traduiront par des oscillations simultanées du fléau ou bras de levier. Il ne s'agit plus que d'utiliser ce mouvement pour faire écrire ou enregistrer les pressions. C'est à quoi l'on est parvenu aisément, en fixant sur l'axe du fléau une longue aiguille, terminée par une pointe d'acier qui appuie à frottement sur la surface d'un cylindre recouvert de papier noirci[1]. Un mouvement d'horlogerie communique au cylindre une rotation lente et uniforme

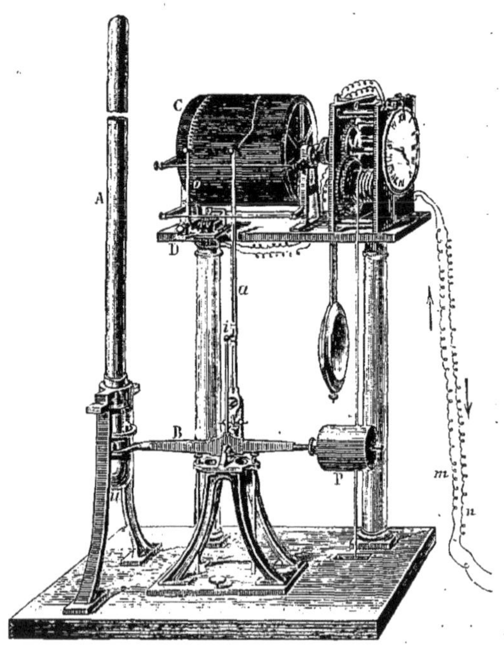

Fig. 55. — Baromètre enregistreur Salleron.

sur son axe. La pointe d'acier trace sur le papier une courbe blanche continue, dont les diverses sinuosités indiquent et mesurent les variations de la pression atmosphérique.

La figure 55 représente l'enregistreur-type construit par M. Salleron pour l'observatoire de Montsouris, où il fonctionne depuis 1877. C'est un baromètre balance du second genre.

1. Dans le barographe de la figure 54, l'extrémité de l'aiguille porte un crayon et la courbe se trace en noir sur du papier blanc.

Le tube barométrique A, fixé sur un pied en fonte, est en fer embouti ; il a 3 centimètres de diamètre intérieur, de sorte qu'il n'y a pas lieu à corriger de la capillarité. Il en est de même dans la cuvette *u*, qui est large en proportion. Pendant que l'aiguille du fléau *ia* trace sur le cylindre C la courbe barométrique, un pointeur *o*, qui reçoit son mouvement d'un électro-aimant placé en D, trace un trait toutes les heures sur l'un des bords du cylindre[1]. On peut ainsi connaître, comme cela est indispensable, les heures précises des variations dont les sinuosités de la courbe sont l'expression figurée.

On renouvelle périodiquement, toutes les semaines par exemple, le papier du cylindre tournant, qui, déployé, donne la courbe des variations de la pression atmosphérique sans lacune,

1. Les figures 56 et 57 feront comprendre le mécanisme qui fait mouvoir le pointeur chronométrique. Au-dessus de l'horloge, on voit un levier *x* portant un contrepoids d'un côté, et de l'autre une fourchette métallique, dont les branches *t* sont au-dessus de deux godets remplis de mercure. Quand l'aiguille des minutes passe sur le chiffre XII du cadran, elle bute contre l'aiguille *o* du levier *x*. Les fourchettes viennent au contact du mercure, et le courant d'une pile locale dont les pôles sont reliés à ce levier d'une part, à l'électro-aimant A (fig. 56)

Fig. 56. — Pointeur chronométrique.

Fig. 57. — Mécanisme électrique du pointeur.

de l'autre, se trouve fermé. L'électro-aimant étant animé, son pôle attire une palette de fer doux fixée au bras horizontal *u* du levier coudé qui compose l'aiguille du pointeur. Cette aiguille *s* porte une pointe *e* à son extrémité, pointe qui appuie contre le bord du cylindre tournant. Tant que le circuit de la pile est ouvert, cette pointe reste immobile, et la ligne qu'elle trace est une courbe parallèle aux bases du cylindre ; mais à chaque heure la fermeture du courant détermine le mouvement du pointeur, et son extrémité trace un petit trait horizontal. Si le mouvement d'horlogerie fait faire au cylindre un tour complet en 7 jours, les divisions tracées seront au nombre de 7 fois 24 ou 168.

pour toutes les heures du jour et de la nuit. La ligne des repères du pointeur est l'axe des abscisses de la courbe dont les divisions sont les heures. Les ordonnées sont les pressions correspondantes, l'échelle de lecture de ces ordonnées dépendant de la course de l'aiguille du fléau et du rapport qui existe entre cette course et l'élévation ou l'abaissement de 1 millimètre de la colonne de mercure. Elle peut être déduite des

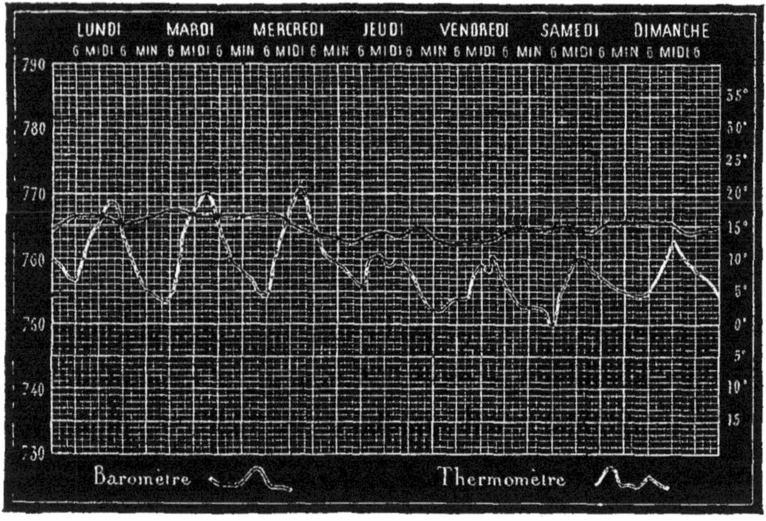

Fig. 58. — Tracé hebdomadaire du baromètre enregistreur.

observations mêmes, ou calculée d'après la longueur du bras de levier et de l'aiguille..

Il existe et on emploie divers autres systèmes de baromètres enregistreurs. Citons ceux de MM. Breguet, Rédier, Richard. Nous aurons l'occasion d'y revenir en parlant des observatoires météorologiques. Il nous suffit en ce moment de montrer par un exemple avec quelle fidélité les instruments enregistreurs suivent toutes les oscillations de la pression atmosphérique. soit qu'il s'agisse de reconnaître les maxima et les minima de la variation diurne, soit qu'il y ait lieu de noter les mouvements qui résultent du passage d'une grande perturbation. En jetant les yeux sur les deux figures 58 et 59, on y verra la traduction graphique des variations périodiques de la pres-

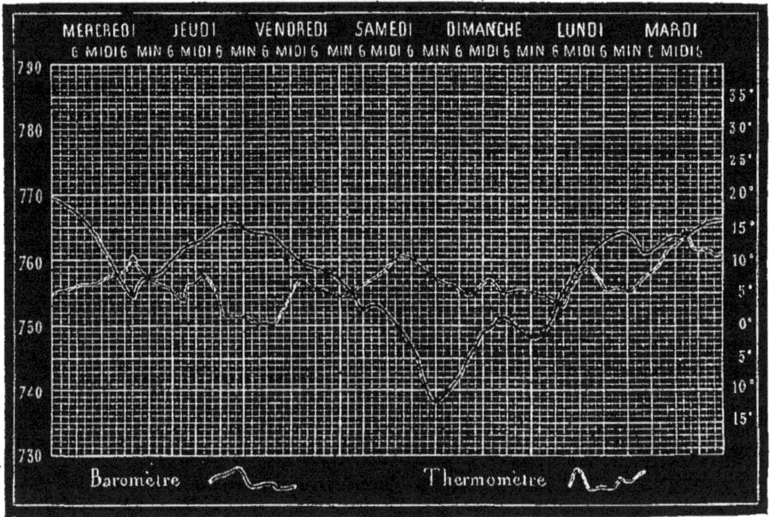

Fig. 59. — Oscillations barométriques pendant la tempête du 29 janvier 1884. Courbe du baromètre enregistreur.

sion aussi bien que de ses variations accidentelles et irrégulières.

§ 4. HYPOTHÈSES SUR LA CAUSE DES VARIATIONS PÉRIODIQUES ET DES VARIATIONS IRRÉGULIÈRES DE LA PRESSION ATMOSPHÉRIQUE.

On vient de voir l'exposé des faits, c'est-à-dire des changements tant périodiques qu'accidentels que subit la pression de l'atmosphère pendant le jour, dans la suite des saisons et des années, pour un même lieu ou pour des lieux différents. Nous avons fait ressortir les liaisons qui existent entre ces phénomènes et la position du Soleil, la latitude du lieu, sa hauteur au-dessus du niveau de la mer, etc. Quelle explication comportent-ils? Quelle est, en un mot, la cause physique de chacun d'eux? Pourquoi le baromètre monte-t-il ou s'abaisse-t-il régulièrement deux fois chaque jour, et pourquoi ses maxima et ses minima diurnes, mensuels, ne sont-ils pas les mêmes dans les diverses saisons et varient-ils selon qu'on observe à des distances diverses de l'équateur ou des pôles?

Disons tout de suite que les physiciens et météorologistes ne sont pas d'accord sur tous les points, et que leurs réponses à ces questions si importantes ne peuvent encore être présentées que comme des hypothèses. Essayons de les résumer dans leurs traits essentiels.

La découverte de la variation barométrique diurne avait d'abord fait comparer le phénomène à une marée atmosphérique, résultant des attractions combinées de la Lune et du Soleil. Mais on abandonna bien vite cette hypothèse, en réfléchissant que, si elle était exacte, la périodicité des maxima et des minima devrait varier avec les phases lunaires, ce que contredit l'observation. D'ailleurs, l'action de la Lune, qui n'est pas nulle comme on le verra plus loin, mais qui en tout cas est très faible, devant être à peu près double de celle du Soleil, il est clair que la variation diurne ne peut être attribuée à l'attraction de cet astre.

Restait donc l'hypothèse de son action calorifique. C'est à cette cause en effet, soupçonnée par Bouguer et admise par Laplace et Ramond, que les savants s'accordent à attribuer les oscillations périodiques de la pression atmosphérique. Il était naturel de penser que c'est la chaleur solaire qui produit ces oscillations, puisque nous les avons vues varier avec la présence plus ou moins prolongée du Soleil sur l'horizon, avec la hauteur plus ou moins grande de son élévation méridienne, avec toutes les causes en un mot qui rendent plus sensible l'écart des températures entre le jour et la nuit, entre les saisons estivales et hivernales. Mais quel est le mode d'action de la chaleur solaire sur l'atmosphère et comment la pression barométrique en est-elle affectée? C'est là que commence la divergence des explications proposées.

Les uns admettent comme unique cause le changement de

densité qui résulte, pour les couches atmosphériques, de leur dilatation sous l'influence d'une augmentation de température. Telle est la théorie de Kaemtz, adoptée encore aujourd'hui par un de nos météorologistes distingués, M. Renou. D'après Dove, au contraire, la principale action de la chaleur solaire sur le baromètre se fait par l'intermédiaire de la vapeur d'eau et de son accroissement de tension sous l'influence de la température. D'autres météorologistes enfin, comme M. Mohn, pensent que les variations périodiques, notamment l'oscillation diurne, sont l'effet de ces deux causes réunies, inégalement actives et diver-

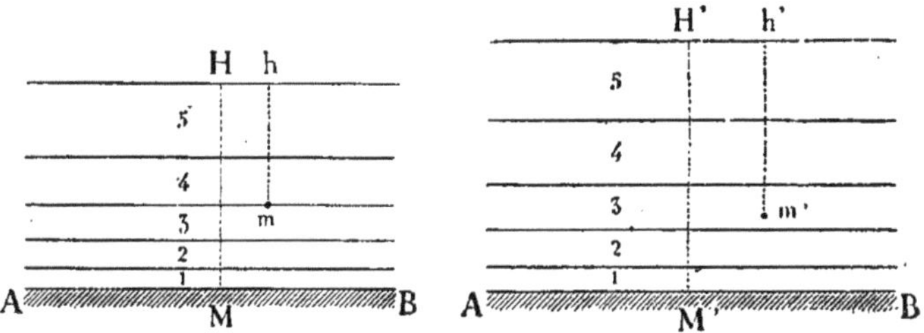

Fig. 60. — Égalité de pression des couches d'air dilatées.

sement combinées. Entrons dans quelques détails sur ces diverses théories.

Pour simplifier les idées, supposons l'atmosphère partagée en couches d'égal poids et par conséquent d'épaisseurs croissantes à partir du sol AB ; et soient 1, 2, 3, 4, 5... ces diverses couches, d'abord en équilibre, ayant par conséquent chacune même densité moyenne à même hauteur. Quand les rayons solaires les pénètrent et viennent échauffer le sol, avec une intensité que nous supposerons égale dans toute l'étendue de la région que nous considérons, ces couches s'échauffent ; chacune d'elles se dilate des 367 cent-millièmes de son volume pour chaque élévation de 1° de température. Au bout d'un temps donné, les couches successives se seront dilatées, de manière à rester superposées dans le même ordre qu'auparavant. La densité de chacune aura diminué ; leurs épaisseurs auront augmenté, comme le montre la figure 60. Mais leur poids total n'ayant pas varié, un baromètre dont la cuvette aurait été disposée au niveau d'un point M du sol, n'aurait varié en aucune façon. L'accroissement pas plus que la diminution de température ne peuvent donc être une cause directe de variation dans le niveau du baromètre.

Cependant il n'en est plus ainsi pour un point tel que *m* situé à une certaine altitude, par exemple à la limite primitive de la séparation des couches 3 et 4. Car, après l'échauffement atmosphérique et la dilatation qui en est la conséquence, une partie de l'air de la couche 3 s'est élevée au-dessus de *m*, et le baromètre placé en ce point supporte maintenant le poids d'une certaine quantité d'air qui était auparavant au-dessous de son niveau. Il devrait donc en résulter une augmentation de pression pour ce point et pour tous ceux qui ne sont pas au niveau même du sol. Un refroidissement produirait l'effet opposé, c'est-à-dire une diminution de pression. Mais, pour que les choses se passent ainsi, il faut supposer que toutes les régions qui entourent la région AB subissent une action semblable. Or c'est précisément là un fait contraire à la réalité. L'action échauffante des rayons solaires se fait très inégalement selon l'heure du jour, la saison, le lieu. En considérant les régions AB et CD voisines de BC (fig. 61), l'une CD par exemple restera, dans toutes les couches de l'atmosphère qui la surplombent, moins échauffée que BC, l'autre, AB, le sera davantage. Qu'en résultera-t-il? Que, par l'effet de leurs dilatations inégales, leurs couches limites H, H′, H″ ne seront plus au même niveau. Les plus élevées s'écouleront vers les plus basses. En un mot, une partie de l'air qui produisait par son poids la pression observée se déversant sur les régions les plus

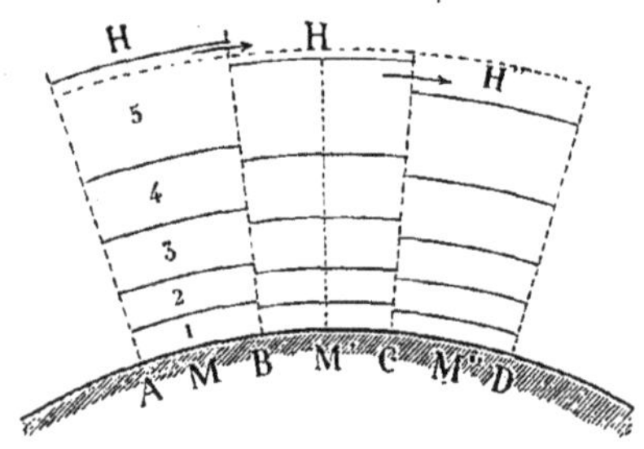

Fig. 61. — Écoulement de la couche supérieure dilatée.

froides, il devra en résulter une augmentation de pression pour ces dernières, une diminution pour les régions où la température s'est élevée davantage.

Telle est, d'après la première théorie, la cause de l'oscillation diurne. C'est à midi, il est vrai, ou quand le Soleil se trouve dans un méridien donné, que l'action de la chaleur solaire est la plus grande pour tous les points situés sous ce même méridien. Mais l'instant du maximum de température vient plus tard, vers les 3 ou 4 heures de l'après-midi : ce sera donc l'instant du minimum diurne barométrique. Le refoulement des couches supérieures de l'air, qui en est la conséquence, va former, à 90° à l'est ou à l'ouest, sur tous les points qui se trouvent sous les méridiens de 9 heures du matin ou de 9 heures du soir, une sorte de bourrelet dont le poids s'ajoute à celui des couches de l'atmosphère non encore échauffées ou déjà refroidies : de là les maxima barométriques de 9 heures à 10 heures du matin et de 9 heures à 10 heures du soir. « Quant au *minimum* du matin, dit Kaemtz, il est suivi, à l'est de l'endroit où il a lieu, d'un *minimum* de température, et une partie de l'air des contrées occidentales s'écoule de ce côté : de là une baisse du baromètre. » L'influence des saisons, soit sur l'heure des maxima et des minima, soit sur l'accroissement d'amplitude qu'on observe en été, s'explique aussi aisément, puisque le phénomène dépend de l'heure des températures maxima et minima de chaque jour, et de l'écart qu'il y a entre les températures extrêmes. En s'élevant dans l'atmosphère, cet écart diminue et l'on a vu que l'amplitude est plus faible aussi sur les hauteurs que dans les plaines. Mais Kaemtz reconnaît que cette théorie est sujette à plus d'une objection : « on ne saurait, dit-il, expliquer l'accroissement de l'amplitude oscillatoire à mesure qu'on s'approche de l'équateur, où les différences des extrêmes de température ne sont pas plus grandes en moyenne, à moins d'admettre avec Daniell que l'air coule non seulement dans une direction perpendiculaire au méridien, mais encore parallèlement de l'équateur au pôle. » Cette dernière hypothèse est celle de M. Renou, lorsqu'il dit : « Le Soleil échauffe l'atmosphère qui se déverse tout autour, et produit un bourrelet sur tout un grand cercle dont le point le plus échauffé est le pôle... L'onde atmosphérique qui produit cet effet suit le mouvement apparent du Soleil, et se déplace avec une vitesse qui atteint 464 mètres par seconde à l'équateur. Cette onde, par sa rapidité ou le sens de son mouvement, doit produire un maximum du matin plus élevé que celui du soir; elle doit donner aussi une prédominance aux maxima du matin ou du soir, suivant que les vents soufflent de l'ouest ou de l'est. Le minimum de la nuit n'est qu'un minimum relatif, compris entre les deux maxima du soir et du matin[1]. »

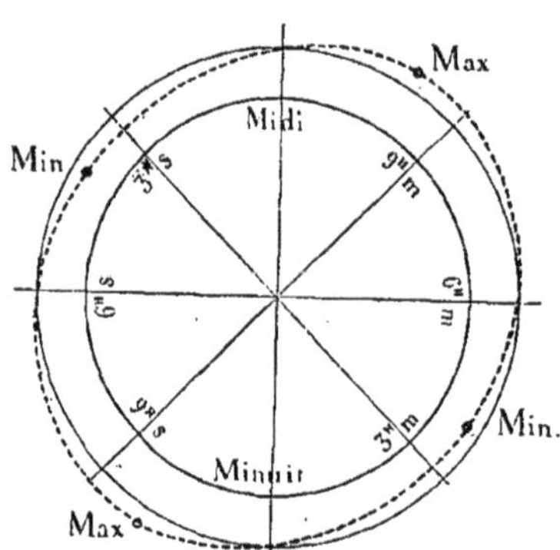

Fig. 62. — Bourrelet formé par l'écoulement de l'air dilaté.

Une seconde théorie attribue le rôle principal, dans le phénomène de l'oscillation diurne, à la vapeur d'eau dégagée sous l'influence de la chaleur solaire. D'après Dove, la pression de l'atmosphère sur le baromètre se compose de deux parties qui se confondent ou plus justement se compensent partiellement : l'une est celle de l'air; l'autre, celle de la vapeur d'eau contenue dans l'air. L'élévation de la température diminue la densité de l'air, mais elle augmente la tension de la vapeur d'eau. Pour faire la part de chacune de ces causes, Dove a retranché de la pression barométrique la tension de la vapeur d'eau, calculée pour chaque heure du jour, d'après les observations hygrométriques faites par Neuber à Apenrade, et il a eu ainsi la pression de l'air sec dans cette station. La figure 63 donne les courbes relatives aux variations diurnes de

1. *Comptes rendus de l'Académie des sciences pour* 1878, t. I.

cette pression pour chacune des saisons et pour l'année entière. Elle montre qu'il n'y a plus alors qu'un seul maximum, très voisin du milieu de la nuit, et qu'un minimum vers 2 heures de l'après-midi. La double oscillation que révèlent les observations serait donc surtout l'effet des variations de la tension de la vapeur dans le cours d'une journée. Les observations faites à Halle et à Munster ne semblent pas confirmer la loi.

L'influence de la vapeur d'eau sur la pression barométrique dans le cours de l'année peut être mise en évidence par la comparaison de deux des courbes de la figure 64 avec les

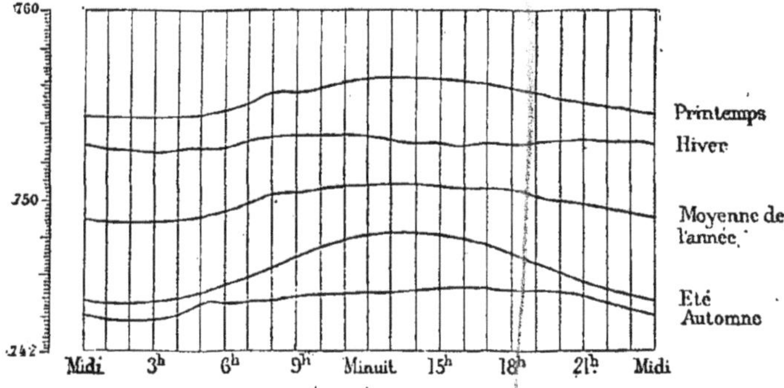

Fig. 63. — Pression de l'air sec à Apenrade, aux diverses heures du jour et pendant les diverses saisons.

correspondantes de la figure 47. Pour Calcutta, par exemple, la pression de l'air sec (courbe en traits pleins) et la pression totale (courbe ponctuée) suivent à peu près les mêmes sinuosités. C'est entre janvier et février que la différence est la plus petite, entre juin et août, c'est-à-dire dans la saison la plus chaude, qu'elle est la plus considérable.

Un météorologiste français, M. Cousté, pense, comme Dove, que c'est la vapeur d'eau qui, sous l'action calorifique du Soleil, joue le principal rôle dans l'oscillation diurne. « Elle est due, dit-il, à des variations : 1° dans la quantité de vapeur d'eau atmosphérique; 2° dans les courants verticaux ascensionnels que forment, pour une certaine part, l'air dilaté et, pour une part plus grande, la vapeur d'eau développée par le

Soleil dans les couches basses et moyennes, condensée de nouveau dans les couches supérieures. » Voici comment, d'après ce savant, s'expliquent les maxima et les minima :

« 1° *Maximum du matin.* — Quelques minutes avant le lever du Soleil, les rayons commencent, vu la réfraction, à atteindre les couches supérieures de l'air. Bientôt ils des-

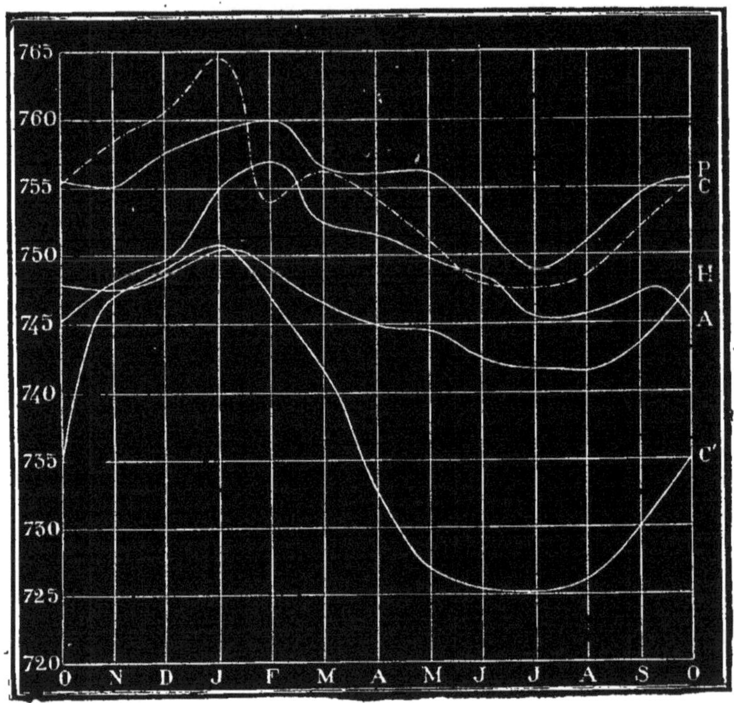

Fig. 64. — Pression moyenne mensuelle de l'air sec à différentes latitudes[1].

cendent jusqu'au sol, et la chaleur va croissant dans la colonne atmosphérique. Par suite, la capacité pour la vapeur d'eau y augmente graduellement, et, de la vapeur qui se forme, une portion toujours croissante se maintient, le reste allant se condenser aux couches supérieures, d'où accroissement gra-

1. Les courbes de la figure 64 appartiennent aux stations suivantes :

Calcutta C, C' (air sec). | Pétersbourg P.
Apenrade A. | Halle H.

duel du *terme positif* de la pression. En même temps, l'air dilaté et la vapeur, en s'élevant dans la colonne, la soulèvent, d'où décroissement de la pression. Ce décroissement (*terme négatif*) grandit avec la vitesse d'ascension des gaz : il était nul pendant la nuit, mais arrive un moment où il compense le terme positif, pour le dépasser ensuite. La pression atteint là un maximum vers 10 heures du matin.

« 2° *Minimum du jour.* — Le terme négatif continue à croître en valeur absolue jusqu'au maximum de température, soit vers les 4 heures, où il commence à décroître, le terme positif continuant à augmenter un peu ou restant stationnaire; donc minimum.

« 3° *Maximum du soir.* — Les deux termes décroissent graduellement, le *négatif* plus vite que le *positif;* donc la courbe de pression remontera jusqu'à ce que (vers 10 heures) commence le rayonnement nocturne, nouveau terme *négatif* remplaçant le terme dû à l'ascension des gaz, qui restera nul toute la nuit; d'où maximum.

« 4° *Minimum de nuit.* — Le terme négatif dû au rayonnement croît en valeur absolue jusqu'à quelques moments avant le lever du Soleil. Il y aura donc un minimum vers les 4 heures du matin[1]. »

C'est, à peu de chose près, la théorie qu'adopte M. Mohn; mais il insiste sur l'écoulement de l'air dilaté aux limites supérieures de l'atmosphère, et sur l'influence de cet écoulement pour produire la diminution de pression de 9 à 10 h. du matin, comme le veut la théorie de Kaemtz. D'ailleurs le savant météorologiste norvégien complète cette théorie en disant : « Dans les régions intertropicales, où la différence de température entre le jour et la nuit est la plus grande possible, où l'air absorbe le plus de vapeurs et où la formation de rosée est plus considérable, l'amplitude de l'oscillation barométrique est également la plus grande possible. L'existence de circonstances analogues

1. *Comptes rendus de l'Académie des sciences pour* 1878, t. I.

fait comprendre que l'amplitude est plus grande dans l'intérieur des terres que sur les côtes, dans les fonds que sur les hauteurs, en été qu'en hiver[1]. »

Nous en resterons là, pour le moment, sur la théorie des oscillations de la colonne barométrique; nous n'avons guère parlé que des oscillations périodiques, nous réservant de dire plus loin ce qu'on sait de la cause des variations accidentelles, les plus fortes de toutes. Elles ont une relation intime avec les changements du temps, et surtout avec les perturbations atmosphériques, bourrasques, ouragans et tempêtes, mouvements tournants ou cyclones.

1. *Traité de Météorologie pratique*, traduction française de M. Decaudin-Labesse.

CHAPITRE IV

LA TEMPÉRATURE DE L'AIR

§ 1. USAGE DU THERMOMÈTRE DANS LES OBSERVATIONS MÉTÉOROLOGIQUES.

On vient de voir que la chaleur joue un grand rôle dans les phénomènes de variation de la pression atmosphérique. Si donc il est vrai de dire que le baromètre est le premier instrument que doive consulter et observer sans cesse le météorologiste, le thermomètre peut être mis, à ce point de vue, sur un rang au moins égal. Dans notre précédent volume, nous avons décrit, avec les détails qu'ils méritent, les thermomètres à mercure, à alcool, à air, et les thermomètres à maxima et à minima, différentiels, métalliques et électriques : mode de construction, graduation, échelles communément adoptées, etc., ont été l'objet de développements qui rendent superflue, croyons-nous, une nouvelle description. Nous devons cependant dire un mot des précautions particulières que nécessite l'usage du thermomètre dans les observations météorologiques. Nous ne voulons parler ici que de la mesure de la température de l'air ; celle du sol et des eaux sera décrite en son lieu.

La température de l'air en un lieu donné et à un instant déterminé doit s'entendre de celle que possède le milieu fluide dans une étendue suffisamment grande tout autour du point où se fait l'observation. Il importe donc absolument que l'installation des instruments soit telle, qu'ils soient soustraits à l'action des causes toutes particulières susceptibles d'altérer les indications de l'appareil thermométrique. Ces causes peuvent être ainsi énumérées : 1° le rayonnement direct d'une source de chaleur, et notamment du Soleil ; 2° le rayonnement indirect ou par réflexion provenant d'objets voisins, du sol dénudé, de murs chauffés par le Soleil, etc. ; 3° les courants accidentels d'air chaud ou froid ; 4° enfin, le refroidissement dû à l'évaporation quand le réservoir du thermomètre n'est pas complètement sec.

S'il s'agit d'une observation isolée et accidentelle, à faire loin d'un observatoire, on obtient la température véritable de l'air, et l'on se met à l'abri de ces diverses causes d'erreur, en se servant du *thermomètre-fronde*. C'est un petit thermomètre à mercure qu'on attache à l'un des bouts d'un cordon, et qu'on fait tourner rapidement dans l'air, en le tenant à la main par l'autre extrémité ; l'instrument se trouve ainsi en contact avec une masse d'air constamment renouvelée, et l'effet de ce contact l'emporte de beaucoup sur ceux du rayonnement. Le mieux néanmoins est d'effectuer cette opération à l'ombre et de la réitérer jusqu'à ce que deux ou trois lectures consécutives accusent, à 1 ou 2 dixièmes près, le même nombre de degrés. D'après Bravais, le thermomètre-fronde donne une température qui diffère légèrement de celle d'un thermomètre abrité : un peu inférieure pendant la journée ; un peu supérieure au contraire pendant la nuit.

Voyons maintenant comment on dispose les thermomètres dans les observatoires ou stations fixes de météorologie. Le mode d'installation adopté à Montsouris est celui qui a été combiné par MM. Ch. Sainte-Claire-Deville et Renou, et que représente la figure 65. Un double toit, d'environ 1 mètre carré de surface, légèrement incliné vers le côté sud de l'horizon, deux plaques de tôle verticales un peu écartées du toit, installées sur les côtés Est et Ouest, et enfin, à une certaine distance, des massifs d'arbres verts qui projettent leur ombre sur l'abri, servent à protéger les instruments aussi bien que le sol des rayons directs du Soleil[1]. L'abri ainsi formé est d'ailleurs élevé à 2 mètres au moins du sol, qui est en outre gazonné de façon à éviter toute réverbération. Voici maintenant comment les thermomètres doivent être disposés sous l'abri. Ces instruments sont au

Fig. 65. — Abri des thermomètres à l'observatoire de Montsouris.

nombre de quatre : un thermomètre à maxima et un thermomètre à minima, et les deux thermomètres sec et mouillé dont nous parlerons plus loin et dont l'ensemble compose le *psy-*

1. Il est bon que les deux plaques latérales ou volets soient mobiles ; un seul volet, celui qui est du côté du Soleil, est placé sur son support ; l'autre est toujours enlevé pour que les thermomètres ne reçoivent pas la chaleur que réfléchirait la surface interne. Pour être plus assuré que cette dernière condition est remplie, il vaut mieux n'avoir qu'une plaque qu'on met à l'Est dans la matinée, à l'Ouest dans l'après-midi.

chromètre. On suspend au milieu, à une traverse horizontale qui va de l'est à l'ouest, la planche portant ces deux derniers instruments, et de chaque côté, sur deux légers cadres en laiton, les thermomètres à maxima et à minima. Dans les stations qui n'ont que ces deux thermomètres, le Bureau central Météorologique de France recommande la disposition que représente la figure 66, et dont voici la description d'après les *Instructions météorologiques :* « C'est un cadre en laiton, dans lequel les thermomètres sont passés, comme d'ordinaire, entre deux fils et serrés avec des anneaux. Ce cadre est recouvert

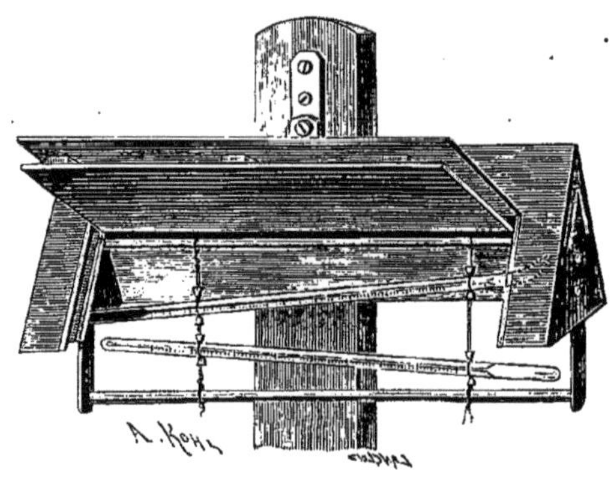

Fig. 66. — Abri des thermomètres à maxima et à minima, du Bureau central Météorologique de France.

d'un premier toit en liège, garanti lui-même de l'insolation directe par un second toit en zinc verni. L'un des côtés du toit est mobile sur charnières, de sorte qu'on peut le lever pour lire les thermomètres. Le tout est fixé, au moyen d'une patte et de deux vis, à un poteau d'environ $1^{m},75$ ou $1^{m},80$ de hauteur, au-dessus d'une pelouse gazonnée. Autant que possible, cet abri est placé au nord d'un arbre isolé, de petites dimensions et dont le feuillage est peu épais, de manière à ne pas gêner la libre circulation de l'air, et à empêcher cependant le Soleil de frapper directement sur l'abri au milieu de la journée. Comme le représente la figure, les thermomètres sont légèrement inclinés, le réservoir en bas, et de côtés opposés; tout l'abri lui-même est mobile autour d'un axe horizontal; en le faisant pivoter de façon que le réservoir du thermomètre à minima soit en haut, l'index de ce thermomètre descend de lui-même à l'extrémité de la colonne. »

On vient de voir comment est installé l'abri des thermomètres à Montsouris. « A l'observatoire de Greenwich, le toit plus étendu est horizontal, mais surmonté d'un second toit de forme ordinaire. A l'observatoire météorologique de Kew, les instruments sont placés dans une grande cage, dont les côtés sont formés par des lames de bois disposées en forme de persiennes; le fond de la cage est complètement ouvert. L'installation de Montsouris est généralement adoptée en France et en Algérie. L'installation de Kew est préférée en Angleterre et dans plusieurs des observatoires du continent[1]. »

Tout le monde ne peut pas, pour des raisons multiples, donner aux thermomètres un abri établi dans les conditions qu'on vient de décrire; et le nombre est grand des observateurs qui sont réduits à suspendre leurs instruments à une fenêtre de leur habitation. En ce cas, c'est une fenêtre ouvrant au nord qu'ils devront choisir de préférence. Le thermomètre placé en avant sera protégé des rayons du Soleil qui pourraient le frapper le matin ou le soir, par des écrans, planchettes ou feuilles de zinc, qui en même temps le garantiront contre la pluie. Il ne sera pas toujours aussi aisé d'empêcher que ne lui parviennent les rayons solaires, réfléchis par le sol ou par des murs voisins. Aussi, le plus souvent, les thermomètres des habitations privées indiquent-ils des températures qui diffèrent, à des degrés très divers, de la véritable température de l'air, dans le pays où ils sont installés. Dans les villes surtout, ces différences sont souvent considérables et varient d'un quartier à un autre, et dans le même quartier, selon les rues, leur orientation et une foule d'autres circonstances. Il est bien évident qu'en pareil cas les indications du thermomètre, intéressantes

1. *Annuaire de l'observatoire de Montsouris.*

pour ceux qui les recueillent, utiles même au point de vue hygiénique, n'ont aucune valeur météorologique, et ne peuvent servir à l'étude générale des variations de la chaleur à la surface du globe.

Tous les observatoires météorologiques sont pourvus aujourd'hui d'appareils enregistreurs qui, s'ils ne donnent point, pour un instant donné, la température avec la même précision que les instruments ordinaires, ont l'avantage de fournir des indications continues pour tous les instants du jour et surtout de la nuit. Voici la description de l'enregistreur thermométrique Bréguet, adopté il y a quelques années à l'observatoire de Montsouris et remplacé depuis par l'enregistreur Richard et par le thermographe Salleron : « Le réservoir du thermomètre est formé par un tube de cuivre mince de 3 mètres de longueur, de 8 millimètres de diamètre, et replié en deux branches parallèles. Du sommet de la courbure part un long tube de cuivre capillaire, qui vient déboucher au fond de la boîte métallique correspondante, dont on a réduit le plus possible l'épaisseur pour diminuer sa capacité intérieure. Le tout est exactement rempli d'alcool rectifié. La boîte est surmontée par une petite tige à couteau, et un fil d'acier recourbé à ses extrémités relie ce couteau à l'un des couteaux d'un court fléau de balance muni de l'aiguille d'aluminium chargée d'inscrire les variations de la température. La longueur du bras de levier correspondant à la boîte peut être réglée à l'aide d'une vis de rappel, de manière que 2 millimètres parcourus par la pointe de l'aiguille correspondent à 1 degré. Quand la température monte, l'alcool est refoulé dans la boîte et augmente son épaisseur. L'inverse a lieu dans le cas contraire. La capacité de la boîte est une très faible partie de la capacité du tube, afin de diminuer la correction qui résulterait d'une différence dans les températures des deux parties de l'instrument. Cette différence est d'ailleurs elle-même renfermée dans des limites assez étroites, l'enregistreur étant placé dans un petit pavillon en bois isolé dans le parc, et dont une des fenêtres est maintenue ouverte. Ce genre de thermomètre offre l'avantage de permettre de placer le réservoir assez loin des bâtiments pour qu'il n'en soit pas influencé. Il exige que l'appareil soit exactement rempli d'alcool sans bulle de gaz restant; il lui faut aussi une table de correction, due à l'inégale dilatabilité de l'alcool aux diverses températures[1]. »

Le thermomètre enregistreur Richard (fig. 67) est basé sur les variations de courbure que produit, dans un tube métallique très mince, la dilatation de l'alcool qui le remplit, lorsque

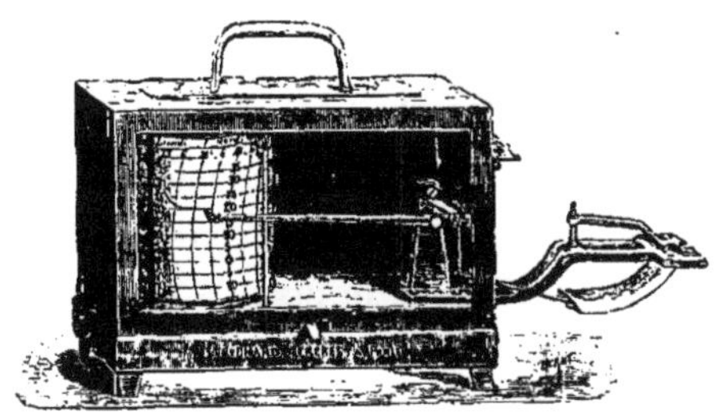

Fig. 67. — Enregistreur thermométrique de Montsouris.

varie la température de l'air ambiant. Ces variations de courbure déterminent le mouvement d'une aiguille, par l'intermédiaire d'une bielle et d'un bras de levier métallique. L'extrémité de l'aiguille trace sur un cylindre des courbes dont les sinuosités ont des amplitudes proportionnelles aux degrés de l'échelle thermométrique. Nous décrirons dans un chapitre ultérieur les principaux thermographes usités dans les observations météorologiques.

§ 2. VARIATIONS DIURNES DE LA TEMPÉRATURE DE L'AIR.

Tout le monde sait que l'instant du jour où la chaleur est la plus forte n'est point le milieu même de la journée, bien qu'à midi le Soleil soit au plus haut point de sa course. C'est dans

1. *Annuaire de l'observatoire de Montsouris pour* 1877.

l'après-midi qu'il fait le plus chaud. De même ce n'est pas à minuit qu'est le moment du plus grand refroidissement de l'air, et les personnes qui se lèvent de grand matin savent que c'est un peu avant le lever du Soleil. Mais les impressions personnelles ne suffisent pas pour déterminer les moments précis du maximum et du minimum de la chaleur de l'air et la marche de la température entre ces points extrêmes; c'est le thermomètre qu'il faut consulter, et cela à des intervalles assez rapprochés et pendant un temps suffisamment long pour que les variations accidentelles se trouvent éliminées. Observer toutes les heures est une tâche excessivement laborieuse, même en se restreignant aux heures de la journée. On cite, dans cet ordre de travaux, la série horaire due à un météorologiste de Padoue, Ciminello, qui, pendant seize mois consécutifs, lut le thermomètre depuis 4 heures du matin jusqu'à 11 heures du soir, et y joignit encore de temps à autre des observations de nuit[1]. Gatterer, à Gœttingue, les officiers d'artillerie du fort de Leith (près d'Édimbourg) en 1824 et 1825, Neuberg à Apenrade, Kupfer à Pétersbourg, Lamont à Munich, Kaemtz à Halle, le capitaine Ross dans les régions polaires, etc., ont contribué par leurs observations horaires à déterminer la marche de la température diurne, que les instruments enregistreurs permettent aujourd'hui de suivre d'une façon si complète et si commode à la fois.

Voici, pour les climats de la zone tempérée, quelle est la loi de ces variations :

Chaque jour de vingt-quatre heures comprend un maximum et un minimum de température. Le maximum a lieu vers 2 heures de l'après-midi, et le minimum une demi-heure environ avant le lever du Soleil. Ces instants varient du reste dans le cours de l'année : en hiver, l'heure du maximum se rapproche de midi et s'en éloigne au contraire en été ; de même, l'heure

1. Quand une série d'observations météorologiques continues est interrompue, on comble généralement les lacunes par des interpolations, c'est-à-dire en intercalant des nombres calculés d'après l'hypothèse de l'uniformité des variations du phénomène ou de toute autre loi, selon la probabilité fournie par les observations réelles, précédant ou suivant les deux instants entre lesquels existe la lacune.

du minimum est plus éloignée du lever du Soleil en hiver qu'en été. On verra plus loin quelles sont les raisons de ces différences. En représentant par une courbe les variations diurnes de la température aux différentes heures de la journée et de la nuit, on trouverait que cette courbe change progressivement de forme et d'étendue selon les mois ou les saisons, selon les lieux, leur position géographique ou physique, selon l'altitude du point où le thermomètre est installé. Non seulement les heures du maximum et du minimum, mais encore l'amplitude

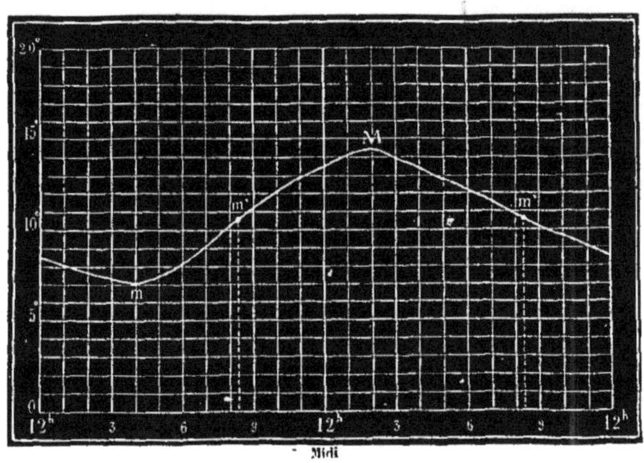

Fig. 68. — Variation moyenne diurne de la température à Paris, d'après les observations de Bouvard, de 1816 à 1832.

des oscillations ou l'écart des extrêmes diurnes de température changent plus ou moins avec les circonstances ou conditions qu'on vient d'énumérer. C'est ce qu'il est aisé de constater, en jetant un coup d'œil sur les figures 68, 69 et 70.

La courbe de la figure 68 a été construite d'après les données recueillies à Paris par Bouvard pendant les seize années comprises entre 1816 et 1832. Le minimum du matin a lieu à 4 heures, le maximum à 2 heures après midi, et à 8^h 20^m du matin et du soir on trouve la température moyenne, qui s'élève à 10°,67. Il importe de bien comprendre que cette courbe représente, non pas la marche suivie par la température à Paris en un jour déterminé, mais, pour chaque heure du jour et de la nuit, la moyenne des températures observées à cette heure pendant toute la suite des seize années d'observation qui ont

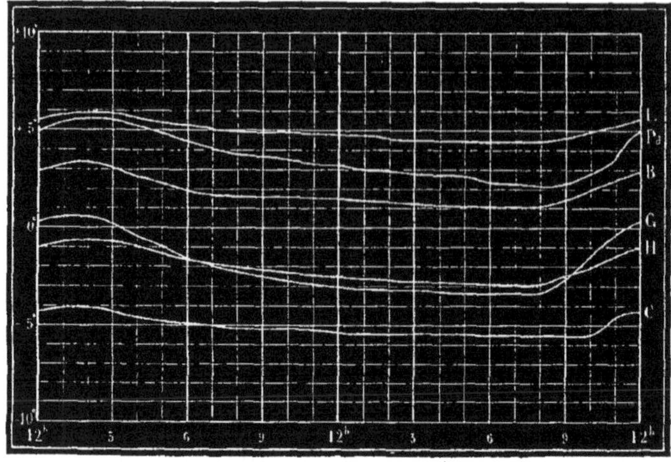

Fig. 69. — Moyennes variations diurnes de la température en janvier, à Leith, Padoue, Bruxelles, Gœttingue, Halle et Christiania.

servi à la construction de la courbe. En réalité, les heures du

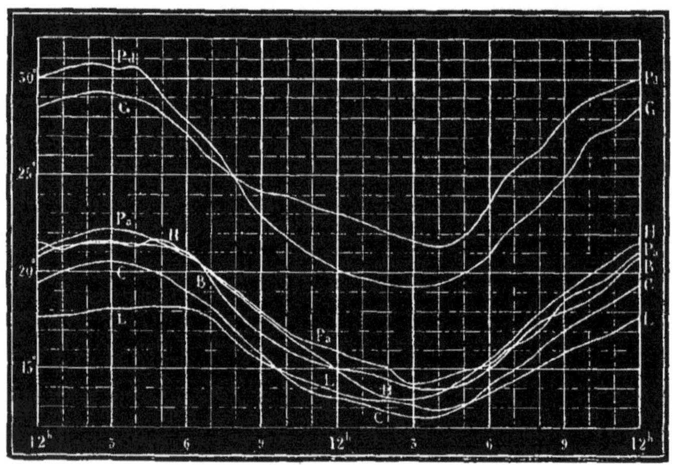

Fig. 70. — Moyennes variations diurnes de la température en juillet ; zone boréale tempérée.

maximum varient dans le cours de l'année ; il en est de même de celles où s'observe la moyenne température diurne : la moyenne du matin, plus tardive en hiver, s'observe vers 10 heures en janvier; en juillet, c'est vers 7 heures. Mêmes variations pour l'heure où s'observe la moyenne du soir. L'écart de température qui existe entre le minimum du matin et le maximum de l'après-midi, autrement dit l'*amplitude* de la variation diurne, est, d'après la figure, de 7°,34; c'est l'amplitude moyenne de l'année. On trouverait des nombres notablement différents si, au lieu de considérer l'amplitude de la variation diurne pour l'année entière, on cherchait sa valeur pour un jour ou un mois donné. Alors on trouverait que l'influence des saisons s'y fait également sentir. Pour saisir cette influence, on détermine par exemple la marche diurne de la température, en prenant la moyenne horaire de tous les jours de chaque mois; on établit des tableaux de ces moyennes, ou mieux on représente cette marche par des courbes. Nous nous bornons ici (fig. 69 et 70) à donner celles des variations diurnes du mois de janvier et du mois de juillet, c'est-à-dire du mois le plus froid et du mois le plus chaud de l'année, pour quelques stations de la zone tempérée boréale.

L'étude de ces courbes suggère quelques remarques. En premier lieu, il est visible que l'intervalle entre le minimum et le maximum de température est notablement moindre en hiver qu'en été : de 14 heures à Halle et de 12 heures à Christiania en juillet, il n'est plus que de 5 et de 6 heures en janvier dans les mêmes stations. C'est à Gœttingue que la différence est la moins sensible (de 11 heures à 9 heures). L'amplitude de la variation diurne est aussi partout bien moindre en hiver qu'en été. En voici du reste les valeurs exactes :

Latitudes.	Lieux.	Valeurs de l'amplitude en janvier.	Valeurs de l'amplitude en juillet.	Différence.
45°24′ N.	Padoue	2°,45	9°,39	6°,94
59°55′ N.	Christiania. . . .	1°,60	8°,10	6°,50
51°31′ N.	Gœtttingue . . .	3°,98	10°,01	6°,03
50°51′ N.	Bruxelles	2°,17	7°,52	5°,35
55°57′ N.	Leith	1°,48	5°,38	3°,90
51°29′ N.	Halle	5°,00	8°,23	3°,23

Nous reviendrons sur quelques-uns de ces nombres, lorsque nous aurons analysé les causes de l'oscillation diurne de la température. Ces causes, tout le monde le sait, sont le plus ou moins d'intensité et de durée de l'action calorifique du Soleil. Entrons à cet égard dans quelques détails.

D'après les recherches actinométriques les plus récentes[1], les couches les plus élevées de l'atmosphère n'absorbent qu'une faible fraction de la chaleur solaire; à l'altitude du mont Blanc, l'intensité de la radiation a encore les seize dix-septièmes de la valeur qu'elle possédait à son entrée dans l'atmosphère; à l'altitude de 1200 mètres, elle n'a encore perdu qu'un cinquième; à Paris enfin, à 60 mètres d'altitude, elle n'est réduite que d'un tiers, de sorte que l'échauffement direct de toutes les couches atmosphériques, presque nul pour les couches supérieures, n'a commencé à être effectif que dans une épaisseur qu'on peut évaluer, au maximum, à la cinquantième partie de l'épaisseur totale. Cela se comprend : l'air pur, on le sait, est diathermane. Il s'échauffe excessivement peu par rayonnement direct, et il paraît prouvé, notamment par les expériences de Tyndall, qu'il doit la plus grande partie de son pouvoir absorbant aux vapeurs qu'il tient en suspension, acide carbonique et vapeur d'eau. Comme ce sont les couches les plus basses qui en sont le plus chargées, on conçoit que ces couches s'échauffent les premières et le plus fortement, soit par l'action directe des rayons solaires, soit par le rayonnement du sol avec lequel elles sont d'ailleurs en contact. Une fois échauffées, les couches inférieures transmettent leur chaleur aux couches surplombantes, à la fois par conductibilité et par convection, et surtout par ce dernier mode de propagation. C'est ainsi que l'atmosphère s'échauffe de proche en proche sous l'action des radiations calorifiques du Soleil.

Mais, en même temps que le sol et l'air voient leur température s'accroître, un phénomène inverse tend à abaisser cette

1. Voir le tome IV du MONDE PHYSIQUE, p. 400.

même température. La cause en est dans le rayonnement de la surface terrestre aussi bien que des couches atmosphériques, qui renvoient vers l'espace une certaine portion de la chaleur que le Soleil leur a transmise. De cet échange réciproque, qui s'effectue à tout instant du jour et de la nuit entre le Soleil, la

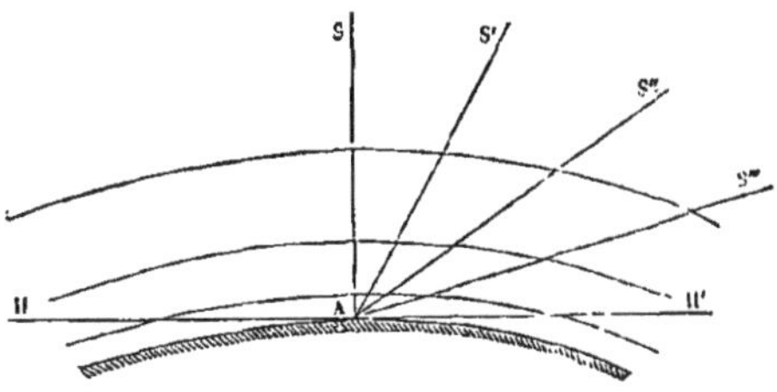

Fig. 71. — Épaisseurs relatives des couches d'air traversées par les rayons solaires.

Terre et son atmosphère, et l'espace, résulte la température que marque un thermomètre plongé en un point du milieu aérien. Tant que la chaleur reçue en ce point l'emporte sur la chaleur rayonnée ou perdue, la température de l'air va en croissant d'une manière continue, jusqu'au moment où, ces deux quantités

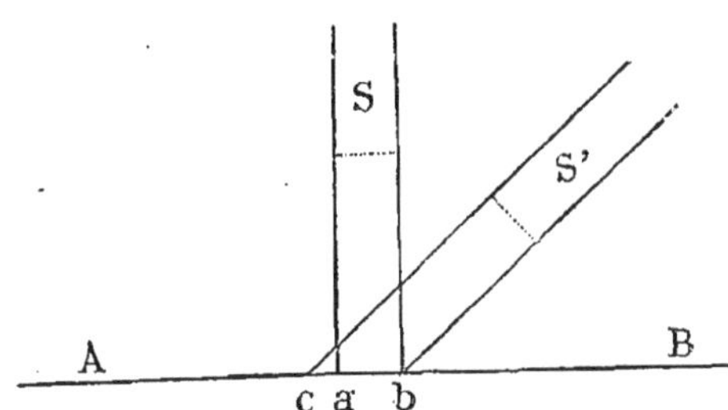

Fig. 72. — Affaiblissement de l'intensité d'un faisceau solaire avec l'obliquité.

devenant égales, le maximum est atteint. Or, du lever du Soleil jusqu'à midi, instant où l'astre atteint sa plus grande hauteur au-dessus de l'horizon, l'intensité de la chaleur solaire va en croissant, pour deux raisons : en premier lieu, l'épaisseur des couches traversées par ses rayons va en diminuant de plus en plus, comme on le voit sur la figure 71 ; d'autre part, l'étendue de la surface échauffée par un faisceau calorifique de section donnée est d'autant plus petite, que le faisceau tombe moins obliquement sur le sol (fig. 72), et par suite la quantité de chaleur reçue par l'unité de surface est d'autant plus grande. A partir de midi, l'intensité de la radiation solaire commence à diminuer; néanmoins, pendant quelque temps encore, la quantité de chaleur reçue l'emporte sur la chaleur perdue par voie de rayonnement, et elle continue de s'accumuler. Voilà ce qui explique pourquoi le maximum thermométrique s'observe après midi, à 1 ou 2 heures en hiver, un peu plus tard en été, où le Soleil monte à une hauteur beaucoup plus grande sur l'horizon, et où son action calorifique reste dès lors plus longtemps prépondérante.

L'instant du maximum passé, le phénomène suit une marche inverse : l'intensité de la radiation solaire diminue peu à peu jusqu'au moment du coucher du Soleil. Dès lors le rayonnement l'emporte de plus en plus, et la température s'abaisse progressivement. Dès que le Soleil est sous l'horizon, le refroidissement n'étant plus compensé par rien, la chaleur accumulée pendant le jour se dissipe de plus en plus, jusqu'au moment où, pénétrant de nouveau les couches atmosphériques, les rayons solaires commencent à ramener une nouvelle période diurne. On voit ainsi comment il se fait que la température ne comporte chaque jour qu'un maximum et qu'un minimum, pourquoi le maximum se montre quelque temps après midi, et le minimum précède de fort peu l'heure du lever du Soleil.

Maintenant, il faut se hâter d'ajouter que les choses ne se passent point avec la régularité que suppose l'explication précédente; une foule de causes peuvent modifier temporairement la marche diurne de la température : l'état du ciel, plus ou moins pur, plus ou moins chargé de nuages, le calme ou l'agitation de l'air, sa sécheresse ou son humidité, agissent, soit pour favoriser, soit pour entraver le rayonnement solaire et le rayonnement terrestre. Les effets de ces influences opposées tantôt augmentent, tantôt diminuent l'amplitude de l'oscillation thermométrique, et souvent changent les heures où se produisent les maxima et les minima. Mais toutes ces irrégularités accidentelles disparaissent, dès que l'on envisage les moyennes horaires d'un assez long intervalle de temps.

La marche diurne de la température est la même, à peu de chose près, à toutes les latitudes, dans les régions tropicales, dans les zones tempérées, partout où le Soleil se lève et se couche dans l'intervalle de vingt-quatre heures. Mais les amplitudes de l'oscillation sont fort inégales d'un lieu à l'autre. Entre les tropiques, l'oscillation est à peu près constante pendant toute l'année, ce qui s'explique par les faibles variations qui se produisent dans les hauteurs méridiennes du Soleil et dans la durée de sa présence sur l'horizon. Au voisinage des côtes, les brises de mer qui s'élèvent vers midi abaissent assez notablement la température pour que l'heure du maximum en soit avancée : elle précède alors quelquefois le moment du passage au méridien.

Dans les régions polaires, où le Soleil disparaît entièrement pendant des jours et même des mois durant la saison d'hiver, mais où pendant l'été il reste visible sur l'horizon le même laps de temps, la marche diurne de la température est au contraire très différente suivant l'époque de l'année. Pendant la période de disparition du Soleil, les variations du thermomètre ne dépendent plus que de l'état du ciel et de la direction du vent. D'après M. Mohn, à Wardhöe, où le Soleil est invisible depuis la fin de novembre jusqu'à la fin de janvier, la différence de température, dans un jour de décembre, n'excède pas un dixième de degré dans l'espace de vingt-quatre heures, et en janvier l'amplitude de la variation diurne est seulement de 0°,5. La figure 73 représente la marche diurne de la température à Bossekop, déduite des observations faites de 2 en 2 heures pendant les 40 jours qui précédèrent et suivirent le solstice d'hiver en 1838-1839. On y remarque un maximum vers 10 heures du matin et deux autres maxima, l'un vers 2 heures du soir, le troisième à 10 heures; les minima ont lieu vers

6 heures du matin et 5 heures du soir. L'amplitude ne dépasse pas 4 dixièmes de degré. « Il serait fort intéressant, dit M. Martins, en rapportant les nombres qui ont servi au tracé de la courbe, de constater l'existence d'une onde calorifique diurne qui ne dépendrait pas de l'action directe des rayons solaires. Il reste à constater si le phénomène peut s'expliquer par un changement diurne régulier dans l'état du ciel ou la direction du vent, par la variation diurne de la pression de l'air, par les aurores boréales, ou quelque autre influence locale ou générale. » Pendant l'été des régions polaires, la variation diurne devient sensible. Le Soleil reste toujours

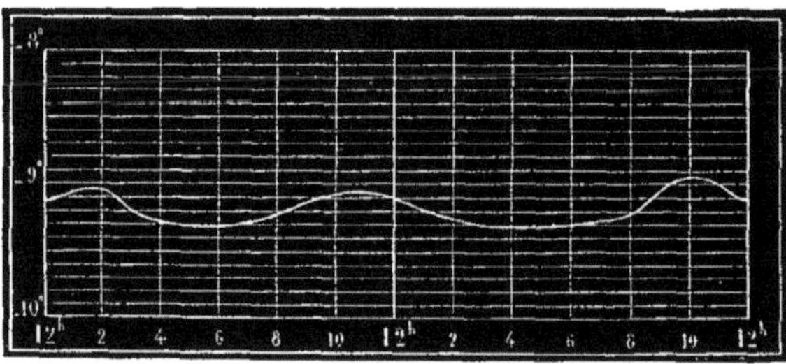

Fig. 73. — Marche diurne de la température, d'après les observations faites à Bossekop pendant l'hiver de 1838-1839.

visible, mais chaque jour sa hauteur au-dessus de l'horizon varie depuis minuit, où elle est minimum, jusqu'à l'heure de midi, où elle est la plus grande. A Wardhöe, l'heure du minimum est, d'après M. Mohn, 1 heure 9 minutes du matin en juin; à cet instant la température est de 7°,2. A 2 heures 49 minutes après midi, elle atteint le maximum 10°,7. L'amplitude est donc de 3°,5[1]. Ces différences entre l'amplitude de la variation diurne selon la latitude, en hiver et en été, s'expliquent aisément par la durée relative de la présence ou de l'absence du Soleil sur l'horizon.

Enfin la position géographique influe aussi d'une autre manière sur cette amplitude. Si la station que l'on considère est située dans le voisinage de la mer, l'inégalité de température

1. *Les Phénomènes de l'atmosphère.*

entre le jour et la nuit est moindre que s'il s'agit d'un point situé à l'intérieur des terres. Il suffit, pour se rendre compte de cette influence, de se rappeler que l'air des couches inférieures s'échauffe en grande partie par son contact avec la surface du sol, et par le rayonnement calorifique de ce dernier. Or, pour s'élever d'un nombre donné de degrés, l'eau des mers exige beaucoup plus de chaleur que les parties solides de la surface des terres ; elle s'échauffe donc plus lentement sous l'action des rayons solaires et se refroidit de même avec moins de rapidité pendant la nuit. Son rayonnement est moindre aussi. Il en résulte que l'air en contact avec la mer s'échauffe et se refroidit moins vite que l'air des régions continentales; les écarts de température entre le jour et la nuit sont donc, à latitude égale, moindres dans les stations maritimes que dans les stations situées à l'intérieur des terres. L'observation confirme l'exactitude de cette prévision théorique. M. Mohn cite, comme exemples, ceux de Bergen (sur la côte occidentale de Norvège) et de Barnaoul, ville de la Sibérie méridionale, au centre de l'Asie par conséquent. Dans la première de ces stations, les températures du maximum et du minimum diurne sont, en janvier, 1°,2 et 0°,1 ; dans la seconde, —16°,5 et —21°,0. En juillet, à Bergen, 17°,1 et 11°,9 ; à Barnaoul, 24°,7 et 13°,5. On voit donc que l'amplitude est plus considérable dans la seconde station que dans la première, de 3°,4 en janvier et de 6° en juillet. « En d'autres termes, dit le savant norvégien, l'amplitude en janvier à Barnaoul est quadruple de l'amplitude correspondante à Bergen, et en juillet elle est à peu près double[1]. »

§ 3. TEMPÉRATURE MOYENNE : SES VARIATIONS.

La définition de la température moyenne est analogue à celle de la pression moyenne atmosphérique. Si l'on observe

1. Mohn, *loc. cit.*

le thermomètre, à des intervalles égaux et successifs, par exemple à chacune des heures du jour et de la nuit, et qu'on divise la somme algébrique des degrés observés par leur nombre, on aura la *température moyenne du jour*. La *température moyenne mensuelle* s'obtiendra de même en prenant la moyenne des moyennes diurnes pour tous les jours du mois, et si l'on fait la même opération pour tous les jours de l'année, on aura la *température moyenne annuelle* du lieu. Rien n'est plus simple, plus aisé à concevoir, mais aussi plus laborieux dans l'exécution.

Tout se ramène d'ailleurs à trouver la température moyenne du jour. Comme la lecture de 24 observations horaires serait extrêmement pénible, on a dû chercher à simplifier, à réduire le nombre des observations. L'expérience a prouvé qu'on y pouvait parvenir de diverses manières.

Le plus souvent trois observations suffisent, et dans un grand nombre de pays on choisit les heures suivantes : 6^h du matin, 2^h du soir et 10^h du soir, séparées les unes des autres par un intervalle de 8 heures. En Norvège, on adopte 8^h du matin, 2^h du soir et 8^h du soir, qui sont, à peu de chose près, celles des deux moyennes et du maximum. C'est la première combinaison qui paraît la meilleure; elle a été recommandée comme telle par le Congrès Météorologique de Vienne, pour toutes les stations où l'on ne fait que 3 observations par jour. Si les observations sont réduites à deux, on peut les faire à 8^h, 9^h ou 10^h du matin, et à 8^h, 9^h ou 10^h du soir. La première de ces trois séries est regardée comme la meilleure.

Nous avons vu qu'aux thermomètres ordinaires les stations météorologiques joignent toujours les thermomètres à maxima et à minima, qui, comme les thermomètres enregistreurs, permettent de connaître la plus haute et la plus basse température de la journée. Ne peut-on déduire la température moyenne de ces deux températures extrêmes en faisant leur *demi-somme?* L'expérience a montré que l'on n'obtient ainsi qu'une moyenne approchée, peu différente, il est vrai, de la moyenne exacte, mais non cette moyenne elle-même. On peut toutefois se servir des maxima et des minima ; mais alors, pour obtenir la moyenne température diurne, il faut ajouter au minimum le produit de l'excès du maximum sur le minimum par un coefficient qui change d'un mois à l'autre, et que l'expérience seule peut faire connaître.

Quelle que soit la méthode adoptée pour obtenir la moyenne température diurne d'un lieu, il est évident que les moyennes mensuelles et annuelles seront d'autant plus exactes, que la série des observations comprendra un intervalle de temps plus long. S'il se compose d'un nombre suffisant d'années, la moyenne particulière à chaque jour, à chaque mois, à l'année même donnera la température propre à chacune de ces divisions du temps, de plus en plus débarrassée des influences perturbatrices accidentelles. Ce sera ce qu'on nomme la température *normale* diurne, mensuelle, annuelle.

En prenant la suite des températures normales diurnes ou seulement mensuelles, dans un lieu donné, comme éléments des courbes propres à représenter la marche de la température en ce lieu, nous allons pouvoir en suivre les variations et la périodicité dans le cours des saisons et reconnaître le lien qui les unit à leur cause commune, l'action calorifique des rayons solaires. Examinons pour cela les courbes des figures 74, 75 et 76, qui représentent les moyennes températures mensuelles dans la zone tempérée, dans les régions tropicales et dans les hautes latitudes des contrées polaires. Elles présentent d'abord ce caractère commun, qui leur donne une ressemblance frappante avec les courbes de la variation diurne, d'avoir (à une ou deux exceptions près) un seul minimum et un seul maximum. Si la station appartient à l'hémisphère boréal, l'époque du minimum est en janvier ; c'est juin ou juillet pour une station australe ; dans les deux cas cet abaissement extrême de la température est postérieur de quelques semaines au solstice d'hiver de la région considérée. Le maximum a lieu en juillet pour l'hémisphère nord, en février pour l'hémisphère sud, et l'on voit que l'autre extrême de température suit de la même façon

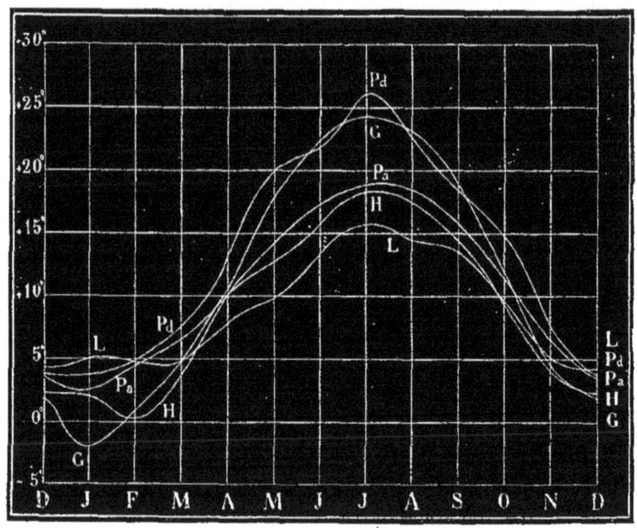

Fig. 74. — Températures moyennes mensuelles dans les moyennes latitudes : L, Leith ; Pd, Padoue ; Pa, Paris ; H, Halle ; G, Gœttingue.

l'époque du solstice d'été relative à chaque station. A partir du

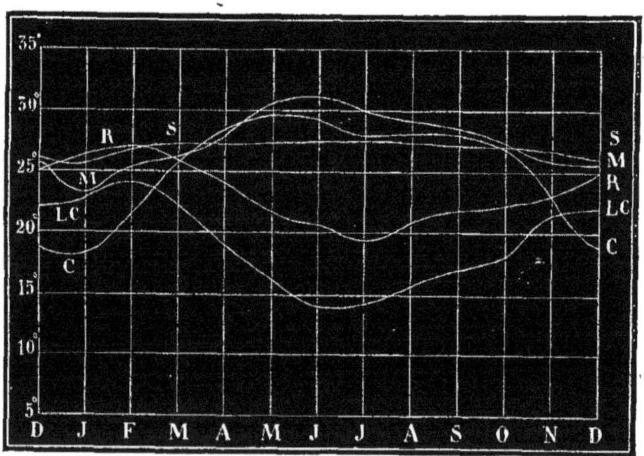

Fig. 75. — Moyennes températures mensuelles dans les régions de la zone tropicale : S, Singapore ; M, Madras ; R, Rio de Janeiro ; LC, le Caire ; C, Calcutta.

minimum, on voit généralement la température croître d'abord avec lenteur, puis plus rapidement ; l'accroissement se ralentit avant l'époque du maximum. Dans la seconde période, la marche de la température est symétrique ou inverse de la première.

L'explication de ces phases est tout à fait analogue à celle que nous avons donnée pour la marche diurne du thermo-

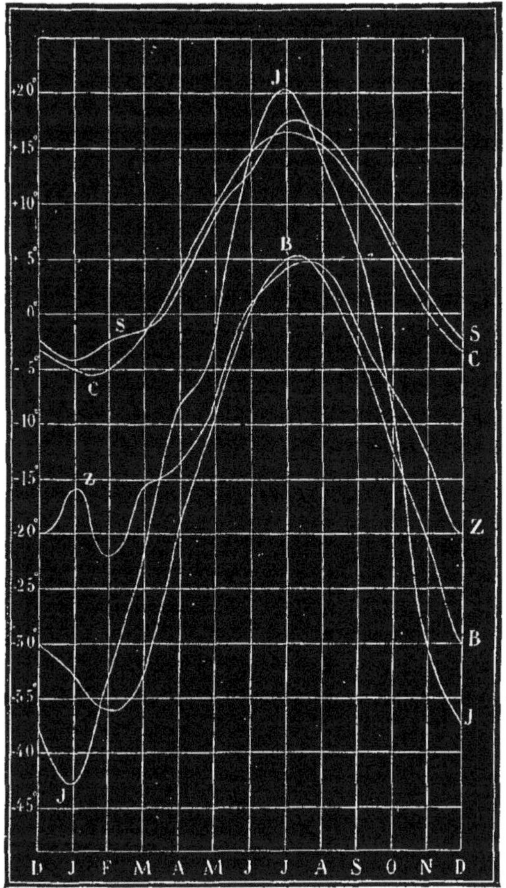

Fig. 76. — Moyennes températures mensuelles dans les hautes latitudes : S, Stockholm; C, Christiania; Z, Matotschkin (Nouvelle-Zemble); B, Boothia-Félix; J, Jakoutsk.

mètre. A partir de janvier, les jours commencent à grandir, et le Soleil, qui reste de plus en plus longtemps sur l'horizon, s'élève en même temps à des hauteurs croissantes; les causes d'échauffement du sol et de l'atmosphère vont en augmentant de jour en jour, tandis que, les nuits diminuant de longueur, le rayonnement nocturne, cause principale du refroidissement, diminue. L'époque où l'intensité de la radiation solaire est la plus grande est le jour du solstice d'été. Puis, pendant un certain temps encore, l'échauffement diurne l'emporte sur le refroidissement des nuits, et la chaleur continue de s'accumuler jusqu'au moment où il y a équilibre et où a lieu le maximum. Même explication, prise en sens inverse, pour les phénomènes thermiques de la seconde moitié de l'année et pour l'époque du minimum. Après le solstice d'hiver, la perte de chaleur due au rayonnement l'emporte quelque temps encore, grâce aux longues nuits, sur l'échauffement du jour, qui ne s'accroît d'abord que d'une manière insensible.

Si maintenant, du phénomène considéré dans sa généralité, on passe à la comparaison des différences qu'il présente dans les trois grandes zones, tropicale, tempérée et polaire, on remarque tout d'abord que c'est dans nos climats, ou dans les stations de moyenne latitude, que sa régularité est la plus grande, et que les courbes des moyennes mensuelles présentent les moindres inflexions. A Calcutta, à Madras, la courbe a deux maxima, l'un en mai, l'autre en août; le refroidissement intermédiaire paraît dû à la saison des pluies; il y a d'ailleurs une autre raison de l'existence de deux maxima dans la zone tropicale : c'est que le Soleil y passe deux fois par été au zénith du lieu. Mais c'est au point de vue de l'écart entre les températures extrêmes, ou de l'oscillation annuelle, que les différences entre les zones sont le plus accentuées. Dans la zone tropicale, le mois le plus chaud et le mois le plus froid offrent des écarts qui varient entre 2° et 12° selon les lieux; dans les stations de la zone tempérée, l'oscillation va de 12° à 26°; et enfin, dans les hautes latitudes, elle va de 22° (Christiania) à 61° (Iakoutsk. Il y a lieu surtout de remarquer l'influence du voisinage ou de l'éloignement des côtes maritimes, influence que nous avons déjà signalée au point de vue de la variation des températures diurnes. L'explication en est la même dans les deux cas. Voici un tableau qui fera ressortir clairement la justesse des observations qu'on vient de lire :

Stations.	Latitudes.	Oscillation annuelle.	Stations.	Latitudes.	Oscillation annuelle.
Singapore. . .	1°16′	2°,0	Halle.	51°29′	17°,9
Madras. . . .	13° 4′	8°,0	Gœttingue . .	51°32′	26°,2
Calcutta . . .	22°33′	11°,6	Leith. . . .	55°57′	11°,4
Rio de Janeiro.	22°54′	8°,5	Moscou. . . .	55°45′	30°,2
Le Cap. . . .	33°56′	11°,5	Stockholm . .	59°20′	23°,0
Palerme . . .	38° 7′	12°,8	Christiania . .	59°54′	22°,0
Padoue. . . .	45°24′	22°,3	Jakoutsk . . .	62° 1′	61°,6
Paris.	48°50′	16°,8	Boothia-Félix.	72° »	41°,0
Bruxelles. . .	50°51′	16°,0	Matotschkin. .	73° »	27°,5

L'accroissement des écarts entre les maxima et les minima de température, de l'équateur aux régions polaires, est manifeste dans ce tableau, et les différences qui tiennent à la proximité et à l'éloignement de la mer ne sont pas moins évidentes. A Leith, qui touche à la mer du Nord, l'oscillation annuelle n'est que de 11°,4. A la même latitude, on trouve 30°,2 à Moscou. Jakoutsk, qui est au centre de la Sibérie orientale, n'est que de 2° environ plus au nord que Christiania, station maritime : l'écart des températures mensuelles y est presque le triple (62° au lieu de 22°). Même observation pour les stations de Matotschkin et de Boothia-Félix, celle-ci se trouvant au centre des terres polaires de l'Amérique du Nord, l'autre un peu plus au nord, mais entourée des eaux de l'Océan Glacial qui baigne la Nouvelle-Zemble. Nous verrons du reste que l'influence des vents régnants et des courants marins sur la température moyenne et sur les températures extrêmes d'un lieu est souvent considérable et modifie singulièrement les résultats qu'on aurait pu conclure de sa situation géographique.

C'est la marche de la température pendant tout le cours d'une année qui permet de distinguer les périodes connues sous le nom de *saisons*, avec leurs caractères météorologiques, souvent bien différents d'une zone à l'autre. Mais il importe alors de ne pas confondre les saisons ainsi comprises avec les périodes de même nom, telles qu'on les définit en astronomie.

Dans le second cas, ce sont les équinoxes et les solstices qui servent de points de départ à ces divisions de l'année et règlent leurs durées relatives : l'hiver commence alors au solstice de décembre, l'été à celui de juin ; le printemps et l'automne débutent aux jours et aux heures où tombent l'équinoxe de mars et celui de septembre. Les saisons météorologiques divisent l'année d'une autre façon. Comme le minimum de température, dans l'hémisphère boréal, coïncide à fort peu près avec le milieu du mois de janvier, on est convenu de faire de cette époque le milieu de la saison d'hiver ; pour l'hémisphère austral, la même époque est celle du maximum, et sera dès lors le milieu de la saison d'été. De même, le 15 juillet, époque très voisine du maximum de température, ou du minimun pour l'hémisphère sud, est le milieu de l'été boréal ou de l'hiver austral, et l'on répartit de la façon suivante les mois de l'année entre les quatre saisons :

Saisons de l'hémisphère boréal.		Saisons de l'hémisphère austral.
Hiver	Décembre, janvier, février. . .	Été.
Printemps. .	Mars, avril, mai.	Automne.
Été	Juin, juillet, août.	Hiver.
Automne . .	Septembre, octobre, novembre.	Printemps.

Quelquefois on ne distingue que deux grandes saisons météorologiques, la saison froide ou *hivernale*, la saison chaude ou *estivale*. Dans nos climats, la saison froide comprend les cinq mois de novembre, décembre, janvier, février et mars ; la saison chaude les sept mois restants de l'année.

Il est intéressant de voir comment les températures moyennes diurnes et mensuelles d'un lieu donné se répartissent dans le cours de l'année et des saisons. Prenons ici Paris pour exemple, et les soixante-cinq années d'observations de la température qui ont été recueillies à l'Observatoire, entre les années 1806 et 1870. La plus basse moyenne diurne est celle du 9 janvier, 1°,5 ; la plus élevée, celle du 14 juillet, 19°,9. La moyenne température annuelle a été, pour cette même période, 10°,8, et c'est aux dates du 20 avril et du 17 octobre que la moyenne diurne s'est trouvée égale à la moyenne annuelle. Il est à peine besoin de dire que les températures extrêmes réellement observées ont été bien différentes de celles que nous venons de donner. Ainsi, le 20 janvier 1838, le thermomètre est descendu à 19° au-dessous de zéro, et le 18 août 1842 il est monté à 36°,6 au-dessus. De plus, les températures moyennes diurnes pour un jour donné, de même que les moyennes mensuelles pour un mois donné, peuvent varier et varient en effet notablement d'une année à l'autre, tandis que la moyenne annuelle reste à peu près constante. En calculant celle-ci par périodes différentes, les résultats qu'on trouve ne diffèrent que de 1 ou 2 dixièmes de degré. C'est ce que montre le tableau suivant, emprunté à l'*Annuaire de l'observatoire de Montsouris* :

TEMPÉRATURES MOYENNES MENSUELLES ET ANNUELLES, A PARIS, PAR PÉRIODES D'ANNÉES.

	1734-40	1806-20	1821-50	1851-72	1873-81
Janvier. . . .	3°,7	2°,1	1°,9	3°,0	2°,5
Février. . . .	4°,5	4°,8	4°,1	4°,3	4°,4
Mars	6°,3	6°,3	6°,6	6°,4	7°,4
Avril.	8°,9	9°,6	10°,1	10°,7	10°,2
Mai	13°,9	14°,8	14°,2	13°,7	12°,8
Juin	17°,7	16°,5	17°,5	17°,0	17°,2
Juillet	19°,4	18°,5	18°,9	19°,2	19°,2
Août.	18°,5	18°,0	18°,7	18°,5	18°,8
Septembre . .	16°,7	15°,4	15°,8	15°,7	15°,5
Octobre. . . .	11°,0	11°,1	11°,4	11°,3	10°,7
Novembre . .	4°,3	6°,4	7°,0	5°,9	6°,5
Décembre. . .	3°,9	3°,4	3°,8	3°,4	2°,7
Moyenne de l'année[1]. .	10°,7	10°,6	10°,8	10°,8	10°,7
— de la saison chaude.	15°,2	14°,8	15°,2	15°,2	14°,9
— de la saison froide.	4°,5	4°,6	4°,7	4°,6	4°,7

En prenant les moyennes générales, on trouverait 10°,75 ou en nombres ronds 10°,8 pour la moyenne annuelle, 15°,1 pour

1. Des cinq séries du tableau, les quatre premières ont été obtenues à l'Observatoire de de Paris, la dernière à celui de Montsouris, qui est à peu près dans les mêmes conditions météorologiques. Mais les instruments et les méthodes d'observation ont assez varié pendant ces soixante-cinq années pour qu'on puisse attribuer à ces changements une bonne partie des différences que présentent les moyennes annuelles.

celle des sept mois de la saison chaude et 4°,6 pour les cinq mois de la saison froide. Ces chiffres peuvent être considérés comme ce qu'il y a de permanent dans le climat de Paris, pendant ces deux derniers siècles, au point de vue de la température. D'une année à l'autre, il y a eu, bien entendu, d'assez notables différences : en 1879, la moyenne annuelle s'est abaissée à 8°,7, chiffre qui ne s'était pas montré depuis les années 1766 et 1767. En 1811, en 1822, elle s'est élevée à 12° et 12°,1[1].

§ 4. TEMPÉRATURE DES COUCHES ÉLEVÉES DE L'ATMOSPHÈRE.

De temps immémorial, on sait que la température décroît à mesure qu'on s'élève sur les montagnes, et les observations faites en ballon depuis un siècle ont montré qu'une semblable décroissance s'observe dans les couches successives de l'atmosphère. Mais quelle loi suit l'abaissement de température en question : est-il ou non proportionnel à l'altitude ? C'est ce qu'il serait, croyons-nous, bien difficile de décider, parce que les observations précises sur ce point de météorologie n'ont été encore ni assez nombreuses ni assez prolongées.

Il y a lieu tout d'abord de distinguer entre la température de l'air au-dessus du sol des plateaux et des montagnes et la température des couches d'air libres de même altitude. On comprend en effet qu'il doit y avoir au point de vue des conditions d'échauffement et de refroidissement de ces couches une grande différence : au sommet d'une montagne, le voisinage du sol, son contact avec la masse d'air surplombante, ne peuvent manquer d'exercer sur la température de celle-ci, soit pendant la nuit, soit pendant le jour, une influence qui n'existe plus pour une masse d'air située à la même hauteur au-dessus du

1. La moyenne de l'année 1781 avait atteint 14°,2, d'après Messier. Mais ce savant observait à l'hôtel de Cluny, à l'intérieur de Paris, où la température était généralement plus élevée qu'à l'Observatoire. Et Messier en effet, pour les vingt-trois années 1763-1785, trouve une moyenne annuelle de 11°,2.

niveau de la mer, mais distante du sol des plaines de plusieurs milliers de mètres par exemple. Interrogeons d'abord les faits.

En juillet 1788, de Saussure fit pendant dix-sept jours, au col du Géant, à l'altitude de 3428 mètres, toute une série d'ob-

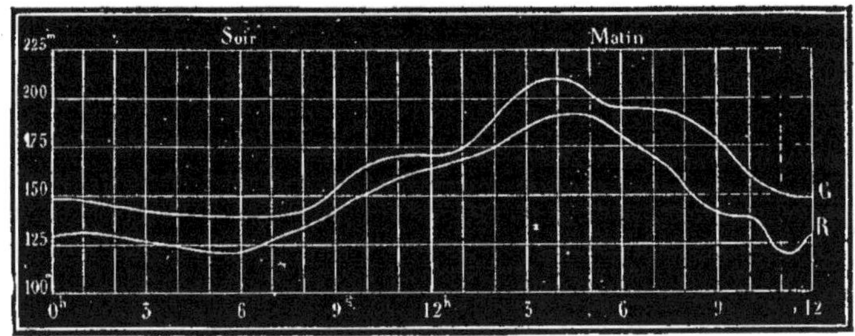

Fig. 77. — Décroissement de la température avec l'altitude. Variations horaires de la hauteur correspondant à un abaissement de 1°.

servations météorologiques, et notamment de la température de l'air, pendant que d'autres observateurs notaient également les hauteurs du thermomètre à Chamounix (1050m) et à Genève (408m). Les différences de température entre la station supé-

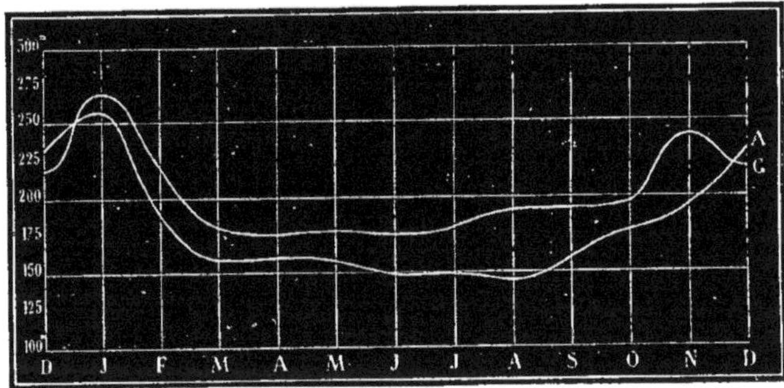

Fig. 78. — Décroissement de la température avec l'altitude. Variations mensuelles de la hauteur correspondant à un abaissement de 1°.

rieure et les deux autres varièrent non seulement d'un jour à l'autre, mais aussi d'une heure à l'autre dans le même jour. En prenant la moyenne et en supposant la décroissance de température proportionnelle à l'altitude, l'illustre physicien conclut de ses observations que dans l'après-midi (à 6 heures du soir) un abaissement de 1° centigrade correspondait à une élévation de 141 mètres ; à 4 heures du matin, la décroissance était moins rapide, et il fallait s'élever de 210 mètres pour trouver une différence de 1° ; la moyenne de toutes ses observations indiquait 1° par 164m,69.

Kaemtz a fait au Rigi, à 1810 mètres d'altitude, une série d'observations qui ont mis en évidence l'influence horaire déjà constatée par de Saussure. Les observations simultanées étaient faites à Bâle, à Berne, à Genève et à Zurich. La loi de décroissance, beaucoup plus rapide la journée que la nuit, donne 1° pour 121 mètres à 5 heures du soir, et 1° pour 186 mètres à 5 heures du matin. En moyenne, une diminution de 1° de température correspondait à 149 mètres d'élévation verticale.

On retrouve la même loi dans les observations simultanées faites à Genève et au Grand Saint-Bernard : l'abaissement de température est de 1° pour 276 mètres le matin et en hiver, tandis qu'en été et dans l'après-midi l'observation donne un décroissement de 1° pour chaque élévation de 147 mètres. C'est en moyenne 1° pour 212 mètres. Humboldt donnait 1° pour 156 à 170 mètres dans l'Europe centrale, c'est-à-dire en moyenne 1° pour 163 mètres. « Les observations que j'ai faites, dit-il, jusqu'à 6000 mètres de hauteur, dans la partie de la chaîne des Andes comprise entre les tropiques, m'ont donné une diminution de 1° de température par 187 mètres d'augmentation dans la hauteur. Trente ans plus tard, mon ami Boussingault a trouvé en moyenne 175 mètres. »

Cette décroissance de la température de l'air, déduite d'observations simultanées faites en des stations d'altitudes différentes, est-elle uniforme entre les points extrêmes? Nous allons citer des nombres qui prouvent le contraire. Mais peut-être la régularité de cette loi ou de toute autre loi se dégagerait-elle des observations accumulées, de même que l'oscillation diurne du thermomètre et celle du baromètre sont nettement accusées si l'on embrasse un intervalle de temps suffisamment long.

En août 1869, M. Lortet a fait au Mont-Blanc deux ascensions où il eut soin de noter les températures de l'air, depuis le point de départ jusqu'au sommet, pour six stations intermédiaires. En voici les résultats :

Lieux.	Altitudes.	Températures de l'air.	
Chamounix	1050m	+10°,1	+12°,4
Cascade du Dard. . . .	1500	+11°,2	+13°,4
Chalet de la Para . . .	1605	+11°,8	+13°,6
Pierre-Pointue	2049	+13°,2	+14°,1
Grands-Mulets	3050	— 0°,3	— 1°,5
Grand plateau	3932	— 8°,2	— 6°,4
Bosse du dromadaire. .	4556	—10°,5	— 4°,2
Sommets du Mont-Blanc.	4810	— 9°,1	— 3°,4

Il est à remarquer que, dans ces deux ascensions, la température a commencé par croître, assez faiblement il est vrai, jusqu'à l'altitude d'environ 2000 mètres. L'accroissement de 1° d'abord pour 410 et 450 mètres, puis pour 175 mètres et 525 mètres et enfin pour 317 mètres et 880 mètres, a été suivi d'un brusque abaissement de température, de 1° par chaque élévation de 75 mètres dans la première ascension, de 64 mètres dans la seconde. Entre 4000 et 4500 mètres d'altitude la température se relève légèrement jusqu'au sommet du mont.

Malgré les anomalies que présentent les observations sur les montagnes, on peut donner comme deux lois à peu près établies, que le décroissement de température avec l'altitude est généralement plus rapide pendant la nuit que pendant le jour, plus rapide également pendant l'été que pendant l'hiver.

Des observations faites en montagne, passons à celles faites par les aéronautes dans les couches élevées de l'atmosphère. On sait que Gay-Lussac, dans la célèbre ascension qu'il fit en 1804, constata une température de 9°,5 au-dessous de zéro, tandis que la température du sol était de +28°. C'était 38° d'abaissement pour une différence d'altitude de 7000 mètres, soit 1° par 185 mètres d'élévation dans l'hypothèse d'un décroissement uniforme. Mais l'illustre physicien a pu constater que cette uniformité n'existait pas pendant son ascension : jusqu'à 3800 mètres d'altitude, le décroissement fut de 1° par

188m,5 ; entre 3800 et 5700, il fut de 1° par 185m,8, puis de 1° par 161m,2 au delà. Barral et Bixio, en juillet 1850, s'élevèrent à 7049 mètres; la température au niveau du sol, étant de +18° au départ, n'était plus à cette altitude que de —39°,7, à peu près celle de la congélation du mercure. L'abaissement total 57°,7 indiquait pour la décroissance 1° par élévation de 122 mètres. Il est vrai que cette température, si extraordinairement basse, était due probablement à la présence d'un nuage formé d'aiguilles de glace et n'ayant pas moins de 4 kilomètres d'épaisseur.

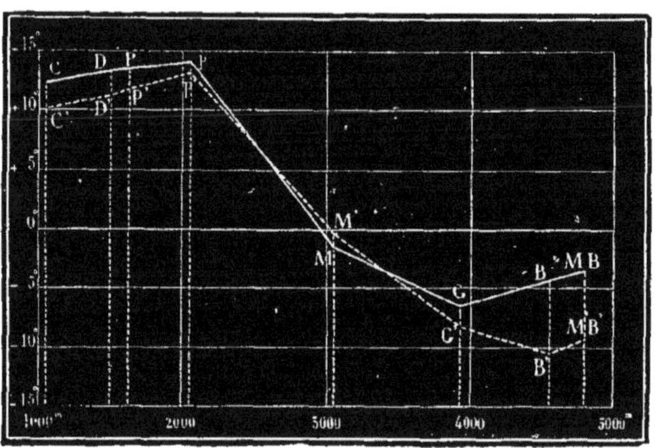

Fig. 79. — Décroissement de la température entre Chamounix et le Mont-Blanc.

Bravais a recueilli les résultats obtenus par divers aéronautes, ceux de Gay-Lussac que nous venons de citer et divers autres, desquels il paraît résulter que l'abaissement de température, d'abord assez rapide à partir de la surface du sol, va ensuite en diminuant jusque vers l'altitude de 3800 et 4000 mètres, pour s'accélérer de plus en plus à partir de ce point jusqu'aux limites de hauteur où les ballons sont parvenus.

En résumé, la température de l'air, toutes autres circonstances égales, diminue à mesure qu'on s'élève dans l'atmosphère. La loi de cette décroissance est sujette à des variations qui dépendent des heures de la journée, de l'époque de l'année ou des saisons, et à des anomalies provenant des autres circonstances météorologiques, agitation ou calme de l'air, degré d'humidité, etc. Il est probable que c'est dans les couches inférieures aux limites des nuages que ces anomalies sont le plus prononcées. Au delà, elle doit être beaucoup plus régulière. Dans l'hypothèse d'une décroissance uniforme et proportionnelle à l'altitude, et en admettant que 200 mètres d'élévation donnent en moyenne un abaissement de 1°, à 10000 mètres la température serait de 50° au-dessous de zéro. A 28 kilomètres, le froid des couches atmosphériques atteindrait — 140°, c'est-à-dire la température que les calculs de Pouillet ont donnée pour celle de l'espace interplanétaire. On a vu que les limites de l'atmosphère sont notablement plus reculées : d'où l'on peut induire que la décroissance, d'abord à peu près proportionnelle à l'augmentation de l'altitude, suit ensuite une marche plus lente, à mesure qu'on pénètre dans des couches d'air plus raréfiées et plus élevées. Mais il faut bien convenir que les données sont encore insuffisantes pour formuler la loi, et que les conséquences qu'on en peut tirer sont prématurées ou hypothétiques.

Un mot maintenant sur les causes du refroidissement de l'air sur les montagnes ou dans les couches élevées de l'atmosphère.

Insistons d'abord sur un point qui semble en contradiction avec les faits et les observations que nous venons de rappeler. L'intensité de la radiation solaire ou de la source calorifique qui élève la température du sol et celle de l'air, est d'autant plus grande que l'altitude est elle-même plus considérable. La raison en est aisée à concevoir. Quand un faisceau de rayons solaires tombe sur le sol d'une montagne, à 2000 mètres au-dessus d'un point de la plaine, son intensité est plus grande, parce qu'elle n'a subi d'absorption que de la part des couches supérieures de l'atmosphère. Dans un cas, il a traversé une épaisseur d'air moindre de 2000 mètres que dans l'autre. Ajoutons que ce sont les couches les moins denses, les moins chargées de vapeur d'eau, qui absorbent le moins la chaleur lumineuse. Un thermomètre exposé au soleil marque donc une température plus élevée sur une montagne que dans la plaine. C'est un fait constaté par de nombreux observateurs. Mais si la radiation directe est plus intense, la température de l'air lui-même, celle que marque un thermomètre à l'ombre, est beaucoup moindre sur la montagne que dans la plaine. De Saussure, au sommet du Cramont, a trouvé qu'un thermomètre, exposé au soleil dans une boîte de bois noirci, s'élève de 1° de plus, à l'altitude de 2755 mètres, qu'à Courmayeur, à 1495 mètres. Mais l'air était beaucoup plus froid sur le Cramont qu'à Courmayeur. Bravais et Martin ont constaté « que la chaleur était plus forte au grand plateau du Mont-Blanc, où la température de l'air était *au-dessous* de zéro, qu'au même instant à Chamounix, où le thermomètre marquait 19° également à l'ombre : c'est que le grand plateau est élevé de 2890 mètres au-dessus de Chamounix[1]. »

Pourquoi donc, si l'intensité de la radiation solaire décroît en même temps que l'altitude, l'air des montagnes ou des couches supérieures de l'atmosphère est-il plus froid que celui des couches plus basses? Les causes de ce phénomène si universellement constaté sont multiples. Nous allons les énumérer brièvement.

La température de l'air dépend à tout instant de l'équilibre qui tend à s'établir entre la chaleur qu'il absorbe directement ou indirectement, et celle qu'il perd par voie de rayonnement ou de convection. Nous savons que son pouvoir absorbant pour les radiations lumineuses ou directes est très faible, mais il va en croissant avec la densité de ses couches et surtout avec la quantité de vapeur d'eau qu'elles contiennent[2]. Les rayons solaires doivent donc échauffer plus fortement, dans leur trajet au sein de l'atmosphère, les couches inférieures qui sont les

1. *Du Spitzberg au Sahara.*

2. Nous avons donné dans le tome IV du Monde physique (p. 400) les chiffres suivants, qui mesurent l'absorption atmosphérique à diverses altitudes. Sur 2,54 calories qui tombent, aux limites de l'atmosphère, sur une surface de 1 mètre carré, 2,392 parviennent à la cime du Mont-Blanc, à l'altitude de 4810 mètres, 2,262 aux Grands-Mulets (3050 mètres), 2,0 8

plus denses et les plus chargées d'humidité. Mais c'est surtout par le rayonnement calorifique du sol que s'échauffe l'air, le pouvoir absorbant de ce dernier étant beaucoup plus considérable pour les radiations obscures, et ce sont encore les couches inférieures qui en recevront proportionnellement le plus, en raison de leur densité plus grande et de la plus grande quantité de vapeur d'eau qu'elles renferment.

Si l'absorption de chaleur par les couches d'air inférieures l'emporte sur celle des couches élevées de l'atmosphère et si dès lors celles-là s'échauffent plus et plus vite que les dernières, leur refroidissement est au contraire moins rapide. Les couches successives se servent en effet mutuellement d'écran ou d'abri contre la perte de chaleur par rayonnement vers l'espace : les plus basses sont ainsi les mieux abritées. A quoi il faut ajouter que, sur les sommets ou dans les hautes régions de l'air, la proportion de ciel découvert vers lequel le rayonnement s'effectue, est plus considérable que pour un point du sol de la plaine. Enfin une autre cause de refroidissement est l'évaporation, qui est d'autant plus active que l'air est plus sec et le ciel plus clair, et sous ce rapport la perte de chaleur doit être plus grande à mesure qu'on s'élève davantage dans l'atmosphère.

Tout ceci suppose que l'atmosphère reste calme, et que l'échange de chaleur entre ses diverses couches et le sol se fait sans qu'il y ait perte d'équilibre entre elles. Il n'en est généralement pas ainsi, parce que certains points des couches voisines du sol plus échauffées que d'autres s'élèvent en vertu de la diminution de densité qui en résulte pour elles ; de plus, à mesure qu'elles s'élèvent, la pression qu'elles supportent diminue et leur dilatation va en croissant. Or, à une telle augmentation de volume, qui n'est point produite par un travail extérieur, correspond nécessairement une consommation de

au glacier des Bossons (1200 mètres), 1,745 enfin sur le sol à l'altitude de 60 mètres. Les 315 millièmes de la chaleur totale ont été absorbés dans le trajet total des rayons solaires à travers l'atmosphère, 60 par toutes les couches au-dessus de 4810 mètres, 51,94 et 110 millièmes par les couches suivantes, dont les épaisseurs successives sont de 1760, 1850 et 1140 mètres. Comme on voit, l'absorption va en croissant à mesure que la hauteur diminue.

chaleur; en un mot, la dilatation a lieu aux dépens de la température de l'air qui se dilate et en même temps se refroidit. Ces courants ascendants ont pour contre-partie des courants descendants. Une certaine quantité d'air des couches supérieures plus froides vient prendre la place de celle qui s'est élevée; étant soumise en descendant à des pressions croissantes, elle diminue de volume; mais comme le travail de compression est au contraire extérieur à la masse d'air descendante, il détermine un accroissement de température. Si donc, comme le dit M. Martins, « la dilatation de l'air des courants ascendants est une cause de froid pour les hautes régions qu'il atteint, » la compression des courants descendants produit au contraire une élévation de température pour l'air des couches les plus basses[1].

Telles sont les principales causes de l'inégalité de température que l'observation a permis de constater dans les couches successives de l'atmosphère, du froid intense de l'air des hautes montagnes ou des régions auxquelles sont parvenus les aéronautes, et en général du décroissement de la température avec l'altitude. Les raisons qui expliquent ces inégalités, rendent également compte des variations qu'elles subissent du jour à la nuit, de l'été à l'hiver, d'une zone à l'autre. Le décroissement de la température est plus rapide pendant les heures de la journée, surtout quand le ciel est clair, que pendant la nuit; plus rapide en été qu'en hiver, parce que toutes les causes que nous avons énumérées plus haut sont en effet plus actives le jour que la nuit, en été qu'en hiver. A l'équateur et dans les

1. Cette théorie, d'après laquelle les courants ascendants et descendants contribueraient à augmenter la température des couches inférieures, est adoptée par divers météorologistes, et notamment par M. Mohn. Mais il nous semble qu'il serait plus juste de dire que l'influence de ces mouvements intestins de l'atmosphère consiste à maintenir l'inégalité de température des couches extrêmes. La masse d'air qui s'élève, parce que l'échauffement qu'elle a subi l'a dilatée et rendue moins dense que les masses d'air voisines ou supérieures, emporte avec elle la chaleur qu'elle consommera en se dilatant de plus en plus; en arrivant dans les hautes régions, elle ne fait en se refroidissant que se mettre en équilibre de température avec son nouveau milieu; de même, la masse d'air descendante qui la remplace, en s'échauffant sous la compression, ne fera que restituer aux couches inférieures la chaleur que l'ascension de la première leur avait enlevée.

régions tropicales, les différences sont moins accentuées, le décroissement plus constant dans les différentes saisons, parce que ces saisons elles-mêmes ne présentent pas de contrastes aussi tranchés que celles des zones tempérées ou polaires.

Quant aux anomalies fréquemment observées, aux interversions qu'ont signalées plusieurs météorologistes, principalement pendant les hivers rigoureux, anomalies et interversions qui ont accusé un accroissement de température avec la hauteur au lieu de la diminution normale, on en peut donner diverses explications. L'influence des vents, plus ou moins chauds suivant leur direction, l'état du ciel plus ou moins chargé de nuages, l'état hygrométrique de l'air, sont autant de circonstances dont il faudrait tenir compte, dans ces cas exceptionnels, si l'on voulait trouver les raisons de leur dérogation à la loi générale.

M. Fournet a recueilli, dès 1839, de nombreux exemples de ces interversions en France et en Suisse. Depuis, ces exemples se sont multipliés. Citons, d'après M. Mohn (mars 1883), ce qui se passe à quelques kilomètres de Christiania, où une colline de 450 mètres d'altitude jouit en hiver d'une température supérieure à celle de la ville même. M. Alluard, directeur de l'observatoire du Puy de Dôme, a fait, sur ces interversions, pendant l'hiver rigoureux de 1879-1880, des remarques pleines d'intérêt et que nous allons reproduire en terminant ce paragraphe. « Un phénomène qui a attiré beaucoup l'attention, dit-il, est la différence de température des deux stations de l'observatoire du Puy de Dôme, la station de la montagne étant moins froide que la station de la plaine. Quand la Limagne est enveloppée de nuages et que le Soleil brille au Puy de Dôme, il est naturel qu'il fasse plus chaud en haut qu'en bas ; nous en avons eu un exemple frappant en janvier, du 4 au 14, pendant une période de brouillards épais et persistant sans interruption dix jours de suite. Mais, en décembre, du 15 au 28, par un ciel pur, les températures maxima ont été constamment plus élevées au Puy de Dôme qu'à Clermont, et comme, à la même époque, les températures minima étaient aussi renversées, il en est résulté que, pendant 15 jours, la température moyenne de la journée était plus élevée d'environ 10° à une altitude de 1100 mètres au-dessus de Clermont. Cette singularité tient à ce que, à Clermont, dans un air presque calme, la direction du vent était nord ou nord-ouest, tandis qu'au Puy de Dôme le vent soufflait avec force du côté nord-est, quelquefois du sud-est ou du sud, et d'autres fois de l'ouest[1].

« Ce qui me paraît encore plus digne d'intérêt, parce qu'il ne s'agit plus d'un phénomène accidentel, mais d'un phénomène général, c'est la fréquente interversion de la température pendant la nuit dans les altitudes élevées. Elle se produit à l'observatoire du Puy de Dôme à toutes les époques de l'année, ainsi que je l'ai annoncé à l'Académie en septembre 1878. Elle est peut-être un peu plus répétée en hiver qu'en été; mais cette année, pendant les froids rigoureux de décembre et de janvier, elle s'est accentuée davantage; dans l'intervalle de deux mois et demi, cinquante et une nuits ont été moins froides au Puy de Dôme qu'à Clermont. Les différences sont souvent considérables; on en jugera par les nombres suivants, relevés en décembre[2] :

	Clermont (minima).	Puy de Dôme (min.).	Différence.
17 décembre	—16°,7	+2°,2	14°,5
21 —	—15°,7	+3°,2	16°,9
24 —	—15°,6	+2°,4	16°,0
27 —	—15°,7	+3°,1	18°,8
28 —	—14°,0	+3°,1	17°,1

« Dans quelles conditions l'interversion de la température avec l'altitude se produit-elle? Y a-t-il quelque relation entre elle et l'état de l'atmosphère? Ces questions se lient de la manière la plus intime aux lois qui règlent les grands mouve-

1. « Ainsi, le 26 décembre, à 8 heures du matin, le thermomètre marquait — 15°,6 à Clermont, par un vent presque nul de nord-ouest, et + 4°,7 au sommet de la montagne, par un calme complet; mais, la veille, un vent du sud assez fort y avait régné, d'où l'explication de cette différence énorme, 20°,3. »

2. « En janvier, ces différences sont moins grandes, quoique notables : elles ne s'élèvent qu'à 10°,3. En février et mars, les mêmes phénomènes se reproduisent encore. »

ments de l'atmosphère. Leur examen m'a conduit à une solution bien inattendue, et cela grâce à l'hiver rigoureux qui a mis en évidence certaines particularités difficiles à soupçonner.

« Les observations faites dans les deux stations de l'observatoire du Puy de Dôme permettent d'établir cette règle générale : *Toutes les fois qu'une zone de hautes pressions couvre l'Europe centrale, et surtout la France, il y a, dans nos climats, interversion de la température avec l'altitude.*

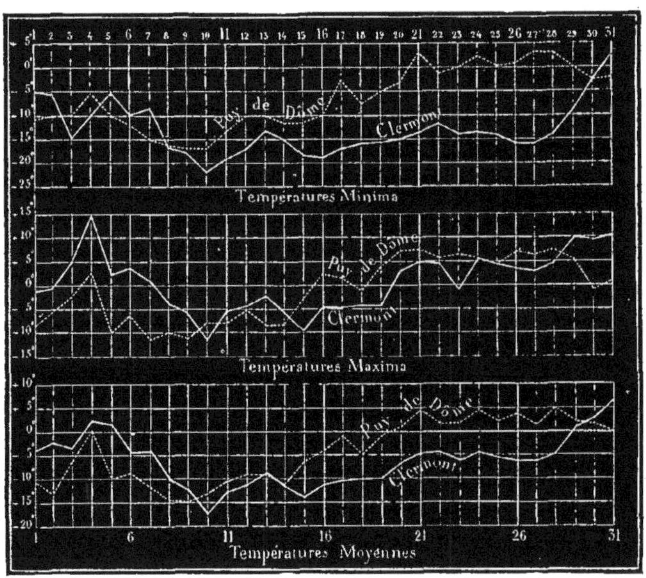

Fig. 80. — Interversion de la température entre les stations de Clermont et du Puy de Dôme pendant le mois de décembre 1879. D'après M. Alluard.

« Naturellement cette interversion se manifeste surtout pendant la nuit, parce qu'alors on est à l'abri des perturbations produites par la présence du Soleil au-dessus de l'horizon; mais elle se présente aussi pendant le jour, quoique plus rarement. On peut ajouter que les différences de température entre Clermont et le Puy de Dôme sont d'autant plus fortes que les hautes pressions sont plus considérables et que l'atmosphère se trouve dans des conditions de plus grande stabilité.

« Dès qu'une zone de fortes pressions s'établit sur le milieu de l'Europe, et particulièrement sur la France, la comparaison de nos thermomètres nous l'apprend; aussitôt, pendant la nuit, il fait moins froid au Puy de Dôme qu'à Clermont. Une perturbation lointaine vient-elle à entamer cette zone, la forçant à se reculer d'un côté ou de l'autre, de suite l'interversion des températures diminue ou disparaît[1]. »

§ 5. LA TEMPÉRATURE ET LES VENTS.

Toutes les causes que nous avons énumérées dans les précédents paragraphes pour rendre compte des variations régulières de la température, selon l'heure du jour, l'époque de l'année, la latitude et l'altitude du lieu où l'on observe, se rapportent plus ou moins directement aux variations de l'intensité calorifique des rayons solaires, ou aux actions physiques corrélatives, déperdition par voie de rayonnement, d'évaporation, etc. Il faut y joindre les mouvements de l'air dans le sens de la verticale dont il a été question plus haut. Mais les effets qui résultent de la combinaison de ces éléments divers de la température peuvent être et sont en effet souvent profondément modifiés par un autre agent météorologique, dont nous avons vu déjà l'influence sur la pression atmosphérique : ce sont les vents, qui, selon leur force et surtout selon leur direction, amènent dans le lieu où ils soufflent, tantôt un abaissement, tantôt une élévation de température. Nous étudierons plus loin en eux-mêmes ces mouvements des masses atmosphériques, et nous verrons dans quelles conditions ils donnent lieu à un refroidissement ou à un réchauffement de l'air dans une région donnée. Nous ne voulons ici que montrer le rapport de fait qui existe entre leur direction et la température.

Dans nos climats de la zone tempérée boréale, tout le monde

1. *Comptes rendus de l'Académie des sciences pour* 1880, t. I.

sait que les vents de la région sud sont généralement chauds, que les vents de la région nord, au contraire, sont des vents froids. Le tableau suivant, qui donne, d'après O. Eisenlohr, les moyennes annuelles des températures observées par chaque direction du vent, en diverses stations d'Europe, met en évidence ce contraste entre les vents chauds et les vents froids :

	NW	N	NE	E	SE	S	SW	W
Paris . . .	12°,4	12°,0	11°,8	13°,5	15°,3	15°,4	14°,9	13°,6
Carlsruhe .	11°,5	9°,9	8°,3	8°,5	12°,2	12°,6	11°,0	12°,2
Londres . .	8°,7	7°,6	8°,1	9°,6	10°,6	11°,3	10°,9	10°,2
Hambourg.	8°,4	8°,0	7°,6	8°,4	9°,5	10°,0	10°,1	9°,2
Moscou . .	3°,3	1°,2	1°,4	3°,5	4°,0	6°,0	5°,7	5°,4

Pour trois de ces stations, Paris, Carlsruhe et Hambourg, le vent le plus froid est le nord-est ; c'est le nord pour Londres et Moscou. Pour toutes, Hambourg excepté, le vent du sud est le vent le plus chaud ; mais les chiffres qui précèdent et qui suivent montrent que la direction réelle du vent le plus chaud est vers le S.S.W. On peut rendre sensible à la vue cette influence, ou, si l'on veut, cette coïncidence de la direction des vents avec la moyenne température de l'air, en construisant ce que l'on nomme une *rose thermométrique des vents* pour chaque lieu. La figure 81 donne celle de Paris pour les deux saisons extrêmes, hiver et été, ainsi que la moyenne de l'année. La comparaison des deux courbes d'hiver et d'été montre que l'influence de la direction du vent varie dans une certaine mesure avec la saison. Le nord-est est, comme on l'a vu plus haut, le vent le plus froid à Paris pour l'année entière ; en été, c'est le vent du nord ou du nord-nord-ouest ; en hiver, c'est toujours le nord-est, mais avec un écart beaucoup plus marqué. De

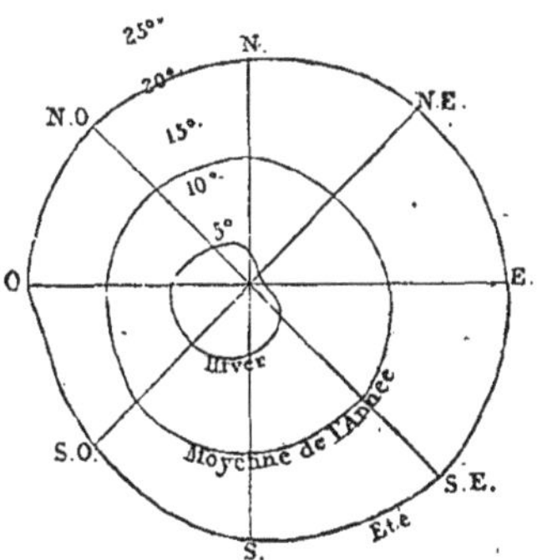

Fig. 81. — Rose thermométrique des vents pour Paris.

même, si c'est entre le sud et le sud-ouest que souffle le vent le plus chaud pour l'année, en été la direction change et passe au sud-est ; en hiver, elle change en sens contraire et tourne vers l'ouest. Ces différences peuvent s'expliquer aisément, si l'on admet cette règle, qui est d'ailleurs confirmée par de nombreux exemples, que les vents amènent avec eux la température du pays d'où ils viennent. C'est ce que fait fort bien ressortir M. Mohn en donnant le tableau (voy. ci-dessous)[1] des directions du vent pour les maxima et les minima de température, en divers lieux du nouveau et de l'ancien monde : « Dans l'Europe occidentale, dit ce savant météorologiste, les vents (d'hiver) les plus chauds viennent du sud-ouest, c'est-à-dire des régions de la mer dans lesquelles l'axe de chaleur du courant chaud de l'Atlantique fait que la température est plus élevée vers l'ouest et le sud. En Russie et dans la Sibérie occidentale où la chaleur s'accroît rapidement dans la direction du sud, les vents les plus chauds viennent également des régions du sud, et dans la partie de l'Amérique et de l'Asie où les isothermes se recourbent vers le nord-est, et où la chaleur s'accroît par conséquent davantage vers le sud-ouest, les vents les plus chauds viennent d'une direction qui tient le milieu entre le sud-est et le sud. Les vents les plus froids viennent des

1. INFLUENCE DE LA DIRECTION DES VENTS SUR LA TEMPÉRATURE.

Lieux.	Hiver. Température maxima.	Hiver. Température minima.	Été. Température maxima.	Été. Température minima.
Nord de l'Europe	W $^1/_4$ S	E $^1/_4$ N	»	»
Sud de l'Europe	SW	ENE	E	N
Terres de la Baltique	SW	ENE	SE	NW
Terres de la mer du Nord	SW	ENE	ESE	WNW
Allemagne centrale	SW $^1/_4$ W	NE	SE	WNW
Russie du Nord	»	»	SSE	N
Russie centrale et méridionale	SSW	NNE	SE	NW
Sibérie occidentale	S $^1/_4$ W	N	SSE	NNW
Côtes orientales d'Asie	S $^1/_4$ E	NW	»	»
Côtes orientales de l'Amérique du Nord	S $^1/_4$ E	NNW	SSW	NE
Côtes occidentales —	S $^1/_4$ E	NNE	»	»
Melbourne (Australie)	N $^1/_4$ W	E $^1/_4$ S	N $^1/_4$ E	W
Ile de Kerguélen	»	»	NE	SW

(*Les Phénomènes de l'atmosphère*, traduction française de M. Decaudin-Labesse.)

côtés opposés, c'est-à-dire des régions vers lesquelles la température diminue le plus rapidement : de l'est-nord-est à l'occident de l'Europe, du nord-est en Russie, du nord dans la Sibérie occidentale, et du nord-ouest dans l'Asie orientale. Ces directions convergent toutes vers le pôle de froid situé au nord de l'Asie. En Amérique, la distribution est analogue : pendant l'hiver, les vents les plus froids de la côte orientale viennent du pôle de froid américain, et leur direction est par conséquent nord-nord-ouest.

« En été, les vents les plus chauds de l'Europe et de la Sibérie occidentale viennent du sud-est, de l'intérieur des terres chaudes. Sur la côte orientale du continent, où les isothermes se dirigent de l'ouest-nord-ouest à l'est-sud-est, et où la chaleur augmente plus rapidement vers le sud-sud-ouest, c'est du sud-sud-ouest que viennent les plus chauds. Les plus froids des vents d'été sont, en Europe, ceux du nord-ouest, qui viennent de la région froide de l'océan Atlantique du nord et de la mer Glaciale. En Norvège, dans la Russie septentrionale et dans la Sibérie occidentale, les vents les plus froids viennent du nord, c'est-à-dire de la mer Glaciale. Sur les côtes orientales du continent, c'est du nord-est que soufflent les vents les plus froids, et les vents les plus chauds viennent de la direction diamétralement opposée. »

CHAPITRE V

LA VAPEUR D'EAU DANS L'AIR — HYGROMÉTRIE

§ 1. FORMATION DE LA VAPEUR D'EAU ATMOSPHÉRIQUE. — L'ÉVAPORATION; SA MESURE.

La présence de la vapeur d'eau dans l'air, son abondance plus ou moins grande à l'état invisible ou aériforme, sa formation tantôt rapide, tantôt lente, selon les circonstances, sa précipitation sur le sol ou au sein même des couches atmosphériques, déterminent toute une série de phénomènes des plus variés, qui vont faire maintenant l'objet de notre étude.

En raison de leur origine commune, ces phénomènes ont reçu la dénomination de *météores hygrométriques* ou *aqueux*, ou encore d'*hydrométéores*. Ce sont ceux qui contribuent le plus à donner aux diverses régions de la planète leur physionomie particulière. En chaque lieu, ils différencient de même soit les saisons de l'année, soit, dans chaque saison, les mois et les jours. Leur influence sur le développement des êtres organisés, sur la végétation comme sur la vie et le développement des animaux, est immense. On a peine à se figurer quel désert deviendrait la surface du globe terrestre en l'absence de tout météore hygrométrique : les astronomes seuls s'en font une idée en braquant leur télescope sur le disque de la Lune et en contemplant l'écorce nue et scorifiée de ce cadavre de corps céleste, sans air, sans eau et sans vie. Sur notre Terre, quel spectacle varié et changeant, au contraire! La sécheresse ou l'humidité de l'air et du sol s'y succèdent, en un même lieu, dans les proportions les plus larges, accompagnées tantôt d'un ciel d'une sérénité presque absolue, tantôt d'un jour voilé et sombre; brumes, brouillards, nuages, pluies, neiges, brises légères et vents violents, grains et bourrasques, ouragans et tempêtes, avec tout leur cortège de phénomènes électriques, produisent dans notre atmosphère cette étonnante diversité d'aspects qui en font un kaléidoscope aux images d'une mobilité et d'une légèreté pour ainsi dire infinies. Toutefois laissons là ce côté des phénomènes, si propre à émouvoir l'artiste et le poète, mais étranger à la science, qui ne s'en occupe que pour essayer d'en trouver les raisons et les causes.

De la vapeur d'eau en quantité plus ou moins abondante est en tout temps contenue dans l'air, nous avons eu déjà l'occasion d'insister sur ce point. Mais il est aisé de constater sa présence, en la condensant ou en la précipitant par un abaissement convenable de température. Quand on monte, de la cave à l'air chaud du dehors ou d'une chambre, une carafe pleine d'eau glacée, on voit aussitôt la surface du verre se ternir par le dépôt d'une couche de buée ou de rosée, laquelle ne tarde pas du reste à s'évaporer à mesure que l'eau du vase se réchauffe au contact de l'air extérieur. Cette précipitation se fait d'ailleurs naturellement dans l'air, sous l'influence d'un refroidissement suffisant : d'où les brouillards, les nuages, etc., qui accusent ainsi l'existence préalable de la vapeur d'eau atmosphérique.

Un moyen aisé de constater la présence de l'eau à l'état de vapeur dans l'air consiste à exposer à son action certaines substances dites *déliquescentes ;* telles sont la potasse, la soude, le sel marin, qui se liquéfient ou se délitent avec d'autant plus de rapidité que l'air est plus chargé de vapeur d'eau. Nombre de substances organiques, les cheveux, la corne, les fibres végétales ou animales, s'allongent par l'humidité ; d'autres se raccourcissent, comme les cordes à boyau. On verra bientôt ces propriétés utilisées précisément pour la mesure de l'humidité atmosphérique.

La présence de la vapeur d'eau dans l'air s'explique de la façon la plus simple par l'évaporation spontanée qui se fait à tout instant à la surface du globe. La source la plus abondante de cette évaporation est la mer, qui, nous l'avons vu, ne recouvre guère moins des trois quarts de la Terre ; puis ce sont les lacs, les fleuves et cette multitude de cours d'eau qui sillonnent les continents et les îles. Les parties solides y contribuent aussi pour une bonne part, partout du moins où les pluies imprègnent le sol d'humidité. Si le sol est couvert de végétation, prairies, champs en culture, forêts, l'évaporation est plus active encore que dans les parties dénudées. Les neiges et les glaces émettent pareillement des vapeurs, en moindre quantité il est vrai, en raison de la basse température relative des régions qui en sont couvertes. Nous avons vu, en effet, en étudiant les lois de formation des vapeurs dans le vide comme dans l'air, que l'évaporation est d'autant plus active et, par conséquent, la vapeur d'autant plus abondante, que la température de l'air et de l'eau est plus élevée. Aussi est-elle plus forte en été qu'en hiver, dans les régions tropicales que dans les zones polaires et tempérées. C'est que le phénomène de l'évaporation, le passage de l'état liquide à l'état gazeux, ne peut s'effectuer sans consommer une quantité de chaleur équivalente au travail de la disgrégation des molécules aqueuses. Cette chaleur est forcément empruntée au milieu ambiant, qui la fournit d'autant plus aisément que la température est plus élevée.

Si l'évaporation consomme de la chaleur, elle doit donc être suivie d'un abaissement de température. C'est ce que tout le monde peut constater en effet. On sait que toutes les fois qu'on se trouve, pour une raison quelconque, en état de transpiration, et que la surface de la peau couverte de sueur est exposée à l'air, on éprouve une sensation de froid d'autant plus vive que l'évaporation est plus intense. Si le temps est sec, par exemple, et l'air peu chargé de vapeur d'eau, l'évaporation sera plus rapide que s'il approche de son état de saturation. Voilà pourquoi par les temps chauds et humides la chaleur semble si intolérable : l'évaporation y est presque nulle. Mais qu'un courant d'air, en renouvelant constamment les parties aériennes en contact avec la peau, vienne à rendre l'évaporation plus active, on ressentira immédiatement la sensation de fraîcheur, conséquence du refroidissement dû au phénomène.

Les lois de la précipitation sont évidemment inverses de celles de l'évaporation. La vapeur d'eau atmosphérique repasse à l'état liquide sous l'influence d'un abaissement de température; mais, en se liquéfiant, elle détermine un dégagement de chaleur. C'est la chaleur qui avait été consommée dans l'acte de la transformation en vapeur qui se trouve ainsi restituée. Plus loin, du reste, nous aurons l'occasion de dire quelles sont les conséquences météorologiques des lois que nous venons de rappeler brièvement.

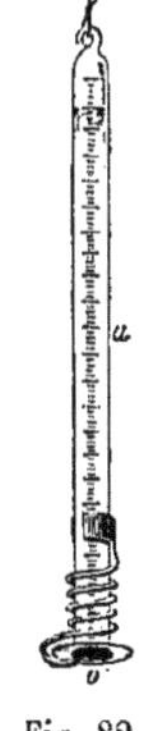

Fig. 82. Évaporomètre Piche.

On a cherché à mesurer l'activité de l'évaporation, c'est-à-dire, en volume ou en poids, la quantité d'eau qui est réduite en vapeur en un temps donné, sur une surface donnée, sur 1 mètre carré par exemple. Les appareils destinés à cette mesure se nomment des *évaporomètres*. Disons en quoi ils consistent et comment on en fait usage. Après quoi, nous verrons quels résultats ils ont permis de constater, ou quelles sont les lois de l'évaporation à la surface de la Terre.

L'évaporomètre Piche (ainsi nommé du nom de son inventeur) consiste en un tube de verre *a* (fig. 82) de faible diamètre, rempli d'eau, fermé à son extrémité inférieure par une rondelle de papier épais et sans colle, qu'on peut renouveler chaque jour. La rondelle est maintenue au contact de l'eau par un petit disque métallique *o* soudé à l'extrémité d'un ressort à boudin. Le tube a été gradué de manière que chaque division corresponde à 1 centième de millimètre de la tranche d'eau évaporée. Le tube est suspendu à l'air libre, dans le lieu dont il doit servir à mesurer le pouvoir évaporant. A l'observatoire de Montsouris, on le place sous l'abri des thermomètres, que nous avons décrit plus haut. On peut ainsi suivre d'heure en heure les phases du phénomène, les variations que l'évaporation subit pendant le jour et pendant la nuit, ou celles qu'elle présente dans le cours d'une année.

On se sert également d'appareils à surface d'eau libre. Tel est l'évaporomètre Delahaye, représenté dans la figure 83, et formé d'un bassin rectangulaire de 50 centimètres de côté (0^{mq},25 de surface), contenant une couche d'eau de 1 décimètre environ de profondeur. Un petit toit d'un demi-mètre carré de surface surmonte le bassin et le met à l'abri de la pluie sans gêner les mouvements de l'air. Sur l'eau repose un flotteur dont la tige, en descendant, commande l'aiguille d'un cadran et lui fait parcourir une division par chaque centième de millimètre de variation du niveau du liquide, c'est-à-dire de tranche d'eau évaporée. Cet appareil est placé à Montsouris dans un espace découvert, à 1 mètre du sol, de manière à rendre les lectures faciles. On voit en E un évaporomètre Piche. En moyenne, les deux instruments donnent la même quantité d'eau évaporée; mais on a remarqué que la rondelle humide du premier donne une évaporation plus forte que la couche d'eau libre, entre 4 heures du matin et 4 heures du soir; le contraire a lieu de 4 heures du soir à 7 heures du matin. Comme le fait observer M. Marié-Davy, cette différence accuse l'influence de la température. « L'eau en masse est plus lente à s'échauffer et à se refroidir qu'une simple feuille de papier humide. L'écart est sans cesse changeant avec les conditions extérieures et aussi avec la masse d'eau du bassin[1]. »

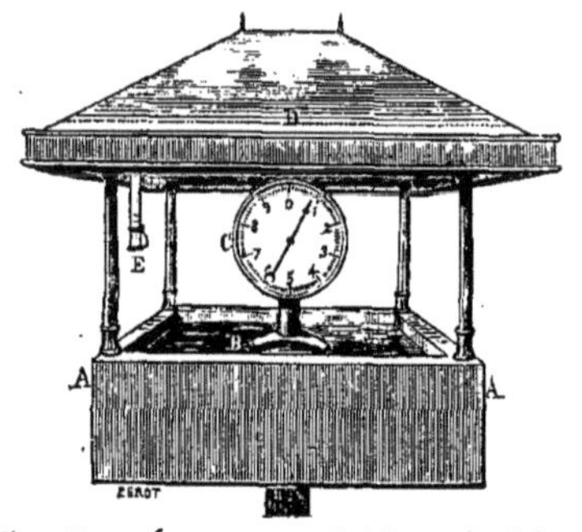

Fig. 83. — Évaporomètre Delahaye de l'observatoire de Montsouris.

1. *Annuaire de l'observatoire de Montsouris pour* 1878.

Au lieu de mesurer l'évaporation de l'air, on peut se proposer d'enregistrer l'évaporation de la terre nue par les variations de poids que subit une masse de terre qui reçoit les pluies, la neige, la rosée. On peut de même enregistrer l'évaporation des plantes. L'appareil employé pour l'un ou l'autre de ces objets se nomme *atmomètre* ou *atmographe*. La figure 84 représente celui qui a été adopté à l'observatoire de Montsouris. Il se compose d'une bascule dont la table est placée au-dessus de la balance, au lieu d'être disposée latéralement et au-dessous; la

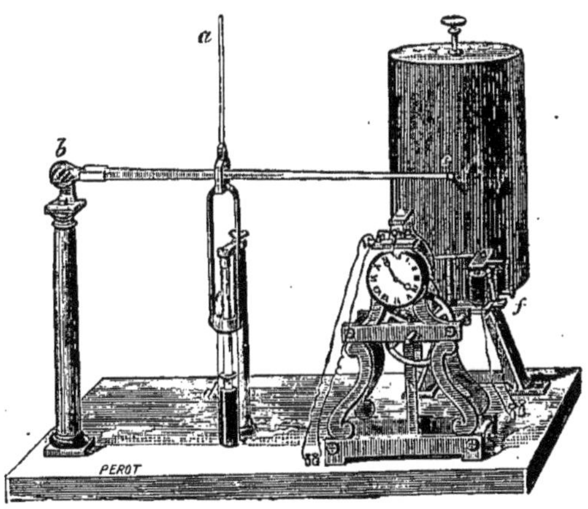

Fig. 84. — Atmographe de l'observatoire de Montsouris.

table porte les vases remplis soit de terre nue, soit de terre recouverte de plantes en pleine végétation. Du plateau des poids part une tige *a* qui soutient une éprouvette *d* renfermant du mercure. Enfin un cylindre fixe *e* plonge dans le mercure. Les variations de poids des vases remplis de terre correspondent à des mouvements de l'éprouvette, et le cylindre plongeur entre plus ou moins dans le mercure. Ces mouvements se communiquent à une aiguille mobile dont l'extrémité porte une pointe qui inscrit les variations de poids. Elle parcourt 30 centimètres dans un sens ou dans l'autre, pour une addition ou une évaporation de 12 millimètres d'eau à la terre. On peut apprécier ainsi le centième de millimètre d'eau, et l'appareil est sensible aux plus faibles rosées.

Arrivons maintenant aux résultats obtenus.

Prenons pour exemple l'évaporation mesurée au moyen de l'évaporomètre Piche, à Montsouris, pendant l'année 1875-1876. Considérons d'abord l'évaporation diurne. Elle a fourni, par heure, en centièmes de millimètre, les nombres suivants, moyennes de l'année :

De 6 h. à 9 h. du matin . . .	24,4	Total de la journée	198,9
— 9 — 12 — . . .	50,0		
— 12 — 3 h. du soir	65,0		
— 3 — 6 —	59,5		
— 6 — 9 —	35,4	Total de la nuit. .	87,0
— 9 — minuit	24,0		
— minuit à 6 h. du matin . . .	27,6		

C'est, comme on voit, de midi à 3 heures, c'est-à-dire pendant les heures les plus chaudes de la journée, que l'évaporation est le plus active, et en général les 12 heures du jour fournissent plus des deux tiers de l'évaporation totale.

On trouve de même une supériorité marquée des mois de la saison chaude sur ceux de la saison froide. Voici en effet l'évaporation constatée pour chacun des mois de l'année, d'octobre 1875 à septembre 1876[1] :

	mm.		mm.
Octobre	27,0	Avril.	110,0
Novembre	42,1	Mai.	154,0
Décembre.	11,5	Juin	109,0
Janvier.	7,3	Juillet	145,1
Février.	33,6	Août.	122,8
Mars	68,0	Septembre	44,1
Total pour la saison froide.	189,5	Total pour la saison chaude.	685,0

Ces nombres, du reste, varient beaucoup d'une année à l'autre. La somme totale des tranches d'eau évaporée, qui a été

1. Les observations ont été interrompues pendant les jours de gelée persistante; elles n'ont compris que 23 jours en novembre, 16 jours en décembre et en février, 11 jours en janvier, 25 jours en mars

en 1875-1876 de 874 millimètres, et n'avait été que de 773 millimètres l'année antérieure, s'était élevée au contraire à 100 millimètres en 1873-74, et à 899 millimètres en 1872-73. Il ne faut pas oublier d'ailleurs qu'il s'agit ici du pouvoir d'évaporation de l'air, et non pas de l'évaporation qui s'est faite en réalité. Les évaporomètres, en effet, fournissent en tout temps le liquide nécessaire au phénomène; plus l'air est sec, plus l'évaporation s'y fait abondante. Or, dans ces conditions, la surface du sol et des plantes, étant elle-même fort peu humide, n'évapore que faiblement, de sorte que les nombres fournis par les appareils ne s'appliquent en réalité qu'à l'évaporation des surfaces liquides placées dans les mêmes conditions. C'est avec ces réserves qu'il faut accepter les chiffres suivants, que nous empruntons au traité de météorologie de M. Mohn, et qui donnent l'évaporation annuelle en divers lieux du globe :

	Évaporation annuelle.
Cumana	3520 millimètres
Marseille	2300 —
Madère.	2030 —
Sydney.	1000 —
Açores	1200 —
Côtes d'Angleterre	900 —
Écosse orientale.	800 —
L'Helder (Hollande).	600 à 800 —
Londres	650 —

Pour Paris (Montsouris) l'*Annuaire* donne la moyenne de 632 millimètres, déduite de dix années d'observation; mais elle ne se rapporte qu'aux sept mois d'avril à octobre.

Il est bien difficile de tirer de ces nombres une moyenne générale pour l'évaporation annuelle probable à la surface de la Terre. Si cette moyenne était connue, elle représenterait évidemment aussi la quantité d'eau qui se précipite sous forme de pluie, de rosée, de neige, etc., les deux phénomènes devant se compenser, soit dans le cours d'une année, soit dans une période plus ou moins longue d'années successives. Dans l'hypothèse où la quantité d'eau évaporée annuellement serait de 1000 millimètres; en multipliant ce nombre par la surface du globe, on aurait le volume total des eaux qui, chaque année, se transforment en vapeurs sous l'action de la chaleur solaire, et que le refroidissement fait repasser ensuite à l'état liquide. Cette gigantesque distillation n'absorberait pas moins de 510 milliards de mètres cubes d'eau, ou un poids de 510 milliards de tonnes !

§ 2. OBSERVATIONS HYGROMÉTRIQUES. — LES INSTRUMENTS ET LEURS USAGES.

L'*hygrométrie* est cette partie de la météorologie qui a pour objet la recherche des lois de variation de la vapeur d'eau atmosphérique, selon les époques et les lieux. Pour y parvenir, elle recueille les observations les plus nombreuses possible faites à l'aide d'instruments spéciaux propres à mesurer la quantité de cette vapeur ou sa tension dans l'air : ces appareils sont les *hygromètres*. Avant de les décrire, rappelons les principes sur lesquels est fondée leur construction.

L'air atmosphérique, à une température donnée, peut contenir une quantité très variable de vapeur d'eau, depuis la sécheresse absolue, où cette quantité est nulle (circonstance qui ne se réalise presque jamais dans la nature), jusqu'au point de *saturation*, où elle est maximum. On nomme *état hygrométrique*, ou *humidité relative* de l'air, le rapport qui existe entre le poids de la vapeur contenue dans l'air au moment de l'observation et le poids maximum qu'aurait cette vapeur si l'air était saturé à la même température. Comme le rapport des poids est toujours à peu près égal à celui des tensions de la vapeur, la définition de l'état hygrométrique peut s'énoncer encore ainsi : le rapport entre la force élastique de la vapeur d'eau atmosphérique au moment où l'on observe et sa force élastique maximum à la même température.

La méthode la plus exacte pour mesurer le poids de la vapeur d'eau de l'air consiste à faire passer un volume d'air connu à travers un tube rempli de chlorure de calcium ou de pierre ponce imbibée d'acide sulfurique. Le tube pesé avant et après l'opération donne pour différence le poids de la vapeur d'eau absorbée. Si le volume d'air qui a traversé le tube est 125 litres, par exemple, et si la différence des pesées donne 30 centigrammes, on en conclura que le poids de la vapeur d'eau est de 2^{gr},4 par mètre cube d'air.

L'appareil qui sert à cette opération et qu'on nomme *hygromètre chimique*, est représenté dans la figure 85. A, B,

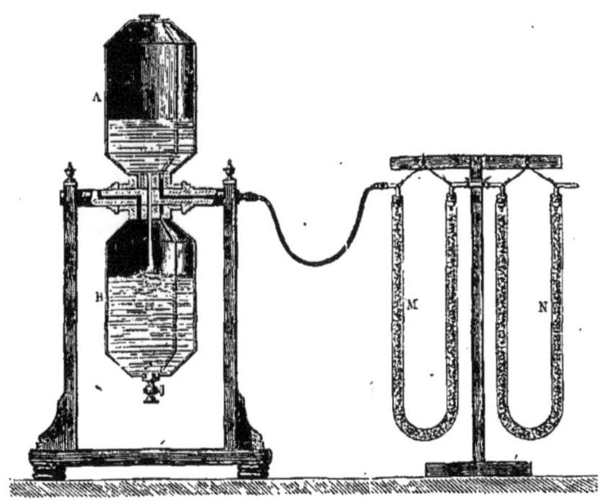

Fig. 85. — Hygromètre chimique.

sont deux vases cylindriques de même capacité communiquant par une tubulure centrale. Ils peuvent basculer autour d'un axe commun ; grâce à un système de tubulures pratiquées à l'intérieur de cet axe, le réservoir inférieur est toujours en communication avec l'atmosphère, et le supérieur, par un tube en caoutchouc, avec une série plus ou moins nombreuse de tubes en U, tels que M et N. On emplit d'eau le vase inférieur, le supérieur étant plein d'air, et l'on fait basculer l'appareil. Aussitôt l'eau de A s'écoule dans B, et le vide qui se fait au-dessus du liquide amène l'air extérieur par les tubes en U, où il dépose sa vapeur d'eau. L'écoulement terminé, on fait basculer à nouveau ; à chaque opération, la quantité d'air qui passe est donnée par la capacité de l'un des réservoirs.

Du poids de la vapeur d'eau on peut déduire sa force élastique. En divisant celle-ci par la tension maximum correspondant à la température de l'air, on aura l'état hygrométrique. Ce procédé, par sa longueur, n'est pas d'une application commode pour les observations météorologiques ; mais il peut servir de temps à autre, dans les observatoires, au contrôle des indications des hygromètres d'usage constant.

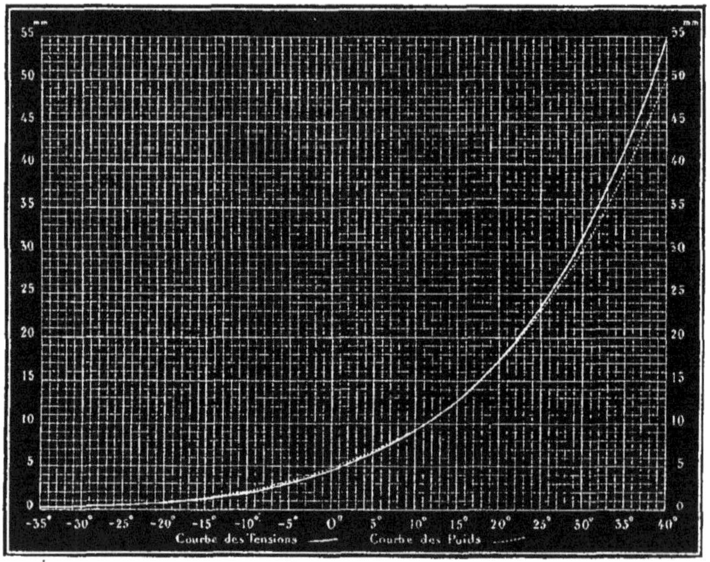

Fig. 86. — Courbes de la tension et du poids de la vapeur d'eau, d'après Regnault.

Ceux-ci peuvent se diviser en trois catégories : les *hygromètres à condensation*, les *hygromètres d'absorption* et les *psychromètres*.

La température de l'air extérieur étant connue, sa tension élastique maximum l'est pareillement. Il suffit, pour la connaître, de consulter les tables de Regnault, ou les courbes construites d'après ces tables (fig. 86). On aurait donc l'état hygrométrique cherché, si l'on avait la tension de la vapeur d'eau contenue dans l'air au moment de l'observation. Pour y parvenir, on refroidit progressivement une lame métallique polie, jusqu'à ce que sa surface se ternisse par le dépôt d'une couche de rosée, et l'on note la température de la plaque, qui est celle à laquelle l'air serait saturé par la vapeur d'eau qu'il contient, et que pour cette raison l'on nomme *point de rosée*. Les tables ou les courbes donnent la force élastique correspondante, et en la divisant par la tension maximum trouvée plus haut, puis en multipliant le quotient par 100, on a l'état hygrométrique ou l'humidité relative.

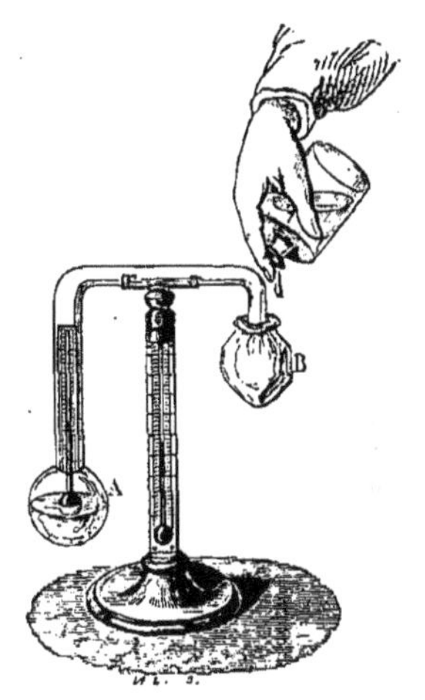

Fig. 88. — Hygromètre de Daniell.

Tel est le principe des *hygromètres à condensation*[1].

La figure 88 montre comment était disposé celui de Daniell. C'est un tube doublement recourbé, portant deux boules : l'une, A, en verre de couleur foncée, bleue ou noire, et à moitié pleine d'éther; dans le liquide plonge le réservoir d'un thermomètre. L'autre, B, est vide, ou ne contient que de la vapeur d'éther; elle est entourée d'un linge très fin sur lequel on verse de l'éther, jusqu'à ce que le refroidissement produit par l'évaporation à l'intérieur de A détermine un dépôt de rosée à la surface extérieure de cette dernière boule. La température marquée par le thermo-

1. Le plus ancien hygromètre de ce genre fut imaginé par un physicien français du dix-huitième siècle Le Roy. Un vase en étain contenant de l'eau, un thermomètre plongé dans le liquide (fig. 87), formaient tout l'appareil. On introduisait successivement des morceaux de glace dans l'eau du vase pour la refroidir, et l'on saisissait le moment où, ce refroidissement s'étant communiqué à la couche d'air qui surplombait le vase, la surface brillante de l'étain venait à se ternir par un dépôt de rosée. Le thermomètre indiquait la température correspondante. L'appareil n'était pas susceptible d'une grande précision, et le vase rempli d'eau, en s'évaporant, pouvait altérer l'état hygrométrique de l'air ambiant.

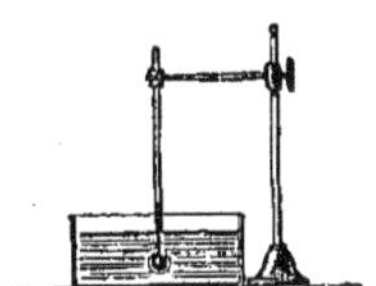
Fig. 87. — Hygromètre de Le Roy.

mètre intérieur donne le point de rosée; celle du thermomètre fixé à la colonne de l'appareil donne la température de l'air.

Regnault a construit un hygromètre à condensation qui n'a pas les défauts de celui de Daniell[1].

Il se compose d'un dé d'argent poli très mince, surmonté d'un tube en verre D fermé par un bouchon. T est un thermomètre très sensible, dont le réservoir plonge dans l'éther remplissant le dé. Un tube A, qui passe à travers l'éther jusqu'au fond du liquide, permet à l'air extérieur d'y pénétrer en l'agi-

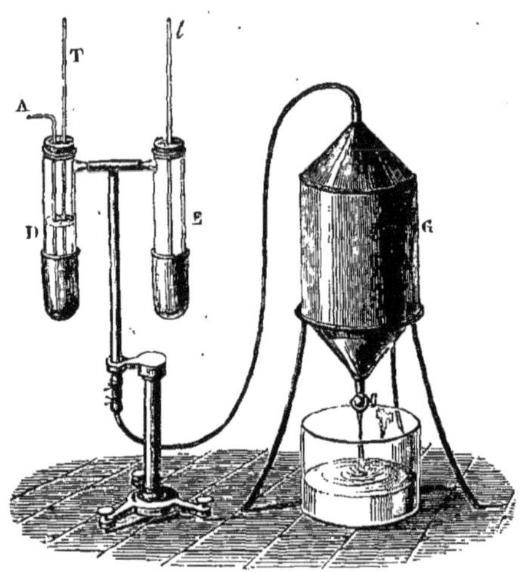

Fig. 89. — Hygromètre de Regnault.

tant, ce qui produit une évaporation rapide et un refroidissement de l'éther. L'appel de l'air extérieur se fait par suite de l'écoulement d'un aspirateur à eau G communiquant avec le tube D par un conduit en caoutchouc. Dès qu'a lieu le dépôt de rosée, on note la température du thermomètre T. On interrompt l'aspiration, le refroidissement, et l'on note de nouveau la température au moment où a lieu la disparition de la buée

1. Voici en quoi consistent ces défauts : difficulté de régler la marche du refroidissement; différence entre la vraie température du point de rosée qui est à la surface de l'éther, non à l'intérieur du liquide; influence de la présence de l'opérateur, et aussi de l'eau toujours mêlée à l'éther versé extérieurement, sur l'état hygrométrique de l'air ambiant.

qui couvre l'argent poli. On prend pour point de rosée la moyenne de ces deux températures, qui ne diffèrent, si l'opération est bien conduite, que de 1 ou 2 dixièmes de degré.

On voit un deuxième tube E muni d'un dé d'argent poli pareil au premier, mais vide d'éther, qui permet, par la comparaison de sa surface avec celle du dé refroidi, de bien juger du moment précis où la buée paraît ou disparaît. On y adapte quelquefois un thermomètre *t* donnant la température de l'air, mais il vaut mieux observer cette température extérieurement.

L'observateur de l'hygromètre de Regnault se tient près de l'aspirateur, convenablement éloigné lui-même de l'appareil, et il examine les surfaces des deux dés et fait la lecture du thermomètre à l'aide d'une lunette.

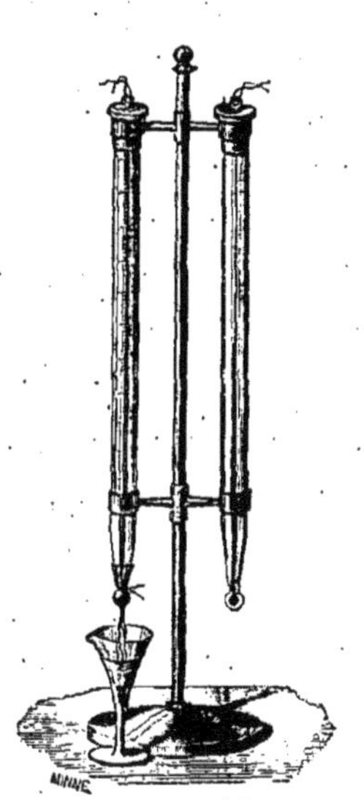

Fig. 90. — Psychromètre.

On doit au savant directeur de l'observatoire du Puy de Dôme, M. Alluard, une modification heureuse de la forme de l'hygromètre à condensation. Les deux surfaces polies, métalliques, dont l'une est en contact avec l'éther et se refroidit, tandis que l'autre reste à la température extérieure, sont planes; la première est un rectangle qui est encadré par la seconde sans la toucher. Le contraste entre celle-ci, qui conserve toujours son brillant, et l'autre au moment du dépôt de rosée, permet de constater plus facilement encore l'instant de ce dépôt.

Dans les observations météorologiques courantes, on emploie, de préférence aux hygromètres à condensation, le *psychromètre*, qui n'est autre chose qu'un double thermomètre, le réservoir de l'un des instruments restant toujours sec, tandis que le réservoir de l'autre, entouré de mousseline, reste constamment mouillé. L'évaporation, à la surface de ce dernier, est d'autant plus active que l'air est plus éloigné du point de saturation ; il en résulte un refroidissement qui fait que le thermomètre mouillé est toujours à une température inférieure à celle du thermomètre sec. Dans le cas unique où l'air serait saturé, où dès lors l'évaporation et le refroidissement seraient également nuls, les deux thermomètres marqueraient la même température. Disons comment on observe le psychromètre. Quelques minutes avant l'observation, on plonge la boule du thermomètre humide dans de l'eau de pluie à la température ordinaire, de façon qu'il ait le temps de prendre la température stationnaire résultant de l'évaporation et de l'action de l'air extérieur. Souvent le linge qui entoure le réservoir est en communication constante avec l'eau d'un tube ou d'un vase par l'intermédiaire d'une mèche de coton qui en est toujours imbibée. Si la température est au-dessous de 0°, l'eau qui imbibe la mousseline devra être congelée et le réservoir du thermomètre lui-même recouvert d'une couche de glace, ce qui exige quelquefois un temps un peu long pour chaque observation psychrométrique.

On a calculé des tables qui permettent, les températures des thermomètres sec et mouillé étant connues et leur différence calculée, de trouver l'état hygrométrique correspondant[1].

1. Voici un fragment d'une de ces tables :

DIFFÉRENCE ENTRE LES THERMOMÈTRES SEC ET MOUILLÉ	TEMPÉRATURE DU THERMOMÈTRE MOUILLÉ										
	15°	16°	17°	18°	19°	20°	21°	22°	23°	24°	25° ....
							État hygrométrique				
4°,0	63	64	65	66	66	67	68	69	69	70	71 ....
4°,2	61	62	63	64	65	66	67	67	68	69	70 ....
4°,4	60	61	62	63	64	65	65	66	67	68	68 ....
4°,6	58	59	61	62	62	63	64	65	66	66	67 ....
4°,8	57	58	59	60	61	62	63	64	65	65	66 ....
5°,0	55	57	58	59	60	61	62	63	63	64	65 ....
5°,2	54	55	56	58	59	60	60	61	62	63	64 ....
5°,4	53	54	55	56	57	58	59	60	61	62	63 ....
5°,6	51	53	54	55	56	57	58	59	60	61	62 ....
5°,8	50	51	53	54	55	56	57	58	59	60	60 ....
6°,0	49	50	52	53	54	55	56	57	58	59	59 ....

Donnons un exemple de l'emploi de ces tables. Soit :

Arrivons maintenant à la troisième espèce d'instruments propres à mesurer la quantité de vapeur d'eau de l'air, aux *hygromètres d'absorption.*

De Saussure a construit un hygromètre de ce genre basé sur l'allongement que subit un cheveu sous l'influence de l'humidité qu'il absorbe, allongement qui est d'autant plus considérable que l'air est plus voisin de son point de saturation, quelle que soit d'ailleurs la température. A l'état ordinaire, les cheveux sont enduits d'une matière grasse qui s'oppose à cette absorption; pour les en débarrasser, de Saussure les lavait dans l'eau bouillante, légèrement alcaline. On préfère aujourd'hui les laver simplement à l'éther, pour éviter l'altération que peut causer une température élevée. Ainsi nettoyé, un cheveu s'allonge d'environ $\frac{1}{50}$ de sa longueur totale entre la sécheresse extrême et l'humidité absolue, vu l'état de saturation de l'air. Voici comment le célèbre physicien construisait son hygromètre. Il attachait le cheveu par une de ses extrémités à une pince fixée à l'intérieur d'un cadre métallique, l'autre extrémité s'enroulant à la gorge d'une poulie portant sur son axe une aiguille légère. Un poids fixé par un fil de soie à la même gorge tendait à tout instant le fil. La graduation de l'instrument se faisait ainsi : on le plaçait d'abord sous une cloche contenant de l'air et une substance déliquescente, de la chaux vive ou de l'acide sulfurique. Cette substance absorbe entièrement la vapeur d'eau; le cheveu se raccourcit et fait tourner l'aiguille dans un sens; elle devient stationnaire au bout de 2 ou 3 jours, et, sur l'arc parcouru par l'extrémité de l'aiguille, l'on marque 0

Température du thermomètre sec.	+ 23°,4
— du thermomètre mouillé.	+ 18°,0

La différence des températures est alors 5°,4. On cherche ce nombre dans la première colonne à gauche, et l'on suit la colonne horizontale qui commence par 5°,4 jusqu'à la rencontre de la ligne verticale portant en tête la température du thermomètre mouillé 18°. On tombe sur le nombre 56, qui est l'état hygrométrique correspondant. L'air, en un mot, renferme les 56 centièmes de la vapeur d'eau qui le saturerait à la température de + 23°,4.

On interpolerait dans le cas où les chiffres donnés par l'observation seraient compris entre ceux des tables. Par exemple, les thermomètres sec et mouillé marquent + 19°,8 et + 15°,6 : différence 4°,2. L'état hygrométrique est compris entre 61 et 62. Par interpolation on trouve qu'il est 61,6.

le point où elle s'arrête : c'est celui de la sécheresse extrême. Puis on place l'appareil sous une cloche où l'on a mis de l'eau ou dont les parois sont mouillées ; le cheveu s'allonge, l'aiguille marche en sens contraire, et finit par s'arrêter à un point qu'on marque 100 : c'est celui de l'humidité absolue.

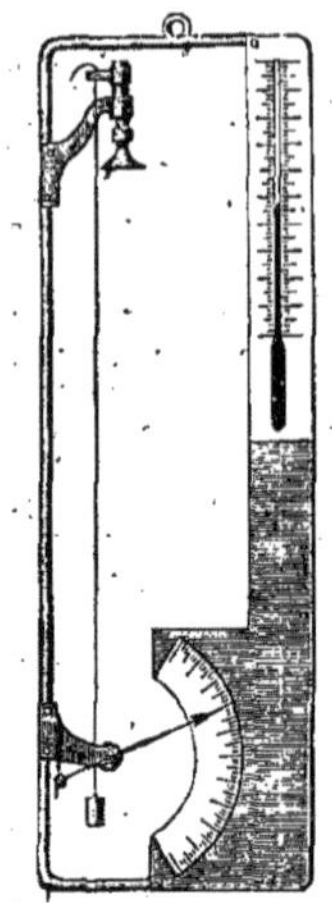

Fig. 91. — Hygromètre à cheveu de Saussure.

On partage alors l'arc parcouru soit en 100 parties égales, ou *degrés hygrométriques*, soit en parties proportionnelles à l'état hygrométrique, ce qui exige qu'on ait une table de graduation permettant de passer d'un mode de division à l'autre. En effet, l'hygromètre à cheveu donne bien toujours des indications identiques s'il est placé dans les mêmes circonstances ; dans l'air saturé, quelle que soit la température, il marque toujours 100°, et dans l'air parfaitement sec, 0° ; mais ces degrés (ou centièmes d'arc) ne sont pas proportionnels aux états hygrométriques, et c'est par divers procédés expérimentaux qu'on a pu trouver la relation qui existe entre les divisions de l'hygromètre et ces états, qui sont la mesure de l'humidité relative ; de Saussure, Gay-Lussac, Melloni ont calculé des tables donnant cette correspondance.

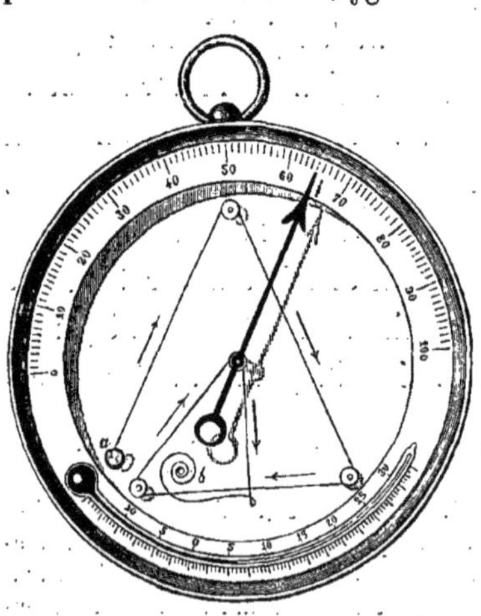

Fig. 92. — Hygromètre à cheveu de Monnier.

Pour les observations météorologiques courantes, l'hygromètre à cheveu est d'un usage commode et simple ; mais, comme le remarquent les *Instructions* du Bureau central Météorologique de France, « il est assez sujet à se déranger ; aussi ne doit-on jamais l'employer seul. Il est indispensable de le vérifier, au moins tous les deux ou trois jours, avec un psychromètre, ou mieux avec un hygromètre à condensation. On le règle chaque fois en tournant la vis placée à la partie supérieure. Mais avec ces précautions on peut en déduire d'assez bonnes indications, comparables à celles du psychromètre. En hiver, pendant les gelées, il devient même préférable au psychromètre, dont l'emploi présente les plus grandes difficultés et est soumis à de nombreuses incertitudes. »

A l'observatoire de Montsouris, on emploie un hygromètre à crin de cheval; le crin, plus résistant que le cheveu, mais s'allongeant moins par absorption d'humidité, a dû être employé plus long; une poulie de renvoi, sur laquelle il se replie au sommet du cadre, évite de donner à ce dernier des dimensions incommodes. Dans l'hygromètre à cheveu de Monnier (fig. 92), le cheveu se replie deux fois, ce qui a permis de loger le tout dans une boîte circulaire très portative.

§ 3. VARIATIONS HYGROMÉTRIQUES DIURNES, MENSUELLES, ANNUELLES.

A l'aide des instruments dont on vient de lire la description, on peut déterminer d'heure en heure, par exemple, soit la tension de la vapeur d'eau contenue dans l'air au moment où l'on observe, soit l'humidité relative ou l'état hygrométrique, c'est-à-dire le rapport entre cette tension et la tension maximum de l'air saturé à la même température. Dans le premier cas, le résultat s'exprime en millimètres, et fractions de millimètre, comme la pression; dans le second cas, c'est un nombre abstrait donnant, en centièmes de l'humidité absolue, la valeur de l'humidité relative.

En accumulant les observations, et en prenant les moyennes comme nous l'avons déjà dit à propos de la pression et de la chaleur de l'air, on peut suivre par jour, par mois ou saisons, par années, la marche de l'un des plus importants éléments météorologiques en chaque lieu.

Comme la formation de la vapeur d'eau est essentiellement liée aux fluctuations de la température, on peut prévoir qu'on va retrouver dans les variations de sa tension les mêmes périodes diurnes, mensuelles, etc., que nous avons constatées pour la chaleur.

En premier lieu, parlons de la variation diurne. Suivons, sur la figure 93, les contours de la courbe FFF qui représente la tension de la vapeur d'eau à Halle, pendant toutes les heures d'un jour du mois de janvier. Nous la voyons augmenter depuis midi jusqu'à 2 heures, où elle atteint le maximum ; puis diminuer progressivement jusqu'au lendemain, à 8 heures du matin, c'est-à-dire à l'heure du lever du Soleil, qui est celle du mini-

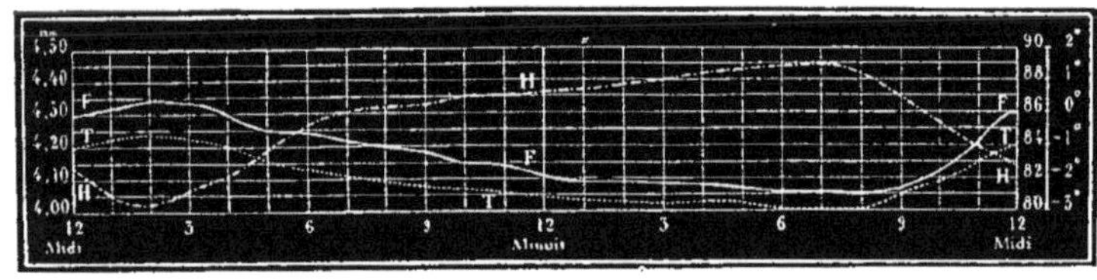

Fig. 93. — Variations diurnes de la tension de la vapeur d'eau et de l'état hygrométrique, à Halle, en janvier : FFF, courbe des tensions ; TTT, courbe des températures ; HHH, courbe de l'état hygrométrique ou de l'humidité relative.

mum. De là elle reprend une marche ascendante jusqu'à midi et au delà, et, comme on vient de le voir, c'est au moment le plus chaud de la journée qu'elle parvient à son maximum. En un mot, la courbe de la variation diurne de la tension est, à peu de chose près, parallèle à TTT, courbe de la température. Toutefois cette concordance cesse en partie si, au lieu de considérer la variation hygrométrique diurne en janvier, on la prend dans la saison opposée, en juillet (fig. 94). Alors, c'est bien toujours avant le lever du Soleil (vers 2 heures du matin) que la tension de la vapeur d'eau atteint le minimum. Mais, au lieu d'un seul maximum, on en observe deux, le premier vers 8 ou 9 heures du matin, le second vers 8 heures du soir ; entre les deux, à 4 heures après midi, se trouve un minimum, d'ailleurs moins élevé que celui du matin. Ces deux marches différentes de la variation diurne sont caractéristiques de la saison d'hiver et de la saison d'été, dans les stations qui, comme Halle, sont situées à l'intérieur des terres, ou encore dans les régions tropicales. Au contraire, les pays de la zone tempérée situés sur le bord de la mer ou dans le voisinage des côtes n'offrent qu'un minimum et qu'un maximum, et

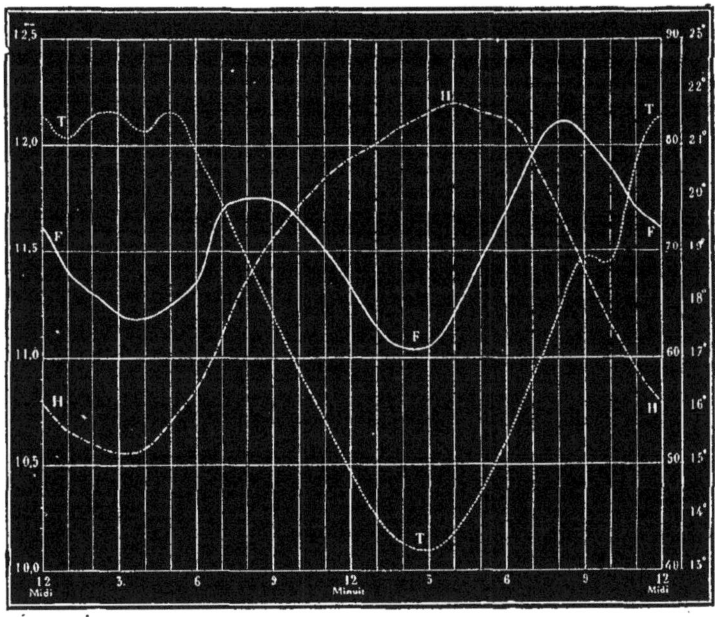

Fig. 94. — Variations diurnes de la tension de la vapeur d'eau et de l'état hygrométrique, à Halle, en juillet : FFF, courbe des tensions ; HHHH, courbe de l'état hygrométrique ; TTT, courbe des températures.

la courbe des tensions y reste à peu près parallèle à celle des températures. M. Mohn donne comme exemples à l'appui de cette double marche les observations hygrométriques faites à Bergen, à Upsal, à Batavia. A Bergen, en juillet, il y a un minimum vers 4 à 5 heures du matin, et un maximum à 2 heures. A Upsal, le minimum se produit aussi de bonne heure, vers le lever du Soleil ; et pendant la matinée, la tension croît jusqu'à 8 ou 9 heures, pour décroître un peu jusqu'à 2 heures de l'après-midi; elle recommence alors à augmenter jusqu'à 9 heures du soir, après quoi elle diminue de nouveau pendant le reste de la nuit, jusqu'au point du jour. A Batavia, même marche qu'à Upsal, aux heures près : la variation diurne (moyenne des douze mois de l'année) acquiert son minimum à 6 heures du matin; un premier maximum à 9 heures; un second minimum à 11 heures et enfin un second maximum à 7 heures du soir. « Ce qu'il y a de remarquable dans cette période, ajoute M. Mohn, c'est que le maximum de tension ne coïncide pas avec le maximum de la température, puisque en effet la tension est moindre pendant les heures les plus chaudes du jour (20^{mm},7 à 11 heures du matin) qu'elle ne l'est le matin et le soir (20^{mm},9 à 9 heures du matin et 21^{mm},3 à 7 heures du soir). »

Pourquoi cette différence de marche entre l'hiver et l'été, entre les stations maritimes de la zone tempérée et les stations de la même zone situées au loin dans les terres, entre nos climats et ceux des régions tropicales? Plus la température est élevée, plus l'évaporation est active; la raison du parallélisme des courbes de température et des courbes de tension à certaines époques et dans certains lieux est donc toute naturelle. Il y a lieu seulement d'expliquer l'existence d'un minimum vers le milieu de la journée. Or on attribue ce minimum aux courants ascendants qui se produisent par suite de l'échauffement du sol et des couches d'air en contact avec lui. Ces courants, entraînant une partie de la vapeur d'eau qui s'est formée dans les couches inférieures, en diminuent la tension précisément à l'instant de la plus grande chaleur. Dans le voisinage des côtes, le même phénomène a lieu; mais, en même temps que les courants ascendants se forment, s'élève la brise de mer, qui apporte avec elle un air plus humide et compense ainsi la perte de vapeur due à ces courants.

L'amplitude de la variation diurne des tensions de la vapeur d'eau varie d'ailleurs beaucoup avec les saisons. On peut s'en rendre compte en comparant les courbes de janvier et de juillet à Halle (fig. 93 et 94). Tandis qu'entre le maximum et le minimum de janvier il n'y a pas 1/3 de millimètre ($0^{mm},29$) de différence, en juillet cette différence s'élève à $1^{mm},06$, ou à plus du triple. Mais la moyenne tension elle-même, dans sa marche annuelle, accuse des différences considérables, qui pour Halle vont de $4^{mm},17$ à $11^{mm},52$, pour Apenrade de $5^{mm},07$ à $13^{mm},32$, pour Paris (Montsouris) de $5^{mm},05$ à $11^{mm},18$. Janvier et juillet sont les mois du minimum et du maximum pour la première et la troisième de ces stations; c'est mars et août pour Apenrade. En général, la quantité de vapeur ou sa

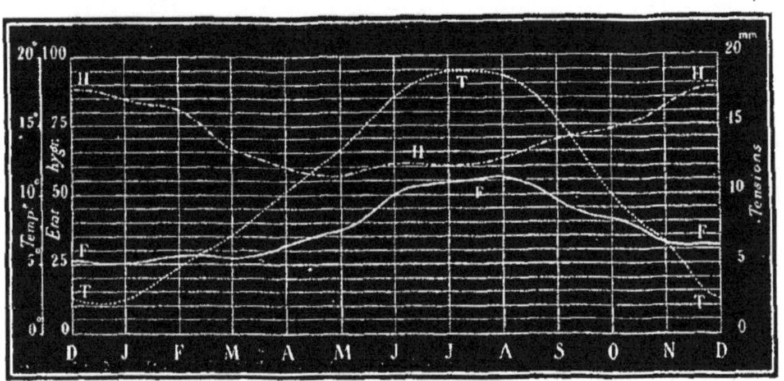

Fig. 95. — Variations mensuelles de la tension de la vapeur d'eau et de l'état hygrométrique à Montsouris : FFF, courbe des tensions; HHH, courbe de l'humidité relative; TTT, courbe des températures.

tension augmente et diminue avec la température, aussi bien dans le cours de l'année que dans le cours de la journée. On peut constater cette proportionnalité en comparant, dans la figure 95, les courbes qui représentent ces deux éléments météorologiques pour la station de Montsouris.

Les oscillations mensuelles de la tension de la vapeur d'eau suivent à peu de chose près les mêmes lois que les variations de la température. Ainsi l'amplitude est moindre dans le voisinage de la mer qu'à l'intérieur des continents; elle est moindre dans les régions tropicales que dans la zone tempérée. Cette amplitude, qui ne dépasse guère 2 millimètres à Batavia, qui sur les côtes occidentales de Norvège n'atteint que 5 à 6 millimètres, dépasse 9 millimètres à l'intérieur de la Sibérie, où nous avons vu la température subir, de l'hiver à l'été, des écarts si considérables.

L'air atmosphérique et la vapeur d'eau qu'il contient, sont comme deux atmosphères indépendantes qui se pénètrent réciproquement et qui suivent les lois du mélange des gaz et des vapeurs. Dans l'état d'équilibre, l'atmosphère de vapeur d'eau doit être formée, comme l'autre, de couches de densités décrois-

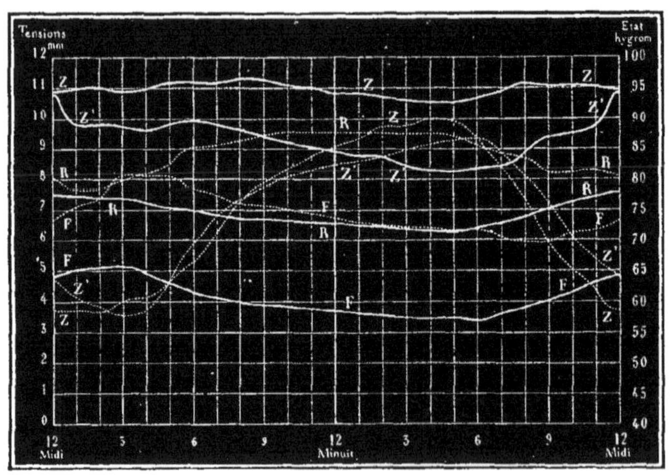

Fig. 96. — Variations hygrométriques diurnes à diverses altitudes : Zurich, le Rigi, le Faulhorn[1].

santes avec la hauteur, de sorte que, à mesure que l'on s'élève dans l'air, la tension de la vapeur d'eau doit aller en diminuant. Ces prévisions de la théorie sont confirmées par l'observation. Les exceptions que l'on peut citer tiennent à des perturbations semblables à celles que nous avons constatées en décrivant les interversions de la température. En suivant les courbes de la variation diurne de la tension en un lieu élevé, on constate

1. Les courbes pleines de la figure 96 représentent les variations diurnes de la tension de la vapeur d'eau; les courbes ponctuées celles de l'état hygrométrique. Il y a eu deux séries d'observations simultanées : la première, à Zurich et sur le Rigi, est représentée par les courbes marquées ZZZ pour Zurich et RRR pour le Rigi; la seconde, à Zurich et sur le Faulhorn, est donnée par les courbes Z'Z'Z' pour Zurich et FFF pour le Faulhorn.

toutefois une différence assez notable entre sa marche et celle qu'on observe à une altitude inférieure. La figure 96 va nous permettre de mettre ce fait en évidence. On y voit les résultats des observations faites simultanément à Zurich par Horner, et sur le Rigi et le Faulhorn par Kaemtz. Dans les courbes de Zurich on remarque, outre le minimum du lever du Soleil, un second minimum vers 3 ou 4 heures de l'après-midi ; celles du Rigi et du Faulhorn ne donnent, au milieu de la journée, qu'un maximum atteint rapidement, soit à midi, soit vers 2 heures, après quoi la tension diminue avec une pareille rapidité. Or nous avons vu que le minimum de midi des stations en plaine s'explique par les courants ascendants de la matinée qui entraînent la vapeur vers les hautes régions de l'atmosphère et diminuent la tension des couches inférieures ; le même phénomène rend évidemment compte de l'absence de minimum dans les régions élevées à ces mêmes heures.

Pour terminer ce que nous avons à dire de la tension ou de la quantité absolue de vapeur d'eau contenue dans l'air, ajoutons que les observations prouvent que cette quantité va en diminuant comme la température, en allant de l'équateur aux pôles. Mais, à latitude égale, il s'en faut qu'elle soit la même. A la surface de l'Océan, à une température quelconque, elle est toujours voisine de son maximum ou de l'état de saturation. A partir des côtes, et en s'éloignant dans l'intérieur des terres, elle va en diminuant ; mais les circonstances, la constitution du sol, l'abondance plus ou moins grande des eaux, de la végétation, ont une influence extrême sur l'activité de l'évaporation, qui est d'ailleurs aussi nécessairement dans une dépendance étroite avec la température, comme nous l'avons déjà dit. L'influence des vents, de leur direction n'est pas moindre sur la tension : suivant qu'ils apportent dans un lieu l'air chargé d'humidité de la mer, ou l'air qu'un long trajet sur les continents a déjà dépouillé de sa vapeur d'eau, les vents sont humides ou secs à un degré que des observations accumulées permettent seuls de préciser. Voici les résultats obtenus à Halle par Kaemtz :

Vents.	Tension de la vapeur.	Vents.	Tension de la vapeur.
N.	6mm,69	S.	7mm,82
NE.	6mm,56	SW	7mm,46
E	6mm,90	W	7mm,26
SE.	7mm,31	NW	6mm,90

« Ainsi, dit l'auteur des observations, la quantité de vapeur est aussi petite que possible lorsque le vent souffle entre le nord et le nord-est ; elle augmente quand il tourne à l'est, au sud-est et au sud et atteint son maximum entre le sud et le sud-ouest, pour diminuer de nouveau en passant à l'ouest et au nord-ouest. La cause de ces différences est bien simple. Avant d'arriver à Halle, les vents d'ouest passent sur l'Atlantique et se chargent de vapeurs, tandis que ceux qui soufflent de l'est viennent de l'intérieur des continents de l'Europe ou de l'Asie. Ces vapeurs se résolvent déjà en pluie lorsque les vents occidentaux arrivent en France ; mais cette eau se vaporise presque immédiatement, et il en résulte qu'en Allemagne ces vents seront toujours plus chargés de vapeur que ceux de l'est. Le vent d'ouest-sud-ouest, venant à la fois de la mer et des contrées plus chaudes, peut se charger d'une plus grande proportion de vapeur d'eau que le vent d'ouest, qui est plus froid. Aussi, quoique ce dernier ait moins de chemin à faire pour arriver depuis la mer jusqu'à Halle, contient-il une moindre proportion de vapeur que le sud-ouest[1]. »

L'influence des vents sur la quantité de vapeur d'eau de l'air est variable du reste avec les saisons. En construisant une *rose hygrométrique des vents*, comme nous en avons donné plus haut pour la pression et pour la température, on trouve des courbes différentes, suivant que l'on considère la moyenne de tension annuelle ou celle de chacune des saisons de l'année. L'explication de ces variations est semblable à celle qu'on vient de lire.

1. *Cours de Météorologie*, traduction Ch. Martins.

§ 4. VARIATIONS DE L'ÉTAT HYGROMÉTRIQUE OU DE L'HUMIDITÉ RELATIVE.

Dans tout le paragraphe précédent, il n'a été question que de la quantité absolue de vapeur contenue dans l'air et de ses variations suivant les époques, les lieux, etc. Nous n'avons rien dit de l'humidité relative ou de l'état hygrométrique. C'est cependant là l'élément qui nous fait juger de la sécheresse ou de l'humidité réelle du milieu où nous respirons. Or la marche de l'état hygrométrique et celle de la tension sont le plus souvent opposées, comme on peut s'en assurer en comparant les courbes qui les représentent l'une et l'autre dans les figures que nous avons données.

Nous trouvons que l'air est sec, lorsque, quelle que soit d'ailleurs la quantité de vapeur qu'il renferme, il est éloigné de son point de saturation. Il est humide au contraire, même avec une faible tension de vapeur, si sa température est telle que, pour un léger abaissement, il soit saturé. On voit alors la vapeur condensée ou précipitée soit à la surface des corps, où elle produit la rosée, soit dans l'air même, à l'état de brouillard, et nous avons la sensation d'une humidité pénétrante. Ainsi, en général, l'instant de la journée où l'humidité relative est le plus grande est celui qui précède le lever du Soleil. Alors la quantité de vapeur d'eau est à son minimum; cependant, à cause de sa basse température, l'air est très humide. Plus le Soleil monte, plus l'évaporation est activée, plus la quantité de vapeur formée est considérable; mais aussi, en raison de l'élévation de la température, plus le point de saturation s'éloigne, plus l'air est et paraît sec. Il en est de même en été, où l'on voit la tension ou la quantité de vapeur monter, d'un mois à l'autre, en même temps que la température; tandis que l'état hygrométrique ou l'humidité relative diminue, ou, ce qui revient au même, que la sécheresse de l'air augmente. En hiver, par les temps froids et brumeux, la tension est faible, l'état hygrométrique élevé, l'air très humide est voisin de son point de saturation.

Sur la foi des observations de Saussure et de Deluc, qui firent les premières recherches hygrométriques sur les hautes montagnes, de celles de Humboldt, qui observa l'hygromètre dans la chaîne des Andes, on admettait généralement que l'air est très sec dans les hautes régions. Kaemtz, sans nier l'exactitude des faits observés par ces savants météorologistes, en conteste du moins la généralité, et voici les raisons qu'il invoque à l'appui de son opinion :

« Quand on suit pendant quelque temps, dit-il, sur un point élevé des Alpes, la marche de l'hygromètre, on constate quelquefois un degré de sécheresse dont on n'a aucune idée dans les plaines ; il accompagne souvent ce beau temps, si ardemment désiré par tous les voyageurs. J'ai vu quelquefois dans ces cas la neige disparaître avec une extrême rapidité sans mouiller la terre, parce qu'elle se transformait immédiatement en vapeurs ; du bois placé au soleil se dégelait très vite. Si ces phénomènes se passent à la surface du sol, où l'hygromètre est influencé par l'évaporation immédiate de la terre, ils devraient être encore bien plus marqués si l'on s'élevait dans un aérostat. Toutefois il ne faut pas oublier qu'à ces journées si sèches succèdent des journées et même des semaines entières où les sommets des montagnes sont voilés par d'épais brouillards, tandis que dans la plaine l'hygromètre se tient loin du point de saturation. Si nous réfléchissons que les observations de Saussure et de Deluc, sauf le séjour sur le col du Géant, ont toutes été faites dans des courses de montagnes, pour lesquelles on choisit toujours le beau temps, nous ne nous étonnerons pas si leurs résultats s'éloignent beaucoup du résultat moyen. En analysant ceux de M. de Humboldt, il ne faut pas oublier que sa station inférieure se trouvait au bord de la mer, tandis que la supérieure, placée dans l'intérieur des terres, était exposée à l'influence des vents d'est, qui, traversant de vastes continents, sont ordinairement très secs. De Saussure a fait une série d'observations pendant son séjour de seize jours sur le col du Géant, à une hauteur de 3450 mètres, tandis qu'on observait simultanément les instruments à Genève et dans la vallée de Chamounix. Malheureusement le créateur de l'hygrométrie a exclu de ses calculs tous les jours pendant lesquels il était entouré de nuages, et par conséquent la moyenne qu'il a obtenue est fort différente de la moyenne réelle. » De toutes ces

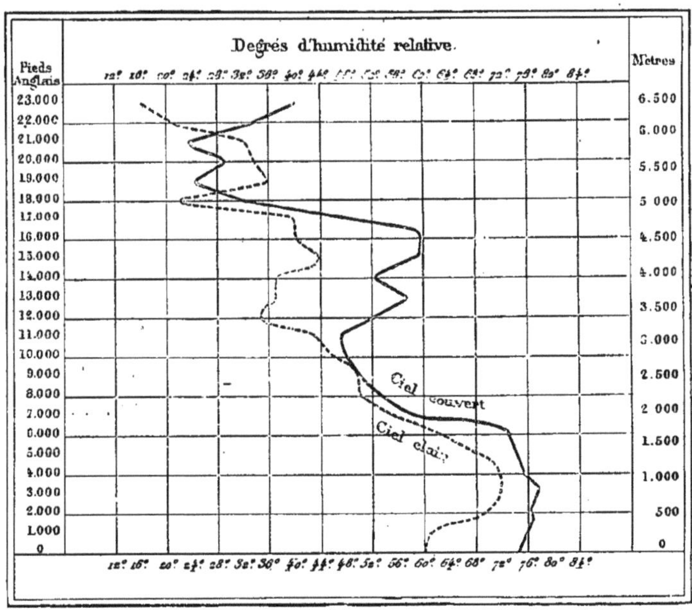

Fig. 97. — Variations de l'humidité relative de l'air selon la hauteur, d'après les observations aéronautiques de M. Glaisher.

considérations, Kaemtz conclut que, « en somme, l'air des couches supérieures est aussi humide que celui des couches inférieures. » Toutefois il ne faut pas oublier que ces phénomènes sont soumis à des vicissitudes de toutes sortes, selon les années et les saisons, et les différences que l'on trouve, d'une époque à l'autre, dans l'état hygrométrique de deux stations situées à des altitudes inégales, paraissent surtout avoir pour cause des variations correspondantes dans la loi de décroissement de la température avec la hauteur.

D'ailleurs, il ne faut pas se dissimuler que l'interprétation des observations hygrométriques est souvent difficile. Par un temps de pluie, un ciel couvert, il arrive que l'hygromètre marque la sécheresse; au contraire, l'humidité relative donnée par les instruments peut être très forte, bien que le temps soit beau. C'est que, sous l'influence des vents, des courants ascendants et descendants, les différentes couches atmosphériques sont loin d'être homogènes en ce qui regarde la température et la quantité de vapeur d'eau qu'elles renferment. L'hygromètre ne peut donner que l'état des couches où il se trouve plongé. On peut voir à la page précédente (fig. 97) un diagramme dû à M. Glaisher, qui le prouve avec la dernière évidence. Ce savant aéronaute assure n'avoir jamais exécuté d'ascension où le degré d'humidité de l'air n'ait varié très notablement, à mesure qu'il montait ou descendait. « Il est impossible de dire *à priori*, ajoute-t-il, qu'en sortant d'une couche sèche on ne trouvera pas quelques milliers de pieds plus haut une couche saturée. L'état ordinaire de l'atmosphère paraît même être la superposition d'un nombre quelconque de couches tantôt sèches, tantôt humides, groupées d'une manière quelconque. Cependant on peut arriver à établir une sorte de moyenne en séparant les observations faites par un ciel couvert de celles qui ont été exécutées par un ciel serein[1]. »

1. *Voyages aériens.*

CHAPITRE VI

LES HYDROMÉTÉORES

§ 1. LA ROSÉE. — LA GELÉE BLANCHE ET LE GIVRE.

Tout le monde sait ce qu'est la *rosée*, ce dépôt plus ou moins abondant de fines gouttelettes aqueuses qu'on aperçoit le matin sur le sol, sur tous les objets exposés à l'air, et principalement à la surface des végétaux, herbes, feuilles, etc. Avant d'en donner l'explication ou la théorie, disons dans quelles circonstances elle se forme et quelles sont les conditions de sa plus ou moins grande abondance.

C'est le plus généralement pendant la nuit que la rosée se dépose. Dès le coucher du Soleil, le phénomène commence; il arrive même que l'herbe est déjà sensiblement humide avant la disparition de l'astre sous l'horizon, dans les parties du sol qui sont à l'ombre. Mais c'est dans la seconde moitié de la nuit qu'il est le plus intense, et les gouttelettes dont se couvrent les objets augmentent en grosseur jusqu'après le lever du Soleil.

Deux circonstances favorisent particulièrement la formation de la rosée : la sérénité du ciel et le calme de l'air. S'il ne fait pas de vent, on en observe encore des traces par un temps couvert, comme aussi par un ciel clair quand l'atmosphère est agitée par le vent. Mais sous l'influence réunie de ces deux conditions défavorables on ne voit jamais de rosée. Que le ciel vienne à se couvrir quand la rosée se dépose, à l'instant elle cesse de se former ; et même celle qui déjà mouillait les plantes diminue et finit par disparaître. Il en est de même si un vent un peu fort succède au calme de l'atmosphère.

Toutefois on constate qu'un léger mouvement de l'air est plutôt favorable au dépôt de la rosée. On a remarqué que, si à une nuit sereine succède une matinée brumeuse, la rosée est très abondante, qu'elle l'est aussi davantage quand règnent les vents très faibles de l'ouest et du sud, c'est-à-dire ceux qui, dans nos climats, sont les plus humides. Cette influence de la direction du vent sur la formation de la rosée est générale et, dans chaque contrée, ce sont les vents de mer qui la favorisent. Ainsi en Égypte, quand les vents du nord ne soufflent point, il n'y en a pas.

Comme on le voit, toutes les circonstances qui amènent une abondante précipitation de rosée se réduisent jusqu'ici à deux : le refroidissement du sol et des couches inférieures de l'air en contact avec lui ; une quantité suffisante de vapeur d'eau dans ces couches et, par conséquent, un état hygrométrique voisin de la saturation. Comme ces circonstances se trouvent principalement réunies au printemps et en automne, il n'est pas étonnant que les nuits de ces deux saisons, de la seconde surtout, se distinguent par l'abondance des dépôts de rosée. On comprend de même pourquoi c'est dans le voisinage de la mer, des grandes étendues d'eau, des lacs et des fleuves que le phénomène est le plus intense, tandis qu'il est presque nul dans l'intérieur des grands continents ; dans les déserts de sable, l'air est si sec que, malgré la basse température des nuits, toujours très sereines, la rosée est inconnue.

Elle se dépose de préférence, toutes autres circonstances égales, sur les corps qu'aucun abri ne garantit contre le rayonnement nocturne. La nature du corps a aussi une grande influence sur l'abondance de la rosée dont il se recouvre. L'observation prouve que les végétaux se mouillent plus que la terre ; les corps mauvais conducteurs de la chaleur, divisés en filaments ou en touffes, plus que les corps bons conducteurs ou en masses compactes; l'état de la surface a une influence marquée: elle se couvre d'autant plus de rosée qu'elle est plus rugueuse. Les métaux polis sont, de tous les corps connus, ceux qui l'attirent le moins; on croyait même qu'elle ne les mouille jamais. Mais Wells ayant exposé à l'air, dans les circonstances les plus favorables, des miroirs d'or, d'argent, de cuivre, d'étain, de platine, de fer, d'acier, de zinc, de plomb, constata que leur surface se recouvre d'une légère couche d'humidité. Il n'y remarqua point, à la vérité, les fines gouttelettes qu'on voit se déposer sur le verre, sur l'herbe, aux premiers instants de la précipitation aqueuse. Du reste, il y a sous ce rapport une différence notable entre les divers métaux. Le platine, le fer, le zinc, l'acier sont parfois couverts de rosée, tandis que l'or, le cuivre, l'étain, l'argent restent parfaitement secs dans les mêmes conditions.

Quant à l'état mécanique des corps, il a, comme nous venons de le dire, une grande influence. De menus copeaux absorbent plus de rosée que le morceau de bois qui les a formés ; le coton non filé plus qu'un même poids de coton filé, plus qu'un même poids de laine dont les filaments sont moins fins. Le duvet de cygne est le corps qui, de tous, se recouvre le plus abondamment de rosée.

En ce qui concerne la situation du corps exposé à l'air pendant la nuit, voici comment on peut formuler l'influence des abris qui le protègent : « Tout ce qui tend en général à diminuer l'étendue de la portion du ciel visible de la place que le corps occupe, diminue la quantité de rosée dont ce dernier se recouvre. » Des expériences dues à Wells et variées de mille manières démontrent l'exactitude de cette loi. Citons-en quelques-unes. « Je plaçai, dit-il, dans une nuit calme et sereine, 10 grains de laine sur une planche peinte d'un mètre et demi de long, de deux tiers de mètre de large, de 2 centimètres d'épaisseur, et qui était soutenue, à plus d'un mètre au-dessus de l'herbe, par quatre appuis de bois très minces et d'égale hauteur; en même temps j'attachai, mais sans trop les serrer,

10 grains de laine au milieu de sa face inférieure. Les deux touffes étaient conséquemment à 2 centimètres de distance, et se trouvaient également exposées à l'action de l'air. Cependant, le lendemain matin, je trouvai que la touffe supérieure s'était chargée de 14 grains d'humidité, tandis que l'inférieure n'en avait attiré que 4. Une seconde nuit, ces quantités d'humidité furent respectivement 19 et 6 grains; une troisième, 11 et 2; une quatrième, 20 et 4; c'était toujours la laine attachée à la face inférieure de la planche qui acquérait le moins de poids. »

Des différences semblables, mais moins fortes, furent constatées en plaçant deux flocons de laine semblables, l'un sur l'herbe, tout à fait à découvert, l'autre également sur l'herbe, mais au-dessous de la planche de l'expérience précédente. De celle-ci, la portion visible du ciel était beaucoup plus grande qu'auparavant. Pour montrer que la position verticale de l'abri au-dessus du corps n'était point la cause qui le préservait de la rosée, dans l'hypothèse où celle-ci tomberait à la manière de la pluie, Wells fit l'expérience suivante : Il posa sur l'herbe ses deux flocons de laine à distance convenable, puis posa verticalement au-dessus de l'un d'eux un cylindre en terre cuite ouvert aux deux bouts, de façon que le flocon occupât le centre de sa base inférieure. Pour le flocon à découvert, l'augmentation de poids fut de 16 grains; pour l'autre de 2 seulement. Cependant il ne faisait aucun vent pendant l'expérience, de sorte que, si la rosée fût tombée verticalement, chaque flocon aurait dû en recevoir la même quantité.

Toutes les circonstances, toutes les conditions de la production de la rosée, de sa plus ou moins grande abondance, étant ainsi étudiées, contrôlées par de nombreuses expériences, il restait à trouver leur lien commun. C'est ce que fit Wells en établissant cette loi : « *La température d'un corps recouvert de rosée est toujours plus basse que celle de l'air,* » loi qu'il compléta par les suivantes : Toutes les fois que pendant la nuit la rosée ne se produit pas, c'est que les corps sont à une température au moins aussi élevée que celle de la couche d'air surplombante. Quand plusieurs thermomètres sont placés, la même nuit, dans des positions différentes, ce sont ceux qui occupent les lieux où il se dépose le plus de rosée qui baissent le plus. Les corps qui se couvrent le plus aisément de rosée sont ceux qui se refroidissent le plus promptement par un ciel serein. Enfin, il prouva que « *le refroidissement des corps précède constamment l'apparition de la rosée.* » De là Wells déduisit l'explication scientifique du phénomène et de toutes les circonstances qui président à sa formation et à son développement.

Résumons dans ses traits essentiels cette *théorie de la rosée*, qui a reçu l'assentiment de tous les physiciens, et que toutes les observations et expériences faites depuis ont complètement confirmée.

Pendant la nuit, les corps situés à la surface du sol et le sol lui-même, ne recevant plus la chaleur du Soleil, se refroidissent par voie de rayonnement, et leur température s'abaisse au-dessous de celle des couches d'air qui les surplombent. Ce refroidissement est d'autant plus intense que le ciel est plus clair, plus dégagé de nuages et de brumes, et que la partie visible du ciel, du point où se trouvent les corps, est plus étendue. Il est plus considérable si le corps est mauvais conducteur de la chaleur, ou si entre le sol et lui est interposé un mauvais conducteur. Dans ces conditions, en effet, l'abaissement de température dû au rayonnement vers l'espace n'est compensé que par le rayonnement de l'atmosphère vers la terre, lequel est comparativement très faible. La couche d'air en contact avec le sol refroidi se refroidit elle-même; et si la quantité de vapeur d'eau qu'elle renferme dépasse celle qui correspond à la tension maximum pour la température du moment, elle se sature et abandonne à la surface du corps une partie de son eau de saturation. Les gouttelettes liquides se déposent et produisent la rosée, tout de même que nous avons vu les parois extérieures d'un vase se couvrir de buée dès qu'on verse à l'intérieur un liquide plus froid que l'air. Le phénomène continue, s'accentue même, tant que la température du sol s'abaisse et qu'aucune cause extérieure ne vient faire obstacle au rayonnement.

On comprend pourquoi le dépôt de rosée est d'autant plus abondant, que le ciel est plus serein et l'air plus calme. Les nuages tiennent lieu d'écran, et le rayonnement de leur propre chaleur compense celui du sol vers l'espace; il empêche ou amoindrit de même le refroidissement nocturne. Tout abri produit un effet analogue. Quant à l'action des vents, elle s'explique aussi aisément : en apportant continuellement aux corps de nouvelles couches qui leur cèdent leur chaleur, ils atténuent le refroidissement et dès lors s'opposent à la précipitation de la rosée. Le faible pouvoir rayonnant des métaux, surtout des métaux polis, leur grande conductibilité rendent leur refroidissement moins prompt et moins intense et expliquent ainsi parfaitement pourquoi, de tous les corps, ce sont ceux qui se couvrent le plus difficilement de rosée.

Wells a publié sa théorie en 1818. Avant lui, on avait imaginé, pour expliquer le phénomène, diverses hypothèses dont nous allons dire un mot. Aristote, qui avait fort bien constaté le fait de la formation de la rosée par les nuits calmes et sereines, son abondance moindre sur les montagnes que dans les plaines, l'influence de telle ou telle direction du vent pour sa production en des localités diversement situées, considérait la rosée comme une espèce particulière de pluie prenant naissance dans les couches inférieures de l'air. Cette opinion s'est reproduite au siècle dernier, et c'est à peu près l'explication que Leslie donnait de la rosée. Mais elle est en contradiction avec diverses expériences de Wells, notamment celle d'un flocon de laine placé au-dessous d'une planche et néanmoins mouillé, et avec le fait que des plaques de métaux exposées en plein air ne se couvrent pas de rosée.

Un physicien allemand, Gersten, a publié à Francfort, en 1733, une dissertation[1] où il explique la rosée par la con-

1. *Dissertatio roris decidui errorem antiquum et vulgarem per observationes et experimenta nova excutiens.* Dans l'analyse de ce mémoire que donne l'édition française des

densation des vapeurs ou exhalaisons qui s'élèvent de la terre et des végétaux ; elle n'est autre chose, selon lui, que la transpiration des feuilles des plantes, la condensation des vapeurs produites par leur sève. Muschenbroek adopta la théorie de Gersten, mais en admettant trois sortes de rosée : l'une, la plus dense, s'élève des lacs, des rivières, des marais ; l'autre sort des plantes et de la terre, et la troisième tombe d'en haut. Dufay partagea aussi les idées du physicien allemand. Les expériences de ces savants leur firent constater un certain nombre de faits curieux, que nous avons mentionnés en partie et dont une étude plus approfondie et plus rigoureuse, reprise par Wells, permit au physicien anglais d'établir la vraie théorie.

Lorsque, par une nuit calme et sereine, la température du sol s'abaisse au-dessous de 0°, la vapeur de l'air ne se dépose plus sous la forme d'eau liquide, mais sous celle de petits cristaux blancs et brillants. Ce n'est plus la rosée, c'est la *gelée blanche*, dont la production est soumise aux mêmes lois que celles de la rosée et qui s'explique de même. Ce qu'il faut noter, c'est que la congélation ou la cristallisation de la vapeur d'eau condensée se fait directement à la surface des corps refroidis, et sans que préalablement il y ait eu formation de rosée. En effet, si l'eau ne se congelait qu'après sa réunion en gouttelettes, ce qu'on observerait ce serait de petites sphères de glace transparente, non l'agglomération cristalline opaque à laquelle on donne le nom de gelée blanche[1].

C'est dans les matinées d'automne et de printemps que le phénomène est le plus fréquent. Dans nos climats, les gelées

Transactions philosophiques pour 1733, on lit en note : « Cet habile physicien (M. de Réaumur) pense qu'un corps admet la rosée parce qu'il est froid et qu'il la repousse parce qu'il est chaud et qu'il conserve encore de la chaleur. » Cette idée était un acheminement vers la vraie théorie, qui ne pouvait être édifiée complètement qu'après la découverte des lois de la formation des vapeurs.

1. On remarque souvent que la gelée blanche se forme très peu de temps avant le lever du Soleil, c'est-à-dire, comme il est naturel, au moment du minimum diurne de température. Mais, avant cet instant, n'y avait-il pas eu dépôt préalable de rosée? Il nous paraît probable que les deux phénomènes peuvent se succéder et peut-être se superposer, soit que la rosée coexiste avec les cristaux de givre, soit que chaque gouttelette très fine se congèle en se cristallisant spontanément.

blanches se montrent jusqu'en juin et dès les premiers jours de septembre; mais elles ne sont un peu fortes qu'en avril, mai, octobre, et c'est dans les deux premiers de ces mois qu'elles sont particulièrement redoutées des agriculteurs, à cause de leurs effets fâcheux sur les jeunes pousses des plantes, les bourgeons et les fleurs des arbres à fruit. Dans la petite culture on s'en préserve à l'aide d'abris qui protègent les végétaux contre l'intensité du rayonnement nocturne[1].

Un phénomène analogue au dépôt de la rosée, et dû à des causes semblables, s'observe à l'intérieur des appartements. Le matin, après une nuit fraîche, on trouve les vitres des fenêtres couvertes intérieurement d'une buée abondante. La mince couche de verre s'est refroidie par rayonnement et la vapeur d'eau de l'air de la chambre s'est condensée à sa surface. En hiver, l'abaissement de la température est assez grand pour que la vapeur se dépose sur les vitres à l'état cristallin, et y forme ces arborisations, ces fines dentelures que chacun de nous a pu admirer.

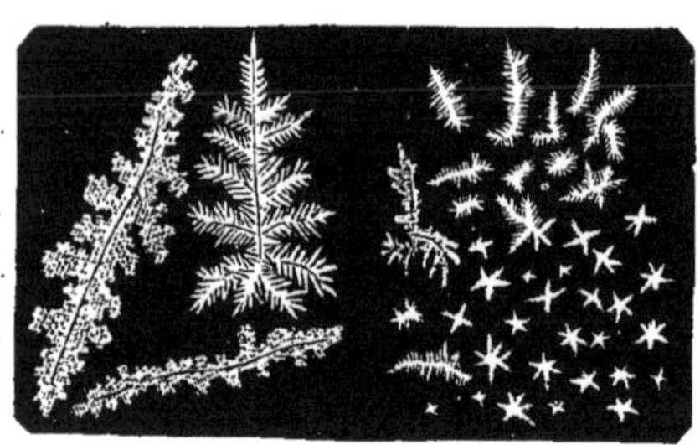

Fig. 98. — Cristaux de givre.

Quelquefois on donne le nom de *givre* aux cristaux de la gelée blanche; mais il est préférable de réserver ce nom aux dépôts analogues qui se forment dans des circonstances différentes, et qui recouvrent tous les objets extérieurs, notam-

1. Tyndall, dans son ouvrage sur *La chaleur*, cite à ce sujet le passage suivant de l'*Essai* de Wells : « Dans l'orgueil d'une demi-science, j'ai souvent souri des moyens fréquemment employés par les jardiniers pour protéger les plantes délicates contre le froid, parce qu'il me semblait impossible qu'un mince paillasson ou quelque autre abri de cette espèce pût les empêcher de descendre à la température de l'atmosphère, par laquelle seule je les croyais exposées à être endommagées. Mais quand j'eus appris que les corps à la surface de la terre deviennent, pendant une nuit calme et sereine, plus froids que l'atmosphère, en rayonnant leur chaleur vers les cieux, je trouvai dans ce seul fait la raison suffisante d'une pratique qu'auparavant j'avais jugée inefficace et inutile. »

ment les branches d'arbres, les brindilles des végétaux, les fils d'araignée dont ils sont entremêlés, etc. Le givre se forme aussi bien le jour que la nuit; il se dépose surtout lorsque, après un froid très vif qui a maintenu un peu longtemps les corps à une température très basse, survient un vent chaud et humide, dont la vapeur se précipite abondamment à leur surface et s'y congèle instantanément. C'est la même cause qui détermine le dépôt du givre sur la barbe des personnes qui sortent par un froid un peu intense. Leur haleine chargée de vapeur se condense sous forme de nuage au dehors et se congèle au contact des poils qui, mauvais conducteurs de la chaleur, ont pris la température extérieure et s'y maintiennent.

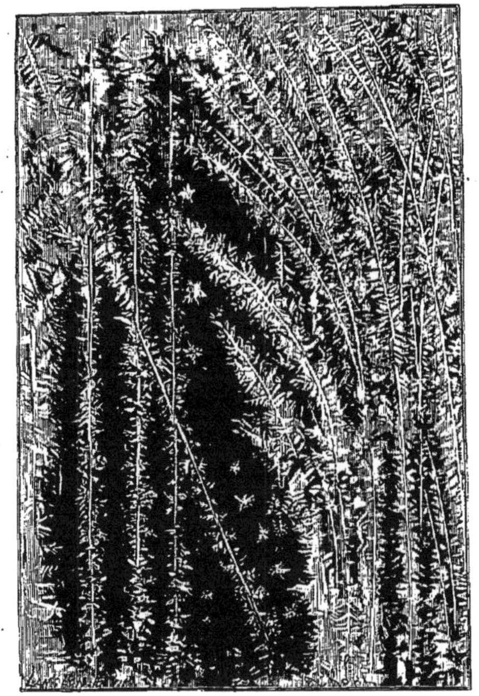

Fig. 99. — Cristallisations arborescentes des vitres à l'intérieur des appartements.

§ 2. LES BROUILLARDS. — FORMATION DES BROUILLARDS ET DES NUAGES.

La condensation de la vapeur sous forme de fines gouttelettes ne se fait pas seulement à la surface des corps refroidis par le rayonnement nocturne. Elle se fait aussi dans l'air même, toutes les fois que, pour une cause quelconque, la température de l'air s'abaisse au-dessous du point de saturation. Alors, grâce à leur faible poids et à la résistance que l'air oppose à leur chute, ces gouttelettes restent suspendues; elles troublent la transparence des couches atmosphériques et deviennent visibles. Leurs masses constituent les *brouillards*, lorsqu'elles rasent la surface du sol; si elles se forment ou s'élèvent dans les régions élevées de l'atmosphère, en laissant les couches inférieures limpides et transparentes, elles constituent les *nuages*. Occupons-nous d'abord de la première de ces formes de la vapeur d'eau condensée dans l'air.

Si le principe physique qui donne naissance aux brouillards est toujours le même, les circonstances de leur formation sont assez variables, et il y a lieu de distinguer entre ceux qui se développent le matin et le soir, pendant la saison chaude, et les brouillards d'hiver. Les premiers naissent ordinairement par un temps calme, au-dessus d'un sol humide, de la mer, des rivières, des lacs dont l'eau est à une température plus élevée que l'air. L'évaporation active de ces eaux donne lieu à une abondante production de vapeurs qui, s'élevant dans un air relativement froid, soit après le coucher, soit avant le lever du Soleil, le saturent et se condensent à une faible distance du sol. Ces brouillards forment souvent dans les vallées, au-dessus des cours d'eau, des nappes blanchâtres qui se dilatent, s'élèvent et se dissipent quand les rayons du Soleil en viennent élever la température. Les pays maritimes qui, comme l'Angleterre, la Norvège, ont leurs côtes baignées par des courants chauds, par les eaux du Gulf-Stream, sont souvent enveloppés de brouillards de ce genre. Ils sont d'autant plus épais qu'il y a une plus grande différence de température entre l'eau de la mer et l'air. « Les fiords norvégiens, dit M. Mohn, qui sont remplis des eaux chaudes du courant de l'Atlantique du Nord et qui ne gèlent pas, même dans les hivers les plus froids, sont spécialement propices pour la formation de ces brouillards, particulièrement dans la partie nord-est du pays, où l'eau des fiords se conserve toujours chaude, tandis que la température de l'air qui vient de l'intérieur des terres froides se trouve comprise entre —20° et —30° et descend même quelquefois au-dessous. Le brouillard glacé commence à se former au fond des terres qui entourent les fiords, se dissipant au fur et à mesure qu'il se rapproche des régions plus tempérées de la côte. »

Les brouillards qu'on observe en hiver se forment le plus souvent lorsque à un froid intense et sec, caractérisé dans nos climats par un vent de la région nord à est, vient succéder brusquement un vent de la région opposée qui amène un air humide et chaud. L'abaissement de température qui résulte, pour cet air, de son mélange avec les couches primitivement refroidies et de son contact avec le sol glacé, détermine une précipitation immédiate de vapeur et la formation de brumes plus ou moins épaisses. Les brouillards des régions polaires, ceux qui enveloppent le banc de Terre-Neuve, sont dus à cette cause. On a un exemple de ce mode de formation des brouillards dans les nuages de vapeur qu'on voit sortir, par les temps froids, de la bouche des hommes et des animaux.

Enfin, en toute saison, on peut observer des brouillards qui se forment dans des circonstances toutes contraires. Lorsque à un temps humide et doux succède brusquement un vent du nord ou de l'est (dans nos climats de l'Europe continentale), le refroidissement subit qui en résulte amène le point de saturation de l'air et la formation de brouillards. On voit que, si les circonstances sont opposées, les conditions physiques du phénomène sont toujours les mêmes.

Revenons maintenant à la question de la constitution des brouillards et à la raison de leur suspension dans l'air. Les très fines gouttelettes qui les forment, sont-elles, comme celles de la rosée, de petites sphères entièrement liquides, ou, comme on l'a supposé pour rendre compte de leur légèreté spécifique, des sphérules creuses, de simples enveloppes liquides remplies d'air, des *vésicules*. L'hypothèse vésiculaire, dont la première idée remonte, paraît-il, à Halley, a été adoptée par de Saussure et Kratzenstein, puis par Kaemtz, qui se prononce en sa faveur dans son *Cours de météorologie*. Les raisons qu'on invoque à l'appui de l'existence des vésicules, sont les suivantes : elles ne scintillent pas comme les gouttes liquides exposées en pleine lumière; les arcs-en-ciel ne se montrent pas au sein des brouillards quand la position de l'observateur, celle du Soleil et de sa nébulosité sont favorables à la production du phénomène[1]; des expériences dues à de Saussure et à Kratzenstein sur la vapeur qu'on voit s'élever de l'eau chaude, les ont portés à croire qu'il se forme des globules de grosseur variée, dont les plus petits montent tandis que les plus gros retombent, et ils en concluaient que les premiers sont des vésicules creuses. Ces raisons sont loin d'être concluantes. La suspension des gouttelettes des nuages et des brouillards s'explique par les mêmes raisons qui rendent compte de la suspension des fines poussières, malgré l'excès de leur densité sur celle de l'air; si l'on n'a point observé d'arc-en-ciel dans les brouillards, on observe des phénomènes analogues, anneaux colorés et couronnes, autour des lumières qu'on aperçoit à travers les brumes, et ceux-ci indiquent que les particules aqueuses sont pleines. Les physiciens et les météorologistes s'accordent aujourd'hui pour abandonner l'hypothèse des vapeurs vésiculaires comme n'étant prouvée par aucun fait positif et comme inutile à l'explication des phénomènes.

Le mode de formation des brouillards et des nuages a été récemment l'objet de curieuses recherches, qui tendraient à établir un rapprochement singulier entre les poussières de l'atmosphère et les particules des vapeurs aqueuses. D'après M. Aïtken, la précipitation de la vapeur d'eau à l'état de fines gouttelettes, produisant par leur ensemble les brouillards ou les nuages, aurait pour condition essentielle la présence préalable de poussières solides dans le milieu où ils se forment.

On sait que si l'on fait le vide sous le récipient de la machine

1. Voir à cet égard le tome II du MONDE PHYSIQUE, ch. II de la Ire partie.

pneumatique, rempli d'air non desséché, aux premiers coups de piston on voit apparaître à l'intérieur de la cloche un petit nuage, qui en trouble la transparence pendant quelques instants, mais qui ne tarde pas à se dissiper. C'est sous l'influence du refroidissement dû à la raréfaction que la vapeur d'eau contenue dans l'air s'est momentanément condensée. L'espace étant limité, l'air revient bientôt, par son contact avec les parois du récipient, à sa température première; les particules liquides repassent à l'état de vapeur et la transparence se rétablit. Or on doit à M. Aïtken l'expérience suivante, qui reproduit celle que nous venons de rappeler dans des conditions particulières. Ayant rempli deux larges récipients de verre, l'un d'air ordinaire, l'autre d'air purifié et purgé de toutes particules étrangères par un filtrage minutieux à travers des tampons d'ouate, il fit le vide. Dans le premier récipient, le brouillard habituel se montra aussitôt; dans l'autre, au contraire, on ne vit aucune trace de vapeur; la transparence resta parfaite, bien que l'air fût saturé de vapeur d'eau.

Le savant physicien écossais conclut de là que la présence des poussières est nécessaire pour que la vapeur d'eau se précipite à l'état de brouillard ou de nuage : chaque particule se charge d'un très faible poids d'eau liquide, et l'ensemble flotte dans l'air; si la poussière est trop peu abondante, la condensation sur chaque grain est relativement trop grande et celui-ci tombe avec assez de rapidité. S'il n'y avait aucune poussière dans l'atmosphère, il est probable, conclut M. Aïtken, qu'on ne verrait ni nuages, ni brouillards : la vapeur d'eau de l'air sursaturé se déposerait à la surface du sol et des objets qui sont à la surface; il n'y aurait que de la rosée plus ou moins abondante, mais pas de pluie.

Cette théorie, soumise au contrôle d'expériences et d'observations plus nombreuses, sera-t-elle confirmée? Nous ne savons, mais elle explique plusieurs faits bien connus, relatifs à la présence fréquente des brouillards dans certains lieux. A Londres, par exemple, les brouillards sont parfois si denses, qu'on est forcé d'allumer le gaz dans les rues comme à l'intérieur des maisons. Or l'atmosphère de cette grande cité est généralement remplie d'une poussière ténue, provenant surtout de la fumée des cheminées particulières et des foyers d'usines, dont les particules retiennent la vapeur d'eau condensée par une basse température. On observe des phénomènes semblables dans les grands centres industriels, où les brouillards très épais ont une odeur désagréable qui dénote la présence de substances étrangères à la vapeur d'eau. D'après M. Aïtken, si l'on avait soin de brûler plus complètement la houille, le gaz, etc., les brouillards seraient à la fois moins denses, moins malsains.

On observe quelquefois dans l'atmosphère un défaut de transparence qui donne au ciel l'aspect brumeux des temps de brouillard, bien que les instruments hygrométriques n'accusent point l'état de saturation de l'air et la présence de la vapeur d'eau en quantité convenable. On donne le nom de *brouillards secs* à ces météores, dont la durée est quelquefois considérable. Nous y reviendrons dans le chapitre consacré aux phénomènes atmosphériques anormaux.

§ 3. LES NUAGES. — CLASSIFICATION DES NUAGES SELON LEURS FORMES ET LEUR STRUCTURE.

Au premier abord, on serait tenté de distinguer les nuages des brouillards, non seulement par leur élévation dans les couches supérieures de l'atmosphère, mais aussi par leur forme plus tranchée. Ainsi généralement les brouillards n'ont pas de contours accusés, de limites bien déterminées : cela tient le plus souvent à ce que, plongés au sein de la nébulosité, nous ne pouvons juger de leur forme extérieure. D'autre part, il y a souvent dans les couches élevées de l'air des nuages de forme vague, indistincte, comme aussi nous observons, notamment dans les vallées au-dessus des cours d'eau, des brouillards rasant la surface du sol et cependant fort nettement limités dans leurs contours. Dans les pays de montagnes, quand le matin d'épais brouillards s'étendent dans les parties inférieures de l'air, on les voit bientôt monter le long du flanc des collines, s'élever peu à peu jusqu'au delà de leur sommet, et prendre, à mesure qu'ils s'éloignent, toute l'apparence des nuages ordinaires. Les personnes qui ont fait l'ascension des hauteurs, et que ces brouillards transformés en nuages finissent par envelopper, se trouvent à leur tour au sein d'une nébulosité qui a tous les caractères des brouillards de la vallée. Ainsi, il paraît donc qu'il n'y a pas lieu de faire une distinction entre ces deux espèces de météores, et l'on peut dire que, si les brouillards sont les nuages des couches voisines du sol, les nuages sont les brouillards des hautes régions de l'air.

Nous allons voir cependant qu'il y a diverses sortes de nuages, différant à la fois par leur aspect extérieur, ou leur forme, leur couleur, etc., et par leur structure intime. Avant de donner les classifications adoptées, complétons ce que nous avons dit du mode de formation des brouillards, en insistant sur un point qui est particulier aux nuages. Il arrive souvent par les beaux jours de la saison chaude que l'atmosphère, le matin au lever du Soleil, est d'une sérénité absolue : aucune parcelle nuageuse ne ternit l'azur du ciel. Cependant, à mesure que le Soleil monte sur l'horizon, on voit peu à peu poindre dans les hauteurs de petits et légers nuages qui peu à peu grossissent, se rassemblent et finissent quelquefois par couvrir une grande étendue du ciel, au milieu de la journée. La formation de ces nuages s'explique parfaitement par les courants ascendants d'air chaud que nous avons décrits déjà. Ces courants entraînent avec eux la vapeur d'eau dont ils étaient chargés; en arrivant dans les hauteurs, la dilatation que produit la diminution de pression détermine un abaissement de température, l'air tombe au-dessous du point de saturation, et la vapeur qu'il contient se précipite en donnant lieu à la naissance d'un nuage qui se grossit par l'adjonction de vapeurs nouvelles, condensées comme les premières et par la même cause.

Pour une raison opposée, on voit des nuages tout formés dans les hautes régions se dissiper, sans se résoudre en pluie, sans être entraînés loin de notre vue par le vent. Il suffit, pour se rendre compte du phénomène, de remarquer qu'une élévation de température fait repasser à l'état de vapeur invisible la vapeur condensée par le refroidissement. L'échauffement peut être dû soit à l'action directe des rayons solaires, soit au passage de la nébulosité à travers des couches plus chaudes.

Voyons maintenant quelles classifications sont adoptées pour ranger les nuages en catégories, suivant leur forme.

C'est au précurseur de Darwin, à Lamarck, qu'est due la première ébauche de classification des nuages. Il en distingua six formes principales, que, quelques années après, il porta à douze; mais, comme le remarque A. Poëy, « il n'eut pas l'idée de faire usage de la nomenclature latine et scientifique qui a tant contribué à la vulgarisation de la classification de Howard[1]. » Voici les trois types de nuages qui, avec leurs dérivés ou formes secondaires, ont prévalu dans le langage courant des météorologistes modernes; nous en donnons la définition d'après les expressions du physicien anglais :

1. C'est en 1801 que Lamarck, dans son *Annuaire météorologique*, proposa de ranger les nuages en six formes principales, auxquelles trois ans après il adjoignit six formes nouvelles. Voici sa classification, avec l'assimilation qu'en donne A. Poëy :

Nuages de Lamarck.		Nuages de Lamarck.	
1. En balayures. .	*Cirrus* de Howard.	7. Brumeux . . .	*Pallium* de Poëy.
2. En barres . . .	*Tracto-cirrus* de Poëy.	8. Terminés. . .	Caractères de plusieurs nuages
3. Pommelés . . .	*Cirro-cumulus* de Howard.	9. En lambeaux. .	*Pallium* de Poëy.
4. Groupés. . . .	*Cumulus* de Howard.	10. Boursouflés . .	*Globo-cumulus* de Poëy.
5. En voile. . . .	*Nimbus* de Howard ou *Pallium* de Poëy	11. Coureurs. . .	*Fracto-cumulus* de Poëy.
6. Attroupés . . .	*Fracto-cumulus* de Poëy.	12. De tonnerre ou diablotins. .	*Fracto-cumulus* de Poëy.

Le savant directeur de l'observatoire physique et météorologique de La Havane apprécie ainsi les travaux météorologiques de Lamarck, qui, comme ses travaux en zoologie, ont été méconnus de ses contemporains :

« Tout ce que Lamarck a écrit sur la Météorologie porte le double cachet de l'observation et du génie. S'il eût persisté dans cette voie, il aurait sans doute établi la base de la Météorologie que nous cherchons encore, de même qu'il a fondé la grande doctrine de l'évolution de l'espèce. Malheureusement on l'obligea à interrompre et ses études sur l'atmosphère et son *Annuaire météorologique*, qu'il publiait dans ses vieux jours, et à ses frais, depuis onze ans, de 1800 à 1810. Nous sommes enfin heureux de rendre justice au grand Lamarck. » (*Comment on observe les nuages pour prévoir le temps.*)

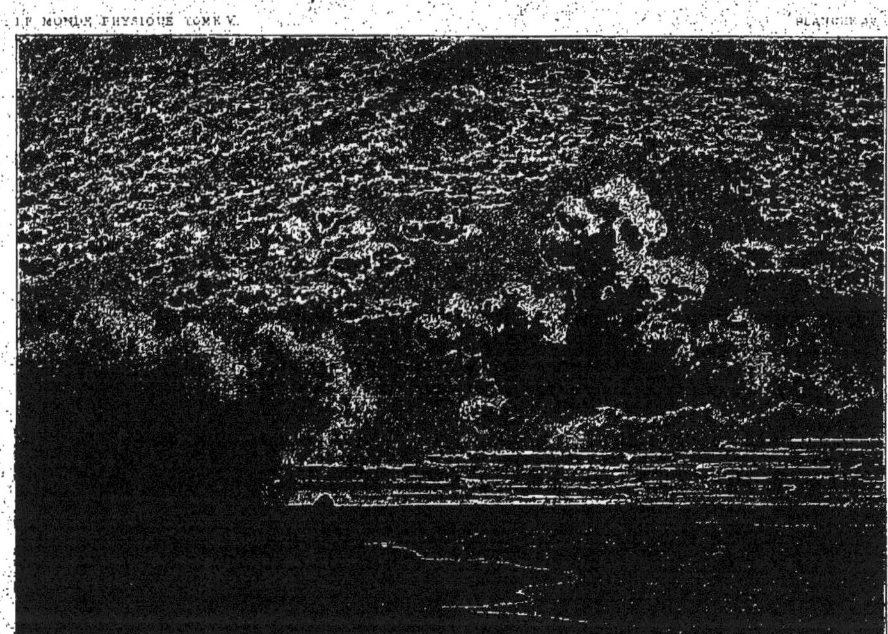

LES NUAGES

Formes diverses : Cumulus — Cirro-Cumulus — Nimbus — Stratus

Cirrus : filaments parallèles, sinueux ou divergents, susceptibles de s'étendre par voie d'accroissement dans une direction quelconque ;

Fig. 100. — *Cirrus* de Howard (*queues de chat* des marins).

Cumulus : amas convexe ou conique, s'accroissant dans le sens de la hauteur à partir d'une base horizontale ;

Fig. 101. — *Cumulus* de Howard (*balles de coton* des marins).

Stratus : nappe très allongée, continue, horizontale, s'accroissant de bas en haut.

Les formes dérivées des trois types principaux sont ainsi définies par Howard :

Cirro-cumulus : petites masses arrondies, bien limitées, pressées horizontalement les unes contre les autres ;

Cirro-stratus : masses horizontales ou légèrement inclinées, moins compactes sur tout ou partie de leur contour, courbées ou ondulées vers le bas ; tantôt séparées, tantôt réunies en groupes de petits nuages ayant le même caractère ;

Cumulo-stratus : mélange de *cirro-stratus* et de *cumulus*, les premiers se surajoutant aux autres, de façon à leur donner une base très étendue ;

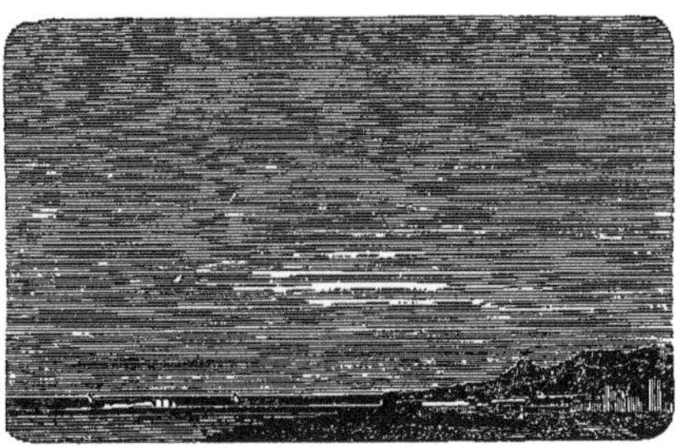

Fig. 102. — *Stratus* de Howard.

Cumulo-cirro-stratus, ou *Nimbus* : nuage de pluie. Un nuage ou un assemblage de nuages, d'où tombe la pluie. C'est

Fig. 103. — *Cumulo-cirro-stratus* de Howard, ou *Nimbus*.

une nappe horizontale au-dessus de laquelle s'étendent des cirrus, et que des cumulus pénètrent latéralement et par-dessous.

Ces définitions ont été plus ou moins modifiées par les météorologistes qui sont venus après Howard; mais, les dénominations que nous venons de rappeler étant devenues populaires comme les définitions qu'en a données Kaemtz dans son *Cours de Météorologie* sont elles-mêmes devenues classiques, nous croyons devoir entrer encore sur ce point dans quelques détails.

Les cirrus[1] (*queues de chat* des marins) se composent de filaments déliés qui les font ressembler soit à un pinceau, soit à un mince réseau, soit à des cheveux crépus. Ils apparaissent d'ordinaire après une période continue de beau temps, quand le baromètre commence à baisser insensiblement, annonçant un changement de temps, la pluie en été, le dégel en hiver.

Fig. 104. — Bandes parallèles de *cirrus* rendus divergents par un effet de perspective.

En Allemagne, on les désigne sous le nom d'arbres du vent (*Windsbäume*). Ils se disposent fréquemment en bandes parallèles, dont la direction court du sud au nord ou du sud-ouest au nord-est[2]. Comme l'a fort judicieusement remarqué

1. On dit quelquefois au pluriel les *cirri*, les *cumuli*, etc. Mais cette désinence latine étant une gène pour le langage, nous nous en abstiendrons, comme font du reste de nombreux auteurs.

2. Bravais et Martins, au Faulhorn, ont trouvé prédominante la direction du S. W. au N. E. En Laponie, où le phénomène est plus fréquent que dans les zones tempérées, c'est

Bravais, la perspective donne quelquefois à ces bandes parallèles l'aspect des branches d'un éventail qui, divergeant d'un point de l'horizon jusqu'au zénith ou dans son voisinage, convergent ensuite vers le point opposé. C'est un phénomène de ce genre, très marqué, que représente la figure 104, et que nous avons dessiné d'après nature dans la soirée du 7 décembre 1883. Le dessin ne donne que la moitié à peine du faisceau de cirrus, celle qui était orientée vers le soleil couchant. D'après Dove, les cirrus sont amenés par des vents du sud qui déterminent la baisse du baromètre, et dont les vapeurs se précipitent à l'état de pluie, mais auparavant ils deviennent de plus en plus denses, puis se rassemblent sous la forme de masses semblables à du coton cardé, aux filaments étroitement entrelacés, et prennent une teinte grisâtre. Les cirrus se sont ainsi transformés en cirro-stratus. Nous parlerons plus loin de leur structure intime.

Pour Kaemtz, le cumulus est le nuage d'été de nos contrées; il se voit en tout temps dans les régions tropicales, et jamais en hiver dans les hautes latitudes. C'est la *balle de coton* des marins. Cette sorte de nuage est le produit de la condensation des vapeurs qu'entraînent dans les hauteurs les courants ascendants du milieu du jour. « Lorsque le Soleil, dit Kaemtz, se lève sur un ciel serein, on voit paraître vers les huit heures du matin quelques petits nuages qui semblent croître de dedans en dehors, grossissent, s'accumulent, et forment des masses nettement circonscrites et limitées par des lignes courbes qui se coupent dans différentes dirctions. Leur nombre et leur grandeur augmentent jusqu'à l'heure de la plus grande chaleur du jour, puis ils diminuent, et au coucher du Soleil le ciel est de nouveau parfaitement serein; le matin ils sont peu élevés, mais ils montent jusque vers l'après-midi et redescendent le soir. Je m'en suis assuré par des mesures directes et des observations faites dans les montagnes. Que de fois j'ai

de W. 1/4 S. W. à E. 1/4 N. E. Humboldt a constaté que les bandes parallèles, à l'équateur, avaient la direction du S. au N.

vu les cumulus sous mes pieds dans la matinée! ils s'élevaient ensuite; vers midi j'étais environné de nuages pendant une heure environ, et le reste de la journée je voyais audessus de ma tête des nuages, qui le soir redescendaient dans la plaine. »

Le même savant donne le nom de *stratus* aux bandes horizon-

Fig. 105. — Ciel pommelé ou agglomération de *cirro-cumulus*.

tales nuageuses qui se forment au coucher du Soleil et disparaissent à son lever. Pour Howard, le stratus est à proprement parler le nuage de nuit, comme pour Kaemtz; mais il le considère plutôt comme un brouillard, dont la surface inférieure repose sur la terre ou sur les eaux.

Quand le ciel est couvert, sur une notable étendue, de cirrocumulus, ces petits nuages à forme arrondie qu'on nomme aussi nuages moutonnés, on dit qu'il est *pommelé*. (Les Anglais disent *mackerel sky*.) Pour Kaemtz, les cirro-cumulus sont un présage de chaleur : « Il semble, dit-il, que les vents chauds du sud qui règnent dans les régions supérieures n'amènent pas une quantité de vapeur suffisante pour couvrir entièrement le ciel de nuages et qu'ils n'agissent que par leur température élevée. »

Entassés à l'horizon, les cumulus se projetant les uns sur les autres par les parties arrondies de leurs masses, et se réunissant par leurs bases horizontales, prennent l'aspect des cumulo-stratus, dont il n'est guère possible de les distinguer. Quant aux nimbus, ce n'est pas un nuage d'une forme déterminée, mais un assemblage de deux ou trois types de nuages, d'où résulte la pluie. Howard, nous l'avons vu, en fait un cumulo-cirro-stratus. Pour A. Poëy, « la pluie est produite par l'action et la réaction électrique, sur la vapeur d'eau, de deux *couches de nuages superposées*, l'une supérieure, de cirrus électro-négatifs, et l'autre inférieure, de cumulus électropositifs. » Dès 1850, M. Rozet constatait que les nimbus sont toujours formés par la réunion de deux nuages d'espèces différentes, des cirrus et des cumulus. Nous reviendrons sur ce point important en traitant de la pluie.

Ceci nous amène à parler d'une nouvelle classification des nuages, basée non plus seulement sur leur forme, mais sur la structure réelle et la constitution physique des masses vaporeuses qui les composent. D'après le dernier des météorologistes que nous venons de citer, « il n'existe réellement que deux espèces de nuages : des *cumulus*, formés de vapeur vésiculaire, et des *cirrus* formés de vapeur glacée ; les autres espèces de nuages, distinguées par les météorologistes, ne sont que des modifications de celles-ci[1]. »

Ce sont aussi ces deux types de nuages qui forment la base de la nouvelle classification proposée par A. Poëy, mais avec une distinction, pour les dérivés du cirrus, entre les nuages de

1. *Observations faites pendant l'été de 1850 sur les montagnes de Vaucluse*, par M. Rozet (*Comptes rendus de l'Académie des sciences pour 1851*, t. I).

glace et les nuages de neige. Voici du reste cette classification, avec les dénominations choisies par le savant météorologiste :

Premier type. .	CIRRUS. .	*Tracto-cirro-stratus* .	Nuages de glace.
		Tracto-cirro-cumulus.	
Dérivés	*Tracto-cirrus*.		
	Cirro-stratus.		
	Cirro-cumulus		Nuages de neige.
	Pallio-cirrus.		
	Globo-cirrus		
Second type . .	CUMULUS.		Nuages de vapeur aqueuse.
Dérivés	*Pallio-cumulus*.		
	Globo-cumulus		
	Fracto-cumulus.		

A la dénomination de nimbus, peu exactement définie par les précédents auteurs de nomenclature, Poëy substitue celle de *pallium :* c'est la double couche de cirrus et de cumulus que nous avons vue constituer les nuages de pluie ; l'une est caractérisée par le nom de pallio-cumulus, l'autre par celle de pallio-cirrus ; dans ce dernier nuage, l'eau est condensée en cristaux de neige, tandis que l'autre est formée de particules aqueuses. Les nouveaux noms de *tracto*, de *globo* et de *fracto* employés pour désigner des dérivés des deux types principaux s'expliquent d'eux-mêmes : Les tracto-cirrus sont des bandes de cirrus qui, selon l'auteur, « se développent dans une couche un peu inférieure à celle des cirrus proprement dits ». Les globo-cirrus ou globo-cumulus sont des nuages de forme globulaire précurseurs des tempêtes neigeuses ou aqueuses, et enfin les fracto-cumulus sont « ces fragments de nuages qui errent sans forme déterminée, avant leur transformation en cumulus (ou cumulo-stratus), qui se précipitent vers la surface inférieure de la couche des pallio-cumulus ou s'en détachent, et qui enfin se fixent en bandes horizontales au sommet des cumulus à l'approche des coups de vent. »

Nous en resterons là sur la question de la classification et de la nomenclature des nuages. La nomenclature d'Howard, malgré ses imperfections, a un grand avantage, celui d'être simple et surtout d'être généralement adoptée. Celle de Poëy, plus exacte et plus complète, doit être retenue cependant, en raison du point de vue physique qui classe les nuages d'après leur structure intime; mais elle a besoin, sous ce rapport, d'être soumise au contrôle de l'expérience. Les ascensions aéronautiques pourront rendre ici de grands services[1].

Déjà il est généralement admis que les cirrus sont formés de cristaux de glace. Barral et Bixio, dans leur célèbre ascension de l'été de 1850, ont traversé un nuage de cette sorte, formé de fines aiguilles de glace, et qui n'avait pas moins de 4 kilomètres d'épaisseur. Les phénomènes des halos et des parhélies, dont nous avons vu l'explication dans notre second volume[2], se forment au milieu des cirrus; or ils sont dus aux réfractions qui se produisent à l'intérieur de prismes de glace en suspension dans l'air et convenablement orientés par rapport au plan qui passe par le Soleil et par l'œil de l'observateur. La théorie supposait l'existence de ces prismes, et les observations des aéronautes en ont prouvé la réalité. Citons encore celles de Welsh et Nicklin, qui, le 17 août 1852, trouvèrent à l'altitude de 3000 mètres « une neige formée de cristaux étoilés qui tomba de temps à autre sur le ballon » ; celles de MM. G. et A. Tissandier et Mangin, qui, à 2000 mètres, se trouvèrent « pour ainsi dire au lieu même de la production de la neige. L'air était translucide, et tout autour de nous nous apercevions de très petites paillettes de glace, d'un aspect bril-

1. Elles ont montré déjà l'insuffisance des classifications proposées. En voici un exemple que cite M. Gaston Tissandier, dans son intéressant ouvrage *l'Océan aérien :* « Le temps à la surface du sol est clair, mais le bleu du ciel ne se voit pas, il est caché par une masse de vapeurs qui n'a pas de forme définie, et qui se présente comme un rideau de brume; on dit que le ciel est gris. Si l'on traverse en ballon cette masse de vapeurs, on s'assure qu'elle est séparée de l'air par deux surfaces : l'une inférieure, un peu confuse, qui se fond graduellement avec l'air, qui est de couleur grise comme le brouillard ; l'autre supérieure, parfaitement plane, d'un blanc éblouissant comme une nappe de neige en pleine lumière. En bas, sur la terre, l'observateur n'a pu constater qu'une brume plus ou moins épaisse; en haut, dans l'atmosphère, l'aéronaute considère sous ses pieds un véritable plateau qui rappelle l'aspect, comme éclat, des *cumulus* d'un beau ciel d'été. Mais si cette surface supérieure est tout à fait lisse et unie comme celle d'un lac, et le cas se présente assez souvent, il a sous les yeux une sorte de banc de vapeurs, brume à sa partie inférieure, nuage à sa partie supérieure, qu'il ne pourra attribuer à aucun des types de la classification. »

2. La Lumière, ch. xix, t. II du Monde physique.

lant, irisées comme le mica, qui paraissaient se souder ensemble en tombant, pour donner naissance, à un niveau inférieur, à des flocons volumineux. La température était de —1°. »

Parfois le ciel semble d'en bas complètement serein; rien ne ternit la clarté de son azur. Et cependant les voyageurs des hautes régions trouvent alors l'air rempli de cristaux très ténus.

Fig. 106. — *Cirrus.*

Ces cristaux sont visibles de près, soit parce qu'ils reflètent vivement la lumière solaire (Crocé-Spinelli et Sivel, mars 1874), soit parce que leur ensemble forme une nappe que les aéronautes, situés au même niveau, considèrent dans le sens horizontal et dès lors sous une grande épaisseur. M. G. Tissandier a été plusieurs fois témoin de l'existence de véritables bancs d'aiguilles de glace, suspendus dans l'atmosphère, dont ils ne troublent pas la transparence. Il est à présumer que c'est de là, par la condensation et l'agglomération de ces couches, que naissent les différentes formes de cirrus.

Un mot maintenant de la hauteur des nuages. Les cirrus sont de tous les plus élevés. D'après les observations et les mesures de Kaemtz à Halle, leur hauteur atteint souvent 6500 mètres. « Les voyageurs, dit-il, qui ont parcouru les hautes montagnes sont unanimes pour assurer que des sommets les plus élevés leur apparence est la même. Pendant un séjour de onze semaines en face du Finsteraarhorn, dont l'élévation est de 4200 mètres, je n'ai jamais observé de cirrus au-dessous de la sommité de cette montagne. » Dans son ascension de mars 1874, Crocé-Spinelli vit « au-dessus de l'aérostat, de légers cirrus formant une nappe assez continue, à reflets plus ou moins nacrés ou soyeux, et dont l'élévation semblait être de 9000 à 10000 mètres. Tissandier (ascension du *Zénith* du 15 avril 1875) constata l'existence d'abondants cirrus entre 4500 et 4800 mètres, « altitude où ils formaient, dit-il, autour de la nacelle, comme un cirque immense d'un blanc éblouissant ».

Bien que moins élevés que les cirrus, les cumulus se voient parfois à de grandes hauteurs. Mais ces hauteurs, suivant les saisons ou les heures du jour, sont très variables : nous avons cité des observations qui le prouvent. Quelquefois les cumulus sont étagés les uns au-dessus des autres et forment plusieurs couches ou bancs séparés par des espaces libres de nuages. « Le 8 novembre 1868, dit M. Tissandier, quatre bancs de cumulus étaient suspendus au sein de l'air : le premier à 1500 mètres de haut, le second à 2000 mètres, le troisième à 3500 et le quatrième à 5000 mètres environ. » Glaisher a observé pareillement jusqu'à cinq couches de nuages superposés.

Les hauteurs des nuages ont été mesurées le plus souvent par des opérations de triangulation ou par la comparaison des positions de leurs bases, inférieure et supérieure, avec des points dont l'altitude était connue. Riccioli, Bouguer, de Humboldt, Lambert, Kaemtz ont trouvé des nombres compris entre 400 et 6500 mètres. Peytier et Howard, dans leur triangulation

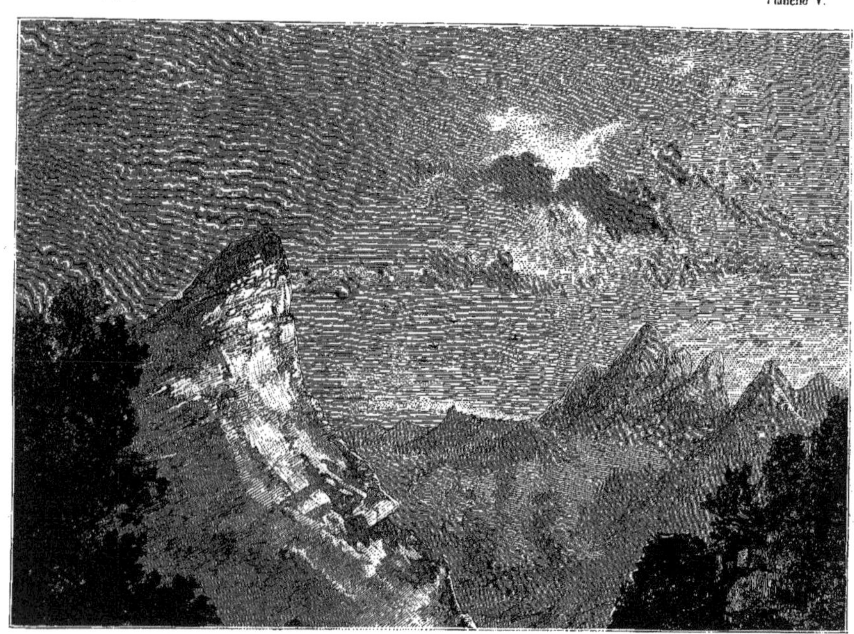

LES NUAGES DANS LES MONTAGNES.

des Pyrénées, ont trouvé, pour la base inférieure, des nombres compris entre 450 et 2500 mètres, pour la base supérieure, entre 800 et 3000 mètres. M. Rozet a mesuré en 1850, au théodolite, l'élévation et l'épaisseur d'un grand nombre de couches de cumulus. Il a remarqué que dans les beaux temps l'élévation de ces couches suit le mouvement du Soleil; au minimum à son lever, au maximum entre midi et 2 heures, elle diminue ensuite jusqu'au lendemain matin. En juillet, il trouvait 2100 et 2200 mètres pour la hauteur de leur base inférieure, et des épaisseurs de 1180 à 1290 mètres entre 10 heures du matin et 2 heures du soir. D'après cet observateur, l'épaisseur est en rapport avec le degré d'humidité de l'air.

Tout le monde sait que c'est pendant les orages que les nuages s'abaissent à leur plus faible hauteur. Au-dessous des couches orageuses, on voit des fragments détachés filer avec une vitesse qui paraît surtout considérable par le fait de la proximité de ces nuées. Ce sont les *fracto-cumulus* de Poëy ou les *diablotins* de Lamarck. Dans la classification de Poëy, l'ordre dans lequel sont placés les différents nuages est aussi, selon lui, l'ordre de leurs hauteurs relatives, depuis les plus hautes régions des cirrus, jusqu'aux couches les plus rapprochées de la Terre. « Toutefois, dit-il, le cumulus proprement dit, à partir de sa base, est au-dessous du globo-cumulus qui se trouve attaché au pallio-cumulus, et au-dessus du fracto-cumulus, si l'on considère le sommet le plus élevé du cumulus. »

Pour terminer ce que nous avions à dire des nuages, nous reviendrons sur la question de la cause de leur suspension dans l'air. Pour expliquer cette suspension, on imagina l'hypothèse des *vésicules* ou sphères liquides creuses; on supposa même que l'intérieur de ces vésicules était rempli d'un gaz plus léger que l'air. Quelque lente que puisse être la chute des gouttelettes aqueuses dont les nuages sont formés, elles finiraient toujours par tomber et la pluie accompagnerait tous les nuages jusqu'à leur entière disparition. Il n'en est rien cependant. A la vérité, les nuages ne sont pas immobiles dans l'atmosphère; selon les circonstances, ils s'élèvent, s'abaissent, rencontrent ainsi des couches d'air de températures différentes, plus ou moins humides. Un nuage subit des augmentations et des diminutions continuelles : sa base inférieure, en descendant dans des couches plus chaudes ou plus sèches, se dissout ou repasse à l'état de vapeur invisible, tandis que, par en haut, le nuage s'accroît au contraire par des condensations nouvelles. Il peut ainsi paraître conserver la même hauteur.

L'influence des courants, soit ascendants et verticaux, soit horizontaux, peut aussi contribuer à maintenir les nuages en suspension dans l'air. Fresnel enfin a invoqué une autre cause, indépendante de toute hypothèse sur la constitution physique des particules composant le nuage, que ce soient des globules d'eau, de la vapeur vésiculaire ou des cristaux de neige extrêmement déliés. « On conçoit, dit-il, qu'il résulte de l'extrême division de l'eau solide ou liquide du nuage un contact très multiplié de l'air avec cette eau, susceptible d'être échauffée par les rayons solaires et par les rayons lumineux et calorifiques qui lui viennent de la terre, et qu'en conséquence l'air compris dans l'intérieur du nuage, ou très voisin de sa surface, sera plus chaud et plus dilaté que l'air environnant : il devra donc être plus léger. Or il résulte également de notre hypothèse sur l'extrême division de la matière du nuage, que les particules qui le composent peuvent être très rapprochées les unes des autres, ne laisser entre elles que de très petits intervalles, et néanmoins être encore elles-mêmes très fines relativement à ces intervalles; en sorte que le poids total de l'eau contenue dans le nuage soit une petite fraction du poids total de l'air qu'il comprend, et assez petite pour que la différence de densité entre l'air du nuage et l'air environnant compense, et au delà, l'augmentation de poids qui résulte de la présence de l'eau liquide ou solide. Lorsque le poids total de cette eau et de l'air compris dans le nuage sera moindre que le poids d'un volume égal de l'air environnant, le nuage s'élèvera jusqu'à ce qu'il parvienne à une région de l'atmosphère où il y ait égalité entre ces deux poids : alors il restera en équilibre. On voit que la hauteur à laquelle cet équilibre aura lieu dépendra de la finesse des particules du nuage et des intervalles qui le séparent[1]. »

Fresnel fait remarquer en outre que la sortie, hors de l'enceinte du nuage, de l'air chaud et dilaté ne peut s'effectuer que très lentement ; même alors il en résulte un courant ascendant qui, tendant à soulever les particules du nuage, contribue encore à son élévation. Pendant la nuit, sa température intérieure diminue, mais avec assez peu de rapidité pour que le nuage ne s'abaisse lui-même qu'avec une extrême lenteur, en raison de l'immense étendue de sa superficie relativement à son poids ; c'est là une cause qui, sans concourir à l'élévation du nuage, contribue puissamment à sa suspension. Le retour du Soleil le ramènera à sa hauteur de la veille, si toutefois des vents ou d'autres phénomènes météorologiques n'ont pas changé les circonstances atmosphériques et les conditions d'équilibre. Telle est, d'après Fresnel, la cause la plus influente de l'élévation et de la suspension des nuages dans l'atmosphère.

§ 4. LA PLUIE. — LA NEIGE.

Quand la condensation de la vapeur d'eau au sein d'un nuage donne lieu à la formation de gouttes un peu volumineuses, trop pesantes pour rester suspendues dans l'air, ces gouttes tombent à la surface du sol et donnent lieu au phénomène de la *pluie*. Cela suppose que la température du nuage est supérieure à celle de la congélation. Si les particules aqueuses sont à une température plus basse que 0°, elles passent à l'état solide, cristallisent et forment un nuage de glace ou de neige. Condensées en flocons trop volumineux pour résister à la pesanteur, les particules solides se précipitent, et

1. *Sur l'ascension des nuages dans l'atmosphère*, t. II des *Œuvres complètes* d'Augustin Fresnel.

si, dans leur chute, elles traversent des couches également froides, c'est de la *neige* qui tombe. Il arrive parfois que ces conditions ne sont que partiellement remplies et qu'aux gouttes de pluie se trouvent mêlés des flocons de neige en proportion variable. Au lieu de s'élever dans l'atmosphère, et de se transformer en nuage, le brouillard tombe quelquefois aussi sous la forme d'une pluie fine et pénétrante qu'on nomme *bruine*.

Vu à une certaine distance à l'horizon, un nuage qui se résoud en pluie semble confondu avec le sol ; des rayures ou traînées grisâtres et vaporeuses, dirigées obliquement selon la direction du vent, troublent la transparence de l'air et empêchent de distinguer les objets situés au delà. Souvent ces traînées ne parviennent pas jusqu'à terre, ce qui indique que les gouttes, rencontrant des couches éloignées du point de saturation qui correspond à leur température, s'évaporent et disparaissent : la pluie, en ce cas, n'existe que pour les couches d'air les plus rapprochées de la base du nuage. On conçoit de même que des gouttes, d'abord assez volumineuses en s'échappant de la nuée pluvieuse, diminuent progressivement et arrivent au sol notablement plus petites qu'à leur point de départ. Mais le contraire a lieu si les couches inférieures de l'air sont plus humides et plus froides que celles d'où émane la pluie : les gouttes grossissent en condensant à leur surface l'excès de vapeur de ces couches sursaturées et dans ce cas la pluie est plus forte en bas qu'en haut.

On a vu plus haut les nuages distingués en *nuages de neige* et en *nuages de pluie*. Mais cette distinction doit s'entendre de la constitution qu'ils ont à la hauteur où on les observe, plutôt que de la nature du résidu qu'ils donnent par leur chute à la surface du sol. En effet, un même nuage peut fournir simultanément de la neige dans les hautes régions et de la pluie dans la plaine ; cela dépend des différences de température de l'air à des altitudes diverses. Les faits suivants, observés par M. Rozet à Grenoble et à Gap, en avril et mai 1851, confirment la réalité de cette transformation de la neige en pluie.

« A Grenoble, dit-il, où il avait beaucoup plu dans la ville, il était tombé de la neige sur les toits de la Bastille, c'est-à-dire à 500 mètres d'altitude ou à 287 mètres seulement au-dessus du sol de cette ville; à Gap, dont le sol est à 740 mètres au-dessus de la mer, il a neigé dans les rues..... Logé hors de la ville, de manière à voir les montagnes tout autour de moi, j'ai pu déterminer avec mon théodolite la limite entre la neige et la pluie. Depuis le 25 avril, il a toujours neigé sur les montagnes lorsqu'il pleuvait dans la ville. La température étant de + 8° à mon observatoire, situé à 750 mètres au-dessus de la mer, il neigeait tout autour de moi sur un plan sensiblement horizontal, situé à 1200 mètres, ou à 450 mètres au-dessus. Le 2 mai, le thermomètre marquait + 4°, le plan de la neige s'abaissa à 900 mètres. Le même jour, m'étant élevé jusqu'à 1300 mètres sur la montagne de Moranie, dans le nuage orageux, le thermomètre baissa à + 2°, il faisait très froid; les particules de neige, au lieu d'être des flocons, étaient des prismes quadrangulaires obliques de la grosseur d'un petit pois : c'était de la neige, et non de la glace comme dans la grêle. En descendant, cette grosseur diminuait, et à 900 mètres il tombait une pluie fine très serrée[1]. »

Il paraît établi que la pluie ou la neige ne tombe que des nuages auxquels Howard a donné le nom de *nimbus;* elle résulte donc de la réunion des cirrus avec les cumulus, des nuages de glace avec les nuages de vapeur aqueuse. Le savant dont nous venons de citer les observations insiste sur ce point : « Monté sur une montagne dans un jour orageux, dit-il, j'ai encore constaté qu'il ne se forme de nimbus, dans une couche de cumulus, que sur les points où viennent tomber des cirrus. Voilà donc de nouveaux faits à l'appui de mes observations précédentes, par lesquelles j'avais constaté que la pluie résulte du mélange de la vapeur vésiculaire avec la vapeur glacée. »

1. *Comptes rendus de l'Académie des sciences pour* 1851, t. I.

Mais pourquoi la réunion de ces deux sortes de nuages donne-t-elle lieu au phénomène de la pluie? Est-ce simplement par le fait de l'abaissement de température qui résulte, pour le cumulus, de l'invasion du nuage glacé? La condensation qui en résulte, grossissant ou réunissant les gouttelettes aqueuses, déterminerait leur chute. Hutton donnait de la pluie une théorie à peu près analogue, lorsqu'il l'attribuait au mélange de deux masses d'air saturées à des températures inégales. La température du mélange étant trop basse pour qu'il puisse contenir toute la vapeur des masses réunies, il y a précipitation.

A. Poëy fait intervenir l'électricité dans le phénomène, au moins pour les pluies orageuses et les pluies continues et abondantes. On a vu qu'il donne au nimbus, ou nuage de pluie d'Howard, le nom de pallium, qu'il distingue en deux couches, le pallio-cirrus et le pallio-cumulus. « L'apparition de ces couches, dit-il, annonce le mauvais temps, leur disparition le beau temps. La couche du pallio-cirrus apparaît la première, et, quelques heures ou quelques jours après, celle du pallio-cumulus se forme en dessous. Ces deux couches restent en vue à une certaine distance l'une de l'autre; leur action et leur réaction réciproques produisent les orages et les fortes pluies, accompagnées de décharges électriques. Elles sont électrisées en sens contraire : la couche supérieure de cirrus est négative, et l'inférieure de cumulus est positive comme la pluie qu'elle déverse, tandis que l'électricité de l'air à la surface du sol est négative. Quand ces deux couches s'attirent, une décharge se produit, et la couche inférieure continue à déverser son surplus d'eau sans donner aucun signe d'électricité, pas plus que l'air en contact avec la terre. Cet état se prolonge jusqu'à ce que la couche supérieure se déchire la première, ensuite la couche inférieure, puis elles disparaissent l'une après l'autre et le beau temps revient[1]. » A l'appui de cette théorie,

1. *Comment on observe les nuages pour prévoir le temps*, par A. Poëy.

le savant directeur de l'observatoire de La Havane cite des observations faites en ballon en 1786, à Paris, par Testu, en 1852, aux États-Unis, par J. Wise.

Que les attractions électriques, entre deux nuages électrisés en sens contraire, jouent un rôle dans le phénomène des pluies d'orage, c'est ce que semble confirmer un fait bien connu : après chaque coup de tonnerre un peu fort, la pluie redouble d'intensité; les gouttes tombent plus grosses et plus abondantes. Mais l'électricité intervient-elle dans toutes les pluies? Cela nous semble au moins douteux. En tout cas cette intervention n'est pas nécessaire. L'excès de condensation qui résulte d'un refroidissement progressif de masses d'air chargées d'humidité suffit à expliquer le phénomène.

L'influence de la direction du vent sur la production de la pluie n'est pas douteuse, et dans tous les climats, quand le vent souffle de la mer vers l'intérieur des terres, la pluie ne tarde point à se produire. Rien de plus simple que l'explication du phénomène. Dans l'Europe occidentale, c'est aux vents d'entre le sud et l'ouest que sont dus la plupart des temps pluvieux. Tant que durent les vents de la région opposée qui amènent des masses d'air desséchées par leur traversée continentale, où elles se sont débarrassées, par des condensations successives, de la vapeur d'eau dont elles étaient chargées primitivement, le temps est beau et sec, et le ciel serein. Les vents du sud à l'ouest viennent-ils à souffler, aussitôt on voit apparaître les premiers cirrus précurseurs d'un changement de temps. C'est dans les parties les plus élevées et les plus froides de l'air que commence la condensation. Les masses d'air humide venues de l'Océan affluent; elles ont à gravir la pente des continents vers lesquels elles se dirigent, et, à mesure qu'elles montent, la diminution de pression les oblige à se dilater; comme nous avons eu déjà l'occasion de le dire, à cette dilatation correspond une consommation de la chaleur qu'elles apportent avec elles. Le point de saturation s'abaisse, l'humidité se condense en nuages de plus en plus épais, jusqu'à ce que l'air sursaturé ne permette plus la formation de nouvelles vapeurs. La pluie commence alors, et sa durée est en rapport avec la quantité de vapeurs apportées et avec la durée des vents qui les renouvellent.

Si, dans sa marche, le vent humide rencontre des obstacles, comme des chaînes de montagnes, l'air en mouvement s'élève sur leurs flancs, jusqu'à leurs sommets, où la température peut être assez basse pour que la vapeur condensée se cristallise en flocons neigeux[1].

Il y a un proverbe bien connu, *petite pluie abat grand vent*, qui est l'expression retournée de ce qui passe souvent dans le cas où la pluie est produite dans les circonstances dont nous venons de parler. Quand, en effet, la vitesse du mouvement aérien diminue ou s'annule, les masses d'air devenues immobiles forment barrière pour celles qui n'ont pas achevé leur course; ces dernières s'élèvent, se dilatent et se refroidissent, et la vapeur d'eau qu'elles déposent au sein d'un air déjà saturé provoque la chute de la pluie, qui est peut-être due aussi à la cessation du mouvement, c'est-à-dire à la suppression de l'une des causes de suspension des nuages.

Il arrive parfois, à la fin d'une journée humide et chaude, que des gouttes de pluie tombent par un ciel sans nuages. On donne le nom de *serein* à ce phénomène, qui s'explique par le refroidissement des couches d'air après la disparition du Soleil. On a vu plus haut que, dans certaines circonstances, les

1. Babinet a développé, il y a trente ans, dans une notice sur l'*arrosement du globe*, la théorie que nous résumons ici. Voici le passage relatif aux chutes de neige sur les montagnes : « Les masses d'air des mers et des plaines portées par les courants atmosphériques vers les montagnes glissent le long de leurs flancs et s'élèvent par suite à d'immenses hauteurs. Dès lors ces masses se dilatent et se refroidissent prodigieusement : 200 mètres d'élévation donnent déjà 3 degrés de froid ; qu'on juge d'après cela du froid qui doit résulter d'un soulèvement égal à la hauteur des Alpes, des Pyrénées, du Caucase, de la Cordillère occidentale des deux Amériques, ou de l'Himalaya d'Asie ! Voilà la cause très simple qui fait des chaînes de montagnes le berceau et l'origine des grands fleuves, et déjà, avant de parcourir le globe entier, nous voyons les Alpes d'Europe donner, par le vent humide du sud-ouest, naissance à deux fleuves : le Rhône et le Rhin. Par le vent d'est, ces mêmes Alpes font déposer l'eau qui alimente l'immense bassin du Danube, et enfin, par le vent chaud et humide du sud, la barrière élevée des monts qui sont au nord de l'Italie fait déposer toute l'eau du bassin du Pô et des autres tributaires de l'Adriatique. »

LES CRISTAUX DE LA NEIGE,
d'après le capitaine Scoresby.

hautes régions de l'air contiennent des cristaux de glace, de fines aiguilles trop espacées pour troubler la transparence de l'air. En descendant le soir dans des couches plus chaudes, ces particules doivent fondre en gouttelettes et tomber sur le sol. C'est là, croyons-nous, l'explication très simple du serein.

La neige ne différant de la pluie que par une température plus basse des nuages d'où elle tombe et des couches d'air que traversent ses flocons, nous n'avons rien à ajouter à ce que

Fig. 107. — Forme cristalline de la neige, d'après Musschenbroek.

nous avons dit des causes de la pluie; elles sont, à cette différence près, les mêmes pour les chutes de neige. Mais nous entrerons dans quelques détails sur les formes singulières qu'affectent les cristaux constituant les flocons.

C'est Képler, paraît-il, qui a le premier reconnu la structure cristalline de la neige. Musschenbroek, Cassini, Érasme Bartholin, décrivirent les formes variées des flocons, qui, à de rares exceptions près, présentent tous cette particularité, que les fines aiguilles dont ils sont composés se croisent de mille manières en faisant des angles de 60 ou de 120 degrés. Il en résulte tantôt des lames hexagonales, tantôt des étoiles à six branches, simples ou ramifiées, tantôt enfin des triangles, des pyramides, des prismes, mais tellement diversifiés malgré leur symétrie, qu'ils échappent à toute description, et que le dessin peut seul en donner une idée. La figure 107 reproduit quelques-unes des figures que donnent les planches de l'*Encyclopédie*, d'après Musschenbroek et Cassini. La planche VI est la reproduction des 96 formes qui ont été dessinées, dans les régions polaires, par le capitaine Scoresby. Enfin dans la figure 108 se trouvent quelques formes nouvelles, cristallines

Fig. 108. — Flocons amorphes et cristaux de neige, d'après M. A. Landrin.

ou amorphes, reconnues par M. Armand Landrin pendant l'hiver de 1875-1876. D'autres observateurs, Kaemtz, J. Glaisher, Beechey, Petitot, ont aussi décrit des formes nouvelles, de sorte qu'il est à présumer que ces formes varient à l'infini, pour ainsi dire, selon les circonstances qui leur donnent naissance.

Scoresby a classé en cinq types principaux les cristaux de neige qu'il a décrits et dessinés. Ce sont :

1° Des cristaux sous forme de lamelles très minces, très délicates et transparentes ; ils présentent plusieurs variétés : *a*) des étoiles à six rayons, hérissées parfois d'arêtes parallèles aux branches et dans le même plan ; *b*) des hexagones réguliers : les uns sont de simples lamelles transparentes ; d'autres présentent à l'intérieur du polygone des lignes blanches parallèles à son contour ou en forme de rayons, d'étoiles, etc. ;

c) des combinaisons variées de figures hexagonales, avec des rayons et des angles saillants disposés de la façon la plus élégante (Pl. IV : I 1, IV 6, V 8, III 1, IX 5, etc.);

2° Des flocons à noyau sphérique ou polyédrique, affectant les figures du premier type, mais hérissés d'aiguilles dans tous les sens (fig. 108). Le noyau est parfois transparent, d'autres fois inégal et opaque;

3° Des aiguilles isolées dont la forme est celle d'un prisme hexagonal; ces aiguilles sont quelquefois aussi fines que des cheveux;

4° Scoresby n'a observé qu'une seule fois le quatrième type, qui est une pyramide régulière à six faces (Pl. VI : VI 4);

5° Des aiguilles prismatiques portant à l'une des extrémités ou à toutes deux des lamelles hexagonales. Scoresby ne les a observées que deux fois; mais elles tombèrent en si grande abondance, que le navire fut couvert en quelques heures de plusieurs centimètres de neige.

On sait peu de chose encore, ou plutôt on ne sait rien sur les conditions qui donnent lieu à la chute de cristaux de telle ou telle forme. Le seul point qui paraisse établi, c'est que, dans une averse de neige, on observe au plus deux ou trois formes différentes de cristaux, une seule ordinairement. Scoresby a indiqué les températures qui lui semblaient plus favorables à certaines variétés cristallines. Kaemtz, après avoir dit qu'il avait rencontré une vingtaine de formes non décrites par Scoresby, ajoute qu'il n'en a jamais trouvé une seule où les cristaux fussent dans des plans perpendiculaires les uns aux autres. Érasme Bartholin assurait avoir vu dans la neige des étoiles pentagonales, et ajoutait que d'autres en avaient observé d'octogonales. Le 16 janvier 1876, M. A. Landrin a vu des cristaux de neige formés d'étoiles à quatre branches, les unes croisées sous des angles de 60 et de 120 degrés, les autres « ayant la figure de croix régulière à branches se coupant à 45°, le tout mêlé à des fragments amorphes ». La figure 108 reproduit ces deux formes particulières.

Kaemtz assure que c'est par un temps calme et sans brouillard qu'on peut admirer dans toute leur beauté les formes cristallines régulières de la neige. « Avec la brume, dit-il, les cristaux sont ordinairement inégaux, opaques, et il semble qu'un grand nombre de vésicules se sont solidifiées à leur surface, sans avoir eu le temps de s'unir intimement aux molécules cristallines. Par le vent, les cristaux sont brisés et irréguliers; on trouve alors des grains arrondis composés de rayons inégaux. Dans les Alpes et en Allemagne, j'ai vu souvent tomber des cristaux parfaitement symétriques. Le vent s'élevait-il, c'étaient des grains de la grosseur de ceux du millet ou de petits pois dont la structure était assez peu compacte, ou bien des corps ayant la forme d'une pyramide dont la base était une calotte sphérique. On pouvait rapporter ces corps au grésil, cependant ils se formaient sous l'influence des mêmes conditions météorologiques que les flocons qui tombaient avant le coup de vent[1]. »

Le *grésil*, en effet, est une sorte de neige caractérisée par de petits grains opaques ayant toute l'apparence de flocons de neige condensés. C'est dans les bourrasques ou giboulées du printemps qu'il tombe le plus fréquemment. Les grains sont parfois assez durs pour qu'on les compare à de petits grêlons. Et de fait, le grésil paraît intermédiaire entre la neige et la grêle.

La densité de la neige est très variable selon la température, l'état hygrométrique, la grosseur des flocons. La neige qui tombe par un temps sec et froid est plus légère et les couches qu'elle forme sur la terre sont moins tassées que celles qui proviennent d'une neige plus humide. La densité est souvent 10 ou 12 fois moindre que celle de l'eau; Musschenbroek a pesé, à

1. D'après un observateur, M. J. Girard, les dimensions des cristaux de neige varient de 1 à 7 millimètres. Scoresby parle de lamelles du premier type dont le diamètre était de 2 à 5 dixièmes de millimètre. Pour les bien observer à la loupe ou au microscope, il faut les recueillir sur un drap noir, et l'air ambiant doit être assez froid pour que les flocons ne fondent point en tombant; une température de 2 à 3 degrés au-dessous de zéro est la plus favorable aux observations.

Utrecht, de la neige formée de cristaux étoilés : il l'a trouvée 24 fois plus légère que l'eau.

§ 5. LES PLUVIOMÈTRES.

Mesurer la quantité d'eau météorique qui tombe en un lieu donné dans le cours d'une année, sous la forme de pluie, de neige, de grêle ou de grésil, est d'une grande importance pour l'étude climatologique de ce lieu. On y parvient à l'aide d'instruments connus sous les noms de *pluviomètres*, *udomètres*, *ombromètres*, dont la signification est la même.

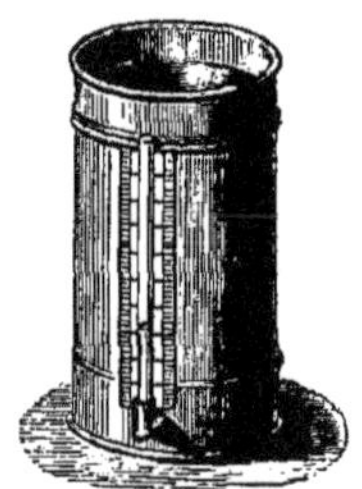

Fig. 109. Pluviomètre ; vue extérieure.

Fig. 110. Pluviomètre ; coupe.

Le pluviomètre le plus simple se compose d'un vase de forme cylindrique M, portant latéralement un tube coudé A, à la partie supérieure un entonnoir conique B qui rassemble l'eau tombée par l'ouverture extérieure. Le niveau de l'eau dans le tube latéral donne, par une graduation en millimètres, l'épaisseur de la couche d'eau tombée. Le zéro de l'échelle est au niveau d'une cloison percée d'un trou, l'instrument, avant une observation, étant toujours rempli d'eau jusqu'à ce niveau. Avec un appareil ainsi disposé, on ne peut mesurer que les quantités de pluie un peu abondantes, puisque c'est la hauteur même de la couche d'eau qu'on évalue et qu'on lit.

Pour obtenir plus de précision dans les lectures, on donne généralement au cylindre où l'eau est recueillie, une section beaucoup plus petite que la section droite de l'entonnoir, c'est-à-dire que la surface sur laquelle tombe la pluie. Ordinairement le cercle ou la bague du pluviomètre a 226 millimètres de diamètre, ou bien une surface de 4 décimètres carrés. En prenant 71^{mm},5 pour le diamètre du cylindre, la surface de l'eau qu'on y recueille sera dix fois moindre que celle de l'entonnoir et sa hauteur dix fois plus grande. Les millimètres lus sur l'échelle seront donc des dixièmes de millimètre d'eau tombée. On pourrait prendre évidemment tout autre rapport pour les sections.

La figure 111 représente un pluviomètre construit d'après ce principe : c'est le pluviomètre *décuplateur* Tonnelot.

Fig. 111. — Pluviomètre décuplateur de Tonnelot.

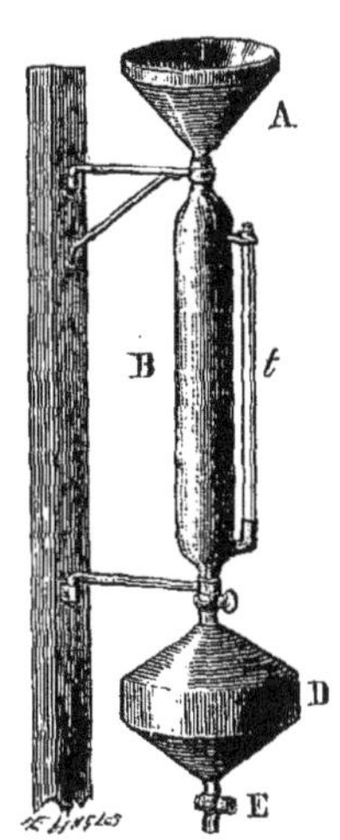

Fig. 112. — Pluviomètre totalisateur d'Hervé-Mangon.

Le pluviomètre *totalisateur* de M. Hervé-Mangon (fig. 112) est construit d'une façon semblable, le tube latéral décuplant les hauteurs de pluie tombée. Seulement il porte un réservoir inférieur où l'on recueille successivement l'eau d'une série d'observations et qui sert de contrôle aux lectures. Voici la description et l'usage de l'appendice en question, d'après les *Instructions météorologiques* du Bureau central : « Au-dessous du cylindre de zinc est un réservoir D, complètement fermé, qui peut communiquer avec le cylindre B au moyen d'un robinet. Après l'observation de chaque jour, on ouvre ce robinet de façon à faire écouler dans le réservoir inférieur toute l'eau recueillie par le pluviomètre, puis on ferme de nouveau le robinet. De cette manière le liquide s'amasse dans le réservoir D sans être exposé à aucune évaporation. De temps en temps, la personne qui surveille les observations mesure l'eau contenue dans le réservoir D, en ouvrant avec une clef spéciale le robinet E qui termine ce réservoir, et en recevant dans une éprouvette graduée le liquide accumulé depuis la dernière

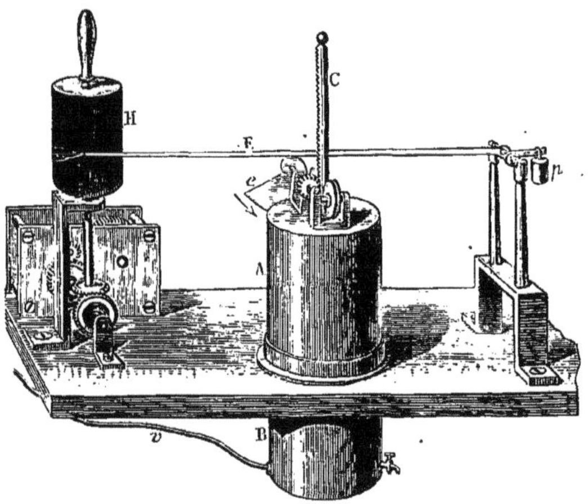

Fig. 115. — Pluviomètre enregistreur de l'observatoire de Montsouris.

inspection. Le nombre de centimètres cubes d'eau ainsi recueilli, divisé par 40[1], exprimera en millimètres la hauteur de la couche d'eau tombée dans l'intervalle considéré, hauteur qui devra se trouver sensiblement égale à la somme des hauteurs inscrites dans la même période par l'agent chargé des opérations journalières. Cette vérification, toujours facile à faire, et ne demandant à la personne qui en est chargée que quelques minutes par mois, permet de corriger les erreurs que la négligence ou l'oubli introduit trop souvent dans les observations. »

1. La surface de l'entonnoir est de 4 décimètres carrés ; celle du cylindre B, dix fois moindre, est de 40 centimètres carrés. Le volume divisé par la surface donne la hauteur en centimètres pour le cylindre, en millimètres pour l'entonnoir.

On emploie, dans les observatoires météorologiques, des appareils enregistreurs de la pluie, *pluviographes* ou *udographes*. La figure 113 représente l'enregistreur du pluviographe de l'observatoire de Montsouris. Le récepteur des eaux pluviales est placé extérieurement à une hauteur de 2 mètres; il communique par un tuyau *v* avec la partie inférieure du vase cylindrique A; ce tuyau lui amène les eaux météoriques au fur et à mesure de leur précipitation. A la surface du liquide repose un flotteur qui porte à son centre une tige à crémaillère C. Ce sont les mouvements ascendants de cette tige du flotteur qui accusent l'accroissement du niveau de l'eau et qu'il s'agit d'enregistrer sur le cylindre noirci H. On y parvient très simplement. La crémaillère de la tige, guidée dans sa course verticale par des galets, engrène avec un pignon portant sur un axe un excentrique *e*, en colimaçon, sur le pourtour duquel s'appuie l'aiguille E équilibrée par le contrepoids *p*. Quand il pleut, l'eau monte et la pointe de l'aiguille décrit une courbe ascendante; si la pluie cesse, la ligne décrite est horizontale. Quand l'excentrique a effectué une révolution complète, l'aiguille retombe et recommence à inscrire une nouvelle courbe.

Le pluviomètre enregistreur donne ainsi, outre la quantité d'eau tombée pour chaque pluie, les heures du jour et de la nuit où commence et finit le phénomène et par suite sa durée. On en peut conclure encore l'intensité de l'averse.

Le récepteur des pluviomètres doit être placé dans un lieu bien découvert, de façon que le réservoir ne soit d'aucun côté abrité contre la pluie, et la reçoive, quelle que soit la direction du vent qui la pousse. On le dispose d'habitude de façon que son ouverture se trouve à 1^{m},50 ou 2 mètres au-dessus du sol. Trop bas, il pourrait s'y introduire de l'eau provenant du rejaillissement de la pluie, ou bien, en hiver, il risquerait d'être recouvert par la neige que le vent amoncellerait à son pied. Trop élevé, il ne donnerait généralement, comme l'expérience le prouve, qu'une quantité d'eau inférieure à celle qui tombe sur le sol[1]. On attribue généralement cette inégalité à l'influence des remous du vent, et, pour cette raison, on recommande expressément de ne jamais installer le pluviomètre au-dessus d'un toit (*Instructions du Bureau central météorologique de France*).

Pour recueillir la neige et mesurer l'eau qui en provient, on prend quelques précautions particulières. Le pluviomètre Tonnelot (fig. 111) est enveloppé d'une caisse en bois ; on y place une veilleuse ou un morceau allumé de charbon de Paris ; de la sorte la température y est assez élevée pour faire fondre la neige aussitôt après sa chute et pour empêcher que l'eau ne gèle dans le cylindre. « En certains endroits, dit M. Mohn, où il neige par des vents violents, il peut arriver que la neige ne tombe pas dans le pluviomètre, ou que le vent, si elle y tombe, la disperse et l'emporte ailleurs ; dans de tels cas, il est impossible de mesurer quoi que ce soit. » Pour remédier à cet inconvénient, on emploie divers moyens. Voici celui que donnent les Instructions : « Le meilleur moyen pour mesurer exactement la neige consiste à disposer à côté du pluviomètre un seau de zinc très profond, ayant la même ouverture, et sur lequel on peut mettre au besoin la bague du pluviomètre. Si le

1. Arago, dans sa Notice *sur la Pluie*, a fait observer le premier que la quantité de pluie dépend de la hauteur de l'udomètre au-dessus du sol. Ayant relevé les hauteurs annuelles, recueillies de 1817 à 1853 sur deux appareils parfaitement identiques installés à l'Observatoire de Paris, l'un sur le sommet de l'édifice, l'autre dans la cour, il trouve pour la moyenne de ces 37 années les quantités suivantes :

Pluie dans la cour	579mm,80	Différence 68mm,46
— sur la terrasse	511mm,34	

Soit une différence d'un septième à un huitième à l'avantage de l'udomètre inférieur, pour une différence de niveau d'environ 29 mètres. Il en est de la neige comme de la pluie. Des observations semblables ont été faites à York (Angleterre) en 1832 et 1834, au sommet de la cathédrale, du Muséum et dans le jardin, à des différences d'altitude de 64, de 51 et de 13 mètres ; à Besançon, au fort Brégille et à la Faculté des sciences (différence 196 mètres) ; en Amérique, à Cartagena, Popayan, Santa Fé de Bogota. Les unes et les autres prouvent que la quantité de pluie diminue avec l'élévation. Mais il est probable que les causes de ces différences ne sont pas les mêmes. Dans le dernier exemple notamment, où il s'agit d'altitudes variant de 0 à 1800 et à 2700 mètres, la cause est toute météorologique et dépend des couches mêmes qui produisent la pluie. A l'Observatoire de Paris, le phénomène provient d'une cause accidentelle, de la présence du monument et de l'action du vent ramenant par ses remous, dans l'udomètre, des gouttes d'eau qui ne lui étaient pas destinées.

seau de zinc est suffisamment profond, la neige, une fois tombée, ne sera pas enlevée par le vent. Pour évaluer la hauteur d'eau correspondante, on fera fondre la neige, soit en approchant le pluviomètre du feu, soit en y versant un volume d'eau chaude mesuré d'avance, et l'on se servira de la même éprouvette que pour le pluviomètre. En même temps que l'on évaluera ainsi la quantité d'eau fournie par la neige, ce qui est l'élément essentiel, on pourra noter la hauteur que la neige occupe sur le sol. Il faut, pour cette mesure, choisir une surface plane où la couche de neige soit bien régulière. La connaissance de la quantité d'eau fournie par la neige est extrêmement importante, et cependant c'est un des éléments qui est mesuré, en général, avec le moins d'exactitude. On doit donc veiller à ce que cette observation soit faite avec soin. »

§ 6. QUANTITÉS DE PLUIE TOMBÉES. — FRÉQUENCE ET RÉPARTITION DES PLUIES.

A l'aide des documents que fournissent les pluviomètres, observés avec régularité pendant une période de temps plus ou moins longue, on peut se proposer l'étude d'une série de questions qui ont un grand intérêt météorologique ou climatologique : déterminer, par exemple, la quantité de pluie ou d'eau météorique tombée annuellement en un lieu donné, chercher comment elle se distribue entre les saisons ou les mois, ou encore entre la journée et la nuit ; noter le nombre des jours de pluie, la fréquence et la durée du phénomène ; comparer les données fournies par les observations des diverses régions du globe entre elles, et en déduire, en même temps que la répartition des pluies selon la position géographique et l'altitude, l'influence des vents, du plus ou moins de proximité de la mer, des montagnes, etc. Entrons dans quelques détails sur quelques-unes de ces questions et renvoyons les autres au chapitre qui traitera des climats.

Prenons pour exemple les observations pluviométriques faites à Paris depuis 1689 jusqu'à 1872, sur la terrasse de l'Observatoire. Cet intervalle comprend 184 ans et ne comporte qu'une lacune de 18 années entre 1754 et 1773, et une de 6 ans entre 1797 et 1804 : il donne donc 160 quantités de pluies annuelles.

La première remarque suggérée par l'examen des 160 nombres qui marquent en millimètres la quantité d'eau annuellement tombée, ou de la courbe (fig. 114) qui les représente, c'est que cette quantité est très variable. On ne retrouve pas là

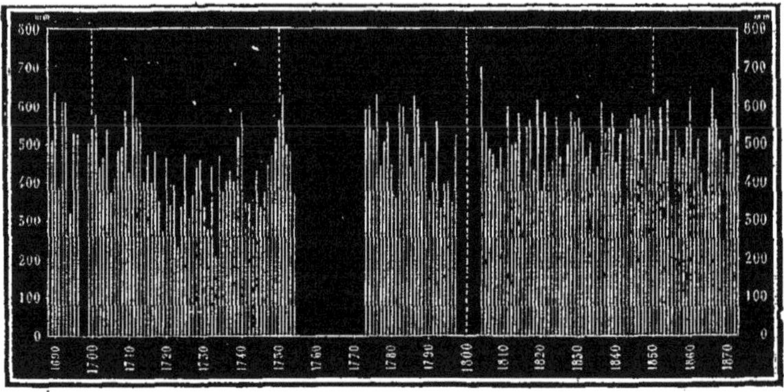

Fig. 114. — Quantités d'eau tombées annuellement à Paris de l'année 1689 à l'année 1872.

cette constance qui nous a frappé dans les autres éléments météorologiques, pression, température, etc. La moyenne générale des 160 quantités de pluie annuelles est 484 millimètres[1]; 79 sont au-dessous et 81 au-dessus de cette moyenne, mais les écarts sont considérables. L'année 1733, qui a fourni le moins de pluie, n'a donné que 210 millimètres; viennent ensuite 1723 avec 230 millimètres, 1719 avec 276 millimètres. Les années les plus pluvieuses ont été 1804, qui a fourni 703 mil-

1. On a vu plus haut que le pluviomètre de la terrasse de l'Observatoire donne moins de pluie que celui qui est dans la cour; la différence est d'environ 68 millimètres par an. En ce cas, la moyenne de la quantité de pluie tombée sur le sol serait de 552 millimètres. C'est, en effet, à quelques millimètres près le chiffre qu'on trouve à l'observatoire de Montsouris, situé à peu près dans les mêmes conditions que l'observatoire astronomique. Pour les onze années comprises entre 1872 et 1883, l'*Annuaire de Montsouris* donne une moyenne de 560 millimètres.

limètres d'eau, puis 1872 avec 687 millimètres et 1711 avec 681 millimètres. Ainsi, entre le maximum et le minimum, il y a un écart de 493 millimètres ; le rapport des quantités extrêmes d'eau tombée est de 1 à 3,35. Mais rien, dans ces fluctuations, ne dénote, soit une augmentation, soit une diminution systématique dans les quantités de pluie. Arago, en donnant les résultats de la période qui s'étend de 1689 à 1853, tirait déjà la même conséquence en disant « qu'il n'existe aucune raison de supposer que le climat de Paris soit maintenant plus ou moins pluvieux qu'il ne l'était il y a 150 ans ».

Si, au lieu de comparer les quantités de pluie tombées annuellement pendant la période dont il vient d'être question, on examine les chiffres recueillis chaque mois, en prenant les moyennes mensuelles de ces 160 années, on arrive aux nombres suivants :

Mois de la saison froide.	Quantités de pluie.	Mois de la saison chaude.	Quantités de pluie.
Octobre	45mm,1	Avril.	57mm,4
Novembre	40mm,6	Mai.	45mm,8
Décembre	36mm,8	Juin.	51mm,3
Janvier.	33mm,7	Juillet	51mm,5
Février.	29mm,4	Août.	47mm,5
Mars	31mm,2	Septembre	44mm,8
Total	216mm,8	Total	278mm,3

On voit immédiatement que la pluie tombée pendant les six mois de la saison froide est notablement moins abondante que celle de la saison chaude[1] ; c'est donc à celle-ci que, pour le climat de Paris du moins, il conviendrait de réserver le nom de *saison pluvieuse*. Les mois de juillet et de juin sont ceux qui fournissent la plus grande quantité d'eau ; février et mars, au contraire, sont les plus secs. Ce résultat peut être mis en évidence d'une autre manière, en faisant séparément le total pour chacune des quatre saisons météorologiques, l'hiver comprenant les mois de décembre, janvier, février, le printemps

1. Le contraste entre les deux saisons serait encore plus sensible, si l'on commençait la première par novembre et la seconde par mai. On trouverait alors 209mm,1 pour la saison froide, 286mm,0 pour la saison chaude ou pluvieuse.

ceux de mars, avril, mai, etc. En prenant la période comprise entre 1818 et 1853, Arago a trouvé les nombres suivants :

Saisons.	Quantités de pluie tombées en millimètres.	La moyenne annuelle = 100.
Hiver	100 millim.	19,8
Printemps	125 —	24,7
Été	145 —	28,7
Automne	135 —	26,8
	505 millim.	100,0

L'été, on le voit, est la saison qui donne la plus grande quantité d'eau ; l'hiver, la moindre. Le printemps et l'été réunis

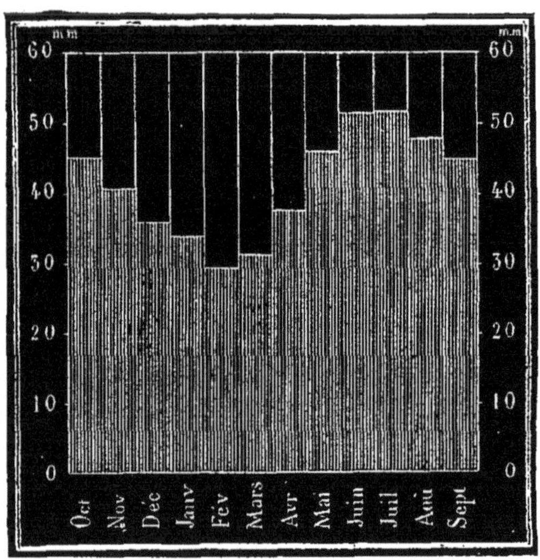

Fig. 115. — Quantités moyennes de pluie tombées mensuellement à Paris de 1689 à 1885.

dépassent l'automne et l'hiver d'un septième environ ; l'été et l'automne dépassent l'hiver et le printemps d'un peu moins du quart. C'est le résultat qu'on trouve, en groupant de la même manière les moyennes mensuelles de la longue période 1689-1872. La figure 115 exprime aux yeux cette répartition des pluies à Paris selon les mois et les saisons.

Au lieu de comparer entre elles les années et les saisons sous le rapport des quantités de pluie, on peut chercher quel a été dans chaque période le nombre des jours où il a plu (ou neigé). C'est une question non moins intéressante que la première, au point de vue du climat de la région que l'on considère. Nous verrons en effet tomber d'énormes quantités d'eau dans des pays où les pluies sont relativement rares, tandis qu'il pleut fréquemment parfois dans des régions dont le sol ne recueille qu'une faible quantité d'eaux météoriques. Voici les nombres moyens de jours de pluie, à Paris, pour diverses périodes :

	Jours de pluie.	Jours de neige.	Total.
De 1773 à 1785......	140	»	140
— 1786 à 1795......	152	12	164
— 1796 à 1805......	124	14	138
— 1806 à 1815......	134	15	149
— 1816 à 1825......	153	9	162
— 1826 à 1835......	149	6	155
— 1836 à 1845......	164	17	181
Moyennes.....	145	10	155

Mettons en regard dans les deux tableaux suivants les quantités de pluie tombées et les nombres de jours de pluie observés à Montsouris dans la période de dix années comprise entre 1873 et 1883, et les mêmes nombres répartis suivant les mois :

	Nombre de jours de pluie.	Quantités de pluie tombées.
D'octobre 1873 à septembre 1874...	178	404 millim.
— 1874 — 1875...	199	566 —
— 1875 — 1876...	198	575 —
— 1876 — 1877...	240	568 —
— 1877 — 1878...	246	588 —
— 1878 — 1879...	264	675 —
— 1879 — 1880...	177	594 —
— 1880 — 1881...	203	607 —
— 1881 — 1882...	194	440 —
— 1882 — 1883...	212	618 —
Moyennes.........	211	543 millim.

MOYENNES MENSUELLES DES NOMBRES DE JOURS DE PLUIE ET DES QUANTITÉS DE PLUIE TOMBÉES A MONTSOURIS, DE 1873 A 1883.

	Jours.	Pluie.		Jours.	Pluie.
Octobre . . .	18,5	56mm,2	Avril.	16,2	42mm,7
Novembre . .	21,2	52mm,1	Mai	14,6	35mm,5
Décembre . .	20,2	43mm,5	Juin.	17,9	52mm,6
Janvier . . .	19,9	38mm,3	Juillet. . . .	15,4	50mm,7
Février . . .	18,5	32mm,3	Août.	15,5	52mm,5
Mars.	16,9	32mm,1	Septembre .	16,0	53mm,0
Totaux . .	115,0	254mm,5	Totaux . .	95,6	287mm,0

L'année 1878-79, qui a fourni la plus grande quantité d'eau, est aussi celle du maximum des jours de pluie; l'année suivante 1879-80 correspond au contraire tout à la fois au minimum de pluie tombée et au minimum des jours de pluie. Les autres années de la même période conservent à peu de chose près le même rang sous ces deux rapports. Mais si l'on considère non plus les moyennes annuelles, mais les moyennes mensuelles, on arrive à cette conséquence que ce sont les pluies de la saison chaude qui sont les plus abondantes. En effet, la quantité d'eau tombée est plus grande dans la première, tandis que le nombre des jours de pluie est notablement moindre. D'avril à septembre, 956 jours de pluie donnent 2870 millimètres d'eau, soit en moyenne 3 millimètres par jour, tandis que d'octobre à mars 1150 jours n'ont fourni que 2545 millimètres, soit 2^{mm},21 par jour.

Arago, dans son intéressante Notice *sur la pluie*, montre par quelques exemples que la quantité d'eau tombée pendant les 12 heures de la journée (de 6 heures du matin à 6 heures du soir) est moindre que celle qui tombe pendant les 12 heures de la nuit. Mais, au contraire, il pleut plus souvent le jour que la nuit; d'où l'on doit tirer cette conséquence, que les pluies nocturnes sont plus abondantes que les pluies diurnes. Cela résulte de diverses séries d'observations. En 35 années d'observations faites par M. d'Hombres-Firmas (de 1802 à 1856) à

Alais (Gard), la moyenne quantité annuelle recueillie a été de 991mm,07 qui se décomposent ainsi :

		Nombre de fois qu'il a plu.
Pluie tombée de jour.	476mm,25	60,5
— de nuit.	514mm,92	55,1

M. Boussingault a mesuré séparément pendant trois mois la pluie tombée le jour et celle qui est tombée la nuit dans les environs de Marmato (Équateur). Sur une quantité totale de 572 millimètres, 518 proviennent de la pluie nocturne, 54 de la pluie diurne. Enfin, d'après les observations faites à Versailles (de 1847 à 1856) par MM. Haeghens et Bérigny, la moyenne annuelle totale de pluie a été de 559mm,57. En défalquant les chiffres des années 1851, 1853 et 1854, pour lesquelles la distinction n'a pas été faite, on trouve en moyenne 270mm,01 pour la pluie de jour et 303mm,58 pour la pluie de nuit.

Il faudrait, du reste, de plus nombreuses observations pour démontrer la généralité de cette loi, même en ne considérant qu'une région limitée, et ce que nous disons là s'applique à tous les résultats que nous venons de constater pour les quantités de pluie tombées à Paris. Rien n'est plus variable que le phénomène de la pluie ; les conditions qui déterminent sa fréquence ou son abondance plus ou moins grande changent d'un lieu à l'autre, souvent à de faibles distances. Néanmoins, il est permis, en s'appuyant sur les observations pluviométriques faites en de nombreuses stations des diverses zones, de faire la part de certaines influences générales : la position géographique en latitude, la hauteur des stations au-dessus du niveau de la mer, la direction des vents, la distance plus ou moins considérable de l'Océan, la proximité des montagnes et leur orientation, sont autant de facteurs qui interviennent dans le phénomène et en règlent l'intensité ou la fréquence.

Dans les régions tropicales, les pluies sont généralement très abondantes et tombent périodiquement avec une grande régularité. C'est dans la zone des calmes, c'est-à-dire au point de rencontre des alizés du nord-est et des alizés du sud-est, que les pluies sont à la fois les plus fréquentes et les plus abondantes. Là, les deux masses aériennes se faisant mutuellement obstacle s'élèvent, en entraînant avec elles dans les hautes régions de l'air toute l'humidité dont elles se sont chargées au contact des eaux chaudes des mers des tropiques. Le courant ascendant a surtout une grande force pendant la journée, où il est activé par l'intense radiation solaire. En parvenant dans les régions élevées de l'air, le refroidissement condense les vapeurs en nuages épais qui ne tardent point à se résoudre en pluies torrentielles. La nuit, le temps est clair, et le Soleil se lève dans un ciel parfaitement pur; mais vers midi les nuages apparaissent et la pluie tombe sans discontinuité jusqu'à neuf heures. C'est sur mer, dans l'Atlantique et le Pacifique, que le phénomène a lieu avec cette régularité. Suivant l'époque de l'année, cette zone monte ou descend au nord ou au sud de l'équateur, atteignant en août sa position la plus boréale (à 10° environ de latitude), et six mois après, en février, sa position la plus australe. En dehors de la zone des calmes de la région océanienne, c'est-à-dire dans les parties des tropiques où soufflent les alizés, les pluies sont au contraire peu abondantes, sauf dans le voisinage des terres élevées.

Sur les continents et à l'équateur, l'année se partage en deux saisons sèches et en deux saisons pluvieuses, celles-ci correspondant toujours à la plus grande hauteur zénithale du Soleil, qui est le facteur principal du courant ascendant et des pluies qui en sont la conséquence. A mesure qu'on s'éloigne de l'équateur, les deux saisons pluvieuses tendent à se confondre et l'année ne se partage plus qu'en une saison sèche, pendant laquelle le ciel est sans nuages, et une saison des pluies, qui se distingue alors par l'extrême abondance de l'eau tombée.

Pour donner une idée de l'intensité des pluies tropicales, citons quelques nombres exprimant en millimètres la moyenne quantité annuelle :

ASIE		AMÉRIQUE SEPTENTRIONALE	
Bombay (Inde)	2 370mm	Vera-Cruz	4 650mm
Maulmein —	4445	Basse-Terre (Guadeloupe)	3 231
Aracan —	5 080	Matouba —	7 425
Akyab —	5 570	AMÉRIQUE MÉRIDIONALE	
Cherapunji —	12 500	Cayenne	3 513
		Maranbao	7 110
AFRIQUE		OCÉANIE	
Sierra-Leone	4 800	Cap-York (Australie)	2 210
Saint-Denis (Réunion)	1 700mm	Taïti	1 210
Saint-Benoît —	4 124	Sandwich	1 400

Le plus faible de tous ces nombres donne encore une moyenne annuelle double de la quantité d'eau qui tombe à Paris; le plus fort accuse une quantité 22 fois aussi forte. Dans cette même localité de l'Inde, à Cherapunji, il est tombé dans le seul mois de juin de l'année 1851 une hauteur de 3738 millimètres de pluie, c'est-à-dire 6,67 fois autant qu'il en tombe en une année entière dans la cour de l'Observatoire de Paris. A Bombay, dans un seul jour (le 24 juillet 1819), il est tombé 160 millimètres d'eau, presque le tiers de la pluie annuelle à Paris.

L'année se divisant, entre les tropiques, en saison sèche et en saison pluvieuse, la répartition des pluies, s'y fait d'une manière très inégale dans les différents mois. Donnons-en un exemple. A Ajarakandy, sur la côte de Malabar, il tombe annuellement 2850 millimètres d'eau; sur ce nombre total, 2780 millimètres sont donnés par la saison des pluies, qui commence en mai pour finir en octobre; les autres mois, ou la saison sèche, fournissent le reste, 70 millimètres, soit la quarantième partie environ de la quantité totale. Ailleurs cette proportion varie, mais l'inégalité reste considérable : ainsi, à Cayenne, la moyenne de six années d'observations a donné 2776 millimètres pour la saison pluvieuse, 737 millimètres, ou environ le quart, pour le reste de l'année. L'époque du maximum varie aussi, même dans des localités qui appartiennent à la même région. C'est en juin et juillet à Calcutta comme à Ajarakandy; c'est en novembre à Madras, en janvier à la Guadeloupe.

Les pluies tropicales ont aussi le plus souvent, comme on l'a vu plus haut, une grande régularité quotidienne : la nuit et la matinée en sont exemptes, et c'est à partir de midi ou de deux heures que les averses commencent, de sorte que la quantité moyenne d'eau tombée se répartit aussi très inégalement selon les heures du jour. « Sur plusieurs points du littoral de la mer des Antilles, en Colombie et au Mexique, le ciel commence à déverser son fardeau de pluies vers deux heures de l'après-midi ; mais l'averse est attendue, et d'avance tous les préparatifs sont pris pour se mettre à l'abri ; dans la soirée, on peut sortir de nouveau sans crainte. De même, dans certaines parties du Brésil tropical, les heures de l'orage quotidien sont si bien prévues, que l'on peut fixer les rendez-vous à la fin de la pluie, comme ailleurs on s'en donne à la chute du jour. Cependant il est des contrées tropicales, plus abondamment arrosées, où les averses de chaque jour durent jusqu'à une heure avancée de la nuit et même jusqu'au matin[1]. »

Arrivons aux pluies de la zone tempérée. Le tableau de la page suivante donne, pour un certain nombre de localités très diversement situées, les quantités moyennes de pluie par année, et leur répartition par saison.

En ce qui concerne la quantité totale annuelle de pluie, les chiffres de la dernière colonne montrent qu'elle est fort variable. De 509 et 517 millimètres (Marseille et Bourges), elle dépasse 1 mètre dans six localités, pour atteindre 2^{m},25 à Bergen, quantité comparable à celle des pluies tropicales. Mais c'est la répartition de la pluie selon les saisons qui donne lieu aux remarques les plus intéressantes. Sur les 40 stations pluviométriques du tableau, il en est 27 où c'est l'automne qui fournit le maximum de pluie ; dans 11 seulement c'est l'été. Deux stations, Toulouse et Palerme, offrent cette particularité que le maximum est au printemps pour la première, en hiver pour la seconde. Le minimum de pluie tombe au printemps

1. E. Reclus, *La Terre*, t. II.

LOCALITÉS	ALTITUDE	LATITUDE	QUANTITÉS MOYENNES DE PLUIE				MOYENNE DE L'ANNÉE
			HIVER	PRINTEMPS	ÉTÉ	AUTOMNE	
I. — France.							
	m.		mm.	mm.	mm.	mm.	mm.
Lille	25	50° 40′ N.	136	134	220	195	685
Rouen	39	49° 26′ N.	216	195	233	220	864
Metz	182	49° 7′ N.	144	161	191	193	689
Paris	65	48° 50′ N.	116	141	172	135	564
Strasbourg	144	48° 35′ N.	109	152	246	174	681
Brest	40	48° 24′ N.	295	213	171	298	977
Dijon	246	47° 19′ N.	133	150	173	231	687
Nantes	40	47° 13′ N.	293	227	220	311	1051
Bourges	156	47° 5′ N.	93	93	162	169	517
Bourg	118	46° 35′ N.	147	134	125	175	581
Lyon	194	45° 46′ N.	130	187	228	235	780
Bordeaux	18	44° 50′ N.	200	170	180	225	775
Joyeuse (Ardèche)	147	44° 30′ N.	284	303	209	522	1318
Nîmes	47	43° 51′ N.	144	164	87	268	663
Toulouse	198	43° 37′ N.	115	177	143	147	582
Montpellier	30	43° 37′ N.	187	203	102	317	809
Marseille	29	43° 18′ N.	128	117	52	212	509
II. — Iles Britanniques.							
Edimbourg	88	55° 57′ N.	148	126	169	179	622
Manchester	46	53° 29′ N.	221	179	250	269	918
Lancastre	»	54° 3′ N.	264	162	285	296	1007
Liverpool	»	53° 25′ N.	188	157	242	289	876
Dublin	»	53° 23′ N.	161	127	144	183	615
Londres	8	51° 31′ N.	121	115	151	167	554
III. — Hollande et Belgique.							
Utrecht	13	52° 5′ N.	181	141	201	209	732
Nimègue	»	51° 51′ N.	124	120	196	152	592
Gand	»	51° 3′ N.	167	156	206	206	775
Bruxelles	59	50° 51′ N.	166	150	207	192	715
IV. — Danemark, Norvège.							
Copenhague	0	55° 41′ N.	89	72	176	131	468
Bergen	»	60° 24′ N.	597	400	472	781	2250
V. — Allemagne.							
Coblentz	80	50° 22′ N.	91	135	197	130	553
Manheim	91	49° 29′ N.	104	138	185	145	572
Stuttgart	247	48° 46′ N.	129	127	215	171	642
VI. — Suisse et Italie.							
Genève	407	46° 12′ N.	154	160	219	225	758
Udine	109	46° 4′ N.	344	378	482	501	1702
Trieste	87	45° 39′ N.	251	230	254	332	1067
Milan	147	45° 28′ N.	205	230	233	298	966
Florence	64	43° 47′ N.	245	225	135	310	915
Rome	29	41° 54′ N.	236	185	86	277	784
Naples	156	40° 51′ N.	227	184	75	267	753
Palerme	54	38° 7′ N.	224	139	33	206	602

pour 17 stations, en hiver pour 12, en été pour 11. Mais si l'on réunit, pour en faire la saison pluvieuse, deux saisons qui se suivent, on trouve que c'est l'été et l'automne qui ont ce caractère dans 27 stations, l'automne et l'hiver dans 12 autres; une seule, Toulouse, a pour saison pluvieuse les mois de printemps et d'été.

Les causes de ces variations sont diverses : la direction des vents, l'orientation et l'altitude des localités, leur plus ou moins grande proximité des côtes maritimes, sont les plus influentes, et ce n'est pas seulement dans la zone tempérée, mais sous les tropiques et dans les régions polaires que ces diverses influences se font sentir au point de vue du régime ou de la répartition, ainsi que de la quantité des pluies. Quelques exemples suffiront à le prouver.

Toutes circonstances égales, la pluie tombe en plus grande abondance dans les pays de montagnes que dans les plaines. En se rapportant à ce que nous avons dit des causes de la pluie, on se rendra aisément compte du fait. « Le long du golfe Adriatique, dit Arago, la quantité annuelle de pluie est d'environ 700 millimètres, tandis que dans les montagnes du Frioul, à Feltre, à Toluezzo et dans la Carfagnana, elle surpasse souvent 2700 millimètres. Ainsi encore, à Glascow, à l'observatoire de Macfarlane, il ne tombe annuellement que 545 millimètres d'eau; à Corbeth, à 20 kilomètres au nord-ouest de Glascow, à 125 mètres plus haut au-dessus de la Clyde que l'observatoire de Macfarlane, il tombe 1060 millimètres en moyenne. » Nous avons vu plus haut qu'à la Basse-Terre (Guadeloupe), à peu près au niveau de l'Océan, il tombe annuellement 3231 millimètres d'eau; dans la même île, au Matouba, à une altitude assez élevée et près de montagnes couvertes de forêts vierges, la quantité de pluie (7425 millimètres) est plus du double. A Joyeuse (Ardèche), la moyenne annuelle, d'après les observations recueillies pendant vingt-cinq ans par M. Tardy de la Brossy, est de 1328 millimètres ; à Viviers, situé à 8 lieues à l'est de Joyeuse, elle n'atteint pas 400 millimètres. C'est qu'au nord de Joyeuse une montagne de 1500 mètres de hauteur, se présentant comme un mur taillé à pic de l'est à l'ouest, arrête les vents du sud chargés d'humidité et provoque cette abondante précipitation. Enfin, ce qui explique l'énorme quantité de pluie qui tombe à Cherapunji, c'est l'altitude de cette station (1300 mètres) sur les flancs de l'Himalaya; la mousson du sud-ouest en passant sur le golfe du Bengale, puis, à partir de l'embouchure du Gange, par-dessus les vastes marais situés au nord, va déverser contre la barrière de l'immense chaîne de montagnes les vapeurs condensées par le refroidissement qui résulte de l'ascension progressive des couches d'air.

En général, plus les côtes exposées aux vents de mer s'élèvent brusquement, plus la quantité de pluie qu'elles reçoivent annuellement est considérable. Nous en voyons un exemple à Bergen (Norvège); à l'est de cette ville, dit M. Mohn, se trouve le glacier de Jostedal, de 1570 mètres de hauteur, qui condense presque toutes les vapeurs d'eau qu'apportent à sa base les vents de la côte, lesquels sont attirés par en haut et sur le sommet du glacier. » A Coïmbre, en Portugal, la quantité de pluie est de 3000 millimètres. Or cette ville est dominée par les crêtes escarpées de la sierra d'Estrella.

Voici d'autres exemples frappants de l'influence combinée des montagnes, de la direction des vents et de la proximité de la mer. Tandis que les pluies sont rares à l'intérieur du continent asiatique et la quantité d'eau tombant annuellement très faible, les pays qui bordent la côte orientale ont un été très humide; pendant cette saison règnent les vents du sud-est chargés des vapeurs du grand Océan; en hiver, où soufflent au contraire les vents de terre ou du nord-ouest, les mêmes contrées ne reçoivent que de faibles pluies. Les côtes occidentales d'Irlande, d'Écosse, de Norvège sont très pluvieuses, surtout en automne, où règnent les vents du sud-ouest amenant avec eux les couches d'air saturées qui ont traversé l'Atlantique. De même, toute la côte occidentale de l'Amérique du Sud, au delà du 30e parallèle, est très pluvieuse : les vents du Pacifique rencontrent en effet, en abordant le continent, la barrière que leur offre la Cordillère des Andes. C'est en juin et juillet, en pleine saison d'hiver pour ces contrées, que règnent les vents dont nous parlons; aussi voyons-nous au Chili, par exemple, la quantité annuelle de pluie s'élever de 2400 à 3350 millimètres, et tomber presque tout entière pendant ces deux mois. Le contraire a lieu dans la partie de cette côte comprise entre la première et la zone des calmes. Là règne une sécheresse presque absolue; les alizés qui ont déposé toute leur humidité sur les pentes orientales des Cordillères, après avoir franchi leurs sommets, n'ont même plus la quantité de vapeur nécessaire à la formation des nuages[1]. Dans l'Amérique du Nord, les Montagnes Rocheuses partagent le continent en deux régions qui ont un régime pluvial opposé : toute la côte occidentale de la partie septentrionale, orientée de la même façon que le nord-ouest de l'Europe, a comme celui-ci sa saison pluvieuse en automne. A l'est des Montagnes Rocheuses, qui condensent et absorbent toute l'eau amenée par les vents du Pacifique, s'étend au contraire une région pauvre en pluies. Les vastes régions sans pluie qui traversent l'ancien continent depuis la côte occidentale du nord de l'Afrique jusqu'au centre de l'Asie, les déserts du Sahara, de la Haute-Égypte et de l'Arabie, les hautes terres de l'Iran, le plateau de Cobi, etc., doivent leur sécheresse exceptionnelle à leur éloignement de la mer et à la direction des vents régnants qui soufflent sur ces régions désolées, après s'être dépouillés de toute leur humidité originelle.

Terminons ce paragraphe par la mention de pluies exceptionnellement abondantes qui achèveront de montrer, après tous les nombres déjà cités, que la pluie est un météore extrêmement variable, tout au moins dans les zones tempérées. Une averse d'un jour peut, dans des circonstances exceptionnelles il est

1. « Sur les côtes du Pérou, dit M. Élisée Reclus, l'air est souvent brumeux; mais, à travers ce voile blanchâtre, on distingue toujours le bleu du ciel; l'apparition d'un nuage est un véritable évènement, et toute la population s'assemble pour contempler dans l'espace ce spectacle insolite. » (*La Terre*, II.)

vrai, fournir autant d'eau que toute une saison. Ainsi, le 25 octobre 1822, il tomba à Gênes 810 millimètres d'eau; c'est à peu de chose près la pluie d'une année. Le 20 mai 1827, il est tombé à Genève, pendant une pluie de trois heures, 162 millimètres d'eau. La même année, en quatre jours du mois de septembre, on recueillit à Montpellier 454 millimètres. « Le 9 octobre 1827, dit Arago, à qui nous empruntons la mention de ces averses exceptionnelles, dans l'intervalle de vingt-deux heures, il est tombé dans la ville de Joyeuse 792 millimètres (sept cent quatre-vingt-douze). J'écris le résultat en toutes lettres, afin qu'on ne croie pas à une faute d'impression. » D'après Quételet, la pluie du 4 juin 1839, qui occasionna la ruine presque complète du village de Burght, près Vilvorde, donna à Bruxelles une hauteur d'eau de 113 millimètres, soit près du sixième de l'eau qui tombe annuellement dans cette ville. Il est probable que la plupart des averses de ce genre proviennent d'orages ou de véritables trombes. Sous ce rapport, on ne peut complètement les assimiler aux abondantes pluies tropicales qui se prolongent des mois entiers.

§ 7. LA GLACE; ICEBERGS ET GLAÇONS DES RÉGIONS POLAIRES.

La neige, le grésil, la grêle sont des formes particulières de l'eau météorique condensée dans l'atmosphère et congelée. Cette congélation se produit sous des influences que nous avons étudiées, soit dans ce chapitre même, soit dans la partie du troisième volume du MONDE PHYSIQUE où il a été question de l'électricité dans les orages. Il nous reste à dire un mot de la glace proprement dite, qui se forme à la surface de la terre, ou plutôt à la surface des eaux terrestres, toutes les fois que leur température s'abaisse d'un nombre suffisant de degrés au-dessous de zéro.

C'est à zéro même que se forme la glace dans les eaux superficielles ou peu profondes. Si l'air est calme et l'eau immobile, une mince couche de glace transparente commence par recouvrir toute la surface à partir des bords; puis cette couche s'épaissit peu à peu, par la solidification des tranches d'eau sous-jacentes, jusqu'à ce que toute la masse d'eau soit prise. Lorsque la congélation a lieu par une brise qui agite légèrement et ride

Fig. 116. — Stalactites de glace aux chutes du Niagara.

la surface de l'eau, on voit de petits cristaux se former et s'entre-croiser; une sorte de bouillie à moitié liquide, à moitié solide, recouvre toute cette surface, qui alors a l'aspect de neige à demi fondue. Dans ce cas la couche de glace devenue tout à fait solide est légèrement rugueuse et opaque.

Les eaux courantes ou mobiles, même sous une faible profondeur, demandent pour se congeler une température plus basse que zéro; mais, une fois la congélation commencée, la glace s'accroît progressivement si le froid persiste. C'est ainsi que se produisent ces stalactites de glace qui pendent aux toits des maisons après une fusion momentanée de la neige et la reprise de la gelée pendant la nuit. Pendant les hivers rigoureux ce phénomène se montre sur une plus grande échelle dans les chutes d'eau, les cascades. La figure 116, représentant les îlots glacés qui se forment ainsi au milieu des cataractes du Niagara, donne une idée des dimensions gigantesques que peuvent prendre les glaçons, quand le froid est assez intense pour immobiliser l'eau dans sa chute.

Dans les eaux immobiles et profondes comme celle des lacs, ce n'est que lorsque toute la masse a passé par la température du maximum de densité, $+ 4°$, que la congélation peut avoir lieu. Il arrive parfois cependant qu'un froid intense et subit peut solidifier la surface d'un lac avant que l'équilibre des couches ait eu le temps de s'établir. Nous avons donné dans notre précédent volume l'explication de ces phénomènes, particuliers aux lacs d'une grande profondeur.

Les rivières et les fleuves exigent, pour être pris dans toute leur masse, une température beaucoup plus basse que 0°. C'est ainsi que la Seine à Paris ne se solidifie guère qu'à $-14°$. Mais bien avant que la congélation envahisse toute la surface du courant, il se forme des blocs de glace plus ou moins volumineux, que l'eau charrie et qui flottent en vertu de leur moindre densité. Plus les glaçons deviennent nombreux, plus leurs dimensions augmentent dans tous les sens par le fait de l'adjonction de nouvelles couches liquides solidifiées, plus leur marche se trouve ralentie par leur contact et leur choc. Arrive un moment où peu à peu, sous l'action continue d'un froid intense et prolongé, ils se soudent ensemble, recouvrant dans toute sa largeur le cours d'eau qui les porte. L'écoulement ne se fait plus alors qu'au-dessous de cette croûte de glace plus ou moins épaisse : la rivière est *prise*.

Mais quel est le mode de formation des glaçons que charrient les fleuves? On croyait jadis que la congélation commençait par l'eau des rives, là où la rapidité du courant est moindre, et au niveau de la surface. Une partie des glaçons doit sans doute son origine à ce mode de solidification. Mais les observations et les expériences de Desmarest et de Brauns ont démontré que c'est généralement sur le fond de la rivière que la

Fig. 117. — La Seine charriant des glaçons.

majeure partie des glaçons prennent naissance. Le premier de ces physiciens « vit les glaçons se former dans un canal dépendant de la papeterie de Montgolfier à Annonay, et, après s'être traînés quelque temps sur le fond, venir flotter à la surface. » Il rapporte aussi qu'un ponton submergé au fond du Leck et qu'on n'avait pu en retirer, vint flotter à la surface l'hiver suivant, supporté par un énorme glaçon. Brauns a vu des glaçons s'élever du fond de l'Elbe, et il a constaté l'existence de bancs de glace au fond de ce fleuve. Ces sortes d'observations ont été répétées depuis par d'autres physiciens. Il nous reste à expliquer, dit M. Daguin à qui nous empruntons les faits précédents, comment les glaçons prennent naissance au fond des rivières, avant de venir flotter à la surface. Quand il fait grand froid, l'eau descend à une température inférieure à 0° jusqu'au fond, par suite des mouvements qui en mélangent toutes les parties. Le fond lui-même prend donc aussi cette température. Cependant la congélation ne se fait pas, à cause de l'agitation des molécules de l'eau. Mais le liquide emprisonné entre les graviers et les débris de diverses sortes du fond se trouve dans un repos qui lui permet de se congeler. Les parcelles de glace ainsi formées servent de noyaux autour desquels la congélation continue, de manière que les glaçons s'accroissent en soulevant l'eau de la rivière, au point quelquefois de la faire déborder et même de former des îlots fixes de glace qui dépassent le niveau. Les glaçons sont retenus sur le fond, soit parce qu'ils sont soudés aux parties fixes, soit parce que les graviers qu'ils retiennent les surchargent suffisamment. Quand le glaçon est assez épais pour que la poussée du liquide puisse le soulever, il monte à la surface[1]. »

Cette théorie, due à Desmarest, a été confirmée par les expériences de Brauns, qui a constaté que la glace se dépose de préférence sur les corps rugueux. Les pierres raboteuses dont les lits des rivières sont parsemés favorisent donc la formation des glaçons.

Dans les hivers longs et rigoureux, les fleuves se couvrent d'une masse considérable de glaces, qui, lorsque survient un brusque dégel, se brisent avec un bruit formidable, pareil aux détonations d'artillerie. Puis tous les blocs, arrêtés auparavant par leur soudure, se remettent en marche, s'amoncelant quelquefois dans les parties du fleuve qui offrent un obstacle à leur mouvement, puis se déversent hors de leur lit, brisant

1. Daguin, *Traité de physique*, t. II.

tout sur leur passage. On nomme *embâcles* ces accumulations de glaçons qui suivent de près le dégel ou la *débâcle* proprement dite. En janvier 1880, après les froids exceptionnels de ce mois, la Seine, la Loire, la Saône virent se former des embâcles qui obstruèrent leurs lits sur une longueur considérable, et qu'on ne put détruire qu'à grands renforts de dynamite. Voici, d'après M. F. Schrader, la description de l'embâcle de

Fig. 118. — Embâcle de la Loire à Villebernier (environs de Saumur) en janvier 1880.

la Loire qui a menacé un mois durant la ville de Saumur : « Comme toutes les rivières françaises, la Loire s'était couverte d'un manteau de glace pendant tout le mois de décembre. Au commencement de janvier, le froid cessa brusquement, la température remonta au-dessus de zéro, et, le 7 janvier, toute la surface glacée, épaisse de 50 centimètres à peu près, se mit en mouvement, glissant vers la mer en larges banquises blanches. La Loire est généralement très large, mais rarement très profonde. Les montagnes d'où elle descend ne sont pas assez hautes pour lui donner une provision d'eau bien constante. Quand il pleut beaucoup, elles en donnent trop; la sé-

Fig. 119. — Glaçons de l'embâcle de la Loire.

cheresse d'été, le froid d'hiver venus, elles n'en donnent plus assez. Aussi le sable poussé par les crues de chaque année se répand-il en larges bancs dans le lit du fleuve, et quand les eaux baissent, on voit de partout les nappes sablonneuses surgir à fleur d'eau, arrêter ou rider le courant. Précisément, le 7 janvier, il n'y avait pas beaucoup d'eau. En arrivant à 2 kilomètres en amont de Saumur, quelques glaçons s'arrêtèrent à la pointe de l'île Offard, qui porte un faubourg de la ville. D'autres s'échouèrent sur les bancs de sable qui encombraient le courant; puis, contre ces premiers obstacles, vint s'entasser une masse sans cesse croissante de grands glaçons, vrais rochers de cristal qui formèrent bientôt une digue continue sur toute la largeur du fleuve. Et tandis qu'à Saumur même la Loire, dégagée de glaces, coulait doucement sous les arches des ponts, une muraille blanche s'élevait d'heure en heure à quelques kilomètres plus haut, sans cesse plus compacte, plus épaisse, plus menaçante. Au bout de deux jours, le fleuve était rempli de glace sur une longueur de plus de 9 kilomètres, jusqu'en amont de l'embouchure de la Vienne. A la pointe des îles, sur les promontoires du rivage, les blocs avaient monté jusqu'à la hauteur d'un étage, se précipitant dans les prairies, glissant en avant sous la poussée de ceux qui les suivaient, écrasant les arbres, bouleversant les terres, menaçant les maisons. » Une reprise soudaine de froid souda toute cette effroyable masse et l'on put craindre qu'un nouveau dégel ne l'emportât, poussée par une crue de la Loire, entre les ponts et les quais de Saumur. On réussit à ouvrir, à l'aide de la dynamite, un canal dans cet amas; le dégel se fit lentement et la débâcle entraîna peu à peu, après un mois d'immobilité, les glaçons que la tiédeur de l'atmosphère avait heureusement ramollis et émiettés.

La salure et l'agitation de l'eau de la mer sont des causes de retard pour son point de congélation, qui ne se produit d'ailleurs que dans les latitudes élevées, et à une faible distance des côtes. Les nombreuses expéditions qui ont eu lieu dans les régions polaires, les descriptions laissées par les navigateurs et les savants qui les ont explorées, ont rendu populaire la physionomie des champs de glace, des accumulations de glaçons ou banquises, des glaces flottantes qui forment pour ainsi dire le fond des paysages arctiques ou antarctiques pendant la

Fig. 120. — Icebergs d'un fjord groenlendais[1].

plus grande partie de l'année. Mais il y a lieu de distinguer les

1. Les icebergs que représente la figure 120 ont été observés par le docteur J. Hayes, pendant son voyage au Groenland, dans le fjord d'Aukpadlartok (vers le 73° degré de lati-

glaces polaires, sous le rapport de leur origine ou de leur mode de formation. Voici la classification qu'en donne Nordenskiöld dans son récit du *Voyage de la Vega autour de l'Asie et de l'Europe :*

« 1° *Icebergs.* — Les véritables *icebergs* atteignent parfois une hauteur de 100 mètres au-dessus de la surface de la mer, et s'enfoncent souvent de deux ou trois cents mètres au-dessous. Leur hauteur totale mesure par suite quelquefois de quatre à cinq cents mètres, et leur superficie peut atteindre plusieurs kilomètres carrés. De pareils blocs ne se détachent, dans le nord de l'océan Glacial, que des glaciers du Groenland et aussi, d'après Payer, de ceux de la Terre François-Joseph. Ils proviennent, non pas, comme quelques auteurs, Geikie, Brown et d'autres l'ont écrit et ont voulu le prouver par des dessins inexacts, de glaciers qui s'avancent dans la mer et se terminent par une tranche de glace escarpée et à cassure régulière, mais, au contraire, de glaciers très irréguliers qui, longtemps avant d'atteindre la mer, sont fractionnés en masses énormes et débouchent dans des fiords profonds.

« 2° *Blocs de glace* (*Iceblocks*) *provenant des glaciers.* — Ces glaçons, que l'on désigne souvent à tort sous le nom d'*icebergs*, s'en distinguent par leurs dimensions et par leur mode de formation. Ils ont rarement une épaisseur dépassant trente à quarante mètres, et ne s'élèvent qu'exceptionnellement d'une dizaine de mètres au-dessus de l'eau. Ils proviennent du *velage* des glaciers qui se terminent sur la mer par une tranche à pic et partout d'égale hauteur. Les blocs de glace provenant de glaciers sont très nombreux sur les côtes du Spitzberg et au nord de la Nouvelle-Zemble, mais ne se trouvent pas, ou tout au moins sont très rares, sur la côte septentrionale de l'Asie, entre le Jugor Schar et la Terre de Wrangel... Ordinairement la

tude), et le dessin que nous en donnons est la reproduction d'une épreuve photographique. « On amarra la *Panthère*, dit le célèbre voyageur, à un iceberg ; nous prîmes un bateau pour serpenter longuement au milieu des glaçons ; nous traversâmes force endroits dangereux, entre autres une arche ouverte dans une énorme montagne de glace. »

glace des glaciers a une couleur bleue. Elle donne en fondant une eau potable, quelquefois légèrement salée, par suite de l'embrun que les tempêtes lancent très haut sur les glaciers.

« 3° *Glaçons provenant des isfot* (pieds de glace) *formés en hiver sur les bords des rivières ou le long de la côte.* — Ils s'élèvent parfois de cinq à six mètres au-dessus de la surface de l'eau, et généralement sont formés de glace mêlée de terre.

« 4° *Glace de fleuve* (*Flodis*). — Champs de glace plats, relativement petits. Lorsqu'ils arrivent à la mer, ils sont déjà crevassés et par suite fondent très rapidement.

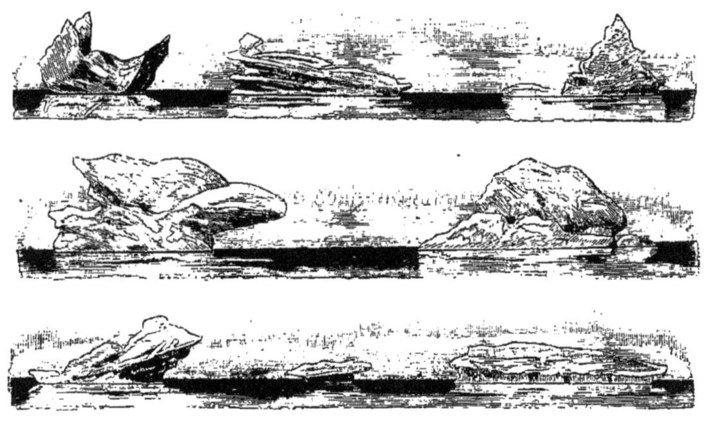

Fig. 121. — Glaçons de la presqu'île des Tshuktschis.

« 5° *Bay-is.* — On désigne sous ce nom des champs de glace plats, qui se sont formés dans des fiords ou dans des échancrures de la côte, et qui ont été exposés à une température estivale prématurée. Le *bay-is* fond complètement en été et est ordinairement peu compact.

« 6° *Glace de mer* (*Hafsis*). — Glace qui s'est formée dans les mers très avancées du Nord... C'est principalement de cette glace que sont formés les champs à l'est du Groenland, au nord du Spitzberg, entre cette dernière terre et la partie septentrionale de la Nouvelle-Zemble, ainsi qu'au nord du détroit de Bering... La glace de mer est souvent empilée en grands *toross* (ou *hummoks*). Sous ce nom, on désigne des monceaux de glaçons primitivement anguleux et librement empilés les uns sur les autres, mais qui, peu à peu, se sont arrondis et soudés les uns aux autres en blocs gigantesques. Ces glaçons forment avec ceux qui proviennent des glaciers, la masse principale des *grundis* que l'on rencontre sur les côtes des terres polaires. L'eau résultant de la fusion de la glace de mer est légèrement

Fig. 122. — Toross formé dans le voisinage des quartiers d'hiver de la *Vega*.

saumâtre, mais sa salure diminue à mesure que cette glace devient plus ancienne[1]. »

On voit par cette nomenclature des glaces polaires que la plupart proviennent des glaciers, ou de la congélation qui se produit le long des côtes. Les fiords en fournissent aussi une notable partie. Cependant la formation de la glace à une certaine distance en pleine mer a été maintes fois constatée. Scoresby l'a observée jusqu'à 20 lieues des côtes. La surface de l'eau se recouvre d'un nombre infini de petits cristaux qui se brisent

1. A. E. Nordenskiöld, *Voyage de la Vega autour de l'Asie et de l'Europe*, t. I.

et s'enchevêtrent, par le fait de l'agitation des vagues ; ils finissent par se souder ensemble et à constituer une croûte qui s'épaissit avec d'autant plus de rapidité que la mer est plus calme ; en un seul jour, le champ de glace ainsi formé peut prendre 6 à 8 centimètres d'épaisseur, pour atteindre en totalité 7 à 8 mètres. Mais cet accroissement est dû en partie à la neige qui tombe à la surface du champ, qui fond en été et se congèle ensuite en hiver. Les tempêtes brisent les champs de glace, et

Fig. 123. — Fjord glacé du Groenland.

leurs fragments contigus, entraînés par les vents et les courants, vont former les *packs* ou *banquises*, que les navigateurs des mers polaires rencontrent si fréquemment sur leur route. Dans la mer de Kara, la faible salure des couches d'eau superficielles et la basse température qui règne en hiver, déterminent la production d'une épaisse couche de glace qui, bien que brisée de bonne heure, n'a point d'issue vers une mer ouverte toute l'année. Aussi l'énorme banquise, s'accumulant sur la côte orientale de la Nouvelle-Zemble, y obstrue les trois détroits qui la font communiquer avec l'Atlantique. C'est là, d'après Nordenskiöld, l'origine du surnom de *glacière* donné à la mer de Kara.

§ 8. LE VERGLAS.

Dans le prochain chapitre, nous achèverons ce qui nous reste à dire des glaces polaires, en traitant des glaciers. Revenons un instant dans nos climats de la zone tempérée, et disons quelques mots du *verglas*.

Tout le monde sait que si un dégel subit succède à un froid rigoureux et prolongé, l'élévation de température des couches d'air ne se communique que fort lentement au sol et aux objets mauvais conducteurs de la chaleur qui reposent à sa surface. Ces objets sont encore au-dessous de 0°, quand l'air doux et humide est assez chaud pour que l'eau atmosphérique puisse tomber à l'état de pluie et de bruine. Alors, par son contact avec des corps de basse température, cette eau se congèle et les recouvre d'une mince couche de glace unie et transparente, à laquelle on donne le nom de *verglas*. Il est rare que cette couche séjourne longtemps sur le sol ; à moins qu'il n'y ait une reprise du froid, l'eau cède sa chaleur aux objets et le dégel continue.

Quelquefois le verglas est déterminé par la fusion de la neige sous l'influence de la chaleur du Soleil. Le rayonnement nocturne refroidit assez l'eau ainsi produite pour la congeler.

Le verglas peut encore se produire dans des conditions tout à fait différentes de celles que nous venons d'énumérer, et qui ne permettent point d'attribuer au phénomène la cause que nous venons d'indiquer, c'est-à-dire la congélation subite de l'eau par son contact avec des corps de basse température. Dans le courant de janvier 1879, on a observé en effet, en diverses régions de la France, un verglas extraordinaire qui a causé à la végétation, aux forêts, des dégâts énormes. Citons quelques faits[1], tous observés aux mêmes dates des 22, 23,

1. *Comptes rendus de l'Académie des sciences pour* 1879, t. I.

24 janvier. D'après M. Decharme, à Angers, « l'épaisseur de la glace formée sur les arbres, sur les fils métalliques et sur tous les objets extérieurs, a atteint 2 centimètres; certaines feuilles d'arbustes étaient chargées d'un poids de glace égal à cinquante fois leur propre poids. Un grand nombre de branches d'arbres se sont brisées, lorsque le commencement du dégel est venu interrompre la continuité entre la couche de glace qu'elles portaient et celle qui couvrait les branches plus grosses. »

Une particularité importante, signalée par M. E. Nasse (à Épernay), c'est que le verglas se formait sur des corps qui ne pouvaient être à une basse température; par exemple, « on a pu observer une croûte de glace épaisse se formant progressivement sur les parapluies, sur les vêtements de personnes qui sortaient d'appartements chauffés. »

M. Godefroy, qui observa le phénomène à La Chapelle Saint-Mesmin (Loiret), en décrit ainsi les circonstances :

« Pendant trois jours consécutifs, les 22, 23 et 24 janvier 1879, la pluie n'a cessé de tomber, et cependant le thermomètre se maintenait à 2, 3 et même 4 degrés au-dessous de zéro. Le pluviomètre accusa, pour ces trois jours, $36^{mm},3$. Une partie seulement de cette eau se congela sur les objets qu'elle atteignit dans sa chute.

« Lorsque la pluie était peu abondante, chaque gouttelette se solidifiait instantanément, même sur des objets chauds; elle affectait alors la forme de petites pastilles aplaties et irrégulières; le phénomène était surtout remarquable sur les étoffes de laine, et était manifestement dû à ce que ces gouttelettes avaient été amenées à l'état de surfusion par leur passage au travers de l'air froid. La solidification se produisait au moment où les gouttes rencontraient les corps solides. Lorsque, au contraire, la pluie était abondante, les choses se passaient autrement : une portion de l'eau se transformait immédiatement en glace; l'autre partie roulait sur les objets et le sol, dont elle suivait les pentes naturelles; pendant ce trajet sur des corps froids, au sein d'une atmosphère glaciale, une nouvelle couche de glace se formait et produisait des stalactites.

« Le poids des branches recouvertes de glace augmenta de plus en plus : dès la première nuit, plusieurs furent brisées. Dans la soirée du second jour, le phénomène prit des proportions effrayantes. Toute la nuit, les craquements se succédèrent avec une rapidité toujours croissante : le lendemain matin, les branches arrachées et brisées jonchaient le sol ; des arbres entiers gisaient déracinés ; d'autres, et des plus grands, étaient fendus en deux depuis le sommet jusqu'à la base... On ne sera pas étonné de ces effets extraordinaires, si l'on a égard aux chiffres suivants. Une brindille de tilleul fut pesée : la balance accusa 60 grammes par décimètre de longueur; cette même brindille, dépouillée de la glace qui l'entourait, ne pesait que $0^{gr},5$. Une feuille de laurier portait une carapace de glace de 70 grammes. »

A Fontainebleau, M. Piébourg constata qu'une couche de glace de 2 à 3 centimètres couvrait complètement le sol. « Cette couche de glace, dit cet observateur, adhérait aux toits, s'attachait aux parois verticales des murs ; nous avons vu des perrons dont les contre-marches en étaient revêtues sur une épaisseur presque aussi grande que les marches elles-mêmes. » Comme à Saint-Mesmin, les végétaux éprouvèrent d'énormes dégâts. Dans le parc et la forêt, les effets du verglas furent désastreux. Le poids considérable de la gaine de glace qui enveloppa les branches, petites et grosses, et jusqu'aux troncs, en fit ployer et rompre un grand nombre. » Des arbres tout entiers, parmi les plus gros du parc, ont été, soit brisés avec fracas, soit courbés jusqu'à voir leurs cimes toucher la terre, soit enfin arrachés dans les endroits où le sol sablonneux était moins résistant. Nous en avons mesuré un, entre autres, qui n'avait pas moins de $2^{m},20$ de circonférence à la base et de 37 mètres de hauteur, lequel était rompu à $4^{m},50$ environ au-dessus du sol. » Les arbres ou arbustes à feuilles persistantes, qui avaient résisté pendant le verglas, grâce au soutien que se prêtaient mutuellement leurs branches, furent dépouillés au moment du dégel : « la glace qui reliait entre elles les différentes têtes de rhododendrons, par exemple, ayant fondu d'abord, chaque

Fig. 124. — Le verglas du 23 janvier 1879 dans la forêt de Fontainebleau.

branche a été entraînée par le poids de la tête, encore chargée d'une couche assez épaisse. »

Ce que nous avons surtout à retenir de ce phénomène extraordinaire, ce sont les circonstances qui l'ont accompagné : une pluie continue durant plusieurs jours ; une température de l'air et par conséquent des gouttes de pluie elles-mêmes, notablement inférieures à zéro (de —2° à —4°) ; enfin le calme complet de l'atmosphère. La plupart des savants qui se sont occupés de la question, ont invoqué sur-le-champ l'état de surfusion des gouttes d'eau maintenues à l'état liquide, malgré leur basse température, par l'absence de toute agitation ; le contact des corps sur lesquels elles tombaient, déterminait la congélation instantanée. Cette explication n'était du reste point nouvelle : elle avait été donnée seize ans auparavant par un météorologiste français, M. E. Nouel, dans une note qu'insérait l'*Annuaire de la Société météorologique de France pour* 1863, et que ce savant résume lui-même en ces termes : « J'ai fait voir, dit-il, que les grands verglas ne sont pas dus, comme on le croyait, à une pluie *au-dessus de zéro*, se gelant en partie par son contact avec des objets dont la température est inférieure à zéro, mais qu'ils prennent naissance par suite d'une pluie à plusieurs degrés *au-dessous de zéro*, en surfusion, tombant à travers une atmosphère *au-dessous de zéro*, et se congelant à la surface des objets, d'une manière continue, par l'effet de la température ambiante. »

Le verglas de janvier 1879 a présenté, comme on vient de le voir, des circonstances tout à fait exceptionnelles ; mais si avec de telles proportions le phénomène est très rare, il n'était pas inconnu cependant. MM. Colladon, Vogt en ont rappelé des exemples. En février 1830, M. Boisgiraud a observé un verglas formé par de grosses gouttes de pluie tombant sur des corps dont la température était supérieure à zéro et qui déposa d'épaisses couches de glace sur les parapluies et les vêtements. Observations analogues de MM. Colladon et Vallès, en 1838, dans le département des Bouches-du-Rhône ; de M. Vogt, en janvier 1856, à Genève ; de M. Collin, le 4 janvier 1879, en Floride. Dans ces divers cas, le dernier excepté, les effets du verglas furent loin d'atteindre ceux du verglas du 23 janvier.

Mais il semble tout à fait probable qu'ils sont dus à la même cause, l'état de surfusion des gouttes de pluie.

M. de Tastes[1] a rappelé que « de Saussure, dans ses célèbres observations faites au col du Géant, avait constaté que les gouttelettes microscopiques d'*eau liquide* constituant les brouillards pouvaient résister à la congélation dans un air à une température très inférieure à zéro. » C'est la même cause qui maintient les gouttes de pluie liquides dans l'air, pourvu qu'il soit calme et que sa température ne soit pas inférieure à — 5°. M. Jamin a indiqué une condition pour que ces gouttes puissent parvenir jusqu'au sol, en conservant l'état liquide : c'est que les couches d'air soient purgées de poussières par d'abondantes et récentes chutes de neige. Dans un air agité, les gouttes, en se choquant les unes contre les autres, se solidifient comme si elles rencontraient des corpuscules, comme si elles touchaient le sol même. La réunion de ces conditions n'est point ordinaire, et cela explique pourquoi le phénomène est si rare.

1. M. de Tastes a cherché l'origine du phénomène, qu'il croit pouvoir rattacher aux bourrasques qui traversent, du nord-ouest au sud-est, l'Europe occidentale. (V. les *Comptes rendus de l'Académie des sciences pour* 1879, t. I.)

CHAPITRE VII

LES GLACIERS

§ 1. LES NEIGES PERSISTANTES. — LES AVALANCHES. — LES GLACIERS.

Dans le premier volume du MONDE PHYSIQUE, nous avons eu l'occasion de dire un mot des glaciers. Il s'agissait de montrer quel lien pouvait unir, suivant certaines hypothèses, le retour des périodes dites glaciaires et les lentes variations des éléments de l'orbite terrestre dues à la gravitation. Mais cette intéressante question de physique du globe ne pouvait alors être traitée que d'une façon tout à fait incidente, et nous avons dû supposer connus tous les phénomènes dont les glaciers sont le siège. Le moment est venu de donner une description de ces phénomènes, en les envisageant au point de vue exclusivement physique et météorologique.

La basse température qui règne dans les hautes régions de l'atmosphère, au-dessus des chaînes de montagnes dont l'altitude dépasse 2500 à 3000 mètres, donne lieu à d'abondantes chutes de neige qui blanchissent les sommets d'une couche persistante, même au milieu des chaleurs de l'été. Quand on contemple de loin les crêtes d'une chaîne élevée, des Pyrénées, des Alpes, des Cordillères, toutes les cimes se distinguent de leur base par leur éclatante blancheur, qui se termine par une ligne horizontale de séparation nettement tranchée. Au-dessous de cette ligne, par un contraste saisissant, s'étendent les masses relativement sombres, grises ou verdâtres, des roches nues ou des prairies et des forêts qui tapissent les flancs des monts. En été, cette ligne remonte ; en hiver, elle peut descendre jusque dans les vallées ; c'est la plus élevée des positions de la ligne estivale qui forme ce que l'on nomme la *limite des neiges éternelles, perpétuelles*, ou plus justement des *neiges persistantes*. Elle oscille légèrement avec les années, pour une même chaîne de montagnes ; mais son altitude varie très notablement d'une chaîne à l'autre, s'élevant de plus en plus à mesure qu'on approche de l'équateur, s'abaissant au contraire en allant vers les pôles. Dans les Alpes, la limite des neiges persistantes est comprise entre 2700 et 3000 mètres ; elle s'élève à 4800 mètres dans les Andes équatoriales, pour s'abaisser presque au niveau de la mer dans les régions polaires arctiques.

Chaque année, de nouvelles chutes de neige viennent recouvrir les régions montagneuses dont l'altitude dépasse la limite des neiges persistantes. En moyenne, il tombe ainsi annuellement sur les Alpes une épaisseur de neige de 10 mètres. Il résulte de là qu'une couche équivalente doit disparaître de leurs sommets : sans cela, les pics et les arêtes iraient en croissant graduellement de hauteur. En supposant que le tassement réduise l'accroissement en question à 1 mètre par année, ce qui est manifestement exagéré, on verrait croître le Mont-Blanc, par exemple, de 100 mètres par siècle, de 1000 mètres en un millier d'années. En réalité, l'évaporation, le glissement sur les pentes, la fusion sous l'influence directe du rayonnement solaire, enfin l'action des vents qui emporte des sommets et projette au loin des tourbillons de neige, sont autant de causes de la destruction continue des couches neigeuses recouvrant les Alpes et toutes les chaînes similaires. Comme ces causes agissent avec une intensité variable suivant les années et les saisons, et aussi suivant les climats, on comprend que l'équivalence entre la quantité de neige disparue et la quantité de neige renouvelée subisse elle-même des oscillations. Des considérations du même ordre expliquent pareillement des faits d'observation en apparence anormaux ; pourquoi, par exemple, la limite

AVALANCHE DANS LES ALPES SUISSES.

des neiges persistantes est de 5000 mètres dans les Andes péruviennes, tandis qu'elle n'est que de 4800 mètres dans les Andes équatoriales; pourquoi cette même limite est seulement de 4900 mètres sur les pentes méridionales de l'Himalaya, tandis qu'elle s'élève à 5250 mètres sur les pentes du nord de la même chaîne.

Avant d'arriver au sujet principal de ce chapitre, mentionnons un phénomène curieux et quelquefois terrible qui est la conséquence des énormes accumulations de neige sur les flancs escarpés des montagnes. Nous voulons parler des *avalanches*. Pour donner une idée de cet autre mode de disparition de la neige des hauts sommets, citons la page suivante du bel ouvrage d'Élisée Reclus, *la Terre*, t. I : « La plupart des chutes de neige se produisent avec une grande régularité, si bien que le vieux montagnard, habile à discerner les signes du temps, peut souvent annoncer, à la vue des surfaces neigeuses, à quelle heure précise aura lieu l'écroulement. Le chemin des avalanches est tout tracé sur le flanc des montagnes. A l'issue des larges cirques d'érosion dans lesquels s'accumulent les neiges de l'hiver, s'ouvrent des couloirs creusés dans l'épaisseur du roc. Comparables à des torrents qui se montreraient un instant pour disparaître tout à coup, les amas neigeux qui se détachent des pentes supérieures se précipitent dans les lits inclinés que leur offrent les couloirs, descendent en longues traînées, puis, arrivées au déversoir de leur étroit ravin, s'épanchent sur de larges talus de débris. La plupart des monts sont ainsi rayés sur tout leur pourtour de sillons verticaux où les avalanches s'engouffrent au printemps. Ces masses croulantes sont de véritables affluents temporaires des torrents qui passent en bas dans les gorges : au lieu de couler d'une manière continue comme le filet d'eau des cascades, elles plongent en une fois ou par une succession de chutes.

« Sur les pentes dont l'inclinaison dépasse 50 degrés, les neiges ne descendent pas seulement par les couloirs ouverts çà et là sur les flancs de la montagne, elles glissent aussi en masse sur les escarpements ; plus ou moins rapides dans leur marche graduelle, elles se tassent d'abord contre les obstacles, s'accumulent dans les parties les moins déclives, puis, lorsqu'elles sont animées d'une assez grande force d'impulsion, s'écroulent enfin avec fracas et se précipitent dans les profondeurs des gorges. Les allures de chaque avalanche varient d'ailleurs nécessairement suivant la forme même de la montagne. Sur les escarpements coupés de parois à pic, les neiges des terrasses supérieures, poussées lentement par la pression des masses plus élevées, plongent directement dans les abîmes qui s'ouvrent au-dessous. Au printemps et en été, alors que les blanches assises, ramollies par la chaleur, se détachent d'heure en heure des hautes cimes des Alpes, le gravisseur, arrêté sur quelque promontoire voisin, contemple avec admiration ces cataractes soudaines qui se précipitent dans les gorges du haut des sommets éclatants. Combien de milliers et de milliers de voyageurs, assis sur les pelouses de la Wengernalp, ont salué de leurs cris de joie les avalanches qui s'écroulent à la base des pyramides argentées de la Jungfrau ! On voit d'abord l'énorme couche de neige s'élancer en cataracte et s'abîmer sur les degrés inférieurs : des tourbillons de neige poudreuse, semblables à une fumée, s'élèvent au loin dans l'atmosphère ; puis, quand le nuage s'est dissipé, et que l'espace est rentré dans sa paix solennelle, on entend soudain le tonnerre de l'avalanche se prolongeant en sourds échos dans les anfractuosités des gorges : on dirait la voix de la montagne elle-même.

« Tous ces écroulements de la neige sont, dans l'économie des monts, des phénomènes non moins réguliers et normaux que l'écoulement des pluies dans les rivières, et font partie du système général de la circulation des eaux dans chaque bassin. Mais par suite de la surabondance des neiges, d'une fonte trop rapide ou de toute autre cause météorologique, certaines avalanches exceptionnelles, analogues aux inondations des rivières débordées, produisent des effets désastreux en ravageant les cultures des pentes inférieures, ou même en engloutissant des villages entiers, Ces catastrophes sont, avec les chutes de rochers, les plus redoutables évènements de la vie des montagnes. »

Arrivons maintenant aux *glaciers*.

Tout le monde sait qu'on nomme ainsi d'énormes masses de neige congelée et de glace, qui, partant des hauteurs des neiges persistantes, suivent les dépressions des vallées latérales creu-

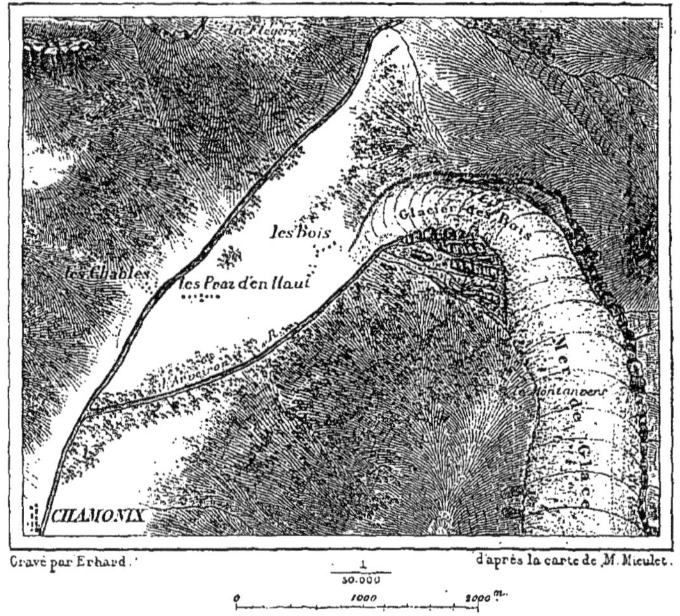

Fig. 125. — Source de l'Arveiron au front de la Mer de Glace.

sées dans les flancs des montagnes, pour se terminer, après un parcours plus ou moins long, par un escarpement généralement abrupt, en un point qu'on nomme le *front du glacier*. Là, les eaux de fusion qui proviennent soit de la surface, soit de la partie inférieure du glacier, se réunissent le plus souvent en un ruisseau qui sort d'une cavité en forme d'arche, aux magnifiques voûtes d'un blanc bleuâtre constituées par d'énormes blocs de glace. Telle est la source de l'Arveiron, à laquelle donnent naissance les glaciers réunis du Géant, du Léchaud, du Talèfre et devenus la Mer de Glace, à leur terminaison commune dans la vallée de Chamounix.

Des champs de neige où ils prennent naissance, dans la région et à l'altitude des neiges perpétuelles, les glaciers descendent en suivant tous les contours, toutes les sinuosités de la vallée qu'ils emplissent, s'élargissant quand elle s'élargit, se resserrant quand elle se rétrécit, et recevant comme autant d'affluents les glaciers moins importants des vallées secondaires débouchant dans la vallée principale. Quelquefois deux glaciers d'importance égale se réunissent en une seule masse qui continue son cours jusqu'au front commun. Les dimensions de ces masses, en longueur, en largeur, en épaisseur, sont extrêmement variables d'un glacier à l'autre, même parmi ceux qui appartiennent à la même chaîne[1]. Quant à la hauteur du point d'arrivée au-dessus du niveau de la mer, elle n'est pas moins variable. Certains glaciers, ordinairement les plus faibles, ne descendent pas jusque dans les vallées inférieures : ce sont les *glaciers de sommets*. Dans les Alpes, la moyenne altitude des fronts des glaciers dépasse 2000 mètres ; ils descendent donc à 500 ou 600 mètres au plus au-dessous de la ligne des neiges persistantes. Mais les plus considérables se terminent à 1000 ou 1100 mètres au-dessus du niveau de la mer : telle est la Mer de Glace, à 1125 mètres ; tel le glacier des Bossons, à 1100 mètres. Tandis que le front du glacier de l'Aar ne s'abaisse pas au-dessous de 1860 mètres, que celui d'Aletsch est encore à 1566 mètres d'altitude, le glacier de Grindelwald ne dépasse

1. Citons quelques nombres. Les principaux glaciers du massif des Alpes ont des longueurs comprises entre 5 ou 6 et 24 kilomètres, des largeurs qui atteignent jusqu'à 2 kilomètres. La Mer de Glace s'étend sur 15 kilomètres de long, 1000 à 1200 mètres de large ; le Gorner a également un développement de 15 kilomètres ; le glacier d'Aletsch ne mesure pas moins de 24 kilomètres, sur une longueur de 1500 à 2000 mètres. Dans l'Himalaya, un glacier, le Biafo, atteint 58 kilomètres. Mais c'est dans les régions polaires arctiques qu'on trouve les plus vastes champs de glace. Le glacier de Humboldt, au nord de la baie de Baffin, débouche dans la mer par un front qui ne mesure pas moins de 111 kilomètres. Le plus considérable des glaciers connus, paraît-il, est celui qu'a découvert le docteur américain Hayes, au sud de Goodhaab. De l'Eisblink, d'où part cette prodigieuse masse, elle s'avance, à 60 kilomètres de distance, jusqu'au milieu de la mer, où son extrémité inférieure forme un cap de 22 kilomètres.

LA MER DE GLACE.

guère 1000 mètres (1018^{m}). Les glaciers des Pyrénées sont presque tous des glaciers de sommets. Il en est de même des rares glaciers des zones tropicales. Au contraire, quand on s'avance dans les hautes latitudes, on trouve des glaciers dont le pied ne s'élève que fort peu au-dessus de la mer. Tels sont ceux des Alpes scandinaves; au Spitzberg, au Groenland, c'est au niveau même de l'Océan que viennent déboucher les gigantesques masses glaciaires qui recouvrent presque entièrement le sol de ces régions désolées.

Rarement la surface d'un glacier est unie; le plus souvent elle est sillonnée d'aspérités, de fentes ou de crevasses, tantôt transversales, tantôt longitudinales, tantôt enfin obliques à la direction de l'axe du glacier. En outre, des amas considérables de pierres, de blocs de rochers parfois énormes, sont entassés en longues traînées, soit sur les côtés, soit au milieu, soit à l'extrémité inférieure de la masse de glace. On donne le nom de *moraines* à ces accumulations de débris qui proviennent manifestement des montagnes avoisinantes : celles des bords du glacier sont les moraines *latérales*, tandis qu'on réserve la dénomination de moraines *terminales* ou *frontales* à celles qui s'entassent à son extrémité inférieure. Les moraines *centrales* se voient sur le milieu d'un glacier formé par la rencontre de deux fleuves de glace, et ne sont autre chose que la réunion des deux moraines latérales appartenant aux rives médianes de chaque affluent. En certains points, des blocs de rochers isolés se trouvent comme suspendus au-dessus d'un piédestal de glace, qui leur donne l'aspect de gigantesques champignons : ce sont les *tables des glaciers*. Ailleurs se voient des blocs de glaces de formes bizarres, pareils à des tours, à des aiguilles, à des cubes découpés dans la masse : on les connaît sous le nom de *séracs*. Enfin çà et là des cavités perpendiculaires reçoivent, comme les crevasses, les eaux de fusion du glacier, lesquelles vont se perdre en tournoyant et en grondant dans ces sortes de puits, qu'on nomme les *moulins des glaciers*.

Tels sont les principaux traits de la physionomie de l'une

des plus intéressantes curiosités des paysages alpestres. Les scènes grandioses que les glaciers déroulent aux yeux des touristes assez hardis pour en explorer toute l'étendue, offrent un genre de beautés qu'il n'est pas donné à tout le monde de contempler; mais l'homme de science y trouve un attrait non moins puissant, bien que d'un tout autre ordre. C'est en étudiant les glaciers, leur mode de formation et de développement, les traces qu'ils ont laissées dans maintes régions qu'ils couvraient jadis et d'où ils ont disparu à la suite des âges, qu'on a recueilli les renseignements les plus précieux sur l'histoire actuelle de la planète et sur celle de son passé. Le physicien, le météorologiste, le géologue ont également contribué à enrichir par leurs observations, leurs expériences, leurs aperçus ingénieux ou profonds, cette branche des sciences physiques et naturelles. Essayons de donner une idée sommaire des résultats obtenus.

§ 2. FORMATION, DÉVELOPPEMENT ET MOUVEMENT DES GLACIERS.

On a dit qu'un glacier est un *fleuve congelé*.

Dans nos définitions, nous avons parlé du cours de la masse de glace dans la vallée qui le circonscrit. Cette expression n'était pas seulement une image : elle dépeint la marche réelle du glacier, depuis les champs de neige où il prend naissance et qui sont comme la source du fleuve solide, jusqu'au front où, sous l'influence d'une température relativement élevée, il disparaît ou mieux se transforme en un cours d'eau, liquide cette fois. Parfois le fleuve de glace devient un vrai fleuve : sans aller plus loin que les Alpes, le Rhin, le Rhône, le Pô sont également des enfants des glaciers.

Reprenons donc le phénomène à son origine.

Les neiges qui tombent, en quantités considérables, en hiver, au printemps, en automne, sur les sommets des hautes chaînes, s'accumulent surtout dans les *cirques*, dépressions plus ou moins vastes en forme d'enceintes semi-circulaires, voisines des sommets. Ce sont ces neiges qui donnent naissance aux glaciers par suite d'une série de transformations dont nous allons emprunter la description à un de nos savants compatriotes, M. Martins : « A la chaleur des rayons du soleil, dit-il, la surface de la neige commence à fondre; l'eau résultant de cette fusion s'infiltre dans les couches inférieures, qui se changent, sous l'influence des gelées nocturnes, en une masse granuleuse, composée de petits glaçons encore désagrégés, mais plus adhérents entre eux que les flocons qui leur ont donné naissance. Cet état de la neige a été désigné par les physiciens suisses sous le nom de *névé* (*firn* dans la Suisse allemande). Pendant tout l'été, ce névé s'infiltre de nouvelles quantités d'eau provenant toujours de la fonte superficielle ou de celle des neiges environnantes, dont les eaux viennent se réunir dans la dépression qui forme le berceau du glacier. Dans ces régions, le thermomètre tombant chaque nuit au-dessous de zéro, même au cœur de l'été, ce névé se congèle à plusieurs reprises. A la suite de ces fusions et de ces congélations successives, il offre l'apparence d'une nappe blanche compacte, mais remplie d'une infinité de petites bulles d'air sphériques ou sphéroïdales : c'est la *glace bulleuse* des auteurs qui ont écrit sur ce sujet. L'infiltration et la congélation de la masse devenant de plus en plus parfaites à mesure que le glacier descend vers les régions habitées, l'eau finit par remplacer toutes les bulles d'air : alors la transformation est complète, la glace paraît homogène, et présente ces belles teintes azurées qui font l'admiration des voyageurs[1]. »

Tel est le mode de formation des glaciers, qui s'alimentent des neiges tombées chaque année sur les hautes cimes, et qui dès lors s'accroîtraient indéfiniment si, chaque été, une certaine épaisseur de la surface ne fondait sous l'action du rayonnement solaire, et si de même une portion de son extrémité

1. *Les glaciers des Alpes* (DU SPITZBERG AU SAHARA), par Charles Martins.

inférieure ne se résolvait en eau sous l'influence d'une température supérieure à celle de la congélation. Le ruissellement continuel qu'on observe à la surface des glaciers pendant la saison chaude, les torrents qui s'écoulent en aval du front sont autant de témoignages de ce phénomène auquel Agassiz a donné le nom d'*ablation*, et qui limite l'extension du fleuve de glace. Du reste, selon que la saison est sèche et chaude, ou au contraire froide et pluvieuse, c'est la fusion qui l'emporte et le glacier recule, ou, au contraire, c'est son mouvement de progression qui est prépondérant et il avance.

Nous avons à montrer maintenant la réalité du mouvement de progression ou de translation de la masse glaciaire depuis son origine, aux champs de névé, jusqu'au point où elle prend fin dans la vallée inférieure. De temps immémorial le fait était connu des montagnards suisses, et dès 1574 un savant zurichois, Simler, le signalait dans l'ouvrage qu'il consacrait à la description des Alpes. Reconnu exact par Scheuchzer en 1705, puis par de Saussure à la fin du dix-huitième siècle, il a été enfin complètement mis hors de doute dans la première moitié du nôtre, par les observations et les mesures de divers savants : Hugi, Agassiz, Forbes, Desor, Rendu, Tyndall, etc.

On avait déjà remarqué le mouvement de déplacement des crevasses d'année en année. De même, en examinant la nature des rocs qui forment les moraines, on avait été frappé de ce fait, que les caractères minéralogiques de nombre de ces blocs étaient différents de ceux des roches des montagnes latérales, d'où ils semblaient manifestement devoir provenir. Ces caractères se rapportaient aux roches qui surplombent des parties beaucoup plus élevées du glacier. De là à conclure que les débris tombés de ces hauteurs sur la masse de glace avaient été lentement transportés par elle jusqu'au point où on les observe actuellement, et à en déduire la vitesse moyenne de translation, il n'y avait qu'un pas. Ce pas fut franchi le jour où un savant suisse, le professeur Hugi (de Soleure), se construisit une cabane sur le glacier de l'Unteraar, dans le but d'y faire des observations suivies du glacier[1]. C'était dans l'été de 1827. Trois années après, en 1830, l'observatoire de Hugi était descendu de 100 mètres. Six ans plus tard, en 1836, il s'était avancé de 716 mètres, et en 1841 Agassiz trouvait la cabane à 1432 mètres plus bas que son point de départ. Il en résulte un mouvement moyen de 102 mètres par année.

Le mouvement de progression de l'ensemble du glacier était donc manifeste. Il restait à l'étudier dans ses détails les plus circonstanciés. Dès 1840, Agassiz prit des mesures exactes du mouvement du glacier de l'Unteraar, en observant au théodolite les positions relatives de six poteaux qu'il avait fait planter solidement en ligne droite en travers de la masse de glace. L'année suivante, il constata que les six poteaux s'étaient déplacés de quantités inégales, de sorte que l'alignement primitif était fortement altéré, comme le prouvent les nombres suivants qui marquent l'avancement de chacun d'eux :

1er poteau	49 mètres	4e poteau	74 mètres
2e —	68 —	5e —	64 —
3e —	82 —	6e —	58 —

Les observations des années suivantes, faites par le même savant, celles que Forbes entreprit à la Mer de Glace à la même époque, confirmèrent entièrement la loi accusée par les nombres qui précèdent et que l'on peut formuler ainsi : Le mouvement de progression d'un glacier est plus prononcé dans sa partie centrale que sur les bords : la vitesse va en croissant de ceux-ci jusqu'à l'axe du glacier. C'est précisément ce qui se passe dans les eaux d'un fleuve, plus rapides au milieu que sur les rives.

Mais là ne devait point se borner l'assimilation entre le fleuve

1. En 1778, dans sa célèbre ascension au col du Géant, de Saussure abandonna une échelle de bois au pied de l'Aiguille noire, vers le point où commence l'une des moraines centrales de la Mer de Glace. Des morceaux de cette échelle furent retrouvés quarante-quatre ans plus tard, en 1832, par Forbes et d'autres voyageurs, en un point dont la distance au premier mesurait 4050 mètres. M. Ch. Martins trouva en 1845 un morceau de la même échelle, à 370 mètres plus bas. Le glacier s'était donc avancé, en moyenne, d'abord de 75 mètres, puis seulement de 28 mètres par an.

solide et le fleuve liquide. MM. Tyndall et Hirst, en 1857, ont effectué sur la Mer de Glace une série de mesures ayant pour objet de déterminer le lieu des points de plus grande vitesse de la surface du glacier, et aussi de comparer entre elles les vitesses des points situés à égale distance des deux bords, dans les parties courbes du fleuve de glace. Les conséquences de ces mesures ont été celles-ci : ce n'est pas généralement l'axe ou la ligne médiane de la surface du glacier qui a le mouvement de progression le plus rapide; conséquemment la

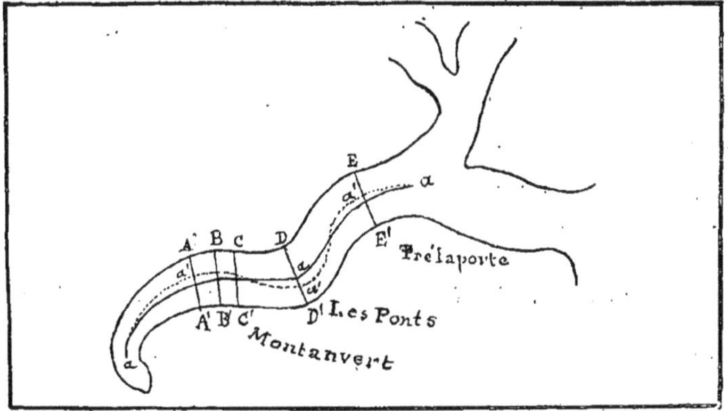

Fig. 126. — Mer de Glace. Mouvement de progression du centre et des bords.

vitesse n'est pas la même sur l'un ou l'autre côté, si l'on considère des points pris à égale distance des bords. Tyndall reconnut que le côté du glacier qui se trouvait animé du mouvement le plus rapide était toujours celui qui tournait sa concavité vers l'axe; de même le lieu des points de plus grande vitesse est toujours en dehors de l'axe par rapport à sa convexité. Par exemple, dans la partie de la Mer de Glace qui se trouve en face du Montanvert (fig. 126), le glacier présente sa convexité vers l'est; or, en comparant les vitesses de déplacement des poteaux plantés à sa surface dans la direction des alignements AA', BB', CC', Tyndall a trouvé que c'est du côté du bord oriental que ces vitesses étaient les plus grandes; en face des Ponts, la sinuosité du glacier est en sens contraire, et ce sont les poteaux du bord occidental D′ qui avaient subi les plus forts déplacements; enfin, vis-à-vis de Trélaporte, un nouveau changement de courbure a ramené la plus grande vitesse sur le bord oriental E. D'où la loi suivante, formulée par le savant physicien : « Quand un glacier parcourt une vallée sinueuse, le lieu des points de plus grande vitesse ne coïncide pas avec l'axe du glacier, mais, au contraire, se trouve toujours du côté de la convexité de la ligne centrale. Ce lieu est donc une ligne courbe ($a'a'a'$) à sinuosités plus profondes que celles de la vallée, et coupant l'axe du glacier à chaque changement de courbure[1]. »

Ainsi, comme toutes les rivières, le fleuve de glace a son courant plus fort vers celle de ses rives qui offre le moins de résistance au mouvement de sa masse, c'est-à-dire du côté convexe de chacune de ses sinuosités. Pour achever de démontrer la parfaite analogie des deux mouvements, il restait à faire voir que la vitesse des molécules de la surface est plus grande aussi que celle des molécules du fond. En août 1846, MM. Dolfus-Ausset et Charles Martins fixèrent deux piquets dans un escarpement vertical du glacier de l'Aar, l'un à 1 mètre de la surface, l'autre à 8^{m},20 plus bas. Dix-huit jours plus tard, le piquet inférieur fut trouvé de 200 millimètres en arrière du piquet supérieur, preuve évidente de la marche accélérée de la masse, du fond vers la surface. Tyndall confirma vingt et un ans plus tard cette première observation. Ayant pu, non sans danger, aborder un mur de glace de 46 mètres d'épaisseur, à l'endroit où le glacier du Géant reçoit comme affluent le glacier du Léchaud, il fixa trois poteaux, l'un au sommet du précipice de glace, le second à 11 mètres du fond et le troisième à 1^{m},20. Leurs vitesses en 24 heures furent les suivantes :

Poteau supérieur	152	millimètres
— moyen.	114	—
— inférieur.	68	—

1. *Les glaciers et les transformations de l'eau*, par J. Tyndall.

Le ralentissement dû au frottement des couches inférieures contre le fond sur lequel repose la masse de glace, est rendu évident par ces mesures. On voit ici que ces couches ont une vitesse à peine égale à la moitié de la vitesse de la surface.

Le mouvement de progression des glaciers est en tout semblable, on le voit, à l'écoulement de l'eau dans les rivières ou les fleuves. Avant de dire quelles explications on en a données, indiquons par quelques nombres la vitesse de ce mouvement, qui s'effectue avec une telle lenteur, que les instruments de précision des géodésistes permettent seuls de le constater séance tenante, mais qui d'autre part est tellement irrésistible qu'aucun obstacle n'est capable de l'entraver.

Si l'on considère les trois premières années d'observation de Hugi, le glacier de l'Unteraar marchait avec une vitesse moyenne de 33 mètres par an; les six premières ont donné 80 mètres, et, en prenant l'ensemble des observations de 1827 à 1841, on trouve une moyenne de 102 mètres. Agassiz et Desor ont calculé une progression de 71 mètres par an. Il est très difficile de déterminer la vitesse de descente d'un glacier, non seulement parce qu'elle varie suivant l'année, la saison, mais aussi parce qu'elle n'est pas la même aux divers points de son cours. Des mesures prises par divers observateurs à des hauteurs différentes sur plusieurs glaciers, il parait résulter que la vitesse est notamment plus grande à la partie supérieure qu'à l'extrémité inférieure : sur l'Unteraar, la progression annuelle varie ainsi de 39 mètres à 75 mètres. Les deux affluents supérieurs du même glacier, le Finsteraar et le Lauteraar, ont donné des nombres variant, pour le premier, de 48 mètres à 81 mètres, et, pour le second, de 31 mètres à 74 mètres. M. Grad a fait sur le glacier d'Aletsch une série d'observations qui prouvent que la vitesse va en diminuant à mesure qu'on s'approche du front du glacier. A 15 kilomètres de l'extrémité inférieure, c'est-à-dire à peu près au milieu de son cours, cette vitesse était de 404 millimètres en 24 heures; à 7 kilomètres plus bas, elle se réduisait à 294, et, à 2 kilomètres seulement de l'extrémité inférieure, elle n'était plus que de

Fig. 127. — Glacier d'Aletsch.

240 millimètres. Cependant des résultats contraires ont été constatés par Tyndall à la Mer de Glace. Voici, en effet, les

vitesses trouvées pour les points de la ligne médiane, c'est-à-dire les vitesses maxima à diverses hauteurs :

	Par jour.
A Trélaporte.	508 millimètres
Aux Ponts	584 —
Au-dessus du Montanvert	660 —
Au Montanvert	864 —
Au-dessous du Montanvert.	838 —

Quelle est la raison de ces différences dans la progression des masses de glace de l'Unteraar et d'Aletsch, comparée à celle de la Mer de Glace près de Chamounix? Est-ce aux variations de l'inclinaison? cela n'est pas probable. Desor a constaté que le Glumberg, qui est un glacier tributaire de l'Aar, et dont la pente varie de 30° à 50°, n'a qu'un mouvement annuel de 22 mètres, tandis que le glacier principal, avec une inclinaison de 4° seulement, s'avance de 71 mètres par an. La Mer de Glace a une inclinaison de 5° à 6°, et, bien qu'elle soit un peu plus forte à son extrémité inférieure, la différence n'est pas suffisante pour rendre compte de l'accélération. D'après M. Grad, c'est en raison de l'épaisseur du glacier, du fond jusqu'à la surface, que croît le mouvement de progression. Cette épaisseur varie elle-même avec la forme des parois de la vallée et s'accroît naturellement quand ces parois se resserrent et que la masse de glace, au lieu de s'étaler en largeur, est obligée de gagner en hauteur l'espace qui lui est refusé dans l'autre sens.

Le mouvement de progression des glaciers varie aussi suivant les saisons, plus rapide en été qu'en hiver, dans une proportion assez considérable. D'après Grad, sur le glacier de l'Aar, entre le printemps et le commencement de l'été, le rapport entre le mouvement minimum et le mouvement maximum est celui de 100 à 283 ; au glacier des Bois (partie inférieure de la Mer de Glace), de décembre à juillet, ce rapport est de 100 à 456.

Ces variations dans la vitesse de progression d'un même glacier, soit dans la suite des années, soit d'une saison à l'autre, celles que nous avons également constatées dans la vitesse à diverses hauteurs, rendent difficile l'évaluation de la moyenne annuelle. Néanmoins on estime qu'il faut de 120 à 140 ans à la glace du col du Géant pour franchir l'intervalle qui la sépare, à sa sortie des champs de névé, de la source de l'Arveiron ou de l'extrémité inférieure de la Mer de Glace. A raison de 71 mètres par an, le glacier de l'Unteraar met 342 ans à descendre les 24 kilomètres qui mesurent sa longueur. Rien ne frappe plus l'imagination de celui qui pour la première fois visite un glacier que le contraste de cette immobilité apparente de la masse énorme et solide qui le porte, avec la certitude de son irrésistible mouvement, dont il peut apprécier les témoignages. Cette masse descend, brisant et renversant devant elle tous les obstacles. « Lorsque, dit Helmholtz, à la suite d'une série d'années humides, accompagnées de chutes de neige très considérables dans les hauteurs, la partie inférieure du glacier s'avance, elle pousse devant elle les demeures des hommes, en brisant sur son passage les arbres les plus vigoureux, elle déplace même, sans paraître éprouver de résistance sensible, les remparts formés par les immenses blocs de rochers qui constituent sa moraine terminale et qui forment des séries de collines très considérables. »

§ 3. CREVASSES DES GLACIERS.

Revenons maintenant à certaines particularités curieuses que nous n'avons fait que mentionner plus haut, et voyons comment leur existence est liée au mode de formation des glaciers, ou à leur mouvement de progression.

Parlons d'abord des crevasses.

Ces ouvertures béantes, qui laissent entrevoir dans leurs profondeurs les lueurs pâles de la lumière du jour tamisée par la glace, lueurs bleues d'une pureté admirable, constituent, pour l'explorateur des glaciers, le principal obstacle à ses recherches ; s'il ne prend toutes les précautions que la prudence exige, c'est sa vie qu'il joue, quand il se risque à franchir ces abîmes. Le danger est grand, surtout quand la neige a recouvert la surface entière du glacier et que les crevasses sont masquées par un pont d'une faible épaisseur : la neige cède sous le pied du touriste qui s'aventure sans la sonder pour ainsi dire à chaque pas.

Il y a des crevasses de toutes dimensions, en longueur comme en largeur. Les plus nombreuses se voient sur les bords en talus des glaciers : ce sont les crevasses *marginales*, qui affectent d'ordinaire une inclinaison d'environ 45° dans une direction d'aval en amont, mais qui s'entre-croisent parfois de la façon la plus confuse. D'autres crevasses traversent toute la surface du glacier d'un bord à l'autre ; il en est enfin qui le sillonnent dans le sens de la longueur. Les dénominations de crevasses *transversales*, *longitudinales* se comprennent d'elles-mêmes, comme celle de crevasses *frontales* qui découpent la glace à l'extrémité inférieure du glacier.

Ces gouffres prennent naissance de la façon la plus simple et commencent généralement par une fissure à peine perceptible. Voici comment un explorateur infatigable des glaciers, Tyndall, rend compte du phénomène : « Nous nous préparons à rentrer, dit-il, après une journée pénible passée sur le glacier du Géant, quand sous nos pieds se fait entendre une explosion qui semble partir de la masse même du glacier. Un peu surpris, nous regardons autour de nous ; le bruit se répète et plusieurs explosions se succèdent rapidement. Elles éclatent tantôt à notre droite, tantôt à notre gauche, et il semble que le glacier se brise tout autour de nous. Mais nous n'apercevons toujours rien.

« Nous examinons alors soigneusement la glace ; après une heure de recherches, nous découvrons la cause de ces bruits. Ils annoncent la formation d'une crevasse. A travers une flaque d'eau qui se trouve sur le glacier, nous voyons monter des bulles d'air, et nous nous apercevons qu'au fond de cette flaque il y a une fente étroite qui livre passage aux bulles d'air. A droite et à gauche de la flaque, nous pouvons suivre la fissure nouvelle jusqu'à une grande distance. Elle est quelquefois si faible qu'elle échappe à la vue, et n'est nulle part assez large pour livrer passage à la lame d'un couteau.

Fig. 128. — Crevasses marginales du glacier de l'Unteraar.

« Il est difficile de croire que les formidables crevasses entre lesquelles nous avons si souvent passé avec crainte, puissent avoir une si faible origine; telle est pourtant la vérité. Les gouffres béants qui se trouvent aux chutes de glace du Géant et du Talèfre, et plus haut encore, n'ont été d'abord que des fissures étroites, qui se sont peu à peu élargies en crevasses.

Nous apprenons ainsi, par un exemple à la fois instructif et frappant, que des apparences qui semblent indiquer une action très violente, peuvent réellement être le résultat d'actions si lentes qu'on ne peut les reconnaître que par les observations les plus délicates[1]. »

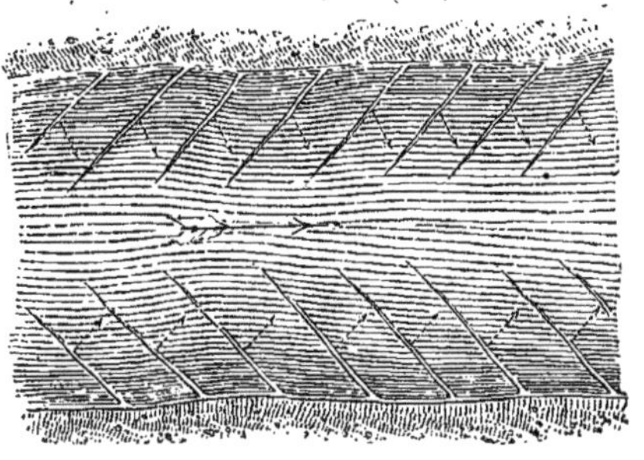

Fig. 129. — Formation des crevasses marginales.

Mais sous quelle influence se produisent ces fentes, quelle est la cause physique ou mécanique des crevasses, c'est une question que M. W. Hopkins a très nettement résolue, en montrant qu'elles sont une suite du mouvement de progression des glaciers et de la tension qui résulte, en divers points de la masse, de l'inégalité de vitesse de ses diverses parties.

Les bords du glacier, on l'a vu plus haut, en raison de la

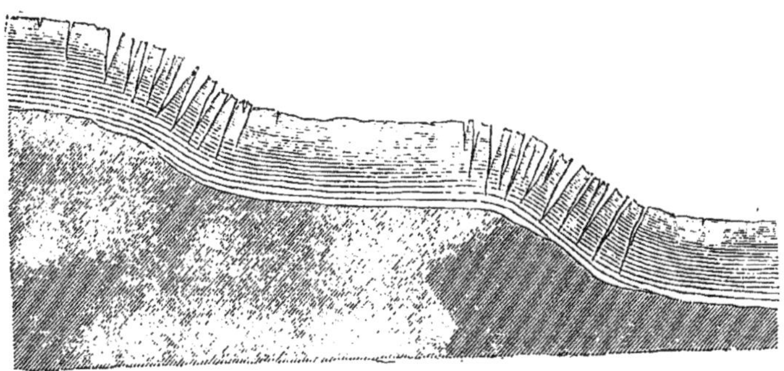

Fig. 130. — Causes de la formation des crevasses transversales (coupe longitudinale du glacier).

résistance des parois de la vallée, se meuvent plus lentement que les parties centrales. De là une tension qui s'exerce suivant la direction des flèches de la figure (fig. 129). A un moment donné, la cohésion des couches de glace est vaincue, et une

1. *Les glaciers et les transformations de l'eau.*

séparation ou fente se produit normalement à cette direction. La ligne de tension étant inclinée de 45° sur l'axe du glacier dans le sens d'amont en aval, c'est à 45°, mais d'aval en amont, que se produit la fente ou la ligne de rupture. Les premiers observateurs, voyant que les crevasses marginales coupaient les rives obliquement dans le sens du courant, trompés par l'apparence, en concluaient que les bords ont une marche plus rapide que le centre. Les mesures effectuées, d'accord avec l'analyse mécanique du phénomène, ont prouvé le contraire.

Quant aux crevasses transversales et longitudinales, leur production est due aux inégalités du fond du glacier. Si ces inégalités affectent la pente, si, après avoir suivi un lit d'une certaine inclinaison, la masse de glace arrive à un point où cette pente s'accélère, la glace, obligée de se ployer dans le sens de son épaisseur pour suivre le nouveau lit, se brise sous l'effort qui résulte de cette tension,

Fig. 151. — Causes de la production des crevasses longitudinales (coupe en travers du glacier).

et il se produit un certain nombre de crevasses d'autant plus larges que l'inclinaison nouvelle est plus forte. Dans un fleuve liquide, il se formerait là des *rapides*, et la fluidité de l'eau permettrait cette accélération de vitesse qui est impossible avec la glace. Les crevasses transversales ainsi formées se referment un peu plus bas, si le lit du glacier reprend son inclinaison première. C'est ce que montre clairement la figure 130. L'explication des crevasses longitudinales est tout à fait semblable. Seulement elles supposent des inégalités du fond du glacier dans le sens de sa largeur. Ces dernières crevasses se produisent encore dans les points où le lit du glacier s'élargit tout à coup, au sortir d'un défilé escarpé et étroit. La glace pouvant s'épandre alors latéralement, la tension s'exerce dans le sens transversal, et les fentes se produisent perpendiculairement à cette direction, c'est-à-dire dans le sens longitudinal.

Tyndall a fait observer que les crevasses marginales sont plus nombreuses du côté convexe que de l'autre, dans les parties courbes des glaciers. Et il en donne la raison : d'après ses mesures, la vitesse est plus grande sur le premier bord que sur l'autre, et par suite la tension qui détermine les ruptures y est plus forte aussi. Il prend pour exemple la Mer de Glace, à la

Fig. 132. — Crevasses et pont de stalactites au glacier du Rhône.

hauteur du Montanvert, sur le bord occidental ou concave du glacier, et il fait remarquer que les crevasses y sont beaucoup moins nombreuses que sur le bord oriental ou du Chapeau, qui est le côté convexe de la Mer de Glace en cette région.

Les crevasses suivent naturellement le mouvement des glaciers[1]; seulement, comme on vient de le voir, elles subissent

1. Les crevasses se succèdent en un même point d'un glacier, de façon à faire croire, après un certain intervalle de temps, qu'elles n'ont point changé de place. C'est cette illusion que

pendant leur mouvement les changements que comportent les variations dans les causes qui leur ont donné naissance; les unes se referment, les autres s'agrandissent au contraire. D'ailleurs l'action de l'eau qui circule dans les mille anfractuosités de la surface du glacier contribue à modifier la forme des crevasses. C'est ainsi que sont produits les moulins ou puits des glaciers, dont il a été question plus haut. Les ruisselets de la surface, se réunissant en torrents, coulent avec impétuosité dans les lits qu'ils se creusent, jusqu'à ce que, rencontrant une crevasse, ils s'y précipitent avec force et creusent en entonnoir la paroi contre laquelle l'eau vient frapper. Le tournoiement de l'eau dans ces abîmes produit un fracas assourdissant qui a fait donner le nom de *moulins* aux puits des glaciers.

Comme le moulin suit la fissure dans son mouvement de descente, il arrive un moment où le torrent qui le formait, trouvant une autre issue dans la crevasse qui a succédé à la première, abandonne celle-ci et commence à former un nouveau puits. Tyndall a sondé plusieurs de ces puits abandonnés, qui avaient jusqu'à 27 mètres de profondeur; un plomb de sonde jeté dans le Grand-Moulin (en activité) donna $49^{m},55$, mais sans que le fond fût atteint. « Un de ces puits, dit M. Ch. Martins, mesuré par MM. Dollfus, Otz et moi, sur le glacier de l'Aar, avait 58 mètres de profondeur. Sur le glacier de Finsteraar, M. Desor en a sondé un autre, et n'a trouvé le fond qu'à 232 mètres au-dessous de la surface. » C'est à d'anciens moulins de glacier qu'on attribue la formation de ces cavités singulières connues

signale Tyndall dans le passage suivant de son livre sur *les Glaciers*. « Au sommet du Grand-Plateau, dit-il, et au pied de la dernière pente du Mont-Blanc, je vous montrerais une grande crevasse dans laquelle trois guides furent précipités par une avalanche en 1820. N'est-ce pas là une erreur? Une crevasse, qu'il serait difficile de distinguer de la crevasse actuelle, existait assurément là en 1820. Mais était-ce bien la même que la crevasse actuelle? La glace fendue qui se trouve aujourd'hui en cet endroit est-elle la même que celle d'il y a cinquante et un ans? Assurément non. Et qu'est-ce qui le prouve? C'est le fait que, plus de quarante ans après leur disparition, les restes de ces trois guides ont été retrouvés près de l'extrémité du glacier des Bossons, à plusieurs milles au-dessous de la crevasse actuelle. » Cette observation prouve en outre, comme nous le dirons plus loin, que la glace du fond finit, au bout d'un certain temps, par reparaître à la surface, résultat nécessaire du phénomène de l'ablation.

sous le nom de *marmites de géants*. En s'engouffrant dans les puits, l'eau chargée de sable, de graviers et de galets creusa jadis, au sein des roches sur lesquelles glissait le glacier, les

Fig. 133. — Marmites de géants à Lucerne.

trous arrondis qu'on voit aujourd'hui en divers lieux. La figure 133 représente les Marmites de géants du *Jardin glaciaire* de Lucerne. « Ce jardin, dit M. Gourdault[1], décoré dans

1. *La Suisse*, t. I.

le genre alpestre, et dont les divers reliefs ont été réunis par des ponts et des escaliers, renferme l'œuvre tout entière et bien authentique d'un glacier de l'époque quaternaire. Ce sont seize excavations ou *marmites de géants*, dont la principale a 14 mètres environ de diamètre sur à peu près autant de profondeur. Les forages polis et en entonnoir commencés par les eaux de fonte tourbillonnantes du glacier ont été ensuite continués et poussés de plus en plus dans le sol rocheux par les blocs erratiques que le glacier portait avec lui. Ce glacier était celui de la Reuss et de ses affluents. » On trouve des cavités semblables dans un grand nombre de régions que recouvraient les glaciers des anciens âges; notamment dans les fjords de la Scandinavie, où elles acquièrent des dimensions énormes.

Une des curiosités des glaciers, dont l'intérêt scientifique est immense surtout au point de vue géologique, ce sont les *moraines*, ces accumulations de roches, de cailloux, de débris de toutes sortes, tombés des montagnes voisines ou arrachés aux flancs escarpés qui bordent le fleuve de glace. Nous avons déjà dit qu'on les distingue en moraines *latérales*, les plus puissantes, parce qu'elles se grossissent de tous les blocs qui y tombent pendant la période de parcours du glacier; les moraines *centrales*, qui proviennent de la jonction du glacier principal avec ses affluents, et qui dès lors sont aussi nombreuses que ceux-ci (c'est ainsi que la Mer de Glace est sillonnée par quatre moraines centrales provenant du glacier du Géant, de celui du Léchaud et des deux glaciers qui constituent le Talèfre). En arrivant à la partie inférieure, au front du glacier, toutes ces moraines se réunissent en une seule, la moraine *terminale* ou *frontale*, que la masse de glace pousse en avant quand le glacier s'accroît en longueur, qu'elle laisse isolée au contraire quand, par un phénomène inverse, le glacier recule et diminue. La moraine frontale diffère des deux autres en ce que, au lieu de reposer sur la glace, ses blocs s'appuient sur le sol du fond de la vallée. Indépendamment de ces moraines, qu'on peut appeler *superficielles*, puisque les débris dont elles sont formées proviennent tous de la surface extérieure du glacier, il y a lieu de considérer encore la couche de graviers, de cailloux et de boues sableuses interposée entre la surface inférieure du glacier et le sol sous-jacent : elle constitue la *moraine profonde*. En arrivant au front terminal, ses débris s'accumulent avec les autres dans la moraine frontale.

Les blocs de rochers qui forment les moraines ont parfois des dimensions colossales ; dans les glaciers des Alpes, il n'est pas rare d'en rencontrer qui mesurent une dizaine de mètres dans tous les sens. Le rocher de Blaustein, dans la vallée de Saas, a un volume de 8000 mètres cubes.

Parmi les blocs de pierre que porte la surface des glaciers, il en est qui offrent une particularité curieuse : ils ont l'aspect de tables supportées par un pied de glace, à peu près comme le sont les anciens dolmens sur leurs piédestaux de granit. La figure 134 représente un spécimen de ces *tables de glacier*, dont l'explication est d'ailleurs fort simple. Nous avons parlé plus haut du phénomène de l'ablation, c'est-à-dire de l'abaissement continu de la surface du glacier sous l'influence de la température et notamment de la radiation solaire. La fusion de la glace ainsi produite pendant l'été compense l'exhaussement qui résulterait de la chute de la neige pendant l'hiver. « Tant que la fusion, dit M. Grad, entame seulement les neiges tombées l'hiver à la surface de la glace, les glaciers ne diminuent pas. Mais, une fois que la glace est elle-même entamée, les glaciers diminuent en hauteur, d'autant plus que l'ablation dépasse la croissance causée par l'infiltration et le regel de l'eau à l'intérieur de la masse[1]. »

1. Le savant que nous citons a mesuré en 1869 la hauteur de l'ablation à diverses altitudes sur le glacier d'Aletsch. Il a trouvé à 2150 mètres une moyenne quotidienne de 52 millimètres ; à 2000 mètres, cette moyenne s'élevait à 50 millimètres ; à 1800 mètres d'altitude, elle atteignait 52 millimètres. Elle était du reste fort inégale sur une même ligne transversale, en raison soit de l'abri des moraines, soit de la réverbération de la chaleur par les parois rocheuses des rives. Il s'agit là d'observations faites pendant les mois d'août et de septembre : dans les journées chaudes et claires de l'été, l'ablation est considérable. M. Grad l'a vue atteindre 15 millimètres par heure au glacier de l'Aar. Desor évalue à 3 mètres en moyenne la perte due à l'ablation pendant l'année entière sur les glaciers de la Suisse.

L'ablation ne se produit pas là où la surface de la glace est abritée contre le rayonnement solaire. Or un rocher isolé sur le glacier protège contre toute fusion la partie de la surface sur laquelle il repose, tandis que tout autour de sa base la glace fond et son niveau s'abaisse. Peu à peu donc le rocher reste suspendu sur un bloc de glace qui ne peut s'entamer que latéralement; le plus souvent cette espèce de plateau est incliné, et

Fig. 154. — Table de glacier.

l'on a remarqué que la direction de cette inclinaison est celle du nord au sud. Cette particularité s'explique aisément par l'action plus énergique des rayons solaires au midi du bloc, tandis que, du côté du nord, l'ombre portée rend l'abri plus complet. On observe un phénomène tout semblable dans les traînées que forment les moraines centrales. Les bandes de débris de rochers qui les constituent, s'élèvent quelquefois à 8 ou 10 mètres au-dessus du niveau du glacier. Or, en examinant ces crêtes, on reconnaît que la couche de pierres est superficielle, qu'elle repose en réalité sur une longue arête de glace, que la moraine a protégée contre la fusion, tandis que l'ablation abaissait partout ailleurs le niveau du glacier.

Ainsi s'explique encore ce fait, bien connu des montagnards, que les objets qui disparaissent dans les profondeurs des crevasses finissent, au bout d'un temps plus ou moins long, par reparaître à la surface, comme si le glacier rejetait tout corps étranger, « ne souffrait rien d'impur », selon l'expression consacrée.

§ 4. THÉORIE PHYSIQUE DU MOUVEMENT DES GLACIERS.

Tous les phénomènes que nous venons de rapporter ont leur intérêt; les *curiosités des glaciers*, comme on les appelle, doivent être soigneusement étudiées dans leurs moindres particularités, et les plus insignifiantes peuvent avoir, au point de vue scientifique, une importance considérable. Mais il n'en est pas moins vrai que le fait capital, dominant, est le mouvement de progression des glaciers, et que c'est sur ce fait que doit reposer toute théorie glaciaire.

Au siècle dernier, alors que l'on connaissait seulement le mouvement d'ensemble de descente de la masse, on songea tout naturellement à en attribuer la cause à la gravité. Le glacier glisse sur sa pente entraîné par son propre poids, de la même manière qu'un corps solide quelconque sur un plan incliné. Altman et Grüner firent, dès 1751 et 1760, cette hypothèse que Saussure adopta à la fin du siècle et à laquelle il prêta quelque temps le poids de sa grande autorité. L'illustre physicien et naturaliste supposait que le glissement était aidé par l'interposition de l'eau qui coule au-dessous du glacier entre les couches inférieures et le fond rocheux sur lequel il repose. L'explication, admissible pour les parties les plus basses, ne l'est plus pour les plus élevées, car alors la glace du fond, sous l'influence d'une température inférieure à zéro, adhère au sol sous-jacent, et cependant le mouvement de progression a été constaté dans les hauteurs du glacier comme dans le bas. Une autre objection est celle-ci : la vitesse de descente devrait croître avec l'inclinaison, tandis que nous avons vu des glaciers tributaires aux pentes très rapides se mouvoir plus lentement que le glacier principal. La théorie du glissement suppose d'ailleurs que toute la masse se meut d'un bloc; elle ne rend pas compte du mouvement inégal de ses parties, des bords au centre, de la surface au fond.

La comparaison des glaciers aux rivières, dont la vitesse d'écoulement varie de la même manière que celle des diverses parties du glacier, a conduit les savants à pousser plus loin l'analogie entre les deux courants, fluide et solide. C'est la gravité qui entraîne les molécules liquides sur le lit incliné du fleuve, et les diverses résistances qu'elles éprouvent sur les bords, sur le fond, etc., expliquent alors les vitesses inégales dont elles sont animées. Mais la glace est solide et les particules qui la composent ne sont pas libres; elles sont liées par une force de cohésion qui, quand elle est vaincue par une force supérieure, détermine une rupture, non un écoulement. Cependant on a supposé la glace douée d'une certaine *plasticité*, analogue à celle des corps mous. Il paraît que Bordier (de Genève) a émis le premier cette idée, qui passa d'abord inaperçue, et que l'évêque d'Annecy, Rendu, a nettement indiquée dans son Mémoire sur les glaciers (1840). « Il y a une multitude de faits, dit-il, qui semblent exiger que nous accordions à la glace des glaciers une sorte de ductilité qui lui permet de se mouler sur le lit qu'elle occupe, de s'amincir, de se gonfler et de se contracter comme si c'était une pâte molle. » La théorie de la plasticité ou de la viscosité des glaciers a été surtout développée par Forbes, dont les observations et les nombreuses expériences

Fig. 155. — Structure veinée de la glace des glaciers.

ont tant contribué à faire connaître, dans tous ses détails, le mouvement de progression. Voici comment il la résumait : « Un glacier est un fluide imparfait, un corps visqueux, qui est poussé en avant sur des pentes d'une certaine inclinaison, par la pression naturelle qu'exercent ses parties. » Parmi les preuves qu'il donnait à l'appui de ses vues, outre celles qui résultent des lois du mouvement différentiel des bords et du centre, etc., Forbes invoquait le fait de l'accélération de la vitesse de descente pendant l'été, la température plus élevée augmentant naturellement la plasticité de la glace. La structure rubannée ou veinée (fig. 135) qu'on observe à l'intérieur de la masse serait due, selon lui, aux lignes de discontinuité qui proviennent des mouvements inégaux des diverses parties de cette masse, de leurs déplacements mutuels. Nous verrons plus loin quelles modifications ont été apportées à la théorie de la plasticité de la glace par les expériences de Christie, de Faraday et de Tyndall.

Un savant suisse, Scheuchzer (de Zurich), proposa dès 1705 une théorie du mouvement des glaciers, basée sur la dilatation que l'eau subit en se congelant. La glace des glaciers est sillonnée intérieurement de nombreuses fissures qui reçoivent l'eau de fusion de la surface. Au contact de la basse température interne de la masse, cette eau se congèle, se dilate. La force considérable ainsi développée par l'expansion de la masse entière du glacier tend à pousser ce dernier dans la direction de la moindre résistance ou, en d'autres termes, vers le fond de la vallée. Cette théorie de la dilatation, reprise par de Charpentier, puis adoptée d'abord par Agassiz, fut combattue par Hopkins, qui, entre autres objections, lui opposa la suivante : « Le frottement sur son fond d'une masse aussi énorme que celle d'un glacier est si puissant, que la direction verticale serait toujours celle de la résistance moindre, et que, si cette masse venait à se dilater d'une manière considérable, par l'action de la gelée, elle aurait plus de tendance à augmenter son épaisseur qu'à accélérer sa marche descendante[1]. » Agassiz, à la suite de nombreuses expériences sur la température interne de la glace à des profondeurs de 60 mètres, reconnut que cette température ne descend qu'exceptionnellement à 1 ou 2 degrés au-dessous de zéro, et que la congélation, chaque nuit, de l'eau d'infiltration est improbable. Il abandonna la théorie de la dilatation.

Forbes, en admettant la plasticité de la glace pour l'explication du mouvement différentiel des glaciers, n'avait point prouvé expérimentalement l'existence de cette propriété, que les recherches de Faraday, de Christie, de Tyndall, de Tresca ont mise hors de doute. Nous avons décrit dans notre quatrième volume le phénomène du *regel*, et montré comment une masse de glace, comprimée dans un moule, et brisée par cette compression, se ressoude dans ses divers fragments, et finit par prendre la forme même du moule. La glace ainsi obtenue est compacte et ne diffère de celle qui a été employée pour la produire, que par la forme. Pour que l'expérience réussisse, il y a une condition indispensable, c'est que la glace sur laquelle on opère soit de la glace fondante : si sa température était notablement plus basse que celle de la fusion, la pression la transformerait en une poudre blanche, non en une masse compacte et translucide. D'autre part, il est démontré par les expériences de Thomson que la pression abaisse le point de fusion de la glace. En s'appuyant sur ces données de l'expérience, Tyndall a expliqué dans quel sens il fallait entendre les termes de *plasticité* ou de *viscosité* que Forbes appliquait à la glace des glaciers. La glace n'est en aucune façon ductile comme sont les corps mous; sous l'influence d'une force de tension qui tend à écarter ses molécules, elle ne cède point et se brise, si la tension dépasse une certaine limite. C'est ainsi que nous avons vu se produire les différentes sortes de crevasses dans les glaciers. Mais, sous l'influence de la pression, de celle du poids de la masse glaciaire elle-même, la glace se

1. Lyell, *Principes de Géologie*, t. II.

brise, s'écrase ; elle se liquéfie en partie, grâce à l'abaissement du point de fusion qui est la conséquence de la pression même. Elle peut donc céder, se resserrer ou s'étendre, selon les inégalités des gorges de son lit. Puis, en vertu du phénomène du regel, les fragments se ressoudent, forment à nouveau une masse compacte. En résumé, les glaciers ont toutes les apparences d'un corps visqueux, dont les diverses parties glissent les unes sur les autres ou à côté des autres, et sont animées de vitesses inégales dans leurs divers mouvements.

Cette théorie du mouvement des glaciers est généralement admise aujourd'hui. Elle a cependant été l'objet d'une grave objection de la part d'un compatriote de Tyndall, M. Henri Moseley. D'après ses calculs, la force de la pesanteur qui, en définitive, est ici la force motrice du glacier sur sa pente, est insuffisante pour rendre compte du mouvement différentiel de ses parties, du glissement des couches de glace les unes sur les autres[1]. L'intervention d'un autre agent est donc nécessaire, et M. Moseley le trouve dans la force vive de la radiation solaire qui, en pénétrant dans la masse solide du glacier, se transforme en mouvements moléculaires, en dilatations et contractions

1. Cette objection nous semble assez importante pour que nous en donnions un résumé plus complet, d'après M. Moseley lui-même. « Le travail total des forces qui produisent le déplacement d'un corps ou d'un système de corps solidaires, dit ce savant, doit être au moins égal au travail total des résistances qui s'opposent à ce déplacement. Les résistances qui s'opposent au déplacement d'un glacier sont : 1° celle qui s'oppose au cisaillement d'une surface de glace sur une autre, déplacement qui se produit continuellement dans la masse totale, par suite du mouvement différentiel ; 2° le frottement des couches de glace superposées les unes au-dessus des autres, plus considérable pour les couches inférieures que pour les supérieures ; 3° l'arrachement de la glace dans le fond et sur les côtés du lit du glacier.

« Si le glacier descend sous l'influence seule de la pesanteur, le travail effectué par son poids, lorsqu'il se déplace d'une distance quelconque, doit être au moins égal à la somme des travaux de toutes ces résistances. » Ayant fait ce calcul pour un glacier imaginaire, d'une direction et d'une inclinaison constante et d'un lit uniforme, M. Moseley a trouvé que la force nécessaire pour faire glisser un pouce carré de glace sur un autre pouce carré ne doit pas dépasser une livre un tiers, pour que le glacier puisse descendre par son poids seulement. Or l'expérience prouve que cette force (qu'il nomme l'*unité de cisaillement*) est en réalité au moins 45 fois et peut être 90 fois supérieure. « Donc, conclut-il, un glacier ne peut descendre par son propre poids sur une pente comme celle de la Mer de Glace ; la glace ne se déforme pas assez facilement. Il faudrait qu'elle eût à peu près la consistance d'un mastic mou, qui cisaille sous une pression d'une livre et demie à trois livres par pouce carré. » (*Théorie de la descente des glaciers.*)

successives. Il assimile le glacier à une lame de plomb posée sur un plan incliné et exposée le jour à la chaleur du Soleil, la nuit à la radiation et au refroidissement qui en est la suite. Il démontre que cette lame se dilate plus par en bas que par en haut (à cause de l'influence de la pesanteur), se contracte plus par en haut que par en bas pour la même raison, et finalement descend peu à peu sur sa pente. La masse du glacier se conduit de la même façon par l'effet de la pénétration et de la sortie des rayons du soleil, des dilatations et des contractions qui en sont la conséquence. En calculant la quantité de chaleur capable par sa transformation de produire la quantité de travail nécessaire au mouvement réel d'un glacier, tel qu'il existe, par exemple, à la Mer de Glace, M. Moseley trouve 0,0635 unité de chaleur par chaque pouce carré de la surface, et par jour. Elle équivaut à 61,25 unités de travail, valeur effective du déplacement à la hauteur des Ponts. « Un glacier, dit-il, reçoit probablement une quantité de chaleur beaucoup plus grande dans des journées semblables à celles où l'on a observé les mouvements qui servent de base à ces calculs. »

En résumé, on a cherché à expliquer le mouvement de progression d'un glacier, en faisant intervenir diverses forces : soit la pesanteur seule appliquée à la masse en bloc — cette théorie est aujourd'hui abandonnée; soit en adjoignant à la pesanteur diverses forces moléculaires : la dilatation provenant de la congélation de l'eau d'infiltration a donné la théorie élaborée par de Charpentier, admise, puis abandonnée par Agassiz, et qu'un de nos savants compatriotes alsaciens, M. Charles Grad, soutient encore après l'avoir modifiée ; la dilatation due à l'action de la chaleur, que nous venons de résumer en quelques lignes ; la viscosité ou la plasticité, expliquée par le phénomène du regel et de la surfusion, dont Rendu, puis Forbes et Tyndall se sont faits les soutiens.

Il est probable que ces diverses causes interviennent toutes dans le phénomène. Mais pour quelle part, c'est ce qu'il n'est pas possible de dire encore, dans l'état actuel de la science.

§ 5. DISTRIBUTION DES GLACIERS. — LES GLACIERS POLAIRES.

L'existence ou, si l'on veut, la production d'un glacier dans une région montagneuse, est subordonnée à une série de conditions, les unes orographiques, les autres météorologiques, qui, selon la mesure où elles sont remplies, font que les glaciers sont nombreux et étendus, rares et peu développés, ou encore manquent tout à fait dans la région considérée.

Pour qu'un glacier puisse se former dans un massif montagneux, l'altitude des sommets de la chaîne doit être telle, cela va sans dire, que la température de l'air y soit, toute l'année, inférieure à celle de la glace fondante. Cette altitude varie avec la latitude ou la position géographique de la région, comme nous l'avons dit en parlant de la limite des neiges perpétuelles. De 4 à 5 kilomètres sous l'équateur, cette limite arrive au niveau de la mer dans les régions voisines des pôles. Il faut en outre que, sur les hauteurs où tombent les neiges, il existe des espaces assez vastes, assez peu escarpés, en un mot des cirques assez étendus pour que les neiges s'y accumulent et forment les champs de névé qui sont les véritables sources des fleuves de glace. Si l'inclinaison des pics est trop forte, les neiges s'écroulent à mesure qu'elles se forment; on a des successions d'avalanches, peu ou point de glaciers, ou simplement ce qu'on nomme, nous l'avons vu plus haut, des glaciers de sommets.

Voilà pour les conditions orographiques favorables à la formation des glaciers. Mais les conditions météorologiques sont encore plus importantes. Les neiges qui tombent pendant le courant de l'année, en hiver surtout, doivent être assez abondantes pour que les pertes provenant de l'évaporation et de la fusion laissent un excès de neige dans les cirques où se forme le névé. C'est cet excès annuel qui alimente le glacier ou compense les pertes dues à l'ablation. Tyndall exprime cette condition dans sa description des phénomènes dont la Mer de Glace est le siège, en disant : « Nous pouvons conclure avec certitude que, sur le plateau du col du Géant, *il tombe chaque année plus de neige qu'il n'en fond*[1]. »

L'abondance des chutes de neige est d'ailleurs subordonnée au régime des vents dominants qui soufflent dans la contrée, à leur direction, d'où dépend le degré d'humidité dont ils sont chargés. On a vu plus haut que la limite des neiges persistantes est plus élevée sur le versant nord de l'Himalaya que sur ses pentes méridionales : la raison en est que celles-ci reçoivent d'énormes quantités de vapeur d'eau qui se condensent en neige, grâce aux vents qui, soufflant de la mer du Bengale, amènent sur les flancs escarpés du midi de la chaîne des masses d'air humide de plus en plus refroidi par son ascension. Aussi les glaciers sont-ils plus nombreux et plus étendus sur ce dernier versant que sur l'autre. Le massif des Alpes remplit toutes les conditions que nous venons d'énumérer; aussi l'on y compte plus de 1000 champs de glace, parmi lesquels une centaine au moins de glaciers principaux. Selon Schlagintweit, leur surface totale mesure plus de 3000 kilomètres carrés, et les seuls glaciers du Mont-Blanc, d'après les calculs d'Huber, comprennent au moins 14 milliards de mètres cubes de glace. Dans les Pyrénées, les conditions sont beaucoup moins favorables, et les glaciers sont relativement peu nombreux. Les Carpathes n'ont pas de glaciers, tandis que les monts du Caucase sont riches en champs de glace. « Toutefois, dit M. Élisée Reclus, à qui nous empruntons ces renseignements sur la distribution des glaciers, les glaciers du Caucase n'égalent point ceux des Alpes centrales pour la grandeur ni pour la beauté, ce qui provient sans aucun doute de la faible quantité de pluies et de neiges qui tombent dans cette partie de l'ancien continent, et des fortes chaleurs estivales qui s'y font sentir. »

1. *Les glaciers et les transformations de l'eau.*

Dans la zone tropicale, les glaciers sont relativement rares et petits. Ce n'est qu'à partir du 35e degré de latitude sud que l'immense chaîne des Andes, dépourvue de glaciers sur 5000 kilomètres de longueur, du Venezuela jusqu'au centre du Chili, commence à se couvrir de champs de glace. Il est probable que, sous l'influence de la radiation solaire et de la sécheresse qui règne dans les hautes régions de cette chaîne, l'évaporation compense les chutes de neige annuelles sans laisser d'excédent capable d'alimenter des glaciers. On sait aussi que l'abondance des chutes de neige n'est pas en rapport avec l'altitude; dans les Alpes, il en tombe fort peu au-dessus de 3500 mètres, et c'est vers l'altitude de 2500 mètres qu'on observe le maximum.

A l'époque actuelle, ce sont les terres voisines des pôles qui sont le domaine véritable des glaciers. Le Spitzberg, la Nouvelle-Zemble, le Groenland, l'Islande dans l'hémisphère nord, les terres antarctiques dans l'hémisphère sud, sont couverts de champs de glace[1], qui presque tous viennent déboucher dans la mer, détachant sur leur front des blocs énormes, lesquels, entraînés par les courants, forment les glaces flottantes et engloutissent dans les eaux, avec leurs rares moraines, tous les débris accumulés à leur surface dans leurs longs parcours.

Sauf leurs dimensions, qui sont gigantesques, les glaciers polaires offrent les mêmes particularités que les glaciers de la zone tempérée : champs de névé, crevasses et moulins, mouvement de progression, etc.

1. Voici ce que dit des glaciers du Groenland notre éminent géologue M. Hébert : « Sur une largeur de 1300 kilomètres de l'ouest à l'est, et une longueur bien plus grande du nord au sud, ce vaste continent est enseveli sous une masse continue et colossale de glace permanente, à travers laquelle percent çà et là quelques cimes abruptes. Cette masse s'avance vers la mer d'un mouvement régulier, portant à sa surface ou dans son intérieur des blocs de rochers éboulés des montagnes dont elle longe les flancs. Quand elle atteint la mer, elle y pénètre sans se briser, raclant le fond qu'elle doit polir et entailler à des profondeurs plus ou moins considérables, et dont elle doit aussi entraîner des masses argileuses ou sableuses qu'elle agglutine par la congélation. A la longue, la glace étant plus légère que l'eau, lorsqu'elle plonge assez pour flotter, il s'en détache de véritables montagnes, qui s'en vont à la dérive dans la mer de Baffin, s'avancent lentement vers le sud, diminuant de volume par la fusion, et semant en route la boue, les graviers et les rochers qu'elles apportent du nord. »

Les glaciers du Spitzberg, de la Nouvelle-Zemble, du Groenland sont remarquables par leurs profondes crevasses, si dangereuses pour le voyageur qui se hasarde à explorer la surface avant le commencement de la fonte des neiges d'hiver. Alors,

Fig. 136. — Crevasses du glacier de Sermitsialik.

en effet, comme dans les glaciers des Alpes, mais sur une échelle beaucoup plus vaste, de fragiles ponts de neige dissimulent les abîmes, et cela « si complètement, dit Nordenskiöld, que le voyageur peut s'approcher de très près sans soupçonner qu'un pas de plus l'entraînerait dans une chute mortelle ».

Après la fonte des neiges, les crevasses que masquaient les ponts restent à découvert, laissant voir leurs parois, dont la teinte et les reflets bleuâtres se perdent à une profondeur in-

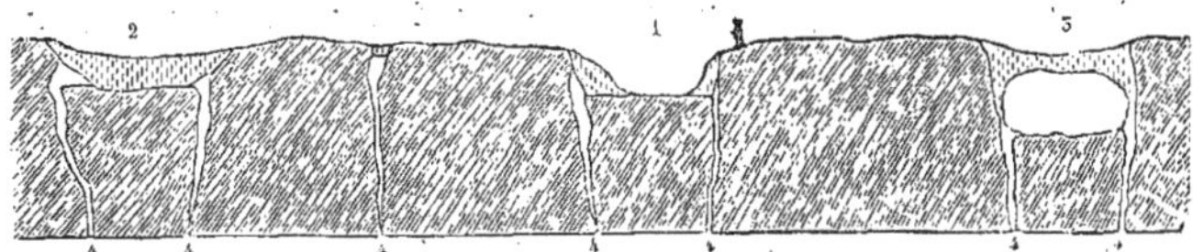

Fig. 137. — Coupe d'un glacier polaire, d'après Nordenskiöld : 1, canal du glacier coulant à ciel ouvert; 2, canal comblé par la neige; 3, canal recouvert par une couche de neige; 4, crevasses.

sondable. Des dépressions, des rigoles se forment à la surface du glacier, que parcourent mille ruisseaux torrentueux, larges parfois comme de véritables rivières. Des lacs reçoivent les

Fig. 138. — Crevasses et ruisseaux sur un glacier du Groenland.

eaux de ces torrents, eaux qui vont elles-mêmes se perdre par des écoulements souterrains sous des voûtes de glace de milliers de pieds d'épaisseur.

C'est au niveau de la mer, au fond des fjords où aboutissent leurs lits, que les glaciers polaires se terminent; le plus souvent leur front s'avance au-dessus de l'eau, qu'il surplombe. La température de l'eau de la mer, en été, est un peu supérieure à zéro; elle fond la glace et mine ainsi le glacier par sa base. A la fin, la masse surplombante de glace, n'étant plus soutenue, s'écroule, et c'est ainsi que se détachent ces blocs immenses qui deviennent les glaces flottantes des mers polaires.

Fig. 139. — Front du glacier de Sermitsialik (Groenland).

Les moraines des glaciers polaires sont peu puissantes et peu apparentes. Cela tient à ce que les montagnes de ces régions, étant peu élevées, restent enfouies sous les masses de glace et de neige; leurs pointes font seules saillie au dehors, et une petite quantité de débris forment les moraines latérales ou médianes. Quant aux moraines terminales, elles n'existent pas, ou du moins c'est au fond des fjords qu'on pourrait les trouver, puisque le front du glacier aboutit à la mer. « L'extrémité inférieure de ces courants de glace. dit Nordenskiöld, affecte trois formes différentes. Tantôt le glacier forme une chute torrentielle de *séracs ;* l'amas glaciaire, disloqué et émietté, se creuse alors, en s'écoulant avec assez de rapidité, un sillon étroit, aux parois escarpées, où les blocs se pressent les uns sur les autres avec un fracas de tonnerre, et où passent, par centaines et par milliers, de véritables *icebergs* de dimensions gigantesques. D'autres fois, le glacier figure une large nappe qui, cheminant lentement, se termine du côté de l'Océan par un escarpement

Fig. 140. — Glacier à pentes douces, sur la côte ocidentale du Spitzberg (Foulbay).

régulier d'où se détachent de temps en temps de grands morceaux de glace (*isblock*), mais jamais de véritables *icebergs* au sens propre du mot. En troisième lieu enfin, il y a des glaciers de petite dimension, dont la marche est tellement lente, que la fusion des glaces du rebord est presque aussi rapide que le mouvement de progression de la masse entière; dans ce cas, au lieu de finir au rivage par une pente abrupte, ils présentent un talus glaciaire couvert de sable, de gravier et d'argile[1]. »

1. *Voyage de la Vega*, t. I.

Dans l'époque géologique actuelle, il n'existe en réalité, à la surface du globe terrestre que deux zones glaciaires, à savoir les deux calottes comprises entre les pôles et les deux cercles polaires, arctique et antarctique. Les systèmes glaciaires des Alpes, du Caucase, de l'Himalaya, etc., ne sont que des îlots, des archipels tout au plus, des épaves si l'on peut dire, des continents de glace qui ont recouvert jadis une bonne partie des continents actuels. Nous avons donné à cet égard, dans notre premier volume, des détails auxquels nous renverrons le lecteur. Mais nous insisterons ici sur les témoignages qui ont servi à reconstituer un état de choses aussi différent de celui qui caractérise notre époque, en nous bornant, bien entendu, au côté physique ou météorologique du sujet.

§ 6. TRACES DES ANCIENS GLACIERS : ROCHES STRIÉES ET POLIES ; MORAINES ET BLOCS ERRATIQUES. — PROGRÈS ET RECUL DES GLACIERS.

C'est en étudiant les mouvements des glaciers et leurs effets qu'on a recueilli peu à peu les témoignages en question. On a vu plus haut que l'épaisseur de la masse mobile, ce qu'on nomme la *puissance* d'un glacier, est souvent considérable et peut se compter par centaines de mètres ; on évalue à 400 mètres en moyenne celle du glacier de l'Aar. La pression qu'une telle masse exerce sur le fond rocheux qui la supporte est donc énorme ; le frottement continu, répété pendant des siècles, de la glace sur la roche, use, nivelle et polit cette dernière, au point que, comme le dit M. Ch. Martins, « le poli est souvent aussi parfait que celui des marbres qui ornent nos édifices ». Mais comme, entre la surface inférieure du glacier et les roches du fond, est interposée une couche d'eau mêlée de cailloux, de sable plus ou moins fin, dont les fragments servent au polissage comme les grains d'une poudre d'émeri, il en résulte que ces roches sont en outre sillonnées de stries rectilignes, dans la direction du mouvement ou de l'axe du glacier. C'est ce qu'il est aisé de constater lorsqu'on pénètre sous les arcades de glace qui le terminent ou sous les cavernes qui s'ouvrent parfois sur ses bords. Du reste, les roches latérales qui encaissent le lit du glacier sont soumises à une action mécanique semblable et sont également striées et polies. Les stries ainsi burinées sur les parois sont alors à peu près horizontales, c'est-à-dire parallèles à la surface de la glace; parfois cependant elles se redressent en se rapprochant de la verticale, et cette déviation s'observe précisément aux points où le lit se rétrécit et où la masse du glacier, pour franchir ces passes qui font obstacle à son mouvement, est obligée elle-même de se relever, de sorte que les stries sont toujours en définitive parallèles à la direction du mouvement.

Les roches polies et striées par l'action mécanique des glaciers en mouvement sont celles qui sont assez dures et résistantes pour n'être pas broyées sous l'énorme pression de la masse qu'elles supportent; les autres, réduites en fragments ténus, se mêlent aux eaux, qu'elles rendent boueuses, ainsi que sont ordinairement les eaux des torrents que les glaciers alimentent. C'est d'ailleurs toujours sur leurs faces tournées vers l'amont que les roches sont polies; vers l'aval, elles conservent leurs aspérités et leurs formes abruptes. De loin, les groupes de roches ainsi arrondies des anciens glaciers prennent l'aspect d'un troupeau de moutons, et c'est là ce qui leur a fait donner le nom de *roches moutonnées*, sous lequel elles sont connues dans la science.

Voilà donc un premier caractère auquel on peut reconnaître qu'une vallée, aujourd'hui libre, a été recouverte jadis par un glacier. Dans ce cas, les roches latérales de l'ancien lit ainsi que celles qui en formaient le fond sont polies et striées, et la direction commune des stries indique le sens dans lequel se mouvait l'ancien fleuve de glace. L'existence de roches moutonnées offre un témoignage semblable de son action. De même, en suivant les traces si caractéristiques de cette action mécanique dans les vallées des glaciers d'aujourd'hui, on peut se rendre compte de leur ancienne extension. C'est ainsi que l'on voit aujourd'hui, sur les rochers qui forment le promontoire de l'Angle, sur le côté oriental de la Mer de Glace, les stries burinées par la glace, non seulement entre le glacier et les parois de granite qui l'encaissent, mais à une grande hauteur au-dessus de la surface, à 300 mètres d'élévation, affirme M. Martins. La puissance du glacier était donc jadis incomparablement plus grande qu'aujourd'hui, d'où la conséquence que sa longueur l'était également, puisque les trois dimensions d'un glacier sont entre elles dans une dépendance nécessaire.

Il est un autre caractère non moins authentique soit de l'existence d'un ancien glacier dans une région qui en est aujourd'hui dépourvue, soit de l'extension jadis plus considérable d'un glacier actuel. Ce sont les *blocs erratiques*. On nomme ainsi les roches qui ont fait partie des moraines latérales, médianes ou terminales, et que dans sa lente et irrésistible progression le fleuve de glace avait charriées loin du point où elles étaient tombées à sa surface, puis déposées sur place, lorsque, par suite de circonstances météorologiques spéciales, la glace qui les portait avait disparu. Nous allons montrer par un exemple comment il n'est pas possible de confondre les blocs des anciennes moraines avec les roches avoisinantes. Nous l'empruntons à l'intéressante et savante étude que M. Ch. Martins a consacrée aux extensions antérieures de la Mer de Glace. A la plus récente de ces extensions, la moraine terminale du glacier occupait le point où se trouve actuellement le village de Chamounix, en partie bâti aux dépens des blocs erratiques dont cette moraine était formée. « Où est, dira-t-on, la preuve que les blocs erratiques de la moraine de Chamounix y ont été déposés par la Mer de Glace? N'est-il pas plus naturel de supposer qu'ils sont descendus du Brevent, dont les éboulements continuels menacent sans cesse le village et forment le grand delta incliné dont il occupe l'angle oriental? La réponse est facile. Le Brévent est une montagne de gneiss, et la presque totalité des blocs de la moraine sont de la protogine, espèce de granite caractéristique qui constitue la masse du Mont-Blanc et celle des aiguilles environnantes. »

Ce qui distingue encore les blocs erratiques déposés par les anciens glaciers des roches qui auraient pu être entraînées loin de leur lieu d'origine par les eaux, ce qui les différencie pareillement des roches qui ont subi l'action des glaciers, c'est qu'ils ont conservé leurs formes abruptes, les angles aigus, les arêtes vives, qu'ils possédaient à l'époque reculée où ils se sont détachés des cimes qui dominent les champs de névé.

Laissant de côté cette question, si intéressante pour l'histoire de la Terre, de l'ancienne extension des glaciers, nous terminerons ce chapitre en disant quelques mots de ce qu'on sait de leurs variations actuelles. C'est le plus souvent en étudiant les phénomènes contemporains, et en recherchant leurs causes, que la science est amenée à découvrir les causes probables des phénomènes antérieurs, quelque longue que soit la durée des temps écoulés depuis l'époque où ils ont eu lieu.

Tous les observateurs qui, dans ce siècle, ont étudié les glaciers des Alpes, s'accordent à reconnaître que leurs dimensions sont sujettes à des variations alternatives; que tantôt ils avancent dans la vallée où se termine leur extrémité inférieure, tantôt au contraire ils reculent en abandonnant leur moraine frontale. Ces phénomènes de progrès et de recul paraissent se faire simultanément dans le même sens pour tous les glaciers d'une même contrée; mais le plus souvent à une période de progression qui dure plusieurs années succède une période opposée ou de recul non moins longue. « Depuis dix ans que j'explore les Alpes, disait M. Grad en 1874[1], presque tous les glaciers sont en décroissance, en Suisse et dans le Tyrol, comme du côté de l'Italie. En 1868, j'ai trouvé le glacier de Rosenlaui à une demi-lieue en arrière de sa dernière moraine frontale[2]; à la même

1. *Annuaire du Club Alpin français*, 1re année.

2. « Lors d'une de nos dernières promenades dans les Hautes-Alpes bernoises, nous fûmes frappés du changement de scène survenu à Rosenlaui, dans la vallée étroite et boisée de Reichenbach qui mène de Meringen au Grindelwald par le col de la grande Scheideck. Le petit glacier qui y descend des flancs du Wetterhorn, et qui paraît être d'origine très ré-

GLACIER DE L'AAR.

époque, le glacier inférieur de Grindelwald s'était retiré de 575 mètres en ligne droite depuis 1855, et le glacier supérieur de 398 mètres. Le glacier de Viesch avait subi en 1869 une réduction de 600 mètres; celui du Rhône de 150 mètres, et le glacier de Gorner, au pied du Mont-Rose, de 60 mètres environ. Dans la vallée de Chamounix, le glacier des Bois a reculé de 698 mètres dans l'intervalle de juin 1851 à la fin de l'été de 1871, et le glacier des Bossons de 596 mètres dans le même espace de temps. Sur les glaciers du versant italien et dans le Tyrol, j'ai reconnu pendant les trois dernières années des réductions non moins considérables. »

Dans la période antérieure on avait, au contraire, signalé l'avance de plusieurs glaciers de la même région. Ainsi du glacier de l'Aar, dont Agassiz en 1845 évaluait l'envahissement à 800 mètres, en comparant sa situation à celle que lui assignait une carte dressée en 1740. Le glacier d'Aletsch, en 1848, s'élargit au point de déraciner et de broyer, sur une longueur de plusieurs kilomètres, des sapins séculaires, et de démolir des habitations fort anciennes.

Ces mouvements de progression et de recul se font le plus souvent avec lenteur. On cite toutefois un glacier du Tyrol qui s'avança en douze jours de 120 mètres, intercepta le passage des eaux d'une vallée voisine, et, après avoir formé ainsi un lac, détermina une inondation par la rupture de cette digue temporaire.

Un savant suisse, M. Forel, s'appuyant sur les recherches historiques d'un ingénieur du canton de Vaud, M. Venetz, et sur

cente, était en progrès lorsque Agassiz et Desor s'y rendirent, il y a quarante ans. Il nous offrit en 1850 un spectacle charmant : semblable à une falaise de cristal, il s'avançait au milieu des arbres verts, des broussailles, des fougères et des fleurs alpines, jusqu'auprès du petit pont situé près de la vieille auberge où les touristes s'arrêtent d'ordinaire; on y arrivait sans peine, et, en pénétrant sous une voûte transparente et azurée qui donnait issue à un torrent impétueux, on pouvait s'y enfoncer profondément. Mais quand nous retournâmes dans ce lieu vingt ans après, toute la partie inférieure du glacier de Rosenlaui avait disparu, en laissant à sa place un long amoncellement de blocs rocheux et d'autres débris informes; pour y arriver il fallait monter très haut sur le flanc de la montagne, et là son aspect n'offrait rien qui rappelât sa beauté passée. » (*Recherches sur les variations périodiques dans l'état des glaciers de la Suisse. Bulletin de l'Association scientifique*, 1881.)

des observations récentes, a étudié ces phénomènes d'un si grand intérêt, dans le but d'en rechercher les causes météorologiques et physiques. Il a reconnu que les variations des glaciers embrassent une période d'années généralement grande, de cinq, dix, vingt années et plus[1]; le mouvement en avant est parfois séparé du mouvement de recul par une période où le glacier reste stationnaire. Mais, dans aucun cas, la variation n'est simplement annuelle : quand un glacier est en retraite, il recule constamment, sans aucune alternative de marche en avant. Il est probable que la même loi préside au mouvement du glacier pendant sa période de progression, mais les faits manquent pour prouver cette dernière continuité. Le glacier du Rhône, en retraite depuis 1857, n'a présenté depuis cette époque jusqu'en 1880, aucune trace indiquant un mouvement en avant. Une constatation pareille a été faite sur le glacier des Bois, de 1854 à 1878, sur celui des Bossons, de 1854 à 1875, sur celui de Grindelwald, de 1854 à 1880. Quant au mouvement en arrière du glacier du Rhône, pendant les vingt-quatre ans qu'il a duré[2], le recul annuel a varié de 25 mètres à 70 mètres.

Les phénomènes de progression et de recul des glaciers, une fois bien constatés, on en a dû chercher la cause, et la première idée, la plus naturelle, a été de les attribuer aux circonstances météorologiques, aux variations de la température et de l'état hygrométrique de l'air, des quantités annuelles d'eaux

1. Dans l'intervalle de 340 ans qui sépare 1540 de 1880, le glacier de Grindelwald a subi une série de retraites et d'avances périodiques, dont les dates, retrouvées dans les archives locales, prouvent avec évidence la première loi formulée par M. Forel. Voici ces dates :

De 1540 à 1575, grande retraite.
De 1575 à 1602, grand progrès en aval.
De 1602 à 1620, état à peu près stationnaire; le glacier restant fort avancé.
De 1665 à 1680, période de retraite.
En 1705, maximum d'avancement.
En 1720, maximum de retraite.
En 1743, maximum d'avancement.
En 1748, maximum de retraite.
De 1770 à 1778, marche en avant.
En 1819, état de grande progression, qui se prononce de nouveau en 1840.
De 1855 à 1880, période de retraite.

2. La période de recul que nous constatons ici et qui paraît avoir eu une durée approximative d'un quart de siècle, est généralement terminée aujourd'hui; depuis quelques années, plusieurs des glaciers de la Suisse commencent à avancer de nouveau. Tels sont les glaciers des Bossons, du Schalhorn, des Bois, de Trient, de Zigiornovo, de Giétroz.

météoriques, pluies, neiges, etc., et à leur influence sur le phénomène de l'ablation. Les dimensions d'un glacier, longueur, largeur, épaisseur, varient simultanément. Si les conditions météorologiques sont telles, que la fusion superficielle soit abondante, l'épaisseur diminuera, il en sera de même de la longueur, et le front du glacier éprouvera un recul, une avance dans des conditions opposées. Mais cette explication, qui paraît si naturelle, se trouve en contradiction avec l'observation. En effet, dans cette période commune et continue de retraite des glaciers de la Suisse qui a duré, on vient de le voir, pendant un quart de siècle environ, les principaux facteurs dont dépend l'ablation et que nous venons d'énumérer ont été tantôt au-dessus, tantôt au-dessous de la moyenne normale, sans que le mouvement de recul ait subi d'alternatives. Les variations annuelles de l'ablation sont donc insuffisantes pour rendre compte de ce mouvement.

D'après M. Forel, il faut invoquer une autre cause, à savoir la vitesse d'écoulement du fleuve solide, et les variations que cette vitesse éprouve en raison de l'épaisseur, lorsque à une période d'abondantes chutes de neiges succède une période relativement pauvre. Quand l'alimentation des champs de névé et par suite du glacier diminue, l'épaisseur de la tranche qui commence son mouvement de descente étant moindre, sa vitesse d'écoulement va diminuer elle-même ; elle restera donc plus longtemps exposée à l'ablation, ce qui réduira encore son épaisseur et par suite sa vitesse. On conçoit donc que ces réactions successives et réciproques de l'épaisseur sur la vitesse et de la vitesse sur l'épaisseur, finiront par produire, sur la tranche en mouvement, quand elle arrivera au terme de son voyage, un déficit beaucoup plus fort que le déficit primitif, et le front du glacier reculera. Le mouvement de recul persistera tant que durera la cause qui lui a donné naissance, c'est-à-dire jusqu'à l'époque où les chutes de neige d'un hiver ou de plusieurs hivers consécutifs rendront aux champs de névé leur provision pour l'alimentation du glacier. S'ils reviennent à leur moyenne normale sans la dépasser, au recul pourra succéder un état stationnaire. Si, au contraire, ils reçoivent au delà, alors commencera une période de progression ou d'avance, dont l'explication se fera en renversant tous les termes de celle qui a servi pour rendre compte du mouvement de recul.

Entre l'époque où commence à agir la cause principale de ces mouvements, soit dans un sens, soit dans l'autre, et le moment où se produit l'effet final, un temps fort long peut s'écouler, puisque ce temps ne peut pas être inférieur à celui qui est nécessaire à la neige des champs de névé pour arriver jusqu'au front du glacier. Or on a vu plus haut que cette durée peut atteindre et dépasser un siècle. Dans certains glaciers, comme ceux du Faulhorn, cette durée est beaucoup moindre. Si l'on considère toute une région, où les causes météorologiques ont agi simultanément dans le même sens, comme sont par exemple les Alpes suisses, une période de même durée de retraite ou d'avance en affectera tous les glaciers; mais pour les uns le phénomène commencera ou finira plus tard que pour d'autres.

Cette théorie, satisfaisante à certains égards, aura besoin d'être soumise au contrôle de faits plus nombreux. Mais, en l'admettant dès maintenant comme vraie, son auteur, M. Forel, estime qu'elle peut suffire à expliquer les époques glaciaires des derniers âges géologiques. Pour cela, il faut supposer une augmentation assez considérable de la quantité annuelle des neiges; il faut en outre que cette augmentation se soit prolongée pendant une période d'années d'une suffisante longueur. Il en serait résulté deux effets principaux : l'un direct, sur l'alimentation des glaciers, l'autre indirect, par l'abaissement de la limite des neiges persistantes. Les glaciers nourris par des névés plus épais seraient descendus plus bas dans les vallées, et, augmentant dans toutes leurs dimensions, tout un système de glaciers aujourd'hui distincts, désormais soudés ensemble, n'aurait formé qu'un seul glacier couvrant une immense contrée. Le refroidissement général résultant de cette extension des champs de névé et de celle des glaciers, abaissant la limite des neiges persistantes, aurait contribué en outre à la formation de glaciers nouveaux. La réaction de ces effets l'un sur l'autre paraît suffisante à M. Forel « pour expliquer les variations de l'époque glaciaire et la transformation de notre pays en une espèce de Groenland ». Si cette hypothèse ingénieuse est vraie, elle explique donc à la fois les variations périodiques limitées des glaciers actuels, et celles, beaucoup plus extraordinaires, des périodes glaciaires des anciens âges. Mais il est non moins évident que, pour celles-ci, elle ne fait que reculer la difficulté. Ce dont il faut rendre compte en effet, c'est d'un changement dans les conditions météorologiques, capable de produire pendant une période, sinon illimitée, du moins très longue, une succession d'étés froids et humides, d'hivers doux et humides, et par suite des chutes de neiges abondantes et prolongées[1]. Une telle combinaison climatique, selon M. Forel, amènerait ce résultat. Mais la cause de cette révolution dans les conditions météorologiques de la planète, voilà ce qu'il importerait de connaître pour résoudre le problème posé par les géologues, et c'est cette cause qui reste toujours dans l'ombre.

1. « Ayons pendant un siècle ou deux un état climatique dont la moyenne nous donne ce qui est aujourd'hui l'extrême en fait d'humidité, et, sans autre cause, nous aurons une nouvelle époque glaciaire. » Outre la difficulté d'expliquer une telle persistance dans l'état hygrométrique des continents actuels, ne résulte-t-il pas de là que, la cause disparaissant au bout des deux siècles que demande M. Forel, l'effet disparaîtrait de même sous l'influence du retour des conditions normales, après un nouvel intervalle d'un ou deux siècles. Il reste à savoir si une durée relativement si courte est suffisante pour l'explication des phénomènes des périodes glaciaires.

LIVRE DEUXIÈME

LA CHALEUR INTERNE DU GLOBE TERRESTRE LES VOLCANS LES TREMBLEMENTS DE TERRE

CHAPITRE PREMIER

TEMPÉRATURE DU SOL ET DES EAUX

§ 1. TEMPÉRATURE DES COUCHES SUPÉRIEURES DU SOL.

Les phénomènes de physique terrestre que nous nous proposons de décrire dans ce livre, dépendent, pour une faible part, de la chaleur qui, venue de l'extérieur, pénètre les couches du sol situées immédiatement au-dessous de la surface du globe. La plupart d'entre eux, et ce sont de beaucoup les plus importants, ont pour origine ou pour cause la chaleur intérieure propre au globe lui-même. C'est du moins ce qui semble résulter avec évidence de l'état thermique actuel des plus profondes couches accessibles à l'observation, et des inductions qu'on en peut tirer sur la portion du noyau interne échappant à toute investigation directe. La détermination de la température de la partie solide de l'écorce terrestre ou du sol proprement dit, à diverses profondeurs, de ses variations périodiques ou accidentelles, celle de la température des eaux courantes, lacustres ou marines, forment le point de départ nécessaire de cette étude de la chaleur intérieure de la planète, que nous verrons bientôt se manifester au dehors par les éruptions des volcans et les secousses des tremblements de terre.

Parlons d'abord de la température de la partie solide du globe, dans ses couches les plus voisines de la surface.

Pour observer et mesurer commodément cette température, depuis la surface jusqu'à une faible profondeur, celle de 1 mètre par exemple, on se sert de thermomètres à mercure dont les réservoirs plongent dans le sol, à 5, 10, 20, 30, 100 centimètres au-dessous ; la partie graduée des tiges sur lesquelles se fait la lecture est visible au-dessus. Il y a lieu de faire une correction, en raison de la dilatation qui affecte la colonne de mercure des tiges. A Montsouris, on place à côté du thermomètre une tige semblable dépourvue de réservoir, et les déplacements du mercure dans cette seconde tige donnent les corrections à appliquer aux indications de la première.

Ce procédé d'observation ne serait guère praticable pour des profondeurs plus grandes[1]. L'emploi des thermomètres électriques est alors tout indiqué, et MM. Becquerel s'en sont heureusement servis pour leurs longues études de la température du sol au Jardin des Plantes de Paris, depuis la surface jusqu'à 36 mètres de profondeur. L'une des soudures fer et cuivre de l'appareil se trouve plongée au point de la verticale qu'on veut explorer, et l'autre est placée, dans un tube de verre à moitié plein de mercure, à l'air extérieur ; un thermomètre donnant le demi-centième de degré a son réservoir dans le même tube. Les deux soudures étant à des températures différentes, un courant électrique circule dans le circuit fermé, et son intensité peut être mesurée au galvanomètre. Dès que les températures deviennent égales, le courant s'annule et l'aiguille revient au

1. Quetelet s'est cependant servi de thermomètres à longue tige pour mesurer la température jusqu'à 8 mètres au-dessous du sol.

zéro. La différence des températures peut se déduire de l'intensité du courant; mais on peut procéder autrement, en ramenant la température du tube qui contient le mercure à l'égalité avec celle de la soudure plongée dans le sol. Pour cela, le tube est placé dans une éprouvette en partie pleine d'éther, qu'on refroidit par évaporation en y faisant passer un courant d'air, ou qu'on échauffe avec la main ou avec de l'eau chaude, selon que la température de l'air est plus froide ou plus chaude que celle du sol en expérience. Dès que la boussole revient au zéro, on lit la température sur le thermomètre à mercure, et l'on a ainsi celle de la soudure inférieure ou du sol.

Lorsqu'on veut obtenir la température du sol à de très grandes profondeurs, comme dans les puits forés ou artésiens, l'emploi des thermomètres à maxima à déversement, de Walferdin[1], offre de grands avantages. En descendant ces appareils dans le trou de sonde, et en les y laissant un temps suffisant pour qu'ils se mettent en équilibre de température avec le terrain ambiant, on a cette température avec une grande exactitude. Il faut avoir soin cependant d'attendre un certain temps après la cessation du travail du forage, parce que ce travail détermine une production de chaleur étrangère à celle qu'on veut mesurer. Il y a aussi cet inconvénient, qu'on ne peut faire ainsi qu'un petit nombre d'observations isolées, tandis que l'installation des thermomètres électriques permet d'étudier d'une façon continue les variations de température de la couche du sol où ils sont plongés.

Arrivons maintenant aux résultats donnés par l'observation.

Ils prouvent, en premier lieu, que les variations périodiques, diurnes et annuelles, que nous avons constatées pour la température de l'air et qui sont dues aux alternatives de l'action des rayons solaires et du rayonnement terrestre, se font sentir également dans le sol, mais seulement jusqu'à une certaine profondeur. Dans nos climats, la variation thermique diurne est

1. *La Chaleur*, t. IV du MONDE PHYSIQUE, page 79.

déjà presque insensible à une profondeur de 1 mètre, comme le prouvent les chiffres suivants :

MOYENNES VARIATIONS DIURNES DU MOIS DE MAI 1875, POUR DIVERSES PROFONDEURS, AU PARC DE MONTSOURIS.

Heures	Surface	à 0m,02	à 0m,10	à 0m,20	à 0m,30	à 1m
6 h. matin.	12°,75	13°,09	15°,18	15°,99	16,01	13,59
9 —	20°,75	15°,11	15°,12	15°,73	15,87	13,61
midi.	*m* 25°,83	17°,45	15°,87	15°,69	15,75	13,64
3 h. soir.	23°,66	*m* 18°,53	16°,92	16°,01	15,79	13,66
6 —	16°,90	17°,99	*m* 17°,37	16°,43	15,98	*m* 13,72
9 —	12°,09	16°,59	17°,14	*m* 16°,71	16,22	13,69
minuit.	9°,72	15°,36	16°,53	16°,65	*m* 16,31	13,70

A la surface du sol, l'écart entre les températures extrêmes a été de 16°,11 ; tandis que dans l'air il n'atteignait pas 10° dans ce même mois; puis, à mesure que l'on pénètre dans le sol, on le voit diminuer rapidement pour s'abaisser, à 1 mètre de profondeur, à une petite fraction de degré, 0°,13. De plus, l'heure du maximum thermométrique (*mmm*...) n'est pas la même pour les diverses profondeurs; elle retarde de plus en plus sur celle du maximum à la surface du sol, c'est-à-dire sur celle où le rayonnement solaire direct produit son plus grand effet. A 1 mètre, le retard est de plus d'un jour.

Les variations diurnes de la chaleur solaire sont donc à la fois interceptées et retardées par l'interposition des couches du sol, ce qui tient évidemment à l'imparfaite conductibilité des matériaux dont ces couches sont formées. Cela est vrai pour toutes les températures, les plus basses comme les plus élevées, et la même influence se fait sentir sur les variations annuelles. Mais dans ce cas la profondeur de la couche pour laquelle ces dernières variations deviennent insensibles est beaucoup plus grande. En France, on vient de voir que la limite des variations diurnes ne dépasse guère 1 mètre; en Allemagne, d'après Kaemtz, elle est moindre encore, de 6 à 8 décimètres. Mais la limite des variations annuelles est comprise, en France entre 20 à 30 mètres, en Allemagne entre 6 et 10 mètres. D'après les calculs de Fourier, qui a étudié analytiquement cette question de la propagation de la chaleur solaire dans le sol, il y a une relation entre ces profondeurs limites : pour un même lieu, elles sont proportionnelles aux racines carrées des durées des périodes considérées. En appliquant cette formule aux observations faites à Paris, dans les caves de l'Observatoire depuis deux siècles, à une profondeur de 27^{m},6 où le thermomètre ne paraît pas éprouver de variations sensibles, on trouve 1^{m},40 pour celle où la variation diurne doit disparaître. C'est à un peu plus de 1 mètre, en effet, qu'elle devient insensible, on l'a vu plus haut, dans le sol du parc de Montsouris, peu éloigné de l'Observatoire astronomique.

L'amplitude de la variation annuelle de la température dans le sol dépend de la profondeur, comme celle de la variation diurne, et va en décroissant jusqu'à la *couche invariable*. A Bruxelles, par exemple, l'écart est de 13° à 20 centimètres au-dessous du sol; de 10°,6 à 1 mètre; de 4°,5 à 4 mètres; à 8 mètres, elle n'est plus que de 1°. Les époques des maxima et des minima retardent également sur les époques où ces extrêmes s'observent dans l'air. A la profondeur de 8 mètres, la différence est telle, que les saisons sont pour ainsi dire renversées; le maximum se produisant entre novembre et janvier, et le minimum entre juin et juillet. La température moyenne annuelle des différentes couches est d'ailleurs, à peu de chose près, égale à celle de l'air; le plus souvent, elle la dépasse un peu. On a attribué à cette circonstance la floraison de certains végétaux dont les racines plongent profondément dans le sol, dans des contrées où la température moyenne de l'air est relativement basse. Il résulte aussi de là que, dans nos climats, la gelée pénètre dans le sol à une faible profondeur. « A l'époque des plus grands froids de décembre et de janvier, alors que le thermomètre couché à la surface du sol marquait — 15°,4, le thermomètre placé (à Montsouris) à 0^{m},10 ne descendait pas au-dessous de — 1°,87; à 0^{m},20 il ne dépassait pas + 0°,47; à 1 mètre il s'arrêtait, quatre jours après, à + 3°,70, son point le plus bas. Il faut des froids très intenses et surtout très prolongés pour que la gelée descende à 0m,20 ou 0m,30, et encore une couche de neige de quelques centimètres d'épaisseur suffit-elle à enrayer ce mouvement d'approfondissement de la gelée[1]. »

La nature des matériaux qui composent le sol influe sur les variations de la température à diverses profondeurs et sur les époques des maxima; les observations faites par Forbes, près d'Édimbourg, dans des couches homogènes de trapp, de sable et de grès, ont accusé, sous ce double rapport, des différences notables. Mais ces variations sont surtout en rapport avec celles de l'air. On a reconnu que, plus on approche de l'équateur, moins il faut pénétrer dans le sol pour trouver la couche de température invariable. Les nombreuses observations recueillies dans l'Amérique tropicale par M. Boussingault ont permis à ce savant physicien de reconnaître que cette couche se trouve, dans ces contrées, à quelques décimètres seulement au-dessous du sol[2]. De là un moyen très simple de trouver la température

1. *Annuaire de Montsouris pour* 1876.

2. Voici ce que dit à cet égard Humboldt dans le quatrième volume de son *Cosmos :*

« D'après la théorie de la distribution de la chaleur, la couche à laquelle les différences de température cessent d'être sensibles durant toute l'année est d'autant moins éloignée de la surface qu'il y a moins d'intervalle entre le maximum et le minimum de la température annuelle. Cette considération a conduit mon ami M. Boussingault à la méthode ingénieuse et facile de déterminer la température moyenne des régions tropicales avec un thermomètre enfoui sous le sol à une profondeur de 8 à 12 pouces dans un endroit abrité. Il a mesuré particulièrement de cette manière la température des contrées comprises entre 10° de latitude boréale et 10° de latitude australe. Aux heures les plus diverses, et même dans des mois différents, ainsi que le prouvent les expériences du colonel Hall près du littoral de Choco, à Tumaco, celles de Salaza à Quito, celles de Boussingault à la Vega de Zupia, à Marmato et à Anserma Nuevo, dans la vallée du Cauca, la température n'a pas varié de deux dixièmes de degré, et l'on n'a trouvé guère plus de différence entre cette température et la température moyenne atmosphérique dans les lieux où cette température atmosphérique a été déterminée par les observations horaires. Ce qui est particulièrement remarquable, c'est que cette identité, constatée par des sondages thermométriques, si l'on peut appeler ainsi des expériences faites à moins d'un pied de profondeur, ne s'est démentie nulle part, ni sur les rivages brûlants de la mer du Sud, à Gayaquil et à Payta, ni dans un village indien situé sur le versant du volcan de Puraca, à 1356 toises (2643m,2) au-dessus du niveau de la mer, d'après mes mesures barométriques. Il n'y avait pas entre la température moyenne de ces lieux, situés à des hauteurs si inégales, moins de 14 degrés de différence. »

Humboldt cite encore les longues séries d'observations faites sur le plateau de Bogota par le colonel Acosta, et qui prouvent que, dans des conditions d'abri convenables, la température reste invariable à une très petite profondeur. Ces observations confirment donc la loi formulée par Boussingault.

moyenne annuelle de l'air, sans être obligé à un long séjour et à des observations multipliées.

§ 2. TEMPÉRATURE DES COUCHES PROFONDES DU SOL.

L'existence d'une couche de température invariable à une faible profondeur au-dessous de la surface du sol prouve que l'action calorifique des rayons solaires est promptement arrêtée par le défaut de conductibilité des matières solides de ces couches. Les flux de chaleur qui pénètrent ainsi, avec une double périodicité diurne et annuelle, à l'intérieur de la Terre, sont contrebalancés par des mouvements inverses ou de reflux qui renvoient à l'extérieur l'excès de la radiation solaire sur la moyenne température du lieu. D'après Fourier, une partie de cet excès s'écoule en outre par un mouvement extrêmement lent et uniforme des régions équatoriales vers les régions polaires, où elle se dissipe dans l'espace après avoir contribué à adoucir la température des zones glaciales.

La chaleur des couches terrestres plus profondes n'a plus pour origine la radiation du Soleil; elle appartient en propre au globe lui-même. La température, en effet, va en augmentant avec la profondeur au-dessous de la couche invariable, tandis qu'elle devrait suivre la loi inverse, si elle avait une origine extérieure.

De temps immémorial, on sait que les mines profondes ont une température exceptionnellement élevée. Mais, ainsi qu'il arrivait fréquemment jadis, on se préoccupa plutôt de trouver une explication du phénomène que de le constater par des mesures précises. Les uns invoquaient le *feu central;* les autres croyaient cette chaleur produite par certaines actions chimiques, la décomposition des pyrites par exemple (Boyle), par des fermentations, etc. Les premières observations thermométriques datent seulement de 1740 et sont dues à Gensanne, directeur des mines de plomb de Giromagny, près de Belfort.

Cet ingénieur constata un accroissement moyen de 1° par 19 mètres. Dans les salins de Bex, de Saussure trouva 1° pour 37 mètres.

Les recherches de ce genre se sont multipliées dans le siècle actuel. Toutes s'accordent à prouver que la température des couches qui forment la partie accessible de l'écorce terrestre, va en croissant avec la profondeur. Mais la loi ou le taux de cette augmentation est loin d'être uniforme. Citons les plus importantes de ces observations.

Cordier, en 1827, donnait les chiffres suivants : dans les mines de Littry (Calvados) l'accroissement de température était de 1° par 19 mètres ; dans celles de Decize, de 1° par 25 mètres ; dans celles de Carmaux (Tarn), de 1° par 36 mètres. Reich, dans les mines de l'Ersgebirge, trouvait, en 1830-1832, une augmentation de 1° par 42 mètres. Philips a trouvé une augmentation de chaleur de 1° pour 32^{m},4 dans un puits des mines de houille de Monk-Wearmouth, à Newcastle, la profondeur de ce puits étant de 456 mètres au-dessous du niveau de la mer. Dans les mines de l'Oural, elle est deux fois plus rapide, selon Kuppfer, qui a trouvé 1° par 20 mètres de profondeur. En Prusse, au contraire, Gerhard a constaté qu'il fallait s'enfoncer de 57 mètres pour trouver le même accroissement de 1° centigrade.

Le taux moyen varie donc considérablement, comme on voit. A la vérité, des causes multiples peuvent modifier la loi, ou du moins empêcher que les résultats ne soient parfaitement comparables. La plus importante paraît être la différence de profondeur des mines explorées à ce point de vue. Voici quelques nombres qui prouvent cette influence. D'après Fox, le taux moyen dans les mines de Cornouailles et du Devonshire est 1° par 15 mètres jusqu'à la profondeur de 100 mètres ; il n'est plus que de 1° par 41 mètres lorsqu'on va jusqu'à 350 mètres. On a constaté récemment une diminution semblable, quoique notablement moins rapide, dans les mines de houille de Radstock, près Bath. A la profondeur de 168 mètres, l'accroissement moyen de température fut de 1° par 26 mètres ; à 243 mètres, de 1° par 33 mètres ; à 300 mètres, de 1° par 41 mètres seulement. Des expériences dues à M. Mohr, faites en 1876 par ce savant, dans un puits de 4000 pieds de profondeur, foré dans le sol, aux mines de Sperenberg, près Berlin, l'ont conduit à reconnaître un ralentissement marqué et régulier dans l'accroissement de la température avec la profondeur. Mais, comme le fait remarquer M. Radau dans son intéressante notice *Sur la constitution intérieure de la Terre*, les conclusions de M. Mohr ont été contestées. « M. A. Boué a fait observer avec raison que les eaux d'infiltration ont pu abaisser considérablement la température des couches profondes, ce qui suffirait pour expliquer le ralentissement constaté par M. Mohr. » Du reste, de récentes observations effectuées par le professeur Everett, à la houillère d'East-Manchester, donnent un résultat opposé, ainsi que le prouvent les chiffres suivants : l'accroissement de température, qui était de 1° par 41 mètres à la profondeur de 306 mètres, s'élevait à 1° par 33 mètres à 315 mètres, à 1° par 26 mètres seulement à la profondeur de 837 mètres. Ici la progression est croissante.

Le forage des puits artésiens a permis de constater aisément l'accroissement de la température avec la profondeur. Mais, avant qu'on instituât des expériences spéciales dans ce but, la température de l'eau que les fontaines jaillissantes amenaient à la surface, comparée à la température à la hauteur du sol, suffisait à témoigner de cet accroissement. Arago donnait en 1835 les nombres suivants :

Puits artésiens.		Profondeurs.		Accroissement de 1°.
De Saint-Ouen, près Paris		66m	pour	28m,7
De Marquette	Nord et Pas-de-Calais.	56m	—	25m,4
D'Aire	Nord et Pas-de-Calais.	63m	—	21m,0
De Saint-Venant	Nord et Pas-de-Calais.	100m	—	27m,3
De Scheerness (Tamise)		110m	—	22m,0
De Tours		140m	—	23m,3

Walferdin, appliquant ses précieux thermomètres de déversement à l'étude de cette question de la température dès couches profondes du sol, trouva qu'en moyenne il faut descendre de 30 à 32 mètres pour obtenir, au-dessous et à partir de la couche invariable, un accroissement de 1°. Le puits artésien de Saint-André (Eure) accusait, à la profondeur de 253 mètres, une température de 17°,95, tandis que la température moyenne du même lieu est 12°,2. C'est 1° par 30m,95. Les puits artésiens de l'École militaire et de Grenelle, à Paris, ont donné au même physicien, le premier, 1° par 30m,85, le second 1° par 31m,5. En 1857, il descendit ses appareils thermométriques dans deux puits voisins qu'on forait au Creuzot; l'un, celui de Mouillelonge, accusa, à la profondeur de 816 mètres, 38°,5, et l'autre, celui de Torcy, 27°,22 pour une profondeur de 554 mètres. La comparaison de ces deux résultats donne 11°,1 pour une différence de profondeur de 262 mètres. C'est donc un accroissement de 1° par 23m,6. Or, en calculant cet accroissement depuis la surface du sol jusqu'à 550 mètres, la température moyenne de la surface étant 9°,2 à Torcy, on ne trouve que 1° par 30 ou 31 mètres, à peu près le même chiffre qu'à Grenelle, à l'École militaire et à Passy[1]. Il faudrait donc en conclure que la température des couches profondes, aux mines du Creuzot, va en croissant plus rapidement à mesure que la profondeur augmente. Mais les expériences avaient eu lieu au puits de Mouillelonge un certain temps après la cessation du travail du forage (quatre-vingts heures), tandis qu'au puits de Torcy le travail était suspendu depuis longtemps. Il est donc vraisemblable que la chaleur développée par la percussion n'était pas encore dissipée au puits de Mouillelonge, au moment où les thermomètres y furent descendus, et que telle est la cause de l'excès de température constaté.

Voici les résultats trouvés par divers observateurs dans un certain nombre de puits artésiens célèbres :

1. L'eau de ce dernier puits, foré en 1861, avait la température de 28°. Sa profondeur étant de 586 mètres, ou de 558 mètres au-dessous de la couche invariable, la température moyenne à la surface étant 10°,6, on trouve 1° par 30 mètres.

	Accroissement de 1°	Profondeur.
Puits de Vienne (Autriche).	par 20^m	»
— de Rüdersdorff (Prusse).	20^m	280^m
— de Prégny (près Genève).	29^m,7	223^m
— de Neusalzwerk (Prusse).	29^m,2	622^m
— de Mondorf (Westphalie).	29^m,6	671^m
— de Iakoutsk (Sibérie)	14^m,7	116^m
— de Neuffen (Wurtemberg).	10^m,5	385^m

Ce dernier puits pénètre des couches basaltiques, et l'on attribue l'augmentation rapide de la chaleur à une action volcanique. Mais le précédent accuse pareillement un taux d'accroissement considérable, sans que l'on puisse invoquer une semblable influence. Les circonstances dans lesquelles le puits d'Iakoutsk a été foré sont d'ailleurs assez intéressantes pour arrêter un instant notre attention. Un négociant de cette ville, nommé Fedor Schergin, avait commencé en 1828 le forage d'un puits, dans le sol gelé, avec l'espoir d'y trouver de l'eau. A la profondeur de 50 pieds anglais, la température du fond du puits n'était, d'après Erman, que de — 6° Réaumur, ou — 7°,5 centigrades. A 27 mètres, on n'avait encore trouvé que de la glace et pas d'eau. La température moyenne d'Iakoutsk étant — 9°,5, Erman en conclut qu'on ne parviendrait à des couches dégelées qu'après avoir creusé assez pour que l'accroissement de température fût d'au moins 6° Réaumur. En se reportant aux expériences antérieures et à celles qu'il avait faites lui-même dans l'Oural, il prévoyait qu'on serait obligé de creuser jusqu'à 500 ou 600 pieds de France ; en conséquence Schergin abandonna l'entreprise. L'amiral Wrangel, de passage à Iakoutsk, ayant décidé le propriétaire du puits à continuer le forage dans un intérêt purement scientifique, on alla jusqu'à la profondeur de 116 mètres, profondeur qui fut atteinte en 1837, sans qu'on ait pu traverser la couche de glace[1]. Voici les

1. Humboldt, dans le quatrième volume de son *Cosmos*, fait remarquer le contraste qui existe entre cet état du sous-sol de l'Asie du nord, caractérisé par une congélation profonde, et la température relativement élevée qu'il a constatée dans les mines des hautes montagnes du Pérou et du Mexique. « A plus de 12 000 pieds au-dessus du niveau de la mer, dit-il, j'ai trouvé l'air souterrain de 14° plus chaud que l'air extérieur. » Les mines d'argent du

températures obtenues à diverses profondeurs, d'après Erman et Middendorf (ce dernier fit des observations suivies dans ce puits, en 1844) :

Profondeurs.	Températures d'après Erman.	Profondeurs.	Températures d'après Middendorf.
15^m,2	— 7°,5	2^m.	— 11°,2
23^m,5	— 6°,9	60^m.	— 4°,8
36^m,3	— 5°,0	116^m.	— 3°,0
116^m,5	— 0°,6		

Le taux d'accroissement qui résulte de ces nombres est fort variable selon la profondeur. D'après les résultats d'Erman, on trouve d'abord 1° par 14 mètres, puis par 8^m,4 et enfin par 14^m,7, ce qui semble indiquer d'abord un accroissement rapide, puis un ralentissement. Les chiffres de Middendorf donnent 1° pour 9^m,3 à la profondeur de 60 mètres, puis pour 13^m,9, indiquant aussi un ralentissement dans le mouvement de la température.

De tout ce qui précède, il faut conclure :

Que les couches profondes du globe terrestre ont une chaleur qui leur est propre, et dont la source inconnue est intérieure, c'est-à-dire a son siège dans le noyau central ;

Que plus la profondeur augmente, plus la température augmente elle-même, sans qu'il soit possible encore de dire suivant quelle loi. Toutefois, le plus grand nombre des observations recueillies jusqu'à présent, à des profondeurs diverses, mais ne dépassant pas un kilomètre, donnent environ 30 mètres pour la profondeur à laquelle il faut s'abaisser successivement pour obtenir une augmentation de 1° centigrade dans la température. L'accroissement continue-t-il dans la même proportion à des profondeurs plus grandes? Se ralentit-il, ainsi que le prouvent certaines observations, ou devient-il au contraire plus

Cerro du Gualgayoc, près de la ville péruvienne de Micuipampa, marquaient 19°,8 à l'intérieur des travaux, tandis qu'au dehors l'air était à 5°,7. Cependant « la roche calcaire, ajoute l'illustre voyageur, était parfaitement sèche, et un petit nombre de mineurs étaient présents. » Humboldt paraît penser que l'élévation de la température souterraine, à de telles altitudes, est due à des causes purement locales, sur la nature desquelles il ne s'explique pas d'ailleurs.

rapide, comme on pourrait le déduire d'observations opposées? L'expérience ne permet point encore qu'on se prononce sur ces délicates questions de physique du globe. Les calculs auxquels on s'est livré à ce sujet, et qui ont à coup sûr leur intérêt, sont donc purement hypothétiques. Cordier, admettant que la température croît en moyenne de 1° pour 25 mètres de profondeur, en concluait forcément qu'à une centaine de kilomètres la température dépassait plusieurs milliers de degrés, et que toutes les substances minérales connues y seraient à l'état de fusion. Les laves des éruptions volcaniques ne seraient alors qu'un épanchement de la masse fluide interne. C'est ce que soutiennent les partisans de l'hypothèse d'après laquelle notre planète, originairement fluide dans toute sa masse, s'est partiellement consolidée par suite de son rayonnement dans l'espace et du refroidissement qui en a été la conséquence. La partie extérieure solidifiée constitue l'écorce ou la croûte, qui n'aurait guère qu'une cinquantaine de kilomètres d'épaisseur, et serait dès lors comparable à une simple coquille d'œuf. D'autres, tout en admettant la fluidité primitive de la planète, croient que la solidification a commencé par les parties centrales, et que la partie encore fluide en raison de sa température excessive, ne forme au contraire qu'une faible fraction du volume total. Certains géologues vont même plus loin : le globe serait entièrement solidifié, et ils expliquent le phénomène des épanchements de lave par l'existence locale de lacs souterrains de matière fluide.

Nous ne faisons que rappeler ici sommairement ces diverses hypothèses : les raisons invoquées pour ou contre sortent de notre domaine; elles sont spéciales à l'astronomie, à la géologie, et n'empruntent guère à l'observation et à l'expérience que les données dont les plus essentielles ont été résumées dans ce paragraphe.

Quelle que soit du reste la cause de la chaleur interne du globe, elle n'influe actuellement que d'une manière tout à fait insensible sur l'élévation de la température à la surface. L'accroissement d'un trentième de degré par mètre, constaté par les observations les plus concordantes, ne donnerait pas, d'après Fourier, plus d'un quart de degré centigrade pour cette élévation, si le globe était une masse de fer. Les couches terrestres ayant une conductibilité beaucoup plus faible que le fer, le résultat est donc moindre encore, et peut être considéré comme insensible. L'analyse mathématique a conduit en outre Fourier à cette autre conclusion, que l'accroissement actuel de la température interne, beaucoup plus grand autrefois, ne varie maintenant qu'avec une lenteur extrême : il s'écoulera plus de trente mille années avant qu'il soit réduit à la moitié de ce qu'il est aujourd'hui.

§ 3. TEMPÉRATURE DES EAUX : LES EAUX COURANTES, LES LACS, LES SOURCES.

L'influence de la nature du sol, de sa conductibilité, de son pouvoir absorbant et de son pouvoir réflecteur sur la température des couches comprises entre la surface et la couche de température invariable, sur la profondeur plus ou moins considérable de cette dernière, est de toute évidence. Il en est de même de l'influence que les mêmes conditions variables doivent avoir sur la température des couches d'air les plus voisines du sol. Ce sont là des éléments importants du climat d'une région quelconque, sur lesquels on n'a point encore, que nous sachions, recueilli des données numériques suffisantes pour qu'on puisse faire la part des causes multiples de variation que nous venons d'énumérer. Les effets n'en sont pas moins certains, comme en témoignent les contrastes que l'on observe entre des contrées qui se trouvent dans des conditions géographiques et météorologiques à peu près semblables, mais dont le sol est composé de matériaux tout à fait différents, et se comporte vis-à-vis de la chaleur rayonnée par le Soleil d'une façon opposée. Mais ces contrastes ne sont jamais plus tranchés que là où la surface solide fait place aux vastes étendues d'eau, aux océans et aux mers. L'eau, en vertu de sa grande capacité pour la chaleur, de sa faible conductibilité, et de ses autres propriétés physiques, joue un rôle capital dans la météorologie terrestre et notamment celui de modérateur des climats, pour les régions qui sont soumises à son influence. De là l'utilité, la nécessité de savoir comment se distribue dans sa masse la chaleur que le Soleil lui envoie.

Nous dirons quelques mots d'abord de la température des eaux qui circulent à la surface des continents ou s'y accumulent, eaux courantes, fleuves et rivières, lacs; puis de celles qui pénètrent à l'intérieur du sol ou en jaillissent à l'état de sources. Nous parlerons ensuite de la température des océans et des mers.

D'après les observations faites par M. Grad sur les eaux d'une rivière torrentueuse des Vosges, la Fecht, qui va se jeter dans l'Ill après un parcours de 48 kilomètres, d'après celles de M. Bertin sur l'Ill et sur le Rhin à Strasbourg, il y a lieu de conclure que l'eau de ces rivières subit, dans le cours de l'année, des variations moindres que celles de l'air[1]. Elle s'échauffe et se refroidit avec moins de rapidité, de sorte que les époques des maxima et minima de température viennent après celles des maxima et minima de la température de l'air aux mêmes points. L'amplitude des oscillations est d'ailleurs moindre; pour l'eau, elles sont plus fortes en été qu'en hiver, plus considérables par un temps serein que par un ciel couvert, et diminuent à mesure que le débit du cours d'eau augmente. Enfin les pluies qui, d'après M. Grad, abaissent la température des eaux courantes en été, l'élèvent en hiver. Quant à la moyenne annuelle, elle est un peu plus forte dans l'Ill et le Rhin que

1. Voici quelques nombres empruntés aux observations des eaux de la Fecht, par M. Grad, dans le courant de l'année météorologique 1866-1867 :

	Maximum.	Minimum.	Moyenne.	Température de l'air.
Hiver.	9°,6	— 0°,2	4°,7	2°,1
Printemps	21°,5	4°,7	10°,1	11°,3
Eté	23°,5	9°,8	16°,3	21°,3
Automne.	18°,6	3°,2	10°,9	10°,5
Année.	23°,5	— 0°,2	10°,5	11°,3

celle de l'air (de 1° dans le premier cas, de 0°,4 dans le second). Ces résultats de l'observation s'accordent bien avec ce qu'on pouvait prévoir en se basant sur les propriétés physiques de l'eau comparées à celles de l'air. Néanmoins, il serait prématuré de les généraliser, même en se bornant à considérer les eaux courantes de la zone tempérée.

On a vu dans un chapitre précédent les circonstances qui président à la formation de la glace dans les eaux courantes, et comment les glaçons qu'elles charrient à l'époque des grands froids prennent principalement naissance sur le lit, où la vitesse de l'eau est moindre, et où son contact avec le sol congelé détermine un abaissement de température assez bas pour sa propre solidification.

Quant aux lacs, on sait que si leur profondeur est suffisamment grande, l'eau conserve au fond la température constante de son maximum de densité, ou environ 4° centigrades. En hiver, quand la température extérieure est suffisamment basse, les couches superficielles sont congelées et la température va en croissant depuis une couche voisine de la surface, où elle est de 0°, jusqu'au fond. Pendant la saison chaude, la progression est inverse, toujours en vertu de la même loi qui veut que les couches d'eau se stratifient de haut en bas, suivant l'ordre de leurs densités croissantes. Dans les lacs d'une moindre profondeur, c'est à 2° ou 3° au-dessus de zéro que se trouvent les couches en contact avec le lit.

Toutes les eaux qui circulent à la surface du globe, sur le sol même, ruisseaux et torrents, rivières et fleuves, toutes celles qui, à des profondeurs plus ou moins grandes, pénètrent au sein de son écorce solide, et après un cours d'une longueur variable, le plus souvent inconnue, viennent jaillir en sources, ont une même origine, l'atmosphère, les nuages, c'est-à-dire les pluies ou les neiges.

Quand une chute d'eaux météoriques a lieu, une très faible partie pénètre directement ou mieux mouille le sol ; une autre partie s'évapore ; la plus grande quantité ruisselle à la surface et par des milliers de ramifications forme les torrents, les rivières, les fleuves, ou bien encore pénètre par les anfractuosités, les fissures du sol[1], à l'intérieur même des couches plus ou moins poreuses descendant jusqu'à la rencontre des terrains imperméables où l'eau forme des nappes d'une certaine étendue. Il existe même de véritables cours d'eau souterrains qui, après un parcours quelquefois très long, vont rejoindre soit les eaux courantes du bassin auquel ils appartiennent, soit la mer elle-même.

Au point de vue qui nous occupe ici, qui est celui de leur température, les sources peuvent être divisées en deux espèces distinctes : les sources *froides*, dont la température est généralement inférieure à celle de l'air au point où elles jaillissent; ce sont celles dont les eaux n'ont pénétré qu'à une profondeur assez faible à l'intérieur du sol, ou qui, provenant de la fonte des neiges dans les pays de montagnes, ont conservé sous terre la basse température de leur point d'origine; les sources *thermales*, ou chaudes, sont au contraire le plus souvent produites par le jaillissement à la surface d'eaux qui ont pénétré dans les couches profondes, au-dessous de la couche de température invariable. Ce sont des sources *artésiennes*, si l'on entend par là celles dont les eaux, après être descendues le long des couches inclinées, remontent à la surface, par l'effet de l'égalité de pression ; certaines sources thermales cependant doivent leur température élevée à leur voisinage de régions volcaniques, plutôt qu'à la profondeur des couches atteintes par leurs eaux.

1. C'est principalement dans les montagnes qui ont subi des dislocations en divers sens que les eaux pluviales sont promptement absorbées. Tel est le cas pour la chaîne du Jura, ainsi que le constatait Chacornac dans son étude *Sur les températures des sources jaillissant en talus escarpé*. « Le premier fait, dit-il, que l'on constate en parcourant ces montagnes, consiste dans l'extrême avidité avec laquelle leur sol absorbe l'eau. Ainsi, quelques heures après des pluies prolongées, ou même des averses diluviennes, il ne reste pas trace des fluides sur les plateaux, et, en général, sur les routes; mais, en revanche, les sources jaillissent de toutes parts dans les déclivités du sol, aux failles de plus grande pente et dans les plus grandes dépressions des plis innombrables du terrain, où l'oolithe moyenne surtout est restée au-dessus du niveau des vallées. D'autre part, ces réseaux de chaînes de montagnes, s'emboîtant les uns dans les autres, donnent à un certain nombre de vallées jurassiques la forme de bassins entièrement fermés où les eaux se réunissent. »

Les sources peu abondantes et venant d'une faible profondeur ont une température plus variable, dans le cours de l'année, que celles dont le débit, presque constant, est considérable, et dont les eaux, avant de parvenir au jour, ont parcouru sous terre un long trajet. Ces dernières ont une température presque invariable, et qu'on a cru longtemps être la même que la température moyenne annuelle du lieu où elles jaillissent ; mais, d'après les observations d'un grand nombre de météorologistes, cette identité n'existe pas : les eaux de certaines sources sont plus froides que l'air, les eaux d'autres sources sont au contraire plus chaudes, et ces différences dépendent des conditions climatiques de chaque région, et du mode de formation des sources. Voici l'explication qu'en a donnée de Buch : « S'il ne pleuvait jamais, le sol aurait à une certaine profondeur la température moyenne de l'air ; s'il tombait tous les mois la même quantité de pluie, et si l'on admet que cette pluie fût à la température de l'air, la moyenne température des sources serait égale à celle de l'air. C'est le cas en Angleterre, où il tombe autant d'eau en hiver qu'en été. Dans les contrées, au contraire, où les pluies de l'été l'emportent sur celles de l'hiver, la moyenne température de l'eau qui tombe est supérieure à celle de l'air, et les sources sont dans le même cas. Aussi en Allemagne et en Suède les sources sont-elles plus chaudes de plusieurs degrés que la moyenne annuelle. C'est le contraire dans les contrées où il pleut beaucoup en hiver, comme la Norvège et l'Italie. Dans les pays tropicaux, la température baisse rapidement au commencement de la saison des pluies ; mais dans les localités où il pleut par intervalles pendant toute l'année, il y a identité entre la chaleur des sources et celle de l'air[1]. »

Dans les pays de montagnes, où les neiges tombent abondamment pendant l'hiver, les sources restent froides pendant l'été, ce qui s'explique par la basse température à laquelle l'eau de

1. Kaemtz, *Météorologie*.

fusion pénètre dans les fissures internes du sol, dont les parois refroidies et peu conductrices ne peuvent recouvrer pendant l'été la chaleur qu'elles ont perdue au printemps. D'après M. Fournet, une autre cause contribue à entretenir cette température des eaux de source à un niveau plus bas que l'air extérieur : c'est que les canaux dans lesquels elles circulent ont leurs parois constamment refroidies par l'air qui s'y introduit en même temps que l'eau et dont le courant détermine une évaporation rapide et constante.

Une particularité remarquable dans la température de certaines sources froides, c'est, outre son infériorité marquée sur celle de l'air extérieur, le peu de variation qu'elle subit quand le débit de la source passe du maximum au minimum. Chacornac, dans la notice que nous avons citée plus haut, en donne un exemple dans la source de la Serrière, aux environs de Neuchâtel (Jura suisse). Du 11 juin 1864 au 9 août de la même année, cette source, qui jaillit en talus escarpé, a passé par deux crues importantes pour tomber à un débit très faible, sans que sa température ait varié de plus de 1° et demi (de 7°,7 à 9°,2). Pendant ce temps, la température de l'air au pied de la source oscillait entre 12°,5 et 23°,8, variant ainsi de 11°,3, c'est-à-dire dans une proportion sept fois plus grande que les eaux de la source.

La température des sources thermales artésiennes est à peu près celle des couches profondes du sol d'où elles jaillissent, de sorte qu'on peut calculer approximativement la distance verticale de leur point d'origine au sol, en multipliant cette température par un nombre compris entre 25 et 35 mètres. Au taux moyen de 30 mètres de profondeur pour 1°, les eaux thermales de Bath viendraient d'une couche souterraine d'environ 1500 mètres de profondeur, puisque leur température est de 48°,9; celles de Bagnères de Luchon, qui sont à 50°, indiquent à peu près la même profondeur; les eaux de Plombières (65°), celles de Chaudes-Aigues (81°), et celles de Trincheras, dans le Venezuela, qui ont à peu de chose près la température de l'eau bouillante (97°), viendraient respectivement de points situés au-dessous du sol à des distances verticales de 1650, 2400, 2900 mètres. Mais, nous le répétons, ces évaluations, qui supposent une proportion constante dans le taux dont les couches du sol s'accroissent en température, sont tout à fait hypothétiques, puisqu'on a vu que l'accroissement en question est variable selon les localités.

Dans les contrées volcaniques, les sources à température très élevée sont fréquentes. Citons-en quelques exemples.

Fig. 141. — Source d'eau chaude de la vallée de la Firehole.

La vallée de la Firehole, située au milieu de cette merveilleuse contrée où les Américains ont réservé un vaste espace qu'ils nomment le *Parc national des États-Unis*, abonde en sources chaudes et en geysers qui indiquent une activité volcanique sur son déclin. Des jets de vapeur et d'eau bouillante jaillissent de toutes parts, du sein d'une multitude de cratères dont les diamètres varient de deux à douze pieds (60 centimètres à 3m,60). Nous reviendrons plus loin sur l'intermittence de ces jets dans le paragraphe que nous consacrerons aux geysers;

ici, c'est là température élevée de ces sources que nous avons seulement en vue. Dans cette vallée coule une rivière qui a reçu comme la vallée même le nom de Firehole (*abîme de feu*). Tout le long de ses bords marécageux s'élèvent des cratères en partie submergés. L'eau qu'ils contiennent s'écoule à gros

Fig. 142. — Sources thermales de la vallée de Marcapata.

bouillons. Tout dénote, dans les phénomènes extraordinaires que présente cette contrée, une activité volcanique spéciale.

Les sources thermales de la vallée de Marcapata doivent probablement aussi leur haute température au voisinage des Andes, dont le caractère volcanique se manifeste, comme on sait, par des phénomènes si marqués. En voici la description d'après M. P. Marcoy, l'infatigable explorateur des vallées de Quinquinas. « Qu'on se figure, dit-il, une surface horizontale, en manière de plate-forme, d'environ 20 mètres carrés, appuyée d'un côté à la montagne à laquelle elle servait de marchepied, coupée à pic de tous les autres côtés, et percée de 23 ouvertures par lesquelles des jets d'eau bouillante, offrant deux groupes distincts, jaillissaient à une hauteur variable, ici de trois pieds, là de huit. L'orifice de chaque ouverture était cerclé d'un bourrelet formé par l'agglomération des matières sulfureuses. Ces bourrelets, en figure de cônes et d'une élévation de quinze à dix-huit pouces, présentaient l'exacte miniature des geysers en pleine éruption. Le ton local de la pierre, aux endroits en contact avec l'eau des sources, était une belle teinte jaune paille toute veinée de rameaux et de ramuscules bleuâtres qui imitaient les arborisations de certaines agates. Les parties de la roche que l'eau n'atteignait pas étaient nuancées de brun rouge, et couvertes par places de larges taches de moisissures d'un beau vert d'émeraude. Un épais fouillis végétal, où les ronces mûres, les sauges, les menthes, les fuchsias et les alstrœmères entremêlaient leurs tiges, leurs feuilles et leurs fleurs, s'étalait sur la plate-forme, sans souci des jets d'eau bouillante qui l'arrosaient de toutes parts, et pendait ruisselant autour du rocher, comme une chevelure[1]. »

On voit, en résumé, que les eaux qui circulent à la surface du globe, ou qui pénètrent à l'intérieur de son écorce, accusent, par leur température, deux sources de chaleur différentes. Les unes n'ont subi, dans leur parcours, que l'influence de la chaleur extérieure, des conditions atmosphériques ou météorologiques; les autres indiquent par leur température exceptionnellement élevée une autre influence, celle de la chaleur propre au globe lui-même et provenant de ses couches profondes, de son noyau. Les unes et les autres, en proportion de

1. P. Marcoy, *Voyage dans les vallées de Quinquinas* (*Tour du monde*, 1874).

leur abondance aux points de la surface terrestre qu'elles arrosent, réagissent à leur tour sur le climat de ces points. Néanmoins, comme elles ne forment en définitive qu'une très faible partie des masses liquides à la surface de la terre, cette réaction reste renfermée dans des limites assez étroites. Il n'en est plus ainsi pour les eaux des océans et des mers, que leur immense étendue et leur énorme profondeur appellent à jouer un rôle si considérable dans la succession des phénomènes météorologiques. Voyons donc ce qu'on sait de leur température.

§ 4. TEMPÉRATURE DES EAUX DE LA MER. — INSTRUMENTS D'OBSERVATION.

Lorsqu'il s'agit de déterminer la température de l'eau de la mer à sa surface, ou à de faibles profondeurs, les instruments ordinaires suffisent. Du pont du navire, on descend un baquet qu'on agite quelque temps dans l'eau afin qu'il en prenne la température; on le laisse emplir à 30 centimètres environ au-dessous de la surface; on le remonte, et l'on prend la température de l'eau qui s'y trouve contenue en y plongeant un thermomètre.

Quand la couche dont on veut connaître la température est à une faible profondeur au-dessous de la surface, on se sert, pour la puiser, d'un procédé aussi simple que rapide. L'appareil dont on fait alors usage n'est autre qu'un cylindre métallique, dont les deux fonds portent chacun une soupape s'ouvrant de bas en haut. En laissant le cylindre descendre verticalement et s'enfoncer dans la mer sous son propre poids, la pression du liquide ouvre les deux soupapes, et l'eau passe librement au travers, jusqu'au moment où, par la longueur de corde déroulée, on juge que le cylindre a pénétré à la profondeur voulue; alors les soupapes se ferment, et restent fermées pendant tout le temps que l'appareil remonte, ramenant à son intérieur l'eau puisée à son point le plus bas. En y plongeant alors un thermomètre, on obtient la température cherchée. On comprend aisément que si la profondeur était assez considérable pour que le cylindre, dans son mouvement d'ascension, rencontrât des couches de température très différente, celle de l'eau qu'il contient aurait le temps de varier à leur contact, et l'objet qu'on se propose ne serait point atteint.

Pour remédier à cet inconvénient, on a dû adopter, pour prendre la température des eaux profondes, des appareils thermométriques conservant la trace des températures auxquelles ils ont été soumis, c'est-à-dire des thermomètres à maxima et à minima. Mais, avant de décrire quelques-unes des dispositions spéciales données à ces appareils, il importe d'insister sur les difficultés que présente le problème à résoudre. L'une de ces difficultés est inhérente à la profondeur même, et vient de la pression que l'eau exerce contre les parois du réservoir de l'instrument, quel qu'il soit. A la profondeur de 500 brasses, cette pression est déjà de 90 atmosphères, soit de 90 à 95 kilogrammes par centimètre carré, selon la température. A 3000 brasses (5500 mètres), profondeur qui a été atteinte et dépassée par la sonde, la pression atteint l'énorme valeur de 540 atmosphères. Quand même les enveloppes en verre des thermomètres ne seraient pas écrasées, brisées par des pressions aussi fortes, qui croissent graduellement à mesure que descend la sonde, il est bien clair qu'elles céderaient, et en comprimant le mercure lui feraient marquer sur l'échelle des degrés qui auraient une tout autre origine que l'élévation de la température[1].

On remédie à cette difficulté en protégeant les thermomètres

1. « Cette cause d'erreur, dit M. Wyville Thomson, n'est pas toujours identique dans ses effets, puisque le degré de compression que subit le réservoir dépend de sa forme, de l'épaisseur et de la qualité du verre dont il est fait. Ainsi l'écart des bons thermomètres faits d'après le modèle du Bureau hydrographique varie de 7° C. à 10°,5 C., sous une pression de 6817 livres par pouce carré, qui représente une profondeur de 2500 brasses. » (*Les Abîmes de la mer.*) Quoiqu'il soit possible, en étudiant le phénomène, d'en déduire la correction à faire aux indications des instruments non abrités, les expériences faites à bord du *Lightning*, en 1868, par le savant que nous venons de citer, prouvèrent qu'on ne peut compter sur l'exactitude de ces instruments : certains d'entre eux se comportèrent d'une façon désordonnée à quelques centaines de brasses, et plusieurs cédèrent sous la pression.

par une enveloppe suffisamment épaisse. Lorsque Walferdin fit en 1856 ses recherches thermiques au fond des puits du Creuzot, il enferma ses thermomètres à déversement dans des tubes en cristal de 2^{mm} à $2^{mm},5$ d'épaisseur, scellés à la lampe, de manière à pouvoir résister à une pression de plus de 81 atmosphères. Un seul des dix-huit tubes employés fut brisé.

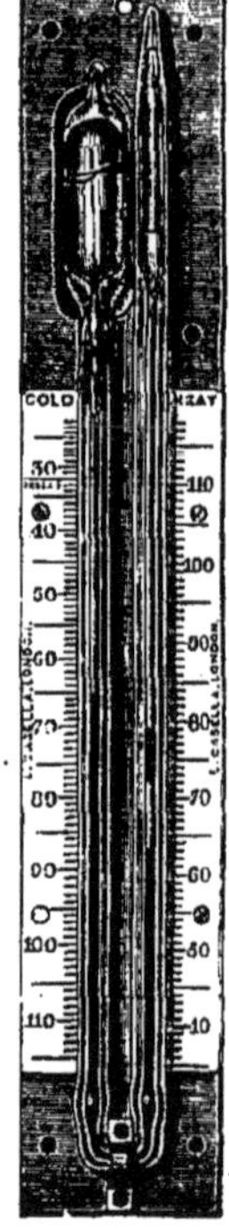

Fig. 143. — Thermomètre enregistreur de Six, modifié par MM. A. Miller et Casella.

Les thermomètres enregistreurs de Six, perfectionnés par le docteur W. A. Miller et construits par M. Casella, ont leur réservoir enfermé dans une enveloppe extérieure de verre presque entièrement remplie d'alcool; avant de la souder, on y a laissé pénétrer seulement une bulle d'air et de vapeur d'alcool, laquelle, cédant sous la pression extérieure, suffit à en préserver le réservoir thermométrique. Voici d'ailleurs en quoi consiste cet appareil, que représente la figure 143. C'est un tube en U, dont la partie recourbée renferme une colonne de mercure; l'une de ses branches est terminée par un gros réservoir cylindrique plein d'un mélange de créosote et d'eau; l'autre branche contient une petite quantité du même liquide et se termine par une ampoule remplie des vapeurs du liquide et d'air comprimé. Deux petits indicateurs d'acier entourés d'un cheveu faisant ressort reposent sur chaque extrémité du mercure : ce sont les flotteurs qui marquent, l'un, du côté du réservoir, la température maximum, l'autre, du côté de l'ampoule, la température minimum. Au moment de se servir du thermomètre, on ramène, à l'aide d'un fort aimant, les deux indicateurs au contact du mercure.

Qu'il s'agisse de thermomètres à maxima et à minima, ou de tout autre instrument, on peut toujours, par les procédés que nous venons de décrire ou par d'autres semblables, préserver les réservoirs des effets de la pression, et cette première difficulté dans la détermination de la température des grandes profondeurs est aisément vaincue. Mais il s'en présente une autre qui est inhérente à l'emploi des thermomètres à maxima et à minima. En effet, lorsqu'on remonte l'un de ces instruments et qu'on y lit le plus bas et le plus haut degré qu'il a enregistrés, on ignore en quel point de la verticale il a été soumis à l'un ou à l'autre de ces extrêmes de température. Il faudrait, pour que ce doute fût levé, être assuré que la température va en s'abaissant ou en s'élevant d'une manière continue de la surface jusqu'au fond atteint par la sonde. C'est le plus souvent, il est vrai, le premier cas qui se présente ; mais on l'ignore à priori, puisqu'il s'agit précisément de trouver expérimentalement la loi de cette variation. En ce cas, on n'a d'autre ressource que de procéder par séries de sondages. Voici, d'après Wyville Thomson, comment on procède dans l'une ou l'autre hypothèse :

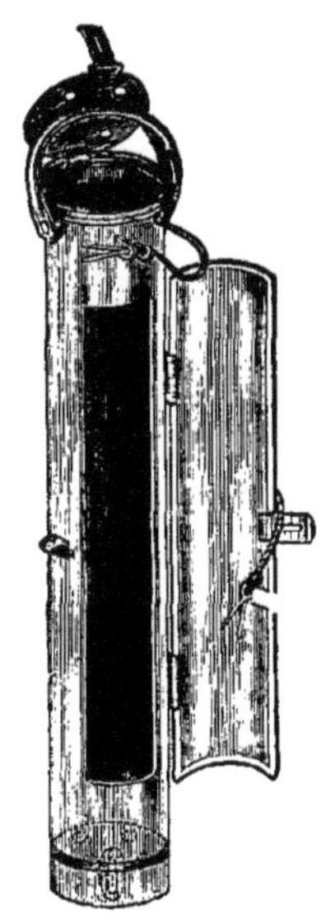

Fig. 144. — Lanterne de bronze servant d'abri au thermomètre Miller-Casella.

« Pour faire des sondages de température à de grandes profondeurs, on assujettit deux ou plusieurs thermomètres Miller-Casella à la corde de la sonde, à une faible distance les uns des autres, et à quelques pieds seulement au-dessus de l'anneau d'attache d'une sonde dont le poids est destiné à demeurer au fond. L'engin est descendu rapidement, et on laisse écouler cinq à dix minutes après que son contact avec le fond l'a détaché, avant de remonter les thermomètres ; il suffit même de quelques instants pour que l'instrument marque le degré vrai de la température. Pour faire des sondages de séries, c'est-à-dire pour se rendre compte de la température qui règne à différents intervalles de profondeur, dans les eaux profondes, on attache les thermomètres au-dessus d'un plomb ordinaire de grande profondeur, on déroule la quantité de corde nécessaire pour chaque relevé de température, et à chacun des relevés de la série on remonte le tout. Cette opération est longue et minutieuse : une seule série de sondages faite dans la baie de Biscaye, où la profondeur était de 850 brasses, et où nous relevâmes la température toutes les cinquante brasses, occupa la journée entière[1]. »

Depuis, les expéditions scientifiques ayant pour but l'exploration des profondeurs de la mer se sont multipliées et l'on a dû, pour éviter les difficultés que nous venons de signaler, imaginer des appareils qui permettent de déterminer la température à une profondeur quelconque sans incertitude. On y est parvenu de plusieurs manières.

Au lieu de thermomètres à maxima et à minima, on emploie un thermomètre ordinaire, dont le tube est étranglé un peu au-dessus du réservoir. Cette disposition, imaginée par MM. Negretti et Zambra, dans le but d'obtenir un thermomètre à maxima[2], permet de séparer, à un moment voulu, la colonne de mercure qui a dépassé le point d'étranglement de celle qui se trouve du côté du réservoir. Il suffit, pour cela, de faire basculer brusquement l'instrument, alors qu'on suppose qu'il a pris la température du milieu, de façon que le réservoir qui était en bas se trouve en haut. La séparation des deux parties du mercure se fait, et la colonne qui dépasse le point d'étranglement tombe dans le bout inférieur du tube. Ce bout, qui est recourbé en U dans les thermomètres Negretti et Zambra, et rectiligne dans les instruments adoptés par M. A. Milne-Edwards (expédition du *Talisman*), est convenablement gradué. Quand le thermomètre est remonté à bord, il donne donc exactement la température qu'il marquait au moment précis où le retournement s'est effectué, et par conséquent celle du milieu où il était alors plongé. Inutile de dire que le thermomètre est pro-

1. *Les Abîmes de la mer.*
2. Voir *La Chaleur*, t. II du MONDE PHYSIQUE.

tégé par une double et solide enveloppe en verre contre les effets de la pression. Un mot maintenant sur les moyens employés pour obtenir le mouvement de bascule de l'appareil et le retournement du tube thermométrique.

MM. Negretti et Zambra avaient d'abord adopté le système que représente la figure 146. Le cadre qui porte le thermomètre peut tourner autour d'un axe qui passe par son centre de figure et faire une révolution dans son plan, à l'intérieur d'une sorte de cage métallique. A la partie inférieure de celle-ci est une hélice dont l'axe vertical porte une roue dentée, reliée à l'axe de rotation du thermomètre à l'aide d'un pignon auquel elle communique son mouvement. Quand l'instrument, plongé dans l'eau, effectue sa descente, l'hélice tourne dans un sens calculé de façon que le pignon de renvoi du thermomètre soit désengréné. Mais dès qu'on fait remonter l'appareil, l'hélice prend un mouvement de sens opposé, fait engrener le pignon et la rotation du thermomètre s'effectue.

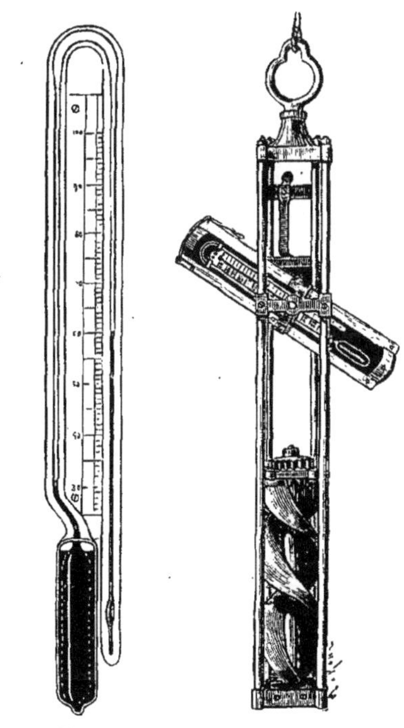

Fig. 145. Thermomètre Negretti et Zambra.

Fig. 146. Thermomètre Negretti et Zambra. Mécanisme du retournement.

Outre l'inconvénient d'un mécanisme un peu compliqué et coûteux, les appareils de ce genre ont celui de ne pas toujours fonctionner au moment voulu[1]. C'est ce qui a sans doute déterminé les inventeurs à adopter un mode de retournement beau-

1. « Durant le cours des expéditions faites par le *Travailleur*, dit M. Filhol, membre de la *Commission française des Draguages sous-marins,* l'on s'était servi de ces thermomètres, et

coup plus simple, que la figure 147 fait aisément comprendre. Le thermomètre, à tube droit, rétréci au-dessus du réservoir comme les précédents, est fixé à un cadre en bois muni d'un

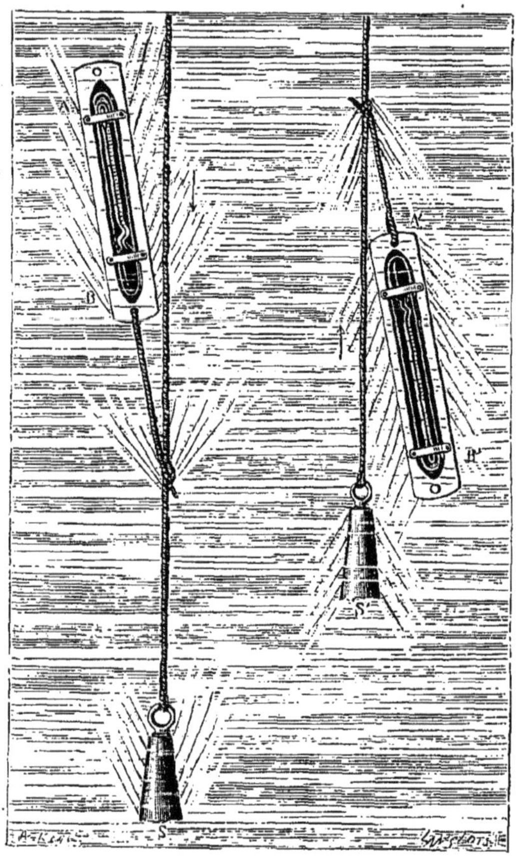

Fig. 147. — Thermomètre sondeur de Negretti et Zambra.

double fond dans toute sa longueur. Dans ce fond se trouve une certaine quantité de grenaille de plomb, destinée à servir de lest à l'appareil et telle, que l'ensemble ait le poids de l'eau de mer déplacée. Le cadre est attaché par une cordelette à la corde de

l'on avait observé que bien souvent l'hélice n'entrait pas en mouvement, soit que son jeu fût un peu dur, soit qu'on eût remonté le tube-sondeur un peu trop doucement. » (*La Nature*.

sonde, un peu au-dessus du plomb. Tant que la sonde descend, la résistance que l'eau oppose au mouvement de l'appareil oblige celui-ci à se maintenir dans une position à peu près verticale, le réservoir en bas. Arrivé au fond ou à toute autre profondeur voulue, le thermomètre conserve cette position ; on l'y laisse quelques minutes, de façon qu'il ait le temps de prendre la température de l'eau ambiante, puis on le remonte. Le mouvement d'ascension fait basculer l'appareil, le réservoir en haut. Le mercure se détache au point d'étranglement, descend à la partie inférieure du tube, où il reste, si l'on a soin de ne pas interrompre le mouvement d'ascension, jusqu'à ce que l'appareil soit hors de l'eau. Le thermomètre est protégé par une enveloppe contre la pression ; malheureusement, il n'en est pas de même de la planchette, qui s'imprègne d'eau sous cette influence et ne peut plus flotter au delà d'une certaine profondeur (200 mètres seulement d'après M. Mohn).

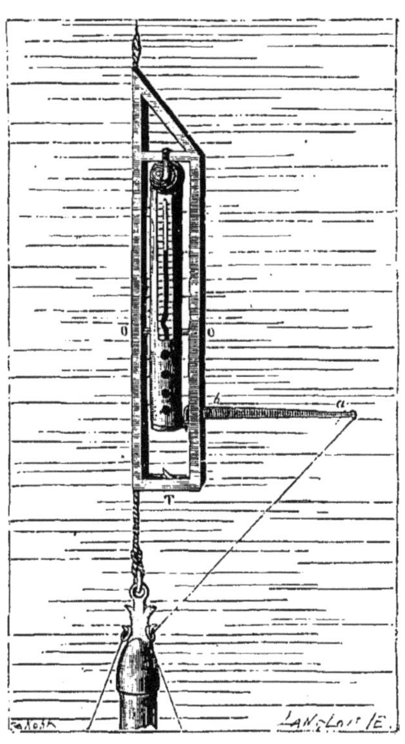

Fig. 148. — Thermomètre sondeur à bascule de l'expédition du *Talisman*.

M. A. Milne-Edwards, dans l'expédition récente du *Talisman*, a imaginé une disposition fort simple qui permet au thermomètre de subir l'opération du retournement, dès que le plomb de sonde a touché le fond. Pendant tout le temps de la descente du fil de sondage, l'appareil, fixé, comme le montre la figure 148, dans un cadre métallique, conserve sa position verticale, le réservoir en bas. Il est maintenu dans cette position par un crochet *ab*, dont le bras formant un levier allongé a son extrémité rattachée aux poids de surcharge du sondeur par un fil de chanvre. Quand la sonde vient à toucher le fond de la mer, ces poids se détachent, tombent et tirent le fil, faisant ainsi soulever le crochet qui maintenait la partie inférieure du tube métallique renfermant le thermomètre. Ce tube devenu libre cède alors à l'action d'un ressort qui le fait basculer, de manière que le réservoir du thermomètre vient occuper la partie supérieure du cadre, et il conserve cette position jusqu'à ce qu'on ait remonté entièrement le fil de sonde. D'après M. Filhol, les appareils ainsi disposés ont fonctionné d'une façon parfaite; mais on voit qu'ils ne permettent de prendre que la température du fond même de l'Océan, puisque le mécanisme ne fonctionne qu'après que ce fond a été touché par la sonde.

§ 5. TEMPÉRATURE DES MERS : RÉSULTATS DES OBSERVATIONS.

Parmi les premiers explorateurs des températures sous-marines, il faut citer sir John Ross, qui, dans son voyage aux mers arctiques, en 1818, fit une série importante de mesures à des profondeurs variables et jusqu'à 1000 brasses; quelques-uns des résultats obtenus méritent d'être cités. Le 1er septembre, par 73°37′ de latitude N. et 77°25′ de longitude O., la température de la surface étant 1°,3, s'abaissait à 0° à 80 brasses, et à 1°,4 au-dessous de zéro à 250 brasses. Le 6 septembre, en un point situé de 1° plus au sud, un sondage en séries, c'est-à-dire donnant successivement la température à des profondeurs croissantes, fit constater une décroissance graduelle jusqu'à 1000 brasses, où la température fut trouvée de 3°,6 au-dessous de zéro. Même résultat le 19 septembre, à une latitude de 66°50′ et à 60°30′ de longitude O. : seulement, la température de —3°,6 était atteinte dès 660 brasses. Enfin, le

4 octobre, par 61°41′ de latitude N. et 62°16′ de longitude O., sir John Ross fit un sondage jusqu'à 950 brasses, mais sans trouver de fond. A cette profondeur, la température était de 2° au-dessus de zéro; à la surface, l'eau de mer était à 4°, tandis que l'air lui-même n'était qu'à 2°,7. Cette élévation singulière de la température de l'eau, dépassant celle de l'air et se maintenant à une profondeur de 1800 mètres, dénotait l'existence en ce point d'un courant d'eau chaude; et, en effet, on sait aujourd'hui que le détroit de Davis reçoit parfois à une assez grande distance un effluve du Gulf-Stream, qui remonte jusqu'au fond de la mer de Baffin. Ce qui donne une grande importance aux observations déjà anciennes de sir John Ross, c'est qu'il paraît certain que les températures ont été mesurées avec des instruments présentant toutes garanties d'exactitude.

Vingt ans plus tard, en 1838 et 1839, Bravais, Ch. Martins et Pottier firent plus de trois cents observations de température dans les mers arctiques[1]. Voici les principaux résultats de ces importantes recherches.

Au milieu de l'été, la température à la surface de la mer est sensiblement égale à celle de l'air, un peu moins élevée toutefois (la différence variant entre 0°,4 et 0°,7). Mais dans la saison d'automne, après le 1er octobre, elle commence à l'emporter sur celle de l'air, comme le prouvent les nombres suivants, donnant les températures mensuelles de la surface de la mer et de l'air :

	Température	
	de la mer.	de l'air.
Octobre 1838	+ 2°,16	— 2°,0
Novembre 1838	+ 1°,32	— 8°,2
Décembre 1838	+ 0°,91	— 7°,1
Janvier 1839	+ 0°,29	— 9°,6
Février 1839	— 0°,15	— 7°,9

En mars, Bravais trouva + 0°,79 pour la température de la

1. Entre Hammerfest, en Laponie (latitude 70°40′N.), et le Spitzberg, jusqu'à la latitude de 79°34′N., ainsi que dans le voisinage des glaciers de cette île pendant les étés de 1838 et de 1839. (Expédition de la corvette *la Recherche*.)

mer, pendant que celle de l'air dans le même mois avait pour valeur moyenne — 9°,46. « On voit ainsi, dit-il, quelle résistance la mer oppose à l'abaissement de sa température superficielle par le contact de l'air froid. Cet effet est dû sans doute, en grande partie, à la descente au fond des couches refroidies de la surface, par suite de leur excès de densité, et aussi, en partie, à l'action du *Gulf-Stream*, qui vient baigner les fiords de la côte occidentale de la Scandinavie. » Le pouvoir modérateur de l'eau de la mer sur la température des couches inférieures de l'air ressort de ces observations : elle les refroidit en été et les réchauffe en hiver.

Mais, d'autre part, le voisinage des côtes influe sur la température de la surface de la mer. Au Spitzberg, les immenses glaciers qui descendent jusque sur ses bords, exercent sur elle une action réfrigérante très sensible ; au contraire, en Norvège, où les glaciers ne descendent pas jusqu'au niveau de l'Océan, les côtes tendent plutôt à élever la température de l'eau superficielle.

Les sondes thermométriques faites à de grandes profondeurs par les mêmes savants, à l'aide de thermomètres Walferdin, garantis de la pression par un tube de cristal fermé à la lampe d'émailleur, leur ont donné les résultats suivants :

« Entre 70°40′ et 79°33′ de latitude nord, et de 7° à 21°15′ de longitude est de Paris, les températures de la mer Glaciale décroissent avec la profondeur pendant les mois de juillet et d'août.

« Ces températures sont toujours supérieures à 0°, au moins jusqu'à 870 mètres, la plus grande profondeur qui ait été atteinte dans ces expériences.

« En comparant la température de la surface avec celle du fond et avec les températures intermédiaires, on trouve que le décroissement est uniforme, et en moyenne de 0°,675 pour 100 mètres.

« La température d'une couche liquide est d'autant plus égale et plus constante que cette couche est plus profonde. »

Près des côtes et dans le voisinage des glaciers du Spitzberg, les observations de M. Martins ont prouvé que les eaux de la mer, pendant les mois de juillet et d'août, forment deux couches : dans la supérieure, comprise entre la surface et une profondeur de 70 mètres, la température va tantôt en croissant, tantôt en décroissant avec la profondeur, et n'est jamais en aucun point inférieure à 0° ; à partir de 70 mètres, la température, plus basse que zéro, décroît jusqu'au fond ; elle est en moyenne, pour la couche qui recouvre le fond de la mer, égale à —1°,75. « Ces faits s'expliquent aisément, dit M. Martins, si l'on se rappelle que le maximum de densité et le point de congélation de l'eau salée sont à plusieurs degrés au-dessous de zéro, et si l'on a égard aux influences complexes, intermittentes et d'intensité variable exercées par la solidification de la surface pendant l'hiver, les glaciers, les glaces flottantes, les marées et les courants[1]. »

Les observations des savants français que nous venons de citer datent des années 1838 et 1839. Elles contredisent formellement la loi que sir James Clarke Ross crut pouvoir conclure de ses observations, faites pendant les deux années suivantes dans les mers arctiques, loi que le patronage de sir J. Herschel et de Wallich contribua longtemps à faire accepter comme vraie. Elle supposait que la température de l'eau du fond des mers, comme celle des lacs et pour la même raison, était uniformément de 4° (point du maximum de densité de l'eau pure, mais non de l'eau de mer). Les recherches de Despretz avaient prouvé que cette loi n'avait aucun fondement théorique ; elle n'était pas mieux fondée en fait, les sondages thermiques de James Ross ayant été effectués avec des appareils non abrités contre la pression.

Avant d'arriver aux explorations récentes des températures sous-marines, effectuées avec les appareils perfectionnés décrits dans le précédent paragraphe, mentionnons encore les impor-

1. *Comptes rendus de l'Académie des sciences pour* 1848, t. I.

tantes recherches faites par Aimé en 1844, dans la Méditerranée. Elles ont prouvé que la température moyenne annuelle de la couche superficielle est à peu près égale à celle de l'air. La variation diurne s'y fait sentir jusqu'à 16 et 18 mètres, et la variation annuelle jusqu'à 3 ou 400 mètres de profondeur. La radiation nocturne refroidit sensiblement la surface, et le matin, si la nuit a été calme et sereine, la température est plus basse qu'à quelques mètres au-dessous. L'influence du voisinage des côtes est sensible : la température de la surface pendant le jour y est plus élevée qu'au large, et quelquefois plus basse pendant la nuit; elle agit en sens inverse de celle des côtes de l'Océan, où la température superficielle est plus basse qu'au large. Enfin, d'après le même observateur, la température minimum des couches profondes de la Méditerranée est égale à la moyenne des températures de l'hiver à la surface[1].

On peut donner comme une loi à peu près générale, s'appliquant aux océans et aux grandes mers comme aux bassins resserrés des mers intérieures, qu'en pleine mer, à une distance suffisante des côtes, la température diminue à partir de la surface à mesure que s'accroît la profondeur. Mais la loi et la quotité de cette diminution changent d'une région à l'autre, selon la latitude et aussi selon la configuration du fond des mers. Ce dernier élément joue surtout un grand rôle dans la distribution de la chaleur au sein des couches profondes.

Dans les hautes latitudes septentrionales, on a déjà vu que la température, un peu supérieure à 0° dans les couches superficielles, tombe au-dessous de ce chiffre à une faible profondeur; les observations récentes de Payer et de Weyprecht confirment celles de John Ross, de Bravais et Martins, qui montrent cette température décroissant progressivement jusqu'au fond, où elle atteint, selon la profondeur, —3°,6, —1°,75, —1°,3. En se rapprochant de l'équateur, on trouve à la surface, et jusqu'à une profondeur de 200 à 300 mètres, une couche sur-

1. *Comptes rendus de l'Académie des sciences pour* 1844, t. II.

chauffée par l'influence directe de la radiation solaire. Au-dessous de cette couche, dont la température diminue rapidement à partir de la surface (de + 29° à + 11° environ), s'en trouve une seconde, où la décroissance est moins prompte : elle tombe de 11° à 7°,2. « Mais, d'après Carpenter, la profondeur de cette couche varie considérablement, descendant de 500 brasses auprès des écueils Färöer, à environ 700 brasses au large de la côte de Portugal et à 1000 ou 1200 brasses plus près de l'équateur (de 1000 à 2400 mètres, s'il s'agit de la brasse anglaise; de 900 à 2200 mètres, si c'est la brasse française[1]). Au-dessous de cette couche s'en trouve une autre que l'on pourrait appeler couche de mélange, dans laquelle le thermomètre baisse rapidement, quelquefois dans l'énorme proportion de 4°,5 par 200 brasses. Au-dessous de cette couche, la température devient de nouveau plus uniforme, car elle baisse très graduellement de 3°,1 ou 2°,7 à 1°,8 ou 1°,3 par des profondeurs de 2000 brasses, près de la côte orientale du nord de l'Amérique. Il est probable que l'on trouvera des températures encore plus basses dans les grandes profondeurs de l'océan Atlantique central, les récents sondages du capitaine Chimmo dans les mers orientales, sondages opérés avec des thermomètres protégés, ayant absolument démontré aujourd'hui que, même sous l'équateur, la température du fond dans les grandes profondeurs de l'Océan peut être aussi basse que 0°[2]. »

En résumé, d'après le savant anglais, une colonne d'eau de l'océan Atlantique intertropical est formée de quatre couches de profondeurs et de températures inégales : 1° une couche superficielle de 200 brasses surchauffée par la radiation solaire, où la température passe de 29° à 11°; 2° une couche *chaude supérieure* d'environ 1000 brasses de profondeur, dont la température décroît de 11° à 7°,2; 3° une couche moyenne de

1. La brasse anglaise vaut 2m,05 environ; la brasse française, 1m,83 : 168 brasses anglaises équivalent à 189 brasses françaises.

2. *Les conditions physiques des mers intérieures*, mémoire lu en 1872 à la session de Brighton, de l'Association britannique pour l'avancement des sciences, par W. B. Carpenter.

200 brasses, dans laquelle le thermomètre tombe de 7°,2 à environ 4° ; 4° enfin une couche *froide inférieure*, occupant, au-dessous de 1400 brasses, tout le reste de la partie profonde des bassins océaniques ; sa température descend jusqu'à zéro. Carpenter estime à + 7° la température moyenne de la colonne entière. On verra plus loin quelle conséquence il tire de ce fait comparé à celui de la moyenne température d'une colonne d'eau polaire, inférieure à zéro.

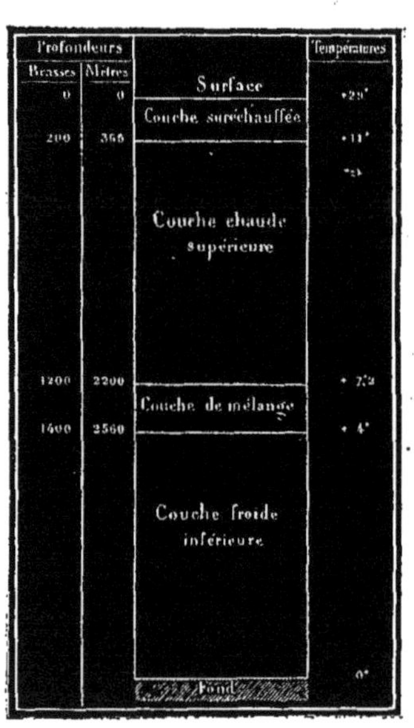

Fig. 149. — Couches thermiques de l'Atlantique tropical, d'après Carpenter.

Les basses températures des grandes profondeurs, qu'on vient de citer, ne sont pas propres à l'océan Atlantique. Dans l'océan Pacifique, au-dessous de 1500 brasses, on trouve une température à peu près invariable de moins de 2 degrés au-dessus de zéro (+ 1°,7). Dans l'océan Indien, le capitaine Chimmo a trouvé 1° à 2300 brasses et 0° à 2656 brasses. La température du fond va d'ailleurs en s'abaissant à mesure qu'on s'éloigne de l'équateur. D'après Mohn, par 52° de latitude, l'eau du fond, dans l'océan Indien austral, est gelée, et dans la mer Glaciale antarctique elle est gelée à partir de la surface jusqu'au fond.

Les observations dont nous allons parler maintenant vont nous montrer que la loi de décroissement de la température avec la profondeur varie parfois brusquement d'une région de l'Océan à une autre région qui touche à la première, mais qui en est séparée par des inégalités du sol sous-marin. La partie de l'océan Atlantique nord comprise entre l'Écosse et les îles

Färöer, et entre ces îles et l'Islande, est remarquable à ce point de vue.

Une première exploration de ces parages, faite, dans le courant d'août 1868, sur le *Lightning*, sous la direction du docteur Carpenter, de Wyville Thomson et de Gwing Jeffreys, fit constater une singulière anomalie dans la température de la mer, en des points très voisins les uns des autres. Dans le canal de 200 milles de largeur qui s'étend entre la pointe nord de l'Écosse et le bas-fond dont les îles Färöer sont le point culminant, ils trouvèrent à 500 brasses de profondeur une température de — 1°, tandis qu'à la même profondeur, dans la partie de l'Atlantique située à l'ouest et au nord de l'ouverture du canal, la température était de + 6°. L'année suivante, sur le *Porcupine*, les mêmes explorateurs multiplièrent leurs sondages, dans le but de déterminer les limites de ces espaces chauds et froids, dont la température de surface est presque identique, qui sont si rapprochés et, bien que communiquant librement ensemble, diffèrent si totalement dans les conditions thermiques de leurs couches inférieures. Citons ici quelques-uns des sondages en série qui ont permis aux savants explorateurs du *Porcupine* de mettre cette opposition dans tout son jour.

Un premier sondage, effectué par le capitaine Calver, donne la température de la surface au fond pour toutes les 50 brasses de profondeur. Le point exploré était à l'extrême limite ouest de la région froide. En voici les résultats :

Profondeurs.	Température.	Profondeurs.	Température.
Surface	11°,8	200 —	7°,5
50 brasses	9°,2	250 —	3°,5
100 —	8°,4	300 —	0°,8
150 —	8°,0	384 — (fond)	0°,6

Le minimum de température est ici au fond; il en a été de même dans toute la région explorée, quelle que fût la température du fond. La décroissance de la température, assez régulière pendant les 200 premières brasses, est devenue tout à

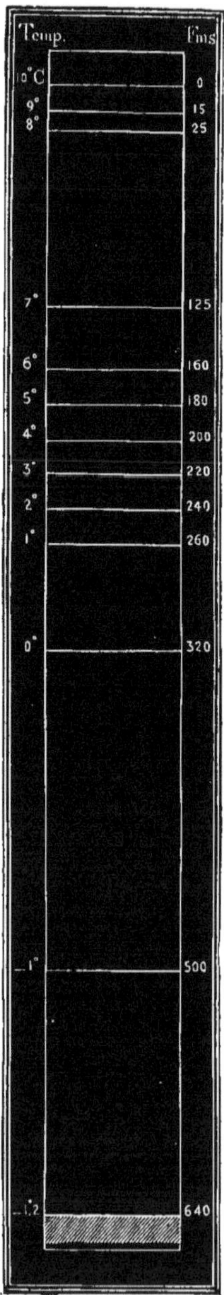

Fig. 150. — Sondage en série dans la région froide voisine des Färöer, d'après Wyville Thomson.

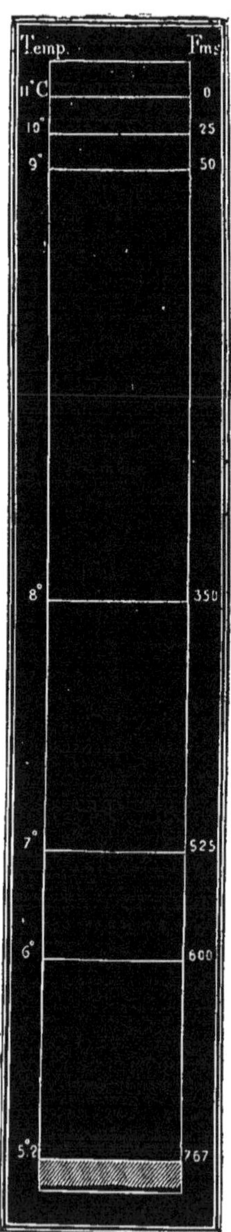

Fig. 151. — Sondage en série dans la région chaude au sud-ouest des Färöer, d'après Wyville Thomson.

coup très rapide (près de 7°) de 200 à 300 brasses. Aucun des autres sondages, dans la partie occidentale de la région froide, entre 360 et 630 brasses, n'a donné pour le fond des températures inférieures à zéro, sauf une (— 1°,3).

Un second sondage en série, au centre de la partie nord de la région froide, à une profondeur de fond de 640 brasses, donna les résultats suivants :

Profondeurs.	Température.	Profondeurs.	Température.
Surface	9°,8	350 brasses	— 0°,3
50 brasses	7°,5	400 —	— 0°,5
100 —	7°,2	450 —	— 0°,8
150 —	6°,3	500 —	— 1°,0
200 —	4°,1	550 —	— 1°,0
250 —	1°,3	600 —	— 1°,1
300 —	0°,2	640 — (fond)	— 1°,2

Voici maintenant un troisième sondage effectué au sud-ouest de la région froide, et qui offre un contraste complet avec les précédents :

Profondeurs.	Température.	Profondeurs.	Température.
Surface	11°,4	300 brasses	8°,1
50 brasses	9°,0	400 —	7°,8
100 —	8°,5	500 —	7°,3
150 —	8°,3	600 —	6°,1
200 —	8°,2	767 — (fond)	5°,2

En rapprochant ces nombres, ou mieux en comparant entre elles les trois courbes de la figure 152, où les abscisses représentent les profondeurs en brasses, et les ordonnées les températures correspondantes des trois points où ont été faits les sondages en série, on se rendra compte aussitôt de la différence qui existe entre la région froide et la région chaude. On y voit clairement dans les premières 50 brasses un rapide abaissement à partir de la surface, à peu près égal aux trois stations. « La température de la surface, dit M. Wyville Thomson, est produite sans doute par la chaleur directe du soleil, et le premier et brusque abaissement est dû à la prompte décroissance de cette cause immédiate. » De 50 à 150 ou 200 brasses, la température s'abaisse très peu ; mais, à partir de cette dernière profondeur, la divergence entre les courbes de la région froide et celle de la région chaude s'accentue fortement. Pour expliquer une telle différence entre deux climats sous-marins si voisins l'un de l'autre, le savant que nous venons

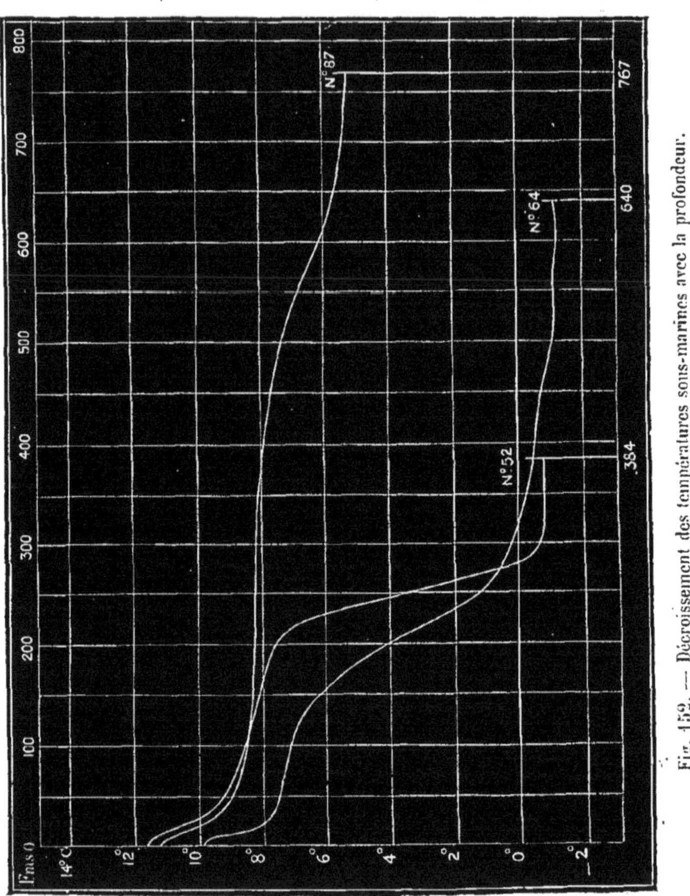

Fig. 152. — Décroissement des températures sous-marines avec la profondeur.

de citer, d'accord avec le docteur Carpenter, pense qu'il n'y a qu'une explication admissible : c'est celle de la juxtaposition ou de la rencontre de deux courants opposés, l'un amenant les eaux chaudes de l'océan Atlantique équatorial, l'autre les eaux froides des mers polaires. « Un courant arctique d'eau glacée venant du nord-est se glisse dans le canal de Färöer, et coule dans sa partie la plus profonde, à cause de sa densité plus grande; tandis qu'une masse d'eau chauffée à un degré supérieur à celui de la température normale de cette latitude, et provenant conséquemment de quelque source méridionale, s'achemine vers le nord en traversant son extrémité occidentale, et en remplissant depuis la surface jusqu'au fond

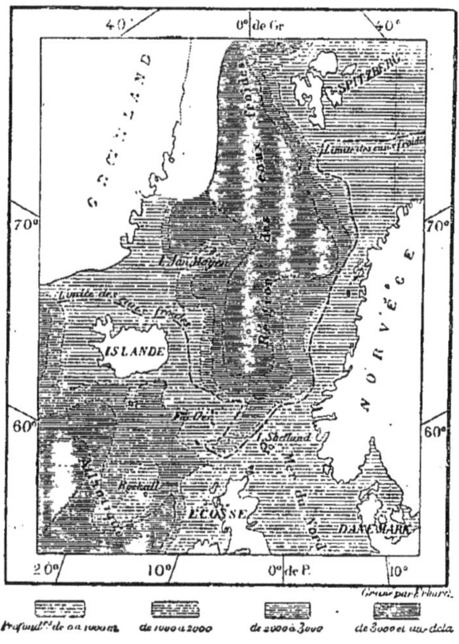

Fig. 153. — Limites des régions froides et chaudes de l'Atlantique du Nord, d'après Mohn.

toute cette partie relativement peu profonde de l'Atlantique[1]. » La rencontre de ces deux courants, opposés à la fois en direction, en température et en densité, se fait sur le banc qui réunit le nord de l'Écosse et les Shetland aux Färöer et à l'Islande. Bien que les eaux froides s'élèvent plus haut que ce seuil, elles ne peuvent le franchir; mais elles refroidissent considérablement les eaux du courant d'eaux chaudes et le réduisent,

1. *Abîmes de la mer*, par Wyville Thomson.

comme en témoignent les courbes de la figure 152, à une mince couche presque superficielle.

Nous reproduisons ici (fig. 153), d'après Élisée Reclus, la carte tracée par Mohn et représentant, pour ces régions de l'Atlantique boréal, les limites des deux zones.

Nous allons donner un autre exemple du contraste thermique que peuvent offrir deux régions sous-marines voisines, lorsqu'un obstacle s'oppose à la pénétration et au mélange de leurs eaux profondes. C'est encore au docteur Carpenter que sont dues les recherches qui ont mis en évidence ce fait important.

On a vu plus haut que les eaux de l'Atlantique, au point de vue de la température, peuvent se diviser, à partir de 100 brasses, en trois couches principales, l'une supérieure chaude, l'autre inférieure froide, et la troisième intermédiaire entre les deux autres. Dans la Méditerranée, les observations ont donné des résultats tout à fait différents : au-dessous de 100 brasses jusqu'au fond, la température est à peu près invariable et égale à la moyenne température hivernale. Voici, par exemple, comment se répartit la température avec la profondeur dans deux colonnes de 2000 brasses, prises l'une à l'ouest du détroit de Gibraltar, dans l'Atlantique, l'autre à l'est, dans la Méditerranée. Les nombres se rapportent à la saison d'été :

MÉDITERRANÉE.

Profondeurs.	Température. Bassin occidental.	Température. Bassin oriental.
Surface	21° à 27°	—
30 brasses	10° à 15°,6	—
50 —	12°,8 à 13°,3	—
100 —	12°,2	—
200 —	. . . .	13°,3
2000 —	12°,2	13°,5

ATLANTIQUE.

Profondeurs.	Température.
50 brasses	12°
700 —	11°,5
800 —	7°,4
900 —	5°
1000 —	3°,6
2000 —	2°,4

Maintenant, quelle explication donner de cette anomalie? Voici celle que propose le docteur Carpenter. Le détroit de Gibraltar, qui est l'unique canal de communication entre la Méditerranée et l'Atlantique, atteint une profondeur d'environ

500 brasses entre Gibraltar et Ceuta ; cette profondeur diminue graduellement du côté de l'embouchure occidentale, pour se réduire en moyenne à 120 brasses, en quelques points à 200. Du côté de l'orient de cet étroit canal, s'étend le bassin très profond de la Méditerranée, qui se subdivise lui-même en deux

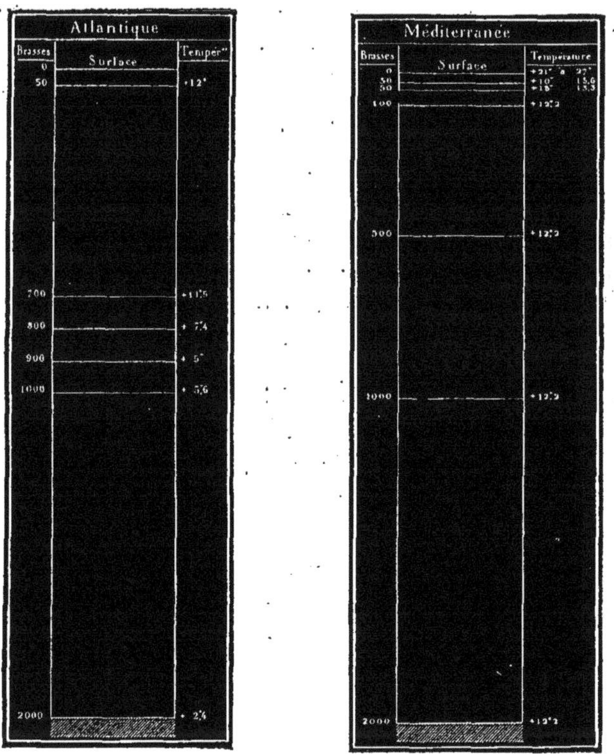

Fig. 154. — Température des couches profondes dans l'Atlantique et dans la Méditerranée, à l'est et à l'ouest du détroit de Gibraltar.

parties : la première, comprise entre le détroit et les bancs séparant la Sicile et la Tunisie, a une profondeur qui varie entre 1000 et 2000 brasses, et sa température au-dessous de 100 brasses est de 12° environ ; la seconde, qui s'étend de l'île de Malte et de la Sicile jusqu'au Levant, est plus profonde encore et d'une température un peu plus élevée, ce qui tient sans doute à sa position plus méridionale, à l'influence des vents chauds du continent africain et à l'apport des eaux du Nil. A l'ouest du détroit, ce sont les profondeurs de l'Atlantique, dont les eaux, nous l'avons vu, sont, aussi bien à la surface qu'au fond, plus froides que celles de la mer intérieure. En hiver toutefois, il y a à peu près égalité entre les températures des eaux superficielles des deux mers.

Quoi qu'il en soit, l'observation prouve que les eaux du détroit de Gibraltar subissent un double mouvement : l'un, inférieur, fait sortir les eaux du bassin méditerranéen; l'autre, supérieur, amène les eaux de l'Atlantique dans la Méditerranée. C'est ce dernier qui est prédominant, de sorte qu'il pénètre plus d'eau dans cette dernière mer qu'il n'en sort. Le docteur Carpenter admet, de ce fait, l'explication qu'en donnait déjà Halley il y a deux cents ans, et que voici. L'évaporation à la surface de la Méditerranée est très active : elle enlève annuellement à la surface une quantité d'eau supérieure à l'apport des pluies et des fleuves. De là une double tendance, d'abaissement du niveau des eaux de cette mer et d'un accroissement de salure et de densité. L'équilibre se rétablit par la double circulation qui s'effectue au travers du détroit. D'une part, l'eau plus dense de la Méditerranée s'écoule dans l'Atlantique par le courant inférieur, et elle est remplacée d'autre part avec un certain excès par le courant supérieur prédominant.

Il reste à savoir comment le docteur Carpenter rend compte de l'uniformité de température des couches méditerranéennes au-dessous de la profondeur de 100 brasses[1], et de la différence qui existe, sous ce rapport, entre la colonne d'eau prise dans cette mer à l'est du détroit et celle qu'on prend à l'ouest, sous la même latitude, dans l'Atlantique. On a vu déjà que les basses températures de la couche inférieure de l'Océan proviennent du courant polaire. Or la barrière offerte par le seuil

1. Dans un rapport publié en 1870, le même savant avait cru devoir attribuer cette uniformité à l'influence sous-jacente de la croûte chaude de la Terre, dont la température, dans la région de l'aire méditerranéenne, semblait devoir être aussi d'environ 12 degrés.

élevé du détroit à l'invasion de ce courant est parfaitement suffisante pour prévenir tout refroidissement des eaux de la Méditerranée. L'eau qu'amène le courant supérieur remplace celle qui s'écoule en sens inverse sans modifier sensiblement la température. Si, en hiver, la couche superficielle se refroidit, devient plus dense, elle s'enfonce et peu à peu toute la masse prend cette température moyenne uniforme, qui est celle de l'hiver de la région.

De ces considérations, le docteur Carpenter déduit les conditions thermiques générales qui doivent régir les mers intérieures, et dont il a vérifié l'exactitude en discutant les observations de température de la mer Noire, de la mer Rouge, et de la mer de Sulu, comprise entre la mer de Chine et les Célèbes. Voici comme il formule lui-même ces conditions : « La température du fond dans une mer intérieure profonde, dit-il, dépend de l'une ou de l'autre de ces deux conditions : 1° la température moyenne en hiver, ou température *isochimale* de la surface ; 2° la température de l'eau la plus froide qui de l'Océan voisin peut pénétrer dans cette mer. Si les communications de la mer intérieure avec l'Océan sont assez peu profondes pour que l'eau admise n'ait jamais une température inférieure à sa température isochimale, cette dernière deviendra alors la température uniforme de toute la masse placée au-dessous de la couche supérieure variable ; mais si les communications sont assez profondes pour laisser entrer l'eau d'une couche plus froide de l'Océan, l'eau du fond de la mer intérieure prendra la température de cette couche d'eau océanique[1]. »

Nous en resterons là sur cette question de la température de l'eau des mers. Les observations précises sont encore relativement bien peu nombreuses, ce qui s'explique aisément par les difficultés de tout genre que rencontrent les explorations ayant un but exclusivement scientifique : imperfection des

1. *Conditions physiques des mers intérieures*, par le docteur M. W. B. Carpenter.

appareils et incertitude de leurs indications, longueur des sondages en série, etc. On a pu voir néanmoins, par celles que nous avons rapportées et par les conséquences qu'on en peut déduire pour la circulation océanique et l'étude des courants marins, soit superficiels, soit profonds, quel intérêt s'attache aux explorations ayant pour objet la mesure exacte de ces températures. Nous verrons plus loin d'ailleurs quelle influence les courants océaniques ont sur la température de l'air et par suite sur les climats. C'est cet enchaînement si complexe des conditions météorologiques de tout ordre qui fait à la fois l'attrait de la science et son extrême difficulté.

CHAPITRE II

LES VOLCANS

§ 1. CARACTÈRES GÉNÉRAUX DES PHÉNOMÈNES VOLCANIQUES.

Les manifestations les plus grandioses et souvent aussi les plus terribles de la chaleur souterraine du globe terrestre sont à coup sûr celles qu'il nous reste maintenant à décrire : les éruptions des volcans, les secousses des tremblements de terre.

Ces phénomènes, que jadis on considérait volontiers comme des événements rares, comme des exceptions dans l'ordre physique des choses, et que dès lors, par une tendance naturelle des populations ignorantes et superstitieuses[1], on interprétait comme des signes de la colère des dieux, sont beaucoup plus fréquents qu'on ne pouvait se l'imaginer, quand l'exploration des continents et des mers n'embrassait qu'une petite portion de la périphérie de la planète. Aux époques dont nous parlons, on ne connaissait qu'un petit nombre de volcans et leurs éruptions les plus violentes attiraient seules l'attention. Aujourd'hui les volcans se comptent par milliers, par centaines ceux qui donnent ou ont donné des témoignages d'une activité récente; cette activité se manifeste sous une foule de formes jadis inconnues ou à peine soupçonnées; et si certaines régions de la Terre sont plus particulièrement que d'autres le siège de cette

1. « De tous les phénomènes naturels, dit Renan dans l'*Antechrist*, les tremblements de terre sont ceux qui portent le plus l'homme à s'humilier devant les forces inconnues; les pays où ils sont fréquents, Naples, l'Amérique centrale, ont la superstition à l'état endémique; il en faut dire autant des siècles où ils sévissaient avec une violence particulière. »

activité, on la rencontre néanmoins sous toutes les latitudes, dans toutes les zones, depuis l'équateur, que coupent les lignes des volcans des Andes et des îles de la Sonde, les plus splendides de tous, jusqu'en Islande, où l'on voit sur le même horizon les champs de glace, les laves incandescentes et l'eau bouillante des geysers, jusqu'aux confins des terres à peine entrevues qui entourent le pôle sud. Là, des volcans comme ceux qui ont reçu les noms d'Erèbe et de Terror éclairent des feux de leurs éruptions les longues nuits polaires. Quant aux tremblements de terre, ils sont, pour ainsi dire, aussi nombreux que les jours de l'année. Il est vrai, comme nous le verrons bientôt, que, dans le nombre de ces agitations de l'écorce du globe, qui tantôt se réduisent à des frémissements, à des vibrations à peine sensibles, tantôt sont assez violents pour ruiner des contrées entières, il en est qui ne doivent pas être considérés comme des effets de forces souterraines engendrées par la chaleur interne du globe.

On comprend bien qu'en consacrant deux ou trois chapitres seulement à la description de ces phénomènes si variés, nous n'ayons pas la prétention d'en donner une histoire même sommaire. Nous voulons seulement essayer de montrer, par une analyse des principaux traits qui les caractérisent, comment leur production semble liée à l'existence de foyers calorifiques ayant leur siège à de grandes profondeurs souterraines, et comment l'hypothèse d'une chaleur propre au globe terrestre, que nous venons de voir résulter de l'accroissement continu de la température avec la profondeur, est confirmée par les éruptions des volcans et les ébranlements qui les précèdent, les accompagnent ou les suivent.

Il est impossible de donner une description des volcans et de leurs éruptions qui s'applique à la généralité des cas. Il n'est pas, en effet, de phénomènes naturels qui présentent une aussi grande variété d'aspects, de particularités curieuses, et sous des proportions plus diverses. Cette diversité se montre aussi bien dans le temps que dans l'espace, et le même volcan peut en offrir des exemples dans le cours de ses évolutions successives.

Il y a toutefois un caractère général qui permet de définir les phénomènes volcaniques, en tant qu'ils sont une manifestation actuelle de l'activité intérieure : c'est le fait des éruptions dont les volcans ou les régions volcaniques sont le siège, et qui fait donner aux phénomènes dont il est question le nom de *phénomènes éruptifs*. Une éruption consiste dans l'émission plus ou moins violente, par une ouverture du sol, fracture ou fissure, bouche ou cheminée, de matières qui peuvent affecter les trois états, solide, liquide ou gazeux. Sous la forme solide, ces matières sont, tantôt des fragments de roches, blocs de pierre projetés hors de l'ouverture, d'ordinaire au début de l'éruption ; tantôt des poussières très ténues qu'on nomme improprement des cendres volcaniques ; ou enfin des scories ou matières solides au moment de l'éruption, mais qui auparavant avaient été manifestement liquéfiées sous l'influence d'une haute température. Sous la forme liquide, les produits éruptifs des volcans sont le plus souvent des *laves* projetées ou épanchées à l'état de fusion ignée, et dont la liquidité ou la viscosité peut varier considérablement. Parfois, comme dans les geysers, ce sont des jets d'eau bouillante ; parfois encore des torrents de boue. Les matières éruptives gazeuses sont la vapeur d'eau, dont la force élastique joue un grand rôle dans le phénomène même de l'éruption, et différents gaz qui se dégagent avec abondance longtemps après que l'éruption proprement dite est terminée. On donne le nom de *fumerolles* à ces dégagements gazeux, dont l'analyse a pris, en ces derniers temps, une si grande importance dans l'étude des phénomènes volcaniques.

Un caractère commun à tous ces produits éruptifs, c'est leur température généralement élevée, indice manifeste de la chaleur intense des couches de profondeur inconnue, d'où ils proviennent. Un même volcan, dans les phases successives d'une éruption unique, ou dans des éruptions différentes, peut émettre les matières solides, liquides et gazeuses dont nous venons de donner l'énumération. Mais il en est aussi dont les éruptions sont bornées à certaines d'entre elles : les *geysers*, par exemple, n'émettent guère que de l'eau et sa vapeur ; les *volcans de boue* sont ainsi nommés parce qu'il ne sort de leurs cratères que des masses argileuses délayées sous la forme d'une boue liquide ou pâteuse. D'autres volcans n'ont jamais émis de laves et ne lancent que des jets de vapeur et de gaz, des blocs solides, etc. Toutefois, avant de décider que ces volcans se distinguent des autres par la nature spéciale de leurs produits éruptifs, il importe de remarquer que l'histoire de la plupart d'entre eux est encore très imparfaite et très limitée, et que souvent une éruption nouvelle peut changer du tout au tout la physionomie d'un volcan.

On classe d'habitude les volcans qui existent actuellement à la surface du globe ou du moins que l'on connaît comme tels, en deux catégories : les *volcans actifs*, les *volcans éteints*. Il est très difficile de faire cette séparation. En effet, l'activité d'un volcan est presque toujours intermittente, et les intervalles qui séparent les périodes actives de celles où il est ou paraît en repos ont des durées fort inégales, variant de quelques mois à quelques années, à plusieurs siècles même. Certains volcans sont en activité continue depuis un temps immémorial : tel est le Stromboli, dans l'une des îles Lipari. Par ses trois bouches, contenues dans le même cratère, au sommet d'un cône dont l'altitude approche de 1000 mètres (925 mètres), ce remarquable foyer d'éruption émet incessamment des masses énormes de vapeurs, lance des scories qui vont tomber dans la mer, et laisse fréquemment épancher les laves bouillonnantes sur les flancs de la montagne. Toutes les phases de l'activité volcanique se trouvent là pour ainsi dire réunies simultanément et sans interruption, ce qui est un cas extrêmement rare. Le Kilauea, dans les îles Sandwich, est un autre exemple des mêmes phénomènes réunis dans des proportions gigantesques : on cite aussi le Masaya dans le Nicaragua comme étant dans un état d'activité continue.

Le degré le plus élevé de l'activité des volcans se trouve dans les éruptions proprement dites, où les mêmes effets se reproduisent avec une extrême violence, mais qui généralement n'ont lieu qu'à des intervalles assez éloignés les uns des autres et séparés par des périodes de calme relatif. Dans la plupart des volcans actifs, le repos qui se produit entre deux éruptions n'est pas absolu : soit par le cratère principal, soit par des cônes d'éruption ouverts sur ses flancs, soit par des fissures. le foyer continue d'accuser son activité intérieure en laissant échapper au dehors des flux de vapeurs plus ou moins abondantes, formées de gaz de composition chimique variée, qui diffèrent non seulement d'un foyer à l'autre, mais dans le même foyer, selon la phase ou le temps écoulé depuis la dernière éruption. Les dépôts de soufre qui se forment fréquemment sur les roches voisines des ouvertures donnant passage au gaz, ont fait donner le nom de *solfatares* aux foyers qui conservent d'une manière permanente ce degré d'activité, le moins énergique de tous. Tout le monde connaît la solfatare de Pouzzoles près de Naples, les soufrières de la Guadeloupe, celles de l'île Volcano, l'une des Lipari. On cite encore la solfatare du volcan de Saint-Vincent dans l'Amérique centrale, celle d'Urumtsi au centre de l'Asie. Ces émanations gazeuses se maintiennent pour ainsi dire indéfiniment dans le même état, mais les éruptions y sont très rares.

S'il est aisé de définir l'activité d'un volcan, depuis les manifestations les plus faibles caractérisées par l'état *solfatarique* jusqu'aux plus violentes marquées par les éruptions, il est moins aisé de dire ce que l'on doit entendre par un volcan éteint. Les Romains, avant l'an 79 de notre ère, si leurs connaissances leur eussent permis de soupçonner la nature volcanique du Vésuve, l'auraient certainement considéré comme un volcan éteint[1]. En effet, avant la fameuse éruption qui causa la

1. Telle était en effet l'opinion émise par divers auteurs qui ont écrit avant la catastrophe

LE VÉSUVE.

mort de Pline l'Ancien et la destruction, puis l'ensevelissement des cités de Pompéi et d'Herculanum, aucune tradition historique ne faisait mention de l'activité antérieure du fameux volcan. Le sommet et les flancs de la montagne étaient recouverts d'une abondante végétation. C'est sans doute ce long état de sommeil qui rendit la subite explosion de 79 plus terrible, et en fit la plus violente de toutes celles qui se sont succédé depuis. Aujourd'hui le nombre des volcans qui n'ont pas donné de signes d'activité depuis les temps historiques et dont la constitution géologique est cependant absolument certaine, se comptent par milliers. Ce sont évidemment pour nous des volcans éteints, sans quoi cette dénomination n'aurait pas de sens. Mais qui pourrait assurer que nombre d'entre eux ne sortiront pas un jour de leur long repos? Les nombreux cratères volcaniques de la France centrale, tous ces puys dont les cratères béants se voient encore si nettement avec leurs coulées de laves, sont parmi les plus anciens qu'on connaisse à la surface du globe, s'il est vrai que leur formation date de la fin de l'époque tertiaire. Cependant est-il impossible qu'arrive une époque où ils reprendront tout ou partie de leur activité primitive? D'autre part, tel volcan dont les éruptions connues ont été nombreuses jusqu'à ces derniers temps et où toute trace d'activité a disparu, ne peut-il être dès maintenant un volcan éteint?

La classification en volcans actifs et volcans éteints est donc

de l'an 79. Diodore de Sicile dit que le Vésuve laissait voir des traces d'anciennes éruptions. Silius Italicus croit qu'il avait jadis vomi du feu :

Et vomuit pastos per sæcla Vesuvius ignes,
Et pelago et terris fusa est vulcania pestis

Strabon enfin, après avoir cité les villes bâties au pied du mont, Herculanum, Pompeia, Nole, etc., ajoute : « Les villes que nous venons de nommer sont toutes situées au pied du Vésuve, montagne élevée, dont toute la superficie, à l'exception du sommet, est couverte des plus riches cultures. Quant au sommet qui, en général, offre une surface plane et unie, il est partout également stérile; le sol y a l'aspect de la cendre et laisse voir par endroits la roche même, percée, criblée de mille trous, toute noircie, et qui plus est, comme rongée par le feu, ce qui porte à croire naturellement que la montagne est un ancien volcan dont les feux, après avoir fait éruption par ces ouvertures comme par autant de cratères, se seront éteints faute d'aliments. » (*Géographie*, trad. A. Tardieu, liv. V, IV, 8.)

forcément arbitraire. On peut placer dans la première catégorie tous ceux qui ont eu des éruptions depuis les temps historiques, ou seulement ceux dont la dernière éruption ou la dernière manifestation volcanique date de trois siècles par exemple. L'une ou l'autre de ces définitions étant acceptée, tous les autres volcans seront des volcans éteints. Fuchs, qui adopte la seconde sans se dissimuler ce qu'elle a de provisoire[1], compte aujourd'hui, à la surface de la Terre, 323 volcans actifs, qui se répartissent de la manière suivante entre les divers continents et les îles :

	Nombre des volcans actifs.	Total dans chaque partie du monde.
Europe (continent)	1	7
— (îles)	6	
Afrique (continent)	17	37
— (îles)	20	
Asie (continent)	24	108
— (Japon, îles de la Sonde, etc.)	74	
— (Kuriles)	10	
Amérique septentrionale (continent)	20	128
— centrale id.	25	
— méridionale id.	37	
— (Islande, îles Aléoutiennes, Antilles)	46	
Océanie	31	31
Océans Atlantique, Indien, etc.	12	12
Total général		323

Quant aux volcans éteints, nous avons déjà dit qu'on en compte plusieurs milliers, et le nombre en augmentera sans doute à mesure que les géologues poursuivront leurs explorations dans les contrées encore si imparfaitement connues de

1. « Comme un volcan actif, dit-il, peut parfaitement, pendant sa période de repos, ressembler à un volcan éteint, il règne une grande incertitude sur son état véritable lorsqu'il est en repos depuis longtemps. Il ne nous reste donc qu'une démarcation arbitraire entre les volcans actuellement en repos et les volcans véritablement éteints. En admettant une période de repos de trois siècles pour déclarer qu'un volcan est éteint, nous approchons aussi près que possible de la vérité, mais nous pouvons encore rencontrer des exceptions. Beaucoup de volcans qui n'ont pas vu leur activité s'arrêter durant trois siècles, ne la reprendront peut-être jamais; d'autres, que l'on croit, par de justes raisons, complètement éteints, peuvent cependant, comme nous en avons des exemples tout récents, devenir de nouveau le siège d'une activité éruptive très considérable. » (*Les Volcans.*)

l'intérieur des continents des deux mondes. Il y a peu de temps encore que Humboldt évaluait le nombre total des volcans à 407, dont 225 actifs[1]. Dans une étude récente sur les volcans, un de nos savants compatriotes, M. Ch. Vélain, porte à 364 le nombre des volcans actifs, en tenant compte de tous ceux qui ont donné des signes d'activité depuis les temps historiques.

§ 2. STRUCTURE DES VOLCANS : CÔNES, CRATÈRES.

Le plus ordinairement, les volcans sont des montagnes élevées et de forme conique plus ou moins régulière. Mais ce n'est pas là un signe caractéristique, puisqu'il existe des volcans qui se présentent en pays de plaine, à ras du sol ; qu'un grand nombre se trouvent sur des collines de faible élévation, et que la forme conique, qui est à vrai dire la forme typique et primitive, subit le plus souvent dans le cours des phases éruptives des changements qui l'altèrent considérablement. Le volcan d'Orizaba au Mexique, le Cotopaxi dans la Cordillère des Andes, le Fusi-Yama au Japon, sont des exemples remarquables de cônes d'une régularité parfaite, s'élevant à une grande hauteur au-dessus du niveau de l'Océan. Les cimes de ces cônes merveilleux dépassent toutes la limite des neiges éternelles ; on les voit briller au loin d'un éclat éblouissant aux rayons du Soleil. Le Cotopaxi, le plus élevé des trois (son altitude dépasse 5900 mètres), est remarquable par les trois zones de teintes variées dont la plus basse marque la limite de la végétation forestière ; l'intermédiaire est constituée par un amas stérile de scories et de cendres ; au-dessus enfin un cône de neige tronqué par le cratère termine cette majestueuse et

1. Werner comptait 193 volcans actifs ; César de Léonhardt, 187 ; Arago, dans son *Astronomie populaire* (t. III), n'en compte que 175. Ces différences tiennent à la fois au principe qui sert de base à la classification des volcans et à l'insuffisance des documents qui existaient aux époques où écrivaient ces divers auteurs. Il n'est pas inutile d'ajouter qu'un volcan qui a plusieurs cratères, cônes adventifs, comme l'Etna, ne figure que pour 1 unité dans ces énumérations.

redoutable montagne. L'Orizaba, moins haut de 4 à 500 mètres que le Cotopaxi, s'aperçoit en mer à une distance de 150 kilomètres. Son cône couvert de neige annonce aux marins l'approche des côtes du Mexique. Le Fusi-Yama, au fond de la baie de Yedo, n'est pas moins remarquable que les précédents par sa parfaite régularité et l'élévation de son cône au-dessus des neiges perpétuelles (4700 mètres)[1].

Fig. 155. — Vue du pic de l'Orizaba.

Les volcans de Java, qui se distinguent aussi par une forme conique régulière, sont striés toutefois d'une singulière façon. Leurs flancs sont creusés, dans la direction des arêtes des cônes, par des ravins qui descendent du sommet jusqu'à la

1. M. A. Humbert, dans son bel ouvrage sur le Japon, décrit ainsi l'aspect que présente ce volcan vu du golfe de Yedo : « Parvenus à la hauteur de la baie du Mississipi, nous découvrîmes pour la première fois le sommet du Fousi-Yama, la « montagne sans pareille », volcan éteint qui s'élève à 12 450 pieds au-dessus de la mer. Il est à 50 milles nautiques (93 kil.) de la côte, à l'occident de la baie. Sauf la chaîne des collines d'Akoni, qui sont à sa base, il apparaît complètement isolé. L'effet de cette immense pyramide solitaire, couverte de neiges éternelles, défie toute description. Elle donne un caractère de solennité inexprimable aux paysages de la baie de Yedo. »

base. D'après le docteur Junghuhn, ces sillons sont dus à l'ac-

Fig. 156. — Le Cotopaxi, vu à une distance de 140 kilomètres, d'après Humboldt.

tion répétée des violentes pluies tropicales de ces régions sur

Fig. 157. — Vue du Fusi-Yama, prise de la baie de Yedo.

les matières légères et friables dont la surface des cônes est formée. On cite les volcans du Sumbing, le Tengger, le Semeru, parmi ceux qui offrent cette curieuse particularité de forme, qui a pour première condition la conicité parfaite de la montagne, mais qui dépend aussi de ce que les laves n'ont point aggluliné les matériaux de la surface. « Comme les volcans de Java, dit Fuchs, se distinguent par la régularité de leur forme et par l'absence de lave, c'est sur eux que l'on rencontre ce genre de ravinement dans la plus grande perfection. Les mêmes causes produisent partout les mêmes effets. C'est pour cela que l'on rencontre aussi des côtes sur certains volcans de l'Amérique centrale, sur le Fuego en Guatemala, sur le Votos à Costarica, et sur le Turrialva; on en rencontre aussi, mais offrant moins de régularité, sur de petits volcans, comme par exemple le Coup d'Aysac en France (Vivarais)[1]. »

A la longue, ces ravinements doivent, on le comprend, détruire la forme conique de la montagne : c'est ce qui est arrivé pour les volcans de Merbabu et de Tengger, où l'on voit une déchirure profonde, ébréchant le cratère au sommet et éventrant le cône jusqu'à la base. Nous verrons des effets semblables dus à une cause différente, et l'écoulement des laves jouer dans la structure extérieure des volcans le même rôle que l'eau provenant des pluies torrentielles ou encore d'abondantes fontes de neige.

Si quelques volcans affectent, comme on vient de le voir, une certaine régularité dans leur forme extérieure, il en est de beaucoup plus nombreux dans lesquels cette forme primitive est devenue à peu près méconnaissable, grâce aux accidents produits par des éruptions successives. A l'origine, par l'ouverture qui met en communication la surface du sol avec le foyer intérieur, l'émission se bornant à des débris de scories, à des cendres, mêlés aux gaz, les produits de l'éruption se déposent peu à peu tout autour de la cavité centrale, constituant un cône régulier percé dans l'axe d'un canal ou cheminée qui va en s'évasant au sommet en forme d'entonnoir (fig. 158). On comprend

1. Fuchs, *Les Volcans*.

qu'une longue série d'éruptions du même genre, c'est-à-dire sans paroxysme, augmentent peu à peu les dimensions du cône sans en altérer la forme. Mais pendant les périodes de calme ou de repos il arrive le plus souvent que le canal d'expulsion est bouché par les accumulations de matériaux, scories et cendres, qui sont retombés dans la bouche même. Si, dans ces conditions, une éruption violente vient à se produire, la résistance opposée par les matériaux dont nous parlons à la force expansive des vapeurs accumulées pendant la période de repos, détermine une explosion qui le plus souvent ne se borne point à l'expulsion des obstacles, mais peut agrandir

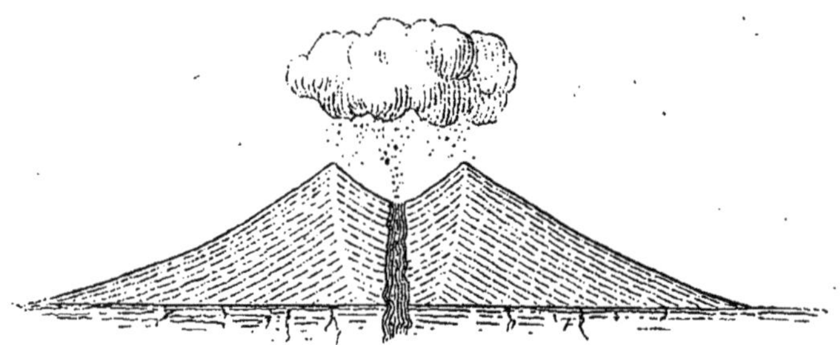

Fig. 158. — Section d'un cône de cendres rejetées par une éruption unique, d'après Poulett Scrope.

l'ouverture extérieure dans des proportions considérables. Dans la plupart des cas, le résultat est une simple troncature du cône, que des éruptions ultérieures peuvent aussi bien réduire qu'augmenter. Mais quelquefois l'éruption atteint un tel degré de violence, que le cône lui-même est presque en totalité détruit. Ainsi se forment ce qu'on nomme les *cratères d'explosion*. Ces sortes de coups de mine gigantesques, dus à l'expansion soudaine de masses gazeuses longtemps comprimées, ne se font pas toujours sentir à l'intérieur d'un cône déjà formé : c'est à eux que les géologues attribuent la formation, dans les régions volcaniques, de ces cratères-lacs dont certains semblent découpés comme à l'emporte-pièce, dans le sol où reposent leurs eaux tranquilles et profondes. Les *maars* (gouffres d'eau) de la région de l'Eifel (Prusse rhénane), les cratères-lacs au sud et à l'est du Mont-Dore, et dont les plus fameux sont les lacs Pavin et Chambon, sont autant d'exemples de ce mode de formation des cavités cratériques, cavités qu'on voit aussi par groupes

Fig. 159. — Région des lacs au sud du Mont-Dore.

dans l'île de Nossi-Bé, près de Madagascar[1], ainsi que dans la Nouvelle-Zélande.

1. L'opinion que les cratères-lacs sont dus à une violente et unique explosion n'est pas partagée par tous les géologues. Fuchs préfère, comme plus plausible, l'hypothèse d'un effondrement du sol déterminé par l'écroulement de cavernes souterraines. « Dans une contrée, dit-il en parlant de l'Eifel, où des masses aussi considérables de roches fondues sont rejetées de la terre par l'action volcanique, il peut très bien se former, sous la surface, des excavations dont le plafond s'écroule plus tard pour donner ainsi naissance à des maars. »

Si une explosion violente et soudaine prélude pour ainsi dire à la naissance d'un foyer volcanique, il arrive également que le même phénomène est une cause de destruction ou de ruine pour des volcans existants, ruine qui n'est le plus souvent que partielle, mais qui peut être totale. C'est ainsi que la fameuse éruption du Vésuve de l'an 79 fit sauter en l'air toute la partie nord-ouest de l'ancienne ceinture cratérique ; ce qui en reste constitue ce qu'on nomme aujourd'hui la Somma. Depuis, les éruptions successives ont formé, puis détruit, de nouveaux cônes. L'histoire de ces changements, même en la bornant à un siècle, est la démonstration la plus nette des transformations rapides que peut subir un même volcan dans sa configuration extérieure. En voici un court résumé, d'après Poulett Scrope :

« En l'année 1756, le Vésuve ne possédait pas moins de trois cônes et autant de cratères emboîtés l'un dans l'autre, sans compter le grand cône et cratère de Somma qui encerclait le tout. Sir W. Hamilton en donne un dessin à cette époque (fig. 160).

« Dès le commencement de 1767, la continuité des éruptions modérées avait oblitéré le cône intérieur et accru le cône intermédiaire, jusqu'à ce que le cratère principal fût presque rempli.

« Une éruption du mois d'octobre compléta l'opération et reforma le volcan en un seul cône avec une pente continue tout autour, depuis le plus haut de son sommet tronqué, mais solide, jusqu'en bas (fig. 161).

« Un intervalle de tranquillité comparative s'en suivit, lorsque en 1794 arriva l'éruption paroxysmale décrite par Breislak, qui vida complètement ce cône solide, abaissa sa hauteur et fora un énorme cratère dans le sens de l'axe. Des éruptions subséquentes, notamment celle de 1813, non seulement remplirent cette vaste cavité de leurs déjections, mais exhaussèrent encore une fois le cône de quelques centaines de pieds. Quand je le vis pour la première fois en 1818, le sommet était une raboteuse plate-forme convexe, s'élevant du côté du midi où se trouvait le point culminant. Plusieurs petits cônes et cratères d'éruption étaient en activité modérée sur cette plaine, et des ruisseaux de lave coulaient le long des pentes extérieures du cône. Les choses durèrent ainsi jusqu'en octobre 1822, lorsque le cœur entier du cône fut expulsé, sous les formidables explosion auxquelles j'ai si souvent fait allusion ; un vaste cratère se déclara, et le cône lui-même perdit plusieurs centaines de pieds de sa hauteur. Par le fait, il n'en resta rien que la coque extérieure (fig. 162).

« Les éruptions cependant recommencèrent bientôt. En

Fig. 160. — Sommet du Vésuve et cônes concentriques en l'année 1756. D'après sir W. Hamilton.

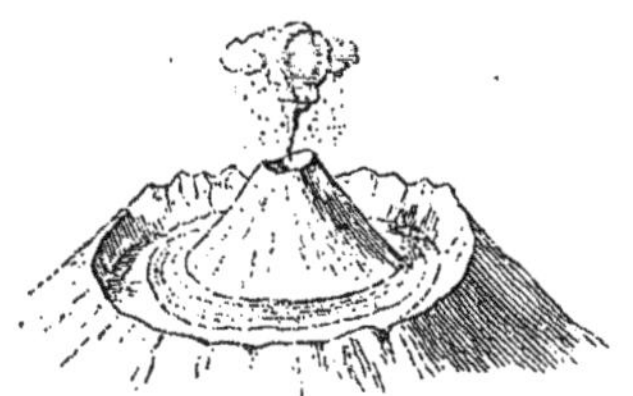

Fig. 161. — Sommet du Vésuve en 1767. D'après sir W. Hamilton.

1826-1827, un petit cône se forma dans le fond du cratère, et, l'activité continuant, il atteignit une hauteur qui le rendit visible de Naples en 1829, époque où il devait sans aucun doute à peu près remplir le cratère. En 1830, il le dépassait de deux cents pieds ; en 1831, la cavité étant entièrement remplie, les ruisseaux de lave en découlèrent sur le cône *extérieur*. Dans l'hiver de cette année, une violente éruption évida encore une fois la montagne, laissant un nouveau cratère qui bientôt commença à se remplir de nouveau. Dès le mois d'août 1834, l'oblitération fut complète, et la lave, dépassant son rebord, s'écoula vers Ottaiano. En 1839, le cône fut encore nettoyé et un nouveau cratère se montra sous la forme d'un immense entonnoir, accessible jusqu'au fond, qui demeura tranquille pendant quelques années. En 1841 cependant, un petit cône commença à s'y former; un second apparut un peu plus tard, et enfin trois se montrèrent en activité à la fois, au milieu d'un lac de lave. Ces éminences s'accumulèrent si rapidement, qu'en 1845 le sommet du cône intérieur se voyait de Naples par-dessus le bord du grand cratère, qui ne tarda pas à se remplir complètement. Et dès ce moment le cône principal augmenta de volume et de hauteur, par l'effet des éruptions mineures, jusqu'à ce qu'en 1850 un paroxysme violent déterminât deux cratères profonds au sommet dont j'ai déjà parlé. L'éruption plus récente de mai 1855, s'étant bornée à un énorme afflux de lave du flanc extérieur, sans explosions remarquables du sommet, n'a pas matériellement altéré la silhouette de 1850. Les deux cratères sont cependant aujourd'hui ou étaient récemment (1860)

Fig. 162. — Cratère du Vésuve après l'éruption de 1822.

Fig. 163. — Intérieur du cratère du Vésuve en 1847.

représentés par deux cônes, chacun avec une faible dépression au sommet. Un troisième s'est depuis formé à quelque distance vers l'est[1]. » De nouveaux changements ont eu lieu dans les plus récentes éruptions.

L'histoire de l'Etna fournirait des exemples plus étonnants encore des transformations que peut subir la configuration d'un volcan dans le cours de ses éruptions successives. L'immense cirque, si connu sous le nom de Valle del Bove, dont les parois abruptes, déchirées aux extrémités de son plus grand diamètre, dominent de 1000 mètres de hauteur les amas de laves et de scories qui en couvrent le fond, et qui ne mesure pas moins de 6 kilomètres de largeur, a toutes les apparences d'un ancien

1. *Les Volcans, leurs caractères et leurs phénomènes*, par G. Poulett Scrope. Trad. E. Pieraggi.

cratère qu'une explosion ou un écroulement formidable forma bien avant l'existence du sommet et du cratère actuel. Un nombre considérable de cônes secondaires, dont quelques-uns auraient des dimensions assez grandes pour constituer à eux seuls des volcans remarquables s'ils étaient isolés, sont disséminés çà et là sur les flancs de l'Etna : on les compte aujourd'hui par centaines. C'est par ces bouches latérales que se sont écoulés ces innombrables torrents de laves des éruptions antérieures, quand la pression interne de la masse liquide incandescente, surmontant la résistance des parois, déterminait la formation de fissures dirigées le plus souvent dans le sens d'un rayon du cône central. Sur ces fentes, venaient pour ainsi dire s'échelonner comme autant de boutonnières ces bouches éruptives que l'émission des cendres, des scories et des laves transformait bientôt en cônes.

Comme exemples de transformations ou de destructions subies par des volcans existants, lorsqu'une explosion finale, d'autant plus violente qu'elle a été précédée d'un plus long repos, vient mettre fin à l'inactivité du foyer, nous citerons la catastrophe qui, en 1815, a projeté en l'air le Temboro, dont le cône vit du coup sa hauteur réduite de 1600 mètres. La quantité de cendres, de ponces, de laves incandescentes ainsi projetées fut si énorme, qu'on en a évalué le volume total à trois fois celui du Mont-Blanc. A Java, c'est-à-dire à une distance de 900 kilomètres de Sumbawa où est situé le volcan, les cendres tombèrent avec une telle abondance, que la nuit succéda au jour en plein midi. Les explosions durèrent plus d'un mois; la ville de Temboro fut détruite et le nombre des victimes s'éleva à 12000. Tout le monde sait qu'une explosion non moins formidable a détruit l'an dernier le volcan et une partie de l'île de Krakatoa dans le détroit de la Sonde. Nous décrirons plus loin, avec les détails qu'elle mérite, cette prodigieuse manifestation des forces souterraines.

Ainsi la même force, selon son degré d'énergie, se trouve alternativement créatrice ou destructive. Une activité régulière

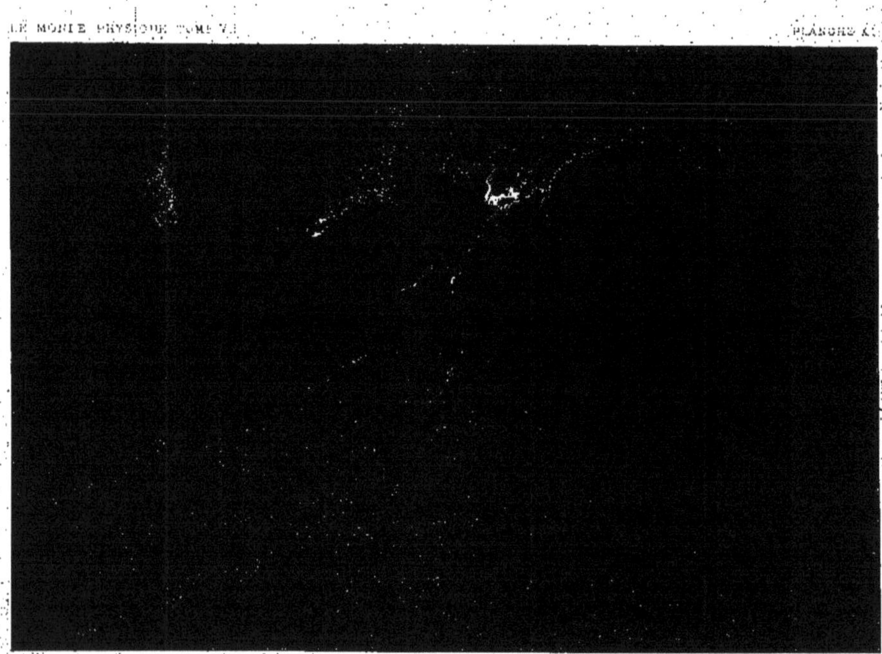

F. Caddai pinxt et chromolith

ÉRUPTION DE L'ETNA

Cratère du Frumento

et modérée, en accumulant progressivement les matériaux autour du foyer éruptif, construit ces cônes, dont la forme géométrique reste intacte tant que l'émission se fait avec continuité; tandis que les volcans dont la bouche est obstruée et qui s'é-

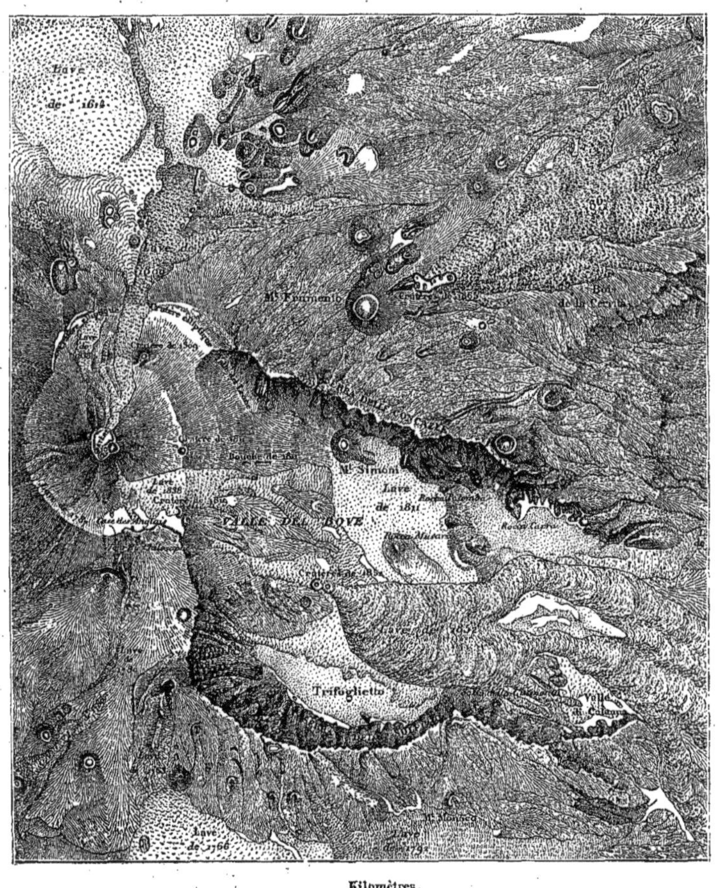

Fig. 164. — Plan du cratère central et d'une portion de l'Etna.

teignent temporairement, n'offrant plus d'issue aux gaz et aux vapeurs du foyer intérieur, se disloquent ou s'écroulent dans les périodes de paroxysme.

Cependant la formation d'un cône volcanique se fait quelquefois avec une rapidité égale à celle des destructions dont on vient de voir des exemples. Le Monte-Nuovo, formé dans l'intervalle de quarante-huit heures sur la côte napolitaine, est un exemple frappant de ce mode extraordinaire de développement. Il en est de même du Jorullo, de l'Isalco et, à une époque toute récente, du Giorgios, qui s'est élevé au sein des eaux dans la rade de Santorin. Entrons dans quelques détails sur les circonstances qui ont présidé à ces formations rapides de cônes volcaniques.

C'est au mois de septembre de l'an 1538 que des explosions, ayant pour siège le fond bas et uni d'une vallée au bord de la mer, et sur les bords du lac Averne, projetèrent des cendres et des pierres en abondance suffisante pour que, au bout de deux

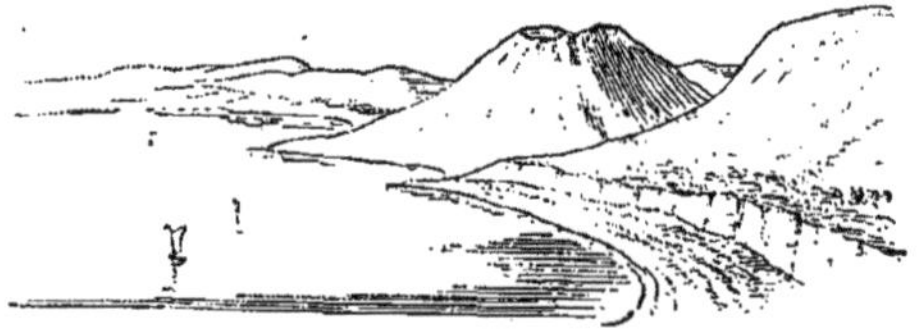

Fig. 165. — Le Monte-Nuovo.

jours et de deux nuits, il en résultât la colline de forme conique qui a reçu le nom de Monte-Nuovo. C'est encore actuellement un cône de tuf de 130 mètres d'élévation, avec un cratère de 110 mètres de profondeur. On possède des relations de cet événement extraordinaire, faites par divers témoins oculaires, Francesco del Nero, Marco Antonio Falconi, Pietro Giacomo de Tolède et un médecin célèbre de l'époque, Porzio. Tous s'accordent sur les circonstances principales qui présidèrent à la formation du nouveau mont. « Les pierres et les cendres, dit Falconi, étaient expulsées avec un bruit semblable à des décharges de grosse artillerie, en quantités qui semblaient devoir couvrir tout le globe, et en quatre jours leur chute avait formé une montagne dans la vallée entre le mont Barbaro et le lac Averne, d'au moins trois milles de circonférence, et presque aussi élevée que le Barbaro lui-même; et c'est une chose incroyable pour ceux qui ne l'ont pas vue, que la formation d'une montagne dans un temps aussi court. » D'après F. del Nero, l'éruption fut précédée d'un retrait de la mer au voisinage de Pouzzoles, puis d'un affaissement du sol d'environ 4 mètres. Un courant d'eau froide d'abord, puis tiède, jaillit du point où se forma le cône, quand survint l'éruption de boue, de cendres et de pierres dont les débris, en retombant tout autour du gouffre, élevèrent si rapidement le Monte-Nuovo.

Le second exemple d'une formation pour ainsi dire spontanée de cônes volcaniques est celui du Jorullo et de cinq

Fig. 166. — Le Jorullo.

autres cônes presque contigus au premier, qui s'élevèrent dans le courant de septembre 1759 au milieu d'une vaste plaine de l'ancienne province de Michuacan (Mexique). Depuis deux mois se faisaient entendre des bruits souterrains, accompagnés de tremblements de terre. Dans la nuit du 28 ou 29 septembre, des crevasses s'ouvrirent dans la plaine et des cendres noires en sortirent, puis bientôt après des amas de scories, des coulées d'une lave visqueuse, dont l'accumulation forma les six cônes dont nous venons de parler et qui se répandit en outre sur une vaste surface elliptique qu'on nomme le Malpays. D'après la tradition recueillie par Humboldt, l'éruption de cendres fut suivie d'une déflagration violente, et l'on vit apparaître au milieu des flammes, comme un château noir, le cône principal qui porte aujourd'hui le nom de Jorullo. Cinq autres cratères s'élevèrent côte à côte avec le premier. En outre, des milliers de petits cônes d'éruption se formèrent à la surface du Malpays, d'une forme plus ou moins arrondie ou allongée et mesurant en moyenne de 4 à 9 pieds de hauteur. Ce sont les *hornos* ou *hornitos*, nommés ainsi à cause de leur ressemblance avec des fours de boulanger. Quand Humboldt visita le Jorullo en 1803, les hornitos émettaient des colonnes de vapeur, non par le sommet, mais par des ouvertures latérales. « En 1780, dit-il, on pouvait encore allumer des cigares, en les attachant au bout d'un bâton, et en les enfonçant de 2 ou 3 pouces ; et à quelques endroits même, l'air était si échauffé par le voisinage des hornitos, que l'on était forcé de faire des détours pour se rendre au but qu'on voulait atteindre. Malgré le refroidissement que, d'après le témoignage des Indiens, la contrée a subi depuis vingt ans, j'ai trouvé le plus souvent dans les crevasses des hornitos 93 et 95 degrés. » Aujourd'hui ces véritables fumerolles sont complètement éteintes.

Le Jorullo, dont le cône principal a une altitude de 1343 mètres, n'est resté en activité, ainsi que ses satellites, que pendant une dizaine d'années. Il n'en est pas de même de l'Isalco, volcan de 658 mètres, qui s'est formé peu d'années après le premier (les uns disent en 1770, d'autres en 1793) au milieu d'un espace cultivé occupé par une belle hacienda de la république de San-Salvador. Depuis sa formation, ce volcan se trouve dans un état presque continuel d'éruption.

Nous empruntons à l'intéressante et savante conférence de M. Vélain sur les volcans[1] le récit de la formation du Giorgios, qui s'est élevé dans le courant de 1866 au milieu de la baie de Santorin, laquelle n'est elle-même qu'un cratère envahi par les eaux de la mer. « Au commencement de février 1866, après

1. Les Volcans, *ce qu'ils sont et ce qu'ils nous apprennent*, par M. Ch. Vélain, maître de conférences à la Sorbonne. Paris, Gauthier-Villars.

des phénomènes précurseurs, secousses et trépidations du sol, mouvements tumultueux de la mer, on vit apparaître au-dessus des eaux, dans le sud-ouest de Néa-Kaméni (îlot dû à une éruption antérieure), un récif allongé, dont les dimensions croissaient à vue d'œil; il était formé de blocs de lave, noirs, incohérents, qui s'élevaient les uns au-dessus des autres, entraînant avec eux des débris de fonds de mer, tels que des coquillages brisés, des galets, des parties de navires depuis longtemps submergés. L'accroissement de l'îlot se fit ainsi sans secousses, sans projection, silencieusement, avec une telle rapidité qu'on l'a comparé au développement d'une bulle de savon. Il s'opérait du dedans en dehors, comme par un mouvement d'expansion; les blocs semblaient partir du centre de la surface et progresser de là vers la périphérie; on avait peine à suivre du regard la marche de tous ces blocs pierreux et leurs déplacements incessants. On ne distinguait point de traces de feu ni de flammes; de toute la surface s'élevait une épaisse vapeur blanche, qui n'était pas suffocante, même quand on la respirait de près. Les roches elles-mêmes n'étaient très chaudes que par places; quelques-uns des Santorinistes, que ce spectacle avait attirés, purent gravir à diverses reprises ce monticule mouvant. Ils constatèrent qu'il ne possédait aucun cratère; sur le sommet se voyait un entassement confus de gros blocs grisâtres, et, en plein jour, aucun signe d'incandescence; mais la nuit ce sommet paraissait tout en feu et les vapeurs qui en émanaient étaient éclairées d'une vive lueur, par le reflet des roches portées à la chaleur rouge.

« C'est encore dans cet état que M. Fouqué trouva le Giorgios quand il en fit l'ascension, au mois de mars de la même année. Le monticule avait alors 50 mètres de haut, sur 350 mètres de large. C'est seulement en avril, après une période d'activité pendant laquelle l'accroissement du nouvel îlot se fit d'une façon lente et régulière, qu'un cratère s'établit au sommet, à la suite de violentes explosions, et que des laves apparurent formant de grandes coulées, qui se déversèrent dans le sud. A partir de ce moment, le Giorgios entra dans une phase d'activité nouvelle et perdit son apparence rocheuse; les inégalités de sa surface disparurent sous un manteau de cendres et de scories, et l'îlot surélevé prit alors cette forme régulièrement conique qui devient le trait caractéristique des *volcans à projections*. »

Le Giorgios, comme les autres îlots de la baie de Santorin, s'est donc formé sous les eaux, peu profondes il est vrai, qui recouvrent l'ancien cratère ébréché, dont les crêtes émergentes constituent l'île entière. Il appartient ainsi à la classe des *volcans sous-marins*, ou tout au moins il est un produit ou une manifestation secondaire de l'un de ces volcans. Il est évident, en effet, que Santorin, comme beaucoup d'autres îles dans les divers océans, doit son existence à de très anciennes éruptions volcaniques. La forme en demi-lune ou en croissant de l'île, les parois abruptes de l'intérieur du cratère qui laissent voir la coupe des différentes couches qui le composent, la pente douce en talus du rebord extérieur du cône, tout démontre la réunion des caractères constituants d'un cratère par explosion.

Ces caractères se retrouvent dans l'île Saint-Paul, au sud de l'océan Indien, dans la Nouvelle-Amsterdam, voisine de la première, dans Palma des Canaries, dans Barren Island, dont le cône abrupt surgit à 325 mètres au-dessus du niveau de la mer, et qui a donné en 1791 une éruption d'une grande violence. Les volcans sous-marins ne sont peut-être guère moins nombreux que ceux qui se sont édifiés au-dessus des terres et les conditions de leur formation ne sont sans doute pas différentes. Mais il n'en est pas de même des conditions de leur durée. L'histoire a enregistré l'apparition de plusieurs nouvelles îles dues à des éruptions sous-marines; la plupart ont été détruites par l'action des eaux de la mer, peu de temps après leur naissance. En 1638, un volcan sous-marin du groupe des Açores fit apparaître une petite île qui disparut presque aussitôt. En 1720, à la suite d'une nouvelle éruption, surgit une île qui s'éleva jusqu'à 128 mètres, mais qui dura à peine trois années. Même phénomène en 1811 ; du sommet du cône de débris formant l'îlot, on vit sortir pendant quelque temps des torrents de vapeur projetant cendres et scories. Mais quelques mois après l'île nouvelle, qui avait atteint une hauteur de près de 100 mètres et environ 1600 mètres de circonférence, fut complètement détruite par la mer. Un capitaine de navire anglais qui en avait suivi la formation et s'était hâté d'en prendre possession, un peu prématurément, au nom de l'Angleterre, l'avait baptisée *Sabrina*, du nom de son navire.

Des formations semblables eurent lieu près du cap Reykyanes en Islande en 1210, puis en 1240 et enfin en l'année 1780. L'île Nyoe que produisit cette dernière éruption, disparut aussi dans l'année. Enfin, en 1831, sur la côte sud-ouest de la Sicile, une éruption sous-marine donna naissance à l'île Julia (connue aussi sous les noms de Graham, Ferdinandea, etc.). En juin, des secousses ressenties en cet endroit par un navire anglais firent croire au capitaine qu'il touchait un banc de sable, bien que les cartes marines indiquassent une profondeur de 100 brasses. Au commencement de juillet, l'eau jaillit par gerbes de 23 mètres de hauteur sur un espace de 800 mètres de diamètre. Puis apparut un amas de scories en forme de cratère lançant des vapeurs et des cendres. Au mois d'août, l'îlot atteignait une altitude de 60 mètres et un diamètre de 1500 mètres. Mais presque aussitôt l'œuvre de destruction des flots sur des matériaux meubles, incohérents, commença. A la fin de l'année, Julia avait disparu, et son emplacement avait retrouvé sa profondeur première. Toutefois ce qui prouve bien, ici comme dans les exemples précédents, l'existence d'un foyer éruptif permanent, c'est qu'au même endroit une autre île se forma trente-deux ans plus tard, pour disparaître encore plus rapidement, il est vrai. Les raisons de cette disparition sont tellement visibles, qu'il y a lieu de se demander plutôt comment tant d'îles volcaniques, dont quelques-unes sont considérables, ont pu résister à l'action destructive des flots. L'étude des roches qui composent les massifs de ces îles fait voir que leur consolidation a tenu surtout à ce fait que la violence et la durée des éruptions ont été assez grandes pour qu'aux matériaux meubles, cendres et scories, aient succédé des masses de laves, matériaux plus résistants, plus susceptibles de cohésion et pouvant, au contact de l'eau et sous l'influence de la température, *prendre comme du mortier*, selon l'expression de Poulett Scrope.

Fig. 167. — Volcan de Banda (Archipel malaisien).

Nous avons insisté longuement sur la structure des montagnes volcaniques et sur les relations qui existent entre cette structure et les causes de formation ou de destruction de leurs cônes, de leurs cratères. Entrons maintenant dans quelques détails sur leurs dimensions. Celles-ci sont infiniment variées. Fuchs, après avoir reproduit, dans un tableau, les hauteurs d'un certain nombre de volcans célèbres au-dessus du niveau de la mer, fait observer avec raison que de tels chiffres ne donnent pas la mesure de l'importance relative des foyers.

« Ils expriment, en effet, dit-il, la hauteur du sommet de la montagne au-dessus du niveau de la mer, mais ils ne nous disent pas si la base du cône éruptif est située sur un haut plateau ou sur une montagne non volcanique. On comprend facilement que, pour juger de l'importance d'un volcan, son altitude relative, c'est-à-dire la hauteur comprise entre sa base et son sommet, a seule quelque importance. On voit par le tableau suivant que le rang relatif des volcans change selon que l'on compare leurs altitudes absolues, ou seulement la hauteur de leurs cônes prise depuis leur base.

Volcans.	Hauteurs relatives.	Hauteurs absolues.
Monte-Nuovo	143 mètres.	143 mètres.
Puy de Pariou	250 —	1338 —
Puy de Dôme	302 —	1390 —
Jorullo	493 —	1343 —
Tuncaragua	524 —	3357 —
Ceboruco	528 —	1677 —
Ngaruhuœ	534 —	2167 —
Monte-Ferru	677 —	1076 —
Guntur	1310 —	2034
Tangkuban Prahu	1334 —	2010 —
Gualatieri	1500 —	6990 —
Cotopaxi	2900 —	5904 —
Etna	3200 —	3400 —
Kliutschewskaja	5014 —	5014 —

Il faut distinguer d'ailleurs entre les volcans à activité modérée et les volcans à éruptions plus ou moins paroxysmales. Les premiers conservent pendant des siècles leurs hauteurs, tandis qu'il arrive fréquemment aux autres de voir leurs cônes emportés par quelque explosion. On a vu plus haut à quels changements était sujet le Vésuve, qui est un type de la deuxième catégorie.

Son cône actuel, dont l'activité n'a pas cessé depuis dix-huit cents ans, est tantôt plus, tantôt moins élevé que la crête de la Somma, reste du grand cratère antérieur. « En 1832, il avait 1170 mètres (Hoffmann), sa moindre élévation; il s'éleva en 1855 à 1318 mètres (Schiavone), et retomba vers la fin de l'éruption à 1267 mètres (J. Schmidt). En novembre 1867, il atteignit la plus grande hauteur qu'il ait jamais possédée, 1424 mètres (Schiaparelli), mais qu'il n'a point conservée non plus[1]. » Nous avons vu le Temboro perdre 1600 mètres de sa hauteur par la violente explosion de 1815, c'est-à-dire être réduit à moitié de sa hauteur.

Fig. 168. — Cratère du Monte-Frumento (Etna)

Les dimensions des cratères ne sont généralement point en rapport ni avec la hauteur absolue, ni avec la hauteur relative. Celle-ci dépend du mode d'activité du volcan, et de la plus ou moins grande violence des éruptions antérieures. Les ouvertures des cônes en activité modérée et continue sont le plus souvent faibles, tandis que les cratères formés par explosion, tels que furent la Somma de l'ancien Vésuve, le Valle del Bove

1. Fuchs, *les Volcans*.

de l'Etna, ont des diamètres énormes. L'île de Palma présente un bassin cratériforme, la Caldera, qui ne mesure pas moins de 7000 mètres de diamètre; le Valle del Bove mesure 6000 mètres, tandis que le cratère du cône principal de l'Etna, du Mongibello, a seulement 500 mètres. Celui du Sindoro, plus élevé que l'Etna, a un diamètre de 100 mètres. Parmi les vol-

Fig. 169. — Cratère de l'Hécla.

cans actifs, ceux de l'île d'Havaï sont des plus remarquables sous ce rapport : le cratère du Mauna Loa a 2500 mètres de diamètre sur 150 à 200 mètres de profondeur; le Kilauea, qui possède, à 3 ou 400 mètres au-dessous de ses bords, un lac de laves bouillantes, a 5000 mètres dans son plus grand diamètre. Le cratère du Tengger, dans l'île de Java, a également 5 kilomètres de diamètre.

Nous avons déjà vu que, pendant les périodes éruptives de

certains volcans, il se forme temporairement des cônes de toutes les dimensions d'où jaillissent des scories, des cendres, de la vapeur et aussi fréquemment des coulées de laves. On a compté jusqu'à 700 de ces cônes, provenant des éruptions de toutes dates, sur les flancs de l'Etna. Leurs hauteurs au-dessus des fissures qui leur ont donné naissance, ainsi que les diamètres de leurs cratères sont excessivement variés, comme on peut s'en rendre compte en comparant les dimensions de quelques-uns d'entre eux à celles du cratère principal (fig. 164).

Dans l'éruption de 1865, on a vu que sur la grande fissure qui, traversant le cratère du Frumento, se dirigeait d'un côté vers le cratère principal de l'Etna, de l'autre vers le Monte-Storello, il se forma jusqu'à sept cônes adventifs d'où sortirent les grandes coulées des laves que nous avons décrites. La planche XI donne l'aspect de ces cratères tels qu'on les voyait du Frumento.

§ 3. LES ÉRUPTIONS VOLCANIQUES ; PHÉNOMÈNES GÉNÉRAUX.

Arrivons maintenant aux phénomènes qui caractérisent les éruptions proprement dites, c'est-à-dire qu'on observe lorsque l'activité d'un volcan, sommeillant ou éteinte depuis un temps d'une certaine durée, se réveille subitement dans un accès violent, paroxysmal. Des relations nombreuses et très circonstanciées des éruptions historiques de quelques-uns des volcans les plus célèbres, en Europe, en Asie, en Amérique, en Océanie, ont été enregistrées par des témoins qui n'étaient pas tous également compétents pour traduire leurs impressions en un langage rigoureusement scientifique. Chaque éruption individuelle offre des particularités spéciales, dépendantes de l'intensité des forces volcaniques, de la structure propre du volcan, etc. Néanmoins les phénomènes généraux ou communs à toutes les éruptions sont assez caractéristiques pour qu'on puisse en donner une description applicable au plus grand nombre.

ÉRUPTION DU VÉSUVE
du 8 décembre 1861.

Une éruption volcanique est le plus ordinairement annoncée par de légers ébranlements du sol, dans le voisinage de la montagne ou sur la montagne même[1]. Ces secousses augmentent peu à peu de violence et de fréquence, et elles sont accompagnées de détonations souterraines, sourdes d'abord, puis plus retentissantes, pareilles tantôt au feu roulant de la mousqueterie, tantôt à des décharges de grosse artillerie.

Ces phénomènes précurseurs, indices d'une catastrophe prochaine, et dont la durée peut être de quelques jours seulement, parfois de plusieurs semaines, sont accompagnés souvent d'un état particulier de calme, de lourdeur de l'atmosphère. Les sources voisines du volcan voient leur débit diminuer ou même cesser tout à fait; les puits se dessèchent. Si le cratère était préalablement le siège de quelques émanations gazeuses, les jets de vapeur de ces fumerolles deviennent plus abondants, plus fréquents, et les sifflements qu'ils produisent en s'échappant dans l'air, de plus en plus bruyants.

Tout à coup une secousse plus violente que toutes les autres est suivie d'une explosion formidable, qui fait sauter en l'air le fond de l'ancien cratère, obstrué par les blocs de lave solidifiés, les scories, la cendre des éruptions antérieures. Quelquefois la résistance s'est trouvée moindre en d'autres points des flancs du volcan, et l'éruption se fait jour par un nouveau cratère. Des fragments de roches sont ainsi lancés verticalement à une hauteur prodigieuse, accompagnés bientôt d'une masse considérable de vapeurs qui se déroulent sous la forme d'une colonne de nuages globulaires d'une blancheur éclatante à la lumière du jour. « A une certaine hauteur, déterminée par sa densité par rapport à l'atmosphère, cette colonne se dilate

1. Parfois les tremblements de terre précurseurs se font sentir sur une portion seulement des flancs du volcan. C'est ainsi que, dans l'éruption de l'Etna de janvier 1865, la secousse qui précéda immédiatement l'éruption fut exclusivement ressentie sur la pente nord-est du mont. « A Lavina, près Piedimonte, dit M. Fouqué, elle a été d'une intensité telle, que les habitants, effrayés, sont sortis de leurs maisons et sont restés dehors toute la nuit, sans oser rentrer sous leurs toits. A Catane, au contraire, le tremblement de terre a été si faible, qu'il a passé inaperçu. » (*Rapport sur l'éruption de l'Etna en* 1865.)

horizontalement, et, à moins d'être poussée dans une direction particulière par des courants atmosphériques, s'étend de tous côtés en un nuage circulaire, trouble et obscur. Dans certaines circonstances atmosphériques très favorables, le nuage avec la colonne qui le supporte ressemble à une immense ombrelle ou au pin d'Italie, auquel Pline le Jeune compara le nuage de l'éruption du Vésuve en 79, et qui se reproduisit identiquement en octobre 1822 (fig. 170)[1]. En contraste avec cette colonne de blanches bulles de vapeur, on voit un jet non interrompu de cendres noires, de pierres, dont les fragments les plus lourds et les plus considérables retombent, après avoir décrit une courbe parabolique. Le jet de matières solides atteint souvent une hauteur de plusieurs mille pieds, tandis que la colonne de vapeurs s'élève encore plus haut. Des éclairs en zigzag d'une grande et vive beauté s'élancent des diverses parties du nuage, mais surtout de ses bords. L'augmentation continuelle du nuage intercepte bientôt la lumière du jour, et la chute précipitée du sable et des cendres qu'il contient contribue à envelopper l'atmosphère dans les ténèbres, et ajoute à l'épouvante des habitants du voisinage[2]. » La haute colonne de fumée visible pendant le jour, et qui, comme le vient de dire le savant géologue anglais, est quelquefois assez épaisse pour intercepter la lumière, fait place pendant la nuit à une colonne lumineuse de même hauteur, mais immobile et ne subissant d'autres fluctuations que des changements d'intensité. Cependant de temps à autre des lignes de feu plus brillantes la sillonnent, pareilles à des fusées d'artifice. Ce sont les scories incandescentes que la force explosive projette à l'extérieur du

1. « La nuée, dit Pline, s'élançait dans l'air, sans qu'on pût distinguer, à une si grande distance, de quelle montagne elle était sortie; l'événement fit connaître ensuite que c'était du Mont-Vésuve. Sa forme approchait de celle d'un arbre, et particulièrement d'un pin; car, s'élevant vers le ciel comme un tronc immense, sa tête s'étendait en rameaux. J'imagine qu'un vent souterrain poussait d'abord cette vapeur avec impétuosité, mais que, l'action du vent ne se faisant plus sentir à une certaine hauteur, ou le nuage s'affaissant sous son propre poids, il se répandait en surface. Il paraissait tantôt blanc, tantôt noirâtre, et tantôt de diverses couleurs, selon qu'il était plus chargé ou de cendres ou de terre. »

2. Poulett Scrope, *Les Volcans*.

cratère. Pendant l'éruption de l'Etna, en 1865, l'un des cratères qu'elle forma eut, au milieu d'avril, une certaine recrudescence d'activité. « Il lance, dit M. Fouqué qui l'observait alors, des pierres incandescentes, qui forment, dans l'obscurité de la nuit, des gerbes de feu rivalisant pour l'éclat avec les bouquets des plus beaux feux d'artifice. Ces pierres, lancées à

Fig. 170. — L'éruption du Vésuve en octobre 1822. D'après G. Poulett Scrope.

de prodigieuses hauteurs, retombent sur les flancs du cône et le couvrent, pendant quelques minutes, de brillantes étoiles. »

La phase paroxysmale de l'éruption est généralement caractérisée par un phénomène d'une grande importance, l'écoulement de la lave hors des parois du cratère. Tantôt cet écoulement est déterminé par l'ascension progressive de la matière fluide incandescente jusqu'au bord inférieur du cratère même; c'est ce qui arrive dans les cônes volcaniques d'une faible élévation. Arrivée là, la lave déborde et se répand en torrents sur les parois de la montagne. Mais dans les volcans qui ont une haute altitude, la pression croissante de la masse fluide soulevée par la force expansive des vapeurs s'exerce avec tant d'intensité contre les parois internes, que celles-ci finissent par céder. Des fissures se forment, par où la lave s'échappe souvent en plusieurs points et à diverses hauteurs sur les flancs extérieurs du cône. C'est ce qui se produisit pendant l'éruption du Vésuve de 1861, où la lave s'écoula par un point très voisin de la base de la montagne ; à l'éruption de 1865 de l'Etna, où une fissure profonde se forma, dès le début, dans la direction d'une ligne joignant le cratère principal au cratère du Frumento, puis se prolongea au-dessous de ce dernier : c'est à partir de cette fente, sur laquelle vinrent se former, en s'échelonnant comme autant de boutonnières, sept petits cratères, que s'écoulèrent les torrents de lave qui comblèrent la vallée tout entière de la Colla Vecchia. Enfin le même phénomène se produisit en 1866, pendant l'éruption du Mauna Loa, dans l'île Havaï. La lave se fit jour sur le côté oriental du volcan et environ à moitié de sa hauteur. Elle fut expulsée avec tant de violence, qu'une colonne liquide incandescente, de plus de 30 mètres de hauteur, s'éleva comme un jet d'eau immense à plus de 300 mètres, avant de former le torrent qui dévasta tout un côté de l'île Havaï.

L'écoulement de la lave peut avoir une durée très variable, de quelques jours à plusieurs mois. Nous lisons dans la description de l'éruption de l'Etna en 1865 par M. Fouqué que l'écoulement de la lave qui marqua le début du phénomène, dans la nuit du 30 au 31 janvier, s'arrêta une première fois vers la fin de février ; qu'une nouvelle coulée recommença le 6 mars, et qu'au 21 mai les courants de lave reprenaient avec une activité nouvelle leur marche dévastatrice.

Quand la lave a cessé de couler, l'éruption approche de sa fin. Cependant il arrive que longtemps encore le cratère est le siège d'émissions gazeuses ; mais l'expulsion des scories et des cendres diminue de plus en plus ; à chaque émission, la colonne de fumée se raccourcit; l'orifice et les fissures sont de plus en plus obstrués par la lave refroidie et solidifiée, par les amas de scories et de cendres. L'éruption peut être considérée comme terminée. Le volcan entre de nouveau dans une période d'inactivité complète, à moins que, continuant à émettre de simples vapeurs, il ne passe à l'état de solfatare.

Pour donner plus de précision à ce qu'une description générale des éruptions volcaniques rend nécessairement un peu vague, complétons-la par quelques faits historiques empruntés à de récentes observations. Considérons par exemple l'éruption du Vésuve des derniers jours d'avril 1872 ; elle se distingua à la fois, comme on va le voir, par sa violence et sa courte durée.

Depuis 1865, le célèbre volcan était alternativement dans ce qu'on nomme la phase d'activité strombolienne, et dans celle d'activité solfatarique. La dernière petite éruption avait eu lieu en novembre 1871. Le 15 janvier 1872, il y eut une recrudescence, caractérisée par des détonations sourdes et la projection de pierres incandescentes. En février et mars, le cône marginal de 1871 fut le siège de petites éruptions intermittentes, qui devinrent continues au commencement du mois d'avril. De la lave s'écoula par le grand cône dans l'Atrio del Cavallo. Le 8, se forma une fissure sur le cône principal, laquelle s'agrandit considérablement dix-huit jours après. Dans l'intervalle, l'activité des cratères augmentait; les détonations devenaient plus fortes. Le 24 avril, vers 4 heures de l'après-midi, une lave abondante s'échappa de la cime du cône principal de 1867 ; 2 heures après, elle était déjà parvenue à la base de la montagne. A 7 heures, la fissure vomit des torrents de lave et toute une moitié du grand cône, visible de Naples, était couverte de feu, de la cime à la base.

Ce spectacle splendide, qui dura toute la nuit, disparut dans la matinée du 25. Mais il n'en provoqua pas moins, pour la soirée suivante, la visite d'un grand nombre de personnes, curieuses d'observer, pendant cette période de calme relatif, les projections de blocs incandescents lancés par les cratères. A 3 heures et demie du matin, une explosion formidable se produisit, et un gouffre vomissant des torrents de lave se forma dans l'Atrio, presque sous les pieds des imprudents spectateurs. Un grand nombre périrent anéantis par la coulée, ou écrasés par la chute des scories, ou enfin brûlés et asphyxiés par la vapeur d'eau, la cendre et les vapeurs acides. L'aspect du Vésuve, après ce terrible événement est décrit en ces termes par un observateur qui suivait de près les phénomènes[1] : « Le Vésuve et l'Atrio del Cavallo, couverts de cendres blanches, ne se reconnaissaient plus; on ne distinguait, à ce moment, aucune lave. La force interne, produisant un effet semblable à l'explosion d'une immense chaudière à vapeur, avait lancé dans l'Atrio, au nord-nord-ouest, une portion du cône marginal de 1871 avec toute la partie du grand cône jusqu'à la base comprise au-dessous de ce cône marginal vers le nord-nord-ouest; il restait seulement la partie du cône marginal en face de l'Observatoire, se prolongeant jusqu'au bas, en suivant la grande fissure de 1871 et formant comme un grand ravin.

« Vers 7 heures du matin commença la grande éruption. La première bouche qui s'ouvrit fut dans l'Atrio au nord-ouest; elle fut précédée d'un dégagement extraordinaire de cendres et de vapeurs formant un *pino* immense, qui mit tout le monde en fuite, et je restai seul avec le concierge et un serviteur; alors la lave s'échappa comme un fleuve, et, passant devant l'Observatoire, se dirigea vers Resina.

« A 9 heures, il se manifesta une autre bouche d'éruption sur le grand cône, au sud-sud-ouest, vers le bas de l'ancien cratère, dont la lave abondante descendait entre les Camaldoli et Torre del Greco.

« A 10 heures, après une grande tempête, de continuelles canonnades et des détonations, d'autres bouches s'ouvrirent

1. M. Diego Franco, aide de M. Palmieri à l'observatoire du Vésuve. Ce savant, ayant pris vers une heure du matin un peu de repos, fut réveillé peu d'heures après par le bruit de l'explosion.

dans l'Atrio del Cavallo, et la lave, remplissant aussitôt la Vetrana, descendit comme un large torrent sur les Novelles et sur les villages de Massa et San Sebastiano. Toute la nuit du 26 au 27, immense incendie, avec accompagnement continu de mugissements terribles du volcan. Après vingt-quatre heures, la lave s'arrêtait, et alors commençaient les projections de cendres

Fig. 171. — Le Vésuve pendant l'éruption du 26 avril 1872.

et de lapilli, avec accompagnement de tonnerre et d'éclairs à la cime du grand cône. Tous les phénomènes cessèrent graduellement dans les premiers jours de mai[1]. »

Deux circonstances sont à noter dans cette éruption remarquable : l'une, c'est que l'écoulement de la lave a coïncidé avec la formation de fissures larges et profondes sur l'un des côtés du grand cône et sur l'Atrio; c'est seulement dans ce dernier espace qu'elle a fait éruption, tranquillement d'ailleurs

1. Lettre de M. Diego Franco à M. Ch. Sainte-Claire Deville, « *Sur l'éruption d'avril* 1872 *au Vésuve* », dans les *Comptes rendus de l'Académie des sciences*.

et sans projection, sans formation de cratères adventifs, comme pendant l'éruption de l'Etna en 1865. La seconde circonstance, c'est la courte durée de la phase paroxysmale, qui n'a guère embrassé que huit jours, du 24 avril au 1er mai.

En contraste avec cette intermittence des phénomènes volcaniques qui à une période plus ou moins longue de calme ou de faible activité fait succéder de violentes explosions souvent désastreuses pour les régions d'alentour, on ne peut mieux faire que d'opposer la continuité des phénomènes qui constituent le genre d'activité qu'on nomme *strombolienne* ou *strombolique*, du nom du foyer qui la présente à un degré extraordinaire. Nous avons déjà dit que le cône de Stromboli, l'une des Lipari, est dans une activité perpétuelle, ainsi qu'en déposent les traditions historiques. Dès 1788, Spallanzani l'observa, et après ce savant, Hoffmann, Humboldt, Rose, Scrope. Voici comment ce dernier décrit les phénomènes dont il fut témoin dans son ascension de 1820. Après avoir rappelé que l'île de Stromboli a, en plan, à peu près la forme d'une ellipse, et en élévation celle d'un cône de près de 1000 mètres d'altitude, et de 30 à 50 degrés d'inclinaison, il ajoute : « Elle possède un cratère à son sommet, ébréché vers le nord. Sur le même côté, descend jusqu'à la mer un plan incliné, uni, d'environ 50 degrés, commençant immédiatement du *fond* du cratère. La raideur de ce talus empêche les scories continuellement vomies par le cratère de séjourner sur cette pente. Celles donc qui tombent de ce côté roulent jusque dans la mer, où, après avoir été triturées par les flots, elles sont sans doute emportées au large par les courants.

« En arrivant au bord culminant du cratère, par un sentier qui commence dans la partie habitée de l'île, l'observateur peut regarder directement dans la bouche du volcan, à une centaine de mètres au-dessous de lui. Lors de ma visite de 1820, je pus vérifier l'exactitude du récit de Spallanzani et m'assurer que les phénomènes de cette époque étaient précisément les mêmes que ceux qu'il a décrits en 1788. On distingue deux ouvertures grossières parmi les noirs rochers chaotiques de lave scoriforme qui constituent le plancher du cratère. Une de ces ouvertures semble vide, mais cependant à de courts intervalles il en jaillit un jet de vapeur rugissante, comme d'une fournaise, lorsque la porte est ouverte, mais avec infiniment plus de bruit, et cela pendant environ une minute. Dans l'autre ouverture, qui a environ vingt pieds de diamètre, et est située à quelques pieds de distance, on aperçoit nettement une masse de matières fondues, brillant d'un vif éclat, qui s'élève et retombe à des intervalles d'environ dix minutes. Chaque fois que cette masse, en s'élevant, atteint le bord du cratère, elle s'ouvre à son centre comme une grande ampoule qui crève, et vomit, dans son

Fig. 172. — Stromboli, du côté nord.

explosion, un volume d'épaisse vapeur, accompagné d'un jet de fragments de lave incandescente et de scories informes, s'élevant à quelques centaines de mètres au-dessus des bords du cratère. Plusieurs de ces fragments n'atteignent pas cette hauteur. Une grande partie retombe dans le cratère pour en être rejetée de nouveau. Une quantité considérable cependant, tombant sur le raide talus dont j'ai parlé, roule jusque dans la mer, et il est clair, puisque le cratère conserve sa profondeur et sa forme, que tôt ou tard, après des éjections répétées, presque toutes ces scories doivent prendre le même chemin, pour se répandre dans le fond de la Méditerranée[1]. »

1. P. Scrope, *Les Volcans.*

Il paraît évident que ce qui cause ici la continuité de l'action volcanique, c'est que l'ouverture du cratère n'est jamais obstruée, et qu'ainsi la lave reste en communication constante à air libre, ou à peu de chose près, avec l'extérieur. Les mêmes conditions se trouvent réalisées dans le volcan de Masaya, près du lac de ce nom (Nicaragua). On voit, dans le fond du cratère, des bulles énormes de laves liquides s'élever et retomber avec régularité environ tous les quarts d'heure. De noires scories flottent sur la surface étincelante de l'abîme, dont le niveau reste, en moyenne, à plusieurs centaines de pieds au-dessous du rebord du cratère; parfois cependant, sous l'influence d'une soudaine et véhémente ébullition, la lave atteint la marge supérieure et déborde en vomissant une gerbe de pierres chauffées au rouge. Le lac de laves du Kilauea produit des phénomènes semblables sur une échelle gigantesque. Nous en reparlerons plus loin.

§ 4. — LES ÉRUPTIONS VOLCANIQUES : ORAGES, CENDRES, LAVES.

L'écoulement des laves, qui est le phénomène capital des éruptions paroxysmales, n'en est pas toujours l'incident le plus dangereux. Il est vrai qu'elles détruisent à peu près tout sur leur passage; mais ordinairement leur marche est assez lente pour que les habitants de la région, hommes et animaux, puissent en éviter les effets. Il n'en est pas de même des cendres, dans certaines éruptions où leur abondance est telle qu'elles recouvrent tout. Mais ce sont les torrents de boue ou d'eau boueuse, qui avec les violentes secousses des tremblements de terre, sont susceptibles de causer le plus de désastres. Certains volcans de Java et d'Amérique, au lieu de lave, émettent, du fond de leurs cratères, des torrents d'une boue liquide qui se déverse sur leurs flancs comme la lave, mais avec beaucoup plus de rapidité et dont les effets destructeurs sont terribles. Dans les volcans d'Islande, la lave incandescente, jaillissant au milieu des neiges et des glaces qui les recouvrent, les fond instantanément, forme avec l'eau ainsi obtenue des masses boueuses, et détermine de terribles inondations. Indépendamment de ces causes de production de la boue, qui tiennent soit à la constitution intérieure des foyers, soit aux conditions climatologiques, il en existe une autre qu'on rencontre assez fréquemment dans les éruptions ordinaires. C'est que toutes les conditions de la formation d'un véritable orage peuvent s'y trouver réunies. « Un orage volcanique n'est point, dit Fuchs, un phénomène qui se rencontre fortuitement avec l'éruption, mais il est produit par l'éruption même. » En effet, la condensation des masses énormes de vapeur d'eau émises par le volcan, surtout au début de l'éruption, donne lieu à la formation de nuages très épais qui se rassemblent à une grande hauteur, s'abaissent graduellement et finissent par envelopper le sommet au point de le masquer complètement. L'obscurité n'est momentanément dissipée que par les éclairs qui sillonnent la nuée orageuse[1], et bientôt une pluie diluvienne, se mêlant aux cendres de l'éruption, produit des torrents d'eau boueuse qui ravinent les flancs du cône et vont ruiner les régions cultivées d'alentour.

Dans les volcans qui sont en éruption permanente, comme le Stromboli, la vapeur d'eau forme au-dessus du cône un

1. Les phénomènes électriques des éruptions semblent dus à la présence simultanée de la vapeur d'eau et des cendres dans les mêmes nuages. C'est du moins ce qu'on peut conclure des observations de Palmieri au Vésuve en avril 1872 : « La colonne de vapeurs, de cendres et de lapilli, dit-il, était presque toujours poussée par la direction du vent sur l'Observatoire : ce qui m'a permis de faire d'intéressantes observations électrométriques avec mon appareil bifilaire à conducteur mobile. Il en résulte que la vapeur seule, sans cendres, donne de fortes indications d'électricité positive, la cendre seule d'électricité négative, et que, lorsque les deux choses sont réunies, on observe de très curieuses alternatives, que je ne peux décrire ici. Les éclairs ne se produisent dans la vapeur qu'autant que celle-ci est mélangée à une grande quantité de cendres, et il n'est pas exact, comme l'ont affirmé les anciens historiens du Vésuve, que ces éclairs aient lieu sans tonnerre. » Cette dernière remarque du savant directeur de l'Observatoire est parfaitement confirmée par les lignes suivantes d'un spectateur de cette même éruption, M. de Verneuil : « Le spectacle, dit-il, était émouvant. Au milieu de la sombre et épaisse nuée qui couronnait le Vésuve, éclatait le tonnerre, dont les coups redoublés dominaient à peine le roulement continuel et assourdissant de cette vaste fournaise. » (*Comptes rendus de l'Académie des sciences pour* 1872, II.)

nuage de couleur blanche ou grisâtre qui demeure stationnaire, et tombe en légères averses si le temps est calme, ou qui, dans le cas contraire, se dissipe en obéissant à la direction du vent. La vapeur qui jaillit du cratère de l'Érèbe, dans les régions polaires du sud, retombe en neige au vent de ce volcan[1].

Quelques mots maintenant sur la nature et l'apparence extérieure de la haute colonne de vapeurs qui se montre dès le début de l'éruption. On a vu plus haut qu'elle affecte des nuances diverses. Les parties qui se déroulent sous la forme de nuages arrondis d'une blancheur éclatante sont principalement formées de vapeur d'eau. Celles qui affectent une teinte sombre et noire contiennent en outre une quantité plus ou moins grande de poussières extrêmement fines mélangées de fragments de pierres de petites dimensions connues sous le nom de *lapilli*. C'est à ces poussières, qui ne sont autre chose, comme les lapilli, que de la lave réduite par la vapeur à un état de division extrême, ou criblée par elle de pores nombreux, qu'on donne le nom de *cendres volcaniques*. Fuchs fait observer avec raison que cette dénomination est impropre, en ce qu'il ne s'agit point ici, comme dans les cendres ordinaires, d'un résidu de combustion. « La cendre volcanique, dit-il, consiste en une poudre délicate, fine et grise, mais se compose des mêmes éléments que la lave. Examinée au microscope, on voit qu'elle est composée de nombreux petits cristaux et fragments de cristaux provenant de divers minéraux, et de petits fragments vitrifiés de lave. Comme les laves des différents volcans sont composées de mélanges divers de minéraux, leurs cendres contiennent aussi des espèces minérales différentes qui correspondent exactement à celles de la lave. » Voici maintenant l'explication que le même auteur donne de la formation des cendres volcaniques :

« Pendant la première partie de la période éruptive, les vapeurs, longtemps retenues, se frayent un passage à travers la

1. Sir J. Rosse cité par P. Scrope.

lave qui remplit le cratère et la cheminée. La formation de la cendre dépend de l'état de cette lave et de l'énergie de l'expulsion des vapeurs. Les vapeurs qui brisent la lave projettent en l'air la couche superficielle qui les gêne et la pulvérisent en poussière des plus fines. Les petites particules de lave ainsi formées perdent rapidement, à cause de leur ténuité, leur état d'incandescence et apparaissent sous forme de cendre sombre ou de poussière. Les conditions de la formation des cendres consistent par conséquent : 1° dans la grande fluidité de la lave ; 2° dans la présence d'un grand nombre de particules non fluidifiables à la température régnante et qui nagent dans la lave ; 3° dans la force explosible considérable des vapeurs qui se dégagent. » Fuchs ajoute, avec raison, croyons-nous, qu'une grande partie des cendres est sans doute constituée par de la lave fondue qui ne s'est solidifiée qu'après la pulvérisation. Ce qui rend probable cette dernière hypothèse, c'est la prodigieuse quantité de cendres émise dans certaines éruptions volcaniques. Citons quelques faits à l'appui.

Le plus ancien et le plus connu est celui de la fameuse éruption du Vésuve en l'an 79. Trois villes, Stabies, Herculanum, Pompéi, ensevelies sous une épaisse couche de cendres, probablement délayée par la vapeur d'eau, qui en recouvrit tous les monuments, en disent assez sur l'effroyable quantité de matières pulvérulentes que vomit le volcan. Pendant quatre jours entiers, cette pluie terrible, suffocante, plongea dans les ténèbres les régions voisines. D'après Dion Cassius, les cendres furent emportées par le vent jusqu'à Rome, et même jusqu'en Égypte.

Dans les temps modernes, l'éruption du Temboro, dont nous avons déjà fait mention en parlant de la destruction de son cône, fut remarquable par la prodigieuse quantité de cendres rejetées. Toute la surface de l'île de Sumbawa fut recouverte par les scories et les cendres volcaniques ; elle fut transformée en un désert aride, et des milliers de ses habitants succombèrent. Dans une des îles voisines, Lombok, le sol fut recouvert d'une couche de 50 à 60 centimètres d'épaisseur. Les cendres se répandirent dans un rayon de 500 kilomètres, embrassant Java, une partie de Sumatra, Bornéo, et jusqu'aux côtes nord-ouest de l'Australie. On peut voir dans la figure 173 sur quelle surface considérable de l'Océan et des terres se répandit cette averse. En mer, les eaux furent recouvertes en certains points d'une couche de pierre ponce de plus d'un

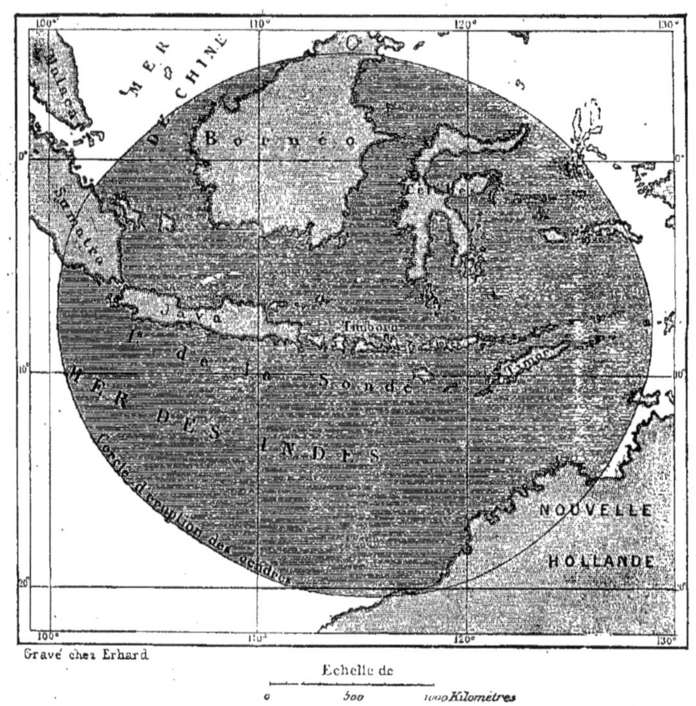

Fig. 173. — Éruption du Temboro (1815). Région recouverte par les cendres.

mètre d'épaisseur. Les navires avaient peine à se frayer un chemin dans cette banquise d'un nouveau genre.

En 1835, un volcan de l'Amérique centrale, le Coseguina, cône de 170 mètres seulement d'altitude, entouré de trois côtés par la mer, fut le siège d'une terrible éruption que caractérisa pareillement l'immense volume de cendres et de ponces projetées au loin. On n'évalue pas la surface de la région recouverte à moins de 4 millions de kilomètres carrés, et le volume de la masse vomie à moins de 50 milliards de mètres cubes[1].

Tout le monde connaît, pour en avoir lu le récit dans les journaux ou les revues, la catastrophe qui a, dans les derniers jours d'août 1883, ravagé les îles du détroit de la Sonde et d'importantes parties de celles de Sumatra et de Java. L'éruption volcanique qui a causé tant de victimes et tant de ruines a eu pour siège une petite île du détroit de la Sonde, connue sous le nom, désormais célèbre, de Krakatoa. Cette île possédait trois sommets : le moins élevé et le plus septentrional des trois, le Perboewatan, avait donné des signes d'activité en 1860 et en mai 1883; celui du milieu, Danan, entra aussi en éruption en août; Rakata, le plus élevé (822 mètres d'altitude), était aussi un ancien cratère, mais qui est resté inactif dans l'éruption dernière. De mai en août, il y eut dans le premier cratère une première phase éruptive d'intensité variable. Mais c'est le 26 août que les explosions augmentèrent beaucoup d'intensité, et le 27, vers dix heures du matin, qu'eut lieu la plus formidable de toutes. Le 28 au matin tout était terminé.

Pendant les journées du 26 et du 27 août, on entendit presque sans interruption un grondement sourd semblable au roulement du tonnerre, entrecoupé de violentes explosions, les unes comparables à de forts coups de canon; les plus terribles, beaucoup plus brèves et plus crépitantes, ne se laissaient comparer à aucun bruit connu. Pour donner une idée de l'intensité extraordinaire des sons produits par ces explosions, citons quelques points où ils furent entendus. La distance où se propagèrent les ondes aériennes, avec assez d'intensité pour qu'elles fussent perçues comme ondes sonores, dépasse probablement tout ce que l'on connaissait en ce genre. « Les coups ont été entendus, dit M. Verbeck[2], à Ceylan, au Birman, à Ma-

1. E. Reclus, *La Terre*.

2. Les détails que nous donnons ici sur l'éruption de Krakatoa sont tous empruntés au rapport sommaire que ce savant a publié sur cet événement et qui a été reproduit par le *Bulletin de l'Association scientifique de France* des 11 et 18 mai 1884. Un rapport détaillé

nille, à Dorey, sur le Geelvinkbaai, en Nouvelle-Guinée, à Perth sur la côte occidentale de l'Australie, ainsi que dans tous les lieux plus rapprochés de Krakatoa. Si, de Krakatoa comme centre, on décrit un cercle avec un rayon de 30 degrés, ou 3333 kilomètres, ce cercle passe précisément par les points où le bruit a été perçu. La superficie de ce cercle, ou plutôt du segment sphérique, est de plus du quinzième de la superficie de la Terre. Dans les temps historiques, on ne connaît pas d'éruption dont les bruits se soient propagés sur une aussi énorme étendue.

« Outre ces vibrations sonores, il s'est formé aussi, lors des explosions, des ondes aériennes très longues, qui ne se sont pas manifestées par des sons, mais qui n'en ont pas moins produit des effets très remarquables. Les plus rapides de ces vibrations se communiquaient naturellement aux édifices et aux cloisons des chambres, de sorte que les objets suspendus à ces cloisons, ou au plafond, entraient en mouvement. C'est ainsi, par exemple, qu'à Batavia et à Buitenzorg, à une distance de 150 kilomètres de Krakatoa, des portes et des fenêtres furent secouées avec bruit, des horloges s'arrêtèrent, des statuettes placées sur des armoires furent renversées, des réservoirs de lampes suspendues sautèrent de leurs suspensions et tombèrent à grand fracas, avec verres et globes, sur le sol. »

Mais arrivons au fait principal que nous avions en vue en parlant de cet événement. Jusqu'au 27 août au matin, vers dix heures, moment où eut lieu l'explosion la plus formidable, les matières rejetées n'étaient que de la cendre plus ou moins humide, d'ailleurs extrêmement abondante, comme on va le voir ; mais à partir de cet instant ce fut de la boue, mélange de sable volcanique et d'eau de mer. C'est que les éruptions premières se faisaient d'abord au-dessus du niveau de la mer, tandis que, après la terrible explosion qui détermina l'effondrement de la moitié du cratère et de toute la partie septen-

est en préparation, où seront consignés les résultats des recherches entreprises en vertu d'une décision du gouvernement néerlandais.

trionale de l'île, elles se transformèrent en éruptions sous-marines, et au lieu de cendres, de scories solides, de pierres ponces, c'est de la boue qu'elles vomirent. Un navire anglais, le *Governor General London*, qui était parti de Batavia le

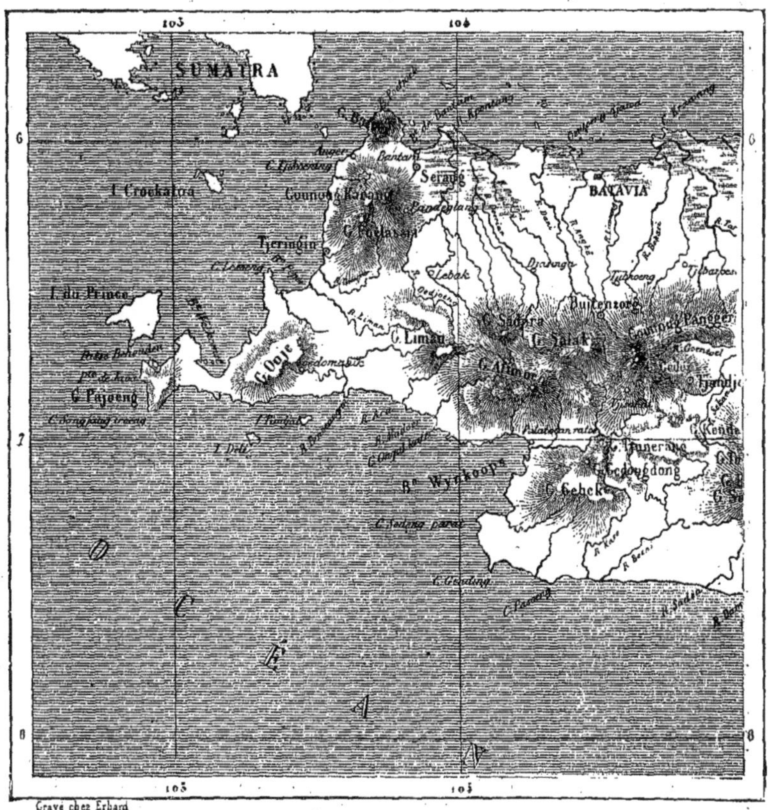

Fig. 174. — Carte du détroit de la Sonde. Ile Krakatoa.

26 août au matin et se trouvait à deux heures de l'après-midi en relâche dans la rade d'Anjer, commença vers six heures du soir à recevoir sur son pont une pluie de cendres et de pierres ponces. Le lendemain, la chute des cendres devint si abondante, que le capitaine, M. Linderman, dut jeter l'ancre à l'entrée de la baie d'Anjer. L'obscurité ne tarda pas à devenir aussi complète que par une nuit des plus noires. Puis, à la

pluie de pierre ponce succéda une pluie de boue d'une telle abondance, qu'en dix minutes le pont du navire se trouva recouvert d'une couche d'un demi-pied d'épaisseur. Le lendemain, le capitaine, voulant sortir de la baie, se trouva en présence d'un immense banc flottant, formé par une couche de pierre ponce de plus de 2 mètres d'épaisseur. Voici quelques nombres empruntés au rapport de M. Verbeck, qui achèveront de donner une idée du volume des matériaux, cendres, pierres ponces, boue, vomis par l'éruption. C'est dans un rayon de 15 kilomètres autour de Krakatoa que sont tombés les fragments les plus gros : ils ont formé sur la surface de ce cercle une couche de débris dont l'épaisseur varie de 20 mètres à 40. Sur le revers de l'île même, on voit en certains points des monticules de cendres de 60 à 80 mètres de hauteur. « Une évaluation aussi exacte que possible, dit M. Verbeck, de la quantité de matières solides rejetées m'a donné le chiffre de 18 kilomètres cubes. » Les deux tiers environ de cette masse ont été déposés sur le cercle de 15 kilomètres de rayon décrit autour de Krakatoa comme centre.

D'autres phénomènes d'un grand intérêt, mais qui n'ont point leur place ici, signalèrent cette éruption extraordinaire. Une vague d'une amplitude prodigieuse envahit les rivages voisins de Sumatra, de Java, détruisit tout sur son passage et, se propageant au loin, se fit sentir aux extrémités de la Terre : il paraît même qu'elle en fit plusieurs fois le tour. C'est aux cendres mélangées de vapeur d'eau qu'on attribue la persistance des lueurs crépusculaires qu'on observa dans toutes les parties du monde, pendant plusieurs mois après l'événement. La production de l'immense vague s'explique aisément par l'effondrement, au sein de la mer, de la masse des cônes volcaniques d'où partit l'explosion et de la portion de l'île disparue, au-dessus de laquelle la sonde accuse des profondeurs de 200 mètres. Quant à l'effet optique des lueurs, on admet qu'il est dû à la suspension, à une grande hauteur dans l'atmosphère, d'une nuée formée par les particules extrêmement fines des cendres projetées et mieux encore par celles de la vapeur d'eau, particules qui, condensées et cristallisées, sont susceptibles de donner lieu aux effets de réfraction, de diffraction et aux colorations qui en sont la conséquence.

Pour terminer ce que nous avions à dire des éruptions volcaniques, mentionnons encore la colonne de feu qui succède, pendant la nuit, à la colonne de cendres et de vapeurs visible pendant le jour. Jadis on la considérait comme formée par les flammes de la combustion dont on supposait que l'intérieur du volcan était le siège; mais il était aisé de voir que l'apparence de cette lueur ne répondait point à l'idée qu'on peut se faire de masses gazeuses incandescentes : elle reste calme, fixe et comme invariable de forme, bien loin d'être sujette aux fluctuations incessantes des flammes qui brûlent en plein air. On crut ensuite en trouver l'explication en admettant que la colonne est formée par la réunion des particules incandescentes incessamment lancées par le cratère; mais comment alors pourrait-on voir, comme on le fait, les étoiles au travers d'une lueur qui serait nécessairement opaque? De telles particules, il est vrai, se voient de temps à autre, dans la colonne lumineuse, sous forme de sillons de feu pareils à des éclairs. Mais en réalité la colonne est due à la lumière que reflète l'atmosphère[1], plus ou moins vivement illuminée par la lave incandescente qui

1. « L'éclatante lumière projetée par les jets de scories ou la lave étincelante d'où ils s'échappent, réfléchie par le nuage de vapeur aqueuse flottant au-dessus du cratère, produit cette apparence lumineuse à laquelle on donne à tort le nom de *flamme* dans les récits faits par des personnes incompétentes. Mais s'échappe-t-il réellement des flammes d'un volcan en éruption, par suite de l'inflammation de l'hydrogène ou d'autres gaz inflammables? C'est peut-être là une question encore sans réponse. Si réellement il s'en échappe, ce n'est que dans certaines circonstances particulièrement favorables que l'on pourrait les remarquer, car leur faible lumière doit complètement disparaître devant le reflet plus brillant de la lave incandescente. Abich croit avoir vu des inflammations faibles, mais réelles, de gaz hydrogène dans l'intérieur du Vésuve. » (P. Scrope, *les Volcans*.) Pendant l'éruption qui a donné naissance, dans la baie de Santorin, au Giorgios, des flammes rougeâtres apparurent à plusieurs reprises pendant la nuit, d'abord au-dessus de la mer, puis sur les blocs de lave émergés qui formèrent l'îlot. Il n'est donc pas douteux que des flammes se montrent dans certaines éruptions volcaniques. Mais il est non moins vrai que ces flammes ne sont pour rien dans le phénomène de la colonne de feu.

remplit le cratère. Les vapeurs, la fumée même vomie par l'orifice contribuent à l'éclat du phénomène. Nous avons parlé de la fixité de la lueur dont les diverses parties conservent en effet une immobilité et un calme imposants. Mais son éclat est variable avec celui de la lave dont elle est le reflet. Quand la masse fluide se refroidit, sa surface, d'un blanc éblouissant, passe au rouge de plus en plus sombre et la colonne de feu s'affaiblit. Une recrudescence de l'éruption, en rejetant la croûte superficielle, ramène l'éclat primitif.

§ 5. LES LAVES : LEUR COMPOSITION CHIMIQUE ET MINÉRALOGIQUE.

Jusqu'à présent, ce sont les circonstances extérieures de l'éruption, ses apparences grandioses ou terribles, ses effets trop souvent destructeurs que nous avons décrits : l'explosion, la projection des vapeurs et des cendres, l'écoulement des laves sont comme les actes de ce drame, dont les acteurs sont les forces physiques extérieures et souterraines en conflit. Avant de dire comment on explique les péripéties du drame, il importe d'en étudier plus à fond les éléments. Les produits rejetés par l'éruption, solides, liquides ou gazeux, proviennent également des profondeurs inaccessibles des couches sous-jacentes. En déterminant leur nature, au triple point de vue physique, chimique et minéralogique, les savants ont posé les bases solides d'une théorie des phénomènes volcaniques ; s'appuyant uniquement sur les résultats d'observations et d'expériences comparatives, sur des recherches faites sur les lieux mêmes des phénomènes pendant leur manifestation, et avec toutes les ressources des méthodes actuelles d'analyse, ils ont pu surprendre le secret des modifications subies par les produits éruptifs, remonter à leur cause et substituer ainsi des vues exactes et judicieuses aux systèmes et aux hypothèses qui avaient eu jusque-là cours dans la science.

Les laves, sous leurs formes variées, les émanations

gazeuses, pendant les diverses phases d'activité des volcans, telles sont les deux catégories de produits éruptifs dans lesquelles on peut ranger tous les matériaux rejetés par les cratères, ou par les autres fissures du sol volcanique. Parlons d'abord des laves.

Il faut comprendre sous cette dénomination non seulement les matières rendues fluides par leur haute température et qui se déversent sous forme de ruisseaux ou de coulées sur les flancs de la montagne, mais aussi les scories, bombes volcaniques, pierres ponces, lapilli, cendres ou sable que rejette le cratère dans le cours d'une éruption.

Les *bombes* sont des fragments de lave lancés par l'explosion en état de fluidité complète. Ces sortes de gouttes sont soumises, pendant le parcours de leur trajectoire, à un mouvement de rotation qui leur communique une forme globulaire ou sphérique, d'où vient leur nom. Refroidies et solidifiées, elles conservent leur forme. Leur volume, selon P. Scrope, varie depuis la grosseur des grandes poulies des vaisseaux de guerre jusqu'à celle d'une amande et d'une noisette. Le même savant fait remarquer que leur présence peut être très précieuse pour indiquer l'emplacement de quelque éruption à une époque reculée, lorsque manquent d'autres indices. C'est ainsi qu'un grand nombre de courants basaltiques sillonnant les flancs du Mont-Dore et du Cantal peuvent être prolongés jusqu'à leur origine, grâce aux bombes et scories qu'on trouve en profusion dans les parties plus élevées de ces montagnes.

On nomme plus généralement *scories* les fragments raboteux couverts d'aspérités, à qui leur brusque refroidissement n'a point permis de prendre une forme régulière. Celles qui appartiennent à des laves légères, vitrifiées et criblées d'une multitude de pores et de vésicules par l'action des gaz sont des *pierres ponces*. La densité de ces dernières est assez faible pour qu'elles flottent sur l'eau. Les *lapilli*[1] (petites pierres) sont des

1. Terme choisi par les géologues italiens (au singulier *lapillo*) et que, par corruption, on écrit quelquefois *rapilli*.

morceaux arrondis, depuis la grosseur d'un pois jusqu'à celle d'une noix; on peut supposer que leur mode de formation est le même que celui des bombes, ou encore qu'ils ont été ainsi réduits par une sorte de trituration due à leur friction mutuelle. Encore plus petits, ils forment le *sable volcanique*, ou les *cendres*, quand leur ténuité est telle, que leur consistance est celle de la farine ou d'une poussière impalpable. Scories, lapilli, sable ou cendres forment la matière principale dont sont composés les cônes volcaniques. C'est l'analyse chimique et micrographique qui a démontré l'identité de tous ces produits éruptifs avec les laves.

Voyons donc maintenant quelle est la composition de ces dernières. Disons d'abord que cette composition est extrêmement variée. Les laves provenant de foyers différents, ou même celles qui, issues du même foyer dans la même éruption, se sont consolidées plus ou moins rapidement à des phases différentes, offrent, sous le rapport de leur constitution minéralogique, des divergences profondes. Les mêmes éléments simples s'y sont groupés et cristallisés de façons différentes. Toutes les laves cependant ont un caractère commun et constant : c'est la présence dans leur masse, quand elles sont entièrement solidifiées, de parties amorphes, à l'état vitreux, restes du magma primitif qui composait la masse entière avant toute séparation de composés minéraux spéciaux, avant toute cristallisation. Les laves ont encore un autre trait de ressemblance : c'est que toutes renferment, en abondance plus ou moins grande et plus ou moins développées, de petites cavités bulleuses, dues sans doute à l'expansion des gaz, et notamment de la vapeur d'eau, qui les pénétraient quand elles étaient encore à l'état de fusion ignée.

Les éléments chimiques qui constituent la matière lavique sont : la silice, qui joue le rôle d'acide; l'alumine, la potasse, la soude, la chaux, la magnésie, le fer, qui jouent le rôle de bases dans les divers silicates en proportion extrêmement variée dont sont formées les laves. En comparant les laves des éruptions volcaniques actuelles avec deux types de roches, qui ne sont autre chose que des produits éruptifs des anciens volcans, les *basaltes* et les *trachytes*, on a été conduit à les diviser en deux groupes principaux, selon qu'elles se rapprochent plus ou moins de ces roches, et l'on distingue les *laves basaltiques* et les *laves trachytiques;* néanmoins on a dû, pour les laves dont les caractères sont moins tranchés, former une classe intermédiaire, les laves *trachydolérites*. Voici, d'après Fuchs, quels sont les caractères distinctifs de ces trois types de laves :

« Les laves basaltiques sont faciles à reconnaître à leur couleur foncée presque noire, et, lorsque la roche est à gros grains, on y peut distinguer facilement le feldspath et l'augite qui en constituent la partie principale. L'augite est le minéral que l'on trouve en plus grande abondance dans les basaltes, mais le feldspath y est souvent remplacé, complètement ou en partie, par d'autres minéraux, ce qui donne naissance à diverses variétés de laves basaltiques, dont les plus fréquentes sont le *basalte leucitique* (Vésuve, collines d'Albano, etc.), le *basalte à néphéline* (lave du Capo di Bove, Herchenberg dans l'Eifel, quelques laves du Vésuve), le *basalte à anorthite* (Islande, Antilles) et le *basalte à sodalithe* (Vésuve, etc.).

« Les laves trachytiques présentent fréquemment une couleur tout à fait claire, et, le plus souvent du moins, une couleur beaucoup moins foncée que les laves basaltiques. Les laves trachytiques sont habituellement composées, comme le trachyte ordinaire, de deux espèces de basalte : la sanidine et l'oligoclase; la première espèce se trouve fréquemment en grands cristaux enfermés dans la pâte fine de la roche (Ischia). On peut aussi distinguer plusieurs variétés de laves trachytiques par les minéraux qui y sont inclus : *trachyte à sanidine, trachyte à oligoclase, phonolithe, trachyte à haüyne, trachyte à sodalithe.* » (On vient de voir que ce dernier minéral, qui ne se forme que dans certaines conditions favorables, après l'écoulement de la lave, se trouve aussi dans les laves basaltiques.)

On peut caractériser d'une autre façon les deux espèces de

laves qu'on vient de définir. Les unes, les laves trachytiques, sont remarquables par leur teneur en silice, qui dépasse en général 66 pour 100; pauvres en chaux, en magnésie, en oxyde de fer, elles sont au contraire riches en soude et en potasse : ce sont les *laves acides* ou *légères*, par opposition aux *laves lourdes* ou *basiques*, dont la teneur en silice ne dépasse pas 55 pour 100 et qui, riches en chaux, en magnésie et en oxyde de fer, sont pauvres en potasse et en soude : celles-ci sont les laves basaltiques, à teinte noire et à grande densité (2,95 à 3,10).

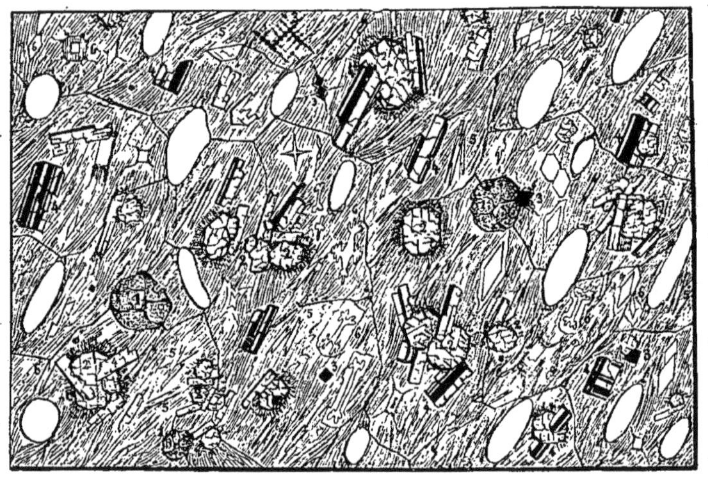

Fig. 175. — Lave du Kilauea (éruption de 1881). — I. 1, péridot; 2, augite; 3, fer oxydulé; 4, labrador. — II. 5, microlithes d'anorthite; 6, microlithes d'augite.

Les recherches toutes récentes des minéralogistes et l'emploi de l'analyse micrographique ont jeté un jour tout nouveau sur les causes de la diversité de composition minéralogique des différentes espèces de laves, en montrant que la présence de telle ou telle espèce de cristaux dans la masse dépendait surtout de la phase à laquelle avait eu lieu le phénomène de la solidification. Pour donner une idée de l'importance des résultats obtenus, nous ne pouvons suivre un guide plus sûr que l'auteur de la remarquable étude sur les volcans que nous avons eu plusieurs fois déjà l'occasion de citer[1]. Voici comment s'exprime M. Vélain, dans l'opuscule dont nous parlons :

« Toutes (les laves) arrivent au jour avec une provision de cristaux tout formés, dont les contours sont souvent assez nets et les dimensions assez grandes pour pouvoir être discernés à l'œil nu ou simplement armé de la loupe. La matière lavique, qui cimente tous ces minéraux disséminés ou agrégés par quantités variables, d'apparence homogène et trop longtemps considérée comme dépourvue de toute trace de cristallinité, se résout elle-même, sous le microscope à un grossissement suffisant, en un riche tissu de minéraux divers, que leurs formes réduites ont fait nommer *microlithes* (fig. 176).

Fig. 176. — Microlithes feldspathiques.

« La découverte de ces cristaux microscopiques, nés ainsi au sein de la masse vitreuse des roches volcaniques pendant l'acte de consolidation de la lave, et dont l'existence n'était même pas soupçonnée avant l'application du microscope à la pétrographie, a été une des conquêtes les plus importantes de la micrographie moderne, le développement de la cristallinité dans une substance amorphe étant, en effet, un des problèmes qui depuis longtemps préoccupaient les minéralogistes. L'emploi des forts grossissements a révélé, dans ces parties vitreuses des laves, toute une catégorie de formes élémentaires (*cristallites*, fig. 177) fort intéressantes, établissant tous les passages entre l'état amorphe et l'état cristallin.

Fig. 177. — Cristallites.

« Le microscope a été plus loin dans cette détermination exacte des éléments intégrants des laves[2] : il a fourni des don-

1. Les Volcans; *ce qu'ils sont et ce qu'ils nous apprennent.* — Nous saisissons ici l'occasion de remercier M. Vélain et son éditeur M. Gauthier-Villars de l'obligeance qu'ils ont mise à nous communiquer les figures qui accompagnent notre citation.

2. Fouqué et Michel Lévy, *Minéralogie micrographique.* — Fouqué, *Les applications modernes du microscope à la géologie*, 1879.

nées précises sur leurs associations, sur leur mode d'agencement, en montrant que la cristallinité de ces minéraux divers ne s'était pas faite simultanément, mais s'était opérée en plusieurs temps dans chacun desquels la cristallisation a affecté des caractères particuliers dont on peut suivre toutes les phases.

« Les *grands cristaux*, distincts à l'œil nu, appartiennent à un premier stade de consolidation qui s'est opéré, dans les profondeurs du sol, antérieurement à l'épanchement de la lave, dans des conditions de tranquillité et de refroidissement très lent, qui leur ont permis de prendre, avec de grandes dimensions, une structure le plus souvent zonaire, dénotant un accroissement lent et régulier.

« A cette époque calme a succédé une période troublée, et de refroidissement plus rapide, correspondant à l'éruption, pendant laquelle ces cristaux précédemment formés, charriés dans la lave liquide portée à l'incandescence, ont été soumis à des actions mécaniques et chimiques intenses.

« L'analyse microscopique les montre, en effet, tordus, brisés, dispersés souvent, par fragments, au milieu de la masse lavique qui les renferme ; leurs arêtes émoussées, des traces de corrosion souvent profonde, témoignent de l'intervention d'une température élevée, susceptible de les avoir soumis à une fusion partielle.

« C'est alors que s'est produite la seconde poussée cristalline; dans la masse vitreuse qui enveloppe tous ces cristaux anciens, en débris, les microlithes fourmillent et se disposent suivant des directions déterminées autour des éléments de première consolidation, pénétrant dans leurs cassures, s'allongeant, dans leurs intervalles, sous forme de longues traînées fluidales, où ils se réunissent parfois en nombre si considérable qu'il ne reste plus trace du magma vitreux primitif.

« La petitesse extrême de ces éléments de seconde consolidation, indice d'un arrêt souvent subit dans la cristallisation, par suite du brusque refroidissement de la coulée, leur disposition par longues traînées, manifestement orientées dans le sens de l'écoulement de la lave, témoignent qu'ils ont pris naissance dans un liquide en mouvement.

« Leur formation, contemporaine de l'épanchement de la lave, est encore attestée par ce fait que, dans les parties superficielles des coulées dont la consolidation a été rapide, ces microlithes sont rares, clairsemés, réduits à l'état de cristallites et font même parfois défaut.

« L'état amorphe que conservent, après leur chute, les projections, qu'on sait être rapidement solidifiées, par suite de leur

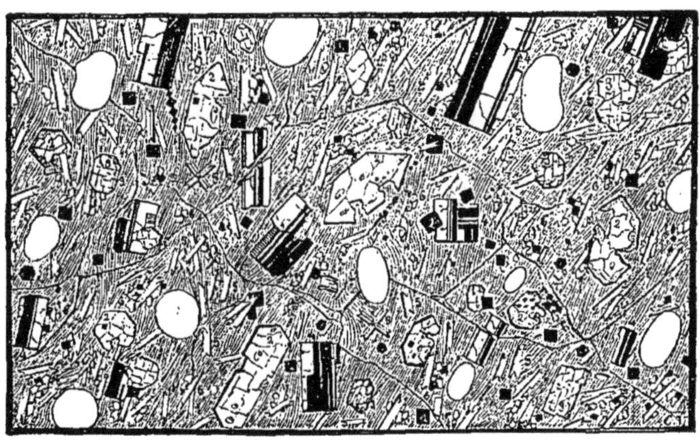

Fig. 178. — Lave vitreuse à labrador (île de la Réunion, coulée de 1874). — I. *Éléments de première consolidation :* 1, fer oxydulé; 2, péridot; 3, augite; 4, anorthite. — II. *Éléments de seconde consolidation :* 5, microlithes de labrador; 6, granules d'augite et de fer oxydulé, disséminés dans une matière amorphe à structure fluidale.

brusque refroidissement dans l'air, en est encore une preuve des plus directes.

« Dans chacun de ces stades de consolidation, la cristallisation a affecté des caractères particuliers, l'agencement des minéraux s'y est surtout effectué diversement. Tel minéral ne s'isole à l'état de cristaux que dans le premier stade, tel autre n'apparaît que dans le second. Le péridot, par exemple, qui prédomine dans les laves basiques, ne s'y présente qu'à l'état de grands cristaux anciens, en débris, autour desquels sont venus se grouper les éléments microlithiques du second temps.

Il en est de même pour la leucite, qui, dans certaines laves du Vésuve (*leucitite*, fig. 179), où elle abonde au point de se substituer au feldspath en devenant l'élément caractéristique, a manifestement cristallisé antérieurement aux minéraux qui l'accompagnent dans le second temps. Ceux qui se présentent dans les deux cas affectent des particularités de structure propres à chacun des deux stades de consolidation qui permettent de les distinguer. Tels sont les feldspaths, qui à l'état

Fig. 179. — Leucitite de la Somma (Vesuve)[1]. — I. *Éléments de première consolidation :* 1, magnétite; 2, péridot; 3, leucite; 4, augite. — *Éléments de seconde consolidation :* 5, microlithes d'augite et de fer oxydulé; 6, mélilite.

de grands cristaux sont développés suivant la face g_1, tandis que leurs microlithes sont allongés suivant l'arête pg_1.

« Enfin on a pu faire encore cette remarque que, dans chacun de ces deux stades, les espèces minérales ne cristallisaient pas rigoureusement au même instant et qu'elles apparaissaient dans l'ordre inverse de leurs fusibilités respectives. C'est ainsi que les éléments feldspathiques sont le plus souvent moulés par les cristaux de pyroxène (augite), qui trahissent bien ainsi leur postériorité.

« Quand le labrador se sépare à l'état de grands cristaux

1. Cette lave représente le terme le plus basique de la série des laves.

dans le premier stade, c'est l'oligoclase qui prend la forme microlithique dans le second ; dans le cas de l'anorthite en grands cristaux, on reconnaît dans la lave qui les contient les microlithes de labrador.

« En résumé, les laves, considérées pendant bien longtemps comme des roches *pseudo-ignées*, dans la formation desquelles la vapeur d'eau, qui accompagne avec une constance remarquable toutes les manifestations volcaniques, venait se com-

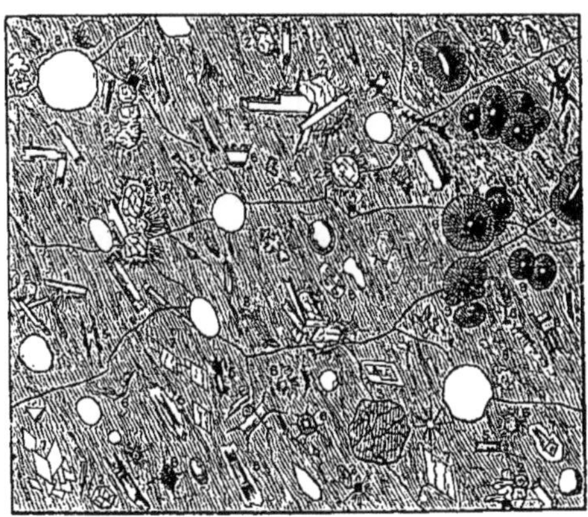

Fig. 180. — Lave du Kilauca (éruption de 1881) vue au microscope, en lumière naturelle, à un grossissement de 40 fois, montrant sa structure fluidale : 1, labrador ; 2, augite ; 3, péridot ; 4, magnétite ; 5, microlithes d'anorthite ; 6 et 7, cristallites d'augite ; 8 et 9, concrétions sphérolithiques.

biner à celle de la chaleur, se comportent comme devant leur origine à l'action exclusive d'une fusion ignée suivie d'un lent refroidissement, sans l'intervention de pressions ni de températures excessives, et surtout sans qu'il soit besoin d'un repos absolu, condition jadis considérée comme indispensable à toute cristallisation régulière. »

Ces résultats de l'analyse micrographique, si intéressants pour l'étude de l'origine des divers produits éruptifs, en ce qu'ils mettent en évidence les causes physiques de leurs transformations et celles de leur structure intime, ont été d'ailleurs pleinement confirmés par une série d'expériences synthétiques dues à MM. Fouqué et Michel Lévy. Ces savants sont, en effet, parvenus à obtenir artificiellement les principales roches volcaniques, produits des éruptions anciennes ou modernes : la *leucotéphrite*, type normal des laves habituellement rejetées par le Vésuve, les *leucitites*, un *basalte* identique à celui des plateaux d'Auvergne, etc.[1] « Tous ces essais à jamais mémorables, dit M. Vélain, dont le résultat est d'augmenter considérablement le domaine de la fusion purement ignée, avaient été précédés et préparés en quelque sorte par des reproductions, par la même voie sèche, d'un grand nombre de minéraux, parmi lesquels se trouvent précisément ceux qui peuvent compter comme essentiels dans les roches volcaniques, tels que divers feldspaths (oligoclase, labrador, anorthite), la leucite, la néphéline, l'augite, avec tous les détails de structure que le microscope a révélés. »

§ 6. LES COULÉES DE LAVES : TEMPÉRATURE, VITESSE D'ÉCOULEMENT.

Revenons maintenant aux particularités propres aux coulées de laves, à leur température, à leur mode de progression pendant les éruptions volcaniques, aux formes qu'elles prennent après leur refroidissement.

Au premier moment de l'écoulement de la lave, soit que la masse fluide s'épanche sur les points les plus bas des rebords du cratère, soit, ce qui est plus fréquent, qu'une fissure lui ait ouvert un chemin sur les flancs ou à la base du cône, il n'est pas possible de mesurer expérimentalement la température du liquide incandescent. Le danger des projections de blocs de lave, de scories, etc., ne permet point de s'approcher suffi-

1. « Il a suffi à ces savants expérimentateurs de soumettre, dans des creusets de platine de 20 centimètres cubes de capacité, des verres parfaitement homogènes, constitués de façon à présenter en bloc la composition moyenne de la roche dont on tentait la reproduction, à des températures successivement décroissantes, pour obtenir, par voie de fusion purement ignée, des produits artificiels présentant, non seulement les mêmes éléments cristallins, mais la même structure que les roches volcaniques. » (Vélain, *loc. cit.*)

samment de l'endroit par où sort le courant[1]. Les observations faites en 1820 au Stromboli par Poulett Scrope et en 1868 au lac de laves du Kilauea par Coan ont montré que la température de la lave dans le foyer même dépasse certainement celle de la fusion du cuivre (1000 à 1100 degrés).

Cette température s'abaisse d'ailleurs promptement à la surface, dès que, coulant à l'air libre sur les flancs de la montagne, pareille à un bain de métal en fusion, la lave se recouvre d'une croûte solide qui se durcit assez vite pour qu'on puisse y marcher sans crainte. Cette croûte se brise d'ailleurs en fragments irréguliers, scoriformes, que le courant charrie comme les blocs de glace des rivières gelées, et bientôt l'abondance de ces fragments est telle, que la masse en fusion disparaît aux regards. Toutefois des crevasses se forment, à travers lesquelles on aperçoit encore la lave, liquide à l'intérieur, d'une couleur rouge pendant le jour et d'un blanc éblouissant pendant la nuit. C'est par ces fissures, plus nombreuses sur les bords comme le sont les crevasses latérales des glaciers, que s'échappent les émanations gazeuses ou fumerolles. On a pu prendre la température aux points où se font ces dégagements et, comme nous le verrons bientôt, constater que la nature chimique des émanations varie avec cette température, depuis les points où elle dépasse 400° jusqu'à ceux où elle s'abaisse à la température ordinaire.

Les coulées de laves conservent leur chaleur intérieure pendant un temps quelquefois considérable, ce qui tient évidemment à la protection de la croûte scoriforme, dont la conductibilité est très imparfaite. Pour expliquer la rapidité de la formation de cette croûte, on admet qu'elle est due, non seulement au refroidissement qui résulte du rayonnement extérieur, mais aussi à l'abondant dégagement des gaz et de la vapeur

1. « Dans les premiers temps (de l'éruption), dit M. Fouqué, les blocs de lave incandescente projetés de tout côté sont si abondants, qu'en essayant d'approcher des bouches on serait infailliblement écrasé par ces masses brûlantes, dont le volume est souvent de plusieurs mètres cubes, et qui retombent avec une effroyable vitesse après s'être élevées dans les airs à des hauteurs de 1500 à 1800 mètres. » (*Rapport sur l'éruption de l'Etna en* 1865.)

d'eau contenue à l'intérieur de la lave. Cette évaporation exige une consommation énorme de chaleur, qui est surtout empruntée à la surface du courant. Nous avons signalé ce fait que, vingt et un ans après l'éruption qui a donné naissance au

Fig. 181. — Laves de l'Etna, d'après une photographie de M. Paul Berthier.

Jorullo, on pouvait encore allumer des cigares dans les crevasses des hornitos, et qu'en 1803, c'est-à-dire après quarante-quatre ans, le thermomètre y marquait encore 95°. Une coulée de lave du Vésuve avait encore une température de 72° à sa surface sept ans après l'éruption qui avait eu lieu en 1858.

On compare le mouvement de la lave sur les pentes du volcan à celui d'un ruisseau de métal en fusion, ou de tout liquide visqueux, imparfait, sur un plan incliné. Mais la rapidité de ce mouvement dépend de bien des circonstances; d'abord de la plus ou moins grande fluidité de la lave, puis de l'inclinaison de la pente, des obstacles qui s'y rencontrent, enfin du temps écoulé depuis le début de la coulée. « En octobre 1822, dit M. P. Scrope, je vis de mes yeux, en compagnie de MM. Monticelli et Covelli, une lave descendre tout le flanc du Vésuve, du cratère à Pedamentina, en *quinze minutes.* » Une coulée de laves du même volcan, pendant l'éruption de 1872, franchit 5 kilomètres en un jour; ce n'est, en moyenne, que 208 mètres par heure; mais cette vitesse n'est point uniforme et la même lave, en une heure, parcourut les 900 mètres de largeur du Fosso della-Vetrana. En un jour et demi, la lave était consolidée et la coulée arrêtée. A ce propos, Charles Sainte-Claire Deville faisait observer que la lave du Vésuve en 1858, bien autrement fluide, avait mis plusieurs mois à se consolider. L'intérieur d'un courant de laves, grâce à la très faible conductibilité de la surface durcie, conserve longtemps sa haute température et jusqu'à un certain point sa fluidité : son mouvement, quoique considérablement ralenti, peut être constaté. « J'ai vu moi-même, en 1819, dit P. Scrope, un courant de lave encore en mouvement, très lent, il est vrai, à son extrémité inférieure, neuf ou dix mois après que l'éruption qui l'avait produit avait cessé. »

La résistance occasionnée par les aspérités du terrain sur lequel se meut la coulée, produit, dans le mouvement de ses diverses parties, des effets qui ont beaucoup d'analogie avec ceux que nous avons reconnus dans le mouvement de progression d'un glacier. Les blocs de lave solidifiés s'accumulent sur les côtés de la coulée de manière à former des sortes de moraines latérales. La partie supérieure de la masse fluide comprise sous la croûte se mouvant avec plus de rapidité que les couches inférieures, il en résulte une sorte de rotation en avant, les scories et les croûtes de la surface, sur le front de la coulée, roulent devant elle. Tant que le noyau fluide persiste, le courant présente une section transversale convexe au centre: mais si, par suite d'une diminution dans le débit de la source

Fig. 182. — Coulée de laves du Vésuve (fosse de Pharaon), d'après une photographie.

incandescente, ce noyau s'écoule et finit par disparaître, la croûte s'affaisse au centre, qui prend au contraire une courbure concave à l'extérieur. Parfois la partie liquide de la coulée laisse, en disparaissant, un canal vide, une sorte de tunnel où l'on peut pénétrer, lorsque le refroidissement est définitif.

« Ces tunnels, dit M. Vélain, sont très fréquents à la Réunion, dans toute l'étendue du *Grand-Brûlé*, où ils facilitent singulièrement l'accès du volcan de ce côté. On circule en effet facilement dans ces conduits souterrains, qui sont larges et

Fig. 185. — Fissures à la base du Frumento, formées pendant l'éruption de l'Etna de 1865, d'après une photographie de M. P. Berthier.

hauts de plusieurs mètres. La voûte en est arrondie, presque régulièrement, sous la forme d'un plein cintre légèrement déprimé, et, quand elle est intacte, le sol de la galerie est assez uni pour que la marche y soit facile. On y voit, à la surface du sol, les traces de l'écoulement des dernières laves sous la forme de traînées noirâtres, ridées à la surface, dans lesquelles chaque ride présente sa convexité du côté de la pente. D'autres marques plus curieuses encore de l'écoulement des laves s'observent sur les parois latérales : ce sont des stries plus ou moins fortement accentuées, des espèces de moulures dont quelques-unes font à peine saillie, tandis que d'autres avancent de plusieurs décimètres. A chacune de ces moulures saillantes, sur l'une des parois d'une galerie, correspond une moulure exactement symétrique sur la paroi opposée. Ces saillies représentent les différents niveaux auxquels la surface de la lave est, plus ou moins longtemps, restée stationnaire pendant la durée de l'écoulement[1]. » Ce sont les laves basiques ou lourdes, plus riches que les laves acides en matière vitreuse, et aussi beaucoup plus fluides, qui présentent cette tendance à se creuser ainsi des tunnels ou des grottes pendant leur lent refroidissement. Le savant que nous venons de citer utilisa de semblables canaux souterrains de plusieurs centaines de mètres de longueur, dans l'exploration qu'il fit, en 1872, de l'île Amsterdam ; ces souterrains, de 8 à 10 mètres de large, sur une hauteur double, lui permirent d'atteindre le sommet de l'île, en circulant ainsi sous les laves basaltiques qui le recouvrent.

Dans leur mouvement de progression, les coulées de lave offrent une particularité curieuse, quand un obstacle, un rocher, un mur, se trouve sur leur route. Alors on voit le courant s'arrêter, à quelques centimètres de distance, comme si un objet invisible s'opposait au contact. Quand la force d'impulsion du courant est considérable, l'obstacle peut céder ; mais si le mouvement est lent, par suite de l'imparfaite fluidité de la lave, elle s'arrête comme on vient de voir, puis s'élève jusqu'à ce que le niveau du courant atteigne la hauteur du mur ; elle le franchit alors en cascade, à moins qu'elle ne puisse prendre une direction latérale. Dans la fameuse éruption de l'Etna en 1669, un courant de lave qui coula jusqu'à Catane, s'arrêta devant les murailles de la ville, s'y accumula et

1. *Les Volcans.*

les franchit en roulant par-dessus sous la forme d'une cascade de feu. « Le mur ne fut point renversé, dit Scrope en citant ce fait singulier, mais il existe encore, et l'on peut voir une arcade de lave se recourbant par-dessus comme une vague sur

Fig. 184. — Courant de laves, à la base du Monte-Frumento (éruption de l'Etna en 1865), d'après une photographie de M. P. Berthier.

la plage. » Des effets pareils ont été fréquemment observés pendant les éruptions du Vésuve.

Les végétaux, l'herbe plus ou moins sèche, les arbustes, quand un courant de lave les rencontre, sont incendiés en peu d'instants. Pour les arbres plus gros, il arrive fréquemment que leurs parties supérieures seules sont réduites en cendres, et leurs troncs simplement carbonisés. Il n'est pas rare toutefois que la masse les enveloppe sans les faire périr. M. Fouqué, dans son rapport sur l'éruption de l'Etna de 1865, cite des exemples curieux de ces divers effets. La fissure par où s'est épanchée la coulée de lave, à la base du Monte-Frumento (fig. 183), était antérieurement couverte d'une haute futaie de pins. Le savant explorateur trouva carbonisés à leur base, sur une hauteur de 2 à 3 mètres, ceux de ces arbres qui étaient situés sur les bords de la fissure, d'où il conclut que la lave en coulant s'était élevée à ce niveau. La forte pente du terrain avait rendu d'abord l'écoulement très rapide. Mais plus bas, la pente diminuant, la lave liquide ralentissant sa marche s'accumula sur une hauteur de 3 à 4 mètres; aussi les arbres étaient-ils carbonisés jusqu'à cette hauteur. « Cependant, dit M. Fouqué, cette lave, qui les entourait, était assez liquide pour se mouler parfaitement sur leur contour, prendre toutes les empreintes de l'écorce et leur former une espèce d'étui en se refroidissant. Tous les arbres enveloppés ainsi dans la lave ont eu de la sorte un étui protecteur, qui les a garantis du contact immédiat de la lave liquide pendant qu'elle continuait à couler tout autour. Mais, l'étui étant lui-même doué d'une haute température, il est arrivé souvent que l'arbre a continué à brûler, et aujourd'hui l'étui reste seul, ressemblant à ces tuyaux bitumés que l'on emploie à Paris pour la conduite du gaz. Souvent aussi la combustion a été incomplète, il y a eu seulement carbonisation plus ou moins avancée, et nous retrouvons un grand nombre de ces arbres encore debout, quoique charbonnés à la base et revêtus de leur enveloppe protectrice[1]. » Des tubes semblables à ceux que décrit M. Fouqué se rencontrent fréquemment dans les laves de la Réunion, lorsqu'elles ont exercé leurs ravages sur les forêts de palmiers. D'après Dana, les courants de lave du Kilauea (Havaï) laissent quelquefois aux branches supérieures des arbres des fragments de matière solidifiée, qui

1. *Rapport sur l'éruption de l'Etna en 1865.*

pendent comme des stalactites ou des glaçons de verglas ; en se

Fig. 185. Pins de l'Etna envahis par un courant de laves (éruption de 1865), d'après une photographie de M. P. Berthier.

refroidissant, la surface du courant se déprime, sa hauteur diminue, et la masse fluide laisse ainsi sa trace aux forêts qu'elle a traversées. « Ce qu'il y a de plus curieux, fait observer Scrope en citant ce fait, c'est que les branches auxquelles adhèrent ces stalactites, et qui certainement ont été enveloppées par la matière en fusion, donnent à peine des marques de chaleur, l'écorce même n'étant que très rarement carbonisée. Ce fait pourrait s'expliquer peut-être par l'humidité de leurs surfaces, qui, étant subitement vaporisée, a pu agir comme une espèce de fourreau protecteur pendant le court intervalle entre leur immersion dans la lave et le refroidissement de la première enveloppe[1]. »

Les effets destructeurs des coulées de lave sont parfois terribles. Les ravages qu'elles causent sont en proportion avec la quantité des matières vomies par l'éruption, par conséquent avec l'étendue des surfaces recouvertes ; ils dépendent aussi de la rapidité de l'écoulement, laquelle dépend elle-même de la pente et de la fluidité de la lave. En 1783, le volcan islandais le Skaptar-Jökull eut une des plus épouvantables éruptions que l'histoire ait enregistrées. Deux torrents de lave s'écoulèrent à des distances de 80 et de 65 kilomètres ; leur largeur ne mesurait pas moins de 24 et de 12 kilomètres, et en plusieurs points leur épaisseur atteignait 150 mètres. On estime que le volume des matières ainsi rejetées égalait le double du volume total de l'Hécla ; les calculs de Bischof donnent un volume supérieur à celui du Mont-Blanc. « Tout le pays environnant fut la proie du feu ; les anciennes laves furent refondues, et de toutes parts se formèrent des cavernes souterraines. L'effervescence dura plus de huit mois, et la lave mit deux ans à se refroidir. A quarante lieues à la ronde, les pâturages furent détruits par les ponces, les laves et les cendres. L'air était infecté de vapeurs pernicieuses, le ciel obscurci par des nuées de cendres. Suivant les calculs les plus modérés, 14000 créatures humaines, et environ 150000 têtes de bétail, périrent dans cette effroyable catastrophe[2]. »

1. Poulett Scrope, *les Volcans*.
2. Jules Leclercq, *la Terre de glace*.

Les éruptions du Mauna-Loa, dans l'île d'Havaï, si elles ont causé moins de victimes que celle du Skaptar-Jökull, lui sont comparables par les dimensions des coulées et la rapidité de

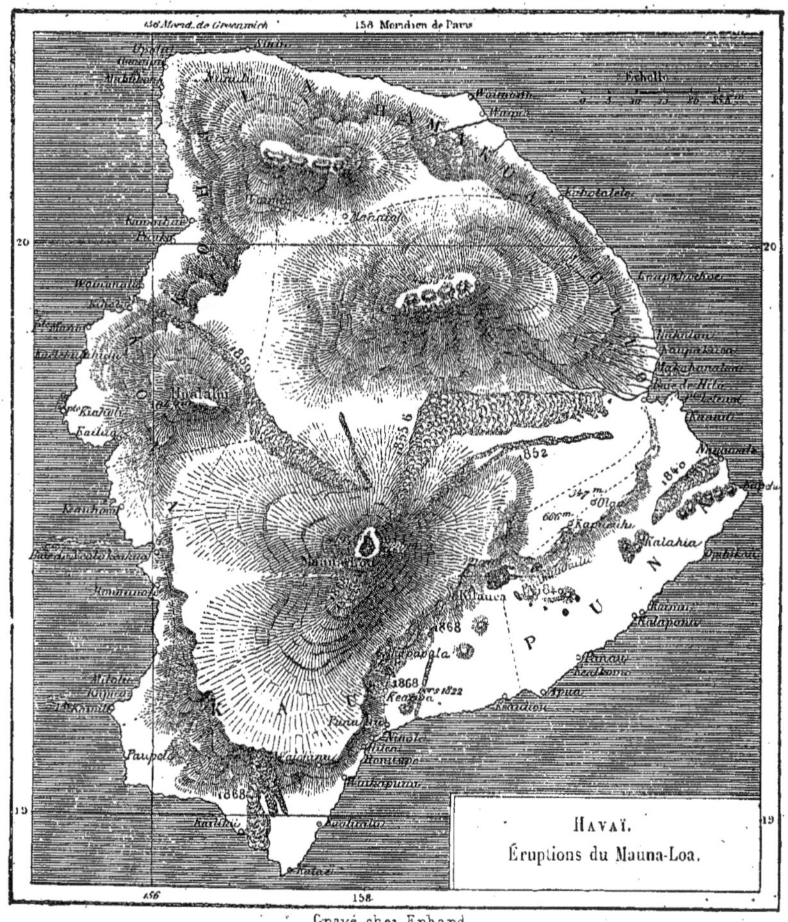

Fig. 186. — L'île d'Havaï. Carte des éruptions et des coulées de laves du Mauna-Loa.

leur descente, en grande partie due à leur fluidité. Cette fluidité est très grande, puisque l'un des observateurs de la dernière éruption (de novembre 1880 à août 1881), M. W. L. Green, a constaté qu' « après avoir parcouru 30 à 40 milles (48 à

64 kil.) elle est encore dans un état très liquide. Partout, dit-il, où la lave a pu être aperçue à travers quelques ouvertures accidentelles de la croûte, on l'a vue couler en apparence aussi liquide que de l'eau et à une chaleur rouge blanc. Je crois que la plupart de ceux qui l'ont observée sont convaincus que c'est une pure fusion ignée; on ne voit s'en élever aucune vapeur, aucun gaz, à moins qu'elle ne tombe dans de l'eau ou qu'elle ne traverse de la végétation. » M. Green a fait reproduire par la photographie, et aussi par la peinture, toutes les phases de cette éruption de laves. Huit de ces photographies, prises de 20 en 20 minutes, montrent l'envahissement par le courant fluide d'un étang à parois verticales, qui fut entièrement comblé en moins de deux heures. A la place du creux de l'étang et de ses bords couverts de végétation, on ne vit plus qu'une masse compacte présentant cet aspect singulier, ces reflets miroitants, que les indigènes ont caractérisés par le nom de *pahoehoe* (peau de satin).

Les plus remarquables des coulées de laves du Mauna-Loa sont, au point de vue des dimensions, celles de l'éruption de 1852 qui s'étendirent sur une longueur de 45 kilomètres, avec une largeur de 1 à 2 kilomètres; celles de 1855-1856 et de 1859, qui couvrirent des espaces de 50 et 60 kilomètres de long sur 5 à 8 kilomètres de large. En 1868, les coulées furent moindres, mais leurs effets n'en furent pas moins terribles, comme on peut s'en convaincre en lisant la relation qu'en donne M. de Varigny, dans le voyage qu'il fit à Havaï après l'éruption, en sa qualité de ministre du roi Kaméaméa V. Citons-en quelques passages caractéristiques, et d'abord celui où il décrit le fleuve de lave de Kahaulala. « D'une hauteur qui domine le cours de ce fleuve, dit-il, je puis me rendre compte de sa direction. Sa source est à quelques kilomètres à notre droite, sur les flancs de la montagne, et s'échappe de trois vastes fissures. La lave descend en masse compacte jusqu'au pied de la montagne. Là elle s'est divisée, contournant les mamelons, comblant les vallées; tantôt elle se réunit de nouveau, tantôt elle circule comme au hasard, laissant çà et là de vastes espaces un peu plus élevés complètement intacts. On dirait des îles de toute taille au milieu d'une mer noire et brûlante. La chaleur est intense. Une légère fumée blanche flotte au ras du sol. A la surface, la lave s'est durcie; sur les bords elle est assez forte pour nous porter, mais à mesure que nous avançons elle offre moins de résistance. Au milieu de son lit, nous

Fig. 187. — Cascade de laves (éruption du Mauna-Loa en 1868), d'après une photographie de M. Chase.

la sentons plier sous nos pas comme un fleuve de formation récente. En enfonçant mon bâton, il pénètre cette couche légère, et je l'en retire enflammé... La largeur de ce bras est d'environ 300 mètres. En examinant la configuration du sol, je puis me rendre à peu près compte de l'épaisseur de la lave; elle n'est pas moindre de 50 pieds, et coule entre deux mamelons. Nous sommes dans une île entourée de lave[1]. »

Plus loin, racontant l'envahissement de plusieurs fermes et

1. *Voyage aux îles Sandwich* (*Tour du monde*, année 1873).

plantations jadis florissantes, converties par la lave en champs de pierres et de scories, il décrit ainsi l'arrivée du fléau qui ruina l'un des propriétaires de ces fermes, le capitaine Brown : « Le fleuve de lave était descendu dans la plaine, au milieu de la nuit, comme une inondation de feu, couvrant la plaine sur une largeur de plus d'un kilomètre. En un instant, la maison, les fermes, entourées de laves rouges, avaient pris feu comme une poignée d'herbes sèches, et s'étaient écroulées dans le fleuve qui entraînait tout. Son peu de profondeur lui avait permis de se refroidir rapidement, le cours principal étant plus à gauche. »

L'éruption de 1868 du Mauna-Loa fut signalée, à son début, par un phénomène extraordinaire, dont la vallée de Kapapala fut le témoin et la victime. « La terre se fendit avec un bruit épouvantable, et une masse de boue, d'eau et de pierres fut lancée avec une violence telle, que du premier jet elle atteignit une distance de *cinq kilomètres*, engloutissant tout sur son passage. Près de l'endroit même où le sol se creva se trouvait une hutte indigène en bambous. Elle fut renversée par le choc de l'atmosphère, mais le jet passa par-dessus sans la recouvrir, ne frappa le sol qu'à 300 mètres de son point de départ, et roula sans s'arrêter avec une vitesse supérieure à celle d'un boulet lancé à toute volée. La longueur totale de ce jet de boue, depuis le point où il s'abattit jusqu'à celui où il s'arrêta, est de plus de 4 kilomètres ; sa largeur moyenne est de 1 kilomètre, et son épaisseur, d'environ 1 mètre sur les bords, atteint plus de 10 mètres au centre. Tout ce qui se trouvait sur son passage fut anéanti. Les animaux ne purent échapper, et sur les bords on voyait encore les bœufs et les chèvres saisis par le train de derrière et figés dans cette masse épaisse (fig. 188). On avait constaté la mort de 31 indigènes. » M. de Varigny examina des échantillons de cette boue qui avait la consistance du mastic durci. Pulvérisée sous le marteau, elle se réduisait en une poussière rougeâtre fine et impalpable, sans trace de scories ni de lave.

Le point où jaillit cette masse de boue suivie d'une émission abondante d'eau bouillante est situé, comme on le peut voir sur la carte d'Havaï, au-dessous et à peu près à égale distance du grand cratère du Mauna-Loa et du lac de lave du Kilauea. Ce

Fig. 188. — Animaux engloutis dans la boue du Mauna-Loa.

dernier, dont nous avons déjà parlé plusieurs fois, mérite une description spéciale.

Le Mauna-Loa est le plus considérable des quatre volcans qui s'élèvent dans l'île Havaï, la plus grande des Sandwich. C'est aussi l'une des plus hautes cimes volcaniques du monde, puisque son cratère, dont l'entonnoir mesure 2 kilomètres et demi d'un bord à l'autre, domine l'Océan de 4200 mètres. C'est à plus de 3000 mètres plus bas, sur le flanc oriental de cette masse grandiose, que s'ouvre, comme un déversoir des laves qui s'accumulent sous le Mauna-Loa, une vaste bouche en forme de poire, au fond de laquelle s'étend un véritable lac de laves, à demi solidifiées, à demi fondues à la surface, mais fluides et bouillonnantes dans les profondeurs. La circonférence extérieure de l'ellipse du Kilauea mesure environ 20 kilomètres, son plus grand diamètre étant de 4500 mètres et son plus petit de 2250. Des murailles de laves à pic descendent, par gradins successifs, jusqu'aux bords du lac, à 300 mètres

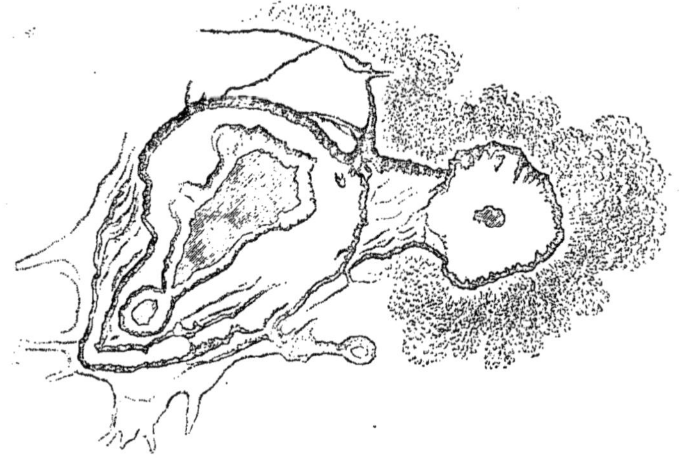

Fig. 189. — Cratère-lac du Kilauea (Havaï)

plus bas que ceux du cratère même. Du reste, suivant les phases de l'activité du volcan, le niveau de la masse fluide est tantôt plus élevé, tantôt plus bas, et les traces de ces variations restent visibles sur les parois où la lave, en se solidifiant, laisse sur tout leur pourtour des sortes de corniches noirâtres. Telle est sans doute l'origine des terrasses ou des gradins dont il vient d'être question. L'aspect que présente cette immense cuve, soit pendant le jour, soit pendant la nuit, d'après les relations de tous les visiteurs du Kilauea, est quelque chose de véritablement fantastique. « Nous étions, dit l'un d'eux[1],

1. Relation publiée par le *Times* et traduite par le *Journal officiel*.

LE CRATÈRE DU KILAUEA
dans l'île Havaï.

sur les bords d'un lac irrégulier d'un feu liquide tout bouillonnant, roulant, se mouvant en roulis d'un bord à l'autre, répandant une chaleur constamment croissante, et lançant de vastes colonnes de fumée. Le fond des ravins était frangé de flammes et il semblait à tout instant que les rochers allaient se précipiter dans le lac enflammé. La lave qui en formait le

Fig. 190. — Lac de laves du Kilauea.

rivage ressemblait à du sang, comparée avec les rochers noirâtres qui se trouvaient au-dessus. Une cascade de feu semblait se livrer, au fond du lac, aux ébats les plus étranges : elle bouillonnait, se roulait sur elle-même, laissant échapper des jets de lave ardente, dispersant autour d'elle des rayons enflammés. Alors elle sembla s'affaisser pour un instant et le lac parut laisser refroidir à la surface une épaisse croûte grise et noirâtre; mais bientôt il se souleva de nouveau vers le centre et fit jaillir une colonne de feu à trente ou quarante pieds de haut, qui joua pendant quelques minutes comme une fontaine colossale, lançant de tous côtés des blocs de lave, poussant ses vagues enflammées contre les rochers avec un bruit qui ressemblait à celui du ressac sur un rivage rocailleux, bruit indescriptible et diabolique. »

M. de Varigny, dans son *Voyage aux îles Sandwich*, décrit un phénomène analogue, lorsqu'il montre deux vagues de lave, parties de deux points opposés du cratère, marchant à la rencontre l'une de l'autre, puis se heurtant avec une violence terrible. « Un bruit formidable comme celui d'un immense craquement souterrain marqua le moment de leur choc. Le sol oscillait autour de nous et sous nous. Elles se soulevèrent en une pyramide de feu de plus de soixante pieds de hauteur, au centre même du volcan, lançant leur écume brûlante dans toutes les directions. Puis la plus forte des deux vagues l'emporta et, refoulant devant elle sa rivale, s'étendit comme une nappe rouge et vint battre avec fureur les parois volcaniques, qui se fondirent sous l'étreinte de cette effroyable chaleur, et disparurent dans le bassin, comme le sable d'une falaise que la mer mine, sape et engloutit avec elle. Ce spectacle avait duré près d'un quart d'heure, et fut suivi d'une période d'accalmie; la nappe de lave noircie se referma, fendillée çà et là en zigzags de feu; la masse reprit son mouvement lent et régulier comme celui du flot. »

Nous ne sachions pas qu'aucun volcan présente sur une telle échelle des témoignages aussi extraordinaires de l'intensité de la chaleur souterraine du globe et de la continuité de son action. Les phénomènes volcaniques du Stromboli égalent ceux des volcans d'Havaï, mais sous ce dernier rapport seulement. Nous avons vu d'autres exemples de la puissance destructive de certaines éruptions paroxysmales. Mais la réunion de ces deux caractères dans une région aussi circonscrite que celle de l'île Havaï est certainement, selon l'expression de Fuchs, parlant du Kilauea, « un phénomène unique en son genre ». Pour terminer ce que nous voulions dire de ce cratère, nous insisterons surtout sur le fait de ses variations de niveau. Toute ascension de la lave à l'intérieur d'une cheminée volcanique a pour cause évidente un accroissement de la force expansive des gaz ou vapeurs qui produisent les éruptions. Cette force est certainement considérable, puisqu'elle est capable de faire équilibre au poids énorme d'une colonne de matières fondues dont la densité dépasse deux fois et demie et atteint même trois fois la densité de l'eau. Pour chaque 100 mètres de hauteur de la colonne, la pression intérieure vaut de 25 à 30 atmosphères; pour chaque kilomètre, de 250 à 300. C'est donc par milliers d'atmosphères qu'il faut certainement compter, et cela n'a rien d'extraordinaire, si l'on songe avec quelle rapidité croît la force élastique des vapeurs avec

Fig. 191. — Choc de deux vagues de lave dans le lac de Kilauea.

leur température. Or cette température peut être excessive à de grandes profondeurs, l'eau, s'il s'agit de vapeur d'eau, pouvant conserver sa liquidité sous l'influence d'une pression énorme elle-même. Quoi qu'il en soit, à mesure que la lave monte, la pression qu'elle exerce sur les parois latérales de la montagne va en croissant, et il arrive un moment où la résistance offerte par ces parois est vaincue, effet qui se produit nécessairement dans les points les plus faibles. De là formation de fissures, de cratères adventifs sur les flancs du volcan, parfois même à sa base. Plus la distance verticale entre le niveau de la lave dans le cratère principal et le niveau de l'orifice accidentel est considérable, plus l'éruption est violente, plus l'écoulement de la lave est rapide et abondant. Mais, en raison même de cette abondance, cette sorte de soutirage diminue la hauteur de la lave dans le cratère. C'est ainsi qu'en juin 1840 des éruptions latérales firent baisser de 110 mètres le niveau de la lave dans le Kilauea. Le cratère, qui était plein jusqu'aux bords, fut vidé pour ainsi dire par cette énorme coulée, dont Dana évalue le volume à 5 milliards 500 millions de mètres cubes, et qui forma un fleuve de 25 kilomètres de longueur sur 5 de largeur. Ce torrent s'écoula jusqu'à la mer.

On peut constater sur la carte des éruptions d'Havaï (fig. 186) que la plupart des coulées de lave du Mauna-Loa ou du Kilauea ont leur origine à un niveau inférieur à celui de l'un ou de l'autre de ces cratères. Le même phénomène se présente fréquemment dans les éruptions de l'Etna ou du Vésuve. Nous venons de dire que la coulée de lave de 1840 à Havaï s'avança jusque dans la mer; elle changea la configuration du littoral et fit périr tous les poissons de ces parages. Un phénomène semblable signala l'éruption du Vésuve en 1794. Cette éruption fut terrible. Le fleuve de lave d'un demi-kilomètre de large, de 5 mètres de hauteur, descendit jusqu'à Torre del Greco, et s'avança jusqu'à 200 mètres en mer. « L'ambassadeur anglais, sir William Hamilton, monta dans une barque, le troisième jour de l'éruption, pour voir cette muraille ardente; à trois cents pieds à la ronde la lave faisait fumer et bouillonner l'eau, qui montait à une hauteur énorme, sur un point surtout, où se rencontraient deux

Fig. 192. — Cône du Vésuve. Coulées de laves de diverses éruptions.

courants. Jusqu'à deux milles de là, les poissons périrent, même les fruits de mer (on nomme ainsi les coquillages). Sir

William Hamilton dut regagner la rive en toute hâte, car sa barque prenait l'eau de tous côtés. Le goudron avait fondu dans l'eau bouillante[1]. »

§ 7. ÉMANATIONS GAZEUSES DES VOLCANS.

On vient de voir quel rôle jouent les laves dans les éruptions volcaniques. Mais s'il est un petit nombre de volcans où l'on puisse observer d'une façon permanente la matière éruptive à l'état d'incandescence et pour ainsi dire prête à s'épancher au dehors des cratères, il n'en est pas moins vrai que leur écoulement ne se produit que pendant les crises, ordinairement rares, des foyers souterrains. Au contraire, les émanations volatiles ou gazeuses, très abondantes dans le paroxysme des volcans, n'en persistent pas moins bien longtemps après qu'a cessé la phase éruptive. La plupart des volcans qu'on pourrait croire éteints, si l'on ne considérait comme actifs que ceux qui rejettent des laves, des matières solides, cendres et scories, restent pendant des siècles entiers le siège de dégagements de gaz ou de vapeurs. Les volcans des Andes, si remarquables par leurs énormes dimensions, n'ont pour la plupart jamais fourni de matières en fusion ; mais, en revanche, leurs cratères émettent en abondance des déjections solides, scories, blocs de rochers, dont la projection est déterminée par la force élastique des vapeurs qu'ils vomissent incessamment.

On peut donc dire que, mieux encore que les laves, dont l'étude a été toutefois si fructueuse, les émanations volcaniques gazeuses constituent le phénomène le plus constant et le plus caractéristique des volcans. Pendant longtemps toutefois on s'est borné à constater le rôle mécanique ou physique que l'on attribuait, avec raison du reste, aux vapeurs ainsi dégagées dans les éruptions elles-mêmes. On avait bien reconnu que la

1. *Éruptions du Vésuve*, par M. Marc Monnier (*Tour du monde*, 1862).

L'ETNA,
vu du côté sud.

composition chimique de ces vapeurs n'était pas la même dans les diverses éruptions; mais on croyait que cette diversité dépendait de circonstances locales particulières à chaque foyer éruptif[1]. La grande loi découverte par Ch. Sainte-Claire Deville, qui montre que les variations dont nous parlons sont en rapport avec le degré de l'activité volcanique, et qu'elles marquent pour ainsi dire les phases de cette activité dans un même foyer, ne pouvait être soupçonnée tant qu'une analyse minutieuse n'avait point profité des ressources de la chimie perfectionnée pour suivre méthodiquement ces variations. Il est intéressant de savoir comment est née et s'est développée peu à peu cette branche de la science des volcans. L'un des savants contemporains qui ont le plus contribué à ses derniers progrès, M. Fouqué, en retraçait ainsi l'histoire dans son Cours du Collège de France :

« L'examen des matières volcaniques volatiles est né avec la chimie et en a suivi les progrès. Presque aussitôt après la publication des grandes découvertes qui, à la fin du siècle dernier, ont inauguré la chimie moderne, Spallanzani et Volta cherchèrent à comparer les gaz des émanations volcaniques avec ceux qu'on peut produire artificiellement dans les laboratoires. Spallanzani, notamment, visita dans ce but, en 1788, le Vésuve, l'Etna et le Stromboli, et y fit diverses expériences. Gay-Lussac en 1806, Davy en 1814 et 1819, transportèrent leurs réactifs et leurs instruments d'analyse sur les flancs du Vésuve, et étudièrent tout particulièrement les fumées qui s'y développent au-dessus des laves incandescentes. A partir de ce moment, à chaque éruption nouvelle, les produits des fumerolles y furent étudiés. Monticelli et Covelli, Pilla, de Buch, Breislack, Abich, portèrent successivement leurs investigations sur ces phénomènes. L'examen chimique de ces matières fut poursuivi non seulement au Vésuve, mais encore sur plusieurs

1. « C'est ainsi, dit M. Ch. Vélain, que le Vésuve devait rejeter constamment de l'acide chlorhydrique et des chlorures, tandis que le soufre et ses composés dominaient à l'Etna, l'acide carbonique dans les grands volcans à projection des Andes, etc. »

autres centres éruptifs. Boussingault opéra jusque sur la cime des volcans des Andes, dont il recueillit et analysa les déjections gazeuses. L'éruption de 1834 à l'Etna fut pour M. Élie de Beaumont l'occasion d'un savant travail, où la considération des produits volatils tient une place importante. Le mémoire publié en 1847 par l'illustre professeur sur les émanations volcaniques et métallifères et le savant traité publié par Bischof à la même époque apparaissent comme digne couronnement de toutes ces savantes et laborieuses recherches et, en même temps, comme point de départ d'une ère nouvelle. Dans la période qui s'ouvre à cette date et qui se prolonge jusqu'au moment actuel, la précision des expériences et la rigueur des procédés d'observation progressent de plus en plus. Une vive impulsion est donnée par Bunsen et par M. Ch. Sainte-Claire Deville. » Bunsen, en effet, dès 1844, analysait les gaz des volcans islandais et notre savant compatriote, peu de temps après, étudiait les *lagoni* de la Toscane, puis, successivement, de 1855 à 1867, les fumerolles du Vésuve, de l'Etna, du Stromboli, de la solfatare de Volcano, des Açores. Puis vinrent les travaux de M. Fouqué, qui complétèrent ceux de Ch. Sainte-Claire Deville, ayant pour théâtre expérimental les mêmes foyers volcaniques, et en outre la récente et si intéressante éruption de Santorin.

Essayons de donner une idée sommaire des connaissances actuelles sur ce sujet.

Les émanations volcaniques gazeuses qui s'échappent, soit des cratères en pleine activité, soit des autres évents, fissures du sol, crevasses des laves, etc., comprennent, outre la vapeur d'eau qui en forme toujours la plus volumineuse partie, les gaz suivants : l'acide chlorhydrique, les acides sulfurique et sulfureux, sulfhydrique, carbonique ; du gaz hydrogène et des gaz hydrocarbonés. On y reconnaît en outre la présence de composés salins, des chlorures de sodium, de potassium, de fer, de plomb, de cuivre, etc., qui, se dégageant à l'état volatil de la lave incandescente, se condensent ensuite par le refroidissement, puis se déposent sur les parois des fissures, dans les anfractuosités des crevasses, sous forme d'abondants dépôts cristallins, nuancés de vives couleurs.

Toutes les substances que nous venons d'énumérer (et notre énumération est incomplète) se trouvent dans les laves, et s'en dégagent successivement dans les fumerolles qui s'échappent de leurs interstices, depuis le moment de leur émission jusqu'à l'époque où, à peu près complètement refroidies, elles marquent la fin de la période éruptive. Mais dans quel ordre se fait leur apparition, quelles relations existent entre les fumerolles de diverses natures, leurs températures, leurs distances du foyer, l'époque où elles se produisent ? Ce sont ces questions, résolues expérimentalement, qui ont conduit Ch. Sainte-Claire Deville à formuler la loi à laquelle nous avons fait allusion plus haut, et que nous allons énoncer en y introduisant les modifications reconnues par ses successeurs et élèves, lesquels sont aujourd'hui des maîtres.

D'après cette loi, les fumerolles des éruptions peuvent se distinguer en plusieurs catégories, qui sont les suivantes si on les range dans l'ordre de leurs températures décroissantes :

La première catégorie de ces émanations est caractérisée par la plus haute température qu'on observe dans les foyers éruptifs : elles se dégagent, soit des cratères eux-mêmes, soit de la lave incandescente, ne se trouvant jamais que dans les courants principaux, là où la température dépasse celle de la fusion du zinc, atteint et dépasse même celle de la fusion du cuivre. Les gaz dont elles se composent sont les chlorures alcalins, dont le plus abondant est le chlorure de sodium. Elles laissent sur les roches du voisinage un dépôt blanc, formé par voie de volatilisation, dont la texture cristalline microscopique permet de reconnaître, outre le sel de sodium, des sulfates et carbonates de soude et aussi de potasse. C'est à cette première catégorie que M. Ch. Sainte-Claire Deville avait donné le nom de *fumerolles sèches*, parce qu'il y avait constaté l'absence constante de la vapeur d'eau. Depuis, les observations et expériences de M. Fouqué pendant l'éruption de l'Etna en 1865 lui ont démontré nettement que les fumerolles à très haute température sont souvent très chargées de vapeur d'eau. Elles dégagent en outre des vapeurs acides[1].

Dans la seconde catégorie sont les *fumerolles acides*, qui se reconnaissent à l'acidité des vapeurs émises, et sont principalement formées d'acide sulfureux, d'acide chlorhydrique, de chlorures de fer, quelquefois mais très rarement d'acide sulfhydrique, avec accompagnement d'une grande quantité de vapeur d'eau. Leur température, encore très élevée, dépasse généralement 400°, mais elle reste inférieure à la fusion du cuivre. On les observe sur la crête des moraines latérales des coulées, et tout autour elles laissent de brillants dépôts de perchlorure de fer et de chlorhydrate d'ammoniaque. Dans certains cas (à l'Etna en 1869) le soufre et ses composés sont absents.

Viennent ensuite, ordinairement sur le revers extérieur des coulées, jamais sur les cratères, à une température plus basse que les précédentes et comprise entre 400° et 100°, les *fumerolles alcalines*, dont les gaz bleuissent fortement la teinture de tournesol. Elles sont formées de chlorhydrate et de carbonate d'ammoniaque. Comme les fumerolles de cette troisième catégorie se trouvent sur les parties les plus déclives, là où la végétation devient abondante, on regarde le carbonate comme provenant des matières organiques des végétaux, décomposées par les coulées de lave incandescente. Quant au chlorhydrate d'ammoniaque, il appartient à la lave elle-même ; et en effet on trouve d'abondants dépôts de ce sel sur les flancs des cratères, en des points où la quantité de matière organique décomposée est trop insignifiante pour rendre compte de leur présence.

Les fumerolles de la dernière catégorie, dont la basse température est inférieure à 100°, et que, pour cette raison, l'on nomme *fumerolles froides*, ne contiennent le plus souvent que

1. D'après ce savant, la distinction à faire entre ces deux ordres d'émanations est celle-ci : les fumerolles sèches se dégagent à la surface des laves incandescentes ; les matières les plus volatiles s'échappent rapidement dans l'atmosphère, tandis que, les autres sortant de points plus profonds où la température reste toujours très élevée, le dégagement de ces matières persiste pendant toute leur durée.

de la vapeur d'eau pure; quelquefois cependant elles contiennent de faibles proportions d'acide carbonique, ou encore d'acide sulfhydrique, de gaz des marais[1]. Elles caractérisent la fin de l'éruption, mais elles peuvent persister longtemps dans

Fig. 193. — Bouillonnement de la mer pendant l'éruption du Vésuve du 8 décembre 1861, d'après une photographie.

les fissures, sur les bords de la lave. On donne le nom de *mofettes* aux émanations gazeuses dont la composition est un mé-

1. C'est à des dégagements de cet ordre que furent dus les soulèvements de la mer qu'on observa pendant l'éruption du Vésuve en décembre 1861, et que représente la figure 193. « Au pied du Vésuve, en face de Torre del Greco (voir la figure 192 où GGG marquent les points où se firent les dégagements de gaz), la mer était soulevée par d'énormes bouillonnements, dus au dégagement d'un mélange gazeux dont l'hydrogène protocarboné constituait le principal élément. » (Fouqué, *Cours du Collège de France.*)

lange à proportion variable d'azote et d'oxygène, et pour le reste de gaz acide carbonique et de vapeur d'eau. Les *solfatares* ne sont autre chose que d'anciens foyers volcaniques, où l'activité à son plus faible degré est caractérisée par des dégagements continus de fumerolles froides sulfhydriques. Il y a là une intéressante manifestation de la persistance des actions éruptives qui mérite d'autant plus d'attirer l'attention, que les émanations dont nous parlons donnent lieu à d'importantes exploitations industrielles.

Avant d'entrer dans quelques détails sur les mofettes et les solfatares, terminons par quelques remarques sur les fumerolles volcaniques et sur leur classification. La distinction établie entre les divers ordres de fumerolles qui viennent d'être énumérés, n'est pas, dans la nature, aussi nette, aussi tranchée que l'indiquent les caractères par lesquels on spécifie chacun d'eux. Il arrive au contraire qu'on passe de l'un à l'autre d'une manière insensible, ainsi qu'on l'observe presque toujours dans les phénomènes naturels. C'est ainsi que les fumerolles sèches de Ch. Sainte-Claire Deville ne sont qu'un cas particulier des fumerolles du premier ordre reconnues par M. Fouqué, lesquelles peuvent être considérées elles-mêmes comme des fumerolles acides à température assez élevée pour volatiliser les sels de potasse et de soude; tandis que, dans les fumerolles acides ordinaires ou de second ordre, cette volatilisation est rendue impossible par l'abaissement de la température. De même, les fumerolles alcalines sont des fumerolles acides peu actives, et enfin les fumerolles à vapeur d'eau pure ne sont que des fumerolles alcalines faibles dépouillées de leurs éléments salins. La lave liquide à l'état d'incandescence fournit en définitive tous les éléments qu'on rencontre dans les émanations gazeuses; mais à mesure que sa température s'abaisse, le nombre des éléments susceptibles de volatilisation décroît et celui qu'on trouve dans les fumerolles successives diminue d'autant. « Les sels alcalins, dit M. Fouqué, manquent les premiers, le perchlorure de fer disparaît ensuite, et la proportion d'acide chlorhydrique devient assez faible pour que le carbonate d'ammoniaque provenant de la décomposition des végétaux le neutralise le plus souvent; enfin tous ces éléments finissent par manquer complètement et la vapeur d'eau reste la dernière[1]. »

§ 8. SOLFATARES ET MOFETTES.

On vient de voir que, parmi les émanations gazeuses des volcans, les unes, constituées par les gaz dits permanents, se perdent dans l'atmosphère; mais un grand nombre d'autres substances qu'une température plus ou moins élevée avait seule pu volatiliser, se condensaient sous forme cristalline, par l'effet du refroidissement. Le chlorure de sodium, les chlorures de fer et de cuivre, le chlorhydrate d'ammoniaque, des sels de potasse et de soude, se déposent ainsi quand les fumerolles ont cessé, sur les anfractuosités des laves d'où elles s'échappaient. De brillantes cristallisations, de couleurs variées selon leur composition, tapissent les roches voisines. On a vu, au Vésuve et à l'Etna, des dépôts si abondants de chlorhydrate d'ammoniaque ou de chlorure de sodium, que les cônes des deux volcans étaient recouverts d'une couche blanche qu'on eût prise pour de la neige. Comme les sels de ces dépôts sont presque tous solubles dans l'eau et déliquescents, ils n'ont point une longue durée : une légère pluie, la rosée de la nuit suffit à les faire disparaître.

Mais certaines fumerolles, appartenant à la dernière phase de l'activité volcanique, contiennent, nous l'avons vu, outre la vapeur d'eau, des gaz hydrosulfurés qui donnent lieu principalement à des dépôts de soufre. De là le nom de *solfatares* donné aux régions volcaniques où se produisent et se recueillent industriellement ces dépôts; de là aussi le nom de *phase solfatarienne* appliqué au dernier degré d'activité volca-

1. *Rapport sur les phénomènes chimiques de l'éruption de l'Etna en* 1865 (*Archives des missions scientifiques et littéraires*, 2e série, t. III).

nique, lequel, nous l'avons vu déjà, est le plus souvent caractérisé par une très longue durée.

La solfatare de Volcano (ou Vulcano), l'une des îles Lipari, est remarquable sinon par l'abondance de ses produits, du moins par l'énergie et la continuité des dégagements gazeux de son cratère. Toutes ses fumerolles ne sont pas froides, et M. Fouqué en a observé dont la température atteignait 150 à 360°, et qui, outre le soufre et l'acide borique, laissaient comme dépôts du sulfure d'arsenic, du chlorure de fer, du chlorhydrate d'ammoniaque. Le cratère de la solfatare a de rares recrudescences d'action éruptive, qu'on soupçonne être en relation, comme celles du Stromboli, comme la solfatare de Pouzzoles, avec les éruptions du Vésuve ou de l'Etna. Les deux dernières de ces phases ont eu lieu en 1786 et en 1873, séparées, comme on voit, par un intervalle de près de cent années. Élisée Reclus, qui visita Volcano en 1865, décrit ainsi le cratère de la solfatare : « Cette immense cuve, la plus grande de toutes celles qu'offrent les volcans de l'Europe méridionale, n'a pas moins de 2 kilomètres de circonférence sur le pourtour supérieur, et ses parois méridionales se dressent à près de 300 mètres de haut : le fond de l'abîme peut avoir environ 100 mètres de large. A travers le brouillard qui s'élève de cette chaudière, on aperçoit les escarpements rouges comme le cinabre, ou jaunes comme l'or, que rayent çà et là les couleurs les plus diverses des substances sublimées dans ce grand laboratoire. Sur les talus qui s'inclinent vers le fond du gouffre les pierres croulantes cèdent sous les pas, et cependant il faut descendre en courant, car en certains endroits le sol caverneux est brûlant comme la voûte d'un four. Des fumées rampent sur les pentes. L'air est saturé de gaz où domine une odeur sulfureuse difficile à respirer. Un bruit incessant de soupirs et de sifflements emplit l'enceinte, et de tous les côtés on voit entre les pierres de petits orifices d'où s'élancent en tourbillonnant les jets de vapeur. Là, quelques ouvriers, accoutumés à vivre dans le feu comme les salamandres légendaires, vont recueillir les stalactites de soufre doré qui craquent encore dans la main par l'effet de la chaleur, et les fines aiguilles de l'acide borique, aussi blanches que le duvet de cygne[1]. »

La réaction qui produit le soufre est extrêmement simple : quand l'hydrogène sulfuré mêlé à la vapeur d'eau arrive à l'air

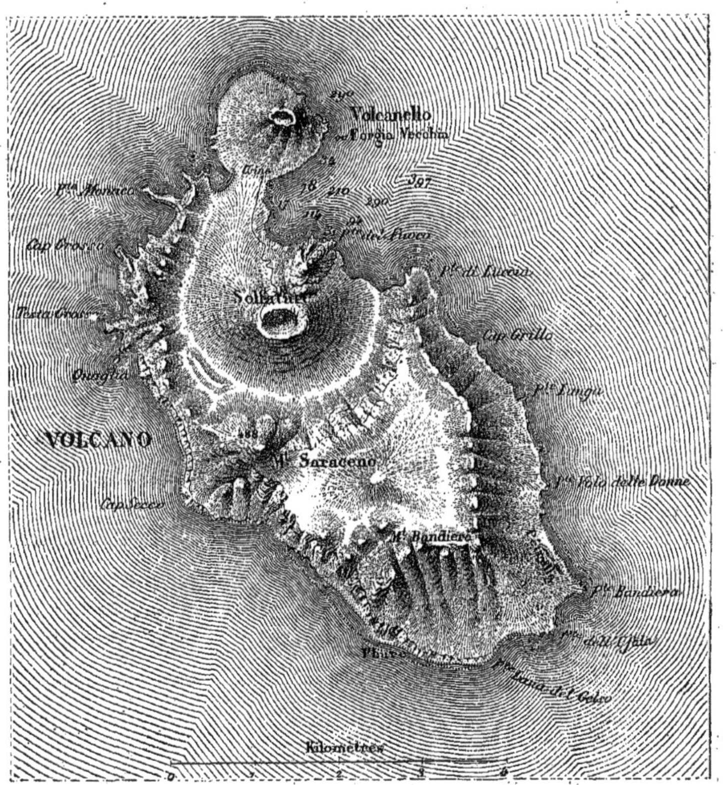

Fig. 194. — Volcano (îles de Lipari); sa solfatare.

libre, il se décompose, son hydrogène se combinant avec l'oxygène de l'air pour former de l'eau ; le soufre en liberté se dépose sur les parois. Il se forme aussi en même temps de l'acide sulfureux, qui, attaquant les roches voisines, laves poreuses de

1. *La Sicile et l'éruption de l'Etna en* 1865 (*Tour du monde*, 1866, I).

nature trachytique, donne lieu, par des réactions successives, à des incrustations de gypse et d'alun.

La solfatare de Pouzzoles, dans les Champs Phlégréens, plus active que celle de Volcano, est un ancien volcan qui n'a pas eu d'éruption depuis la fin du douzième siècle. Dans l'antiquité, les émanations sulfureuses existaient déjà, comme le prouve un passage de Strabon[1].

La Soufrière de la Guadeloupe, dont la dernière éruption, en 1843, donna lieu à une fine pluie de cendres blanches qui recouvrirent la végétation comme d'un manteau de neige, émet constamment des fumerolles sulfureuses à la température de 96°. Dans les régions volcaniques de l'Asie centrale, on cite la solfatare d'Ouroumtsi ; dans l'île de Java, le Papandayang, qui tire son nom (*forge*), comme la *Forgia Vecchia* de Volcanello, du sifflement des vapeurs que lancent ses fumerolles ; dans l'Amérique centrale, le Saint-Vincent ; enfin, au Mexique, le Popocatepetl (*montagne fumante*). Sous le manteau de neige qui en recouvre les flancs extérieurs, les parois de ce cratère se tapissent de cristaux de soufre. On dit que Fernand Cortez, après la prise de Mexico, faisait recueillir le soufre du Popocatepetl pour fabriquer la poudre dont ses troupes avaient besoin. M. J. Laverrière, qui fit en 1861 une ascension au cratère de ce volcan, évalue à 8000 quintaux métriques la quantité de soufre produite par l'exploitation industrielle de la solfatare. A Volcano, on ne récolte guère qu'une dizaine de tonnes par an, même en y comprenant le soufre qu'on extrait des pouzzolanes et des scories qui, s'imprégnant de soufre cristallin ou pulvérulent, forment un véritable minerai. La production qui provient des émanations et condensations est le plus souvent minime. D'après Amédée Burat, « des expériences et des calculs faits pour apprécier l'exploitation possible de la Soufrière de la

1. « Juste au-dessus de la ville s'élève un plateau connu sous le nom de *Forum Vulcani* et entouré de toutes parts de collines métalliques, d'où se dégagent, par de nombreux soupiraux, d'épaisses vapeurs extrêmement fétides ; de plus, toute la surface de ce plateau est couverte de soufre en poudre, sublimé apparemment par l'action de ces feux souterrains. » (*Géographie*, liv. V, ch. IV, 6.)

Guadeloupe, une des plus riches en apparence, ont démontré que la production ne pourrait dépasser 8 à 10 tonnes par année. » Ce ne sont donc pas les solfatares, malgré l'intérêt scientifique qu'elles offrent, qui pourraient suffire à la consommation de soufre nécessitée par la fabrication de la poudre, des divers produits chimiques et surtout de l'acide sulfurique. On trouve encore le soufre à l'état natif dans certains dépôts stratifiés ; des gîtes nombreux de ce genre existent dans les couches marneuses et calcaires, souvent bitumineuses, de la Sicile ; le soufre s'y montre en amas lenticulaires, en veinules, en géodes cristallines, mêlé à du gypse, à de la strontiane sulfatée. La production annuelle du soufre brut en Sicile ne s'élève pas à moins de 250 000 tonnes. C'est que là l'exploitation ne récolte plus seulement le produit journalier des émanations volcaniques, mais les masses accumulées probablement de la même manière pendant des milliers de siècles d'activité souterraine, la formation de l'Etna remontant, comme on l'a vu, au delà de l'époque tertiaire.

Les *soffioni* de Toscane[1] sont des émanations sortant par des fissures du sol d'origine volcanique, sous l'apparence de colonnes de vapeurs blanchâtres dont la température varie de 110° à 140°. Outre la vapeur d'eau, ces émanations contiennent de l'hydrogène sulfuré, de l'acide carbonique et notamment de l'acide borique. Les eaux pluviales, en s'accumulant autour de ces soufflards, forment à leur pied de petites lagunes, célèbres sous leur nom italien de *lagoni*. En barbotant dans ces eaux, les soffioni les saturent des différentes substances minérales contenues dans leurs vapeurs : le soufre, le gypse (albâtre de Volterra), l'acide borique[2] qu'on y recueille

1. A Monte-Cerboli, au sud de Volterra, près de Florence, et aussi à Monte-Rotondo, à Castel-Nuovo.

2. « On commença, dit A. Burat, à recueillir cet acide en évaporant l'eau par le combustible ; puis on eut l'idée de régulariser le barbotage des soffioni en choisissant les plus riches en acide pour saturer les eaux, et en évaporant ensuite l'eau par la chaleur des soffioni les moins riches. Depuis cette époque, la fabrication de l'acide borique a considérablement augmenté en Toscane ; elle est évaluée aujourd'hui à 30 000 quintaux métriques par année. » (*Minéralogie appliquée*, par Amédée Burat.)

industriellement et qui est si précieux pour la fabrication des vernis céramiques.

Le dernier gaz qui persiste, avec la vapeur d'eau pure, dans les émanations volcaniques qui marquent le déclin de l'activité des foyers, est l'acide carbonique. Comme c'est un gaz irrespirable, on donne le nom de *mofettes* aux fumerolles qui le dégagent. En ce cas, la température s'est abaissée au même degré thermométrique que celle de l'air ambiant.

Il est probable que c'est à des dégagements d'acide carbonique qu'est due l'antique réputation du lac Averne, dans la région si éminemment volcanique des Champs Phlégréens. On sait que les anciennes traditions rapportaient que les oiseaux ne pouvaient traverser le lac; en volant au-dessus, ils tombaient asphyxiés. Si, du temps de Strabon[1], cette réputation méritait déjà d'être traitée de fabuleuse, tout fait croire, comme le remarque fort justement Poulett Scrope, qu'elle était fondée sur des phénomènes réels. Selon lui, le lac Averne « est certainement un cratère de date récente, d'où l'acide carbonique et l'acide nitrique ont pu un jour, en s'élevant dans l'atmosphère en raison de leur haute température, s'exhaler avec une abondance capable de tuer les oiseaux qui volaient au-dessus de ce lac ». C'est du reste dans les mêmes régions que se trouve, près du lac Agnano, la fameuse *Grotte du Chien*, célèbre par les expériences assez niaises et barbares qu'y font les guides sur les animaux qu'ils y entraînent. Par sa densité, l'acide carbonique reste confiné dans les couches d'air voisines du sol, sans incommoder les visiteurs de taille convenable.

Ce qui prouve bien que les fumerolles à acide carbonique ou *mofettes* caractérisent le dernier degré de l'activité volcanique,

1. « Il y a, dit-il, autour de l'Averne une ceinture de hautes montagnes, interrompue seulement là où est l'entrée. Les flancs de ces montagnes, que nous voyons aujourd'hui défrichés et cultivés, étaient couverts anciennement d'une végétation sauvage, gigantesque, impénétrable, qui répandait sur les eaux du golfe une ombre épaisse, rendue plus ténébreuse encore par les terreurs de la superstition. Les gens du pays ajoutaient d'ailleurs ce détail fabuleux qu'aucun oiseau ne pouvait passer au-dessus du golfe sans y tomber aussitôt, asphyxié par les vapeurs méphitiques qui s'en exhalent, comme il arrive dans les lieux connus sous le nom de *Plutonium*. » (*Géographie, loc. cit.*)

c'est qu'on les rencontre en abondance dans les régions où ont existé des volcans que leur long repos permet à bon droit de regarder comme des volcans éteints. La région des Puys d'Auvergne, celle du Vivarais, celle des *maars* de l'Eifel, toute la chaîne basaltique de l'Allemagne du Nord, depuis le Riesengebirge jusqu'au Rhin, renferment de nombreuses émanations de gaz acide carbonique. D'après Bischof, le développement de ce gaz est dû à la décomposition du carbonate de chaux sous l'influence de la chaleur du foyer volcanique sous-jacent. C'est dans l'île de Java, sur les flancs du Papandayang, que se trouve la fameuse Vallée de la Mort, ou Vallée du Poison (*Gouva Oupas*), dont le fond est couvert d'émanations d'acide carbonique. Les animaux sauvages, les oiseaux n'en approchent pas impunément, et l'on affirme que le sol est jonché d'ossements de bêtes fauves, et même de squelettes humains. C'est probablement la plus abondante source d'acide carbonique connue, si l'on en excepte les volcans des Andes équatoriales, qui, comme nous le verrons plus loin, émettent des torrents d'eau chargée d'acide carbonique et d'acide sulfurique.

Nous venons de passer en revue, dans toutes leurs phases, les volcans dont les produits éruptifs sont principalement des matières incandescentes ou des laves accompagnées de vapeurs et de gaz. Nous avons vu quelles transformations subissent ces matières, depuis le début de l'éruption où elles se présentent à l'état de scories, de ponces, de masses pulvérulentes, projetées à de grandes hauteurs dans l'atmosphère, jusqu'au moment où la pression qu'elles exercent, fluides, sur les parois du cône, produit des déchirures par où les laves s'épanchent en coulées sur les flancs de la montagne en éruption. Nous avons dit quelle était, d'après les récentes analyses des chimistes et des micrographes, la composition de ces laves, quelle était celle des gaz et des vapeurs qui en sortent à des températures décroissantes.

Il nous reste à décrire les éruptions des volcans qui n'émettent généralement point de laves, et en particulier celles où les matières rejetées sont de l'eau à une haute température, ou encore un mélange d'eau et de matières pulvérulentes, c'est-à-dire de la boue. Les *volcans d'eau* ou *geysers*, et les *salses* ou *volcans de boue*, vont former le sujet du chapitre suivant, que nous terminerons par un résumé de la théorie des phénomènes volcaniques et un aperçu général de la distribution des volcans à la surface du globe.

CHAPITRE III

LES VOLCANS D'EAU OU GEYSERS — LES VOLCANS DE BOUE

§ 1. ÉRUPTIONS SANS LAVES DES VOLCANS DES ANDES ÉQUATORIALES; LEURS SOURCES ACIDES.

Dans la plupart des descriptions que nous avons données des éruptions volcaniques, parmi les matières rejetées au dehors par les forces expansives intérieures, la lave joue un rôle d'une grande importance: sous des formes diverses et des états physiques qui varient avec les phases de l'activité du volcan, nous l'avons vue faire son apparition dès le début du phénomène, en marquer le paroxysme au moment de son épanchement hors du cratère en torrents incandescents et fluides, puis, dans son mouvement de plus en plus ralenti sur les pentes du cône, rester le siège des émanations gazeuses dont la température s'abaisse avec la sienne jusqu'au déclin de l'éruption. Mais les volcans que nous avons pris pour types de ce mode d'activité, le Vésuve et l'Etna, les volcans islandais, ceux des archipels indiens et océaniens, et nombre d'autres bouches éruptives, actives ou éteintes, qui, dans leurs phases d'activité paroxysmale, ont presque toujours vomi des laves fluides et incandescentes, ne forment après tout qu'une classe dans la nombreuse famille des volcans terrestres. Il en est d'autres, plus nombreux peut-être, qui n'ont jamais vomi de laves, au moins sous la forme dont nous venons de parler, c'est-à-dire de matières liquéfiées par une haute température. C'est ce que constatait

Humboldt, dans le premier volume de son *Cosmos*, lorsqu'il disait : « Il est pourtant une classe singulière de volcans, tels que le Galunggung de Java, qui ne vomissent point de laves, mais qui lancent des torrents dévastateurs d'eau bouillante, chargés de soufre en combustion et de roches réduites en poussière. » Plus tard, Humboldt ne considère plus comme aussi certaine l'absence de coulées de lave dans les volcans de Java. Les échantillons de roches volcaniques rapportés par Junghuhn de cette île si riche en cratères ébranlèrent sa croyance en ce point. Ce dernier et savant explorateur a décrit d'ailleurs clairement trois coulées de lave noire, basaltique, sur trois volcans javanais, le Tengger, l'Idgen et le Slamat. Il distingue en outre les coulées proprement dites de ces sortes d'avalanches de scories, de pierres enflammées, mais non fondues, que vomissent parfois certains volcans. Nous avons vu le Giorgios, dans la baie de Santorin, se former et s'élever par l'accumulation de semblables masses, qui ne sont autre chose que des blocs de lave solidifiée. Dans l'éruption du Gunung-Lamongan (Java, juillet 1838) des torrents de pierres étaient incessamment vomis par le volcan. « On entendait, dit Junghuhn, le craquement des pierres qui s'entrechoquaient, et qui, semblables à des points enflammés, roulaient en bas à la file ou pêle-mêle. » On a vu plus haut les éruptions de plusieurs volcans de la même région, le Temboro, le Krakatoa, vomir des masses prodigieuses de cendres, de pierre ponce, de boue ; mais l'absence de laves incandescentes paraît un trait tout à fait caractéristique de ces volcans.

On retrouve ce caractère dans les volcans de la Cordillère des Andes, principalement dans ceux de la zone équatoriale, ainsi que Boussingault, Humboldt le constatent dans leurs savantes et intéressantes relations. Déjà La Condamine (1756) avait signalé cette absence de coulées de laves des volcans des Andes : « Je n'ai point connu la matière de la lave en Amérique, quoique nous ayons, M. Bouguer et moi, campé des semaines et des mois entiers sur les volcans, et nommément sur ceux de Pichincha, de Cotopaxi et de Chimborazo. Je n'ai vu sur ces montagnes que des vestiges de calcination sans liquéfaction. » L'Orizaba et les autres volcans du Mexique ont, au contraire, vomi des laves. Sur 18 cônes de l'Amérique centrale, il en est quatre, d'après Humboldt, qui vomissent des laves[1]. On retrouve le même caractère dans les volcans chiliens, notamment dans l'Antuco.

Fig. 195. — Cratère de l'Orizaba.

M. Boussingault, dans son *Mémoire sur les volcans des Cordillères* et leurs sources acides, définit ainsi la nature de leurs projections :

« En étudiant, il y a bien des années, les volcans des Andes équatoriales, je reconnus qu'ils émettent de la vapeur d'eau,

1. Le Nindiri, le El Nuovo, le Coseguina et le San-Miguel. D'après Fuchs, il faudrait y ajouter le Miranvelles et le Chiriqui dans l'État de Costa Rica. Les coulées de lave de ce dernier volcan, formé de cinq cônes, n'ont pas moins de 44 kilomètres de longueur.

de l'acide sulfhydrique, dans certains cas du gaz acide sulfureux et, ce qui, je crois, n'avait pas encore été signalé à cette époque, des quantités considérables de gaz acide carbonique, apportant continuellement à l'atmosphère du carbone, l'un des éléments indispensables à la constitution des êtres organisés. »

C'est, comme on voit, la composition des émanations des fumerolles de la quatrième catégorie, celles qui correspondent à la phase de déclin dans les éruptions du Vésuve, de l'Etna, en un mot des volcans qui vomissent des laves incandescentes. Comme dans les éruptions javanaises, l'eau joue un rôle extrêmement important dans celles des volcans des Andes : aux pierres incandescentes, mais solides et sans traces de fusion, aux cendres sèches, succèdent les émissions de boues liquides, comme nous avons eu déjà l'occasion d'en donner des exemples[1]. Outre l'eau, vomie ainsi à l'état liquide et à l'état de vapeur, d'abondantes sources thermales se rencontrent dans le voisinage des cônes et des cratères, et la composition de l'eau de ces sources en indique suffisamment l'origine. Citons comme exemple la source qui donne naissance au Rio Vinagre, sur les flancs du Puracé, volcan de la Cordillère centrale. D'après les dosages de M. Boussingault, un litre de l'eau de cette rivière ne contient pas moins de 1^{gr},1 d'acide sulfurique et de 1^{gr},2 d'acide chlorhydrique, et, comme le débit du cours d'eau n'est pas inférieur à 34785 mètres cubes par vingt-quatre heures, il en résulte que la rivière acide entraîne par jour près de 47000 kilogrammes

1. « Le Puracé, si calme lorsque je le visitai, dit M. Boussingault dans le Mémoire que nous venons de citer, eut dans le cours de 1849 une série d'éruptions qui inondèrent le terrain environnant d'une boue liquide ; en se consolidant, cette boue avait formé, au point d'émission, une enceinte circulaire de 100 mètres de diamètre, un véritable cratère d'épanchement. Les années suivantes, les tremblements de terre furent très fréquents dans la province de Popayan : c'étaient les précurseurs de la catastrophe du 4 novembre 1869. A trois heures du matin, le Puracé fit une éruption épouvantable ; des pierres incandescentes, des cendres, allèrent tomber à plusieurs lieues de distance ; le lit de l'Anambio, du Pasambio était encombré de boues sulfureuses. La mission du Puracé fut détruite. Deux jours après, le 6 octobre, à trois heures de l'après-midi, il y eut une seconde éruption ; les projectiles atteignirent la ville de Popayan, située à plus de 16 kilomètres ; des masses énormes d'une boue noire sulfureuse dévastèrent toute la contrée. Dans les Cordillères, ces émissions boueuses (*moyus*) sont fréquentes : ce qui fait dire aux montagnards des Andes que leurs volcans lancent à la fois le feu et l'eau. »

d'acide sulfurique, 42150 kilogrammes d'acide chlorhydrique, soit respectivement 17 et 15 millions de kilogrammes de chaque acide par année. Dans la source de Ruiz, sur les flancs du pic de Tolima, la proportion d'acide chlorhydrique est un peu moindre, mais elle renferme environ cinq fois autant d'acide sulfurique que le Rio Vinagre. M. Boussingault a trouvé une composition analogue dans l'eau d'un lac près du Cumbal, volcan en pleine activité où le savant voyageur « fut témoin, dit-il, d'un singulier spectacle : un espace circulaire de 20 mètres de diamètre, d'où s'élevait de la vapeur de soufre en combustion au milieu d'un cercle de glace ; les flammes bleues paraissaient sortir de la neige. Le volcan de Tuqueras est à trois heures de marche du village (du même nom). De l'Alto de l'Azufral, on découvre un lac d'un beau vert, rappelant l'image d'une prairie. C'est un cratère, clos, sur la presque totalité de son contour, par une roche trachytique présentant les couleurs les plus variées ; on pénètre dans son intérieur par une jetée naturelle, que termine un dôme de soufre. Du gaz recueilli à l'orifice d'une fissure fut entièrement absorbé par la potasse : c'était par conséquent de l'acide carbonique pur. Dans la vapeur d'une fumerolle, le thermomètre se maintint à 86 degrés. Comme la hauteur du lac est de 3906 mètres, le point d'ébullition de l'eau à cette altitude serait de 87°,9. L'eau du lac vert doit sa couleur apparente au soufre qui en occupe le fond. Vue sous une faible épaisseur, elle est incolore, limpide ; sa saveur est acide, styptique ; comme l'eau du Rio Vinagre, elle renferme de l'acide sulfurique, de l'acide chlorhydrique libres. Sa température, à la base de la coupole de soufre, était de 27 degrés. » Ce lac singulier a 500 mètres de longueur sur 150 mètres de large. M. Boussingault, évaluant à 5 mètres sa profondeur, en déduit 400000 mètres cubes environ pour le volume d'eau qu'il renferme.

Nous avons tenu à entrer dans ces détails, qui donnent une physionomie si particulièrement originale aux phénomènes volcaniques des Andes, et si différente de celle des volcans européens. Notre but était à la fois de montrer quelle variété préside aux manifestations de la chaleur souterraine, et de fournir une transition entre les éruptions précédemment décrites et les éruptions purement aqueuses ou boueuses qui vont faire l'objet des paragraphes suivants.

§ 2. LES GEYSERS OU VOLCANS D'EAU.

C'est en Islande, dans cette île éminemment volcanique, où les cratères alternent avec les glaciers, qu'on observa les premiers geysers, sources jaillissantes d'eau bouillante, ordinairement intermittentes. Leur nom, *geyser* ou *geysir*, est un mot de la langue islandaise qui signifie *furieux* selon les uns, ou simplement *jaillissant* selon d'autres.

C'est principalement dans la région sud-ouest de l'île, un peu au nord et à l'ouest de l'Hécla, que se trouvent les plus nombreuses de ces singulières sources thermales, qu'on peut considérer comme autant de petits volcans ayant leurs éruptions et leurs périodes de repos. On les y compte par centaines. La plus fameuse est celle à laquelle, à cause de ses dimensions et du volume des eaux qu'elle projette dans l'atmosphère, on donne le nom de *Grand Geyser*. Au milieu d'un mamelon ou cône aplati qui s'élève de 4 mètres environ au-dessus du sol d'alentour et dont la circonférence extérieure mesure 80 mètres, s'ouvre, en forme de cuvette à peu près elliptique, un bassin rempli d'une eau d'une pureté et d'une limpidité admirables qui laisse voir à son centre, grâce à la teinte plus foncée due à la profondeur, une ouverture de 4 mètres de diamètre à peu près. Le bassin a lui-même de 15 à 17 mètres de diamètre. L'ouverture centrale n'est autre chose que l'orifice d'un tube cylindrique vertical, dont la profondeur est d'environ 23 mètres ; la sonde, sans doute en raison des coudes faits par le conduit ou les conduits souterrains des eaux, n'a pu pénétrer plus avant.

Lorsqu'une éruption est prochaine, elle est annoncée par un

UNE ÉRUPTION DU GRAND GEYSER
en Islande.

grondement sourd et par des frémissements du sol d'alentour; l'eau bouillonne dans le bassin, s'élève et tourbillonne au centre; de grosses bulles de vapeurs viennent crever à la surface. Puis tout à coup une énorme colonne d'eau est lancée dans l'air à une grande hauteur, en fusées d'une blancheur éclatante, que masquent en partie les nuées de vapeur qui s'échappent du jet. Une seconde, une troisième colonne succèdent à la première, qu'elles dépassent le plus souvent en élévation. Après un certain nombre de ces projections ascendantes, les jets diminuent de hauteur, puis cessent tout à fait, et l'éruption est terminée.

Les éruptions du Grand Geyser ont considérablement diminué de fréquence depuis le commencement du siècle actuel. C'est vers 1804 qu'il témoigna de son maximum d'activité. Les jets se succédaient jusqu'à quatre fois en un jour, atteignant une hauteur de plus de 60 mètres. Au milieu du dix-septième siècle, il y avait régulièrement une éruption par jour; mais peu à peu, en devenant plus fréquentes, elles devinrent plus irrégulières. Aujourd'hui le phénomène s'est considérablement ralenti, s'il est vrai que le geyser ne sort plus de son repos qu'une fois, en moyenne, par période de dix-sept jours[1].

Un geyser plus petit, le Strokur ou Strokkr, voisin de celui que nous venons de décrire, s'en distingue par une particularité curieuse. D'abord son ouverture, de dimensions moitié moindres (2 mètres de diamètre), s'ouvre à fleur de terre, ou n'est entourée d'aucun cône et ses eaux bouillonnent entre les parois unies du tube, à $2^m,60$ au-dessous. Mais, chose singulière, on peut provoquer à volonté ses éruptions. Il suffit pour cela de jeter dans le bassin quelques pelletées de gazon; au bout de dix minutes, d'un quart d'heure au plus, les symptômes précurseurs commencent. « Dès qu'on a envoyé le corps étranger dans le cratère, le bouillonnement cesse pendant quelques minutes; le cratère semble recueillir ses forces; à ce

1. *La Terre de glace*, par Jules Leclercq. Paris, 1883.

calme succèdent quelques mouvements tumultueux; puis l'éruption commence : une gerbe d'eau s'élève à 1 mètre au-dessus de l'orifice; elle retombe ensuite pour repartir de nouveau et s'élever à 2 mètres; ce mouvement oscillatoire continue, en augmentant toujours, jusqu'à ce que la colonne d'eau atteigne une hauteur de 70 à 80 pieds. L'éruption dure de vingt à trente minutes. Quand elle a cessé, si l'on se porte au bord du cratère, on voit que les eaux ont complètement disparu dans le fond; il faut une demi-heure pour qu'elles remontent à leur niveau primitif[1]. »

D'après de récents voyageurs en Islande, le Strokur, qui avait pris naissance en 1784 à la suite d'un violent tremblement de terre, avait autrefois des éruptions naturelles. Actuellement, tout se borne, paraît-il, aux bouillonnements de l'eau intérieure et les éruptions doivent être provoquées par le procédé que nous venons de décrire. Du reste, les geysers, nombreux dans la région d'Islande indiquée plus haut, ont des phases d'activité fort variables, tantôt croissantes, tantôt décroissantes; les uns s'éteignent ou disparaissent, tandis qu'il en naît de nouveaux.

On a imaginé diverses théories pour rendre compte de l'intermittence de leurs éruptions, ainsi que de leur mode de formation. C'est à Bunsen qu'on doit la plus satisfaisante; une ingénieuse expérience de Tyndall en confirme d'ailleurs l'exactitude.

Un mot d'abord sur le mode de formation d'un geyser. Les conditions qui dans les régions volcaniques donnent naissance aux sources thermales, sont toutes réunies en Islande, où le sol, fissuré par les éruptions de ses nombreux volcans, reçoit les eaux abondantes qui proviennent, soit des pluies, soit de la fonte des neiges et des glaces des glaciers. En pénétrant dans les couches échauffées des parties profondes du sol, ces eaux se vaporisent en partie, et la tension des vapeurs ainsi

1. *Voyage dans l'intérieur de l'Islande*, par J. Nougaret.

formées les force à s'élever par les ouvertures libres jusqu'à la surface, ou même à s'y frayer un chemin en forant les couches aux points de moindre résistance. C'est vraisemblablement à ce dernier procédé que sont dus les puits verticaux des geysers.

Les eaux geysériennes ont une composition chimique analogue à celle des émanations volcaniques à leur déclin. Elles renferment une notable proportion de silice, ce qui explique la nature du revêtement des tubes et de la cuvette des geysers. Ce revêtement est en effet formé d'une couche extrêmement dure et parfaitement polie, qui n'est autre chose que de la silice hydratée. Les minéralogistes, en raison de son origine, ont donné à cette variété particulière de silice le nom de *geysérite*. D'après Tyndall, ce n'est point par précipitation que s'est formé le dépôt siliceux, puisque l'eau du geyser conservée dans un vase reste des années entières aussi claire que du cristal, sans montrer la plus légère tendance à former un précipité. Mais c'est par évaporation, sur les bords du bassin, qu'a lieu le dépôt de silice. Si cette explication est exacte, il en résulte que le geyser a dû former lui-même son tube ainsi que le cône qui l'enveloppe et au centre duquel il paraît creusé. Quoi qu'il en soit, les couches siliceuses sont si dures dans le bassin ou sur ses bords, qu'on a grand peine à les briser à coups de marteau. Souvent les bords du bassin sont revêtus d'incrustations de formes bizarres, qui, dans certains geysers, les font ressembler à des coraux, à des fruits, à des arabesques aux fines dentelures.

Arrivons maintenant à l'explication de l'intermittence des éruptions geysériennes. D'après les observations de Bunsen, qui a réussi à déterminer la température du tube du grand geyser, du niveau du bassin jusqu'au fond, et cela quelques minutes seulement avant une éruption, en aucun point de la colonne liquide cette température, qui va en croissant de haut en bas, n'atteint le point d'ébullition. On peut voir sur la figure 196, à droite du tube, les chiffres qui marquent les indications du thermomètre à diverses profondeurs. Sur la gauche, et en regard de chacun des points en question, se trouvent les chiffres de la température d'ébullition, calculés en tenant compte à la fois, comme il est nécessaire, de la pression atmosphérique et de la pression de la colonne d'eau superposée. C'est vers le milieu du tube, en un point marqué A, que la température observée se rapproche le plus de la température d'ébullition. L'eau y est à 121°,8, tandis qu'à cette profondeur elle ne peut commencer à bouillir qu'à 123°,8. Il y a, on le voit, une différence de 2 degrés centigrades.

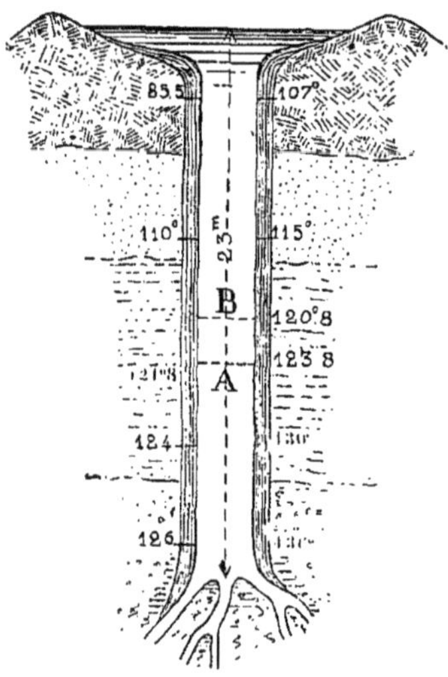

Fig. 196. — Théorie des geysers, d'après Bunsen.

A ce moment, commencent à se produire les détonations marquant que le début de l'éruption est proche. Ces détonations sont dues à l'arrivée de bulles de vapeur dans les parties profondes des canaux souterrains qui amènent l'eau du geyser. La force expansive de la vapeur soulève l'eau de la colonne à une hauteur d'au moins 2 mètres; le liquide qui se trouvait en A monte jusqu'en B, où, supportant une pression moindre, sa température d'ébullition n'est plus que de 120°,8, tandis que la sienne propre est supérieure de 1°. Cet excès de chaleur détermine instantanément la formation de la vapeur. La colonne est de nouveau soulevée et l'eau inférieure déchargée d'une partie de sa pression; progressivement, du milieu du tube jusqu'en bas, toute la masse liquide entre en ébullition; elle est projetée avec violence, mêlée à des nuages de vapeur, hors de l'orifice. Le geyser est en pleine éruption.

Les gerbes aqueuses lancées dans l'air se refroidissent à son contact, retombent dans le bassin et dans le puits qu'elles remplissent à nouveau ; mais l'abaissement de la température ramène les conditions antérieures et le geyser rentre peu à peu dans son repos, jusqu'à ce que des détonations nouvelles, provoquées par de nouvelles émissions de vapeur, aient réussi à rendre à l'eau du tube une température assez élevée pour que le phénomène se reproduise.

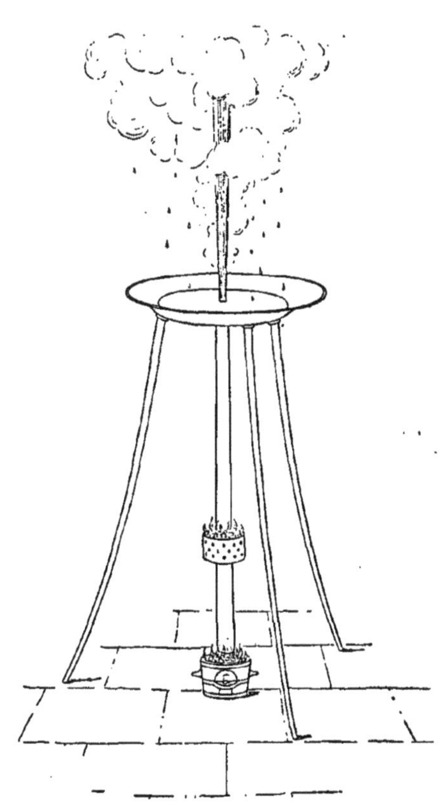

Fig. 197. — Expérience de Tyndall pour la vérification de la théorie des geysers.

La figure 197 représente l'appareil imaginé par Tyndall pour la vérification expérimentale de la théorie de Bunsen. Un tube en fer galvanisé, d'une longueur de 2 mètres, est fixé par son orifice supérieur au centre d'un bassin qui simule le bassin du geyser. Il est chauffé, par le fond, à l'aide d'un premier foyer qui représente la chaleur des couches souterraines, des roches volcaniques sous-jacentes. Un second foyer est placé à 60 centimètres du fond. Remplissant alors le tube avec de l'eau qui s'échauffait graduellement, régulièrement, le physicien anglais a vu l'eau s'élancer, toutes les cinq minutes, hors du tube dans l'atmosphère.

Quant aux éruptions du Strokur, provoquées, comme on vient de le voir, par l'interposition d'un obstacle, on en rend compte en supposant que le tube de ce geyser, évasé en haut en forme d'entonnoir, se rétrécit assez plus bas pour que les mottes de gazon projetées l'obstruent complètement. La chaleur croissante de l'eau inférieure ne peut se communiquer à la partie supérieure; les bulles de vapeur ne peuvent plus se dégager et la tension, augmentant sans cesse, finit par dépasser la pression des couches superposées. Alors se produit l'éruption, qui débute par l'expulsion des matières formant obstacle.

L'énergie des éruptions geysériennes est en rapport avec l'abondance des eaux, avec leur évaporation à la surface, et subit l'influence des conditions météorologiques. On dit qu'elles sont plus belles après la pluie. Il reste à expliquer la décroissance de cette activité avec le temps. Selon Forbes, c'est l'accroissement de longueur du tube qui en est la cause. « Le continuel dépôt de la silice, dit-il, si minime qu'il soit, doit opérer finalement un changement dans la relation de la colonne d'eau et de la chaleur émise par le sol. Du jour où le tube aura atteint une profondeur telle que la chaleur qui se dégage de la portion inférieure et le refroidissement de la surface se feront équilibre, la température de la masse d'eau ne pourra plus nulle part atteindre le point d'ébullition, et le geyser aura perdu toute énergie éruptive[1]. »

Si l'Islande est la terre classique des sources thermales volcaniques et des geysers, elle a des rivales, sous ce rapport, dans deux régions bien éloignées d'elle et tout aussi distantes l'une de l'autre. Nous voulons parler de la Nouvelle-Zélande et de la vallée de la Firehole aux États-Unis. Entrons dans quelques détails sur chacune de ces contrées.

Les îles de l'archipel néo-zélandais ont une constitution éminemment volcanique. Dans Tavaï-Pounamou, ou île du Sud, l'activité éruptive est complètement éteinte. Il n'en est pas de même de l'île du nord, Ika-Na-Moui, qui renferme plusieurs

1. Cité par J. Leclerq, dans la *Terre de glace*.

volcans actifs ou ayant eu de récentes éruptions : le Tangariro, le Rangitoto, le Naugarohoe, etc. Toute la région comprise entre ces cônes est remplie de sources thermales, de solfatares et de geysers. Nous nous bornerons à décrire, d'après

Fig. 198. — Sources chaudes et geysers de la Nouvelle-Zélande.

M. F. de Hochstetter, qui a exploré ces régions si intéressantes en 1878, pendant l'expédition de la *Novara*, la source bouillonnante et jaillissante du Te-Ta-Rata, située au nord-est du Rotomahana, cratère-lac produit par explosion.

« Le Te-Ta-Rata, dit le savant autrichien, qui descend de

terrasse en terrasse jusque dans le lac, est la plus grande merveille de ce merveilleux pays. Sur la pente d'une colline couverte de fougères, à 80 pieds environ au-dessus du Rotomahana, se trouve le principal bassin, dont les parois d'argile rouge ont de 30 à 40 pieds de haut. Il est long de 80 pieds, large de 60, et rempli jusqu'au bord d'une eau parfaitement claire et limpide, qui doit à la blancheur de neige des stalactites de ses bords de paraître d'un admirable bleu de turquoise, irisé parfois de teintes d'opale. Sur le bord du bassin, je constatai une température de 84 degrés centigrades; dans le milieu, d'où l'eau s'élève à une hauteur de plusieurs pieds, elle a la chaleur de l'eau bouillante. D'immenses nuages de vapeur, qui réfléchissent la belle couleur bleue du bassin, tourbillonnent au-dessus et arrêtent le regard; mais on peut toujours entendre le bruit sourd du bouillonnement des eaux. L'indigène qui nous servait de guide nous dit que parfois toute la masse des eaux est lancée soudainement avec une force immense, et qu'alors on peut apercevoir, à 30 ou 40 pieds de profondeur, le bassin vide, qui, à la vérité, se remplit très promptement. Si le fait est vrai, la source du Te-Ta-Rata est sans doute un geyser à longues intermittences, comme celles du grand geyser d'Islande; mais ici, le bassin étant plus grand, la masse projetée doit être plus considérable.

« L'eau a un goût légèrement salé, mais nullement désagréable. Comme dans les sources islandaises, le dépôt est une stalactite siliceuse. En s'écoulant du bassin, cette eau thermale a formé un système de terrasses qui, blanches, et comme taillées dans du marbre de Paros, forment un coup d'œil dont aucune description, aucune image ne peut donner l'idée. Il faut avoir gravi ces gradins d'albâtre et avoir examiné les particularités de leur structure pour savoir combien elle est merveilleuse.

« Le pied de la colline s'avance très loin dans le Rotomahana; au-dessus commencent les terrasses contenant des bassins dont la profondeur répond à la hauteur des degrés de

LE TE-TA-RATA.
Grande source chaude geysérienne de la Nouvelle-Zélande.

ce gigantesque escalier : plusieurs ont 2 à 3 pieds, quelquefois 4 et 6. Chacun de ces gradins a un petit rebord élevé d'où pendent sur le degré inférieur de délicates stalactites, et une plate-forme plus ou moins grande qui renferme un ou plusieurs bassins d'un bleu admirable. Ce sont autant de baignoires naturelles, que l'art le plus raffiné n'aurait pu rendre ni plus commodes ni plus élégantes. On peut choisir parmi elles les dimensions que l'on préfère et la température que l'on veut ; car celle-ci diminue en raison de la distance de la source mère. Quelques-unes de ces piscines sont assez grandes et assez profondes pour que l'on puisse y nager commodément.

« La terrasse la plus élevée entoure une large plate-forme, dans laquelle sont creusés plusieurs jolis bassins de 5 à 6 pieds de profondeur, dont l'eau a une température de 30, 40 et 50 degrés centigrades. Au milieu de cette plate-forme s'élève, tout près du bassin principal, un rocher d'environ 12 pieds de haut, couvert de buissons de manuka, de lycopodes, de mousses et de fougères ; on peut y monter sans danger, et de là le regard plonge dans l'eau bleue et couverte de vapeurs du bassin central. Telle est la célèbre source du Te-Ta-Rata. Le blanc pur des stalactites qui fait ressortir le bleu foncé de l'eau, la verdure de la végétation environnante, le rouge vif des parois nues du cratère aquatique et enfin les nuages de vapeur qui tourbillonnent sur eux-mêmes en se renouvelant sans cesse, tout contribue à former un tableau unique en son genre[1]. »

Vers le 45e degré de latitude nord et le 112e de longitude occidentale, dans la partie nord-ouest des États-Unis de l'Amérique du Nord, existe une région si intéressante par sa beauté pittoresque et ses curiosités naturelles, qu'une loi votée en 1872 par le Congrès en a réservé la jouissance pleine et entière au peuple américain, sous le titre de *Grand Parc National*. Sa superficie est de plus de 8000 kilomètres carrés, et son altitude moyenne dépasse 2000 mètres, de sorte que les sommets des

1. *Voyage à la Nouvelle-Zélande*, par M. Ferdinand de Hochstetter (*Tour du monde*, année 1865).

montagnes qui la couvrent sont revêtus de neige durant toute l'année. C'est un des points de partage des eaux du Pacifique et de l'Atlantique ; le Missouri et l'un de ses affluents, la Yellowstone, ont leurs sources à peu de distance, et ce dernier cours d'eau y forme un lac magnifique de 24 kilomètres de largeur sur 35 kilomètres de longueur, dont le niveau est à l'altitude de

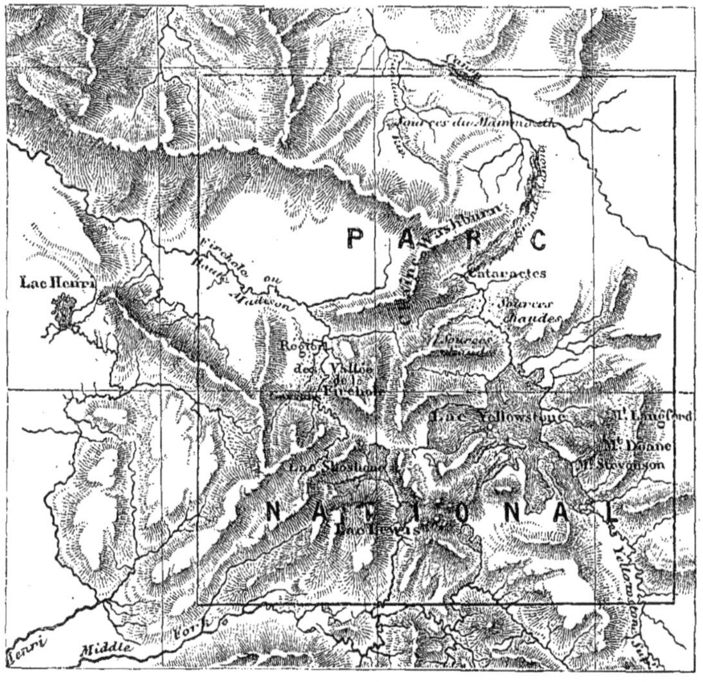

Fig. 199. — Le *Parc National* des États-Unis de l'Amérique du Nord.

2260 mètres au-dessus de l'Océan. Mais le côté intéressant pour nous de cette région extraordinaire tient au caractère éminemment volcanique de ses montagnes. D'après le géologue américain Hayden, le bassin de la Yellowstone n'est autre chose qu'un ancien cratère, formé de milliers de fissures et de crevasses, cratère aujourd'hui éteint, ou du moins ne donnant plus que des signes de la dernière phase d'activité, mais qui pendant la période tertiaire, pendant l'âge du pliocène, a été le théâtre des phénomènes volcaniques les plus intenses. D'innombrables sources chaudes, principalement situées au débouché de la Yellowstone, hors du lac qui porte son nom, ou encore, dans la vallée de la Firehole, des geysers dont les eaux jaillissent par intermittences, de minute en minute, d'heure en heure, témoignent encore aujourd'hui de ce qu'a dû être jadis l'activité des forces souterraines en ce lieu.

Ce qui semble vraiment extraordinaire lorsqu'on lit les relations où sont décrites ces sources et ces jets d'eau et de vapeur, c'est la variété infinie d'aspects, de couleurs, de dimensions qu'ils présentent. Qu'on en juge par quelques citations empruntées au récit du lieutenant Doane, qui accompagna en 1870 le général Washburn dans une exploration de ces contrées : « Le soir, dit-il, nous arrivâmes à une quantité de petites sources d'eau chaude, et, bientôt après, apparut tout un système de sources bouillantes d'eau boueuse, qui jetaient des nuages de vapeur. La plus grande mesurait de 25 à 30 pieds : l'eau était d'une teinte ardoisée; la seconde, large de 4 pieds, bouillait avec force et débordait : l'eau était d'un brun foncé, vaseuse, mais sans dépôt. La troisième, de 20 à 25 pieds, lançait de temps en temps un violent jet de vapeur qui s'élevait à une centaine de pieds. Elle coulait à intervalles fixes. Elle était comme enveloppée sous un revêtement de formation calcaire sulfureuse, et dans un angle se trouvait une espèce de dépôt, en forme de gâteau de miel, d'une coloration extrêmement belle, et composé de sulfure sublimé sur un lit métallique brillant ressemblant à de l'argent. Ce dépôt avait plusieurs pieds de haut et pouvait peser plusieurs tonnes. La vapeur jaillissait à travers les interstices avec un bruyant sifflement. » Les sources décrites ci-dessus se trouvent dans la vallée de la Yellowstone. En un autre point de cette vallée, et à une faible distance du lac, le même voyageur en découvrit une multitude d'autres, évents de vapeur, jets d'eau vaseuse, chaudières d'eau calme, etc., dont il décrit en ces termes les plus remarquables :

« A 400 yards de la rive du lac, dit-il, s'offrit d'abord à nous un bassin de vase d'une brillante couleur rose; sa largeur était de 70 pieds; le centre était une masse bouillante; tout autour étaient de petits cratères coniques en éruption constante. Les dépôts rejetés se durcissaient rapidement en une pierre argileuse lamellée, solide, d'une belle texture, quoique la jolie couleur rose s'effaçât et se changeât en un blanc crayeux. Dans le voisinage se trouvaient une douzaine de jets, larges de 6 à 25 pieds, où bouillait une eau épaisse, de couleurs qui variaient du blanc pur au jaune foncé; puis venaient plusieurs sources de 10 à 50 pieds de diamètre, d'où sortait une eau limpide et chaude; le bassin et le lit de ces ruisseaux étaient garnis de dépôts rouges, jaunes et noirs, d'un effet merveilleusement splendide, mais si friables qu'ils s'émiettaient au toucher. Ces couleurs éclatantes n'existent qu'à la surface du rocher et ne pénètrent pas dans son épaisseur.

« Au-dessous nous trouvâmes plusieurs larges cratères d'eau bleuâtre imprégnée de sulfate de cuivre; au centre cette eau bouillait à la hauteur de 2 pieds; elle s'échappait en larges ruisseaux et laissait sur les bords des cratères un dépôt rocheux de quelques pouces formant une margelle ornée de franges délicates. Plus loin étaient deux lacs d'eau pourpre, chaude, mais non bouillante, qui donnait des dépôts d'une grande finesse de coloris. Au delà, nous vîmes les deux plus grandes sources que nous eussions encore rencontrées : l'une avait 30 pieds sur 40, et une température de 77 degrés; elle coulait dans une autre placée à 70 pieds de là, 6 pieds plus bas, large de 40 pieds sur 75, et d'une température de 84 degrés; de cette dernière source sortait un ruisseau donnant 100 pouces d'eau. Les cratères de ces sources étaient de stalagmite calcaire, garnie d'un dépôt blanc argenté qui, par reflet, illuminait l'intérieur à une immense profondeur; les deux cratères avaient des parois perpendiculaires, mais irrégulières, et la distance à laquelle les objets étaient visibles du fond de leurs abîmes est vraiment extraordinaire. Aucune imagination ne pourrait se représenter, aucune description ne pourrait retracer les

Fig. 200. — Le *Vieux fidèle*, geyser de la vallée de la Firehole.

merveilles que ces grands bassins offrent aux regards[1]. »

1. *Le Parc National des États-Unis*, par MM. Hayden, Doane et Langfort (*Tour du monde*, 1874, t. II).

Les geysers sont très nombreux dans la vallée de la Firehole. Nous reproduisons, d'après la photographie, quelques-uns des plus remarquables parmi ceux dont les membres de l'expédition ont pu observer les éruptions. Mais sur 1500 sources thermales qui s'y trouvent disséminées, il était difficile de reconnaître celles qui, à des intervalles plus ou moins longs, font jaillir de leurs orifices les eaux qu'elles renferment à l'intérieur de leurs cratères.

Le *Vieux fidèle* (fig. 200) lance à plus de 40 mètres de

Fig. 201. — Petit geyser.

hauteur ses gerbes éblouissantes, mêlées à des flots de vapeur. La fissure d'où sortent les jets est tapissée de concrétions calcaires; elle était jadis beaucoup plus grande; mais peu à peu les dépôts l'ont réduite à une ouverture qui mesure 1 mètre de large sur un peu plus de 2 mètres dans son plus grand diamètre. Le monticule formé par la source a environ 13 mètres de hauteur. Les éruptions du Vieux fidèle, qui se font avec de bruyants sifflements, durent environ cinq minutes, et se succèdent régulièrement toutes les cinquante minutes; c'est à la régularité de sa période d'intermittence que ce geyser doit son nom. A distance, le roc qui forme le cratère paraît d'un gris métallique avec des bords roses et jaunes de la plus rare finesse de ton; l'eau qui les mouille constamment donne à ces teintes un éclat extraordinaire.

Dans le voisinage, on voit nombre de vieux geysers, engorgés par leurs propres dépôts. Quelques-uns ont encore des éruptions d'eau et de vapeur, mais leurs cratères rétrécis, leurs parois à moitié détruites donnent à penser que nombre de ces sources avaient été jadis des geysers de première grandeur, comme est encore aujourd'hui le *Château fort*, la plus considérable des formations de la vallée. « L'éminence calcaire sur laquelle il est placé, dit le lieutenant Doane, a 40 pieds de haut et couvre plusieurs acres. Le cratère s'élève au centre; ses parois irrégulières, garnies de concrétions sphériques d'une beauté merveilleuse, se dressent en forme de tourelle, ayant 40 pieds de haut et 200 pieds de circonférence à la base. Le sommet est creusé en embrasures séparées par de grosses nodosités en roc couleur de rose; au centre est un cratère de 3 pieds de diamètre, bordé et garni d'un glacis couleur safran. A quelque distance, on croirait voir un vieux donjon féodal à moitié ruiné. Le cratère lance continuellement des vapeurs; par suite de leur condensation, des gouttes d'eau tombent constamment le long des parois extérieures du cône, qui reste toujours humide. Le dépôt formé est d'une couleur grise argentée, et sa structure est surprenante par sa masse, sa perfection et l'exquise recherche de son dessin en réseau. A la base de la tourelle était étendue une forte branche de pin, recouverte d'une brillante incrustation en forme de nodosités, épaisse de plusieurs pouces; le bois lui-même était pétrifié.

« Les eaux de ce geyser ont percé, à travers le roc, à une nouvelle place près du pied de l'ancien cratère; elles coulent là avec abondance en bouillonnant. Cette issue diminue l'action de la grande ouverture; cependant nous vîmes celle-ci lancer une fois de l'eau à une hauteur perpendiculaire de 60 pieds, en laissant échapper en même temps d'épais nuages de vapeurs. Quand elle était intacte, cette source devait être la plus grande

Fig. 202. — Le *Château fort*, geyser de la vallée de la Firehole.

de toutes. Auprès, sur le même tertre, est une source avec un bassin de 25 pieds de diamètre, aux bords dentelés, plein jusqu'aux bords; l'intérieur est d'une teinte argentée, et le fond d'une profondeur insondable[1]. »

Citons encore, parmi les geysers de la Firehole, celui que les explorateurs dont nous venons de parler ont baptisé *le Géant*, dont le cratère, en forme de corne brisée, a 4 mètres

Fig. 203. — L'Éventail.

de hauteur, 2m,30 de diamètre, et dont les jets s'élèvent à des hauteurs qui varient entre 30 et 70 mètres. La durée de l'éruption n'est pas moindre de trois heures, et lorsqu'elle se produit, l'eau qui sort des profondeurs souterraines est assez

1. *Le Parc National des États-Unis.*

volumineuse pour doubler le débit de la Firehole, où elles se rendent. Au repos, le niveau de l'eau baisse dans le cratère à la profondeur de 13 mètres, et on peut la voir alors bouillir au fond de la cavité. Signalons encore *la Grotte*, remarquable par les parois extérieures de son cratère, creusées en forme de cavernes, et dont les gerbes s'élancent à 20 mètres de hauteur. On en trouvera un dessin dans la planche VII du tome premier de cet ouvrage. (Introduction, page 59.)

L'orifice des geysers n'est pas toujours en rapport avec l'importance de leurs éruptions. C'est ainsi que celui dont la figure 204 représente l'aspect quand il est au repos, ne peut faire présager la violence de l'éruption que M. Doane raconte en ces termes :

« Dans la matinée du 19 septembre, nous fûmes éveillés par d'effroyables sifflements mêlés au fracas d'eaux tombantes; nous regardâmes de l'autre côté de la rivière : un petit cratère, haut de 3 pieds, dont l'ouverture n'avait que 26 pouces de diamètre, et que nous avions à peine remarqué la veille, lançait alors un jet de 219 pieds de haut, surmonté de grands nuages de vapeur; et lorsque cette masse d'eau retomba en éclaboussements terribles sur les strates écailleuses, nous sentîmes le sol trembler. D'énormes fragments de roc étaient soulevés et entraînés dans le lit de la rivière. Ce geyser joua ainsi pendant dix minutes, nous donnant le temps de prendre sa hauteur par la triangulation. Son cratère n'avait rien qui pût faire présumer qu'il y eût là un geyser; comparé aux autres, il était insignifiant à tous les points de vue. Nous le baptisâmes du nom de *Ruche*[1]. »

En décrivant les sources thermales et les geysers des trois contrées où ces curiosités naturelles se montrent avec le plus d'abondance, nous nous sommes laissé entraîner par le côté pittoresque peut-être au delà de ce qu'exigeait le point de vue scientifique où nous devons nécessairement nous placer ici. Le

1. *Loc. cit.*

charme des relations que nous avons empruntées à divers explorateurs suffira, nous l'espérons, pour notre excuse. D'ailleurs, quand il s'agit de phénomènes encore si peu connus et de régions à peine découvertes, chaque détail peut avoir son utilité scientifique. Ce qui nous semble résulter clairement des descriptions qui précèdent, malgré la diversité des détails, d'ailleurs propre à bien accentuer la physionomie locale de chaque région, c'est que les sources thermales, bouillantes ou jaillissantes, ont le même caractère commun, celui de leur

Fig. 204. — Cratère de *la Ruche*.

situation au centre de terrains éminemment volcaniques, dans le voisinage de cratères encore en pleine activité ou de cratères éteints. La composition chimique des eaux de ces sources est telle qu'on peut s'attendre à la trouver, et correspond entièrement à celle des émanations qui marquent le déclin de l'activité volcanique. Les dépôts qu'elles laissent sur les parois des orifices sont plus spécialement siliceux en Islande ; à la Nouvelle-Zélande, comme dans les bassins de la Yellowstone et de la Firehole, les composés sulfureux alternent avec la silice et surtout avec les composés calcaires. Dans tous les cas, la haute température des eaux s'explique par le contact qu'elles ont éprouvé avec les couches sous-jacentes et les roches chaudes de terrains jadis fracturés par les éruptions, où elles ont pénétré grâce aux nombreuses fissures de ces terrains mêmes. Enfin l'abondance des eaux n'a rien que de très naturel dans des vallées qu'entourent des montagnes couvertes de neiges et de glaces, comme on a vu que sont les Jökull d'Islande et les montagnes du Parc National des États-Unis.

§ 3. SALSES OU VOLCANS DE BOUE.

Nous avons cité déjà divers exemples d'éruptions boueuses, notamment en Islande, dans les volcans javanais, dans ceux d'Havaï et dans les Cordillères. Les volcans mêmes qui habituellement rejettent des laves incandescentes peuvent accidentellement vomir de la boue, ou de la cendre, c'est-à-dire de la lave délayée dans l'abondante vapeur d'eau qui s'échappe de leurs cratères. Mais il existe aussi des bouches volcaniques dont la boue est l'élément éruptif essentiel. On leur donne alors le nom de *salses* ou de *volcans de boue*.

Lorsque, il y a quarante ans, Humboldt publia le premier volume de son *Cosmos*, il insista sur l'importance que l'on doit attacher à l'étude de ce mode particulier de manifestation des forces souterraines, et il en donne plus tard (dans le quatrième volume) une description détaillée. Il considérait « les salses ou petits volcans de boue comme formant la transition des jets de vapeur et des sources thermales aux redoutables éruptions des monts ignivomes ». Si l'on avait méconnu jusqu'alors la grandeur du phénomène, c'est, selon lui, parce que, des deux phases qu'il présente, l'une violente et de courte durée, l'autre calme, mais persistant pendant des siècles, c'est de la seconde seule que les savants se sont occupés. Or l'apparition des volcans de boue offre tous les symptômes d'une véritable éruption volcanique : tremblements de terre précurseurs, détonations souterraines, soulèvements de contrées entières, jets de flamme souvent fort élevés, bouillonnement de la matière pâteuse contenue dans le cratère et d'où s'échappent de grosses bulles gazeuses, qui crèvent à la surface en donnant lieu tout autour de l'orifice à un épanchement de boue plus ou moins abondant. Une fois formés, les volcans de boue ont, comme les autres, de longues périodes de calme relatif, pendant lesquelles toute leur activité se borne au dégagement des gaz et au tranquille épanchement de la boue sur la pente des cônes; mais de violentes éruptions, pareilles à celles qui avaient présidé à la formation des salses, leur rendent à des intervalles plus ou mois rapprochés leur activité paroxysmale, généralement de très courte durée. Voici des exemples de ces phénomènes.

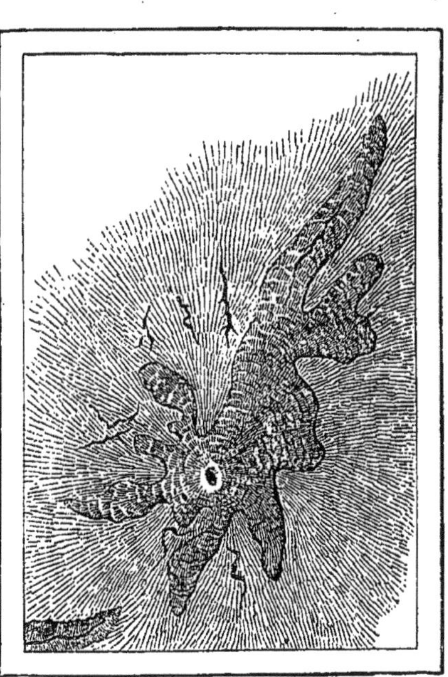

Fig. 205. — Volcan de boue de Koukou-oba, dans la presqu'île de Taman.

« Lorsque la salse de Jokmali[1] se forma, le 27 novembre 1827, dans la presqu'île d'Abscheron, à l'orient de Bakou (mer Caspienne), les flammes s'élancèrent à une hauteur extraordinaire; ce phénomène dura trois heures. Pendant les vingt heures suivantes, elles s'élevèrent à peine à 1 mètre au-dessus du cratère d'où la boue s'épanchait. Près du village de Baklichli, à l'ouest de Bakou, la colonne de flamme fut si haute, qu'on l'apercevait à une distance de 4 ou 5 myriamètres.

1. Humboldt, *Cosmos*, I. D'autres disent *Tokmali*.

D'énormes blocs de pierre, arrachés sans doute à de grandes profondeurs, furent lancés au loin. » Le Koukou-Oba (*colline bleue*), volcan de boue de la presqu'île de Taman, était déjà connu des anciens Grecs, qui plaçaient dans son voisinage l'une des entrées des Enfers; depuis des siècles, il ne s'était signalé par aucune éruption violente, quand en février 1794, à la suite de tremblements de terre et de détonations formidables qui s'entendirent à une distance de plus de 200 kilomètres, il sortit de son repos. Une gerbe de feu s'éleva à plusieurs centaines de pieds de hauteur, suivie bientôt d'une épaisse colonne de fumée qui dura jusqu'au lendemain. Des torrents de boue s'écoulèrent du sommet du cône, et des fragments de terre gelée furent lancés à plus d'un kilomètre de distance.

Si les salses offrent, dans leurs éruptions, quelques-uns des caractères des phénomènes volcaniques ordinaires, si leurs cônes se forment, comme les cônes des autres volcans, par l'accumulation de leurs déjections autour de leur orifice central, elles diffèrent des volcans décrits jusqu'ici par l'exiguïté de leurs dimensions. Les plus considérables forment de petites collines coniques, plus ou moins aplaties, dont la hauteur maximum n'atteint guère que 150 ou 200 mètres. La plupart de ceux de la presqu'île de Taman qui, avec les volcans de boue de la mer Caspienne, sont les plus nombreux que l'on connaisse, ont de 30 à 50 mètres de haut au plus. Le Macaluba, près de Girgenti en Sicile, que Dolomieu visitait au siècle dernier et dont il évaluait la hauteur à 150 pieds, soit 50 mètres, s'est considérablement affaissé; d'après M. Contejean qui l'a observé en septembre 1882, il est loin de s'élever de 50 mètres au-dessus du ravin qui le circonscrit. Sur son sommet aplati, dont la circonférence est assez considérable (8 kilomètres environ), une centaine de petits cônes éruptifs, les uns en activité, les autres inactifs, sont çà et là disséminés, et semblent jouer, sur le monticule principal, le même rôle que les cônes adventifs sur l'Etna. Voici ce qu'en dit M. Contejean : « Il y a des cônes à cratère analogues au Vésuve, des dômes arrondis comparables à ceux de l'Auvergne, des cratères-lacs et même des cratères d'effondrement. Les premiers sont en plus grand nombre; rarement ils atteignent la hauteur de 5 ou 6 décimètres; beaucoup ne s'élèvent que de quelques centimètres : mais comme ils sont formés par une argile tenace, leur pente est toujours plus raide que celle des volcans de feu. Leur forme est aussi plus régulière, et la cavité centrale, dont le diamètre varie de 2 à 4 centimètres, offre une section parfaitement circulaire. La boue fluide qui découle sur leurs flancs s'étale quelquefois assez loin; elle recouvrait un espace de plus de 15 mètres de circuit autour d'un cratère-lac peu profond, dont l'orifice avait 6 centimètres de diamètre, et dont la hauteur ne dépassait pas 3 décimètres. Ouvert au niveau du sol et rempli d'une eau boueuse dans laquelle barbotaient les innombrables bulles de gaz carboné, le plus considérable des cratères d'effondrement mesurait 2 mètres dans la plus grande longueur de son bassin, également peu profond, et dont le trop-plein s'écoulait au dehors par un canal minuscule. Tous les dômes sont éteints. Ils proviennent de l'entassement d'une boue plus compacte au-dessus de l'orifice d'émission, et sans doute aussi de l'action de la pluie sur d'anciens cratères, dont la cavité centrale a disparu; ils ont la forme d'une calotte sphérique régulière, un peu écrasée au contact du sol. Le plus grand de tous s'élevait de 9 décimètres sur une base de 3 mètres de rayon[1]. » Quand Dolomieu visitait le Macàluba, il y a un siècle, le sol sur lequel reposaient les petits cratères était formé par une argile grise, desséchée, gercée dans tous les sens, qui s'élevait en feuillets d'un décimètre environ d'épaisseur. « Le grand balancement qu'on éprouve, dit-il, en marchant sur cette espèce de plaine annonce que l'on est porté par une croûte mince appuyée sur un corps mou et demi-fluide; on reconnaît bientôt que cette argile desséchée recouvre réellement un vaste et immense gouffre de boue, dans lequel on

1. *Une excursion au Macaluba de Girgenti* (*Revue scientifique*, juin 1883).

court le plus grand risque d'être englouti. » C'est en effet pendant l'été et en automne jusqu'à la saison des pluies que le monticule présente l'aspect qu'on vient de décrire. En hiver, l'argile se détrempe et se ramollit; les petits monticules coniques se dissolvent et le tout ne forme plus qu'un amas immense de boue argileuse, de profondeur inconnue. Les dégagements qui avaient lieu auparavant par les sommets de chaque cratère, se font dans toute la masse, qui est dans un état continuel de bouillonnement. Rien donc de moins extraordinaire que les modifications constatées au bout d'un siècle par M. Contejean, qui trouvait les contours de la salse moins réguliers, son sommet affaissé et élargi, la boue du monticule desséchée et consolidée, tandis qu'au contraire les matières rejetées étaient plus fluides. Une modification plus importante encore est celle-ci : tandis que Dolomieu, dans sa première visite en 1781, constatait que le gaz dégagé par la salse était ininflammable (acide carbonique), en 1785 au contraire il brûlait avec une légère explosion. M. Contejean trouva aussi que le gaz brûlait avec une longue flamme jaune; c'était de l'hydrogène protocarboné, de sorte qu'il y avait eu substitution de ce dernier gaz à l'acide carbonique.

Le Macaluba eut jadis de violentes éruptions, dont les deux dernières eurent lieu en 1777 et 1779. C'est par un orifice central d'assez grandes dimensions (de dix palmes, d'après un témoin oculaire : environ $2^m,50$) que sortit la boue qui recouvrit la vallée d'alentour d'une couche de $1^m,50$ d'épaisseur.

Lyell, dans ses *Principes de Géologie*, mentionne d'après le capitaine Robertson les nombreux volcans de boue situés au nord-ouest du golfe de Kotch, près de l'embouchure de l'Indus. L'un d'eux n'a pas moins de 120 mètres de hauteur; la terre qui le forme est légèrement colorée, et son cratère, de 30 mètres de diamètre, est rempli d'une boue liquide continuellement agitée par des bulles gazeuses et projetée çà et là en petits jets.

Nous avons vu, en décrivant les geysers des vallées de Yellowstone et de la Firehole, que nombre de sources émettent des eaux boueuses. On y rencontre aussi de véritables volcans de boue, ainsi que le prouve le passage suivant de la relation du lieutenant Doane : « A quelques centaines de yards, sur la pente d'un ravin escarpé couvert d'arbres, nous découvrîmes un volcan de boue. L'orifice a 30 pieds de diamètre, va en se rétrécissant, et n'a plus que 15 pieds de largeur au point le plus profond, que l'on aperçoit à 40 pieds environ. D'énormes

Fig. 206. — Monticule formé par les dépôts d'une source chaude tarie[1].

masses de vapeurs s'échappaient par cette ouverture et s'élevaient à une hauteur de 300 pieds. Des profondeurs de la terre, on entendait venir au loin un grondement bruyant qui se reproduisait toutes les cinq secondes, espèce d'énorme pulsation qui ébranlait le sol à une distance de 200 yards. Chacun de ces

1. Nous reproduisons ici, d'après une photographie, la vue d'un monticule que les observateurs donnent comme formé par les dépôts d'une source chaude tarie. On a vu en effet les geysers former eux-mêmes les tertres au-dessus desquels s'ouvrent leurs orifices. Mais ici la forme conique régulière du monticule permet de supposer qu'il est dû plutôt à un volcan boueux ou du moins à une source dont l'eau renfermait une matière vaseuse abondante. Sa situation au milieu d'une contrée qui renferme à la fois de nombreuses sources chaudes, des geysers et des volcans de boue semble permettre l'une ou l'autre interprétation.

chocs souterrains était suivi d'un éclaboussement de boue. De temps en temps, on entendait une explosion semblable à la détonation de puissants canons; la terre tremblait alors à un mille tout alentour. Ces explosions étaient accompagnées d'un redoublement marqué des masses de vapeurs qui jaillissaient du cratère. » Des mesures prises par les observateurs leur permirent de conclure que certains jets de boue avaient dû être lancés jusqu'à l'énorme hauteur verticale de 300 pieds. Il y a loin de cette activité éruptive du volcan de boue de Yellowstone à celle des petits cônes en miniature de la Macaluba et même des salses de Crimée et des bords de la mer Caspienne. Ce n'est en effet, on l'a vu, qu'à de longs intervalles que celles-ci subissent leurs éruptions paroxysmales. Il est probable que la température joue un grand rôle dans ces divers phénomènes. Dans un grand nombre des volcans de boue observés, la boue sort de leurs orifices à une température qui ne dépasse pas celle de l'air extérieur. Tel est le cas des volcans boueux des presqu'îles de Taman et d'Apchéron, au moins dans leur période de calme. Les bulles gazeuses qu'on voit alors se dégager de la masse pâteuse, et qui produisent le bouillonnement de cette masse, n'ont elles-mêmes qu'une température peu élevée. Au contraire, dans les salses d'Islande, de la Nouvelle-Zélande, des Célèbes, de Luçon, c'est la vapeur d'eau qui détermine l'ébullition, et la boue sort de leurs orifices à une température supérieure à celle de l'air. Aussi range-t-on les volcans de boue en deux catégories : ceux qui possèdent en tout temps une haute température et où la vapeur d'eau prédomine sur les autres gaz, et ceux où cette vapeur est absente ou ne joue qu'un rôle secondaire, sauf dans les éruptions violentes. Dans cette dernière catégorie, les gaz et la boue sont souvent plus froids que l'atmosphère, surtout en été.

La boue, plus ou moins fluide, qui sort des salses, est ordinairement composée d'argile délayée dans une certaine quantité d'eau; sa couleur varie du gris au bleu noirâtre, quelquefois nuancée de rouge, de blanc, comme dans les volcans de boue de Célèbes. Mais elle renferme aussi d'autres substances en proportions variées, du sel marin notamment, mélangé parfois de sulfate de magnésie ou de soude[1]. On y trouve aussi, selon les régions, des huiles de naphte ou de pétrole, du bitume, de l'asphalte, qu'on voit surnager par couches minces à la surface de la vase ou de l'eau qui remplit les cratères. Rien de plus naturel que la présence de ces substances dans les déjections des salses, puisque le plus souvent des sources de bitume, de pétrole existent dans les contrées où les salses abondent et les roches mêmes qui les avoisinent en sont imprégnées. M. Anstedt, qui fut témoin, en janvier 1866, d'une éruption de la salse de Paterno en Sicile, raconte que cette éruption débuta par un jet d'eau bouillante de 2 mètres d'élévation, que suivirent plusieurs autres jets, sans qu'aucun bruit, aucune flamme, aucune vapeur visible les accompagnât. L'eau boueuse, en s'écoulant dans le Simeto, laissait derrière elle une couche de boue qui couvrait le sol à quelque distance. A la surface de l'eau sale, qui s'échappait en une forte colonne chargée de gaz acide carbonique, flottait une quantité considérable de pétrole, dont la couleur était un vert foncé. Or à un mille de la salse M. Anstedt constatait l'existence de blocs de lave basaltique très dure, qui semblaient tombés d'un escarpement de roches de même nature placé au-dessus du point où ils gisaient. « Quand on frappe ces blocs avec un marteau, dit-il, ils émettent une forte odeur bitumineuse, et quand on enlève un fragment, on voit d'innombrables cavités pleines de naphte[2]. »

Les districts de Taman et de Kertch que séparent les eaux du détroit d'Yénikalé, ceux de Bakou et d'Apchéron sur les bords occidentaux de la mer Caspienne, sont les régions les plus abondantes en salses du monde entier. Ils sont aussi couverts de sources de pétrole, de bitume, de naphte. Ces substances coulent avec l'eau et la boue des cratères en éruption; elles

1. La présence de ces sels explique suffisamment la saveur salée des eaux et de la boue elle-même, ainsi que le nom de *salses*, donné aux volcans de boue.

2. *Conférence sur les volcans de boue de la Crimée.*

suintent partout du sol voisin, et de nombreux puits qui, de temps immémorial, sont exploités sans tarir. Dans la presqu'île de Taman, aux environs de Kertch, ces puits, d'ailleurs peu profonds, creusés dans les marnes tertiaires, sont si nombreux qu'on ne saurait les compter : « Je remarquai un puits, dit M. Anstedt, fournissant une quantité considérable de naphte, creusé à moins de 12 mètres d'un volcan boueux en activité et sur le cône même d'un volcan éteint. L'odeur du naphte envahit tout le pays, et, se mêlant à celle de l'hydrogène sulfuré, peut-être aussi de l'hydrogène phosphoré, infecte toute l'atmosphère de la mer Putride. Il est prouvé que, dans tous ces cas, les sources de pétrole sont reliées à des crevasses, ordinairement situées dans des rocs argileux que souvent l'huile sature entièrement. Ces sources traversent quelquefois des calcaires ou des grès compacts, et rendent ces rocs très bitumineux. » Par les exemples que nous venons de citer, on peut se rendre aisément compte de la présence, dans la vase et dans l'eau des salses, des huiles minérales et des substances bitumineuses.

Les mêmes raisons expliquent aussi la nature des gaz qui composent les bulles qu'on voit sortir des volcans de boue ; ce sont : les gaz hydrogènes carbonés, dont la proportion dépasse généralement celle de tous les autres gaz réunis (95 pour 100 du volume total); l'acide carbonique et l'oxyde de carbone, l'hydrogène sulfuré et l'hydrogène. Toutefois cette prédominance des carbures d'hydrogène n'existe pas dans les matières gazeuses rejetées par les volcans de boue à haute température et où la vapeur d'eau est émise en grande quantité. En ce cas, c'est l'hydrogène sulfuré qui domine, et son odeur annonce de loin le cratère en éruption.

Les flammes que nous avons vues se produire dans les éruptions violentes des salses, sont dues à l'inflammabilité des hydrogènes carbonés. Aux exemples déjà cités plus haut de ces projections de flamme, nous joindrons celui que donne Humboldt et qui a eu pour siège un point voisin des salses de Turbaco, dans l'Amérique du Sud. C'est au milieu de la langue de terre formant le cap Galera-Zamba, près de l'embouchure du fleuve de la Magdalena. Il existait en ce point une colline conique qui de temps à autre émettait des gaz, de la fumée, s'échappant quelquefois avec assez de violence pour lancer au loin les objets qu'on jetait dans l'orifice (à peu près comme nous avons vu que se font les éruptions aqueuses du Strokur). « En 1839, dit Humboldt, une éruption de flammes considérable fit disparaître le cône, et la presqu'île de Galera-Zamba devint une île séparée du continent par un canal de 30 pieds de profondeur. Les choses demeurèrent en cet état jusqu'au mois d'octobre 1848, où, sans qu'il y eût dans les environs d'ébranlement sensible, une éruption ignée formidable, visible à 10 ou 12 milles de distance, se produisit de nouveau à l'endroit même où s'était faite la rupture, et se prolongea pendant plusieurs jours. La salse ne rejeta que des gaz sans aucun objet solide. Lorsque les flammes furent éteintes, on trouva que le sol de la mer s'était soulevé et avait formé une petite île de sable qui disparut peu de temps après. Plus de 50 *volcancitos*, c'est-à-dire plus de 50 cônes semblables à ceux de Turbaco, entourent maintenant, dans un rayon de 4 à 5 milles, le volcan de gaz sous-marin de Galera-Zamba[1]. »

Mais nulle part le dégagement des hydrocarbures inflammables n'est aussi abondant que dans le voisinage de Bakou, la *cité du naphte*. Dans toute la province de Schirvan, « le sol en est à ce point imprégné, dit M. Vélain, qu'il suffit de le percer à une faible profondeur pour donner passage au gaz inflammable. Une simple étincelle allume un incendie qui se communique à toutes les autres crevasses avec la rapidité de l'éclair, et se continue ainsi jusqu'à ce qu'une violente tempête ou une forte pluie vienne l'éteindre. Ces flammes vacillantes et bleuâtres, à la manière des feux follets, s'élèvent en hautes spirales, ou d'autres fois s'abaissent en couvrant le sol, qui paraît éclairé d'une lueur éthérée. L'herbe sèche qui

1. *Cosmos*, t. IV.

recouvre le sol ne prend jamais feu, et le voyageur qui se trouve au sein même de ce merveilleux incendie n'éprouve aucune sensation de chaleur.

« Au milieu même de la mer, près du cap de Chikhov, au sud de Bakou, les jets de gaz inflammables s'effectuent avec une telle violence, que l'eau tourbillonne au point d'entraîner les barques qui s'aventurent dans ces parages dangereux. Des étoupes enflammées, jetées sur la mer aux points où elle

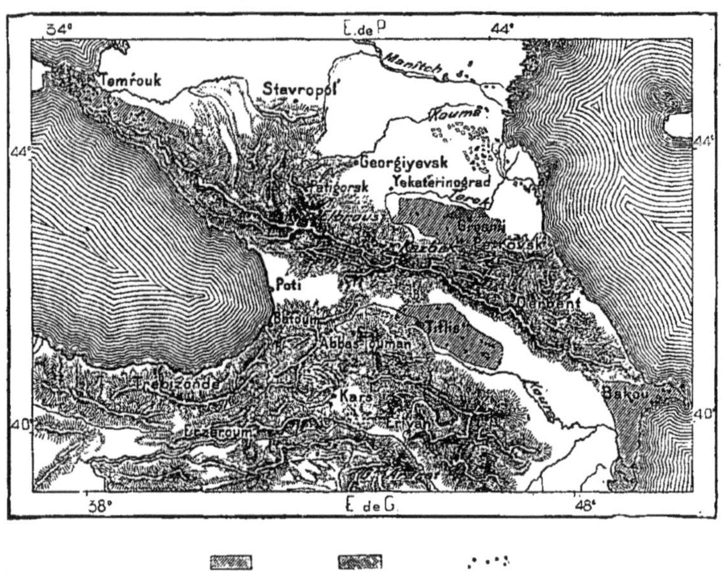

Fig. 207. — Région des salses et des sources de naphte du Caucase.

semble ainsi soumise à une violente ébullition, allument aussitôt un incendie qui se propage sur une étendue d'une quarantaine de mètres et ne s'éteint que quand un vent impétueux vient à souffler[1]. »

Toute la région de l'Italie centrale située sur le versant nord des Apennins, et notamment celle qui s'étend de Plaisance à Modène, Bologne, Imola, est célèbre par l'abondance de ses

1. *Les Volcans.*

sources thermales, par ses volcans de boue, par ses terrains brûlants et par ses fontaines ardentes. La salse de Sassuolo, au sud-ouest de Modène, est célèbre par la relation qu'a donnée Pline des phénomènes qui accompagnèrent son apparition, tremblement de terre, fumée mêlée de flammes; de violentes éruptions eurent encore lieu à la fin du dix-septième siècle, puis en 1789 et enfin en 1835[1]; aujourd'hui la salse est dans une période de repos, et laisse à peine échapper quelques bulles

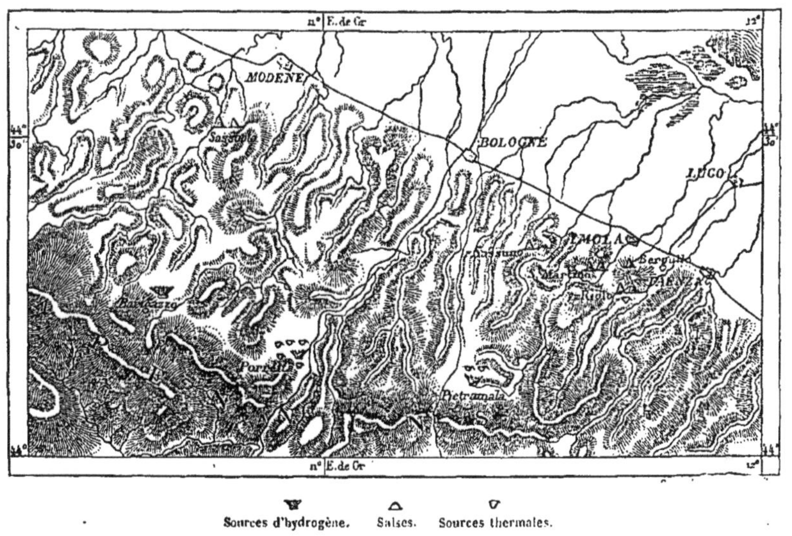

Fig. 208. — Salses et sources de l'Italie centrale.

gazeuses. On cite encore les volcans de boue de Bergullo, de Sassuno, de Salvarola, etc. Les cônes boueux de la salse de Bergullo sont d'une régularité telle, que, selon M. Vélain, on les dirait construits de main d'homme. Les principaux ont 3 mètres de hauteur sur 4 mètres environ de diamètre; ils sont formés par une argile blanchâtre, fine et résistante. Quel-

1. Cette dernière éruption a été remarquable par la quantité considérable de boue et de pierres projetées par le dégagement de gaz inflammable et d'eaux salées. D'après G. de Brignoli, le volume de la boue vomie aurait atteint 10 500 000 mètres cubes.

ques-uns, ouverts sur le flanc, laissent échapper des coulées de boue dans un ruisseau voisin, au fond du vallon d'Imola. A 20 kilomètres à l'ouest de Bergullo, se trouve la salse de Sassuno, d'origine toute récente (son apparition date du commencement du siècle). Les volcans boueux de l'Italie centrale sont alignés sur une ligne à peu près parallèle à la crête des Apennins ; c'est dans une direction semblable, mais plus rapprochées de cette crête et par suite à une altitude plus élevée, qu'existent les *sources ardentes* et les *terrains brûlants* de Barigazzo, de Porreta, de Pietra-mala, etc. Les gaz qui se dégagent de ces sources, et de tous les points du sol environnant, des roches comme des terres cultivées, sont, d'après les analyses de MM. Fouqué et Gorceix, faites en 1869, des gaz hydrocarbonés mélangés d'une proportion beaucoup plus faible d'acide carbonique et d'azote[1]. Ces dégagements, d'autant plus abondants qu'on s'élève davantage, sont naturellement invisibles, à moins que par une cause quelconque ils ne viennent à s'enflammer, au grand danger des moissons que l'incendie allumé ravagerait, ou encore à moins que ne survienne une forte pluie. Alors on aperçoit les bulles gazeuses se dégager des flaques d'eau qui recouvrent le sol.

En Chine, sur d'immenses étendues de pays, le sol est imprégné de substances et de gaz inflammables, qu'on utilise de temps immémorial pour les usages industriels et domestiques. Les *sources de feu* (Ho-tsing) et les *montagnes ardentes* (Ho-schan) sont nombreuses dans toute l'Asie orientale. « Depuis les provinces de Youn-nan, Kouang-si et Szu-tchouan, situées à l'extrémité sud-ouest de l'empire, sur la limite du Thibet, jusqu'à la province septentrionale de Schan-si, on creuse le sol pour obtenir à la fois de l'eau pure, de l'eau saline et du gaz à brûler. Ce gaz donne une lumière rougeâtre, et répand sou-

1.

	Barigazzo.	Porreta-Leone.	Pietra-mala Volcano.
Hydrogène carboné C^2H^4. .	96,61	89,42	96,19
Acide carbonique CO^2. . .	1,81	4,61	2,27
Azote.	1,58	5,97	1,54

vent une odeur bitumineuse. On le conduit au loin, dans des tuyaux de bambou portatifs ou à demeure, et on s'en sert pour

Fig. 209. — Le temple du feu à Atesh-Gah, d'après M. Moynet.

faire du sel, pour chauffer les maisons et éclairer les rues. Dans quelques cas rares, l'hydrogène carboné s'est trouvé épuisé ou l'émission en a été interrompue par des tremblements de terre. Ainsi, l'on sait qu'un célèbre ho-tsing, situé au sud-ouest de Kioung-Tscheou, dont le jet enflammé était accompagné de bruit, s'éteignit au treizième siècle, après avoir éclairé toute la contrée depuis le second siècle de notre ère[1]. »

Les montagnes ardentes sont répandues sur une grande partie de l'Empire Chinois. « En beaucoup d'endroits, dit encore Humboldt, par exemple dans le roc du Py-Kia-Schan, au pied d'une montagne couverte de neiges éternelles, les flammes s'élancent de longues crevasses inaccessibles et montent à de grandes hauteurs. Ce phénomène rappelle les feux éternels du Mont-Schagdagh, dans le Caucase. » Nous avons vu plus haut que Bakou et ses environs abondent en sources de naphte. Quelques puits, accidentellement enflammés, ne se sont pas éteints depuis lors, M. Moynet, qui visitait cette région en 1858, vit un de ces puits qui, enflammé au commencement de ce siècle, brûlait encore. C'est dans les environs de Bakou, à 23 kilomètres de la ville, que se trouve le fameux temple des Parsis, où quelques fidèles de la religion des Guèbres ont profité des propriétés des sources naturelles de naphte, pour consacrer un sanctuaire au feu éternel. Atesh-Gah est le nom du lieu saint; le voyageur que nous venons de citer en donne cette description : « Nous arrivons dans une vaste plaine : des feux s'échappent d'ouvertures irrégulièrement placées; au milieu s'élève un édifice crénelé (fig. 209); de chaque créneau sort une gerbe de flammes; un foyer plus intense, composé de cinq feux, couronne la plus haute coupole. A l'intérieur, le spectacle est imposant : partout le feu sort de terre; sous la coupole centrale, l'autel est couvert de flammes[2]. » Comme en Chine d'ailleurs, les habitants de la presqu'île d'Apchéron utilisent le gaz inflammable, qu'ils tirent du sol au moyen de roseaux, aux usages domestiques, à l'entretien des fours à chaux et même à la crémation des cadavres.

1. Humboldt, *Cosmos*, t. IV.
2. *Voyage au littoral de la mer Caspienne* (*Tour du monde*, 1860, I).

§ 4. RÉPARTITION DES VOLCANS A LA SURFACE DU GLOBE TERRESTRE : APERÇU GÉNÉRAL.

Si l'on jette les yeux sur un planisphère où soient indiquées les positions des volcans actifs, on est bientôt frappé de l'inégalité de la distribution des centres éruptifs sur toute l'étendue des terres continentales. De vastes régions en sont à peu près absolument dépourvues; en d'autres parties des continents, on aperçoit çà et là seulement quelques volcans, puis quelques régions où l'activité volcanique des anciens âges est actuellement éteinte. Enfin, en d'autres points, les cratères s'accumulent en si grand nombre, qu'ils forment évidemment des groupes naturels ou systèmes, dont il sera intéressant d'étudier les rapports. La planche XV va nous servir à cette étude. Les régions volcaniques y sont marquées par une teinte qui est *rouge* là où l'activité persiste, *bleue* là où elle est éteinte, ou bien ne se manifeste plus, à l'époque actuelle, que par les phénomènes des phases de déclin. Des points rouges marquent la position des principaux volcans actifs.

Examinons en premier lieu l'ancien continent. Toute la partie boréale, aussi bien en Europe qu'en Asie, est entièrement dépourvue de volcans. Dans la partie moyenne, on remarque d'abord, notamment dans l'ouest et le centre du continent européen, un assez grand nombre de points teintés de bleu, indiquant d'anciennes régions volcaniques éteintes : la péninsule ibérique, la France, l'Italie septentrionale, l'Allemagne, puis, en se rapprochant du centre, la Grèce sont les contrées qui ont conservé les traces d'une activité aujourd'hui disparue. La Méditerranée, l'Asie Mineure et le Caucase et un ou deux points du centre de l'Asie sont les seules régions volcaniques actives de cette partie médiane de l'ancien continent. L'énorme masse du continent africain ne renferme, telle qu'on la connaît maintenant, que de rares volcans dans le voisinage de l'équateur, les uns à l'occident, là où les côtes de Guinée orientées de l'ouest à l'est, tournent brusquement vers le sud, et à l'opposé, près des côtes orientales, au-dessous du golfe d'Aden. De l'autre côté du détroit, dans le coude qui détache la péninsule arabique du continent africain, deux régions contiguës, l'une éteinte, l'autre active font pendant à celle qui, audessous du golfe Persique, marque l'autre extrémité de la base de la presqu'île. Tout le reste de la partie continentale et méridionale de l'Asie, de la Perse à l'Indoustan et à la Cochinchine, est privée de volcans. Il en est de même de l'Asie orientale jusqu'à la presqu'île du Kamtschatka, où l'activité volcanique atteint au contraire le plus haut degré. En Chine toutefois, comme nous l'avons vu dans le paragraphe qui précède, si les volcans proprement dits manquent, les sources de gaz inflammable, les terrains ardents recouvrent des provinces entières, et témoignent ainsi d'une ancienne activité aujourd'hui sur son déclin.

En poursuivant l'étude de la distribution des volcans sur les terres continentales, nous voyons que le continent australien, comparable à l'Afrique par la masse de ses terres et les contours non découpés de ses côtes, est aussi privé de l'activité volcanique, et c'est seulement vers le sud-est que se trouve une région éteinte[1].

Les deux masses triangulaires qui constituent le continent américain sont divisées en deux versants principaux de très inégale étendue. Or plus des quatre cinquièmes du versant oriental, tributaire de l'Atlantique, de beaucoup le plus vaste, sont sans volcans; c'est sur la longue chaîne formant l'arête presque continue des deux Amériques, depuis l'extrémité nord des Montagnes Rocheuses jusqu'aux Andes de Patagonie, que se trouvent échelonnés les innombrables volcans américains : l'activité éruptive du continent se trouve ainsi circonscrite

1. Nous n'avons pas besoin de dire qu'il y a lieu de faire des réserves formelles pour toutes les parties encore inconnues, géographiquement parlant, ou imparfaitement connues au point de vue géologique, des continents. Ainsi du centre de l'Asie, du centre de l'Afrique, de l'Australie, et aussi des deux Amériques. Il n'y a que quelques années que l'on connaît bien la région si curieuse de la Firehole et de la Yellowstone.

dans une bande étroite débordant à peine, à l'orient, le versant tributaire des eaux du Pacifique.

Dans cette revue rapide des régions volcaniques continentales, nous avons laissé de côté toute une série de volcans en pleine activité, dont nous allons parler maintenant. Les plus nombreux appartiennent aux îles qui longent les côtes orientales de l'Asie ou qui relient en quelque sorte le sud-est du continent asiatique à l'Australie. En partant de la pointe méridionale du Kamtschatka, on rencontre ainsi l'archipel des Kouriles, celui du Japon, les Liou-Kieou, Formose, les Philippines; puis, parallèlement à la presqu'île de Malacca, les îles Andaman, Nicobar, Sumatra et Java; viennent ensuite les Célèbes et les Moluques, la Nouvelle-Guinée et, plus loin vers l'orient, les Nouvelles-Hébrides. Toutes ces îles sont de constitution éminemment volcanique; leurs innombrables cratères sont à des degrés divers en activité, ou ont donné de cette activité de récents témoignages. Les volcans des îles Mariannes, ceux de a Nouvelle-Zélande, des îles de la Société, des Sandwich, plus éloignés des continents, sont aussi parmi ceux que nous devons énumérer comme se rattachant à un même vaste système embrassant plus d'une moitié de la surface du globe terrestre.

En effet, si l'on se reporte à la carte de la planche XV et si l'on reprend les volcans de l'Amérique méridionale, à partir des Andes de Patagonie, en remontant au nord, on suivra presque sans interruption les contours d'un immense cercle, entourant des feux d'innombrables cratères l'océan Pacifique tout entier. Les volcans des îles Aléoutiennes, continuant ceux de la presqu'île d'Alaska, vont se relier, par une courbe presque ininterrompue, aux volcans du Kamtschatka. Les cratères d'Havaï, avec leurs formidables éruptions, sont comme le centre de ce cercle qui, brisé à la Nouvelle-Zélande, reparaît, dans les solitudes glacées des terres antarctiques, dans les cratères Érèbe et Terror.

Les autres volcans isolés ou groupés appartiennent encore à des îles. Ce sont ceux d'Islande, aux limites de la zone polaire boréale, les volcans des Antilles, ceux des Açores, des Canaries et du Cap-Vert dans l'Atlantique, et enfin ceux de l'Océan Indien.

Ce premier aperçu général sur la répartition géographique des volcans à la surface du globe suggère plusieurs remarques importantes. La première, c'est que les volcans sont rares dans l'intérieur des continents, fréquents au contraire sur quelques-uns de leurs contours et plus nombreux encore dans les îles ou presqu'îles fortement découpées ; en un mot, un petit nombre de volcans se trouvent éloignés de l'Océan ou des mers intérieures[1]. Une seconde remarque est celle qui a trait à leur disposition en lignes ou rangées, rectilignes ou courbées en arcs de cercle ; chacune de ces lignes, suivant ordinairement la crête d'une chaîne de montagnes ou une direction voisine parallèle à cette crête, peut être considérée comme un système secondaire de volcans. Cela est vrai surtout de la ceinture qui entoure presque complètement l'océan Pacifique, formant, comme nous l'avons dit plus haut, un vaste système général embrassant plus de 200 degrés en longitude et plus de 100 degrés en latitude. Avant d'énumérer avec quelques détails ces systèmes ou groupes secondaires, ajoutons une observation qui nous paraît fort importante. Si l'on en excepte quelques groupes de volcans disséminés à la surface de l'Océan, loin des continents ou des terres de quelque étendue, les régions volcaniques actives sont presque toutes situées sur les bords des dépressions qui ont formé, soit les mers intérieures, soit les mers séparant les continents des archipels ou des grandes presqu'îles. Nous citerons comme exemples de cette situation

1. Sur 323 volcans actifs, dont nous avons donné la distribution relative à chaque partie du monde, on en compte 84 seulement qui se trouvent sur les continents ; 529 sont dans des iles ou des presqu'îles telles que le Kamtschatka et l'Alaska. D'ailleurs, parmi les premiers, la plupart se trouvent dans le voisinage de la mer. « Depuis 1750, disait Fuchs en 1875, par conséquent depuis 125 ans, on a noté 159 éruptions en divers endroits. *Sur ces* 159 *volcans* 78 sont situés dans des iles marines et seulement 41 sur des continents : mais presque tous ces volcans continentaux sont très rapprochés des bords de la mer. » Ainsi le voisinage des eaux de l'Océan paraît être une condition favorable, sinon essentielle, à l'activité volcanique éruptive.

LA CHALEUR SOUTERRAINE DU GLOBE TERRESTRE

Distribution Géographique des Volcans

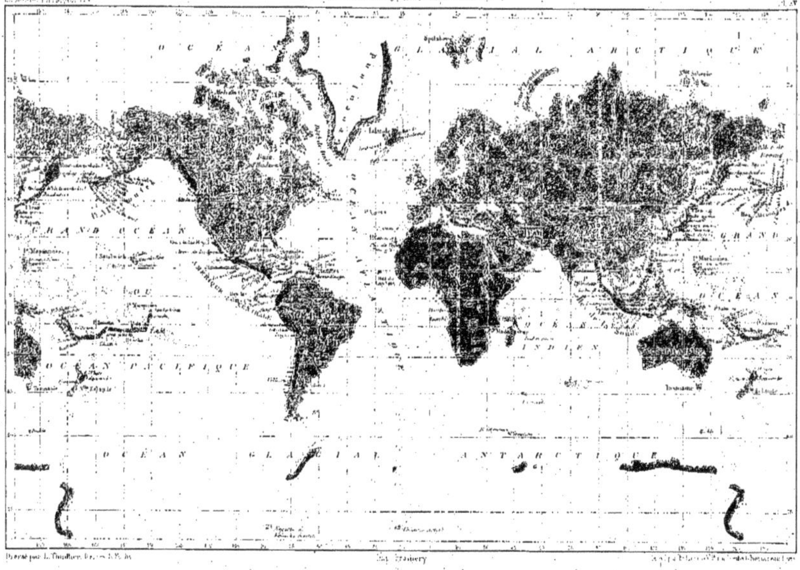

Dressé par L. Thuillier

remarquable : en Asie, le groupe des volcans du Kamtschatka et du Japon, sur la rive orientale de la mer d'Okotsk et de celle du Japon ; tout le groupe des volcans de la Sonde et de l'archipel malaisien, au milieu de la vaste dépression qui sépare ou unit, comme on voudra, le continent asiatique à l'Australie ; en Amérique, les volcans de l'Alaska, au sud de la mer de Behring, et ceux de l'Amérique centrale et des Antilles, à l'est et à l'ouest de la dépression comprise entre les deux fragments du continent américain ; en Europe, c'est dans la Méditerranée et sur les bords de la mer Noire ou de la mer Caspienne que se groupent aussi les volcans en activité ; en Afrique même et dans la péninsule arabique, on voit une région d'activité volcanique disposée sur les bords de la mer Rouge ou du golfe d'Aden, c'est-à-dire là encore où une fracture de l'écorce a déterminé une dépression envahie par les eaux de l'Océan.

Revenons maintenant avec quelques détails aux systèmes volcaniques que nous avons appelés secondaires et dont l'ensemble constitue le grand système du Pacifique.

§ 5. — RÉPARTITION GÉOGRAPHIQUE DES VOLCANS. — LE SYSTÈME DU PACIFIQUE.

En partant de la pointe extrême de l'Amérique du Sud et remontant les Cordillères dans la direction du nord, on rencontre d'abord un premier système de volcans échelonnés sur les Andes de Patagonie et du Chili, parallèlement à la côte du Pacifique. On n'y compte pas moins de 35 volcans, dont 18 en activité ; parmi ceux-ci, il faut citer : le *Fitz-Roy*, volcan nouvellement découvert, et dont le cratère noirci, toujours fumant, éclaire, la nuit, les sommets neigeux des montagnes voisines. Le Fitz-Roy est en Patagonie, dont la constitution volcanique avait été antérieurement constatée. L'*Antuco* est un volcan du système du Chili, remarquable par son activité continue : son cône lance, de 10 en 10 minutes, des colonnes de fumée accompagnées de cendres et de scories, et ses détonations sont assez intenses pour qu'on les entende à la distance de 50 kilomètres; sa dernière forte éruption date de 1863. Il faut encore citer, parmi les volcans actifs de cette chaîne, le *Chillan*, dont la base est entourée de solfatares, et qui eut en 1861, et plus tard en 1864, des éruptions qui donnèrent naissance à de nouveaux cônes. Le Chillan a des glaciers sur les flancs de son cratère, de sorte que les débris de ses projections alternent avec les couches de glace.

Une interruption d'environ 6 degrés en latitude sépare les volcans du Chili de ceux qui forment le système de la Bolivie et du Pérou. Dix-neuf cônes s'étagent sur une longueur de 8 degrés en latitude ou d'environ 900 kilomètres. On sait que, dans cette région, la chaîne des Andes se dédouble en s'infléchissant vers le nord-ouest; elle forme, entre ses deux crêtes couvertes de neiges perpétuelles, un vaste plateau, dont les eaux se déversent dans le lac de Titicaca. C'est sur la branche occidentale que s'élèvent, à des altitudes de 5000 à 6000 mètres et au delà, le *Chillaillaco*, le *Toconado*, l'*Isluga*, qui eut une éruption en 1863, le *Gualatieri*, l'*Uvinas* qui reprit son activité en 1867, après trois siècles de repos, et enfin le *Misti*, dont le vaste cratère vomit, en septembre 1869, une telle quantité de cendres que la ville d'Arequipa fut comme ensevelie. Le *Chuquibamba* termine la série du côté du nord.

Après une nouvelle lacune de 14 degrés en latitude (1550 kilom.), une troisième série volcanique se développe sur la chaîne des Cordillères des Andes équatoriales, d'abord sur deux, puis sur trois lignes parallèles. 24 volcans, dont 15 en activité, constituent ce système éruptif, l'un des plus formidables du globe, si remarquable par l'altitude de ses cônes dont les cratères dominent tous la ligne des neiges persistantes. Dans la rangée occidentale, on remarque notamment le *Chimborazo*, le *Pichincha*, le *Cotocachi*, dont les violentes éruptions marquèrent la fin du seizième et le commencement du dix-septième siècle. Le cône de ce dernier volcan s'effondra en

1698, après une éruption d'abondantes masses d'eau et de boue. Le Pichincha eut encore une éruption en 1868. En remontant toujours du sud au nord, la série volcanique orientale renferme l'*Imbumbura*, le *Coyambo* (sous l'équateur même), puis l'*Antisana*, le *Cotopaxi*, le *Tunguragua* et enfin le *Sanghay*, si extraordinaire par l'activité continue de son énergie éruptive : son cratère en effet rejette des scories tous les quarts de minute[1]. Nous avons déjà signalé l'admirable régularité de forme du Cotopaxi ; il est non moins remarquable

Fig. 210. — Le Pichincha.

par son activité et la violence de ses éruptions, qui ont parfois donné lieu à de redoutables inondations. Le cône du Cotopaxi

1. « Lors de la mesure astronomique du degré exécuté par Bouguer et La Condamine, de 1738 à 1740, dit Humboldt (*Cosmos*, IV), cette montagne a fait l'office d'un signal de feu perpétuel. » Sébastien Wisse, qui gravit le Sanghay en 1849, décrit les mugissements (*bramidos*) du volcan, tantôt comme un roulement de tonnerre, tantôt comme un bruit saccadé et sec, semblable à un feu de peloton. Il a compté jusqu'à 267 explosions en une heure. « Ce qu'il y a de très surprenant, c'est que ces éruptions n'étaient accompagnées d'aucune secousse sensible, même sur le cône de cendres. Les matières rejetées par le volcan, au milieu d'une fumée abondante, de couleur tantôt grise, tantôt orangée, sont, pour la majeure partie, un mélange de cendres noires et de rapillis ; mais il lance aussi verticalement des scories de forme sphérique, qui n'ont pas moins de 15 à 16 pouces de diamètre. Dans l'une des éruptions les plus fortes, Wisse n'a pu compter que 50 ou 60 pierres incandescentes rejetées simultanément. Le plus grand nombre de ces pierres retombent dans le gouffre ; quelquefois elles recouvrent le bord supérieur ou glissent le long du cône, et jettent dans la nuit un éclat qui, aperçu à une grande distance par La Condamine, lui fit l'effet d'une éjection de soufre et d'asphalte enflammés. Les pierres montent isolément et successivement, de façon que les unes retombent déjà quand les autres quittent à peine le cratère.... La cendre noire forme, sur la pente du Sanghay et dans un rayon de 3 milles, des couches épaisses de 300 à 400 pieds. La couleur de ces cendres et celle des rapillis donne à la partie supérieure du cône un aspect effroyable. » (*Cosmos*, IV.)

n'a pas moins de 6000 mètres d'altitude, et les neiges le recouvrent sur une grande partie de sa hauteur. En 1903, une éruption eut lieu ; la chaleur des vapeurs et des scories fondit la neige en une seule nuit, et des avalanches d'eau boueuse, descendant avec une rapidité prodigieuse, ravagèrent toute la vallée de Quito. Un phénomène semblable fut observé un demi-siècle avant par la Condamine, et en 1877 une pareille inondation s'étendit sur plus de 40 kilomètres, recouvrant et détruisant les cultures et renversant les habitations. Ces éruptions boueuses sont fréquentes dans les volcans des Andes équatoriales : c'est ainsi qu'en 1869 le *Puracé*, après une éruption de cendres et de pierres, vit fondre les neiges à la partie supérieure de son cône, et des torrents d'une boue noire sulfureuse se précipitèrent sur ses flancs en entraînant d'énormes blocs de roches et de glaces. Nous avons parlé plus haut des sources thermales qui prennent naissance dans le voisinage des volcans de cette région (le Puracé, le *Sotara*, le *Tolima*) et produisent des cours d'eau tels que le Rio Vinagre, dont les eaux sont chargées des acides sulfurique et chlorhydrique.

Les trois systèmes volcaniques secondaires que nous venons de passer sommairement en revue, nous conduisent jusqu'à l'isthme de Panama et aux volcans de l'Amérique centrale. On évalue le nombre de ces derniers volcans à plus de 80, dont 25 sont en état d'activité. Nous nous bornerons à citer, parmi les plus remarquables de ceux-ci, l'*Isalco* et le *Masaya*, dont nous avons déjà signalé l'état d'activité continue ; puis le *Coseguina*, dont les cendres, pendant l'éruption de 1835, recouvrirent les contrées environnantes et s'étendirent sur un rayon de 1500 kilomètres ; le *San-Miguel*, dont le cône, constamment enveloppé de vapeurs blanchâtres, vomit fréquemment des coulées de laves, et enfin le *Fuego*, célèbre par ses nombreuses éruptions depuis trois siècles (la dernière en 1880). Tous les volcans de cette série se trouvent enfermés entre les deux étranglements de l'isthme de Panama au sud, et de celui que forment les golfes du Mexique et de Tehuantepec. La Cordillère des Andes s'épanouit au sortir de là, en formant le vaste plateau mexicain : là s'élèvent de nouveaux cônes, dont les plus fameux et les plus hauts sont l'*Orizaba* et le *Popocatepetl*, tous deux dépassant 5500 mètres au-dessus du niveau de la mer. L'un et l'autre sont à l'état d'activité solfatarienne. Parmi les 15 volcans du système mexicain, dont 9 sont en activité, il faut citer le *Jorullo*, qui s'est formé, comme nous l'avons vu, en 1759, au milieu d'une plaine cultivée.

En suivant toujours la côte occidentale du continent américain, celle qui borde le Pacifique, nous trouvons la Californie, dépourvue de volcans, mais qui, en plusieurs points, conserve les traces d'une activité volcanique aujourd'hui éteinte : des sources chaudes et des geysers sont très nombreux en effet dans la région qui s'étend au nord de San Francisco. Plus haut, vers le nord, mais toujours dans le voisinage de la côte, les volcans *Hood*, *Raynier*, *Saint Helens* et *Baker* élèvent leurs cônes fumants à des altitudes de 3700 à 4200 mètres. Puis un long groupe de volcans, éteints presque tous, forme, dans la Colombie anglaise, la chaîne des Cascades : les monts *Edgecombe*, *Fair-weather* et *Elie* sont les plus remarquables de ce groupe, qu'on peut considérer comme terminant, vers le nord, l'immense chaîne volcanique du bord oriental du bassin du Pacifique. Le système de la presqu'île d'Alaska et des îles Aléoutiennes appartient bien encore à l'Amérique ; mais le changement brusque d'orientation qui caractérise cette nouvelle série de volcans, est l'indice de la séparation entre les deux grands systèmes, américain et asiatique, qui se développent symétriquement à l'est et à l'ouest du Grand Océan et sur ses bords. Ou si l'on veut, bien qu'on se place alors à un point de vue opposé, les volcans de l'Alaska et des Aléoutes servent de transition entre les volcans d'Amérique et d'Asie.

Dans l'Alaska s'élèvent cinq cratères couverts de neige. Citons le *Paulowski*, qui a deux cratères, l'un à l'état d'activité continue, l'autre en repos depuis près d'un siècle ; puis l'*Iljamna*, dans le détroit de Cook, le plus actif du groupe. L'archipel des îles Aléoutiennes ne compte pas moins de 48 volcans, qui tous ont donné des signes récents de leur activité. L'un d'eux, le *Mont-Augustin*, qui s'élève à la pointe nord-est de l'île de Chernaboura, a eu, le 8 octobre 1883, six semaines après l'éruption du Krakatoa, une violente éruption qui a débuté, dès huit heures de la matinée, par des détonations semblables au grondement du tonnerre. Une haute colonne de fumée fut bientôt suivie d'une abondante pluie de pierres ponces pulvérisées. Une couche épaisse de cendres volcaniques de 10 à 12 centimètres d'épaisseur recouvrit les environs de English-Harbour, de l'autre côté du détroit de Cook qui sépare l'île de Chernaboura du continent. « A la nuit tombante, on put voir sortir les flammes volcaniques du cratère du Mont-Augustin. Cette montagne est ordinairement couverte de neige; mais au moment du phénomène elle était complètement à nu. » Une demi-heure après l'explosion initiale, il se produisit un immense soulèvement des eaux de la mer : une vague énorme de 8 à 10 mètres de hauteur, suivie à quelques minutes d'intervalle de deux vagues un peu moins fortes, et, dans le reste du jour, de plusieurs autres qui s'abattirent à intervalles irréguliers sur les côtes des terres voisines. Un mois après cette éruption, le commandant de la goélette *Kodiak* reconnut que le cône du volcan s'était fendu en deux du sommet à la base, et que deux îlots nouveaux avaient surgi dans le détroit[1]. Il est impossible de n'être pas frappé de l'analogie que présentent ces phénomènes avec ceux de l'éruption du Krakatoa : de part et d'autre un déchirement de la montagne, l'effondrement de l'une des moitiés du cône, les ondes marines qui en furent la conséquence; des deux côtés aussi, des projections de pierres ponces et de cendres, et enfin le soulèvement de la mer et la formation d'îles nouvelles. Seulement l'éruption du détroit de la Sonde paraît avoir surpassé de beaucoup en violence celle dont le Mont-Augustin fut le

1. *Une éruption volcanique dans l'Alaska*, lettre de M. L. de Jouffroy d'Abbans, publiée par le *Bulletin de l'Association scientifique de France*, avril 1884.

siège. Le volcan *Tchikhaldïn*, dans Ounimak, l'une des îles Aléoutes, qui depuis un temps immémorial jette du feu et de la fumée, a aussi subi, il y a cinquante-quatre ans, un changement curieux, qu'un savant russe, J. Véniaminov, décrit en ces termes : « En novembre et en décembre 1830, dit-il, la montagne se couvrit, au milieu de violents coups de tonnerre, d'un épais brouillard; et lorsque ce brouillard se dissipa, la montagne avait tout à fait changé d'aspect. Du côté du nord, trois fentes ou déchirures s'étaient formées qui semblaient remplies d'une glace resplendissante. »

De même que les volcans des Aléoutes, alignés sur le prolongement de l'Alaska, les volcans des Kouriles et ceux de la presqu'île du Kamtschatka forment une même série, un même système. Les trois chaînes parallèles qui parcourent cette dernière presqu'île, sur une longueur d'environ 5 degrés en latitude ou de près de 600 kilomètres, ne contiennent pas moins de 38 volcans, dont 12 sont encore en pleine activité. Parmi ces derniers, il faut citer le *Kliutschewskaja Sopka*, que nous avons vu figurer dans notre liste des hauteurs des volcans comme possédant le cratère ayant la plus forte altitude relative (5014 mètres); puis le *Tolbatscha*, dont l'immense cratère toujours fumant illumine fréquemment les colonnes de vapeurs qui s'en échappent. Les Kouriles renferment une vingtaine de cratères, dont 10 en activité : l'un d'eux, le *Raukoko*, est en activité continue depuis un siècle.

Viennent ensuite les volcans de l'archipel du Japon et des Liou-Kieou. Fuchs énumère 53 volcans dans ce groupe, dont 23 au moins sonten activité. Le *Fusi-Yama*, dont la formation, selon une tradition japonaise, remonterait au troisième siècle avant notre ère, n'a pas eu d'éruption depuis 1707 ; mais avant cette date les éruptions avaient été très nombreuses. Le volcan *Asama-Yama* a eu en 1783 une éruption formidable, et depuis cette époque il est resté en activité continue; ses deux dernières éruptions sont celles de 1864 et de 1870, celle-ci très violente.

En continuant notre revue de la distribution des volcans sur le pourtour occidental du grand système du Pacifique, nous arrivons maintenant à la région du globe où l'activité souterraine se manifeste de la façon la plus énergique et la plus grandiose. Un immense triangle curviligne, dont la base s'étend depuis Formose à l'est, jusqu'aux Andaman à l'ouest, en passant par Luçon, Bornéo, Sumatra, embrasse par ses deux autres côtés tout l'archipel de la Malaisie pour se terminer à la Nouvelle-Guinée, point de départ d'un autre groupe, celui des volcans océaniens. On compte dans cet espace près de 200 cratères, dont le quart seulement est en pleine activité, ou en a donné des témoignages dans les derniers siècles. Dans ce nombre considérable de volcans, d'ailleurs encore imparfaitement énumérés, les Philippines comptent pour 35 cônes, dont 29 en activité; les Moluques pour 19, dont 8 actifs; les autres îles de la Sonde (sauf Java et Sumatra) pour 22 volcans. Java, à elle seule, possède, dit-on, plus de 100 cratères, dont 45 seulement sont bien connus, et Sumatra en a 19, dont 7 en activité. Nulle autre région de la Terre, sur une étendue relativement aussi faible, ne renferme une pareille quantité de bouches éruptives. Une telle accumulation de cratères donne à toutes les îles de ces archipels une physionomie étrange et les rend témoins des phénomènes les plus extraordinaires, souvent les plus fertiles en désastres et en ruines. On en a déjà cité plus haut des exemples en parlant de l'éruption du *Temboro* en 1815, et de l'effondrement récent du *Krakatoa:* les tremblements de terre, les raz de marée, les projections de ponces et de cendres, les inondations d'eaux boueuses portent fréquemment leurs ravages sur ces contrées d'ailleurs si favorisées de la nature sous d'autres rapports. Voici les noms de quelques-uns des volcans les plus remarquables du groupe.

Dans le nord des Philippines, l'île Camiguin renferme un volcan dont les feux continus servaient jadis de phare aux marins; dans l'île de Luçon, s'élève le *Taal*, dont le cratère ne contient pas moins de quatre cônes toujours fumants; puis

LE CRATÈRE DU FUSI-YAMA.

l'*Albay*; qui a eu de nombreuses éruptions, jusqu'à 1871 ; ce volcan vomit des cendres, de la boue et des laves; l'*Ambil*, en face de la baie de Manille, toujours lumineux, sert de phare d'entrée aux navires. On ne connaît aucun volcan actif à Bornéo ; à Timor, il en existe un à peu près au centre de l'île; il eut, en 1638, une éruption violente qui fit sauter le sommet du cône et le remplaça par un grand lac. Scrope fait observer que ce phénomène est fréquent dans cette région volcanique; nous avons vu le *Temboro*, à Sumbawa, perdre par une explosion le tiers de sa hauteur totale. Mais c'est Java qui est l'île de l'archipel la plus abondante en volcans. Junghuhn, qui les a explorés pendant douze années, en a décrit et mesuré 45, échelonnés de l'est à l'ouest, sur la crête montagneuse qui forme l'axe de l'île; 28 étaient alors en activité. Citons le *Gunung-Semeru*, le plus élevé de tous; le *Gunung-Tengger*, sillonné à l'extérieur de profondes cannelures comme beaucoup d'autres cônes de Java, et renfermant, à l'intérieur d'un cratère de 10 kilomètres de diamètre et de 3 à 500 mètres de profondeur, quatre cônes éruptifs, dont trois sont en activité et lancent des scories enflammées ; le *Gelungung*, dont la forme extérieure est celle d'une longue crête fissurée dans toute sa longueur : ce volcan, dans son éruption de 1823, ravagea tout le pays d'alentour par des torrents de boue et d'eau chaude[1]. L'éruption

1. Personne, avant cette explosion, ne soupçonnait la nature volcanique de cette montagne; sa forme même devait contribuer à cette opinion. Voici comment M. Vélain décrit cette éruption, d'après Langrebe :

« Tout d'un coup, une épaisse colonne de fumée s'échappant de la gorge de la montagne enveloppa de ténèbres épaisses toute la contrée. Puis, bientôt après, un immense fleuve de boue, se précipitant de la montagne, vint combler les rivières et détruire sur son passage tout ce qui lui faisait obstacle sur une étendue de plusieurs lieues. Ce fut un spectacle effrayant; pendant que ce déluge boueux ravageait la contrée, des éclairs sillonnaient les nues, et le cratère, en pleine furie, lançait à de grandes hauteurs des pierres énormes mélangées de boue et de cendres.

« Pendant plusieurs jours, le Gulungung continuant ainsi à mugir, une véritable mer de boue s'étendit sur de superbes vallées, sur des champs cultivés, sur des villages prospères, ensevelissant plus de quatre mille victimes et d'innombrables troupeaux de bœufs et de chevaux: quatre millions de caféiers furent anéantis, et pendant de longs mois il fut impossible de se frayer un passage au travers de ces amas de vase noire et acide, portés à une haute température.

« Ces inondations boueuses, alimentées par des pluies abondantes, résultant de la conla plus terrible des volcans javanais est celle du *Papandayang*, en 1772 ; elle détruisit son cône et laissa un lac à la place du cratère. Coïncidence curieuse, deux autres volcans de Java, le *Tjerimaï* et le *Slamak*, séparés du premier par des distances de 300 et de 560 kilomètres, entrèrent en éruption en même temps, pendant que tous les cônes intermédiaires de la chaîne restaient en repos.

La Nouvelle-Guinée, dont l'intérieur est encore peu connu, renferme trois volcans, dont un en activité sur la côte boréale de l'île.

Nous avons vu que le cercle du Pacifique se ferme imparfaitement au sud. En effet, du continent australien qui ne renferme qu'un seul district volcanique, d'ailleurs éteint, jusqu'aux volcans de Patagonie, un vaste espace maritime, comprenant 135 degrés en longitude, ne renferme d'îles volcaniques que dans sa moitié occidentale, des îles Salomon et des Nouvelles-Hébrides aux Marquises et aux îles de la Société. C'est plus au sud, dans la Nouvelle-Zélande, que l'activité volcanique se manifeste par ses phénomènes les plus remarquables. Nous avons eu déjà l'occasion de décrire les sources chaudes et les geysers qu'on y trouve en grand nombre. Nous nous bornerons à signaler les volcans de *Tangariro* et de *Ruapahou*, dont le premier n'est pas seulement, d'après M. de Hochstetter, « une montagne conique isolée, comme le Ruapahou, mais forme plutôt un système volcanique très complexe, qui se compose d'un groupe entier de puissants cônes encore en activité; le Ngauruhoe. cône d'éruption très beau et très régulier, avec un vaste cratère en forme d'entonnoir (fig. 211), en est la partie la plus importante. Ce cône de cendres et de scories dépasse les autres points les plus élevés d'environ 500 pieds. » Le Tangariro, toujours fumant, est seul en activité. Le Ruapahou, dont la cime est couverte de glaces et de neiges éternelles et mas-

densation des vapeurs dégagées en si grande quantité dans les paroxysmes, sont fréquentes et particulièrement désastreuses dans cette région où tous les phénomènes volcaniques prennent une allure gigantesque. » (*Les Volcans*.)

quée par les nuages, est un volcan éteint. L'isthme d'Auckland, dans l'île du nord (Ika-Na-Maoui), est de toutes parts environné de cônes volcaniques d'une faible hauteur. M. de Hochstetter en a compté 63 de 200 pieds en moyenne. Mais à l'intérieur de

Fig. 211. — Le Tangariro et le Ruapahou, dans l'île septentrionale de la Nouvelle-Zélande.

l'île, au nord des deux grands cônes du Tangariro et du Ruapahou, s'élève encore le *Rangitotto*, dont la hauteur atteint 300 mètres et qui est « comme la sentinelle avancée d'Auckland ». Le lac Taupo, avec ses sources de vapeurs, sépare ce volcan des deux premiers.

A peu près sur le même méridien que la Nouvelle-Zélande, mais à une distance de 28 à 32 degrés plus au sud, s'élève au milieu des glaces polaires un continent découvert en 1841 par James Ross. De hautes montagnes, dominant la mer à des

Fig. 212. — Le lac Taupo (Nouvelle-Zélande), d'après M. de Hochstetter.

altitudes variant de 2000 à 4000 mètres, apparurent aux hardis marins qui visitaient pour la première fois ces régions; leur caractère volcanique se révélait par les coulées de laves et de basalte qui descendaient jusqu'à la côte. Parmi ces montagnes enveloppées de glace et de neige de la base au sommet, se trouvaient deux volcans, dont l'un, haut de 4000 mètres, était à l'époque de la découverte en pleine activité; le second, un peu moins élevé (3600 mètres), paraissait éteint. Sir James Ross donna à ces deux montagnes les noms d'*Erebus* et de *Terror*, ceux des deux navires de l'expédition.

Pour terminer ce que nous avions à dire des groupes volcaniques qui composent le cercle du Pacifique, nous rappellerons que la situation isolée des rares volcans qui s'élèvent à

Fig. 213. — Le volcan Erebus, dans la terre Victoria.

l'intérieur de ce cercle et à de grandes distances de la périphérie, ne permet de les rattacher que très indirectement au même système : ce sont ceux des îles Mariannes, où l'on compte plusieurs cratères éteints et quatre volcans actifs; ceux de l'archipel des Sandwich, dont nous avons parlé longuement en décrivant le *Mauna-Loa*, le *Kilauea*, etc. Enfin nous citerons encore les nombreux cônes des îles Galapagos, assez voisins des volcans des Andes équatoriales pour qu'on les considère comme faisant partie du même groupe.

§ 6. RÉPARTITION DES VOLCANS A LA SURFACE DU GLOBE. — LES VOLCANS DE L'OCÉAN INDIEN ET DE L'OCÉAN ATLANTIQUE.

Les rives de l'océan Indien sont, comme celles du Pacifique, entourées d'une ceinture de volcans, moins nombreux et moins continus à la vérité, mais qui méritent peut-être d'être regardés aussi comme formant un groupe naturel, un système. Seulement, toute la partie orientale serait empruntée à la série volcanique des îles de la Sonde, prolongée, comme nous l'avons vu, jusqu'aux archipels de Nicobar et d'Andaman.

L'une des îles de ce dernier groupe, Barren-Island (*île aride*), est un vaste cratère, de 325 mètres environ d'altitude, surgissant brusquement de la mer. Au centre de la ceinture de roches qui forme le cratère, s'élève un cône de même hauteur. Jusqu'à la fin du siècle dernier, le volcan n'avait pas donné signe d'activité; en 1791 eut lieu une éruption formidable, et depuis cette époque le cône central ne cesse d'émettre des laves et des scories enflammées; des explosions ont lieu environ toutes les dix minutes. Barren-Island a, comme on voit, par sa configuration, une grande analogie avec Santorin.

Des éruptions sous-marines assez fréquentes font considérer la côte de Coromandel, à l'est de l'Hindoustan, comme une région où l'activité volcanique n'est pas éteinte. Mais la grande presqu'île elle-même ne renferme aucun volcan. Il faut aller jusqu'au golfe d'Oman pour retrouver cette activité, sous la forme de salses et de volcans boueux. L'extrémité méridionale de la péninsule arabique renferme un assez grand nombre de cratères éteints, et la ville d'Aden est, dit-on, construite au centre de l'un d'eux. Cinq volcans actifs existent dans la même région. Périm n'est autre chose qu'un cratère volcanique émergé du sein de la mer. Passant de là sur le continent africain, on trouve les volcans d'Abyssinie, très nombreux près du lac Dambeah. Trois ou quatre, parmi eux, sont encore actifs, notamment le Djebbel-Dubbeh, qui eut une éruption en 1861.

Sur la côte orientale du continent africain, près de l'équateur, de nombreux cratères et d'anciennes coulées de lave indiquent une région volcanique. Quelques-uns de ces cratères sont d'ailleurs encore actifs. Par les Comores, où l'on voit deux volcans actifs, on pénètre dans la partie nord-ouest de Madagas-

Fig. 214. — La Réunion, d'après la carte et le relief de M. Maillard.

car qui en renferme quatre. Mais c'est l'île de la Réunion, avec son volcan toujours en activité et dont les coulées de laves ont été étudiées si complètement par d'éminents géologues, ce sont les îles Croizet, Saint-Paul et Nouvelle-Amsterdam, au sud de l'océan Indien, qui ferment le cercle de la zone volcanique dont cet océan est le centre. Plus près du pôle sud que Saint-Paul, on trouve encore les îles volcaniques de Kerguelen, de Bridgeman, de la Déception, et enfin, à la même latitude au sud de l'Australie, le volcan de l'île Bukle. Ce dernier émettait de la fumée en 1839, à l'époque où il fut découvert.

Dans l'océan Atlantique (la dernière grande étendue maritime que nous ayons à parcourir) et sur ses côtes, l'activité volcanique est beaucoup plus disséminée que dans les deux systèmes qu'on vient de passer en revue. C'est presque par points isolés qu'elle se montre : ce sont, sur le continent, vers le 10e degré de latitude australe, le volcan *Zambi*, dans la phase d'activité solfatarienne, et le *Pembo*, un peu au nord du premier; puis, dans les monts Cameroun qui entourent le golfe de Guinée, le

Fig. 215. — Pic de Ténériffe; cônes et cratères, d'après Piazzi Smyth.

Mongo-Ma-Lobah et le *Petit-Cameroun*. Les îles voisines, Fernando-Po, Annobon, Saint-Thomas, sont volcaniques, et dans la première s'élève un cône qui émet de temps en temps de la fumée et dont le cratère laisse voir pendant la nuit une colonne de feu : c'est le pic *Clarence*. Les îles Sainte-Hélène, de l'Ascension ont une origine volcanique. Il en est de même de toutes celles du groupe du Cap-Vert; l'une d'elles, Fogo[1], pos-

1. *Ilha do Fogo* (île du feu), nom donné par les Portugais à cette île, dont le volcan a été, comme le Stromboli, en activité continue de 1680 à 1713. Après un repos de quatre-vingt-cinq ans, le volcan s'est réveillé par une éruption qui eut lieu dans l'été de 1798. (V. Humboldt, *Cosmos*, IV.)

sède un volcan qui a eu de nombreuses éruptions du seizième siècle jusqu'à nos jours. Plus au nord viennent les Canaries, qu'ont rendues célèbres, au point de vue qui nous occupe, d'une part, le pic de *Ténériffe*, l'un des plus remarquables volcans du monde entier, et l'île de *Palma*, étudiée avec tant de soin par Léopold de Buch, qui la proposait comme exemple de la formation des cratères volcaniques par voie de soulèvement. Le cône principal du volcan de Ténériffe ou *pic de*

Fig. 216. — Le pic de Ténériffe, vu du large.

Teyde, qui domine de 3700 mètres le niveau de la mer, s'élève au centre d'une vaste enceinte elliptique, bordée sur une grande partie de son contour par des rocs à pic, et mesurant 12500 et 9500 mètres dans la direction de son grand et de son petit axe. Deux autres cônes, le *Chahorra* et la *Montana Blanca*, moins élevés que le premier, se dressent de chaque côté du cône principal. Les plus anciennes éruptions connues du pic de Teyde datent de la première moitié du quinzième siècle (en 1430) ; mais c'est le cratère du Chahorra, en 1798, qui subit la dernière, l'une des plus violentes. L'enceinte cratériforme, à l'intérieur et à l'extérieur de laquelle se voient de nombreux cônes adventifs, est considérée comme produite par une éruption très ancienne ; ses parois, comme celles de la Somma du Vésuve, sont probablement les restes d'un cône beaucoup plus élevé que les cônes actuels, lequel sauta en l'air sous l'effet d'une explosion paroxysmale. Dans les Canaries, il faut citer encore la *Montana del Fuego* (montagne de feu), volcan actif, dont la plus récente éruption date de 1824.

Madère est aussi une île volcanique, formée principalement de couches de scories, de tuf et de cendres. Plusieurs des hautes montagnes de l'île possèdent des cratères, actuellement en repos. Non seulement les neuf îles des Açores sont volcaniques et l'on y voit des cônes de scories, des coulées de laves indiquant une activité peu ancienne ; mais Saint-Michel, Terceira, Pico, Fayal, Saint-Georges ont des volcans actifs, dont les éruptions datent du siècle dernier ou du commencement du siècle actuel. De plus, les régions océaniques qui les entourent ont eu à plusieurs reprises, et jusqu'en 1867[1], des éruptions sous-marines. Des îles ont été formées temporairement par les déjections volcaniques, et nous en avons plus haut cité un exemple en parlant de la naissance et de la disparition de l'île Sabrina, en 1811.

A partir des trois groupes océaniques et volcaniques du Cap-Vert, des Canaries et des Açores, il faut remonter très haut dans le nord de l'océan Atlantique, sous le cercle polaire, pour retrouver des signes de l'activité souterraine et éruptive. L'Is-

1. On trouvera dans les *Comptes rendus de l'Académie des sciences pour* 1867 (t. II) les détails recueillis sur les lieux par des témoins oculaires, MM. Ch. Sainte-Claire Deville, Janssen et Fouqué. Précédée d'un violent tremblement de terre, cette éruption dura plusieurs jours, pendant lesquels on vit la mer entrer comme en ébullition sur un espace de plus d'une lieue en diamètre. De grosses pierres furent projetées en l'air, et la mer se couvrit de matières jaunâtres ou rougeâtres qu'on prit pour du soufre. Une forte odeur d'œufs pourris montra que le gaz acide sulfhydrique dominait dans les émanations. Des sondages effectués par M. Fouqué en septembre, c'est-à-dire trois mois et demi après l'éruption, n'indiquèrent aucun changement dans le niveau du fond de la mer en cet endroit, situé à 12 kilomètres environ de la côte de Terceira.

lande, à la vérité, est une des plus remarquables contrées du globe à ce point de vue. Ses nombreux volcans, dont les violentes éruptions sont célèbres entre toutes, ses sources chaudes, ses geysers témoignent d'une énergie interne véritablement exceptionnelle. Nous avons décrit les geysers, et parlé de quelques éruptions remarquables des volcans islandais. Bornons-nous à dire ici que le nombre de ces derniers est évalué à 27, parmi lesquels 15 ont eu au moins une éruption depuis le neuvième siècle, époque où l'île a commencé à être fréquen-

Fig. 217. — Une éruption sous-marine dans le voisinage des Açores.

tée et habitée par des Européens. L'*Hécla*, le *Skaptar-Jökull*, le *Kötlugaja-Jökull*, l'*Eyafjalla-Jökull*, le *Krabla* sont cités surtout pour le nombre ou la violence de leurs éruptions. Ce qui donne aux volcans d'Islande une physionomie toute particulière, c'est la présence, sur les flancs des mêmes cônes, des laves et des neiges, des scories ou des cendres et de la glace des glaciers qui couvrent l'île en tant de points. De là, dans les éruptions, ces épanchements, si terribles par leurs effets et si dévastateurs, d'eau boueuse, provenant de la fonte des neiges et des glaces sous l'influence de la chaleur dégagée par les laves et par la vapeur d'eau que vomissent les cratères[1].

Nous avons fait remarquer déjà que la partie orientale du continent américain, jusqu'à une grande distance à l'intérieur (on pourrait même dire dans presque toute sa largeur), est dépourvue de volcans. Ici se terminerait donc l'énumération des points où l'activité volcanique se montre dans le bassin de l'Atlantique et sur ses rives, si le groupe des Antilles ne méritait d'être signalé comme un foyer d'une certaine importance, les Petites Antilles surtout; car, dans les Grandes, ce n'est qu'à la Jamaïque et à Puerto-Rico qu'on trouve de véritables roches volcaniques. En remontant du sud au nord, on remarque : la Trinité, avec ses volcans de boue et son lac de poix, indices certains de la situation de cette île au-dessus d'une fissure volcanique; le cratère éteint du *Morne-Rouge*, dans l'île de la Grenade, qui renferme aussi des sources bouillantes; le *Morne-Garou*, dans l'île Saint-Vincent, qui, longtemps resté à l'état de solfatare, eut des éruptions violentes en 1718 et en 1812; la solfatare de Sainte-Lucie, au sommet d'un cône de 420 mètres de hauteur; la *Montagne pelée*, de la Martinique,

1. « Les phénomènes caractéristiques de ces volcans d'Islande, dit P. Scrope, sont ces torrents de glace et d'eau bouillante,

> Avec eux entraînant les rochers et les pierres,
> Les arbres arrachés, les troupeaux, les chaumières,
> En tumulte roulant, (HORACE.)

qu'ils détachent des montagnes, en couvrant ainsi de débris de vastes surfaces du pays. Le docteur Lindsay explique très clairement le caractère de ces déluges de feu et de glace : « La chaleur volcanique fait fondre la partie du manteau glacé du Jökull qui se trouve en contact immédiat avec le sol; son adhérence est atténuée, et il se forme une couche d'eau qui finit par la détacher entièrement et par faire flotter la glace supérieure le long des flancs de la montagne. » L'effet dévastateur de semblables déluges peut facilement se concevoir. Non seulement ils entassent de vastes masses de conglomérat sur les plaines, mais encore déchirent et labourent la montagne de ravins de dimensions proportionnées, strient et polissent les rocs les plus durs sous des torrents de glaçons et de pierres roulantes, et prolongent de plusieurs kilomètres le rivage de la mer. Si nous ajoutons les épaisses averses de scories et de cendres qui tombent continuellement, pendant des jours entiers, des hauteurs de l'atmosphère dans laquelle elles sont lancées du fond du volcan, et les torrents de lave incandescente qui, jaillissant des entrailles de la montagne, se précipitent sur ses flancs avec les débâcles de glace et d'eau, et couvrent plusieurs kilomètres carrés de nappes de roches solides, il est clair qu'il n'est guère possible d'imaginer dans toutes les forces de la nature de plus puissants agents de changement superficiel. »

cône de ponce, éteint aujourd'hui, mais qui a eu diverses éruptions il y a un siècle, et une plus récente en 1851 ; la fameuse *Soufrière* de la Guadeloupe, en pleine activité solfatarienne, mais qui a eu des éruptions en 1778, 1797, 1812 et 1836. Montserrat, Saint-Christophe ont des cônes volcaniques éteints à l'époque actuelle : le cratère du *mont Misère*, dans la dernière de ces îles, est rempli par les eaux d'un lac.

§ 7. DISTRIBUTION DES VOLCANS A LA SURFACE DE LA TERRE. — LES RÉGIONS ÉTEINTES : ASIE MINEURE ; SYRIE ; AUVERGNE ; L'EIFEL.

Il ne nous reste plus, pour terminer notre revision de la distribution de l'activité volcanique à la surface de la Terre, qu'à mentionner les volcans actifs ou éteints de la dépression méditerranéenne. Le *Vésuve* et les *Champs Phlégréens*, les volcans et solfatares des îles Lipari, l'*Etna*, les cônes et cratères de Santorin, et, à la suite, ceux de l'Asie Mineure, les salses et volcans de boue de Crimée, du Caucase et de la rive occidentale de la Caspienne, forment un groupe qui, s'il n'offre point les phénomènes caractéristiques de l'activité éruptive sur une échelle aussi grandiose que les systèmes des Andes ou des Iles de la Sonde, est du moins remarquable par la variété des modes d'exercice de cette activité. C'est là que nous avons pris les principaux exemples dont nous avions besoin pour nos descriptions ; c'est là aussi que les géologues européens ont pu étudier et analyser plus aisément les matériaux de cette branche de leur science. Nous nous bornons donc ici à cette citation des volcans d'Europe connus de tous, et nous dirons seulement quelques mots de ceux qui s'élèvent entre la Caspienne, la mer Noire et la Méditerranée orientale.

La contrée qui s'étend à l'ouest de Smyrne offre des traces si visibles d'une ancienne activité volcanique, que les Grecs l'avaient nommée *la Brûlée* (Katakekaumenê) ; des laves, des scories, plusieurs cratères éteints sont des témoignages manifestes de la nature éruptive de ces terrains[1]. Au nord du Taurus s'élèvent le *Hassandagh*, à 2500 mètres, entouré de cônes

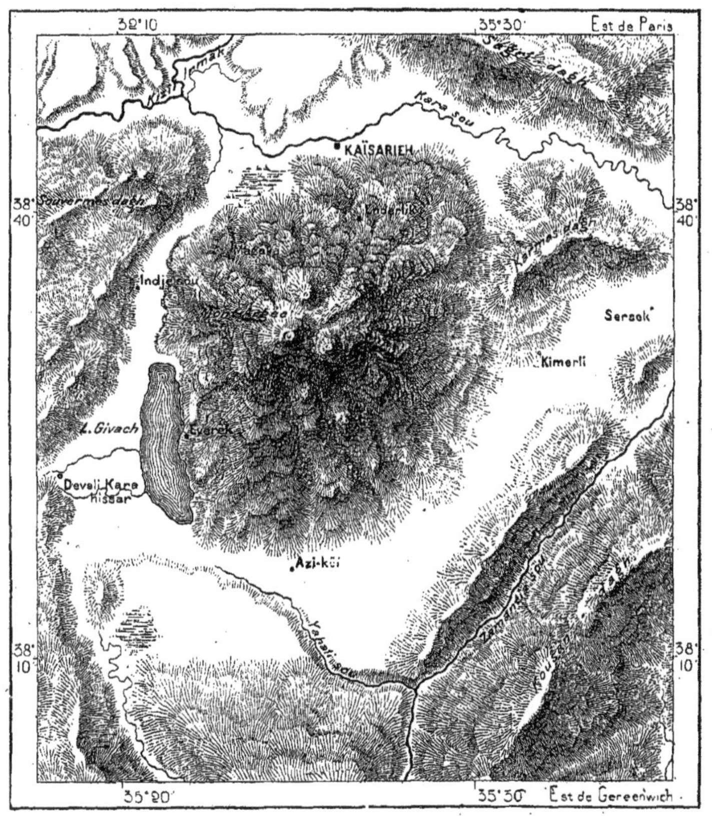

Fig. 218. — Le Mont Argée[2].

éruptifs et de coulées de laves; puis le *Mont Argée* (Erdjich),

1. « Un cône d'éruption, le Kara Devlit ou l' « Encrier Noir », qui s'élève à 150 mètres environ au-dessus de la plaine de Koula, est composé en entier de cendres et de scories noirâtres, qui cèdent sous le pied. A l'ouest de l'Encrier Noir, deux autres cônes d'éruption au cratère régulier se succèdent à 11 kilomètres d'intervalle et, comme le Kara Devlit, donnent naissance à des coulées de lave qui descendent du nord vers l'Hermus; le cône le plus occidental, le Kaplan Allan, « Antre du Tigre », présente une coupe terminale de 800 mètres de tour. » (E. Reclus, *Nouvelle Géographie universelle*, t. IX.)

2. Emprunté à la *Géographie universelle* d'Élisée Reclus, ainsi que les figures 205, 207, 208 et 219 de ce chapitre.

qui conservait encore une certaine activité du temps de Strabon, et même, selon Tchihatcheff, jusqu'au quatrième siècle de notre ère; ce groupe puissant, formé de plusieurs cônes que soutiennent des contreforts et des terrasses, élève à 4000 mètres d'altitude son cône principal que revêt une blanche parure de neige « descendant en longues traînées entre les scories rougeâtres » (Reclus). Sur les bords du lac Van s'élèvent un volcan

Fig. 219. — Le Demavend, vu du nord-ouest.

éteint, le *Sipan Dagh*, entre l'Euphrate et l'Araxe, et le *Tandourouk*, dont le cône toujours fumant a un vaste cratère de 700 mètres de diamètre. En Arménie, le grand et le petit *Ararat* sont des volcans que signalent d'importantes coulées de lave; le premier est d'ailleurs resté en activité jusqu'au quinzième siècle. Au sud et près des bords de la Caspienne, le sommet le plus élevé de l'Elbrouz, le *Demavend*, est un volcan dont le cône est, comme le Vésuve, entouré à moitié des parois d'un ancien cratère, démantelé sans doute par une ancienne explosion. Sa hauteur au-dessus du niveau de la mer est de 5600 mètres. Plusieurs des sommets du Caucase sont aussi des volcans, et notamment le plus élevé de tous et de toutes les cimes européennes, l'*Elbrouz*, dont le cratère est aujourd'hui rempli d'eau.

Après avoir signalé toutes les régions continentales ou maritimes du globe, tous les points de la planète sur lesquels les forces volcaniques sont encore agissantes, ou qui l'ont été pendant les temps historiques, nous dirons quelques mots de celles où elle paraît définitivement éteinte, n'en ayant plus conservé comme traces que des cônes et cratères, des coulées de laves, des sources thermales ou bitumineuses. Le bassin de la mer Morte en Syrie, en France les puys d'Auvergne et du

Fig. 220. — La mer Morte.

Vivarais, en Allemagne la région des cratères-lacs de l'Eifel, sont les contrées que nous avons en vue, et par lesquelles nous allons terminer cette revision de la distribution des régions volcaniques de la Terre.

Le lac Asphaltite ou mer Morte, dont le niveau est si considérablement déprimé au-dessous de celui de la Méditerranée et de l'Océan (à 392 mètres au-dessous), paraît en effet n'être autre chose que le produit d'un effondrement, ou que l'élargissement d'une profonde fissure volcanique. La longue et étroite vallée arrosée par le Jourdain, occupée par le lac de Tibériade et la mer Morte, marque la direction de cette fissure, qui suit le méridien. Les amas de ponce, de soufre, de bitume, les sources chaudes qu'on trouve encore sur les rives de ces lacs, les cônes de scories et les cratères du côté sud-est de la mer Morte, une coulée de lave toute moderne observée à peu de distance du lac de Tibériade, tout indique le caractère volcanique de cette vallée. La tradition biblique qui fait détruire par le feu les cités qui s'élevaient jadis en cette contrée[1], s'accorde avec l'hypothèse d'un grand paroxysme volcanique survenu à une époque relativement moderne, quoique très reculée historiquement. Sur les eaux lourdes, chargées de sels[2], du lac

1. Strabon, après avoir rapporté comment l'asphalte vient, à des époques irrégulières, surnager sur les eaux du lac Sirbonis (mer Morte) et comment les habitants le recueillent, ajoute : « On a constaté, du reste, beaucoup d'autres indices de l'action du feu sur le sol de cette contrée. Aux environs de Moasada, par exemple, on montre, en même temps que d'âpres rochers portant encore la trace du feu, des crevasses ou fissures, des amas de cendres, des gouttes de poix qui suintent de la surface polie des rochers et jusqu'à des rivières dont les eaux semblent bouillir et répandent au loin une odeur méphitique, çà et là enfin des ruines d'habitations et de villages entiers. Or cette dernière circonstance permet d'ajouter foi à ce que les gens du pays racontent de treize villes qui auraient existé autrefois ici même autour de Sodome, leur métropole, celle-ci ayant seule conservé son enceinte (une enceinte de 60 stades de circuit). A la suite de secousses de tremblements de terre, d'éruptions de matières ignées et d'eaux chaudes, bitumineuses et sulfureuses, le lac aurait, paraît-il, empiété sur les terres voisines ; les roches auraient été calcinées, et, des villes environnantes, les unes auraient été englouties, les autres se seraient vues abandonner, tous ceux de leurs habitants qui avaient survécu s'étant enfuis au loin. » (*Géographie*, trad. de Amédée Tardieu, liv. XVI. chap. II, 44.)

2. « La densité de l'eau de la mer Morte, dit M. Lortet, est considérable surtout à une certaine profondeur au-dessous de la surface, tandis que les eaux douces, plus légères, se ramassent dans les couches supérieures ; à quelques brasses, elle atteint 1,2285, nombre qui reste constant. Les eaux du lac, absolument saturées de certains sels, les laissent déposer

Asphaltite, flottent de temps à autre de grandes masses de bitume. On croit que ce bitume suinte des rochers, puis se coagule au fond de la mer, d'où le détachent des commotions du sol; du moins les Arabes prétendent-ils qu'il apparaît surtout en grande abondance après les tremblements de terre. Sur le rivage, on trouve des pierres ponces, des cristaux de sulfate de soude, de gros morceaux de soufre.

Des rives du Jourdain et des côtes de Syrie, passant au-dessus de Santorin, puis de l'Etna, du Vésuve et des salses de l'Italie centrale, on arrive à peu de chose près en ligne droite à l'une des plus remarquables régions volcaniques de l'ancien continent au plateau central de la France, aux monts d'Auvergne, du Cantal et du Vivarais. L'activité des nombreux cratères, qui forment la double chaîne des *Puys* est depuis longtemps éteinte; mais les traces qu'elle a laissées sont écrites en caractères indélébiles et indiscutables sur le relief de toute la contrée. D'après M. Lecoq, à qui l'on doit une étude approfondie des terrains volcaniques du centre de la France, ces terrains se partagent en trois séries, selon l'époque de leur apparition : les plus anciens sont les terrains trachytiques qui dominent dans les massifs du Cantal, du Mont-Dore et du Mézenc; puis vinrent les terrains basaltiques, et enfin, à une époque relativement plus récente, les épanchements laviques. « Tout nous porte à croire, dit-il, que les premières éruptions donnèrent naissance à des produits pulvérulents, à des cendres, à des roches brisées, à un mélange qui, à chaque irruption, devait obscurcir l'air pendant plusieurs jours; mais des pluies électriques devaient alors comme de nos jours descendre en

à l'état de cristaux dans les vases du fond. Ces substances, au-dessous de la surface, se trouvent dans les proportions suivantes :

Chlorure de sodium (sel marin). .	6,0127	Bromure de magnésium	0,504
— de magnésium	16,340	Sulfate de chaux	0,078
— de potassium	0,963	Eau	74,8899
— de calcium.	1,0155		

« La forte proportion de brome, l'absence complète d'argent, de césium, de lithium, de rubidium et d'iode est une preuve de plus que le lac n'a jamais communiqué avec les océans. »

véritables torrents sur ces matières divisées, et les entraînaient dans les vallées qu'ils ont comblées. Des trachytes fondus coulaient en larges nappes sur ces conglomérats qu'ils ont préservés des érosions ultérieures, et c'est sur ces anciennes nappes de laves que se développent aujourd'hui les richesses pastorales du Mont-Dore et du Cantal. Des dykes, des filons puissants sont venus s'intercaler dans ces divers produits, détruisant les uns, consolidant les autres et ajoutant,

Fig. 221. — Chaîne des Dômes, vue de la base du Puy-Chopine.

dans tous les cas, une élévation notable au grand plateau primitif de la France[1]. »

Avant la fin de l'émission des trachytes, des flots de matière incandescente et basaltique, soulevant l'écorce déjà consolidée, produisirent les plus anciens cratères, et là où ils ne pouvaient s'écouler au dehors, à de nombreuses pustules soulevées en forme de cloches. Le terrain basaltique est répandu partout sur le plateau central, autour des pics du Mézenc, sur

1. H. Lecoq, *les Volcans du centre de la France.*

les coteaux de l'Ardèche ; c'est lui qui forme la chaîne des Coirons, qui domine le bassin du Puy et s'étend autour du Cantal et du Mont-Dore. « Les formes du basalte, dit encore M. Lecoq, sont aussi variées que les circonstances de son re-

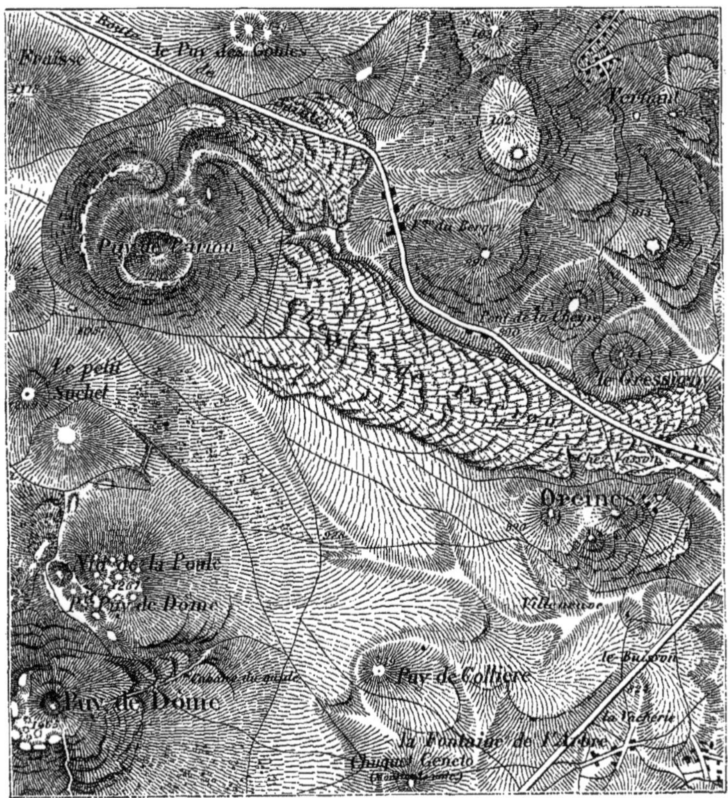

Fig. 222. — Les coulées de lave du Puy de Pariou.

froidissement : ce sont des prismes, des boules, des entablements tels, que l'Irlande et les îles basaltiques de l'Écosse ne nous offrent rien de plus remarquable ni de plus majestueux. »

Aux deux phases de formation des terrains trachytiques et basaltiques succéda celle de la naissance des nombreux volcans qui, sous le nom de *puys*, s'élèvent en si grand nombre sur plusieurs points du plateau central. Les plus anciens cônes à cratère sont ceux du Vivarais, au nombre de six, si remarquables par leurs coulées de laves, ceux de l'Ardèche et de la Haute-Loire. Vinrent ensuite une quarantaine de petits volcans alignés sur deux chaînes à peu près parallèles, dans la direction du méridien. Le *petit Puy de Dôme*, avec son petit cratère du *Nid de la poule*, le *Puy de Pariou*, dont le cratère mesure près de 1 kilomètre de circonférence; son cône est enveloppé

Fig. 223. — La chaîne des Dômes, vue des premiers contreforts du Mont-Dore.

d'une enceinte ébréchée et une grande coulée de laves en sort dans la direction du sud-est; le *Puy de Dôme*, les puys *de Sarcouy*, de *Gravenoire*, de *Louchadière*, sont parmi les plus remarquables des volcans du groupe central. Parmi ceux qui se trouvent dans le massif du Cantal, il faut citer le *Plomb du Cantal*, dont la cime s'élève à près de 1900 mètres au-dessus du niveau de la mer, ainsi que les puys *Mary*, *Griou*, de *Chavaroche*, *Violan*, etc.

Tous les cônes et cratères du plateau central sont remarquables par leur état de conservation, par la fraîcheur des scories et des laves qui recouvrent leurs flancs, indices certains de l'époque relativement moderne où se sont effectuées leurs plus récentes éruptions. Un certain nombre sont ébréchés et les épanchements qui ont produit la rupture des parois du cratère se distinguent avec une netteté parfaite.

Indépendamment des volcans proprement dits, le sol de l'Auvergne porte un certain nombre de cônes dépourvus de cratères. Ces montagnes, arrondies en cloches ou en dômes sont formées d'une roche blanche ou jaunâtre, sorte de trachyte poreux connu sous le nom de *domite*. Ces cônes, non

Fig. 224. — Cratère-lac de la chaîne des Dômes. Le lac Pavin.

percés, seraient dus à l'action des forces souterraines, s'exerçant sur une large nappe trachytique qui recouvrait le plateau primitif, ici produisant des cônes à cratère et donnant lieu à des épanchements de laves et de scories, là se bornant à soulever le sol en pustules.

Enfin on trouve, dans la région volcanique du plateau central, quelques-uns de ces cratères-lacs que nous avons déjà signalés, et dont la formation est généralement attribuée à de violentes explosions qui ont subitement fait sauter en l'air une portion du sol primitif. Les lacs Pavin, Tazana sont des exemples remarquables de ce mode de formation. Un troisième cratère d'explosion qu'il faut citer parce qu'il est complètement à sec et que sur son fond plat s'élèvent quatre cônes de scories, est le cirque de la Vestide du Pal, dans l'Ardèche. La configuration particulière de ce cratère lui donne, comme le remarque M. Lecoq, une grande analogie avec les cirques de la Lune.

La troisième région volcanique éteinte que nous voulions signaler est celle de l'Eifel, plateau montueux de la Prusse rhénane, situé sur la rive gauche du Rhin et reliant l'Ardenne aux montagnes du Hartz. L'Eifel est remarquable par le nombre considérable de ses cratères grands ou petits, les uns réguliers, les autres aux parois ébréchées. Certains sont caractérisés par des coulées de laves; plusieurs autres paraissent n'avoir jamais émis de laves et n'avoir été édifiés que par des éruptions de scories. Le *Mosenberg*, le *Firmerich*, le *Rodderkopf*, le volcan de *Gerolstein* sont cités par Fuchs comme les plus intéressants spécimens parmi les trente et quelques volcans de l'Eifel. Dans le même district, on remarque de nombreux cratères-lacs, dont l'auteur que nous venons de nommer attribue la formation à des effondrements du sol primitif, dus à l'écroulement de cavernes souterraines. D'autres, nous venons de le voir et nous avons eu déjà l'occasion de le dire, en font des cratères par explosion. « Ces bassins cratériformes, dit Fuchs, se rencontrent, dans l'Eifel, à tous les degrés de développement. Quelques-uns d'entre eux sont situés entièrement dans les anciennes roches sédimentaires; d'autres possèdent un rebord peu élevé, composé de tufs et de scories, quoique les bords du bassin soient aussi composés de schistes argileux. Le *Pulvermaar*, le *Gillenfeldermaar* et le *Weinfeldermaar* sont complètement clos; d'autres maars présentent une seule ouverture pour l'écoulement des eaux; d'autres enfin ont deux ouvertures, l'une pour l'entrée, l'autre pour la sortie de l'eau. Les maars remplis d'eau forment de petits lacs ravissants; les autres paraissent desséchés et leur fond est rempli de tourbe[1]. » C'est

1. *Les Volcans et les Tremblements de terre.*

à peu de distance du Rhin, à l'ouest d'Andernach, que s'ouvre le plus vaste des maars de l'Eifel, le *Laacher-See*, dont les eaux recouvrent 340 hectares et ont jusqu'à 60 mètres de profondeur; toute la contrée qui environne ce lac, sur environ 200 kilomètres carrés de superficie, ne renferme pas moins de 31 cônes volcaniques. Voici ce que dit de ces derniers et du lac de Laach, Élisée Reclus : « Dans un rayon de 7 ou 8 kilomètres autour du lac s'élèvent 31 volcans percés de cratères bien distincts, mais l'entonnoir dans lequel sont enfermées les eaux bleuâtres du lac n'est point une bouche de laves proprement dites, comme on le supposait jadis, car plusieurs des roches qui l'entourent sont des assises schisteuses n'ayant pas même subi l'action du feu ; toutefois, lors de l'explosion qui l'a produite, des matières volcaniques, cendres et bombes ont été certainement lancées au dehors : on les trouve en grande quantité éparses sur les pentes des environs. De nombreuses sources carbonatées, jaillissant au fond du lac et dans les vallons des alentours, témoignent encore d'une certaine activité volcanique. » Des amas de pierre ponce se trouvent, non seulement dans le voisinage du Laacher-See, sur la rive gauche du Rhin, mais aussi dans les campagnes qui s'étendent à l'est, et jusqu'à Marbourg, à plus de 100 kilomètres de distance. Il est à remarquer que les tremblements de terre sont assez fréquents dans l'Eifel.

§ 8. THÉORIE DES VOLCANS. — HYPOTHÈSES ANCIENNES ET MODERNES SUR LES CAUSES DES PHÉNOMÈNES VOLCANIQUES.

Nous ne pouvons avoir la prétention, dans un ouvrage purement descriptif et d'ailleurs aussi élémentaire que celui-ci, d'exposer une théorie complète des phénomènes volcaniques. Indépendamment des raisons qui nous défendent d'entrer dans les développements nécessaires, il y en a une décisive, à savoir que les savants compétents, géologues et physiciens, ne sont pas encore d'accord sur ce point important de physique du globe.

Une théorie des volcans, pour embrasser et expliquer tous les phénomènes, aurait à résoudre bien des questions, obscures encore dans l'état actuel de la science. Il paraît bien évident, au premier abord, qu'il est une cause générale de tous les phénomènes en question, et que cette cause est la température plus ou moins élevée des couches profondes du globe. Cette température que nous avons vue croître plus ou moins régulièrement à mesure que l'on s'enfonce dans l'épaisseur de l'écorce solide, mais qui est encore relativement assez faible dans les mines les plus profondes explorées par les travaux humains, paraît atteindre un très haut degré dans les régions dites volcaniques, puisqu'on voit sortir des cratères des volcans, ou des fissures de leurs cônes, de la lave dont la chaleur dépasse celle de la fusion du cuivre. Il y a là un fait expérimental irrécusable. Les vapeurs, les gaz emprisonnés dans les interstices moléculaires de cette lave, s'y trouvent également portés à une température très élevée, que la pression augmente sans doute à mesure que la profondeur va elle-même en croissant.

Mais, ce point admis, il se présente aussitôt une série de questions dont les unes semblent parfaitement résolues, dont les autres, au contraire, restent soumises aux hypothèses les plus diverses, et ont soulevé ou soulèvent encore les controverses des savants compétents.

On se demande tout d'abord de quelles profondeurs proviennent les produits incandescents des déjections volcaniques. Il paraît probable que ces profondeurs peuvent atteindre un nombre de kilomètres assez grand, et que les cheminées, dont les cratères de certains volcans sont l'orifice, ont une longueur incomparablement plus considérable que les dimensions des cônes eux-mêmes. Mais jusqu'à quelles limites existent les couches des matières rendues fluides par l'élévation de la température interne? Forment-elles des dépôts isolés, locaux, n'existant que dans le voisinage des volcans et au-dessous des régions où nous avons vu que s'exerce particulièrement l'activité éruptive dans ses diverses phases? Ou, au contraire, les laves qui s'écoulent dans les paroxysmes volcaniques, ne sont-elles qu'une portion d'une masse incandescente constituant le noyau terrestre tout entier, ou bien une couche universellement répandue, mais limitée en épaisseur, de ce même noyau?

Ces diverses questions en appellent d'autres, d'un autre ordre, relatives à l'origine de la chaleur qui maintient les matières en question à l'état incandescent et fluide. Les Anciens croyaient à l'existence, dans l'intérieur de la Terre, de foyers embrasés pareils à nos foyers terrestres. Symbolisant cette manière naïve de voir les choses, ils faisaient de l'Etna, de ses cavernes supposées, le séjour des Cyclopes, ces forgerons de Vulcain ; c'est sous le poids de ses assises que gémissait Typhon, le vaincu de Jupiter, et les tremblements de terre n'étaient autre chose que l'effet des secousses du géant, que ses efforts pour soulever la masse dont l'avait accablé la colère des Dieux.

A la fin du dix-huitième siècle, l'école géologique de Werner expliquait encore l'incandescence des laves comme les Anciens, puisqu'elle admettait d'immenses incendies souterrains de houilles, de lignites, de matières sulfureuses et bitumineuses. Davy, entre autres objections à l'hypothèse de Werner, fit remarquer que la combustion sous terre d'une couche de houille, si considérable qu'on la suppose, ne saurait donner une violente chaleur; en l'absence d'une libre circulation de l'air, l'acide carbonique qui se forme doit tendre à empêcher le développement de la combustion. L'observation démontre l'exactitude de ce raisonnement. On voit assez souvent dans les mines des incendies de couches de houille ; il en résulte, ajoute Davy, « de l'argile et des schistes cuits et jamais rien de semblable à la lave ». On avait déjà, un siècle plutôt, invoqué les réactions chimiques pour expliquer les éruptions volcaniques. Tout le monde connaît l'expérience du *volcan de Lémery*, qui consiste à recouvrir d'une légère couche de terre un mélange humide de fleur de soufre et de limaille de fer. Au bout d'un certain temps la terre se gonfle, se couvre de crevasses, et il s'échappe du mélange d'abondantes vapeurs sulfurées. La chaleur dégagée par la combinaison chimique détermine enfin l'incandescence de la matière ainsi disposée. C'est ainsi que le savant chimiste prétendait rendre compte, en petit, des éruptions volcaniques. Les réactions chimiques de cette expérience consistent dans un dégagement d'hydrogène et d'acide sulfhydrique, et donnent principalement pour résidu du sulfate de fer. L'absence de ce dernier composé, l'extrême rareté des gaz hydrogène et sulfhydrique dans les déjections volcaniques, et d'autres raisons encore, firent rejeter la théorie de Lémery, qui était encore à peu près universellement adoptée à la fin du siècle dernier.

Gay-Lussac proposa une autre explication de la chaleur nécessaire aux phénomènes volcaniques. L'illustre physicien et chimiste pensait qu'elle pouvait résulter de l'action de l'eau des infiltrations sur des masses de chlorure, de silicium et d'aluminium. Les produits de la réaction, acide chlorhydrique, silice, alumine sont en effet de ceux que fournissent les laves et les émanations des éruptions. « Cette hypothèse, dit à ce sujet M. Fouqué, semble donc concorder avec les faits, bien mieux que les précédentes. Cependant il n'en est rien. Et d'abord Gay-Lussac a remarqué lui-même que la quantité d'acide chlorhydrique dégagée dans un volcan n'est nullement en rapport avec l'intensité des phénomènes éruptifs. Ensuite il serait bien difficile d'expliquer comment une substance aussi volatile que le chlorure de silicium pourrait se trouver renfermée dans le sein de la terre; et enfin, quand on calcule la quantité minima de ce corps qui aurait dû intervenir pour produire les phénomènes calorifiques et mécaniques d'une éruption, comme celle de 1865 à l'Etna, on arrive à trouver un nombre tellement considérable, qu'il est impossible de supposer dans l'intérieur du sol un amas pareil d'une substance qui jusqu'à présent a été exclusivement un produit de laboratoire[1]. »

1. *Rapport sur les phénomènes chimiques de l'éruption de l'Etna en 1865.*

L'illustre Davy fut aussi de ceux qui attribuaient aux actions chimiques la température élevée des laves. Il admettait que cette température provenait de l'action de l'eau sur le potassium contenu à l'intérieur des couches terrestres. L'eau était décomposée par ce métal, sur lequel se portait l'oxygène; de là une vive chaleur, qui enflammait l'hydrogène mis en liberté. Mais cette hypothèse fut bientôt abandonnée comme celle de Lémery, comme fut aussi celle de Gay-Lussac, ne fût-ce que par la difficulté où l'on se trouvait, en l'admettant, de supposer l'existence de masses de potassium suffisantes pour donner naissance aux immenses coulées de laves que l'on sait. La rareté de la présence de l'hydrogène dans les éruptions et émanations volcaniques contribua également à faire rejeter ces vues du savant anglais[1].

Restent en présence les trois hypothèses qui partagent aujourd'hui les géologues : celle d'un noyau terrestre conservant encore maintenant son incandescence et sa fluidité primitives; l'hypothèse d'une couche fluide continue d'une certaine épaisseur, entre le noyau terrestre et l'écorce, solides tous deux; ou enfin, celle de lacs isolés de laves existant au-dessous des régions où règne l'activité volcanique.

Quelle que soit celle de ces solutions qu'on adopte, il faudra se demander quelle est la cause de la formation des cônes et des cratères des volcans, et celle des éruptions qui s'y produisent dans la suite du temps. On admet généralement que l'agent physique qui détermine la formation d'un cratère aussi bien que l'éruption d'un cratère formé, n'est autre chose que la force expansive des vapeurs et des gaz, force qui s'accroît en raison de la température et de la pression et aussi en raison de l'accumulation des matières aériformes à l'intérieur des cavités souterraines. Mais comment agit cette force sur les couches

1. « L'hypothèse de Davy, dit M. Fouqué, est la dernière hypothèse sérieuse qui ait été proposée et soutenue pour expliquer les phénomènes volcaniques sans l'intervention du feu central. Or nous voyons qu'elle ne soutient pas un examen attentif; elle doit donc être abandonnée, et avec elle doit tomber toute idée d'expliquer les phénomènes éruptifs à l'aide des actions chimiques. » (*Rapport cité.*)

dont elle doit vaincre le poids? A cette question, il a été répondu de deux manières différentes par deux écoles de géologues ayant, en général, des principes opposés en ce qui regarde les formations terrestres. Les uns, avec Léopold de Buch, Humboldt, Élie de Beaumont, regardent les grandes montagnes cratériformes, telles que l'Etna, comme formées à l'origine par une poussée verticale, de bas en haut, du noyau fluide intérieur ou de la force élastique des gaz internes sur des couches primitivement horizontales. Quand cette poussée est devenue assez énergique pour surmonter la pression due au poids des couches surincombantes, ces couches cèdent peu à peu : il se forme d'abord au point de moindre résistance un soulèvement en forme de cloche ou d'ampoule. Puis, l'élasticité du terrain étant elle-même dépassée, il se forme une déchirure au centre de l'ampoule. C'est l'ouverture ou cratère du volcan, dont le cône est formé par les parois soulevées et inclinées partout du même angle.

L'école opposée, qui comprend des savants tels que Constant Prévost, Lyell, Poulett-Scrope, attribue une autre cause à la formation des cônes et de leurs cratères. C'est toujours, il est vrai, la pression des masses fluides internes agissant sur les couches supérieures qui détermine dans celles-ci la production de fissures, par où les matières incandescentes injectées forment ces dykes qu'on observe dans les roches d'origine plutonique. Mais les cônes ne sont plus produits par voie de soulèvement ; l'accumulation des matières éjectées suffit. Lorsque la pression est suffisante pour que la fissure arrive jusqu'à la surface, la lave s'élève jusqu'au contact de l'atmosphère ; alors les bulles de vapeur qu'elle renfermait et dont une pression énorme empêchait le développement et l'expansion, devenues libres, éclatent avec une énergie proportionnée à leur tension, élargissent la fissure et lui donnent la forme des orifices volcaniques. L'éruption une fois commencée, les fragments de laves rejetés au dehors par l'explosion, scories, cendres, bombes, s'accumulent extérieurement au dehors et élèvent peu à peu le cône extérieur du volcan. On a déjà vu comment, après une éruption, les laves consolidées et refroidies bouchent l'ouverture extérieure du cratère, jusqu'à ce qu'une éruption nouvelle, d'autant plus violente que l'obturation a été plus longue et plus complète, fasse sauter à nouveau le sommet de l'édifice, élargissant le plus souvent son cratère et quelquefois le détruisant entièrement.

Ce mode de formation des cônes volcaniques par l'accumulation des matériaux projetés dans les éruptions successives est admis par tout le monde pour les cônes adventifs ou secondaires, tels qu'on les voit se former plus ou moins nombreux sur les flancs du cratère primitif. Les derniers géologues que nous venons de citer pensaient qu'il en est ainsi pour tous les volcans, pour les plus grands cônes comme pour les moindres, tandis que Léopold de Buch et ses partisans considéraient les volcans principaux comme formés par voie de soulèvement, n'attribuant qu'une importance tout à fait secondaire aux matériaux rejetés par les éruptions dans la formation de la montagne volcanique. Ces matériaux n'étaient pour ainsi dire, selon eux, que la couverture d'une charpente antérieure aux éruptions.

Quoi qu'il en soit de cette divergence de vues, que l'une des théories soit vraie à l'exclusion de l'autre, ou qu'il soit plus conforme à la vérité de les regarder comme partiellement vraies toutes deux, elles ont néanmoins un point commun, étant fondées l'une et l'autre sur l'existence de masses de laves rendues incandescentes par une haute température. Ce point admis, il reste encore à rendre compte de la distribution géographique des volcans actifs, à expliquer la situation du plus grand nombre d'entre eux à une faible distance des côtes, le long des grandes lignes de fracture, ou dans le voisinage des centres de dépression du globe, et enfin l'absence, sinon absolue, du moins générale des volcans à l'intérieur des masses continentales.

C'est sans doute cette distribution fort inégale des volcans en activité qui a fait surgir l'hypothèse de l'existence de lacs de lave, çà et là dispersés et situés au-dessous des régions volcaniques, et rejeter celle d'un noyau terrestre entièrement fluide ou même celle d'une couche semblable d'épaisseur limitée, mais continue. En même temps, on expliquait par l'infiltration des eaux de la mer, non seulement la production de masses de vapeur d'eau que vomissent les cratères, mais aussi l'état de fusion aqueuse des laves dont la haute température était encore accrue par les réactions chimiques que provoquaient ces infiltrations.

L'influence des eaux de la mer sur les phénomènes volcaniques ne paraît pas douteuse. L'analyse chimique des déjections volcaniques, soit qu'elles proviennent des éruptions proprement dites, comme les laves, soit qu'elles sortent à l'état de vapeurs et de gaz dans les phases d'activité solfatarienne, a montré que toutes les substances qu'elles renferment existent aussi et à peu près en même proportion dans les eaux de l'Océan. Les multiples combinaisons qui se forment aux diverses phases, au sein des laves fluides à des températures décroissantes, les gaz qu'on trouve dans les fumerolles, les dépôts cristallins qu'on recueille sur les roches voisines, s'expliquent parfaitement, étant donnée la composition de l'eau de mer, par l'action de la température sur ces substances ou par leurs réactions mutuelles [1]. L'analyse des gaz et des émanations gazeuses des volcans, dont nous avons essayé de donner plus haut une idée sommaire, a fourni le plus haut degré de probabilité à cette partie de la théorie des phénomènes volcaniques qui voit dans les infiltrations des eaux de l'Océan arrivant au contact des couches terrestres fluidifiées par une température excessive la cause principale des éruptions.

1. Nous renvoyons le lecteur, pour la démonstration détaillée de cette thèse, au savant rapport de M. Fouqué *sur les Phénomènes chimiques de l'éruption de l'Etna en* 1865. L'auteur y montre comment le plus grand nombre des substances trouvées dans les produits volatils des laves ou dans les fumerolles sont celles que contient l'eau de mer, à peu de chose près dans les mêmes proportions; que, s'il existe dans cette eau plusieurs sels qu'on ne rencontre pas dans les émanations volcaniques ou réciproquement, la cause de ces anomalies apparentes tient aux circonstances particulières et aux réactions provoquées, et enfin que, bien loin d'ébranler la théorie, ces anomalies ne font que l'affermir.

Mais comment ces infiltrations ont-elles lieu, quelles circonstances les rendent possibles, et pour quelles raisons affectent-elles de préférence les régions où nous avons vu se grouper les centres d'activité volcanique? Les savants qui admettent la

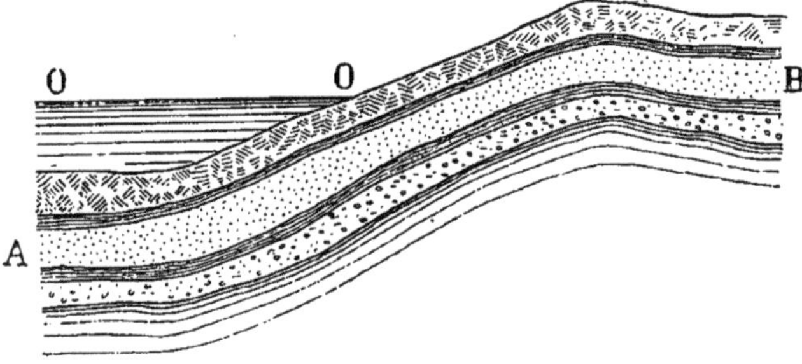

Fig. 225. — Plissements des couches de l'écorce terrestre dus à la contraction.

théorie que nous exposons maintenant, répondent que les infiltrations des eaux de la mer peuvent avoir lieu, soit par des fissures du sol, soit par pénétration lente au travers de roches poreuses. Il est à remarquer que les couches du sol voisines des

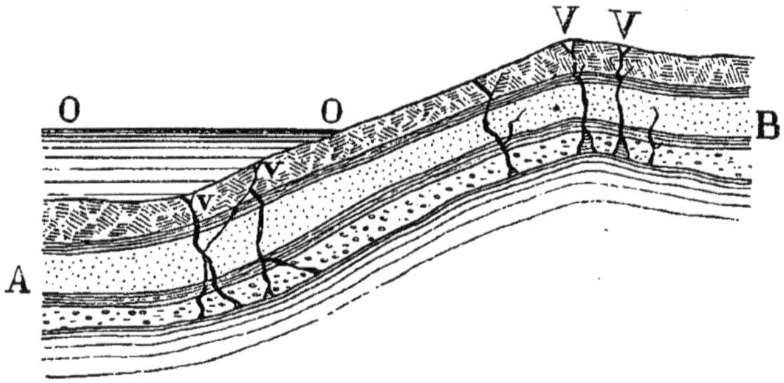

Fig. 226. — Fracture des couches aux points de moindre résistance; origine des volcans terrestres et sous-marins.

foyers volcaniques ont toutes été, à des époques plus ou moins anciennes, le siège de cataclysmes géologiques. De là des bouleversements, des dislocations, des fissures de l'écorce terrestre qui rendent facile à comprendre la possibilité des infiltrations, surtout si l'on se rappelle la proximité des volcans actifs des côtes de l'Océan. Dans des régions ainsi bouleversées, les canaux d'infiltration, quand l'eau les a parcourus et s'est introduite jusqu'à la couche incandescente et fluide, peuvent s'obstruer aisément, ce qui explique l'intermittence des éruptions. Si, au contraire, cette introduction se fait sans difficulté et d'une façon à peu près continue, les éruptions plus ou moins fréquentes ont une certaine périodicité, comme on le voit dans les volcans à activité strombolique.

Avant qu'on ne reconnût la possibilité et même la nécessité de l'intervention de l'eau de la mer dans les phénomènes volcaniques, les géologues qui admettaient l'existence d'un noyau incandescent et fluide, avaient recours, pour l'explication des éruptions, à diverses hypothèses, aujourd'hui abandonnées en tout ou en partie.

Les plissements de l'écorce de la matière du globe dus à la contraction refroidie et solidifiée devaient produire, selon les uns, une pression sur le noyau fluide et par suite une ascension de la lave dans les cheminées volcaniques formées par soulèvement. Cordier, qui admettait cette hypothèse, avait calculé qu'une contraction du noyau de $\frac{1}{500}$ millimètre suffirait à l'émission de la quantité de lave vomie dans l'éruption la plus forte qu'on eût observé à la surface de la Terre, et qu'ainsi une diminution d'un millimètre dans le rayon terrestre pourrait produire cinq cents des éruptions les plus violentes. Mais quelle est la vitesse de ce refroidissement, quelle est la valeur de la contraction du noyau terrestre ? On l'ignore. D'ailleurs, objection capitale, pourquoi les éruptions, effets de cette contraction continue, ne sont-elles pas continues comme elles, et simultanées dans tous les cratères non obstrués ?

On a invoqué l'action de l'attraction de la Lune et du Soleil sur l'océan fluide intérieur. Les éruptions, d'après M. Perrey, qui explique de la même façon les tremblements de terre, sont dues au soulèvement de la marée lavique luni-solaire. S'il en était ainsi, on devrait observer des recrudescences périodiques dans l'activité des cratères, et les éruptions les plus violentes devraient coïncider avec les marées des syzygies. M. Fouqué, en discutant cette hypothèse, admet la réalité de l'attraction luni-solaire sur le fluide intérieur, mais, pour diverses raisons, n'y peut voir la cause véritable des éruptions; il croit seulement qu'elle peut les déterminer, lorsque tout se trouve prêt pour leur production. « Quand l'écorce terrestre, dit-il, est sur le point de se rompre sous l'influence des effets intérieurs exercés contre elle, l'impulsion d'une marée souterraine, quelque faible qu'elle soit, peut suffire pour amener la formation d'une fissure, par laquelle se fait l'écoulement des laves et des autres matières rejetées ordinairement dans le cours d'une éruption. »

On a invoqué, contre l'hypothèse d'un noyau terrestre entièrement fluide et incandescent, des raisons de divers ordres que nous ne rapporterons point ici. Il n'est pas nécessaire en effet, pour la théorie des phénomènes volcaniques, d'admettre cette hypothèse intégralement. Il suffit de supposer qu'à une profondeur convenable il existe une couche fluide d'une épaisseur quelconque, comprise entre l'écorce et le noyau. Il est seulement extrêmement probable, selon nous, que cette couche existe partout sous cette écorce et qu'elle n'est autre chose que la partie non encore refroidie et solidifiée du globe primitivement fluide. Son épaisseur est-elle une faible ou une forte fraction du rayon terrestre, il n'importe. L'impossibilité d'expliquer par des réactions chimiques la chaleur croissante des couches, et à plus forte raison la température si élevée des laves, milite en faveur de l'hypothèse. Quant à l'explication de la position des groupes volcaniques dans le voisinage des côtes de l'Océan, elle est, nous le répétons, des plus simples. Les figures 225 et 226 montrent sur une échelle amplifiée comment les couches de l'écorce ont dû être fracturées dans les points de plus faible résistance, là où, par l'effet des dépressions et des soulèvements qui ont produit les mers d'une part, les continents et les chaînes de montagnes de l'autre, l'effort de rupture a dû être le plus considérable. Par les fissures ainsi produites, les eaux marines se sont infiltrées, sont arrivées au contact des couches à température élevée, ont été vaporisées et ont déterminé l'ascension des laves et la formation des cheminées volcaniques. Les phénomènes subséquents ont produit les cônes, soit principaux, soit secondaires, et toutes

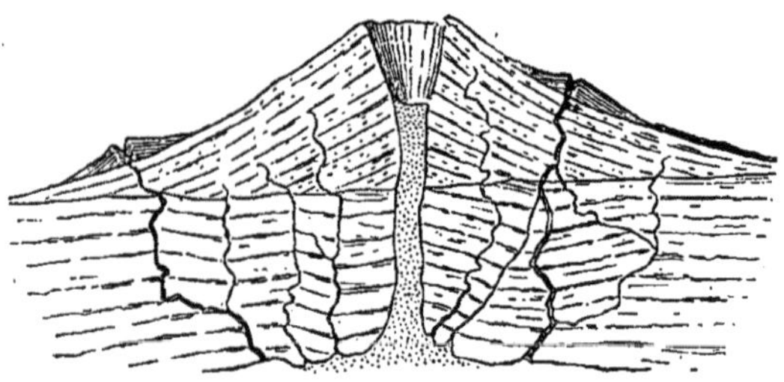

Fig. 227. — Section idéale d'une montagne volcanique produite par des éruptions successives. Formation des cônes secondaires.

lès circonstances des éruptions dans leurs phases successives. La figure 227, par laquelle Poulett Scrope représente la section idéale d'un volcan et le mode de formation du cône principal, peut servir aussi à faire comprendre comment des fissures latérales donnent lieu à la formation des cônes adventifs ou secondaires.

CHAPITRE IV

LES TREMBLEMENTS DE TERRE

§ 1. PHÉNOMÈNES GÉNÉRAUX DES TREMBLEMENTS DE TERRE.

S'il est évident que les volcans et tous les phénomènes qui caractérisent les phases diverses de leur activité, depuis les éruptions proprement dites, jusqu'aux simples émanations gazeuses de leurs fumerolles, ont une même cause, qui est la chaleur interne du globe, il paraît difficile de soutenir qu'il existe une liaison du même ordre entre cette chaleur souterraine et les tremblements de terre. Du moins est-il nécessaire de faire, dès le début, une distinction entre les mouvements du sol compris sous cette dénomination, selon qu'ils accompagnent ou non une éruption volcanique. On a vu, dans les chapitres qui précèdent, que, parmi les phénomènes précurseurs d'une éruption, quelquefois pendant sa durée, ou même peu après qu'elle est terminée, des secousses du sol plus ou moins violentes se font sentir dans le voisinage du volcan qui en est le siège. Ce fait est d'ailleurs loin d'être général, et il est arrivé souvent que l'activité éruptive se manifeste sans que le sol ait été ébranlé. Quoi qu'il en soit, les tremblements de terre de cette première catégorie peuvent être considérés comme des phénomènes volcaniques, et, en ce cas, la nature des ébranlements, non plus que leur cause, ne sauraient être douteuses. Mais les plus nombreux, les plus violents et en même temps les plus étendus des tremblements de terre paraissent étrangers à l'activité volcanique : ils naissent ou se propagent aussi bien dans les terrains stratifiés que dans les régions de nature volcanique, basaltique ou trachytique; ils n'ont avec l'activité éruptive des volcans aucun rapport apparent et ne semblent exercer sur les volcans voisins aucune influence. L'étude de cette seconde catégorie de tremblements de terre ne saurait toutefois être séparée de celle de la première, puisque leur origine, bien qu'elle reste inconnue ou problématique, est bien certainement souterraine comme celle des tremblements de terre volcaniques. Décrivons donc tout d'abord sans distinction les phénomènes communs aux uns et aux autres.

Ce qui peut le mieux donner l'idée d'un tremblement de terre, ce sont les trépidations du sol causées par des chocs, des explosions violentes, des éboulements un peu considérables de matériaux, de terrains, de roches. Le simple passage d'une voiture pesamment chargée sur une route voisine d'un édifice, d'une maison, surtout sur le sol d'une rue pavée, produit dans les murs, dans les vitres des croisées un mouvement vibratoire très appréciable, que tout le monde a pu observer; mais le rayon dans lequel se fait sentir cet ébranlement, qui se prolonge pendant toute la durée du passage, est ordinairement fort limité. Dans les villes, où la continuité des pavés des rues, leur liaison avec des pâtés de maisons est plus grande, ce rayon augmente. Quand Yvon Villarceau soutenait, il y a une quinzaine d'années, devant l'Académie des sciences, la nécessité du transfert de l'Observatoire de Paris hors de la ville, un de ses principaux arguments était l'impossibilité d'obtenir des observations précises du nadir. Le bain de mercure qui servait de miroir pour ces observations était constamment troublé, sa surface frémissant au passage de la moindre voiture sur le pavé de la rue Saint-Jacques. Le rayon de l'ébranlement devient plus considérable, lorsqu'il a pour cause une explosion de mine. Lorsqu'eut lieu, il y a quelques années, l'explosion d'une poudrière au Bouchet (Seine-et-Oise), nous entendîmes le bruit de la détonation à Orsay, à plus de 20 kilomètres de distance, et les murs, les fenêtres et les portes de notre maison furent secoués avec violence. Là toutefois l'ébranlement ressenti devait être surtout causé par le passage de l'onde aérienne, mais une partie provenait sans aucun doute de la vibration du sol lui-même.

Cependant ces ébranlements artificiels, dont l'origine est parfaitement connue et qui proviennent d'un choc mécanique ou physique, accidentel et extérieur, ne sont point des tremblements de terre. Aussi, comme le fait avec raison observer Fuchs, dès que l'on arrive à connaître la cause précise d'un de ces tremblements de terre artificiels, la dénomination elle-même disparaît. Le véritable tremblement de terre est celui dont la cause inconnue est souterraine, ou dont l'origine est évidemment liée à une éruption de volcan.

Le degré d'intensité, le nombre des secousses, leur direction, leur durée individuelle ou collective, l'étendue de la région où elles se sont fait sentir, le sens de leur propagation, sont autant d'éléments du phénomène qu'il est intéressant de noter, et qui d'ailleurs sont propres à distinguer les tremblements de terre les uns des autres.

Fort souvent l'intensité est très faible. Ce sont de simples frémissements, des tressaillements du sol qui échappent à la grande majorité du public, et ne sont perceptibles qu'aux observateurs attentifs. Ce qui permet de distinguer ces tremblements de terre minuscules des vibrations artificielles avec lesquelles on pourrait les confondre, c'est la grande surface de pays qu'ils embrassent; la comparaison des heures où la secousse s'est produite en tous les points de cette surface, montrant avec évidence la simultanéité des observations, il est impossible de s'y tromper. Entre ces frémissements imperceptibles et les violentes secousses des tremblements de terre les plus fameux par les désastres qu'ils ont causés, on peut passer par des degrés infinis. D'ailleurs l'intensité est très variable pour une même secousse, selon le lieu. Dans le tremblement de terre du 14 septembre 1866, qui a eu pour théâtre une bonne partie de la France centrale et occidentale, les deux ou trois secousses qui se sont fait sentir à quelques secondes d'intervalle ont été particulièrement fortes au centre de la région ébranlée, aux environs de Tours et de Blois. Des meubles renversés, des fenêtres brisées, des murs lézardés, quelques

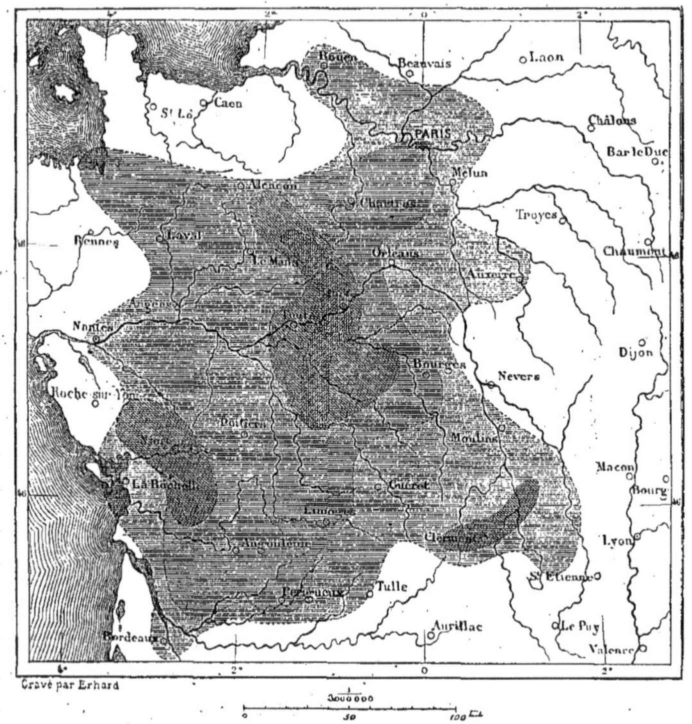

Fig. 228. — Carte du tremblement de terre du 14 septembre 1866.

pierres détachées des parties élevées de ces murs, voilà pour les effets de ces secousses, là où elles ont été les plus fortes ; en beaucoup d'autres points, tout s'est borné à de légères oscillations des objets mobiles. Ce n'était déjà plus le simple frémissement dont nous venons de parler. Mais il y a loin de là aux terribles effets de quelques tremblements de terre fameux dans l'histoire. Nous y reviendrons plus loin. Bornons-nous à citer ici quelques faits qui permettront la comparaison et feront juger de l'extrême violence de certaines secousses.

Dans le tremblement de terre de Riobamba du 4 février 1797, une secousse verticale fut si violente, que, selon l'expression de Humboldt, « elle produisit l'effet de l'explosion d'une mine ; les cadavres d'un grand nombre d'habitants furent lancés au delà du ruisseau de Lican, jusque sur *la Calca*, colline dont la hauteur est de plusieurs centaines de pieds.... Lorsque je levais le plan des ruines de Riobamba, on me montra la place où, au milieu des décombres d'une maison, on avait retrouvé tous les meubles d'une autre demeure ; il fallut que l'*audiencia* (le tribunal) prononçât sur les contestations qui s'élevèrent au sujet de la propriété d'objets qui avaient été transportés ainsi à plusieurs centaines de mètres. » Le tremblement de terre qui en 1783 ravagea la Calabre, fut si violent, que des maisons furent soulevées et transportées à distance sans avoir éprouvé de dégâts sensibles, tandis que d'autres furent projetées en l'air et détruites de fond en comble. En 1692, la Jamaïque subit de telles secousses, que dans la ville de Port-Royal « tout s'effondra pêle-mêle ; des hommes furent renversés et jetés de côté et d'autre, tandis que plusieurs d'entre eux furent lancés directement en l'air. Il y en eut même qui, se trouvant au milieu de la ville, furent lancés par-dessus les ruines jusque dans le port et purent alors se sauver à la nage[1] ! Ces faits, déjà anciens, paraîtraient incroyables ou grandement exagérés, si de terribles et récentes catastrophes n'en avaient démontré la très grande probabilité.

Le nombre des secousses est également très variable. Si elles sont très éloignées les unes des autres, chacune d'elles peut être considérée comme un tremblement de terre. Deux ou trois secousses, séparées par de courts intervalles, de quelques secondes ou de quelques minutes, s'observent fréquemment ; mais dans les régions où les ébranlements du sol sont presque

1. Fuchs, *Les Volcans et les Tremblements de terre.*

continuels, comme dans certaines parties du versant des Andes, dans l'Amérique méridionale, les secousses ou mieux les frémissements sont si nombreux, et en même temps si inoffensifs, que le plus souvent personne n'y fait attention. Aussi distingue-t-on ces *tremblores* des véritables tremblements de terre, ou *teremotes*, qui sont autrement dangereux[1]. Quand il s'agit d'ébranlements du sol liés à une éruption volcanique, soit qu'ils la précèdent et en soient comme les précurseurs, soit qu'ils l'accompagnent ou même, ce qui est plus rare, la suivent, les secousses se succèdent pendant un temps qui peut être fort long, et leur nombre est alors illimité, comme celui des explosions du cratère. « Après le grand tremblement de terre de Naples (16 juillet 1805), dit Humboldt, et après l'éruption de laves qui suivit dix-sept jours plus tard, assis, la nuit, un chronomètre à la main, sur le cratère du Vésuve, au pied d'un petit cône d'éruption, j'ai senti très régulièrement, toutes les vingt ou vingt-cinq minutes, une commotion dans le sol du cratère, immédiatement avant chaque éjection de scories incandescentes[2]. » Des secousses de ce genre n'accompagnent pas toujours les éruptions volcaniques. Par exemple, lors de l'éruption du volcan de Sangaï en décembre 1847, M. Wisse, dont nous avons cité les observations, n'a éprouvé aucune secousse du sol, bien qu'il se fût approché du sommet et du cratère à 300 mètres. Nous avons vu qu'il n'avait pas compté moins de 267 éruptions de scories dans l'intervalle d'une heure.

La durée des secousses est le plus souvent fort courte, et atteint ou dépasse rarement une seconde, quand le choc est unique. Les oscillations irrégulières, composées de plusieurs secousses ou ondulations en divers sens, ont une durée plus longue, d'une demi-minute, d'une ou deux minutes parfois,

1. Humboldt, parlant de ces contrées, dit que, à certaines époques, les habitants ne comptent pas plus les secousses souterraines qu'en Europe nous ne comptons les averses; un jour, Bonpland et lui furent forcés par l'inquiétude de leurs mulets de mettre pied à terre au milieu d'une forêt, parce que le sol avait tremblé pendant quinze ou dix-huit minutes.

2. *Cosmos*, t. IV.

rarement davantage. Ce temps, qui paraît court lorsqu'on lit tranquillement le récit d'une de ces catastrophes, est d'une terrible longueur pour les témoins ou les victimes. Du reste, il ne faut pas confondre la durée d'une secousse et des ondulations qui en sont la conséquence avec celle du tremblement de terre lui-même, bien qu'il soit assez difficile de définir clairement la limite de temps qu'on doit donner au phénomène. Il y eut, en janvier 1839, à la Martinique un tremblement de terre qui ne comprit que deux secousses et dura seulement une demi-minute; ce faible intervalle suffit pour accomplir de formidables ravages. Les mêmes secousses se propagèrent jusqu'au Pérou, et à Lima les vibrations du sol durèrent en tout deux minutes entières. En 1845, un tremblement de terre qui se fit sentir des Antilles à la Guyane, dura *moins d'une demi-minute* à Sainte-Croix, et *une minute trois quarts* à la Dominique, où observait M. Ch. Sainte-Claire Deville. Celui du 13 août 1868, dont le centre d'ébranlement était voisin d'Arequipa, eut une première secousse qui dura sept minutes environ; c'est pendant cet intervalle, l'un des plus longs que l'on ait constatés pour une secousse unique, que les villes d'Arequipa, de Tacna et toutes les localités comprises entre elles furent entièrement détruites[1]. Le 22 octobre de la même année, San Francisco éprouva plusieurs secousses qui se succédèrent de trois quarts d'heure en trois quarts d'heure environ. La plus forte secousse, qui était la première, consista en plusieurs chocs violents dont la durée fut de quarante secondes, dont huit à dix secondes pour l'instant de la plus grande intensité. En novembre 1867, l'île Saint-Thomas ressentit de violentes secousses qui durèrent une demi-minute environ, mais le tremblement de terre continua encore pendant dix minutes.

Cette différence entre la durée des secousses ou oscillations

1. Nous verrons que le raz de marée qui suivit les secousses contribua autant, ou même plus, que ces dernières aux désastres causés par ce tremblement de terre. Il en fut de même du tremblement de terre du 9 mai 1877, et de la plupart de ceux qui ont dévasté, à des époques diverses, la région des Andes.

individuelles et celle du tremblement de terre considéré comme un phénomène collectif, se retrouve dans un grand nombre d'exemples historiques. Ainsi le fameux et terrible tremblement de terre qui ruina Lisbonne en 1755, débuta par un effroyable choc auquel, au bout de quelques secondes, succédèrent une seconde et une troisième secousse : moins de cinq minutes avaient suffi pour accomplir l'œuvre de destruction du fléau. C'est le 1er novembre que le tremblement de terre avait eu lieu; mais les ébranlements du sol continuèrent pendant tout le mois, et le 9 décembre une secousse presque aussi violente que la première se fit sentir encore. Le tremblement de terre de Java, du 5 janvier 1699, ne comprit pas moins de 208 violentes secousses. Pendant celui du 28 octobre 1746, qui ruina Lima et plusieurs autres villes péruviennes, on compta également 200 secousses, qui se produisirent toutes dans la même journée. Du 13 au 17 août 1868, la ville de Tacna fut secouée par 180 oscillations. Le tremblement de terre qui en 1783 ravagea la Calabre, ne cessa point, pour ainsi dire, pendant toute une année; des secousses isolées, séparées par des frémissements continus, avaient lieu de temps à autre; cependant les premières étaient les plus fortes, et peu à peu elles diminuèrent d'intensité pendant que les intervalles de repos allaient eux-mêmes en croissant.

Ainsi, au point de vue de la durée, on peut distinguer dans les tremblements de terre : celle de chaque secousse ou de chaque oscillation, le plus souvent très courte; puis celle des secousses réunies, formant le phénomène dans son ensemble. Enfin, la période d'agitation peut se prolonger en un même lieu, durer des mois et même des années, avec une continuité d'ailleurs très variable. A ce dernier point de vue, la question se trouve liée à celle de la fréquence des tremblements de terre en une même région du globe, et par suite à celle de leur répartition géographique. Nous en dirons quelques mots plus loin. Nous reviendrons de même sur un point d'un grand intérêt, nous voulons parler de la nature des mouvements qui constituent les tremblements de terre, secousses, trépidations, oscillations. Ici nous nous contenterons de dire qu'on a coutume de distinguer les secousses des oscillations ou mouvements ondulatoires. Les secousses ou *mouvements de succussion*, selon l'expression employée par Fuchs, sont les ébranlements du sol « qu'on ressent comme un choc perpendiculaire donné de bas en haut. Lorsque ce mouvement est fort, on croit sentir d'abord un mouvement d'élévation, puis un mouvement d'affaissement de la terre ». Ce sont ces secousses verticales qui sont de beaucoup les plus violentes et les plus redoutables. Elles indiquent, pour le lieu où elles se produisent, soit le centre d'ébranlement lui-même, soit un point voisin de ce centre. De là elles se propagent, mais en se transformant peu à peu en oscillations plus ou moins régulières, à mesure qu'elles s'éloignent du centre d'ébranlement. Dans certains tremblements de terre, il n'y a pas ou du moins l'on ne connaît pas de points où se soit produit un mouvement de succussion, et tout ce que l'on peut faire alors, c'est de distinguer, parmi les régions qui ont subi l'ébranlement, celles qui ont éprouvé les plus fortes ondulations, de celles qui ont éprouvé les plus faibles : les premières sont les plus voisines du point de départ ou du centre du mouvement.

Suivant leur origine, les tremblements de terre se font sentir sur une vaste étendue de pays, ou au contraire n'ont qu'une sphère d'action ou d'extension fort limitée. Les tremblements de terre d'origine volcanique sont ordinairement dans ce dernier cas. Ainsi nous avons cité (note de la page 465) le fait de secousses violentes ressenties sur le flanc nord-est de l'Etna, en janvier 1865, alors qu'elles passaient inaperçues à Catane, c'est-à-dire à quelques kilomètres de là. Les commotions constatées en juillet 1805 par Humboldt dans le sol du cratère du Vésuve, commotions légères il est vrai, dues, ainsi qu'on l'a vu plus haut, aux éjections de scories, « n'étaient nullement sensibles en dehors du cratère, dans l'Atrio del Cavallo, non plus que dans l'ermitage del Salvatore ». Quand il s'agit des grandes secousses qui précèdent une éruption paroxysmale ou qui l'accompagnent, la surface du pays où elles se font sentir s'étend avec leur violence. Ainsi les secousses produites par l'explosion du Krakatoa ont produit, dans le détroit de la Sonde et sur le territoire de Java et de Sumatra, des vibrations que nous avons mentionnées en traitant des grandes éruptions volcaniques, et dont le rayon dépassait 150 kilomètres. Mais ce sont les tremblements de terre dont l'origine paraît étrangère à l'activité volcanique, qui se propagent ou s'étendent sur les plus grandes surfaces; et, bien que les plus formidables soient le plus souvent ceux dont le rayon est le plus grand, cependant on ne saurait dire que l'étendue de l'ébranlement soit en raison de sa violence; de faibles secousses se font parfois sentir à des distances considérables. Citons quelques exemples de ces divers cas.

L'un des tremblements de terre qui paraissent, si l'on en croit les récits contemporains, peut-être empreints d'exagération, s'être fait sentir le plus loin, est celui de Lisbonne, en 1755. C'est sur un espace de plus de 30 millions de kilomètres carrés, environ quatre fois la superficie de l'Europe, que les secousses se seraient propagées[1]. Les tremblements de terre qui ravagent si fréquemment la côte occidentale de l'Amérique du Sud, s'étendent surtout du nord au sud, dans la direction de la chaîne des Andes. Celui du Chili, de novembre 1822, se propagea ainsi sur une ligne de 9000 kilomètres. Cinq ans plus tard, en novembre 1827, un tremblement de terre dont le centre d'ébranlement était dans le voisinage de Bogota, s'étendit jusqu'à Popayan, à 1480 kilomètres. D'après Otto Volger, l'aire de l'ébranlement qui eut pour centre principal, en 1855,

1. En discutant les documents contemporains, on a réduit de beaucoup l'étendue de la région ébranlée par le tremblement de terre de 1755; elle ne dépasserait pas 3 millions de kilomètres carrés. Mais si l'on entend par région ébranlée l'ensemble des points où la secousse s'est propagée directement ou indirectement, la première évaluation n'est peut-être pas exagérée. En effet, le raz de marée s'est fait sentir en Europe jusqu'au nord des îles Britanniques, en Danemark et en Norvège, et, à l'ouest, par delà l'Atlantique, à la Barbade, à la Martinique, où le flot, qui ne dépasse guère d'ordinaire $0^{m},75$, s'éleva alors à 5 ou 6 mètres.

la vallée de Viège, mesurait 282000 kilomètres carrés; celle du tremblement de terre de septembre 1866 s'élevait à environ 200000. Le tremblement de terre d'octobre 1868 secoua le sol de la Californie sur une longueur de 200 kilomètres et une largeur de 150. Le violent tremblement de terre qui, le 13 et le 16 août de cette même année 1868, dévasta Arequipa et tant d'autres villes situées sur le versant occidental des Andes, s'étendit au nord jusqu'à Lima, à l'est jusqu'à la Paz, au sud jusqu'à Copiapo. En octobre 1836, une secousse de tremblement de terre agita tout le sol du midi de l'Europe, depuis la Sicile et la Calabre jusqu'à la Grèce, et se fit sentir jusqu'au milieu de l'Asie Mineure, ainsi que sur les côtes de Syrie et d'Égypte.

Les causes qui favorisent la propagation des secousses ou des ondulations sismiques, ou qui s'y opposent, sont de diverses natures. Il est évident que l'intensité, toutes choses égales, doit être une condition favorable. Mais c'est surtout la nature des couches du sol, leur composition géologique qui paraît prédominante. Citons ce que dit Fuchs sur ce sujet : « Il est facile de comprendre, dit-il, que l'ébranlement s'étend de tous côtés et également, lorsque les roches sont denses et solides, et qu'il ne s'affaiblit que graduellement par la distance; dans ces cas l'extension dépend évidemment de la force de l'ébranlement primitif. Dans les masses meubles au contraire, la force de l'ébranlement se perd très rapidement.

« Lorsqu'une contrée est composée de roches de dureté et de densité différentes, et diversement groupées entre elles, le mouvement s'affaiblira chaque fois qu'il passera d'une roche à l'autre, et cet affaiblissement sera plus ou moins rapide selon la nature des roches. Ce mouvement pourra donc être ressenti avec plus ou moins d'intensité dans diverses directions et se terminer à une distance plus ou moins grande du point d'origine. Une roche divisée par de nombreuses fissures exercera une action tout à fait analogue sur le mouvement, c'est-à-dire qu'elle l'affaiblira irrégulièrement ou le divisera. Si l'on remarque aussi la structure géologique du sol, la direction des diverses couches, on verra que les tremblements de terre sont soumis à des influences si compliquées, que l'on ne peut pas, même lorsqu'on connaît parfaitement la structure géologique du sol, calculer à l'avance l'effet d'un tremblement de terre d'après la violence du choc primitif.

« Il existe des obstacles naturels que les tremblements de terre franchissent rarement, d'après notre expérience. Ce sont parfois de grandes vallées fluviales qui les empêchent de se propager, lorsqu'elles ne sont pas elles-mêmes centres d'action, mais le plus souvent ce sont de grandes chaînes de montagnes qui limitent leur extension. Dans ce dernier cas, le tremblement de terre ne comprend pas un cercle d'extension dirigé de tous côtés, il présente au contraire une direction allongée et parallèle à la direction de la chaîne de montagnes[1]. »

Les tremblements de terre des Andes, dont il a été question plus haut, sont des exemples de cette inégalité d'extension, provenant de l'obstacle naturel apporté à la propagation des secousses par la colossale barrière de la grande chaîne. Fuchs en cite quelques autres où les Apennins jouent un rôle semblable, par exemple le grand tremblement de terre de 1783, qui a ravagé la Calabre, sans que ses effets destructeurs s'étendissent au versant occidental des Apennins, tout le long de la péninsule italique. Cependant les chaînes de montagnes les plus élevées, les massifs les plus considérables ne forment pas toujours une protection efficace contre les secousses sismiques. Exemple, le tremblement de terre de Belluno, en juin 1873, dont les secousses, passant par-dessus les Alpes, se firent sentir jusqu'à Salzbourg, à Berne, à Munich. Aux treizième, quatorzième et dix-septième siècles, des tremblements de terre ébranlèrent de même les régions situées sur les versants nord et sud des Alpes, sans que ces montagnes servissent de rem-

1. *Les Volcans et les Tremblements de terre.*

part contre la propagation. Il suffit, pour se rendre compte de ces apparentes anomalies, de supposer que le centre d'ébranlement avait pour siège une région souterraine un peu étendue sous le massif même.

La vitesse de propagation, si l'on s'en rapporte aux évaluations des observateurs, varie beaucoup plus qu'il n'y aurait lieu de le croire. Mais, cela n'a rien d'étonnant, quand on songe combien il est difficile de s'assurer que les secousses dont on suit la marche successive appartiennent à un même choc physique, à une même ondulation. Voici quelques nombres relatifs à cet élément de la propagation des tremblements de terre. J. Schmidt, en discutant le peu de renseignements exacts recueillis sur le tremblement de 1755, en a conclu une vitesse de 2425 mètres par seconde, environ les sept dixièmes de celle des vibrations sonores dans la fonte de fer. Le même savant a calculé la vitesse de propagation des ondes sismiques dans la secousse qui a ébranlé le bassin du Rhin en juillet 1846. Le résultat, 447 mètres par seconde, est plus de cinq fois moindre que dans le premier cas, surpassant à peine d'un tiers la vitesse des ondes sonores aériennes. Ch. Sainte-Claire Deville a trouvé que l'onde sismique, dans le tremblement de terre du 8 février 1843, s'est propagée avec des vitesses très différentes, selon les lieux, de 3788 mètres par seconde entre la Pointe-à-Pitre et Cayenne, de 925 et 2566 mètres entre le même point de départ et Sainte-Croix et Saint-Thomas. Ces différences sont si fortes, que notre savant compatriote se hâtait d'ajouter : « Au reste, je n'attribue à ces évaluations qu'une valeur assez médiocre ; car, en supposant même les instants déterminés en chaque point avec toute l'exactitude désirable, comment être sûr que l'on compare bien les phases correspondantes d'un même phénomène, qui à Sainte-Croix a duré *moins d'une demi-minute*, et *une minute trois quarts* à la Dominique, où je me trouvais. » Cette réserve peut s'appliquer, croyons-nous, à la plupart des secousses de tremblement de terre. Toutefois citons encore les calculs de R. Mallet, qui donnent 250 mètres pour la vitesse des ondes du tremblement de terre de la Calabre, ceux de Volger pour celui de Viège en 1855, d'où il résulte que la secousse s'est propagée à raison de 870 mètres par seconde dans la direction de Strasbourg et de 426 mètres seulement du côté de Turin ; citons encore l'évaluation de M. Pissis pour la vitesse de transmission du tremblement de terre du 13 août 1868, transmission qui, à l'ouest, s'est faite sous la mer et dont les effets se manifestèrent sous la forme d'une vague immense tout le long de la côte du Pacifique. Les observations prouvèrent que l'onde s'était propagée sur un espace de plus de 24 degrés. « Si l'on considère Arica, dit ce savant, comme le point de départ des ondes, il en résulte qu'elles se sont transmises en cinq heures de ce point au port de Coral et qu'elles ont parcouru dans ce temps un espace de 2377 kilomètres, ce qui correspond à une vitesse de 474 kilomètres par heure[1]. » Ce nombre équivaut à 132 mètres par seconde seulement; il est, comme on voit, le plus faible de tous ceux que nous avons cités plus haut, étant inférieur aux deux cinquièmes de la vitesse des ondes sonores dans l'air.

§ 2. PHÉNOMÈNES ACCOMPAGNANT LES TREMBLEMENTS DE TERRE; LEURS EFFETS DESTRUCTEURS.

On s'est demandé s'il existe une relation quelconque entre les tremblements de terre et les phénomènes météorologiques, état atmosphérique, pression barométrique, température, électricité de l'air, vent, pluie, etc. On a cru que le calme de l'atmosphère, une chaleur étouffante, un horizon chargé de brumes, un soleil rougeâtre, étaient autant de symptômes avant-coureurs du phénomène. Des saisons plus ou moins irrégulières, des pluies intenses, des coups de vent ont paru à certains observateurs en rapport avec la violence ou la fréquence des ébranlements du sol en certaines contrées. Ce ne

1. *Comptes rendus de l'Académie des sciences pour* 1868, t. II.

sont là, d'après Humboldt et la plupart des savants contemporains, que conjectures erronées, suite d'une induction incomplète. « C'est, dit l'auteur du *Cosmos*, une erreur contre-

Fig. 229. — Ruines de Torre del Greco. Tremblement de terre du 8 décembre 1861 (d'après une photographie).

dite non seulement par ma propre expérience, mais encore par celle de tous les observateurs qui ont passé plusieurs années dans les contrées où, comme à Cumana, à Quito, au Pérou et au Chili, le sol est souvent agité par de violentes secousses. J'ai ressenti des tremblements de terre par un ciel serein comme pendant la pluie, par un frais vent d'est comme par un temps d'orage. En outre, ces phénomènes m'ont paru n'exercer aucune influence sur la marche de l'aiguille aimantée; le jour d'un tremblement de terre, les variations horaires de la déclinaison et la hauteur du baromètre ne présentent aucune anomalie entre les tropiques. » Mais Humboldt ajoute sagement : « Tout en reconnaissant que les tremblements de terre ne sont ni précédés ni annoncés par aucun signe météorologique, même pendant le jour où ils doivent se faire sentir, il ne faudrait cependant pas rejeter avec dédain certaines croyances populaires qui attribuent de l'influence aux saisons (les équinoxes d'automne et de printemps), aux débuts de la saison des pluies, sous les tropiques, après une longue sécheresse, enfin au retour des moussons; il ne faudrait pas, dis-je, les dédaigner, en se fondant sur notre ignorance actuelle des rapports qui peuvent exister entre les phénomènes météorologiques et les phénomènes souterrains[1]. » Du reste, s'il paraît probable que l'état atmosphérique n'est pas troublé à l'avance par les mouvements du sol, il ne serait pas impossible que des modifications de cet état fussent dues aux secousses plus ou moins violentes et prolongées, et que le sol lui-même réagît sur les couches aériennes. C'est ainsi qu'on a constaté de notables variations dans l'électricité de l'atmosphère pendant les secousses qui ont si longtemps agité le sol des vallées piémontaises de Polis et de Clusson[2].

1. *Cosmos*, t. I.

2. On cite plusieurs exemples de tremblements de terre qui ont coïncidé avec des perturbations atmosphériques, avec un abaissement considérable du baromètre, avec de violentes tempêtes. Fuchs mentionne ceux qui ont ébranlé le sol de l'Angleterre en 1795, celui de l'Italie en 1870. Les mois d'été qui précédèrent le tremblement de terre de Lisbonne en 1755 avaient été extrêmement pluvieux; des pluies abondantes accompagnèrent aussi le tremblement de terre de février 1851, en Suisse, dans le Tyrol et une partie de l'Italie. Mais on cite aussi, nous l'avons dit, de nombreux cas où aucun phénomène météorologique remarquable ne précède ou n'accompagne l'ébranlement du sol. Il est donc possible que les exemples dont nous venons de parler ne témoignent que d'une simple coïncidence.

Pendant les forts tremblements de terre, on entend d'ordinaire des bruits sourds, dont l'origine paraît être souterraine. Quelquefois, c'est après l'événement que le bruit se fait entendre. Ainsi, lors du tremblement de terre de Riobamba en 1797, une détonation souterraine formidable se produisit à Quito et Ibarra, mais seulement vingt minutes après la catastrophe : chose curieuse, on n'entendit rien dans des villes plus rapprochées que celles-là du centre d'ébranlement. Un quart d'heure après le tremblement qui détruisit Lima le 28 octobre 1746, on entendit un coup de tonnerre souterrain à Truxillo, sans toutefois ressentir de secousse. De même, en 1827, ce n'est que longtemps après le grand tremblement de terre de la Nouvelle-Grenade qu'on entendit des détonations dans la vallée de Cauca : ces bruits, qui se succédaient toutes les demi-minutes, ne correspondaient à aucune secousse. On explique cette absence de concordance entre les ébranlements du sol et les bruits souterrains, par la différence de vitesse des vibrations du sol qui transmettent le choc et des ondes aériennes qui propagent les bruits. Dans certains cas cependant, c'est par les couches profondes du sol que le son se transmet, et l'on se rend compte ainsi des distances considérables auxquelles il parvient, sans que la secousse elle-même soit transmise.

Les bruits qui accompagnent les tremblements de terre sont de nature très variée : tantôt ils éclatent comme le tonnerre; tantôt c'est un fracas pareil à celui de roches qui se brisent, ou au roulement de chariots; tantôt il semble qu'on entende un cliquetis de chaînes, ou des décharges d'artillerie, ou enfin un sourd bruissement. L'impression que produisent ces détonations souterraines est toujours profonde, même sur les personnes qui habitent des contrées où les tremblements de terre sont fréquents. « On attend avec anxiété, dit Humboldt, ce qui doit suivre ces grondements intérieurs. Tels furent les *bramidos y truenos subterraneos* de Guanaxato, riche et célèbre ville mexicaine, située loin de tous les volcans actifs. Ces bruits commencèrent le 9 janvier 1784, à minuit, et durèrent plus d'un mois. Du 13 au 16 janvier, on eût dit un orage souterrain ; on entendait les éclats secs et brefs de la foudre, alternant avec les longs roulements d'un tonnerre éloigné. Le bruit

Fig. 230. — Ruines à Torre del Greco (8 décembre 1861).

cessa comme il avait commencé, c'est-à-dire graduellement. Il était limité dans un faible espace ; à quelques myriamètres de là, sur un terrain basaltique, on ne l'entendait plus. Presque tous les habitants furent frappés d'épouvante ; ils quittèrent la ville, où de grandes quantités d'argent en barre se trouvaient amassées, et il fallut que les plus courageux revinssent ensuite disputer ces trésors aux brigands qui s'en étaient emparés. Pendant toute la durée de ce phénomène, on ne ressentit aucune secousse, ni à la surface, ni même dans les mines voisines, à 500 mètres de profondeur. Jamais, avant cette époque, on n'avait entendu pareil bruit au Mexique, et jamais il ne s'y est répété depuis[1]. »

Les effets mécaniques des secousses et des ondulations sismiques offrent une variété infinie, aussi bien en raison de la nature du mouvement lui-même ou de la cause qui le détermine, de sa plus ou moins grande intensité, que des mille circonstances dépendant des lieux où ces effets se produisent : nature et structure du sol, disposition des objets, édifices, rochers, arbres, etc. Ici les terres sont soulevées ou affaissées; le sol, sur le passage de l'onde, oscille comme la surface d'une masse liquide agitée par le vent; les constructions humaines, maisons, palais, églises s'écroulent. Là, c'est le terrain lui-même qui se disloque; des fentes s'ouvrent et se referment, engloutissant les objets, les hommes, les animaux qui se trouvaient sur leurs bords au moment de leur formation; des rochers, des falaises s'écroulent, des rivières, dérangées de leur cours, forment des lacs; dans le voisinage des côtes, la mer elle-même est soulevée, et des vagues immenses, couvrant ou découvrant alternativement le rivage, s'élancent jusqu'au milieu des terres, détruisant et entraînant tout dans leurs effrayantes oscillations.

Donnons quelques exemples authentiques de chacune de ces manifestations du fléau.

Les secousses et oscillations du sol sont visibles dans les ébranlements violents. Pendant le tremblement de terre de 1783, le sol de la Calabre ondulait comme la surface d'une mer agitée, et il en résultait pour les habitants un malaise analogue au mal de mer. Ces oscillations avaient une telle ampli-

1. *Cosmos*, t. I

tude, que, d'après les informations prises par Dolomieu, on voyait les arbres s'incliner au point que leur cime arrivait à toucher la terre, puis se redresser après le passage de l'onde. Ce dernier phénomène fut pareillement observé lors du trem-

Fig. 251. — Ruines à Torre del Greco (8 décembre 1861).

blement de terre qui ravagea la vallée du Mississipi en 1811. Nombre d'arbres y périrent, leurs racines ayant été arrachées et brisées par les ondulations qui se succédèrent durant trois mois consécutifs. D'après un récit fait à Lyell par un ingénieur de la Nouvelle-Orléans qui se trouvait à cheval dans les environs de New-Madrid au moment des plus fortes secousses, « les arbres se courbaient à mesure qu'avançaient les ondulations ; et lorsque, l'instant d'après, ils venaient à reprendre leur position naturelle, ils rencontraient souvent d'autres arbres pareillement inclinés, dont ils accrochaient les branches, et qui, par suite, ne pouvaient plus eux-mêmes se redresser. Le passage du mouvement ondulatoire fut marqué dans les bois par l'effroyable craquement d'un nombre considérable de grosses branches, qui se fit entendre successivement de tous les côtés. En même temps, d'énormes jets d'eau mêlée de sable, de boue et de fragments de matière charbonneuse, jaillirent du sol et mirent en danger la vie du cheval et de son cavalier[1]. »

On comprend que des secousses capables de produire de tels effets sur des objets aussi solidement fixés au sol que de grands arbres exercent une action destructive autrement énergique sur tous ceux qui ne se maintiennent en équilibre que dans l'hypothèse d'un repos absolu. S'il fallait décrire ici les innombrables ruines accumulées dans toutes les villes, les villages et bourgades des régions qui ont subi des tremblements de terre d'une certaine violence, des volumes ne suffiraient pas à une telle énumération. Contentons-nous de rappeler les catastrophes de ce genre les plus fameuses dans l'histoire. Dans l'antiquité, plusieurs villes furent détruites par des tremblements de terre : l'an 371 avant notre ère, ce sont Hélice et Bura, deux cités d'Achaïe; sous Néron, l'an 62 de J.-C., Laodicée et Colosses, dans la vallée du Lycus, ainsi que plusieurs villes d'Achaïe et de Macédoine. Sénèque, en rapportant ces catastrophes, paraît croire que les tremblements de terre qui renversèrent ces villes étaient la conséquence naturelle de l'apparition de deux brillantes comètes aux dates qu'on vient de citer[2]. C'est aussi par un tremblement de terre qu'Herculanum et Pompéi furent en partie ruinées en l'an 63, seize ans avant d'être ense-

1. Lyell, *Principes de géologie*, trad. Ginestou, t. II.
2. V. Sénèque, *Quæstiones naturales*, lib. VII, 16 et 18, ou notre ouvrage *Les Comètes*, ch. I, § 2.

velies sous les cendres du Vésuve. « Sous Vespasien, dit Fuchs, trois villes furent détruites dans l'île de Chypre et, en 115, Antioche éprouva le même sort. » En 526, un effroyable tremblement de terre, qui coûta, dit-on, la vie à 120000 personnes, ruina Antioche une seconde fois.

Dans les temps modernes, les événements de ce genre se sont tellement multipliés, qu'on ne peut les citer tous. Conten-

Fig. 232. — Région ébranlée par le tremblement de terre de 1783.

tons-nous de rappeler : Lisbonne ravagée en 1755, tous ses édifices, palais, églises, couvents et le quart de ses maisons en ruines; la Calabre secouée par le grand tremblement de terre de 1783, au point que, sur 375 villes et villages, 55 seulement restèrent debout; Riobamba, en 1797; Caracas, en mars 1812; Bhooj, dans le Kotch (delta de l'Indus), en juin 1819; Valdivia (Chili) détruite par le tremblement de terre de novembre 1837; la Conception, déjà ravagée une première fois en 1751, renversée en février 1835, ainsi que plusieurs autres villes du

Chili, Talcahuano, Chillan, etc. ; la Pointe-à-Pitre, ruinée en février 1843 ; Mendoza, le 20 mars 1861 ; en août 1868, en deux secousses terribles survenues à trois jours d'intervalle le 13 et le 16, Arica, Arequipa, Iquique, Caracas, Cotocachi, Ibarra et trente autres cités plus ou moins importantes du Chili, du Pérou, de l'Équateur, détruites presque toutes de fond en comble ; mêmes désastres, en mai 1877, dans la même région

Fig. 235. — Ruines de la cathédrale de Lisbonne (1755).

si souvent éprouvée du versant occidental des Andes ; et, pour revenir à nos contrées du vieux continent et à quelques années seulement en arrière, Céphalonie, Mételin, puis Chio, et enfin Ischia, ruinées par autant de secousses de tremblements de terre, survenues les deux premières en février et mars 1867, la troisième le 3 avril 1881, et la quatrième, encore présente à toutes les mémoires, dans la nuit du 28 juillet 1883.

Quelques citations sur les plus remarquables de ces destructions suffiront pour montrer quelle faible résistance les constructions humaines peuvent opposer à ces ébranlements dont la durée est cependant si faible, ainsi qu'on l'a vu plus haut. Voici, par exemple, ce que dit Dolomieu de l'état dans lequel il trouva la petite ville de Polistena peu de temps après le tremblement de terre qui ravagea la Calabre et la pointe nord-est de la Sicile, en 1783 : « J'avais vu Messine et Reggio ; je n'y avais pas trouvé une maison qui fût habitable et qui n'eût

Fig. 254. — Tremblement de terre de Lisbonne (1755). Ruines de l'Opéra.

besoin d'être reprise par les fondements ; mais enfin le squelette de ces deux villes subsiste encore ; on voit ce qu'elles ont été. Messine présente encore, à une certaine distance, une image parfaite de son ancienne splendeur. Chacun reconnaît ou sa maison ou le sol sur lequel elle reposait. J'avais vu Tropea et Nicotera, dans lesquelles il y a peu de maisons qui n'aient subi de très grands dommages, et dont plusieurs même se sont entièrement écroulées. Mon imagination n'allait pas au delà des malheurs de ces deux villes. Mais lorsque, placé sur une hauteur, je vis les ruines de Polistena, la première ville de la plaine qui se présenta à moi; lorsque je contemplai des monceaux de pierres, qui n'ont plus aucune forme, et qui ne peuvent pas même donner l'idée de ce qu'était la ville; lorsque je vis que rien n'avait échappé à la destruction, et que tout avait été mis au niveau du sol, j'éprouvai un sentiment de terreur, de pitié, d'effroi qui suspendit pendant quelques moments toutes mes facultés. »

La catastrophe qui ruina Caracas en 1812 est décrite par Lyell en ces deux lignes : « Toute la ville et ses splendides églises furent, en un instant, réduites en un monceau de ruines, sous lesquelles 10000 habitants se trouvèrent ensevelis. » De même, en 1819, « Bhooj, la ville principale de cette contrée (le delta de l'Indus), fut convertie en un amas de ruines, il n'y resta pas pierre sur pierre. »

Nous ne décrirons pas ici les terribles effets du tremblement de terre du 13 et du 16 août 1868, qui détruisit de fond en comble les villes dont nous avons plus haut cité les noms. Cette destruction épouvantable ne fut pas produite seulement par les secousses directes, mais aussi en grande partie par les raz de marée qui en furent la conséquence, et qui entraînèrent et engloutirent toutes les constructions laissées debout par l'ébranlement du sol. Nous aurons plus loin l'occasion d'y revenir.

Quant à la catastrophe d'Ischia, tout le monde en a lu les relations dans les journaux de l'année dernière; tout le monde sait que la ville de Casamicciola et plusieurs villages ont été à peu près entièrement ruinés et des milliers d'habitants ensevelis sous les décombres de leurs maisons et de leurs édifices. Déjà en 1828 un tremblement de terre avait éprouvé cette île charmante, située à l'entrée de la baie de Baïes, en face des Champs Phlégréens, et au centre de laquelle s'élève un volcan, aujourd'hui éteint, le mont Epomeo. Plusieurs autres secousses, survenues en juin 1862, en août 1867, en mars 1881, s'étaient particulièrement fait sentir à Casamicciola, mais sans produire d'aussi terribles effets que la dernière. M. Daubrée, en rapportant les circonstances de cette catastrophe, fait une remarque intéressante sur les conditions de solidité des constructions dans les diverses localités éprouvées. Voici du reste un extrait de la notice du savant géologue :

« La secousse qui plongea dans la désolation cette riante contrée, survint le 29 juillet, à $9^h,25^m$ du soir. Elle fut accompagnée d'un mugissement épouvantable, qui dura, semble-t-il, une vingtaine de secondes.

« Casamicciola, Lacco Ameno, furent comme rasés au niveau du sol, avec un grand nombre de victimes humaines ; Serrara, Fontana et d'autres localités éprouvèrent de moins grands dégâts. La commotion fut ressentie à Ischia sans y produire de dommages. Elle fut sensible aussi à l'île de Procida, et fut indiquée par des sismographes à l'observatoire de Rome. Mais, en résumé, l'ébranlement violent fut très restreint.

« A Casamicciola et à Lacco Ameno, ce fut d'abord, pendant quelques secondes, une trépidation ou un sautillement d'une violence extrême (mouvement *subsultoire*) qui déchiqueta les édifices ; le mouvement ondulatoire en différentes directions qui suivit a fait le reste. Il en fut de même à Forio....

« Les édifices construits sur le trachyte à Lacco Ameno et à Monte-Zale ont souffert incomparablement moins que ceux qui reposent sur le tuf de l'Epomeo et sur les argiles provenant de sa décomposition. Casamicciola était presque entièrement sur ces argiles, et l'on peut dire sans exagération qu'il n'en reste pas pierre sur pierre : il en est de même à Forio, qui était également sur ce tuf. A Lacco toutes les constructions reposant sur le trachyte résistèrent beaucoup mieux. Cette fâcheuse influence d'un sol peu solide a déjà été autrefois l'objet d'observations de M. Robert Mallet. »

Cette dernière remarque du savant académicien nous ramène à une autre classe d'effets mécaniques des tremblements de terre, aux mouvements et accidents qu'ils causent dans le sol lui-même.

§ 3. MOUVEMENTS ET ACCIDENTS DU SOL DUS AUX TREMBLEMENTS DE TERRE.

Au point de vue purement humain, les destructions des villes et villages, ou des autres œuvres de l'homme, les victimes qu'elles font, ont un intérêt qui prime tous les autres. Mais, scientifiquement parlant, les mouvements du sol lui-même, les accidents qui s'y produisent sont des phénomènes qui méritent le plus l'attention.

Un des effets les plus remarquables des vibrations que les secousses sismiques impriment au sol, ce sont les crevasses ou fissures, qui tantôt se referment, tantôt restent béantes. Citons-en quelques exemples. Pendant le violent tremblement de terre qui secoua l'île de la Jamaïque en 1692, des centaines de crevasses s'ouvrirent à la fois, pour se refermer ensuite subitement. Un grand nombre de personnes furent englouties dans ces fissures ou écrasées entre leurs parois; quelques-unes des victimes furent rejetées à la surface en même temps que de l'eau que les crevasses vomirent en abondance. Dans le nord de l'île, la terre s'ouvrit sur un espace assez grand pour que des plantations entières y fussent ensevelies avec leurs habitants; à la place, il se forma un lac de 400 hectares de superficie; ce lac se dessécha par la suite, ne laissant à découvert qu'une plage de gravier et de sable, sans aucune trace des arbres ou des maisons qu'il avait recouverts.

Pendant le tremblement de terre de la Calabre, en 1783, le nombre des fissures du sol fut, dit-on, prodigieux, notamment dans les environs de Polistena. L'une d'elles, que nous reproduisons ici (fig. 235) d'après Lyell, était très longue et très profonde, et, en quelques points, avait subi sur ses parois opposées une altération de niveau très sensible. Près de Jerocarno, les fissures, divergeant d'un point central, présentaient l'apparence d'un carreau de vitre brisé par un projectile (fig. 236). Il est intéressant de savoir comment se formaient, puis disparaissaient ces fentes sous le passage de l'onde sismique. Voici ce qu'en dit Lyell, et la comparaison qu'il donne pour expliquer

Fig. 255. — Fissure près de Polistena (tremblement de terre de 1783).

le phénomène nous semble très exacte : « A mesure que le mouvement ondulatoire, dit-il, s'avançait à la surface du sol, des

Fig. 256. — Fissure étoilée aux environs de Jerocarno (tremblement de terre de 1783).

fentes et des crevasses s'ouvraient et se refermaient alternativement, de sorte que des maisons, du bétail et des hommes s'y trouvaient engloutis en un instant sans qu'il fût possible d'en retrouver le moindre vestige à la surface, lorsque les côtés des fissures étaient ensuite venus à se rapprocher. On conçoit que le même effet aurait lieu, mais sur une petite échelle, si, par suite de quelque force mécanique, un pavé formé de grandes dalles était soulevé, puis abaissé subitement, de manière à reprendre sa première position. Si quelques petits cailloux se trouvaient sur la ligne de contact de deux dalles, ils tomberaient dans l'ouverture quand le pavé s'élèverait et seraient engloutis, de sorte qu'il n'en resterait aucune trace lorsque les dalles s'abaisseraient de nouveau. »

Parfois les fissures sont d'une longueur considérable. Dans le tremblement de terre qui secoua la Nouvelle-Zélande en janvier 1855, il s'en forma une de 45 centimètres de largeur qui se prolongeait sur une longueur de 96 kilomètres.

C'est surtout dans les tremblements de terre à secousses multiples que les accidents de terrain prennent de grandes proportions. Dans celui des Calabres, la secousse première du 5 février 1783 détermina la formation de crevasses et de cavités qui se refermèrent tout d'abord ; mais les violentes commotions de la fin de mars les rouvrirent, les élargirent et les rendirent plus profondes. On en vit qui mesuraient plusieurs kilomètres de longueur sur quelques dizaines de mètres de profondeur et quelquefois de largeur. Près de Plaisano, une fissure profonde de 75 mètres et large de 35 s'étendait sur 7 kilomètres et demi. Le plus souvent allongées en ligne droite, certaines d'entre elles, comme celle de San Angelo (fig. 237), formaient une courbe prononcée.

Indépendamment de ces fentes du sol, dont la formation se comprend parfaitement dans des terrains peu flexibles, cassants ou de structure peu homogène, il se forme parfois, comme cela est arrivé dans la Calabre, des cavités circulaires qui, après la secousse, se trouvent, les unes remplies d'eau, les autres de sable et de gravier. En creusant ces dernières, on reconnut qu'elles se prolongeaient dans la terre en entonnoir. Ces cavités dont le diamètre était, en moyenne, celui d'une roue de voiture, avaient leurs bords étoilés, comme si une rupture brusque

Fig. 237. — Crevasses de San Angelo (tremblement de terre de 1783).

de la croûte du sol avait présidé à leur formation. Étaient-elles produites par un affaissement ou au contraire par un mouvement

Fig. 238. — Cavités de forme circulaire (tremblement de terre de 1783).

ment explosif? C'est ce qu'on ne saurait dire. La soudaine compression de l'eau des sources à l'intérieur du sol et le jaillissement de cette eau au travers des couches supérieures ainsi percées par une pression considérable expliqueraient peut-être le mode de formation de ces singulières cavités. Ce qui rendrait cette hypothèse plausible, c'est le cas suivant, cité par Lyell dans ses *Principes de géologie* : « Dans le voisinage de Seminara, non loin de Polistena, un petit étang circulaire de même nature fut formé subitement, par suite de l'ouverture d'une grande crevasse du fond de laquelle l'eau jaillit. Ce lac fut appelé *Lago del Tolfilo.* Il avait 536 mètres de long, 281 mètres de large et 16 mètres de profondeur. Les habitants, redoutant les miasmes que pouvait occasionner cette masse d'eau stagnante, essayèrent à grands frais de la dessécher à l'aide de canaux; mais ils ne purent y parvenir, parce qu'elle était alimentée par des sources jaillissant du fond de la crevasse. »

Les exemples de masses d'eau jaillissant des crevasses formées par des tremblements de terre ne sont pas rares. Les secousses qui, en 1811, bouleversèrent la vallée du Mississipi, produisirent par centaines des jets qui projetaient le liquide à 20 ou 25 mètres de hauteur. Fuchs fait remarquer que ces éruptions aqueuses se firent dans des terrains meubles, comme sont les couches du diluvium près de New-Madrid, ce qui explique la forme évasée des cavités. En janvier 1837, en Syrie, de profondes fissures se produisirent dans des roches solides, et de nouvelles sources chaudes jaillirent du sol.

Les géologues insistent avec raison sur les changements que les secousses de tremblements de terre doivent amener à la longue dans le relief d'une contrée. Les accidents que nous venons de passer en revue, crevasses, failles ou cavités, sont loin d'être les plus importants. Il faut y joindre les éboulements de terres ou de roches qu'une secousse prépare, que des secousses ultérieures répétées achèvent, les chutes de falaises, et surtout enfin les changements de niveau, affaissements ou soulèvements du sol.

Nous avons déjà vu des exemples de transports d'objets pendant les tremblements de terre. En Calabre, en février 1783, ce sont des masses entières de terrain qui, se détachant des plaines voisines, allèrent se précipiter dans le ravin de Terra Nuova, interceptant le lit de la rivière et donnant naissance à des lacs. Ailleurs, deux portions de terrain sur lesquelles reposaient une partie des constructions de Polistena, furent séparées et transportées en bloc, avec les centaines de maisons qu'elles portaient, à 800 mètres de distance, au fond d'un ravin

Fig. 239. — Glissements de terrain dans la Calabre pendant le tremblement de terre de 1783.

qu'elles coupèrent presque entièrement. Des dislocations semblables se produisirent en nombre d'autres points du territoire de la Calabre, à Soriano, à Seminara, à Mileto, à Cinquefrondi.

Les affaissements ou effondrements du sol dans les tremblements de terre sont surtout fréquents au voisinage des côtes, sans compter les chutes ou éboulements de falaises : le long de la côte de Messine, d'énormes masses détachées des falaises élevées qui la bordent, écrasèrent les jardins et villas qu'elles dominaient ; à Gian Greco, c'est sur une longueur de 1600 mètres que se fit l'éboulement. Mais un des plus extraordinaires effondrements qu'ait enregistrés l'histoire des phénomènes sismiques, est celui du quai de Lisbonne, en 1755. Ce quai, nouvellement construit tout en marbre, était couvert d'une multitude de personnes qui s'y étaient réfugiées, pensant s'y trouver à l'abri de la chute des décombres ; il s'enfonça tout à coup et disparut sous les eaux, sans qu'on vît un seul cadavre des victimes revenir à la surface. Plus tard, on jeta la sonde à la place où le quai avait existé, et l'on y trouva une profondeur de 100 brasses. En 1692, pendant le tremblement de terre qui dévasta la Jamaïque, le port de Port-Royal, capitale de l'île, s'affaissa avec tous les magasins qui bordaient l'un de ses côtés ; après la catastrophe, on aperçut au-dessus des vagues les têtes des mâts de plusieurs vaisseaux échoués dans le port, ainsi que les cheminées des maisons. Autour de la ville, une superficie de terrain de 400 hectares s'enfonça en moins d'une minute après la première secousse, et resta couverte des eaux de la mer. Le tremblement de terre qui détruisit Lima en 1746 convertit en golfe une partie de la côte, près de Callao. Chittagong, ville du Bengale, fut fortement secouée en avril 1762 ; une partie de la côte, dont on évalue la surface à 155 kilomètres carrés, s'affaissa subitement et d'une manière permanente. Le tremblement de terre qui en 1751 fit tant de ravages à Saint-Domingue et détruisit Port-au-Prince, sa capitale, produisit un affaissement de la côte sur 20 lieues de longueur ; il en résulta, dit Lyell, un golfe qui a toujours existé depuis.

Les exemples d'exhaussements du sol occasionnés par les tremblements de terre, bien que rapportés en assez grand nombre dans les relations des savants qui ont étudié la question, ne sont pas considérés par tous comme aussi certains que les affaissements. Lyell cite plusieurs cas de soulèvements occasionnés par des tremblements de terre : en 1855, une portion de terrain de l'île du Nord, dans la Nouvelle-Zélande, d'une étendue de près de 12000 kilomètres carrés, aurait subi un exhaussement permanent de $0^m,3$ à $2^m,7$; les tremblements de terre de 1751, de 1822, de 1835 auraient produit sur la côte du Chili des soulèvements du sol manifestés par diverses sortes de preuves, par exemple, la diminution de profondeur des fonds de mouillage constatée par des marins; le fait que certains cours d'eau navigables auparavant jusqu'à 300 mètres au-dessus de leur embouchure étaient devenus partout guéables après le tremblement de terre; enfin celui de rochers qui, ne découvrant jamais à marée basse, furent découverts ensuite, ne couvrant plus même à marée haute[1]. C'est sur une étendue de plus de 200000 kilomètres carrés qu'aurait eu lieu l'exhaussement dû au seul tremblement de terre de 1822; d'après certains observateurs, c'est à 3200 mètres environ du rivage qu'il aurait atteint son maximum, de $1^m,50$ à $2^m,10$, tandis que sur la côte même il n'aurait été que de $0^m,60$ à $1^m,20$.

Le tremblement de terre qui eut lieu en 1819 dans la région du delta de l'Indus, ébranla le sol sur une vaste étendue de 250000 kilomètres carrés : le Rann de Kotch, vaste région plate, située entre le golfe de ce nom et les bouches de l'Indus, que recouvre une croûte saline pendant la saison sèche et qu'envahissent les eaux de la mer pendant la saison des pluies, s'accrut considérablement alors par l'effondrement du sol dans le voisinage de Lakhpat; le fort de Sindri fut en partie submergé. En revanche, il se forma par voie de soulèvement, au nord de la région déprimée, une sorte de dune de 30 kilomètres de longueur, sur une largeur de plusieurs kilomètres (25 kilomètres en certains points) et sur une hauteur de 3 mètres à 6 mètres. Les indigènes lui donnèrent le nom d'*Allah-bound* (barrage de Dieu), par opposition aux digues élevées par la main des hommes dans le delta de l'Indus.

Pour certains géologues, les soulèvements de ce genre, au lieu d'avoir été provoqués par des secousses de tremblements de terre, c'est-à-dire de s'être produits subitement pendant le

1. Note de M. Dumoulin, *Comptes rendus de l'Académie des sciences pour* 1838, t. II.

phénomène, ne seraient que des exhaussements graduels, insensibles, tels que ceux qui ont été constatés en des régions où les tremblements de terre sont inconnus. Ceux que nous venons de citer ont tous les caractères de l'authenticité; ils s'expliquent aisément d'ailleurs par les dépressions mêmes qui se sont faites en d'autres points et par un mouvement de bascule des couches du sol.

§ 4. LES MOUVEMENTS DE LA MER PENDANT LES TREMBLEMENTS DE TERRE. TREMBLEMENTS DE MER.

Il nous reste, pour terminer cette description des effets mécaniques des ébranlements du sol, à parler des mouvements de la mer qui en sont la conséquence, lorsque la région ébranlée s'étend jusque sous le lit de l'Océan. Les ondulations, en se communiquant des couches solides de l'écorce terrestre aux masses liquides qui les surplombent, donnent lieu à la formation de vagues immenses et, sur les côtes, à des raz de marée, d'une violence incomparablement plus grande que celle des vagues pendant les plus effroyables tempêtes. Si les destructions causées par les secousses directes du sol sont déjà souvent considérables, celles qu'occasionnent les retraites successives et les retours de la mer sur les côtes sont encore infiniment plus grandes. Rien de ce qu'atteint la masse liquide déchaînée n'échappe à la ruine, à l'anéantissement, à la mort. Laissons parler les faits et citons quelques-uns seulement des plus remarquables.

L'exemple le plus ancien de la submersion des côtes par la mer, à la suite d'un tremblement de terre, est celui des villes grecques d'Hélice et de Bura, pendant le quatrième siècle avant notre ère; une vague immense détruisit ces deux villes. En 1538, les secousses qui précédèrent la formation du Monte Nuovo déterminèrent une retraite de la mer, et le rivage de la baie de Baïa fut mis à sec sur une largeur d'au moins 200 pas.

En 1690, pendant le tremblement de terre de Pisco, la mer commença par se retirer à 15 kilomètres de la côte, puis, trois heures après, revint sous la forme d'une vague énorme. Le même phénomène se produisit en 1699 sur la côte de Catane, où le retrait de la masse liquide qui suivit la secousse fut de 4 kilomètres. Mais nulle part ce mouvement des eaux de l'Océan ne fut aussi considérable et aussi terrible dans ses effets que lors des tremblements de terre de Lisbonne en 1755, de la Calabre en 1783, des côtes du Pérou en 1868, et enfin de Java en 1883. Entrons à ce sujet dans quelques détails.

Quelques minutes après la secousse qui fit périr 60000 personnes sous les ruines de l'opulente capitale du Portugal, les eaux de la mer, se retirant d'abord, revinrent bientôt, se précipitant sur le rivage et dépassant de plus de 15 mètres leur niveau moyen. Cette vague énorme se propagea à des distances considérables, balayant d'abord les côtes de Portugal et d'Espagne (à Cadix, elle atteignit 18 mètres de hauteur), celles d'Afrique, puis aborda l'île de Madère deux heures et demie après son apparition à Lisbonne. Là elle dépassa de $4^{m},50$ le niveau des grandes marées, ravagea la ville de Funchal et plusieurs autres ports de l'île. L'onde fut ressentie en Irlande et jusque sur les rives opposées de l'Atlantique ; en effet, dans les petites Antilles, où les oscillations de la marée ne dépassent pas 75 centimètres, le flot s'éleva, noir comme de l'encre, à plus de 7 mètres de hauteur. C'est à son point de départ, à Lisbonne, qu'il causa les plus grands ravages. Les navires ancrés dans le port furent précipités les uns contre les autres ou contre le rivage, brisés et détruits.

La côte voisine de Messine fut inondée par le mouvement de la mer qu'occasionnèrent les secousses de février 1783. Nous empruntons à Lyell le récit de l'épisode suivant de la catastrophe qui causa tant d'autres ruines. Il eut pour théâtre le point de la côte voisin du fameux rocher de Scylla. « Le prince de Scylla avait persuadé à une grande partie de ses vassaux de se réfugier sur leurs bateaux de pêche, et lui-même s'était rendu à bord. La nuit du 5 février, pendant que quelques-uns de ceux qui se trouvaient dans ces bateaux se livraient au sommeil, et que d'autres aussi dormaient sur une plaine unie, légèrement élevée au-dessus de la mer, la terre trembla et soudain une masse énorme se détacha de la montagne voisine de Jaci et tomba sur la plaine avec un bruit effroyable. Immédiatement après, la mer, s'élevant de plus de 6 mètres au-dessus

Fig. 240. — Inondation de la côte de Messine, près du rocher de Scylla (tremblement de terre de 1783).

du niveau de cette terre basse, s'y précipita en écumant, et entraîna tous ceux qui s'y trouvaient. Elle se retira ensuite, mais pour revenir bientôt avec une grande violence, et en ramenant avec elle quelques-uns des individus et des animaux qu'elle avait entraînés. En même temps, tous les bateaux coulèrent à fond ou se brisèrent contre le rivage, et plusieurs d'entre eux furent emportés au loin dans l'intérieur des terres. Le vieux prince et 1430 de ses sujets périrent[1]. »

1. *Principes de Géologie*, t. I.

L'explosion du volcan de Temboro, en 1815, dont nous avons parlé plusieurs fois déjà, causa dans l'île de Sumbawa des ravages que les secousses qui l'accompagnèrent et le raz de marée qui en fut la conséquence, aggravèrent considérablement. La mer s'éleva sur les côtes de Sumbawa et des îles adjacentes et la ville de Temboro fut inondée par une vague énorme; elle empiéta à tel point sur le rivage qu'il resta 5m,50

Fig. 241. — Raz de marée sur la côte de Sumatra. Tremblement de terre de 1861.

d'eau sur des parties qui auparavant étaient à découvert. En rapportant ce fait, Lyell ajoute que la dépression du sol fut sensible. En 1861, Sumatra ressentit, dans sa partie méridionale, un tremblement de terre qui, entre autres phénomènes, fut caractérisé par un soulèvement de la mer dont les effets destructeurs sont relatés en ces termes par un témoin de la catastrophe : « Toute la côte d'Achem a été ravagée par l'invasion subite de la mer, qui, pénétrant dans l'intérieur des terres, a renversé maisons, arbres, récoltes, et emporté en se retirant un grand nombre d'habitants. Aux îles Batoa, la mer, soulevée par une force irrésistible à une grande hauteur, s'est élancée en bouillonnant dans l'intérieur des terres, anéantissant tout ce qui se trouvait sur son passage ; puis, se retirant avec la même rapidité, elle a enlevé sept cents indigènes sur une seule île, ne laissant derrière elle qu'un sol affreusement raviné où l'œil cherche en vain un vestige de la luxuriante végétation qui le couvrait quelques heures auparavant[1]. »

Les retraites et soulèvements de la mer ont été fréquents sur la côte occidentale de l'Amérique du Sud, dans cette région du versant des Andes qui s'étend du Chili à l'isthme de Panama, et où les secousses sismiques rapprochées se produisent si souvent avec violence. Or, de toutes les destructions causées par le fléau, les plus désastreuses proviennent de l'envahissement des eaux de l'Océan. Les constructions, généralement basses et construites en vue de la résistance aux ébranlements, font relativement peu de victimes ; mais toutes les villes situées sur la côte même ont surtout à souffrir des effets des vagues énormes qui les submergent dans les grands tremblements de terre, entraînant ce qu'elles n'ont pas brisé et détruit, noyant les animaux et les hommes, auxquels elles ne laissent pas le temps d'échapper au fléau. C'est ainsi que fut détruit le Callao, port de Lima, en 1724, englouti sous une vague de 27 mètres de hauteur. C'est encore aux raz de marée que tant de villes des côtes de l'Équateur, du Pérou et du Chili durent leur ruine, dans les terribles ébranlements du mois d'août 1868. Un témoin oculaire du désastre qui frappa le port d'Arica, agent de la Compagnie de navigation à vapeur du Pacifique, en rend compte en ces termes : « J'avais à peine atteint les faubourgs de la ville (au travers des ruines causées par les premières secousses), lorsque, jetant un regard en arrière, je vis tous les navires de la baie emportés irrésistiblement au large avec une vitesse apparente de dix milles à l'heure. Quelques minutes après, le flot s'arrêta dans sa retraite. Alors se dressa une im-

1. Cité par MM. Zurcher et Margollé (*Volcans et Tremblements de terre*).

mense lame, peut-être à 50 pieds de haut, qui, retombant de tout son poids avec un formidable mugissement, balaya tout devant sa terrible majesté; tout ce qu'il y avait de navires à flot roula dans ses plis, parfois tournant en cercle et se précipitant vers une ruine inévitable. Dans ce torrent puissant, comme dans une trombe, le môle fut réduit en atomes, et mes bureaux et les bâtiments de la douane et tout ce qui se trouvait dans la rue, emplis comme une écluse écumante, furent engloutis d'une bouchée... L'œil fixé sur la mer, je vis le désastre s'achever. Tous les navires étaient échoués ou la quille en l'air[1]. »

Tous les ports de la côte du Pacifique subirent le sort d'Arica. Iquique fut entièrement rasé par une vague immense. A Caracas toute la population périt, écrasée ou engloutie. Les navires à l'ancre dans la baie furent portés à deux milles de la plage. A Tambo, un prêtre espagnol, comptant sur son pouvoir de thaumaturge, entraîna à sa suite sur la plage une procession de cinq cents personnes, dans l'espoir de calmer la mer par leurs prières : tous furent engloutis par un effroyable raz de marée.

Les vagues produites par le tremblement de terre d'août 1868 se propagèrent à une énorme distance. La côte orientale de la Nouvelle-Zélande ainsi que les îles Chatam furent dévastées par un raz de marée dont on ne pouvait deviner la cause. Trois grandes lames détruisirent toutes les habitations de la côte dans ces îles. Les oscillations de la mer furent sensibles jusqu'en Australie, et l'eau s'éleva et s'abaissa à plusieurs reprises dans le port de Sydney.

L'éruption du Krakatoa, qui a causé dans les régions voisines du détroit de la Sonde de si terribles ravages, a été particulièrement remarquable par la production d'immenses vagues qui se sont propagées à une distance inconnue jusque-là. Toutes les côtes basses du détroit furent submergées, la ville d'Anjer

1. *Année scientifique* de L. Figuier, 13ᵉ année.

complètement détruite, et c'est surtout à leur action qu'il faut attribuer la mort des 35 000 victimes de cette catastrophe. A la vérité, ces ébranlements de la mer, comparables pour leurs effets à ceux des plus violents tremblements de terre, ne seraient pas dus à une cause sismique. Comme nous l'avons déjà dit, la cause de l'onde la plus forte, qui s'est propagée annulairement autour de Krakatoa dans toutes les directions, est probablement l'effondrement du cône volcanique et l'irruption des eaux de la mer dans le vide formé par cet effondrement. Le phénomène, s'il est prouvé, n'en a que plus d'intérêt, parce qu'il prouverait que de tels affaissements subits du sol peuvent donner lieu à des effets en tout semblables à ceux des secousses des tremblements de terre. D'ailleurs les tremblements de terre d'origine volcanique ne diffèrent sans doute du phénomène que nous venons de rappeler, qu'en ce que leurs secousses précèdent l'explosion, au lieu d'en être la conséquence.

Nous n'avons parlé jusqu'ici que des tremblements de terre. Mais, indépendamment des mouvements de la mer qui sont l'effet des vibrations du sol insulaire ou continental transmises aux eaux océaniques, il y a lieu de considérer aussi les tremblements de mer, en entendant par là ceux dont l'origine souterraine est au-dessous même du fond de la mer. On a des exemples de secousses subies en pleine mer par des navires, sans qu'on ait eu connaissance d'ébranlements ressentis par les terres voisines de la région où ce phénomène a été observé. Mais il est probable, ainsi que le fait remarquer Fuchs, que la plupart des tremblements de mer passent inaperçus, en raison de la rapidité avec laquelle le mouvement se divise et s'éteint dans l'eau. « Si les ébranlements partent du lit même de la mer, dit Humboldt, et prennent naissance dans l'empire du grand agitateur de la Terre, Neptune, on peut encore remarquer, alors même qu'ils ne sont pas accompagnés du soulèvement d'une île, telle que l'île éphémère de Sabrina ou Julia, un roulement et un gonflement inusités des vagues, aux lieux mêmes où le navigateur ne ressentirait aucune secousse. Les habitants incultes du Pérou ont souvent appelé mon attention sur des phénomènes de ce genre. Dans le port de Callao et près de l'île de San Lorenzo, située vis-à-vis du port, dans ces parages tranquilles de l'océan Pacifique, j'ai vu, par des nuits dont aucun vent ne troublait le calme, les vagues s'amonceler, pendant quelques heures, à des hauteurs de 10 ou 14 pieds. La supposition qu'un tel phénomène fût la conséquence d'une tempête déchaînée au loin sur la pleine mer n'est pas admissible sous ces latitudes [1]. »

Les secousses ressenties par les navires en mer n'indiquent pas nécessairement que le foyer de l'ébranlement est sous-marin ; elles peuvent être souvent le contre-coup de tremblements de terre, et indiquer seulement que l'ébranlement s'est propagé jusqu'aux régions où l'observation a eu lieu. C'est le cas pour les faits suivants, cités par Lyell dans sa description du tremblement de terre de 1755 : « Le choc, dit-il, fut ressenti en mer, sur le pont d'un vaisseau, à l'ouest de Lisbonne, et produisit, à peu de chose près, la même sensation qu'à terre. En vue de San Lucar, un vaisseau, *le Nancy*, fut si violemment ébranlé, que le capitaine crut avoir touché le fond ; mais, en jetant la sonde, il reconnut au contraire qu'il se trouvait dans une eau très profonde. Par 36° 24′ de latitude nord, le capitaine Clark, venant de Denia, sentit, entre neuf et dix heures du matin, son vaisseau agité et poussé comme s'il eût donné contre un rocher ; la secousse fut si forte, que les écoutilles du pont s'ouvrirent et que la boussole fut renversée dans l'habitacle. Un autre vaisseau, à 40 lieues à l'ouest de Saint-Vincent, éprouva une si violente commotion, que des hommes qui se trouvaient sur le pont furent soulevés de $0^{m},45$. »

Il faut remarquer toutefois que la violence des secousses ressenties par ces quatre navires ne se comprendrait guère, s'il s'agissait simplement du passage de l'onde maritime occasionnée par le tremblement terrestre. Les points qu'ils occu-

1. *Cosmos*, t. IV.

paient en mer ont pu appartenir aussi à la région directement ébranlée. Voici une autre observation, faite le 17 novembre 1865, où il ne paraît pas douteux que le siège de l'ébranlement n'ait été sous-marin, et qu'il ne se soit agi d'un véritable tremblement de mer. Le navire *l'Orient*, capitaine Harris, se trouvait à cette date par 51°44′ de latitude sud et 160°49′ de longitude (E. de Greenwich). Le vent était modéré, le ciel serein, quand le navire éprouva une secousse violente, comme s'il avait effleuré un bas-fond rugueux, dans une eau peu profonde. Cette commotion ne dura pas moins de deux à trois minutes. On jeta la sonde qui indiqua une assez grande profondeur, d'où le capitaine conclut qu'il s'agissait d'une éruption volcanique sous-marine, ou d'un tremblement de mer[1].

§ 5. LES MOUVEMENTS SISMIQUES ÉTUDIÉS SCIENTIFIQUEMENT. — MÉTHODES D'OBSERVATION.

Les récits ou descriptions de tremblements de terre, qu'il s'agisse d'ébranlements d'origine volcanique ou de secousses dont la cause reste problématique ou indéfinie, sont très nombreux. On ne manque pas de documents où sont énumérés les désastres, les victimes, les accidents de toute nature qui ont marqué le passage, souvent si rapide, du fléau. Mais les observations positives, scientifiques, sont rares. Cela tient à la fois au peu de durée, à l'imprévu du phénomène, et aussi, il faut le dire, à l'impression qu'il produit sur nos sens et notre imagination, à l'espèce de paralysie qu'il détermine dans l'intelligence. Humboldt décrit en termes saisissants l'effet tout particulier

1. En septembre 1869, la frégate *la Néréide* éprouva une secousse pareille à celle qui vient d'être décrite. « L'impression causée, disait M. l'enseigne de vaisseau Des Essards, est à peu près la même que celle qu'on ressent en heurtant un bas fond et en continuant à monter dessus. » Le 27 août 1868, le même navire avait rencontré au travers du cap Horn un tel amoncellement d'icebergs, indiquant une débâcle prématurée des glaces du pôle Sud, que l'officier que nous venons de citer crut pouvoir expliquer ce fait anormal, en admettant que le tremblement de terre qui venait de désoler les côtes du Pérou et du Chili, s'était fait sentir jusqu'au pôle Sud, et que les secousses avaient aussi été sous-marines.

que produit sur nous un tremblement de terre, même quand il n'est, dit-il, accompagné d'aucun bruit souterrain. Si c'est le premier dont nous sommes témoin, l'effet est encore plus grand.

« Cette impression ne provient pas, à mon avis, de ce que les images des catastrophes dont l'histoire a conservé le souvenir s'offrent alors en foule à notre imagination. Ce qui nous saisit, c'est que nous perdons tout à coup notre confiance innée dans la stabilité du sol. Dès notre enfance, nous étions habitués au contraste de la mobilité de l'eau avec l'immobilité de la terre. Tous les témoignages de nos sens avaient fortifié notre sécurité. Le sol vient-il à trembler, ce moment suffit pour détruire l'expérience de toute la vie. C'est une puissance inconnue qui se révèle tout à coup ; le calme de la nature n'était qu'une illusion, et nous nous sentons rejetés violemment dans un chaos de forces destructives. Alors chaque bruit, chaque souffle d'air excite l'attention ; on se défie surtout du sol sur lequel on marche. Les animaux, principalement les porcs et les chiens, éprouvent cette angoisse ; les crocodiles de l'Orénoque, d'ordinaire aussi muets que nos petits lézards, fuient le lit ébranlé du fleuve et courent en rugissant vers la forêt[1].

« Un tremblement de terre se présente à l'homme comme un danger indéfinissable, mais partout menaçant. On peut s'éloigner d'un volcan, on peut éviter un torrent de laves, mais quand la terre tremble, où fuir? partout on croit marcher sur un foyer de destruction[2]. »

A moins donc qu'il ne s'agisse de secousses trop faibles pour produire une vive impression sur les témoins du tremblement de terre, on comprend combien il doit être difficile de recueillir des observations assez nettes, assez précises pour servir à ré-

1. Une note lue à l'Académie des sciences par M. F. de Lesseps sur les secousses de tremblements de terre qui ont agité l'isthme de Panama en septembre 1882, renferme ce passage : « L'impressionnabilité des animaux, souvent observée en pareil cas, a pu une fois de plus être constatée ici. Durant la journée qui précéda la secousse, les perroquets, ici très nombreux et toujours très loquaces, devinrent tristes, anxieux et muets. Dès la nuit, les chiens poussaient de longs et plaintifs hurlements ; dans leurs boxes, les chevaux s'agitaient avec inquiétude, comme à l'approche d'un danger. »

2. *Cosmos*, t. I.

soudre les questions que soulève un tel phénomène. Ces questions sont nombreuses et d'une solution difficile. A ne considérer les choses qu'au point de vue purement mécanique, on peut se proposer de déterminer les éléments du mouvement qui constitue la secousse, quel est le point d'application de la force en action ou, si l'on veut, quel est le foyer d'ébranlement, quelle est sa distance au-dessous du sol; dans quel sens et suivant quelle direction s'est effectué le mouvement aux lieux d'observation. Il n'est pas moins important de compter le nombre des secousses, leur intensité relative, leur durée individuelle et celle des intervalles qui les séparent; d'apprécier, d'après les effets observés sur soi-même ou sur les objets environnants, la nature de l'ébranlement, si c'est un choc ou une succession de chocs, une ondulation, un frémissement; de mesurer enfin la vitesse de propagation de l'onde dans les divers sens autour du centre d'ébranlement.

Quelques-uns de ces problèmes ont pu être abordés et résolus, ainsi que nous avons pu le constater dans les paragraphes qui précèdent, au moins approximativement; par exemple, on a mesuré la vitesse de propagation des ondes sismiques, constaté la nature des secousses, leur direction, le sens de la propagation du mouvement. Mais, même sur ces points, il reste encore des incertitudes qui ne pourront disparaître que par l'emploi de méthodes d'observation plus rigoureuses ou d'instruments enregistreurs spéciaux. Entrons à cet égard dans quelques détails.

Voyons, par exemple, comment on peut parvenir à déterminer le foyer ou les foyers d'ébranlement d'un tremblement de terre et la profondeur à laquelle ils se trouvent au-dessous du sol.

Plaçons-nous dans le cas de l'hypothèse la plus simple, celle d'une secousse unique, que nous assimilerons à un choc imprimé à une couche souterraine, de bas en haut et normalement à sa surface inférieure. Nous supposerons que, dans toute l'épaisseur des couches ébranlées, la matière qui les compose soit homogène et douée par conséquent de la même élasticité en tous les points. Le mouvement communiqué dans ce cas par le choc sera de même nature, de même forme que les vibrations sonores dans un milieu solide. Il consistera en une suite d'ondes sphériques ayant pour centre le foyer d'ébranlement et concentriques entre elles, ondes qui se propageront dans le milieu solide homogène avec une vitesse uniforme. Au bout d'un certain temps, qui dépendra du degré d'élasticité des couches traversées, le mouvement atteindra la surface du sol; au point le plus voisin du foyer O d'ébranlement (fig. 242), c'est-à-dire au point situé verticalement au-dessus, en A. En imaginant

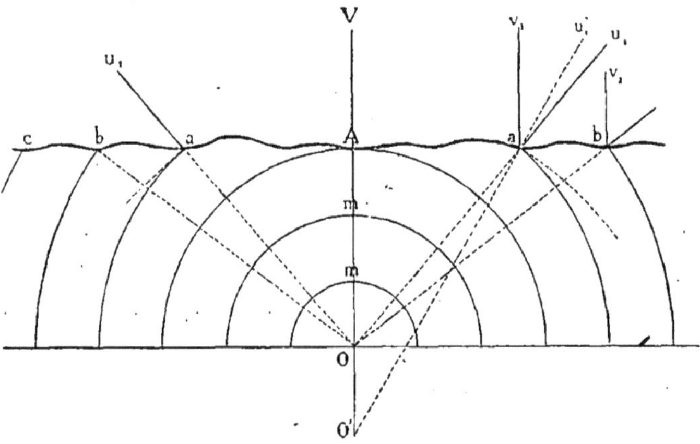

Fig. 242. — Propagation des ondes sismiques. Centre et foyer d'ébranlement.

une coupe verticale du terrain passant par ces deux points, et en figurant par des cercles équidistants *m*, *m* les positions de la surface de l'onde à des intervalles de temps égaux, on se rend compte de la propagation de l'ébranlement à la surface du sol et de ses arrivées successives en des points *a*, *b*, *c*... Les cercles de cette surface ayant le point A pour centre commun se nomment *cercles cosismiques*, parce que tous les points de chacun d'eux doivent recevoir l'ébranlement au même instant. Mais l'intensité de la secousse ressentie va évidemment en diminuant avec les rayons des cercles ou, ce qui revient au même, avec leurs distances au foyer d'ébranlement. Enfin les distances A*a*, *ab*, *bc*, etc., parcourues par l'onde dans son mouvement à la surface du sol vont en diminuant à mesure qu'elle s'éloigne du point A, et comme elles sont parcourues en des temps égaux, il en résulte pour la vitesse de propagation des valeurs décroissantes.

Au centre A, et dans un petit rayon autour de ce centre, la direction de l'impulsion produite par l'arrivée de l'onde sur les objets est celle de la verticale; ces objets sont secoués de haut en bas, comme s'ils avaient reçu directement le choc; c'est pour cette raison qu'on donne le nom de *verticale sismique* à la verticale du centre d'ébranlement. Mais, à mesure qu'on s'éloigne de ce centre, la surface de l'onde fait des angles de plus en plus grands avec la surface du sol; les normales Oau_1, Obu_2, etc., font également des angles croissants avec la verticale et par suite les mouvements des corps projetés par la secousse doivent devenir de plus en plus obliques, de plus en plus rapprochés de l'horizontale. Sur un même cercle cosismique, la direction des secousses sera également inclinée sur l'horizon, et toutes leurs projections convergeront vers une même région de la surface ébranlée, vers le point A. Enfin si ces secousses agissent sur un plan vertical, sur le mur d'un édifice par exemple, de manière à y produire des fentes ou lézardes, ces fentes formeront des angles droits avec la ligne de direction ou avec la normale à l'onde sismique.

Ces considérations élémentaires ne sont applicables, il est vrai, qu'au cas idéal dans lequel nous nous sommes placé; en réalité, elles seront plus ou moins compliquées, selon que les conditions naturelles s'éloigneront plus de l'hypothèse. Elles suffiront néanmoins, croyons-nous, pour faire comprendre la possibilité de résoudre diverses questions, et notamment celle que nous avons posée plus haut, c'est-à-dire la recherche du foyer d'ébranlement d'un tremblement de terre, si l'on a pu recueillir un nombre suffisant de données.

Supposons d'abord qu'on ait pu noter, avec une suffisante exactitude, l'heure à laquelle s'est produite, par exemple, la première secousse du tremblement de terre en un certain nombre d'endroits. Tous les points où cette secousse se sera produite sensiblement à la même heure appartiendront, ou peu s'en faut, au même cercle ou à la même courbe cosismique. Dès lors, si, sur la carte de la région ébranlée, on réunit ces points par une courbe continue, les normales à cette courbe convergeront vers le centre d'ébranlement ou circonscriront une région qui le contient. Avec un nombre suffisant de données de ce genre, on pourra donc déterminer la position de ce centre, qui le plus souvent n'est pas un point unique, mais une ligne, une surface dont la forme et l'étendue sont approximativement indiquées par celles des courbes cosismiques. Dans la pratique, cette méthode est sujette à des difficultés. L'une d'elles consiste dans la comparaison des heures des observations, dans la réduction au temps moyen du lieu des indications données par des montres et des pendules mal réglées. Il est difficile en outre de savoir si c'est la même secousse qui a été ressentie partout; cela est infiniment probable toutefois quand il s'agit d'un tremblement de terre à secousse unique, ou que le nombre limité des secousses a été le même dans toutes les stations, ou enfin que leurs intervalles ont été bien notés.

A défaut de l'heure, on peut trouver le centre d'ébranlement par la comparaison des intensités de la secousse, lesquelles se mesurent généralement par leurs effets. Les ondes paraissent se propager à la surface de la terre comme si elles émanaient du point A de cette surface. Là, leur intensité est maxima, et elle va en décroissant, de manière à rester toujours égale aux différents points d'une même courbe cosismique. Si donc on réunit par une ligne continue tous les points où la secousse ressentie a été partout d'égale force, on aura autant de courbes de ce genre qu'on pourra combiner de séries d'observations semblables, et l'on en conclura, comme par la méthode précédente, la position, la forme et l'étendue de la région qui circonscrit le centre d'ébranlement. Mais comment comparer les intensités d'une même secousse en divers lieux? En l'absence d'instruments spéciaux capables d'enregistrer ces intensités, on compare les effets extérieurs de la secousse. Par exemple, comme le recommande M. Albert Heim, on place sur une même ligne tous les points où les murs maçonnés ont été renversés ou fendus, sur une seconde ligne ceux où des meubles ont été déplacés, sur une troisième ligne enfin ceux où la secousse a été simplement perçue. Ou bien encore, on recherche les points où la secousse a présenté le caractère d'une commotion et ceux où l'on a constaté un mouvement ondulatoire; ou enfin les points où une, deux ou trois secousses distinctes ont été perçues.

Enfin, on peut encore obtenir la position du centre d'ébranlement par l'étude des directions suivant lesquelles les secousses se sont effectuées. La chute des corps situés dans une position élevée, tels que les parties supérieures des édifices, les clochers des églises, les cheminées des maisons, suffit ordinairement pour renseigner sur cette direction, soit qu'elle ait lieu en arrière par suite de l'inertie du corps, soit, ce qui est plus rare mais arrive quelquefois, qu'elle ait lieu en avant. En relevant en plusieurs endroits différents l'angle de cette direction avec la méridienne du lieu, on pourra tracer sur la carte des lignes dont la convergence indiquera le centre d'ébranlement. Mais il y aura, dans tous les cas, à examiner avec soin les conditions dans lesquelles se trouvaient les objets au moment de leur chute, sans quoi on pourrait être induit en erreur. Un fait cité par Fuchs montre quelle est l'influence de certaines dispositions des objets sur la direction de leur chute et par suite sur l'apparente direction du mouvement sismique. Pendant le tremblement de terre qui se fit sentir à Majorque, en 1851, « il y avait dans l'arsenal des séries de fusils appuyés contre les murailles; au début du tremblement de terre, qui se dirigeait de l'ouest à l'est, les fusils appuyés contre le mur oriental de l'édifice restèrent debout, tandis que ceux qui se trouvaient à l'ouest furent tous couchés très régulièrement à terre, la bouche du canon tournée à l'est. Les fusils appuyés contre les murailles nord et sud furent aussi renversés, mais irrégulièrement, et s'entassèrent en s'entrecroisant dans tous les sens[1]. »

Dans tout ce qui précède, il n'a été question que du centre d'ébranlement, c'est-à-dire du point de la surface du sol d'où semblent partir les ondes sismiques en rayonnant dans tous les sens. Il serait plus important encore de déterminer le véritable foyer du mouvement, situé verticalement au-dessous du premier à une profondeur inconnue. On peut résoudre cette question intéressante de plusieurs manières, toujours dans l'hypothèse idéale où nous nous sommes placé, sauf à modifier la solution en discutant les conditions réelles des phénomènes observés.

En se reportant à la figure 242, on voit que la profondeur inconnue du foyer O d'ébranlement est un côté commun des triangles rectangles A0*a*, A0*b*, etc. Les côtés A*a*, A*b* sont des distances ou longueurs connues, si l'on a commencé par déterminer la position du centre sismique A. Les deux hypoténuses O*a*, O*b* sont inconnues; mais, dans l'hypothèse de la vitesse uniforme de la propagation des ondes, on connaît leur rapport, puisqu'on a noté les heures où la secousse s'est fait sentir en *a* et *b*. On peut donc calculer aisément la longueur AO[2]. Il y a une seconde solution, indiquée par Robert Mallet. Elle exige que l'on connaisse la direction vraie du mouvement ondulatoire en *a*, c'est-à-dire l'angle formé par la ligne O*a* avec l'horizon ou avec sa projection horizontale A*a*. Voici comment on peut y parvenir.

1. *Les Volcans et les Tremblements de terre.*

2. Si l'on nomme a, b les distances des points a, b au centre A, z et z' les lignes Oa, Ob, t et t' les intervalles de temps qui séparent le moment de la secousse en A et les instants où l'ondulation s'est fait sentir en a, puis en b, et enfin x la profondeur cherchée du foyer d'ébranlement ; on aura aisément les quatre relations suivantes entre les inconnues du problème, x, z, z' et T, T étant le temps que met l'onde à parcourir l'intervalle OA :

$$\frac{z}{x}=\frac{T+t}{T}; \quad \frac{z'}{x}=\frac{T+t'}{T}; \quad x^2=z^2-a^2; \quad x^2=z'^2-b^2.$$

Une élimination facile donnera x.

Supposons en *m* (fig. 243), lieu où s'est produite la secousse, un mur *abcd* vertical et rectangulaire, placé sur le passage de l'onde, laquelle émerge suivant la direction *m*U. Le choc tendra à produire des fissures telles que *mm*, *nn*, à angle droit avec la direction d'émergence. Connaissant ainsi l'inclinaison de OU avec l'horizon, c'est-à-dire l'angle d'émergence, par l'inclinaison des fissures mêmes, il suffira, pour trouver la position du foyer, de construire un triangle rectangle dont un côté A*m* et un angle A*m*O sont connus, problème graphique ou trigonométrique des plus simples[1].

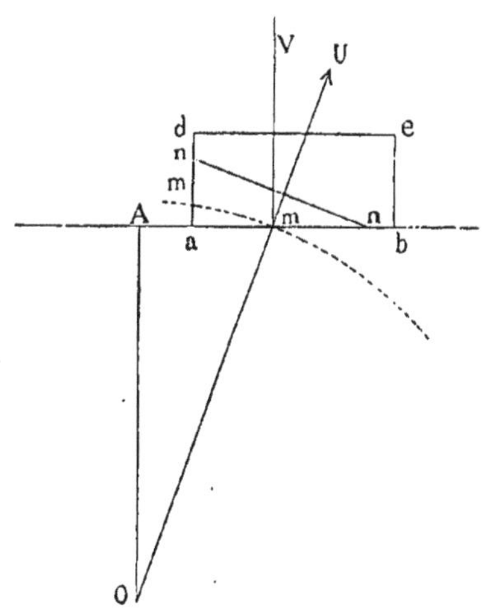

Fig. 243. — Détermination du foyer d'ébranlement par la direction des fissures d'un mur vertical.

R. Mallet a appliqué la méthode qu'il a proposée au tremblement de terre de 1857, et il en a conclu que le foyer d'ébranlement n'était pas situé, dans ce cas, à plus de 11 200 à 12 800 mètres de profondeur, soit à 12 kilomètres. En rapportant cette mesure, Lyell ajoute les considérations suivantes, qui conservent encore aujourd'hui toute leur justesse et tout leur à-propos. « Cette évaluation, dit-il, bien qu'on ne doive la considérer que comme une approximation grossière de la vérité, offre un intérêt considérable, en ce sens que de pareilles investigations répétées pourront conduire plus tard à des résultats plus certains, surtout lorsque les observations relatives au temps, à la direction et à l'intensité des secousses auront été faites, au moment de la convulsion, avec tout le soin

1. On a supposé ici le mur situé dans le plan vertical qui passe par le centre A. S'il n'en est pas ainsi, le problème, pour être un peu moins simple, n'est pas d'une solution plus difficile.

que comportent les recherches scientifiques. Des observations de ce genre demandent le secours d'instruments fort délicats ; et le problème, excessivement compliqué, l'est bien plus que ne pourrait le supposer le lecteur, d'après la simple explication que nous venons de donner[1]. Je ferai observer en effet que le choc qui produit la vibration ou l'onde de tremblement de terre ne donne pas naissance à un seul mouvement, comme nous l'avions supposé, mais à deux, l'un longitudinal et l'autre transversal. Au début des convulsions, ce second mouvement suit presque instantanément le premier, avec lequel il fait des angles droits ; mais comme cette dernière vibration se propage un peu plus lentement que la première, elle n'arrive à la surface, si la distance à parcourir est considérable, qu'après un certain intervalle de temps, et cause souvent aux édifices de plus grands dommages que celle qui l'a précédée. Le rapport très étudié de M. Hopkins montrera aussi que, lorsqu'une ondulation traverse des roches de densité et d'élasticité différentes, elle change, jusqu'à un certain point, non seulement de vitesse, mais encore de direction, se trouvant à la fois réfractée et réfléchie d'une manière analogue à celle du rayon lumineux qui passe d'un milieu d'une certaine densité dans un autre d'une densité différente. Quand la secousse traverse, dans la couche terrestre, une épaisseur de plusieurs kilomètres, elle rencontre nécessairement des roches d'une grande variété, ainsi que des fentes et des failles qui viennent contrarier plus ou moins la marche du mouvement vibratoire. De même, la fracture des murs d'un édifice est considérablement modifiée par la nature des matériaux qui le composent, et par la cohésion plus ou moins forte du mortier qui cimente entre elles les pierres et les briques. On doit donc tenir compte à M. Mallet de l'incertitude des données dont il disposait lorsqu'il essaya d'estimer la profondeur au-dessous de la surface à laquelle le choc de 1857 prit son origine ; et, quant à celle d'où émanèrent

1. Nous prenons la liberté d'appliquer cette dernière remarque du savant géologue anglais à l'exposé très élémentaire qui précède.

les mouvements de 1783, il nous est bien plus difficile de former à son égard la moindre conjecture vraisemblable. Il est toutefois un principe d'intérêt général que M. Mallet déduit de tous les faits connus jusqu'à ce jour relativement aux tremblements de terre, et qu'il formule ainsi : c'est que les points souterrains où les chocs prennent naissance ne sont jamais situés très profondément, et que leur distance de la surface n'excède jamais trente milles géographiques (223 kilomètres?) ; conclusion fort importante, et qu'il serait à désirer de voir plus tard confirmée par l'observation et par la théorie[1]. »

Les tremblements de terre se propagent dans tous les terrains. Ainsi que le remarque Humboldt, ils se produisent aussi bien dans le granit que dans le micaschite, dans le calcaire que dans le grès, dans le trachyte que dans l'amygdaloïde : on a ressenti des secousses dans les terrains d'alluvion si meubles de la Hollande, vers Middelbourg et Flessing. Seulement, comme les nombres déjà cités plus haut l'ont montré, la vitesse de la propagation varie entre de grandes limites, non selon la constitution chimique des roches traversées par les ondes, mais selon leur structure mécanique et aussi en raison des accidents de toute nature qui se présentent à l'intérieur des couches. Parfois l'onde s'interrompt en un point pour reparaître au delà, comme si un obstacle l'avait forcée à quitter la surface pour continuer son chemin à une plus grande profondeur. Ces interruptions se présentent surtout quand les ondes sismiques se propagent le long d'une côte ou suivent la direction d'une chaîne de montagnes. Les habitants du Pérou disent de ces points singuliers qu'ils forment un pont : « *Tocas que hacen puente.* » « Ces interruptions toutes locales des ébranlements transmis par les couches *supérieures* ont peut-être quelque analogie, dit à ce sujet l'auteur du *Cosmos*, avec un phénomène remarquable qui s'est présenté au commencement de ce siècle dans les mines de Saxe : de fortes secousses se firent

1. Lyell, *Principes de Géologie*, t. II.

sentir avec tant de violence dans les mines d'argent de Marienberg, que les ouvriers effrayés se hâtèrent de remonter : sur le sol même on n'avait éprouvé aucune secousse. Voici maintenant un phénomène inverse : En novembre 1823, les mineurs de Falun et de Persberg n'éprouvaient aucune secousse au moment même où, au-dessus de leurs têtes, un violent tremblement de terre jetait l'effroi parmi les habitants de la surface. Le fait de secousses ressenties à la surface, sans qu'elles aient atteint les couches plus profondes, a été constaté à plusieurs reprises. En voici un autre exemple : En mars 1872, le district minier de Lone-Pine, au sud-est de la Californie, fut ravagé par un violent tremblement de terre. De deux heures et demie du matin jusqu'au jour, on ne compta pas moins de 300 secousses. La ville de Lone-Pine fut entièrement ruinée; pas une maison ne resta debout. Or les ouvriers qui travaillaient dans les mines ne ressentirent aucune des secousses, pas même les plus violentes. Quelles barrières s'opposent au mouvement de propagation dans tel ou tel sens, soit de bas en haut, soit de haut en bas? pourquoi certaines contrées qui paraissaient indemnes, sont-elles devenues le siège d'ébranlements plus ou moins fréquents, après une secousse d'une certaine violence? pourquoi l'aire d'ébranlement de certains centres sismiques semble-t-elle s'agrandir[1]? Ce sont là des questions encore bien obscures.

Dans cet ordre d'idées, des expériences du genre de celle que R. Mallet entreprit, il y a déjà vingt-deux ans, sur la vitesse de propagation des ondes sismiques dans des sols de diverses natures, auraient besoin d'être répétées dans des conditions variées. Ayant eu à faire sauter des quartiers de roche dans les carrières d'Holyhead, ce savant ingénieur mesura la vitesse

1. « Depuis la destruction de Cumana (4 septembre 1797), et seulement depuis cette époque, la presqu'île de Maniquarez, située en face des collines calcaires du continent, éprouve, dans ses couches de micaschiste, toutes les secousses de la côte méridionale. Les secousses qui agitèrent presque sans interruption, de 1811 à 1813, le sol des vallées du Mississipi, de l'Arkansas et de l'Ohio, allaient en gagnant vers le nord d'une manière frappante. On dirait des obstacles souterrains successivement renversés; dès que la voie est libre, le mouvement ondulatoire s'y propage chaque fois qu'il se produit. » (*Cosmos*, t. I.)

avec laquelle les secousses provoquées par l'explosion de milliers de kilogrammes de poudre se propageaient dans différentes roches. De 250 à 300 mètres par seconde dans le sable humide, de 400 mètres environ dans le granit friable, cette vitesse monta jusqu'à près de 600 mètres dans le granit compact. Elle varia aussi avec l'intensité de l'explosion ou avec la charge de poudre, de 450 mètres quand cette charge était de 1000 kilogrammes, de près de 600 mètres pour une charge cinq fois et demie plus forte. La violence des vibrations, dans ces expériences intéressantes, était tout à fait comparable aux effets des secousses de tremblements de terre.

§ 6. APPAREILS AVERTISSEURS ET INDICATEURS DES TREMBLEMENTS DE TERRE. LES SISMOGRAPHES OU SISMOMÈTRES.

On vient de voir quelles difficultés présente l'observation scientifique ou méthodique des phénomènes des tremblements de terre. Elles tiennent en grande partie, quand il s'agit d'une secousse violente, à l'impossibilité presque absolue où se trouve l'observateur de garder le sang-froid nécessaire. Si la secousse est assez faible pour n'inspirer aucune crainte, assez forte toutefois pour être facilement appréciable, la difficulté disparaît; mais elle se reproduit en sens inverse, quand il ne s'agit que d'oscillations imperceptibles, de frémissements du sol que l'on confond aisément quand on arrive à les percevoir avec mille autres causes de trouble. On comprend donc qu'on ait cherché à suppléer à cette insuffisance par l'invention de procédés mécaniques ou d'appareils spéciaux. On donne le nom de *sismomètre* ou de *sismographe* à tout appareil capable de renseigner sur les divers éléments d'un tremblement de terre, d'avertir du moment de la production d'une secousse, de noter le sens, la direction, suivant laquelle elle s'effectue, d'enregistrer l'heure où elle a commencé, celle où elle a cessé et par conséquent sa durée; de mesurer, s'il est possible, son intensité, etc. En fait de sismographe, on s'est d'abord contenté d'examiner le mouvement de l'eau dans un vase. On saupoudrait de son la surface du liquide. Lorsque, par l'effet d'une secousse, même très légère, l'eau oscille dans le vase, elle laisse, fixées contre les parois, et dans la direction du mouvement, des parcelles de son qui indiquent ensuite, par leur position même, l'orientation de la secousse, et, par la hauteur à laquelle elles se sont élevées, son intensité approchée. Ou bien encore, on a adopté un pendule, formé par un poids terminé par une fine pointe métallique, suspendu par un long fil au-dessus d'une surface plane formée de sable très fin. La pointe, étant en contact avec le sable, trace sur sa surface, quand une oscillation la fait mouvoir, un léger sillon dont la direction marque l'orientation de la secousse.

Ces appareils ont un mérite, celui de la simplicité. Mais, outre que leurs indications sont bien fugitives, elles ne donnent, on le voit, que des renseignements fort incomplets. En faisant intervenir un agent d'une grande sensibilité, l'électricité, on a imaginé des appareils plus précis, plus délicats et plus complets à la fois, tels que le *sismographe électromagnétique*, que M. Palmieri a installé dans son précieux observatoire du Vésuve. Essayons de faire comprendre en quoi consiste cet appareil ingénieux.

Le sismographe Palmieri se compose de deux parties distinctes : l'une joue le rôle de moteur ou de *transmetteur;* c'est celle qui reçoit et transmet les mouvements sismiques, verticaux ou horizontaux, chocs ou ondulations ; la seconde, l'*enregistreur*, marque les instants précis du commencement et de la fin du phénomène, et comme elle est commune aux secousses verticales et aux secousses horizontales, nous allons la décrire la première[1].

1. Les Chinois, qui semblent avoir devancé en tout la civilisation occidentale, pour rester, sinon en tout, du moins en ce qui concerne les sciences, dans la période d'enfance, avaient imaginé un sismographe il y a quelque dix-sept cents ans. Voici ce qu'en dit le journal anglais *Nature*, cité par la *Revue scientifique :* « Cet instrument, inventé en l'année 136 de notre ère par un nommé Chioko, se compose d'une sphère creuse en cuivre surmontée d'un

Elle comprend deux horloges distinctes, marquant toutes les deux, outre les jours du mois, les heures, minutes et secondes. L'une d'elles est toujours en marche ; elle sert à indiquer, par son arrêt, le commencement du tremblement de terre. Au moment où la secousse se produit, l'armature d'un électro-aimant, en relation avec l'appareil transmetteur, met en mouvement un bras de levier qui agit sur le pendule de l'horloge et l'arrête, et en même temps la sonnerie d'un timbre se fait entendre, de sorte que l'observateur se trouve averti. En s'arrêtant, la première horloge, par un mouvement de déclanchement, met la seconde en marche ; de plus, une bande de papier se déroule avec la vitesse uniforme de 1 centimètre par seconde, devant les pointes de deux crayons de couleurs différentes. L'un de ces crayons est fixé à l'armature d'un électro-aimant relié au mécanisme du transmetteur chargé de l'indication des secousses verticales ; l'autre crayon marque les secousses horizontales ou ondulatoires. Selon que l'un ou l'autre de ces mouvements sismiques se produit, l'électro-aimant qui lui correspond est animé par un courant ; alors son armature fait appuyer le crayon sur la bande de papier, où il trace un trait dont la longueur est proportionnelle à la durée de la secousse. Suivant que le trait marqué est rouge ou noir, par exemple, on sait quelle a été la nature de l'ébranlement qui s'est produit ; sa longueur marque, en centimètres, le nombre des secondes de sa durée ; les points où se sont arrêtées les aiguilles de la première horloge in-

goulot, et dont la forme générale ressemble à une bouteille de vin. A l'extérieur, elle est ornée de caractères anciens et de figures d'animaux. A l'intérieur, elle renferme une tige placée de façon qu'elle peut se mouvoir dans huit directions différentes. Sur le pourtour extérieur se trouvent huit têtes de dragon contenant chacune une boule, et au-dessous une grenouille, la bouche ouverte. Quand une secousse de tremblement de terre se produit, la tige tombe dans une des huit directions et chasse la boule qui tombe dans la bouche de la grenouille correspondante. On peut ainsi déterminer l'orientation de la secousse. C'est le même principe que celui de nos tout modernes sismomètres, et il ne faut pas oublier que les Chinois ont établi un bureau sismologique muni de ces appareils, il y a dix-huit cents ans, à une époque où l'Amérique était inconnue et la moitié de l'Europe actuelle à l'état sauvage. » Oui, mais depuis dix-huit cents ans les Chinois n'ont pas fait faire un pas à la question, de même que, inventeurs de la boussole, ils en sont restés, en fait de magnétisme terrestre, à leurs chars indicateurs du sud.

diquent l'heure précise où le tremblement de terre a commencé. Comme d'ailleurs la seconde horloge continue sa marche après la première secousse pendant un temps suffisamment long, une heure par exemple, la bande de papier continue à se dérouler, prête à enregistrer, sous la pression de l'un ou l'autre des crayons, les secousses suivantes, s'il y en a.

Il nous reste à décrire les appareils moteurs ou avertisseurs, et la façon dont ils reçoivent et transmettent les mouvements sismiques.

Celui qui est chargé de l'indication des mouvements verticaux, se compose d'une hélice métallique, en fil de laiton par exemple, suspendue à l'extrémité d'un ressort. Cette hélice porte, à son extrémité inférieure, un cône de cuivre ou de platine dont la pointe vient affleurer, sans la toucher[1], la surface d'un bain de mercure contenu dans une petite cuvette en fer. Dès qu'une secousse verticale se produit, la surface du mercure et le point de suspension de l'hélice sont également soulevés ou abaissés, et la distance de la pointe du cône au mercure resterait invariable, s'il s'agissait d'un pendule rigide ; mais l'élasticité du ressort et de l'hélice fait osciller celle-ci, et la pointe de platine arrive au contact du mercure. Ce contact ferme le circuit d'une pile qui anime l'électro-aimant correspondant, et détermine les mouvements que nous avons décrits plus haut en parlant de l'enregistreur du sismographe.

Pour indiquer et enregistrer les secousses horizontales, on emploie un système de quatre tubes de verre recourbés en U, renfermant du mercure, disposés d'une façon indépendante dans les quatre plans principaux d'orientation : nord-sud, est-ouest, nord-ouest—sud-est, et nord-est—sud-ouest. Tout mouvement ondulatoire qui se produira dans l'une ou l'autre de ces directions, déterminera une oscillation du mercure dans le tube correspondant. Dans l'une des branches verticales de

1. Pour rendre constante cette distance très petite (1 à 2 millimètres), M. Palmieri a adopté un système de compensation propre à annuler les effets de la température, système imaginé par M. du Moncel pour son régulateur électrosolaire.

chaque tube, un fil de fer plonge dans le mercure, et, dans l'autre, l'extrémité d'un fil de platine est disposée à une très petite distance de la surface du liquide, de sorte que la plus faible oscillation produit le contact du mercure et du platine. Ce contact ferme le circuit de la pile ; le courant anime l'électro-aimant qui, comme nous l'avons vu, arrête l'une des horloges, met l'autre en marche et fait tracer au crayon noir le trait indiquant qu'une secousse sismique horizontale s'est produite. Il reste à en marquer la direction. C'est ce qu'on obtient au moyen d'un mécanisme fort simple, analogue à celui du baromètre à cadran. Un petit flotteur d'ivoire est supporté par le mercure du tube et son fil de suspension enroulé à une poulie au centre de laquelle est fixée l'aiguille d'un cadran. Un contrepoids un peu plus pesant que le flotteur empêche l'index, quand une secousse l'a fait déplacer, de revenir au zéro de la graduation du cadran. L'amplitude de l'arc parcouru permet jusqu'à un certain point d'apprécier l'amplitude ou l'intensité de l'oscillation. La direction de l'ondulation ne se produit pas nécessairement dans l'un des quatre azimuts où les tubes de l'appareil sont disposés. Mais si elle est intermédiaire à deux d'entre eux, il est clair qu'elle affectera simultanément chacun d'eux, quoique d'une façon moins marquée. Dans ce cas, les aiguilles de deux cadrans se déplaceront en même temps et l'on saura dans quel angle l'ondulation s'est produite.

Le sismographe de M. Palmieri fonctionne depuis 1856 à l'Observatoire du Vésuve, où il enregistre les plus faibles trépidations du sol si souvent agité du célèbre volcan. Un autre sismographe est installé à l'Université de Naples. Bien que placés à une aussi courte distance, les deux appareils ne donnent pas toujours les mêmes indications, ainsi que le prouvent les lignes suivantes, écrites par le savant directeur de l'Observatoire du Vésuve : « Les indications du sismographe précèdent de quelques jours les secousses éloignées, et quand celles-ci surviennent, il reste presque toujours tranquille : il est même arrivé plusieurs fois que des secousses survenues en Basilicate ou en Calabre se sont propagées jusqu'à Naples, de façon à être non seulement enregistrées par le sismographe de l'observatoire de l'Université, mais à être généralement senties, sans que le sismographe de l'observatoire du Vésuve s'en soit

Fig. 244. — Observatoire météorologique et sismologique du Vésuve, sous la direction de M. Palmieri.

ressenti le moins du monde. Plusieurs ont cru que les grandes et nombreuses cavités souterraines avaient la propriété d'affaiblir les secousses, et l'on raconte que Pozzuoli a pris son nom des puits nombreux qui furent autrefois creusés comme remède contre les tremblements de terre : serait-ce là par hasard la raison pour laquelle le Vésuve, si sujet à être agité par le feu qui couve dans son sein, est peu propre à transmettre les secousses venant d'un centre éloigné[1] ? »

M. Malvasia, de Bologne, a imaginé un sismographe avertisseur annonçant les secousses par la chute d'une boule métallique qui pénètre dans un tube, puis agit sur la détente d'une arme à feu ou encore arrête le mouvement d'une pendule. Cette boule est maintenue en équilibre instable, sur la pointe que porte le sommet d'une calotte hémisphérique, à huit cannelures, orientées selon les points cardinaux. Quand une secousse se produit dans le sens d'une de ces huit directions, l'équilibre est rompu ; la boule que maintenait légèrement la pointe d'un cône suspendu au-dessus, s'échappe, suit la cannelure correspondante et tombe sur un plan incliné, pour se rendre au point le plus bas dans l'ouverture du tube dont nous venons de parler. Il y a, comme on voit, une certaine analogie entre ce sismographe et celui qu'avaient inventé les Chinois du deuxième siècle.

Un autre savant italien, M. Mansini, a inventé un avertisseur sismographique, où c'est aussi la chute d'une boule qui marque les secousses, mais seulement les secousses verticales.

Enfin nous décrirons encore le sismographe qui fonctionne à l'observatoire météorologique de Velletri et dans plusieurs autres villes d'Italie. Il a été imaginé par le savant directeur de cet observatoire, M. J. Galli. Voici en quelques lignes le principe et la disposition de ce sismographe.

Les secousses sismiques verticales y sont enregistrées par l'intermédiaire d'une hélice suspendue à un ressort et terminée par un poids, comme dans l'appareil Palmieri : les oscillations de l'hélice sont transmises, par un levier articulé très léger, à une fine aiguille suspendue elle-même, par un cheveu, à l'extrémité du levier. La pointe de l'aiguille, mise en mouvement par une secousse, trace sur une feuille de papier noirci

1. Cité par M. A. de Vaulabelle dans son intéressant ouvrage *Physique du globe et Météorologie populaire.*

des lignes blanches dont les dimensions sont proportionnelles à l'amplitude des oscillations ou à l'intensité de l'ébranlement.

Quant aux ondulations dans le sens horizontal, elles communiquent leur mouvement à de longues tiges verticales susceptibles d'osciller dans tous les azimuts. Deux de ces tiges sont fixées à deux petites coupelles en pierre dure, reposant sur les sommets de colonnes portées par un socle en marbre. Deux anneaux métalliques pesants, fixés à chaque coupelle par des tiges de laiton, maintiennent les tiges dans une direction verticale, tant que le socle qui les supporte reste en repos ; mais ces anneaux jouent le rôle de pendules coniques et oscillent, dès qu'une secousse horizontale les dérange de leur position d'équilibre, le plan de leurs oscillations étant parallèle à celui du mouvement ondulatoire sismique. Les deux tiges oscillent de même et leurs extrémités décrivent des courbes semblables à celles que décrit un point quelconque de chaque anneau, mais amplifiées en raison de la longueur de chaque tige comparée à la distance du plan de l'anneau à son point de suspension ou au sommet de la colonne qui le porte. Il reste à enregistrer ces mouvements d'oscillation.

Dans ce but, l'une des tiges verticales porte à son extrémité supérieure un cadre très léger recouvert d'une feuille de papier noirci au noir de fumée. Le plan de ce papier se meut comme la tige; il reçoit les empreintes d'un style fixe attaché à un levier que porte une colonne métallique, et dont on amène à volonté la pointe au contact du papier. Les courbes tracées par le style sur le papier noirci indiquent les moindres changements de direction et d'intensité des ondulations sismiques et en conservent le témoignage, écrit par un agent inconscient et à l'abri de toute défaillance. C'est un témoignage de ce genre que nous donnons ici (fig. 245). Les courbes enchevêtrées d'une façon si extraordinaire, si compliquée, sont celles qu'a tracées le sismographe de l'observatoire météorologique de Manille, le 18 juillet 1880, à midi 40 minutes, pendant les 70 secondes de durée des secousses qui ont causé tant de ruines à Manille même dans cette néfaste journée[1].

La seconde tige verticale porte un petit miroir convexe en argent poli, où l'on peut observer, à l'aide d'une lunette, le

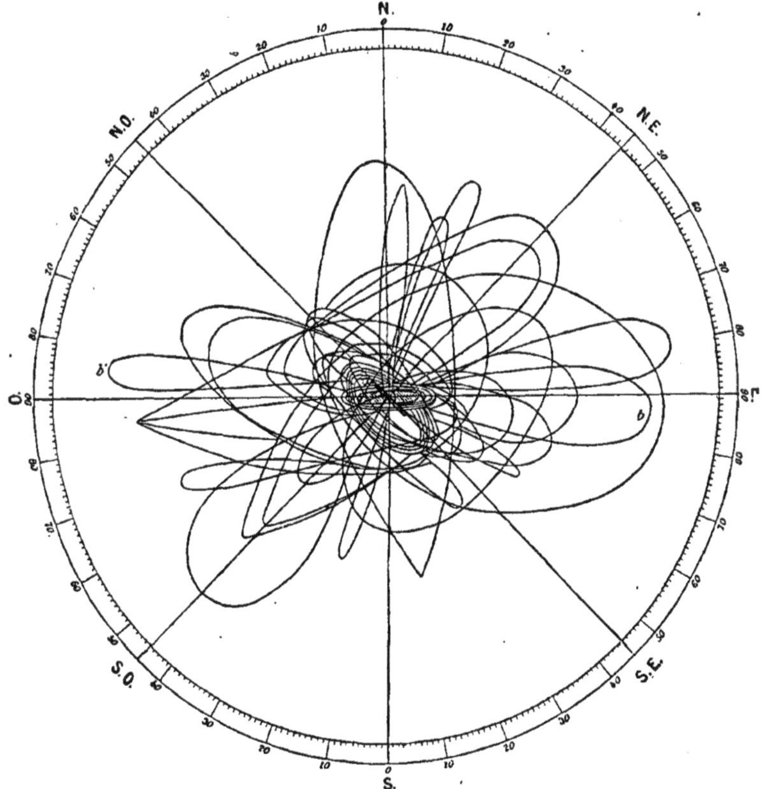

Fig. 245. — Courbes du sismographe de l'observatoire de Manille, tracées le 18 juillet 1880, à midi, pendant le tremblement de terre des îles Philippines.

point lumineux qu'il réfléchit, point qui reste en repos si aucun mouvement ne se produit, mais qui oscille dès que le

1. Le tremblement de terre qui à cette époque ravagea les îles Philippines, ne dura pas moins de sept jours, de la nuit du 14 au 15 juillet jusqu'au 22 suivant. La plus forte secousse fut celle du 18 juillet que représente notre diagramme. Nous devons la communication de ce document intéressant à l'éditeur de *la Nature*, M. G. Masson, à qui nous adressons tous nos remerciements.

moindre ébranlement agite la tige. Une troisième tige verticale, métallique et flexible, est fixée au socle de marbre et n'oscille qu'en vertu de l'élasticité de flexion, de sorte que son extrémité reste toujours rigoureusement dans le plan des ondes sismiques; elle est donc plus propre que les deux premières à indiquer la véritable direction des secousses. Elle porte également un léger cadre noirci, qui suit tous ses mouvements, et sur lequel vient appuyer la pointe flexible d'un style fixe; ce dernier trace à la surface du papier des courbes qui représentent, dans toutes leurs phases, les mouvements sismiques, en direction et en intensité.

Une horloge est installée sur le socle du sismographe, son pendule est arrêté par un bras de levier qui agit au moment précis où commence le tremblement de terre; de cette façon, on obtient l'heure exacte où se produit le phénomène. C'est la chute d'un cône métallique reposant par sa petite base sur un disque horizontal qui détermine le mouvement du bras de levier en question; de plus, le cône tombe sur un anneau portant sur sa circonférence les divisions de la rose des vents; il demeure appuyé sur l'anneau dans une direction qui est celle même de la secousse sismique, indiquant ainsi le point de l'horizon d'où vient l'onde.

Le sismographe que nous venons de décrire fonctionne, dit-on, parfaitement, et enregistre les ondulations les plus faibles. Ses petites dimensions, qui permettent de le placer, à l'abri des mouvements de l'air, sous une cage de verre de 60 à 70 centimètres de hauteur, en rendent l'emploi très commode.

On s'est attaché surtout, dans ces vingt dernières années, à rechercher et à noter ou enregistrer les trépidations les plus faibles du sol, celles qui, passant inaperçues du public à cause de leur faiblesse même, et de l'absence de toute perturbation apparente, de tout accident sensible, ont reçu le nom de *microsismiques*. Les observations de ce genre ont été très nombreuses en Italie, et l'on en conçoit la raison, le sol de la péninsule étant fréquemment agité. Dans la seule année 1873, le P. Bertelli n'a pas fait moins de 5500 observations « sur des pendules suspendus librement et observés dans plusieurs azimuts au moyen de microscopes fixes ». M. d'Abbadie, en communiquant à l'Académie des sciences les résultats de ces observations faites à Florence, rappelle celles qu'il avait entreprises lui-même antérieurement dans le même but « au moyen, dit-il, d'une sorte de pendule optique, c'est-à-dire la réflexion d'un point fixe dans un bassin de mercure situé à 10 mètres en contre-bas. Renvoyée de là un peu en dehors de la verticale, l'image de ce point était observée en distance et en azimut au moyen d'un microscope muni d'un micromètre[1]. » Cette dernière méthode n'est point sujette aux objections qui ont été faites à l'emploi des pendules microsismiques; mais ce qui prouve que les observations du P. Bertelli ne peuvent être attribuées à l'action des courants d'air, des mouvements thermiques, c'est leur concordance ou leur simultanéité avec celles que faisaient de leur côté MM. Malvasia à Bologne et de Rossi à Rome. Ce dernier savant observait des pendules suspendus dans les grottes de Rocca di Papa avec des conditions exceptionnelles de tranquillité et de stabilité; le 14 janvier, il y notait des oscillations du pendule tellement fortes, qu'elles étaient visibles à l'œil nu; or, à la même heure, on en constatait de semblables à Florence et à Bologne.

L'un des savants italiens que nous venons de citer, M. de Rossi, a pensé qu'il serait possible d'appliquer le microphone aux études sismiques. « Tout le monde connaît, dit-il, le bruit souterrain (*rombo*) qui accompagne et qui précède parfois les tremblements de terre. On entend très souvent encore le bruit, sans apprécier de secousse : de même que nous avons des tremblements de terre microscopiques, il est très raisonnable de soupçonner l'existence très fréquente de bruits microphoniques. En effet, je pourrais citer des cas où ce bruit microphonique a pu, dans des conditions exceptionnelles, être observé.

1. *Comptes rendus de l'Académie des sciences pour* 1877, t. I.

Moi-même j'ai rappelé l'effet arrivé à Lima, lors du célèbre tremblement de terre de 1824, lorsque Viduara, étant prisonnier dans le silence d'une cave, a pu remarquer pendant trois jours de faibles roulements souterrains. Ces bruits lui firent comprendre qu'ils étaient les précurseurs d'un grand tremblement de terre, qu'il annonçait à tout le monde, et qui s'est produit très désastreux, comme on le sait.

« Le *microphône* pourrait très bien nous faire apprécier les *microrombi*. Et peut-être pourrons-nous découvrir qu'il n'y a jamais de tremblements de terre sans bruit préliminaire, et ce bruit, devenu perceptible par le microphone, pourrait même devenir un avertisseur du tremblement de terre avant qu'il éclate[1]. » M. Semmola a mis en pratique le procédé indiqué par M. de Rossi pour l'observation des secousses du Vésuve, mais sans succès[2].

Pour terminer cette revue sommaire des appareils propres à enregistrer les mouvements de l'écorce terrestre, nous citerons encore la disposition adoptée par M. Bouquet de la Grye à l'île Campbell. Les mouvements apparents du poids d'un long pendule étaient rendus perceptibles par leur multiplication au moyen d'un levier très léger, à bras très inégaux. Le petit bras recevait directement l'action du poids du pendule, tandis que le grand bras, terminé par une pointe très fine, se promenait au-dessus d'une plaque noircie quadrillée en millimètres. Une autre disposition spéciale permettait d'enregistrer

1. Lettre au directeur de *la Nature*, 1878, II.

2. Depuis, les observations de M. de Rossi au Latium, de M. Palmieri au Vésuve, de M. Malvasia à Bologne ont réussi à mettre en évidence les bruits microphoniques qui accompagnent les plus faibles oscillations du sol. « Ce sont tantôt des frémissements (*fremeti*), tantôt des explosions (*scoppi*). Parfois ces dernières sont isolées, parfois elles se suivent comme un feu roulant de mousqueterie. Parfois les bruits ont un son métallique comme celui des cloches, parfois ils sont profonds et presque étouffés (*cupi*). De plus on a observé que le sismographe marquait des secousses par saccades, lorsque les bruits ressemblaient à un feu de mousqueterie, tandis qu'il indiquait des secousses ondulatoires lorsqu'il y avait des frémissements. D'ailleurs ces bruits et ces secousses microscopiques sont plus fréquents et ils ont une étendue périmétrique plus vaste dans les jours qui précèdent les grandes secousses, à tel point que, quelques heures avant celles-ci, ils ressemblent à de petits tremblements de terre. » (*Étude sur les tremblements de terre*, par M. le professeur Cordenons, de Padoue.)

électriquement de 10 en 10 secondes les mouvements du pendule.

Enfin MM. Lallemand et Chesneau ont imaginé, pour l'enregistrement continu des mouvements du pendule, un procédé qui met les résultats à l'abri des petites erreurs provenant des frottements. Ils ont pris comme poids du pendule une lentille convergente, qu'ils font traverser par un faisceau lumineux émanant d'un point fixe par rapport au pendule et dont l'image conjuguée, donnée par la lentille, vient se peindre sur un papier photographique. La ligne droite menée du centre optique de la lentille au point lumineux joue le rôle du multiplicateur de l'appareil de M. Bouquet de la Grye : le mouvement apparent de la lentille se trouve multiplié dans le rapport des distances à la lentille, de l'image et du point lumineux. La multiplication peut donc être aussi grande qu'on le désire. Les deux savants ingénieurs ont étudié la réalisation pratique de ce procédé et l'installation dans des puits de mine de longs pendules enregistreurs fondés sur ce principe; l'appareil enregistreur ainsi que la source lumineuse étant placés hors du puits, toute gêne et tout danger dans le maniement des appareils se trouveront écartés[1].

§ 7. LOIS DES TREMBLEMENTS DE TERRE; LEURS RAPPORTS AVEC LES PHÉNOMÈNES COSMIQUES, MÉTÉOROLOGIQUES, ETC.

Quelle est la cause ou quelles sont les causes des tremblements de terre? Avant d'aborder l'exposé des hypothèses qui ont été faites à ce sujet, il y a lieu de se demander s'il existe entre les phénomènes sismiques et les autres phénomènes naturels des rapports constants, des lois d'où l'on puisse inférer une liaison de cause à effet et déduire une théorie des tremblements de terre.

1. Note de M. de Chancourtois : *Sur un moyen de constater par enregistrement continu les petits mouvements de l'écorce terrestre* (*Comptes rendus*, 1885, I).

Comme il s'agit de manifestations ayant leur siège dans l'écorce terrestre, tout comme les phénomènes éruptifs, on a dû naturellement considérer les tremblements de terre comme dus à la même cause physique ou mécanique que l'activité volcanique, dont ils sont les accompagnements obligés, souvent les précurseurs, quelquefois les effets. Et en réalité, nous avons déjà constaté que le plus souvent une éruption volcanique est annoncée par des secousses du sol, dans les environs des cratères et que l'explosion elle-même se fait sentir parfois à de grandes distances du point où elle se produit, sous la forme de vibrations du sol ou d'ondes maritimes.

Quelquefois les ébranlements précurseurs des éruptions volcaniques se font sentir longtemps avant l'explosion : c'est ce qui arriva pour la première grande éruption historique du Vésuve, en l'an 79 de notre ère. On a vu plus haut que, seize ans auparavant, des secousses violentes ruinèrent les cités d'alentour, Herculanum, Pompéi, puis s'apaisèrent, pour recommencer faibles d'abord, et devenir terribles à la veille de la catastrophe finale. La violente éruption du 16 décembre 1631 se fit également annoncer, d'abord par quelques faibles secousses dans le voisinage du volcan, puis par des ébranlements de plus en plus forts jusqu'à la nuit du 16. Les secousses durèrent jusqu'au soir, pour s'affaiblir de plus en plus jusqu'au mois de mars 1632. L'éruption qui donna naissance au Jorullo fut précédée de trois mois de secousses continuelles, accompagnées de bruits souterrains pareils au tonnerre. Dans d'autres cas, au contraire, les tremblements de terre attendent pour éclater l'instant même de l'éruption. Quand, le 8 octobre 1822, le volcan de Java, le Gelungung, se réveilla par une terrible éruption de boue et d'eau bouillante, aucune secousse antérieure n'avait annoncé l'événement ; « mais dans l'après-midi, au moment où la colonne de fumée noire s'éleva du cratère, de violentes secousses se firent sentir en même temps qu'un tonnerre souterrain, né dans le volcan. Les oscillations du sol étaient si violentes, qu'un grand nombre d'habitants furent renversés pêle-mêle. Lorsque l'éruption cessa subitement à la fin du jour, les tremblements de terre cessèrent aussi et firent place à un repos qui dura pendant quatre jours, jusqu'au moment où l'éruption recommença, le soir du 12 octobre, accompagnée d'oscillations des plus violentes[1]. » D'autres fois enfin, le tremblement de terre est postérieur à l'éruption volcanique, comme il est arrivé en 1882 au Japon. Le volcan Sheramino, entré en éruption le 8 août, ne réagit que dix jours après, le 18, sur le sol des régions voisines, puisque le 18 août seulement une violente secousse sismique se fit sentir à Yokohama et à Tokio. Il serait facile de multiplier les exemples.

Au reste, il ne peut y avoir aucun doute sur la raison de ces concordances entre l'activité volcanique et les tremblements de terre. La même cause qui, à un instant donné, détermine l'éruption, c'est-à-dire la violente sortie des matières, laves, boue, eau, vapeurs de l'orifice ou cratère, ne peut manquer d'ébranler les parois internes de l'édifice volcanique, à des distances d'autant plus grandes du cône que le point d'application de la force qui détermine l'ébranlement se trouve à une plus grande profondeur, et que l'intensité elle-même est plus considérable. Toutes les particularités constatées par l'observation s'expliquent aisément. La haute tension des vapeurs et des gaz enfermés entre les matières qui obstruent la bouche du volcan et les amas intérieurs de lave incandescente, leur dilatation subite, quand cette tension croissante vient à dépasser la pression qu'ils supportent, telle est, avons-nous vu, la cause des explosions volcaniques ; telle est aussi celle des secousses qui en résultent pour les parois du cône et des couches avoisinantes. On a comparé avec raison ce qui se passe alors avec les phénomènes qu'on observe dans une marmite de Papin munie de sa soupape. Il y a explosion violente si la soupape est trop chargée eu égard à la résistance de la chaudière ; les sorties de vapeur et les trépidations sont plus faibles, mais fré-

1. Fuchs, *Les Volcans et les Tremblements de terre.*

quentes, si la charge est insuffisante. C'est ainsi que dans les éruptions des volcans, quand les émissions de vapeurs se succèdent à de courts intervalles, les flancs du cône sont dans un état continu de trépidation; mais alors l'aire de l'ébranlement est d'autant plus restreinte, et souvent il arrive que le tremblement de terre n'est pas même ressenti à la base de la montagne.

Toute une catégorie de tremblements de terre est donc directement liée aux éruptions volcaniques; mais ils n'affectent le plus souvent qu'une zone fort limitée autour des foyers d'activité. Ce sont à la fois les moins nombreux et les moins étendus des ébranlements du sol. Quant aux autres tremblements de terre, les uns, frémissements à peine perceptibles de l'écorce, les autres, chocs violents et ondulations intenses qui se propagent sur d'immenses surfaces de terrain, il est très difficile d'affirmer, aussi bien que de nier, leur corrélation avec des phénomènes volcaniques.

Les partisans de l'opinion qui considère ces deux ordres de phénomènes comme étrangers l'un à l'autre, citent à l'appui un certain nombre de faits : en premier lieu, les terrains ébranlés sont souvent éloignés des régions volcaniques; ou bien, s'ils en sont voisins, s'ils sont eux-mêmes formés de masses trachytiques ou basaltiques, on remarque que les secousses ont coïncidé avec une période de repos absolu des volcans les plus rapprochés. C'est ce qui a été fréquemment constaté pour les tremblements de terre des Andes, de l'Équateur, du Pérou, du Chili, région qui est cependant couverte de foyers éruptifs. Humboldt fait remarquer que, pendant le redoutable tremblement de terre de Riobamba, aucune éruption n'eut lieu, malgré le voisinage de plusieurs montagnes volcaniques. Mais si l'on regarde les volcans actifs comme des soupapes de sûreté pour les régions voisines, l'absence d'éruptions pendant les tremblements de terre, loin d'être une preuve qu'il n'y a pas de corrélation entre les deux phénomènes, pourrait être invoquée par les partisans de l'opinion opposée. « Si l'ouverture du volcan se bouche, dit Humboldt, si la communication de l'intérieur avec l'atmosphère se trouve interrompue, le danger augmente, les contrées voisines sont menacées de secousses prochaines. En général, les plus forts tremblements de terre ne se produisent pas auprès des volcans en activité, témoin ceux qui ont amené la destruction de Lisbonne, de Caracas, de Lima, de Cachemir et d'un nombre considérable de villes en Calabre, en Syrie et dans l'Asie Mineure. » Strabon, en rapportant le fait de la cessation des tremblements de terre en Syrie, dans les Cyclades, en Eubée au moment même où une éruption de matières ignées jaillissait auprès de Chalcis, ajoute que la Sicile et l'Italie inférieure étaient moins souvent ébranlées depuis que les bouches de l'Etna vomissaient des torrents de lave en fusion. Il peut arriver d'ailleurs qu'une éruption ait lieu en des points différents de ceux où les tremblements de terre ont été ressentis d'abord, et on aurait pu les considérer comme des précurseurs du phénomène éruptif. C'est ainsi que les Açores ont été secouées à diverses reprises, de décembre 1866 à juin 1867, c'est-à-dire pendant six mois, sans que les volcans connus de ces îles aient donné aucun signe d'activité. On aurait pu regarder ces ébranlements comme n'ayant aucun rapport avec les phénomènes volcaniques, si l'éruption sous-marine qui se fit dans la soirée du 1er juin entre les îles de Graciosa et de Terceira, n'était venue démontrer le contraire. En février 1868, la baie de Fonseca, dans l'Amérique centrale, éprouva de violents tremblements de terre (200 secousses en six jours), sans que le volcan de Coseguina eût rien présenté de particulier. Cependant, onze jours plus tard, le Conchagua, autre volcan voisin de la baie, entra en éruption ; tant que dura cette éruption, les secousses continuèrent, mais en diminuant progressivement d'intensité.

Toutefois, si nombre de tremblements de terre sont, sans contestation possible, des phénomènes volcaniques, auxquels il n'y a pas lieu de chercher d'autres causes que celles qui produisent les éruptions, toute une catégorie d'ébranlements du sol ne laisse apercevoir aucune trace d'une liaison avec les phénomènes éruptifs. C'est dans cette seconde catégorie que se rangent la plupart de ceux dont l'histoire a gardé le souvenir, tant à cause des ravages qu'ils ont causés que de l'étendue des régions où ils se sont fait sentir.

Pour arriver à découvrir la cause de ces grands ébranlements de l'écorce du globe, on a cherché s'ils n'étaient pas en relation avec des phénomènes extérieurs à la Terre ou d'ordre cosmique, par exemple avec l'attraction du Soleil ou de la Lune, avec les taches solaires, avec les flux d'étoiles filantes. On doit à M. A. Perrey des recherches considérables sur le premier de ces points. Ce savant, après avoir rassemblé tous les cas de tremblements de terre transmis par les historiens de tous les pays et de tous les temps, ainsi que tous les cas nouveaux à mesure qu'ils se produisaient, les a groupés selon la coïncidence de leurs dates avec les jours de la Lune, ou encore avec la distance périgée et la distance apogée de notre satellite. Il a voulu ainsi s'assurer de leur plus ou moins grande fréquence aux syzygies, qui sont, comme l'on sait, les époques où les marées océaniques ont la plus grande intensité. Dans sa pensée, l'attraction du Soleil et de la Lune devait se faire sentir sur le noyau terrestre intérieur, supposé fluide et incandescent, de la même manière que sur l'enveloppe liquide qui constitue les océans et les mers. Deux fois par mois lunaire, à la nouvelle et à la pleine Lune, cette marée intérieure venant à soulever l'écorce solide qui repose sur la surface du noyau, doit déterminer des ébranlements qui ne sont autre chose que les secousses sismiques ; ou bien, si telle n'est pas la cause unique des tremblements de terre, si des secousses se produisent en dehors des époques où ces marées ont leur amplitude maxima, du moins la fréquence des ébranlements doit-elle être plus grande au moment des syzygies qu'à celui des quadratures. On doit de même trouver une fréquence plus forte aux époques où notre satellite est à sa plus faible distance de nous, où l'action de sa gravité sur notre globe est la plus considérable.

Il reste à savoir si ces vues sont confirmées ou non par les faits d'observation et dans quelle mesure. Voici un tableau dans lequel se trouvent réunis, d'une part les tremblements de terre correspondant aux syzygies (nouvelle et pleine Lune), de l'autre ceux qui se sont produits aux époques des quadratures (premier et dernier quartiers). Le même tableau donne la répartition des tremblements de terre aux époques où la Lune est apogée ou périgée. Ces nombres sont relatifs à trois périodes, les deux premières de cinquante années chacune, la troisième de trente années seulement.

PÉRIODES	NOMBRE DE JOURS DE TREMBLEMENTS DE TERRE[1]					
	AUX SYZYGIES	AUX QUADRATURES	DIFFÉR.	AU PÉRIGÉE	A L'APOGÉE	DIFFÉR.
1751 à 1800.	1901	1754	147	526	465	61
1801 à 1850.	3434	3161	273	1223	1113	110
1843 à 1872.	8838	8411	427	3290	3015	275
Total.	14173	13326	847	5039	4593	446

L'examen de ces nombres dénote une prépondérance, assez faible il est vrai, mais très nette, de la fréquence des tremblements de terre aux époques des syzygies, c'est-à-dire des plus fortes marées océaniques; cette plus grande fréquence s'exprime par la fraction $\frac{1}{32}$ du total des ébranlements, ou par la fraction $\frac{1}{15}$ du nombre le plus petit, s'il s'agit des syzygies; elle est plus forte encore ($\frac{1}{21}$ et $\frac{1}{10}$) s'il s'agit du périgée[2].

1. Lorsque, le même jour, il y a des tremblements de terre dans des régions distinctes, séparées par des régions non ébranlées, M. Perrey les a comptés comme autant de tremblements de terre distincts. Ils sont d'ailleurs groupés par semaines correspondant aux quatre phases lunaires principales. Ceux qui correspondent aux distances de la Lune à la Terre, comprennent chacun une période de cinq jours, dont le périgée et l'apogée forment les milieux. En comparant les nombres de ces cinq jours, jour par jour, au périgée et à l'apogée, les différences sont toujours dans le même sens.

2. « M. Schmidt, directeur de l'observatoire astronomique d'Athènes, a réussi, d'après ses propres observations et les catalogues faits par d'autres, à recueillir des données sur plus de 2000 tremblements de terre, qui ont eu lieu en Grèce et à Smyrne dans les cinquante dernières années. Il en a déduit qu'on observe un minimum à l'époque des quadratures et un maximum aux syzygies, avec une augmentation notable dans les jours de pleine Lune.

Enfin, M. Perrey a trouvé également, en groupant les tremblements de terre d'après les heures du jour lunaire, qu'il y avait un maximum de fréquence à chacun des passages de la Lune au méridien, ou au midi et au minuit lunaires. De sorte qu'il semblerait prouvé, sinon que les secousses sismiques sont dues aux seules actions des masses de la Lune et du Soleil combinées, du moins que l'attraction des deux astres joue un rôle dans la production de ces phénomènes. Une telle influence ne pouvant guère se comprendre que comme une attraction sur les matières fluides intérieures, sur le noyau fluide tout entier si ce noyau existe dans cet état, ou tout au moins sur les nappes liquides qui s'épanchent sous forme de laves, il s'ensuit qu'elle doit se produire aussi sur les éruptions. On a vu plus haut M. Fouqué l'admettre pour une part, c'est-à-dire en tant qu'elle en détermine la production, quand toutes les autres conditions sont déjà réunies. C'est sans doute dans la même mesure qu'on doit l'admettre pour les ébranlements sismiques.

Y a-t-il une corrélation du même ordre entre les tremblements de terre et les maxima et minima des taches solaires, comme quelques savants l'ont avancé?

On sait que les taches du Soleil sont plus ou moins abondantes selon les années; leur nombre est sujet à des affaiblissements et à des recrudescences périodiques, les maxima comme les minima étant séparés par des intervalles de onze années et $\frac{1}{9}$ à peu près, ainsi qu'il résulte des travaux de M. Wolf (de Zurich). Ce savant avait cru pouvoir conclure, d'après une chronique zurichoise embrassant un intervalle de huit siècles (de l'an 1000 à 1800), que les tremblements de terre étaient plus nombreux dans les années de taches solaires

Dernièrement le professeur Forel, de Morges, a confirmé le même fait d'après les données recueillies en Suisse.

« On a examiné les registres du professeur Bertelli, de Florence, où les mouvements microscopiques du sol sont marqués par le trémosismomètre de son invention. On a constaté une allure rythmique en accord avec les phases lunaires, et ayant un maximum aux syzygies. » (*Étude sur les tremblements de terre*, par M. le professeur Cordenons, de Padoue; *Bulletin de l'Association scientifique de France*, octobre 1884.)

abondantes. Au contraire, M. Kluge, s'appuyant sur d'autres documents, trouva, aussi bien pour les éruptions volcaniques que pour les tremblements de terre, une période de même durée que celle des taches ; mais plus celles-ci sont abondantes, plus les phénomènes éruptifs et sismiques sont rares, conclusion que paraît avoir adoptée M. Wolf.

Depuis, M. A. Poëy a repris l'étude de la même question pour les éruptions volcaniques sur tout le globe de 1749 à 1861, et pour les tremblements de terre au Mexique et aux Antilles, de l'année 1634 à 1871. Les éruptions se groupent de façon que leurs nombres maxima correspondent aux minima des taches ; mais les tremblements de terre ne présentent aucune corrélation appréciable avec le phénomène solaire, du moins si l'on ne considère, comme M. Poëy l'a fait, que les périodes de convulsion un peu intenses, celles auxquelles il donne le nom de *tempêtes sismiques*. Ainsi, sur 38 tempêtes sismiques observées aux Antilles, 17 coïncident avec les maxima des taches, 17 avec les minima ; les 4 autres se trouvent placées à égale distance des périodes extrêmes. Sur 32 tempêtes sismiques au Mexique, 16 correspondent aux maxima des taches, 13 aux minima, 3 aux périodes intermédiaires. En résumé, sa conclusion basée sur les nombreux cas américains qu'il a analysés, est que « les convulsions sismiques sembleraient s'accumuler presque en égale proportion sur les maxima et les minima des taches[1] ».

On a essayé récemment d'établir une coïncidence entre les grandes tempêtes sismiques et les passages des planètes au travers des essaims d'étoiles filantes ; chose assez curieuse, d'après l'auteur de cette théorie[2], qui en a déduit un moyen de prédire les tremblements de terre, le passage de la Terre dans un essaim cosmique ne donnerait lieu qu'à des secousses d'ordre secondaire ; c'est quand cette rencontre a lieu pour l'une des grosses planètes ou mieux pour deux grosses planètes

1. *Comptes rendus de l'Académie des sciences pour* 1874, t. I.
2. M. J. Delauney, capitaine d'artillerie de marine.

à la fois, que notre globe serait secoué avec le plus de violence. Ces idées théoriques sont bien difficiles à concevoir ; quant au fait de la prétendue coïncidence des passages en question avec les tremblements de terre réellement observés, elle ne paraît reposer sur rien de positif.

Nous avons eu l'occasion de parler plus haut des relations qui pourraient exister entre les ébranlements de l'écorce terrestre et certains phénomènes météorologiques ; nous avons cité des observations pour et contre l'existence de telles relations. En voici quelques autres qui viennent à l'appui.

En 1872, M. Fron rappelait, dans une note adressée à l'Académie des sciences, qu'Arago avait entrevu la liaison que les phénomènes sismiques présentent avec les orages ; Poulett Scrope, dans son ouvrage *sur les Volcans*, Bridet, Piddington, Keller, dans leurs études sur les cyclones, avaient cité quelques faits favorables. « Moi-même, ajoutait-il, qui depuis huit années ai discuté et comparé les situations atmosphériques de chaque jour à la surface de l'Europe, je suis arrivé à ce résultat, que certaines conditions de l'atmosphère sont favorables aux tremblements de terre dans des régions spéciales de l'Europe ; mais jusqu'ici je n'avais pas osé formuler à ce sujet de prévision directe. » Le 24 janvier 1872, ces conditions nécessaires lui paraissant remplies (une dépression barométrique considérable passait sur l'Angleterre et la mer du Nord), il adressa une dépêche dans le sud de l'Europe, à Rome, à Vienne, à Constantinople, pour informer que des *grains, orages et tremblements de terre* étaient à craindre. Le lendemain jeudi, un fort tremblement de terre était signalé à Toultcha, en Turquie, et dans les principautés danubiennes. Le directeur de l'observatoire d'Alger, M. Bulard, avait déjà signalé de semblables coïncidences entre les perturbations atmosphériques et les tremblements de terre. Les observations microsismiques effectuées à Florence, en 1873, par M. Bertelli, ont montré que les oscillations augmentent d'intensité avec l'abaissement de la colonne barométrique « comme si, dit-il, les masses gazeuses emprisonnées dans les couches superficielles s'échappaient plus aisément quand le poids de l'atmosphère diminue ». L'opinion que des oscillations du sol s'observent fréquemment à la suite de pluies abondantes qui succèdent elles-mêmes à une sécheresse prolongée, a-t-elle quelque chose de fondé? Certains faits récents lui donnent de la vraisemblance, par exemple les secousses qui, en juillet 1881, ont ébranlé une vaste étendue dans le bassin du Rhône et en Suisse.

Il paraît certain que les saisons exercent une influence sur les phénomènes sismiques; leur fréquence est plus grande en hiver qu'en été. Déjà en 1834 Mérian constatait cette loi pour 118 tremblements de terre observés à Bâle ou dans les contrées d'alentour. A. Perrey trouvait plus tard que sur 656 secousses du sol de la France, les 3/5 s'étaient produites pendant le semestre de novembre à mai. Dans les Alpes, la proportion est plus forte encore pour les secousses hivernales : pendant les quatre mois de décembre à mars, elles sont trois fois plus nombreuses que de mai à août. Plus la surface sur laquelle on répartit de la sorte les tremblements de terre d'après les saisons est étendue, moins cette prédominance est sensible, et cela se comprend, car alors il se fait, entre des climats différents ou même opposés, des compensations qui masquent la loi. Au contraire, elle s'accentue si l'on restreint la région en vue. E. Reclus cite, d'après O. Volger, la région du Valais moyen, où, sur un chiffre de 98 ébranlements, 1 seul a eu lieu en été, tandis que 72 se sont produits en hiver.

Enfin, le nombre des oscillations du sol est également plus grand la nuit que le jour. Peut-être ce résultat est-il dû en partie à ce que, pendant la journée, les secousses très faibles sont plus difficilement perçues : le silence relatif et l'immobilité plus grande de la nuit les rendent au contraire plus aisées à constater.

En résumé, parmi toutes les relations qu'on a cherché à établir entre les tremblements de terre et les phénomènes cosmiques ou météorologiques, il n'en est pas une qui présente un tel caractère de constance, qu'on puisse lui donner légitimement le nom de loi. Mais les statistiques sont bien incomplètes encore, les observations bien insuffisantes souvent et les instruments sismographiques sont systématiquement employés depuis trop peu d'années, pour qu'on puisse se prononcer. Il faut ajouter que les observations recueillies s'appliquent à des faits qui n'ont peut-être parfois entre eux qu'une ressemblance tout extérieure ou toute mécanique, et dont les causes sont multiples, qui dès lors peuvent ne pas être régis par des lois communes. C'est ce que le paragraphe suivant fera plus aisément comprendre.

§ 8. HYPOTHÈSES SUR LES CAUSES DES TREMBLEMENTS DE TERRE.

On a vu que de nombreux tremblements de terre ont une origine volcanique; que d'autres, peut-être plus nombreux encore, paraissent n'avoir aucune relation avec les phénomènes éruptifs des volcans. Si cette distinction était réelle, il est clair que la théorie qui rend compte des premiers ne pourrait convenir aux autres. Occupons-nous d'abord des tremblements de terre volcaniques.

Pour cette catégorie de secousses sismiques, la cause est évidemment la même que celle des éruptions, ou du moins s'y trouve étroitement liée. Dès lors, si l'on se reporte à la théorie généralement adoptée aujourd'hui pour ces dernières, c'est à la tension des vapeurs élastiques contenues dans les matières fluides intérieures, vapeurs provenant de l'infiltration des eaux de la mer, de celles des lacs ou des neiges arrivant au contact des couches incandescentes, qu'il faut attribuer les effets mécaniques des tremblements de terre quand ceux-ci précèdent, accompagnent ou suivent les éruptions des volcans. Mais il reste toujours à se demander comment agit cette tension, si elle est la cause directe ou seulement indirecte du choc. Il y a à cet égard diverses manières de voir, que nous allons rapporter brièvement. Le passage suivant de l'ouvrage de P. Scrope va nous renseigner sur celle que ce savant a adoptée et sur celle qu'admet Robert Mallet.

« J'ai attribué, dit Scrope, les mouvements ondulatoires sensibles de la surface terrestre, que nous appelons tremblements de terre, au mouvement vibratoire occasionné par la rupture violente et soudaine de roches solides, et aussi peut-être par l'injection instantanée de la matière fondue qu'elles recouvrent. M. Mallet, dans son lumineux rapport sur les tremblements de terre, voit, au contraire, dans les éruptions sous-marines l'agent principal de la production des tremblements de terre les plus violents. Il pense « qu'une éruption de matière ignée se manifestant sous la mer doit ouvrir, dans le fond rocheux, d'énormes fentes ou fissures à travers lesquelles l'eau arrive aux surfaces ignées de la lave ». « L'eau, pense-t-il, demeure d'abord à l'état particulier que Boutigny appelle sphéroïdal, jusqu'à ce que la lave soit refroidie au degré où cesse la répulsion et où l'eau vient en contact avec les surfaces échauffées ; puis un vaste volume de vapeur s'échappe avec explosion et disparaît dans l'eau froide et profonde de la mer, dans laquelle elle est aussitôt condensée. C'est ainsi qu'une espèce de coup, d'impulsion de la plus grande énergie serait donnée au foyer volcanique et, se répandant dans toutes les directions, est transmise comme tremblement de terre. » Mais quelle est la cause première des fissures qui, d'après Scrope, produisent l'ébranlement par leur formation même, ou qui, d'après Mallet, laissent pénétrer l'eau jusqu'aux couches incandescentes ? Le premier de ces savants pense que l'éruption volcanique et le tremblement de terre ont même cause, savoir « l'expansion de quelque matière minérale profondément située, expansion due à l'augmentation de température ou à la réduction de pression ». Or cette réduction est la conséquence de l'ouverture de la fissure. Il y a donc là une sorte de cercle vicieux, auquel n'échappe point d'ailleurs la théorie de Mallet, puisque, comme on vient de le voir, ce savant admet que les fissures sont produites par l'éruption et que celle-ci est causée par la vaporisation de l'eau pénétrant par les fissures. Nous avons vu, dans la théorie des volcans, que la formation de ces dernières peut s'expliquer par les mouvements de l'écorce qui s'affaisse et se ploie par l'effet de la contraction du noyau intérieur due au refroidissement. En admettant ce mode de formation, on échappe au reproche que nous venons de formuler.

Voilà pour la cause des tremblements de terre volcaniques. S'il est légitime de faire de tous les autres ébranlements du sol une catégorie distincte, on doit en chercher la cause ou les causes ailleurs que dans l'action des vapeurs élastiques qui se forment dans les couches profondes du globe. M. Boussingault, étudiant en particulier la région des Andes, si souvent bouleversée par les tremblements de terre, ne croit pas que ces vibrations du sol soient dues à l'activité des volcans qui se trouvent échelonnés en grand nombre sur les flancs des Cordillères. « Dans les Andes, dit le savant académicien, l'oscillation du sol, due à une éruption de volcan, est pour ainsi dire locale, tandis qu'un tremblement de terre qui, en apparence du moins, n'est lié à aucune éruption volcanique, se propage à des distances incroyables. Dans ce cas, on a remarqué que les secousses suivaient de préférence la direction des chaînes de montagnes, et sont principalement ressenties dans les terrains alpins. La fréquence des mouvements dans le sol des Andes, et le peu de coïncidence que l'on remarque entre ces mouvements et les éruptions volcaniques, doivent nécessairement faire présumer qu'ils sont, *dans le plus grand nombre des cas*, occasionnés par une cause *indépendante des volcans*.... J'attribue la plupart des tremblements de terre dans la Cordillère des Andes à des éboulements qui ont lieu dans l'intérieur de ces montagnes par le tassement qui s'opère et qui est une conséquence de leur soulèvement. Le massif qui constitue ces chaînes gigantesques n'a pas été soulevé à l'état pâteux ; le soulèvement n'a eu lieu qu'après la solidification des roches. J'admets, par conséquent, que le relief des Andes se compose de fragments de toutes dimensions, entassés les uns sur les autres. La consolidation des fragments n'a pu être tellement stable, dès le principe, qu'il n'y ait des tassements après le soulèvement, qu'il n'y ait des mouvements intérieurs dans les masses fragmentaires[1]. »

Cette théorie des ébranlements causés par les effondrements à l'intérieur des cavernes souterraines, que M. Boussingault limitait sagement aux contrées qu'il avait étudiées spécialement, a été généralisée depuis : des savants tels que Hopkins, Volger ont pensé que cette même cause rendait compte des tremblements de terre même les plus étendus. Tout récemment, un professeur de l'université de Padoue, M. Cordenons, a exposé une théorie qui s'en rapproche. Pour lui, la croûte solide qui constitue les couches extérieures du globe ne repose pas partout sur la surface de la mer de lave intérieure; entre cette surface et le plafond de la voûte, il existe de vastes cavités. Quand une cause quelconque, explosion de gaz qui se dégagent entre les couches, agents chimiques rongeant ou transformant ces couches, contraction lente tendant à plisser l'écorce terrestre, etc., fait détacher de gros fragments solides des couches les plus profondes, la rupture d'équilibre qui résulte de cette chute détermine une série de secousses ondulatoires qui s'étend au loin : de là les grands tremblements de terre. La chute de blocs plus petits, dans des espaces situés à une moindre profondeur, formant des cavernes locales, pour ainsi dire, produit des tremblements de terre, violents quelquefois, mais dont les effets sont très limités en étendue. Tel est le cas, par exemple, des tremblements de terre d'Ischia.

M. Daubrée, en rendant compte précisément des phénomènes qui ont accompagné la dernière secousse subie par Ischia, a exposé ses vues sur les causes générales des tremblements de terre. Essayons de donner une analyse de la théorie proposée par l'éminent géologue.

1. *Sur les tremblements de terre des Andes* (*Annales de Physique et de Chimie*, t. LVIII, année 1835).

Il commence par faire observer que les secousses sismiques sont loin d'être réparties au hasard à la surface de la Terre. Les contrées les plus tranquilles sont, comme la France, la Belgique, une partie de la Russie, celles dont les couches ont conservé leur horizontalité première. Les violentes commotions se font surtout sentir dans les régions qui ont subi des accidents mécaniques considérables et ont acquis leur relief actuel à une époque récente : telles sont l'Italie, la Sicile, les Alpes. Les contours des aires ébranlées, dans les tremblements de terre à grande surface, se rattachent d'une façon si frappante aux lignes de dislocation préexistantes, que plusieurs géologues, entre autres Dana, A. Heim, ont regardé ces secousses comme ayant un lien étroit avec la formation des chaînes de montagnes. A toutes les époques géologiques, on constate les effets gigantesques des pressions latérales qui ont ployé et reployé les couches sur des épaisseurs considérables, les ont fracturées dans tous les sens. Ces mouvements du sol continuent aujourd'hui, malgré la tranquillité apparente de la surface ; l'équilibre n'existe pas en réalité dans les couches du sol ; ici elles s'affaissent, là elles s'élèvent graduellement. « On conçoit, dit M. Daubrée, que des actions lentes de ce genre, après des tiraillements plus ou moins prolongés, aboutissent à des mouvements brusques, comme Élie de Beaumont le supposait. On le voit aussi dans les expériences destinées à imiter les ploiements de couches, où des inflexions graduelles amènent tout à coup des fractures et des rejets. » Tout en admettant que l'opinion de M. Boussingault sur les écroulements intérieurs soit plausible en certains cas, M. Daubrée ne pense pas cependant qu'il soit possible de considérer ces mouvements comme la cause générale des tremblements de terre.

Cette cause générale, il la trouve dans l'énorme tension qu'acquiert la vapeur d'eau lorsqu'elle se produit à une température aussi élevée que celle des laves. L'eau qui pénètre à ces profondeurs se vaporise à une température qui dépasse certainement 500° et atteint sans doute 1000° et au delà (température des laves qui s'échappent à la surface); d'ailleurs la vaporisation a lieu sous un volume assez faible pour que la densité de la vapeur soit très peu au-dessous de celle de l'eau elle-même. « Dans ces conditions de surchauffement, dit M. Daubrée, la vapeur d'eau acquiert une puissance dont les plus terribles explosions de chaudières ne donneraient pas une idée, si l'on n'en avait le résultat sous les yeux. » Et en effet, dans des expériences entreprises par le savant géologue pour étudier l'action de l'eau surchauffée dans la formation des silicates, des tubes en fer d'excellente qualité et d'une épaisseur de 11 millimètres firent plusieurs fois explosion, projetés en l'air avec un bruit comparable à celui du canon. La température n'était cependant que de 450°, et quelques centimètres cubes d'eau suffisaient pour produire un tel effet. Qu'on juge par là de la force explosive que doit avoir la vapeur d'eau, lorsqu'elle se forme dans les profondeurs des couches du globe, à des températures beaucoup plus élevées et dans des conditions de pression l'obligeant à se condenser dans un volume restreint.

Mais comment l'eau pénètre-t-elle jusqu'à ces profondeurs? Soit par infiltration, par les fissures dont les roches sont traversées, soit par pénétration capillaire de certaines roches poreuses. « La simple action de la capillarité agissant concurremment avec la pesanteur force l'eau à pénétrer, malgré les contre-pressions intérieures très fortes, des régions superficielles et froides du globe jusqu'aux régions profondes et chaudes, où, à raison de la température et de la pression qu'elle y acquiert, elle devient capable de produire de très grands effets mécaniques et chimiques. Que l'on suppose que l'eau pénètre, soit directement, soit après une étape dans une région où elle reste encore liquide, jusqu'aux masses en fusion, de manière à y acquérir subitement une tension énorme et une force explosive, on possédera la cause possible de véritables explosions antérieures et de chocs brusques dus à des gaz à haute pression.

« Si les cavités, au lieu de former un réservoir unique, sont divisées en plusieurs parties ou compartiments distincts, il n'y a pas de raison pour que la tension de la vapeur soit la même dans ces divers récipients, pourvu qu'ils soient séparés par des parois de roches. La pression peut être même très différente dans deux ou plusieurs d'entre eux. Cela admis, si un excès de pression brise une paroi de séparation, ou que la chaleur la fonde et la fasse ainsi disparaître, de la vapeur à grande pression se mettra en mouvement et, en présence des masses solides qu'elle viendra frapper, elle se comportera de même que s'il y avait une formation brusque et instantanée de vapeur, comme on l'a supposé d'abord. »

M. Daubrée n'admet pas la démarcation tranchée qu'on a faite entre les tremblements de terre des régions volcaniques proprement dites et ceux des contrées dépourvues de volcans. Entre les uns et les autres il y a des tremblements de terre, ceux de la région de l'Eifel par exemple, qui peuvent servir de traits d'union entre les deux groupes. D'ailleurs les manifestations externes les plus caractéristiques des uns et des autres sont identiques. Même en admettant, comme cause des tremblements de terre non volcaniques, les mouvements intérieurs des roches, c'est encore, selon lui, à la chaleur développée mécaniquement et à la formation de vapeur qui en résulte qu'il faudrait attribuer les secousses en question. D'ailleurs, pour les régions disloquées qui sont le siège d'ébranlements fréquents, il y a une cause bien plus probable : les cavités internes et les fissures qui existent sans doute dans les couches du sol de ces régions rendent facile l'accès de l'eau jusqu'aux profondeurs où une approximation grossière place le siège des ébranlements. A 11, 27, 38 kilomètres, l'accroissement normal de la température donne un degré de chaleur plus que suffisant pour rendre compte de la vaporisation de l'eau et de sa force explosive.

En résumé, l'éminent géologue voit dans la tension de la vapeur d'eau intérieure surchauffée, dans les mouvements rapides des gaz brusquement développés ou subitement dilatés, la cause générale probable des tremblements de terre. La puissance mécanique dont sont capables de tels corps gazeux, est d'une énergie qui dépasse tout ce que l'on pouvait imaginer avant que, par des expériences précises, on eût mesuré des pressions de plus de 6000 atmosphères. Mieux que les ébranlements intérieurs de masses solides, les explosions de masses gazeuses surchauffées expliquent toutes les particularités des tremblements de terre, « leur régime, simulant des coups de bélier, leur violence, leur succession fréquente, leur récurrence sur les mêmes régions depuis bien des siècles ; ils expliquent aussi leur prédilection pour les contrées disloquées, surtout si les dislocations en sont récentes, et leur subordination aux cassures profondes de l'écorce terrestre. Les tremblements de terre paraissent être comme des éruptions volcaniques étouffées, parce qu'elles ne trouvent pas d'issue, à peu près comme le pensait déjà Dolomieu. »

D'autres savants contemporains, Fuchs par exemple, maintiennent comme essentielle la distinction des ébranlements du sol en tremblements de terre volcaniques et en tremblements de terre non volcaniques. Tandis que M. Daubrée leur attribue à tous une même cause, s'exerçant dans des conditions différentes, et y voit des manifestations d'une même force, la chaleur souterraine du globe, les savants dont nous parlons admettent, pour la seconde catégorie d'ébranlements, des causes multiples, mais simplement mécaniques, telles que les affaissements des couches, leurs dérangements ou glissements, tous les changements en un mot de nature à rompre l'équilibre des roches formant ces couches. Mais d'où proviennent ces changements? De circonstances très diverses. Voici, d'après Fuchs, celles qui paraissent les plus importantes.

Il y a d'abord l'action des eaux d'infiltration qui dissolvent les roches avec lesquelles elles sont en contact : en arrivant comme sources à la surface du sol, ces eaux ramènent tous les éléments solubles de ces roches ; des vides se forment entre les couches (calcaire, gypse, sel marin), qui deviennent de plus en plus minces et n'ont plus la force de supporter les couches supérieures. De là des affaissements, des glissements qui peuvent se produire brusquement en une seule fois, ou par reprises, donnant lieu ainsi soit à un ébranlement unique, soit à des secousses réitérées. Fuchs cite les nombreux tremblements de terre des environs de Bâle comme dus aux sources salines du Rhin supérieur, ceux de la vallée du Rhône produits par les sources salines du Valais et les thermes de Louèche.

Sans dissoudre les éléments des roches, les eaux peuvent les ramollir, les rendre pâteuses, molles et mobiles, incapables par suite de résister à la pression des roches supérieures. Ainsi s'explique, dit l'auteur que nous venons de citer, la coïncidence qu'on prétend avoir observée entre les grandes pluies et les tremblements de terre. Parmi les causes pouvant aussi donner lieu à des affaissements et à des secousses sismiques, il invoque également les réactions chimiques qui peuvent avoir lieu dans les profondeurs des couches. Ainsi les transformations lentes qui ont produit la houille, se continuent encore, surtout dans les houillères exploitées, parce que la pénétration de l'air favorise la décomposition. De là les fréquents ébranlements qu'on ressent dans les districts houillers. Il en est de même dans des contrées non houillères, quand les couches internes renferment de grandes proportions d'eau et de matières organiques : l'eau s'évapore peu à peu, les matières organiques disparaissant par la putréfaction, et des affaissements en sont la conséquence. En général, toutes les causes physiques propres à déterminer dans l'écorce terrestre des mouvements, glissements, dislocations, etc., produisent des ruptures d'équilibre, des secousses plus ou moins intenses et plus ou moins étendues, en un mot des tremblements de terre.

Il y a donc, comme on le voit, pour expliquer les mouvements sismiques qui ne sont pas évidemment liés aux éruptions volcaniques, deux théories opposées : l'une, que M. Daubrée a exposée tout récemment, rattache ces phénomènes à l'action de la vapeur surchauffée; l'autre, généralisant la théorie proposée par M. Boussingault pour les tremblements de terre des Andes, n'invoque que des causes toutes mécaniques. Il ne nous appartient pas de décider entre ces théories, et ce n'est point ici le lieu de les discuter. Nous dirons toutefois que, sans méconnaître ce qu'il y a de plausible dans la dernière, surtout en ce qui regarde les ébranlements locaux, les trépidations faibles et de peu d'étendue, elle nous semble au moins insuffisante pour rendre compte des tremblements de terre qui embrassent une grande surface de pays ou dont la violence est assez intense pour ruiner des contrées tout entières. Des ébranlements pareils, se propageant à des distances énormes, ne peuvent avoir leur origine qu'à de grandes profondeurs au-dessous de la surface du sol, en des points où, d'après tout ce que nous savons de la constitution physique de l'écorce terrestre, règne certainement une haute température, et où se trouvent réunis tous les éléments, toutes les conditions des explosions les plus formidables.

Quant aux oscillations les plus faibles de la croûte terrestre, à ces sortes de tressaillements du sol qui ne sont perceptibles qu'aux appareils microsismiques, et dont la fréquence est cependant telle qu'on a pu dire que l'écorce du globe est toujours ébranlée en un de ses points, ne peut-on les expliquer comme des manifestations rythmées de ces mouvements d'une grande lenteur constatés en différentes régions ? Ou encore, ainsi qu'il semble résulter d'observations positives, ne peut-on attribuer ces faibles balancements à l'action des mouvements atmosphériques, aux brusques variations de pression qui précèdent ou accompagnent les grandes perturbations de l'air ? Quand le baromètre monte ou descend rapidement, il en résulte un subit accroissement ou une diminution du poids de l'enveloppe fluide qui doit se traduire par une oscillation, dans un sens ou dans l'autre, des couches élastiques du sol sur lesquelles l'atmosphère repose. Mais des observations suivies pourront seules élucider ces questions encore douteuses.

LIVRE TROISIÈME

LA CIRCULATION OCÉANIQUE ET ATMOSPHÉRIQUE
LES COURANTS MARINS — LES VENTS

CHAPITRE PREMIER

LES COURANTS MARINS

§ 1. LES MOUVEMENTS DE LA MER.

Si l'écorce solide de la Terre, la partie la plus stable du globe au moins parmi celles qui nous sont accessibles, oscille sans cesse; si de plus, accidentellement, elle est sujette aux perturbations que révèlent les éruptions volcaniques et les tremblements de terre, que ne doit-on pas attendre, sous ce rapport, des parties fluides, telles que l'océan et l'atmosphère? Là, en effet, ce n'est plus la stabilité, c'est la mobilité qui est la règle, le calme qui est l'exception. En vertu des propriétés mécaniques et physiques des liquides et des gaz, les eaux de la mer, comme les couches de l'océan aérien, sont dans un état de continuelle agitation. Les causes de ces mouvements intestins sont multiples, comme on va le voir bientôt; mais les plus actives sont les variations de chaleur dues aux successions des jours, des nuits, des saisons aux diverses latitudes, et les variations de pression qui en découlent. On pourrait trouver là une certaine analogie entre les perturbations qui affectent l'écorce solide et celles dont l'océan et l'atmosphère sont le siège, les unes et les autres ayant la chaleur pour origine. Seulement, ces deux ordres de phénomènes présentent aussi un contraste, puisque, dans les éruptions et les tempêtes sismiques, c'est la chaleur interne du noyau terrestre qui est en jeu, tandis que c'est la chaleur extérieure ou solaire dans les mouvements de l'atmosphère et des mers.

Les ruptures d'équilibre qui se produisent au sein des masses liquides ou gazeuses se manifestent assez souvent sous les formes en apparence les plus désordonnées; mais même alors ces phénomènes anormaux sont soumis à certaines lois, que des observations multipliées ont fini par dégager, et dont la connaissance a commencé à jeter un grand jour sur l'économie météorologique de la planète. Quant aux mouvements ordinaires de l'air et des eaux, ils s'effectuent avec une régularité qui n'a plus rien d'étonnant, quand on réfléchit que cette régularité est due au retour périodique de causes constantes, produisant naturellement les mêmes effets aux mêmes époques et dans les mêmes lieux.

Plus on étudie ces phénomènes si changeants, si complexes, plus on pénètre leur enchaînement mutuel et leurs rapports avec les autres phénomènes naturels, terrestres ou cosmiques, plus enfin on parvient à se dégager de ce que présentent de confus les faits particuliers ou locaux pour s'élever à un coup d'œil d'ensemble, et plus apparaît avec clarté la conception, si bien établie aujourd'hui par la science, d'une double circulation dans les deux océans qui recouvrent la planète, l'océan aérien et l'océan maritime. La connaissance des lois des mouvements généraux de l'atmosphère et des mers n'est encore aujourd'hui qu'ébauchée; déjà toutefois l'on peut se faire une idée de son importance croissante au double point de vue de la science pure et de ses applications pratiques. On va voir qu'il ne s'agit point là de simples conjectures : les progrès accomplis en Météorologie depuis trente ans sont dus en grande partie à la découverte des lois dont nous parlons; et d'autre part les faits, plus éloquents que les paroles, ont montré quels profits en ont déjà retirés deux des branches les plus actives de la production ou de la richesse, la navigation maritime et l'agriculture.

C'est la circulation océanique et la circulation atmosphérique qui vont faire l'objet principal de ce troisième livre. Commençons par la première, c'est-à-dire par l'étude des courants marins.

Fig. 246. — Mer calme.

Les eaux de la mer sont, pour ainsi dire, perpétuellement agitées; à leur surface elles sont sillonnées de rides plus ou moins fortes, de vagues ou lames de hauteur très variable, se propageant sous forme ondulatoire, c'est-à-dire sans transport réel des masses liquides qui les composent. Rarement la mer est assez calme pour qu'on puisse comparer sa surface à celle d'un lac qui réfléchit les objets comme un miroir; tout courant aérien, de la plus faible brise jusqu'au vent qui souffle en tempête, provoque ce mouvement rythmique dont l'intensité est en raison de la force et de la durée du vent et dépend aussi de l'étendue des mers et du degré de salure de leurs eaux. On a mesuré dans l'Atlantique nord des vagues dont la crète s'élevait à une hauteur de 13 mètres au-dessus du point le plus bas de la dépression séparant deux vagues successives ; au large du cap de Bonne-Espérance, à la limite commune de l'Océan Indien et de l'Atlantique, c'est à 15, 18 et jusqu'à 33 mètres de hauteur que les marins voient s'élever parfois ces montagnes d'eau salée. L'amplitude moyenne des ondulations est en rapport avec

Fig. 247. — Mer agitée et houleuse.

la hauteur, de quelques mètres à 200 ou 300 mètres. La vitesse apparente de déplacement, ou, pour parler plus juste, la vitesse de propagation des ondes, varie elle-même et avec l'amplitude des vagues et avec la profondeur des eaux. Voici quelques nombres d'après Airy (cité par E. Reclus[1]) : Une vague de 30 mètres d'amplitude parcourt en moyenne 6^{m},80 par seconde sur une mer profonde de 300 mètres ; cette vitesse atteint 21^{m},85 si l'amplitude et la profondeur sont l'une et l'autre décuplées. Quant à la profondeur à laquelle se fait sentir l'agitation des

1. La Terre, II.

vagues de la surface, elle est beaucoup plus forte qu'on ne se l'était d'abord figuré, et peut se mesurer par des centaines de mètres. Elle dépend du reste de la hauteur des ondes, mais il faut ajouter que l'agitation diminue rapidement d'intensité, s'il est exact que, à partir de la surface, cette intensité décroisse en proportion géométrique, quand la profondeur augmente en proportion arithmétique.

Le vent n'agit pas seulement sur l'eau de la mer en lui com-

Fig. 248. — Grande marée d'équinoxe (à Saint-Malo).

muniquant un mouvement ondulatoire. Son action, longtemps répétée dans le même sens et sur de grandes étendues, devient impulsive et détermine le transport des masses d'eau, tout au moins des couches superficielles : on verra plus loin que c'est là une des causes principales qu'invoquent les physiciens pour expliquer la formation des courants.

Il arrive fréquemment que la mer est agitée, houleuse en un point où le ciel est beau et l'air calme. La raison de ce phénomène est aisée à comprendre : l'agitation qu'on observe alors n'est autre que le contre-coup d'un gros temps, d'une tempête qui s'est propagée, du point éloigné où elle a pris naissance, dans toute l'étendue d'un bassin maritime, sans que la région supérieure, c'est-à-dire l'atmosphère, ait propagé dans le même sens le mouvement qu'elle avait communiqué d'abord à la masse des eaux. Nous avons vu plus haut cependant qu'une houle exceptionnelle peut être due dans certains cas à des éruptions sous-marines, à des tremblements de mer, phénomènes qui n'ont rien de commun avec l'action des vents. Les ondes provoquées par les ébranlements du sol dans le voisinage des côtes occasionnent aussi des mouvements considérables sur de grandes étendues à la surface de l'océan. Mais de tels mouvements ondulatoires ont plus d'analogie avec ceux qui constituent les marées, qu'avec l'agitation presque toute superficielle que causent les courants aériens.

Nous avons vu, dans notre premier volume, à quelles causes est due la double oscillation diurne des marées océaniques. C'est l'action combinée de l'attraction de la Lune et de celle du Soleil sur l'océan, pris dans son ensemble, qui promène successivement dans tous les méridiens l'intumescence liquide dont le passage en un lieu produit le phénomène de la marée haute. A douze ou treize heures d'intervalle, une nouvelle onde succède à la première, dont elle est séparée par une dépression du niveau de la mer, correspondant à la marée basse. Nous ne reviendrons point sur ce phénomène d'origine cosmique ; nous nous bornerons à faire remarquer que cette agitation périodique, avec ses maxima et minima mensuels aux époques des syzygies et des quadratures, avec ses maxima et minima mensuels aux équinoxes et aux solstices, outre qu'elle varie considérablement d'intensité d'une mer à l'autre, d'une côte à une autre côte, subit aussi l'action favorable ou contraire des vents. Quand une violente bourrasque se fait sentir dans le sens même où se propage une grande marée d'équinoxe, elle donne au flot une impulsion d'une énergie proportionnée à la sienne. Elle en diminue au contraire l'intensité, si la direction du vent agit en sens opposé. Les marins et tous les habitants des côtes bordant les mers sujettes aux grandes marées connaissent par expérience ces vicissitudes de l'élément liquide.

Arrivons maintenant aux causes d'agitation de la mer qui dépendent plus directement de la chaleur.

Les rayons solaires, en tombant plus ou moins obliquement sur la surface de la mer, élèvent la température de l'eau à un degré d'autant plus élevé que la direction des rayons se rapproche plus de la verticale. Cette élévation de température varie donc avec la latitude, avec les saisons, avec les heures du jour, et ses effets ne peuvent manquer d'être inégaux comme elle. Ces effets sont : d'une part, une dilatation ou augmentation de volume, c'est-à-dire une diminution de densité en même temps qu'une élévation dans le niveau des eaux dilatées ; d'autre part, une évaporation à la surface, d'autant plus active que la température est plus haute et que l'état hygrométrique de l'air surplombant est plus éloigné du point de saturation ; si l'évaporation agissait seule, elle produirait donc une diminution du volume et par suite du niveau de la mer dans le lieu considéré ; troisièmement enfin, par le même fait de l'évaporation, une diminution dans la quantité d'eau pure que renferment les couches superficielles et un accroissement de densité pour l'eau restante, dont chaque mètre cube reste plus chargé de sels qu'il ne l'était auparavant.

Si l'évaporation enlève à la surface des mers une notable quantité d'eau (Maury évalue à $4^{m},50$ l'épaisseur de la couche évaporée annuellement entre les tropiques), s'il en résulte pour la densité une certaine augmentation, ces deux phénomènes, déjà en partie compensés par les effets opposés de la dilatation thermique, le sont encore par la condensation et la chute, sous forme de pluie et de neige, des vapeurs produites par l'apport des eaux des fleuves et enfin par la fonte des glaces polaires. A la vérité, les nuages qui naissent de l'évaporation à la surface de l'océan ne se résolvent pas toujours en pluie dans les lieux mêmes où la vapeur s'est formée : une grande partie tombe à la surface des continents ou bien va se condenser à des latitudes élevées, là où les courants aériens l'ont entraînée. Le retour se fait le plus souvent à une distance considérable du lieu d'origine. Mais que doit-on conclure de là, sinon que les eaux de l'océan, outre l'agitation qui provient de l'action des vents et de celle des marées, sont sans cesse transportées d'un point à un autre de l'immense bassin qui les contient toutes, tantôt dans les hauteurs de l'atmosphère à l'état de vapeur, tantôt à l'état de gouttelettes liquides et cristallisées, ruisselant sur les terres et dans le lit des fleuves, tantôt enfin emprisonnées dans les glaces du pôle. L'action de la gravité, jointe aux variations de leur propre température, les ramène enfin aux régions d'où elles sont parties. Tout ce qui ne tombe pas en pluie à la surface de l'océan même, y revient par les courants fluviaux d'une part, par les courants marins de l'autre. Telle est la grande loi générale de circulation ou d'échange entre les fluides à la surface du globe, loi qui, par un mouvement incessant des liquides et des vapeurs, tempère les climats extrêmes et entretient, dans les diverses zones de la planète, la vie sous toutes ses formes.

Par la simple énumération de ces divers effets qui pénètrent plus ou moins profondément au-dessous de la surface liquide frappée par les rayons solaires, on peut se rendre compte de la complexité du problème à résoudre, quand on veut déterminer leur résultante générale. Pour le moment, il nous suffit de constater que chacun de ces effets, pris isolément, est une cause de perturbation, de rupture d'équilibre des eaux océaniques. Les uns agissent dans un sens, les autres agissent dans un sens opposé. Pour qu'il en fût autrement, il faudrait imaginer un océan indéfini, partout semblable à lui-même en toutes ses parties, et qui reçût également, en tous les points de sa surface et sans aucune interruption, la radiation solaire.

Après avoir énuméré les causes générales du mouvement des eaux de la mer, nous allons voir comment l'observation a constaté l'existence des courants réguliers et constants qui constituent la circulation océanique.

§ 2. LES COURANTS MARINS : HISTOIRE DE LEUR DÉCOUVERTE. — PROCÉDÉS D'OBSERVATION.

Bien avant qu'on eût reconnu la permanence des grands courants océaniques, des indices certains de leur existence avaient frappé les navigateurs ou les habitants de certaines côtes. Les débris de végétaux, arbres déracinés, herbes, graines, transportés à de grandes distances du lieu d'où ils provenaient, prouvaient assez que les eaux de la mer étaient soumises, au moins accidentellement, à de grands mouvements superficiels ; on devait supposer ces objets entraînés par des courants ou de violentes tempêtes. Il paraît même certain que les habitants des Orcades, bien avant la découverte du Nouveau Monde, avaient été visités par des indigènes du continent américain, dont les pirogues avaient été poussées jusqu'à ces parages des mers du Nord.

L'existence positive du grand courant équatorial ainsi que sa direction ont été reconnues, pour la première fois, par Christophe Colomb, en 1498, pendant son troisième voyage, « le premier où il ait tenté d'atteindre les régions tropicales par le méridien des Canaries ». On lit, en effet, dans son livre de loch : « Je tiens pour certain que les eaux de la mer se meuvent, comme le ciel, de l'est à l'ouest (*las aguas van con los cielos*), » c'est-à-dire selon le mouvement diurne apparent du Soleil, de la Lune et de tous les astres. » Il reconnut de plus que ce mouvement est le plus fort dans la mer des Antilles, dont Rennel dit trois siècles après que ce n'est plus un courant, mais une mer en mouvement, « *not a current, but a sea in motion* » (*Cosmos*).

Peu après Colomb, Anghiera constata que le courant, après avoir contourné le golfe du Mexique, poursuivait sa route le long des côtes orientales de l'Amérique du Nord et se prolongeait jusqu'à Terre-Neuve. Ces premières observations étaient fort incomplètes, mais elles se multiplièrent à mesure que la navigation dans les grandes mers devint plus importante et que la fréquence des voyages au long cours alla en s'accélérant. C'est dans les deux derniers siècles par les observations des Halley, des Dampier, et dans notre siècle par les travaux de Daussy, de Ch. Romme et de Becker, par les recherches de Humboldt, du major Rennel et du commandant Maury, que la connaissance des courants océaniques fit enfin de grands progrès. Entrons d'abord dans quelques détails sur les méthodes ou les procédés qui ont rendu ces progrès possibles.

C'est par les épaves flottantes, avons-nous dit, qu'on a pu se faire une première idée des courants marins. Mais s'en tenir à ce mode d'observation, c'était subordonner au hasard une investigation qui demandait plus de précision, c'était se résoudre le plus souvent à ne connaître d'un courant que le point d'arrivée et le point de départ tout au plus. Des navigateurs eurent l'idée heureuse de jeter à la mer des bouteilles soigneusement cachetées, contenant, sur une feuille de papier intérieure, la date exacte, le jour et l'heure, et la position en longitude et latitude du lieu où elles avaient été jetées. Il suffisait que quelques-unes au moins de ces épaves instructives échappassent à la destruction, et fussent recueillies plus tard en mer par d'autres marins, ou trouvées sur les côtes habitées, pour permettre de tracer avec une certaine approximation la direction du courant qui les avait transportées et de calculer une limite de sa vitesse[1]. Des observations de ce genre, multipliées,

1. Des bouteilles jetées dans la mer des Antilles ou dans les parages des côtes de l'Amérique nord venaient échouer sur les côtes de l'Europe occidentale; d'autres, lancées au détroit de Gibraltar, étaient recueillies dans le golfe du Mexique; les unes et les autres avaient traversé, mais en sens inverse, tout l'Atlantique. La vitesse constatée la plus considérable fut de 35 kilomètres par vingt-quatre heures, soit en moyenne 1460 mètres par heure.

En mars 1824, un transport anglais, *le Kent*, fut assailli dans la Manche par un coup de vent et détruit par un incendie. Quelques instants avant la catastrophe, le major Mac-Gregor qui se trouvait à bord, à la tête d'un régiment que le navire devait transporter dans l'Inde, jeta une bouteille à la mer, afin de donner avis de l'événement dont l'issue prochaine et fatale laissait peu d'espoir de salut aux marins et aux passagers du *Kent*. Heureusement survint un brick, *la Cambria*, qui put recueillir à temps la plus grande partie de l'équipage. Neuf ans plus tard, la bouteille fut trouvée sur la côte nord de la Barbade par un nègre qui la fit remettre à Mac-Gregor, alors en garnison dans cette île. Elle y avait été portée évidemment par le courant qui de la Manche passe au large des côtes de France et d'Espagne, puis des Açores, et pénètre dans la mer des Antilles pour sortir par le canal de Bahama.

permirent à Daussy en France, à Becker en Angleterre, de dresser des cartes des courants océaniques.

On y joignit d'autres méthodes. Par exemple, les marins calculent avec assez d'exactitude la *dérive* du navire qui les porte, c'est-à-dire la différence entre la position réelle du navire déterminée par les observations astronomiques et celle qu'il devrait occuper d'après la vitesse estimée au loch et la direction de la route suivie d'un jour à l'autre. Deux causes peuvent produire

Fig. 249. — Naufrage et incendie du *Kent*.

cette dérive : le vent d'une part, dont on connaît la force et la direction, et les courants, s'il y en a. On peut arriver ainsi à reconnaître approximativement la direction et la vitesse de ces courants.

Maury a fait servir au même usage l'observation des températures, celle de l'air du lieu où se trouve le navire, comparée à celle de l'eau de la mer. Si ces deux températures sont égales ou à peu près égales, il y a probabilité qu'aucun courant marqué n'existe au lieu de l'observation ; un excès de la température de l'eau sur celle de l'air permet de conclure que cette eau plus chaude provient de latitudes plus chaudes elles-mêmes et qu'un courant existe, venant de ces régions vers la position occupée par l'observateur. La direction du courant serait renversée, c'est-à-dire qu'il viendrait de latitudes plus froides, si l'observation donnait une température de l'eau plus basse que la température de l'air. A la vérité, ces règles sont loin d'être absolues, et les données doivent être discutées dans chaque cas particulier, avant qu'on essaye d'en tirer une conclusion de quelque probabilité. Dans certains cas, cette conclusion ne saurait être douteuse. En voici un exemple, cité par W. Thomson dans les *Abîmes de la Mer* : « La température moyenne de la mer, dit-il, au mois de juillet, à la hauteur des Hébrides, par 58° de latitude N., sur le trajet du Gulf-Stream, est de 13° C., pendant qu'à la même latitude, sur la côte du Labrador et sur le trajet du courant du Labrador, elle est de 4°,5 C. »

Les méthodes d'observation que nous venons de passer en revue servent à reconnaître les mouvements des eaux de l'océan dans leurs couches supérieures, ou les courants superficiels; elles n'apprennent rien, du moins directement, sur ses courants profonds. Aussi l'étude de ces derniers est-elle encore peu avancée. Nous avons vu comment la détermination des températures à diverses profondeurs, faite avec les précautions qu'exigent les causes d'erreur en ces sortes d'observations, peut dénoter la présence de courants sous-marins d'une région de l'océan à l'autre. C'est ainsi qu'une double circulation a été constatée dans l'Atlantique nord par W. Thomson, Carpenter, Mohn : un courant profond d'eaux froides venues du pôle, et un courant supérieur d'eaux chaudes d'origine équatoriale. L'étude comparée des faunes sous-marines servira sans aucun doute, comme celle des sondages thermométriques, à élucider cette question encore obscure de l'existence des contre-courants qui rétablissent, dans le bassin des mers, l'équilibre troublé par les courants de la surface.

CARTE DES COURANTS OCÉANIQUES

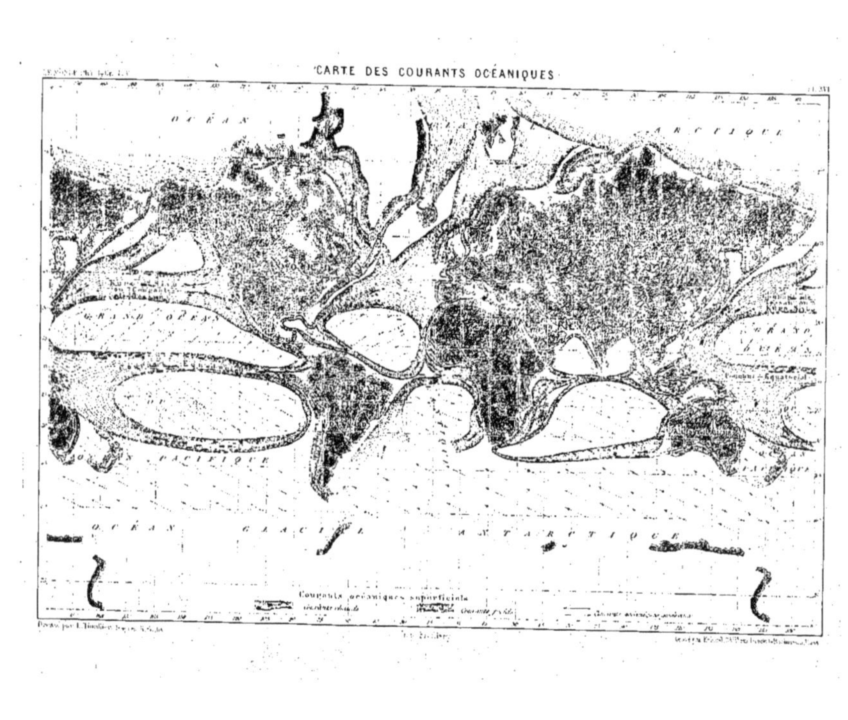

§ 3. LES COURANTS MARINS. — DESCRIPTION DES PRINCIPAUX COURANTS.

Le plus anciennement connu et le mieux étudié des grands courants généraux océaniques est celui dont les branches parcourent l'Atlantique tout entier, au sud comme au nord de l'équateur. C'est le « courant du Golfe » ou *Gulf-Stream*, qui doit son nom à l'origine qu'on lui a tout d'abord assignée, le golfe du Mexique. Aujourd'hui l'on s'accorde à comprendre sous cette désignation, non seulement les branches qui, du détroit de la Floride s'étalent sur tout l'Atlantique nord, mais encore celles qui longent l'équateur et les côtes des continents de l'Amérique du Sud et de l'Afrique. Les planches XVI[1] et XVII vont nous permettre d'abréger la description de cet immense fleuve d'eau chaude, dont le parcours total se mesure par des dizaines de mille kilomètres.

Son point de départ est au-dessous de l'équateur, sur la côte occidentale d'Afrique, et sa direction première à peu de chose près celle des alizés du sud-est. Cette direction tourne bientôt à l'ouest, entre le golfe de Guinée et le cap Saint-Roch, pointe orientale du continent américain. Le courant suit donc l'équateur ; mais, avant d'arriver à la pointe dont nous parlons, ces eaux se sont grossies de celles d'un courant pareil longeant les côtes d'Afrique dans la direction des alizés du nord-est, puis tournant à l'ouest comme le premier et constituant avec celui-ci le *courant équatorial*. Se développant sur une longueur de plus de 6000 kilomètres et une largeur d'au moins 700 kilomètres, le courant équatorial se meut, à son point de départ, au sud des îles Saint-Thomas, avec une vitesse de 64 kilomètres par jour ; ses eaux accusent une température de 23 degrés centigrades.

Arrivé à la hauteur du cap Saint-Roch, il se divise en deux

1. Dressée d'après divers documents, parmi lesquels le mémoire de M. Ansart-Deusy; *Théorie des mouvements de l'atmosphère et de l'océan*. Le nom de Fuchs a été mis par erreur au bas de cette planche.

branches : l'une tournant vers le sud suit, en s'élargissant de plus en plus, les côtes de l'Amérique méridionale jusqu'aux îles Malouines et au cap Horn, adoucissant la température de ces régions ; l'autre branche, qui forme la partie septentrionale du courant, incline sa direction vers le nord-ouest, suivant la côte nord-orientale du continent américain et accroissant de plus en plus la température de ses eaux sous les rayons du soleil tropical. Sa vitesse, qui fait parcourir à ses eaux de 110 à 160 kilomètres en vingt-quatre heures, jusqu'aux bouches de l'Amazone, est d'abord croissante, comme en témoignent ces chiffres ; mais elle décroît ensuite en pénétrant dans la mer des Antilles. Le courant traverse cette mer et, entourant Cuba, passe par le détroit d'Yucatan pour contourner le golfe du Mexique jusqu'à la Floride.

C'est à partir de ce point que le courant, qui emplit le canal de Floride et le détroit de Bahama, débouche en plein Atlantique nord, sous son nom de Gulf-Stream. Là, ce puissant fleuve maritime ne mesure pas moins de 50 kilomètres de largeur sur une profondeur moyenne de 370 mètres ; la vitesse de ses eaux atteint 6 kilomètres et demi à l'heure, soit environ 160 kilomètres par jour. Puis il s'élargit, à mesure que diminuent sa profondeur et sa vitesse. Vis-à-vis des Carolines, à la hauteur du cap Hatteras, sa largeur atteint déjà 75 kilomètres, sa profondeur n'est plus que de 210 mètres. La température moyenne de ses eaux est alors de 30°. C'est surtout à cette partie de son cours que s'appliquent ces paroles de Maury, définissant le Gulf-Stream : « C'est un merveilleux phénomène, un fleuve au milieu de l'océan, et le volume de ses eaux est à lui seul plus considérable que celui de tous les fleuves du globe réunis. Son lit et ses rives sont d'eau froide ; sa couleur est d'un bleu sombre, et on le voit ainsi séparé des eaux qui le bordent. A la hauteur des Carolines et sur le bord occidental, cette ligne de séparation est si étroite, qu'on peut voir, quand la mer est tranquille, l'avant du navire faire jaillir les eaux bleues du courant, quand l'arrière est encore dans les

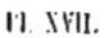

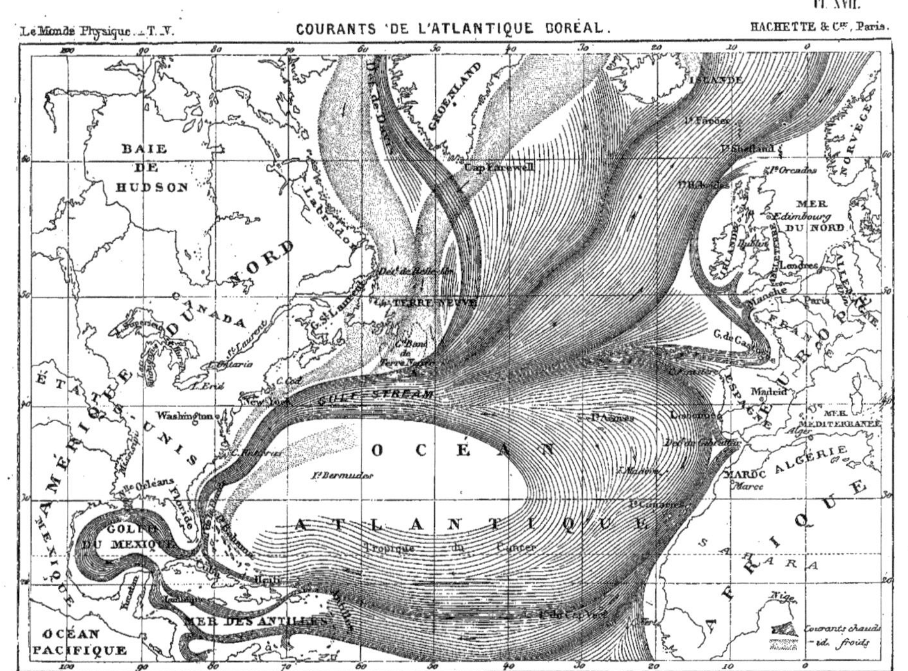

LE GULF-STREAM
Et les courants polaires de l'Atlantique nord.

eaux vertes qui le contiennent. » Plus loin, en s'étalant sur l'Atlantique en éventail, le Gulf-Stream répand ses eaux à la surface de la mer, « comme un manteau de chaleur, dit encore Maury, couvrant une immense étendue et abritant des myriades de créatures qui, pendant l'hiver et jusque sur nos côtes d'Europe, y trouvent une abondante nourriture. Si la chaleur transportée par ce prodigieux courant pouvait être utilisée, elle serait suffisante pour maintenir en constante activité un fourneau cyclopéen capable de donner un courant de fer fondu d'un volume égal à celui du plus grand fleuve[1]. » D'après les calculs de Croll, le Gulf-Stream est équivalent à un cours d'eau de 80 kilomètres de large sur 300 mètres de profondeur, animé d'une moyenne vitesse de $6^{kil},4$ par heure ou de 154 kilomètres par jour. C'est un débit journalier de près de 3700 milliards de mètres cubes, de 43 millions 700 000 mètres cubes par seconde. Une telle masse liquide, douée, au sortir du golfe du Mexique, de la température de 18 degrés, tombe, dans son trajet vers le nord, à 4°,5, de sorte que la perte de chaleur est de 13°,5. D'où il est facile de conclure la quantité de chaleur transportée chaque jour des régions équatoriales dans la zone des hautes latitudes. Le nombre auquel on arrive est d'environ 50 millions de milliards de calories ; pour l'année entière, c'est à peu près 18 milliards de milliards. C'est une quantité de chaleur presque égale à celle que les rayons du Soleil versent sur les régions arctiques, aux deux cinquièmes de celle que reçoit l'espace entier occupé par l'Atlantique nord.

Nous n'avons suivi jusqu'ici le grand courant chaud que jusqu'à la hauteur du banc de Terre-Neuve, vers la latitude de 44°. A partir de ce point, ses eaux se répandent en se ramifiant en plusieurs branches. L'une, la branche orientale, s'infléchit vers l'est dans la direction des Açores, puis vers le sud, baignant les côtes d'Espagne et celles d'Afrique et retournant se confondre avec le courant équatorial ; la branche centrale se

1. *Géographie physique de la mer.*

dirige au nord-est, atteint les côtes de la mer de France, contourne les Iles Britanniques, passe entre l'Islande et les Färöer, longeant la Scandinavie jusqu'au cap Nord, va réchauffer les parages du Spitzberg et les côtes occidentales de la Nouvelle-Zemble; la branche occidentale, plus étroite, s'infléchissant légèrement au nord-ouest, côtoie les rivages du Groenland dans le détroit de Davis, qu'elle contribue à rendre plus accessible aux navires que le passage compris entre l'Islande, le Groenland oriental et le Spitzberg.

Pour achever de décrire la circulation de l'océan Atlantique, nous mentionnerons tout de suite les courants inverses ou contre-courants qui amènent les eaux glacées du pôle dans les basses latitudes, où elles remplacent celles du Gulf-Stream. Ce sont des courants de profondeur, dont l'existence est nettement accusée par les sondages thermométriques. L'un d'eux part de l'extrémité boréale de l'Amérique du Nord, descend par le détroit de Davis jusqu'aux côtes du Labrador, coulant lentement entre cette côte et le Gulf-Stream, mais dans une direction contraire à celle de ce dernier courant. Il longe ensuite le continent américain jusqu'à la Floride; là il se divise : une partie passe, sous l'eau chaude du Gulf-Stream, dans le golfe du Mexique; l'autre contourne Cuba à l'ouest. La ligne de contact du courant froid et du courant chaud est si tranchée, que le lieutenant américain Bache l'a désignée sous le nom de *muraille froide*.

Une autre branche des courants polaires, partant du Spitzberg, entoure l'Islande à l'est, et, longeant le Groenland par un de ses rameaux, va rejoindre le courant du Labrador. Enfin un troisième courant froid, suivant les profondeurs de la côte occidentale scandinave, passe entre les Shetland et les Färöer, pour se perdre au nord de l'Écosse et dans la mer du Nord. Un rameau de ce courant froid passe aussi dans le canal qui sépare les Färöer de l'Islande, sous les eaux chaudes du Gulf-Stream.

L'océan Pacifique, malgré son immense largeur, offre néanmoins une circulation de ses eaux qui a la plus grande analogie avec celle des eaux de l'Atlantique. Tout le long de l'équateur un vaste courant, dirigé de l'est à l'ouest, part des côtes nord-ouest du continent américain méridional, pour aboutir à l'archipel de la Malaisie, après un parcours de 18 000 kilomètres. A la hauteur de l'Australie, le courant équatorial du Pacifique se divise en plusieurs branches, qui pénètrent entre les îles de l'Archipel ; mais le courant principal, remontant au nord, suit les contours du continent asiatique oriental, en s'infléchissant de plus en plus vers l'est, comme les côtes elles-mêmes. A la hauteur du Japon, la direction change encore et devient tout à fait orientale : le fleuve maritime d'eaux chaudes prend alors le nom de *courant de Tessan*, du nom du savant navigateur qui l'a reconnu et décrit, ou encore celui de *Kuro-Sivo* ou *courant noir*, selon l'appellation japonaise ; c'est à la couleur de ses eaux d'un bleu foncé qu'est due cette seconde dénomination. Le Kuro-Sivo envoie l'une de ses branches jusqu'aux îles Aléoutiennes : les habitants de ces îles, privées la plupart de végétation, utilisent pour la construction de leurs huttes et de leurs canots les bois flottés que le courant transporte en grandes quantités sur leurs côtes : ce sont des débris, des troncs d'arbres, tels que le camphrier, originaires de la Chine et du Japon. L'autre branche du courant se détache vers le 40° parallèle et court dans la direction de l'est jusqu'aux rives occidentales de l'Amérique du Nord. Là il s'épanouit en éventail, se divise en envoyant une de ses branches au nord, tandis qu'une branche méridionale, longeant la Californie et les côtes du Mexique, va se confondre avec le courant équatorial à son point de départ.

Dans le Pacifique sud existe un courant chaud de surface, à peu près symétrique du Kuro-Sivo, et qui, après un long parcours de l'ouest à l'est, va également, par une branche qui remonte vers l'équateur parallèlement aux côtes occidentales de l'Amérique du Sud, rejoindre le courant équatorial, origine de cette double circulation. Quant aux contre-courants polaires, qui compensent cet afflux des eaux chaudes de la zone tropicale vers les régions boréales, ce sont : d'une part, le courant qui traverse le détroit de Behring, suit la direction des côtes du Kamtschatka, pénètre dans la mer d'Okhotsk, enveloppe les îles du Japon et continue son cours le long des côtes orientales d'Asie jusqu'à la Cochinchine. Dans le Pacifique sud existent deux courants froids : le premier se voit à l'est de la Nouvelle-Zélande ; le second, beaucoup plus long, porte le nom de Humboldt, à qui l'on en doit la découverte. Voici la description qu'en donne le savant explorateur : « Un second courant, dont j'ai reconnu la basse température dans l'automne de l'année 1802, règne dans la mer du Sud et réagit d'une manière sensible sur le climat du littoral. Il porte les eaux froides des hautes latitudes australes vers les côtes du Chili ; il longe ces côtes et celles du Pérou, en se dirigeant d'abord du sud au nord, puis, à partir de la baie d'Arica, il marche du sud-sud-est au nord-nord-ouest. Entre les tropiques, la température de ce courant froid n'est que de 15°,6 en certaines saisons de l'année, pendant que celle des eaux voisines en repos monte à 27°,5 et même à 28°,7. Enfin au sud de Payta, vers cette partie du littoral de l'Amérique méridionale qui fait saillie à l'ouest, le courant se recourbe comme la côte elle-même, et s'en écarte en allant de l'est à l'ouest, en sorte qu'en continuant à gouverner au nord, le navigateur sort du courant et passe brusquement de l'eau froide dans l'eau chaude[1]. »

Pour achever cette description des courants océaniques généraux, il ne nous reste plus qu'à dire un mot de la circulation des eaux dans l'Océan Indien. Là, sous l'équateur, existe, comme dans les deux grands espaces maritimes de l'Atlantique et du Pacifique, un mouvement dans le sens de l'est à l'ouest, lequel, parvenu à une certaine distance des côtes orientales d'Afrique, se divise, envoie un rameau remonter jusqu'à l'entrée de la mer Rouge, tandis que les deux autres, descendant au sud-ouest, vont entourer Madagascar, pour se rejoindre en un

1. *Cosmos*, t. I.

courant unique jusqu'au banc et au cap des Aiguilles. L'un de ces courants, tirant son nom du canal qu'il traverse, est le courant de Mozambique; sa rapidité au point le plus étroit du canal est aussi grande que celle du Gulf-Stream : elle dépasse 6 kilomètres à l'heure. Les courants chauds de l'Océan Indien ne sont d'ailleurs pas isolés de la circulation océanique générale; par les nombreuses ouvertures qui existent entre les îles de la Sonde, la Malaisie et l'Australie, ils communiquent avec les courants du Pacifique; d'autre part, le courant de Mozambique rejoint celui de l'Atlantique sud. Quant aux courants froids qui vont combler le vide fait par l'afflux des eaux équatoriales vers les hautes latitudes, on en voit l'origine au sud de la Tasmanie et de l'Australie, d'où ils remontent dans la direction du nord, leurs eaux froides et denses s'enfonçant probablement sous la couche plus chaude et plus légère des courants de surface.

Enfin, il y aurait lieu encore de décrire les courants secondaires, qui sillonnent les contours des golfes ou pénètrent dans les mers intérieures; déjà, en traitant de la température des eaux de la mer, nous avons indiqué les courants qui, comme ceux du détroit de Gibraltar, font entrer dans la Méditerranée les eaux de l'Atlantique et, par un mouvement inverse, ramènent dans l'océan les eaux de la mer intérieure, auxquelles une évaporation abondante donne un excès de salure et de densité. Dans la Baltique, dans la mer Noire, dans la mer Rouge, on observe de pareils courants et contre-courants.

§ 4. THÉORIE DES COURANTS MARINS. — EXPLICATION ET CAUSES DE LA CIRCULATION OCÉANIQUE ET GÉNÉRALE.

L'observation, on vient de le voir, a mis hors de doute l'existence d'une grande et générale circulation des eaux océaniques. Des courants superficiels entraînent d'abord les eaux chaudes des régions tropicales dans la direction de l'est à l'ouest; au voisinage des continents qui leur barrent le chemin, ces courants se divisent, les uns remontant vers le nord, les autres descendant plus au sud; mais les uns et les autres produisent le même effet et font affluer dans les mers des régions tempérées et polaires les eaux chaudes de l'équateur. Des courants inverses compensent cet afflux de masses liquides à température élevée, en ramenant des pôles à l'équateur des quantités équivalentes d'eau à basse température.

Quelle est la cause ou quelles sont les causes physiques de ce mouvement constant, régulier, des eaux de la mer? Nous avons bien vu plus haut, en énumérant les causes diverses et multiples de la rupture d'équilibre des molécules aqueuses dans le bassin des mers, des raisons incontestables de l'agitation de ces masses liquides, qui ne restent pas un instant en repos sous leur action. Mais ces causes perturbatrices agissent en sens opposés ; leur résultante en un point quelconque de l'immense surface des mers ou de leurs couches profondes serait bien difficile à calculer; elle varie d'un moment à l'autre, d'une région à une autre, avec l'heure, le jour, la saison, la latitude du lieu. Comment démêler l'élément prépondérant de ce problème si complexe d'hydrodynamique, et en déduire les lois de circulation que l'observation a précisément révélées? On ne sera point étonné de voir que physiciens et météorologistes sont loin de s'accorder sur ce point délicat de physique du globe, et que les théories proposées pour l'explication des courants marins sont difficiles à concilier. Bornons-nous à les résumer dans leurs traits essentiels.

Toute la difficulté consiste à rendre compte du mouvement des eaux équatoriales vers les zones tempérées et polaires, ou même simplement de l'existence du courant équatorial dans la direction de l'est à l'ouest. Les changements de direction peuvent s'expliquer par les obstacles que rencontre ce grand courant général, sous la forme de bas-fonds, de masses continentales ou insulaires. Une fois connue la cause des courants superficiels chauds vers les pôles, les contre-courants froids et profonds en seront une conséquence nécessaire

Deux causes principales sont invoquées en vue de l'explication de ce premier mouvement. L'une est la chaleur, ou plutôt l'excès de chaleur, qui distingue les eaux des mers tropicales des eaux des mers aux latitudes plus élevées, excès qu'elles doivent à leur exposition plus directe à la radiation solaire. L'autre est la force impulsive des vents réguliers qui soufflent de part et d'autre de l'équateur dans les deux hémisphères. De là deux théories différentes, ou plutôt deux points de départ différents, car les effets de la chaleur sont multiples et leur interprétation a donné lieu à plusieurs théories des courants. Quelques physiciens admettent la réalité et l'efficacité de ces deux causes principales, et pensent que les courants résultent de leur action simultanée.

Nous verrons bientôt que, sur deux zones situées de part et d'autre de l'équateur, soufflent presque constamment des vents dont la direction vient du nord-est dans l'hémisphère boréal, du sud-est dans l'hémisphère austral : ce sont les vents alizés. Ces courants aériens agissent sur la surface de la mer et y soulèvent des ondulations qui se propagent dans le même sens qu'eux; leur force impulsive agit latéralement sur les vagues et détermine leur mouvement en avant, faisant affluer vers l'équateur les masses liquides ainsi entraînées. On comprend que cette action, si faible qu'elle soit dans ses éléments, se multiplie par sa continuité dans un sens toujours le même et par l'absence d'obstacles sur toute la vaste étendue des mers équatoriales, dans le Pacifique, l'Océan Indien et l'Atlantique. Ces deux afflux liquides, en se rencontrant sous l'équateur, dans la zone des calmes, composent leurs mouvements, dont la double direction est nord-est et sud-est, en un seul courant suivant une direction intermédiaire, de l'est vers l'ouest. C'est là le grand courant équatorial, dont nous avons vu l'existence constatée par l'observation. En se heurtant contre les côtes orientales des continents, il est contraint de dévier soit du côté du nord, soit du côté du sud, selon l'orientation des rivages et selon l'hémisphère où se portent les deux courants partiels résultant de la bifurcation du courant principal.

Cette théorie de la production des courants superficiels et chauds par l'impulsion due aux vents a été appuyée d'observations dues à Smeaton, au major Rennel[1], sur le transport des eaux de l'extrémité à l'autre d'un canal par l'action d'un vent violent; si le canal est sans issue, l'eau acquiert un niveau plus élevé; mais si celle-ci peut s'échapper, il en résulte un courant qui s'étend plus ou moins loin, selon le degré de la force qui le produit. Dans ses *Abîmes de la mer*, M. W. Thomson se prononce en faveur de cette théorie.

Ceux qui regardent la chaleur comme la cause de la circulation océanique expliquent de plusieurs façons le mode d'action de cet agent physique. Les uns, comme Maury, ne considèrent, parmi les effets de la chaleur, que ceux qui déterminent dans les eaux de la mer des différences de pesanteur spécifique, d'une part la dilatation, d'autre part l'évaporation. La rupture d'équilibre provenant de la dilatation des eaux tropicales sous l'influence de la radiation solaire est mise en évidence par le savant américain de la manière suivante : « Supposons, dit-il, que toute l'eau contenue entre les tropiques, jusqu'à la profondeur de 100 brasses, se trouve tout d'un coup transformée en huile : l'équilibre des eaux de notre planète en sera rompu, et nous verrons naître un système général de courants et de contre-courants : l'huile, se maintenant à la surface, se dirigera vers les pôles sous forme de nappe ininterrompue, et l'eau, en contre-courant sous-marin, prendra sa direction vers l'équateur. Admettons qu'alors l'huile

1. Rennel divisait les courants, d'après leur origine, en courants d'impulsion (*drift currents*) et courants torrentiels (*stream currents*), les premiers engendrés par l'action dominante et continue de vents qui poussent la masse liquide dans une direction opposée à celle d'où ils soufflent; quand cette masse rencontre un obstacle qui s'oppose à son mouvement, elle s'accumule et donne naissance à un courant torrentiel. L'obstacle peut consister soit en de la terre, soit en escarpements de terrain, soit en un courant torrentiel déjà formé : un courant de ce genre peut avoir un volume, une profondeur ou une vitesse quelconque, tandis que le courant d'impulsion est peu profond et possède une vitesse qui dépasse rarement 800 mètres à l'heure. (Lyell, *Principes*.)

arrivée dans le bassin polaire reprenne sa première forme, et que l'eau, en traversant les tropiques du Cancer et du Capricorne, se change en huile, s'élève à la surface dans les régions intertropicales et reprenne le chemin des pôles. L'eau froide du nord, l'eau chaude du golfe du Mexique rendue spécifiquement plus légère par la chaleur tropicale, présentant un système tout semblable de courants et de contre-courants, ne sont-elles pas semblables dans leurs rapports réciproques à l'eau et à l'huile[1]. »

L'évaporation de la surface des mers n'enlève que l'eau pure à la masse liquide chargée de sels ; elle est activée par la chaleur et par les vents. De là une seconde cause de rupture d'équilibre capable de produire des courants. Voici en effet ce qu'en dit Maury, et comment elle lui sert à expliquer le Gulf-Stream : « Dans l'état actuel de nos connaissances, en ce qui touche ce prodigieux phénomène, car le Gulf-Stream est certainement une des choses les plus merveilleuses de l'océan, nous n'en sommes guère encore qu'aux conjectures ; nous connaissons pourtant quelques-unes des causes actives auxquelles nous pouvons l'attribuer avec quelque assurance. Une de celles-ci, c'est l'augmentation de salure des eaux après l'absorption par les vents alizés des vapeurs qui s'en dégagent, que cette absorption soit considérable ou faible. L'autre est la petite quantité de sel contenue dans la Baltique et dans les autres mers septentrionales. Ici nous avons la mer des Caraïbes et le golfe du Mexique, dont les eaux sont une véritable saumure, et de l'autre côté le grand bassin polaire, la Baltique et la mer du Nord, dont les deux dernières sont à peine saumâtres. L'eau est pesante dans les premiers de ces bassins maritimes, dans les autres elle est légère. L'étendue de l'océan les sépare, mais l'eau cherche et conserve son niveau ; ne découvrons-nous pas là une des causes du Gulf-Stream[2] ? »

Il est évident, bien que Maury ne semble pas l'avoir remar-

1. *Géographie physique de la mer.*
2. *Loc. cit.*

qué, que l'excès de salure ou de densité produit par l'évaporation, doit neutraliser en tout ou en partie la différence qui provient de la dilatation. C'est ce que Croll fait observer justement en ces termes : « Suivant ces deux théories, dit-il, ce sont les différences de densité entre les eaux équatoriales et les eaux polaires qui produisent les courants : seulement l'une donne aux premières *moins de densité*, tandis que suivant l'autre elles sont *plus pesantes* que les polaires. L'une ou l'autre de ces théories peut être la vraie, ou toutes deux se trouver fausses, mais il est logiquement impossible qu'elles soient justes l'une et l'autre, par cette simple raison que les eaux de l'équateur ne sauraient se trouver à la fois plus légères et plus lourdes que celles des pôles. Tant que ces deux causes continueront à agir, aucun courant ne pourra se produire, à moins que la puissance de l'une n'arrive à surpasser celle de l'autre, et alors le courant produit n'existera que dans la proportion exacte de cet excédent de puissance. »

Le docteur Carpenter, dont nous avons cité les nombreuses observations de température des eaux de la mer, adopte, en la modifiant quelque peu, la théorie de Maury; son collaborateur dans les sondages maritimes, M. Wyville Thomson, lui fait à peu près les mêmes objections que Croll fait à Maury. Il nous paraît ressortir de tout cela cette conséquence, que, si les courants marins sont assez bien définis dans leurs traits généraux, la théorie physique de leurs mouvements est encore à peine ébauchée. C'est ce que constatait, au Congrès tenu à Glascow en 1877, par l'Association Britannique, le président de la section de Géographie, M. Evans. Le problème n'a point été abordé avec la précision que paraissent comporter cependant, d'une part les données de l'observation, d'autre part les lois de l'hydrodynamique. Un savant capitaine de frégate, M. Ansart Deusy, a publié toutefois une théorie des courants océaniques que nous ne pouvons passer sous silence. Elle est entièrement basée sur l'un des plus actifs effets de la radiation solaire dans les régions tropicales, à savoir l'évaporation.

M. A. Deusy considère la dénivellation qui résulte de l'évaporation en ces régions comme une cause suffisante des mouvements qui entraînent les eaux de la zone polaire vers l'équateur. Là ces deux courants opposés se rencontrent et se heurtent en donnant lieu à un courant de réaction égal comme masse et comme quantité de mouvement aux courants venant des pôles. C'est vers les parallèles de 30° que cette rencontre a lieu. Il ne s'agit là que de la circulation générale qui, par le jeu des forces verticales et horizontales, a lieu dans toute la masse des eaux de l'océan. La rotation de la Terre influe sur ces courants généraux, déviant vers l'est ceux qui vont de l'équateur aux pôles, vers l'ouest ceux qui amènent les eaux des zones polaires vers l'équateur, ainsi que le montrent les groupes de flèches de la planche XVI. Quant aux courants superficiels, chauds ou froids, tels que le Gulf-Stream, le Kuro-Sivo, les courants de Humboldt, etc., ils ne sont autre chose que les courants généraux modifiés par les rivages du continent ou les reliefs du fond de la mer. Cette théorie, fort imparfaitement résumée par les lignes qui précèdent, ne fait point entrer en ligne de compte, comme on voit, les autres effets de la chaleur, dilatation, excès de salure, et laisse de côté l'action des vents sur la surface des eaux.

Des météorologistes, tels que Mohn en Suède, Marié-Davy en France, invoquent, pour expliquer la circulation océanique, toutes les causes que les théories précédentes regardent comme exclusivement efficaces. C'est leur résultante qui est la force motrice des courants. Il n'est pas douteux pour nous qu'une théorie complète des courants marins doit faire intervenir aussi bien les divers effets de la chaleur que l'action impulsive des vents; mais la difficulté, nous le répétons, est de dire dans quelle mesure agissent ces forces pour produire les courants réellement observés.

CHAPITRE II

LA CIRCULATION ATMOSPHÉRIQUE — LES VENTS RÉGULIERS

§ 1. DES VENTS EN GÉNÉRAL. — CAUSES ET MODES DE PROPAGATION DU VENT.

En abordant l'étude des courants aériens ou des vents, nous rentrons en plein dans le domaine de la Météorologie. L'excursion que nous avons faite sur un autre domaine, dans les chapitres précédents, consacrés aux mouvements de l'écorce solide et à ceux des masses liquides du globe, nous a paru complètement justifiée et le sera bientôt aux yeux du lecteur, lorsqu'il verra quelle solidarité existe entre des phénomènes qui tous concourent à produire cet état caractéristique de chaque contrée qu'on nomme le climat. Il est surtout impossible, quand il s'agit de connaître les lois des variations du temps, de ne pas tenir compte de toutes les causes qui peuvent l'influencer. Dans toutes les questions de météorologie dynamique, on ne peut guère se dispenser de faire intervenir les mouvements de la mer concurremment avec ceux de l'atmosphère.

Tout mouvement de transport des couches de l'air, quel qu'en soit le sens, vertical ascendant ou descendant, oblique ou horizontal, constitue un courant aérien ou *vent*. Mais le plus souvent, dans le langage ordinaire et même dans les recherches scientifiques, c'est seulement la composante horizontale de ce mouvement que l'on considère[1], soit qu'il s'agisse d'en marquer la direction, soit qu'on veuille en mesurer la vitesse ou l'intensité.

Nous avons vu que l'air n'est en équilibre que si les couches qui le composent se superposent horizontalement dans l'ordre de leurs densités, décroissantes avec l'altitude. Dès que, par une cause quelconque, survient une différence de température entre deux régions contiguës, de nature à renverser l'ordre des densités qui maintient l'équilibre, ce dernier est troublé. La raréfaction qui s'est produite dans la région de l'air échauffée, détermine un afflux de l'air plus froid et plus dense, et le courant qui en résulte se propage de proche en proche avec une vitesse et une force qui dépendent des inégalités de température, de densité, de pression. La raréfaction de l'air peut être due encore à la précipitation de la vapeur d'eau qu'il contenait : c'est ce qui arrive après une pluie abondante, un orage. L'air des régions voisines se précipite dans le vide relatif ainsi formé, donnant lieu à un vent, comme dans le cas de l'inégalité de température.

Les causes de ces ruptures d'équilibre dans le sein de l'atmosphère sont extrêmement variées : les unes sont accidentelles ou locales, et tiennent aux lieux, à la nature du sol, à son humidité ou à sa sécheresse, à la végétation plus ou moins abondante qui le recouvre, à son altitude, à l'état hygrométrique de l'air, etc. ; les autres sont périodiques, et suivent les jours et les nuits ou les saisons. La répartition géographique des terres et des eaux, des montagnes, des plateaux et des plaines a aussi sur la production et la succession des vents une influence considérable. Ce qui n'est pas douteux, c'est l'importance qu'ont les courants aériens dans l'économie géné-

1. Dans la session d'août 1880 de l'*Association française pour l'avancement des sciences*, M. l'abbé Maze a indiqué une méthode propre à déterminer la composante verticale du vent; l'appareil propre à cette mesure serait une roue hélicoïdale abritée dans un petit cylindre, et qui tournerait comme une turbine sous l'action des mouvements verticaux de l'air. MM. Hennessy et Glaisher, de la Société royale de Londres, ont étudié les mêmes courants en employant une girouette articulée dont les mouvements étaient enregistrés par l'électricité.

rale de la planète ou dans la climatologie. Suivant que les vents dominants d'une contrée sont froids ou chauds, secs ou humides, ils influent d'une façon favorable ou défavorable sur la végétation, sur la santé des hommes ou des animaux. Comme les courants de la mer, ils adoucissent les climats des régions vers lesquelles ils se dirigent, ou les rendent plus rigoureux. Ils purifient ou assainissent l'air des villes qu'ils renouvellent, ils transportent sur les continents où elles se condensent et tombent en pluies ou en neiges, les immenses quantités de vapeur formées à la surface de la mer par l'évaporation. Enfin, ils transportent au loin les graines légères des plantes et aussi le pollen des fleurs, aidant ainsi à la dissémination et à la reproduction de la vie végétale à la surface de la Terre. La partie de la Météorologie qui étudie les vents, les lois de leur propagation, a encore un côté pratique hautement apprécié par les marins, en permettant d'abréger leur route, bienfait qui résulte aussi de la connaissance de plus en plus parfaite des courants océaniques.

Fig. 250. — Formation des courants aériens par l'inégalité de température des couches d'air.

Franklin a mis en évidence, à l'aide d'une expérience fort simple que tout le monde peut répéter, la production du vent, en tant qu'elle résulte de l'inégalité de la température. Si l'on ouvre, en hiver, la porte qui fait communiquer deux chambres, l'une froide, l'autre bien chauffée, il se produit aussitôt un double courant d'air. L'air de la chambre chauffée, plus léger, pénètre en montant dans la chambre froide, tandis que l'air plus dense de celle-ci s'écoule par en bas pour le remplacer. En plaçant deux bougies allumées à la partie inférieure et à la partie supérieure de la porte, la direction contraire de leurs flammes indique nettement le sens des deux courants opposés. C'est la même raison qui détermine les courants ascendants à l'intérieur des cheminées, sans lesquels le tirage ne serait pas possible, et qui produit les mouvements de l'air à l'intérieur d'un verre de lampe, le long des tuyaux de poêle.

Les vents qui ont pour cause immédiate une raréfaction de l'atmosphère en un de ses points, se nomment *vents d'aspiration*[1], et l'on admet dès lors nécessairement qu'ils se propagent peu à peu dans une direction opposée à celle suivant laquelle ils soufflent, de sorte qu'un vent d'est, par exemple, qui règne sur l'Europe centrale et qui souffle vers les côtes de l'Atlantique, a commencé par se faire sentir à l'ouest, en France par exemple, puis en Suisse, en Allemagne et finalement en Russie. Cette opinion, qui était déjà celle de Franklin, a été controversée. Kaemtz était plutôt porté à croire que le vent commence dans un point situé au milieu de la région où il règne, pour se diriger, de là, en arrière aussi bien qu'en avant. Il invoque à l'appui de sa manière de voir les brises de terre et de mer, dont la cause est bien connue et dont nous parlerons plus loin. Il cite d'ailleurs des faits contraires à l'opinion de Franklin aussi bien que des faits favorables ; voici un exemple de ces derniers : « Un fort vent de nord-est s'éleva un jour vers 7 heures du soir à Philadelphie, et empêcha d'observer une éclipse de Lune. Ce coup de vent se fit sentir aussi à Boston, qui est située au nord-est de Philadelphie, mais seulement à 11 heures du soir. Un vent violent de sud-ouest,

1. « Le 18 novembre 1822, la corvette *la Coquille* fut subitement assaillie d'un *pampero*, vent fréquent vers l'embouchure du Rio de la Plata, quoiqu'elle fût d'ailleurs à plus de 200 lieues E. N. E. de ce parage. Ce qui porte à regarder ce vent qui venait de terre comme un vent d'aspiration occasionné par une raréfaction de l'atmosphère de la mer, c'est qu'au moment où on le ressentait, il y avait abaissement rapide du baromètre. Une circonstance remarquable, c'est que, malgré sa violence, ce vent paraît avoir été en quelque sorte local. » (Note du capitaine Duperrey, *Comptes rendus de l'Académie des sciences* du 6 juin 1858.)

qui ravagea les États-Unis le 12 juin 1829, souffla d'abord à Albany, puis à New-York, qui est située plus au sud. » Voici maintenant un exemple de propagation directe du vent : « Le terrible ouragan de sud-ouest du 29 novembre 1836 passa sur Londres à 10 heures du matin ; à la Haye à 1 heure ; à Amsterdam, à 1 heure et demie ; à Emden, à 4 heures ; à Hambourg, à 6 heures ; à Lubeck, Bleckede et Salzwedel, à 7 heures ; enfin à Stettin, à 9 heures et demie du soir. Il se transportait donc

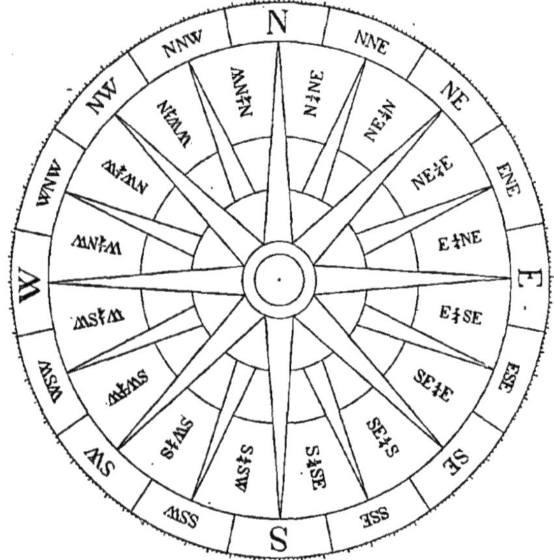

Fig. 251. — Rose des vents. Les 32 rumbs usités dans la navigation et la météorologie.

dans la même direction que celle dans laquelle il soufflait, et il mit 10 heures à parcourir l'espace qui sépare Londres de Stettin. Sa vitesse était par conséquent de 36 mètres par seconde ou de 129 600 mètres par heure. »

Aujourd'hui ces observations opposées ne sembleraient plus contradictoires. La loi de propagation énoncée par Franklin s'appliquant aux vents naissants, aux courants d'aspiration, est toujours vraie. Mais elle ne l'est plus s'il s'agit des courants d'impulsion, des *vents d'insufflation* comme on les a nommés par opposition aux vents d'aspiration ; s'il s'agit de la propagation des bourrasques, cyclones, etc., phénomènes complexes, grands mouvements atmosphériques où les masses d'air sont animées à la fois d'un mouvement de giration et d'un mouvement de translation à la surface de la planète. Nous reviendrons sur ce point plus loin.

Pour le moment, bornons-nous à énumérer les éléments des courants aériens que l'observation constate et mesure, avant de dire, dans le paragraphe qui va suivre, quels appareils les météorologistes emploient dans ce but spécial. Ces éléments sont : la direction, la vitesse, l'intensité ou la pression du vent.

La *direction* du vent s'entend de celle du point de l'horizon d'où il souffle, et s'indique par l'orientation de ce point rapportée aux quatre points cardinaux et aux points intermédiaires. On se borne ordinairement aux trente-deux désignations suivantes, appliquées aux divisions du cercle de l'horizon et dont l'ensemble forme la *rose des vents*. Chacun des secteurs a reçu le nom de *rumb ;* quand le vent passe de l'un à l'autre, on dit qu'il a sauté de un ou plusieurs rumbs[1] :

NORD	EST	SUD	OUEST
n $\frac{1}{4}$ *ne*	*e* $\frac{1}{4}$ *se*	*s* $\frac{1}{4}$ *sw*	*w* $\frac{1}{4}$ *nw*
NORD NORD-EST	EST SUD-EST	SUD SUD-OUEST	OUEST NORD-OUEST
ne $\frac{1}{4}$ *n*	*se* $\frac{1}{4}$ *e*	*sw* $\frac{1}{4}$ *s*	*nw* $\frac{1}{4}$ *w*
NORD-EST	SUD-EST	SUD-OUEST	NORD-OUEST
ne $\frac{1}{4}$ *e*	*se* $\frac{1}{4}$ *s*	*sw* $\frac{1}{4}$ *w*	*nw* $\frac{1}{4}$ *n*
EST NORD-EST	SUD SUD-EST	OUEST SUD-OUEST	NORD NORD-OUEST
e $\frac{1}{4}$ *ne*	*s* $\frac{1}{4}$ *se*	*w* $\frac{1}{4}$ *sw*	*n* $\frac{1}{4}$ *nw*
EST	SUD	OUEST	NORD

La *vitesse* du vent est le nombre de mètres que parcourent

1. Pour abréger, on notait autrefois chaque direction à l'aide des lettres initiales N, E, S, O. Mais une décision prise par le Comité international météorologique de Vienne a remplacé la lettre O par la lettre W, dans le but d'éviter la confusion provenant de la signification de la lettre O, qui, en allemand par exemple, est l'initiale du mot est (*ost*). L'emploi de l'initiale W fait cesser toute équivoque.

La direction du vent se marque encore en degrés. Dans ce cas, on indique par l'une des lettres S et N s'il souffle de l'hémisphère sud ou de l'hémisphère nord, on fait suivre du nombre de degrés que sa direction fait avec le méridien, et enfin de la lettre W ou de la lettre E, selon que l'angle est compté du côté de l'ouest ou de celui de l'est. Ce mode de notation est utile, si l'on a besoin de mesurer la direction avec une précision plus grande.

les molécules d'air en une seconde (ou le nombre de kilomètres parcourus en une heure). L'*intensité* ou la *force* du vent est la pression qu'il exerce sur l'unité de surface, qui est le mètre carré ; on l'exprime d'ordinaire en kilogrammes. Dans les observations courantes, en l'absence d'appareils propres à mesurer la vitesse du vent et sa force, que l'on confond souvent à tort, on estime directement l'un ou l'autre de ces éléments, en adoptant une échelle conventionnelle, dont les degrés correspondent à des effets connus du vent, sur terre ou sur mer. Les tableaux suivants montrent la concordance entre les degrés de l'échelle terrestre adoptée par les météorologistes, et ceux de l'échelle de Beaufort plus particulièrement usitée près des gens de mer[1] :

ÉCHELLE TERRESTRE	EFFETS DU VENT	ÉCHELLE MARINE DE BEAUFORT
0. Calme.	La fumée s'élève verticalement; les feuilles des arbres sont immobiles.	0. Calme.
1. Faible.	Sensible aux mains ou à la figure; agite les petites feuilles.	1. Presque calme. 2. Légère brise.
2. Modéré.	Fait flotter un drapeau; agite les feuilles et les petites branches des arbres.	3. Petite brise. 4. Jolie brise.
3. Assez fort.	Agite les grosses branches des arbres.	5. Bonne brise. 6. Bon frais.
4. Fort.	Agite les plus grosses branches et les troncs de petit diamètre.	7. Grand frais. 8 Petit coup de vent.
5. Violent.	Secoue tous les arbres, brise les branches et les troncs de petit diamètre.	9. Coup de vent. 10. Fort coup de vent.
6. Ouragan.	Renverse les cheminées, enlève les toits des maisons, déracine les arbres.	11. Tempête. 12. Ouragan.

Les *Instructions* du Bureau central météorologique de France

1. Mohn, dans son *Traité de Météorologie pratique,* donne les deux échelles, terrestre et

DEGRÉS	MILLES PAR HEURE		DEGRÉS	MILLES PAR HEURE	
0	2	Le bateau ne gouverne pas.	7	40	Les huniers avec 2 ris.
1	8	— gouverne.	8	48	— avec 3 ris.
2	13	1 à 2 nœuds par heure.	9	56	— avec tous les ris.
3	18	2 à 4 —	10	65	Les grandes voiles carguées.
4	23	4 à 6 —	11	75	Voiles d'étai de cape.
5	28	Les cacatois.	12	90	A sec de voiles.
6	34	Les huniers avec un ris et perroquets.			

auxquelles nous empruntons le tableau précédent y joignent celui de la vitesse ou de la force du vent pour chacun des sept degrés de l'échelle terrestre ou des treize degrés correspondants de l'échelle marine. Voici ces nombres :

DEGRÉS DE L'ÉCHELLE		VITESSE		PRESSION DU VENT EN KILOGRAMMES PAR MÈTRE CARRÉ
TERRESTRE	MARINE	EN MÈTRES PAR SECONDE	EN KILOMÈTRES PAR HEURE	
0.	0.	de 0^{m} à 0^{m},5	de 0^{km} à 1^{km},8	de 0^{kg} à 0^{kg},1
1.	1.2.	0^{m},5 5^{m},0	1^{km},8 18^{km}	0^{kg},1 3^{kg}
2.	3.4.	5^{m} 10^{m}	18^{km} 36^{km}	3^{kg} 12^{kg}
3.	5.6.	10^{m} 15^{m}	36^{km} 54^{km}	12^{kg} 27^{kg}
4.	7.8.	15^{m} 20^{m}	54^{km} 72^{km}	27^{kg} 48^{kg}
5.	9.10.	20^{m} 30^{m}	72^{km} 108^{km}	48^{kg} 108^{kg}
6.	11.12.	au-dessus de 30	au-dessus de 108	au-dessus de 108

Ces définitions données, voyons comment on mesure les divers éléments du vent.

§ 2. GIROUETTES, ANÉMOSCOPES ET ANÉMOMÈTRES.

Pour observer la direction du vent, on se sert de temps immémorial des girouettes, fixées au sommet des maisons ou des édifices quelconques, ou à l'extrémité de mâts élevés spécialement pour cet objet. En mer, les flammes des mâts, la fumée des cheminées des bateaux à vapeur n'indiquent la direction vraie du vent que si le navire marche dans le vent ; en cas contraire, elles marquent la direction de la composante des vitesses du vent et du navire. Les voyageurs qui n'ont pas de girouettes à leur disposition peuvent y suppléer en attachant un ruban à l'extrémité d'une baguette ; quand le vent est faible, il suffit de tourner la figure à tous les points de l'horizon pour distinguer le point d'où il souffle ; en mouillant un doigt et le

marine, mais avec une concordance un peu différente. Les nombres mesurant les vitesses et les pressions ne sont pas non plus tout à fait les mêmes que dans les tableaux ci-dessus. Bornons-nous à citer, d'après lui, l'échelle marine.

tenant en l'air, le froid que produit l'évaporation est plus vif du côté du vent; on peut ainsi se rendre compte de sa direction approchée.

Les girouettes ordinaires, le plus souvent mal construites, mal équilibrées, offrent en outre un inconvénient qui en rend l'emploi difficile en météorologie : étant situées au dehors et à la partie supérieure des édifices, l'observation tant soit peu continue en est pénible, et d'ailleurs l'observateur a quelque peine à discerner le rumb de vent avec précision. Si leur

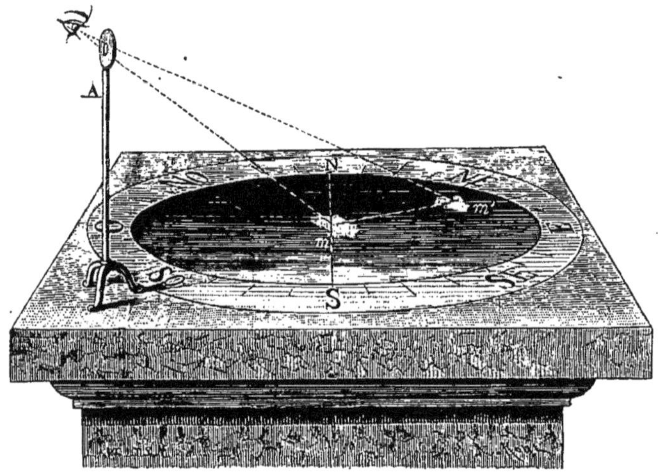

Fig. 252. — Miroir des vents supérieurs.

élévation est insuffisante, le courant qui les entraîne a souvent une direction qui n'est pas celle du vent régnant; c'est ce que chacun peut constater en examinant plusieurs girouettes voisines : il arrive assez rarement que leurs indications soient concordantes. Avant de décrire le mode d'installation le plus rationnel, n'oublions pas de dire que les courants aériens n'ont pas toujours la même direction à différentes hauteurs. On voit quelquefois les nuages marcher dans un sens et les girouettes dans un autre. Il y aura donc, pour un météorologiste, deux observations simultanées à faire : celle de la direction du vent à une hauteur suffisante au-dessus du sol, et celle de la direction suivie par les nuages, ou même par diverses couches de nuages superposées. Pour la première, il se servira des anémoscopes que nous allons décrire ; pour la seconde, qui n'est pas toujours aisée, il pourra s'aider du *miroir à nuages*. Voici la description de ce dernier appareil (fig. 252) donnée par les *Instructions météorologiques :* « C'est un disque de glace noire, fixé horizontalement, et portant gravés sur sa circonférence les quatre points cardinaux et les directions intermédiaires, N,N.N.E, N.E, E.N.E, etc. Sur ce disque on peut poser en un endroit quelconque une tige de métal verticale, munie d'un pied et terminée en haut par un œilleton. Pour déterminer la direction du mouvement d'un nuage, on pose cette tige de métal à un endroit tel, que l'œil placé derrière l'œilleton voie l'image du nuage par réflexion sur la glace noire se faire au centre du disque ; puis, sans bouger l'œilleton, on regarde par quelle division du cercle l'image du nuage sort du miroir : la direction opposée est celle par laquelle le nuage est entré. On peut même se dispenser de chercher la direction opposée et noter simplement celle par laquelle disparaît le nuage, si l'on a eu la précaution d'orienter le miroir à rebours, la division S vers le nord, E vers l'ouest, et ainsi de suite ; la lecture donnera alors la direction qu'il faut inscrire sur les feuilles, et qui est toujours celle *d'où vient* le nuage. »

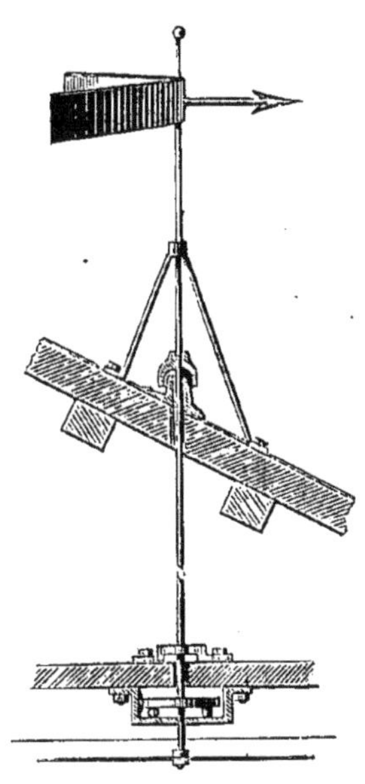

Fig. 253. — Installation d'une girouette.

L'observation de la direction du vent à terre se fait le plus souvent à l'aide d'une girouette, le plus simple des *anémoscopes*. Elle doit être installée à une hauteur suffisante pour n'être pas contrariée par les remous qui résultent du voisinage des édifices, des arbres, etc. Il importe avant tout qu'elle soit très mobile, ce qui aura lieu, si elle peut tourner librement autour d'un axe d'une verticalité parfaite, et si elle est bien en équilibre, son centre de gravité se trouvant sur l'axe même. Deux lames rectangulaires formant un angle aigu (d'environ 20 degrés), soudées à la tige verticale, ont pour contre-poids une flèche, terminée par une pointe ou une boule dirigée dans le plan bissecteur des lames. La tige traverse le toit de l'édifice, ainsi que le plafond de la salle où se tient l'observateur; elle passe dans des colliers qui la maintiennent sans la serrer. Elle porte à son extrémité inférieure un disque horizontal solide, enfermé dans un tambour fixé au plafond, et reposant sur des billes de métal ou d'agate[1]. De la sorte, la mobilité de la tige en partant de la girouette est assurée; d'autre part, la double lame, en lui donnant plus de stabilité, empêche les oscillations trop fortes et trop fréquentes qu'on observe dans les bourrasques, lorsque la lame est unique. Les indications se lisent au-dessous du tambour, sur une rose des vents tracée au plafond et qui a pour centre l'extrémité de la tige. Celle-ci porte, dans ce but, une aiguille fixée dans une direction exactement parallèle au plan bissecteur des deux lames de la girouette et suivant par conséquent toutes ses oscillations. Cette installation permet d'observer la direction du vent à tout instant, pendant la journée et surtout pendant la nuit, sans quitter la chambre,

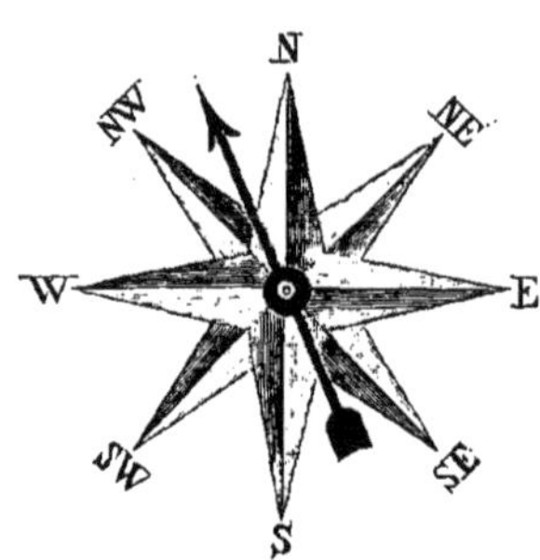

Fig. 254. — Rose des vents et aiguille indicatrice de la girouette.

1. « Au lieu de faire reposer la girouette sur des billes, disent les *Instructions météorologiques*, on peut la supporter, dans un grand vase plein d'eau salée ou chargée de chlorure de calcium, au moyen d'un flotteur, par exemple un cylindre de zinc creux ou une sphère. Ce flotteur pourra être muni extérieurement d'ailettes, destinées à augmenter le frottement contre le liquide. On obtient ainsi, mieux que par tout autre procédé, une girouette qui obéit aux vents les plus faibles, et qui offre au contraire une grande résistance aux déplacements rapides, ce qui fait qu'elle présente moins, par les vents forts, ces oscillations violentes, qui sont dues le plus souvent aux défauts de l'instrument. »

et elle suffit quand on ne tient pas à noter toutes les variations de cette direction. Quand on veut connaître ces variations d'une manière continue, ou même seulement à des intervalles un peu rapprochés et sans interruption, l'observation de la girouette devient par trop pénible. En ce cas, il faut adopter des appareils enregistreurs soit de la direction, soit de la vitesse du vent, soit de ces deux éléments à la fois. Dès le commencement du siècle dernier, on avait compris l'utilité de ces instruments automatiques; un mécanicien distingué de cette époque, d'Ons en Bray, donna dès 1734 (dans les *Mémoires de l'Académie des sciences*) la description d'un « anémomètre qui marque de lui-même sur le papier non seulement les vents qu'il a fait pendant les vingt-quatre heures, et à quelle heure chacun a commencé et fini, mais aussi leurs différentes vitesses ou forces relatives. » Un cylindre vertical monté sur l'axe de la girouette, et tournant comme elle, portait 25 crayons en saillie, disposés suivant une hélice; une bande de papier qu'entraînait un mécanisme d'horlogerie se déroulait au devant du cylindre, et celui des crayons qui, selon le mouvement de la girouette, se trouvait affleurer la surface du papier y traçait une ligne continue. La hauteur de la ligne ainsi tracée indiquait la direction du vent; sa longueur faisait connaître le temps pendant lequel il avait soufflé.

Le nombre des appareils imaginés depuis lors pour enregistrer la direction, la vitesse ou la force du vent est considérable. Nous ne ferons que citer l'anémoscope du P. Beaudoux, qui portait deux sortes de sabliers, dont chacun déposait dans les augets d'une couronne une partie du sable qu'il contenait. La couronne contenant, pour l'équilibre, une double rangée de 16 cases par exemple, la quantité de sable versée dans chacune de celles-ci était proportionnelle au temps pendant lequel le vent avait soufflé dans la direction correspondante. M. Liais a imaginé un anémomètre qui rappelle celui que nous venons de décrire; au lieu de sable, c'est l'eau fournie par un vase de Mariotte (à écoulement constant) qui vient tomber dans les cases de plusieurs couronnes concentriques. Plus le vent est fort, plus la couronne où tombe l'eau de l'entonnoir se trouve rapprochée de l'axe, de sorte que l'intensité est marquée par le rang de la couronne, tandis que la direction l'est par la case

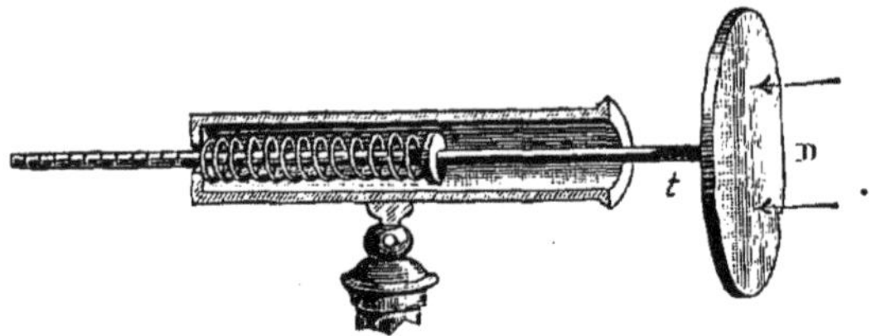

Fig. 255. — Anémomètre de pression de Bouguer.

et la durée du vent par la quantité d'eau recueillie dans cette case.

On a cherché à mesurer directement l'intensité du vent; les appareils imaginés dans ce but sont alors ce qu'on nomme

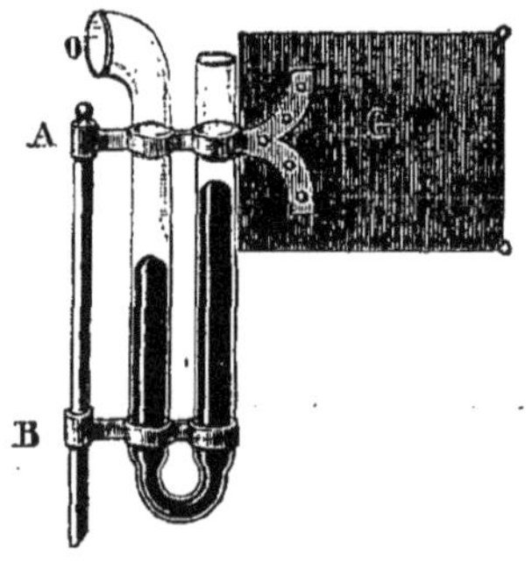

Fig. 256. — Anémomètre de pression de Lind.

Fig. 257. — Anémomètre de pression de Taupenot.

des *anémomètres de pression;* si l'on se contente de mesurer la vitesse (d'où l'on déduit la force du vent par un calcul, selon un rapport déterminé par l'expérience), on emploie surtout, dans ce deuxième cas, les *anémomètres de rotation*. Les anémomètres de pression sont peu usités. Citons celui de Bouguer (fig. 255), formé d'une plaque circulaire D dont la surface se présente normalement à la direction du vent; la plaque est munie d'une tige t traversant sans frottement un tube contenant un ressort à boudin qui résiste à l'enfoncement de la tige, c'est-à-dire à l'action du vent sur la plaque ; une graduation fait connaître de combien le ressort a cédé. L'anémomètre de Lind (fig. 256) est fondé sur le refoulement d'une colonne liquide contenue dans un tube recourbé en siphon. Ce tube tourne avec l'axe A B d'une girouette G et présente l'un de ses orifices O à l'action du vent : la différence du niveau du mercure dans les deux tubes sert de mesure à la pression exercée par le vent. Enfin dans l'anémomètre de pression de Taupenot, que représente la figure 257, la force du vent s'exerce contre une lame rectangulaire tournant autour d'un axe horizontal dirigé perpendiculairement au plan de la girouette. Plus le vent est violent, plus la plaque se relève ; on peut mesurer l'angle qu'elle fait avec la verticale, par le nombre des crans saillants qui correspondent aux divisions de la plaque, découpée en quart de cercle.

Arrivons aux anémomètres de rotation usités aujourd'hui dans les observatoires météorologiques. Ces appareils sont en même temps enregistreurs. Les premiers anémomètres de ce genre, celui de Wolfmann par exemple, qui fut perfectionné par Combes et le général Morin[1], inscrivaient le nombre des tours de leurs moulinets sur des compteurs à cadran ;

1. L'anémomètre Combes mérite mieux qu'une simple mention. En voici la description et la figure d'après l'excellent *Dictionnaire des mathématiques appliquées* de M. Sonnet :

« Il se compose de quatre ailes planes C, C, C, C, montées sur un axe très délié AA, terminé par des pivots très fins qui tournent dans des chapes en agate BB. Ce moulinet, exposé au vent de manière que la vitesse de celui-ci soit parallèle à l'axe AA, prend un mouvement de rotation plus ou moins rapide. Une vis sans fin, taillée sur l'axe AA, communique le mouvement à une roue dentée D. L'axe de celle-ci porte une petite came qui, à chaque tour, fait sauter d'une dent une roue à rochet E. La roue à rochet est retenue par un ressort très flexible fixé à la plaque horizontale G sur laquelle repose tout l'appareil. La roue D a 100 dents, et le rochet en a 50. Deux aiguilles H et H', placées en regard de ces roues, servent à faire connaître de combien elles ont tourné chacune. A chaque tour du moulinet, la vis sans fin avance d'un pas, et la roue D d'une dent ; si donc on trouve que le rochet a sauté de m dents, et que la roue D a tourné en outre de n dents, on en conclut que le moulinet a fait $100\,m + n$ tours. Deux fils LL, que l'on peut manœuvrer à distance, servent à faire mouvoir une fourchette K qui s'interpose entre les bras du moulinet lorsqu'on veut arrêter l'appareil ou qui s'en dégage lorsqu'on veut le remettre en marche. Pour se servir de l'appareil, on commence à amener le zéro de chaque roue en regard de l'aiguille correspondante ; on

mâis dans les appareils plus récents c'est l'électricité qui est chargée de transmettre et de noter leurs indications sur le papier noirci des cylindres. Nous prendrons pour exemple de ces derniers appareils les anémomètres qui sont employés à l'observatoire de Montsouris depuis une dizaine d'années.

A l'origine, la direction du vent était enregistrée par l'anémomètre de M. Hervé-Mangon. Voici à l'aide de quelle disposition. La girouette porte, sur son axe, quatre disques métalliques qui tournent avec elles et jouent le rôle de commutateurs électriques. A cet effet, chacun des disques est entaillé sur les 5 huitièmes de sa circonférence; 3 huitièmes forment

place l'instrument dans le courant dont on veut mesurer la vitesse ; on tire la détente à un instant précis ; on laisse tourner le moulinet pendant trois ou quatre minutes ; on tire le cordon d'arrêt, et on lit sur les roues le nombre des tours exécutés par l'appareil; d'où l'on déduit aisément le nombre de tours faits par seconde.

« Si N est ce nombre de tours, on a, en appelant V la vitesse du vent, et a et b des con-

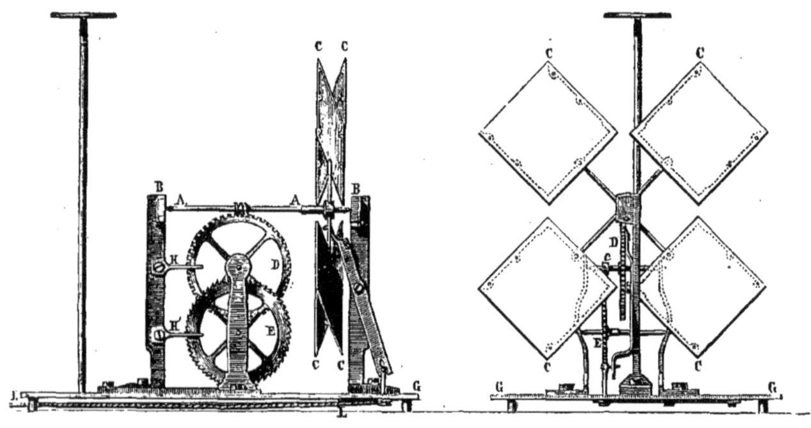

Fig. 258.
Anémomètre Combes, vue latérale.

Fig. 259.
Anémomètre Combes, vu de face.

stantes, $v = a + bN$. Les constantes a et b ont été déterminées à l'avance en plaçant l'appareil dans des courants dont la vitesse soit connue, ou plutôt en le faisant mouvoir avec une vitesse connue dans un air en repos. »

Le général Morin ajouta à l'anémomètre Combes une troisième roue de 100 dents, permettant de compter jusqu'à 500 000 tours; il le munit de cadrans dont les aiguilles indiquaient immédiatement le nombre des tours effectués. L'anémomètre Combes se fait en matières plus ou moins légères, selon les vitesses à mesurer. Pour les faibles vitesses (Péclet en mesura de $0^{m},16$ par seconde) les ailes du moulin sont en mica.

saillie ; mais les quatre disques sont fixés sur l'axe de façon que le milieu de chacune des saillies est à 90 degrés de celle qui se trouve au-dessus ou au-dessous d'elle, de sorte que, lorsque le mouvement de la girouette oriente l'une d'elles au Nord, les trois autres sont orientées Est, Sud, Ouest. Quatre lames de ressort disposées, dans la boîte contenant les disques, en regard de chacun d'eux, appuient sur leur circonférence et maintiennent le contact avec celui d'entre eux qui présente sa partie saillante. Ce contact persiste tant que la direction du

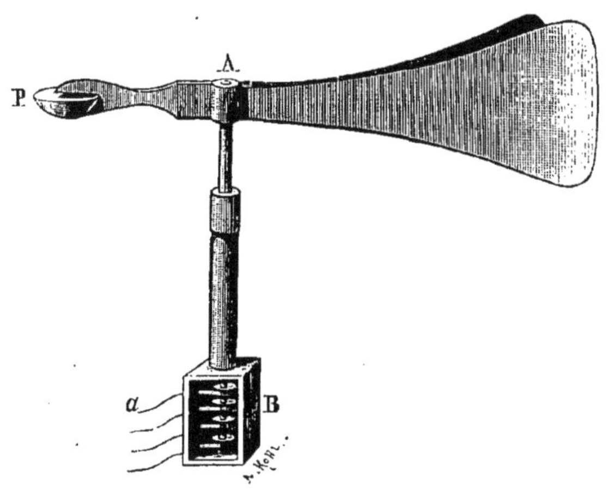

Fig. 260. — Girouette de l'anémomètre H. Mangon, enregistreur de la direction du vent.

vent est comprise entre les divisions extrêmes qui correspondent aux 3 huitièmes de la circonférence ; il peut exister pour un seul disque ou pour deux disques à la fois, mais jamais plus. Un contact unique a lieu quand le vent souffle de l'une des quatre directions principales, N., E., S., W.; dans les quatre directions intermédiaires, le contact existe pour les deux disques correspondants. Or les lames de ressort ou frotteurs sont en relation, par des fils conducteurs, avec les pôles d'électro-aimants au nombre de quatre; quand le contact a lieu, le courant passe, anime un ou deux des électros et fait mouvoir un trembleur qui marque un point sur une bande de papier déroulée uniformément sous l'action d'un mouvement d'horlogerie. L'enregistrement se fait de dix minutes en dix minutes, de sorte que l'examen des points tracés sur le papier dans une période de 24 heures permettra de relever la direction du vent et toutes ses variations pendant cet intervalle.

Cet appareil, excellent d'ailleurs, avait l'inconvénient de ne donner que huit directions. Dans le but d'en obtenir seize, le directeur de l'Observatoire, M. Marié-Davy, le fit remplacer par un anémomètre construit par Salleron et dont voici la description. La girouette a été remplacée par un système de deux roues verticales à palettes obliques, R, R′, tournant autour d'un axe horizontal. Au milieu de cet axe, et faisant corps avec lui, un arbre vertical A est mobile en *m* autour d'un pivot. L'axe des roues est armé d'un pignon qui engrène avec les dents d'une couronne B, fixée horizontalement à l'extrémité du mât M et recouverte d'un chapeau C. Suivant que le vent frappe les palettes des roues par l'une ou l'autre de leurs faces, elles tournent dans un sens ou dans le sens opposé; mais dans les deux cas le système tourne autour de l'axe horizontal, de manière à s'orienter sous le vent. Une fois dans cette position, il y demeure tant que la direction du vent ne varie point. La couronne est divisée en huit secteurs métalliques fixes correspondant aux huit divisions principales de la rose des vents, et isolés entre eux; à chacun d'eux est soudé un fil distinct recouvert d'une enveloppe de gutta-percha, et les huit fils réunis en un seul câble aboutissent à l'enregistreur. Au-dessus des secteurs, l'arbre A porte une fourchette métallique *o* qui, tournant avec lui, reste toujours dirigée selon le vent, et qui sert de contact entre celui des secteurs sur lequel elle porte et un neu-

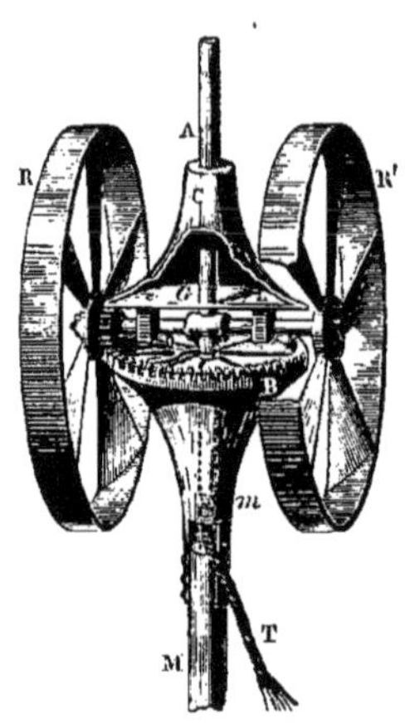

Fig. 264. — Anémomètre Salleron; roues à palettes obliques.

vième fil communiquant avec la pile de l'enregistreur. Le courant de cette pile pénètre ainsi dans celui des huit fils qui part du secteur en contact avec la fourchette, ou encore dans les fils de deux secteurs contigus quand la direction du vent est intermédiaire entre deux des huit rumbs principaux.

Voyons maintenant comment fonctionne l'enregistreur. Chacun des huit fils aboutit à un électro-aimant spécial, dont l'armature agit sur une grande aiguille portant à son extrémité une pointe fine qui vient appuyer sur la surface du cylindre noirci. Ce dernier est mû uniformément par une horloge qui

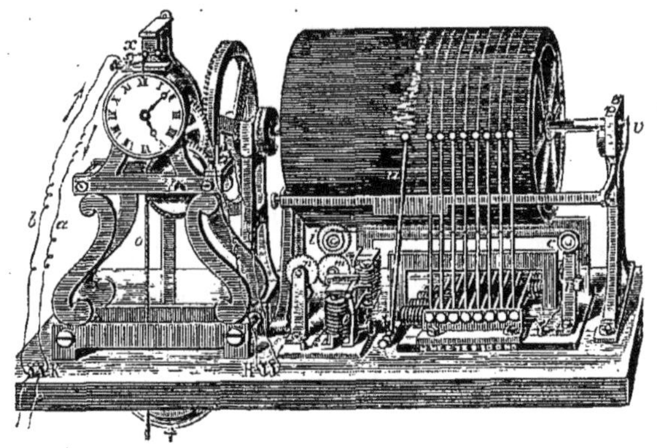

Fig. 262. — Enregistreur de l'anémographe Salleron.

ne laisse passer le courant de la pile que toutes les dix minutes. On voit à droite, sur la figure 262, les huit aiguilles qui correspondent aux huit principaux rumbs du vent. Quand le courant ne passe pas, chaque aiguille trace un cercle sur le cylindre; mais dès que le courant passe dans un ou deux des électro-aimants, l'aiguille (ou les deux aiguilles correspondantes) trace un petit trait transversal; toutes les dix minutes s'enregistre un trait semblable, et l'on peut ainsi voir à la fois quel vent soufflait à un instant donné de la journée et pendant combien de temps ce vent a soufflé, par le nombre et l'espacement des traits marqués sur chacune des huit circonférences.

Quant à la vitesse du vent, elle s'obtient à l'aide de l'anémomètre de Robinson. C'est un moulinet à quatre branches horizontales, dont chacune porte à son extrémité un hémisphère métallique creux. Le système est porté par un axe D au sommet du mât et tourne sous l'action du vent, plus forte à l'intérieur des coupes que sur leur partie convexe. C'est du nombre des tours ou des révolutions complètes faites par le moulinet que l'on peut déduire la vitesse du vent par heure et par seconde, d'après un principe qui a été établi par l'inventeur. Selon Robinson, le nombre des tours est proportionnel à la vitesse du vent; quand la longueur des bras est assez grande pour qu'on puisse regarder comme insensible le frottement sur l'axe, le chemin parcouru en un temps donné par l'un des hémisphères est égal au tiers du chemin parcouru par une molécule d'air dans le même temps. Un calcul facile permet donc d'obtenir la vitesse du vent, si l'on connaît le nombre des tours du moulinet et la distance du centre d'un hémisphère à l'axe de rotation[1]. Celle-ci est connue et constante pour un anémomètre; le nombre des tours est donné, soit par un compteur à cadran, soit par un enregistrement électrique. Dans les deux cas, l'arbre D qui porte le moulinet ou plutôt la tige y communique son mouvement de rotation, par l'intermédiaire d'une vis sans fin, à une roue dentée x. Chaque tour du moulinet fait avancer cette roue d'une dent; si elle a 100 dents, une révolution de la roue correspondra à 100 tours. Dans les compteurs, la première roue engrène, par un pignon, avec une seconde roue dont la

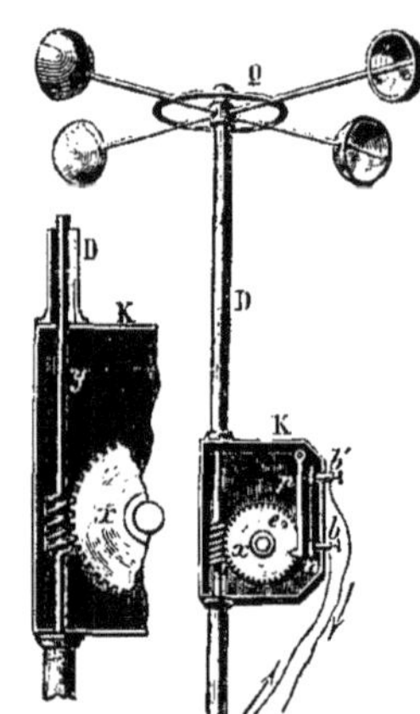

Fig. 265. — Anémomètre à moulinet de Robinson.

1. En appelant a cette distance, n le nombre des tours du moulinet, le chemin parcouru est $3.2n\pi a = 6n\pi a$. Soit a égal à $0^m,3$, chaque tour du moulinet donnera un développement de $1^m,885$, correspondant à $5^m,655$ parcourus par le vent. Si le nombre des tours, en une heure, est 2450 par exemple, sa vitesse sera de $13^{kil},8$ environ par heure, soit de $3^m,83$ par seconde.

vitesse est 10 fois moindre, chaque révolution correspondra à 1000 tours du moulinet. Les index des cadrans centrés sur ces roues permettront donc de calculer combien de tours le moulinet a faits dans un temps donné, et par suite le nombre de kilomètres parcourus par le vent, ou, selon le langage météorologique, les *kilomètres de vent* qui ont passé par l'anémomètre en 24 heures.

L'enregistrement électrique de la vitesse se fait de la manière suivante. A chaque tour de la roue *x*, une goupille *e* vient au contact du levier *p* qu'elle appuie sur une lame élastique en *n*.

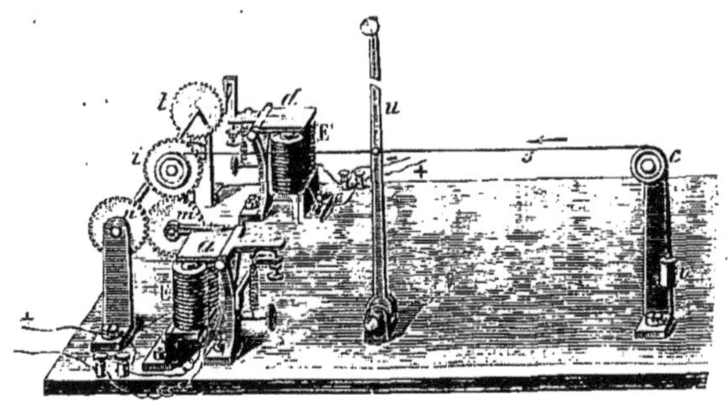

Fig. 264. — Mécanisme de l'enregistreur de la vitesse.

Alors le courant de la pile qui s'arrêtait à la borne *b* passe maintenant par *b'* et va rejoindre l'électro-aimant E' (fig. 264). Son armature *d*, en s'abaissant, agit par un rochet sur une roue dentée *t* qu'il fait avancer d'une dent. Ce mouvement se communique par les roues *n*, *m*, *i*, à un fil de soie fixé à l'aiguille *u*. Celle-ci trace, en s'inclinant de droite à gauche, un trait sur le cylindre noirci. Les traits successifs forment une courbe d'autant plus longue que la vitesse du vent est plus grande. D'heure en heure, elle est interrompue de la façon suivante : Un courant qui vient à ce moment animer l'électro-aimant E fait abaisser l'armature *a* et la roue *m*; la roue *i* devenant libre, le fil de soie tiré par un contrepoids ramène l'aiguille *u* à son point de départ, pour recommencer une courbe nouvelle. Si l'extrémité de cette aiguille parcourt 1 millimètre à chaque tour de la roue x de l'anémomètre, soit à chaque kilomètre parcouru par le vent, on voit qu'à l'examen des courbes du papier du cylindre on pourra connaître la vitesse du vent à une heure quelconque de la journée.

La figure 265 est la reproduction des tracés de l'anémomètre que nous venons de décrire pour trois journées consécutives de 24 heures. La ligne divisée du bas de la figure est une ligne de repère, dont chaque trait correspond à une heure des trois jours. Au-dessus, sur une ligne marquée V, on voit une suite de courbes obliques, de longueurs inégales ; ce sont celles dont nous venons de parler en dernier lieu ; par leur longueur,

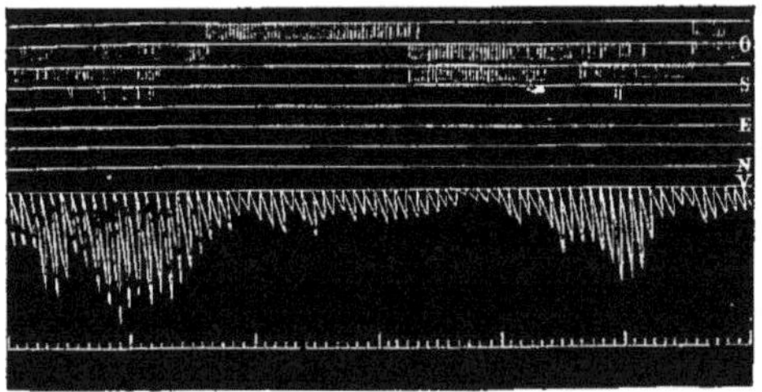

Fig. 265. — Diagrammes de l'anémomètre donnant la direction du vent et sa vitesse.

elles marquent la vitesse du vent pendant chaque heure : la courbe que forment leurs extrémités traduit à l'œil les variations successives de cette vitesse. Plus haut, huit lignes horizontales correspondent aux directions du vent des quatre points cardinaux et à leurs intermédiaires. Les traits verticaux qui en descendent indiquent quelle était, à l'heure correspondante, la direction du vent qui soufflait alors. En certains points, deux directions, W. et S.W. par exemple sont superposées. Cela montre qu'à ces heures la direction du vent était comprise entre ces deux rumbs ; elle était W. S. W. par conséquent, ou à peu près.

A l'observatoire de Montsouris, la *pression du vent* était primitivement donnée par quatre cônes fixes dirigés vers les points cardinaux. Ces cônes, disposés aux quatre coins de la plate-forme du mât des anémomètres (fig. 266), communiquaient avec l'intérieur du pavillon des enregistreurs au moyen de quatre tuyaux de cuivre, longs chacun de 24 mètres environ. Chaque tuyau était terminé par un tube de caoutchouc aboutissant à l'intérieur d'une mince boîte de baromètre métallique. En groupant ces boîtes deux par deux, par *vents opposés*, la pression était positive dans l'une, négative dans l'autre, et c'est leur différence (ou somme algébrique) que l'aiguille marquait sur le cylindre de l'enregistreur. Les deux résultats obtenus donnaient les composantes rectangulaires de la pression, d'où l'on pouvait déduire la pression totale. « Mais les à-coup du vent, dit l'*Annuaire de* 1878, étaient compliqués par son incessante mobilité. Le relevé des données enregistrées devenait peu sûr et d'une extrême difficulté. » Ces inconvénients ont décidé le directeur de l'Observatoire à substituer au système que nous venons de décrire sommairement de nouveaux appareils, par la description desquels nous terminerons ce paragraphe.

Fig. 266. — Plate-forme du mât des anémomètres, à l'observatoire de Montsouris.

L'anémomètre multiplicateur de M. Eugène Bourdon, que représentent, dans ses parties essentielles, les figures 267 et 268, a pour objet principal la mesure et l'enregistrement des pressions du vent et de leurs variations. Leur construction est basée sur la propriété des *tubes de Venturi*. On nomme ainsi, du nom de leur inventeur, un système particulier d'ajutage appliqué à l'écoulement des liquides ou des gaz, système formé de deux tubes coniques de dimensions inégales, réunis par leurs petites bases. Si, par le jeu d'un ventilateur ou par tout autre moyen semblable, on insuffle de l'air par l'une des ouvertures du tube biconique, la vitesse du courant d'air ira en s'accélérant jusqu'à la partie centrale de plus petite section, c'est-à-dire au point de réunion des deux tubes dont l'un est convergent, l'autre divergent. Si l'on place un manomètre à eau à l'orifice d'entrée du courant et un autre à la petite section, on constatera que, la colonne d'eau soulevée à l'orifice par la pression due au ventilateur étant 1, celle que marquera le second manomètre sera 6; seulement cette seconde pression sera négative, à cause du vide déterminé en ce point par l'accélération de vitesse du courant.

C'est cette action pneumatique des tubes de Venturi que

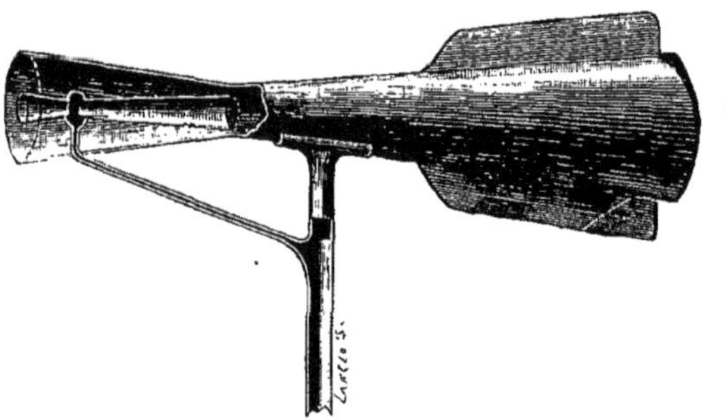

Fig. 267. — Anémomètre multiplicateur de Bourdon.

M. Bourdon a multipliée en disposant un second tube plus petit à l'intérieur du premier. Les dimensions de ce second tube sont assez petites pour qu'il n'occupe que la partie centrale de la plus petite section du tube qui l'enveloppe; d'ailleurs l'extrémité divergente du tube intérieur occupe exactement le point où viennent se réunir les sommets des cônes tronqués du grand tube. Avec cette disposition, que laisse voir la figure 267, il est clair que le courant gazeux qui pénétrera par l'orifice du petit tube aura, en arrivant à la petite section de ce dernier, sa vitesse augmentée encore d'un degré. En effet, l'orifice de sortie du tube intérieur débouche en un point du grand tube où nous avons vu que l'air se trouve déjà considérablement raréfié. L'écoulement s'y fera donc non seulement sous l'action propulsive du courant aérien, mais encore sous l'influence de la pression atmosphérique qui pèse de tout son poids sur l'orifice d'entrée. Les expériences ont montré que l'accélération de vitesse, avec un seul tube intérieur, est dans le rapport de 1 à 4,5, l'écart des pressions n'étant pas moindre de 1 à 20. L'introduction d'un troisième tube à l'intérieur du second accroîtrait d'un degré l'accélération des vitesses ou l'écart des pressions. Ainsi se trouve justifié le nom d'*anémomètre multiplicateur* donné à un appareil de ce genre. Disons maintenant comment on l'applique aux observations météorologiques.

La partie extérieure de l'appareil (fig. 267) n'est autre chose

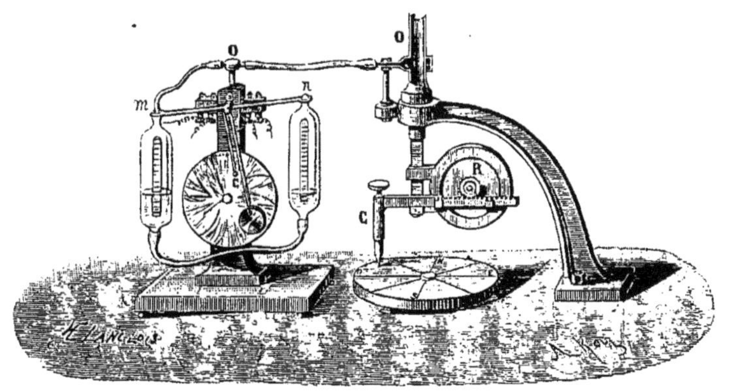

Fig. 268. — Enregistreur de l'anémomètre multiplicateur de Bourdon.

qu'un système de deux tubes de Venturi, logés l'un dans l'autre, d'après les règles qu'on vient d'indiquer. Monté sur un axe mobile et muni de deux ailettes qui donnent prise à l'action du vent, le double tube forme une girouette qui s'oriente d'elle-même selon la direction du vent régnant. En soufflant dans les orifices d'entrée du grand et du petit tube, et en pénétrant à leur intérieur, le courant aérien subit l'accélération de vitesse dont il vient d'être question et qui a pour conséquence, aux points de jonction des extrémités tronquées des cônes, l'écart de pression en rapport avec cette accélération de vitesse. Il reste à voir maintenant comment se mesure et s'enregistre cet écart de pression et comment on en déduit la pression du vent.

Les extrémités tronquées des cônes formant le petit tube intérieur ne se joignent point. Il reste entre elles un petit intervalle libre que recouvre un manchon creux; de celui-ci part un tube cylindrique qui débouche dans l'axe creux de l'anémomètre, descend le long de cet axe et pénètre dans la salle où est installé l'enregistreur. Arrivé là, il communique en O avec un tube latéral qui se rend au manomètre à eau destiné à mesurer l'écart de pression du manchon. Quant au manomètre à eau, la figure 268 indique en quoi il consiste. Deux vases cylindriques gradués *m*, *n*, communiquant par leurs fonds inférieurs à l'aide d'un tube en caoutchouc, sont suspendus aux extrémités d'une pièce métallique oscillant autour de son milieu comme le fléau d'une balance. De ce point milieu part, à angle droit avec le fléau, une tige munie d'un contrepoids et une tige plus petite portant un crayon *c* qui affleure un disque vertical en papier.

Quand la vitesse et la pression du vent sont nulles, la raréfaction dans le manchon creux de l'anémomètre est nulle aussi; les vases communiquants indiquent, par l'égalité de hauteur des colonnes d'eau qu'ils renferment, l'égalité de leurs pressions intérieures; le fléau est horizontal, et le crayon ne trace qu'un point au centre du disque tournant. Si la vitesse et la pression du vent augmentent, cet accroissement se traduit par une inclinaison du fléau du côté du vase qui communique avec le tube et le manchon et dont la colonne d'eau tend à s'élever. Le crayon trace une courbe dont l'amplitude est en rapport avec la vitesse ou la pression du vent. Au bout de la journée de vingt-quatre heures, le disque, mû par un mouvement d'horlogerie, conserve ainsi les traces des variations de pression qu'a subies le vent dans cet intervalle.

L'enregistreur de l'anémomètre multiplicateur donne aussi la direction du vent. A cet effet l'axe de l'anémomètre porte, à sa partie inférieure, à angle droit avec sa direction, une pièce munie d'un crayon vertical C. Cette sorte de compas anémométrique trace ainsi sur un disque horizontal, divisé comme la rose des vents, des arcs concentriques. Pour distinguer ces arcs selon l'heure du jour où le crayon les trace, un mouvement d'horlogerie R imprime à la branche horizontale portant le crayon un mouvement uniforme qui fait avancer ce dernier, en vingt-quatre heures, depuis un point voisin du centre du disque jusqu'à sa circonférence. En relevant les lignes tracées sur le papier au bout de la journée, on voit quelles ont été les variations de direction du vent aux diverses heures, et pendant combien de temps il a soufflé dans le même rumb.

§ 3. VARIATIONS PÉRIODIQUES DU VENT, DIURNES, ANNUELLES.

Les observations anémométriques peuvent servir à une double fin, à la solution de deux problèmes dont chacun a son importance en météorologie. L'un intéresse plus particulièrement la climatologie, l'autre la météorologie dynamique, ou, si l'on veut, l'étude de la circulation atmosphérique générale. Dans ce second cas, les données recueillies en un lieu donné, sur terre comme sur mer, indiquant, pour les diverses époques de l'année, la direction probable du vent, d'après sa fréquence dans chaque rumb, sa vitesse ou son *intensité*, ne seront qu'un élément, parmi les milliers ou les millions d'éléments nécessaires, mais un élément indispensable à la découverte des lois de cette circulation, découverte si utile à la navigation et à d'autres branches de l'activité humaine. Les mêmes données considérées isolément peuvent servir à caractériser le climat de la région où elles ont été amassées.

En chaque région du globe, en effet, les vents qui soufflent des divers points de l'horizon ont des propriétés physiques fort différentes, variables d'ailleurs avec les saisons. Tantôt les masses d'air qu'ils apportent en ce lieu ont une température plus élevée que celle qu'ils remplacent, ou au contraire plus basse ; tantôt ils sont plus chargés d'humidité, ou au contraire plus secs; ils amènent ou font cesser la pluie, la neige, les orages. Il y a donc alors grand intérêt à savoir quelles sont les lois de leur succession, leur fréquence et leur durée relatives, les variations de leur vitesse. Si l'on parvenait à déterminer ainsi la masse d'air venue de chaque direction pendant le cours de l'année, on obtiendrait un des facteurs les plus efficaces du climat de la région où les observations ont été faites.

Fig. 269. — Observatoire météorologique de Montsouris.

Essayons de donner une idée de ce qui a été réalisé dans cet ordre spécial de recherches.

Si l'on fait tous les jours, dans un observatoire météorologique, une, deux ou trois fois par jour, l'observation de la direction du vent; si, après un intervalle de 3 mois, de 6 mois ou d'une année, on réunit, pour chaque rumb de vent, le nombre des observations, on aura ainsi la fréquence de la direction dans le lieu donné. En portant, sur une rose des vents, dans chaque direction, une ligne ou flèche, et en donnant à ces lignes des longueurs proportionnelles aux nombres de fois que le vent a soufflé dans chacune d'elles, on aura la représentation graphique de cette même fréquence. En certains jours, la direction du vent est indécise; elle est variable ou il y a calme complet. On tient compte de ces cas, en inscrivant au centre de la rose un cercle dont le rayon est le nombre moyen des jours où le vent est calme ou variable. La figure 270 donne la rose de direction des vents pour l'Observatoire de Montsouris, telle qu'elle résulte de la moyenne des observations, d'une part, et

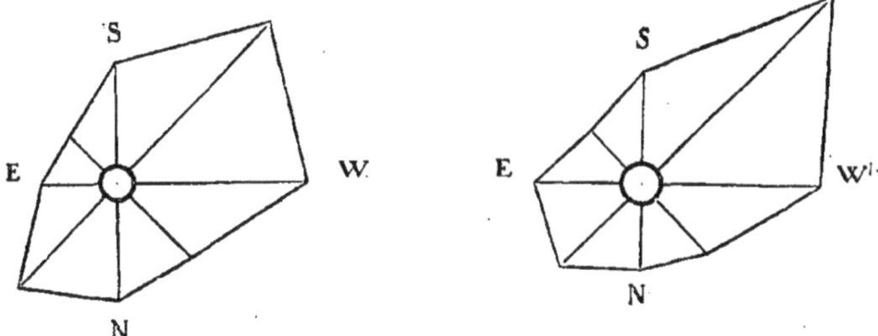

Fig. 270. — Rose de la direction et de la fréquence relative des vents à Montsouris. 1, Année 1878-1879. — 2, Année moyenne.

telle que la donne seule l'année 1878-1879[1]. Au premier coup d'œil, on voit que le vent dominant est celui du sud-ouest; si l'on partage les huit rumbs en deux groupes, le premier formé des quatre vents S., S.W., W. et N.W., le second des quatre autres N., N.E., E. et S.E., il est visible aussi que c'est le premier groupe qui comprend les vents les plus fréquents; et en effet, année moyenne, les premiers soufflent 202 jours à Montsouris, les autres seulement 118. Comme on a l'habitude de désigner ceux-ci par le nom de *vents polaires* et ceux-là par celui de *vents équatoriaux*, cela revient à dire que les

1. On joint d'habitude les sommets des flèches par des lignes dont l'ensemble forme un polygone fermé. Chaque flèche est tracée dans le sens où souffle le vent ; celle qui marque les vents du nord s'avance vers le sud ; les vents d'ouest sont représentés par la flèche de droite, dirigée vers l'est, etc. On pourrait indiquer les jours de vents variables en prolongeant chaque flèche d'une longueur égale, proportionnelle à la moyenne des nombres de jours et en réunissant les extrémités par un polygone pointillé. Le cercle du centre représenterait alors les jours de calme.

vents équatoriaux sont les vents dominants de la région où se trouve situé l'Observatoire de Montsouris.

La fréquence relative des vents varie naturellement d'une région à l'autre. Si l'on compare les roses de direction que nous venons de donner pour Paris avec celle de l'année moyenne à Calcutta, la différence des deux régimes sautera aux yeux. Dans l'Inde, l'écart est beaucoup moindre entre les vents équatoriaux et les vents polaires : sur 1000 vents, 467 soufflent de la région sud, 433 de la région nord. Toutefois le sud-ouest est encore la direction prédominante.

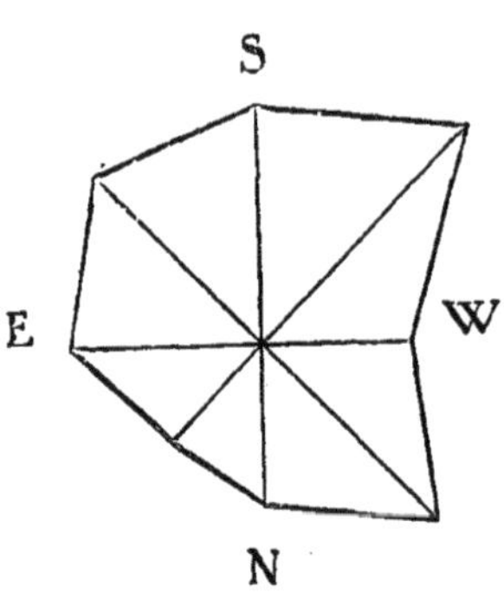

Fig. 271. — Rose de la direction des vents à Calcutta. Année moyenne.

L'influence des saisons n'est pas moindre. D'après les observations de huit années faites à Calcutta par Hardwicke, il y a une opposition tranchée entre la direction des vents dominants pendant les mois d'hiver (octobre à mars) et celle des vents qui règnent pendant les six mois d'été (avril à septembre). Les deux roses de direction des vents pour ces deux saisons, que représente la figure 272, mettent cette opposition en pleine évidence. Dans la rose de la saison d'hiver (figurée par le polygone aux traits les plus forts), on remarque une prédominance marquée des vents de la direction N.W.; en été, c'est au contraire du sud-est au sud-ouest que soufflent les vents dominants. Cette opposition n'existe pas, pour ainsi dire, dans nos contrées, où les vents équatoriaux sont les plus fréquents, non seulement pour l'année entière, mais dans chaque saison, et dans chaque mois de

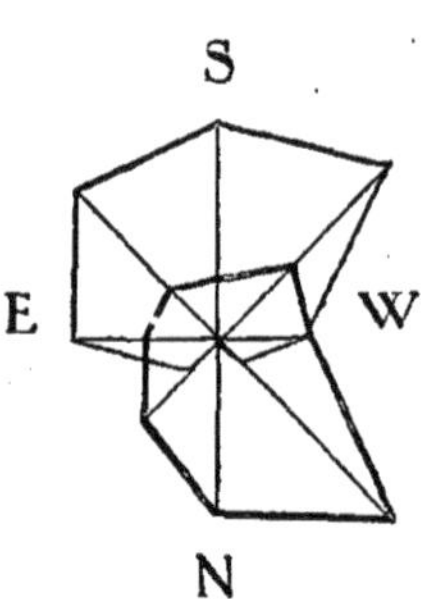

Fig. 272. — Fréquence relative des vents à Calcutta, pendant les saisons hivernale et estivale.

l'année. C'est ce qui ressort clairement de l'examen des diagrammes des figures 273 et 274, où la fréquence des vents à Montsouris est figurée par saisons et par mois pour l'année 1876-1877.

Il serait intéressant de connaître, pour chaque lieu, ce que l'on nomme la *direction moyenne du vent*, c'est-à-dire la résultante de tous les mouvements de l'air en un temps donné, pen-

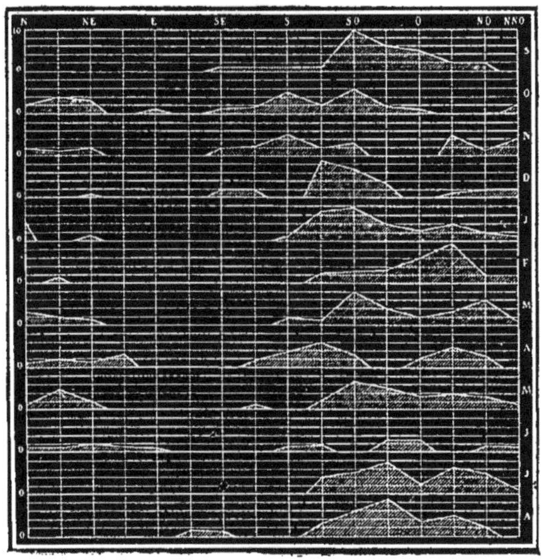

Fig. 273. — Fréquence relative des vents par mois en 1876-77 à Montsouris[1].

dant une année par exemple. C'est à quoi l'on parviendrait si l'on savait : 1° pendant combien de temps le vent a soufflé dans une direction quelconque de la rose, 2° avec quelle vitesse ou quelle force il s'est mû dans chacune de ces directions. Il suffirait alors de considérer les différents vents comme autant de forces divergeant d'un même point, de mesurer chacune par le produit du temps par la vitesse, et de considérer comme positif le produit affecté au vent qui souffle dans un sens, comme né-

1. Dans les deux figures 273 et 274, la fréquence du vent dans chaque rumb est mesurée par la longueur de l'ordonnée, à raison de deux jours par interligne dans la première figure, et de quatre jours dans la seconde.

gatif celui qui provient du vent opposé. La résultante de toutes ces forces en grandeur et en direction donnerait la direction moyenne du vent dans le lieu considéré. Malheureusement, on a eu jusqu'à présent des données insuffisantes en ce qui concerne la vitesse du vent, et il a fallu se borner à chercher cette moyenne en considérant comme égale la force des vents dans les différentes directions. Quant à la durée, on ne l'a pas non plus avec exactitude; on lui substitue le nombre des observations faites pour chaque rumb.

Lambert a calculé dans cette hypothèse les formules qui permettent de trouver l'angle que fait la direction moyenne avec le méridien, ainsi que la force du vent résultant, ou mieux le nombre de fois qu'il aurait soufflé[1]. Schouw a adopté une autre méthode : il cherche le rapport numérique des vents de chacune des quatre directions principales, nord, est, sud, ouest, en comptant pour chacune les deux rumbs intermédiaires de chaque côté; pour le nord, les vents de nord-ouest,

1. En se bornant aux huit principaux rumbs de vent, et en représentant le nombre des observations de chacun d'eux par les initiales ordinaires, la formule de Lambert donne pour la *tangente trigonométrique* de l'angle de direction du vent résultant :

$$\tan \varphi = \frac{E - W + \frac{1}{2}\sqrt{2}(NE + SE - NW - SW)}{N - S + \frac{1}{2}\sqrt{2}(NE + NW - SE - SW)}.$$

Quant à la force du vent, elle s'obtiendrait en calculant la racine carrée de la somme des carrés des deux termes de la fraction précédente.

En appliquant cette formule aux nombres qui ont servi à construire la rose de direction des vents de l'année moyenne à Paris (Montsouris), on trouve comme angle résultant S(39° 25′) W et pour valeur de la résultante 71. Cela revient à dire que les vents des divers rumbs qui soufflent en un an, chacun un certain nombre de jours, équivalent à 71 jours pendant lesquels soufflerait le vent dont la direction est entre le sud et l'ouest, à 39° 25′ du côté du sud.

La formule de Lambert, pour des rumbs quelconques, aurait besoin d'être complétée en y introduisant le facteur de la vitesse ou de la force du vent. Elle serait alors :

$$\tan \varphi = \frac{nv \sin \theta + n'v' \sin \theta' + n''v'' \sin \theta'' + \dots}{nv \cos \theta + n'v' \cos \theta' + n''v'' \cos \theta'' + \dots} = \frac{A}{B}$$

et la force du vent résultant serait $\sqrt{A^2 + B^2}$. M. Brault, dans ses recherches sur les courants atmosphériques de l'Atlantique Nord, a donné tous les éléments qui permettraient l'application de ces formules dans chacun des carrés de cinq degrés dont il a réuni les observations.

nord et nord-est; pour l'est, ceux de nord-est, est et sud-est, etc. Il en déduit la direction de plus grande fréquence; mais cette règle ne peut donner que des résultats approximatifs.

En résumé, cette question intéressante de la direction moyenne des vents ne sera résolue qu'à la condition de joindre aux observations de durée celles relatives à la vitesse, et les instruments enregistreurs pourront seuls conduire à ce résultat.

La vitesse du vent est-elle sujette, comme les autres éléments

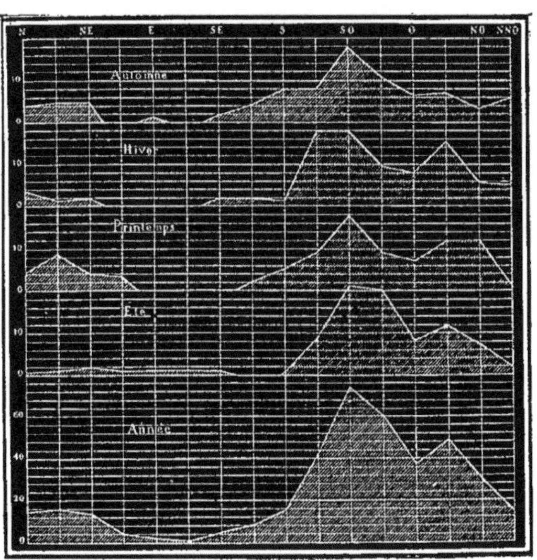

Fig. 274. — Fréquence relative des vents par saison et pour l'année à Montsouris.

météorologiques, pression barométrique, température, état hygrométrique, à des variations périodiques diurnes, mensuelles, annuelles?

Les observations démontrent qu'il existe une période diurne, et que la force du vent va en augmentant d'une façon progressive depuis les premières heures après minuit jusqu'aux premières heures de l'après-midi. D'après les recherches du professeur suédois Hamberg, « c'est là un phénomène général qui se produit tant sur la terre que sur la mer et sous toutes les latitudes où le soleil se lève et se couche dans chaque intervalle de vingt-quatre heures, et sans que la direction du vent puisse le modifier. » Les observations faites à Upsal, Christiania, Saint-Pétersbourg, Vienne, Prague, Bruxelles, Perpignan, Palerme, Naples, Washington, Sainte-Hélène, Maurice, Hobarton, Adélaïde, Bombay, Marseille indiqueraient toutes le même phénomène. La question qui reste indécise est celle de savoir si la marche périodique diurne de la vitesse est ou non

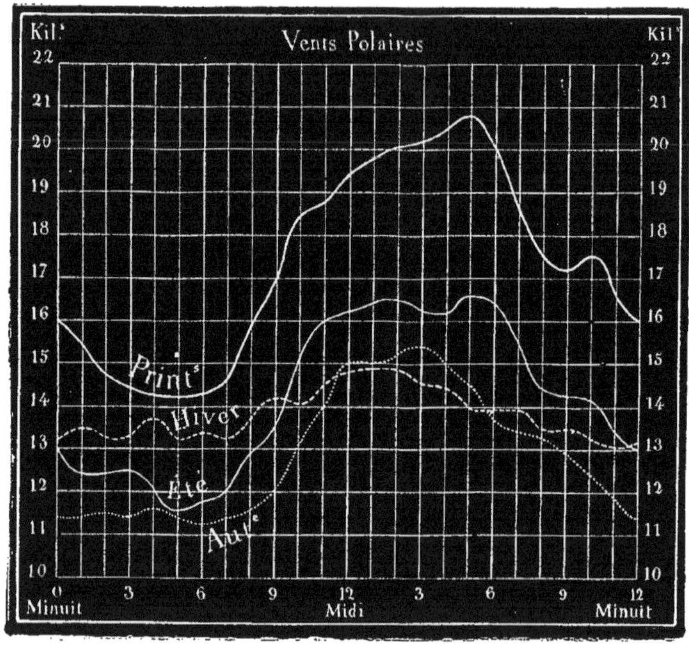

Fig. 275. — Variations horaires de la vitesse des vents polaires à Montsouris (1875-1881).

dépendante de la direction du vent. Dove croyait que, dans les lieux soustraits aux influences des brises de terre et de mer, le vent d'est se comporte autrement que le vent d'ouest. M. Hamberg est d'un avis opposé, comme nous venons de le voir. M. Descroix, en s'appuyant sur les données anémométriques recueillies à Montsouris, ne pense pas qu'il soit tout à fait exact de dire que la direction du vent soit sans influence. Il trouve notamment que l'heure du maximum est bien plus fixe pour les vents équatoriaux que pour les vents polaires, comme le prouve le tableau suivant, résumé de 1001 journées d'observations faites à Montsouris depuis 1875 jusqu'à 1881 :

Nombre de journées		54	195	53	34	74	325	208	82
	Directions.	N	NE	E	SE	S	SW	W	NW
Minimum.	Heure du matin.	3	3,5	0,5	4,5	4,5	4,0	4,5	5,5
	Vitesse	12^{km},5	13^{km},4	9^{km},2	8^{km},3	11^{km},8	16^{km},4	15^{km},0	11^{km},5
Maximum.	Heure du soir. .	5,5	2,5	2,0	0,5	1,5	1,5	1,0	1,0
	Vitesse	18^{km},7	18^{km}4	12^{km},2	10^{km},8	18^{km},5	24^{km},5	22^{km},1	16^{km},2

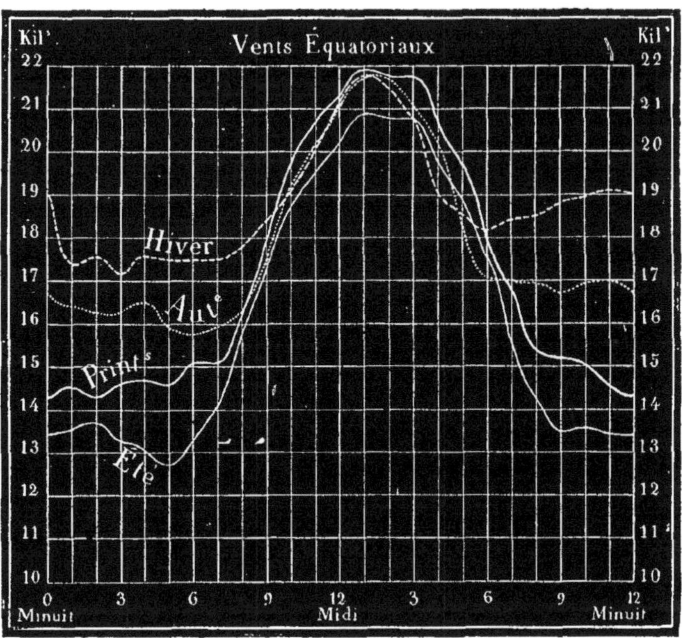

Fig. 276. — Variations horaires de la vitesse des vents équatoriaux à Montsouris (1875-1881).

Sur ces 1001 journées, 314 se rapportaient aux vents polaires, 687 aux vents équatoriaux, M. Descroix ayant éliminé toutes celles où le vent était variable et l'état de l'atmosphère troublé. Les figures 275 et 276 montrent quelle est la marche périodique horaire de la vitesse du vent pour chacune de ces deux séries, et dans chacune des quatre saisons de l'année.

L'amplitude périodique, c'est-à-dire la différence de vitesse qu'accusent le maximum de jour et le minimum de nuit, paraît en rapport avec le maximum de jour et croître avec lui. C'est ce qui faisait attribuer le retard constaté pour le maximum des vents polaires à l'affaiblissement de vitesse même, et non au changement de direction. D'après M. Descroix, l'influence de la direction concourrait au phénomène aussi bien que l'affaiblissement en question.

En discutant onze années d'observations faites à l'aide d'un anémomètre enregistreur, le directeur de l'observatoire de Modène, M. Ragona, trouve que la vitesse du vent éprouve quatre augmentations et quatre diminutions diurnes successives. Ces huit effets seraient en rapport, selon lui, avec la température, la pression atmosphérique et les heures du lever et du coucher du soleil. Le même savant admet une période annuelle dont les trois maxima et les trois minima correspondent exactement, mais inversement, aux périodes barométriques. Un autre maximum et un autre minimum annuels correspondraient enfin au minimum et au maximum de la température.

Il reste à savoir si ces variations sont particulières à la région où ont été faites les observations, ou si elles sont l'expression d'une loi plus générale.

§ 4. LES BRISES DE MER ET LES VENTS DE TERRE. — BRISES DIURNES ET NOCTURNES DES PAYS ALPESTRES.

Sur le littoral de la mer et à une certaine distance des côtes, aussi bien sur mer que sur terre, on observe des vents dont la direction alterne chaque jour périodiquement et d'une façon régulière. Ce sont les *brises de mer* et les *vents de terre*, dénominations qui indiquent le sens dans lequel soufflent ces courants aériens.

Par les jours clairs et beaux, quand l'atmosphère n'est pas troublée par une bourrasque, le lever du soleil est suivi, au bord de la mer, de quelques heures de calme. Vers huit ou neuf heures de la matinée une légère brise commence à souffler de la mer : peu à peu le vent prend de la force, à mesure qu'il pénètre plus avant dans les terres. Vers trois heures de l'après-midi, la brise de mer atteint son maximum, après quoi elle va en s'affaiblissant jusqu'au coucher du soleil. Le calme dure peu; un vent soufflant de la terre vers la mer lui succède, et dure jusqu'au moment du lever du soleil, instant où il atteint son maximum de vitesse et d'extension.

La cause des brises de terre et de mer, de leur périodicité

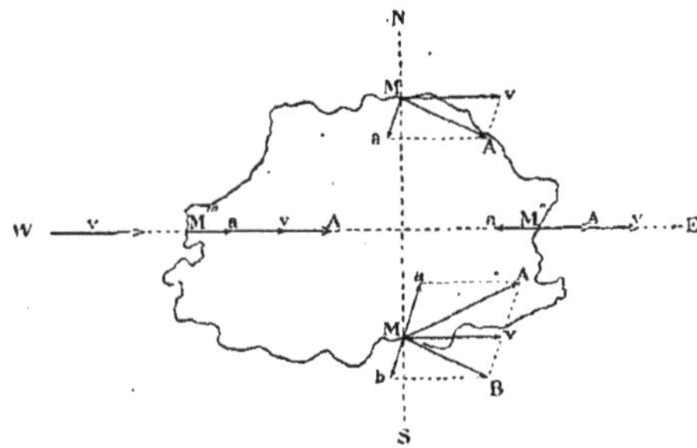

Fig. 277. — Modifications subies par les brises de terre et de mer sous l'influence d'un vent dominant[1].

diurne, est aisée à comprendre. Elle est tout entière dans ce fait bien connu, que pendant le jour le sol s'échauffe plus et plus rapidement que l'eau de la mer sous l'action des rayons du soleil, et dans ce fait opposé que pendant la nuit le refroidissement par rayonnement est au contraire plus rapide sur terre que sur mer. Les couches d'air surplombantes participent à ces différences de température; les plus chaudes s'élèvent en vertu de leur moindre densité et l'équilibre rompu tend à se rétablir par l'appel des couches plus froides et plus denses. Toutefois, comme l'inégalité de température est généralement plus accentuée pendant le jour que pendant la nuit, il en résulte que la brise de mer doit être plus vive que celle de terre,

1. Les flèches, telles que Mv, Ma, Mb, représentent, en direction et en intensité, le vent dominant général et les deux brises de mer et de terre, déviées par la rotation terrestre. MA est la résultante, obtenue en construisant le parallélogramme des composantes.

laquelle, en revanche, a une durée un peu plus longue. Quand le temps est couvert, l'échauffement du sol et le rayonnement de la surface sont considérablement amoindris, et par suite les inégalités de température qui causent ces mouvements aériens s'atténuent : les brises sont faibles.

La direction commune des brises de terre et de mer est perpendiculaire à celle de la côte. Elle subit toutefois, en raison du mouvement de rotation de la Terre, une déviation qui la fait incliner vers la droite dans l'hémisphère boréal, à gauche dans l'hémisphère austral. Ainsi, le long d'une côte exposée au nord, les vents de mer s'inclinent du côté de l'est; pour une côte exposée au sud, ils viennent du côté du sud-ouest. Cela suppose, comme nous l'avons dit, que le calme règne dans la région considérée. Mais si un vent de direction constante souffle en même temps, cette déviation sera modifiée dans un sens ou dans l'autre et il en sera de même de la force des deux brises, qui pourra être accrue, diminuée ou même annulée, selon la force et la direction du vent régnant. On se rendra aisément compte de ces modifications, en considérant les deux courants aériens simultanés comme deux forces de directions et d'intensités connues, et en cherchant quelle est leur résultante d'après la règle de la composition de deux forces concourantes. Un vent d'ouest, par exemple, accroîtra la force de la brise de mer et diminuera celle de la brise de terre, sur une côte occidentale, sans changer leur direction; les effets seront opposés le long d'une côte orientale. Sur une côte exposée au nord, le vent d'ouest régnant inclinera au nord-ouest la brise de mer, au sud-ouest celle de terre, etc. La figure 277 donne un exemple de ces modifications dans la direction et la force des brises, en divers points des côtes d'une île, sur laquelle le vent dominant vient de l'ouest.

Au fond des baies et des golfes, les brises de mer sont faibles; et cela s'explique par la divergence des mouvements qui sollicitent à la fois les couches d'air; celles-ci ne se meuvent qu'en vertu de la différence des forces en action. Dans les parties des terres qui s'avancent dans la mer, sur les promontoires ou les caps, ce sont au contraire les brises de terre qui sont peu accentuées.

Les inégalités de température qui donnent lieu aux brises périodiques diurnes, ne font pas seulement sentir leur influence sur les côtes maritimes. Comme elles se manifestent aussi dans les contrées où le sol est accidenté entre les points dont l'altitude est inégale, il en résulte des courants ascendants et descendants du jour et de la nuit, que connaissent de temps immémorial les habitants des montagnes et des vallées. Ces flux et reflux journaliers des masses atmosphériques ont reçu, dans les Alpes et le Jura, des dénominations diverses, selon les localités : *thalwind*, *pontias*, *vesine*, *solore*, *vauderou*, *rebas*, *vent du Mont-Blanc*, *aloup du vent*. Voici, d'après M. Fournet, à qui l'on doit une étude approfondie de ces brises de montagne, quelques détails sur les circonstances dans lesquelles elles se produisent.

C'est principalement dans les concavités des vallées qu'elles se développent à un haut degré; toutefois elles se montrent dans toutes les rampes, et le courant des vallées n'est que le résultat des ascensions des masses aériennes et de leurs cascades latérales et partielles (vallées de Cogne, d'Aoste, de la Quarazza, plan de Saint-Symphorien, Pilat, Chessy). Le passage du flux au reflux et réciproquement est rapide dans les vallées étroites et aboutissant, après un court trajet, à de hautes sommités (vallées d'Anzasca, de la Sésia, de la Visbach, du Trient, de Cogne, de Val-Megnier, de Martigny, du Simplon); il est plus tardif dans les bassins généraux, où le flux n'est en général franchement établi qu'à dix heures du matin, où le reflux ne commence à être régularisé que vers les neuf heures du soir (vallées du Gier, d'Azergue, de la Brévanne, de l'Arc, d'Aoste, de la Foccia, du Rhône supérieur).

Réguliers dans les vallées régulières, ces vents sont ailleurs sujets à diverses irrégularités qui affectent aussi bien la période diurne que la période nocturne; c'est vers les embranchements des vallées et suivant leur mode d'emboîtement que s'offrent ces accidents. La configuration des parties supérieures des vallées influe aussi sur l'intensité des brises, tantôt plus fortes le jour que la nuit, tantôt plus la nuit que le jour, suivant les heures

Fig. 278. — Vallée de Joux.

et les saisons. Les temps de neige de l'hiver sont favorables aux vents nocturnes, les beaux temps de l'été aux brises diurnes. « Il serait curieux d'examiner, sous ce rapport, dit M. Fournet, l'influence des cirques elliptiques que forment les parties supérieures et terminales des vallées jurassiques et subalpines, comparativement aux terminaisons douces et insensibles des montagnes primordiales. Dans la vallée de Joux, par exemple, les alternatives de chaud et de froid sont si brusques, que l'on y éprouve quelquefois des variations de 20 degrés en quelques heures, et que l'on a vu des faucheurs couper de la glace le matin avec leurs faux, tandis que quelques heures après le thermomètre indiquait 38 degrés au soleil; il est impossible que de pareilles différences ne produisent pas des courants extraordinaires. »

L'effet de ces marées atmosphériques, plus prononcé dans les vallées larges, s'affaiblit dans leurs ramifications latérales; toutefois si, dans la vallée du Rhône, le bassin s'élargit au point de devenir une véritable plaine capable de subvenir à une grande dépense ou d'absorber des masses d'air considérables, leurs effets s'affaiblissent. C'est ainsi que rarement le *pontias* atteint le cours du Rhône.

Les marées atmosphériques jouent un rôle important dans la formation des nuages, dans la distribution des pluies et des orages. Elles emportent avec elles, en effet, pour les condenser autour des hautes cimes, les vapeurs des vallées. L'air chaud des plaines, s'élevant durant tout le jour, tend à échauffer les vallées et les sommités; mais cet effet est contre-balancé en partie par l'évaporation qu'il occasionne, en sorte qu'il peut dessécher et refroidir (Maurienne); d'un autre côté, la brise nocturne tend à refroidir les vallées en y portant le froid des régions supérieures; de là l'explication de la fraîcheur subite occasionnée par l'*aloup du vent*, des congélations de vapeur d'eau occasionnées par le *pontias*, des gelées printanières qui, à rayonnement égal, affectent plus particulièrement les végétaux des vallées.

« Les vents généraux supérieurs, dit en terminant M. Fournet, peuvent, dans certaines circonstances, altérer le flot ou le jusant aérien (Maurienne, Aoste, Ossola, Martigny, mont Cenis) ou bien les compliquer (Cogne); mais leur effet n'est pas toujours assez énergique pour le détruire entièrement (mont

Thabor, val Sésia); quelquefois ils produisent un calme plat (Tarentaise). Il suit de là que les pronostics de beau temps, déduits de la régularité de l'allure des brises, sont souvent contredits par l'expérience (vallée de la Brévanne, Chessy, Bex). Cependant on peut dire qu'en général le renversement des courants est suivi d'une pluie (Maurienne). Enfin les circonstances de température locale peuvent encore annuler les brises montagnardes; c'est ainsi que le *pontias* cesse de souffler lorsque, dans le court intervalle des nuits chaudes de l'été, la terre, échauffée par un soleil brûlant, n'a pas le temps de se refroidir suffisamment. »

Quant à l'explication des brises de montagne, l'auteur des observations que nous venons de résumer la trouve, ainsi que nous le disions plus haut, dans l'échauffement des cimes par le soleil levant, d'où résulte un courant ascendant; puis, au milieu de la journée, par l'échauffement du sol des plaines plus fort à cet instant que celui des hauteurs, d'où provient le courant descendant du soir.

CHAPITRE III

CIRCULATION ATMOSPHÉRIQUE GÉNÉRALE

§ 1. LA PRESSION, LA TEMPÉRATURE ET LES VENTS. — ISOTHERMES ET ISOBARES.

Les changements que nous venons d'étudier dans la direction et la force des vents sont limités de deux façons : dans l'espace d'abord, puisqu'ils n'intéressent qu'une portion fort restreinte de la surface du globe : ce sont des phénomènes locaux ; ils le sont aussi dans le temps, puisque c'est dans l'intervalle d'un jour et d'une nuit qu'ils manifestent leur périodicité. Néanmoins ils offrent un grand intérêt au météorologiste, parce qu'ils lui permettent de reconnaître la cause qui les produit, par les relations que présentent leurs phases de maxima et de minima avec les phénomènes météorologiques dont l'observation lui est familière.

Nous avons déjà, du reste, noté les divers rapports qui existent entre les vents de directions différentes et la température, la pression barométrique, l'état de sécheresse ou d'humidité de l'air. Cela, il est vrai, en ne considérant toujours à la fois qu'une localité déterminée, en n'envisageant les choses qu'au point de vue de l'équilibre actuel et local, en faisant, selon l'expression consacrée, de la *météorologie statique*, point de départ obligé d'une partie de la science qui a pris de nos jours un grand développement, de la *météorologie dynamique*.

Il s'agit maintenant de passer du particulier au général, d'envisager les phénomènes météorologiques dans leur ensemble et d'essayer de voir, par une étude à la fois simultanée et successive, comment ils s'engendrent les uns les autres et comment les mouvements locaux sont modifiés par les mouvements généraux, dont ils dépendent le plus souvent. Il faut, en un mot, à la suite des météorologistes contemporains, tacher de découvrir les lois de la circulation atmosphérique sur les continents et sur les mers.

Cette circulation générale se compose, en premier lieu, de vents affectant, dans leur intensité et dans leur direction, une certaine régularité, une périodicité ou une constance suffisante pour qu'on les comprenne sous la dénomination de *vents réguliers*. Tels sont les vents *alizés* des océans Atlantique et Pacifique, les *moussons* des mers de la Chine et de l'Inde, les vents *étésiens* de la Méditerranée. Outre ces mouvements généraux de l'atmosphère qui s'expliquent, ainsi qu'on le verra bientôt, de la même manière que les brises périodiques étudiées plus haut, et que séparent des zones ou des centres de calme, il se produit de temps à autre de grands mouvements tourbillonnants qui se propagent à de grandes distances, depuis les régions comprises entre l'équateur et les tropiques jusqu'aux confins des deux zones tempérées. Ces phénomènes perturbateurs de l'équilibre atmosphérique, connus sous les dénominations de *bourrasques*, de *cyclones*, de *tornados*, de *typhons*, jouent un rôle d'une grande importance dans les changements de temps qui caractérisent nos saisons et nos climats.

Mais qu'il s'agisse des vents réguliers ou des bourrasques, il est dès maintenant prouvé que les mouvements de l'atmosphère dépendent, à des degrés divers, de la répartition à la surface du globe, soit à une époque donnée, soit à des époques successives, de la température ainsi que de la pression barométrique. Et par conséquent, il importe de connaître comment se fait cette répartition sur le globe terrestre, et de compléter ce que nous en avons dit dans le Livre premier de ce volume.

Nous avons vu que Humboldt eut l'idée, en 1817, de repré-

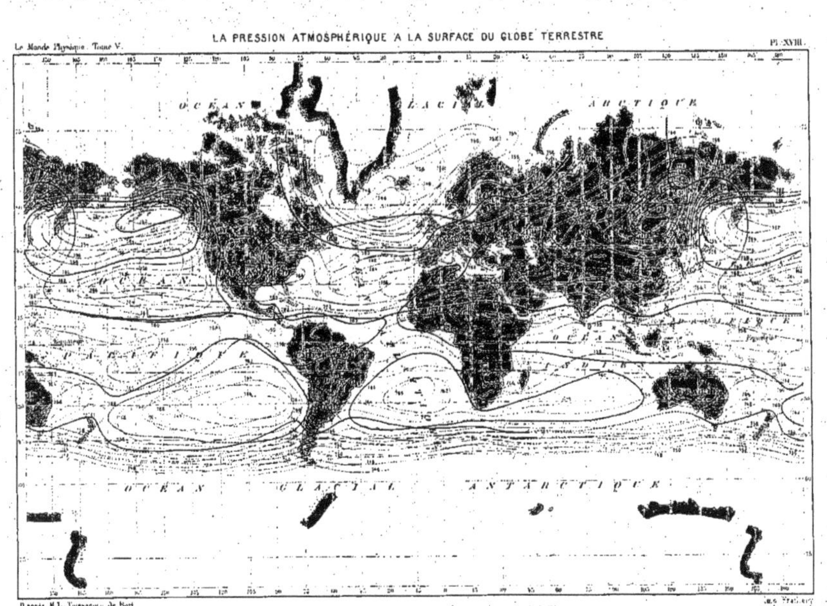
Le Monde Physique. Tome V.
LA PRESSION ATMOSPHÉRIQUE A LA SURFACE DU GLOBE TERRESTRE
Pl. XVIII.
OCÉAN
ARCTIQUE
OCÉAN
PACIFIQUE
OCÉAN
OCÉAN GLACIAL ANTARCTIQUE
Isobares moyennes de Janvier
Isobares moyennes de Juillet

senter sur la carte, par des lignes auxquelles il donna le nom d'*isothermes*, la suite des lieux dont la température moyenne pour l'année est la même. Grâce à ce mode ingénieux de représentation graphique, on peut juger d'un coup d'œil comment se distribuent à la surface du globe les effets de la chaleur que la Terre reçoit du Soleil. L'illustre auteur du *Cosmos* étendit cette méthode aux saisons extrêmes, de manière à décomposer la moyenne annuelle en deux moyennes semestrielles; il eut de la sorte les isothermes de l'été, qu'il appela *isothères*, et les isothermes de l'hiver, auxquelles il réserva le nom d'*isochimènes*[1]. En discutant et en groupant toutes les observations thermométriques recueillies jusqu'alors en diverses régions du globe, Humboldt parvint à construire les isothermes de notre hémisphère. Depuis lors, Kaemtz, Mahlmann, et à leur suite un grand nombre de savants, ont refait le même travail pour le globe entier, en s'appuyant sur la statistique thermique de plusieurs centaines de stations situées dans toutes les parties du monde[2]. En examinant, sur la planche XIX, ces trois systèmes de courbes thermiques, on ne peut manquer d'être frappé de deux grands faits généraux qui les caractérisent : premièrement le défaut de parallélisme des isothermes avec les cercles de latitude ou parallèles géographiques, parallélisme qui devrait exister partout si la répartition de la chaleur n'avait pas d'autre cause que l'influence purement astronomique; en second lieu, le relèvement à peu près général des courbes isothères sur les parties continentales de l'hémisphère nord, tandis que les isochimènes s'abaissent au contraire dans

1. Isothère, de ἴσος, égal et θέρος, été; isochimène, de χειμών, hiver.

2. L'étude et le tracé des isothermes moyennes ont été constamment poussés depuis à un plus grand point de perfection. En spécialisant ces recherches, en les bornant à des régions limitées, et aussi à des intervalles de temps plus resserrés, on est parvenu à leur donner une précision qu'elles ne pouvaient avoir au début. Citons seulement ici les recherches de M. Wild pour l'Asie et l'Europe (Empire Russe), de MM. Blandford pour l'Inde, Schott pour l'Amérique du Nord, Hoffmeyer pour le Groenland et l'Islande, Hann pour l'Afrique du Sud, etc. Notre savant compatriote, M. Teisserenc de Bort, résumant tous ces travaux, a publié d'excellentes cartes des isothermes moyennes de tout le globe dans les *Annales du Bureau central météorologique de France*.

les mêmes régions en passant des océans sur les terres; ce caractère est moins prononcé dans l'hémisphère sud, où d'ailleurs les parties continentales traversées sont plus étroites. Il est à remarquer aussi que c'est dans les parties maritimes des deux hémisphères, notamment dans l'océan Pacifique, dans l'océan Atlantique austral et dans la mer des Indes, que les isothermes se rapprochent le plus, dans leur direction, des parallèles géographiques. Ces remarques générales, qui demanderaient à être précisées s'il s'agissait de l'étude comparée des différents climats, suffisent pour faire comprendre les rôles opposés que jouent les continents et les mers dans la distribution de la chaleur à la surface de la planète. Les grandes étendues liquides égalisent et tempèrent les quantités inégales de chaleur qu'elles reçoivent dans les saisons extrêmes; les terres au contraire s'échauffent plus en été, se refroidissent plus en hiver et présentent ainsi, d'une saison à l'autre, des écarts de température qu'on verrait s'accuser bien davantage, si l'on donnait, au lieu des isothermes moyennes d'été et d'hiver, celles de chacun des mois de l'année, comme l'ont fait du reste plusieurs météorologistes contemporains[1].

La considération des isothermes a d'ailleurs un grand intérêt en ce qui concerne la circulation atmosphérique générale, puisque, comme nous l'avons vu plus haut, les vents sont principalement causés par les inégalités de température de l'air en des régions plus ou moins voisines les unes des autres. Comme ces différences de température déterminent des différences de pression des couches de même niveau, il est clair que les lois de la circulation ne pourront se découvrir sans qu'on connaisse la relation qui existe, à tout instant, à la surface du globe, entre la distribution de la température et la distribution de la pression atmosphérique. C'est à ce point de vue seulement que nous parlons des isothermes dans ce paragraphe. Mais alors il importe de faire ici une remarque essen-

1. Voyez dans les *Annales du Bureau central météorologique de France* (année 1881) les isothermes moyennes du globe pour les mois de janvier, mars, juillet et octobre.

LE MONDE PHYSIQUE TOME IV.

PLANCHE XIX

LA CHALEUR A LA SURFACE DU GLOBE TERRESTRE

LIGNES ISOTHERMES

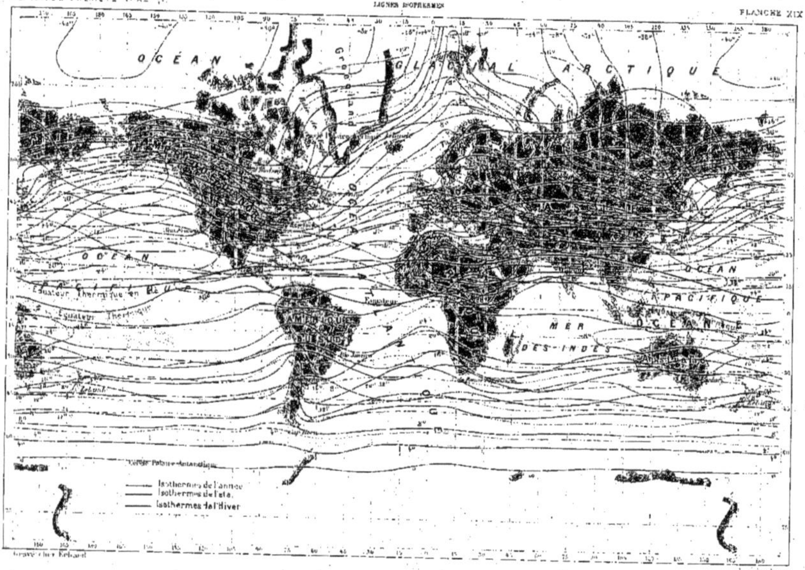

OCÉAN GLACIAL ARCTIQUE

OCÉAN PACIFIQUE

Équateur Thermique en Hiver

Équateur Thermique

AMÉRIQUE DU SUD

Équateur

MER DES INDES

OCÉAN

Cercle Polaire Antarctique

Isothermes de l'année

Isothermes de l'été.

Isothermes de l'Hiver

Gravé chez Erhard

Imp. Fraillery

tielle. Nous avons vu que la température de l'air, en un lieu donné, n'est pas la même à diverses hauteurs au-dessus du sol : elle va ordinairement en décroissant avec l'altitude. Les températures des diverses parties des continents et des îles sont donc influencées par l'altitude de chaque station ; c'est elles qu'il faut considérer quand on veut comparer les climats au point de vue de la chaleur ; mais ces mêmes températures ne sont plus directement comparables, si l'on veut s'en servir pour résoudre la question de la conservation ou de la rupture d'équilibre des couches d'air qui surplombent un certain nombre de stations plus ou moins voisines les unes des autres. Pour qu'elles puissent fournir à ce point de vue des indications utiles, il faut les ramener préalablement à un niveau commun : on réduit, dans ce cas, les observations thermométriques au niveau de la mer, ainsi qu'on le fait, nous l'avons vu, pour les observations barométriques. Ce sont les isothermes ainsi obtenues qu'on devra comparer avec les *isobares*.

On nomme *isobares* les courbes tracées sur la carte de façon à relier, par un trait continu, tous les points du globe, toutes les stations qui ont, à une époque donnée, la même pression barométrique. Si l'on considère la moyenne des pressions barométriques annuelles, on obtient les *isobares moyennes de l'année*. On construit de même, selon le but qu'on se propose, les isobares moyennes de janvier, de juillet, ou en général d'un mois quelconque de l'année. Enfin, quand il s'agit de suivre jour par jour la répartition des pressions sur le globe, ou dans une contrée particulière, ainsi que leurs variations, on construit les isobares quotidiennes, d'après toutes les observations recueillies chaque jour à la même heure dans un nombre suffisant de stations météorologiques.

La planche XVIII reproduit, d'après M. Teisserenc de Bort, les isobares moyennes des deux mois de janvier et de juillet pour le globe entier. Tous les nombres qui ont servi à la construction de ces courbes mesurent la pression moyenne du mois en chaque lieu, après réduction au niveau de la mer et correction relative à l'intensité de la pesanteur. Elles indiquent donc bien, comme il est nécessaire, la distribution de la pression atmosphérique sur une même couche de niveau dans tout l'atmosphère. En étudiant cette distribution, on est d'abord frappé d'un fait, c'est que les isobares, comme les isothermes, ne suivent point en général la direction des parallèles. En janvier toutefois, ce parallélisme se montre en quelques régions, premièrement dans une zone située un peu au nord de l'équateur, entre 10° et 25° de latitude; puis dans l'hémisphère sud, au-dessous du 40e parallèle. Partout ailleurs les isobares forment des systèmes de courbes concentriques ayant leurs centres tantôt sur les continents, tantôt au large des océans. En juillet, le parallélisme des isobares et des cercles de latitude a disparu au nord de l'équateur: il en reste un indice entre l'Afrique et l'Australie, dans la zone comprise entre 0° et 15° de latitude australe; mais, sauf quelques inflexions vers la pointe de l'Amérique méridionale, on retrouve au sud les bandes d'isobares des hautes latitudes australes. Quant aux systèmes concentriques dont nous venons de parler, on les observe dans les deux hémisphères, mais avec des positions et des significations tout à fait distinctes.

Voyons maintenant s'il existe, comme on peut le supposer *à priori*, une relation entre la distribution des températures et celle des pressions barométriques. Pour s'en rendre compte, il n'y a qu'à comparer les isothermes avec les isobares construites pour une même époque.

De cette comparaison il résulte en effet que les régions où règne la plus basse température sont aussi celles où la pression barométrique atteint son maximum, et qu'inversement aux températures les plus élevées correspondent en général les moins fortes pressions. Donnons-en quelques exemples.

En janvier, nous voyons sur l'ancien continent une série d'isobares qui indiquent une série de pressions croissantes, depuis les côtes occidentales de l'Europe d'une part, et depuis les côtes méridionales et orientales de l'Asie de l'autre, jusqu'en un point compris entre le 105e et le 120e degré de longitude E. et les 50e et 60e parallèles. La pression atteint alors 780 millimètres. C'est un centre de pression maxima des mieux caractérisés. Or les courbes isothermiques donnent pour la région considérée des températures moyennes de —25° à —35°. A peu de distance au nord-est, et toujours sur le continent asiatique, existe un centre de température minima, où la moyenne thermométrique en janvier atteint 48 degrés au-dessous de zéro. A la même époque, la température varie entre 0° et +10° sur les côtes occidentales d'Europe, entre —5° et +20° sur les côtes orientales d'Asie, pour dépasser +25° sur le littoral de la mer des Indes.

Un second centre de pression maxima existe, dans l'Amérique du Nord, vers le centre des États-Unis. Or les isothermes qui traversent le continent américain montrent, par une inflexion prononcée vers le sud en cette même région, un abaissement marqué de la température moyenne, en janvier. Au 45e de latitude, à peu près au point où existe le centre de pression maxima, la température varie entre —5° et —10°, c'est-à-dire est aussi basse que sur la presqu'île d'Alaska ou encore qu'à la pointe sud du Groenland, c'est-à-dire sous le 60e parallèle.

Dans l'hémisphère austral se voient deux centres où la pression est minima, l'un dans l'Afrique du sud, l'autre sur le continent australien. L'un et l'autre sont caractérisés par l'élévation de la température, qui atteint 30 degrés.

En juillet, les phénomènes thermiques et barométriques offrent une physionomie inverse de celle que nous venons de constater pour la saison opposée; néanmoins la même relation s'y présente entre les maxima de pression et les minima de température, entre les minima de pression et les maxima de température. Tout l'ancien continent est le siège de pressions d'autant plus faibles, que la moyenne thermométrique est plus élevée; les isobares accusent une dépression qui a son centre vers l'Inde, où le baromètre descend à 748 millimètres, tandis que le thermomètre s'y élève à la moyenne de 30°. Il en est de même sur le continent américain, où l'on voit coïncider une température de + 35° avec un minimum de pression de 756 millimètres, en Californie et au Mexique. Par contre, les pressions maxima ont quitté les continents de l'hémisphère nord, pour se transporter sur l'Atlantique et le Pacifique d'une part, sur les parties australes de l'Amérique, de l'Afrique et de l'Australie de l'autre, c'est-à-dire dans des régions où règnent, à cette époque de l'année, des températures plus basses.

Toutefois il ne faudrait point regarder ces coïncidences comme des conséquences nécessaires d'une loi générale liant les températures et les pressions. La distribution de ces dernières à la surface du globe a des causes complexes, ainsi que nous l'avons vu, et d'ailleurs, dès qu'un centre de hautes ou de basses pressions s'établit dans une région, il en résulte aussitôt un régime de vents qui tournent autour de ce centre et qui transportent avec eux la température des points d'où ils soufflent. La position relative des aires de pression et de température se trouve donc altérée[1].

1. Pour mieux saisir les relations qui existent entre les pressions et les températures, au lieu de comparer les isobares aux isothermes, ainsi qu'on vient de le faire, on peut substituer à celles-ci les *isanomales*. Dove a nommé ainsi les lignes qui unissent les points du globe dont la température offre la même différence au-dessus ou au-dessous de la moyenne à la même latitude. C'est en procédant de la sorte que M. Teisserenc de Bort a formulé les deux propositions suivantes, applicables aux océans comme aux continents :

« 1° Lorsqu'une région d'une certaine étendue offre un excès de température, soit absolu, soit relatif à la température des points situés dans la même latitude, il y a tendance à la formation d'un minimum en ce point et coïncidence presque complète entre le minimum barométrique et le maximum de température ; de plus, il existe une certaine proportionnalité entre eux. Cette tendance se manifeste, soit par l'existence d'un minimum fermé, soit seulement par une inflexion des isobares.

« 2° Les maxima barométriques, points dont l'air s'échappe en divergeant, ont une tendance à s'établir de préférence dans le voisinage des régions où la température est basse, soit d'une façon absolue, soit relativement à leur latitude. »

Toutefois le savant météorologiste fait remarquer qu'il faut tenir compte de l'influence des vents, ainsi que nous le disons ci-dessus, et aussi de celle des obstacles matériels, reliefs du sol, courants généraux, etc., qui s'opposent aux courants de l'air de nature à détruire les différences de pression barométrique. Pour plus de détails sur cette question, nous renverrons le lecteur aux remarques générales dont M. Teisserenc de Bort a fait précéder la publication des *Nouvelles cartes d'isothermes et d'isobares moyennes*, dans les *Annales du Bureau central météorologique de France* (1881).

§ 2. LES ISOBARES ET LES VENTS.

Abordons maintenant la question que nous avions en vue au début de ce chapitre et voyons quelles conséquences on peut tirer, pour la circulation atmosphérique, de l'étude des isothermes et des isobares. Quel rapport y a-t-il entre la direction et la force du vent en un lieu donné et les aires de haute ou de basse pression dont les systèmes d'isobares indiquent l'existence à une distance plus ou moins grande de ce lieu?

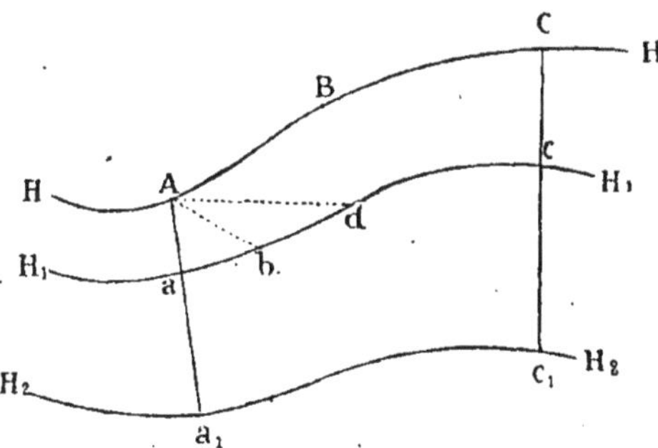

Fig. 279. — Gradient barométrique.

Entre deux points A et B appartenant à une même isobare, la différence de pression est nulle; les molécules d'air situées à un même niveau y sont en équilibre; il n'existe donc de A vers B aucune cause de mouvement ou de vent. Mais il n'en est plus de même si l'on considère deux points A et *a* appartenant à deux isobares différentes: en A la pression est H, en *a* elle est H_1 plus forte ou plus faible que la première. Dans ce cas, l'air a une tendance à s'écouler du lieu où la pression est la plus considérable vers l'autre, où elle est moindre, de A vers *a* si $H > H_1$. Mais entre toutes les directions A*a*, A*b*, A*d*, qu'une molécule située sur la première isobare peut prendre pour rejoindre un point de la deuxième isobare, il est aisé de comprendre qu'elle suivra le plus court, c'est-à-dire celle d'une normale aux deux courbes. On peut comparer cette direction

Aa à la ligne de plus grande pente qui joint deux courbes de niveau sur le terrain. Si l'on divise la différence de pression de deux isobares voisines par la plus courte distance d'un point de l'une à l'autre, le quotient que l'on trouve exprime le nombre de millimètres dont la pression diminue pour l'unité de distance, dans cette direction. C'est ce qu'on nomme le *gradient barométrique* ou simplement le *gradient*. Quand on connaît la valeur et la direction du gradient en un point et pour une époque donnée, on sait quelle est, à ce moment, la distribution de la pression autour de ce point. Inversement si les isobares sont tracées sur une région, il est facile d'en déduire la direction et la valeur du gradient barométrique en chacun des points de la région.

D'après ce qu'on vient de voir, les centres de fortes ou de basses pressions sont des points de convergence ou de divergence pour les vents, qui soufflent toujours des points où la pression est la plus grande vers ceux où elle est la plus faible. De sorte que, si aucune cause étrangère n'intervenait, la direction des isobares permettrait de trouver celle des vents régnants sur une région quelconque, la seconde étant toujours normale à la première ; l'intensité relative de ces vents se calculerait de même d'après la valeur des gradients barométriques. Mais les choses se passent moins simplement. Diverses influences modifient le mouvement atmosphérique : en premier lieu, la rotation de la Terre, puis l'action de la force centrifuge et enfin les résistances variables que subit le mouvement des couches d'air, soit par leur frottement réciproque, soit par leur frottement contre les reliefs du sol.

Le mouvement de la rotation de la Terre a pour effet de faire dévier la direction du vent vers la droite dans l'hémisphère boréal, et vers la gauche dans l'hémisphère austral. C'est ce dont il est facile de se rendre compte. Considérons le mouvement d'un point qui tend, dans l'hémisphère boréal, à se rapprocher de l'équateur : c'est le cas pour tous les vents qui, entre l'est et l'ouest, soufflent de la région du nord. Une molécule d'air A (fig. 280) qui en vertu de son seul mouvement arriverait en *f* dans la direction du méridien, subira une déviation vers l'ouest comme si elle venait d'un point situé entre le nord et l'est. En effet, au moment de son départ, elle participe au mouvement de rotation de l'ouest à l'est de tous les points de son parallèle; mais comme sa vitesse dans ce sens est plus petite que celle des points dont la latitude est moindre, elle se trouvera de plus en plus en retard à mesure qu'elle s'approchera de l'équateur. Pour avoir sa position à un moment quelconque, il faudra composer sa vitesse propre dans la direction du méridien avec la différence de vitesse de rotation du parallèle de départ et du parallèle d'arrivée, portée en sens contraire du mouvement de la Terre, c'est-à-dire vers l'ouest. C'est la diagonale du parallélogramme ainsi construit qui donnera la direction apparente de la molécule d'air, ou la déviation de direction du vent. Deux molécules B, I, venant la première du nord-ouest, la seconde du nord-est, paraîtront déviées dans le même sens, c'est-à-dire du côté de l'est, mais leur déviation sera moindre, la différence de vitesse de rotation des parallèles allant en diminuant à mesure que l'on considère des vents qui approchent plus de souffler de l'ouest ou de l'est. Pour ces derniers rumbs la déviation serait nulle. Si l'on considère maintenant une molécule d'air entraînée par un vent qui vient de la région sud, et par conséquent s'éloignant de l'équateur, sa vitesse de rotation, plus grande au départ qu'à l'arrivée, lui donnera une avance dans le sens du mouvement de la Terre, et il en résultera une déviation vers l'est, c'est-à-dire du côté de la droite dans le sens du mouvement du vent, comme on peut s'en rendre compte sur

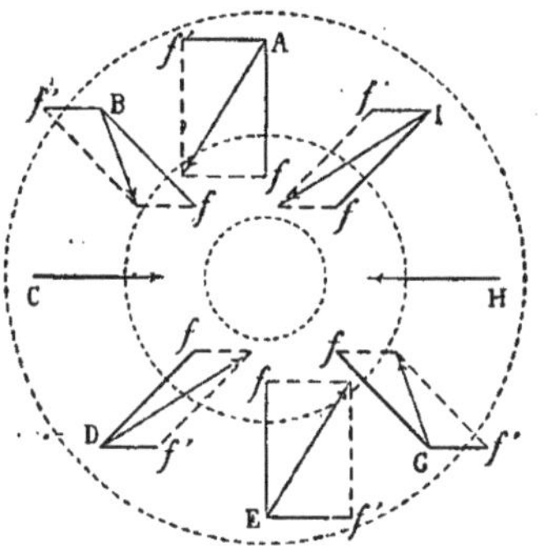

Fig. 280. — Déviation dans la direction due au mouvement de rotation de la Terre.

la figure, en examinant les parallélogrammes qui ont servi à la composition des vitesses de la molécule. Tous les vents de la région sud, en un mot, sembleront souffler plus ou moins de l'ouest vers l'est.

Si de l'hémisphère boréal on passe sur l'hémisphère austral et qu'on répète le raisonnement et la construction que nous venons de présenter au lecteur, on verra aisément que la déviation causée par le mouvement de rotation s'y fait vers la gauche. Tous les vents de la région nord de la rose y sont déviés vers l'est, tous ceux du sud et soufflant vers l'équateur sont déviés vers l'ouest.

Appliquons maintenant ces résultats aux mouvements de

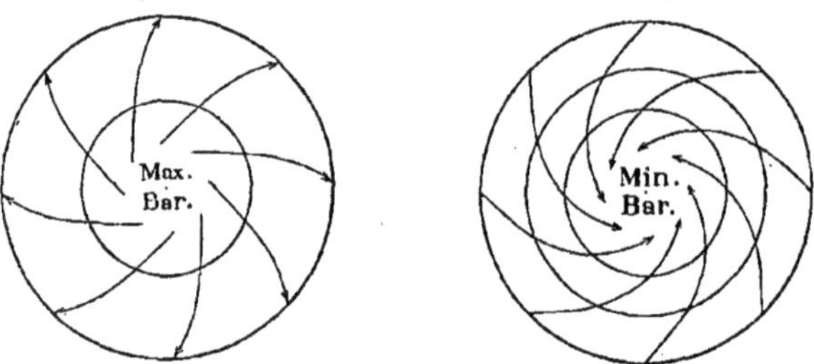

Fig. 281. Trajectoires du vent dans l'hémisphère boréal.

divergence ou de convergence des vents autour des centres de fortes pressions ou de basses pressions.

On a vu plus haut qu'autour de ces centres les isobares sont disposées en courbes qui s'enveloppent les unes les autres ; la forme la plus simple de ces systèmes est celle de cercles équidistants, ayant dès lors même gradient en chacun de leurs points. Si le mouvement de l'air était uniquement dû aux différences de pression d'une isobare à l'autre, les trajectoires du vent seraient partout des normales, c'est-à-dire des rayons de cercles concentriques, elles convergeraient vers les centres de pressions minima et divergeraient au contraire des centres de pressions maxima, aussi bien dans un hémisphère que dans l'autre. Mais les déviations produites dans la direction du vent par l'effet du mouvement de rotation de la Terre ne permettent pas qu'il en soit ainsi. Au lieu d'être normales aux isobares, ces trajectoires forment avec elles des angles plus ou moins grands. L'air se meut en spirales qui tournent dans le sens des aiguilles d'une montre en divergeant des centres de haute pression dans l'hémisphère boréal, et dans le sens opposé en convergeant vers les centres de basses pressions dans le même hémisphère. C'est ce que montrent les flèches de la figure 281. Dans l'hémisphère austral, le mouvement de l'air s'effectue dans un sens précisément inverse : autour d'un centre de haute pression, la divergence a lieu dans le sens opposé à celui des aiguilles d'une montre, tandis que le vent y décrit, autour des

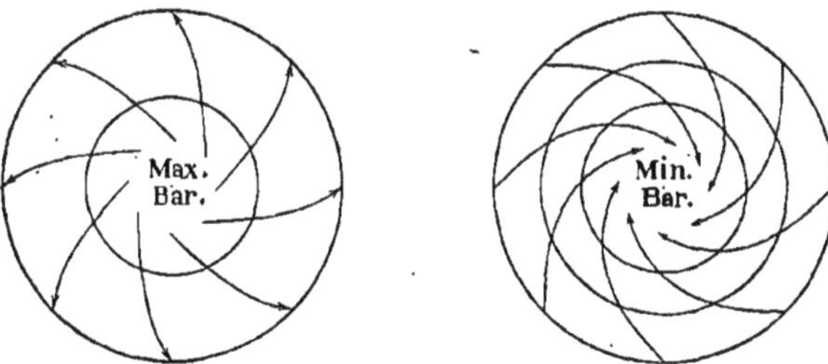

Fig. 282. Trajectoires du vent dans l'hémisphère austral.

minima barométriques, des spirales convergentes tournant dans le même sens que les aiguilles.

Les choses, il est vrai, ne se passent point avec cette régularité : si les isobares affectent souvent la forme de courbes enveloppantes concentriques, elles sont souvent différentes d'un cercle et sont loin d'être équidistantes. Enfin, les trajectoires du vent, précisément à cause de leur courbure, développent une nouvelle force déviatrice, la force centrifuge, en même temps qu'elles subissent l'influence des résistances diverses offertes par les reliefs du sol au mouvement des couches aériennes. Comme toutes les lois physiques, celles que nous venons de définir sont sujettes à des perturbations nombreuses qui en masquent parfois les effets. Nous allons néanmoins les voir se manifester dans quelques cas simples tels que les donnent les observations.

§ 3. CIRCULATION ATMOSPHÉRIQUE DANS L'ATLANTIQUE NORD ET DANS LA PÉNINSULE IBÉRIQUE.

Le premier exemple que nous allons citer est celui de la circulation atmosphérique moyenne dans l'Atlantique nord pendant la saison d'été[1], telle qu'elle résulte des savantes et laborieuses recherches entreprises sur ce point de météorologie par le lieutenant de vaisseau Brault, de la marine française. Reprenant à nouveau, et sur des données plus complètes, l'immense travail que Maury avait entrepris dans le but de déduire des observations le régime des vents à la surface des mers, M. Brault, se bornant d'abord à la région de l'Atlantique septentrional, réunit plus de 650 000 observations là où le savant météorologiste américain n'avait pu disposer que d'environ 200 000. Ce qu'il se proposait, c'est de déterminer, pour chaque carré de 5° par exemple, pris dans l'Atlantique nord, quelle est, dans chaque saison, la direction probable du vent, la loi d'intensité et de succession probable, et de fournir ainsi aux marins des cartes de navigation susceptibles de les guider et d'abréger leur route. C'était déjà le but de Maury, c'est celui que poursuivent également divers savants météorologistes étrangers et les Instituts ou Associations qui publient des cartes nautiques des principales mers du

1. « Quand on veut étudier la circulation générale atmosphérique dans un des grands bassins océaniques, la carte d'été de ce bassin est, en général, la meilleure à consulter. Dans les cartes d'été, les courbes sont en effet plus nettes, plus simples, plus continues, et partant plus expressives. Il y a à cela une raison bien naturelle : les cartes synoptiques prouvent l'existence de tourbillons qui, dans les latitudes moyennes de l'Atlantique nord, par exemple, traversent l'Océan de l'ouest à l'est; or ces tourbillons sont bien plus nombreux en hiver qu'en été, et comme ils entraînent autour d'eux des vents dans toutes les directions, ces vents viennent troubler les *moyennes* et masquer sur la carte le mouvement général. On conçoit par là que la carte d'été soit la meilleure à considérer, lorsqu'on désire envisager le phénomène de la circulation dans toute sa généralité, abstraction faite des accidents qui peuvent le troubler. » (Brault, *Étude sur la circulation atmosphérique de l'Atlantique nord*.)

globe[1]. Mais notre compatriote apporta une innovation importante à son travail, en ne se bornant point à indiquer, comme Maury et ses successeurs, la direction probable du vent, mais aussi son intensité probable, élément dont l'importance n'est pas moindre pour le marin que pour le météorologiste. Nous reviendrons plus loin sur le mode de représentation adopté; pour le moment, indiquons, d'après M. Brault, à quelles consé-

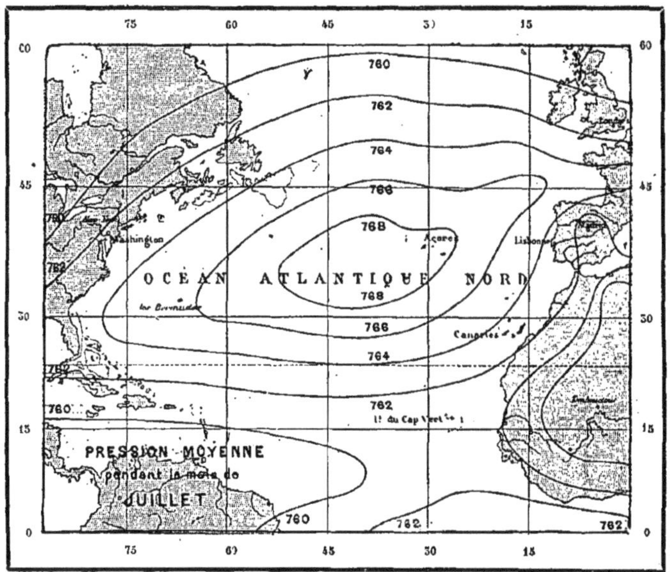

Fig. 283. Pression barométrique de l'Atlantique nord dans la saison d'été ; isobares moyennes de juillet, d'après M. Brault.

quences l'ont conduit les documents qu'il a dépouillés, et comment il en déduit la circulation atmosphérique de l'Atlantique nord pendant la saison d'été.

Dans la région que représente la planche XX et qui embrasse

1. Les cartes publiées par M. Brault émanent, soit du *Dépôt des cartes et plans de la marine*, soit du *Bureau central météorologique de France*. Citons encore celles de l'*Hydrographic office* de Washington, du commodore Krafft, celles du *Koninklijk Nederlansch meteorologisch Instituut* d'Utrecht, de MM. Cornelissen et Van Heerdt, et enfin celles de l'Amirauté anglaise. Nous donnons plus loin des spécimens des divers procédés graphiques adoptés dans ces cartes pour la représentation des vents, en direction et en intensité pour les premières, en direction seulement pour les suivantes.

tout l'espace compris entre l'Europe et l'Afrique occidentale d'une part et les côtes orientales du continent américain de l'autre, M. Brault distingue quatre points météorologiques principaux : ce sont, à l'ouest et à l'est le golfe du Mexique et le Sahara, au nord et au sud le groupe insulaire des Açores et une région de l'Atlantique qu'il dénomme la *région maximum des calmes* et qui se trouve située entre l'Afrique et l'Amérique du sud, un peu plus rapprochée de celle-ci (entre 5° et 10° de latitude nord et 32° à 42° de longitude occidentale). Les deux premiers points sont des centres de convergence des vents. Qu'on suive le mouvement général des alizés du nord-est (soit du côté du golfe du Mexique, soit près de la côte d'Afrique) ou bien les alizés du sud-est, on voit que les uns et les autres se dirigent toujours soit vers le Sahara, soit vers le Mexique. Or les courbes d'isobares et d'isothermes s'accordent à indiquer ces deux contrées comme des centres de basses pressions et de maxima thermiques. De ces deux mouvements convergents de directions opposées devait résulter, pour le milieu de l'Atlantique au voisinage de l'équateur, l'existence d'une région de calmes : c'est le quatrième point, la *région maximum des calmes*. « Quant aux Açores, dit M. Brault, autour d'elles se dessine un immense tourbillon tournant en sens direct et d'où s'échappe, dans le nord-ouest des îles, assez loin du centre, comme une grande gerbe de vent qui, d'abord sud-sud-ouest, devient sud-ouest, puis ouest-sud-ouest, pour former bientôt les vents d'ouest des latitudes élevées. Près du centre du tourbillon, les vents qui sont ouest au-dessus se courbent et deviennent successivement sur la droite ouest-nord-ouest, nord-ouest, nord-nord-ouest, puis nord par les travers du cap du Finistère. A partir de là, tandis que, près des Açores et au-dessous, les vents continuent leur mouvement de rotation, nord-est, est, est-sud-est, sud, on aperçoit comme une autre gerbe immense qui, se détachant du tourbillon, non loin du cap Finistère lui-même, se courbe insensiblement, mais aussi régulièrement que le ferait une courbe mathématique des plus

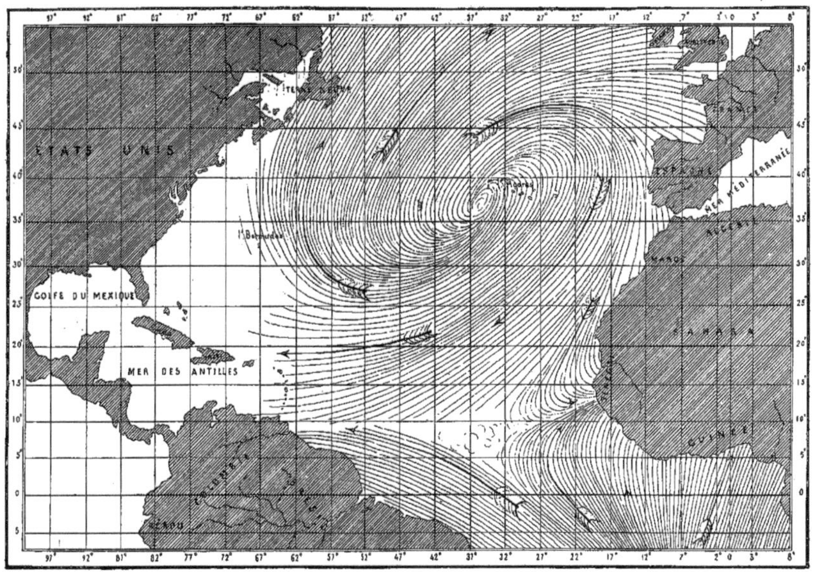

LES VENTS DE L'ATLANTIQUE NORD
Pendant la saison d'été, d'après la carte de M. L. Brault.

simples, et, traversant l'Atlantique pour se rendre au golfe du Mexique, forme sur sa route ce qu'on est convenu d'appeler les *vents alizés*. Tel est le tableau de la circulation générale des vents d'été de l'Atlantique nord. »

M. Brault ajoute une remarque importante, c'est qu'il s'agit ici d'équilibre dynamique. « L'équilibre de l'atmosphère est instable : le *centre de rotation des Açores* et la *région maximum des calmes* ont un mouvement de va-et-vient ; leur position sur la carte ci-jointe (Planche XX) n'est donc qu'une *position moyenne*. »

Arrivons maintenant à notre second exemple. Il nous est fourni par l'étude fort complète et fort intéressante que l'on doit à M. L. Teisserenc de Bort de la circulation atmosphérique sur la Péninsule Ibérique. C'est en quelque sorte une introduction à l'étude de la même circulation générale sur les continents. La position particulière qu'occupe l'Espagne à la pointe sud-ouest de l'Europe donne à cette région limitée un grand avantage, « celui, dit le savant météorologiste, de posséder d'une manière nette les caractères de la température, de la pression et de la circulation de l'air sur les continents; elle offre sur une petite surface l'image réduite des phénomènes de l'Asie, de l'Amérique, et sa position sur le globe la fait échapper en grande partie aux effets de la circulation d'ensemble, en sorte que les divers éléments, température, pression, vent, réagissent les uns sur les autres sans être trop influencés par les grands centres d'action que présente l'atmosphère. De plus, l'Espagne est entourée d'eau de presque tous les côtés et présente une forme à peu près quadrangulaire, en sorte que les phénomènes y affectent une grande symétrie. »

En examinant les planches XXI et XXII, où se trouvent tracées, d'après M. Teisserenc de Bort, les isothermes et les isobares des mois de janvier et de juillet, tant sur la péninsule que sur les mers environnantes et sur les régions voisines de France et d'Algérie, on remarque tout d'abord la liaison que nous avons déjà souvent reconnue entre la distribution des températures et celle des pressions. En janvier, c'est-à-dire pendant la saison froide, les températures les plus basses se trouvent sur les parties continentales; les isothermes passent, en s'abaissant, de l'Atlantique sur la péninsule pour se relever dans la Méditerranée : c'est vers les Pyrénées en Espagne, dans la région des plateaux de l'Atlas en Afrique, que sont les minima thermiques; un maximum se voit au large d'Alger sur la Méditerranée. Or les isobares indiquent l'existence d'un centre de hautes pressions vers le milieu de l'Espagne. Un second maximum barométrique se montre en Algérie dans la région du minimum thermique. Qu'on examine maintenant, dans la planche XXII, les lignes qui marquent la direction des vents et les flèches représentant la résultante ou la direction moyenne calculée d'après la formule de Lambert, et l'on verra que la circulation est bien telle que pouvaient la faire prévoir les isobares de janvier.

Un examen semblable fait sur les courbes de pression et de température de juillet, et sur la circulation atmosphérique moyenne du même mois, conduit aux mêmes conclusions, à savoir que généralement, et sauf les accidents locaux, les centres de basses pressions sont des points de convergence pour les vents; ceux de hautes pressions, des points de divergence; qu'enfin les pressions et les températures varient en sens inverse, les températures les plus élevées coïncidant avec les pressions minima. Vers le centre de la péninsule, la température atteint le maximum de 29°, et la même région est enveloppée par l'isobare de 761 millimètres, qui indique un centre de basse pression; si l'on se reporte à la planche XXII, où se trouve figuré le déplacement de l'air en juillet, on y voit converger les flèches indiquant la direction du vent, à peu près de toute la périphérie de la péninsule ibérique. « La circulation atmosphérique, dit M. Teisserenc de Bort, offre nettement l'image d'une mousson régulière pénétrant dans la péninsule par toutes les côtes et même par l'isthme pyrénéen. » D'une manière générale, on voit l'air marcher vers les basses pressions.

LA PRESSION ET LA TEMPÉRATURE
DANS LA PÉNINSULE IBÉRIQUE

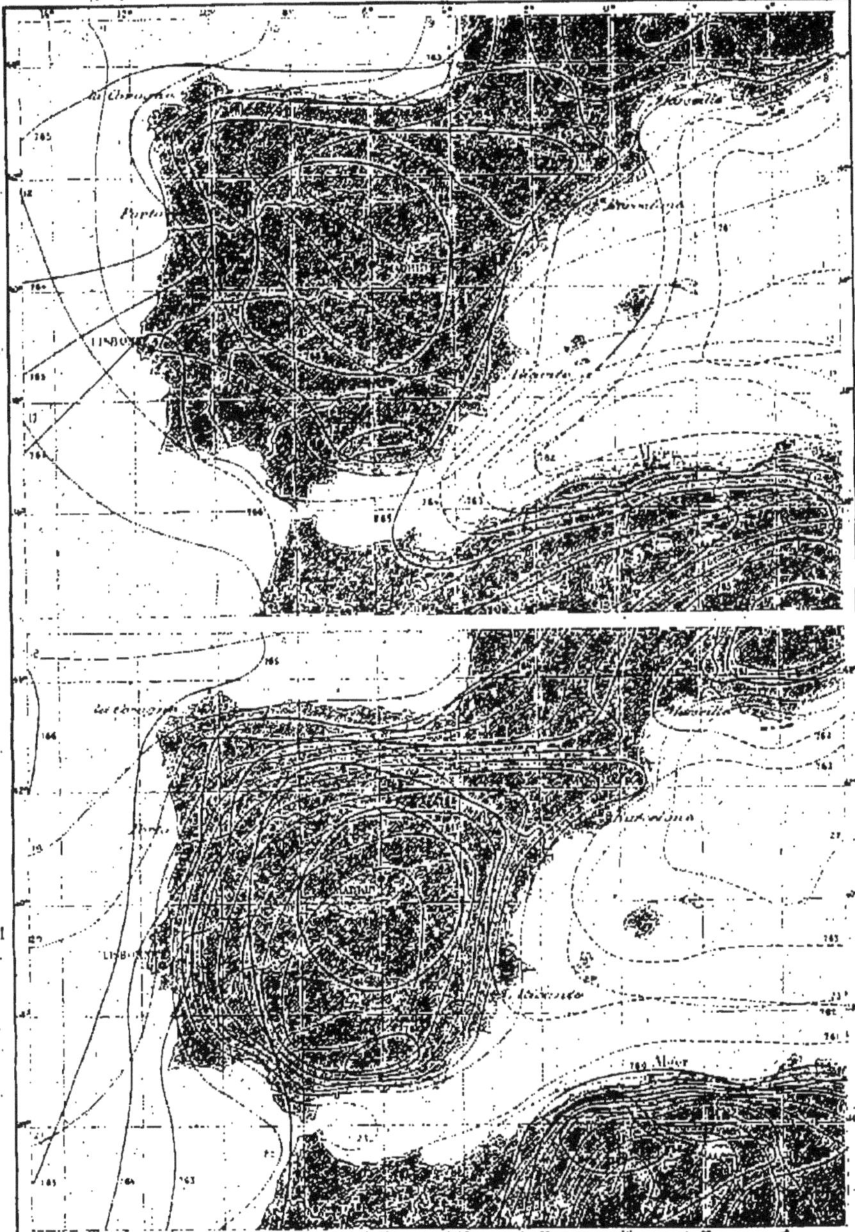

D'après M.L. Teisserenc de Bort

I. Isobares et Isothermes moyennes de Janvier.
II. Isobares et Isothermes moyennes de Juillet.

Imp. Thuillier

Les deux cas particuliers que nous venons d'examiner, en mettant en évidence les relations qui lient le mouvement de l'air, soit sur l'océan, soit sur les continents, avec la distribution de la température et avec celle de la pression barométrique, nous amènent tout naturellement aux vents réguliers, alizés, moussons, vents étésiens, les uns constants, les autres périodiques, mais s'expliquant les uns et les autres par les mêmes principes et relevant de la même théorie. Mais, avant d'aborder la description de ces courants qui jouent un si grand rôle dans la circulation atmosphérique générale, revenons sur un point que nous n'avons fait qu'effleurer, celui de la représentation graphique des éléments du vent.

§ 4. REPRÉSENTATION GRAPHIQUE DES ÉLÉMENTS DU VENT. — ROSES DES VENTS DES CARTES NAUTIQUES ET MÉTÉOROLOGIQUES.

Lorsque, il y a quarante ans Maury, alors simple lieutenant de vaisseau de la marine américaine, entreprit le dépouillement des observations météorologiques consignées dans les journaux de bord des navires de son pays, il eut l'idée de diviser la surface maritime du planisphère, dans le sens des méridiens et des parallèles, en carrés égaux (de 5° de côté par exemple) et de relever pour chacun d'eux la direction du vent observée par chaque navire. Les nombres des observations pour les divers rumbs, comparés entre eux, permettaient d'en conclure la direction probable du vent dans chaque carré, et de donner ainsi aux marins de précieuses indications pour le choix de leur route dans une région maritime quelconque. Mais la lecture des cartes et des chiffres qu'elles contenaient[1] était un travail assez pénible ; aussi, pour l'épargner aux marins, Maury traça-t-il lui-même les principales routes sur ses cartes nau-

1. Les *Cartes pilotes* indiquaient la direction des vents pour chaque mois et chacun des seize rumbs de vent. Chaque carré, divisé en 12 colonnes verticales, comprenait 16 lignes horizontales. Les observations (3 par jour) donnaient la direction moyenne de 8 heures.

tiques. Le succès fut tel[1], que les principales nations maritimes s'empressèrent de suivre l'exemple de l'illustre Américain. Aujourd'hui, l'Angleterre, la Hollande, la France ont leurs cartes nautiques; mais avec un perfectionnement notable qui a consisté à substituer aux indications numériques le mode de représentation graphique dont nous allons dire quelques mots.

Les cartes nautiques anglaises furent les premières à adopter ce mode de figuration des vents. Dans chaque carré de 10°, elles construisaient une rose donnant pour trois mois (les

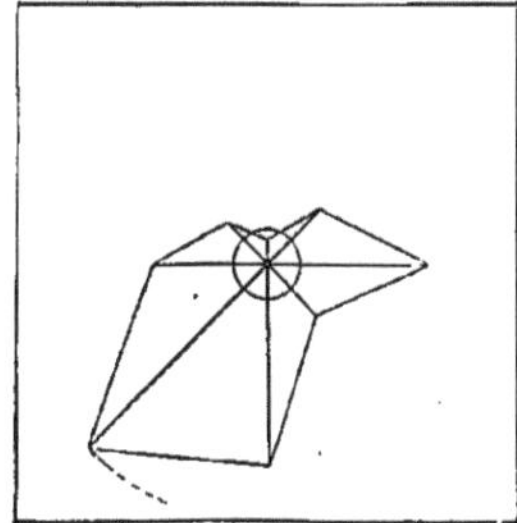

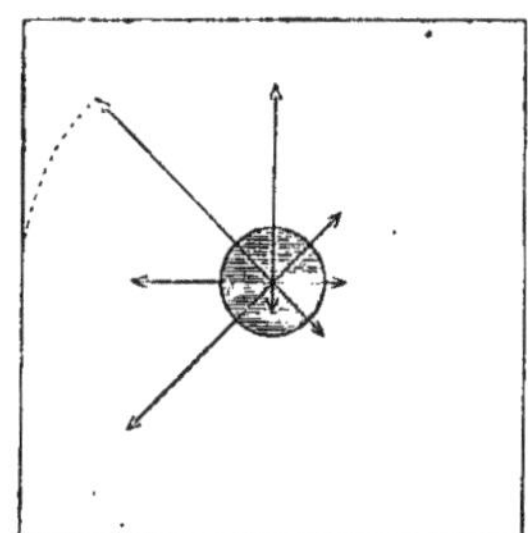

Fig. 284. Roses des cartes nautiques anglaises pour la direction des vents.

cartes de Maury étaient annuelles) la direction des vents du carré, la longueur de chaque flèche à partir du centre étant

1. Entreprises en 1842, les recherches de Maury furent condensées dans une publication ayant pour titre *Sailing directions* (instructions nautiques), accompagnée d'un Atlas de plus de 100 cartes, donnant les pluies, les orages, les températures, la direction des vents, celle des courants marins, les routes maritimes, etc. Les premières cartes, publiées en 1848, eurent pour résultat de réduire de 41 jours à 24 jours la traversée de Baltimore à l'Équateur. C'est au capitaine américain Jackson que revient l'honneur de cette première application d'une méthode qui devait être si féconde. Dès 1854, la traversée de Londres à Sydney était réduite d'un mois. Celle des Etats-Unis en Californie par le cap Horn, qui était auparavant de 180 jours en moyenne, fut ramenée par l'emploi des cartes de Maury à 135, puis à 100 et enfin à 90 jours. « J'avais annoncé, dit Maury, que la portion de traversée de retour d'Australie, comprise entre cette terre et le cap Horn, serait faite en moins de temps que n'en avait mis la vapeur à parcourir une distance égale, et j'avais aussi annoncé aux navires faisant le commerce d'Australie que leur voyage de circumnavigation s'effectuerait en moins de temps que la simple traversée de Californie; ces deux prédictions ont été accomplies : on a été d'Australie au cap Horn en moins de 25 jours, et l'on a fait le tour du monde par l'Australie en moins de 89 jours. » (*Sailing directions*, trad. de M. Vaneechout). Ces résultats merveilleux, qui se sont multipliés depuis, ne sont pas dus seulement à la connaissance de la direction des vents, mais aussi à celle des courants de la mer, que Maury avait étudiés comme les courants aériens.

Le Monde Physique Tome V

LES VENTS DE LA PÉNINSULE IBÉRIQUE

Pl. XXII

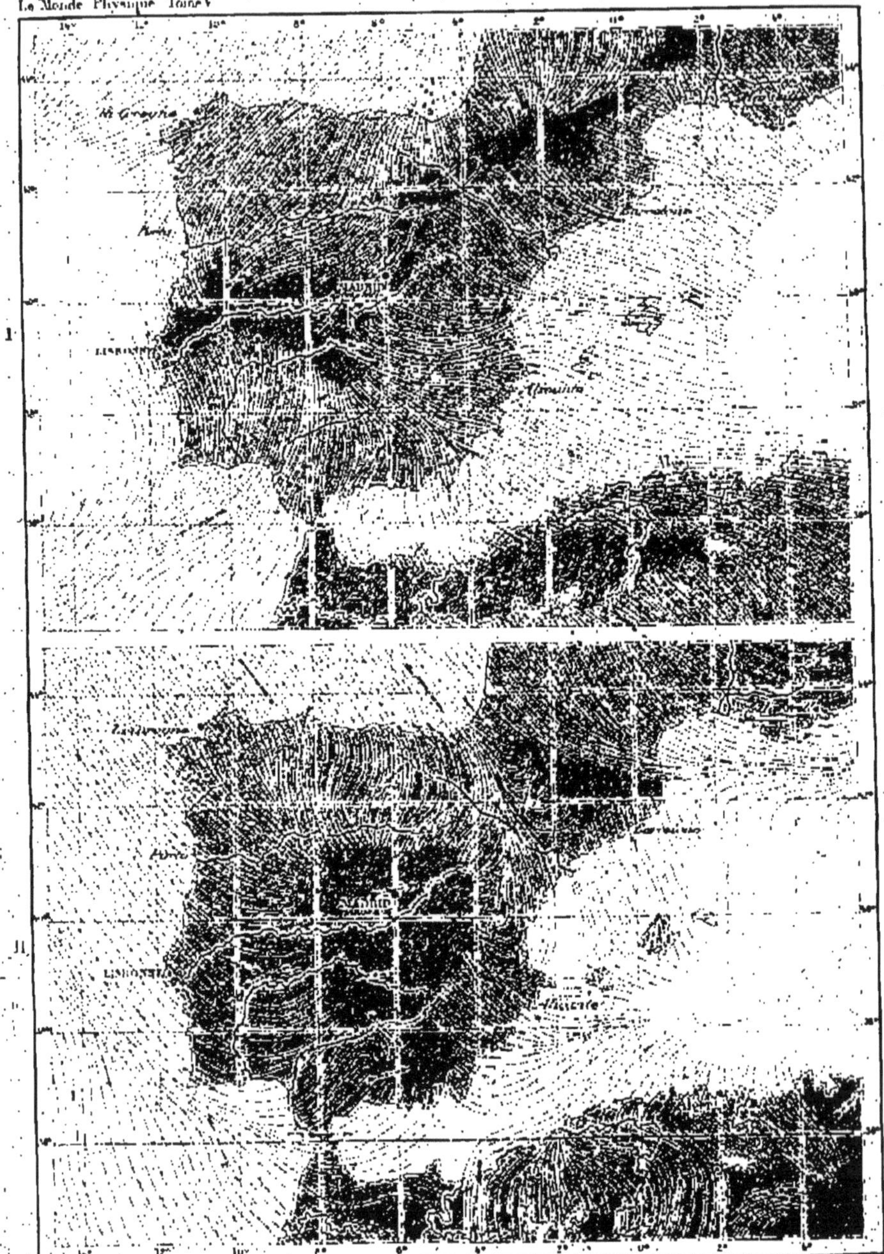

D'après M. L. Teisserenc de Bort

I... Circulation atmosphérique en Janvier
II... Circulation atmosphérique en Juillet.

proportionnelle au nombre des observations du vent. Quels que soient les nombres d'observations des divers rumbs, le plus fort de chaque carré est toujours représenté par une même longueur, qui est celle du rayon du cercle inscrit, disposition qui a pour objet d'éviter que les flèches de la rose ne sortent du carré où elle est tracée. Un petit cercle, au centre, indique par son rayon la proportion des observations de calmes.

Dans les cartes hollandaises, les carrés n'ont qu'un degré de

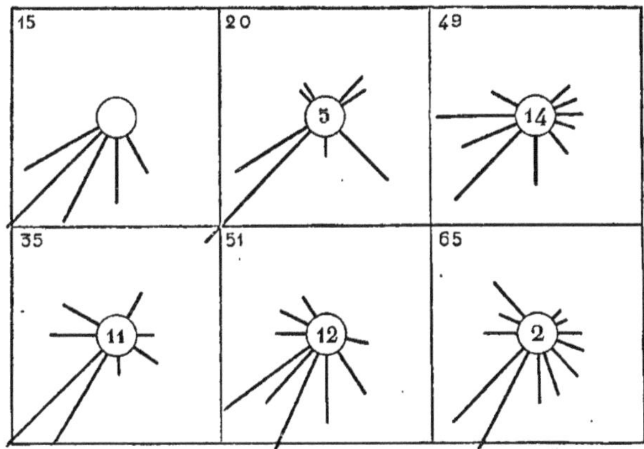

Fig. 285. Roses des vents des cartes hollandaises par carrés de 1 degré.

côté; les longueurs des flèches, comptées du bord d'un petit cercle intérieur, indiquent les proportions pour cent des vents dans chaque direction. Mais la somme totale des longueurs des flèches est la même dans tous les carrés, qui se trouvent ainsi comparables entre eux; elle est égale au double des côtés du carré. Il arrive ainsi, comme le montre la figure 285, que les plus longues flèches peuvent traverser plusieurs carrés. Le nombre inscrit au centre de la rose indique la proportion pour 100 des observations de calmes; celui qui est écrit à l'angle supérieur gauche du carré donne le nombre total des observations.

Les nouvelles cartes nautiques américaines, dues au commodore Krafft, font partir toutes les flèches des divisions de la circonférence du cercle inscrit au carré. Leur somme totale est constante, comme dans le système hollandais, mais égale seulement au rayon du cercle (ce qui est nécessaire pour éviter leur superposition). Elles sont dès lors généralement très courtes, et, comme elles ne partent pas d'un même point, il est plus difficile de juger de leurs valeurs relatives.

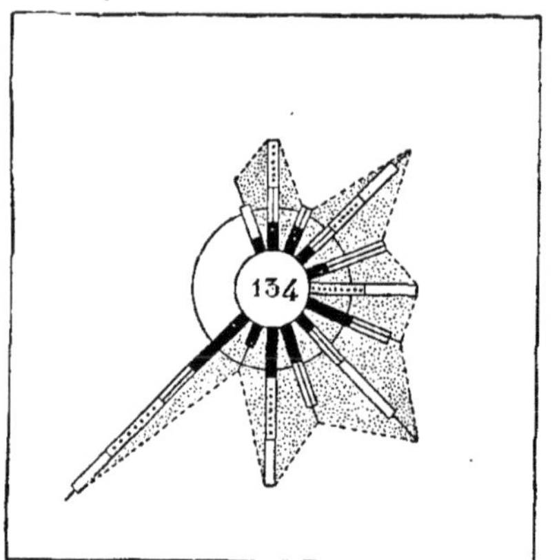

Fig. 286. — Roses des vents des cartes nautiques françaises. Direction et intensité, d'après le premier mode de représentation de M. Brault.

Nous arrivons au mode adopté par M. Brault pour les cartes de navigation française. Le procédé graphique était d'abord celui des cartes anglaises ; le polygone formé par les droites qui joignait les flèches était seulement teinté de façon à être plus visible. Au centre du cercle, un chiffre indiquait le nombre total des observations du carré; celui des calmes était marqué par l'épaisseur de l'anneau formé par le cercle central et par un autre cercle concentrique au premier.

Plus tard, voulant indiquer, en même temps que la direction, l'intensité du vent dans chaque rumb, M. Brault substitua aux flèches ordinaires formées d'un seul trait des lignes combinées de la façon suivante :

1 Vent grand frais, vent frais. . . . .
2 Forte brise et bonne brise. . . . .
3 Jolie brise. . . . .
4 Petite brise . . . .
5 Légère brise. . . . .

La longueur de la plus grande flèche est celle du rayon inscrit; elle marque le rumb du vent qui a la plus grande fréquence, les longueurs des autres étant proportionnées à la fréquence relative des vents correspondants. Chacune est formée, s'il y a lieu, de parties composées des tracés précédents, et les longueurs de ces parties sont elles-mêmes proportionnées à la fréquence des vents de chaque intensité dans cette direction même. « Si dans un polygone, dit M. Brault, la flèche S. W., par exemple, est composée des tracés 3, 4, 5, dans les proportions $\frac{1}{2}$, $\frac{1}{4}$, $\frac{1}{6}$, cela signifie que, lorsqu'il souffle du vent de sud-ouest dans le carré où se trouve le polygone, il y a $\frac{1}{2}$ chance de *jolie brise*, $\frac{1}{4}$ de chance de *petite brise*, $\frac{1}{6}$ de chance de *légère brise*. »

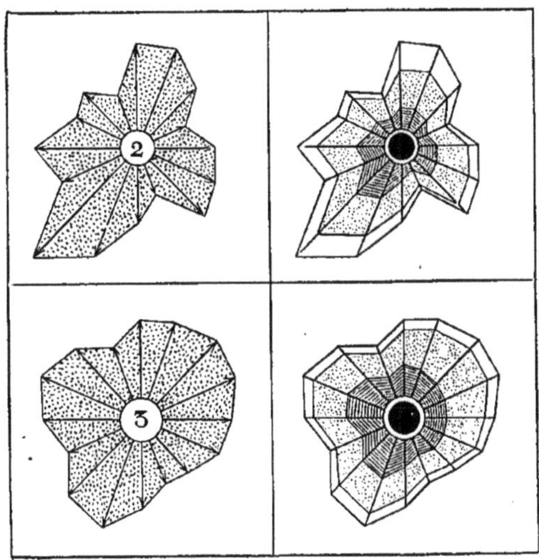

Fig. 287. — Polygones teintés représentant la direction et la force du vent dans les roses des cartes nautiques de l'Atlantique nord de M. Brault.

Dans les cartes de l'Atlantique nord, publiées en 1880 par le *Bureau central météorologique de France*, M. Brault a modifié de la façon suivante le mode de représentation de l'intensité moyenne des vents de chaque direction. Les flèches indiquent toujours, par leurs longueurs, la fréquence relative dans chaque rumb ; mais chacune d'elles est divisée en trois parties, et les points de division sont unis par autant de contours polygonaux, limitant des espaces inégalement teintés, comme on le voit dans les deux roses de droite de la figure 287. La teinte centrale, la plus foncée, représente ainsi l'ensemble des vents frais et des fortes brises du carré ; la teinte moyenne, l'ensemble des jolies brises et des petites brises; la plus faible, les légères brises et les calmes. « Si toutes les flèches d'un polygone, dit M. Brault, sont coupées par les trois teintes (à partir du petit cercle blanc intérieur) dans le rapport de 25 à 40 et à 35 par exemple, cela veut dire que dans le carré où se trouve le polygone considéré, il y a 25 pour 100 de vents frais et de fortes brises, 40 pour 100 de jolies brises et de petites brises, et 35 pour 100 de légères brises et de calmes.

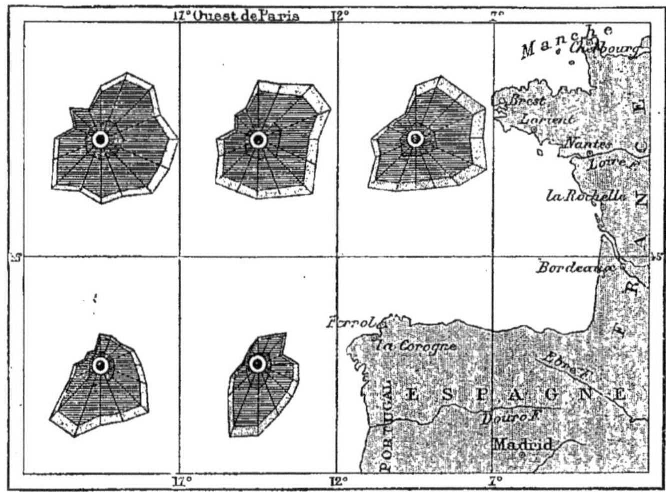

Fig. 288. — Direction en intensité des vents au large des côtes de France et d'Espagne dans la saison d'été, d'après M. Brault.

En outre, dans le cercle intérieur des polygones, celui dont émanent les flèches et qui est partout le même[1], se trouve un petit cercle noir concentrique dont le diamètre est variable pour chaque polygone. Le diamètre de ces petits cercles noirs est proportionnel à la force ou plutôt à la vitesse moyenne des vents dans chaque polygone[2]. »

1. Dans la figure 287, c'est par erreur que les cercles blancs de l'intérieur des roses sont de diamètres inégaux.

2. *Annales du Bureau central météorologique de France*, 1880, IV. Indépendamment des 14 planches qui représentent tous les éléments des courants aériens de l'Atlantique nord, pour les saisons d'hiver (décembre, janvier et février) et d'été (juin, juillet et août), M. Brault a publié les tableaux des 470 000 observations françaises qui ont servi à la construction de

On peut voir, par l'examen des figures 288 et 289, comment il est possible de se rendre compte des variations qu'éprouve, d'une saison à l'autre, dans une même région maritime, le régime des vents qui soufflent sur cette région. Mais c'est en comparant tous les carrés successifs d'un même océan que le marin peut, en étudiant la direction et la force des vents dominants de chacun d'eux, chercher quelle est, à l'époque où il navigue, la route la plus favorable à suivre, et gouverner

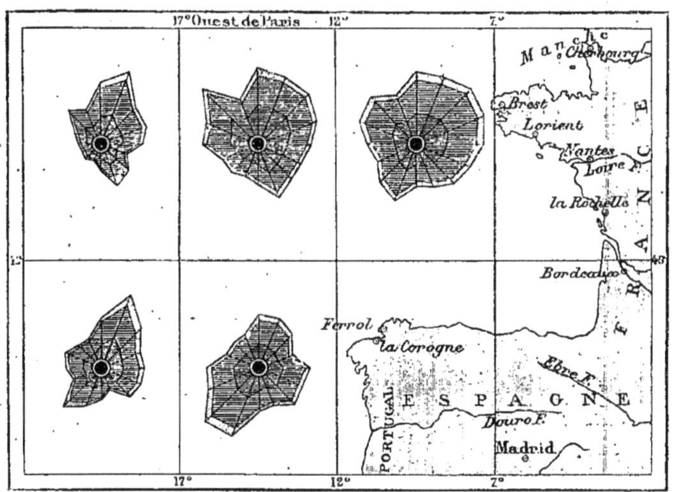

Fig. 289. — Direction et intensité des vents dans la saison d'hiver au large des côtes de France et d'Espagne.

en conséquence. Quant au météorologiste, la même étude lui fournira une base solide pour démêler, parmi les phénomènes si complexes des courants aériens, ce qu'il y a de régulier et de constant dans leur succession, et pour formuler les lois de la circulation atmosphérique générale.

ces cartes. La moitié de ces observations sont relatives à la direction, l'autre moitié à l'intensité, innovation capitale que nous avons déjà signalée. Nous devons dire ici que, dans l'opinion de M. Van Heerdt (de l'Observatoire d'Utrecht), cette représentation de l'intensité du vent est prématurée ; « elle ne pourra être utile aux marins que lorsqu'on aura trouvé un bon instrument pour observer la force du vent en mer ». On peut faire des vœux pour que ce désir soit réalisé le plus tôt possible ; mais on ne saurait trop féliciter M. Brault d'avoir su utiliser, en attendant, les observations des marins, si imparfaites soient-elles.

§ 5. VENTS ALIZÉS, MOUSSONS, CIRCULATION INTERTROPICALE.

Les vents périodiques de l'Océan Indien connus sous le nom de *moussons* n'étaient pas ignorés des Anciens et les navigateurs grecs qui, au lieu de suivre les côtes, se hasardèrent au large de la mer des Indes, avaient donné à ces vents le nom d'*Hippalos*[1]. Mais les *alizés*, qui soufflent entre les tropiques et principalement au-dessus de l'océan Atlantique et du Pacifique n'ont été observés pour la première fois par les Européens qu'en 1492. C'est dans le premier voyage de Christophe Colomb, vers le milieu du mois de septembre, que les compagnons de ce grand homme, effrayés de la continuité des brises qui soufflaient constamment de l'est, commencèrent à craindre que leurs navires ne pussent jamais retourner en Espagne. Ces vents réguliers qui, au début du voyage, favorisaient les vues de Colomb, menaçaient, en s'éternisant, de lui porter un coup funeste, en poussant à la sédition de pauvres matelots en proie à toutes sortes de terreurs superstitieuses. Heureusement, au bout de quelques jours, le vent passant au sud-ouest leur rendit momentanément l'espérance. Moins d'un mois après, Colomb découvrait la première terre du nouveau monde.

Avant de dire quelles explications ont été proposées pour les phénomènes des moussons et des alizés[2], entrons dans

1. « *Monsun*, dit Humboldt (en malais *musim*, l'hippalus des Grecs), vient de l'arabe *mausim*, époque fixée, saison, époque du rassemblement de ceux qui font le pèlerinage de la Mecque. Ce mot a été appliqué à la saison des vents réguliers, lesquels tirent leur nom spécifique des contrées d'où ils soufflent; ainsi on dit le *mausim* d'Aden, le *mausim* de Guzerate, du Malabar, etc. » (*Cosmos*, t. I.)

2. On n'est pas d'accord sur l'origine et l'étymologie du mot *alizé*. « L'avis le plus suivi, dit l'abbé Choisy (voyez Littré), est qu'il faudrait dire, *vents elizez*, comme qui dirait vents *electi*, vents choisis. » L'Espagnol *alisios* fait penser à *alisar*, qui signifie lisser, rendre uni ; à l'ancien français *alis*, uni ; par conséquent *alisios*, *alizés* seraient les vents unis, réguliers. » Littré cite à l'appui de cette seconde étymologie des exemples de l'emploi du vieux mot français qui vient d'être rapporté. Les Anglais donnent aux alizés le nom significatif de *vents du commerce* (trade winds).

quelques détails sur ces deux sortes de courants qui jouent un si grand rôle dans la circulation atmosphérique générale. Parlons d'abord des alizés.

L'observation montre que les alizés occupent, de part et d'autre de l'équateur, une zone qui varie de 28 à 30 degrés en latitude; mais l'équateur ne divise pas cette zone en deux parties égales : tandis que les alizés du nord-est n'arrivent point en moyenne jusqu'à cette ligne, les alizés du sud-est la débordent au contraire et se font sentir jusqu'à 3° de latitude boréale (au moins dans l'océan Atlantique). Dans l'océan Pacifique, l'alizé de nord-est souffle d'une manière si régulière, que les anciens galions espagnols qui faisaient le voyage des côtes du Mexique aux Philippines, franchissaient sans dévier de leur route les 150 degrés de longitude qui séparent Acapulco de Manille. Quant à la direction des alizés de l'hémisphère boréal, elle varie, entre le 30° parallèle et l'équateur, depuis le nord-nord-est jusqu'à l'est-nord-est, en tournant de plus en plus vers l'est à mesure qu'ils s'approchent de leur limite méridionale.

L'étendue et la limite des alizés varient avec les saisons. Ils s'avancent vers le nord pendant l'été de l'hémisphère boréal, reculant au contraire vers le sud pendant la saison d'hiver, et ce mouvement, qui coïncide avec celui du soleil, affecte les alizés de nord-est aussi bien que ceux du sud-est.

Entre les deux zones d'alizés, et à une faible distance par conséquent de l'équateur, s'étend sur toute l'étendue du Pacifique, une zone ou bande de calmes, qu'on nomme *calmes équatoriaux*. Une région semblable existe dans l'Atlantique, mais elle se déplace avec les saisons, tantôt dans le voisinage du continent américain méridional, tantôt plus rapprochée du continent africain et en même temps de l'équateur. Ces régions sont caractérisées ou par des calmes plats, comme l'indique leur nom, ou par des vents variables, des *brises folles*, ainsi que les désignent les marins. Deux zones de calmes s'observent pareillement de part et d'autre des alizés, dans chaque hémisphère, se déplaçant avec leurs limites ; mais comme elles sont voisines des tropiques, on les distingue par les noms de *calmes du tropique du Cancer* et de *calmes du tropique du Capricorne*.

Les alizés du nord-est et du sud-est n'ont toute leur régularité, leur constance de force et de direction qu'au large des océans. L'influence des masses continentales est évidente dans le Pacifique, les alizés ne se faisant sentir qu'à une certaine distance des côtes occidentales de l'Amérique. Cette influence est plus sensible encore dans le bassin plus étroit de l'Atlantique, et l'on peut la constater sans peine en examinant la circulation atmosphérique de l'Atlantique nord, telle qu'elle est représentée dans la planche XX.

L'Océan Indien est entouré de trois côtés, au nord, à l'ouest et à l'est, de grandes étendues continentales, et ce n'est qu'au sud qu'il est tout à fait libre et soustrait aux influences des variations de température et de pression qui ne peuvent manquer de modifier le régime des vents alizés. En janvier, c'est-à-dire au milieu de l'été de l'hémisphère austral, deux maxima thermiques, coïncidant avec deux dépressions barométriques, occupent l'Australie d'un côté, l'Afrique australe de l'autre. Un centre de pression maxima existe avec un minimum de température au nord de l'Asie. Dans ces conditions, la partie de la mer des Indes située au nord de l'équateur est soumise au régime des alizés du nord-est, qui là prennent le nom de *mousson du nord-est ;* mais du côté oriental, dans la mer de la Sonde, ce sont les vents d'ouest qui soufflent, sous le nom de *mousson de l'ouest*, ce qui s'explique par l'influence ou l'appel du minimun australien. Les alizés du sud-est règnent au contraire dans la partie australe de l'Océan Indien. Entre les alizés et les moussons existe une région de calmes, à peu près sous l'équateur.

Vers l'équinoxe du printemps, aux moussons régulières succède, dans le nord de l'Océan Indien, une période de vents variables, avec calmes plats et ouragans, tandis que les alizés du sud-est continuent à régner, comme pendant toute l'année, dans la partie australe de la même mer. En juillet, les maxima thermiques et les centres de dépression ont monté avec le soleil vers le nord; les vents soufflent du sud-ouest jusqu'en octobre dans toute la partie septentrionale de la mer des Indes : c'est la *mousson du sud-ouest*. Puis, après une transition que marquent des vents variables, des calmes, des tempêtes, la mousson reprend peu à peu sa direction première du nord-est. Du reste, dans la partie orientale de l'Océan Indien, dans les mers qui baignent le grand archipel malaisien et les côtes orientales de l'Asie jusqu'en Chine, les directions des moussons et les époques de leur retour varient notablement : ce qui s'explique par les influences locales, l'influence des terres insulaires ou continentales, où la distribution des pressions et des températures est infiniment variée.

En résumé, le caractère distinctif des moussons comparées aux alizés, c'est que ceux-ci sont des vents réguliers de direction à peu près constante, tandis que les moussons, outre la régularité de leurs périodes, sont soumises à des changements alternatifs, à des renversements de direction. L'influence des saisons qui, sur les alizés de l'Atlantique, du Pacifique et de l'Océan Indien austral, ne produit qu'un mouvement de balancement dans leurs limites boréales ou australes, parallèle à celui de la déclinaison du soleil, se traduit sur les moussons du nord de la mer des Indes, des mers de la Chine ou de la Sonde par des déviations considérables de leur direction. Et comme la différence entre ces grandes étendues maritimes paraît surtout tenir à la plus ou moins grande proximité des continents, que la régularité, la constance des alizés est d'autant plus sensible que les espaces maritimes sur lesquels ils soufflent sont plus vastes et plus libres, il est permis d'en conclure que cette régularité et cette constance seraient générales sur toute la périphérie du globe terrestre, si les mers s'étendaient dans tous les sens. Les continents, les îles, par l'inégalité de leur distribution, les irrégularités de leur forme et de leur position, par l'inégale répartition des températures et des pressions, sont les causes des perturbations que subissent les vents réguliers et que l'observation constate principalement sur les océans resserrés comme l'est la mer des Indes.

C'est en effet en faisant d'abord abstraction des anomalies que présentent les alizés et les moussons, qu'on est parvenu à donner une explication rationnelle de ces courants. La théorie adoptée jusqu'ici est celle que deux savants du dix-septième et du dix-huitième siècle, Halley et Hadley, ont donnée tour à tour.

Voici en quoi consiste cette théorie.

Sous l'action incessante des rayons solaires qui, dans la zone équatoriale, ont une incidence méridienne s'éloignant peu de la verticale, les couches d'air voisines du sol s'échauffent considérablement, moins par l'effet de la radiation directe que par celle de la chaleur que réfléchit le sol lui-même. La raréfaction résultant de cet échauffement détermine un courant ascendant qui porte l'air des régions inférieures aux limites de l'atmosphère, où il se déverse et s'écoule en partie du côté du nord, en partie du côté du sud de l'équateur. Cet effet, maximum dans les régions où le soleil est vertical, diminue d'intensité à mesure qu'on s'en éloigne; il doit avoir pour conséquence deux courants aériens supérieurs, l'un dirigé vers le nord, l'autre, à l'opposé, vers le sud. Or nous verrons bientôt comment les observations ont constaté l'existence de ce double courant.

Mais l'air échauffé et raréfié, à mesure qu'il s'écoule ainsi par le haut des zones équatoriales vers les latitudes plus élevées, est remplacé par l'air plus froid et plus dense de ces dernières régions; de là deux courants, de directions opposées à celles des courants supérieurs, venant, l'un du nord dans l'hémisphère boréal, l'autre du sud dans l'hémisphère austral, tous deux se produisant dans les couches inférieures de l'atmosphère. Ce sont ces deux vents qui, déviés vers l'ouest par l'effet du mouvement de rotation de la Terre, deviennent les alizés du nord-est au nord de l'équateur, les alizés du sud-est de l'hémisphère austral.

Telle est la théorie des vents alizés qu'adoptent la plupart des météorologistes, sans avoir été sensiblement modifiée depuis l'époque où Hadley l'a exposée[1]. Elle repose sur des principes et des faits qui ne sont point contestables : 1° sur l'existence d'une zone de température maxima, et il suffit de jeter les yeux sur les cartes où sont tracées les isothermes moyennes, soit de l'année, soit des saisons extrêmes, pour reconnaître l'existence de cette zone, que d'ailleurs les mouvements du soleil auraient indiquée à priori, si les observations ne l'avaient constatée de temps immémorial. L'atmosphère de cette zone échauffée et dilatée constitue ce que plusieurs physiciens nomment *l'anneau d'aspiration;* 2° sur ce principe de physique, que les couches d'air ainsi échauffées s'élèvent en vertu de leur diminution de densité et sont remplacées par un appel d'air plus froid et plus dense venu des zones plus boréales ou plus australes; d'où la nécessité de deux courants opposés, l'un

1. On l'attribue communément, ainsi que nous l'avons dit plus haut, à Halley et à Hadley. Mais le premier de ces savants ne faisait point intervenir le mouvement de rotation de la Terre comme cause déviatrice des vents soufflant du nord et du sud vers l'équateur. Il admettait comme vent général un vent d'est, venant de ce que l'air échauffé et raréfié de l'hémisphère oriental tourné vers le soleil pousse vers l'occident, c'est-à-dire vers l'hémisphère froid, par l'accroissement de son élasticité, l'air qui le précède : c'est à l'équateur que ce vent d'est règne sans changement de direction. D'autre part, comme la chaleur est plus forte à l'équateur qu'aux tropiques, ce vent général a une tendance à tourner au nord dans l'hémisphère boréal, au sud dans l'hémisphère austral. La combinaison de ces deux directions avec celle du vent général dû à la rotation terrestre produit les alizés de nord-est et de sud-est, tels qu'on les observe dans les deux zones tropicales. Halley élaborait cette théorie (que nous reproduisons d'après l'analyse qu'en donne l'article *Vents* de l'Encyclopédie) en 1686. Ce n'est qu'en 1735 qu'Hadley publiait la sienne, c'est-à-dire celle que nous venons d'exposer dans le texte. Il y dit clairement que « pour expliquer les phénomènes des Vents alizés, il n'est pas besoin de supposer à l'air un mouvement réel et général d'orient en occident; le mouvement diurne de la Terre suffit pour en venir à bout. » Il montre alors que les vents du nord et du sud, dus à la raréfaction de l'air près de l'équateur, sont déviés de cette direction par le fait de la rotation, dont la vitesse va en croissant à mesure que diminue la latitude. Il explique de la même manière les contre-courants qui naissent de l'ascension de l'air de l'équateur raréfié et qui, d'abord courants des régions supérieures, se rapprochent peu à peu de la surface de la terre à mesure qu'ils se refroidissent, pour devenir au delà des tropiques des vents d'ouest inférieurs. Il nous semble donc que c'est à Hadley, non à son quasi homonyme Halley, que revient l'honneur de la véritable théorie des alizés. Le mérite du premier de ces savants, sa part dans la théorie nouvelle, a consisté à substituer l'action calorifique du soleil à celle qu'invoquaient auparavant les coperniciens pour expliquer les alizés : ces derniers attribuaient le vent général d'est au retard qu'éprouverait l'atmosphère à suivre le mouvement de rotation de la Terre.

supérieur, l'autre inférieur, qui dans l'hypothèse de l'immobilité de la Terre, auraient pour commune direction celle des méridiens; 3° enfin, sur la déviation apparente due au mouvement de rotation de la Terre, et aux vitesses inégales des points situés sous divers parallèles. Nous avons en effet montré plus haut qu'une molécule d'air qui s'avance vers l'équateur, animée au départ d'une vitesse de rotation qu'elle conserve en vertu de l'inertie pendant toute la durée de son trajet, se trouve de plus en plus en retard sur les points du méridien qu'elle a quitté, et paraît ainsi déviée vers l'ouest. Si, au contraire, elle s'éloigne de l'équateur, elle semble déviée du côté de l'est.

Mais si les faits et les observations sont conformes à cette théorie sommaire des vents alizés, est-ce à dire qu'elle tienne compte de toutes les influences qui interviennent dans la production du phénomène, et qu'elle permette d'en prévoir toutes les circonstances? Telle n'est pas l'opinion générale parmi les météorologistes, et plusieurs savants, en étudiant la question délicate et complexe de la théorie générale des vents, en ont signalé les lacunes.

En premier lieu, on peut se demander si la formation des courants supérieurs ou des contre-alizés se fait par déversement de l'air chaud transporté aux limites de l'atmosphère. Cela n'est guère probable; l'ascension d'une masse dans les conditions les plus favorables la porterait tout au plus à quelques kilomètres, au maximum à 5000 mètres, d'après l'analyse due à l'amiral Bourgois. Parvenue à cette hauteur, le refroidissement qui accompagne la dilatation, la mettant en équilibre de température avec les couches ambiantes, met aussi un terme à son ascension. Dans les régions équatoriales, l'air qui surmonte l'océan est toujours chargé de vapeur et sa densité s'en trouve diminuée; mais à mesure qu'il s'élève, une partie de plus en plus grande de la vapeur qu'il contient se condense; il en résulte un réchauffement qui accroîtrait la limite d'ascension si, d'autre part, une déperdition de température ne provenait d'un rayonnement plus intense. Il y a à peu près compensation; d'ailleurs l'influence de la vapeur cesse à la rencontre de la première couche saturée.

Nous avons dit que l'existence des contre-alizés était prouvée par l'observation, et qu'ainsi la théorie générale se trouvait sur ce point confirmée. En effet, dans les régions où soufflent d'une façon pour ainsi dire permanente les alizés du nord-est, ou ceux du sud-est, on voit nettement les cirrus, c'est-à-dire les nuages les plus élevés de l'atmosphère, se mouvoir dans des directions précisément opposées à celles qu'indique le mouvement des couches inférieures de l'air. Les pluies de poussières, les cendres volcaniques entraînées à de grandes distances de leur lieu d'origine ont aussi maintes fois témoigné de l'existence et de la direction des contre-alizés supérieurs. On cite, comme faits de cet ordre, l'éruption de mai 1812 qui porta les cendres du Morne-Garou, volcan de l'île Saint-Vincent, à 200 kilomètres à l'est, au-dessus de l'île des Barbades; celle du volcan Coseguina, en 1835, dont les cendres allèrent couvrir le sol de la Jamaïque à 1300 ou 1400 kilomètres au nord-est de leur point de départ; les poussières rougeâtres qui parfois inondent le littoral occidental de l'Afrique et que l'analyse d'Ehrenberg, ainsi que nous l'avons vu dans la première partie de ce volume, a montrées n'être autre chose que des particules organiques enlevées par les vents aux boues desséchées des bords de l'Amazone et de l'Orénoque.

Dans l'île Havaï, tandis que l'alizé souffle sur la côte, un courant contraire règne sur le sommet du Mauna Loa. Piazzi-Smyth, qui a fait une longue étude de la météorologie de l'île de Ténériffe, a constaté, sur les flancs du pic de Teyde, l'existence de deux zones. L'une, la zone inférieure, est celle des alizés, qui soufflent avec leur constance et leur régularité accoutumées sur les parties basses de l'île; l'autre, la zone supérieure, est le siège d'un courant de sud-ouest. Entre les deux, à une hauteur moyenne peu inférieure à 3000 mètres, et d'ailleurs variable avec la saison, l'air est calme et le ciel sans nuages, tandis qu'au-dessous s'accumulent les nuées sur une épaisseur de 3 à 400 mètres.

Tous ces faits témoignent avec évidence en faveur de la double circulation des vents réguliers dans le sens de la verticale; sans elle d'ailleurs on ne comprendrait pas comment pourrait se compenser l'appel des masses d'air qui viennent des latitudes tempérées boréales et australes converger à l'équateur. Mais, en même temps, il est aisé de voir que ce n'est pas aux limites de l'atmosphère que prennent naissance les contre-alizés[1]. C'est à de bien moindres hauteurs que se forment les courants de retour qui entraînent les masses d'air suréchauffées et dilatées de la zone équatoriale. A mesure du reste que les contre-alizés s'avancent à de plus hautes latitudes, ils s'abaissent à la surface de la Terre. Diverses causes sont mises en avant pour l'explication de ce phénomène, qui atteint tout son développement peu au delà du 30e parallèle. Là, en effet, les vents dominants, du sud-ouest dans l'hémisphère boréal, du nord-ouest dans l'hémisphère austral, sont devenus des courants de surface. Parmi les causes dont nous parlons, on a invoqué le refroidissement que subissent les masses aériennes en passant des zones tropicales dans les zones tempérées, l'accroissement de leur densité et par suite leur descente vers le sol. « Mais ce refroidissement, selon M. l'amiral Bourgois, ne pourrait avoir l'effet qu'on lui attribue que si les couches atmosphériques inférieures, conservant une température élevée, se trouvaient dans des régions moins denses que les couches supérieures. On sait au contraire que les causes de diminution de la température moyenne de l'air, à mesure que la latitude augmente, sont plus énergiques à la surface qu'à une certaine

1. Les vents des contre-courants supérieurs emportent avec eux de grandes quantités de vapeurs enlevées par l'évaporation à la surface des mers équatoriales. En s'abaissant dans les latitudes tempérées à la surface du sol, ils se présentent sur les continents comme des vents chauds et humides qui donnent lieu par leur ascension graduelle à des condensations et à des pluies, qu'annonce une baisse continue du baromètre : c'est ce que nous voyons se produire dans l'Europe occidentale, où dominent les vents du sud-ouest. Si les contre-alizés se formaient, à l'équateur, aux limites de l'atmosphère, ils se dépouilleraient de toute leur vapeur d'eau. Ils nous arriveraient comme des vents secs.

distance du sol. » Selon d'autres savants, ce phénomène est dû au rétrécissement de la section transversale des contre-alizés, à mesure que leur éloignement de l'équateur leur fait couper des parallèles de plus en plus petits. « A mesure que le courant équatorial supérieur, dit M. Jamin, converge vers le nord, ce courant se rétrécit et envoie vers le sol des *remous descendants* qui se mêlent aux vents alizés. » On peut aussi invoquer comme cause de l'abaissement des contre-courants supérieurs l'aspiration qui se produit aux points où se fait l'ascension de l'air sous l'influence calorifique du soleil, et où a lieu, comme le raisonnement et l'observation s'accordent à le prouver, une diminution correspondante de pression.

Il n'est pas sans importance de remarquer que les régions où règnent les calmes, soit temporairement, soit d'une façon permanente, sont celles où viennent se rencontrer et se neutraliser les courants aériens de directions opposées. Telles sont les zones des calmes du Pacifique dans le voisinage de l'équateur, là où convergent les alizés du nord-est et du sud-est; celles de l'Atlantique, qui se réduisent d'ailleurs à des centres de calmes se déplaçant selon la saison, en longitude comme en latitude. On trouve également des bandes de calmes aux limites septentrionale et méridionale des alizés, à la hauteur où les courants supérieurs, s'abaissant à la surface du sol, sont plus ou moins neutralisés par les courants polaires. Cela est vrai également dans le sens vertical, ainsi que nous venons de le voir par les observations de Piazzi-Smyth au pic de Teyde. Mais les mêmes régions qui se distinguent en temps normal par le calme qui règne dans leur atmosphère, sont en même temps, sinon le siège, du moins le lieu de naissance et d'origine de mouvements aériens tourbillonnants, de bourrasques et d'ouragans, qui sont précisément dus au conflit des vents contraires. Ces mouvements tournants, que nous allons décrire bientôt, ne se terminent généralement pas aux points où ils ont pris naissance. Ils traversent les zones des vents réguliers, alizés et moussons, dont ils rompent momentanément l'équilibre, et, décrivant des trajectoires étendues à la surface du globe, passant d'un continent à l'autre à travers les océans, ils paraissent être la clef de l'explication des changements du temps. Mais, avant d'aborder cet ordre de phénomènes, nous devons achever de décrire les moussons, ou tout au moins les vents réguliers qui affectent le caractère de périodicité des moussons; car l'Océan Indien et les mers de l'extrême Orient ne sont pas les seules régions où dominent des courants de cette espèce.

Dans la Méditerranée notamment, la seule mer que connaissaient bien les anciens navigateurs, règnent pendant près de six mois de l'année des vents de la région nord auxquels les Grecs donnèrent le nom, qui leur a été conservé, d'*étésiens* (en grec ἐτησίαι, de ἔτος, année), à cause de la régularité de leur retour à une même époque de l'année. Les vents étésiens se font sentir dans tout le nord de l'Afrique, sur toute l'étendue de la Méditerranée, jusqu'en Grèce et en Italie. C'est vers l'équinoxe du printemps, quand le soleil repassant l'équateur se rapproche de nos zones, que le vent, qui auparavant soufflait de l'est et du sud-est, passe aux rumbs du nord et s'y fixe. Pendant juin et juillet, il oscille entre le nord, le nord-ouest et le nord-est; de la fin de juillet à la fin de septembre, il souffle constamment du nord, avec plus de force le jour que la nuit. En décrivant le climat de l'Egypte en 1784, Volney donne les indications suivantes sur les vents variables qui succèdent aux vents étésiens pendant la saison d'hiver. « Sur la fin de septembre, dit-il, lorsque le soleil repasse la ligne, les vents reviennent vers l'est, et, sans y être fixés, ils en soufflent plus que d'aucun autre rumb, le nord seul excepté. Les vaisseaux profitent de cette saison, qui dure tout octobre et une partie de novembre, pour revenir en Europe, et les traversées pour Marseille sont de 30 à 35 jours. A mesure que le soleil passe à l'autre tropique, les vents deviennent plus variables, plus tumultueux; leurs régions les plus constantes sont le nord, le nord-ouest et l'ouest. Ils se maintiennent tels en décembre, janvier et février, qui, pour l'Égypte comme pour nous, sont la saison d'hiver. Alors les vapeurs de la Méditerranée, entassées et appesanties par le froid de l'air, se rapprochent de la terre, et forment les brouillards et les pluies. Sur la fin de février et en mars, quand le soleil revient vers l'équateur, les vents tiennent plus que dans aucun autre temps des rumbs du midi. C'est dans ce dernier mois, et pendant celui d'avril, qu'on voit régner le sud-est, le sud pur et le sud-ouest. Ils sont mêlés d'ouest, de nord et d'est : celui-ci devient le plus habituel sur la fin d'avril ; et pendant mai il partage avec le nord l'empire de la mer, et rend les retours en France encore plus courts que dans l'autre équinoxe[1]. »

Ce que nous venons de dire se rapporte plus particulièrement à la partie orientale du bassin méditerranéen ; mais les vents étésiens sont également dominants dans la partie occidentale, ainsi que le montre la note suivante, que nous empruntons à M. Ch. Martins : « La fréquence actuelle, dit-il, de la navigation entre la France et l'Algérie a permis de mieux apprécier l'état normal des vents dans la partie occidentale du bassin méditerranéen. Ce sont décidément les vents du nord qui prédominent. Cette fréquence des vents du nord se traduit par plusieurs signes. Ainsi, si l'on compare la demi-moyenne des traversées d'aller et de retour entre Toulon et Alger, on trouve que la traversée de retour est plus longue d'un quart pour un navire à voiles et d'un dixième pour un navire à vapeur. Cet effet ne peut être attribué aux courants, qui sont très faibles. Ensuite, tout le versant nord des îles Majorque ou Minorque, et surtout de cette dernière, est balayé par ce même vent, qui y occasionne un rabougrissement très sensible de la végétation. Ces vents dominent à Alger, à Toulon et à Marseille. C'est en hiver qu'ils atteignent leur plus grande violence, entre la côte de Provence et la côte d'Afrique.

Par l'intermédiaire de ces vents du nord, la brise marine des côtes d'Afrique, résultat de l'aspiration thermométrique exercée du nord au sud par les sables brûlants du Sahara, se trouve liée aux vents du nord dominants en Provence et dans

1. *État physique de l'Égypte* (*Voyage en Égypte et en Syrie*).

tout le bassin du Rhône. Il est donc permis de croire que tous ces vents ont une commune origine. »

En résumé, les vents périodiques, quelque dénomination qu'on leur donne, moussons ou vents étésiens, ont avec les vents réguliers ou de direction constante ce rapport étroit qu'ils sont dus à la même cause : les uns et les autres sont produits par les inégalités de la température dans des zones de latitudes diverses et aux inégalités de pression qui en sont la conséquence. Seulement, dans certaines régions et notamment sur les grandes étendues maritimes, ces inégalités oscillent entre des limites qui ne dépendent que des déplacements du soleil en latitude : de là la constance des alizés du Pacifique ou encore de l'Atlantique. Dans d'autres régions au contraire, les maxima de température et les centres de basses pressions sont inégalement répartis, suivant les saisons, en raison de la distribution géographique des terres et de leurs propriétés calorifiques : le Sahara et les déserts de Libye en Afrique, la Syrie et l'Arabie dans l'Asie occidentale, les îles de l'Australie et le continent Austrasien, sont autant de foyers d'appel pour les masses atmosphériques plus froides qui les avoisinent ; suivant les époques, ces foyers concourent avec les zones équatoriales pour la production des grands courants atmosphériques, que tantôt ils secondent et tantôt ils contrarient au point d'en changer totalement la direction. Les alizés se changent ainsi en moussons, en vents étésiens.

§ 6. VENTS SINGULIERS ET LOCAUX : LE MISTRAL ET LE CERS ; LE FŒHN ET LE SIROCCO. LES VENTS DU DÉSERT : LE SIMOUN.

La circulation atmosphérique régulière, telle que nous venons d'essayer de la décrire et d'en indiquer les causes générales, est soumise, principalement sur les continents, à de nombreuses modifications dépendant des circonstances locales, de la nature du sol et de son relief, de l'orientation des chaînes de montagnes ou des vallées, etc. Les masses d'air entraînées par les courants acquièrent ainsi des propriétés mécaniques et physiques très variées, et il en résulte, pour les régions au-dessus desquelles elles se meuvent, des accidents météorologiques d'un grand intérêt. Il y aurait là matière à de très intéressantes études de climatologie, dont l'ensemble formerait des volumes, même en se bornant à la description des phénomènes et des observations. Nous nous contenterons de citer quelques-uns des vents qui ont attiré le plus l'attention jusqu'ici.

En Europe, parmi les vents qui soufflent de la région du nord et qu'on désigne le plus souvent sous la qualification de *vents polaires*, quelques-uns se distinguent par leur violence, bien que généralement le temps soit beau quand ils soufflent. C'est le *mistral* (ou *maestrale*) sur le littoral français de la Méditerranée. C'est un vent du nord-ouest, sec et froid, particulier à la partie méridionale de la vallée du Rhône, et à celle de l'Aude, où il prend alors le nom de *cers*. Quand souffle le cers ou le mistral, le ciel est d'une sérénité parfaite; parfois son intensité est telle, qu'il déracine les arbres et renverse les murs. Sa direction se rapproche du nord en remontant la vallée du Rhône. Les caractères physiques du mistral, sa sécheresse, sa violence, s'expliquent également bien, si l'on songe que les courants du nord-ouest qui viennent souffler sur les côtes de la Méditerranée ont traversé le massif central, et se sont déchargés sur les montagnes de l'Auvergne et les Cévennes de toute la vapeur d'eau qu'ils contenaient, et que leur force a dû s'accélérer en descendant par l'appel du sol échauffé de la Provence ou du Languedoc. Aussi est-ce en hiver ou au printemps, quand les Cévennes sont couvertes de neige, que le cers et le mistral sévissent avec le plus de force.

Dans l'est de la France, en Bourgogne et en Franche-Comté, c'est le vent de l'est et du nord-est qui, sous le nom de *bise*, a tous les caractères du mistral, sauf peut-être une moindre violence.

Des vents du nord ayant une origine semblable et des causes pareilles soufflent sur la rive orientale de l'Adriatique, en Istrie et en Dalmatie, et sont connus sous le nom de *bora*. En Espagne, c'est le *gallego*.

Le mistral du midi de la France a pour antagoniste un vent du sud-est qu'on nomme le *marin*, caractérisé par les pluies qu'il amène et qu'explique son passage sur la mer, où les masses d'air ont pu se saturer au contact et accueillir les produits d'une évaporation active.

Le *fœhn* des Alpes, le *sirocco* d'Italie, sont des vents chauds dont les directions opposées coïncident, pour le premier, avec le courant supérieur ou contre-alizé du sud-ouest, pour le second, avec l'alizé du nord-est. Tous deux sont caractérisés par une extrême siccité, la baisse du baromètre et une augmentation notable de la température.

Le fœhn (*favonius* des Romains) se fait sentir sur le versant septentrional des Alpes, de Genève à Salzbourg, de la Suisse au Tyrol. « On l'appelle en Suisse, dit M. Grad, le *mangeur des neiges*, et il sert à la fin de l'été à sécher les foins dans les cantons d'Uri et de Saint-Gall. Endémique dans beaucoup de vallées, il apparaît en toutes saisons, mais on le remarque surtout au printemps, parce qu'il enlève à cette époque, en quelques heures, dans la zone des champs cultivés, des masses de neige épaisses de 1 à 2 mètres. Aussi un vieux proverbe des Alpes dit que, quand la neige profonde recouvre maisons, champs et prairies, « ni le Bon Dieu ni le Soleil ne peuvent rien, si le fœhn ne vient pas en aide » pour débarrasser la terre de son froid linceul. »

D'après plusieurs météorologistes (Desor, Escher de la Linth, Ch. Martins), l'origine du fœhn se rattache au Sahara et sa température élevée est due à celle des sables brûlants du désert. Dove le fait dériver plus à l'ouest, de l'Atlantique, et il ne serait autre chose que l'une des ramifications du contre-alizé. C'est également l'opinion de M. Grad. « Une étude attentive, dit ce savant, des phénomènes météorologiques qui accompagnent l'apparition du fœhn, nous fait rattacher ce vent aux tempêtes du sud et du sud-ouest, et le présente comme une

FONTE DES NEIGES DANS LES ALPES
Sous l'influence du fœhn.

modification locale du grand courant de retour, dirigé de l'équateur vers le pôle nord, lors de sa plus grande violence dans les vallées du versant septentrional des Alpes[1]. » Il ne nous paraît pas du reste qu'il y ait contradiction entre ces opinions sur l'origine du fœhn, qui ne sont différentes qu'en apparence[2].

Quand le courant aérien se présente sur les flancs du versant méridional des Alpes, il est chaud et humide. Mais, en gravissant l'obstacle qui se présente devant lui, la pression que la masse d'air supporte diminue à mesure qu'elle monte, elle se dilate; et le travail employé à produire cet accroissement de volume s'effectue en consommant de la chaleur. Pour une ascension moyenne de 3000 à 3500 mètres, la diminution de température varie entre 20° et 30° selon l'état hygrométrique de l'air. Il en résulte une condensation de la vapeur qui se dépose sur les flancs et au sommet de la montagne en pluie et en neige, de sorte qu'arrivé sur le versant septentrional des Alpes, le fœhn est privé de vapeur d'eau. En continuant sa route et descendant la pente, la pression augmente, l'air reprend, avec son volume primitif, la chaleur qu'il avait perdue, et le vent est sec et chaud, ainsi que le prouve l'observation.

Cette explication des phénomènes caractéristiques du fœhn est applicable à tous les vents qui franchissent de hautes montagnes pour descendre dans les plaines du versant opposé. Il en est ainsi du *sirocco* du versant italien des Alpes, qui a pour origine les bourrasques du nord-est, et se fait sentir comme vent sec et chaud dans les plaines de la Lombardie. En Algérie le même nom désigne les vents du sud issus du désert et qui ont franchi l'Atlas. Des vents ayant des propriétés toutes sem-

1. *Origine des vents chauds des Alpes et constitution physique du Sahara*, par M. Ch. Grad. (*Comptes rendus de l'Académie des Sciences* pour 1874, t. II, et *Bulletin de l'Association scientifique de France*, août 1874.)

2. Selon les uns, le Sahara est une ancienne mer desséchée ; le fœhn ne devait pas exister quand l'eau couvrait l'espace qu'il occupe, et c'est ainsi qu'ils expliqueraient l'immense extension des glaciers des Alpes aux dernières époques géologiques. D'après M. Grad, c'est là une hypothèse sans fondement. En tous cas, cette question est étrangère à celle de l'origine du fœhn.

blables se font sentir près du littoral de l'Adriatique à Raguse, sur les flancs de l'Elbourz au sud de la mer Caspienne, sur toute la côte occidentale du Groenland, où les courants de sud-est, après avoir franchi des altitudes de 2000 mètres à l'inté-

Fig. 290. — Ouragan de sable.

rieur, arrivent sur les terres basses des côtes ouest et nord-ouest, en déterminant des élévations de température d'au moins 25°[1].

Quand les vents traversent de grands espaces arides, des

1. Voir une intéressante notice de M. F. Zurcher, dans la *Nature* de mai 1878 : *Le fœhn au Groenland.*

déserts sablonneux exposés aux rayons verticaux du Soleil, l'air desséché et brûlant soulève par sa violence des nuages d'une poussière fine qui pénètre partout et dont les animaux et les hommes ont peine à se défendre. Plus d'une caravane, surprise par ces ouragans de sable, a péri victime des accidents qui résultent d'une chaleur et d'une sécheresse excessives, et de la suffocation causée par l'introduction de la poussière dans les organes de la respiration. Ces *vents du désert*, ces vents *empoisonnés* comme les nomment les Arabes, soufflent en Syrie, en Arabie, en Egypte, dans le Sahara, dans les déserts de l'Asie centrale. En Arabie, c'est le *simoun*, *samoum* ou *semoum* (de *samma*, chaud et vénéneux). Les Turcs le nommaient aussi *chamyelé* ou vent de Syrie, dont on a fait *samiel*. En Égypte, c'est le *kamsin* (vent de cinquante jours), parce qu'il apparaît surtout dans les 50 jours qui avoisinent l'équinoxe. A l'ouest du Sahara, en Guinée, c'est l'*harmattan;* enfin, dans les déserts de l'Asie centrale, le mot persan *tebbad* (vent de fièvre) est la dénomination sous laquelle sont connus ces vents dangereux.

Voici, d'après Volney, la description du kamsin et de ses effets.

« Quand ces vents commencent à souffler, dit-il, l'air prend un aspect inquiétant. Le ciel, toujours si pur en ces climats, devient trouble ; le soleil perd son éclat, et n'offre plus qu'un disque violacé. L'air n'est pas nébuleux, mais gris et poudreux, et réellement il est plein d'une poussière très déliée qui ne se dépose pas et qui pénètre partout. Le vent, toujours léger et rapide, n'est pas d'abord très chaud; mais à mesure qu'il prend de la durée, il croît en intensité. Les corps animés le reconnaissent promptement au changement qu'ils éprouvent. Le poumon, qu'un air trop raréfié ne remplit plus, se contracte et se tourmente. La respiration devient courte, laborieuse; la peau est sèche et l'on est dévoré d'une chaleur interne. On a beau se gorger d'eau, rien ne rétablit la transpiration. On cherche en vain la fraîcheur; les corps qui avaient coutume de la donner trompent la main qui les touche. Le marbre, le fer, l'eau, quoique le soleil soit voilé, sont chauds. Alors on déserte les rues, et le silence règne comme pendant la nuit. Les habitants des villes et des villages s'enferment dans leurs maisons, et ceux du désert dans leurs tentes ou dans les puits creusés en terre, où ils attendent la fin de ce genre de tempête. Communément elle dure trois jours : si elle passe, elle devient insupportable. Malheur aux voyageurs qu'un tel vent surprend en route loin de tout asile! ils en subissent tout l'effet, qui est quelquefois porté jusqu'à la mort. Le danger est surtout au moment des rafales ; alors la vitesse accroît la chaleur au point de tuer subitement avec des circonstances singulières : car tantôt un homme tombe frappé entre deux autres qui restent sains ; et tantôt il suffit de se porter un mouchoir aux narines, ou d'enfoncer le nez dans un trou de sable, comme font les chameaux, ou de fuir au galop, comme font les Arabes[1]... »

Les caractères du simoun, dans le Sahara et dans les Nefoud, du tebbad dans les déserts de l'Asie centrale, sont, à peu de chose près, les mêmes que ceux du kamsin décrits par Volney. C'est toujours cette chaleur brûlante qui n'a de comparable que celle de l'air embrasé sortant de la bouche d'un four ; cette poussière sablonneuse qui se tamise à travers les objets les plus hermétiquement clos, cette atmosphère terne qui ne laisse passer que les rayons blafards d'un soleil obscurci. « Dans le Souf, dit M. Ch. Martins dans sa description physique du Sahara, ces vents ensevelissent les caravanes sous des masses de sable énormes : c'est ainsi que périt l'armée de Cambyse, et les nombreux squelettes de chameaux que nous rencontrâmes témoignent que ces accidents se renouvellent encore quelquefois[2]. » Il arrive cependant que le simoun sévisse sans que sa violence soulève le sable du désert, et toutefois alors le ciel reste obscurci. Palgrave, dans son voyage en Arabie centrale, a observé ce phénomène : « L'horizon s'obscurcissait rapidement

1. *État physique de l'Égypte.*
2. *Du Spitzberg au Sahara.*

et prenait une teinte violette ; un vent de feu, pareil à celui qui sortirait de la bouche d'un four gigantesque, soufflait au milieu des ténèbres croissantes... Chose singulière ! Pendant toute la durée de l'ouragan (qui fut très courte, il est vrai, et d'une demi-heure à peine selon le récit du voyageur) aucun tourbillon de poussière ou de sable ne s'était élevé, aucun nuage

Fig. 291. — Le tebbad dans les déserts de sable de l'Asie centrale.

ne voilait le ciel, et je ne sais comment expliquer les ténèbres qui tout à coup avaient envahi l'atmosphère. » Peut-être un nuage de sable, soulevé d'un point plus éloigné était-il interposé à une certaine hauteur entre le soleil et le lieu où Palgrave éprouva cette atteinte d'ailleurs tout à fait passagère du fléau. Arminius Vambéry, traversant le désert situé entre Tünüklü et Bokhara, dans l'Asie centrale, insiste surtout sur la sensation pénible que cause le sable. « Nos pauvres chameaux, dit-il, avaient déjà reconnu l'approche du *tebbad;*

après une clameur désespérée, ils tombèrent à genoux, allongeant leurs cous sur le sol et s'efforçant de cacher leurs têtes dans le sable. Derrière eux, comme à l'abri d'un retranchement, nous venions de nous agenouiller, quand le vent passa sur nous avec un frémissement sourd et nous enveloppa d'une croûte de sable épaisse d'environ deux doigts. Les premiers grains dont je sentis le contact produisirent sur moi l'effet d'une véritable pluie de feu. »

On a cru longtemps, sur la foi des récits orientaux et de l'étymologie, que le simoun avait des propriétés toxiques spéciales. Il reste établi que les vents du désert sont dangereux ; mais c'est à l'évaporation excessive, à la soif intense qui en est la suite, c'est à l'action suffocante d'un air chargé de particules sablonneuses d'une extrême finesse, qu'il faut attribuer sans doute les effets funestes de ces vents sur les voyageurs assaillis par ces tourmentes, préalablement énervés et affaiblis d'ailleurs par une température torride.

CHAPITRE IV

LES TEMPÊTES

§ 1. BOURRASQUES, TEMPÊTES, OURAGANS. — MOUVEMENTS DE TRANSLATION ET DE ROTATION DES TEMPÊTES. — LES CYCLONES.

Les marins désignent sous le nom de *grain* (*squall of wind* en anglais) tout changement brusque survenant dans la direction ou dans la force du vent; ce changement est d'ordinaire accompagné d'une recrudescence dans les nuées, qui couvrent le ciel et deviennent plus épaisses. Si les grains se succèdent à de courts intervalles, en augmentant d'intensité et de durée, ce sont des *bourrasques*, des *coups de vent;* puis, dans l'ordre de gradation ou de croissance de la perturbation atmosphérique, la bourrasque devient *tempête, tourmente, ouragan*. Les mêmes termes sont usités à terre, sans d'ailleurs qu'on attache une signification bien nette et précise à chacun d'eux. Cependant, comme on l'a vu plus haut, les échelles terrestre et marine de la force du vent s'accordent à considérer les tempêtes et les ouragans comme les termes extrêmes de la violence de la perturbation atmosphérique.

Jadis on regardait les orages, même les plus dévastateurs, comme des phénomènes locaux qui naissaient et s'éteignaient sur place pour ainsi dire, ou qui du moins embrassaient une étendue assez limitée de la surface terrestre. La difficulté ou la rareté des communications d'une part, de l'autre le manque d'observations simultanées, ne permettaient point de suivre les phases d'une tempête et d'établir, comme on peut le faire aujourd'hui, les étapes de la route qu'elle parcourt sur les continents ou sur les mers. On avait bien constaté, à la fin du dernier siècle, la marche progressive de quelques grands orages, par exemple celle du terrible ouragan de grêle qui ravagea, le 13 juillet 1788, une bande du territoire traversant toute la France du sud au nord et allant jusqu'en Hollande[1]. Dans une note insérée dans les *Annales de physique et de chimie* en 1818, Arago cite quelques faits de tempêtes qui se sont propagées en sens inverse de celui d'où soufflait le vent, mais sans insister sur le fait même de la translation. Les observations de plus en plus nombreuses des ouragans de la mer des Indes, de ceux de la mer des Antilles, ne devaient pas tarder à mettre hors de doute le mouvement de translation de ces météores à la surface de l'océan, et l'on put les suivre également dans leur parcours à travers les continents, quand l'application du télégraphe électrique aux études météorologiques eut multiplié les observations et rendu prompte et facile leur comparaison. Cette application, aujourd'hui si appréciée, avait été tentée dès la fin du dernier siècle avec les signaux du télégraphe aérien ; mais c'est en 1850 que, sur la proposition de Redfield, furent faits les premiers essais vraiment pratiques, aux États-Unis. « On voit, dit M. Radau en signalant ce dernier fait, que l'idée de cette nouvelle applica-

1. On avait pressenti plutôt que reconnu le mouvement de transport des météores orageux. Sur les instigations de Borda, des observations simultanées du baromètre en divers points de la France furent organisées par les soins de quelques savants, parmi lesquels Laplace et Lavoisier. Ce dernier manifestait, dans une note publiée en 1790, l'espoir que la comparaison des observations permettrait « de prévoir un ou deux jours à l'avance, avec une assez grande probabilité, le temps qu'il doit faire ; on pense même, ajoute-t-il, qu'il ne serait pas impossible de publier tous les matins un journal de prédictions qui serait d'une grande utilité pour la société ». Déjà Borda avait reconnu, en rapprochant des observations multipliées pendant une seule quinzaine, que les variations du baromètre en des lieux éloignés ne sont pas simultanées, mais successives, et que l'ordre de ces variations dépend de la direction du vent. « Il y a une correspondance telle entre la force, la direction des vents et les variations du baromètre faites dans un grand nombre de lieux éloignés les uns des autres, qu'étant donnés deux de ces trois éléments, on pourrait souvent conclure l'autre. » Dans son *Cours de Météorologie*, Kaemtz discute à ce point de vue les variations du baromètre à la surface du globe pendant un certain nombre de tempêtes célèbres, et le fait de leur propagation successive ressort clairement de sa discussion.

tion du télégraphe était dans l'air ; mais il fallut un gros événement pour qu'elle devînt une réalité. Cet événement, ce fut l'ouragan qui, le 14 novembre 1854, assaillit les flottes alliées dans la mer Noire et causa la perte du vaisseau *le Henri IV*. On constata que le même jour, ou à un jour d'invervalle, des coups de vent avaient éclaté dans l'ouest de l'Europe, sur l'Autriche, sur l'Algérie, et il parut évident que la tempête s'était propagée de proche en proche sur une vaste étendue[1]. »

M. Le Verrier s'étant adressé aux météorologistes de tous les pays pour avoir des renseignements sur l'état de l'atmosphère pendant les journées du 12 au 16 novembre, réunit plus de 250 documents qui prouvèrent « que la tempête avait traversé l'Europe du nord-ouest au sud-est, et que, s'il y avait eu un télégraphe entre Vienne et la Crimée, nos flottes auraient pu être averties à temps de l'arrivée de l'ouragan ».

Le mouvement de translation des tempêtes, bien connu des marins qui fréquentaient l'Océan Indien et la mer des Antilles, où elles sont si fréquentes, fut donc étendu à toutes les perturbations d'une moindre violence, qui perdirent ainsi peu à peu le caractère local qu'on leur croyait autrefois. On verra tout à l'heure comment on détermine les trajectoires décrites, quelle est leur orientation, leur forme, leur étendue dans les divers bassins océaniques.

Un autre caractère commun aux grandes perturbations atmosphériques, c'est le mouvement de rotation des masses d'air qu'elles transportent. Elles ont en réalité, en tous les points de leur parcours, la forme d'un tourbillon. Tout autour d'une région centrale, où l'air se trouve dans un calme relatif, le vent souffle dans des directions qui font tout le tour du compas, de sorte qu'aux extrémités d'un même diamètre il affecte des directions complètement opposées. Quant à sa violence, elle va en croissant de la circonférence jusqu'aux bords du calme central. Ce mouvement de rotation est circulaire, suivant les

1. *La météorologie nouvelle et la prévision du temps.*

uns, de sorte que les différentes couches d'air en mouvement formeraient sensiblement des cercles concentriques. Pour d'autres météorologistes, la véritable forme de la section horizontale du météore est celle d'une spirale, les couches d'air ayant une tendance croissante à se rapprocher du centre. Quoi qu'il en soit, ce qui est incontestable, ce qui a été mis en pleine évidence par les observations d'un grand nombre de navigateurs et de savants[1], c'est le mouvement giratoire des tempêtes, qui leur a fait donner à toutes le nom de *cyclones*, d'abord réservé aux ouragans de l'Océan Indien.

Avant de dire ce qu'on sait de la marche progressive des cyclones et de leur mouvement giratoire, avant de donner l'énoncé de ce qu'on nomme la *loi des tempêtes*, entrons dans quelques détails descriptifs propres à en mieux faire connaître la physionomie caractéristique. Nous les emprunterons aux récits originaux des témoins de ces grands cataclysmes.

§ 2. LES CYCLONES DANS LES RÉGIONS TROPICALES.

Christophe Colomb, dans ses divers voyages au nouveau monde qu'il venait de découvrir, naviguant dans une mer souvent visitée par les cyclones, en essuya plusieurs, dont la violence est dépeinte par le grand homme en termes d'une saisissante expression. « Jamais, dit-il, en relatant la tempête qui l'assaillit aux Antilles en 1502, je n'ai vu la mer aussi haute, aussi horrible, aussi couverte d'écume. Le vent s'opposait à ce qu'on allât en avant; il ne permettait même pas de gagner quelque cap. Il me retenait dans cette mer, qui semblait être du sang, et paraissait bouillonner comme une chaudière sur un grand feu. Jamais on n'avait vu le ciel avec un aspect

1. Selon M. Chevreul, on doit à l'un de nos compatriotes, J. Hubert, d'avoir le premier signalé, en 1788, le mouvement de rotation des ouragans de la mer des Indes, qui exercent si fréquemment leurs ravages sur notre belle colonie de la Réunion. Plus tard, Capper en Angleterre, Dove en Allemagne, Reid, Redfield, H. Piddington (le parrain des cyclones), Bridet, Roux, Ansart, en Amérique et en France, ont contribué à établir les lois du double mouvement de rotation et de translation de ces météores.

si effrayant; il brûla un jour et une nuit comme une fournaise, et il lançait des rayons tellement enflammés qu'à chaque instant je regardais si mes mâts n'étaient pas emportés. Ces foudres tombaient avec une si épouvantable furie, que nous croyions tous qu'ils allaient engloutir les vaisseaux. Pendant tout ce temps, l'eau du ciel ne cessa pas de tomber : on ne

Fig. 292. — Cyclone du 10 octobre 1780, aux Antilles.

peut appeler cela pleuvoir, c'était comme un autre déluge. Les équipages étaient tellement harassés, qu'ils souhaitaient la mort pour être délivrés de tant de maux. Les navires avaient déjà perdu deux fois leurs chaloupes, leurs ancres, leurs cordages, et ils étaient ouverts et sans voiles. »

Nous ne ferons que citer les ouragans célèbres qui, en août 1681, en mai 1761, en octobre 1780, en avril 1782, en juillet 1825, ravagèrent les parages des Antilles, causèrent, sur terre et sur mer, d'innombrables victimes, anéantissant plantations et constructions, navires isolés et convois de bâtiments. Le détail de toutes les ruines entassées sur tout le parcours de ces terribles météores ne ferait que donner une idée de leur furieuse violence, sans caractériser suffisamment les diverses phrases de leur développement. Le récit suivant, emprunté à Reid, qui le tient d'un témoin oculaire, nous semble plus instructif à cet égard. Il est relatif au cyclone qui passa sur l'île des Barbades, le 10 août 1831 :

« A sept heures du soir, le ciel était clair et le temps calme; cette tranquillité dura jusqu'à neuf heures et quelques minutes, moment où de nouveau le vent souffla du nord; vers dix heures et demie, on aperçut de temps en temps des éclairs dans la direction du nord-nord-est et du nord-ouest. Des rafales de vent et de pluie du nord-nord-est se succédèrent jusqu'à minuit. Le thermomètre descendit jusqu'à 28°, montant jusqu'à 30° pendant les moments de calme. Après minuit, les éclairs et les coups de tonnerre se succédèrent avec une grandeur effrayante; l'ouragan soufflait avec rage du nord et du nord-est; mais sa fureur augmenta à une heure du matin, le 11 août; la tempête, qui jusqu'à ce moment avait soufflé du nord-est, sauta brusquement au nord-ouest et aux rumbs intermédiaires. A partir de cet instant, des éclairs incessants sillonnèrent les nuages; mais les zigzags des décharges électriques étaient encore plus vifs que les lueurs de l'éclair, et la foudre éclatait dans toutes les directions. Un peu après deux heures du matin, le fracas assourdissant de l'ouragan soufflant du nord-nord-ouest au nord-ouest devint impossible à décrire. Le lieutenant-colonel Nickle, commandant le 36e régiment, qui s'était mis à l'abri sous l'embrasure extérieure d'une fenêtre du rez-de-chaussée de sa maison, n'entendit tomber ni le toit ni l'étage supérieur qui s'écroulaient, et il n'en fut averti que par la poussière provenant de la chute des décombres.

« Peu après, les éclairs cessèrent en même temps que le vent, et la ville demeura plongée dans une obscurité effrayante. On vit tomber du ciel plusieurs météores enflammés; l'un d'eux, de forme sphérique et de couleur rouge sombre, parut descendre verticalement d'une grande hauteur. Sa chute était évidemment due à son propre poids, non à l'action d'une force extérieure. En s'approchant de la terre avec une vitesse croissante, il devint d'une blancheur éblouissante, sa forme s'allongea et, en touchant le sol de la place Beckwith, il se divisa en mille fragments comme unemasse de métal en fusion, puis s'éteignit soudainement. Par sa forme et sa grosseur, il rappelait les globes de lampe; par son éclat et la division de ses débris, il faisait penser à une boule de mercure de même dimension. Quelques minutes après l'apparition de ce météore, le bruit assourdissant du vent se changea en un murmure solennel, ou mieux en un rugissement éloigné; les éclairs qui, à part de rares et courts intervalles, n'avaient cessé de sillonner le ciel, se montrèrent avec une vivacité et un éclat extraordinaires, couvrant pendant une demi-heure tout l'espace compris entre la terre et les nuées. L'immense masse des vapeurs semblait toucher les toits des maisons et lancer vers la terre des flammes que celle-ci lui renvoyait aussitôt.

« Immédiatement après cette singulière pluie d'éclairs, l'ouragan souffla de nouveau de l'ouest avec une prodigieuse violence, défiant toute description, chassant devant lui des milliers de débris arrachés sur la route. Les maisons les plus solides étaient ébranlées jusque dans leurs fondements et le sol trembla sur le passage du fiéau destructeur. Pendant toute la durée de l'ouragan, on ne put un seul instant distinguer nettement le bruit du tonnerre. Le rugissement et les sifflements du vent, le bruit de l'Océan, dont les vagues effroyables menaçaient d'engloutir tout ce que l'ouragan laissait debout, le choc des tuiles, la chute des toits et des murs et mille autres bruits confus formaient un fracas horrible, épouvantable. Ceux qui n'ont pas assisté à de pareilles scènes d'horreur ne peuvent se faire une idée de l'effroi et du découragement qui saisissent l'homme en présence d'une telle rage de destruction.

« Après cinq heures du matin, la tempête mollit quelques instants; on put alors entendre le bruit causé par la chute des tuiles et des débris de constructions que les dernières rafales avaient probablement soulevés à une grande hauteur. A six heures, le vent était au sud, à sept heures au sud-est, à huit

Fig. 293. — Cyclone des Antilles.

heures à l'est-sud-est, et à neuf heures le ciel était redevenu serein.

« Dès que la clarté du jour permit de distinguer les objets, l'auteur de ce récit se rendit non sans peine sur le quai. La pluie tombait alors avec une telle violence qu'elle blessait le visage, et elle était si épaisse qu'on pouvait à peine distinguer les objets au delà du môle. La scène qui s'offrit à lui était d'une majesté indescriptible; les vagues gigantesques qui roulaient sur la plage semblaient devoir tout submerger; mais, en se brisant sur le carénage, elles disparaissaient sous les débris de toute nature : bois de charpente, planches, galets, douves et barriques, bottes de foin et marchandises de toute sorte. Seuls deux navires étaient restés à flot en dedans de la jetée; tous les autres étaient chavirés ou échoués sur les petits fonds.

« Du haut de la tour de la cathédrale, la vue, de quelque côté qu'elle se tournât, n'apercevait qu'une vaste plaine de ruines; aucune trace de végétation, si ce n'est quelques champs d'herbe flétrie. Toute la surface de la terre semblait avoir été parcourue par une trombe de feu. Les quelques arbres restés debout, dépouillés de leurs branches et de leur feuillage, avaient le même aspect qu'en hiver, et les nombreuses villas des environs de Bridgetown, privées de leur luxuriant rideau de végétation, étaient en ruines. La direction suivant laquelle étaient tombés les cocotiers indiquait qu'un certain nombre avaient été déracinés par le nord-nord-est, mais que la majeure partie avaient été arrachés par les rafales du nord-ouest. »

Le cyclone du 10 août 1831, après avoir passé sur l'île des Barbades, son centre un peu au nord de cette île, poursuivit sa route avec une rapidité croissante; du 12 au 13 il traversait Haïti, du 13 au 14 Cuba, et du 16 au 17 il était à l'embouchure du Mississipi. A partir de ce point, on cessa de suivre son mouvement.

Le cyclone dont on vient de lire la description, comparable pour sa violence avec le *grand ouragan* de 1780, qui ravagea aussi les Antilles et dont le centre passa sur la Barbade, offre une particularité qui a été signalée également dans quelques autres : la chute de météores ignés[1]. S'agit-il là de météores électriques comme on en observe dans certains orages, de tonnerre en boule par exemple? Ou bien, si l'on a eu affaire à de vrais bolides, d'origine extra-terrestre, leur chute était-elle purement

1. Zurcher et Margollé, dans leur intéressant ouvrage *Trombes et cyclones*, mentionnant la tempête du 25 octobre 1859, ajoutent : « A l'entrée de la nuit pendant laquelle l'ouragan atteignit son maximum de violence, un globe de feu apparut au milieu des nuages, changeant rapidement de couleurs et se brisant ensuite en éclats. Il fut aperçu au même instant de Plymouth, où son passage fut suivi d'une rafale épouvantable, et de Dublin, où l'observateur se trouvait dans un calme parfait, probablement au centre du cyclone. »

fortuite, y aurait-il eu simple coïncidence? Les 10 et 11 août sont, comme on sait, une date critique de l'astronomie météorique : c'est celle du passage de la Terre au milieu de l'essaim des Perséides. Il n'est donc pas étonnant que des bolides appartenant à cet essaim soient venus confondre leurs feux avec ceux des étincelles électriques orageuses. Mais, d'autre part, ne pourrait-on imaginer que la naissance du cyclone a pu être le fait de la collision des météores cosmiques pénétrant dans une atmosphère à l'état d'équilibre instable? C'est là un sujet de recherches qui ne manquerait peut-être pas d'intérêt.

Il est un autre point de la narration précédente que nous relèverons encore, c'est le passage où il est dit que « la surface de la Terre trembla sous la force de l'ouragan ». Nous le rapprocherons du rapport de sir G. Rodney sur le cyclone du 10 octobre 1780 et sur les ruines qu'il occasionna à la Barbade. « Je n'aurais jamais pu croire, dit-il, si je ne l'avais vu moi-même, que le vent seul pouvait détruire aussi complètement une île si remarquable par ses habitations nombreuses et solides, et je suis convaincu que sa violence seule a empêché les habitants de ressentir les secousses du *tremblement de terre qui a certainement accompagné l'ouragan.* Un tremblement de terre a pu seul arracher de leurs fondations les constructions les plus solides. » Si cette assertion est exacte, on peut se poser au sujet des secousses du sol la même question que pour les météores ignés. Le tremblement de terre est-il l'effet du cyclone, de la baisse barométrique considérable qui, nous le verrons plus loin, accompagne toujours celui-ci? ou, au contraire, aurait-il pu en être la cause déterminante? à moins encore qu'on ne doive voir, dans les deux phénomènes concomitants, qu'une coïncidence fortuite?

Les ouragans de la mer des Antilles, les cyclones de l'Océan Indien austral, ceux du golfe du Bengale, les typhons des mers de l'extrême Orient, diffèrent les uns des autres par les positions et les directions de leurs trajectoires et le sens de leurs mouvements de rotation. Ils se ressemblent singulièrement par leurs effets destructeurs. C'est ce que Dampier constatait déjà dès la fin du dix-septième siècle, lorsqu'il disait dans son *Traité sur les vents, les marées et les courants :* « Pour ma part, je crois qu'entre un ouragan de l'océan Atlantique et un typhon des mers de Chine et de l'Océan Indien il n'y a de différence que les noms. » Nous passerons donc rapidement sur la description des cyclones célèbres. Nous citerons encore celui des 10 et 11 octobre 1846, qui ravagea les Antilles et notamment le port et la ville de la Havane, détruisant un nombre considérable de navires, de maisons, et faisant d'innombrables victimes. D'après le contre-amiral Laplace, le baromètre, au plus fort de l'ouragan, descendit à 687 millimètres. En 1867, Saint-Thomas fut visité par un effroyable cyclone ; sur 80 navires en rade, 76 sombrèrent ou furent jetés à la côte ; 450 marins périrent. Quatre ans plus tard, la même île fut affreusement dévastée par un ouragan qui détruisit toute la partie orientale de la ville. Voici quelques détails qui suffiront à donner une idée de la violence terrible du météore. « Le matin du 21 août, la ville de Saint-Thomas, brillante naguère de toutes les beautés de la nature tropicale, présentait un aspect sinistre. Le ciel était gris, le port, la ville et les collines qui l'entouraient se couvraient de vapeurs ; la pluie tombait à torrents. Vers midi, le baromètre baissait rapidement ; le vent tournait à la tempête ; d'énormes nuages de poussière humide s'élevèrent de la mer et furent chassés par-dessus la ville jusqu'au sommet des montagnes.... Vers deux heures, l'ouragan était devenu si violent, que nous dûmes quitter l'étage supérieur de la maison et nous réfugier au rez-de-chaussée.

« A trois heures, la tempête était dans toute sa force. Tout à coup une masse sombre passe devant nos yeux et disparaît dans la mer. C'était le toit de la caserne qui était enlevé par le vent. Le bruit devint infernal. De toutes parts nous arrive le fracas des maisons qui s'écroulent. Les cocotiers et les palmiers les plus robustes sont brisés comme de simples cannes à sucre et emportés à plusieurs centaines de mètres. Au bout d'un quart d'heure, quatre cents maisons sont renversées, laissant 3000 personnes sans asile....

« Toute la partie est de la ville de Saint-Thomas était en ruine, les rues jonchées de débris de toute espèce. J'ai vu les effets les plus étranges de la tempête. Ainsi le premier étage d'une maison avait été enlevé et l'étage supérieur avec la toiture était tombé sur le rez-de-chaussée, comme si le vent eût coupé une tranche au milieu de l'édifice[1]. »

Il semble que certaines années soient plus que d'autres fécondes en tempête. Ainsi, en cette même année 1871, un typhon sévissait sur la partie méridionale du Japon, le 5 juillet; un autre, à la date du 9 août, atteignait le nord de Formose, causant la perte de plusieurs navires; le 24 août, trois jours après le cyclone de Saint-Thomas qu'on vient de mentionner, un violent typhon ravageait Yokohama et la baie de Yeddo. Enfin, le 10 octobre, un transport français, *l'Amazone*, quittant la Martinique pour retourner en France, fut assailli par un ouragan qui mit le navire à deux doigts de sa perte; surpris par le cyclone sur un point où la direction du vent se confondait avec celle des alizés, le commandant de l'*Amazone* reconnut trop tard la nature de la tempête et traversa le météore par le centre. On verra plus loin la succession des oscillations du baromètre pendant la durée de ce terrible trajet.

Les lignes suivantes empruntées au récit d'un voyageur anglais, M. J. Thomson, achèveront de montrer que les ouragans des mers de la Chine ne le cèdent pas en fureur à ceux de l'Atlantique ou de la mer des Indes. « J'avais longtemps, dit-il, désiré voir un typhon. Ce vœu a été plus d'une fois exaucé durant mon séjour à Hongkong. La force du vent, dans ces tempêtes, est plus grande que je ne l'aurais jamais cru possible. Ce vent terrible rompt les amarres et les ancres les plus solides, entraîne les vaisseaux et les fait tourbillonner comme des feuilles; j'en ai vu qui, au sortir de l'orage, avaient toutes leurs voiles en

1. *Guide des ouragans*, par L. F. Roux, capitaine de frégate.

CYCLONE DE L'*AMAZONE* DANS L'OCÉAN ATLANTIQUE NORD.
le 10 octobre 1870.

pièces, leurs cordages brisés, leurs vergues emportées, leurs mâts brisés à fleur de pont. Plus d'une fois, à Hongkong, des coups de vent terribles ont détaché les corniches des maisons et fait voler, comme des brins de paille, les vérandas à travers les rues. Durant le fort de la tempête, les résidents, ou du moins la plu-

Fig. 294. — Typhon à Hongkong.

part d'entre eux, s'enferment chez eux, assujettissent de leur mieux les portes et les fenêtres, et attendent ainsi la fin de l'orage, non sans craindre à chaque instant qu'un coup de vent plus fort que les précédents n'emporte la maison et ne les enterre tout vivants sous les ruines.

« Je m'aventurai une fois à braver la furie de la tempête pour aller voir au bout de la Praya la masse de bateaux chinois et autres légers bâtiments de commerce que le vent avait jetés au rivage et empilés comme un énorme tas d'épaves, juste au bas de la ville, à l'extrémité ouest de la plage. Quelques étrangers intrépides étaient là, et ils avaient sauvé un grand nombre d'indigènes; mais un bien plus grand nombre de ceux-ci avaient sombré avec leurs bateaux. Le ciel était d'une sinistre couleur de plomb; et si, par moments, la rage du vent semblait se calmer, ce n'était que pour reprendre avec plus de violence. On voyait le sommet des vagues se détacher et s'en aller, emporté par le vent, en longues traînées d'écume blanche, à travers lesquelles on apercevait indistinctement des navires démantelés voguant à la dérive, et des steamers chauffant pour être prêts, en cas de besoin, à fuir à toute vapeur[1]. »

Pendant longtemps les cyclones ont été considérés comme des météores des régions tropicales; les tempêtes des latitudes plus élevées étaient des coups de vent, des orages locaux, et le caractère spécial de giration propre aux ouragans, typhons et cyclones de la zone torride ne leur était pas reconnu. Aujourd'hui il est prouvé que les ouragans qui dévastent les pays de hautes latitudes sont souvent des cyclones qui ont pris naissance dans le voisinage de l'équateur et que leur mouvement de translation a amenés progressivement jusqu'à la zone tempérée ou même au voisinage de la zone polaire. Depuis que les avertissements météorologiques ont pu, grâce aux câbles sous-marins, transmettre l'annonce de l'arrivée d'un cyclone d'un continent à l'autre, l'identité de certaines bourrasques européennes, par exemple, avec des cyclones partis du golfe du Mexique a pu être mise hors de doute par des observations positives.

Ce qui pouvait rendre incertain autrefois le caractère giratoire des tourmentes des hautes latitudes, c'est qu'il n'est pas aisé, quand un cyclone dépasse les régions tropicales, de constater le fait que le vent souffle, en ses diverses parties, de toutes les directions du compas. On n'observe plus alors que la moitié du tourbillon qui est tournée vers l'équateur, et l'aire de cette

1. *Voyage en Chine* (*Tour du Monde*, t. I de 1875).

partie diminue d'autant plus que la trajectoire s'avance plus loin vers le pôle. C'est là un fait qui a été mis en évidence par un officier de la marine hollandaise, M. Andrau, d'après une étude approfondie des tempêtes de l'Atlantique nord. « D'après ses recherches, entre 25° et 30° de latitude nord, on observe la tempête à toutes les aires du vent ; de 30° à 35°, on n'observe plus le vent d'est qui doit souffler à la partie la plus septentrionale du tourbillon ; entre 40° et 45°, on n'observe plus aucun

Fig. 295. — Ouragan du 11 août 1866 à Cherbourg.

vent de la partie de l'est, mais seulement la moitié du tourbillon où le vent souffle depuis le sud jusqu'au nord en passant par l'ouest ; entre 50° et 55°, la tempête souffle seulement du sud-ouest, de l'ouest et du nord-ouest. » Pour expliquer cette anomalie, cette suppression graduelle de toute une moitié du cyclone, M. Andrau a comparé le tourbillon au mouvement d'un disque d'une certaine épaisseur qui, tournant rapidement autour d'un axe d'abord vertical, est entraîné par un mouvement de translation à la surface de la sphère. La direction de l'axe, selon lui, restant invariable dans l'espace, sera toujours parallèle à la verticale du lieu d'origine. Mais à mesure que, s'éloignant de ce lieu, le tourbillon gagne des latitudes de plus en plus élevées, l'axe paraît s'incliner sur les horizons successifs, et le disque, au lieu de rester tangent à ces horizons, plongera d'un côté pour s'élever de l'autre. Sur le côté septentrional du tourbillon, l'air en mouvement, ne rasant plus la terre, cessera de se faire sentir à la surface. C'est donc seulement en observant les mouvements des nuages élevés qu'on pourra constater la giration cyclonique; toutefois la baisse du baromètre dans les régions que domine cette moitié boréale du météore, indiquera aussi son passage, malgré l'absence du changement de direction du vent, changement qu'on eût observé si le cyclone avait continué à raser la terre. D'après M. Andrau, les tempêtes des latitudes élevées proviennent de cyclones dont une partie seulement se fait sentir, et il rend compte ainsi de la rareté des coups de vent d'est dans ces régions, et de la fréquence des bourrasques qui, commençant par le sud-ouest, finissent par le nord-ouest[1].

Les cyclones, en passant des régions tropicales aux latitudes élevées, perdent de leur violence à mesure que s'agrandit l'aire de la surface terrestre qu'ils recouvrent. Néanmoins il arrive parfois que l'ouragan a conservé une force dont les effets destructeurs sont encore terribles. Les sinistres causés par les tempêtes du 14 novembre 1854 dans la mer Noire, des 2 et 3 décembre 1863 sur les côtes occidentales de l'Europe, sont des

1. « L'hypothèse et les conclusions qu'en tire M. Andrau, dit M. Roux dans son *Guide des ouragans*, m'inspire d'autant plus de confiance que, par un effet du hasard, je me suis trouvé à même de constater, de suivre la marche d'un cyclone dans l'air, cinq heures avant qu'il ne se déclarât sur mer. Je veux parler de celui que les flottes alliées essuyèrent pendant la guerre de Crimée, au mouillage de la Katcha, dans la mer Noire, le 14 novembre 1854, et qui occasionna de si grands désastres sur terre et sur mer. »

M. Faye, dans la notice qu'il a publiée *sur la loi des tempêtes*, n'admet point la possibilité d'une pareille inclinaison de l'axe de giration des cyclones. « La théorie mécanique de ces mouvements, dit-il, n'est pas d'accord avec cette hypothèse. Les courants supérieurs sont comme nos fleuves : ils coulent sur des lits peu inclinés par rapport aux surfaces de niveau ; les tourbillons qui s'y forment et s'y reforment sans cesse, en suivant le fil du courant, auront donc leur axe toujours vertical. D'ailleurs une inclinaison notable de l'axe, si elle était admissible, donnerait à ces girations un caractère tumultueux. »

témoignages de cette intensité des cyclones qui abordent nos climats. Le 11 janvier 1866, un ouragan, se dirigeant de l'ouest vers l'est, passa sur Cherbourg. Le vent qui, la veille, soufflait de la région du sud à l'est, passa au nord et acquit une violence dont le passage suivant du Rapport de l'amiral La Roncière Le Noury donnera une idée : « La digue qui, depuis qu'elle est achevée, n'avait pas encore passé par une telle épreuve, n'a subi aucune avarie sensible. L'œuvre de M. Reibell est définitivement jugée, et constitue un des plus beaux et des plus solides travaux des temps modernes. Des pierres du poids de 2000 à 3000 kilogrammes, qui forment l'extérieur de l'enrochement sur lequel elle repose, ont été projetées par des lames, de l'extérieur de la digue par-dessus le parapet; quelques-unes sont restées sur le parapet même; elles ont, par conséquent, été soulevées à une hauteur verticale de 8 mètres environ. On ne peut se faire une idée de la puissance qu'avaient acquise les lames sous la pression du vent. En frappant la digue, elles s'élevaient à une hauteur égale à trois fois la hauteur du fort central, qui a 20 mètres de haut; puis, entraînées presque horizontalement par le vent, elles venaient tomber en poussière à une grande distance en dedans, et couvraient les bâtiments qui étaient venus se mettre à l'abri sous la digue. »

Les exemples que nous venons de citer suffisent pour montrer ce que sont les tempêtes dans leur aspect général et dans leurs effets ; mais il y a lieu maintenant d'insister sur les caractères particuliers qui font de ces grandes perturbations atmosphériques une catégorie toute spéciale de phénomènes, et justifient le nom commun de cyclones sous lesquels on les range tous maintenant, qu'il s'agisse des tempêtes et bourrasques de l'Atlantique, des typhons de la Chine et du Japon ou des ouragans de l'Océan Indien.

§ 3. LES CYCLONES : SYMPTÔMES PRÉCURSEURS. — LA PRESSION A L'INTÉRIEUR D'UN CYCLONE. — CALME CENTRAL ET ROTATION DES VENTS.

Le plus souvent on est averti plusieurs jours à l'avance de l'approche d'un ouragan. Trois sortes de signes précurseurs annoncent son arrivée prochaine : l'aspect du ciel, l'état de la mer, les mouvements du thermomètre et surtout du baromètre. Pendant le jour, l'apparition de bandes de cirrus, de ces nuages déliés auxquels les marins donnent le nom de *queues* ou de *barbes de chat;* au lever ou au coucher du soleil, des colorations très vives, rouge-orangé ou lie de vin; puis, peu avant que l'ouragan se déclare, l'horizon chargé de véritables banquises de nuages sombres, dont les bords supérieurs reflètent une teinte cuivrée. La nuit, la scintillation des étoiles est plus vive que d'ordinaire. Parfois des éclairs sillonnent le ciel presque sans interruption, avec cette apparence toute particulière qui les fait ressembler aux lueurs des coups de canon. Les marins sont encore avertis de l'existence au large ou de l'approche d'un cyclone par cet état de la mer où les lames n'ont pas de direction déterminée et qu'ils nomment communément *mer tourmentée.* « Les lames, dit M. Roux dans son *Guide des ouragans*, semblent venir de trois ou quatre côtés différents; mais par intervalles on en distingue une, qui est particulièrement dure, déferlante, presque cylindrique, et beaucoup plus volumineuse que les autres. La soudaineté avec laquelle ces lames apparaissent, et la dureté avec laquelle elles frappent l'avant, la hanche ou le travers du navire, par un temps sombre et de faibles brises, sont autant d'indices qui doivent engager le capitaine à se tenir sur ses gardes, car ils dénotent le voisinage d'un cyclone. Il se produit, enfin, à l'approche d'un cyclone, un bruit tout particulier, qui a lieu par le beau temps, et que les Anglais désignent sous le nom de l'*appel de la mer*. Ce bruit ressemble, par moments, au mugissement qu'on entend dans les vieilles maisons, en Europe, par des nuits d'hiver. »

Selon les parages d'ailleurs, ces symptômes précurseurs, tirés de l'aspect du ciel ou de la mer, prennent des caractères tout particuliers. Empruntons encore la description de ces phénomènes à des témoins oculaires. Voici comment le consul de France à Macao, M. Dabry de Tiersaint, décrit l'arrivée du typhon qui sévit sur cette ville le 22 septembre 1874 :

« A 5 heures du soir, dit-il, un coup de canon tiré par ordre du capitaine du port retentit dans toute la ville, annonçant l'approche de l'ouragan. Le vent était alors au nord-est. Son intensité était encore très faible. De temps à autre même, il ne soufflait plus et était suivi d'un calme complet : l'aspect du ciel était menaçant à l'est : sur un fond cuivré se détachaient de grandes plaques noirâtres en forme d'ellipse; à l'ouest, la teinte était grisâtre avec des raies rouges comme du sang; au sud, l'horizon était plombé, dans certaines parties ardoisé, tandis qu'au nord on ne voyait pas un seul nuage, mais un bleu azuré qui semblait dire à chacun : Tranquillisez-vous, la tempête ne viendra pas avant un certain temps. La mer était unie comme un lac; à peine si de loin en loin une légère brise venait rider la surface de l'eau, dont la couleur, au coucher du soleil, passa du bleu au vert, puis au rose et enfin à l'écarlate. C'était à la fois curieux et effrayant à voir. A 6 heures, le vent fraîchit. Toutes les jonques qui se trouvaient dans la rade gagnèrent le port inférieur; à 8 heures, la pluie commença à tomber et les rafales devinrent de plus en plus violentes. Il n'y avait plus à douter de l'approche du typhon. De 8 heures à minuit, le vent, toujours du nord, augmenta progressivement, jusqu'à ce qu'il vînt tout à coup de l'est. A partir de ce moment jusqu'à 4 heures et demie du matin, ce qui s'est passé est presque indicible. »

Dans le golfe du Bengale et la mer Arabique, une atmosphère lourde chargée d'électricité, le thermomètre et le baromètre tous deux au-dessus de leur moyenne normale, hausse bientôt suivie d'une baisse plus ou moins lente, suivant la rapidité du mouvement de translation du cyclone, sont autant de symptômes précurseurs qui précèdent son arrivée de 3 ou 4 jours. La veille, le soleil se couche dans un ciel d'un rouge sang qui bientôt empourpre tout l'espace. Puis se montre à l'horizon le large bandeau noir, qui monte rapidement et couvre le ciel. La baisse subite de 1 ou 2 millimètres de la colonne barométrique annonce l'entrée en scène du météore. Dans la partie australe de l'Océan Indien, dont les cyclones ont été étudiés avec tant de soin par M. Bridet, ce savant signale comme invariable l'arrivée des cirrus qui se transforment en cirro-cumulus (ciel pommelé), que suivent, 24 ou 36 heures avant les premières rafales, d'épaisses couches de cumulus. Souvent la mer grossit 2 ou 3 jours avant l'arrivée du cyclone, et de longues houles font pressentir la direction d'où viendra le météore.

Mais de tous les symptômes qui peuvent faire présager la venue d'un ouragan, celui qui donne le plus de certitude, c'est l'observation des oscillations barométriques. La marche de la colonne de mercure qui mesure la pression de l'atmosphère avant l'arrivée du météore comme pendant toute la durée de son passage, est, avec les variations correspondantes de l'intensité et de la direction du vent, le signe le moins équivoque, le caractère le mieux défini de la nature de la perturbation.

Il résulte de l'étude comparée d'un grand nombre de cyclones que la baisse du baromètre peut se manifester 3 jours pleins avant l'arrivée de l'ouragan ; cette baisse est faible encore, à la vérité : de $0^{mm},8$ à 1 millimètre. Le météore peut en ce moment se trouver encore à une distance de plus de 1000 kilomètres. 48 heures avant son arrivée, la baisse s'accentue ($1^{mm},5$) ; la veille, elle se précipite et peut atteindre jusqu'à 5 millimètres. D'où il suit que, si la hauteur barométrique est d'abord de 760 millimètres, elle ne sera plus que de 759 millimètres 72 heures avant les premières rafales ; 48 heures avant, le baromètre marquera 758 à 757,5 ; dans les 24 heures qui précéderont l'ouragan, 755,5 à 753 ; enfin au moment des violentes rafales, il sera à 751 ou 750. M. Roux, en donnant ces nombres, fait observer qu'ils ne s'appliquent qu'au cas où le cyclone s'avance directement vers l'observateur. En outre, ils supposent que ce dernier reste en place. S'il est sur un navire en marche, la baisse peut être plus rapide ou plus haute, selon que le navire va à la rencontre du météore ou au contraire s'en éloigne. Pour un paquebot à grande vitesse qui marche sur l'ouragan et en sens contraire du mouvement de translation de celui-ci, la succession des mouvements du baromètre se fera en un temps trois fois moindre; les premiers symptômes précurseurs seront perçus tout au plus 24 heures à l'avance d'après M. Bridet, qui, nous venons de le dire, a surtout étudié les cyclones de l'Océan Indien austral : un navire qui se trouve sur la trajectoire de l'ouragan doit s'estimer à 24 heures de distance du centre si la baisse barométrique est de 0^{mm},3 par heure; à 18 heures de distance si elle atteint 0^{mm},6; à 12 heures pour 1 millimètre; à 9 heures pour 1^{mm},5; à 6 heures pour 2 millimètres; à 3 heures si la baisse est de 3 millimètres. Dans le voisinage du centre, elle peut atteindre 4 et 5 millimètres, et même davantage.

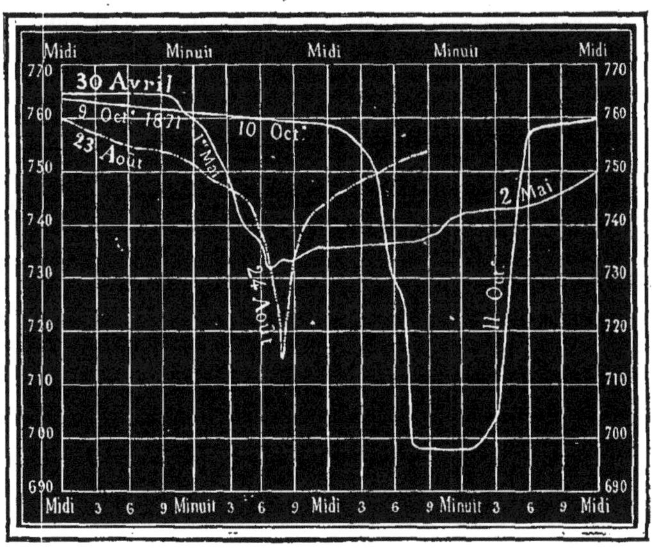

Fig. 296. — Marche du baromètre à l'intérieur des cyclones.

La rapidité du mouvement de dépression du baromètre à l'intérieur d'un cyclone, depuis son bord externe jusqu'au centre, la rapidité non moindre avec laquelle il remonte quand, du calme central, le navire s'éloigne par l'extrémité opposée du diamètre du météore, sont visibles dans les diagrammes de la figure 296. L'une des courbes est relative au cyclone que la frégate *la Junon* essuya les 1er et 2 mai 1868, dans sa traversée de la Réunion à Singapore; la seconde se rapporte à un typhon qui sévit à Yokohama le 24 août 1871, et dont il a été question plus haut; la troisième donne les variations du baromètre pendant que l'*Amazone* traversait, dans l'Atlantique nord, le terrible cyclone où elle faillit périr, les 9, 10 et 11 octobre de cette même année 1871. Le tracé de ces courbes est obtenu par le relevé des observations barométriques faites à divers moments du passage de chaque ouragan par le lieu où se trouvait l'observateur, qui, il est vrai, dans deux des cas, était mobile lui-même. La variation barométrique avec le temps peut ici, sans erreur notable, être prise pour la variation selon la distance, de sorte que les mêmes courbes pourraient servir à obtenir le tracé des isobares autour du centre du cyclone; dans le voisinage du centre, les isobares seraient très rapprochées, ce qui revient à dire que le gradient y serait considérable; puis elles iraient ensuite en s'éloignant de plus en plus, à mesure que l'on considérerait des points plus extérieurs.

L'intensité et la direction du vent sont en rapport avec ces variations de pression. Plus on s'approche du centre, plus la force du vent s'accroît, suivant la même progression que celle de l'augmentation du gradient barométrique; les parties intérieures du tourbillon sont donc celles où l'ouragan se déchaîne avec la plus grande violence; toutefois il y a une limite intérieure à cet accroissement, chaque cyclone présentant cette particularité d'un espace central où règne le calme, où subitement la vitesse du vent s'annule. C'est en ce point, caractérisé par le minimum de pression barométrique, que s'observe fréquemment une déchirure des nuées, une éclaircie qui laisse voir le bleu du ciel, le soleil ou les étoiles, et que les marins nomment l'*œil de la tempête.* Quant à sa direction, nous avons déjà vu qu'elle varie tout autour du centre, coïncidant à peu près avec la direction des isobares, dès lors presque perpendiculaire à la direction des gradients. En marquant par des flèches la direction suivant laquelle souffle le vent autour du centre d'un cyclone, à des distances différentes de ce centre, on reconnaît que les masses d'air qu'il entraîne se meuvent, soit circulairement comme le pensent la plupart des météorologistes et des marins qui les ont observées, soit selon des trajectoires spirales convergeant vers le centre, comme le soutiennent d'autres savants, parmi lesquels nous citerons Mohn, Meldrum. Pour connaître le sens de la direction du vent par rapport au centre de l'ouragan, on peut formuler la règle suivante, connue sous le nom de *loi de Buys-Ballot*, du nom du savant météorologiste qui l'a énoncée; elle s'applique d'ailleurs aux centres de dépression ordinaires, comme aux cyclones :

Lorsqu'on tourne le dos au vent dans l'hémisphère nord de la Terre, on obtient la direction du centre en étendant le bras gauche un peu en avant; dans l'hémisphère austral, on devra étendre le bras droit, aussi un peu en avant.

§ 4 MOUVEMENTS DE TRANSLATION ET DE ROTATION DES CYCLONES.

On voit donc que le mouvement giratoire des cyclones est de sens opposé dans l'un ou dans l'autre hémisphère. Il en est de même de leur mouvement de translation ou de la direction de leurs trajectoires. C'est ce que l'examen de la figure 297 va nous permettre de préciser.

C'est entre l'équateur et les tropiques que généralement prennent naissance les cyclones, un peu au nord et au sud de la région des calmes, à une latitude sensiblement égale à la déclinaison du soleil. Le météore une fois formé s'éloigne de l'équateur en s'avançant vers l'ouest; puis sa trajectoire se

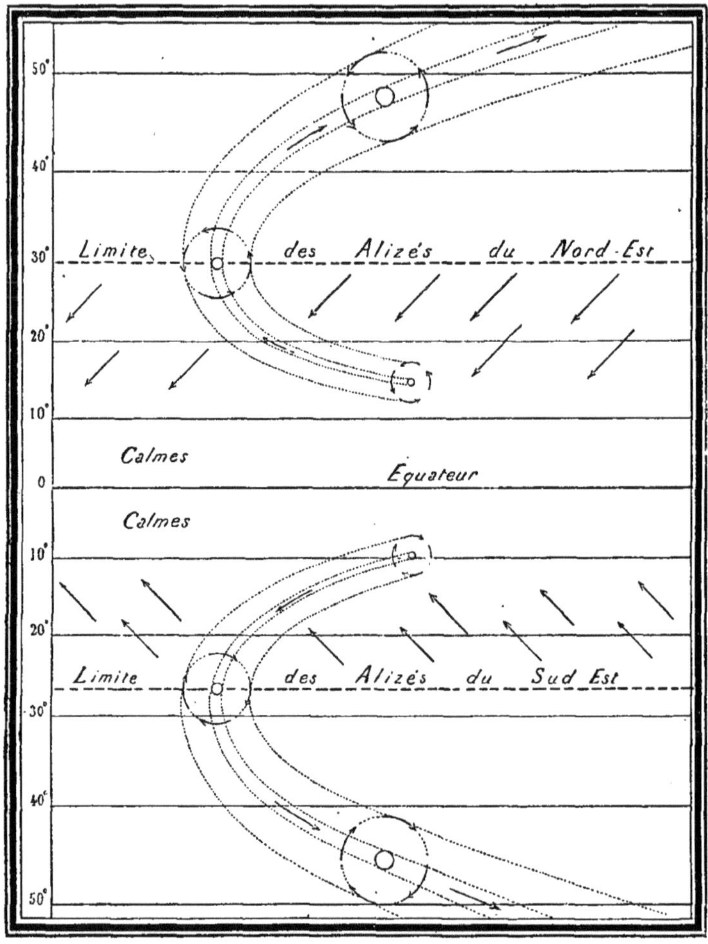

Fig. 297. — Mouvements de rotation et de translation d'un cyclone sur chaque hémisphère.

recourbe vers le nord dans l'hémisphère boréal, vers le sud dans l'hémisphère austral. Arrivé à la limite polaire des alizés, le tourbillon suit alors un arc tangent au méridien, puis s'infléchit du côté de l'est en s'éloignant toujours de plus en plus de l'équateur, jusqu'à ce qu'il se perde dans les hautes latitudes. Sa trajectoire totale a la forme approchée d'une parabole dont le sommet coïnciderait avec la limite supérieure des alizés dans chaque hémisphère (vers 30° dans l'hémisphère

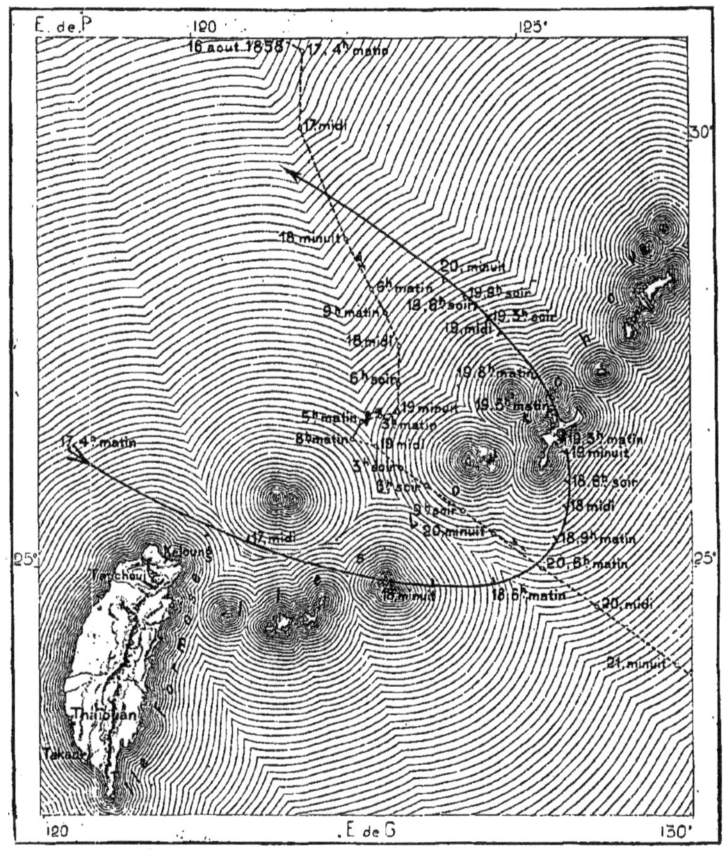

Fig. 298. — Typhon observé par *la Novara* en août 1858.

boréal, vers 26° ou 28° dans l'hémisphère sud). La direction de la première branche du parcours est donc, soit du sud-est au nord-ouest, soit du nord-est au sud-ouest, entre les tropiques; la direction de la seconde branche, du sud-ouest au nord-est ou bien du nord-est au sud-ouest.

Il s'agit ici des mouvements moyens de translation des

cyclones des deux hémisphères. Pour se rendre compte des différences qui existent entre ce cas moyen et idéal et la marche des ouragans réellement observés, nous donnons ici (fig. 299 et 300), d'après M. Roux, les trajectoires réelles des ouragans les plus célèbres de l'Atlantique nord et de l'Océan Indien austral. La forme parabolique de ces courbes et leur situation sont bien d'accord avec la loi générale que nous venons d'énoncer. Le mouvement de translation des typhons des mers de l'extrême Orient s'en écarte au contraire : du moins certains d'entre eux se rapprochent de l'équateur au lieu de s'en éloigner, ou encore la courbure de leurs trajectoires a une direction opposée à celle des cyclones ordinaires. Élisée Reclus cite l'exemple du typhon que les naturalistes de la frégate autrichienne *la Novara* observèrent les 18 et 19 août 1858, et dont la trajectoire, après s'être infléchie au nord de Formose en se rapprochant de l'équateur, tourna ensuite au nord-ouest, c'est-à-dire à l'opposé du mouvement de translation ordinaire des cyclones de l'hémisphère austral. Les anomalies que nous avons trouvées en ces régions dans le régime de leurs vents réguliers se rencontrent donc aussi dans les perturbations atmosphériques dont elles sont le théâtre.

Tous les cyclones ne parcourent pas des espaces aussi considérables que ceux que supposent les courbes de la figure 297. Il en est qui sont presque stationnaires. « Ce ne sont pas les moins violents, dit M. Roux. Ils s'évanouissent, pour ainsi dire, tout près du lieu où ils ont pris naissance, après toutefois avoir accompli leur œuvre de destruction. Celui qui a ravagé l'île Saint-Thomas en octobre 1867 en est un terrible exemple. »

On cite des cas de cyclones qui se sont produits simultanément, à de plus ou moins grandes distances : tantôt on les a vus marcher parallèlement, côte à côte, sans se confondre ; tantôt, après un certain parcours, ils se réunissaient en se mouvant suivant une trajectoire unique; tantôt enfin, les deux météores, se rencontrant suivant un angle assez prononcé, se sont confondus avec un bruit pareil au tonnerre. « Un fait semblable, dit M. Roux, a été constaté dans les mers de Chine en octobre 1840 ; l'angle d'incidence des trajectoires des deux typhons était de 47° environ. On suppose qu'un navire de Madras, ayant à bord 300 cipayes, qui a disparu corps et biens à cette même date, a dû se trouver au point de rencontre. » Piddington cite le cas d'un cyclone très violent se divisant en plusieurs cyclones plus petits. Le même savant mentionne le

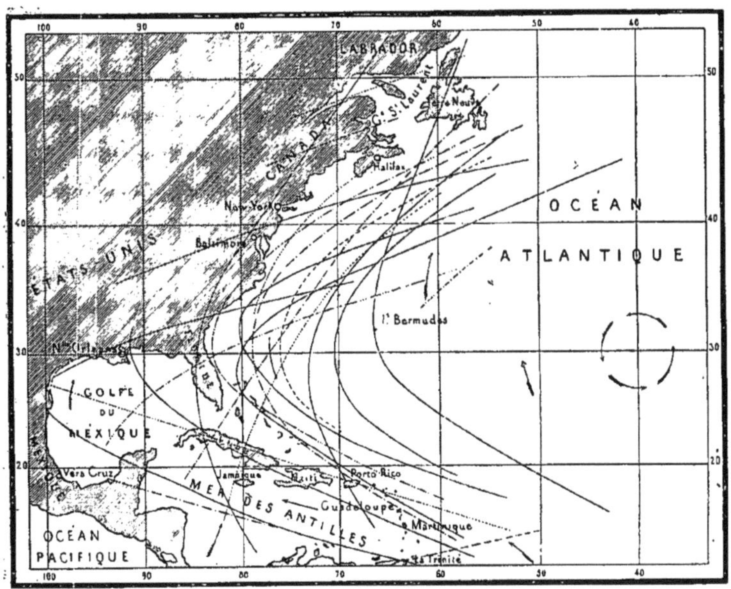

Fig. 299. — Trajectoires des cyclones, dans l'océan Atlantique nord et la mer des Antilles.

fait de deux cyclones observés le même jour à peu près sur le même méridien, l'un dans la partie nord de l'Océan Indien, l'autre dans la partie australe. Leurs trajectoires, inclinées à droite et à gauche du côté de l'ouest, les éloignaient simultanément de l'équateur, réalisant ainsi l'apparence de la figure 297, aux distances près.

Quant à la vitesse de translation des cyclones, elle est fort variable, et elle est généralement en raison de l'intensité de la tempête. Faible au début, elle va en croissant à mesure que l'ouragan progresse. 9 kilomètres par heure, telle paraît être la vitesse minimum des plus faibles ouragans ; elle peut atteindre et dépasser 54 kilomètres. Selon les relevés de M. Bridet, la vitesse de translation des cyclones de l'Océan Indien varie de 1 à 5 milles (1k,8 à 9 kilomètres) entre 5° et 10° de latitude sud ; elle est de 5 à 10 milles (9 à 18 kilomètres) entre 15° et 25°, pour s'élever à 12 et 18 milles (22 à 34 kilomètres) quand l'ouragan parvient dans les latitudes plus élevées.

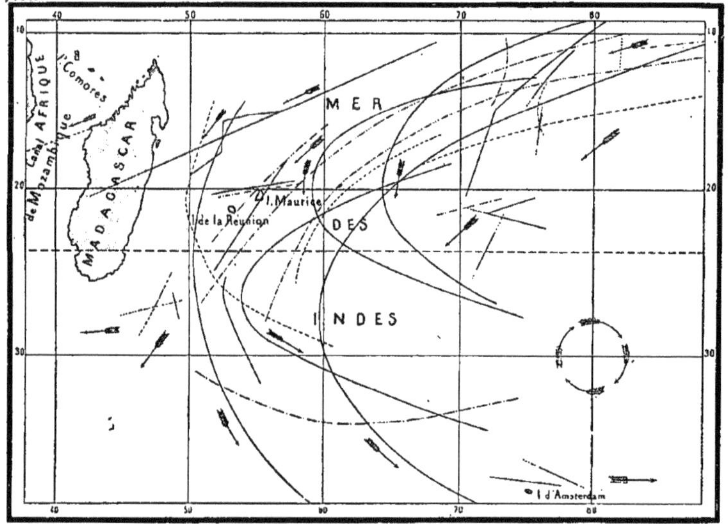

Fig. 500. — Trajectoires des cyclones dans l'Océan Indien austral.

Les nombres que nous venons de citer se rapportent au mouvement des cyclones qui traversent les océans. On doit à M. Loomis l'étude des trajectoires des tempêtes qui se meuvent à la surface du continent de l'Amérique du nord. De 485 cas observés dans le cours des trois années 1872, 1873 et 1874, M. Loomis conclut pour la vitesse moyenne de translation le chiffre de 26 milles anglais, soit 42 kilomètres à l'heure. L'orientation moyenne des trajectoires des tempêtes a été N. 81° E., c'est-à-dire celle d'une ligne allant de l'ouest à l'est, avec une inclinaison de 9° vers le nord. La vitesse de parcours maximum a été celle d'une tempête qui eut lieu le 15 mai 1873; cette vitesse atteignit 57,5 milles, soit 93 kilomètres à l'heure; elle a été minimum dans la tempête du 21 août 1874, où elle ne fut que de 9,5 milles, soit 15^{kil},3 à l'heure. Un petit nombre parurent à peu près stationnaires pendant tout un jour. La vitesse moyenne de translation des tempêtes parait varier avec les saisons. Les observations de M. Loomis montrent que c'est en hiver, au mois de février, qu'elle est la plus grande (de 32 milles ou 55 kilomètres); en été, au mois d'août, qu'elle a été la plus petite (18,4 milles ou 29 kilomètres). La comparaison des premiers de ces nombres avec ceux qui sont relatifs aux cyclones observés sur mer tend en outre à prouver qu'à la surface des océans la vitesse de translation des cyclones est moindre qu'à la surface des terres. Ce résultat est confirmé par les observations des tempêtes de l'océan Atlantique, qui donnent pour la vitesse moyenne de translation 19,6 milles, tandis que M. Mohn a trouvé, pour la vitesse des tempêtes sur le continent européen, 26,7 milles à l'heure.

On voit sur la figure 297 que le cercle représentant l'étendue d'un cyclone à son origine est d'un moindre diamètre que ceux auxquels ils parvient dans la suite de son cours. Les dimensions du météore, semblent, en effet, aller en augmentant en même temps que sa vitesse et à mesure de son éloignement de l'équateur. Tandis que le diamètre initial varie entre 100 et 200 kilomètres, il atteint une moyenne de 500 à 1000 kilomètres à l'extrémité de la seconde branche de la parabole, et, dans le cas de certains ouragans d'une intensité exceptionnelle, va jusqu'à 2800 kilomètres, embrassant ainsi dans la sphère de l'action destructive près de 700 degrés carrés de la surface terrestre.

Revenons au mouvement de rotation du tourbillon, à la vitesse et à la force du vent à des distances diverses du centre. On a déjà vu que celle-ci va en croissant de la limite extérieure jusqu'au calme central. En ce dernier point, ou un peu avant de l'atteindre, la violence de l'ouragan atteint son maximum : le vent y peut atteindre une vitesse de 230 à 280 kilomètres à l'heure, soit 65 à 75 mètres par seconde. « Si l'on suppose un cyclone en marche, d'un diamètre de 300 milles, dit M. Roux, tout point frappé en premier lieu, qui se trouve placé sur la ligne de translation du centre, ne ressentira au début que de faibles brises qui ne tarderont pas à fraîchir. A 150 milles du centre, il ventera grande brise, les rafales qui viendront par intervalles seront lourdes : c'est presque le coup de vent. A 100 milles, la force du vent obligera le capitaine d'un navire à mettre aux bas ris. De 50 à 80 milles, l'ouragan sera dans toute sa fureur; à ce moment un navire aura toujours trop de toile dehors. Enfin, dans le calme central, d'un rayon variant de 5 à 20 milles, le calme est si complet, qu'on peut le comparer à la mort après les plus terribles convulsions. »

Quand on considère le sens du mouvement de giration dans les cyclones, on voit que, dans l'hémisphère boréal, il est contraire à celui des aiguilles d'une montre, ou s'effectue de droite à gauche; dans l'hémisphère austral, il a lieu dans un sens opposé, de gauche à droite, ou comme celui des aiguilles d'une montre[1]. On déduit aisément de là une règle pour connaître dans quel rumb souffle le vent tout autour du centre du tourbillon. En partant du point le plus oriental d'une des circonférences concentriques et en suivant le sens du mouvement de giration, c'est-à-dire en allant à l'ouest par le nord, puis revenant à l'est par le sud, on rencontre les vents des divers rumbs dans l'ordre que voici : sud, sud-est, est, nord-est, nord; puis nord-ouest, ouest, sud-ouest et sud. Pour un cyclone austral, toujours dans la même hypothèse, la succession des vents serait au contraire : nord, nord-est, est, sud-est et sud; puis sud-ouest, ouest, nord-ouest et nord.

Les marins ont plus d'intérêt à considérer le cyclone comme divisé en deux moitiés, non plus, comme nous venons de le faire, par rapport à la direction des méridiens et des cercles

1. On pourrait dire, en comparant ces mouvements de rotation à celui de notre globe, que celui des cyclones de l'hémisphère nord est *direct*, tandis que celui des cyclones de l'hémisphère sud est *rétrograde*. L'inverse aurait lieu pour les mouvements de translation.

de latitude, mais par rapport à la trajectoire du centre. En effet, dans ce cas, dans la moitié intérieure, c'est-à-dire située du côté de la concavité de la courbe, la vitesse de rotation et la vitesse de translation se combinent de manière à

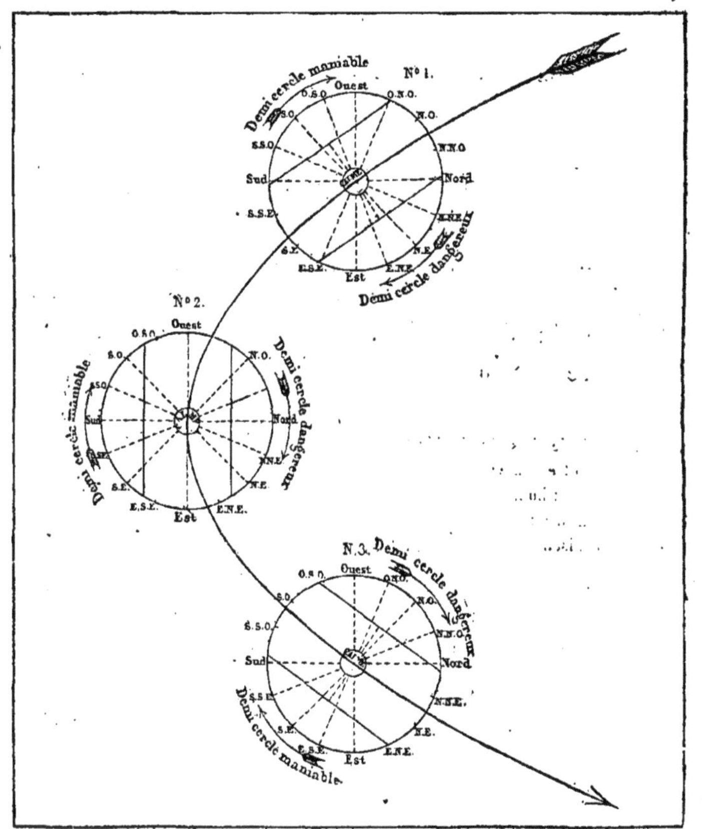

Fig. 301. — Demi-cercle maniable et demi-cercle dangereux dans un cyclone de l'Océan Indien austral, d'après Bridet.

s'ajouter : la résultante tend à rapprocher les molécules d'air entraînées de la ligne parcourue par le centre : c'est le *demi-cercle dangereux* du cyclone. Dans l'autre moitié au contraire, la vitesse de rotation et la vitesse de translation se détruisent en partie et la résultante tend à rejeter les masses d'air et les objets qu'elles rencontrent en dehors de la ligne parcourue par le cyclone, en dehors du mouvement tourbillonnaire : c'est le *demi-cercle maniable*[1].

On peut se rendre compte de la différence qui caractérise les deux moitiés du météore, en prenant la moyenne des vitesses de translation, moyenne qu'on peut évaluer à 40 kilomètres par heure, et en l'ajoutant à la vitesse moyenne de rotation, soit 130 kilomètres. Le calcul donnera pour la vitesse totale d'un point pris au milieu du rayon du demi-cercle dangereux, 170 kilomètres à l'heure, 47 mètres par seconde. Faisant au contraire la différence des deux mêmes nombres, on aura 90 kilomètres, ou 25 mètres par seconde, pour celle d'un point pris au milieu du rayon du demi-cercle maniable. Ce n'est guère plus de la moitié.

La vitesse de rotation va généralement en diminuant à

1. On a déduit des lois du double mouvement des cyclones des règles précises pour la manœuvre que doit exécuter un navire rencontré ou enveloppé par un cyclone. En voici un résumé d'après deux hommes compétents, MM. Zurcher et Margollé, lieutenants de vaisseau de la marine française :

« Ces règles, disent-ils, dépendent de la position qu'occupe le navire dans le champ de la tempête.

« Navigue-t-il, par exemple, dans l'hémisphère nord, et l'observation des vents lui a-t-elle démontré qu'il se trouve dans le demi-cercle dangereux, il devra s'orienter de manière à recevoir le vent par la droite ou par tribord. Les avantages de cette manœuvre sont de présenter constamment l'avant du navire à la lame, et en même temps d'être entraîné par la dérive au dehors de la tempête. Si on recevait le vent par la gauche au contraire, la route ferait entrer le navire dans le tourbillon, et, suivant les variations du vent, on prendrait la lame par l'arrière, circonstance qui expose à de très grandes avaries.

« Dans le demi cercle maniable il faut fuir vent arrière, tant qu'on peut se tenir à cette allure. Si on est obligé de venir en travers, il faut toujours présenter la gauche (bâbord) au vent, afin de prendre la mer par l'avant ; mais dès que la violence des lames vient à s'amoindrir, il faut revenir à une manœuvre qui éloigne du centre, vers lequel on est entraîné par la dérive tant qu'on prend le vent par bâbord.

« Les règles données pour l'hémisphère nord doivent être prises en sens inverse dans l'hémisphère sud. Il y a une manœuvre contre laquelle il convient surtout d'être en garde : c'est celle qui consisterait à marcher toujours vent arrière et à circuler ainsi plusieurs fois dans l'intérieur du tourbillon en avançant avec lui sans chercher à s'en dégager. C'est ce qui est arrivé au brick anglais *le Charles Eddle*, au voisinage de l'île Maurice. Le rayon du cercle qu'il décrivit était d'environ 40 milles, et il a fait ainsi un chemin évalué à 1300 milles, pendant que la route réelle n'a pas dépassé 300 milles. » (*Trombes et cyclones*.)

Ces règles supposent que le mouvement giratoire des cyclones est circulaire. Si, comme le soutiennent MM. Mohn et Meldrum, ce mouvement était en spirale, elles devraient être modifiées.

mesure que le tourbillon s'éloigne de l'équateur, tandis que le contraire arrive pour le mouvement de translation, plus lent sous les tropiques que dans les latitudes de la zone tempérée. Mais comme c'est le mouvement giratoire qui est de beaucoup le plus violent, on comprend que les cyclones des Antilles ou de l'Océan Indien soient si terriblement destructeurs, tandis que les bourrasques de nos climats sont rarement très dan-

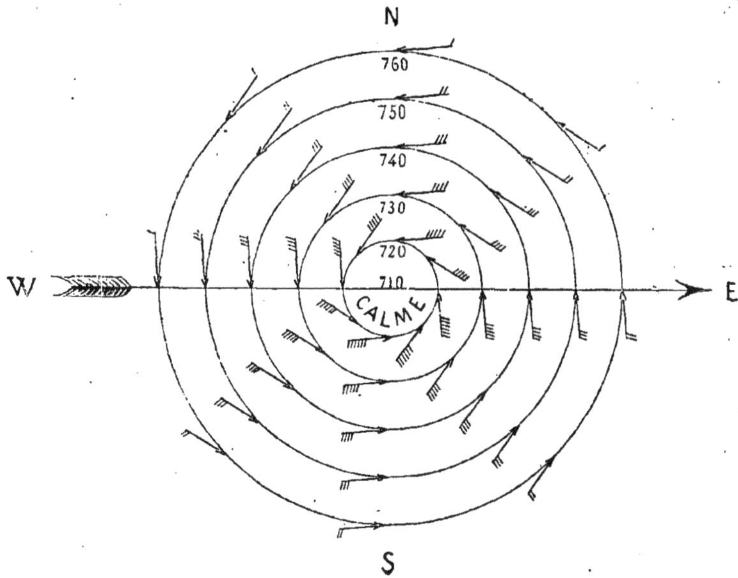

Fig. 302. — Direction et intensité des vents à l'intérieur d'un cyclone.

gereuses, malgré ou plutôt à cause même de la rapidité avec laquelle elles se déplacent.

Si le mouvement de giration était parfaitement circulaire, la direction du vent en chaque point de l'intérieur d'un cyclone serait perpendiculaire à celle du centre. On devrait alors représenter ce mouvement par des flèches tangentes aux cercles concentriques qui figureraient les isobares. En réalité, ces flèches coupent les cercles cycloniques sous un angle aigu qui, d'après Redfield, peut varier de 5° à 10°, et dans certains grands cyclones atteint jusqu'au quart de l'angle droit. Piddington pense même que l'obliquité peut aller jusqu'à 33°. En tout cas, elle démontre que l'air, tout en étant entraîné par la rotation, a une tendance à se déplacer vers le centre, ce qu'on explique par la dépression barométrique et la nécessité de combler le vide qui en résulte. De ce que nous venons de dire il suit qu'un cyclone peut être représenté, dans une de ses positions quelconques, par une série de cercles concentriques figurant les isobares de la région qu'il couvre, et les vents qui soufflent dans les zones cycloniques par des flèches coupant les isobares sous un certain angle. Dans un même secteur, les flèches indiquent des vents d'autant plus forts qu'elles sont plus rapprochées du petit cercle intérieur figurant le calme central. Enfin, ces vents sont également plus intenses dans le demi-cercle situé à droite de la trajectoire du cyclone que dans la moitié située à gauche de la même ligne, le premier représentant le bord dangereux et l'autre le bord maniable.

Voyons maintenant quelle sera la succession des vents qui souffleront dans un lieu traversé par le cyclone. Supposons qu'il s'agisse d'un point situé dans l'hémisphère nord, et sur la partie du trajet qui marche de l'ouest à l'est, c'est-à-dire sur la seconde moitié de la parabole décrite par le météore. Il peut se présenter trois cas, selon que le lieu considéré se trouve sur la trajectoire du centre, au nord de cette ligne ou au contraire au sud. Dans le premier cas, pendant tout le temps que le cyclone mettra à franchir une distance égale à sa moitié antérieure, les vents souffleront constamment du sud, en augmentant de violence pour s'arrêter brusquement au moment du calme central. Cet espace franchi, une saute brusque aura lieu du sud au nord, direction de laquelle le vent continuera à souffler jusqu'à la fin de la tempête. Si le cyclone aborde le lieu considéré par sa moitié boréale (demi-cercle maniable), ce sont les vents du sud qui se feront sentir les premiers, puis ils tourneront vers le sud-est, pour souffler de l'est à peu près au moment où l'on se trouvera à la plus petite distance du centre; de là, la direction du vent tournera au nord-est, puis au nord. On se rend aisément compte de cette succession des vents du sud au nord par le côté est, en imaginant que, le cyclone restant immobile, c'est le lieu A qui se déplace en sens contraire, sur une ligne AA'A" parallèle à la trajectoire du centre. De même, si le lieu B est parcouru par l'ouragan dans sa moitié méridionale (demi-cercle dangereux), il est aisé de voir que le vent, soufflant d'abord du sud, arrivera de même à la direction nord, mais en passant par les rhumbs opposés de la rose, c'est-à-dire par le sud-ouest, l'ouest et le nord-ouest.

Si, sans quitter l'hémisphère boréal, on cherchait quelle

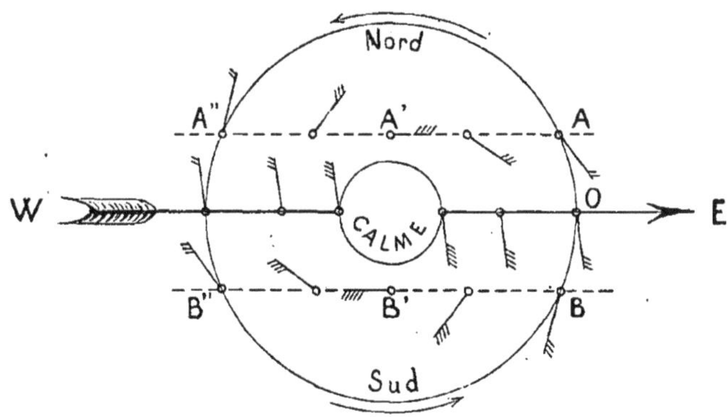

Fig. 505. — Succession des vents pendant le passage d'un cyclone.

est la succession des vents qu'on observe quand le cyclone parcourt la première branche de sa parabole, orientée de l'est à l'ouest, il est évident que leur direction varierait du nord au sud, soit par l'est, soit par l'ouest. On s'en rendra compte d'ailleurs en remarquant que, le mouvement giratoire conservant le même sens, c'est le mouvement de translation seul qui serait changé, aussi bien dans la moitié nord que dans la moitié sud du cyclone. Mais, au point de vue de l'intensité, c'est alors dans la première moitié que les vents cycloniques soufflent avec le plus de force, puisqu'elle forme le demi-cercle dangereux.

Enfin vers le sommet de la trajectoire parabolique le mouvement de translation d'un cyclone boréal est sensiblement parallèle au méridien, et dirigé du sud au nord. Les premiers vents ressentis en un lieu traversé par l'ouragan sont les vents d'est qui passent au nord-est, au nord, au nord-ouest et à l'ouest dans le demi-cercle maniable et au contraire au sud-est, au sud, au sud-ouest et à l'ouest dans le demi-cercle oriental ou dangereux.

La loi de succession des vents pour les lieux que traverse un cyclone de l'hémisphère austral, ne serait pas plus difficile à établir en partant des mêmes principes, c'est-à-dire du sens connu et invariable, soit du mouvement de rotation, soit du mouvement de translation du météore. Pour abréger, nous résumerons tout ce que nous venons de dire par le tableau suivant :

LOI DE LA SUCCESSION DES VENTS

POUR UN LIEU TRAVERSÉ PAR UN CYCLONE

	I. Cyclones de l'hémisphère austral.	
Trajectoire supérieure.	Moitié septentrionale :	Moitié méridionale :
W ⟶ E	Sud, SE, E, NE, Nord	Sud, SW, W, NW, Nord
Sommet de la parabole.	Moitié occidentale :	Moitié orientale :
S ⟶ N	Est, NE, N, NW, Ouest	Est, SE, S, SW, Ouest
Trajectoire inférieure.	Moitié méridionale :	Moitié septentrionale :
E ⟶ W	Nord, NE, E, SE, Sud	Nord, NW, W, SW, Sud

	II Cyclones de l'hémisphère boréal.	
Trajectoire supérieure.	Moitié septentrionale :	Moitié méridionale :
E ⟶ W	Sud, SW, W, NW, Nord	Sud, SE, E, NE, Nord
Sommet de la parabole.	Moitié occidentale :	Moitié orientale :
N ⟶ S	Ouest, SW, S, SE, Est	Ouest, NW, N, NE, Est
Trajectoire inférieure.	Moitié méridionale :	Moitié septentrionale :
W ⟶ E	Nord, NW, W, SW, Sud	Nord, NE, E, SE, Sud

En étudiant le régime des vents dominants dans les deux hémisphères et la succession la plus fréquente de leur direction dans un même lieu, un célèbre météorologiste contemporain, Dove, avait constaté que dans l'hémisphère nord ce sont surtout les vents de sud-ouest et ceux de nord-est qui prédominent, et que, quand on passe de l'un à l'autre, le plus souvent la rotation se fait dans le même sens que le mouvement diurne apparent du soleil, c'est-à-dire par l'est, le sud-est, le sud, le sud-est et l'ouest. Dans l'hémisphère austral, la succession de l'est à l'ouest se fait en sens opposé, c'est-à-dire par le nord. Cette rotation des vents a été longtemps connue sous le nom de *loi de Dove*. Ce savant en fournissait l'explication en montrant que la lutte des deux courants dominants détermine la production de tourbillons, lesquels en se déplaçant donnent lieu à la succession la plus fréquemment observée[1]. La loi de Dove est vraie en effet, mais seulement pour les régions de l'Europe occidentale, c'est-à-dire pour des contrées qui sont généralement parcourues par la moitié méridionale ou inférieure des bourrasques et cyclones venant de l'Atlantique et abordant l'Europe par ses côtes ouest. En réalité, elle n'a pas la généralité que lui attribuait son auteur; elle n'est qu'un cas particulier de la loi plus générale qu'on vient de formuler et qui est résumée dans le tableau précédent.

1. Il est assez curieux de remarquer que l'explication de Dove, tout en étant basée sur l'existence de tourbillons, et tout en rendant compte des faits, nécessite, pour la translation de ces tourbillons, un mouvement précisément opposé à celui des cyclones de la zone tempérée dans notre hémisphère.

Le savant météorologiste allemand suppose l'existence simultanée des deux courants dominants, l'un de sud-ouest, à l'occident de l'Europe, l'autre, de nord-est, à l'est du premier. Dans la région intermédiaire, le long de la ligne où ces courants se rencontrent, il se produit par leur réaction mutuelle un mouvement tournant, et le sens de la rotation est alors celui des aiguilles d'une montre, c'est-à-dire opposé au mouvement de rotation des cyclones de notre hémisphère. Pour que la succession des vents en un lieu donné se fasse dans le sens où l'observation montre qu'elle est la plus fréquente, il faut donc que le déplacement du tourbillon ainsi formé se fasse de l'est vers l'ouest. C'est en effet l'hypothèse qu'admet Dove; dans la lutte des deux courants dominants, c'est le nord-est qui doit s'étendre, puisque l'air, dit-il, doit nécessairement revenir des pôles à l'équateur : cette extension a lieu vers l'ouest, et la limite des deux courants, où se forme le tourbillon, se déplace dans le même sens. L'observateur doit donc, selon lui, voir le vent tourner peu à peu du sud-ouest à l'ouest, au nord-ouest, au nord, et enfin au nord-est. Quand le vent du sud-ouest reprend le dessus, c'est par les régions supérieures qu'il arrive, tandis qu'à la surface de la terre persistent encore les vents de nord-est et d'est. A la fin, il s'abaisse, et dans ces passages ont lieu des sautes de vent à tous les points de l'horizon et il peut arriver que la rotation des vents se fasse contrairement au mouvement du Soleil. On voit par ce court résumé d'une théorie ingénieuse que ce qui reste de la loi de Dove, c'est le fait lui-même; mais ce n'est plus qu'un cas particulier d'une loi générale, déduite elle-même de la loi bien constatée des mouvements de giration et de translation des bourrasques dans les deux hémisphères.

Si, au lieu de prendre pour exemple, comme l'a fait Dove, un lieu situé dans l'Europe centrale, en Allemagne, on cherchait quel est l'ordre de succession des vents pour un observateur situé au nord de l'Europe, au nord des trajectoires des centres cycloniques, on trouverait, au contraire, que cette succession

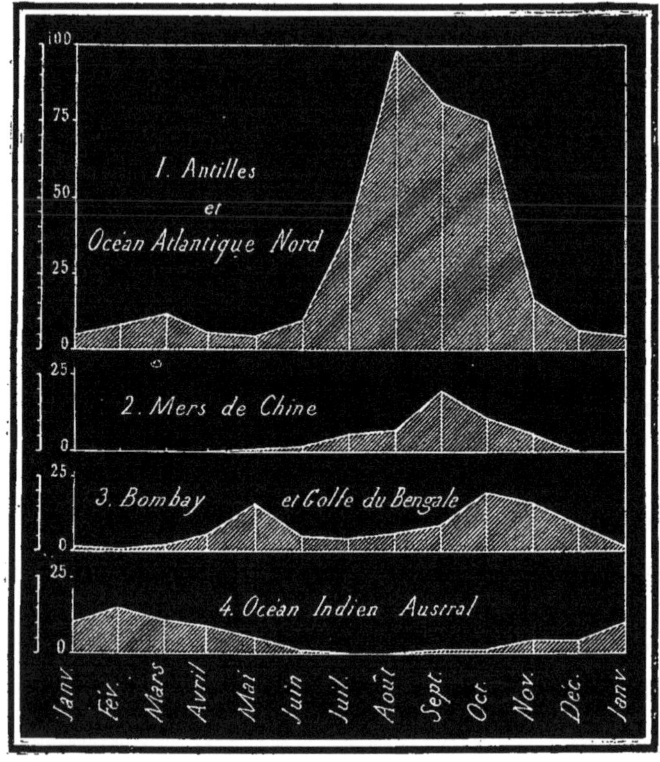

Fig. 304. — Nombre moyen des cyclones dans les différents mois de l'année.

a lieu de l'ouest à l'est en passant par le sud, à l'opposé du mouvement du soleil.

Avant d'aborder la question encore bien obscure de la théorie des cyclones, disons un mot de leur fréquence relative dans différentes mers, selon les saisons ou les mois de l'année, ainsi que de leur répartition dans l'océan Atlantique en longitude et en latitude, d'après les observations enregistrées sur les livres de bord.

Le tableau suivant donne le nombre moyen de cyclones observés dans les différents mois de l'année, depuis les époques les plus anciennes jusqu'à nos jours. La figure 304 traduit aux yeux cette répartition mensuelle dans les quatre mers principales où ces météores sont le plus fréquents :

RÉGIONS MARITIMES	MOIS DE L'ANNÉE											
	JANVIER	FÉVRIER	MARS	AVRIL	MAI	JUIN	JUILLET	AOUT	SEPTEMBRE	OCTOBRE	NOVEMBRE	DÉCEMBRE
1. Antilles et océan Atlantique nord.	5	8	12	6	5	10	42	98	81	75	17	7
2. Mers de Chine. .	0	0	0	0	1	2	6	7	20	11	6	0
3. Bombay et golfe du Bengale. . .	2	1	2	6	15	5	4	6	8	19	16	8
4. Océan Indien austral	10	15	11	8	5	1	0	0	1	1	4	4

Dans l'océan Atlantique, sur 366 cyclones, 323, c'est-à-dire près des 9 dixièmes, appartiennent aux cinq mois de juin à novembre; les sept autres mois de l'année n'en comptent que 43. Août est l'époque du maximum principal, janvier et mai les mois où s'observent deux minima ; un maximum secondaire se voit en mars. Les mers de Chine présentent à peu près les mêmes variations et aux mêmes dates dans le nombre des typhons. Dans la partie de l'Océan Indien située au nord de l'équateur, les époques de plus grande fréquence des ouragans sont mai et octobre; février et juillet présentent deux minima. Enfin, dans l'Océan Indien austral, c'est de novembre à mai que les cyclones sont le plus fréquents, de juin à octobre qu'ils sont le plus rares; comme on devait s'y attendre, la distribution est entièrement opposée à celle de l'Atlantique nord, si l'on n'a égard qu'aux dates ; elle est toute semblable si l'on rapporte les nombres aux saisons elles-mêmes. En rassemblant tous les nombres qui se rapportent à chaque hémisphère, on trouve :

		Nombre de cyclones.
Hémisphère boréal. . . .	de mai à novembre	454
	de décembre à avril.	48
Hémisphère austral. . . .	de juin à octobre.	3
	de novembre à mai.	66

Sur 502 cyclones de l'hémisphère nord, 454 ont eu lieu dans les sept mois de mai à novembre; les cinq autres mois n'en donnent pas le dixième; sur 69 cyclones de l'hémisphère austral, les sept mois correspondants, de novembre à mai, en ont fourni 66, 23 fois autant que les cinq mois de juin à octobre. L'influence des saisons sur le nombre des tempêtes s'exerce donc de la même manière au nord et au sud de l'équateur, bien qu'elle semble plus accentuée dans l'hémisphère austral.

D'après les recherches de M. E. Loomis sur les oscillations moyennes mensuelles du baromètre dans notre hémisphère, soit en hiver, soit en été, ces oscillations vont en croissant à mesure qu'on avance vers le 60e degré de latitude nord. Un tel accroissement est-il dû, comme le pense M. Loomis, à l'effet des tempêtes qui augmentent en nombre à mesure qu'on s'éloigne de l'équateur? Ce résultat paraît confirmé, en ce qui concerne l'Atlantique nord, par l'examen de la carte des tempêtes de cette partie de l'Océan dressée par Maury, et où la proportion des bourrasques sur 100 observations est donnée pour chaque carré de 5 degrés en longitude et en latitude. En voici le résumé[1] :

1. Maury donne, pour chaque carré, le nombre des observations, celui des bourrasques et la proportion de ce dernier nombre au premier. La comparaison de ces chiffres fait voir l'accroissement de la fréquence des bourrasques avec la latitude sur chaque méridien. En totalisant, comme nous l'avons fait dans le tableau qui suit, les nombres compris entre deux parallèles distants de 5 degrés, on vérifie l'exactitude de la loi pour l'ensemble des régions de l'Atlantique où ont été recueillies les observations.

Latitudes.	Nombre total des observations.	Nombre total des bourrasques.	Nombre des bourrasques pour 100 observ.
de 0° à 5°	6 436	0	0,0
5° — 10°	6 476	0	0,0
10° — 15°	4 520	36	0,8
15° — 20°	4 489	46	1,0
20° — 25°	5 183	100	1,9
25° — 30°	9 528	303	3,2
30° — 35°	11 418	875	7,7
35° — 40°	15 354	2 009	13,0
40° — 45°	19 034	1 997	10,5
45° — 50°	13 074	1 836	14,0
50° — 55°	6 292	1 084	17,2
55° — 60°	1 350	135	26,5

La loi d'accroissement du nombre des tempêtes avec la latitude est, comme on voit, bien marquée. Toutefois entre le 40e et le 45e degré il y a un ralentissement.

§ 5. THÉORIE DES CYCLONES.

S'il est aisé d'écrire, en commençant un paragraphe, le titre qu'on vient de lire en tête de celui-ci, il est loin d'être aussi facile, dans l'état actuel de la science, de tenir la promesse qu'il contient et de donner un exposé de la théorie des cyclones.

D'après ce qui précède, il est permis de dire qu'on connaît à peu près les lois de leur double mouvement. Ce qu'il faudrait, c'est en connaître la cause ou les causes physiques ou météorologiques ; c'est montrer comment elles expliquent toutes les particularités révélées par l'observation. Nous allons voir qu'on a bien fait des hypothèses; mais comment pourrait-on se prononcer sur la valeur respective des diverses théories proposées, lorsque à la vérité l'on ne s'est point encore mis d'accord sur les faits eux-mêmes, quand les savants restent partagés sur une question fondamentale, à savoir si les cyclones sont des tourbillons semblables à ceux qu'on observe sur les cours d'eau, ou analogues aux trombes, si leur mouvement giratoire est ascendant ou descendant, ou bien une combinaison de ces deux modes de rotation? Suivant qu'on adopte l'une ou l'autre des solutions de cette question, la théorie physique ou mécanique des cyclones ne peut manquer de se présenter sous des aspects totalement différents. Avant d'exposer les diverses hypothèses qui ont cours aujourd'hui, passons rapidement en revue les conditions auxquelles elles devront satisfaire pour être définitivement admises.

Une théorie rationnelle des cyclones devra rendre compte de leur origine, indiquer la cause physique ou mécanique de la naissance du mouvement tourbillonnaire; pourquoi le sens du mouvement giratoire est constant de chaque côté de l'équateur et opposé dans les deux hémisphères. Un cyclone une fois formé se déplace : la théorie devra montrer quelle est la raison de ce mouvement de translation, de sa direction initiale vers l'ouest, puis, à partir de la limite des alizés, du rebroussement que subit le cyclone tout en continuant de s'éloigner de l'équateur, et de sa marche vers l'est du monde. Pourquoi la vitesse du mouvement de progression, lente d'abord, va-t-elle en augmentant de plus en plus, tandis que celle du mouvement de rotation, très rapide à l'origine, s'atténue au contraire, et pourquoi l'étendue diamétrale ou la sphère d'action du tourbillon va-t-elle toujours en augmentant? Enfin, où le météore puise-t-il la prodigieuse force vive qui alimente ses deux mouvements de progression et de rotation, et qui, dans son immense trajet à la surface du globe, lui permet de vaincre les obstacles qu'il rencontre ou d'accomplir son œuvre de destruction sur le sol et sur les eaux ?

Deux théories principales se trouvent en présence, qui, sans prétendre expliquer tous les phénomènes observés, du moins, dans la pensée de leurs auteurs et défenseurs, rendent un compte suffisant des plus importants d'entre eux. La première, la plus ancienne, est encore la plus généralement adoptée : c'est celle de l'*aspiration* ou des courants ascendants, formulée d'abord par le météorologiste américain Espy, et qui trouve des défenseurs tels que MM. Peslin en France, Reye, Hildebrand Hildebrandsson, Mohn, Buchan, Loomis à l'étranger. La seconde théorie, entièrement opposée à la précédente, considère les cyclones, tornados, trombes, tourbillons des cours d'eau comme des phénomènes de même ordre : tous consistent en des mouvements engendrés par les différences de vitesse que possèdent deux courants gazeux ou liquides, se mouvant côte à côte, dont les molécules décrivent de haut en bas les spires d'une hélice légèrement conique autour d'un axe vertical, formant ainsi par leur ensemble un tourbillon descendant. Cette seconde théorie, qui a été principalement développée et soutenue par M. Faye, est adoptée en France par MM. Marié-Davy et Tastes, à l'étranger par M. Diamilla-Muller.

Entrons dans quelques développements sur chacune de ces théories.

D'après un rapport fait en 1841 par Babinet sur la théorie de l'aspiration, voici de quelle façon Espy rendait compte alors de la formation des courants ascendants qui sont la base de la théorie de l'aspiration. « Si une couche très étendue d'air chaud et humide au repos couvre la surface d'une région de la terre ou de la mer, et que, par une cause quelconque, par exemple une moindre densité locale, un courant ascendant se détermine dans cette masse d'air humide, la force ascensionnelle, au lieu de diminuer par l'effet de l'élévation de la colonne soulevée, ne fera que s'accroître avec la hauteur de la colonne, exactement comme si un courant d'hydrogène s'élevait au travers de l'air ordinaire, lequel courant serait poussé vers le haut de l'atmosphère avec une force et une vitesse d'autant plus grande qu'il aurait une plus grande hauteur. On peut encore assimiler cette colonne d'air chaud à celle des cheminées et des tuyaux de poêle, dont le tirage est d'autant plus fort que les tuyaux contenant l'air chaud sont d'une plus grande hauteur. Quelle est donc la cause qui rend le courant ascendant chaud et humide constamment plus léger dans chacune de ses parties que l'air qui se trouve à la même hauteur que ces diverses portions de la colonne ascendante? Cette cause, suivant les calculs très suffisamment exacts de M. Espy, est la température constamment plus élevée que garde la colonne ascendante, température qui provient de la chaleur fournie par la précipitation partielle de la vapeur mêlée à l'air et qui fait de cette colonne ascendante une vraie colonne d'air chaud, c'est-à-dire de gaz plus léger; car le poids de l'eau qui passe à l'état liquide est loin de compenser l'excès de légèreté qui provient de la température plus élevée que conserve cet air. Ainsi, plus la colonne sera haute, plus sa force ascensionnelle sera considérable et plus l'aspiration de l'air environnant de tous côtés sera produite avec énergie.... Les calculs de M. Espy montrent sans aucune incertitude que la colonne d'air humide, regagnant en température, par la vapeur qui se précipite, une partie de la chaleur que lui fait perdre son expansion, cette colonne reste toujours plus chaude que l'air qui est à la même hauteur que chacune de ses parties. »

La possibilité du courant ascendant étant ainsi démontrée, ses conséquences immédiates sont, en premier lieu, une dépression barométrique centrale, puis l'afflux de l'air environnant, produisant des vents dont la direction serait convergente vers le centre, sans les déviations qui proviennent tant du mouvement de rotation de la Terre que de la force centrifuge. Espy, d'après les observations des tornados américains, admettait que la convergence des vents était à peu près normale à un cercle ayant pour centre le lieu où s'était produite la dépression; il était sur ce point en désaccord avec le colonel Capper, avec Redfield et Reid, et aussi avec un grand nombre d'observateurs plus récents, qui tous considèrent cette direction comme tangente aux cercles formant les limites extérieures du tornados, ou du moins ne faisant avec eux que d'assez petits angles.

Il reste à expliquer les mouvements de rotation et de translation du météore. D'après la théorie d'Espy, le déplacement du cyclone aurait pu être attribué à un vent ordinaire qui, produisant un déplacement commun à toute l'atmosphère, ne troublerait pas l'ascension de la colonne d'air humide. Mais comme le phénomène prend naissance le plus souvent dans une région où règne un grand calme à la surface, le mouvement de translation du cyclone doit avoir une autre cause : il est dû sans doute aux courants supérieurs dans les latitudes moyennes, où on le voit dirigé vers l'est, tandis que dans les régions tropicales, où la progression a lieu vers l'ouest, son mouvement est celui des alizés.

Cette explication de la marche progressive des tempêtes a été sensiblement modifiée par d'autres partisans de la théorie d'aspiration. D'après M. Peslin, la translation d'un cyclone résulte de deux mouvements composants : « 1° du mouvement général de l'atmosphère dans laquelle il se développe; 2° du mouvement propre de la tempête dans cette atmosphère. Ce n'est pas dans un *milieu immobile*, dit ce savant, que se développe le cyclone ou la tempête, mais le plus souvent dans le courant équatorial, dont la vitesse est fort notable. Quant au mouvement propre, la théorie qui rend compte de la force vive de la tempête par la différence des températures que présentent à même altitude l'air ascendant et l'air tranquille ambiant, cette théorie, dis-je, l'explique aisément par les différences que présente cette force vive sur les divers bords de la tempête. Sur le bord que l'air chaud et humide du sud-ouest alimente, la vitesse est plus grande, le poids de la colonne d'air ascendant est moindre que sur le bord alimenté par l'air venant du nord-est. Le centre de la tempête se déplace à raison de ces inégalités, qui tendent constamment à se reproduire autour d'une quelconque de ses positions, et qui ne devraient pas exister pour un cyclone immobile[1]. »

D'après Mohn, c'est à la précipitation de la vapeur d'eau, c'est à la pluie, généralement fort abondante, qui accompagne les cyclones, surtout dans la partie antérieure de leur trajectoire, qu'on doit principalement attribuer leur mouvement de progression. Si l'on considère les vents qui, dans l'hémisphère

1. *Comptes rendus de l'Académie des sciences pour* 1875, t. I.

nord par exemple, soufflent dans la moitié antérieure du tourbillon, on trouve qu'ils viennent de régions plus méridionales, apportant avec eux chaleur et vapeur d'eau. « Ce sont, dit ce savant, les plus propres de tous à affluer vers les couches supérieures. Ils passent des régions chaudes à des régions plus froides et se refroidissent par conséquent dans leur trajet au-dessus de la surface terrestre, ce qui diminue la facilité avec laquelle ils absorbent la vapeur d'eau. Par suite du mouvement ascensionnel de l'air et de la dilatation qui en est la conséquence, ces vents se refroidissent encore davantage, de sorte que la vapeur commence à se condenser en nuages et à se précipiter. La chaleur latente rendue libre par la condensation de la vapeur augmente la dilatation de l'air et la force du courant ascendant. Dès que la vapeur se liquéfie et tombe sur le sol, la tension de la vapeur ambiante disparaît et nous trouvons ainsi réunies toutes les conditions qui produisent l'abaissement du baromètre. » Dans la partie postérieure du tourbillon, au contraire, les vents viennent de régions plus septentrionales ; ils sont plus froids, plus secs et ils font par conséquent monter le baromètre. Par suite de l'action de ces deux forces opposées sur la moitié antérieure et sur la moitié postérieure du tourbillon, le centre de celui-ci qui est le lieu de moindre pression se déplace, allant du côté où le baromètre descend. « La course du minimum barométrique sur la surface terrestre n'est par conséquent qu'un mouvement apparent ; les parties de l'atmosphère qui forment ce minimum se renouvellent incessamment et la marche du tourbillon peut être comparée à celle d'une vague dont la forme est déterminée par le mouvement oscillatoire de haut en bas des molécules d'eau, pendant qu'elles se trouvent respectivement en des points divers des trajectoires qu'elles décrivent. Le minimum barométrique correspond au point le plus profond ou au creux de la vague, et le maximum barométrique, qui se trouve entre deux tourbillons, est figuré par le sommet de la crête de la vague. »

En discutant de nombreuses observations relatives au mouvement des tempêtes à la surface du territoire des États-Unis, M. Loomis a étudié l'influence de la pluie sur ce mouvement. Il a constaté que généralement la zone de pluie qui entoure le centre d'une dépression cyclonique est plus étendue du côté de l'est, c'est-à-dire vers le point où se dirige ce centre dans son mouvement de translation. La figure 305 exprime cette inégalité. Tout en concluant que la pluie n'est pas essentielle à la formation des zones de basse pression, et n'est la cause principale ni de leur formation, ni de leur mouvement de progression, il pense toutefois que « si la zone de pluie

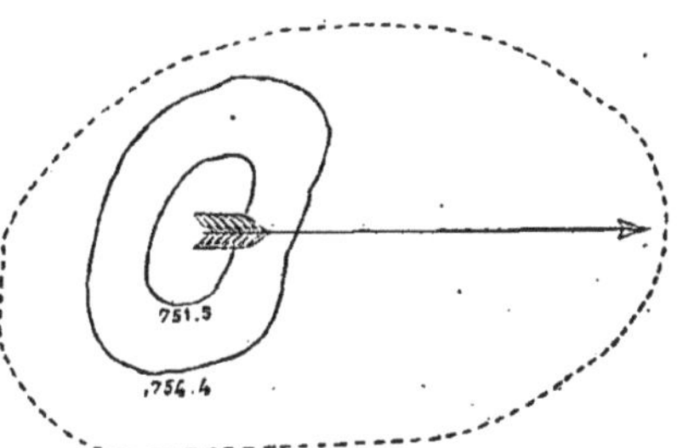

Fig. 305. — Zone de pluie accompagnant un cyclone des États-Unis, d'après M. E. Loomis.

occupe une grande surface du pays, elle peut exercer une influence marquée sur la mesure de la dépression barométrique et sur la vitesse avec laquelle marche la tempête, tantôt accélérant ce mouvement, tantôt le retardant, tantôt maintenant la tempête à peu près stationnaire durant deux ou trois jours[1]. »

Voyons maintenant comment on rend compte du mouvement giratoire, qui est, à la vérité, le caractère le plus saillant des cyclones et qui leur a fait donner leur nom. Dans la théorie de l'aspiration, le courant ascendant qui détermine la formation du météore, en produisant un vide, une dépression barométrique, a pour conséquence nécessaire un afflux de l'air environnant. De là des vents qui souffleraient directement vers le

1. *Septième mémoire de météorologie dynamique*, par M. Elias Loomis.

centre, venant de tous les points de l'horizon, si aucune autre influence ne venait modifier cette convergence. Mais, ainsi que nous l'avons établi déjà en parlant des minima barométriques, l'influence de la rotation de la Terre fait dévier les vents de leur direction initiale, à droite dans l'hémisphère nord, à gauche dans l'hémisphère sud. La trajectoire d'une molécule d'air, au lieu d'être une ligne droite aboutissant au centre de la dépression, est une courbe, de sorte qu'à la force déviatrice du rayon terrestre se joint celle de la force centrifuge développée par le mouvement curviligne. De là une rotation dont la vitesse croît à mesure qu'on approche du centre; de là, à l'intérieur du météore, ces vents qui, selon la position du point par rapport au centre, font tout le tour du compas. Leur afflux près du centre, dans des directions horizontalement opposées, les annule et explique le calme subit qu'on y observe; leur composante verticale seule subsiste; l'air s'élève en comblant le vide de la dépression centrale.

Mais, tandis que les uns admettent que la giration se fait dans des cercles concentriques, ou suivant des tangentes aux isobares, que l'air est entraîné par conséquent tout autour du centre, d'autres savants, MM. Mohn, Meldrum sont du nombre, ne considèrent pas le tourbillon comme une masse d'air qui tourne. Entre autres raisons à l'appui de cette opinion, M. Mohn donne celle-ci : « Si le tourbillon était une masse d'air déterminée, tournant autour de son centre comme une trombe, il serait très difficile de comprendre comment les vents de différents côtés du tourbillon peuvent amener des conditions diverses de température, d'humidité, de nébulosité et de précipitation, car il ne serait pas possible d'imaginer comment un vent qui régnait à un moment donné, le vent du nord par exemple, devenant sud par suite d'une demi-révolution du système, se convertirait tout à coup en un vent plus chaud, plus humide, plus nuageux et plus pluvieux qu'auparavant. Suivant le même météorologiste, dans un tourbillon, « le mouvement de l'air s'effectue suivant des trajectoires ou spirales qui se recourbent autour du centre et s'en rapprochent de plus en plus. Ce mouvement peut se décomposer en deux mouvements : l'un qui produit le mouvement autour du centre et qui est perpendiculaire au gradient; l'autre, dans la direction du gradient et qui, par conséquent, pousse l'air soit vers le centre, soit en dehors du tourbillon. Tant que le tourbillon est en action, le dernier mouvement tend à amener de nouvelles masses d'air vers le point où, l'air étant raréfié, la pression est moindre, ce qui tend à faire disparaître cette raréfaction. S'il n'y avait pas de force qui la reproduisît, elle diminuerait peu à peu et finirait par disparaître. Mais s'il existe des forces qui entretiennent un tel état de choses, leur action doit évidemment consister dans la diminution du poids de l'air qui afflue de tous côtés, et cela ne peut se produire qu'en forçant l'air à s'élever au-dessus et tout autour du minimum barométrique[1]. »

Comme on l'a vu plus haut, c'est à la précipitation de vapeur d'eau qui se fait dans la partie antérieure du cyclone que M. Mohn attribue la cause de l'entretien de la dépression barométrique, en même temps qu'elle explique son mouvement de progression. Les figures 306 et 307, empruntées au Traité de Météorologie du savant suédois, achèveront de faire saisir sa manière de concevoir le phénomène.

La seconde théorie considère les cyclones, nous l'avons vu, comme d'immenses trombes, comme des tourbillons gigantesques en tout pareils à ceux qu'on observe sur les cours d'eau, partout où des inégalités de vitesse entre les filets liquides de la surface engendrent un mouvement de rotation accompagné d'une dépression sensible au niveau de l'eau. Ce mouvement se propage de haut en bas, autour d'un axe vertical, entraînant les molécules de la surface jusqu'au fond du fleuve, où sa force vive s'emploie à affouiller le sol; après quoi les molécules qui ont touché le fond sont rejetées latéralement au dehors du

1. Mohn, *Lois des changements du temps*.

tourbillon. D'ailleurs ce dernier n'en suit pas moins la vitesse moyenne du courant, conservant son axe vertical, et persistant plus ou moins longtemps, jusqu'à ce que des résistances de

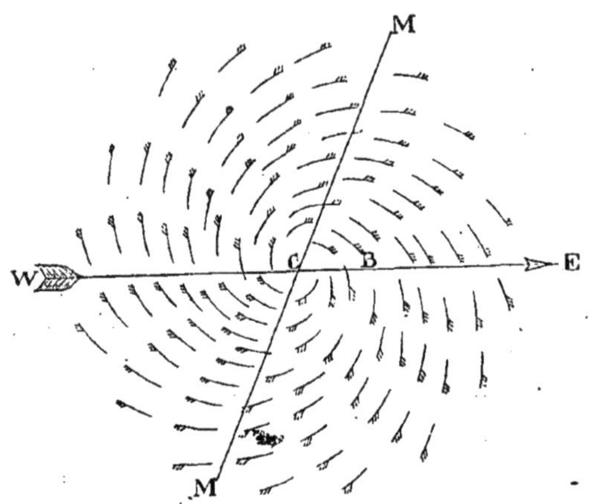

Fig. 306. — Mouvement de l'air autour du centre d'un cyclone, d'après M. Mohn.

toute nature aient épuisé sa force vive. M. Faye, qui a soutenu cette théorie contre celle de l'aspiration, assimile complètement les mouvements giratoires des liquides à ceux qu'on observe

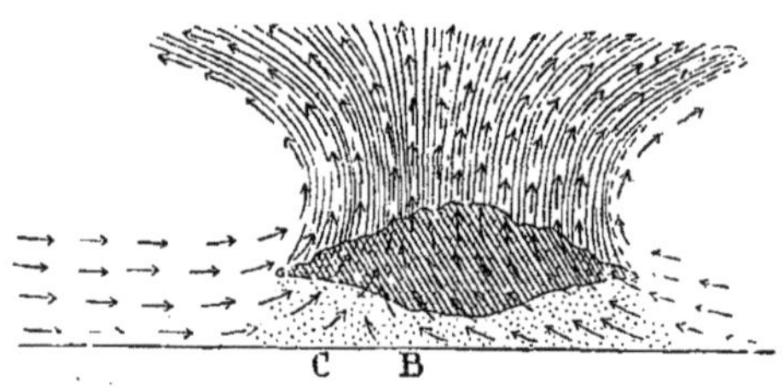

Fig. 307. — Mouvement de l'air dans le sens vertical, à l'intérieur d'un cyclone.

dans l'atmosphère sous les dimensions les plus diverses, depuis les plus petites trombes, les tornados, jusqu'aux vastes cyclones dont la description a fait l'objet des paragraphes précédents. « Dans les mouvements tournants de notre atmosphère, vous trouvez de petits tourbillons passagers de quelques décimètres, des trombes bien plus durables de 10 à 200 mètres, des tornados de 500 à 2400 mètres. Au delà, l'œil ne saisit plus bien les formes de la colonne giratoire; on leur donne un autre nom, mais le fond est le même. Plus grands encore sous des diamètres de 3, 4, 5 degrés, c'est-à-dire de 300, 400, 500 mille mètres et au delà, ils portent le nom d'*ouragans* ou de *cyclones;* mais le mécanisme ne change pas pour cela : ce sont toujours des mouvements giratoires, circulaires, à vitesse croissant vers le centre, nés dans les courants supérieurs aux dépens de leurs inégalités de vitesse, se propageant vers le bas dans les couches inférieures malgré leur état de calme parfait ou indépendamment des vents qui y règnent, exerçant leurs ravages dès qu'ils atteignent l'obstacle du sol, et suivant dans leur marche les courants supérieurs, en sorte que leurs dévastations dessinent en projection sur le globe terrestre la route de ces courants invisibles[1] ».

On voit par les dernières lignes de cette citation que M. Faye donne pour origine aux cyclones les courants supérieurs, c'est-à-dire les contre-alizés, et qu'il attribue leur mouvement de progression à ces mêmes courants. Entre les tropiques, le sens du mouvement des cyclones étant, comme on l'a vu, de l'est à l'ouest, il faut admettre que telle est aussi la marche des contre-alizés, contrairement à l'opinion des autres météorologistes qui, expliquant leur déviation par l'influence de la rotation terrestre, les font mouvoir vers l'est[2], c'est-à-dire dans un sens opposé au mouvement de translation des cyclones dans les

1. *Défense de la loi des tempêtes* (notice de l'*Annuaire du Bureau des Longitudes pour* 1875). L'éminent astronome a été conduit à l'étude des cyclones terrestres par ses travaux sur la constitution physique du Soleil, dont les pores et les taches sont, selon lui, des tourbillons. « Sur le Soleil, dit-il, nous voyons des mouvements tourbillonnaires encore mieux caractérisés et de toute taille, depuis les pores grands comme nos cyclones jusqu'aux taches cinq ou six fois plus grandes que notre globe. » Les taches solaires en forme de tourbillons ou d'entonnoirs spiraloïdes ne sont pas rares en effet, et nous en avons décrit et figuré plusieurs dans notre ouvrage LE CIEL; mais sont-elles en majorité sur le Soleil, cela nous semble au moins douteux.

2. M. Faye explique aussi la formation des contre-alizés par la dilatation des couches atmosphériques dans la zone torride, et par l'ascension de la vapeur d'eau, sous l'action verticale des rayons solaires. Il en conclut que la masse aérienne doit rester en arrière,

régions tropicales. Si l'on admet la théorie de M. Faye, les deux figures suivantes représenteront la circulation générale des courants supérieurs et inférieurs, la génération et la marche des cyclones : la première (fig. 308) la montre pour les deux hémisphères en projection sur un méridien, la seconde (fig. 309) pour l'hémisphère nord la donne en projection sur l'équateur. Voilà pour le mouvement de progression des cyclones. Quant à leur mouvement giratoire et au sens qu'il présente dans chaque

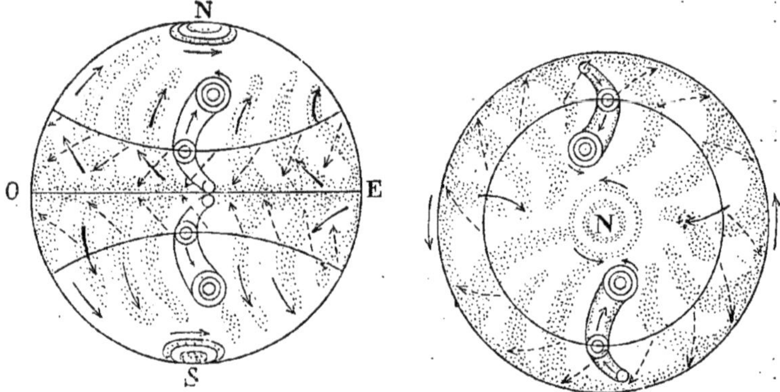

Fig. 308. — Origine et formation des cyclones d'après M. Faye.

Fig. 309. — Origine et formation des cyclones, projection sur l'équateur.

hémisphère, en voici la raison d'après la même théorie. Les fleuves aériens supérieurs qui partent de l'équateur et se dirigent vers les pôles en suivant une courbe parabolique, possèdent, en leurs différents points, des vitesses inégales dont l'effet est d'engendrer un mouvement tourbillonnaire : « Quant au sens de rotation des cyclones, il résulterait de ce que, dans

« puisque, dit-il, toutes les molécules sont soulevées dans cette région et décrivent ainsi autour de l'axe terrestre des cercles plus grands avec la vitesse linéaire d'un point de départ inférieur. » Au delà des tropiques, l'autre moitié de l'atmosphère se trouve en avance sur la rotation et les courants dévient en sens contraire, parce que « la nappe d'air déversée atteint des parallèles de plus en plus petits ». Mais n'est-il pas évident que les deux causes de déviation existent aussi bien entre les tropiques que dans les zones tempérées, et que, comme elles agissent en sens opposé, elles doivent se compenser en partie? Toute la question est de savoir si elles se neutralisent tout à fait, ou seulement en partie, et cela dans quelle proportion. Il nous semble qu'il y a là un point douteux à éclaircir.

ces courants fortement recourbés, la vitesse va en diminuant transversalement de la rive concave à la rive convexe. »

Nous venons d'essayer de résumer, dans leurs traits essentiels, les deux théories que les météorologistes contemporains ont proposées pour expliquer les phénomènes des cyclones. Ces théories sont à peu près opposées l'une à l'autre. Il est difficile, dans l'état actuel de la science, de dire laquelle des deux semble vouloir l'emporter. Au point de vue de la science hydrodynamique, le problème est extrêmement complexe et n'a pu encore être fructueusement abordé par l'analyse ; c'est seulement en recueillant des observations, des faits, qu'on pourra voir si ces faits confirment l'une ou l'autre des deux hypothèses, celle de l'aspiration ou celle des courants descendants, ou bien au contraire s'ils les contredisent en quelques points. C'est à ce point de vue que se sont placés jusqu'ici avec raison leurs auteurs ou défenseurs pour justifier leur propre système et combattre celui de leurs adversaires ; la discussion dure depuis des années et ne paraît point épuisée, et il ne nous est pas possible, dans le cadre nécessairement restreint de ce chapitre, d'exposer tous les arguments produits pour ou contre. Nous nous bornerons à dire que M. Faye invoque à l'appui de sa théorie de nombreux exemples de trombes terrestres ou marines, où le mouvement descendant est caractérisé par des phénomènes irrécusables. À la vérité des faits contraires sembleraient favorables à la thèse opposée. En tout cas, est-il permis de conclure des trombes aux cyclones ?

D'autre part, un savant météorologiste suédois, M. Hildebrand Hildebrandsson, a recueilli un grand nombre d'observations de cirrus soit au-dessus des centres de dépression, soit au-dessus des centres de pression maxima. Voici les conclusions qu'il en en a tirées, conclusions qui seraient favorables à la théorie de l'aspiration. « Je crois avoir démontré, dit-il que *l'air s'éloigne des centres des minima et converge vers les centres des maxima dans les régions les plus hautes de l'atmosphère*. On sait que c'est l'inverse qui a lieu près de la surface terrestre. *Par consé-*

quent, un minimum doit nécessairement être le siège d'un courant d'air ascendant. Arrivé à une grande hauteur, cet air s'éloigne partout du centre de la dépression et se déverse en nappe uniforme au-dessus des régions des maxima, où il s'abaisse graduellement vers la terre en courants descendants. De cette manière, il s'effectue sans cesse une circulation verticale entre la surface terrestre et les limites supérieures de l'atmosphère. Le principal agent de cette circulation doit être la différence de température et d'humidité entre l'air plus ou moins échauffé de la surface et l'air des régions les plus élevées, où il règne une sécheresse et un froid excessifs[1]. »

§ 6. PUISSANCE MÉCANIQUE DES OURAGANS. — SOURCES DE LEUR FORCE VIVE.

En octobre 1844, un cyclone terrible passa sur l'île de Cuba, où il accumula les ruines; puis, poursuivant sa route vers le nord-est, il aboutit à Terre-Neuve, après avoir franchi en moins de trois jours la distance qui sépare ces points extrêmes. D'après Redfield, le météore ne couvrait pas un espace moindre de 500 milles (800 kilomètres). La direction du vent formait avec la direction tangentielle un angle de 6° environ et sa violence était telle, en s'engouffrant à l'intérieur du cyclone, que, si l'on suppose un cylindre de 100 mètres de hauteur et de 150 kilomètres de rayon ayant pour centre celui de l'ouragan, il ne fallait, d'après les calculs du docteur Reye, que 5 heures 20 minutes au vent pour renouveler entièrement ce cylindre de tempête : cela suppose une vitesse de 40 mètres par seconde, de 144 kilomètres par heure, et le volume de l'air mis ainsi en mouvement dans ce court intervalle de temps approchait de 450 millions de mètres cubes par seconde. Les 500 millions de kilogrammes que pèse une telle masse d'air et qu'aspirait ainsi le centre de la tempête, nécessitait un travail d'environ 40 milliards de kilo-

1. *Comptes rendus de l'Académie des sciences pour* 1875, t. I.

grammètres, de près de 500 millions de chevaux-vapeur, effectué sans relâche pendant près de trois jours. C'est 15 fois au moins la force que pourraient développer, dans le même espace de temps, toutes les machines de la Terre, moulins à vent, turbines, machines à vapeur, locomotives, tous les hommes et les animaux du monde entier. On peut se faire une idée, par les nombres qu'on vient de citer, de la prodigieuse puissance mécanique que possède un ouragan, et l'on n'est plus étonné des effets destructeurs du météore. Pour accomplir les ruines qu'il sème sur sa route, pour vaincre les résistances qui proviennent des inégalités du sol, pour soulever les flots de l'Océan, il ne dépense qu'une fraction bien minime de cette puissance.

Mais quelle en est la source? Où le cyclone puise-t-il cette force vive prodigieuse, qui doit se renouveler sans cesse sur un trajet de plusieurs milliers de kilomètres? D'après M. Reye, c'est dans les pluies qui accompagnent et précèdent le cyclone, c'est dans la condensation des vapeurs qui sont aspirées par le centre de l'ouragan et s'élèvent avec la colonne d'air ascendante qu'il faut chercher l'origine de cette force. En se précipitant à l'état liquide, ces vapeurs dégagent une quantité de chaleur qui, sur un espace de 250 kilomètres de rayon, ne peut pas être évaluée à moins de 120 milliards de calories par seconde, équivalant à 680 milliards de chevaux-vapeur. C'est plus de 1300 fois la quantité de travail absorbée par l'aspiration de l'air dans le cyclone. Comment cette immense accumulation de force vive est-elle employée pour déterminer les mouvements de progression et de giration, c'est ce qu'il est difficile de dire. Tout dépend du reste de la théorie qu'on adopte pour l'explication des phénomènes cycloniques. Si l'on part de la théorie proposée par M. Faye, la source de la force vive est celle des courants supérieurs de l'atmosphère, qui ont pour cause première l'excès de la radiation solaire entre les tropiques sur la radiation solaire dans les zones tempérées. L'ascension, qui en résulte, des masses d'air surchauffées au-dessus de leurs couches de niveau respectives, peut être comparée à celle d'un poids qu'on élève à une certaine hauteur. L'écoulement des mêmes masses vers les pôles correspond alors à la chute du poids soulevé. La giration n'est qu'un effet mécanique se produisant au sein d'un fluide dont les diverses parties se meuvent avec des vitesses inégales. En un mot, les deux sources premières de la force dont les ouragans sont pourvus sont d'une part la chaleur solaire, de l'autre la gravité.

Nous retrouvons les deux mêmes forces en action dans les cyclones, si l'on admet la théorie de l'aspiration. A l'origine c'est la chaleur solaire qui produit le mouvement ascendant de l'air surchauffé; l'équilibre rompu se rétablit par l'intervention de la pesanteur qui force toutes les masses aériennes ambiantes à se précipiter pour combler le vide formé au centre du météore. La chaleur emmagasinée par l'eau vaporisée et entraînée dans le mouvement ascendant de l'air est restituée, nous venons de le voir, quand cette vapeur se précipite à l'état de pluie. C'est donc toujours la radiation solaire et la gravité qui sont les deux forces primitives où l'ouragan puise son énergie. D'ailleurs, dans les deux systèmes, nous avons vu que le mouvement de rotation de la Terre joue un rôle; il explique la déviation des courants et leur giration autour du centre dans la théorie de l'aspiration. Dans celle des tourbillons descendants, elle est nécessaire pour expliquer le mouvement de progression vers l'ouest, puis vers l'est, qui donne aux trajectoires des cyclones leur forme parabolique.

§ 7. LES TORNADOS. — LES ORAGES EN EUROPE. — LES ANTICYCLONES.

Nous avons décrit les trombes dans le tome III du *Monde physique;* nous n'y reviendrons pas ici, parce que ces phénomènes ne sont qu'un épisode dans les grands mouvements de l'atmosphère; et d'ailleurs on n'a sur leur mouvement de progression que des données insuffisantes. Il n'en est pas de même des *tornades* ou *tornados*, qui, sur une échelle beaucoup moins vaste, il est vrai, ont à peu près toutes les apparences des cyclones, et sont principalement caractérisés, ainsi que leur nom le suppose d'ailleurs, par un mouvement giratoire. C'est sur la côte occidentale d'Afrique, au Sénégal, que ces tempêtes sévissent le plus fréquemment; les tornados sont fort nombreux aussi dans le continent de l'Amérique nord[1]. Des phénomènes plus ou moins analogues à ces tourbillons s'observent encore dans l'Amérique du Sud, où ils sont désignés par le nom de *pampères*, et dans l'Océan Indien, du golfe du Bengale aux îles de la Sonde, où ils sont connus sous les dénominations de *grains arqués* et de *sumatras*.

Les tornados des États-Unis ont été étudiés par M. Finley, qui en a fait l'objet d'un rapport au *Meteorological Office*, sous ce titre : *On the character of six hundred tornados* (sur le caractère de six cents tornados). Voici, d'après M. Faye qui en a fait l'analyse, un résumé de ce travail, qui nous montrera ce que sont les propriétés physiques et mécaniques de ce genre de tempêtes :

« L'approche d'un tornado est annoncée à 2 ou 3 milles de distance (3 à 5 kilomètres) par un nuage noir au-dessous duquel descend en forme d'entonnoir un appendice qui atteint la surface du sol. A la base inférieure se trouve la très petite aire où les vents destructeurs sont condensés.

« La giration, à l'intérieur du tornado, est invariablement indiquée comme s'opérant de droite à gauche, en sens inverse des aiguilles d'une montre. La vitesse de giration est très diversement estimée, ce qui tient en partie à la région sur laquelle chaque spectateur a porté son attention. La moyenne est de 0,11 de mille, environ 177 mètres, par seconde. C'est,

1. M. Finley a dressé un catalogue qui comprend 559 tornados observés aux États-Unis, de 1794 à 1881. 468 de ces météores appartiennent aux seules années 1875 à 1881, ce qui donne une moyenne de 67 par année, tandis que les 91 autres tornados sont répartis sur 65 années d'observations. Cette différence ne tient pas évidemment à l'accroissement du nombre des tornados, mais au soin avec lequel s'enregistrent maintenant ces phénomènes et à l'étendue croissante des régions où ils sont observés.

je crois, à peu près la moitié de la vitesse d'une balle de fusil.

« Le diamètre du tornado sur le sol varie de 13 mètres, ce qui répond à une trombe, à 3300 mètres, ce qui se rapproche déjà un peu d'un petit typhon. Le diamètre le plus ordinaire

Fig. 310. — Un tornado dans le Birgo.

est d'environ 300 à 400 mètres. Au delà du cercle où le tornado opère, il n'y a pas de vent sensible dû à ce phénomène.

« Tous ces tornados, grands ou petits, sont animés d'un mouvement rapide de translation, 17 mètres en moyenne à la seconde. Mais, d'un tornado à l'autre, elle est très variable, et va de 5 à 25 mètres ; tantôt elle dépasse de beaucoup la vitesse ordinaire d'un cyclone dans la région des États-Unis, tantôt elle lui est inférieure. La moyenne, 17 mètres, est celle d'un train de chemin de fer de grande vitesse.

« Ils viennent tous de quelques points de l'horizon ouest et se dirigent vers le point opposé de l'horizon est. La plupart vont du sud-ouest au nord-est. Jamais tornado n'a suivi une marche inverse. Les tornados peuvent marcher en l'air sans toucher le sol. Leurs ravages commencent seulement lorsque, en descendant, ils atteignent le sol. Quelquefois leur extrémité inférieure se relève, puis s'abaisse un peu plus loin. Leur marche est, en général, en ligne droite. Parfois cependant on a noté de légères oscillations, en sorte que la trajectoire, marquée sur le sol par des ravages, présente quelques déviations en zigzag.

« Leur inclinaison sur la verticale est parfois considérable; on en aurait noté une de 70°.

« Les tornados arrivent souvent au sein d'une atmosphère chaude et oppressive. Ils sont suivis d'un abaissement immédiat de température. Lorsqu'ils sont accompagnés d'averses, celles-ci se produisent presque indifféremment avant ou après leur passage. Les nombres sont 101 averses avant, 76 après, 4 pendant.

« Les tornados paraissent généralement dans les temps orageux. Quelquefois (70 cas) ils offrent eux-mêmes des signes d'une électricité propre, formation de boules de feu, sorte d'incandescence à la pointe. D'autres fois (49 cas) ils en sont entièrement privés et ne manifestent aucune trace d'électricité[1]. »

Non seulement les tornados ont des dimensions bien moins considérables que celles des cyclones, mais l'étendue de leur parcours est aussi fort limitée et leur durée beaucoup moindre. En moyenne ils durent trois quarts d'heure et leur trajet n'atteint qu'une cinquantaine de kilomètres. Cela n'a rien que de très naturel, s'il est vrai que presque toujours ils accompagnent les vrais cyclones, dont ils ne sont que des manifes-

1. *Comptes rendus de l'Académie des sciences pour* 1882, t. II.

tations accidentelles et partielles. Ces mouvements giratoires secondaires, naissant au sein des grands mouvements tournants qu'engendrent les dépressions barométriques, se succèdent d'ailleurs sur le parcours du même cyclone; et voilà pourquoi, dans les statistiques de M. Finley, on les voit groupés au nombre de 6 le 20 mars 1875 dans les deux Carolines, de 13 le 30 mai 1879 dans le Kansas et le Missouri, de 17 enfin dans la même journée du 18 avril 1880. La direction générale de 372 des tornados observés était celle du sud-ouest ou du sud-sud-ouest (326 contre 46 de l'ouest-nord-ouest au nord-nord-ouest). La conclusion à tirer de ce fait, c'est que ces météores naissent principalement dans le demi-cercle dangereux du cyclone, un peu à l'avant, puisque, comme nous l'avons vu plus haut, les trajectoires des cyclones qui traversent les États-Unis, du Pacifique à l'Atlantique, sont dirigées à l'est, avec une faible inclinaison vers le nord.

Les tornados du Sénégal, d'après la description qu'en a donnée le docteur Borius, sont des bourrasques qui surviennent le plus souvent après des journées de chaleur accablantes, alors que la brise du sud-ouest qui dominait pendant l'hivernage a fait place à de faibles vents du nord au nord-est. Un nuage noir apparaît à l'horizon du sud, et au bout de trois ou quatre heures, monte et s'agrandit en forme de demi-cercle, qui peu à peu s'approche du zénith et le dépasse. « A un moment qui est ordinairement celui où le bord antérieur de la tornade atteint le zénith, souvent un peu plus tôt, et parfois seulement au moment où les deux tiers du ciel se trouvent couverts, un vent d'une violence extrême se déchaîne à la surface du sol dans la direction du sud-est. La masse météorique, vue en dessous et de près, n'a plus alors de forme définie; la partie du ciel qui était restée découverte est promptement envahie par les nuages qui semblent se mouvoir en désordre. Comme le météore continue sa marche vers le nord, il est facile de constater que la direction du vent n'est due qu'à un mouvement propre du météore sur lui-même, combiné avec son mouvement de progression. » Pendant un quart d'heure au plus que dure cette bourrasque, que les éclairs et le tonnerre accompagnent d'ailleurs assez rarement, le vent passe du sud-est au sud-ouest en passant par le nord; la rotation a donc lieu, comme pour les cyclones de l'hémisphère boréal, dans un sens contraire au mouvement des aiguilles d'une montre. Ordinairement, c'est à la fin de la tornade, quand le vent est passé au sud-ouest, que la pluie se met à tomber avec une extrême abondance; mais il arrive aussi que le météore disparaît sans pluie : on a ce qu'on nomme alors une *tornade sèche*. Dans tous les cas, le passage d'une tornade est suivi d'un abaissement sensible de la température. Le docteur Borius évalue à 15 lieues à l'heure la vitesse moyenne du mouvement de progression.

Si les tornados et tornades sont bien, comme les descriptions précédentes en font foi, des tourbillons astreints, en ce qui concerne leur mouvement de giration, aux mêmes lois que les grands cyclones, cela est plus douteux pour les pampères de l'Amérique du Sud et les grains arqués de l'Océan Indien; Reid les considère comme de simples rafales de vent et de pluie de direction rectiligne.

Nous avons décrit dans notre troisième volume les principaux phénomènes électriques des orages. Dans nos climats tempérés, c'est surtout pendant la saison chaude que se produisent ces crises de l'atmosphère, d'ailleurs souvent bienfaisantes malgré les ravages accidentels qu'elles causent; les orages électriques ne sont pas inconnus cependant dans la saison froide, et il en survient de temps à autre au cœur même de l'hiver. Entre les tropiques, mais principalement dans la zone des calmes, dans la région comprise entre les alizés du nord-est et ceux du sud-est, ils sont d'une fréquence telle, qu'il se passe peu de jours sans qu'on entende les roulements du tonnerre. Au contraire dans les régions polaires, les orages sont rares; en Islande, les orages d'hiver[1] sont plus fréquents que ceux d'été.

1. D'après Mohn, « les orages d'hiver sont, d'une manière générale, beaucoup plus à

On a vu plus haut que les tornados des États-Unis sont dans une dépendance à peu près constante avec les grands mouvements tournants qui traversent de l'ouest à l'est le continent de l'Amérique du nord. C'est la confirmation, pour cette région du globe, d'une loi importante qui avait été mise en évidence seize ans plus tôt, par notre savant météorologiste M. Marié-Davy. D'après cette loi, le plus grand nombre des orages qui se produisent dans la partie occidentale du continent européen, coïncident avec le passage des bourrasques tournantes, et c'est sur leur bord méridional ou dangereux qu'ils se forment. « Les orages, dit-il, ne sont point des phénomènes localisés comme on l'avait admis jusqu'alors. Ils s'étendent toujours à une partie considérable de la France, et quelquefois la traversent dans toute son étendue, sur une ligne plus ou moins large, mais dépassant deux ou trois cents lieues en longueur. Ils exigent pour se former une certaine préparation de l'atmosphère, ce qui permet de prévoir leur arrivée. Ils accompagnent constamment les mouvements tournants de l'air; mais, pour provoquer l'orage, ces mouvements ont d'autant moins besoin d'être fortement caractérisés que la température est plus élevée et l'air plus chargé de vapeurs[1]. » A chaque bourrasque correspond ordinairement une série de manifestations orageuses qui, comme le météore principal, suivent certaines routes déterminées et constantes, mais dont la direction subit l'influence du relief du sol. Si ce dernier présente de fortes saillies, la route suivie par les orages est divisée ou déviée; elle est au contraire fort peu altérée si les ondulations du sol, collines et vallées, sont peu sensibles. Ce dernier cas se présente notamment, en France, dans les bassins peu accidentés de la Loire, de la Seine ou de

craindre que ceux d'été, car les nuages sont beaucoup plus bas dans la saison froide de l'année que dans la saison chaude. Dans les tempêtes d'hiver, la foudre tombe fréquemment sur les côtes occidentales de Norvège et y réduit en cendres un grand nombre d'églises et d'autres édifices. Comme les orages d'hiver, sur ces côtes, se présentent tout spécialement accompagnés de fortes tempêtes du sud-ouest, de l'ouest et du nord-ouest, le danger des incendies est d'autant plus à redouter. » (*Vents et tempêtes.*)

1. *Les Mouvements de l'Atmosphère et des Mers.* Paris, 1860.

la Somme. Il n'en est plus ainsi dans les Pyrénées, le massif central ou dans la vallée du Rhône, sur les confins du Jura et des Alpes.

Voici, d'après M. Marié-Davy, les conditions propices à la formation et à la propagation des orages sur le continent européen :

« Dans les temps ordinaires, l'atmosphère de l'Europe n'est

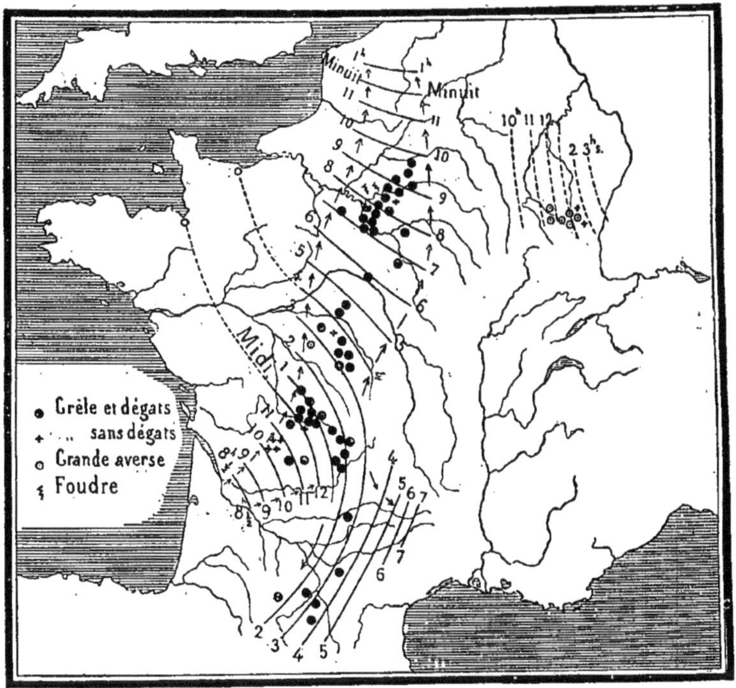

Fig. 511. — Carte des orages du 9 mai 1865, d'après M. Marié-Davy.

pas assez abondamment fournie en électricité et en vapeur d'eau, les mouvements de l'air dans le sens de la verticale n'y sont pas assez actifs pour que les orages s'y forment d'eux-mêmes comme dans la zone équatoriale; mais, qu'un mouvement tournant s'y produise, l'air des hautes régions se trouve abaissé vers la terre dans l'axe du tourbillon, il y apporte la basse température d'où résultent les nuages ; il y apporte aussi son électricité que les nuages recueillent. Les éléments de l'orage se trouvent ainsi réunis à un degré d'autant plus élevé que l'appel de l'air des régions supérieures est plus actif, ou que la saison d'été a rendu la température plus rapidement décroissante avec la hauteur, les couches inférieures étant celles qui s'échauffent le plus rapidement et le plus fortement. On doit donc en été se défier d'autant plus d'une baisse du baromètre qu'elle est circonscrite à un espace moins étendu. Elle est l'indice d'un mouvement tournant trop faible peut-être pour descendre jusqu'au sol, mais suffisant pour engendrer des orages. Ceux-ci ne se répartissent pas uniformément sur tout le pourtour du disque tournant; ils se montrent surtout dans les points les plus humides ou les plus chauds, c'est-à-dire dans la portion située sous le vent de la mer. Dans les mouvements tournants qui abordent les côtes occidentales de la France; ils apparaîtront sur la portion du disque tournant qui regarde le sud-est là où les vents soufflent d'entre sud-sud-est et ouest-sud-ouest. Dans les mouvements passant un peu plus haut, sur l'Angleterre, ils se montreront sur la portion du disque dirigée vers le sud, là où les vents soufflent d'entre sud-ouest et nord-ouest. A mesure que le mouvement pénètre dans l'intérieur de l'Europe en s'éloignant de la mer, l'air se dépouille progressivement de sa vapeur et de son électricité, les orages deviennent moins nombreux et leur diminution porte surtout sur la saison froide, pendant laquelle les circonstances sont moins favorables à leur production. Lorsque le mouvement se rapproche de la Méditerranée, il trouve dans l'air chaud et humide qui recouvre cette mer de nouveaux éléments pour la formation des orages, dont le nombre s'accroît considérablement. »

L'étude des tempêtes, bourrasques, cyclones, orages n'est autre que celle des mouvements des centres de pression minima à la surface des continents ou des mers; la répartition des isobares à un moment donné permet de reconnaître d'un coup d'œil les zones où existent ces basses pressions et dont chacune

UN ORAGE DANS LA VALLÉE DU RHÔNE.

est le centre des phénomènes décrits dans les précédents paragraphes, rotation des vents, baisse progressive, puis hausse du baromètre, abaissement subit de la température, précipitation, etc. En suivant sur la carte les changements qui se produisent d'un jour à l'autre dans le système des couches de pression, on voit la tempête marcher avec le système d'isobares concentriques qui enveloppent le point où le baromètre est le plus bas, mais en s'éloignant du centre on passe graduellement à des pressions de plus en plus élevées, et le plus souvent on reconnaît qu'il existe, dans des directions variables et à des distances plus ou moins grandes de ce centre, un, deux, ou plusieurs systèmes opposés au premier, en ce sens qu'ils recouvrent des régions où la pression barométrique est le plus élevée, et caractérisés généralement par des vents faibles et de basses températures. L'étude de ces zones de haute pression est encore peu avancée, mais elle promet d'être féconde, si l'on en juge par les recherches qu'a faites sur ce sujet M. Loomis pour l'Amérique du Nord. Ce savant a reconnu que dans la plupart des cas les zones de haute pression accompagnent les zones de basse pression qui traversent de l'ouest à l'est le continent américain. Chacune de celles-ci est précédée d'une zone de haute pression située à l'est à une distance moyenne de 1000 milles (1600 kilomètres) et suivie à l'ouest d'une zone de haute pression environ à la même distance. Quel rapport y a-t-il entre ces centres de pression maxima et les centres de pression minima qu'ils suivent dans leur parcours? Doit-on y voir la cause la plus importante de la marche des cyclones, ainsi que le pensent quelques météorologistes[1]? et doit-on leur conserver

1. Voici ce que dit sur ce point M. E. Loomis dans son 8e *Mémoire de Météorologie dynamique :* « Les zones de haute pression sont regardées comme une des causes, et généralement comme la cause la plus importante de la tempête qui leur succède. Deux zones de cette nature déterminent une tendance de l'air à se diriger vers un point intermédiaire, et les courants, ainsi mis en mouvement, sont déviés de la ligne droite par la rotation de la Terre, d'où résulte une diminution de la pression sur la zone centrale. Cette diminution de la pression produit un courant d'air plus rapide vers la région inférieure, qui se traduit par une baisse plus accentuée du baromètre. Comme l'air se répand de tous les côtés de cette zone de basse pression, la zone tend à prendre une forme ovale qui peut devenir sensi-

la dénomination d'*anticyclones* qui leur a été donnée à cause de l'analogie et aussi de l'opposition des deux ordres de phénomènes? L'analogie consisterait en ce que les zones de haute pression se meuvent en suivant la route générale des cyclones, et l'opposition en ce fait, que le mouvement de rotation des vents s'y fait en sens contraire de celui qu'on observe dans les cyclones. « Durant la marche des tempêtes, dit M. Loomis, les vents de la surface se meuvent des zones de haute pression vers les zones de basse pression; les vents supérieurs se meuvent des zones de basse pression vers les zones de haute pression[1]. » Telle est, nous l'avons vu plus haut, l'opinion de M. Hildebrand Hildebrandsson, basée sur l'étude des mouvements des cirrus. Le savant directeur du *Bureau central météorologique de France*, M. E. Mascart, fait remarquer que si les aires de haute pression paraissent suivre la marche des cyclones sur le continent américain, il n'en est plus ainsi en Europe, où les maxima de pression ont le plus souvent une allure toute différente. « Les hautes pressions, dit-il, paraissent couvrir des régions où l'air descend des parties supérieures de l'atmosphère, et la rotation du vent dans le sens direct est alors une conséquence de la rotation de la Terre; en outre, les régions voisines, où la pression est plus faible, sont souvent le siège d'un courant général où se meuvent des dépressions ordinaires qui tendent à provoquer les mêmes vents. L'expression d'*anticy-*

blement circulaire si le vent est très violent, et alors la force centrifuge résultant de ce mouvement circulaire produit une nouvelle baisse du baromètre. Le vide partiel serait bientôt comblé et le mouvement inférieur de l'air cesserait bientôt, s'il n'y avait pas un mouvement supérieur qui assure une issue au courant qui s'échappe. L'air en mouvement dans la région supérieure, entraînant avec lui une grande quantité de vapeur d'eau, se refroidit, et la condensation de sa vapeur détermine de la pluie. La chaleur produite par cette condensation dilate l'air de nouveau et augmente la force du courant inférieur. La pluie est donc une des circonstances qui contribuent à augmenter la force d'une tempête, et elle se produit invariablement lorsque les tempêtes ont atteint une violence considérable.... »

Plus loin, M. Loomis, constatant que le chiffre de la haute pression ne diminuait pas bien que le vent eût soufflé pendant plusieurs jours, en partant des zones de haute pression accompagnant les tempêtes, en conclut « que ces zones de haute pression doivent être constamment ranimées par l'air qui circule autour d'elles dans les régions supérieures de l'atmosphère, et que ce renfort provient évidemment des zones de basse pression ».

1. 8ᵉ *mémoire de Météorologie dynamique.*

clones peut être employée sans inconvénient grave, si l'on se propose seulement de rappeler ces caractères des pressions distribuées autour d'un maximum, mais il serait inexact d'y voir une opposition complète avec le phénomène des cyclones.

« Quoi qu'il en soit, les centres de l'autre pression existent, et l'étude de leurs propriétés est aussi importante que celle des centres de dépression. Ces zones, dont le caractère principal (au moins en Europe) est la stabilité, accompagnent les périodes de beau temps; en hiver, elles sont l'indice d'un froid persistant[1].

1. *La Météorologie appliquée à la prévision du temps,* leçon faite en mars 1880 à l'École supérieure de télégraphie, recueillie par M. Th. Moureaux.

CHAPITRE V

LA PRÉVISION DU TEMPS

§ 1. PRONOSTICS; SYMPTÔMES PRÉCURSEURS DU TEMPS PROCHAIN.

Le public, qui s'inquiète peu des théories, juge en général de l'intérêt ou de l'importance d'une science par les résultats pratiques et l'utilité immédiate qu'il en tire. Aussi est-il disposé à faire bon accueil à tous les faiseurs de prédictions du temps à échéance plus ou moins longue. Confondant volontiers la météorologie avec l'astronomie, et voyant par expérience les almanachs donner avec précision la date anticipée des phénomènes célestes, il se laisse aller au préjugé qui confond les choses du ciel avec celles de l'atmosphère, et demande à l'astronomie de lui révéler le temps qu'il va faire. Les déceptions réitérées qu'il éprouve en comparant avec la réalité les annonces des soi-disant éphémérides météorologiques, ne le détrompent guère, et il conserve avec soin sa foi dans les influences lunaires, sa crédulité pour les faiseurs de prédictions et d'almanachs.

Pour peu cependant qu'on ait étudié les phénomènes variés dont l'atmosphère est le théâtre mobile, il est aisé de se rendre compte de la difficulté du problème complexe de la prévision du temps. Cependant ce n'est point un problème absolument insoluble, et les personnes qui se tiennent au courant des progrès de la météorologie pratique savent qu'on est déjà parvenu, quoique dans une bien faible mesure, à obtenir quelques résultats intéressants. Nous allons essayer, dans ce chapitre, de présenter un très sommaire exposé de ces résultats. Mais, avant tout, disons comment se pose le problème.

En parlant de la *prévision du temps*, on peut entendre qu'elle comporte un intervalle de temps plus ou moins long : c'est une prédiction à brève ou à longue échéance. Quel temps, par exemple, fera-t-il aujourd'hui ou demain? Le beau ou le mauvais temps qui règne à cette heure doit-il durer ou cesser prochainement? On peut aller beaucoup plus loin, et demander quel caractère aura la saison courante, ou auront les saisons de l'année. L'été sera-t-il chaud, pluvieux ou sec? l'hiver sera-t-il doux ou rigoureux?

Ce n'est pas tout. Au cas où une réponse probable pourrait être faite à l'une ou à l'autre de ces questions, il reste à savoir à quelle étendue de pays elle est applicable. S'agit-il d'une prévision faite pour une localité restreinte, une région entière, un continent entier ou une fraction de continent? On présume bien que ce qui peut être exact pour une zone, un lieu, ne l'est pas nécessairement pour un pays limitrophe; que ce qui sera vrai de la France méridionale, ne le sera plus du nord de la France ; qu'il y a lieu de distinguer entre l'Europe occidentale et l'Europe centrale, etc. Passons successivement en revue tous ces cas, et voyons ce que la science permet de conclure actuellement pour chacun d'eux.

Il n'est pas besoin de longues réflexions pour comprendre que le problème de la prévision du temps, à jour donné, pour une localité restreinte, ne sera jamais résolu. Autant vaudrait avoir la prétention de dire à l'avance quelle sera la fluctuation des vagues de l'océan dans une prochaine tempête. Mais il en est autrement, si l'on se contente de demander quel sera l'état probable du temps pour le jour ou le lendemain, en se basant sur les symptômes actuels, sur l'état du ciel, l'aspect des nuages, etc. Les gens qui vivent en plein air et qui ont intérêt à connaître le temps, les cultivateurs et les marins, instruits par une longue expérience et des observations traditionnelles, peuvent, sans le secours d'instruments scientifiques, donner à cet égard d'excellentes indications. Voici quelques-uns de ces pronostics du temps, au moins pour les régions de notre zone tempérée.

L'aspect du ciel, au lever et au coucher du soleil, est souvent caractéristique du temps prochain. Si le ciel est clair et le soleil brillant, ou si les nuages qui le couvrent se dissolvent et se dissipent aussitôt après son lever, il y a probabilité pour une belle journée. Au contraire, c'est signe de pluie, si le ciel est rouge au levant avant l'apparition du disque solaire et que cette rougeur disparaisse au lever de l'astre. Si les premières lueurs du jour paraissent au-dessus d'une couche de nuages, c'est signe de vent; c'est le beau temps si elles se montrent à l'horizon. Le beau temps est indiqué pour le lendemain, quand le soleil se couche au milieu d'un ciel clair, de teinte orangée ou rosée. Si la couleur du ciel à l'horizon est très rouge, ou d'un jaune brillant, c'est un signe de vent; c'est la pluie, s'il est d'une teinte jaune pâle, ou si le soleil se couche derrière un rideau de nuages épais, pendant que l'horizon du levant a une apparence pourpre ou cuivrée.

Une extrême transparence de l'air, qui permet de voir avec une grande netteté les objets éloignés, est l'indice précurseur de la pluie, si elle concorde avec une température assez élevée. En ce cas, l'atmosphère est très humide, très chargée d'une vapeur parfaitement dissoute, que le refroidissement nocturne, la venue d'un vent froid, peut suffire à précipiter. Souvent alors la pluie est précédée d'une forte brume et l'opacité de l'air succède ainsi brusquement à sa grande translucidité.

A la suite d'un beau temps plus ou moins prolongé, les premiers symptômes précurseurs d'un changement de temps, c'est l'apparition des cirrus; ces nuages déliés, en barbes de plume, se montrent, comme on sait, à de grandes hauteurs dans l'atmosphère; plus ils semblent éloignés et élevés, plus le changement de temps qu'ils présagent sera lent, mais plus il sera considérable. La nuit, on les distingue à peine et ils ne masquent d'abord que les plus petites étoiles. On a déjà vu que ce sont les vrais messagers des tempêtes. Quand le mauvais temps touche à sa fin, ce sont aussi les derniers nuages qui disparaissent, et leur disparition est dès lors un présage de beau temps. La direction des bandes de cirrus peut fournir une bonne indication de celle des courants supérieurs, leur mouvement apparent d'une grande lenteur ne permettant pas aisément de juger du sens du déplacement.

Complétons ces indications par celles que donne Fitz-Roy, d'après les cultivateurs et les marins[1] :

« De légers nuages à contours indécis annoncent du beau temps ou des brises modérées; des nuages épais à contours bien définis, du vent; un ciel bleu foncé sombre indique du vent; un ciel bleu, clair et brillant indique du beau temps. Plus les nuages paraissent légers, moins on doit attendre de vent; plus ils sont épais, roulés, tourmentés, déchiquetés, plus le vent sera fort. De petits nuages couleur d'encre annoncent la pluie. Des nuages légers courant rapidement en sens inverse des masses épaisses annoncent du vent et de la pluie.

« Des teintes douces, légères, délicates, avec des nuages à forme arrêtée, indiquent ou accompagnent le beau temps. Des teintes extraordinaires, avec des nuages épais, aux contours durs, indiquent la pluie et probablement un coup de vent.

« Observez les nuages qui se forment sur les hauteurs ou s'y accrochent : s'ils s'y maintiennent, s'accroissent ou descendent, c'est signe de pluie; s'ils montent et se dispersent, c'est signe de beau temps. Un éclat extraordinaire des étoiles, le peu de netteté ou la multiplication apparente des cornes de la lune, les halos, des fragments d'arc-en-ciel sur des nuages détachés, indiquent que le vent augmentera ou que l'on aura de la pluie. »

A ces signes du temps tirés de l'aspect du ciel ou des astres, on pourrait joindre les pronostics que fournissent les végétaux

1. D'après le *Livre du Temps*, dans les *Météores* de Zurcher et Margollé.

et surtout les animaux, dont les allures changent à l'approche des grands mouvements atmosphériques. Mais en voilà assez pour faire comprendre la portée de ce genre d'indications. Il ne faut pas attacher à ces règles une idée de précision et de généralité qu'elles n'ont point sans doute, et si elles peuvent rendre des services, c'est à la condition qu'elles soient interprétées par des personnes dont une longue expérience a développé la sagacité.

§ 2. LE BAROMÈTRE ET LA PRÉVISION DU TEMPS.

De tous les instruments qui servent à noter et à mesurer les divers éléments du temps, pression atmosphérique, température, état hygrométrique, etc., le baromètre est certainement le plus utile à consulter quand on a en vue la prévision des changements de temps. Les autres indiquent l'état présent de l'atmosphère, pour le lieu où l'on observe. Le baromètre marque, par ses oscillations, des variations de pression dues à des phénomènes souvent fort éloignés; nous en avons vu déjà des exemples en parlant des cyclones.

Mais il importe, pour cela, de bien interpréter ses indications. A peine est-il besoin de dire ici que l'on doit tenir peu de compte des mots usités inscrits sur la plupart des baromètres d'appartement et même sur des instruments destinés à un usage scientifique. Les mots dont nous parlons, et que tout le monde connaît, sont ceux-ci, ordinairement écrits en face des graduations suivantes (à 2 ou 3 millimètres près), soit sur les baromètres à mercure ordinaires ou à cadran, soit sur les baromètres anéroïdes :

Très sec.	78,5 centim.	*Pluie ou vent*. . . .	74,9 centim.
Beau fixe.	77,6 —	*Grande pluie*. . . .	74,0 —
Beau.	76,7 —	*Tempête*.	73,0 —
Variable.	76,0 —		

D'une façon générale, ces indications ne sont pas toujours inexactes; elles ont été adoptées par d'anciens observateurs qui avaient remarqué que le beau temps correspond le plus souvent à un baromètre élevé, que la baisse est d'autant plus grande que le temps est plus mauvais, et que le minimum enfin s'observe pendant le passage des ouragans. Mais, même en supposant l'exactitude de ces notations, il est clair qu'elles devraient être modifiées lorsqu'on passerait d'un lieu où la hauteur barométrique moyenne est 760 millimètres (comme le suppose l'échelle précédente) à un lieu plus élevé où la pression moyenne diminue avec l'altitude. A Clermont ou à Genève, par exemple, où la pression moyenne est de 728 ou 727 millimètres, c'est à ce chiffre qu'il faudrait inscrire *variable*, sans quoi le baromètre y serait le plus souvent à *grande pluie* ou *tempête*. Si, pour remédier à cet inconvénient, on inscrivait les indications sur une échelle barométrique, préalablement réduite au niveau de la mer pour le lieu de l'observation, on tomberait dans un autre inconvénient qu'exprime fort bien M. Plumandon[1], lorsqu'il dit à ce sujet :

« Il suffira de remarquer qu'à Clermont, par exemple, la pression atmosphérique, réduite au niveau de la mer, oscille entre les limites extrêmes 735 et 780 millimètres ; et que, par conséquent, l'aiguille ne pourra jamais y indiquer ni *tempête*, ni *beau fixe*, ni *très sec*, inscrits au delà de ces limites, vers 725, 785 et 795. »

Ainsi, à supposer les pronostics marqués sur l'échelle barométrique vrais pour une localité particulière, ils cessent de l'être, lorsqu'on transporte l'instrument à une altitude plus élevée, quand même on aurait eu le soin de réduire la graduation au niveau de la mer. Il y a lieu aussi de faire une remarque toute particulière pour les changements de latitude. « Dans les régions tropicales, dit fort bien M. Marié-Davy, l'échelle n'a plus aucune valeur, et des perturbations atmosphériques d'égale énergie dépriment sensiblement moins le baromètre dans le Midi de la France que dans le Nord. »

1. Dans son excellent opuscule : *Le baromètre appliqué à la prévision du temps en France, et spécialement dans la France centrale.*

Enfin, il est un fait prouvé par de nombreuses observations, qui démontre que la hauteur absolue du baromètre ne peut servir à la prévision du temps : on voit fréquemment le baromètre marquer une faible pression ou baisser par un temps beau et calme ; monter au contraire et rester stationnaire pendant une pluie abondante ou un violent orage.

Il faut, en définitive, sinon n'ajouter aucune confiance, du moins ne prêter qu'une attention limitée aux indications du temps inscrites sur les cadrans ou les échelles barométriques.

Ce n'est pas la hauteur absolue, ce sont les variations de la pression qu'il importe d'observer avec grand soin, si l'on veut tâcher de tirer des observations barométriques isolées ou locales, quelque indice du temps prochain. Nous allons bientôt voir que ce sont les observations simultanées faites sur toute une région, et l'étude des cartes météorologiques construites d'après ces observations, qui permettent de résoudre le problème du temps probable et prochain. Néanmoins l'étude attentive des mouvements de l'instrument, en y joignant celle de la direction du vent, peut donner d'utiles indications.

A moins de posséder une girouette établie dans de bonnes conditions, il est préférable, pour noter la véritable direction du vent, d'observer les mouvements des nuages. Quant au baromètre, il suffit d'avoir un bon anéroïde, bien réglé, d'en faire la lecture au moins une fois, mais mieux deux ou trois fois par jour ; autant que possible on prendra note des hauteurs observées avec l'indication de l'heure, ou encore on construira la courbe des variations de la pression.

Quand le beau temps existe depuis un certain nombre de jours, et doit persister encore, les mouvements de l'aiguille sont à peu près insensibles. Si alors le baromètre commence à baisser, lentement et régulièrement, un changement de temps est probable. Quand la baisse est lente et modérée (de 2 à 4 millimètres), on peut en conclure qu'une dépression passe au loin (à gauche de la direction du vent, comme nous l'avons vu). Le changement toutefois peut être insensible dans le lieu où l'on observe. Mais si la baisse, tout en se produisant lentement et avec continuité, est forte (jusqu'à 10 millimètres), c'est l'annonce d'un mauvais temps brusque, c'est l'indice d'une perturbation voisine et prochaine, simple bourrasque, averses, coups de vents ou tempête, selon que le baromètre descend de quelques millimètres seulement ou de plusieurs centimètres. Nous avons donné plusieurs exemples de ces baisses considérables, coïncidant avec le passage d'un ouragan ou d'un cyclone[1].

En résumé, la baisse barométrique est le présage d'un mauvais temps ; mais elle commence pendant le beau temps et le plus souvent elle cesse pour faire place à la hausse au moment où la perturbation atteint son maximum.

Dans les époques de fréquentes bourrasques, les oscillations du baromètre suivent les variations du temps, la baisse ayant lieu généralement pendant le beau temps, la hausse reprenant avec le mauvais temps, pour annoncer l'éclaircie nouvelle.

Nous avons vu qu'un des symptômes précurseurs de l'arrivée d'un cyclone, c'est une faible baisse de 0,8 à 1 millimètre, trois jours environ avant le début de l'ouragan ; auparavant le baromètre est le plus souvent au-dessus de sa moyenne normale.

Si la baisse présage le mauvais temps, la hausse du baromètre est l'annonce du retour du beau temps, qui peut être de courte durée, ou au contraire stable, selon que la hausse se fait soudainement ou avec lenteur. Quand le baromètre est à sa hauteur moyenne et le temps beau, une hausse brusque annonce l'arrivée d'une prochaine dépression ; mais si la hausse arrive quand le baromètre est bas, le retour au beau temps ne durera point.

Généralement le présage d'un beau temps durable est caractérisé par une hausse lente, continue et considérable : c'est le

1. Voir les pages 162 à 169 et 855, ainsi que les figures 52, 53, 59 et 296.

maximum qui correspond à l'indication *beau fixe*, mais qui varie selon les lieux. On a remarqué que la durée du beau temps était à peu près partagée en deux moitiés égales par le jour où le baromètre atteint ce maximum, de sorte que, si l'on a tenu note de l'époque où a commencé la hausse, il sera possible de dire, avec assez de probabilité, pour combien de jours encore on doit compter sur le beau temps.

L'observation de la direction du vent, jointe à celle des hauteurs barométriques et de leurs variations, sera fort utile pour prévoir le sens des changements de cette direction. En effet, toutes les fois qu'arrive une dépression plus ou moins forte, c'est-à-dire la cause principale d'un changement de temps, la loi de Buys-Ballot permet de reconnaître dans quelle position se trouve le centre de dépression, s'il doit passer au sud ou au nord du lieu de l'observateur. En y joignant la loi de rotation des vents, ou de la succession des vents pour les points sur lesquels la dépression doit passer, il sera facile de déduire, avec une certaine probabilité, du vent qui souffle à un moment donné, la direction des vents qui lui succéderont ensuite. Nous allons voir du reste combien la connaissance des cartes météorologiques peut faciliter ces prévisions.

§ 3. LA PRÉVISION DU TEMPS ET LES CARTES MÉTÉOROLOGIQUES SIMULTANÉES

Dans le cours de chaque année, deux genres d'influences tendent à changer le temps en une région donnée du globe : les unes, d'ordre purement astronomique, sont régulières et périodiques comme les phénomènes d'où elles naissent, et si elles existaient seules, la prévision du temps ne serait pour ainsi dire qu'une affaire de calcul, dépendant de la latitude géographique du lieu, des mouvements de rotation et de révolution de la Terre (on pourrait alors inscrire le temps probable sur les calendriers pour une latitude donnée); les autres, dues en grande partie à l'inégale répartition des terres et des eaux, aux inégalités du relief et de la nature du sol, aux courants marins, sont au contraire des influences perturbatrices, et, bien qu'en somme elles n'affectent guère les moyennes des éléments météorologiques, elles sont sans contredit les facteurs principaux des changements du temps, ceux qu'il faut étudier et connaître, si l'on veut se hasarder de prévoir celui-ci à courte échéance.

Les dépressions barométriques, avec leur cortège de pluies,

Fig. 512. — Observatoire météorologique du mont Ventoux.

de vents tournants, d'orages, les variations de température qui en sont l'accompagnement, leur déplacement à la surface du globe, leur lutte avec les aires de hautes pressions, telle est la véritable base de la prévision du temps, telle qu'elle est aujourd'hui conçue et appliquée. Nous avons vu que si les savants ne sont point d'accord sur la théorie de ces grands phénomènes, du moins on commence à en bien connaître les lois. Pour étudier pratiquement la distribution et le mouvement de ces aires cycloniques et anticycloniques, qui embrassent, on l'a vu, de vastes régions des continents et des mers, il fallait pouvoir les suivre de jour en jour, relever les positions successives de leurs centres, ce qui exigeait la possession du plus grand nombre possible d'observations simultanées. Cela n'était réalisable et n'a pu être réalisé en effet que grâce au moyen rapide

Fig. 313. — Observatoire météorologique du Puy de Dôme.

d'informations fourni par la télégraphie électrique, continentale et maritime.

Avec les documents que donnent les stations météorologiques, télégraphiquement reliées à une station centrale, on construit chaque jour des cartes du temps, dont nous allons décrire sommairement le mode de construction et l'usage.

Nous prendrons pour exemple le Bulletin que publie quotidiennement le Bureau central météorologique de France. Ce bulletin comprend trois parties. La première se compose des documents numériques ou autres expédiés chaque matin des 122 stations[1] avec lesquelles le Bureau central est en correspondance; la seconde, deux cartes où la pression et les vents d'une part, la température et la pluie d'autre part, sont représentés graphiquement sur la région qu'embrassent les observations quotidiennes; la troisième partie est consacrée à résumer

Fig. 314. — Observatoire météorologique du Pic du Midi.

brièvement la situation météorologique générale, avec les prévisions qu'elle permet de faire sur le temps futur probable.

1. Ces 122 stations embrassent toute l'Europe maritime et continentale, ainsi que le nord de l'Afrique. En voici la répartition par contrées :

France	37	Italie et Monaco	11
France (stations élevées)	4	Pays-Bas	5
Algérie	9	Pays du Nord (Danemark, Suède et Norvège)	10
Allemagne	9	Russie	13
Angleterre	7	Suisse	1
Autriche	7	Turquie	1
Espagne et Portugal	8		

Les quatre stations de haute altitude sont situées, en France, dans les Vosges, les Alpes, le Plateau central et les Pyrénées. Les observatoires météorologiques du Puy de Dôme et du Pic du Midi en font partie.

Pour que le lecteur se fasse une idée un peu nette de la teneur de ce Bulletin, nous allons entrer dans quelques détails sur chacune de ces parties.

Toutes les observations sont faites soit à sept heures, soit à huit heures du matin. Elles sont donc bien à peu près simultanées. Les pressions barométriques sont réduites à 0° et au niveau de la mer; à côté de la colonne qui les donne en est une seconde indiquant la variation positive ou négative qu'a subie le baromètre depuis vingt-quatre heures, c'est-à-dire depuis la veille. La colonne des températures est également suivie de la différence avec celle du jour précédent. La force du vent est marquée par les chiffres d'une échelle qui va de 0 à 9. Viennent ensuite l'état du ciel et celui de la mer, marqués par les indications suivantes : pour le ciel, *beau*, *nuageux*, *couvert*, *brumeux*, *pluie* ou *neige*, *brouillard ;* pour la mer, *belle* ou *calme*, *agitée*, *grosse*, *houleuse*. La quantité de pluie tombée depuis vingt-quatre heures, les températures maxima et minima de la même journée ; enfin les observations de la veille faites à six heures du soir pour la pression, la température, le vent et l'état du ciel, sont inscrites à la suite dans autant de colonnes spéciales. Voici, du reste, un extrait du Bulletin pour les observations du matin. Elles sont relatives au vendredi 13 juin 1884 :

STATIONS	OBSERVATIONS DU MATIN						
	BAROMÈTRE A 0° AU NIVEAU DE LA MER		THERMOMÈTRE		VENT	ÉTAT	ÉTAT
	Observation.	Différ. en 24 h.	Observation.	Différ. en 24 h.	FORCE DE 0 A 9	DU CIEL	DE LA MER
Paris (St-Maur).	768,6	— 1,3	14,9	2,5	N. 2	Beau.	—
Brest.	770.3	— 0,6	13,8	0,8	NE. 3	Nuageux.	Belle.
Stornoway. . .	761,5	— 5,5	10,0	— 1,7	WNW. 6	Pluie.	Houleuse.
Naples	764,3	5,7	17,5	0,8	S. 1	P. nuag.	Calme.
Copenhague. . .	768,4	3,1	14,5	— 0,9	NW. 2	P. nuag.	—
Moscou.	763,6	— 5,5	11,0	2,2	S. 1	Beau.	—

L'une des deux cartes du Bulletin (toutes deux ont pour canevas géographique l'Europe et l'Algérie-Tunisie) est consacréé à représenter la pression barométrique et ses variations, le vent et l'état du ciel et de la mer. Des courbes pleines figurent les isobares de 5 en 5 millimètres ; des courbes ponctuées, les variations égales de la pression depuis la veille ; si la convergence des isobares indique l'existence d'un centre de dépression, une ligne à traits croisés marque la trajectoire de cette dépression d'après les observations des jours précédents ; chaque station est marquée par un cercle avec une teinte blanche ou noire, ou un signe spécial pour figurer l'état du ciel ou de la mer, la pluie ou la neige. Des flèches, portant des nombres croissants de pennes, marquent la force du vent ; sa direction est donnée par l'orientation du trait.

La seconde carte indique la température et ses variations par des courbes pleines ou ponctuées, selon qu'elles représentent les isothermes ou les différences égales de température depuis la veille. Les températures sont notées de 5 en 5 degrés centigrades, et des chiffres indiquent en outre la position des maxima et des minima thermiques. La quantité de pluie, les orages, sont marqués sur la même carte par des signes spéciaux.

C'est d'après l'étude de telles cartes météorologiques, par la comparaison des deux cartes du jour avec celles de la veille ou des jours précédents, que les savants chargés de centraliser les renseignements multiples dont on vient de lire le détail, se basant en outre sur les lois connues des mouvements cycloniques ou anticycloniques, parviennent à formuler le temps probable dans les diverses régions soumises à leur examen quotidien. Telle est la base des avertissements météorologiques que le Bureau central expédie à son tour, par voie télégraphique, aux stations des côtes ou de l'intérieur des continents, avertissements qui ont rendu déjà tant de services, soit à la navigation, soit à l'agriculture.

Pour achever de faire comprendre le caractère scientifique de ces prévisions, nous ne pouvons mieux faire que de prendre un exemple particulier, et de montrer comment on peut suivre et prévoir le mouvement de translation d'une bourrasque, à la surface de l'Europe. Ce mouvement est nettement tracé dans les cartes des figures 315, 316, 317 et 318, empruntées au Bulletin international et commentées par le savant directeur du Bureau central météorologique, M. E. Mascart. La bourrasque en question a effectué son mouvement dans un intervalle de quatre journées, comprises entre le 9 et le 13 octobre 1878. On peut voir par l'examen de la ligne A_1 A_5 (fig. 318)

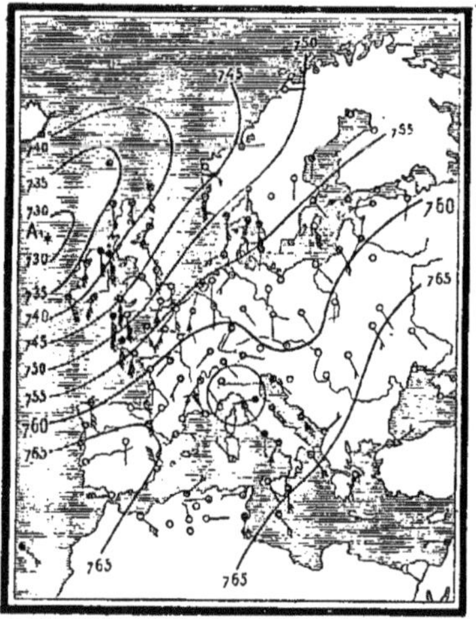

Fig. 315. — Isobares et vents à la surface de l'Europe, le 9 octobre 1878. Dépression au nord-ouest de l'Irlande.

Fig. 316. — Trajet d'une bourrasque sur le nord de l'Europe. Isobares et vents, le 10 octobre 1878.

quelles ont été les positions successives du centre de la dépression à la surface du sol, d'après les relevés qui en ont été faits à huit heures du matin, aux dates que nous venons de citer.

« Une bourrasque, dit M. Mascart, existe sur l'océan Atlantique, au large de l'Irlande, le 9 octobre 1878, au matin ; elle est caractérisée par la baisse du baromètre, l'allure du vent, la forme des isobares. Le vent souffle franchement du Sud sur les Iles Britanniques, du Sud-Est sur la côte de Norvège, du Nord-Est en Islande ; la force du vent est d'autant plus grande que le gradient est lui-même plus élevé, ou, ce qui revient au même, que les isobares sont plus rapprochées l'une de l'autre; une tempête du Sud règne au cap Lizard. Le ciel se couvre sur les Iles Britanniques et la France, déjà la pluie tombe sur le nord de l'Irlande et à l'entrée de la Manche; au contraire, le temps est beau en Autriche, en Turquie, sur la Russie méridionale, où les pressions sont élevées et les vents faibles.

« C'est sur la côte de Norvège que la baisse du baromètre atteint sa plus grande valeur, et c'est aussi vers la même région que la pression est moindre : on peut donc prévoir que le centre du tourbillon se transportera dans cette direction; de plus, à en juger par la faible intensité de la baisse barométrique, il est probable que la vitesse du mouvement de translation sera lente. Le centre tend donc à se rapprocher de la Manche, par suite les vents sur nos côtes vont fraîchir et rallier le Sud-Ouest.

« Sur la Méditerranée, vers le golfe du Lion, il s'est formé une dépression secondaire moins importante, au centre de laquelle le baromètre ne descend pas au-dessous de 758 millimètres.

« Le 10 octobre au matin, le centre de la bourrasque se trouve au nord de l'Irlande, au point A_2 (fig. 316), où le baromètre est descendu à 728 millimètres cette baisse s'étend, en diminuant progressivement d'intensité, sur la Grande-Bretagne, la Belgique et le nord de la France, la mer est grosse et les vents violents sur la Manche et sur l'Océan, depuis le Havre jusqu'à Rochefort. Le mouvement de rotation de l'air autour du point A_2 est nettement accusé : le vent souffle du Nord-Ouest au nord de l'Irlande, du Sud-Ouest sur la Manche, du Sud sur la mer du Nord, du Sud-Est aux îles Shetland, de l'Est aux Hébrides, du Nord-Est en Islande. C'est seulement dans ce qu'on a appelé la portion dangereuse du tourbillon que le vent a pris une force plus ou moins grande; il est faible dans la portion située à gauche du chemin parcouru par le centre. De fortes pluies tombent sur les Iles Britanniques, et en France sur les versants de la Manche et de l'Océan.

« Il est assez difficile de prévoir la direction que suivra maintenant le centre de la bourrasque, car, si d'une part le maximum de baisse semble indiquer une marche vers le Sud-Est, d'autre part on voit que les vents ont une grande force dans toute cette région; or, à moins que les vents ne s'écartent sensiblement de la loi de Buys-Ballot, il est rare que les bourrasques se dirigent vers la région des vents forts, lesquels opposent au mouvement de translation un obstacle d'autant plus grand que le mouvement de rotation est lui-même plus rapide. Dans le cas actuel, l'influence prépondérante paraît être celle des faibles pressions, vers lesquelles le tourbillon pourra se propager sans rencontrer autant de résistance; alors, le centre s'éloignant vers le Nord, les vents faibliraient sur nos côtes en virant à l'Ouest, et peut-être au Nord-Ouest; c'est dans ces conditions, on se le rappelle, que l'on observe ces alternatives d'averses et d'éclaircies qui sont consécutives au passage d'un centre de dépression; au printemps, des gelées blanches seraient à craindre.

« Le beau temps accompagne les fortes pressions qui persistent sur l'Europe orientale et l'Algérie.

« La dépression secondaire de la Méditerranée a causé des pluies torrentielles en Italie et sur l'Adriatique : il en est tombé 37 millimètres à Naples, 40 millimètres à Rome, 56 millimètres à Trieste. Le 10 au matin elle s'était comblée.

« La bourrasque s'éloigne par le Nord-Est; le 11 octobre, à huit heures du matin, son centre se trouve en A_5, à l'est des îles Shetland (fig. 317). Une hausse considérable du baromètre se produit à l'arrière du tourbillon, sur toute l'Europe occidentale: elle atteint 25 millimètres en Irlande; en même temps le nombre des isobares diminue, et les vents, qui tournent au Nord-Ouest en Irlande, faiblissent partout : l'équilibre commence à se rétablir. On peut espérer que le tourbillon va continuer sa marche vers les régions à latitude plus élevée, où les faibles pressions lui livreront un passage facile; par suite, son action cessera de s'étendre jusqu'à nos côtes, et le calme se rétablira.

« La carte du 12 octobre 1878 (fig. 318) montre qu'en effet la bourrasque continue à s'éloigner vers le Nord-Est; à huit heures du matin, son centre passe en A_4 sur la côte de Norvège. Le vent est redevenu faible et la mer belle sur nos côtes, et la pluie cesse de tomber en France.

Fig. 317. — Trajet d'une bourrasque sur le nord de l'Europe. Isobares et vents, le 11 octobre 1878.

Fig. 318. — Isobares et vents, le 12 octobre 1878. Trajectoire de la bourrasque du 9 au 13 octobre : A_1, A_2, A_3, A_4, A_5.

« Le 13 octobre, le centre de la bourrasque passe en A_5, non loin du cap Nord : le tourbillon s'éloigne définitivement. Il n'y a donc plus lieu de s'en préoccuper pour nos régions; mais, bien que la hausse du baromètre s'accentue encore, divers symptômes permettent déjà de prévoir l'approche d'une nouvelle bourrasque arrivant de l'Océan. Effectivement, si, le 12 octobre au matin, la dépression du Nord étendait encore son action sur les Iles Britanniques, on verrait les vents souffler d'entre Ouest et Nord en Irlande, et les isobares affecter la forme de courbes concentriques autour du centre de la bourrasque.

Or on a vu qu'à Valentia, au sud-ouest de l'Irlande, le vent soufflait du Sud le 9, de l'Ouest le 10, du Nord le 11, exécutant ainsi le mouvement de rotation directe; mais dès le 11 au soir ce mouvement s'arrêtait et rétrogradait au Sud. La figure 318 montre que le 12 octobre, à huit heures du matin, cette modification dans l'allure générale du vent s'étend sur toutes les côtes occidentales des Iles Britanniques, depuis les Hébrides jusqu'aux îles Scilly; de plus, les isobares s'infléchissent sur l'Océan : une deuxième bourrasque, nettement accusée dès le 13 octobre, suit donc de près la première, et, en la suivant dans ses étapes successives, on verrait se reproduire, dans le même ordre, les phénomènes qui ont signalé le passage de la bourrasque du 9 au 13 octobre 1878. »

On voit par ce qui précède comment la lecture et la discussion des cartes météorologiques quotidiennes et simultanées permettent de déduire, avec une certaine précision, de la situation actuelle d'une grande région telle que l'Europe, le temps probable de demain. Toutefois, pour que cette prévision du temps à un ou deux jours au plus d'échéance soit formulée avec une suffisante probabilité, il faut, de la part des savants chargés du service d'avertissement, outre une connaissance approfondie des lois météorologiques connues, une grande expérience que la pratique seule peut donner. Quand une bourrasque est dénoncée par la forme des isobares et la distribution des pressions, et que la direction de sa trajectoire se dessine, on peut sans doute prolonger la ligne de son parcours; mais, d'un jour à l'autre, des modifications dont la cause est le plus souvent locale peuvent changer ce parcours. Quelquefois la dépression principale se segmente : il se forme une ou deux dépressions secondaires; ou bien encore, une autre dépression suivant de près la première la côtoie, et, suivant que son intensité est plus grande ou moindre, l'absorbe ou en est absorbée. Dans ces divers cas, les isobares qui affectent d'abord une forme à peu près circulaire, prennent celle d'ellipses allongées, soit pour se segmenter en deux aires circulaires séparées, soit au contraire, dans le cas de deux dépressions isolées, pour se confondre à nouveau en une seule. Quand ces circonstances se présentent, la prévision, surtout en ce qui concerne la direction du vent, devient plus incertaine. Il arrive aussi qu'une bourrasque, après s'être d'abord mue avec une certaine rapidité, devient stationnaire, reste ainsi quelques jours dans cet état, et se comble sur place. La cause de cet arrêt dans le mouvement de translation de la dépression est le plus souvent l'existence d'une zone de fortes pressions, d'un anticyclone, selon l'expression usitée, en avant de la trajectoire de la bourrasque.

C'est, comme le fait pressentir la loi de translation des tempêtes sur l'hémisphère nord, par les côtes ouest du continent ou des îles que les bourrasques abordent toujours l'Europe. Elles arrivent toutes formées de l'Atlantique. Les unes viennent par les côtes septentrionales, par les Iles Britanniques ou la Norvège. De là elles gagnent soit la mer du Nord, les Pays-Bas, le Danemarck, soit la Baltique, la Russie, quelquefois se rabattant sur l'Europe centrale. D'autres abordent simultanément l'Irlande, la Manche, les côtes de France, se dirigeant ainsi vers l'est ou le nord-est. Les bourrasques de ces deux catégories sont les plus nombreuses, elles se suivent fréquemment par groupes. D'autres enfin, plus méridionales, et sans doute originaires de la région de l'Atlantique entourant les Açores, abordent directement le Maroc, puis le continent européen par les côtes de Portugal et d'Espagne. L'Algérie, la Méditerranée, l'Italie, l'Adriatique sont successivement ou simultanément parcourues par ces dépressions. Quelquefois les bourrasques des Açores remontent au nord par le golfe de Gascogne, traversent la France et continuent leur route sur l'Europe centrale. Le plus souvent isolées, elles sont aussi intenses et dangereuses que les bourrasques plus septentrionales. Ce sont les dépressions ayant cette origine qui produisent, pour toutes les régions situées au nord de leurs trajectoires, cette rotation des vents contraire au mouvement du soleil, que Dove considérait comme une exception à la loi qu'il avait formulée. En réalité, la succession inverse se produit au sud des mêmes trajectoires, comme l'indique la loi plus générale de la rotation des cyclones. On peut citer comme exemple la mémorable tempête des 4 et 5 décembre 1879, qui aborda les côtes de France vers l'embouchure de la Loire, traversa notre pays du sud-ouest au nord-est, s'infléchit vers l'est et, le 6, atteignit la Russie méridionale, après avoir couvert de neige le midi de la France, l'Allemagne et l'Autriche. C'est après le passage de ce cyclone que s'établit, sur la plus grande partie de l'Europe, ce régime de fortes pressions et de basses températures qui donna lieu à l'hiver rigoureux de 1879-80.

Nous avons dit que les orages sont le plus souvent dans la dépendance des bourrasques d'une certaine importance; leur prévision est donc liée à celle des bourrasques elles-mêmes, mais il est clair qu'elle ne peut s'entendre que d'un état probable d'une région, sans qu'on puisse rien dire pour une localité particulière. C'est aux observateurs de cette localité, prévenus de l'approche d'une bourrasque, à tenir compte de toutes les circonstances météorologiques spéciales du lieu où ils se trouvent; en combinant ces observations avec les pronostics fournis par l'aspect du ciel, il leur sera souvent possible de compléter la prédiction relative à un orage prochain[1].

Outre ces orages qui se produisent surtout dans la portion

1. C'est ce qu'exprime fort bien Robert H. Scott, dans son livre *Cartes du temps et avertissements de tempêtes* : « Pour ce qui est, dit-il, de prévoir si telle après-midi le temps sera pluvieux ou beau, ce que le public désire surtout connaître, il est évident que les cartes, qui, dans beaucoup de stations, datent de la veille, ne peuvent être d'un grand secours. De plus, les phénomènes que nous comprenons sous le terme général de *temps* dépendent souvent dans une grande mesure de la nature et de la conformation du sol dans le voisinage de l'observateur, de sorte que tel lieu sera plus exposé à la pluie pendant un temps troublé, tandis que tel autre présentera des conditions plus favorables à la formation du brouillard dans un air calme. C'est pourquoi, comme une telle tendance exceptionnelle est confinée dans une localité spéciale, et n'appartient pas aux phénomènes produits dans toutes les stations par le système de circulation prédominant alors, il est nécessaire que l'observateur qui veut prévoir le temps cherche dans quelles conditions ces particularités se manifestent, car il serait inutile d'appliquer des règles générales pour se rendre compte de la signification des phénomènes ayant un caractère purement local. » Ces remarques, vraies pour la généralité des phénomènes météorologiques, le sont surtout pour les orages locaux.

dangereuse d'une tempête tournante, il en est d'autres qui surviennent par séries en un même lieu pendant plusieurs jours consécutifs. C'est dans la saison d'été, au sein d'une atmosphère relativement calme, qu'ils éclatent sans que le baromètre subisse une forte baisse. Le caractère de ces dépressions, remarquables par leur permanence et leur stabilité, et qui peut servir à leur prévision, est formulé en ces termes par M. Mascart : « Une vaste zone de pressions très uniformes, s'éloignant peu de la normale, couvre une grande partie de l'Europe, et le baromètre est plus bas sur l'océan Atlantique[1]. »

Les cartes du temps, telles que les publie le Bureau central météorologique de France, sont la base des avertissements expédiés télégraphiquement aux ports maritimes, et destinés à prévenir les marins de l'approche ou de la disparition des tempêtes. C'est pour ce but, essentiellement pratique, que ce service avait été conçu et organisé dès l'origine par Le Verrier. Peu d'années après (en 1861), une organisation semblable fut établie en Angleterre sous la direction de l'amiral Fitz-Roy, et la plupart des nations civilisées, suivant ce double exemple, ont à l'envi prêté leur concours à cette œuvre d'utilité générale qui tend à s'universaliser sur tout le globe[2].

Deux fois par jour, le Bureau météorologique de France expédie aux ports des dépêches indiquant la direction du vent, l'état de la mer sur les divers points du littoral, et, s'il y a lieu, l'arrivée d'une bourrasque signalée par l'existence au

1 *La météorologie appliquée à la prévision du temps.*

2. Ce n'est pas ici le lieu de faire l'histoire des développements donnés depuis trente années à cette branche de la météorologie. Bornons-nous à dire que, sous diverses dénominations, des instituts météorologiques ont été fondés encore aux États-Unis, en Italie, en Suisse, en Hollande, en Allemagne, en Suède, en Danemark, etc., et à citer, parmi les savants qui ont travaillé ou travaillent encore à cette œuvre considérable : en France, MM. E. Mascart, Renou, Marié-Davy, Fron, Sonrel, Moureaux; en Hollande, M. Buys-Ballot; en Suède, MM. Mohn, Rubenson, Hildebrand-Hildebrandsson; en Italie, MM. Denza, Ragona; en Danemark, M. Hoffmeyer; aux États-Unis, le général A. Myer; en Angleterre, MM. Henri Smyth, Robert Scott. On trouvera d'intéressants renseignements historiques sur la naissance et le développement de cette application de la météorologie dans deux opuscules sur la ***prévision du temps***, dus l'un à M. W. de Fonvielle, l'autre à M. R. Radau.

large d'une dépression barométrique. La dépêche est affichée à la portée des marins, des armateurs, des pêcheurs, etc. Le Bureau météorologique de Londres donne de semblables avertissements de tempêtes, et des signaux d'alarme sont hissés dans les stations menacées, d'après un système fort simple imaginé par l'amiral Fitz-Roy, et dont voici la description et les figures, telles que les donne M. Robert Scott dans son ouvrage *Les cartes du temps :*

Ces signaux se composent d'un cône et d'un cylindre, ayant

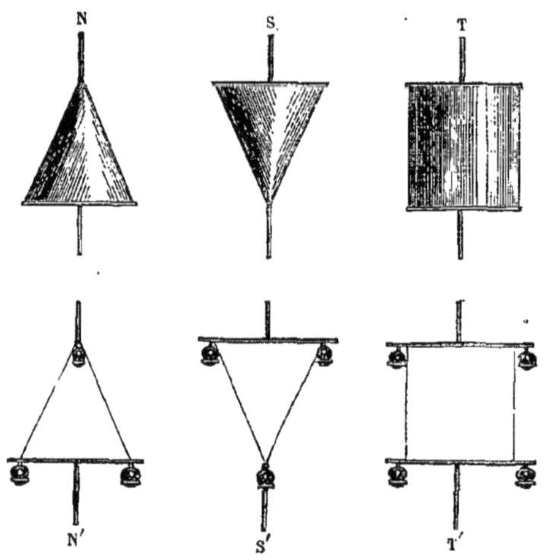

Fig. 319. — Signaux d'alarme : NN′, coup de vent du sud ; SS′, coup de vent du nord ; TT′, tempête.

chacun 1 mètre de diamètre et 1 mètre de hauteur, préparés avec de la forte toile. Hissés pendant le jour au mât des sémaphores, le cône a l'apparence d'un triangle, et le cylindre celle d'un carré. Le cône seul, *la pointe en bas*, indique un *coup de vent probable du sud* (du S.-E. par le S. au N.-W.). Placé au contraire *la pointe en haut*, le cône seul indique un *coup de vent du nord* (du N.-W. par le N. au S.-E.). Si, au lieu d'un coup de vent plus ou moins violent, il s'agit d'une tempête, d'un cyclone, le signal employé est le cylindre. Mais le cylindre n'est jamais hissé seul ; il est toujours accompagné du cône. Ce dernier est-il placé *au-dessous, la pointe en bas*, la tempête vient du sud; elle vient du nord, si le cône est hissé *au-dessus du cylindre* et *la pointe en haut*. Tels sont, pour le jour, les signaux d'alarme, qui doivent rester en vue pendant quarante-huit heures à partir du moment où la dépêche a été expédiée, et chaque jour jusqu'au crépuscule. Les signaux de nuit les remplacent alors. Ils consistent, le premier en 3, le second en 4 fanaux suspendus à deux cadres qu'on hisse au mât du sémaphore, et dont l'un en forme de triangle et l'autre en forme de carré figurent par conséquent le cône et le cylindre par la disposition de leurs lumières. En les plaçant en haut des sémaphores de la même manière que ceux-ci, ils donnent les mêmes indications de coups de vent ou de tempêtes probables, avec la direction d'où viennent les perturbations attendues.

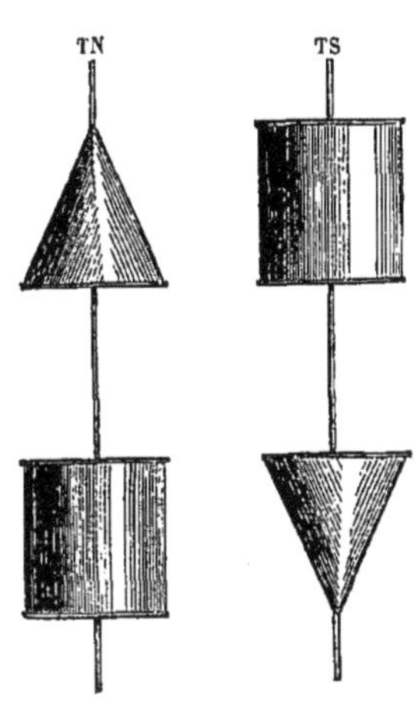

Fig. 320. — Signaux de tempêtes : TN, venant du sud; TS, venant du nord.

En France, on a adopté comme signaux d'alarme ceux que représentent les figures 321 et 322, et dont voici la signification :

1. Pavillon jaune : *Temps douteux, le baromètre tend à la baisse;*
2. Guidon rouge : *Mauvaise apparence, mer grosse, le baromètre baisse;*
3. Flamme jaune et bleue : *Apparence de temps meilleur, le baromètre monte;*
4. Cylindre noir : *Tempête menaçant la côte.*

Entre les deux systèmes, il nous semble que c'est à celui de Fitz-Roy que l'on doit accorder la préférence. Non seulement il est plus simple, mais les indications qu'il donne sont plus précises : se bornant à signaler les coups de vent et les tempêtes, il y joint l'importante annonce de la direction probable d'où la station prévenue doit les attendre. Enfin la forme des signaux de jour reste la même de quelque point qu'on les voie, et les signaux de nuit reproduisent la forme des signaux de jour. Il serait à désirer qu'un tel système d'avertissements fût adopté par toutes les nations maritimes.

Bornons-nous à ces renseignements sommaires, qui auront

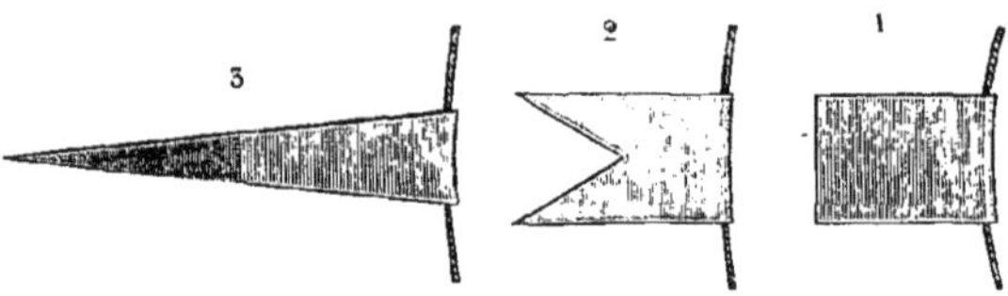

Fig. 321. — Signaux d'alarme : 1, temps douteux ; 2, mauvais temps ; 3, beau temps.

tout au moins l'avantage de montrer l'utilité des services météorologiques, basés sur l'échange quotidien des observations simultanées. L'intérêt scientifique de cet échange n'est pas moindre, puisqu'on accumule ainsi une masse énorme de documents dont la discussion sera souvent facilitée par la comparaison des *cartes du temps*.

Fig. 322. — Signal d'alarme annonçant une tempête.

Au point de vue de la prévision à courte échéance, la position géographique des centres où convergent les dépêches télégraphiques de toutes les stations de chaque réseau a une importance qu'il est aisé de comprendre. Les bureaux météorologiques de Paris et de Londres sont tous deux situés à l'ouest de l'Europe et à peu de distance des limites occidentales des côtes de l'Atlantique. Or nous avons vu que la plupart des bourrasques abordent l'Europe précisément dans cette direction ; leur origine est au large de l'océan, c'est-à-dire dans une région dépourvue de stations météorologiques. Les informations les plus précieuses sont ainsi celles qui auraient pu permettre de prévoir l'arrivée des perturbations, peut-être plusieurs jours à l'avance. Le secrétaire du *Meteorological Office* de Londres, M. R. Scott, se plaint de cette absence des documents les plus utiles au fonctionnement du système. « Nous sommes mal pourvus de stations, dit-il, sur la côte ouest de l'Irlande et de l'Écosse, district d'où il importerait d'avoir de bonne heure l'annonce des changements de temps. Mais, en premier lieu, la communication télégraphique est peu développée dans ces régions presque désertes ; en second lieu, les endroits habités se trouvent dans des baies abritées, où la vraie force du vent est difficilement connue, peu de maisons pouvant supporter la violence d'une bourrasque d'hiver de l'Atlantique. Les observateurs ne peuvent donc envoyer des rapports suffisamment exacts concernant la direction et la force du vent, la position de la station étant donnée. Valentia est située au bord de la mer dans un étroit passage entouré de hautes collines. A Greencastle, la haute terre de Innishowen brise la force des vents de sud-ouest et d'ouest. Ardrossan est une bonne station, mais elle se trouve loin de l'embouchure de la Clyde, et à cinquante milles au moins, à vol d'oiseau, du point ouest extrême d'Islay. Nous n'avons pas d'autre station jusqu'à celle de Stornoway, dans l'île de Lewis[1]. »

Paris est, à cet égard, placé à peu près comme Londres, avec cette différence que, s'il est dans une position meilleure pour être informé de l'arrivée des bourrasques qui abordent l'Europe par les Iles Britanniques, en revanche il peut transmettre plus rapidement et plus à l'avance à Londres celles qui viennent par la péninsule Ibérique ou le golfe de Gascogne. D'après M. Mascart, les avertissements maritimes, ayant pour objet principal la direction et la force du vent, réussissent en moyenne 85 fois sur 100. Quant aux probabilités de pluie, d'orages, de beau temps, que réclament surtout les stations agricoles, leur succès est un peu moindre, 78 sur 100. Voici, d'après M. Scott, la proportion pour 100 des avertissements justifiés ou non par le temps réel, pendant les années 1873 et

1. *Cartes du temps et avertissements de tempêtes.*

1874, et expédiés par le *Meteorological Office* de Londres aux ports du Royaume-Uni :

	Avertissements justifiés.			Avertissements tardivement ou non justifiés.
	Tempêtes ou forts coups de vent.	Coups de vent modérés.	Total.	
1875. . . .	45,2	34,0	79,2	20,8
1874. . . .	45,4	32,8	78,2	21,8

On voit par ces chiffres que, malgré la position défavorable des deux grands centres météorologiques, le nombre des prévisions exactes est relativement considérable et justifie bien les sacrifices faits pour le développement de ces importants services.

Nous avons vu plus haut que les bourrasques et cyclones traversent le continent de l'Amérique du Nord de l'ouest à l'est, ayant ainsi parcouru une grande étendue de pays quand ces perturbations atteignent les ports de l'Atlantique sur la côte orientale. Aussi le service des avertissements météorologiques, si admirablement organisé par le général A. Myer, et dont le bureau central siège à Washington, sous le nom de *Signal Office*, fonctionne-t-il aux États-Unis avec une régularité et un succès qui dépasse ce qui a pu être fait dans l'Europe occidentale, enregistrant chaque jour, dans le Bulletin servant à la construction des cartes synoptiques, les observations simultanées de près de 400 stations[1] réparties sur toute l'étendue de ce vaste territoire. Outre l'avantage de la situation géographique du bureau central, le service météorologique américain bénéficie encore de la plus grande régularité qui caractérise les

1. 140 stations météorologiques relevant directement de l'Office central et 240 appartenant à des observateurs volontaires échangeaient, en 1878, trois dépêches quotidiennes avec Washington pour la pression atmosphérique. Les observations rigoureusement simultanées sont faites chaque jour à 7 h. 35 m. du matin, à 4 h. 35 m. et à 11 h. du soir (temps moyen de Washington). Aussitôt reçues, elles sont transcrites sur des cartes synoptiques où l'on trace les isobares, et discutées de façon à permettre d'expédier télégraphiquement le temps probable du lendemain à 20 stations principales. Chaque station, à son tour, fait imprimer rapidement les prévisions, en tenant compte des circonstances locales. Expédiées dès le premier courrier du matin, les bulletins sont affichés dans 10 000 bureaux de poste. Un budget de 1 750 000 francs pourvoit aux dépenses de cette magnifique organisation.

mouvements des bourrasques sur la portion du continent qu'il dessert.

Pour donner une idée de l'utilité pratique des prévisions de ce genre et des services qu'elles rendent journellement aux États-Unis, nous allons citer, d'après le rapport d'un officier chargé de l'inspection annuelle des stations météorologiques du *Signal Office*, quelques faits caractéristiques. Nous les empruntons à une notice publiée à ce sujet par M. Angot[1].

A New-Haven (Connecticut), les habitants ont exigé que le bureau télégraphique restât ouvert toute la nuit, afin de recevoir assez tôt les probabilités du temps pour qu'elles soient publiées dans les journaux du matin. A Cape-May (New-Jersey), l'enquête constate que les prédictions de pluie et de mauvais temps permettent d'éviter chaque année, dans la construction des maisons, la perte d'une énorme quantité de travail et de matériaux. Le secrétaire de la chambre de commerce de Nashville (Tennessee) vient déclarer qu'avant d'expédier des marchandises par les rivières, les commerçants vont tout d'abord au bureau du *Signal Service* s'informer de la hauteur de l'eau et des chances de crue ou de baisse, afin de savoir si un transbordement sera nécessaire, ce qui augmenterait beaucoup les risques et le taux des assurances. La même personne, qui possède une grande exploitation rurale, ne fait faucher le foin, moissonner le blé, etc., que lorsque les indications du temps sont favorables. A Lynchburn (Virginie), l'un des grands centres pour la culture et la préparation du tabac, les manufacturiers considèrent les *probabilités* du temps fournies par le *Signal Office* comme de véritables *certitudes*. « Aussi, dit le rapport, se règlent-ils complètement sur elles pour exposer les feuilles de tabac à l'air ou les rentrer. Ils sont unanimes à déclarer qu'ils peuvent ainsi prévenir maintenant des pertes énormes de marchandises et de main-d'œuvre. » A Memphis (Tennessee), les compagnies de chemins de fer et de transport consultent les

1. *Le service météorologique des États-Unis* (*Revue scientifique*, 1876, I).

bulletins du temps pour la direction des marchandises susceptibles d'être avariées par la pluie et les changements brusques de température. Un briquetier assure qu'en tenant compte des probabilités du temps il a quelquefois, en un seul jour, évité des pertes de 1000 à 1500 francs. Les personnes engagées dans l'industrie du coton accourent sans cesse au bureau chercher des renseignements sur le temps, la température, la quantité de pluie tombée dans les districts cotonniers. Les habitants des bords du Mississipi, grâce aux avertissements du *Signal Service*, peuvent éviter en partie, non seulement les pertes matérielles que causent les inondations, mais aussi celles que ni l'argent ni la charité ne permettent de réparer : celles de vies humaines.

Chez un peuple aussi éminemment pratique que les Américains des États-Unis, il n'est pas étonnant que l'usage de consulter les dépêches météorologiques quotidiennes se soit si rapidement universalisé. Les moindres cités s'en servent, et l'on a calculé, dit M. Angot, qu'il suffirait de faire payer à chacune d'elles la somme de 1 fr. 50 pour prix du bulletin qui est affiché chaque jour au bureau de poste. Cette modique rémunération suffirait, et au delà, pour couvrir les dépenses du service. Nous avons vu plus haut que ces dépenses s'élèvent à 1 750 000 francs par an. Nous n'en sommes pas là encore en Europe. Néanmoins les services rendus par les bulletins du temps, les cartes météorologiques et surtout les avertissements des tempêtes télégraphiés aux ports maritimes, sont considérables et dépassent de beaucoup, pécuniairement parlant, les sommes dépensées pour organiser et faire fonctionner le système. Au point de vue scientifique, et en vue des prévisions futures, son utilité n'est pas moindre.

Voyons maintenant si l'on peut espérer d'étendre la prévision du temps au delà d'un ou deux jours, et disons un mot des tentatives faites pour les avertissements à plus longue échéance.

§ 4. LA PRÉVISION DU TEMPS A LONGUE ÉCHÉANCE.

Le système des avertissements du temps ou des prévisions à courte échéance, tel qu'il est pratiqué en Europe et en Amérique, est tout entier fondé, on vient de le voir, sur l'usage de la télégraphie électrique, employée, d'une part, à recueillir le plus grand nombre possible d'observations simultanées et à s'en servir pour construire des cartes synoptiques du temps; d'autre part, à réexpédier aux stations des télégrammes de prévision rédigés d'après la discussion des cartes. Cette discussion est elle-même basée sur le fait que, dans notre hémisphère nord, soit en Amérique, soit en Europe, les bourrasques se meuvent généralement de l'ouest à l'est, et que les vents s'y succèdent d'après la loi de rotation de Buys-Ballot. La vitesse de transmission télégraphique étant infiniment plus grande que celle du mouvement de translation des perturbations, les prévisions peuvent devancer leur arrivée en une station donnée de tout le temps qui marque la différence de ces vitesses, c'est-à-dire d'un à deux jours. C'est la prévision à courte échéance. Peut-on obtenir davantage? Voici en fait la réponse à cette question, telle que la formulait, il y a quelques années, M. Scott : « Il n'y a pas longtemps, dit-il, qu'une personne me demanda de vouloir bien préparer, pour un journal récemment fondé, la prévision du temps pour une semaine à l'avance. Sur mon refus, elle me fit remarquer que l'amiral Fitz-Roy avait donné des prévisions pour trois jours à l'avance, et qu'actuellement nous devions être capables de doubler cette période. Mais cette personne ignorait que les prévisions de l'amiral n'obtinrent pas un succès suffisant, et que, par suite, elles durent être interrompues[1]. »

On a vu plus haut la raison de cette réserve : les réseaux météorologiques de la région ouest de l'Europe ne savent rien ou

1. *Cartes du temps et avertissements de tempêtes.*

presque rien de la situation du temps sur l'océan Atlantique. Il faudrait qu'ils pussent s'étendre au large de cet océan, tout au moins qu'ils fussent en communication directe au sud-ouest avec les îles Açores, au nord avec les Färöer, l'Islande, le Groenland, à l'ouest même avec les Bermudes et Terre-Neuve. Des tentatives ont été faites dans ce sens à Terre-Neuve et aux Açores, mais sans être couronnées de succès. Depuis quelques années, un journal américain, *le New-York Herald* envoie à ses correspondants de Paris et de Londres des télégrammes ayant pour objet de signaler les tempêtes et bourrasques qui franchissent le littoral oriental de l'Amérique du Nord, et paraissent devoir atteindre, au bout de quelques jours, le rivage opposé, c'est-à-dire les côtes européennes occidentales. Les annonces de ce genre sont à coup sûr précieuses, et l'on ne saurait trop féliciter le généreux et intelligent directeur de l'*Herald*, M. J. G. Bennet, de son initiative. Mais dans quelle mesure est-il permis de compter sur l'exactitude de ces prévisions à échéance déjà notablement longue? En nous basant sur les recherches faites à ce sujet par M. E. Loomis d'un côté, et de l'autre par le savant directeur de l'Institut danois, M. Hoffmeyer, voici la réponse qu'on peut faire à cette intéressante question. D'après le météorologiste américain, « quand les tempêtes de l'Amérique du Nord passent sur l'océan Atlantique, elles subissent généralement d'importants changements dans un petit nombre de jours, et sont fréquemment comme absorbées par d'autres tempêtes qui paraissent naître sur l'océan, de sorte qu'on peut rarement suivre une tempête dans le cours de son passage sur l'Atlantique[1] ». D'après M. Loomis, quand une dépression quitte les États-Unis, la probabilité qu'elle atteindra l'Angleterre est seulement de 1 contre 9; qu'elle produise une tempête sur les côtes des Iles Britanniques, de 1 contre 6, une fraîche brise de 1 contre 2.

Pour se rendre compte de l'importance des prévisions de

1. *American Journal of Sciences and Arts.*

provenance américaine, M. Hoffmeyer a étudié l'ensemble des dépressions observées pendant 21 mois (septembre à novembre 1873, et décembre 1874 à mars 1876). Les 285 dépressions qui, pendant cette période, ont traversé la région comprise entre le 10e degré de longitude est et le 60e degré de longitude ouest (méridien de Greenwich), se subdivisent de la façon suivante :

25, soit 8 pour 100 proviennent des régions arctiques (baies de Baffin, détroit de Davis).
225, soit 44 pour 100 proviennent de l'Amérique du Nord et du Canada.
25, soit 9 pour 100 proviennent des régions tropicales (Açores jusqu'à Terre-Neuve).
106, soit 37 pour 100 proviennent du large de l'Atlantique, par segmentation.
5, soit 2 pour 100 se sont formées au large.

En résumé, 61 pour 100 des bourrasques provenaient du continent américain, et 39 pour 100 s'étaient formées en mer.

Sur les 285 perturbations, 145, soit environ la moitié, dépassaient le méridien de 10° O., c'est-à-dire avaient atteint l'Europe. Mais, sur ce dernier nombre, moins de la moitié (47 pour 100) avaient pu être observées en Amérique. Ainsi donc les avertissements de New-York ne peuvent annoncer qu'un peu moins de la moitié des tempêtes qui abordent les côtes européennes. En ce qui regarde la direction des trajectoires et les lieux menacés, la probabilité qu'une perturbation quittant les États-Unis se fera sentir sur l'Europe est de 1 contre 3 pour la Norvège, de 1 contre 4 pour les Iles Britanniques, de 1 contre 7 pour la France, de 1 contre 11 pour le Portugal.

Ce qui contribue grandement à la difficulté, c'est la manière différente dont se comportent les dépressions dans leur parcours sur le continent américain, sur l'Océan et sur le continent européen. Dans la première partie de leur trajet, les aires de haute pression qui les précèdent ou les suivent communément, ainsi qu'on l'a vu, se déplacent aisément vers l'est, de sorte qu'en Amérique les anticyclones ne gênent point la marche des bourrasques. L'observation a montré qu'il n'en est pas de même sur l'Atlantique et en Europe ; là les aires de haute pression ont une tendance marquée à se maintenir stationnaires, et il en résulte qu'elles arrêtent et refoulent les dépressions dans leur marche, les forçant soit à se segmenter en dépressions secondaires, soit à faire un détour plus ou moins long pour continuer leur route vers l'est. C'est l'incertitude de ces modifications qui ôte en grande partie aux prévisions américaines leur probabilité. Pour remédier à ces difficultés, M. Hoffmeyer pense qu'il faudrait étendre le réseau américain jusqu'aux Bermudes et relier au réseau européen, d'un côté les Açores, de l'autre les îles Färöer, l'Islande et la pointe méridionale du Groenland. Selon lui, la presque totalité des tempêtes passent assez près de l'une ou de l'autre de ces stations extrêmes pour révéler l'existence et l'intensité de la dépression. En joignant leurs indications sur les cartes quotidiennes du temps, on aurait la situation météorologique générale sur toute la surface de l'Atlantique Nord, et le service américain pourrait formuler ses prévisions en vue de l'Europe avec une grande probabilité. Le jour où les communications télégraphiques demandées par le savant danois fonctionneront régulièrement, un grand pas sera fait dans la voie de la prédiction du temps à longue échéance. Les dépenses que s'imposeraient les nations civilisées pour établir ces communications seraient sans doute largement compensées par les services qu'en tireraient le commerce et la navigation.

Si l'Amérique est mieux partagée que l'Europe occidentale au point de vue des prévisions que peut faire le *Signal Service* de Washington, ce sont surtout les États de l'Est et les ports de l'Atlantique qui profitent de cette situation privilégiée ; au contraire les États de l'Ouest et les ports du Pacifique éprouvent comme nous l'inconvénient de n'être pas avertis des bourrasques qui viennent toutes formées du large de cet océan. Il faudrait donc aussi, pour compléter le réseau des États-Unis, posséder sur le Pacifique nord un certain nombre de stations météorologiques reliées télégraphiquement aux côtes de Californie et du Mexique, par exemple. En attendant que ce desideratum soit réalisé, le *Signal Office* des États-Unis a pris l'initiative, grâce au zèle de son directeur, M. Albert Myer, de la publication quotidienne d'observations simultanées embrassant tout l'hémisphère nord de la Terre. 500 stations environ, assez inégalement réparties sur cette vaste surface, échangent chaque jour une dépêche avec Washington ; les observations sont faites au même instant physique, à l'heure qui correspond à 7 h. 35 m. du matin en temps moyen de l'observatoire de cette cité, par exemple, à midi 43 m. à Londres, à midi 53 m. à Paris, à 1 h. 33 m. à Rome, à 1 h. 49 m. à Vienne, à 2 h. 44 m. à Pétersbourg, à 6 h. 36 m. à Calcutta, à 10 h. 2 m. à Yedo. De cette façon, les cartes synoptiques, représentant l'hémisphère nord projeté sur l'équateur, sont bien des cartes simultanées ; elles donnent à la fois les isobares, les courbes de la température de l'air, la force et la direction du vent, de sorte que d'un coup d'œil le météorologiste embrasse l'état réel de ces divers éléments, ou la véritable situation atmosphérique d'une moitié de la Terre. Bien des lacunes sans doute existent encore dans ces précieux documents ; mais on peut prévoir le moment où aucune contrée un peu importante, non seulement de l'hémisphère nord, mais du globe entier, ne restera en dehors de cet échange d'observations. Alors le but pratique de l'organisation de cet immense réseau, à savoir la prévision du temps, sera de plus en plus près d'être atteint. Pour qu'il en soit ainsi, il est vrai, il faudra que, portant leurs vues plus haut et plus loin que l'utilité immédiate, et profitant de cette abondance ininterrompue d'informations, les savants se préoccupent surtout d'en déduire les lois des mouvements de l'atmosphère. D'après le résumé, incomplet il est vrai, que nous avons présenté plus haut, des recherches déjà faites dans cet ordre d'idées, on entrevoit la possibilité de découvrir, parmi les phénomènes complexes qui ont leur siège dans l'enveloppe fluide de la planète, un certain ordre de succession dans l'espace et dans le temps.

Si cet espoir se réalise, ce ne sera plus seulement la prévision à quelques jours d'échéance, résultant uniquement de l'énorme supériorité de la vitesse de l'électricité sur celle des météores aériens, ce sera une prévision qui pourra embrasser toute une année peut-être, sinon jour par jour, du moins saison par saison. On pourra dire alors, comme nous posions la question au début de ce chapitre, que dans telle région de la Terre l'été de la prochaine année sera sec ou pluvieux, l'hiver rigoureux ou tempéré. En y joignant les prévisions déduites des échanges télégraphiques quotidiens, perfectionnées par la connaissance de plus en plus positive des lois de translation des aires de basse ou de haute pression, on aura alors un système complet d'avertissements du temps, susceptible de rendre à la civilisation les plus grands services.

Ce qui légitime *à priori* la possibilité d'un tel progrès de la météorologie, c'est la conviction que les phénomènes naturels, à la surface d'un corps soumis comme la Terre à des lois astronomiques qu'on peut considérer comme constantes, et ne subissant dans sa constitution intime que des changements d'une grande lenteur, sont eux-mêmes assujettis à des lois et passent, à des intervalles plus ou moins longs, par des phases, sinon identiques, du moins ayant entre elles de grandes analogies. L'atmosphère oscille sans cesse, et sa mobilité rend bien difficile à saisir le caractère de ces oscillations. Mais il tend aussi sans cesse à reprendre son état d'équilibre, et il n'est pas interdit de penser qu'en étudiant de longues séries d'observations embrassant toute la surface du globe, on arrivera à reconnaître les maxima et les minima de ses oscillations, ainsi que leur périodicité. Au reste, à l'appui de cette opinion, que le lecteur sera tenté de trouver trop optimiste, nous citerons la conclusion suivante d'une conférence faite, il y a quelques années, par M. Mascart, sur la prévision du temps. « Il faut considérer, disait-il, l'atmosphère comme un *ensemble* dont les diverses parties sont dans un état de dépendance réciproque. Il ne semble pas que l'état moyen du globe ait changé d'une manière sensible depuis les temps historiques, de sorte que les phénomènes doivent se reproduire suivant certaines périodes et alterner d'une région à l'autre sur un même hémisphère et d'un hémisphère à l'autre. Ce sont les lois de ces oscillations qu'il faudrait connaître. Pour atteindre un but aussi élevé et donner à l'homme des moyens de se prémunir contre les redoutables effets des forces naturelles, ce n'est pas trop de la collaboration effective de toutes les nations civilisées, de toutes les marines du monde. »

§ 5. ESSAIS DE PRÉVISION DU TEMPS A LONGUE ÉCHÉANCE.

Tout l'effort de ceux qui ont cherché jusqu'à présent à prévoir le temps longtemps à l'avance, a consisté à trouver parmi les phénomènes naturels auxquels on attribue une influence sur l'atmosphère terrestre, des périodes où cette influence passe par un maximum et un minimum. Ces périodes reconnues, on compulse les registres météorologiques, on relève les observations de pression, de température, de quantité de pluie, etc., et l'on examine si les éléments du temps ont subi, pendant les intervalles périodiques en question, des variations concordantes. Les influences cosmiques ont été surtout l'objet des investigations des chercheurs. La croyance populaire, si répandue partout, de l'action de la Lune, des changements qui accompagnent ses phases, a donné lieu à un grand nombre de recherches où les uns ont prétendu trouver la confirmation de ces croyances, où les autres les ont combattues comme de simples préjugés. On ferait un volume de tous les modes d'influence dont serait doué notre satellite, si l'on acceptait tout ce que la tradition a recueilli, tout ce que les auteurs anciens et modernes ont écrit et publié à ce sujet : la *lune rousse* qui, au printemps, flétrit les jeunes pousses des plantes; la lumière de la pleine lune dissipant les nuées, suivant ce dicton si connu des marins : *la lune mange les nuages*; l'influence des nouvelles lunes sur les changements de temps, ou plus spécialement l'action de chaque quartier sur la pluie, sur la direction du vent, etc., etc.

Soit qu'on examine la question au point de vue théorique, soit qu'on l'étudie expérimentalement par la discussion d'observations embrassant un intervalle suffisamment long, il est difficile de nier que la Lune exerce sur notre atmosphère une réelle influence. Sa lumière, ou plutôt sa radiation calorifique, bien que très faible à la surface du sol où elle parvient après avoir perdu, dans son trajet au travers des couches d'air, la partie la plus intense de cette radiation, celle qui comprend les rayons obscurs, agit peut-être sur les vapeurs les plus élevées de manière à justifier le proverbe cité plus haut : c'était l'opinion de sir J. Herschel, et Arago penchait visiblement vers l'exactitude de cette explication.

D'autre part, la Lune agit certainement sur l'atmosphère par sa masse, et il n'y a pas de raison pour ne point admettre l'existence de marées atmosphériques luni-solaires, de même que les marées océaniques. Dans ce cas, l'action concourante des deux astres déterminerait des mouvements périodiques analogues à ceux de la mer et éprouvant des maxima et des minima réglés par les mêmes intervalles : grandes marées aux syzygies, marées basses aux quadratures, maxima et minima dépendants de l'époque, équinoxes ou solstices, distances périgées ou apogées. Mais, étant admises ces causes physiques comme réellement agissantes, la question est de savoir si elles peuvent être démêlées au milieu de tant d'autres influences prépondérantes ou perturbatrices, si elles affectent d'une manière sensible le baromètre, si elles modifient la direction des vents et se traduisent, par exemple, par les nombres des jours pluvieux, la quantité de pluie tombée, etc. On sait que Laplace a déduit de huit années d'observations barométriques trihoraires, dues à Bouvard, la grandeur du flux lunaire atmosphérique et l'heure de son maximum du soir le jour de la syzygie : il a trouvé un *dix-huitième* de millimètre pour la grandeur en question, et *trois heures* après-midi pour le moment de ce maximum. La discussion de vingt années d'observations de Flaugergue a conduit Arago à un résultat analogue. Tout récemment M. Bouquet de la Grye a déduit de nombreuses observations faites à Brest que la pression barométrique variait avec la déclinaison de l'astre. L'influence de la Lune, bien que fort petite, serait donc réelle. Est-elle assez considérable pour déterminer les changements de temps que le public attribue aux changements de lunaison ou de phases? Ici la question est autrement délicate. Le mot lui-même, *changement de temps*, est très vague. On a considéré les quantités de pluie ou les nombres des jours pluvieux. Des recherches faites à ce dernier point de vue, en Allemagne par Schubler (pour la période 1781-1828), à Vienne par Pilgram en 1788, et la discussion des observations de Paris ont montré que le nombre des jours pluvieux est plus grand entre le premier quartier et la pleine lune qu'entre le dernier quartier et la nouvelle lune. En nombres ronds la proportion est de 5 à 6. C'est au deuxième octant que correspondrait le maximum du nombre des jours pluvieux, au dernier quartier le minimum. Toutefois les résultats obtenus à Montpellier par Poitevin, en 1777, pour dix années d'observations ne sont pas d'accord avec ces résultats : là le maximum est à la nouvelle lune et au dernier quartier, le minimum au premier quartier. M. Henri de Parville a repris à nouveau dans ces dernières années la question de l'influence de la Lune sur le temps. A son avis, cette influence est réelle et plus grande qu'on ne se l'était figurée en groupant des séries d'observations où les effets se trouvaient masqués précisément par le mode de groupement. Ce sont surtout, pense-t-il, les variations en déclinaison de notre satellite qu'il importe de suivre. Comme, dans les saisons opposées, la déclinaison de la Lune est tantôt boréale, tantôt australe, son action se fait en sens contraire en hiver et en été; cette action consisterait dans un déplacement des itinéraires des bourrasques; la trajectoire des tempêtes montant ou descendant par rapport à l'équateur, il en résulterait pour un même lieu des alternatives de beau ou mauvais temps[1].

La plupart des météorologistes contemporains sont sceptiques en ce qui regarde la possibilité de tirer aucune conclusion positive des influences lunaires, soit qu'ils nient ces influences, soit qu'ils les considèrent comme d'ordre tout à fait secondaire, et incapables de modifier sérieusement la marche des phénomènes météorologiques, dus à des causes plus puissantes. Le passage suivant, emprunté à l'ouvrage de M. Mohn, exprime bien cette opinion à peu près générale : « Les signes du temps tirés des phases de la Lune, de sa position relative avec les planètes ou de l'état du temps à certains jours de l'année (le 27 juin, par exemple, jour des Sept Dormants), ou encore de l'état du temps dix-neuf ans auparavant[2], n'appartiennent pas à la météorologie pratique, qui repose sur des recherches et des faits scientifiques. Si l'on fait un compte rigoureux du nombre de fois où ces signes et prophéties du temps sont en défaut, et du nombre de fois où ils disent vrai, on verra que l'erreur est la règle et la vérité l'exception. Si, au contraire, on ne s'attache qu'aux cas où ces signes disent vrai, et qu'on fasse abstraction de ceux où ils disent faux, on arrivera facilement à la conclusion contraire. Les règles pratiques qui reposent sur de tels fondements sont forcément en dehors du domaine scientifique. »

Si l'action de la Lune sur le temps est sinon douteuse, tout au moins assez peu sensible pour qu'on n'ait pu encore en tirer rien de précis au point de vue de la prévision, il en est tout autrement du Soleil, qui est le facteur ou l'agent principal de

1. Une note présentée à l'Académie des sciences, dans sa séance du 20 avril 1885, par M. A. Poincarré, tend à établir une relation entre la déclinaison lunaire et la latitude moyenne des points de départ des alizés.

2. La période de 19 ans est à peu près celle de la révolution des nœuds de la Lune; on s'est aussi servi de celle de 9 ans qui correspond au mouvement du périgée. Dans la première, ce sont les phases lunaires qui se reproduisent dans le même ordre avec des latitudes égales; dans la seconde, ce sont les distances périgées et apogées. On comprend pourquoi ces périodes ont dû être considérées, l'action de la Lune devant dépendre soit de sa position relative avec le Soleil, soit de sa distance à la Terre.

tous les grands mouvements atmosphériques. Seulement les variations périodiques et régulières de ses radiations lumineuses ou calorifiques, variations qui dépendent de son mouvement ou plutôt du double mouvement de la Terre, ne nous apprennent rien autre chose que ce que l'expérience des siècles nous a montré, en chaque lieu, être la conséquence de l'inclinaison de ses rayons sur le sol et de sa hauteur méridienne ou de la durée de sa présence sur l'horizon. La durée du jour et de la nuit, celle des saisons astronomiques sont invariablement réglées et sont calculées à l'avance; mais les perturbations des éléments météorologiques, nous le savons, n'ont rien de cette régularité, et ne peuvent être déduites des périodes astronomiques considérées isolément.

Ce qu'on s'est demandé, c'est donc si le Soleil lui-même n'est point sujet, dans son activité propre, à des variations qui affectent les températures terrestres et, en modifiant cet élément, déterminent des changements correspondants dans tous les autres. Dès le dernier siècle, W. Herschel posait la question et cherchait à découvrir une relation entre le nombre des taches solaires et la chaleur de nos saisons. En l'absence de documents suffisants, on sait qu'il se rabattit sur les variations du prix du blé, qu'il supposait suivre celles de la température et l'abondance plus ou moins grande des récoltes. De nos jours, la recherche a fait un grand pas. On connaît avec une précision relative les périodes de maxima et minima de la fréquence des taches du Soleil. D'après R. Wolf (de Zurich), la période entre deux maxima ou deux minima est de 11 ans et $\frac{1}{9}$ environ. La relation qu'on a reconnue entre cette périodicité, la variation diurne magnétique et les phénomènes des aurores polaires, n'est pas moins nettement établie, grâce aux travaux de divers savants, Sabine, Gauthier, Wolf, E. Loomis. Un mémoire du professeur J. Brocklesby, présenté en 1875 à l'Association américaine pour l'avancement des sciences, établit un rapport semblable entre la périodicité des taches solaires et la chute de la pluie aux États-Unis. Les pluies varient avec l'aire des taches; elles dépassent la moyenne quand cette aire va en croissant; elles diminuent dans le cas contraire. Enfin, M. Cruls[1] ayant comparé, pour un intervalle d'un quart de siècle (de 1851 à 1876), le nombre annuel des orages à Rio-de-Janeiro, fut frappé de la variation notable présentée par ce nombre qui oscille entre 11 et 49 et est caractérisé par deux maxima et deux minima nettement accusés. La figure 323, qui donne la courbe représentant le nombre des orages observés à Rio pendant ces vingt-cinq années et celle qui, dans le même intervalle, indique

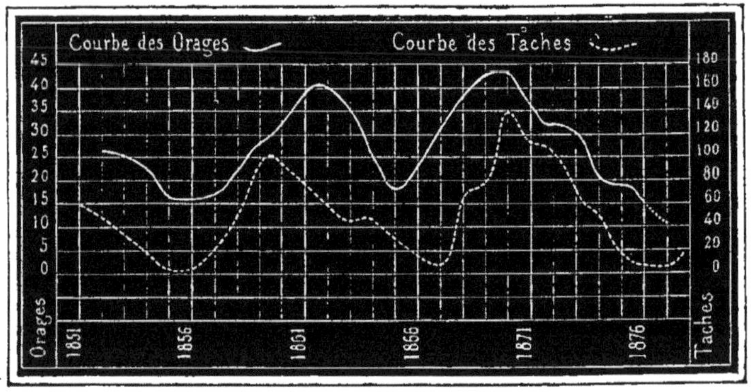

Fig. 323. — Les orages à Rio-de-Janeiro et les taches solaires, de 1851 à 1876.

les variations des taches solaires, montre en effet une concordance assez notable entre ces deux ordres de phénomènes. Toutefois, avant de rien conclure sur la réalité de ces rapports, il faudrait les vérifier sur un nombre de données plus considérable empruntées aux observations de régions du globe très différentes, et à des époques variées. Il serait surtout important de savoir s'il existe une périodicité de onze années, affectant les températures annuelles sur tout le globe; et, au cas où elle serait constatée, il faudrait encore montrer qu'il y a concordance entre les époques des maxima et des minima des taches et celles de la chaleur terrestre. Jusqu'ici aucune relation de ce

1. *Comptes rendus de l'Académie des sciences pour* 1881, II.

genre n'a encore été démontrée. On comprend que si elle existait, on pourrait espérer établir quelques lois générales sur la succession des saisons futures et aborder ainsi, quoique de bien loin encore et d'une manière bien vague, la solution du problème de la prévision du temps à longue échéance.

C'est encore à des influences cosmiques qu'on a essayé de rattacher certaines perturbations périodiques de la température, comme les refroidissements qui marquent les premiers jours de février (vers le 6), les 11, 12, 13 et 14 mai, et les réchauffements qui surviennent vers le 10 août et le 11 novembre[1]. L'espace nous manque pour parler avec quelques détails de ces phénomènes intéressants; nous nous bornerons à dire que les refroidissements anormaux observés dans nos climats pendant les premières quinzaines de mai et de février ont été attribués à l'interposition entre le Soleil et la Terre des essaims météoriques de ces deux époques, et les élévations insolites de température d'août, et surtout de novembre, au passage de notre planète au travers des essaims connus sous les noms de Perséides et de Léonides. Cette explication, présentée d'abord, en ce qui regarde les froids de mai, par le professeur Erman, a été depuis adoptée par un grand nombre de savants et étendue aux autres perturbations périodiques de la température. L'astronome Mædler, au contraire, n'y voyait qu'une conséquence du phénomène de la fonte des glaces polaires et de l'immense consommation de chaleur qu'il exige; mais il est clair que cette dernière explication ne peut s'appliquer qu'aux froids de mai. Quoi qu'il en soit, on voit bien comment la constatation de la périodicité de ces anomalies peut servir à prévoir leur retour, et fournir ainsi quelques éléments à la solution du problème qui nous occupe : *prévoir le temps à longue échéance.*

Une périodicité d'une étendue beaucoup plus considérable

1. Ces époques critiques sont bien connues de nos cultivateurs; elles ont donné lieu aux proverbes populaires relatifs à la *Sainte-Dorothée* et aux *Saints de glace* pour les froids de février et de mai, à la *Saint-Laurent* et à l'*Été de la Saint-Martin* pour les mois d'août et de novembre.

est celle des *grands hivers*, en entendant par là ceux pendant lesquels le froid a sévi à la fois avec continuité et avec intensité. Dans notre zone tempérée boréale, ce sont ordinairement les deux mois de décembre et de janvier qui se font remarquer par leur température exceptionnellement basse et prolongée. Dans un Mémoire publié en 1861 par M. Renou sur la périodicité des grands hivers, ce savant météorologiste, s'appuyant sur des documents qui lui permirent de remonter jusqu'à l'an 1400, a établi ce fait remarquable, que les hivers rigoureux forment des groupes naturels de quatre à six autour d'un hiver plus rigoureux que les autres. Il donna à ce dernier le nom d'*hiver central* et à ceux dont il est précédé ou suivi le nom d'*hivers latéraux*. Ayant fait cette distribution pour les quatre siècles et demi objets de ses recherches, M. Renou trouva que les grands hivers se reproduisent tous les quarante et un ans environ, cette période éprouvant toutefois de temps à autre une perturbation qui espace davantage les hivers d'un groupe, alors moins longs et moins rigoureux. Dans ce cas, il y a toujours, en moyenne, un intervalle de vingt à vingt-deux ans sans hivers notables. Les quatre derniers grands hivers ou hivers centraux étaient ceux de 1709, de 1748, de 1789-90 et de 1829-30. M. Renou annonçait, dans son Mémoire, que « la prochaine période d'hivers froids devait arriver en 1871, à un ou deux ans près. » L'événement justifia la prédiction, et les hivers de 1870-71, 1871-72, furent tous deux remarquables par leurs grands froids. Il est vrai que l'hiver exceptionnellement rigoureux de 1879-80 est un peu éloigné des précédents, ce qui altère la dernière période.

La période de quarante et un ans reconnue par M. Renou ne concerne-t-elle que les hivers rigoureux? Non; d'après lui, « le retour de certains étés est aussi régulier, peut-être même plus régulier, que celui des hivers : quatre ou cinq ans après l'hiver central arrive un été remarquable; les étés de 1753, 1793, 1834, et bien d'autres, sont dans ce cas. » De plus, « depuis longtemps, dit-il, les années présentent une grande analogie avec celles qui les précèdent de quarante et un ans environ. Ainsi 1856 et ses inondations désastreuses ressemblent beaucoup à 1816, avec une distribution de la pluie légèrement différente. L'hiver 1860 correspond à 1820 ; le printemps de 1862 est le plus chaud depuis 1822, et l'hiver le plus chaud connu, celui de 1869, est arrivé quarante et un ans après l'hiver 1828, dont la moyenne est presque aussi élevée. On remarque naturellement, dans le détail, de nombreuses divergences ; mais, en considérant en bloc un certain nombre d'années, la ressemblance devient frappante, surtout à mesure qu'on approche de l'hiver central 1871. Ainsi, de 1862 à 1869, comme de 1821 à 1828, les années présentent des moyennes de la température et de la pression atmosphérique plus élevées et un temps plus clair que d'habitude, ce qui est remarquable pour un groupe de huit années consécutives[1]. »

Il s'agit dans tout cela des saisons de la zone tempérée ou plutôt de l'Europe occidentale ; il serait intéressant de savoir si une période semblable convient à d'autres régions des deux hémisphères. Dans le cas de l'affirmative, quelle corrélation existerait-il entre les saisons de régions éloignées ? Par exemple, se confirmerait-il qu'un hiver rigoureux en Europe correspondrait à un hiver doux de l'Amérique du Nord, et les grands froids du Groenland et d'Islande auraient-ils leur compensation dans la douceur de la température de nos climats ? Si de tels rapports, soupçonnés plutôt que constatés, étaient établis par une statistique météorologique suffisamment étendue, il resterait à savoir s'ils ne sont pas la conséquence naturelle de la répartition successive des aires de hautes et de basses pressions à la surface des continents et des mers. M. Teisserenc de Bort a commencé l'étude de cette distribution des isobares dans le temps et dans l'espace. En comparant les séries des cartes météorologiques simultanées qui donnent, soit les isobares de chaque jour, soit les isobares moyennes des saisons et des mois,

1. *Comptes rendus de l'Académie des sciences pour* 1871, t. II.

il a reconnu ainsi l'existence de divers types qui se reproduisent à des époques plus ou moins éloignées et qui présentent les conditions propres à amener des anomalies de température. On sait par exemple que, sur une grande partie de l'hémisphère nord, il existe en hiver deux aires de haute pression qui occupent ordinairement, l'un, le *maximum océanien*, toute la région comprise entre les Açores, Madère et l'Espagne, jusqu'aux Bermudes ; l'autre, la Sibérie ; puis un *minimum océanien*, situé entre l'Islande et le Groenland. Or ces grands centres d'action n'occupent pas toujours les mêmes points dans une saison donnée : ils se déplacent plus ou moins autour de leur position moyenne. Si ces déplacements sont assez considérables et offrent une durée persistante, il en résulte une altération dans le caractère de la saison où ils se produisent. En combinant les diverses positions relatives des maxima et des minima en question, M. Teisserenc de Bort a reconnu qu'on y pouvait reconnaître cinq types principaux, dont trois caractérisent les hivers d'Europe rigoureux et deux les hivers doux de la même région[1].

On voit, par ce court résumé de recherches, aussi intéressantes qu'originales, que le problème de la prévision du temps à longue échéance peut être abordé par des méthodes bien distinctes. Il est clair en effet que, si l'on arrive à déterminer une

1. Voici comment il définit ces cinq types principaux, en citant des exemples des époques où ils ont prédominé :

« Types froids. — A. *Froid et sec.* — Déplacement du maximum de Madère et rapprochement du maximum d'Asie. Exemple : janvier 1838.

« B. *Froid et sec.* — Déplacement du maximum de Madère et altération du maximum d'Asie vers l'Oural. Exemple : décembre 1879.

« C. *Froid et humide.* — Déplacement du maximum océanien vers le nord sur les Iles Britanniques, et basses pressions sur la Méditerranée et l'Autriche. Exemple : la première quinzaine de décembre 1871.

« Types chauds. — D. Déplacement des hautes pressions de Madère vers l'ouest, et basses pressions océaniennes s'étendant au nord de l'Europe et même de l'Asie. Exemples : décembre 1868 ; décembre 1880.

« E. Basses pressions océaniennes sur les Iles Britanniques, et maximum d'Asie s'avançant sur le nord de la Russie. Exemple : décembre 1876. » (*Annales du Bureau central météorologique pour* 1881. — *Recherches sur la position des centres d'action de l'atmosphère dans les hivers anormaux.*)

loi de succession dans le groupement des pressions, que le météorologiste que nous venons de citer nomme les *types d'isobares*, soit pour une région limitée, soit plutôt pour un hémisphère entier, il sera possible de dire à l'avance quels seront les types prédominants d'une ou plusieurs saisons, et à caractériser ainsi ces dernières, au moins d'une manière générale.

Un autre météorologiste français, M. de Tastes, à qui l'on doit de savantes recherches sur les lois de la circulation atmosphérique générale[1], envisage la même question d'une façon qui présente beaucoup d'analogie avec les vues de M. Teisserenc de Bort. Attribuant les déplacements des aires de haute pression au refoulement des grands circuits aériens de l'Atlantique et du Pacifique, tantôt sur le continent américain, tantôt sur le continent d'Europe ou d'Asie, selon que l'un ou l'autre de ces courants prédomine, il estime que c'est en cherchant la loi des oscillations *à longue période* de notre atmosphère autour d'un état d'équilibre moyen, qu'on arrivera à formuler quelques prévisions générales sur les saisons et sur leur caractère. Les hivers de notre zone tempérée boréale sont sous la dépendance immédiate des trajectoires des bourrasques qui nous viennent de l'Atlantique. Quand la direction de ces trajectoires est inclinée du sud-ouest au nord-est, c'est-à-dire lorsque les bourrasques abordent nos côtes par le golfe de Gascogne pour gagner de là les Iles Britanniques et la presqu'île Scandinave, elles nous atteignent par leur bord oriental : ce sont les vents du sud-ouest qui prédominent, et nos hivers sont d'une remarquable douceur. Quand, au contraire, c'est du nord-ouest au sud-est, ou de l'ouest à l'est, que la trajectoire des bourrasques coupe l'Europe, c'est leur bord méridional qui passe sur nos contrées, et les vents dominants, d'entre ouest et nord, nous amenant un air qui a balayé la surface de l'océan à la hauteur des Färöer ou des Orcades, détermine la sécheresse si c'est en été qu'ils

1. *Annales du Bureau central météorologique de France pour* 1859 : *Théorie de la circulation atmosphérique.*

règnent, et un hiver rigoureux si c'est dans la saison opposée. M. de Tastes, dès juillet 1870, ayant constaté la prédominance de ce second état de l'atmosphère en France entre août 1869 et juillet 1870, ne craignit point d'en conclure la probabilité d'un hiver très froid, et s'exprimait à ce sujet en ces termes : « Il est à peine nécessaire de dire que la persistance de la situation actuelle des courants atmosphériques ferait de l'hiver de 1870 à 1871 un des grands hivers du siècle. » La justification de la prévision par le fait a été légitimement remarquée.

Nous en resterons là sur cette question de la prévision du temps à longue échéance, dont la solution est sans doute encore bien éloignée, mais que les météorologistes les plus expérimentés et le plus au courant des progrès de la science[1] ne considèrent plus aujourd'hui comme impossible.

1. Pour donner une idée de la valeur de ces progrès, il suffira de mettre en regard les faits que nous avons relatés dans les divers paragraphes de ce chapitre, avec les lignes suivantes que François Arago écrivait au début du livre XXXII de son *Astronomie populaire :* « Si les phénomènes des saisons peuvent être expliqués dans ce qu'ils présentent de général, il est un nombre considérable d'événements qui modifient accidentellement les circonstances météorologiques au milieu desquelles nous vivons. Aussi l'astronome est-il dans l'impuissance absolue d'annoncer avec quelque certitude le temps qu'il fera, une année, un mois, une semaine, je dirai même un seul jour à l'avance. » On vient de voir que, si ce n'est pas avec certitude que les météorologistes osent prévoir le temps plusieurs jours à l'avance, c'est du moins avec une probabilité croissante.

CHAPITRE VI

LES CLIMATS

§ 1. LES CLIMATS ASTRONOMIQUES.

Ce que nous aurions à dire maintenant pour terminer le tableau des phénomènes météorologiques et l'exposé de leurs lois, ne consisterait en rien moins qu'à rassembler en un seul faisceau, pour chaque région de la Terre, tous les traits épars, tous les éléments que nous avons étudiés séparément jusqu'ici : pression de l'atmosphère avec ses variations diverses, mensuelles, annuelles, température moyenne et températures extrêmes du sol, de l'air, des eaux pendant le jour et la nuit et les saisons, hygrométrie, nuages et brouillards, pluies et neiges, vents, orages, tempêtes, etc., etc. Tout cet ensemble de phénomènes, que l'observation et l'analyse scientifique parviennent seules à séparer les uns des autres, à mesurer isolément par des procédés, des méthodes et des instruments appropriés, concourt sans exception à former ce qu'on est convenu d'appeler le *climat*.

Jadis le climat ne comportait guère qu'un élément variable : la hauteur méridienne plus ou moins grande du Soleil aux diverses époques de l'année. C'est encore à ce point de vue que l'envisagent les astronomes et les cosmographes, et dans ce cas, en effet, rien n'est plus aisé de définir avec la rigueur mathématique qui résulte du point de vue où l'on se place, les *climats astronomiques*.

Le Soleil, dans sa course apparente au nord et au sud de

l'équateur, s'avance deux fois par année, vers le 20 juin, jusqu'au tropique du Cancer dans l'hémisphère boréal, vers le 21 décembre jusqu'au tropique du Capricorne dans l'hémisphère austral. En traçant les cercles, parallèles à l'équateur, qui limitent les régions où l'astre, aux deux époques solsticiales, parvient jusqu'au zénith et celles où il rase seulement l'horizon à l'heure de midi, on obtient les cinq zones ou climats astronomiques des anciens géographes : la *zone torride*, comprise entre les deux tropiques ; les deux *zones tempérées*, l'une

Fig. 324. — Observatoire météorologique et magnétique de la *Vega* à Pitlekaj. La *Tintinjaranga* (maison de glace).

boréale, l'autre *australe*, comprises entre chaque tropique et le cercle polaire du même hémisphère, et enfin les deux *zones glaciales*, arctique et antarctique, autour de chacun des pôles.

Cette première classification des climats était naturelle. On ramenait tout à l'action du soleil, à sa présence plus ou moins prolongée sur l'horizon de chaque lieu, à l'obliquité plus ou moins grande de ses rayons sur le sol. C'est là, en effet, un élément prépondérant du climat : c'est celui que, dans l'ordre naturel du progrès des connaissances, on appréciait le mieux et que l'on devait mesurer le premier avec précision, puisque, pour chaque lieu, il se réduisait à la mesure de la latitude ou de la hauteur du pôle au-dessus de l'horizon. Tout se trouvait ainsi d'ailleurs symétrique de chaque côté de l'équateur[1], et si les choses se passaient avec cette simplicité, si le climat n'était influencé que par ce seul facteur, la hauteur du soleil et la durée de sa présence au-dessus de l'horizon, il est clair que la climatologie ne serait qu'un chapitre de la cosmographie.

§ 2. CONDITIONS DE DIVERSITÉ DES CLIMATS MÉTÉOROLOGIQUES.

Il est loin d'en être ainsi. Même en ne considérant que le seul élément de la température, on sait qu'il s'en faut qu'elle soit distribuée sur la Terre en raison seulement des différences de latitude. Le tracé des lignes isothermes donnant les températures moyennes de l'année, celles des saisons et des mois, et surtout les écarts des températures extrêmes, fournit à cet égard des renseignements certains. Ces lignes ne sont ni parallèles à l'équateur, ni parallèles entre elles, et leurs inflexions portent l'empreinte d'influences multiples. Comme le dit Humboldt, « la nature de ces inflexions, les angles sous lesquels les lignes isothermes, isothères, isochimènes coupent les cercles de latitude, la position du sommet de leur convexité ou de leur concavité par rapport au pôle de l'hémisphère correspondant, sont des effets de causes qui modifient plus ou moins puissamment la température sous les diverses latitudes géographiques. »

Quelles sont ces causes ? Nous avons déjà, à maintes reprises, signalé les plus importantes. Mais nous allons en reprendre l'énumération, en les séparant, comme l'illustre auteur du

1. L'orbite de la Terre n'étant pas un cercle, mais une ellipse, les distances du Soleil à notre planète varient constamment, et par suite l'intensité de sa radiation ou de son action calorifique. C'est vers le 1er janvier que la Terre, au périhélie, reçoit le plus de chaleur, et vers le 1er juillet, à l'aphélie, qu'elle en reçoit le moins. L'hiver boréal est donc moins rigoureux que l'hiver austral et l'été moins chaud ; mais ces inégalités sont à peu près compensées par la différence de durée des saisons de même nom dans les deux hémisphères, et l'on admet qu'ils reçoivent l'un et l'autre la même quantité de chaleur dans le cours d'une année.

Cosmos, en deux classes, selon qu'elles tendent à élever ou à abaisser la température de la région où elles agissent. La première classe comprend :

« La proximité d'une côte occidentale, dans la zone tempérée ;

« La configuration particulière aux continents qui sont découpés en presqu'îles nombreuses ;

« Les méditerranées et les golfes pénétrant profondément dans les terres ;

« L'orientation, c'est-à-dire la position d'une terre relativement à une mer libre de glaces, qui s'étend au delà du cercle polaire, ou par rapport à un continent d'une étendue considérable, situé sur le même méridien, à l'équateur ou du moins à l'intérieur de la zone tropicale ;

« La direction sud et ouest des vents régnants, s'il s'agit de la bordure occidentale d'un continent situé dans la zone tempérée ; les chaînes de montagnes servant de rempart et d'abri contre les vents qui viennent de contrées plus froides ;

« La rareté des marécages, dont la surface reste couverte de glaces au printemps, et jusqu'au commencement de l'été ;

« L'absence de forêts sur un sol sec et sablonneux ; la sérénité constante du ciel pendant les mois d'été ; enfin le voisinage d'un courant pélagique, si ce courant apporte des eaux plus chaudes que celles de la mer ambiante. »

Parmi les causes susceptibles d'abaisser la température moyenne, Humboldt range :

« La hauteur, au-dessus du niveau de la mer, d'une région qui ne présente point de plateaux considérables ;

« Le voisinage d'une côte orientale, pour les hautes et les moyennes latitudes ;

« La configuration compacte d'un continent dont les côtes sont dépourvues de golfes ;

« Une grande extension des terres vers le pôle et jusqu'à la région des glaces éternelles, à moins qu'il n'y ait, entre la terre et cette région, une mer constamment libre pendant l'hiver ;

LES PLUIES EN FRANCE EN SUISSE ET DANS UNE PARTIE DE L'ITALIE ET DE L'ALLEMAGNE

Dressé par A. Vuillemin
Gravé par Erhard
Imp. Fraillery

« Une position géographique telle que les régions tropicales de même longitude soient occupées par la mer, en d'autres termes l'absence de toute terre tropicale sur le méridien du pays dont il s'agit d'étudier le climat ;

« Une chaîne de montagnes qui, par sa forme ou sa direction, gênerait l'accès des vents chauds, ou bien encore le voisinage de pics isolés, à cause des courants d'air froid qui descendent le long de leurs versants ;

« Les forêts d'une grande étendue : elles empêchent les rayons solaires d'agir sur le sol ; leurs organes appendiculaires (les feuilles) provoquent l'évaporation d'une grande quantité d'eau, en vertu de leur activité organique, et augmentent la superficie capable de se refroidir par voie de rayonnement. Les forêts agissent donc de trois manières : par leur ombre, par leur évaporation, par leur rayonnement ;

« Les marécages nombreux qui forment, dans le nord, jusqu'au milieu de l'été, de véritables glacières au milieu des plaines ;

« Un ciel d'été nébuleux, parce qu'il intercepte une partie des rayons du soleil ;

« Un ciel d'hiver très pur, parce qu'un tel ciel favorise le rayonnement de la chaleur[1]. »

Ces causes multiples, dont l'action simultanée suffit à expliquer, dans la pensée d'Humboldt, toutes les inflexions des isothermes, c'est-à-dire la variété des climats en tant qu'ils dépendent de la température, peuvent se ramener à trois genres d'influence, à l'influence du sol, à celle des eaux, à celle de l'air ou des vents.

En ce qui concerne le sol et les eaux, il ressort de tout ce que nous avons vu en parlant de leurs températures respectives, que l'inégalité de leur répartition à la surface du globe terrestre est le principal facteur qui intervient dans la répartition de la chaleur elle-même, soit entre les deux hémisphères, soit,

1. *Cosmos*, t. I.

pour chacun d'eux, dans leurs diverses parties. Le pouvoir modérateur des grandes étendues maritimes, pouvoir qui tient à la faible conductibilité de l'eau et à sa grande capacité calorifique, est cause de la plus grande régularité des isothermes sur les océans, ou d'un écart moindre entre leurs températures extrêmes. Ainsi s'explique la différence qu'on observe, sous ce double rapport, entre l'hémisphère boréal et l'hémisphère austral, ce dernier étant d'ailleurs notablement plus froid que le premier. Au contraire, partout où se trouvent de grands espaces recouverts par les terres, la température moyenne de l'été s'élève à égalité de latitude, et celle de l'hiver s'abaisse, de sorte que l'écart entre les deux saisons opposées est d'autant plus grand que les régions continentales, par leur étendue, sont moins accessibles à l'influence modératrice de la mer. L'influence des eaux en mouvement n'est pas moindre et les courants marins, en portant ici ou là, selon leur direction, les eaux tièdes des mers équatoriales ou les eaux glacées des mers polaires, agissent pour élever ou pour abaisser la température des côtes qu'ils baignent. De là cette opposition frappante entre les moyennes températures annuelles des côtes orientales et celles des côtes occidentales de l'ancien comme du nouveau continent. Nain, dans le Labrador, a une latitude un peu plus méridionale que New-Archangelsk, sur la côte nord-ouest de l'Amérique du Nord; cependant sa moyenne température annuelle (—3°,8) est bien inférieure à celle-ci (+6°,9). Pékin, à peu près à la même latitude que Naples, possède une moyenne température annuelle de 5° plus faible. Nous avons vu quels écarts on trouve entre les températures extrêmes de deux stations selon qu'elles sont maritimes ou continentales : à Iakoutsk, au centre de la Sibérie orientale, l'oscillation entre l'hiver et l'été atteint 61° centigrades; à Christiania, dont la latitude ne diffère que de 2° environ, cette oscillation est presque trois fois moindre (22°).

L'influence des courants marins et celle des vents qui se sont réchauffés à leur surface sont considérables. Les côtes occidentales du continent européen, baignées par les eaux de

PAYSAGE DES CLIMATS ALPESTRES.

Le Wellhorn et le Wetterhorn.

l'immense fleuve tiède du Gulf-Stream, ont des hivers d'une douceur extraordinaire, qui contrastent avec les températures rigoureuses des régions centrales de l'Europe. « Aux Orcades, dit Humboldt, un peu au sud (0°,5) de Stockholm, la température moyenne de l'hiver est de 4°, c'est-à-dire qu'elle est plus élevée qu'à Paris et presque aussi chaude qu'à Londres. Bien plus, les eaux intérieures ne gèlent jamais aux îles Färoër, placées par 62° de latitude, sous la seule influence du vent d'ouest et de la mer. Sur les côtes gracieuses du Devonshire, dont l'un des ports (Salcombe) a été surnommé le Montpellier du Nord, à cause de la douceur de son climat, on a vu l'*Agave Mexicana* fleurir en pleine terre, et des orangers en espalier porter des fruits, quoiqu'ils fussent à peine abrités par quelques nattes. Là, comme à Penzance, comme à Gosport et à Cherbourg sur les côtes de la Normandie, la température moyenne de l'hiver est 5°,5; elle n'est donc inférieure à celle de Montpellier et de Florence que de 1°,3. » Dans ces pays, en revanche, les étés sont frais et souvent pluvieux.

L'influence du sol sur la température, et plus généralement sur les divers éléments météorologiques du climat, s'exerce de plusieurs façons. La nature géologique du sol, la végétation plus ou moins abondante qui le recouvre, la quantité et l'étendue des eaux qui y séjournent, son relief, son altitude, tout cela concourt à donner au climat de la région son caractère propre. Un sol sec, sablonneux, dénudé, se comporte vis-à-vis de la radiation solaire tout autrement qu'un sol tourbeux, marécageux, couvert de prairies toujours verdoyantes ou de forêts épaisses ; l'état hygrométrique de l'air qui les surplombe n'y offre pas de moindres contrastes. L'altitude et le relief influent aussi d'une manière notable sur le climat; l'observation nous a montré en effet la température des couches d'air diminuant avec leur hauteur au-dessus du niveau de la mer ; quant au relief, il est aisé de voir comment il peut modifier le climat, en considérant que le mouvement des masses aériennes qui constitue les vents n'éprouve aucun obstacle dans les pays de plaines ou sur les grands plateaux, tandis que les massifs montagneux s'opposent au passage des vents chauds ou des vents froids, ou encore contribuent à en changer la direction.

Dans l'énumération des causes susceptibles d'influer sur le climat d'une contrée, il nous reste à parler de l'action de l'homme. Si nous sommes généralement impuissants à imprimer une modification directe aux agents physiques ou météorologiques, la force humaine pouvant être considérée comme nulle en présence des forces naturelles agissantes, il n'en est plus tout à fait ainsi de l'influence que peut exercer à la longue notre action répétée et persévérante sur le sol. Voici quelques exemples qui paraissent démontrer la réalité de ce fait : « Il y a un pays, dit M. Gavarret, où se sont produits de grands changements en peu de temps : c'est l'Amérique. Des déboisements considérables ont été exécutés dans les plaines et sur les montagnes, de nombreux marais ont été desséchés. Les observations de M. Boussingault nous apprennent que dans ces contrées les hivers sont devenus moins rigoureux, les étés moins chauds. Le bénéfice des hivers n'a pas seulement compensé la perte des étés, mais il résulte aussi de ces mêmes observations que la température moyenne s'est légèrement accrue. La comparaison de l'état actuel de la France à celui des Gaules au moment de l'invasion romaine montre que depuis cette époque reculée l'aspect physique de notre pays a éprouvé de profondes modifications ; de grandes forêts ont disparu ; des cours d'eau ont été régularisés ; les régions jadis inondées d'une manière permanente sont aujourd'hui en pleine culture. Les observations faites en Amérique nous permettent donc d'admettre par voie d'analogie que, depuis le commencement de notre ère, le climat de la France s'est graduellement adouci ; il est devenu moins variable, et la température moyenne s'est sensiblement élevée[1]. »

C'est à une conclusion semblable qu'arrive M. Dehérain, lorsqu'il recherche, dans son *Cours de chimie agricole*, les causes

1. *Cours de physique médicale*, 1865.

de la stérilité actuelle de pays dont la fertilité était proverbiale autrefois, la Grèce, la Sicile, l'Asie Mineure, la Palestine. Ayant montré que la quantité d'eau circulant aujourd'hui dans ces régions est infiniment plus faible qu'autrefois, il attribue à l'absence des pluies l'impossibilité pour l'homme d'y cultiver les végétaux nécessaires à son alimentation. Puis il ajoute : « Si l'on cherche enfin pourquoi les pluies y sont moins abondantes, on en trouvera la raison dans le déboisement. Tous les pays où l'homme pénètre pour la première fois sont couverts de forêts; toutes les contrées, au contraire, habitées depuis longtemps sont plus ou moins déboisées. Quand l'homme pénètre dans un sol vierge, il attaque la forêt, il faut qu'elle lui cède la place et qu'il la remplace par un sol dénudé sur lequel il pourra cultiver les espèces dont il se nourrit. Tant qu'il repousse la forêt sans la détruire, il accomplit un travail utile ; mais s'il exagère son action, s'il rase les bois, il change les conditions climatériques, les pluies deviennent plus rares, et la stérilité arrive. » M. Dehérain cite à l'appui de son opinion un grand nombre de faits qui prouvent que le déboisement amène la diminution de la quantité d'eau tombée.

Après avoir indiqué les principales conditions de la diversité des climats à la surface du globe, il resterait à décrire ces climats en passant successivement en revue les principales contrées des deux mondes. Cette description climatologique aurait certes un grand intérêt ; mais, outre que l'espace nous manque, il nous paraît qu'elle est plutôt du domaine de la Géographie physique que de la Météorologie. Nous nous bornerons donc à donner un aperçu de la classification généralement adoptée, qui permet de ranger les divers climats en catégories, d'après leurs caractères les plus essentiels.

§ 3. CLASSIFICATION DES CLIMATS.

Si l'on voulait tenir compte, pour établir la classification des climats météorologiques, de tous les éléments qui les diversifient, on serait dans l'obligation de les subdiviser à l'infini ; à vrai dire, il y aurait autant d'espèces de climats qu'il existe, sur la Terre, de régions pour chacune desquelles ces divers éléments restent sensiblement identiques. Il faut donc se borner à prendre pour base quelque élément prépondérant, comme la température moyenne et l'écart des températures extrêmes, ou la situation géographique, ou encore l'altitude.

Au point de vue thermique, on a coutume de diviser les climats en trois classes qui répondent, à peu près, aux zones de latitude, bien que leurs limites soient loin de coïncider partout avec les mêmes parallèles. On a ainsi les climats *tropicaux*, les climats *tempérés*, les climats *froids* ou *polaires*.

Les climats tropicaux, qu'on subdivise parfois en climats *torrides* et en climats *chauds*, forment une zone dont l'équateur thermique peut être regardé comme l'axe. Ils ont pour caractères distinctifs : 1° une température moyenne annuelle très élevée (de 25° à 30° environ) ; 2° une oscillation annuelle faible, que l'on prenne soit les moyennes des saisons, soit les moyennes mensuelles ; 3° au contraire des variations thermiques diurnes assez importantes[1]. On ne distingue, dans les climats de la zone tropicale, que deux saisons météorologiques : la saison des pluies et la saison sèche. La première coïncide avec l'époque

1. Voici quelques exemples des températures moyennes de quelques localités appartenant à la zone des climats tropicaux :

LIEUX	LATITUDES	TEMPÉRATURES MOYENNES					ÉCARTS du mois le plus chaud au mois le plus froid
		Annuelle.	Hiver.	Printemps.	Été.	Automne.	
Batavia.	6° 9′ S	26°,8	26°,2	26°,8	27°,2	27°,1	1°,9
Saint-Barthélemy. . . .	17° 53′ N	26°,6	26°,1	26°,6	27°,4	26°,4	2°,6
Paramaribo.	5° 45′ N	26°,5	25°,9	26°,3	26°,9	28°,2	3°,0
Côte de Guinée.	5° 30′ N	27°,4	28°,1	28°,3	26°,4	27°,0	3°,2
Maracaïbo.	11° 19′ N	29°,0	27°,8	29°,5	30°,4	29°,5	3°,2
Jamaïque.	17° 50′ N	26°,1	24°,6	25°,7	27°,4	26°,6	3°,2
La Havane.	23° 9′ N	25°,0	22°,6	24°,6	27°,4	25°,6	5°,6
Karikal.	10° 55′ N	28°,7	26°,4	30°,0	29°,9	28°,6	6°,0
La Vera Cruz.	19° 12′ N	25°,0	21°,5	25°,0	26°,0	27°,5	6°,2

Dans ce tableau, les écarts sont calculés entre les moyennes, non pas des saisons, mais des deux mois le plus chaud et le plus froid de l'année.

ou les époques des plus grandes hauteurs méridiennes du Soleil, la seconde avec celles où le Soleil est le plus bas sur l'horizon du lieu. Nous avons vu avec quelle abondance et quelle fréquence les pluies des tropiques tombent pendant la saison humide; mais il y a des exceptions. Dans l'Amérique du Sud par exemple, dans les vastes plaines du Brésil septentrional, à Cumana, Coro, Céara, la pluie et la rosée sont inconnues.

Les climats tempérés sont ceux des régions où la température

Fig. 325. — Limite de la végétation forestière en Norvège. Le Prästevand, près de Tromsö.

annuelle moyenne de l'air est comprise entre 25° et 0°. L'écart des températures, dans les saisons extrêmes, y peut être considérable; il va généralement en croissant des tropiques jusqu'aux latitudes élevées, vers le cercle polaire; en un mot, les variations thermiques vont en croissant avec la latitude; toutefois elles dépendent beaucoup aussi de la situation continentale ou maritime des contrées dont le climat subit, comme nous l'avons dit, l'influence des courants marins ou aériens. C'est ainsi que Pétersbourg, Christiania et Stockholm, situés sous le même parallèle, et ayant des températures moyennes annuelles de 3°,5, de 5°,4 et de 5°,6, ont pour écarts moyens entre leurs mois les plus chauds et les froids 27°,2, 21°,3 et 25°,2. Moscou, plus méridional de 3°, mais éloigné de la mer, éprouve une variation de 28°,2; les forts Howard et Spelling, dans l'Amérique du Nord, avec des moyennes annuelles de 6°,6, éprouvent des variations de 30°,9 et de 34°,3.

Des variations annuelles encore plus considérables s'observent dans les climats froids ou polaires, qui sont caractérisés par des températures moyennes annuelles inférieures à 0°, mais on y reconnaît la même influence de la proximité ou de l'éloignement de la mer[1].

Aussi fait-on souvent de cette influence la base d'une classification particulière des climats, qu'on distingue alors en *climats continentaux* et *climats marins*. Dans la première classe se trouvent toutes les contrées faisant partie d'un continent et qui sont assez éloignées de la mer, ou en sont séparées par des barrières suffisantes, pour que les vents soufflant du large aient perdu, avant de les atteindre, leur température relativement élevée et les abondantes vapeurs dont les avait chargés l'évapo-

1. Ces différences peuvent être accentuées par diverses causes, parmi lesquelles l'influence de la nature du sol :

« Dans le voisinage du cap Nord (71° 10′ lat.), les grands bois, dit Nordenskiöld, ne s'avancent pas jusqu'à la côte de l'océan Glacial; mais dans quelques endroits abrités du littoral se trouvent encore des bouleaux hauts de 4 à 5 mètres. Autrefois pourtant le *Skärgärd*, même dans sa partie la plus voisine de la pleine mer, était boisé, comme le prouve la découverte de troncs d'arbres dans certaines tourbières des îles de la Finmarck, à Renö par exemple. En Sibérie, au contraire, la limite des forêts monte jusqu'au 72° degré de lat. N. (delta de la Lena). La végétation forestière s'avance donc en Sibérie, sur les rives des grands fleuves, plus au nord qu'en Europe. Cette différence s'explique par plusieurs raisons. D'abord, en été, les eaux de ces puissants cours d'eau ont une température assez élevée et transportent des graines. En second lieu, le sol de l'Asie septentrionale est formé d'un limon fertile renouvelé à chaque printemps par les inondations, et par suite très favorable à la végétation. En Norvège, au contraire, le sol est principalement constitué par des granits stériles, des gneiss ou des couches de sables arides. Enfin les forêts les plus septentrionales des deux pays ne sont pas composées des mêmes espèces : en Scandinavie, les représentants de la végétation forestière sont des bouleaux rabougris, qui couvrent les flancs des montagnes d'un épais manteau de riante verdure (fig. 325); en Sibérie, au contraire, ce sont des larix noueux, à moitié desséchés, épars sur des monticules et ressemblant de loin aux crins d'une vieille brosse grise » (fig. 326). (*Voyage de la Vega*, t. I.)

ration des eaux marines. Les climats continentaux sont remarquables par leurs étés chauds et leurs hivers rigoureux, par la sècheresse de l'air, la clarté de leur ciel et le peu d'abondance de leurs pluies. Des caractères opposés sont ceux des climats marins, aux hivers doux, aux étés frais, aux saisons généralement pluvieuses.

Au point de vue de l'altitude, on serait également fondé à classer les régions et leurs climats selon le degré d'élévation du sol au-dessus du niveau de la mer. On aurait ainsi les

Fig. 326. — Limite de la végétation forestière en Sibérie, sur la Boganida.

climats de plaines, les *climats de montagnes*, et, pour les altitudes qui atteignent les neiges des sommets, les *climats alpestres*.

Enfin, au point de vue médical, les climats sont quelquefois classés en trois catégories, suivant qu'ils sont *constants, variables* ou *excessifs*. « Un climat constant, dit M. Gavarret, jouit d'une température qui est toujours sensiblement la même. Comme type de climat variable, je citerai celui de Paris. Dans un climat excessif, on est exposé à des variations très grandes de température. Cette division est très importante pour le médecin qui est appelé à donner des conseils aux malades. Tout démontre, en effet, que si les sujets à poitrine délicate se trouvent très bien dans les climats constants, chauds ou froids, ils ne supportent que très difficilement les climats variables et surtout excessifs. » Les climats équatoriaux sont par excellence des climats constants, puisque les oscillations annuelles de la température y sont faibles. Seulement, le jour et la nuit y présentent des variations brusques et des différences marquées. Si l'on ne considérait que les périodes de vingt-quatre heures, ce seraient des climats excessifs. Dans tout cela, il y a lieu de tenir compte des causes locales de perturbation. Ainsi, les côtes de la Méditerranée, qui, comme celles de l'Algérie, auraient à peu près les caractères d'un climat constant, subissent de brusques variations, toutes les fois que le mistral amène en Provence l'air froid des Alpes ou des montagnes du Plateau central.

Toutes les classifications que nous venons de passer en revue sont, à un certain degré, légitimes, puisque toutes tiennent compte d'un élément essentiel ou d'une propriété importante du climat. Mais aucune n'est et ne peut être complète. Il faudrait, pour que toutes les causes qui concourent à modifier les climats fussent prises en considération dans le mode de groupement de ceux-ci, que l'on pût, par une synthèse dont la formule n'est pas et ne sera sans doute jamais trouvée, réunir en un seul tous les caractères propres à chaque classification particulière. L'influence du climat sur la vie végétale et animale est si grande, elle s'exerce sur les êtres des deux règnes d'une façon si continue et sous des formes si variées, par des modes d'action si différents, qu'il nous semble que faire une bonne classification des climats météorologiques, ce serait résoudre le même problème que de classer les flores et les faunes des diverses régions du globe, tâche bien complexe et, en tout cas, hors de notre programme et de notre compétence. Si la place ne nous manquait, nous suppléerions à cette insuffisance en empruntant aux voyageurs, botanistes ou zoologistes, quelques descriptions, quelques tableaux de la vie végétale et animale dans les contrées

UN PAYSAGE DE LA SUISSE PENDANT L'ÉPOQUE DE L'AGE LACUSTRE.

du globe de climats opposés. Si nous y joignions les vues de paysages des mêmes pays, le lecteur se rendrait compte, sans difficulté, des contrastes offerts par les climats, depuis les mornes déserts des glaces du pôle, depuis les côtes à peine recouvertes d'un maigre lichen du Groenland ou du Spitzberg, jusqu'aux contrées riantes de la zone tempérée, jusqu'aux luxuriantes forêts vierges de la Guyane, du Brésil et en général de la plupart des terres qu'échauffe le soleil brûlant des tropiques. D'ailleurs, en déroulant ce tableau, l'occasion se présenterait de dire un mot de quelques questions qui ont un grand intérêt au point de vue de la physique du globe et d'exposer les hypothèses proposées jusqu'à présent. Pour nous borner à une seule de ces questions, nous examinerions s'il est vrai que, en dehors de l'action de l'homme qui est incontestable, le climat a changé ou non dans nos contrées depuis les temps historiques, ou si, comme la plupart des savants qui ont étudié ce point le pensent, il est vrai que le climat, ou, pour préciser, que la température n'a point varié d'une manière appréciable. Remontant dans le temps au delà des époques où la tradition a conservé quelques traces des sociétés humaines, au delà même de l'époque de son apparition, franchissant en un mot les étapes successives des âges géologiques, nous pourrions peut-être nous faire une idée approchée des conditions météorologiques propres à chacune d'elles. On sait, en effet, par les découvertes de la paléontologie, qu'on peut reconstituer en pensée, par exemple, la flore et la faune des époques les plus éloignées de l'époque actuelle, des périodes crétacée, jurassique, carbonifère, devonienne. Or certains des animaux et des végétaux qu'on retrouve enfouis dans les couches des terrains correspondants, exigeaient, pour vivre et se développer, des températures infiniment plus élevées que celles qui aujourd'hui s'observent dans les mêmes latitudes. Dans quelles conditions se trouvait notre planète pour que des modifications aussi considérables aient pu se produire dans l'intervalle de temps, d'une immensité incalculable il est vrai, qui nous sépare de ces âges? Est-ce le Soleil qui rayonnait avec une intensité plus grande, ou dont les dimensions étaient incomparablement plus considérables ? Ou bien la composition de notre atmosphère, plus riche en acide carbonique, plus étendue, plus dense et plus absorbante, permettait-elle une diffusion presque uniforme de la chaleur solaire aux diverses latitudes ? La chaleur du foyer central intervenait-elle et ajoutait-elle son influence à l'une ou à l'autre de ces causes ? Questions fort intéressantes, comme on voit, mais encore bien conjecturales, et qui touchent à des sciences diverses, astronomie, géologie, météorologie, etc. A la science de l'avenir de les résoudre.

Ici se termine la tâche que nous nous étions imposée, dans ce dernier volume du Monde Physique, de présenter le tableau des principaux phénomènes météorologiques, et l'exposé élémentaire de leurs lois, d'après les plus récentes découvertes de la Science. Nous avons dû laisser de côté bien des points secondaires de notre sujet. Mais il paraîtra moins incomplet, si le lecteur veut bien y joindre tous les chapitres ou tous les paragraphes des quatre premiers volumes qui se rapportent à des questions spéciales de Physique du globe et de Météorologie, et dont la place était marquée par le lien de chacune d'elles avec l'agent physique étudié particulièrement dans chaque partie de notre ouvrage.

Celui-ci serait lui-même terminé, s'il ne nous restait à dire un mot de quelques phénomènes de physique moléculaire trop importants pour être passés sous silence. Ce sera l'objet du court appendice qui va suivre.

II

LA PHYSIQUE MOLÉCULAIRE

LA PHYSIQUE MOLÉCULAIRE

§ 1. LES FORCES MOLÉCULAIRES.

Tout ce que l'observation expérimentale nous a permis d'apprendre sur les propriétés de la matière, pondérable ou impondérable, conduit à considérer les corps comme constitués par l'agglomération de particules séparées. Ce sont les *atomes* ou les *molécules*, selon qu'il s'agit de corps chimiquement simples ou de corps composés. Ces particules excessivement ténues, situées à des distances variables, mais très faibles, les unes des autres, sont plongées dans le milieu impondérable, élastique et fluide, dont les ondulations servent à expliquer les phénomènes de chaleur et de lumière, et peut-être aussi ceux de pesanteur, d'électricité et de magnétisme. On suppose que l'éther, non seulement pénètre dans les vides intermoléculaires, mais encore enveloppe chacune des molécules d'un corps d'une atmosphère plus ou moins condensée. L'éther est un océan indéfini, au sein duquel nagent, comme les îles d'autant d'archipels, toutes les agglomérations matérielles auxquelles nous réservons le nom de corps. C'est lui sans doute qui sert de milieu de transmission pour tous les mouvements que les corps se communiquent entre eux, sous les formes variées de gravité, de radiations calorifiques et lumineuses, de courants magnétiques ou électriques.

Nous savons aussi — notamment par les changements incessants de volume ou d'état physique que produisent dans les solides, les liquides et les gaz les variations de la chaleur, et aussi par les phénomènes de vibrations sonores — que les molécules sont dans une perpétuelle agitation, même dans les corps qui semblent les plus stables ; oscillant continuellement autour d'un état moyen d'équilibre, il leur arrive de s'en écarter parfois assez pour le rompre, tantôt pour reprendre l'état primitif si les conditions nécessaires se reproduisent, tantôt pour en constituer un nouveau, en affectant de nouvelles dispositions, si les causes qui avaient provoqué la rupture persistent. C'est ainsi que nous avons vu, sous l'influence des variations de pression et de température, les corps passer de l'état solide à l'état liquide et à l'état gazeux ou réciproquement, la différence entre ces trois états tenant au plus ou moins de stabilité des liaisons mutuelles des molécules.

Ces mouvements invisibles des dernières particules de la matière, ces oscillations dont la forme, la vitesse et l'amplitude restent à l'état d'hypothèses, supposent l'existence de forces qui leur sont propres et dont ces particules sont le siège. Ce sont les *forces moléculaires*. On leur a donné des noms différents, par exemple ceux de *cohésion*, d'*affinité*, selon qu'il s'agit de la force qui unit entre elles toutes les particules d'un même corps, ou de la force qui détermine la combinaison chimique de deux corps différents. Mais que sont ces forces? Sont-elles autres que les agents physiques dont nous avons étudié les effets dans les cinq volumes de cet ouvrage, ou bien n'en sont-elles que des manifestations spéciales ou des transformations[1]? Ce sont là des questions de haute philosophie scientifique qu'on ne résoudra sans doute pas *à priori*, mais bien, comme toutes les questions du même ordre, par l'observation,

1. C'est cette dernière hypothèse qui est le plus communément adoptée aujourd'hui. « Tous les travaux, toutes les tendances de la science moderne, dit M. H. Sainte-Claire Deville, conduisent à l'identification des forces qui interviennent dans les phénomènes physiques et chimiques de la nature. Toutes les déterminations numériques conduisent à établir leur équivalence d'une manière rigoureuse. L'affinité et la cohésion ne peuvent échapper à cette identification, et déjà la théorie mécanique les englobe dans un cercle de raisonnements qui doivent faire disparaître bientôt ce qu'elles présentent encore de vague et de mystérieux. » (*Leçon sur la dissociation.*)

l'expérimentation et le calcul mathématique appliqué aux données fournies par ces dernières.

Maintes fois, dans le cours de cet ouvrage, nous avons eu l'occasion d'invoquer l'existence de ces forces moléculaires, ou, si l'on préfère, de constater les mouvements intimes qu'elles provoquent dans la matière, soit pour expliquer certains phénomènes qui modifient telle ou telle loi physique, soit pour rendre compte de cette loi. Par exemple, les *phénomènes capillaires* sont une dérogation apparente aux lois de l'hydrostatique, et supposent l'existence d'une force différente de la gravité, et qui tend à attirer ou à repousser, suivant les cas, les molécules fluides au voisinage des corps solides. L'*élasticité*, dans les solides et les liquides comme dans les gaz, est nécessaire pour expliquer les ondulations ou vibrations sonores ; la même propriété, envisagée dans l'éther, forme la base de toute la théorie moderne de la lumière et de la chaleur. Les dilatations et les contractions, les changements d'état physique, les phénomènes de *dissolution*, de *diffusion*, de *surfusion*, de *cristallisation*, d'*allotropie* ne s'expliquent que par des mouvements moléculaires, des ruptures d'équilibre, des groupements nouveaux dans les systèmes de molécules. L'état gazeux ne se comprend que si l'on suppose que les liens qui d'abord maintenaient le corps solide ou liquide et groupaient ses molécules à des distances mutuelles d'une extrême petitesse, sont rompus par l'intervention d'une force antagoniste.

Dans la plupart des phénomènes physiques ou chimiques, les actions moléculaires jouent donc un rôle important, sinon prépondérant. Nous n'avons ici en vue que les premiers, et, nous le répétons, nous avons dû souvent déjà décrire des phénomènes qui sont du domaine de la Physique moléculaire. Cette dernière partie du MONDE PHYSIQUE, cette sorte d'appendice ne se justifierait point dès lors, si elle n'avait pour objet de compléter nos descriptions, en consacrant quelques paragraphes à un certain nombre de phénomènes qui n'ont pu trouver place ailleurs : aux *phénomènes capillaires*, à ceux de *diffusion* et de *pénétration* des gaz et des liquides, soit entre eux, soit dans les corps solides, où ils paraissent subir des transformations dont l'étude est d'un haut intérêt scientifique.

§ 2. LES PHÉNOMÈNES CAPILLAIRES.

Tout le monde sait que, si l'on met la surface inférieure d'un morceau de sucre, ou de craie ou d'un corps poreux quelconque, en contact avec un liquide, ce morceau s'imbibe avec plus ou moins de rapidité par l'ascension du liquide au travers de ses pores. C'est un phénomène semblable qui fait monter l'huile au travers des fibres de la mèche d'une lampe. Les faits de ce genre sont connus depuis longtemps, mais ils ne sont étudiés scientifiquement que depuis un peu plus de deux siècles, puisque les premières expériences auxquelles ils furent soumis ne semblent pas avoir été connues de Pascal. Les expériences dont nous parlons furent faites à l'aide de tubes d'un diamètre très fin, comparables pour cela à l'épaisseur d'un cheveu, ce qui fit donner aux phénomènes le nom de phénomènes *capillaires*.

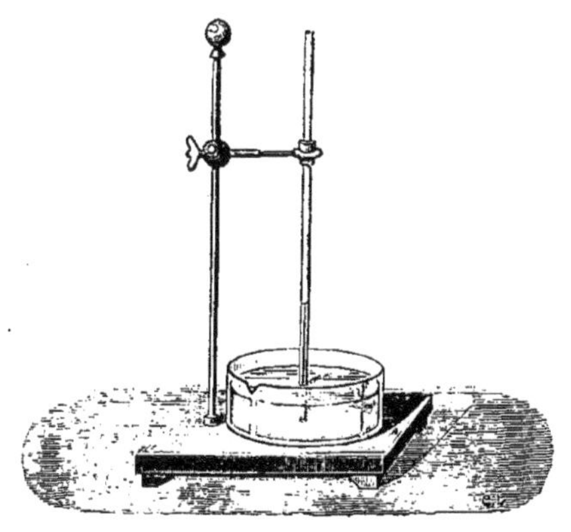

Fig. 327. — Ascension de l'eau dans un tube capillaire.

Prenons un tube de verre dont la surface intérieure ait été bien nettoyée et plongeons-le verticalement dans l'eau (fig. 327) : nous verrons le liquide s'élever à l'intérieur du tube à un niveau supérieur à celui de l'eau du vase. La même chose arrive si, au lieu d'eau, on emploie de l'éther, de l'alcool, et en général un liquide qui mouille le verre. Mais si l'expérience est faite avec du mercure, liquide qui ne mouille pas le tube, au lieu d'une ascension, c'est une dépression qu'on observe ; le niveau intérieur est en dessous de celui du liquide extérieur. Ces deux phénomènes opposés sont bien mis en évidence dans la figure 328, où l'on voit en outre la forme particulière des sur-

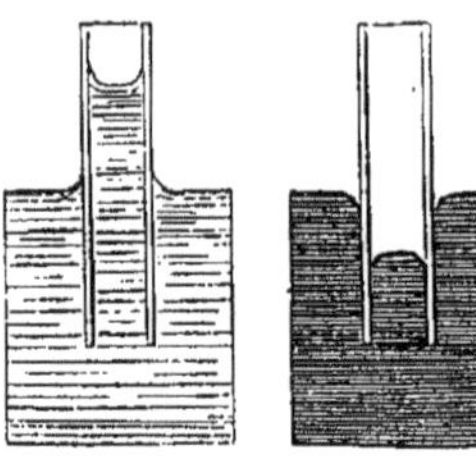

Fig. 328. — Ménisques dans les tubes capillaires.

Fig. 329. — Forme convexe ou concave des surfaces terminales sur les bords des vases.

faces liquides terminales aux points les plus voisins du tube, soit à l'intérieur de celui-ci, soit à l'extérieur. Cette forme est concave dans le cas de l'ascension d'un liquide mouillant le tube ; elle est convexe dans le cas de la dépression. Une simple lame plongée, soit dans l'eau, soit dans le mercure, présentera d'ailleurs sur les parois en contact les deux mêmes genres de courbure.

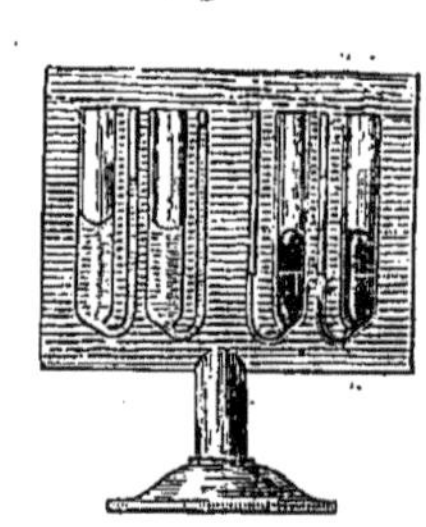

Fig. 330. — Ascension et dépression des liquides dans les tubes capillaires

On met encore en évidence l'ascension et la dépression des liquides dans les tubes capillaires, en employant un appareil composé de tubes de verre verticaux et courbés en U, dont une des branches a un grand diamètre, dont l'autre est un tube à très petit diamètre. La différence des niveaux dans les deux branches de ce siphon renversé est immédiatement visible. Si le liquide est de l'eau, le niveau est plus élevé dans le tube capillaire ; il est plus bas dans le cas du mercure. La forme des surfaces terminales, concave dans le premier cas, convexe dans le second, se remarque aisément. De plus, si les divers tubes capillaires ont des diamètres différents, on peut constater que l'ascension ou la dépression est d'autant plus forte, qu'elle a lieu dans un tube de plus petit diamètre.

Comme nous le disions plus haut, les phénomènes capillaires sont une dérogation aux lois de l'hydrostatique, qui veulent qu'il y ait égalité de niveau entre des surfaces liquides dans des vases communiquants. Pour les expliquer, il a donc fallu supposer l'intervention de forces qui se développent entre les molécules des solides et celles des liquides, lorsque ces molécules se trouvent mises en présence, soit au contact, soit à des distances très petites.

Mais, avant de pouvoir aborder la théorie, il fallut se livrer à de nombreuses expériences et varier de toutes les façons les conditions dans lesquelles se produisent les phénomènes capillaires. Un point important fut établi, dès le début, par les académiciens de Florence : ayant répété dans le vide les expériences qu'ils avaient faites premièrement à l'air libre, ils constatèrent que l'ascension et la dépression observées persistaient, d'où la conséquence qu'il n'y avait pas lieu d'invoquer l'action de la pression atmosphérique. Newton le premier songea à expliquer l'ascension de l'eau dans un tube, ou entre deux plaques de verre parallèles, par une attraction analogue à celle qui maintient réunies les molécules des corps solides. Mais cette hypothèse ne put prendre corps qu'après la découverte des lois de ce phénomène. Il fallut étudier successivement l'influence de la nature du liquide, de sa température, de sa densité, et, puisque les phénomènes étaient d'autant plus marqués que les tubes capillaires étaient plus fins, s'assurer de la loi que suit la hauteur, quand on fait varier leur diamètre. C'est à un physicien du dernier siècle, Jurin, qu'est due la découverte de cette loi.

Jurin démontra que, pour un même liquide mouillant le tube, la hauteur à laquelle il s'élève au-dessus du niveau extérieur varie en raison inverse du diamètre du tube. Les expériences qui permettent de vérifier la loi sont d'ailleurs très délicates. Elles ont été reprises, avec toutes les précautions nécessaires, par Gay-Lussac, qui employa dans ce but la disposition indiquée par la figure 531. C'est un cathétomètre à l'aide duquel on mesure la distance verticale comprise entre le niveau du liquide dans le tube capillaire et le niveau extérieur, marqué par la pointe d'une tige qui affleure la surface de ce dernier. Gay-Lussac employa des tubes dont le diamètre variait entre $1^{mm},3$ environ et $10^{mm},5$; mais la loi ne se vérifie que pour les tubes dont les diamètres ne dépassent pas 2 ou 3 millimètres. La nature de la matière du tube est sans influence ; on avait d'abord cru le contraire, parce qu'on n'avait point pris la pré-

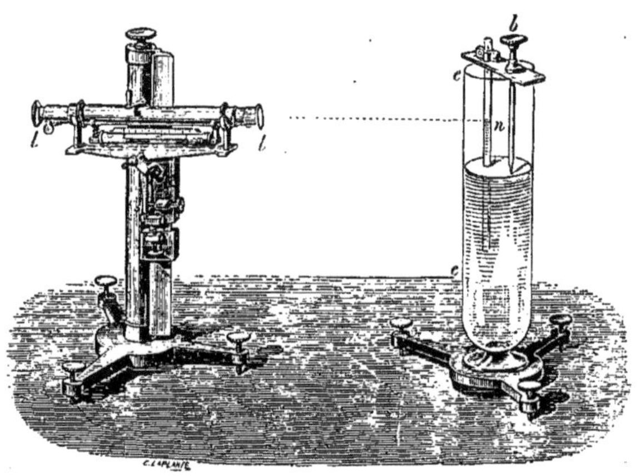

Fig. 331. — Appareil de Gay-Lussac pour la vérification de la loi des diamètres dans les tubes capillaires.

caution d'en nettoyer parfaitement la surface intérieure et de la mouiller avant d'y introduire le liquide. Il n'en est pas de même de la nature du liquide. Pour un tube de diamètre donné, la hauteur de la colonne capillaire varie d'un liquide à l'autre ; les chiffres suivants, empruntés aux expériences de Frankenheim, sont relatifs à l'ascension de divers liquides dans un tube dont le diamètre est 1 millimètre à 0° :

Liquides.	Hauteurs de la colonne.
Eau	$30^{mm},73$
Essence de térébenthine	$13^{mm},52$
Alcool	$12^{mm},82$
Éther	$10^{mm},80$
Sulfure de carbone	$10^{mm},20$
Soufre à 100°	$4^{mm},61$

La température du liquide a aussi une influence. La hauteur de l'ascension va en décroissant à mesure que le liquide s'échauffe. Bien plus, d'après les recherches de M. Wolf, qui a expérimenté sur l'éther sulfurique, l'alcool, le sulfure de carbone, en les chauffant dans des tubes fermés, le ménisque concave terminal s'aplatit de plus en plus à mesure que s'élève la température, et finit par devenir plane et même à se changer en un ménisque convexe, quand la température est suffisamment élevée.

La loi des diamètres se vérifie encore pour les liquides qui, comme le mercure, ne mouillent pas les tubes. Mais alors, comme l'a fait voir Avogadro, la nature de la substance du tube influe sur la dépression quand le diamètre est le même. Ainsi, dans deux tubes de 1 millimètre de diamètre, l'un en fer, l'autre en platine, ce physicien trouvait une dépression de $1^{mm},226$ dans le premier, de $0^{mm},635$ seulement dans le second.

Tous ces résultats de l'expérience peuvent être considérés comme autant de conséquences d'une théorie que Laplace a établie, en s'appuyant sur l'hypothèse d'attractions moléculaires réciproques que les liquides et les solides exercent les uns sur les autres ou sur leurs propres molécules, à des distances extrêmement petites, et qui cessent d'agir dès que la distance devient sensible. La forme et la courbure des ménisques dépendent du rapport qui existe entre l'action des parois solides sur le liquide et celle du liquide sur lui-même. La résultante des actions combinées de ces deux forces et de la pesanteur dépend de leurs intensités respectives; elle peut être verticale, et dans ce cas la surface terminale est plane, le ménisque n'existe point ; ou être inclinée dans deux sens opposés par rapport à la paroi solide, et alors le ménisque, concave dans un cas, est convexe dans l'autre. Enfin, de la forme et de la courbure du ménisque dépendent les hauteurs de la colonne ascendante ou de la dépression, lesquelles, comme on vient de le voir, varient en raison inverse du diamètre des tubes.

Au lieu de tubes, on peut employer pour observer les phénomènes capillaires des parois solides de forme quelconque. Entre deux lames parallèles, l'ascension a lieu suivant la même loi que pour les tubes, à la condition que l'on considère la distance des lames comme égale seulement au rayon du tube : ce qui revient à dire que les hauteurs du liquide ne sont que la moitié de celles qu'on observerait dans les tubes ayant pour diamètres les distances des lames.

Quand, au lieu de lames parallèles, on prend deux lames formant entre elles un certain angle, d'ailleurs très petit, et qu'on les plonge dans un liquide susceptible de mouiller leurs parois, voici ce qu'on observe : Le liquide va en s'élevant de plus en plus à mesure que se rétrécit l'intervalle qui sépare les deux lames. Si ces dernières sont en verre et transparentes, et qu'on fasse l'expérience avec de l'eau colorée, la surface terminale de la lame liquide interposée dessine une courbe qui n'est autre chose qu'une branche d'hyperbole équilatère.

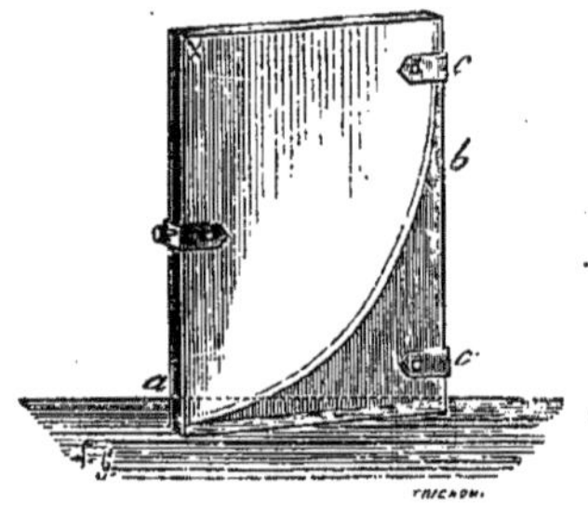

Fig. 532. — Ascension d'un liquide entre deux lames inclinées.

Avec un tube de forme conique, le phénomène présente une particularité remarquable. Une goutte d'eau ou de tout liquide qui mouille les parois se termine des deux côtés par des ménisques concaves, dont la courbure est plus forte du côté du sommet du cône. Si l'axe du tube est horizontal, la goutte s'avance vers ce sommet ; s'il est incliné à l'horizon, de façon que le sommet soit à un niveau plus élevé que la base, la goutte s'arrête à une position d'équilibre qu'on peut calculer à l'avance. Quand au lieu d'eau on emploie du mercure, la goutte s'éloigne du sommet du cône. Le premier cas se réalise dans le mouvement de l'eau dans les pipettes, et aussi dans celui de l'encre des tire-lignes, laquelle tend à s'écouler par la pointe, à mesure qu'elle s'étend sur le papier.

C'est encore à la capillarité que sont dus les mouvements

d'attraction et de répulsion qu'on observe entre de petits corps légers flottant à la surface d'un liquide. Si ces corps sont, par exemple, deux boules également mouillées par le liquide, on les voit se précipiter l'une sur l'autre, dès qu'elles sont à une distance assez faible pour que les ménisques concaves dont elles sont entourées arrivent à se rejoindre. Un phénomène semblable a lieu pour deux boules qui ne sont pas mouillées par le liquide. Au contraire, il y a répulsion (fig. 334), si l'un des corps est mouillé tandis que l'autre ne l'est point[1]. Pour faire ces expériences avec l'eau, on emploie de petites balles de liège; les unes, à l'état naturel, sont mouillées, les autres, enduites d'une couche grasse, ne le sont point. On doit à Mariotte une expérience curieuse qui se rattache au principe de ces attractions. Prenant deux verres à boire, on les emplit d'eau, l'un d'eux seulement à moitié, et l'autre complètement jusqu'à ce que le niveau du liquide dépasse le rebord du verre. On voit alors les bulles d'air qui se forment à la surface de l'eau se rassembler au centre dans le second verre, tandis qu'elles se portent vers les bords du premier. Ces bulles sont comme des flotteurs mouillés qu'attire le ménisque concave du bord dans le premier verre, et que repousse le ménisque convexe dans le second. « C'est le fait vulgaire, dit M. Violle en rapportant l'expérience de Mariotte, des bulles d'air qui, à la surface du

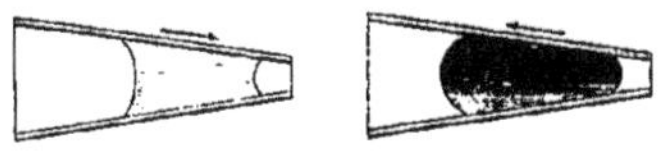

Fig. 333. — Phénomènes capillaires dans les tubes coniques.

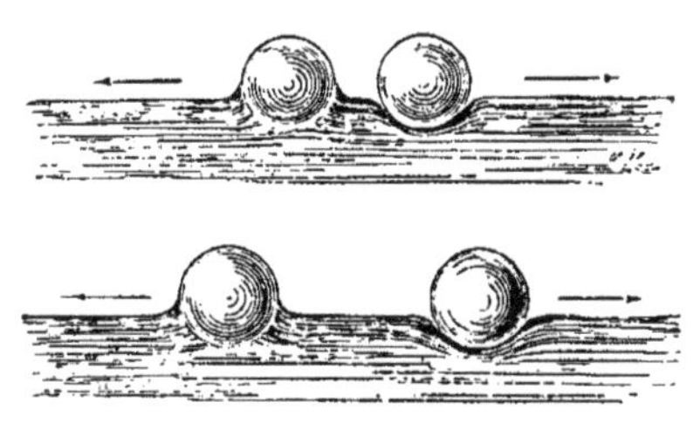

Fig. 334. — Répulsion de deux corps flottants, à la surface d'un liquide.

1. D'après les calculs de Laplace, si les actions des deux corps flottants sur le liquide ne sont pas égales, le point d'inflexion des deux ménisques n'est pas au milieu de leur intervalle; alors si on diminue suffisamment ce dernier, les deux corps, au lieu de continuer à se repousser, doivent s'attirer : c'est ce que l'expérience confirme.

café, se portent au centre ou vers le bord, suivant que la tasse est sèche ou humide. »

Au lieu de corps plus légers que le liquide, on peut y faire flotter des corps plus denses, par exemple une aiguille d'acier sur l'eau, si l'on a eu soin de l'enduire d'une couche grasse, ce qui s'obtient en la frottant simplement avec les doigts; un fil de platine, que ne mouille pas le mercure, flottera pareillement à sa surface, si l'on a soin de l'y poser avec précaution. Dans ces deux cas, la dépression capillaire a un volume total assez grand pour que le poids du liquide ainsi déplacé surpasse celui du corps flottant. Cela explique la facilité avec laquelle courent à la surface de l'eau certains insectes dont les pattes sont terminées par des tarses enduits d'une matière graisseuse; les dépressions capillaires sont telles, que le poids de l'eau déplacée est plus fort que celui de l'insecte. Les mêmes insectes enfoncent dans l'eau lorsqu'on les dépose à la surface après avoir lavé leurs pattes avec de l'éther, qui dissout la substance grasse dont elles sont naturellement imprégnées.

Nous avons donné plus haut quelques exemples de phénomènes où les actions capillaires jouent un rôle. On pourrait en citer beaucoup d'autres. C'est à la capillarité que l'hydrophane doit d'être transparente lorsqu'elle a été plongée dans l'eau et que le liquide a eu le temps de pénétrer dans les pores de la pierre; la lumière, auparavant réfléchie et diffusée par les parois des canaux intérieurs, passe sans obstacle grâce à la présence de l'eau qui les remplit. C'est également la capillarité qui donne aux pierres gélives leur fâcheuse propriété de se déliter quand la congélation, accroissant le volume de l'eau renfermée dans leurs pores, détermine la rupture des parois sous l'effort de la glace. La colle forte ne prend bien entre deux morceaux de bois qu'on veut réunir, que si la surface est assez sèche pour que la gélatine pénètre par capillarité à une suffisante profondeur. Enfin l'imbibition des terres se fait encore sous l'influence des actions capillaires, ainsi que celle des tissus; on rend ce dernier effet sensible en se servant d'un morceau d'étoffe en guise de siphon pour transvaser un liquide d'un vase dans un autre (fig. 335). On doit à M. Jamin une série d'expériences intéressantes sur l'intervention des mêmes forces dans les phénomènes d'imbibition des corps poreux, secs ou préalablement mouillés, sur la façon dont les liquides, en pénétrant à l'intérieur de ces corps, refoulent l'air emprisonné dans les pores, de l'extérieur à l'intérieur, jusqu'à faire acquérir au gaz des pressions de plusieurs atmosphères. Appliquant les résultats de ces expériences aux végétaux, M. Jamin montra qu'ils pouvaient suffire à expliquer l'ascension de la sève dans leurs tissus[1].

Fig. 335. — Ascension des liquides dans les tissus sous l'influence de la capillarité.

Les phénomènes dont il va être question dans le prochain paragraphe n'ont pas une moindre importance pour l'interprétation d'une multitude de faits que le physiologiste observe en étudiant la vie des végétaux et celle des animaux. Les applications scientifiques ou industrielles des lois qui régissent ces phénomènes sont également de plus en plus nombreuses.

On a construit des tables qui donnent la correction à faire, en ce qui concerne la capillarité, aux lectures des baromètres à mercure; ces corrections dépendent à la fois du diamètre intérieur du tube et de la hauteur ou de la flèche du ménisque. Malheureusement les résultats fournis par ces tables des dépressions capillaires sont peu certains et ne s'accordent point entre eux. Aussi les physiciens préfèrent-ils adopter la méthode de correction qui consiste à comparer le baromètre avec un baromètre étalon ou normal : il en résulte une constante qu'on peut vérifier de temps à autre, mais qui a l'avantage de donner en même temps la correction provenant du déplacement du zéro.

1. *Leçons sur les lois de l'équilibre et du mouvement des liquides dans les corps poreux faites en 1861 devant la Société chimique de Paris.*

§ 3. DIFFUSION ENTRE LES LIQUIDES; DIFFUSION ENTRE LES GAZ.

Quand deux liquides sont, comme l'eau et l'alcool, susceptibles de se mélanger et qu'on les met en présence, ils se pénètrent réciproquement au bout d'un temps plus ou moins long, selon les conditions de l'expérience. C'est à ce phénomène qu'on donne le nom de *diffusion*. Le premier physicien qui ait soumis à une étude régulière ce genre particulier d'actions moléculaires[1] fut Dutrochet, qui dès 1826 examina ce qui se passe lorsqu'on plonge dans l'eau pure un flacon rempli d'alcool et dont le fond est une membrane poreuse, un morceau de vessie. Pour faire l'expérience, il adopta la disposition que représente la figure 336. *v* est la fiole contenant l'alcool, et *ba* la vessie qui en forme le fond. Elle porte un tube gradué *n*. Quand on la plonge dans le vase qui contient l'eau, on voit peu à peu le liquide monter dans le tube, s'y élever progressivement et même dépasser le bout supérieur, en se déversant en

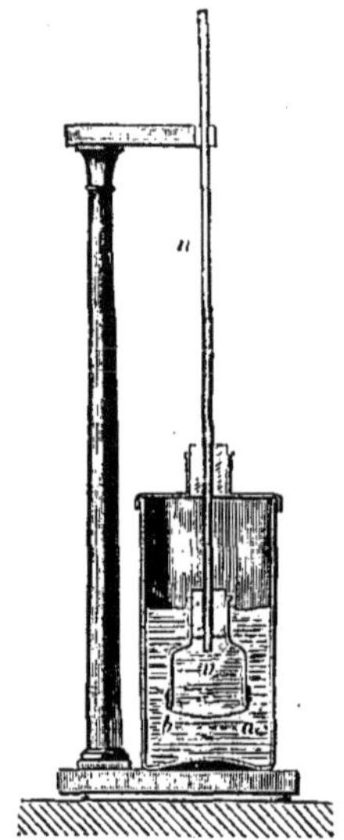

Fig. 336. — Endosmomètre de Dutrochet.

1. L'abbé Nollet avait observé la diffusion des liquides près de quatre-vingts ans avant Dutrochet, comme le remarque M. Violle dans son *Cours de physique*, en décrivant l'expérience suivante : « Voulant conserver de l'esprit-de-vin à l'abri de l'air, il en avait rempli une fiole cylindrique, longue de cinq pouces et large d'un pouce environ, et l'ayant couverte d'un morceau de vessie mouillée et ficelée au col du vaisseau, il l'avait plongée dans un grand vase plein d'eau. Au bout de cinq ou six heures, il fut tout surpris de voir que la fiole était plus pleine qu'au moment de son immersion, quoiqu'elle le fût alors autant que ses bords pouvaient le permettre; la vessie qui lui servait de bouchon était devenue convexe, et si tendue qu'en la piquant avec une épingle il en fit sortir un jet de liqueur qui s'éleva à plus d'un pied de hauteur. » Nollet fit une seconde expérience inverse de la première : il remplit la fiole d'eau, la boucha avec un morceau de vessie mouillée, et la plongea dans l'esprit-de-vin; au lieu de se gonfler, elle se creusa peu à peu, et l'eau qui était au-dessus diminua d'autant. Ce sont bien là les phénomènes d'osmose étudiés par Dutrochet, mais Nollet ne poussa pas plus loin ses recherches.

dehors. En analysant à l'aide de l'aréomètre les liquides contenus alors dans le flacon et dans le vase, on reconnaît que l'alcool du premier s'est étendu d'eau; qu'au contraire l'eau du vase est mélangée d'une certaine quantité d'alcool. Il y a donc eu échange ou mélange des liquides au travers de la membrane, et l'ascension dans le tube prouve que le courant qui a diffusé l'eau à l'intérieur du flacon a été plus fort que le courant inverse en vertu duquel l'alcool en est sorti. Dutrochet a donné le nom d'*osmose* au phénomène général, appelant *endosmose* le courant entrant ou plutôt le courant le plus puissant, *exosmose* le courant sortant ou le plus faible. Dans l'expérience qui précède, on dit qu'il y a endosmose de l'eau à l'alcool. L'appareil que représente la figure 336 reçut le nom d'*endosmomètre*, parce que Dutrochet s'en servit pour mesurer la vitesse plus ou moins grande avec lequel s'accomplissait le phénomène, lorsque, au lieu d'eau et d'alcool, il observait ce qui se passe avec des liquides quelconques, par exemple avec des dissolutions salines plus ou moins concentrées.

La diffusion à travers les membranes, ou osmose, est un phénomène très complexe. Le rôle de la membrane est considérable, l'absorption endosmotique variant non seulement avec les divers liquides pour une même membrane, mais aussi pour un même liquide avec des membranes différentes. Dans ce dernier cas, le sens même des courants peut changer : ainsi, lorsque, dans l'expérience de Dutrochet, on substitue une lame de caoutchouc à la vessie pour former le fond de la fiole pleine d'alcool, on observe une dépression dans le niveau du liquide du tube : l'endosmose a lieu de l'alcool à l'eau. Graham a démontré que l'endosmose va en croissant avec la température.

On doit à ce dernier savant une curieuse et importante application des phénomènes de diffusion par les membranes. Ayant constaté qu'il existe une remarquable relation entre la diffusibilité d'un corps et sa tendance à cristalliser, les substances cristallisables étant toujours beaucoup plus diffusibles que les substances amorphes, il désigna les premières par le nom de *cristalloïdes*, et les secondes par celui de *colloïdes*. Dans la première classe, se rangent notamment toutes les dissolutions salines ; dans la seconde, les gommes, la gélatine, l'albumine, etc. De cette opposition dans les propriétés de ces deux espèces de corps, Graham a déduit une méthode de séparation de leurs mélanges, méthode à laquelle il donna le nom de *dialyse*. L'appareil dont il a fait usage, et que l'on nomme *dialyseur*, est d'une grande simplicité. C'est (fig. 337) un vase en verre ou en gutta-percha, peu profond, qu'on ferme à l'une de ses bases par une feuille de parchemin ou de papier-parchemin. On y introduit la substance à dialyser et on plonge le vase dans

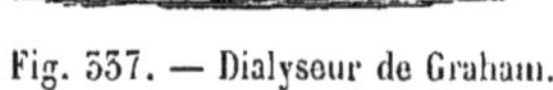

Fig. 337. — Dialyseur de Graham.

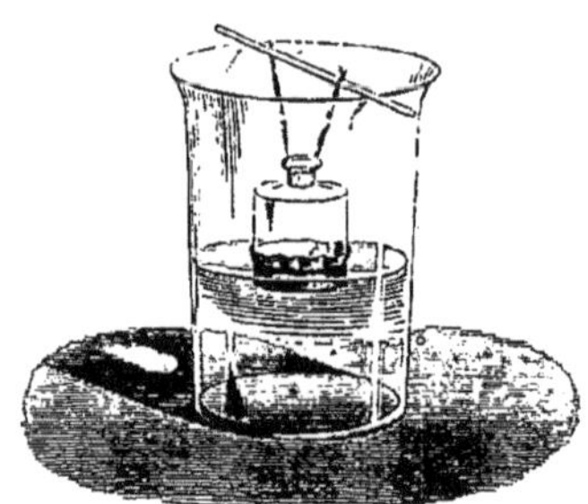

Fig. 338. — Autre dialyseur.

une cuvette pleine d'eau pure, de façon que les deux liquides soient à peu près de niveau. La membrane perméable suffit à empêcher le mélange par action mécanique ou par différence de pression, et c'est la diffusion qui opère la séparation de la substance colloïdale mélangée avec la substance cristalloïde. Graham a pu préparer ainsi des solutions dans l'eau pure de corps qu'on regardait jusque-là comme insolubles, tels que les hydrates de silice, d'alumine, ferrique, etc.

M. Péligot, dans sa belle étude des eaux de la Seine, faite en 1864, eut l'occasion d'appliquer la méthode de dialyse à l'examen de l'eau du grand égout collecteur à Asnières, au point où il débouche dans le fleuve. Cette eau, très infecte et très mousseuse, fut d'abord évaporée, et le résidu sec de cette opération traité par l'alcool absolu. « La dissolution, dit le savant chimiste, a été à son tour évaporée au bain-marie. Le nouveau résidu a été *dialysé*, c'est-à-dire soumis à ce procédé de séparation dont M. Graham a récemment enrichi la chimie analytique. En évaporant l'eau dans laquelle plongeait le dialyseur et en traitant le résidu par l'acide azotique, j'ai obtenu des cristaux qui m'ont présenté les caractères de l'*azotate d'urée*[1]. »

La dialyse est d'un secours précieux pour les recherches toxicologiques : elle rend possible la séparation de poisons cristalloïdes, tels que la strychnine, l'acide arsénieux, d'avec les substances colloïdes de l'organisme. On doit aussi à M. Dubrunfaut une application industrielle importante des lois de la diffusion. Grâce à un appareil de son invention, qu'il a nommé *osmogène*, il a pu extraire des jus sucrés certains sels qui sont un obstacle à la cristallisation du sucre, et le rendement se trouve notablement augmenté.

Dutrochet n'avait étudié que la diffusion à travers un diaphragme; Graham entreprit, vingt-cinq ans plus tard, une série d'expériences sur la *diffusion simple*, c'est-à-dire sur la pénétration réciproque de deux liquides susceptibles de mélange, lorsqu'on les met en contact immédiat. Pour observer ce qui se passe dans ce cas, il faut prendre certaines précautions en vue d'éviter le mélange mécanique des liquides qu'on met en présence. Le savant physicien anglais employa dans ce but deux procédés : le premier consistait à descendre, dans un vase plein d'eau pure par exemple, un flacon bouché par un obturateur posé sur son orifice; ce flacon contenait la dissolution saline (sel marin, acide chlorhydrique, nitrate d'argent) à étudier. L'obturateur étant enlevé doucement, on abandonnait à eux-mêmes les liquides en contact : c'est là la méthode dite de la fiole (*phial-diffusion*). L'autre procédé, dit de la jarre (*jar-diffusion*), consiste à introduire sous l'eau pure contenue dans une jarre, à l'aide d'une pipette, la dissolution en question. Avec l'une ou l'autre méthode, voici ce que l'on constate : Au bout d'un certain temps, quelques heures, l'eau pure renferme une

1. *Comptes rendus de l'Académie des sciences pour* 1864, t. I.

certaine quantité d'eau salée, et la dissolution, moins concentrée, a reçu en compensation une certaine quantité d'eau pure. En puisant à diverses hauteurs avec un siphon capillaire, après des intervalles variés, et en analysant les échantillons de liquide ainsi prélevés, Graham a pu comparer les poids de substance diffusée dans chaque couche, et, pour des liquides différents, reconnaître que la diffusibilité des corps présente les mêmes différences que leur volatilité. Ce sont ces expériences, ainsi que celles de diffusion rapportées plus haut, qui ont porté ce savant à distinguer les substances en *cristalloïdes* et *colloïdes*, distinction qui sert de base à la dialyse.

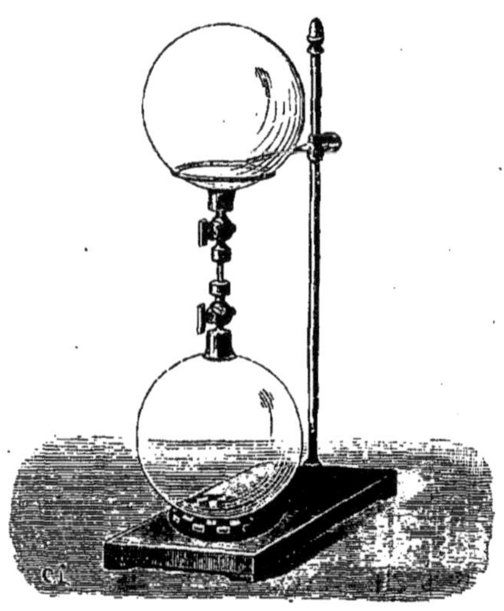

Fig. 339. — Expérience de Berthollet sur le mélange des gaz.

Une expérience célèbre, due à Berthollet, montre que la diffusion qui n'est pas toujours possible entre les liquides, a toujours lieu entre les gaz. Deux ballons de verre vissés l'un sur l'autre à l'aide de garnitures métalliques à robinet, de manière à communiquer par un tube étroit, furent remplis séparément, le ballon inférieur d'acide carbonique, l'autre de gaz hydrogène, à la même pression et à la même température. L'appareil fut placé dans les caves de l'Observatoire de Paris, dont la température, comme on sait, reste invariable; quand il eut pris cette température, on ouvrit les robinets. Après quelques jours, on les ferma, on sépara les ballons et on reconnut que la pression était la même dans les deux; l'analyse montra que chacun d'eux renfermait un mélange uniforme des deux gaz. Comme dans l'expérience de diffusion simple des liquides, le gaz le plus dense s'était porté, à l'encontre des lois de l'hydrostatique, de bas en haut, et inversement le plus léger de haut en bas. Les précautions ayant été prises pour que le mélange ne pût résulter des courants qu'auraient provoqués des différences de température ou l'action de la pesanteur, on voit qu'il s'agit bien là d'une pénétration directe des molécules des gaz, de l'un à l'autre milieu. La diffusion des gaz se fait avec d'autant plus de rapidité que leur température est plus élevée.

La diffusion des gaz à travers les diaphragmes a été aussi spécialement étudiée par Graham. Le gaz à expérimenter était maintenu, d'un côté du diaphragme, à une pression constante, tandis que de l'autre côté une pompe à gaz faisait le vide. Il donnait le nom d'*effusion* au passage du gaz au travers d'une paroi métallique mince percée d'un trou très fin ; celui de *transpiration* au même phénomène quand il a lieu dans un tube capillaire dont la longueur vaut au moins 4000 fois le diamètre. La *diffusion* proprement dite est le phénomène du passage du gaz à travers une paroi solide non percée de trous, ou n'ayant d'autres trous que ses pores, par exemple une plaque mince de graphite comprimé comme on l'emploie pour les crayons, ou encore de biscuit de porcelaine, de terre cuite, etc. En prenant pour unité le temps que met un volume de gaz oxygène à se diffuser dans le vide à travers un diaphragme de graphite, Graham a trouvé, pour les temps mis par un même volume d'hydrogène, d'air, d'acide carbonique, les nombres : 0,2505, 0,9501, 1,1860 qui sont, à très peu de chose près, en raison directe des racines carrés des densités des gaz ; d'où cette loi :

La vitesse de diffusion des gaz dans le vide par une paroi poreuse varie en raison inverse de la racine carrée de leurs densités.

La diffusion du gaz n'exige pas que le vide ait lieu d'un côté du diaphragme, ni même qu'il y ait excès de pression du côté où se trouve le gaz considéré. Elle est réciproque entre deux gaz et elle s'opère alors en raison des vitesses d'expansion respectives de chacun d'eux. L'échange se fait suivant un rapport constant, qui toutefois ne suit pas alors rigoureusement la loi de la raison inverse des racines carrées des densités que nous venons de citer. Si l'air et l'hydrogène sont les deux gaz qu'on sépare par une lame de graphite comprimé, la diffusion se fera ainsi : pour chaque volume d'air passant du côté de l'hydrogène, il passe du côté de l'air 3,8 volumes d'hydrogène. Bunsen a employé, pour les mesures de ce genre, un appareil spécial auquel il a donné le nom de *diffusiomètre*, dont on trouvera la description dans les ouvrages spéciaux, par exemple dans le *Traité de Physique moléculaire* de M. Violle et dans le *Traité de Chimie générale* de M. P. Schützenberger. Mais on fait dans les cours, à l'aide de deux appareils que nous allons décrire et qui sont dus à M. Jamin, des expériences qui montrent, d'une manière frappante, la rapidité avec laquelle a lieu la diffusion des gaz à travers les diaphragmes solides poreux.

A (fig. 340) est un cylindre poreux d'une pile Bunsen, dont l'ouverture est fermée par un bouchon de liège bien mastiqué. Deux tubes pénètrent à l'intérieur du vase : l'un B sert à l'introduction d'un courant de gaz hydrogène qui sort par l'extrémité immergée de l'autre tube C. Si l'on vient à fermer brusquement le premier tube à l'aide d'un robinet et à interrompre ainsi l'arrivée de l'hydrogène dans le cylindre, on voit aussitôt l'eau monter dans le tube C. Cette ascension indique une diminution de la pression ou de la force élastique du gaz intérieur, qu'on ne peut expliquer que par la diffusion rapide du gaz hydrogène à travers les parois du vase poreux.

Cette diffusion est tout aussi rapide si elle se fait de l'extérieur à l'intérieur du cylindre. Pour en faire la démonstration, il suffit de renverser la première expérience. Le cylindre poreux A est alors mis en communication avec un tube en U (fig. 341) qui contient de l'eau. Le cylindre renfermant de l'air à la pression atmosphérique, le niveau de l'air est le même dans les deux branches du tube D. Si, à l'aide d'une cloche renversée alimentée par le tube B, on enveloppe le vase A d'une atmosphère de gaz hydrogène, la diffusion se fait instantanément par les parois du vase, et la pénétration de l'hydrogène, déterminant une augmentation de pression, se manifeste aussitôt par un

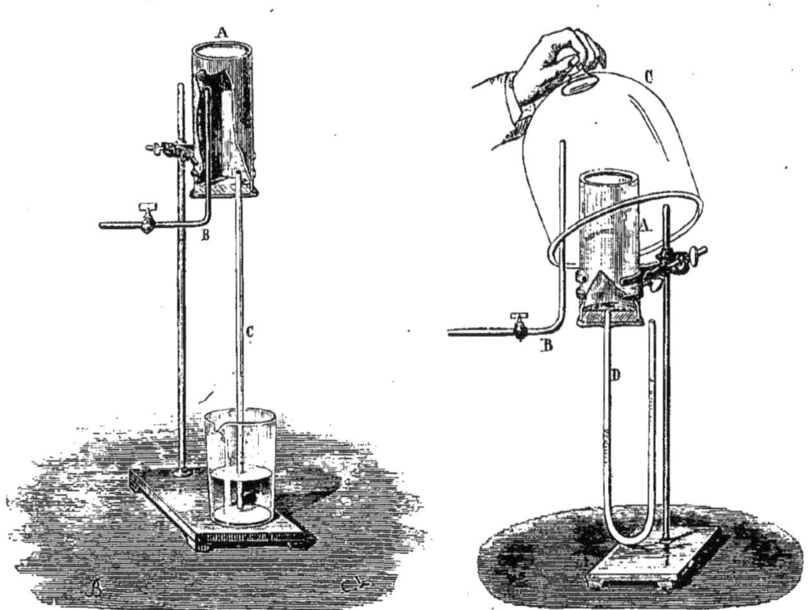

Fig. 540. — Diffusion des gaz. Appareil de M. Jamin.

Fig. 541. — Appareil pour la diffusion de l'hydrogène.

abaissement du niveau de l'eau dans celle des branches du tube qui communique avec le vase.

Nous avons décrit, dans le tome III du Monde physique[1] un appareil indicateur du grisou, dû à M. Ansell, et qui est basé sur l'augmentation de pression produite par la diffusion de l'hydrogène carboné à travers une plaque poreuse. Cet accroissement refoule le mercure dans un tube latéral, et par le contact du liquide avec une pointe métallique ferme le circuit d'une pile qui actionne une sonnerie électrique. La même disposi-

1. Page 718, fig. 431.

tion a été appliquée à la recherche des fuites de gaz, et l'appareil qui sert à cet effet se nomme *cherche-fuite*.

On a vu plus haut que la diffusion a lieu, pour chaque gaz, avec une vitesse qui lui est propre. Il en résulte que, si l'on traite le mélange qui constitue l'air atmosphérique par l'appareil à vide de Graham, le gaz provenant de la diffusion aura une composition différente de celui de l'air. Si, au lieu d'employer une plaque de graphite, on emploie une lame de caoutchouc, substance complètement dépourvue de pores visibles, la pénétration se fait de même, de sorte qu'après le passage la proportion de l'oxygène à l'azote, au lieu d'être représentée par les nombres 21 et 79, l'est par les nombres 40,4 et 59,6. La proportion d'oxygène s'est élevée de près de 20 pour 100, ou s'est presque doublée. Aussi, en présentant au mélange un morceau de bois incandescent, s'enflamme-t-il aussitôt.

On a depuis quelques années des exemples journaliers de la diffusion des gaz à travers le caoutchouc. Les petits ballons gonflés d'hydrogène qu'on donne aux enfants comme jouets, diminuent progressivement de volume et finissent par se réduire à néant. La raison du phénomène est aisée à comprendre. La vitesse de pénétration de l'air atmosphérique à travers le caoutchouc est près de 5 fois moindre que celle de l'hydrogène, de sorte que chaque centimètre cube d'hydrogène qui sort du ballon est remplacé seulement par un peu plus de 2 dixièmes de centimètre cube d'air. La rapidité du dégonflement est donc toute naturelle.

Les métaux qui, comme le fer, le platine, sont absolument imperméables aux gaz à la température ordinaire, jouent le rôle de diaphragmes poreux quand ils sont portés à de hautes températures. La diffusion ou la pénétration des gaz se fait alors à travers leur substance dans des conditions fort intéressantes. L'étude de ces phénomènes a été particulièrement l'objet des recherches de MM. H. Sainte-Claire Deville et Troost, Cailletet, Graham.

Voici l'expérience par laquelle les deux premiers de ces savants ont démontré la perméabilité pour l'hydrogène du platine chauffé au rouge vif.

T est un tube épais en platine fondu, parfaitement homogène, à l'intérieur duquel on amène un courant d'hydrogène; il est en communication, à l'autre extrémité, par un tube coudé M en verre, dont la branche verticale est longue de 76 centimètres, avec le mercure d'un vase. A froid, la pression étant celle de l'atmosphère, aucun effet ne se manifeste, le mercure

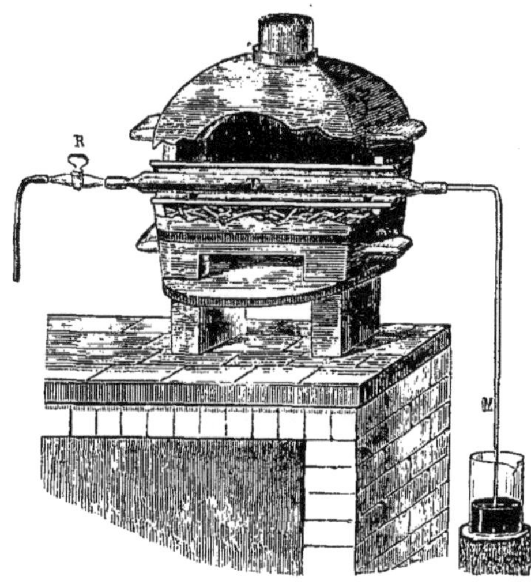

Fig. 542. — Perméabilité du platine pour l'hydrogène. Expérience de MM. H. Sainte-Claire Deville et Troost.

est au même niveau dans le tube et à l'extérieur dans le vase. Mais si, après avoir chauffé le tube de platine sur un fourneau jusqu'au rouge vif, on ferme le robinet introducteur de l'hydrogène, on voit le mercure s'élever peu à peu dans le tube, accusant une notable diminution de pression à l'intérieur, diminution due à la diffusion de l'hydrogène au travers des parois du tube métallique.

L'expérience peut être disposée d'une autre façon. Le tube de platine est placé dans l'axe d'un cylindre de porcelaine et maintenu par deux obturateurs qui ferment hermétiquement l'espace annulaire compris entre les deux tubes. Dans cet espace, où l'on a placé des fragments de porcelaine, on fait passer un courant d'hydrogène sec, de même que dans l'intérieur du tube de platine circule un courant d'air sec. On dispose le tout sur un fourneau et l'on chauffe. Au début, on reconnaît aisément que l'air sortant du tube de platine est composé d'oxygène et d'azote dans les proportions normales. Mais, à mesure que la température s'élève, cet air s'appauvrit de plus en plus en oxygène et l'on voit des gouttes d'eau se condenser dans le tube de sortie, ce qui prouve que l'hydrogène de l'espace annulaire a dû passer à travers le platine pour se combiner avec l'oxygène disparu. Vers 1000°, il ne sort plus que de l'eau et de l'azote sous une forte pression. Quant à l'hydrogène qui se dégage de l'espace annulaire, on reconnaît que ce dégagement ne se fait plus qu'avec une vitesse ralentie ; si l'on arrête l'arrivée du gaz, on voit, comme plus haut, le mercure monter à l'intérieur du tube de dégagement, où se produit un vide presque complet.

Une expérience semblable a été faite par les mêmes physiciens avec un tube de fer fondu, ou d'acier fondu excessivement pauvre en carbone : l'hydrogène en pénétra les parois avec une telle énergie endosmotique, que, quand le courant du gaz fut interrompu, on vit le mercure s'élever à 74 centimètres dans le tube de dégagement, c'est-à-dire presque à la hauteur de la pression atmosphérique. Graham a observé les mêmes phénomènes sur le palladium, dès la température de 240° ; nous y reviendrons plus loin. On doit à M. Cailletet de curieuses expériences sur la force avec laquelle le fer chauffé à une haute température est pénétré par les gaz. « J'ai fait laminer, dit-il, sous des cylindres plats des portions de canons de fusil, dont les deux extrémités ont été ensuite soudées. On obtenait ainsi des rectangles allongés, formés de deux lames en contact et soudées sur les bords. En chauffant, à la température élevée d'un four à réchauffer, une lame ainsi préparée, on remarque bientôt que les parties non soudées se séparent, reprennent leur forme cylindrique et leur volume primitif. Il n'est donc pas douteux que les gaz du foyer ont pénétré la masse du fer et ont opéré la distension des parties d'abord en contact. » Ces expériences furent complétées de façon à reconnaître que c'était bien de l'hydrogène pur qui avait traversé les parois du fer; à froid et jusqu'à 210°, l'hydrogène ne traverse pas une lame de fer n'ayant qu'un 35e de millimètre d'épaisseur[1].

D'après M. Cailletet, c'est à cette pénétration des gaz que seraient dues les soufflures qu'on rencontre fréquemment dans les pièces de forge de grande dimension, par exemple dans les plaques de blindage. « Si l'on vient, dit-il, à percer une de ces soufflures en retirant la pièce ébauchée du foyer, on voit s'en échapper un jet des gaz combustibles qui se sont accumulés pendant le chauffage dans les cavités que peut présenter la pièce incomplètement élaborée. » C'est pour la même raison que le fer chauffé avec de la poussière de charbon, dans les caisses de cémentation, présente à sa surface, après sa transformation en acier, des ampoules plus ou moins nombreuses, selon la nature du fer employé : c'est ce qu'on nomme dans l'industrie l'*acier-poule*. Les ampoules disparaissent, si l'on a soin d'opérer avec le fer parfaitement doux et homogène qu'on obtient en chauffant pendant plusieurs heures, à une température élevée, de l'acier fondu.

On voit donc que l'industrie peut tirer parti des recherches de physique moléculaire dont il vient d'être question. Mais les sciences naturelles ne sont pas moins intéressées aux résultats obtenus. C'est ce qu'a fait ressortir M. Ch. Sainte-Claire Deville à l'occasion des expériences de M. Cailletet. Ce savant partait du fait d'expérience constaté par son frère et M. Troost, que « si l'hydrogène traverse sans difficulté un tube de porcelaine fortement chauffé, mais non modifié dans sa structure, il n'en est plus de même lorsque le tube est porté à une température susceptible de ramollir ou de vitrifier sa paroi extérieure. Dans

1. *Comptes rendus de l'Académie des sciences pour* 1864, *t. I.*

ce cas, non seulement le gaz cesse d'être transvasé par le tube, mais il est arrêté et en partie absorbé par sa surface vitrifiée, laquelle peut ensuite le laisser échapper en prenant une structure poreuse. »

Ces propriétés antagonistes de l'état cristallin et de l'état vitreux ou amorphe d'une même substance, M. Ch. Sainte-Claire Deville les trouve dans les laves volcaniques, qui, comme on l'a vu, constituent deux variétés distinctes. Les unes riches en silice, très surfusibles, prennent facilement, en se refroidissant, l'état vitreux : telle est l'obsidienne, tels sont les trachytes anciens et les tufs ponceux des Champs Phlégréens par exemple. Les autres (amphigénites, basaltes, dolérites), riches en chaux et d'une faible teneur en silice (au maximum 50 pour 100), restent toujours cristallines, quelle que soit la vitesse de leur refroidissement. C'est de ces laves que se dégagent successivement, dans l'ordre que nous avons signalé lorsque nous avons décrit les émanations des volcans, les divers gaz qu'elles avaient dissous dans le milieu très échauffé où elles étaient en fusion, gaz qui s'échappent à mesure que s'opère le lent travail intime de la cristallisation. Telles sont les laves observées dans les éruptions du Vésuve. Les laves riches en silice au contraire, qui, comme l'obsidienne, ont une propension à se consolider à l'état vitreux, emprisonnent et solidifient en quelque sorte les substances volatiles qui s'y trouvent en dissolution. Chauffée à une température bien inférieure à celle de son point de fusion, l'obsidienne se boursoufle en augmentant considérablement de volume, et, une fois transformée en ponce, il faut une chaleur très intense pour la ramollir de nouveau et la fondre. Dans la pensée de M. Ch. Sainte-Claire Deville, c'est sous l'action de la transformation en ponce des masses intérieures d'obsidienne que se seraient formés les nombreux cratères des Champs Phlégréens et le Monte-Nuovo. Soulevant le sol en forme d'ampoule et le projetant de toutes parts en débris, la force immense qui résulte de cette expansion subite n'exige pour se développer qu'une élévation de température bien inférieure à celle qu'on constate dans les éruptions du Vésuve. C'est aussi de la même manière qu'il expliquait la formation des nombreux cratères dont la surface de la Lune est accidentée. « Si on observe, dit-il, la ressemblance qui existe entre la carte des Champs Phlégréens et celle de la surface lunaire (fig. 343 et 344), il est assez naturel de penser que ce sont des actions du même genre qui ont accidenté cette dernière, et il n'est peut-être pas hors de propos de faire remarquer qu'un globe qui serait uniquement composé

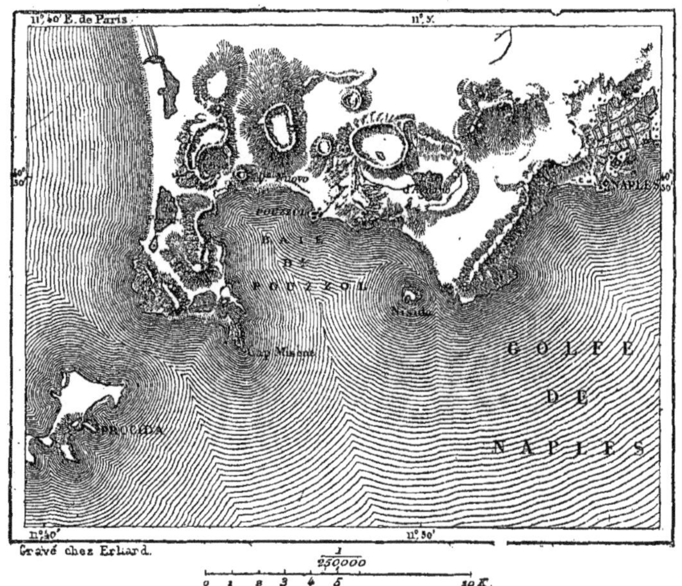

Fig. 343. — Carte des Champs Phlégréens.

de matières vitrifiées pourrait avoir ainsi condensé et dissous dans sa propre masse les éléments gazeux qui l'entouraient à l'origine, et qui, sans cette circonstance, lui auraient constitué une atmosphère. Et, en appliquant cette pensée à notre propre globe, ne pourrait-on pas concevoir que la croûte granitique primitive, essentiellement riche en silice, substance dont j'ai prouvé l'extrême surfusibilité, ait condensé avant sa consolidation une partie au moins des gaz qui composent notre atmosphère? Dans cette hypothèse, la vapeur d'eau, l'hydrogène, l'hydrogène carboné, l'hydrogène sulfuré (ces trois derniers corps destinés à s'oxyder en arrivant à la surface) ne seraient que les derniers restes de cette atmosphère emmagasinée par les roches en fusion : comme les fluorures, chlorures et sulfures métalliques qu'amènent encore nos laves ne sont, d'après les belles recherches de M. Élie de Beaumont, que les derniers représentants des matières qui se sont successivement séparées des roches éruptives pour former les filons concrétionnés[1]. »

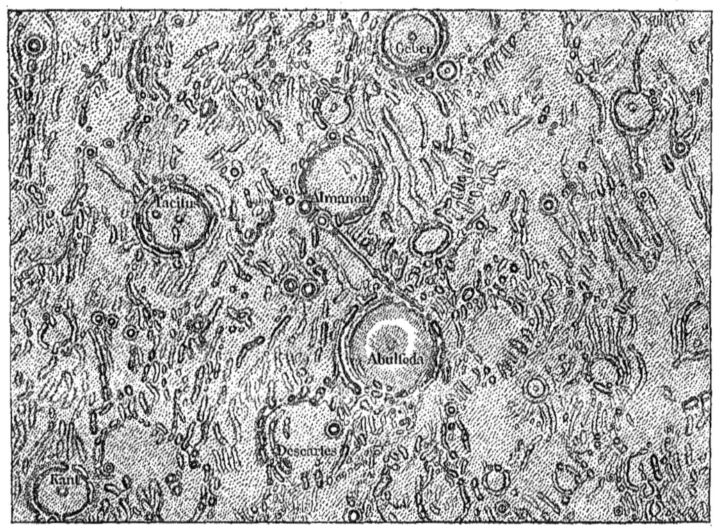

Fig. 344. — Fragment de la carte de la Lune de Beer et Mædler.

En citant ces vues de notre savant météorologiste et géologue, vues qu'il présentait d'ailleurs sous toutes réserves, nous avons voulu montrer une fois de plus comment de simples recherches de laboratoire peuvent éclairer des points obscurs des sciences naturelles, et fournir d'intéressantes conjectures sur la constitution physique de notre planète, comme sur celle de corps que nous ne pouvons atteindre que par la pensée.

Revenons aux phénomènes de diffusion des gaz dans les corps solides.

1. *Comptes rendus de l'Académie des sciences pour* 1864, t. I.

On vient de voir que M. Ch. Sainte-Claire Deville considérait les substances volatiles que renferment les laves siliceuses *comme solidifiées en quelque sorte* dans la matière vitrifiée. Lorsque Graham découvrit la propriété qu'a le caoutchouc de séparer l'azote et l'oxygène de l'air, il donna de ce fait une interprétation à peu près semblable, qu'il étendit aux autres phénomènes de perméabilité des métaux ou des corps poreux pour les gaz. Pour lui, cette absorption de gaz détermine vraisemblablement leur liquéfaction. Comment expliquer autrement la curieuse propriété du palladium d'absorber et de condenser jusqu'à 660 fois son volume d'hydrogène à l'état de noir, à plus de 900 fois sous l'influence du courant de la pile? celle du platine d'absorber pareillement plusieurs centaines de volumes du même gaz? Si une membrane de caoutchouc sépare l'oxygène de l'azote quand ces deux gaz de l'air traversent cette substance, c'est qu'elle a la propriété de liquéfier chacun de ces gaz; sous la forme liquide, ils cheminent séparément avec des vitesses inégales à l'intérieur de la membrane, pour s'évaporer à nouveau dans le vide et reprendre l'état gazeux.

C'est en étudiant l'occlusion de l'hydrogène par le palladium que Graham arriva à cette autre conclusion curieuse, que le gaz ainsi condensé n'est autre chose qu'un métal, auquel il donna le nom d'*hydrogénium*. En prenant un fil de palladium forgé, en en faisant le pôle négatif d'une petite pile de Bunsen, dont un fil épais de platine était le pôle positif, le savant physicien anglais parvint à charger le fil de 936 fois son volume de gaz hydrogène. Après l'expérience, qui dura une demi-heure, on constata une augmentation de longueur du fil et une augmentation correspondante de son poids. A l'aide d'une pompe Sprengel, l'hydrogène occlus fut extrait, son volume recueilli et mesuré en le réduisant à 0° et à la pression 760. Les conclusions de cette expérience, qui fut répétée dans des conditions variées, furent ainsi résumées par l'auteur dans la note qu'il présenta en janvier 1869 à l'Académie des sciences : « Dans le palladium complètement chargé d'hydrogène, par exemple dans le fil de palladium soumis à l'Académie, il existe un composé de palladium et d'hydrogène, dans des proportions qui sont voisines de celles d'équivalent à équivalent. Les deux substances sont solides, métalliques et blanches. L'alliage contient environ 20 volumes de palladium pour 1 volume d'hydrogénium, et la densité de ce dernier est égale à 2, un peu plus élevée que celle du magnésium, avec lequel on peut supposer que l'hydrogénium possède quelque analogie[1]. Cet hydrogénium possède un certain degré de ténacité, et il est doué de la conductibilité électrique d'un métal. Enfin, l'hydrogénium prend place parmi les métaux magnétiques. Ce fait se relie peut-être à la présence de l'hydrogénium dans le fer météorique, où il est associé à certains autres éléments magnétiques.

« Les propriétés chimiques de l'hydrogénium le distinguent de l'hydrogène ordinaire. L'alliage de palladium précipite le mercure et son protochlorure d'une dissolution de bichlorure de mercure, sans aucun dégagement d'hydrogène, c'est-à-dire que l'hydrogénium décompose le bichlorure de mercure, ce qui n'a pas lieu avec l'hydrogène. Ce fait explique pourquoi M. Stanislas Meunier ne réussit pas à trouver l'hydrogène occlus par le fer météorique, en dissolvant celui-ci dans une solution de bichlorure de mercure, l'hydrogène étant employé comme le fer lui-même à la précipitation du mercure. L'hydrogénium (associé au palladium) s'unit avec le chlore et l'iode dans l'obscurité, réduit les sels de peroxyde de fer à l'état de protoxyde, transforme le prussiate rouge de potasse en prussiate jaune, et possède enfin une puissance désoxydante considérable. Il paraît constituer la forme active de l'hydrogène, comme l'ozone est celle de l'oxygène. »

Il est impossible de ne pas rapprocher ces vues hardies du savant anglais des expériences qui ont été faites ces années

1. Une autre interprétation des phénomènes de dilatation et de retrait que subit le fil quand il est pénétré par le gaz et qu'on l'en expulse, donne une densité moitié moindre. D'autres expériences sur des alliages tertiaires d'hydrogénium et de platine, d'or, d'argent, ont fait adopter à Graham le nombre 0,733 comme représentant approximativement la densité de ce métal.

dernières sur la liquéfaction des gaz permanents, et notamment de l'hydrogène, expériences qui, on se le rappelle peut-être, ont fait l'objet d'une description détaillée dans le tome IV du MONDE PHYSIQUE.

§ 4. LES MOLÉCULES DES CORPS. — NOMBRE ET DIMENSIONS; VITESSE DE LEURS MOUVEMENTS; COLLISIONS.

Aucun œil humain n'a jamais aperçu, même à l'aide du plus puissant microscope, aucune main n'a jamais manié une molécule *isolée* d'un corps; et cependant toutes les notions que la physique et la chimie ont successivement accumulées et qui sont susceptibles d'éclairer le problème obscur de la constitution de la matière, amènent à une même conclusion, que les molécules (ou les atomes) sont des portions définies, occupant un volume fini dans l'espace.

En admettant cette manière de voir comme fondée, une foule de questions se posent devant notre curiosité, devant notre insatiable désir d'aller au fond des choses, et nous nous demandons quelles sont les dimensions réelles des molécules, à quelles distances elles se trouvent les unes des autres dans les corps, solides, liquides ou gazeux, en quel nombre elles existent en un volume donné, ou du moins entre quelles limites oscillent les nombres qui mesurent ces dimensions ou ces distances. Nous voudrions savoir comment elles réagissent les unes sur les autres et nous posons aussi la question, peut-être à jamais insoluble, de la possibilité ou de l'impossibilité de l'action à distance. Si les molécules sont en mouvement, comme tout le prouve, quelles lois suit ce mouvement, quelle en est la vitesse? varie-t-elle avec la nature des substances, et que se passe-t-il quand ces projectiles infiniment petits arrivent en collision?

Toutes ces questions ont été abordées, sinon résolues, suivant diverses méthodes, par les savants contemporains, et leurs conjectures, basées sur les faits les mieux établis et les expériences les plus nettes, si elles ne sont pas pour cela des vérités démontrées, sont trop intéressantes pour que nous n'essayions pas d'en résumer au moins les principaux traits.

On peut se faire une idée de la dimension et du nombre des molécules d'un corps en partant des dernières parties visibles au microscope. C'est ce qu'a fait Gaudin dans son curieux ouvrage, *l'Architecture du monde des Atomes*. On sait que notre habile et savant constructeur Froment était arrivé à diviser, par des moyens mécaniques d'une extrême délicatesse, un millimètre en *mille parties égales*. Vues avec un puissant microscope, ces divisions paraissaient aussi régulières que celles du mètre divisé en millimètres. Or il existe des infusoires si petits que leur corps est tout entier compris dans la largeur d'une de ces divisions. Qu'on juge par là de la petitesse de l'un des cils vibratiles avec lesquels se meuvent ces infiniment petits organisés. Un calcul aisé amène Gaudin à évaluer les dimensions des molécules dont ces organes sont formés, au maximum à un millionième de millimètre. En supposant que le diamètre de l'une d'elles comprenne 10 distances d'atome, et en comptant le nombre des atomes que peut contenir une tête d'épingle de 2 millimètres de côté, il trouve pour ce nombre total le cube de 20 millions environ, soit

8 000 000 000 000 000 000 000.

« De sorte, ajoute-t-il, que si l'on voulait compter le nombre des atomes métalliques contenus dans une grosse tête d'épingle, en en détachant chaque seconde par la pensée 1 milliard, soit 1000 millions, il faudrait continuer cette opération pendant plus de *deux cent cinquante mille ans*, exactement 253 678 ans. »

Par des considérations sur les actions moléculaires, beaucoup trop abstraites et ardues pour que nous essayions d'en donner une idée, M. A. Dupré est arrivé à une formule qui exprime la limite inférieure du nombre des molécules qui peuvent être contenues dans un millimètre cube d'un corps quelconque. En appliquant cette formule au cas de l'eau, il trouve pour ce nombre

225 000 000 000 000 000 000.

Ainsi, « *dans un cube d'eau ayant pour côté un millième de millimètre, lequel pèse mille millions de fois moins que un milligramme, et ne peut être vu qu'à l'aide d'un bon microscope, il y a donc plus de deux cent vingt-cinq mille millions de molécules*[1]. »

En adoptant pour le dénombrement de ces molécules le procédé cité plus haut, en comptant 1 milliard de molécules par seconde, il ne faudrait pas moins, pour en venir à bout, de sept mille années !

Sir William Thomson a envisagé de plusieurs manières différentes le problème qui consiste à déterminer les limites de distance et de dimension des atomes. S'appuyant sur les calculs de Cauchy et sur cette proposition du célèbre mathématicien que la sphère des actions moléculaires, dans les corps transparents solides ou liquides, est comparable aux longueurs d'onde des rayons de lumière, il arrive à cette conséquence que, « dans ces corps, le diamètre d'un atome ou plutôt la distance du centre d'un atome au centre de l'atome le plus rapproché est à peu près égale au dix-millième de la longueur d'onde, c'est-à-dire à un vingt-millionième de millimètre ». Il obtient des nombres sensiblement pareils par des considérations de thermodynamique, soit en évaluant le travail de l'attraction d'une pile imaginaire formée de 50 000 plaques de zinc et de 50 000 plaques de cuivre de $0^{mm},0001$ d'épaisseur et de 1 centimètre carré de surface, séparées par des intervalles de $0^{mm},0001$, soit en calculant le travail, et son équivalent en chaleur, d'une bulle de savon qui se gonfle jusqu'à la limite de sa force contractile. Enfin, prenant pour point de départ la nouvelle théorie des gaz proposée, dès 1738, par Daniel Bernouilli, reprise dans

1. *Théorie mécanique de la Chaleur*, par M. Athanase Dupré, ch. IX.

notre siècle par Herapath, et développée par les travaux de Joule, de Krœnig, de Clausius, de Maxwell, sir W. Thomson arrive à comprendre entre deux limites les distances des molécules gazeuses, et leurs diamètres. Mais nous ne pouvons donner une idée de la chaîne des raisonnements qui conduisent au résultat qu'en citant textuellement le savant anglais :

« Bien qu'on ne sache pas, dit-il, ce que c'est qu'un atome, on peut admettre comme une vérité scientifique établie, qu'un gaz est formé par des molécules en mouvement que des chocs ou influences réciproques empêchent de suivre des lignes droites avec des vitesses constantes, et qui sont distribuées de telle manière, que la longueur moyenne des parties presque rectilignes de la trajectoire de chaque molécule est égale à plusieurs fois la distance moyenne du centre de la molécule au centre de la molécule la plus voisine. Si ces molécules étaient des globes élastiques durs, et agissant les uns sur les autres par leur contact, leurs trajectoires seraient des zigzags, composés de parties rectilignes subissant des changements brusques de direction. C'est en partant de cette hypothèse que Clausius a prouvé, par une simple application du calcul des probabilités, que la longueur de la trajectoire libre parcourue par chaque molécule entre deux chocs consécutifs est au diamètre de ce globe, dans le rapport de tout l'espace dans lequel les globes se meuvent, à 8 fois la somme de leur volume. D'où il résulte que le nombre de globes contenus dans l'unité de volume est égal au carré de ce rapport divisé par le volume d'une sphère dont le rayon est égal à la longueur moyenne de cette trajectoire. Mais nous ne pouvons admettre que les molécules d'aucun gaz soient des globes élastiques durs. Deux quelconques d'entre elles doivent, dans tous les cas, agir l'une sur l'autre, de telle manière que lorsqu'elles arrivent très près l'une de l'autre, elles subissent un changement de direction et de vitesse. Ces actions réciproques (que nous appelons forces), étant différentes à différentes distances, doivent varier avec ces distances suivant une certaine loi. Or, si les molécules étaient des globes élastiques durs agissant seulement par leur contact, la loi de la force serait *zéro* lorsque la distance entre deux centres serait plus grande que la somme des rayons, et *répulsion infinie* lorsque cette distance serait moindre que la somme des rayons. L'intervalle entre ces deux limites doit évidemment être un peu rétréci; et nous admettons, quant à nous, comme beaucoup plus probable, que les molécules qui constituent les gaz sont élastiques molles. Car, d'après les expériences de Maxwell sur les variations de la fluidité des gaz, le temps qui s'écoule entre deux chocs consécutifs des molécules gazeuses est indépendant de la vitesse avec laquelle ces molécules se meuvent, ce qui ne saurait avoir lieu que pour des molécules élastiques molles; pour des molécules dures, le temps qui s'écoule entre deux chocs consécutifs serait inversement proportionnel aux vitesses du mouvement des molécules.

« Nous savons, par les travaux de Joule, Maxwell et Clausius, que la vitesse moyenne des molécules de l'oxygène, de l'azote et de l'air atmosphérique est, à la température et à la pression ordinaires, d'environ 500 mètres par seconde et que le temps moyen entre deux chocs consécutifs est de 1 cinq-mille-millionième de seconde. Il en résulte que la longueur moyenne de la trajectoire de chaque molécule entre deux chocs consécutifs est d'environ $0^{mm},0001$. Maintenant, comme nous avons abandonné l'hypothèse des molécules élastiques dures, où dimensions des molécules et chocs avaient une signification parfaitement nette, il nous faut définir ces termes. Pour cela, remarquons que, lorsque deux molécules se heurtent, la distance de leurs centres est minimum, et que, lorsqu'elles se quittent, en vertu de la répulsion qui suit le choc, cette distance augmente. Si les molécules étaient dures, le minimum de la distance des centres serait égal à la somme des rayons; mais en réalité il est très différent dans différents chocs; et nous pourrons, en considérant seulement le cas de molécules égales, définir le rayon d'une molécule la moitié de la moyenne de la plus courte distance des centres dans un grand nombre de chocs.

« Le diamètre d'une molécule sera, d'après cela, le double du rayon ainsi défini, et son volume une sphère de ce rayon ou de son diamètre. La définition du rayon que nous venons d'adopter n'est pas tout à fait exacte, mais nous l'admettons ici pour nous rendre plus facile la combinaison que nous nous proposons de faire des résultats obtenus par Clausius et Maxwell.

« D'après les expériences de Cagniard de la Tour, Faraday, Regnault et Andrews sur la condensation des gaz, il faut admettre qu'aucun gaz ne peut être rendu 40 000 fois plus dense qu'à la pression et à la température ordinaires sans que son volume soit devenu plus petit que la somme des volumes de ses molécules. Donc, d'après le grand théorème de Clausius cité plus haut, la longueur moyenne de la trajectoire entre deux chocs consécutifs ne peut pas être plus grande que 5000 fois le diamètre de la molécule, et le nombre des molécules dans l'unité de volume ne peut dépasser 20 000 000, divisé par le volume d'une sphère ayant cette longueur moyenne pour rayon.

« La longueur de la trajectoire étant égale, comme nous venons de le montrer tout à l'heure, à 1 dix-millième de millimètre, le diamètre des molécules gazeuses ne doit pas être moindre que 5 dix-millionièmes de millimètre, et le nombre des molécules dans un centimètre cube de gaz, à la densité ordinaire, ne peut être plus grand que 6×10^{21}, ou

6 000 000 000 000 000 000 000.

« Quant aux solides et aux liquides, leur densité étant de 5 à 16 000 fois plus grande que celle des gaz, le nombre de leurs molécules, dans 1 centimètre cube, est de 3×10^{22} à 10^{26}. La distance des centres de deux molécules sera, d'après cela, de 14 à 46 dix-millionièmes de millimètre[1]. »

Comment, d'après toutes ces données, se figurer la constitu-

1. Sir W. Thomson, *Les dimensions des atomes* (*Nature*, trad. de la *Revue scientifique*).

tion d'un corps, par exemple celle d'une goutte de pluie ou d'un globule de verre de la dimension d'un pois? Ces parcelles de matière, si infimes en comparaison de nos propres dimensions, à plus forte raison en regard de la Terre même, sont en réalité des mondes. Nous venons de voir quel temps prodigieux serait nécessaire, non pas pour compter un à un les atomes qui les composent, mais seulement les groupes d'un milliard d'atomes. Thomson fait une comparaison qui donne, au point de vue de l'espace, la même impression de quasi-infinité que celle de Gaudin au point de vue du temps. « Agrandissons par la pensée, suppose-t-il, l'agglomération de molécules qui forme une goutte d'eau, et conservons à leurs diamètres et à leurs distances les mêmes grandeurs relatives jusqu'à ce que la goutte soit devenue en grosseur égale au volume de notre Terre. La sphère ainsi obtenue sera composée de petites sphères plus grosses que des grains de plomb et plus petites que des balles de *cricket* ou des oranges. »

Nous allons reproduire maintenant, d'après Clerk Maxwell, un tableau où se trouvent résumées quelques-unes des données moléculaires, calculées par les diverses méthodes précédentes, méthodes que nous n'avons fait qu'indiquer, mais qui s'accordent toutes à fixer pour les données en question des nombres de même ordre de grandeur. Ces données sont relatives aux quatre gaz hydrogène, oxygène, oxyde de carbone et acide carbonique. Voici ce tableau :

		Hydrogène.	Oxygène.	Oxyde de carbone.	Acide carbonique
Première catégorie.	Masse de la molécule (hydrogène = 1)	1	16	14	22
	Vitesse moyenne en mètres par seconde.	1859	465	497	396
	Trajet moyen en dix-millioniènes de millimètre. .	965	560	482	379
Deuxième catégorie.	Nombre de millions de collisions par seconde	17750	7646	9489	9720
	Diamètre en dix-millionièmes de millimètre	5,8	7,6	8,3	9,3
Troisième catégorie.	Poids (unité = 1 milligr. divisé par 10^{22}).	46	736	644	1012

Nous terminerons ce court chapitre sur la physique moléculaire et le dernier volume de cet ouvrage par une pensée dont la portée nous semble profonde et que nous empruntons au dernier physicien que nous venons de mettre à contribution, à M. Clerk Maxwell.

Mettant en opposition l'immuabilité des propriétés des molécules elles-mêmes, avec la variété de celles qui appartiennent aux corps qu'elles constituent, il insiste sur cette vérité que la physique et la chimie moderne ont posée comme le fondement inébranlable de la science, à savoir que les molécules de même espèce chimique restent absolument identiques à elles-mêmes et invariables, quelles que soient les évolutions des corps organiques ou inorganiques où elles se trouvent, dans quelque combinaison que la suite des temps puisse les appeler à entrer. « Considérons, dit-il, les propriétés de deux sortes de molécules, celles de l'oxygène et de l'hydrogène. Nous pouvons nous procurer des spécimens d'oxygène de sources très différentes, de l'air, de l'eau, des roches de chaque époque géologique. L'histoire de ces spécimens a été très différente; et si pendant des milliers d'années la diversité des circonstances pouvait produire une différence de propriétés, ces échantillons d'oxygène l'auraient montré. Nous pouvons également tirer de l'hydrogène de l'eau, de la houille, ou, comme Graham l'a fait, du fer météorique. Prenez 2 litres de n'importe quel spécimen d'hydrogène, il se combinera exactement avec 1 litre de n'importe quel échantillon d'oxygène, et formera exactement 2 litres de vapeur d'eau. Si, pendant toute l'histoire antérieure de l'un et de l'autre de ces spécimens, emprisonnés dans les roches, coulant dans la mer, ou parcourant des régions inconnues avec les météorites, si une modification quelconque avait eu lieu, ces relations ne seraient plus conservées. » C'est ainsi encore que la lumière des étoiles, analysée au spectroscope, nous prouve que ces mondes éloignés sont construits avec des molécules dont l'identité avec les molécules terrestres est certifiée par l'identité de leurs vibrations. Leur distribution dans le temps et dans l'espace varie incessamment; on peut concevoir qu'elle subisse des changements tels, que les mondes eux-mêmes et leurs systèmes en apparence les plus stables soient bouleversés par des révolutions qui embrassent d'incalculables myriades de siècles, au sein d'espaces si grands qu'ils nous donnent l'idée de l'infini; au milieu de ces transformations, seule la matière, ses molécules constituantes, leurs masses, et ajoutons leurs quantités de mouvement, restent invariables. C'est ce qu'exprime éloquemment Clerk Maxwell, lorsqu'il dit en terminant : « Quoique, dans le cours des âges, des catastrophes aient eu lieu et doivent encore avoir lieu dans les cieux, quoique d'anciens systèmes doivent être dissous et de nouveaux systèmes naître de leurs débris, les molécules dont tous ces systèmes sont construits, pierres de fondation de l'univers matériel, restent sans être ni brisées, ni usées. Elles continuent d'être aujourd'hui, comme dans le passé le plus reculé, parfaites en nombre, en mesure et en poids, et les ineffaçables propriétés qui sont incrustées en elles nous apprennent que nous devons considérer comme les plus nobles attributs de l'homme nos aspirations à l'exactitude des mesures, à la vérité dans l'affirmation, à la justice dans l'action. »

FIN DU CINQUIÈME ET DERNIER VOLUME.

TABLE DES FIGURES

PLANCHES EN NOIR ET EN COULEUR

FIGURES INSÉRÉES DANS LE TEXTE

FIN DE LA TABLE DES FIGURES.

TABLE DES MATIÈRES

LA MÉTÉOROLOGIE

LIVRE PREMIER

L'AIR ET LES MÉTÉORES HYGROMÉTRIQUES

LIVRE DEUXIÈME

LA CHALEUR INTERNE DU GLOBE TERRESTRE — LES VOLCANS LES TREMBLEMENTS DE TERRE

LIVRE TROISIÈME

LA CIRCULATION OCÉANIQUE ET ATMOSPHÉRIQUE — LES COURANTS MARINS LES VENTS

LA PHYSIQUE MOLÉCULAIRE

FIN DE LA TABLE DES MATIÈRES.

10168. — Imprimerie A. Lahure, rue de Fleurus, 9, à Paris.

www.ingramcontent.com/pod-product-compliance
Ingram Content Group UK Ltd.
Pitfield, Milton Keynes, MK11 3LW, UK
UKHW020612230726
13926UKWH00005B/2353

9 782013 603010